汉译世界学术名著丛书

罗得岛海岸的痕迹

从古代到十八世纪末
西方思想中的自然与文化

上 册

〔美〕克拉伦斯·格拉肯 著

梅小侃 译

商務印書館

2019年·北京

Clarence J. Glacken

TRACES ON THE RHODIAN SHORE

Nature and Culture in Western Thought from Ancient Times to the End of the Eighteenth Century

Copyright © 1967 by the Regents of the University of California

All rights reserved

（中文版经版权方授权，根据加利福尼亚大学出版社 1976 年平装本译出）

汉译世界学术名著丛书
出 版 说 明

我馆历来重视移译世界各国学术名著。从20世纪50年代起，更致力于翻译出版马克思主义诞生以前的古典学术著作，同时适当介绍当代具有定评的各派代表作品。我们确信只有用人类创造的全部知识财富来丰富自己的头脑，才能够建成现代化的社会主义社会。这些书籍所蕴藏的思想财富和学术价值，为学人所熟悉，毋需赘述。这些译本过去以单行本印行，难见系统，汇编为丛书，才能相得益彰，蔚为大观，既便于研读查考，又利于文化积累。为此，我们从1981年着手分辑刊行，至2016年年底已先后分十五辑印行名著650种。现继续编印第十六辑、十七辑，到2018年年底出版至750种。今后在积累单本著作的基础上仍将陆续以名著版印行。希望海内外读书界、著译界给我们批评、建议，帮助我们把这套丛书出得更好。

商务印书馆编辑部

2018年4月

【卷首插图】

这是戴维·格雷戈里（David Gregory）编辑的欧几里得《作品集》（牛津，1703 年）的卷首插图，表现了维特鲁威在他的《建筑十书》第六书序言里面讲述的故事：苏格拉底派哲学家亚里士提普斯（Aristippus）船只失事，落难罗得岛海岸；他突然看到海滩上画着几个几何图形，于是向同伴们高叫起来："让我们庆贺吧，因为我看到了人类的痕迹！"本书书名《罗得岛海岸的痕迹》正是来源于此。

Traces on the Rhodian Shore

Nature and Culture in Western Thought from Ancient Times to the End of the Eighteenth Century

CLARENCE J. GLACKEN

献给我的妻子米尔德丽德、我的孩子卡伦和迈克尔

中文版序

格拉肯：一位“迟到”而伟大的地理学家

本书作者克拉伦斯·格拉肯（1909—1989）是一位美国地理学家，他在地理学研究上的成就，主要是地理学思想史。曾任国际地理联合会（IGU）地理学思想史专委会主席的胡森（David Hooson）教授对他的评价是：格拉肯把这门学科即地理学的视野极大地拓展，超越了本世纪绝大多数地理学家。他涉及了一系列思想领域的重大问题，具有罕见的广度与深度。他的学术成就会长久地影响思想界，且跨越众多学科。

一

格拉肯于1909年3月30日出生于美国加利福尼亚州的萨克拉门托。1928年，19岁的格拉肯进入加州大学伯克利分校学习，获得社会机构（Social Institution）研究方面的学士学位和硕士学位。在这期间，他主要选修特加特（Frederick John Teggart，1870—1946）教授的有关历史理论方面的多门课程，受到思想史研究的启示，“打开了一个自己不怎么知道的学术领域”。

这一期间，著名地理学家索尔（Carl Sauer，1889—1975）已经在伯克利地理系执教，但格拉肯与他并没有什么接触，“我没有时间选特加特教授以外的课程”。对于地理学，格拉肯在主观上还没有给予特别的关注。

不过，从一位年轻女老师那里，格拉肯不仅学习了多方面的社会科学知识，并开始了解关于环境的思想的历史，包括古希腊时代的西波克拉底的思想、法国的可能论，以及亨廷顿的环境论。这些可以说为格拉肯日后耕耘不已的研究领域播下了种子。

格拉肯于1930年代初毕业。在毕业后直到1949年再度进入大学学习的近20年的时间里，格拉肯从事了一些社会、军队的工作。这些工作使他“从抽象的理论思想世界（历史理论学习）降落到现实的社会中”（胡森）。

1937年，格拉肯用了11个月的时间周游世界，所游历的地方包括：地中海地区、中东、东亚（包括中国）、南亚等。这些地区深厚的文明积淀，自然与文化、人类与大地之关系的多样性，引出一连串的问题，涉及环境、人类创造力、宗教信仰、传统、风俗习惯等。在46年后的回忆中，他写道：“我有一个想法，我需要实实在在的东西，山脉、河流、明镜般的湖泊、城市、市场等。当我阅读关于思想的历史和与之相关的我所知道的地方的时候，它们都变得生动清晰，充满了意义。”比如地中海的各种景色，会清晰生动地在记忆中浮现。

“没有旅行的经验，我不可能去研究思想史。”这句话如果不是出自格拉肯之口，我们或许不会认真地对待它。显然，格拉肯在旅行中是一个有心人，他说“这些旅行其实是一种田野工作。”“田野工作”，这是地理学家严肃的术语，它标志着对所见景观的出于学术的反复思考，在含义上，与仅仅满足观光的旅行完全不同。这些丰富的经验观察，也被格拉肯吸收到后来在伯克利大学的关于东亚、地中海、欧洲的教学中。

胡森认为这是一个值得注意的经验，成长在真实世界，还是成长在图书馆，对地理学家来说是存在差异的。当然，格拉肯并不缺乏图书馆中的钻研，通过博览群书，他曾与历史时期的众多思想家及学者对话，而在真实世界中的当代经验，使他在这种对话中更增添了一份资格。

在 1941 至 1945 的 5 年里，格拉肯被“投入”美国军队，从事文职。他去过冲绳和朝鲜，对南朝鲜失去森林的荒山不能忘怀。而关注最多的是冲绳的乡村。后来，他把在琉球的观察和思考写成了一本书：《伟大的琉球：冲绳乡村生活研究》（*The Great Loochoo: A Study of Okinawa Village Life*，1955 年）。这是他出版的第一本书。

格拉肯也曾在华盛顿工作，在那里幸遇第二任妻子，后来又结识她的上司威廉·福格特（William Vogt，1902—1968），他们三人成为很好的朋友。福格特是著名的生态平衡理论的倡导者，他的《生存之路》（*Road to Survival*）一书讨论人口与环境的关系，在西方学术界有着广泛的影响。对于格拉肯来说，与这位好朋友的思想交流，令他对如下问题的兴趣油然而生：人与环境的关系有怎样的历史？更重要的是，在历史中人们是怎么思考这类问题的？由于当代的环境破坏问题日益严重，福格特说：“著书，可以武装人民，也可以令政治家和领导人警觉。”格拉肯说：“这些都促使我去钻研思想的历史。”福格特去世后，格拉肯曾撰文表达了对福格特的深切怀念与崇敬。

1949年，格拉肯意识到，要满足并发展自己的研究兴趣，必须进入学术机构，进入大学，做一个职业的学者、教授。这时格拉肯已经40岁，但年龄并没有妨碍他注册进入约翰·霍普金斯大学鲍曼地理学院（Isaiah Bowman School of Geography）的正规博士课程。从那时开始，他认同自己是一名地理学者，不过，是一名“迟到”的地理学者。

格拉肯的大学学习永远是高效的。1951年，仅用了两年时间，格拉肯博士毕业，所撰论文的题目是《可居住世界的观念》（The Idea of the Habitable World），内容包含四种相互交联的思想的历史，它们是：18世纪中期到二战后的人口理论、环境与文化的相互影响、土地（soils）的概念、现代生态理论。虽然这篇博士论文始终没有发表，但格拉肯感到从中的收获是令人兴奋的。论文中的重要观点都被吸收到后来的著述中。

博士毕业后，格拉肯做了一段人种学的调研工作。

在一次去冲绳的路上，格拉肯遇到索尔，这是他第一次与这位地理学大师的亲身接触。格拉肯说，他早已拜读过索尔的作品，并感到“历史地理学导言”是最能鼓舞人的一篇，在这篇作为美国地理学家协会主席的就职致辞中，索尔表达了对于地理学思想史研究的赞赏。

通过这次结识，索尔开始发现并了解了这位“迟到”的地理学家。这为格拉肯的学术命运带来重要转折。从日本回来后，显然是出于对格拉肯的经历以及思想的欣赏，索尔主动介绍他加入了伯克利大学地理系，成为这个举世闻名的地理学系的教师。在1952年秋季，“我开始了伯克利大学的生涯，而距在这座校园毕业，已经22年了”。格拉肯最初的职位只是一个教员（instructor），而此时，许多他的同龄人都已成为正教授。

索尔支持格拉肯开设一门思想史的课程，并在学校课程目录上将课程命名为“自然与文化的关系”。这门课所讲述的地理学思想史，从古代直至当代。这正是格拉肯热爱并越来越熟悉的东西。除了休假，他每年都上这门课，直到1976年退休。

就这样，从进入伯克利大学教学开始，沿用胡森的比喻，格拉肯又从现实社会中升起，返回到抽象的思想理论世界。据格拉肯自己回忆，随后参与的几次重要的学术活动，使自己的研究进一步深入和坚实。

1956年，他参加了一场著名的学术会议，会议主题是“人类在改变大地面貌中的角色”（Man's Role in Changing the Face of the Earth），大会的组织者是托马斯（William Thomas），此外还有索尔、芒福德（Lewis Mumford）和贝茨（Marston Bates）联合担任大会主席。这样的组织形式已经显示了会议的不比寻常。格拉肯为这次大会提交的论文是“可居世界之观念的变化”（Changing Ideas of the Habitable World）。在论文中，格拉肯描绘了从柏拉图、西塞罗到布丰、达尔文这样一条历史思想走廊。他说：“我对人类作为能动的实施者而改变自然这个题目很感兴趣，但我的兴趣并不是在具体的变化，而是在人们如何解释这些变化。”评论说，格拉肯的这篇论文是第一篇对宽广的地理学思想领域造成真正冲击的论文。会后，出版了与会议主题同名的论文集。这部论文集后来成为格拉肯课上长久使用的参考书。

随后，1961年，在檀香山举办的“人类在岛屿生态系统中的位置”（Man’s Place in the Island Ecosystem）大会上，格拉肯提交了论文“在自然世界中生长的第二世界”（This Growing Second World within the World of Nature）；1965年在普林斯顿举办的“北美未来的环境”（The Future Environment of North America）大会上，格拉肯提交了论文“关于人与自然主题之研究”（Reflections on the Man-Nature Theme as a Subject for Study）。在这些学术活动中，格拉肯向学界展示了自己独特的研究领域。

格拉肯日益认识到，在西方意识形态的历史中，神学曾具有强大影响力和解释力，而各种复杂的讨论层出不穷。意识形态是在历史中被人们创造的，属于历史范畴，或者说是人们不断在逝去的东西上面创造新的东西。在复杂的历史积累中寻找思想的某种秩序，成为他的研究目标。

终于，格拉肯将自己多年的研究思考集结整理为一个整体，在1967年出版了《罗得岛海岸的痕迹》一书（以下或简称《痕迹》），这部书既是格拉肯自己学术的里程碑，也是西方地理学研究的一个里程碑。人类文化与环境的关系，是人类生活中的基本事实，也是地理学自立的基石。而这个主题所衍生的许许多多思想却隐藏在不同的名目之下，格拉肯用三大主题将它们揭示出来：①地球是所谓神意设计的星球，是统一的整体；②生态思想的发展；③环境可以影响文化，而人的能动性又能够改变环境。

这部书出版之后，格拉肯的研究仍在继续。1982年，作为《罗得岛海岸的痕迹》一书的续篇——《关于19、20世纪人与环境关系的思想史》——的初稿完成，但遗憾的是，格拉肯生前未能见其出版。格拉肯的遗稿最终由拉詹（SR. Rajan）等人整理，交由弗吉尼亚大学出版社，于2017年出版，书名是《环境论的谱系：克拉伦斯·格拉肯遗作》（*Genealogies of Environmentalism: The Lost Works of Clarence Glacken*，edited by S. Ravi Rajan with Adam Romero and Michael Watts, [Charlottesville]: University of Virginia Press, 2017）。

在20世纪60年代后期，格拉肯担任了伯克利大学地理系主任职务。同事们回忆，与他宏伟的学术相伴随的是深深的人文关怀精神，他是受各类学生尊敬的、和蔼的老师，这不在于口才，而在于他的睿智、聪慧、善良。格拉肯于1976年退休。

在任教期间，一件很有意味的事是他与惠特利（Paul Wheatley，1921—1999）的合作。1958至1966年，这位后来成为著名历史地理学家及社会思想学家的亚洲（包括中国）研究专家，也在伯克利地理系任教。格拉肯与他一起讲授高级班的文化地理课，讲物质文化，也讲非物质文化。惠特利还增加了他所擅长的城市历史的内容。这门课程犹如一对大师的二重奏，令学生们十分享受。

格拉肯晚年受到心脏病的困扰，于1989年8月20日逝世，享年80岁。人们注意到，与他大约同期的著名地理学家，例如詹姆斯（Preston James，1899—1986）、特瓦沙（Glenn Trewartha，1896—1984）、索尔、雷利（John Leighly，1895—1986）等，都有近60年的写作生涯，而格拉肯还不足25年。但正是这些年的工作确定了他学术上的不朽性。格拉肯以作为一个

地理学家而自豪，他毫无疑问地列入了本学科历史中伟大的学者的行列。（胡森）

二

毫无疑问，《痕迹》一书是格拉肯的代表作，也是“这个世纪由地理学者或者思想史学者撰写的、最具有学术价值的著作之一。此外，因为这是一个具有唯一性的特殊的领域，甚至对于未来，（其地位）也是如此”。（胡森）

本书围绕三大主题展开：地球是被有意设计出来的吗？地球上的气候、地形、各大陆的构造是否影响了个人的道德和社会性质，是否在塑造人类文化的特征方面施加了影响力？在人类居住于地球的漫长岁月中，人们以何种方式将地球从它假设的原始状态做出了改变？在西方文明中，这三大主题中的观念对于理解人类、人类文化和人类生存的自然环境起着重要的作用。正是从这三大主题所提出的问题，产生了西方近代人文地理学研究。

格拉肯在书中的考察范围穿越四个大时代，时间延续 2300 年，涉及这漫长历史时期的每一位思想家。他说，在探索“这些观念的历史时，一个醒目的事实是，可以说生活在这 2300 年间的每一位伟大思想家都曾对这三个（主题）观念之一发表过言论，他们中的很多人还对所有这三个（主题）观念都有所论述”。

上述思想观念“散落”在古代及近代思想家们的各种著述中，包括科学、哲学、神学、文学等诸多领域，涉及数百位思想家、文学家、神学家、哲学家，可以说，格拉肯面对的材料是海量的、繁杂的，这需要高度的驾驭能力和极大的耐心。况且，还要阅读法文、德文、拉丁文、希腊文等多种文字。

在考察研究中，格拉肯不满足于阅读被整理概括之后的思想家的思想，而是寻求他们的思想原貌。原著才是格拉肯展开讨论的依据，所以，他所要做的不是简单地概括，而是展现思想家们观念的复杂性，甚至矛盾性。例如对孟德斯鸠，一般认为他是环境决定论的代表人物，而格拉肯指出：孟德斯鸠处在一个环境影响理论已经大行其道的时代，所以在这个方面，“人们对孟德斯鸠的兴趣更多地是由于他的影响力，而不是他的原创性”。孟德斯鸠于 1755 年去世，但是他的影响转变了 18 世纪下半叶的思想，在满足于思考社会原因的道德哲学中，加入了对自然因素的关注。人们往往根据《论法的精神》的第 14 章到第 17 章，判定他持有教条式的环境决定论，但通读全书，则很难做出这样的判断。在《论法的精神》中有一些章节（特别是第 14 章的第 1 节、第 19 章的第 4 节）显示孟德斯鸠并非是一个决定论者。《论法的精神》中不同的段落反映了孟德斯鸠个人思想的复杂性。复杂性更接近于真实性。

思想家们的社会影响，往往是社会选择性地接受的结果。孟德斯鸠的影响，当然在他所论证的环境作用的一面，这其实也是时代的倾向。卢梭在这个基础上，提出法律的制定要注意地方文化和环境的情况。这里可以看到环境思想在社会事务方面的重要关联性，这是极有历史意义的表现。

《痕迹》一书中类似的讨论很多，所以评论说：格拉肯总是努力验证那些成说或简单的判断，这些判断曾被广泛接受，并被简单重复在问题的研究中。

格拉肯在书中给读者展示的是一个动态的、连续的思想历史的情景。他指出：人们并非用空空如也的头脑去迎接一个新时代及其所提出的人与自然之关系的问题。处于转变时代的思想家，他们都被卷入作为回应新发现而出现的新思潮之中，他们写作时都熟悉旧有的观念，都意识到这些观念在阐释新知识中的重要性，并且都明白他们自身现在必须经历的修正。

思想史，像社会史一样，具有纠缠演变、肯定与否定的复杂过程。格拉肯的方法是在纷纭错综的著述中发现主流。“通常，当我们把挑选出来的多部著作作为一个整体加以审视，尤其是如果这些著作在一个时代（比如大发现时代）结束足够长的时间之后才出版，从而使理论和观察得以成熟并与旧知识相融合的话，那么我们对占主流地位的各种观念以及它们彼此之间的关系就会获得更真实的体悟。”

思想不是空穴来风的另一个重要特征是，它总要以事实为基础，而地理学思想史，是建立在历史地理事实基础之上并被其激励而发展的。变化的地理思想来自变化的大地，包括关于大地的知识的变化。在格拉肯的这部书中，会读到很多重要的、被特别提示的地理变化。这些变化甚至导致整体性的结果。例如：“渐渐地，通过耕作，以及聚落、城堡、村庄、田地、牧场、葡萄园和其他类似的东西，地球的原始状态已经遭到如此的改变，以至于它现在可以被称作另一个地球。”“第二个地球”也就是格拉肯所说的“第二个世界”。在旧大陆，早已没有纯粹的自然，“康德认识到人类的行动力也包含在那些过去和现在的（自然的）作用力之中，……康德认为在自然地理学研究中，有必要把人也包含进来。”

有些变化的描述是包含细节的：“排干沼泽地，让死水流入小河和沟渠，用火和铁器清除灌木丛和老旧的森林。在它们的所在地代之以草场和可耕地让牛来耕犁，这样一个‘新的自然就能从我们手中诞生’。”这是布丰（Georges Buffon，1707—1788）的描述，它可以使人明白英国著名历史地理学家达比（Clifford Darby，1909—1992）关于沼泽地研究的典型意义。

当旧大陆已经深度人文化的时候，新大陆的发现，为地理学家亲眼观察“第二个世界”的开创过程，提供了机会。“新大陆的自然环境常常被看作科学研究绝妙的野外实验室。那些古老的问题现在都可以回答了。”

以下是一个典型的新大陆的动态场景：“一个单独的个人，在一年里就砍倒了好几阿邦(法国土地单位,1 阿邦约等于 1 英亩）的树木，并在他自己清理出的空地上建造了房屋。……这个只有不多资金的人买进了林中的土地，带着他的牲畜和他的面粉与苹果酒储备搬到那里。小树最先被砍倒，较大树木的枝条为他清理出来的地面做了围栏。他‘大胆地向那些巨型的橡树和松树发起攻击，而人们本以为这些树会是他所篡夺的这片领土上古老的君王’。他剥去它们的树皮，用斧头把它们劈开。春天的火完成了斧头没做完的事情，暖和的太阳晒在空地的腐殖质上，促使嫩草生长，成为动物们的牧场。森林砍伐继续扩展，一座帅气的木头房子代替了圆木搭建的小屋。……这一过程在一百年间就把一大片森林变成有三百万居民的地方。”

大自然的“智慧的体系”轻易地被人类改变，过去以为的自然决定人的关系被反转了过来，“第二个世界”在美洲生长得格外迅速，人类创造了属于自己的特别环境，这个环境拥有一种独特的秩序——或无序——而这是自然界中所缺乏的。不难发现，20世纪初美国历史地理学、文化地理学的发展，尤其是占统领地位的伯克利学派的出现，与美洲大陆历史地理的上述特点有很大关系。正是注意到这些特点，伯克利学派的创立者索尔对环境决定论的思想进行了有力的批判，并明确提出了“文化是动因，自然条件是中介，文化景观是结果”这一研究的理论模式。研究农业的起源，研究从自然景观到文化景观的转变，研究文化景观的区域差异，是伯克利学派核心性的主题。

地理事实、地理思想、地理学是紧密关联的，具备了思想史的知识，在思想史的光亮的照耀下，便可以更加深刻地理解每个时代的地理学，无论是希腊化时代的地理学、基督教中世纪的地理学，还是文艺复兴和近代地理学，无论是埃拉托色尼、斯特雷波、托勒密，还是孟德斯鸠和洪堡，他们无不浸润在思想历史的渊流之中。

《痕迹》一书的内容截止在18世纪，但写作的时间是当代。格拉肯是一个充满当代关怀，尤其对当代环境问题极为关注的学者，本书之作，可以说是从当代提问，为当代命题。他曾撰有一篇重要论文“现代西方思想中的人与自然”（Man and Nature in Recent Western Thought），讨论的就是当代问题。此外，由于现实环境问题的日益尖锐，格拉肯的论文风格也开始增加了论战的意味，例如1970年为《环境危机》（*The Environmental Crisis*）

一书所撰写的一章“人类对立于自然：一个过时的概念”（Man Against Nature: An Outmoded Concept），便是对旧有环境观念的批判。1970 年是第一个地球日之年（1970 年 4 月 22 日），格拉肯的论文在这个历史时间点上出现，显示了他的时代先进性。在讨论人与环境的关系时，格拉肯曾肯定中国传统中的平衡与和谐的思想，这体现了他的全球的、文化多样性的视野。

《痕迹》一书出版之后，评论文章出现在地理学刊物上，也出现在历史学、古典学、人类学的刊物上。评语有“丰富的贡献”，“学识渊博”,“迷人的与令人信服的”,“庄重的研究”,“视野广阔”，“伟大的学者，他揭示出地理学更深刻的性质”，等等。

有评论认为，与同时代的著名美国地理学家詹姆斯、特瓦沙等人不同，格拉肯不是一个“地理学者模样的地理学者”（as geographer’s geographer），他没有研究多少具体的地理问题，但他对于地理学历史研究的贡献，并不在他们之下。

在环境危机日益严重的今天，对环境问题的深入研究无疑是一项关键的贡献，所以胡森不无感慨地说：“如果我们能够在这个星球上度过下一个世纪，那么未来的关心自然与文化思想的学者应该怀着敬意将自己的工作献给克拉伦斯·格拉肯。”

三

现在，这样一部优秀著作终于有了中文译本，它必将成为中国地理学界、历史学界、思想史学界的重要参考文献。这不是一本概述式的教科书，而是一部深度反思历史的学术著作。关于自然、大地、环境的认知，是人类思维的重要基础，是神学、哲学、艺术、社会学、人类学的原始起点之一和始终关注的主题之一，因此，此书不仅是了解西方地理学的名著，也是一部认识西方文明的独特而深刻的读本。

对此书进行中译的愿望由来已久，但其翻译的难度，却令人望而却步。十多年前，我曾组织几位研究生尝试翻译，因种种困难中途搁置。后来，终于找到了梅小侃。小侃是我的老朋友，我深知她的英文水平和做事时一丝不苟的品质，不过，任何人面对这样一部著作，要承诺翻译，仍要下很大的决心才行。幸运的是，小侃刚刚退休，正在时间充裕的期间，在我直率的固请之下，在她丈夫（也是我的老同学）余燕明的支持下，小侃接受了这桩重任。

大量陌生的名词术语、人名地名，抽象而又婉转的理论阐述，多种文字引文的转译，诗歌辞句的揣摩，这些都是在单纯语言翻译之上的高难项目。开始的翻译较为顺利，但不久后小侃即应邀参与有关东京审判的研究和翻译工作（她父亲正是当年在东京国际法庭代表中国人民审判日本战犯的大法官梅汝璈先生），于是她变得非常忙碌。然而本书的翻译没有停止，这种坚持不懈的努力，令人十分感动。

商务印书馆是对这部书进行翻译的耐心而有力的支持者，今年是商务印书馆成立 120 周年，《痕迹》一书的译成出版，也加入了对商务馆庆的致意。

唐晓峰

2017 年 9 月 2 日于五道口嘉园

前　言

在西方思想史中，人们始终如一地探询有关可居住的地球，以及人对地球之关系的三个问题：地球（它显然是适合人类及其他有机生命居住的环境）是一个有意做出来的造物吗？地球上的气候、地形、各大陆的构造是否影响了个人的道德和社会本性，是否在塑造人类文化的特征和性质方面施加了影响力？在人类居住于地球的漫长岁月中，人们以何种方式将地球从它假设的原始状态做出了改变？

从古希腊时代到今天，人们如此频繁、如此不停地回答了并且还在回答着这些问题，以至于我们可以用普遍观念的形式来重述这些答案："神意设计的地球"的观念、环境影响的观念，以及人作为地理施动者的观念。这些观念来自人类的一般思想和经验，但是在很大程度上，第一种观念归因于神话、神学和哲学；第二种观念归因于药物知识、医学和天气观测；第三种观念归因于像垦殖、木工及纺织这类日常生活的计划、活动和技能。在古代，前两种观念经常得以表达，而对第三种观念的表述较少，尽管它也隐含在许多讨论之中——这些讨论都承认一个明显的事实，即人类已经通过艺术、科学和技术改变了其周围的自然环境。

第一种观念假定地球是专门为"人"这个最高级的造物设计

的，或者是为“人”处于其最高点的生命等级体系设计的。这个概念预想地球或者地球上的某些已知部分是一个不仅适于生命存在，而且适于高级文明生存的环境。

第二种观念起源于医学理论。从本质上看，它是通过将各种环境因素，例如大气条件（特别是温度）、水源及地理位置，与这些环境中各具特点的不同个人及民族相比较而得出结论，这种比较表现为环境与个人及文化特点之间的相互关联性。严格来讲，把这些早期的推测称为“气候影响”理论是不正确的，因为那时候并没有成熟的天气和气候理论；较为确切的说法应当称这些早期推测为“空气、水和处所”理论，这些词语取自希波克拉底（Hippocrates）文集中所使用的意义。环境论的各个观念尽管是独立于神意设计的论点而产生的，但它们经常在下面这个意义上被人当作设计论的一部分来引用，即所有的生命都被看作调整了自己，以适应有意创造出来的和谐的外部状况。

VIII 比起上述两种观念，第三种观念在古代没有很好地成形；事实上，它的完整含义直到布丰（Buffon）写作之后才为人所认识，后来在马什（Marsh）1864 年出版的《人与自然》（*Man and Nature*）中才有了详细的探讨。同环境理论一样，这种观念也可以被包容在设计论之中，因为人通过自己的技艺和发明，被视为上帝的伙伴，改善并培育着为人而创造出来的地球。虽然环境影响的观念与人类作为地理施动者的观念可能并非相互矛盾（近代有许多地理学者试图发展两者互为影响的理论），但是无论在古代还是近代都有这样的特点，即思想家们会采纳两者之中的一种观念而排斥另一种；不过，直到十九世纪人们才感受到：接受一种观念而不喜欢另一种导致了完全不同的侧重点。因此我们看到，古代作者（以及近代作者）的著作中各处散落着地理影响和人类施动力这两种观念，并且没有做出将两者协调起来的任何努力。从希腊时代起，这两种观念一直有着奇特的历史，有时并肩而立，有时彼此远离。

本书的主题是，在直至十八世纪末的西方思想中，有关人类文化对自然环境之关系的概念，由上述三种观念所支配（但不是绝对的），有时只有其中之一，有时是两种甚至三种结合在一起：比如说，人居住在神所创造的地球上，这个地球为了他的需要而和谐地设计出来；他的体格特性（例如皮肤和头发）、他的身体活动力和精神活跃性是由气候决定的；他履行着上帝交给他的使命，即完成创世、给自然带来秩序，这些事情是上帝在赋予人头脑、眼睛和双手时就想让他去做的。这一组观念加上围绕这些内容的某些附属观念，都是一个思想母体的组成部分，而近代的社会科学便是从这个母体中浮现出来的；当然，社会科学也深深植根于神学、伦理学、政治学和社会理论以及哲学的历史之中。在西方文明中，上述三种观念对于理解人类、人类文化和人类生存的自然环境起着重要的作用。从这三种观念所提出的问题中产生了近代的人文地理研究。

我们很难轻而易举地把上述观念从被称之为时代思想或文化传统的大量事实、学问、思索和推测中孤立出来做研究，我们只是将它们生生撕开、剥离。这些观念中没有什么东西是单独存在的，而分割的界限也并不清楚。它们是复杂的整体中一些活生生的部件；是学者们的关注给了它们突出的地位。

这些简单事实带来一个更加困难的问题。我们应该止步于何处、何时呢？让我来举几个例子。众所周知，在十二世纪和十三
IX 世纪的拉丁中世纪，人对自然的态度方面发生了明显的转变。那个时代中“神意设计的世界”比早期基督教父时代的概念来得复杂了，象征主义的负担比以前轻了。人们更加关注日常事务和次级原因。但是在探讨这个主题的时候，我们很快就会陷入一系列的话题：实在论与唯名论之争，有关科学起源的近代观念，宗教艺术的变化（例如耶稣受难、耶稣升天、圣母和圣婴这些肖像），方济各会（Franciscan order）在自然研究中的作用，1277 年艾蒂安·坦普埃尔（Étienne Tempier）谴责的含义，以及对植物学研究（乃至人类研究）更为现实的方法。这些话题属于另一本书，但是本书的主题会使我们想起这些事情。

再举一个例子。伽利略在他的方法论中抛开了第二性质（secondary qualities）。这被证实为在理论科学上做出发现的正确方法。这个程序可能曾为人们通过应用科学来有目的地控制自然扫清了道路，但是它对自然史发展的贡献却不大，因为自然史学者们发现很难将生命的多样性和个体性加以简化，这种多样性和个体性对我们的感官来说是明白无误的。气味和颜色非常重要。在十八世纪，布丰在批评笛卡尔时认识到抽象思维的局限性。自然史要求具体的描述和对细节的研究，包括颜色、气味、环境变化，以及人类有意或无意行为所造成的影响。现代的生态学和环境保护也需要这样的调查，因为它们的根源中有许多存在于古老的自然史中。因此，我们还要写另一本书来对比物理学中的方法论历史与自然史和生物学中的方法论历史，其中注意到一个明显的事

实，即目的论（teleology）过去作为一个有用的科学原则，在自然史和生物学中存在的时间比在物理学中存在的时间长多了。我们还应该将人类通过应用科学来有意地控制自然，与人类无目的、无意识且不知不觉地持续改变环境的现象加以对比。

大量相互关联的思想体系就这样出现，刚开始好像远方的骑手扬起阵阵轻尘，而当他们到来时，就会责备我们没有及时看到他们的数量、力度和勃勃生机。我们这样说的时候想到了关于园林、宗教景观和自然象征主义的思想史。

当我们看到一个由人以某种方式改变了的景观时，很少能够断言我们所见到的东西体现并表明了人们对自然、对人在自然中的位置所抱有的态度。风景画也给我们带来类似的困惑。我们从老彼得·勃鲁盖尔（Pieter Bruegel the Elder）的作品《伊卡鲁斯的坠落》（*Fall of Icarus*）中究竟发现了什么？依我看，一个例外就是园林史，无论是英国的、中国的还是意大利的。在园林中，我们几乎可以看到思想观念在景观中的体现。是艺术模仿自然，还是自然对抗艺术？园艺是像一节几何课吗？园林中的草坪是规则地倾斜，还是类似绵延起伏的牧场呢？关于人对周围环境以及对人自身的态度，园林又表现出什么？但是这个主题又需要另写一本书了。我们可以在西伦（Sirén，即喜龙士）的描述和克利福德（Clifford）的《园林设计史》（*A History of Garden Design*）里看到这些可能性。

在作为一个整体的世界上，对于研究人类对地球态度的历史 x
学者来说，很少有其他主题比宗教的作用更有吸引力了。今天我们看到的最佳例证来自非西方文化，不过西方文明史在这方面也有丰富的内容。我们想到斯卡利（Scully）关于希腊宗教建筑及其景观的研究、对宇宙的思考作为罗马“网格法”（centuriation）的可能起源、天上的城市和天堂里的耶路撒冷、中世纪的大教堂选址、神圣丛林，以及自然象征主义。的确，园林、宗教景观、对人类改变环境的宗教态度和审美态度，这一切诱惑我们去研究其深刻的人文意义，这个研究可是不容易穷尽的。

本书中有许多在西方思想中经常出现的人与自然分离的例证，反过来，也有许多人与自然作为活生生的、不可分割的整体中的不同部分而结合在一起的例证。这种“一分为二”折磨着地理思想史（例如自然景观与文化景观的区分，这种区分现在很多人愿意放弃），以及当代有关人类扰乱自然界平衡的生态学讨论。不少论文一开始就满怀信心地坚称人是自然的一部分——怎么可能不是呢？——但是他们的论点只有在把人类文化从其他自然现象中分离出来的情况下才有意义、有说服力。我不能说自己已经澄清了这个困难的题目。在西方思想中，这个问题太多地与其他的思想史交织在一起——关于人的哲学、神学、肉体和道德上的邪恶问题，等等。

原始时代的人看到自己在许多方面很像周围的动物，但仍然能够把自己的意志强加在一些动物身上——人与自然之间的区分是否从那个时期就开始了？犹太教义认为人尽管有罪而不道德，却既是造物的一部分又与其他造物不同，因为人是唯一按照上帝形象造出来的生物——这个观念是否被铭刻在西方思想之中？人是否基于对工匠手艺的古老意识而感觉到自己高于其他的生命和无生命物质？普罗米修斯被看作最高级的工匠并为此受到人们的崇拜，尤其是在阿提卡。

问题的另一个层面是否在于人们的生活方式不同——有人住在乡村，有人住在城里，前者被认为与自然事物相通，而后者则是非自然的、属于人的创造？瓦洛（Varro）说过“神圣的自然创造了乡村，而人的技能创造了城镇”，这不正说明自然与技艺之间的古老区分吗？这种深深的信念，通过十七世纪的科学理论成果及其带来的实际优势——人们对这些事情的认识生动地表达在莱布尼兹（Leibniz）的著作中——是否增加了力量、获得了无可辩驳的证明？阿拉伯的科学家、中世纪的炼金术士、培根、帕拉塞尔苏斯（Paracelsus）、笛卡尔和莱布尼兹本人所希望的情形到此时已经在实现：人类达到了这样一个制高点，可以对自己不断增长的控制自然的能力满怀信心了。

我第一次知道思想史的存在及其重要性是在三十多年前， XI
作为一个年轻的伯克利本科生，我选修了弗雷德里克·特加特（Frederick J. Teggart）教授的“进步观念”课程。我到今天都还清楚地记得教授的讲述，还留着我的课堂笔记。特加特的学问博大精深，又极会讲课。他的《历史绪论》（*Prolegomena to History*）、《历史进程》（*Process of History*）、《历史理论》（*Theory of History*）和他对斯彭格勒（Spengler）的《西方的衰落》（*Decline of the West*）一书的评论，打开了我以前几乎不知其存在的学术领域的大门。

读者可能会以为本书完全是在图书馆里写成的。实际上，研究这些观念的早期驱动力也来自我的个人经历和观察所得，这些观察指向思想理念和价值观在理解文化对环境之关系上所起的作用。在大萧条的年月里，我的工作涉及那些接受救济的本地及暂住家庭，还有从“风沙中心”过来的流动农工，因而我像成千上万的人一样，得知了在大萧条、土壤流失和向加利福尼亚的大规模移民之间存在着相互关联性。

在 1937 年，我花了 11 个月的时间在全世界许多地方旅行。北京上空笼罩的黄色烟尘，扬子江边清除的淤泥，吴哥窟遗址上从一棵树荡向另一棵树的猴子，开罗附近矗立的原始提水装置，地中海旁的散步大道，塞浦路斯的山羊凝乳和角豆，雅典古城遗址及希腊的干燥气候，东地中海的灌木丛、小海湾、小村庄和那里的森林砍伐，高加索的牧羊人，奥尔忠尼启则市场上东亚人的长剑，瑞典斯科讷安静的农场——这一切以及更多的观察结果，使我刻骨铭心地认识到一个普普通通的真理，那就是：人类文化也好，人类居住其间的自然环境也好，都存在着极大的差异。要知道，听说过午夜的太阳和真正在北极圈里度过一个夏夜是两码事。我们不断地提出问题：关于激发人类创造力的环境，关于宗教信仰的效果，关于浸透人们灵魂的习俗和传统。还有，尽管我为了方便而使用像“人”和“自然”这样的抽象词语，我实在的意思却是人类文化、自然历史、地形地貌，等等。“人与自然”这类短语作为标题很有用，但它只是一种简写，其中所表达的种种观念要复杂得多。

我在 1951 年曾住在冲绳的三个小村庄中，研究那里的生活方式。我得以认识中国人家庭体系的深远重要性（当然，那已是
XII 被日本人和冲绳人改变了的），以及继承制度对土地使用和土地面貌产生的影响。在这种情况下，看到有关文化和环境的传统上

的区别，看到西方文明所发展起来的观念只不过是众多可能性中的少数几种，似乎是一件很自然的事情。

最后，1957 年我在挪威居住了一年，拜访了那里的古老城镇（特别是居德布兰河谷的老镇）、农场、临时性的夏季山地牧场小屋，并且阅读了有关挪威森林史的书籍，我更清楚而鲜明地看到：欧洲人对景观历史的关注有多么深切，挪威人对农场历史、夏季牧场、地方名称，以及乡村生活一切方面的兴趣有多么浓厚。奥斯陆比格迪露天博物馆里和格洛马河上埃尔沃吕姆地区十八世纪的水力锯，促使我更加专心地阅读关于中世纪环境变化的著述，因为这个重要的发明最初展现在十三世纪维拉尔·德·奥内库尔（Villard de Honnecourt）的《图集》（*Album*）之中。

在很多地方，我们可以看到下面这两者之间关系的证据：一方面是对地球的宗教态度；另一方面是景观的面貌、当地环境带来的局限，以及人类文化给自然环境造成变化的历史深度。

当我在五十年代中期开始写这本书的时候，最初的意图只是为一篇基于博士论文的作品写一个导言，这篇作品是“可居住世界的观念”，涵盖的时期是十八世纪到现在。后来我决定留给古典时代和中世纪更充分的篇幅。最后，原本打算的一次短途旅行变成了长途跋涉的远征，因为我越来越坚信，这些观念的起源和早期历史很重要，它们使近现代人类对地球的态度变得更有意义，可能也对这些观念与印度的、中国的和穆斯林的思想进行比较研究作出贡献。

此外，我还曾经打算把这部历史一直写到当今，因为我觉得，要是能一下子展现这些观念在两千年历史长河中的发展变化将是一个极大的优势。因此，当我在两年前决定止步于十八世纪末的时候，自己是相当失望的。但是我知道这个任务超出了我个人的力量。十九世纪和二十世纪的思想要求一种不同的处理方式，适合另写一本书。材料的数量实在是太大了，但还不仅仅是数量问题。这些材料更复杂、更专业化，而且广泛分散在许多不同的学科中。我希望在另一本书中写出十九世纪和二十世纪的某些主题，当然是在个人力所能及的范围内——尽管研讨会和其他形式的学术合作不可或缺，但我仍然感到，对思想史大趋势的个人解释始终占有一席之地。

更进一步看，我相信，在古典时代直到大约十八世纪末这个时间跨度上（当然要把按照世纪或时期来划分思想的刻意人为因素考虑在内），围绕这些观念聚集着一个连贯一致的思想体系。
XIII 我想，布丰、康德或孟德斯鸠也许会觉得古典世界很奇怪，但是他们的时代与古典时代之间的鸿沟还没有 1800 年到 1900 年之间的鸿沟那么大。

一个思想史学者必须跟着自己的嗅觉走，而他的嗅觉常常会将他引导到一些冷淡但并非不友好的区域，这些区域的边境有人巡查，巡查者熟知区域内的每一寸土地。对我来说，尽管我不能宣称自己是某个特定世纪的专家，或者是古典时代或中世纪的专家，但我自己的地理思想史专业迫使我研究许多不同的时期，因为每一时期对地理思想的贡献都非常巨大而不容忽视。像这样的问题，每个希望突破狭窄界限的人必定都会遇到。地理思想史学者（尤其是研究较早时期的学者）如果只局限在自己的学科范围内，就像是喝稀粥没有多少营养，因为这些地理思想观念几乎总是派生于更广阔的探究，例如生命的起源和本质、人的本质、地球的物理和生物特征，等等。这些观念必然覆盖了多个思想领域。

只要有可能，我都会阅读原始资料，仅仅在例外情况下我才参考大量的第二手文献。我在这里绝不是看低这些第二手来源，因为我们的新领悟往往得益于前人的学问。我的一般规则是：引用那些使我受益的第二手文献，以及在那些对本书主题来说有趣但不是十分重要的问题上援引其他第二手来源。据此，就大部分问题我作出了自己的解释；而在有些情况下，对于文本、特定时期某些词语的解释、古典时代的来源探究（*Quellenuntersuchungen*）这些方面，专家知识的帮助是不可或缺的，例如莱因哈特（Reinhardt）关于波昔东尼（Posidonius）和潘尼提乌（Panaetius）的论述，洛夫乔伊（Lovejoy）和阿姆斯特朗（Armstrong）关于普罗提诺（Plotinus）的论述，克劳克（Klauck）关于大阿尔伯特（Albert the Great）地理学的论述，等等。有时候，特别是在第七章中，我从第二手著作中转引了一些文件，主要是因为原始文件没有办法得到，这些文件往往收藏在法国或德国的乡镇和省市档案馆里、记载于善本书或一些组织章程中。

由于为数众多的思想家都讨论过本书所关注的那些观念，我应当说一说关于选择的问题。我的一般规则是：选择那些对所述观念作出重要贡献的著作，以及那些虽然没有或只有很少的原创性，但将所述观念引入其他领域，或者是显示了所述观念的思想连续性或持续重要性的著作。希波克拉底的文集《空气、水、处所》（*Airs*, *Waters*, *Places*）对环境理论有着原创性的贡献；亚里士多德没有这样的贡献，但是他把环境观念用在了政治和社会理论上。如果不作选择，我这本书就会冗长得令人厌烦，因为在这些领域中那些卷帙浩繁的古老著作有许多重复。还有，我会给一个重量级的思想家以更大的篇幅，而压缩对那些不太重要的同时代人的叙述。在中世纪，关于设计观念讨论的选择问题尤其困难，因为这个话题几乎所有的思想家都提到过；我相信自己对下面这
XIV 些学者的强调是合理的：圣巴西尔（St. Basil）、奥利金（Origen）、圣奥古斯丁（St. Augustine）、大阿尔伯特、圣托马斯·阿奎那（St. Thomas Aquinas）和雷蒙·西比乌底（Ramon Sibiude）。在文艺复兴时代，博丹（Bodin）对环境理论的研究比他的任何同时代人都要透彻得多；事实上他常常充当其他人的引述来源。到了十八世纪，具有最高权威性的著述，在人类改造自然的施动力方面是布丰，在自然的目的论方面是休谟和康德，在环境问题上是孟德斯鸠。

本书只涉及上述观念在西方文明中的发展；西方文明为这些观念提供了独特的模式，因而在这个意义上，本书的范围也是有限的。没有一种全球通用的思想（不过有关科学方法的文献可能是个例外）。各种伟大的传统——其中包括印度的、中国的和穆斯林的——都得到兴旺发展，最初往往各自孤立，而后又常常相互作用、相互影响。西方传统，包括西方的科学、技术、重要学术成就，以及对神学、哲学、政治和社会理论、地理学的深厚兴趣，是最为多种多样而具世界性的，部分原因是西方传统从其他文明传统中接受并吸收了大量内容。

我还应当谈一下几个经常用到的词语。“自然”（nature）、“自然（外部）环境”（physical environment）、“设计”（design）、“终

极因”（final causes）、“气候”（climate），以及本书中出现的一些其他词语和表达，都有着很长的历史，随着时间推移累积了不同的、常常是含糊的意义。因此，如果文献中本来不存在精确性，我们也不能强求。人们通常就假设一个词语的意义是明显而不需要解释的。

众所周知，“自然”这个词在希腊语、拉丁语和现代语言中都有多种含义。这个词虽然有缺陷，却是一个宏大的老词。当赫胥黎写作《人在自然界中位置的证据》（*Evidence as to Man's Place in Nature*，1863 年）一书时，他讨论了人在生物进化标尺上的位置。当马什在 1864 年写作《人与自然》时，他描述的是人类活动所改变的地球。有时候这个词与外部环境或自然环境是同义语，有时候它却比这些偏重于事实陈述的词语所表达的多了一些哲学、宗教或神学的氛围。这个词偶然还会获得一种辉煌的意味，就像布丰说它是“神的庄严宝座之外的王位”（Le trône extérieur de la magnificence Divine）。

在各种著述中，“自然（natural）环境”与“外部（physical）环境”常常可以互换使用。它们对应的是 *umwelt* 和 *milieu* 这两个词，其用途限于物理的和生物的现象。它们是用在地球的有机和无机领域的一般术语，包括那些被人类改变了的领域。它们所指的不是社会科学家常常使用的“环境”一词的意义，后者是文化环境（如上层阶级居住区、贫民窟、邻里社区等）。

一般来说，“人”（man）是一个用来代表“人类”（mankind）的方便用语，然而“文化”（culture）和“社会”（society）才是更准确的用语。“人”这个词是如此抽象，它掩盖了其他这些词语的错综复杂和扑朔迷离。

xv 在很长时期里，“气候”（climate）、“气候 / 地方”（clime）这两个词作为 κλίμα 的译文，用在它本来的希腊语意义上。孟德斯鸠在《论法的精神》（*The Spirit of Laws*）中就是这样用的。沃尔尼（Volney）伯爵在他论述美国气候和土壤的著作中（英文译本，1804 年），评论了“climate”一词的意义变化，这个变化当时正在发生。他说（不过说得不怎么准确），这个词的字面意义是纬度的高低。然而，既然一般来说一个国家是冷还是热由纬度来决定，纬度的观念就变得与冷热的观念密切相连，于是“气候这个词现在跟惯常的大气温度是同义语了。”

很多词语由于长期的使用而失去了准确性。一般来说，“来自设计的论证”（argument from design，设计论）与基于神学的目的论及“终极因学说”都曾被互换使用，尽管这样的用法很难解释。经常有人指出，“终极因”里面的“因”（原因）与通常意义上的“原因”——例如在“动力因”（efficient cause）里的用法——意味着完全不同的东西。与此相似，“物理神学”（physico-theology）和自然神学（natural theology）与基于神学的目的论自然观常常作为同义语使用；两者也被用来区分其论题及概念与启示宗教（revealed religion，天启教）的论题及概念。还有人在物理神学与自然神学之间作出区分，后者包含了更多关于人的讨论，而留给前者的是存在于物理和生物世界中的神意设计的例证。然而，威廉·德勒姆（William Derham）对比的却是物理神学与星象神学（astrotheology），前者以地球上的行事方式为基础来证明神圣智慧，后者则是从宇宙秩序的角度出发的。从历史上看，这些说法与圣托马斯·阿奎那、康德及他人对上帝存在证明的表述方式密切相关。

必须承认，我们无法避开这些词语，而文献中存在着混淆不清的地方。八十多年前，希克斯（L. E. Hicks）勇敢地蹚进浑水；他不同意把“来自设计的论证”与“目的论自然观”作为同义语使用，因为目的论并不是向造物主敞开的唯一可能路径，造物主还可以通过设计来建立秩序。希克斯没有宣称旧的目的论自然观随着新的科学观点扩张而同时衰落，但他的确把目的论与较老旧的神学视为一体，而将秩序与科学相联系。这里所区分的是下面这两者：一方面是“目的论”，它强调目的（不仅包括自然中每个实体的目的，而且是自然本身的目的），另一方面是“秩序”，它基于自然法则，不考虑目的问题。对后一种概念，希克斯建议了一个新词“秩序论”（eutaxiology），这是根据希腊词 εὐταξία，意思是好的秩序和纪律。目的论导致对目标或目的的强调，让手段适应目标；而“秩序论”则强调秩序和计划。据我所知，“秩序论”由于无人在意而夭折了。

有几个词语——“生命之网”（web of life）和“平衡”（balance）或“自然界的均衡”（equilibrium in nature），常常互换使用。它们都是比喻，表示自然界中存在错综复杂的相互关系，自然界的组成部分之间有着微妙的调整。第一种说法使我们看到与蜘蛛结 XVI
网的相似之处，后面的词语源自古典物理学。或许“网”这个词比“平衡”或“均衡”更多地唤起我们注意自然界中的相互关系，而“平衡”或“均衡”则强调调整的微妙性；不过我从来没有看到有人表达这种区别。

最后，我想说一说第一部分的“导论”，它的篇幅可能看起来太长，有点不合比例。我是想通过这个导论达到两个目的：首先，为古典时代三种观念的并行历史提供直接的背景材料；其次，使以后几个时期的思想更为明白易懂，因为尽管新条件、新情况造成了许多变化，但后来的思想仍然牢固地建立在古典时代的基础之上，至少其中一部分是这样。

鸣　谢

我首先要表达对加州大学伯克利分校社会科学研究所的深深谢意，它长期以来一直支持本书的写作，特别要感谢所长赫伯特·布卢默（Herbert Blumer）教授的大力帮助。

我有幸在这样一个系里做教授，历经三任系主任：卡尔·索尔（Carl Sauer）、约翰·莱利（John Leighly）和詹姆斯·帕森斯（James Parsons），他们自己对人文研究的承诺和赞同给了我始终如一的鼓励。我的同事保罗·惠特利（Paul Wheatley）也是如此，他还阅读了我的一部分手稿，就好几段古典和中世纪拉丁文的解释和翻译慷慨地帮助了我。莱斯利·辛普森（Lesley Simpson）教授对《布尔戈斯法律》（*Laws of Burgos*）的翻译为我打开了新视野；他对征服时期作品的深厚知识使我认识到，本书所讨论的许多观念在后哥伦布的新大陆中是何等重要，即使这些浩大主题在本书中无法探讨。我在三十多年前做本科生时上过玛格丽特·霍金（Margaret Hodgen）教授的课，从那时起我和她保持着温暖的友谊；她对思想史的精准领悟和敏锐感受再一次表现在她的《十六和十七世纪的早期人类学》（*Early Anthropology in the Sixteenth and Seventeenth Centuries*）一书中，这部著作杰出地阐述了近代早期关于人与人类文化的概念。霍金勇气十足的学术生涯激励了她的许多学生。

我非常感谢加州大学的同事们，他们阅读并评论了有关章节的草稿——古典时代：古典学系的约翰·安德森（John K. Anderson）教授；中世纪：原伯克利分校历史系、现布朗大学的布赖斯·莱昂（Bryce Lyon）教授；近代：社会学系的肯尼思·博克（Kenneth Bock）教授；以及约翰·埃尔斯顿（John Elston）先生（中世纪）。但遗留的差错都是我自己的问题。加州大学洛杉矶分校地球物理和行星物理研究所的克拉伦斯·帕尔默（Clarence E. Palmer）教授对本书表示的兴趣对我是极大的鼓舞力量。我还要感谢加利福尼亚大学出版社的格雷斯·布扎利科（Grace Buzaljko）给我的宝贵意见，以及格拉迪斯·卡斯特（Gladys Castor）在她细心的文字编辑工作中提出的建议。几年来我一直得到弗洛伦斯·迈尔（Florence Myer）的重要协助；我的手稿又长又难认，她在给我的初稿和完成稿打字的过程中所表现的自觉性、技能和耐心，我怎样表扬都不会过分。我妻子米尔德丽德多年来以无数方式支持了我，还帮我整理提交给出版社的稿件。

XVIII 此外，我要感谢史蒂夫·约翰逊（Steve Johnson）为本书所作的各章题图线条画，他的技巧和耐心给本书所涉及的抽象观念带来了形象的表达。读者或许也有兴趣知道，多幅题图是根据他人作品改画或受他人作品启发而成的。影响不同篇章题图的是下面列举的这些作品——第一章：罗登瓦特（Rodenwaldt）《古代艺术》（*Die Kunst der Antike*）一书中刊载的伊莎贝尔（Isabelle）对万神殿内部的重现；第三章：泽诺·迪默（Zeno Diemer）描绘的罗马东南五条水道的交汇点；第四章：马克斯·豪特曼（Max Hauttmann）《中世纪早期艺术》（*Die Kunst des frühen Mittelalters*）中刊载的传福音微型画；第二部分导论：同书所载的法国孔克（阿韦龙）圣弗伊大教堂景色；第五章：冯·西姆森（von Simson）《哥特式大教堂》（*The Gothic Cathedral*）中刊载的来自维也纳的圣经宣教画“上帝是宇宙的建筑师”；第六章：同书所载的约1200年的一幅蘸水笔画，描绘空气作为宇宙和谐的一个元素；第七章：埃利奥（R. P. Helyot）《宗教和军事秩序的历史》（*Histoire des ordres religieux et militaires*，1792年）第五卷中刊载的一位本笃会修士的画像；第三部分导论题图的右半边：西奥多·德·布里（Theodor de Bry）的画作《美洲第四部分》（*Americae pars quarta*，1594年）的细部，重载于艾伯特·贝泰（Albert Bettex）《世界的发现》（*The Discovery of the World*）第131—132页；第八章：约瑟夫·安东·科克（Joseph Anton Koch）的画作《苏比亚科附近的瀑布》（*Waterfalls near Subiaco*），重载于马塞尔·布里翁（Marcel Brion）的《浪漫艺术》（*Romantic Art*）；第九章：表现四元素与四项品质之关系的一个图解（来源不明）；第四部分导论：卡普（Cap）《自然史博物馆》（*Le Muséum d'histoire naturelle*）中刊载的一幅版画，表现贝尔纳·德·朱西厄（Bernard de Jussieu）1734年从英国归来，用他的三角帽带回两株黎巴嫩雪松；第十一章：辛格（Singer）《技术史》（*A History of Technology*）第三卷第634—635页关于显微镜和望远镜的插图；第十二章：一幅常常被人转载的孟德斯鸠肖像；第十四章：布丰《自然纪元》（*Des Époques de la Nature*，1778年）原始版本中的一页；结论：卷首插图的一个细部。

与每个具体时期相关的书籍和文章在各章的脚注中引述。然而我在这里想特别提到覆盖了较长时期的几部著作。佐克勒（Zöckler）的两卷本《特别考虑到创世故事的神学与科学之间的关系史》（*Geschichte der Beziehungen zwischen Theologie und Naturwissenschaft mit besonderer Rücksicht auf Schöpfungsgeschichte*，1877—1879 年）是一个伟大而不朽的研究成果。他本人比较赞同神学目的论，他孜孜不倦、深入细致的研究值得这一领域的所有学者对他感恩。希克斯不大为人所知的尖锐作品《设计论批判》（*A Critique of Design-Arguments*）（包含许多第一手来源的引述）揭示出，设计论的支持者和批评者即便到了十九世纪八十年代依然十分活跃。富兰克林·托马斯（Franklin Thomas）的《社会之环境基础》（*Environmental Basis of Society*，
XIX 1925 年）是我在多年前读到的，在书中我第一次洞悉从古典时代到我们二十世纪的二十年代初环境观念的全貌。在我们二十世纪，人口理论方面出现了不少作品，但大部分都以特定时期为限。施坦格兰（Stangeland）的文章“前马尔萨斯人口学说”（Pre-Malthusian Doctrines of Population，1904 年）是饶有兴味的，他对于人口理论与政治和社会理论、神学及其他学科之间的关系有许多真知灼见。洛夫乔伊的《存在的巨链》（*Great Chain of Being*，1948 年）使西方思想中一个重要部分变得明白易懂；其中对我尤为宝贵的内容包括他对自然界等级体系的讨论、对人在其中位置的解释，以及最重要的一点：完满原则（the principle of plenitude）。

最后，我希望表达自己对下列出版社的感谢，它们给了我引

用其出版的书籍的许可。我特别感谢哈佛大学出版社和威廉·海涅曼有限公司（William Heinemann，Ltd.），它们慷慨地允许我广泛征引收入“洛布古典文库”的作品：阿波罗尼奥斯·罗德斯（Apollonius Rhodius）：《阿尔戈船英雄纪》（*The Argonautica*）；亚里士多德：《动物志（动物的各部分）》（*Parts of Animals*）；西塞罗（Cicero）：《论学园派》（*Academica*）、《论命运》（*De fato*）、《论演说家》（*De oratore*）、《论神性》（*De natura deorum*）、《论共和国》（*De republica*）；科卢梅拉（Columella）：《论农事》（*De re rustica*）；西西里的狄奥多罗斯（Diodorus）；盖伦（Galen）：《自然之力》（*On the Natural Faculties*）；希腊田园诗人；赫西奥德（Hesiod）：《荷马赞美诗及荷马利加》（*The Homeric Hymns and Homerica*）；希波克拉底：卷一《空气、水、处所》和《古代医学》（*Ancient Medicine*），卷四《人的本质》（*Nature of Man*）；贺拉斯（Horace）：《颂诗和抒情诗》（*The Odes and Epodes*）、《讽刺文和书信》（*Satires and Epistles*）；斐洛（Philo）：《论世界之创造》（*On the Creation*）；柏拉图（Plato）：《蒂迈欧篇》（*Timaeus*）、《克里特雅斯篇》（*Critias*）；普林尼（Pliny）：《自然史》（*Natural History*）；普鲁塔克（Plutarch）：《道德论集》（*Moralia*）卷四“亚历山大的幸运或美德”（On the Fortune or the Virtue of Alexander）、卷十二“关于月球的外表面”（Concerning the Face Which Appears in the Orb of the Moon）；托勒密（Ptolemy）：《天文集》（*Tetrabiblos*）；塞涅卡（Seneca）：《道德书简》（*Epistolae Morales*）；泰奥弗拉斯托斯（Theophrastus）：《植物探询》（*Enquiry into Plants*）；提布卢斯（Tibullus），载于《卡图卢斯、提布卢斯，

及维纳斯的夜祷》（*Catullus*，*Tibullus*，*and Pervigilium Veneris*）；色诺芬（Xenophon）：《大事记》（*Memorabilia*）和《经济论》（*Oeconomicus*）。

下面这些作品选段也都是得到相关出版社的许可而引用的：

—阿瑟·洛夫乔伊：《存在的巨链》，1936年和1964年哈佛学院版权；阿瑟·洛夫乔伊和乔治·博厄斯（Arthur O. Lovejoy and George Boas）：《古代的原始主义及相关思想》（*Primitivism and Related Ideas in Antiquity*）；马萨诸塞州剑桥哈佛大学出版社。

—让-雅克·卢梭（Jean-Jacques Rousseau）：《爱弥儿，或教育论》（*Émile；or, Education*），由芭芭拉·福克斯利（Barbara Foxley）译自法文，Everyman's Library，纽约E. P. Dutton & Co.及伦敦Dent & Sons，Ltd.。

—伊曼纽尔·康德：《判断力批判》（*The Critique of Judgment*），由詹姆斯·克里德·梅雷迪思（James Creed Meredith）译自德文；卢克莱修（Lucretius）：《物性论》（*De rerum natura libri sex*），由西里尔·贝利（Cyril Bailey）译自拉丁文；牛津Clarendon Press。

—温顿·托马斯（D. Winton Thomas）编辑：《旧约时代文献》（*Documents from Old Testament Times*），纽约Harper Torchbooks，The Cloister Library，1961年Harper and Brothers，原版1958年伦敦Thomas Nelson and Sons，Ltd.。

—阿博特·贾斯廷·麦卡恩（Abbot Justin McCann）：《圣本笃》（*Saint Benedict*），©1958，纽约Sheed & Ward，Inc.。

xx —海伦·沃德尔（Helen Waddell）翻译：《中世纪拉丁抒情诗》（*Mediaeval Latin Lyrics*），企鹅图书企鹅经典，1962年，伦

敦 Constable Publishers。

—艾蒂安·吉尔森（Étienne Gilson）:《中世纪基督教哲学史》（*History of Christian Philosophy in the Middle Ages*），©1955，纽约 Random House，Inc.。

—莱布尼兹：《莱布尼兹选集》（*Selections*），菲利普·威纳（Philip P. Wiener）编辑，1951 年，纽约 Charles Scribner's Sons。

—纪尧姆·德洛里和让·德默恩（Guillaume de Lorris and Jean de Meun）:《玫瑰恋史》（*The Romance of the Rose*），哈里·罗宾斯（Harry W. Robbins）译自法文，©1962，E. P. Dutton & Co.，Inc.。

本书中的《圣经》引文来自“圣经修订标准本”（Revised Standard Version of the Bible），教会全国委员会基督教教育部 1946 年和 1952 年版权，以及“次经”（Apocrypha），教会全国委员会基督教教育部 1957 年版权，经允许而使用。

克拉伦斯·格拉肯

1966 年，加利福尼亚州伯克利

缩写词

AAAG	*Annals of the Association of American Geographers*
Act. SS. O. B.	Iohannes Mabillon, ed., *Acta sanctorum Ordinis s. Benedicti in saeculorum classes distributa.* NA
Aen.	Virgil, *Aeneid*
Agr.	Tacitus, *Agricola*
AHR	*American Historical Review*
Alsat. dipl.	Schoepflin, *Alsatia diplomatica.* NA
AMA	Grand et Delatouche, *L'Agriculture au Moyen Âge*
ANF	The Ante-Nicene Fathers. *Translations of the Writings of the Fathers down to* A.D. *325*
Ann.	Tacitus, *Annals*
Ant.	Sophocles, *Antigone*
Anth.	Stobaeus, *Anthrologion*
Arist.	Aristotle
Ath.	Athenaeus, *The Deipnosophists*
BDK	*Bibliothek der Kirchenväter*
Ben.	Seneca, *On Benefits*
Beuchot	*Oeuvres Complètes de Voltaire*, ed. Beuchot
Bus.	Isocrates, *Busiris*
Cassiod.	Cassiodorus
CEHE	*Cambridge Economic History of Europe*
Cic.	Cicero
Comm. in Verg. Aen.	*Servii Grammatici Qui Feruntur in Vergilii Carmina Commentarii*
Conf.	St. Augustine, *Confessions*
Cons. of Phil.	Boethius, *Consolation of Philosophy*
Contr. Cels.	Origen, *Contra Celsum*
Cyr..	Xenophon, *Cyropaedia*
De civ. dei	St. Augustine, *De civitate dei*; *The City of God*
De div. nat.	John the Scot, *De divisione naturae*
De Maulde	*Étude sur la Condition Forestière de l'Orléanais au Moyen Âge et à la Renaissance*
De oper. monach.	St. Augustine, *De opere monachorum*; *Of the Work of Monks*
De Princ.	Origen, *De Principiis*
De prop. rerum	Bartholomew of England, *De proprietatibus rerum*
De Trin.	St. Augustine, *De Trinitate*; *On the Holy Trinity*

DNL	Albert the Great, *De natura locorum*
Doc. Hist.	Lovejoy and Boas, *Primitivism and Related Ideas in Antiquity. A Documentary History of Primitivism and Related Ideas*
DPE	Albert the Great, *De causis proprietatum elementorum liber primus*
Du Cange	Du Cange, *Glossarium mediae et infimae latinitatis*
EB	*Encyclopaedia Britannica*
EL	Montesquieu, *Esprit des Lois*; *Esprit des Loix*; *Spirit of Laws*
EN	Buffon, "Des Époques de la Nature"
Enn.	Plotinus, *Enneads*
Ep. mor.	Seneca, *Epistolae morales*
Etym.	Isidore of Seville, *Etymologiarum libri xx*
FGrH	Jacoby, *Die Fragmente der Griechischen Historiker*
Fr.	Fragment
Fragm. phil. Graec.	Mullach, *Fragmenta philosophorum graecorum*
GAE	Bailey, *The Greek Atomists and Epicurus*
Geo. Lore	Wright, *The Geographical Lore of the Time of the Crusades*
Germ.	Tacitus, *Germania*
GR	*Geographical Review*
HCPMA	Etienne Gilson, *History of Christian Philosophy in the Middle Ages*
Hdt.	Herodotus
Hes.	Hesiod
Hex. Lit.	Frank E. Robbins, *The Hexaemeral Literature*
Hippoc.	Hippocrates
Hist. Lang.	Paul the Deacon, *History of the Langobards*; *De Gestis Langobardorum*
HN	Buffon, *Histoire Naturelle, Générale et Particulière*, 15 vols., 1749–1767
HNM	Buffon, *Historie Naturelle des Minéraux* 5 vols., in-4°, 1783–1788
HNO	Histoire *Naturelle des Oiseaux* 9 vols., 1770–1783
HNS	Buffon, *Supplements à l'Histoire Naturelle*, 7 vols., 1774–1789
HT	Singer *et al.*, *A History of Technology*
Huffel	*Economie Forestière*
HW	Rostovtzeff, *The Social and Economic History of the Hellenistic World*
Isoc.	Isocrates
JHI	*Journal of the History of Ideas*

JWH	*Journal of World History*
Lex. Man	Maigne D'Arnis, *Lexicon Manuale ad Scriptores, Mediae et Infimae Latinitatis*
LP	Montesquieu, *Lettres Persanes*; *Persian Letters*
Lucr.	Lucretius, *De natura rerum*
Mem.	Xenophon, *Memorabilia*
Met.	Ovid, *Metamorphoses*
Metaph.	Aristotle, *Metaphysics*
Mon. Ger. Hist.	*Monumenta Germaniae Historica*
Mon. Ger. Hist.: Capit. Reg. Franc.	*Monumenta Germaniae Historica: Capitularia Regum Francorum*
Mon. Germ. Dip.	Pertz, ed., *Monumenta Germaniae Historica Diplomatum Imperii*
Montal.	Montalembert, *The Monks of the West, from St. Benedict to St. Bernard*
MR	William L. Thomas, ed., *Man's Role in Changing the Face of the Earth*
NA	Cited but not available to the writer
Nat. D	Cicero, *De natura deorum*
Nat. Fac.	Galen, *On the Natural Faculties*
NH	Pliny, *Natural History*
NPN	*A Select Library of Nicene and Post-Nicene Fathers of the Christian Church*
Obs.	Johann Reinhold Forster, *Observations Made During a Voyage Round the World*
OCD	*The Oxford Classical Dictionary* (Oxford: Clarendon Press, 1957 [1949])
OCSA	*Oeuvres Complètes de St. Augustin* (Latin and French)
Oct.	*The Octavius of Minucius Felix*
Oec.	Xenophon, *Oeconomicus*
Oes. W.	*Oesterreichische Weisthümer*
P. Cairo Zen.	Edgar, *Zenon Papyri*
PAPS	*Proceedings of the American Philosophical Society*
PG	Migne, *Patrologiae cursus completus, Series graeca*
Phys.	*Physics*
PL	Migne, *Patrologiae cursus completus, Series latina*
PMLA	*Publications of the Modern Language Association*
Przy.	Przywara, *An Augustine Synthesis*
PSP	Kirk and Raven, *The Presocratic Philosophers*
PW	*Paulys Real-Encyclopädie der classischen Altertumswissenschaft*
Rep.	Cicero, *Republic*

RSV	*Revised Standard Version of the Bible*
SCG	Thomas Aquinas, *On the Truth of the Catholic Faith. Summa Contra Gentiles*
Schwappach	*Handbuch der Forst- und Jagdgeschichte Deutschlands*
Sen.	Seneca
Soph.	Sophocles
SS	Forster, *Sämmtliche Schriften*
ST	Thomas Aquinas, *Summa Theologica*
TAPS	*Transactions of the American Philosophical Society*
Tetrabib.	Ptolemy, *Tetrabiblos*
Theophr.	Theophrastus
Thuc.	Thucydides
Tim.	Plato, *Timaeus*
USDA	U. S. Dept. of Agriculture
Vitr.	Vitruvius, *De architectura*; *The Ten Books on Architecture*
Vorsokr.	Diels, *Die Fragmente der Vorsokratiker*
VRW	Forster, *A Voyage Round the World*
Xen.	Xenophon

耶和华啊，你所造的何其多！
都是你用智慧造成的，
遍地满了你的丰富。

《圣经·诗篇》，104：24

我认为［小］亚细亚在其所有居民和所有植被的性质上与欧罗巴有很大的不同。亚细亚的一切都长得更大、更美丽；这个地区比其他地区较少荒蛮，居民的性格更温顺、更平和。造成这种情势的原因是温和的气候，因为亚细亚向东方伸展，正好处在太阳升起之地的半路上，比欧罗巴更远离寒冷。

希波克拉底
《空气、水、处所》，xii

我们享受着平原和高山的果实，河流和湖泊属于我们，我们播种谷物、种植树木、灌溉土壤使其丰美，我们限制河流，对河道截弯取直或让其转向。总之，凭借双手，我们试图创造一个可以说是自然世界中的第二个世界。

西塞罗
《论神性》，Ⅱ，60

目　　录

中文版序

前言

鸣谢

缩写词

第一部分　古代世界

导论……………………………………………………3

1. 一般观念 …………………………………………3

2. 希腊化时代及其对自然的典型态度 ……………27

第一章　宇宙中和大地上的秩序与目的 ……………54

1. 神学与地理学 ……………………………………54

2. 目的论自然观的起始 ……………………………60

3. 色诺芬谈设计 ……………………………………66

4. 上帝的和自然的手艺 ……………………………69

5. 亚里士多德的自然目的论 ………………………73

6. 泰奥弗拉斯托斯的疑虑 …………………………78

7. 斯多葛派的自然观 ………………………………81

8. 论诸神的本质 ……86
9. 伊壁鸠鲁哲学中反目的论观念的发展 ……99
10. 普鲁塔克、赫尔墨斯派著作和普罗提诺 ……118
第二章 空气、水、处所 ……128
1. 环境论的希腊起源 ……128
2. 希波克拉底的文集《空气、水、处所》……131
3. 希罗多德对习俗和环境的兴趣 ……142
4. 位置理论与希波克拉底的影响 ……146
5. 文化多样性问题 ……152
6. 某些罗马著作中的人种学和环境观 ……162
7. 斯特雷波的折中主义 ……166
8. 维特鲁威论建筑 ……170
9. 斐洛和约瑟夫斯的批评 ……177
10. 环境人种学和占星人种学 ……178
11. 塞尔维乌斯论维吉尔 ……183
第三章 创造第二自然 ……186
1. 关于工匠手艺与自然 ……186
2.《安提戈涅》与《克里特雅斯》……191
3. 希腊化时代的环境变化 ……195
4. 环境变化的一般记述 ……204
5. 泰奥弗拉斯托斯论驯化与气候变化 ……207
6. 乡村生活与黄金时代 ……210
7. 地球会死亡吗? ……215
8. 在文明的更广阔哲学体系中解读环境变化 ……221

9. 小结 …… 237
第四章 犹太-基督教神学中的上帝、人与自然 …… 241
1. 引言 …… 241
2. 创世、原罪和统治 …… 243
3. 自然秩序中的人类 …… 247
4. 世间环境 …… 249
5. 对自然的态度与智慧书 …… 253
6.《罗马书》1：20 …… 258
7. 鄙夷俗世态度 …… 261
8. 关键的思想及其影响之本质 …… 263

第二部分 基督教中世纪

导论 …… 275
第五章 作为人类居所的地球 …… 283
1. 早期教父时代 …… 283
2. 奥利金 …… 296
3. 斐洛与六日创世文献 …… 301
4. 圣巴西尔与六日创世文献 …… 306
5. 圣奥古斯丁 …… 317
6. 早期释经著作的遗产 …… 330
7. 从波爱修到爱尔兰人约翰的显灵说之连续性 …… 339
8. 圣伯纳德、圣方济各与里尔的阿兰 …… 348
9. 地中海地区的骚动 …… 358
10. 阿威罗伊和迈蒙尼德 …… 361

11. 腓特烈二世论猎鹰 …… 368
12. 大阿尔伯特 …… 372
13. 圣托马斯·阿奎那 …… 377
14. 圣波拿文都拉和雷蒙·西比乌底 …… 389
15. 世俗自然观 …… 396
16. 公元 1277 年的谴责事件 …… 411
17. 小结 …… 416
第六章 神创世界中的环境影响 …… 422
1. 引言 …… 422
2. 古典思潮的回响 …… 426
3. 引入更系统化思想的评述 …… 435
4. 大阿尔伯特 …… 440
5. 百科全书学者——英格兰的巴塞洛缪 …… 449
6. 圣托马斯《致塞浦路斯王》…… 454
7. 东方与西方：弗赖辛的奥托和吉拉尔度·坎布雷西斯 459
8. 罗杰·培根：地理学与占星人种学 …… 469
9. 佩里的贡特尔 …… 474
10. 小结 …… 476
第七章 解读虔诚信仰、行为及其对自然的作用 …… 479
1. 引言 …… 479
2. 基督教与改造自然 …… 486
3. 对人类主宰自然的诠释 …… 489
4. 工作哲学 …… 502
5. 野生和家养动物 …… 515

6. 有目的的改变 …… 519
7. 要改变的地球 …… 522
8. 西北欧的森林清除 …… 529
9. 森林的利用 …… 533
10. 习俗与惯例 …… 537
11. 毁林开荒的盛行时期 …… 550
12. 阿尔卑斯山谷 …… 568
13. 土壤 …… 575
14. 狩猎 …… 576
15. 环境变迁中的次要题目 …… 579
16. 小结 …… 581

第三部分　近代早期

导论 …… 587
1. 引言 …… 587
2. 大发现时代 …… 591
3. 塞巴斯蒂安·明斯特尔 …… 600
4. 何塞·德·阿科斯塔 …… 605
5. 焦万尼·博塔罗 …… 609
第八章　物理神学：更深入理解作为可居住行星的地球 …… 620
1. 引言 …… 620
2. 终极因及其批评者 …… 622
3. 自然的恶化与衰老 …… 626
4. 乔治·黑克威尔的《辩护词》 …… 632

5. 古今之争与机械论自然观 …… 643
6. 剑桥柏拉图学派 …… 648
7. 设计与人的繁衍和散布 …… 658
8. 幻想、宇宙论、地质学及其导向 …… 670
9. 雷约翰和德勒姆论上帝的智慧 …… 685
10. 小结 …… 703
第九章　近代早期的环境理论 …… 707
1. 引言 …… 707
2. 关于利昂·巴蒂斯塔·阿尔伯蒂 …… 708
3. 气候与文化的一般问题 …… 711
4. 让·博丹综述 …… 714
5. 博丹对地球的划分 …… 718
6. 博丹对体液的应用 …… 722
7. 其他问题 …… 726
8. 环境理论的进一步应用 …… 736
9. 论国民性 …… 742
10. 论忧郁 …… 752
11. 小结 …… 756
第十章　自然控制意识的增强 …… 761
1. 引言 …… 761
2. 文艺复兴时期的技术哲学 …… 763
3. 弗朗西斯·培根 …… 777
4. 十七世纪著作中的乐观主义 …… 785
5.《森林志》与《防烟》 …… 801

6.《法国森林条例，1669 年》…… 811
7. 小结 …… 816

第四部分　十八世纪的文化与环境

导论…… 823
第十一章　物理神学最后的力量和弱点 …… 827
1. 引言 …… 827
2. 关于莱布尼兹 …… 829
3. 自然史 …… 835
4. 神圣秩序下的人口与地理 …… 840
5. 自然中的终极因 …… 849
6. “一切皆好”…… 856
7. 休谟 …… 862
8. 康德与歌德 …… 871
9. 赫尔德 …… 883
10. 洪堡…… 893
11. 小结…… 901
第十二章　气候、习俗、宗教与政府 …… 905
1. 引言 …… 905
2. 丰特奈尔、夏尔丹、杜博 …… 907
3. 阿巴思诺特论空气的效应 …… 925
4. 孟德斯鸠综述 …… 929
5.《论法的精神》中的气候论 …… 934
6. 孟德斯鸠的另一面 …… 947

7. 气候论的批评者 …… 957
8. 气候与自然史 …… 967
9. 建立在孟德斯鸠、布丰和休谟基础上的著述 …… 974
10. 关于威廉·福尔克纳 …… 990
11. 新的开拓：罗伯逊与美洲 …… 996
12. 新的开拓：福斯特父子与南太平洋 …… 1005
13. 小结 …… 1022
第十三章　环境、人口及人的可完善性 …… 1026
1. 引言 …… 1026
2. 古代与现代国家的相对众多人口 …… 1030
3. 人类进步与环境的局限 …… 1041
4. 马尔萨斯人口原理综述 …… 1050
5. 马尔萨斯学说中的进步、神学和人之天性的概念 …… 1063
6. 对马尔萨斯的最终回应 …… 1071
7. 小结 …… 1078
第十四章　自然史中的人类纪元 …… 1081
1. 引言 …… 1081
2. 对比的机会 …… 1082
3. 气候变化与人类的勤勉 …… 1085
4. 布丰：论自然、人类与自然史 …… 1095
5. 布丰：论森林和土壤 …… 1103
6. 布丰：论驯化 …… 1110
7. 布丰：论自然的和人文的景观 …… 1121
8. 美洲的潘多拉盒子 …… 1124

9. “在某种意义上，他们开启了全新的世界”……1132
10. 自然与理性调和……1146
11. 瓦尔的山洪……1155
12. 社会群岛：自然与技艺的联盟……1161
13. 小结……1165

结论……1167

参考文献……1180
索引……1214
译后小记……1237

第一部分

古代世界

导　论 3

1. 一般观念

在关于自然的概念中，即便是神话式概念，最引人注目的就是对目的和秩序的渴望。这些秩序思想或许大体上可以从人类日常活动外在表现出来的秩序性和目的性类推出来：秩序和目的存在于大路、乡村街道网络甚至蜿蜒的小巷，存在于花园或牧场，也存在于住宅的设计及其与相邻住宅的关系之中。

举个例子，苏美尔人的神学家假定宇宙中存在一种秩序，这种秩序由万神殿中“那些有着人的形态，却又超越人类且永世不朽的生命体”创造出来并一直加以维持，这些生命体依据规律统

治着整个宇宙，而人类的眼睛看不见它们。每个这样的超凡生命
体被认定负责宇宙的一个特定组成部分（天空、太阳、海洋、星
星等）。它们在大地上也履行类似的职责，负责“像河流、山脉
和平原这样的自然实体，像城市和国家、堤防和沟渠、田野和农
场这样的文化实体，甚至是像镐头、砖模和犁铧这样的工具。”
这种神学看来是建立在对人类社会类比的基础上。人们创造了城
4 市、宫殿、庙宇；假如没有人的持续照管，这些城市、宫殿、庙
宇将会渐趋衰落，耕地将会变成不毛之地。因此，宇宙也必须由
不朽的生命体来控制，但是它们比人类更强大、更高效，因为它
们的任务要复杂得多。[①]

认为神的力量与自然秩序不可分离，这种看法也许存在于“神意设计的地球”这个观念的背景之中。亚里士多德（Aristotle）说，我们的祖先传下来一些形式神秘的传统，即天体是众神，“而神灵们环绕着整个自然界。”[②] 地球可能是单独为人，或者是为所有生命而创造的，哪怕这个目的既不明显也不能为人所察觉——例如对《圣经·约伯记》中的约伯而言就是这样。

关于人与周围环境之间存在着一种持续的交互作用——人改变环境，又被环境所影响——这个观念，也有其神话原型，但是我认为它的充分发展主要归功于理性思考，因为这样的构想要求一种历史意识。苏美尔人认为他们身在其中的文明（公共机构、城市、乡镇、农场等）在产生之初就或多或少是同样的：

---

① 基于克拉默尔（Kramer）：《历史始于苏美尔》（*History Begins at Sumer*），78 页。

② 《形而上学》（*Metaph.*），Lambda，8，1074b。

> 紧随着宇宙的创造，从神灵们计划并决定它应该如此的时刻起，就是这样。苏美尔曾经是荒凉的沼泽，其间仅仅散落着很少几个居住地，只有经过世世代代苏美尔人的艰苦奋斗和辛勤劳作才逐渐变成后来的面貌，其上镌刻着人类的意志和决心、人为的计划和试验，以及各种幸运的发现和发明——这样的念头也许连最博学的苏美尔圣人也不曾想到过。[①]

在这类神话中，众神常常做着人类所做的事情。苏美尔人的神话里有着活动、变化和创造力。恩基给大地带来秩序，并筹划其开发；他将水倾入底格里斯河和幼发拉底河的河床中，把鱼放进水里，为海洋（波斯湾）和风建立法则；他创造谷物，开凿“圣渠”，把犁和轭委托给运河与沟渠之神，把镐和砖模委托给砖神卡巴塔；他给房屋、马厩、羊圈打下地基，让山谷布满动物。这个神话强调这一区域的农耕特征和对水的依赖，对此莫斯卡蒂（Moscati）说：“其中占支配地位的是秩序与存在密不可分的特别概念，因此‘创造’和‘建立秩序’是同义词。”[②]

这个关于起源的段落所包含的对创造性行为的描述，在很大程度上像一个明智农夫的所作所为；它还描写了影响生命的自然现象，以及使环境变得有用的原始安排。恩基的行为令人想起了 5
上帝对世界的关怀这个主题，这在“太阳赞美诗”（*Hymn to the*

① 克拉默尔：“苏美尔编年史”（Sumerian Historiography），《以色列探索杂志》（*Israel Exploration Journal*），卷3（1953），217—232页，引文在217页。

② 克拉默尔：《历史始于苏美尔》，97—98页，包括引文与分析；莫斯卡蒂（Moscati）：《古代东方的面貌》（*Face of the Ancient Orient*），34页。

Sun）和《圣经·诗篇》104 章中有相当戏剧化的表达。

在许多民族的神话中，环境和自然的力量影响着人类；它们被拟人化，就像恩利尔和恩基这样。这些概念——秩序和目的，以及诸神用土地和沟渠为人创造居住地的活动——我认为是一些神话式的前身，正是从这里出现了历史上关于人对其环境之关系的理性思考；正如希波克拉底（Hippocrates）医学产生于（并摒弃了）一种建立在医神阿斯库拉皮乌斯（Aesculapius）祭祀基础上的古老医学，而这些来自观察和经验的古老医学知识是希波克拉底医学实践的丰富序曲。①

然而，这三个观念——神意设计的地球、环境对人的影响、人作为环境改造者——常常被有关文化发展和大地本质的其他理论加以修改及丰富。其中最重要的是完满（plenitude）原则、对文化史的解读、有关人类制度（如宗教和政府）效用的思想，以及既适用于国家和民族的兴衰又适用于大地本身的有机类比（organic analogy）。让我们扼要地一一审视这些观点。

关于完满原则——这个词语来自洛夫乔伊（Lovejoy）——其起源已被他追溯到柏拉图（Plato）的《蒂迈欧篇》（*Timaeus*）。如果有人问："这个世界到底需要包含多少种世间不完美的生命类型？"答案是："一切可能的类型。'最佳灵魂'不会反感任何有望拥有生命的事物存在，并且'渴望所有事物都尽可能像他自

① 萨顿（Sarton）：《科学史：直至希腊黄金时代结束时的古代科学》（*A History of Science. Ancient Science through the Golden Age of Greece*），331—333 页，以及所引用的参考文献。萨顿探讨了在阿斯库拉皮乌祭祀过程中驱邪去垢的沐浴、孵育及伴随而来的梦境，以及草药收集者和挖掘者的重要地位。

己一样’。”即便柏拉图在《蒂迈欧篇》中谈及的仅仅是生物或动物，“但至少就这些而言，他坚持把所有理想的可能性都在必要程度上完全地转化为现实。”柏拉图的“巨匠造物主（Demiurgus）严格按照这个法则行事……即构成一个世界需要各种各样的东西。”在叙述这个原则时，洛夫乔伊说他：

> 从与柏拉图同样的前提中，获取了比柏拉图自己得出的更为广泛的推论，也就是说，得出的不仅是这样一个命题，即宇宙是一个完满形式（*plenum formarum*），所有能孕育出的多样性生物种类尽列其中，而且还有从下面这个假定推出的任何其他演绎，这个假定就是：一切生命的真实潜力都不可能永远不实现，创世的广度和丰富程度必然与存在的可能性一样伟大，与一个“完美”且无可穷尽之来源的生产能力相称，而且世界上所包含的事物越多，这世界就越美好。[①]

这样，完满原则预设了生命的丰富性和可扩张性，以及可以 6
说是一种填补自然空隙的趋势；隐含其中的是对生命巨大多样性的认同，或许还包括对其繁衍趋势的认同。当这个完满原则与亚里士多德的连续性观念相结合时，所有生命的丰富与多产就在从最低级到最高级形式的生物等级中证明了自己，并且在一种可见的自然秩序内做出自我表现。[②]

---

① 洛夫乔伊（Lovejoy）:《存在的巨链》（*The Great Chain of Being*），50—52 页。

② 洛夫乔伊（Lovejoy），前引书，52—62 页，指出亚里士多德抛弃了这个原则，但是后来他的连续性观念又与这个原则结合在一起，在新柏拉图主义中这一原则变得连贯而有条理。关于该原则的后续历史，见索引该词条。

在本书中，我们将经常看到关于生命的富饶、多样与丰满被作为解读自然的一项重要原则的证据。自然史上，这一原则在布丰伯爵（Count Buffon）的著作中臻于完美；它与自然中的平衡与和谐概念一起，包含在早期生态学理论中。就马尔萨斯（Malthus）的人口理论及其对繁育力的强调而言，这个原则似乎是最基本的。同样重要的是，现代生态学者——其前提远离柏拉图的观点或洛夫乔伊的推论——在陈述自然保护的科学道理时说过：生命越丰富多样，生态系统就越稳定。[①]

即使在古代，一些思想家也是根据"一系列阶段"——从始于假想的遥远起源，直到当前——来审视文化发展，这意味着，对各种文化的理解仅仅偶尔需要参照自然环境，主要参照的是人，是人的心智、感觉、技术和发明创造力，这些特质在人们掌握技艺与科学的过程中，带领他们从一个阶段走向下一个阶段。尽管"所有的文化都经历了理想的一系列阶段"这个观点是在大发现时代（Age of Discovery）之后才得到充分的发展，我们还是在修昔底德（Thucydides）、柏拉图的《法律篇》（*Laws*）、狄凯阿克斯（Dicaearchus）、瓦洛（Varro）和维特鲁威（Vitruvius）的思想中，隐约发现了关于比较方法或历史方法的线索。学者们从对当时或历史上代表不同发展阶段的各民族的观察中举出例证。狄凯阿克斯是亚里士多德的学生，在他的《希腊生活》（*βίος Ἑλλάδος*）

① 埃尔顿（Elton）：《动植物入侵之生态学》（*The Ecology of Invasions by Animals and Plants*），143—153、155 页；福斯伯格（Fosberg）："岛屿生态系统"（The Island Ecosystem），福斯伯格编辑：《岛屿生态系统中的人类地位》（*Man's Place in the Island Ecosystem*），3—5 页；贝茨（Bates）：《森林与海洋》（*The Forest and the Sea*），201 页。

中，率先（据瓦洛说）提出了从游牧阶段到农耕阶段的文化发展的观念。[①] 这个理论是非历史的，因为阶段取代了事件；在推测
一个民族或一个制度进化所经历的各阶段不确切的历史时，它忽 7
略了特定时期由特定民族所造成的自然环境变迁，并且不理会不同民族生活在不同自然环境中这个事实。

除了这些文化演进的理论以外，还存在无所不包的周期性变化和从黄金时代（Golden Age）退化的理论。在古代，民族和国家生命力周期性成长的观点（类比于有机体的生命周期）同永恒轮回（eternal recurrence）的概念一样常见。[②] 但是当将有机类比

① 伯克（Bock）：《历史的理解》（*The Acceptance of Histories*），对这个观念在古典时代的情形作了大略的讨论，43—55 页。亦见特加特（Teggart）：《历史理论》（*Theory of History*），87—93 页及各处。瓦洛（Varro）：《论农业》（*On Farming*），Ⅱ，i，3—5。亦见马提尼（Martini）："狄凯阿克斯 3"（Dikaiarchos，3），《保吕氏古典学百科全书》（*PW*），卷 5，546—563 栏，及瓦明顿（Warmington）："狄凯阿克斯"（Dicaearchus），《牛津古典词典》（*OCD*），275 页。关于狄凯阿克斯的进一步讨论，见本书第三章第 8 节。

② 最好的资料来源是洛夫乔伊和博厄斯（Lovejoy and Boas）的《古代的原始主义及相关思想》（*Primitivism and Related Ideas in Antiquity*）。在详尽摘录和翻译古典著作的同时，该书包含了由洛夫乔伊所作的关于古代的原始主义思想、社会变化、黄金时代等的精密分析。涉及古代的周期循环思想的文献十分广泛，下列著作将使读者认识这些理论的主要倡导者：阿佩尔特（Apelt）：《希腊哲学家关于文化起源的观点》（*Die Ansichten der griechischen Philosophen über den Anfang der Cultur*）；比莱特（Billeter）：《关于文化起源的希腊观点》（*Griechische Anschauungen über die Ursprünge der Kultur*）；吉尔伯特（Gilbert）：《古代希腊的气象学理论》（*Die meteorologischen Thoerien des griechischen Altertums*）；西利格（Seeliger）："宇宙年纪"（Weltalter），载于罗舍尔（Roscher）编辑：《希腊和罗马神话详解百科词典》（*Ausführliches Lexikon der griechischen und römischen Mythologie*），Ⅵ，375—430 栏，以及"创世"（Weltschöpfung），同上，430—505 栏。阿佩尔特主要涉及的是周期循环理论。比莱特的是一篇简短而精彩的分析，包括资料来源和古老文献的很多参引。西利格的两个词条则是基础性的。

应用于地球本身的时候，正如卢克莱修（Lucretius）所做的那样，它对我们的主题就变得重要了：地球会随着年龄的增长而疲惫，也可能像任何其他生命体一样死亡。在时间长河之中自然的恒久性被否定了，其富饶多产和丰盛慷慨必将逐渐衰弱，这只是一个时间问题。赞同和反驳这个观念的议论一直延续到十八世纪。地球自黄金时代逐步退化的观念，在“地球作为一个可居住的环境”这方面也有意义，因为黄金时代的一个特征就是土壤肥沃，这种土壤无须人类干涉，自发地提供丰富的食物——这与现代社会通过艰苦劳作才能从土壤获得生计的情况形成了鲜明的对比。

在希腊和罗马思想家的著作中偶尔会有一些论述，谈到地点和位置在塑造民族特征方面的效果，这些论述所强调的一部分是环境决定论，另一部分是文化影响：比如自然隔绝对那些远离文明影响的未开化民族勇敢、顽强性格形成所起的作用，又比如临海位置容易招来不良外国习俗的有害影响，以及政府、宗教、法律和社会机构的效用，等等。

希腊人提出的关于人与地球的问题既不是孤立的，也没有与日常生活问题割裂开来。之所以提出这些问题，是因为它们与上至地球和人类起源的抽象理论、下至农耕的实用技术等方面的探
8 询密切相关。希腊医药和人种学理论（其本身是旅行和探险的产物），在希波克拉底派的医学著作和希罗多德（Herodotus）的历史著作中，得到了最早的广泛阐释。医学传统和对“疾病的神意起源”早期信仰的自觉摆脱，追求的是对健康和疾病存在的理性解释，这种解释要求对多种因素进行充分考虑，包括自然和风向、湿地和沼泽的影响、光线及天空中太阳位置对房屋和村庄适当选

址的关系，等等，甚至扩展到调查“空气、水和处所”对国民性产生的效应。[①] 早期希腊文献，无论是完整保存下来的还是大部分已散佚、只留下片段的著作，均表现出对民族习俗和特性的极大兴趣，像希腊戏剧家埃斯库罗斯（Aeschylus）和阿里斯托芬（Aristophanes）的剧作、希罗多德的历史，甚至希波克拉底的文集都是如此。旅行与探险，如阿那克西曼德（Anaximander）为可居住世界绘制地图的早期尝试，对行为模式、饮食习性及文化偏好的学问搜集（在希罗多德的著作中尤为明显），都是知识和观察的源泉，抽象的概括正是来自这个源泉。[②] 生活在被尼罗河灌溉的沙漠上的埃及人，生活在南俄罗斯寒冷平原上的游牧族西徐亚人（Scythians），生活在夏季干旱、冬季多雨、气候温和的地中海沿岸的大陆希腊人及伊奥尼亚人——这些民族之间的经典对比，使人相信人种和文化的差异是由气候造成的。[③]

---

① 关于希腊医学和希波克拉底文集，见萨顿（Sarton），前引书，331—383 页。这些章节包括关于这个问题的古典资料和现代文献的详尽参引。

② 关于地图：“阿伽塞美鲁”（Agathemerus），Ⅰ，i；和斯特雷波（Strabo），第 1 部第 1 章，11；希罗多德（Herodotus），Ⅳ，36。在科尔克和雷文（Kirk and Raven）《前苏格拉底哲学家们》（*PSP*），103—104 页及其讨论中。见艾伦伯格（Ehrenberg）的《阿里斯托芬的人们》（*The People of Aristophanes*）中关于商人和手艺人、市民和外国人，以及奴隶的章节，113—191 页。

③ 关于希腊人种学、文化理论及类似问题，见卡里（Cary）：《希腊和罗马历史的地理背景》（*The Geographic Background of Greek and Roman History*）（包括地理重建及其他一些理论的参引）；格洛弗（Glover）：《希罗多德》（*Herodotus*）（其中包含对其他作家的关注，比对标题所指的希罗多德还要多得多）；迈尔斯（Myres）：“希罗多德和人类学”（Herodotus and Anthropology），收录于玛瑞特（R. R. Marett）编辑的《人类学和古典研究》（*Anthropology and the Classics*）；赛克斯（Sikes）：《希腊人的人类学》（*The Anthropology of the Greeks*）（依然是一部睿智而令人印象深刻的作品）；屈丁格（Trüdinger）：《对希腊罗马人种志的历史研究》（*Studien zur Geschichte der griechisch-römischen Ethnographie*）（短小却优秀，并有许多资料参引）。

伊奥尼亚哲学家有关事物基本构成、宇宙现有秩序得以形成的方式、四元素和体液学说的推测，也为对地球及对人与地球关系的大范围思考铺平了道路。阿那克西曼德（约生于公元前610或前609年）迈出了重要的一步，他摒弃了一元物质论（即火、空气或水是基本元素），而代之以一种“永恒不变的物质”的假设，ἄπειρον，即“无穷”，或者用卡恩（Kahn）的话来说，“一种巨
9 大而不可穷尽的事物，朝各个方向无限延伸。”[①] 它不同于任何一种普遍认识到的元素形式。[②] 它没有起源，不能被毁灭，并做着永恒的运动。“这种运动的一个结果是特定物质的‘分离’。”[③] 秩序的特征是对立面的斗争：“从那些事物中产生现存事物，如有毁灭发生，则根据需要重新来过；因为，按照时间的规范，这些事物为其冲撞做出相互修复和弥补。”[④] 对立事物的交互作用——空气或薄雾的寒冷与火的炎热，大地的干燥与水的湿润——“为一个有秩序的世界从无限统一之中诞生的过程提供了线索。”[⑤] 阿那克西曼德的哲学思想是对明显组成感官世界的物质之多样性本

---

① 卡恩（Kahn）：《阿那克西曼德与希腊宇宙论的起源》（*Anaximander and the Origins of Greek Cosmology*），233页。ἄπειρον的真正含义是“不能被忽略或被穿越的”，232页。

② 同上，163页，他认为把四元素学说应用到阿那克西曼德的时代是弄错了时代。

③ 策勒尔（Zeller）：《古希腊哲学史纲》（*Outlines of the History of Greek Philosophy*），44页。

④ 辛普里丘（Simplicuis）：《物理学》（*Physics*），24，13= 狄尔斯（Diels）：《前苏格拉底哲学残篇辑》（*Vorsokr.*），12 A 9。关于这一节的文本及翻译，见卡恩（Kahn），前引书，166页；另一译本在科尔克和雷文（Kirk and Ravon）的《前苏格拉底哲学家们》（*PSP*），105页，并对照117页。

⑤ 康福德（Cornford）：《为智之本》（*Principium sapientiae*），163页。

质做出理解及解释的早期尝试。[①] 阿那克西曼德的宇宙论代表了将宇宙结构视为一种秩序，一个世界（κόσμος），一个被普遍规则所统治的宇宙；然而，它并不像是一种目的论（teleology）概念。[②]

四元素学说的提出对许多学科来说具有决定性的重要意义，它是由西西里岛阿克拉加斯（即阿格里真托）的恩培多克勒（Empedocles，约公元前492—前432年）明确表达的。四根本学说（元素一词后来才使用）是古往今来所确立的自然理论中最具影响力的理论之一。[③] 经过一些修正（比如亚里士多德增加“以太”（aether）造就了第五元素），它在很大程度上成为希腊科学和中世纪对自然解释的基础，例如圣方济各（St. Francis）的《太 10
阳兄弟的颂歌》（*Canticle of Brother Sun*）；它以一种应用形式统

---

① 关于阿那克西曼德的体系，见康福德，前引书，159—186页。康福德说，较早的哲学史学者们认为伊奥尼亚人只对寻找构成所有事物的唯一物质感兴趣。“但是如果我们着眼于这些体系本身，它们所回答的问题就是不同的：一个多样而秩序井然的世界是怎样自事物的原始状态中产生的？”159页。亦见他关于亚里士多德评论阿那克西曼德的讨论［《物理学》（*Phys.*）204 b 27］，162页。不应该认为火、水、气、土诸元素是哲学家的发现；正如吉尔伯特（Gilbert）所说的，对它们的意识深深根植于大众的信念中［《古代希腊的气象学理论》（*Die meteorologischen Theorien des griechischen Altertums*），17页］。对哲学家的问题是，这些假定元素的存在能够以什么样的方式与宇宙构成及宇宙内在秩序的理论相调和。

② 关于希腊思想中对立面的重大哲学意义，见卡恩，前引书，126—133页；关于对立面概念在希腊思想中的起源，见159—163页。

③ 萨顿（Sarton），前引书，247页；关于他的医学影响，见249页。亦见吉尔伯特，前引书，105—124页，以及关于他的生物学，见336—346页。至于恩培多克勒的另一方面，见康福德，前引书，121—124页。见科尔克和雷文：《前苏格拉底哲学家们》，尤其是第6节（这里宙斯代表火，赫拉代表土，哈得斯代表气，内斯蒂代表水），323页，以及第17节，326—327页。恩培多克勒称他们为 ῥιζώματα。亦见327—331页的讨论。

治了化学、土壤理论、实用农业及自然理论等方面的很多思想，一直延续到十八世纪开始后的很长时期。[①]

恩培多克勒将四种元素——土、气、水和火——作为基本物质，在它们之上有另外两种存在形态——爱（统一）、恨（分裂）——发生着作用，想象它们就像四种元素一样是有形的。[②]组成这个世界的每种元素都能在人体内找到对应物。这为体液理论及外部自然元素与人体元素相对应的学说提供了线索，这个学说后来在涉及宇宙宏观世界与人类微观世界相互关系的庞大文献中得到扩展。

元素学说中暗含着的是对立面观念（如通过炎热、寒冷、潮湿、干燥之类的力量，一种元素作用于另一种元素）。在地中海气候下，将炎热与干燥、寒冷与潮湿联系起来是很自然的。事实上，对亚里士多德来说，对立面才是真正的元素。[③]元素是永恒不灭的，而混合与分离使它们发生变化。尽管“宇宙由元素组成”这个观点很古老，而且已经在米利都作过许多讨论，但恩培多克勒的成

---

① 萨顿，前引书，247页。

② 萨姆伯斯基（Sambursky）：《希腊人的自然世界》（*The Physical World of the Greeks*），31—33页；亦见贝利（Bailey）：《希腊的原子论者与伊壁鸠鲁》（*GAE*），28—31页。

③ 《形而上学》（*Metaph.*），Ⅳ，1。关于亚里士多德与元素，见卡恩（Kahn），前引书，129页；科尔克和雷文（Kirk and Ravon）：《前苏格拉底哲学家们》（*PSP*），330—331页；罗斯（Ross）：《亚里士多德》（*Aristotle*），105—107页。卡恩的作品对地理学史，尤其是自然地理学史来说非常有趣，结集了许多自然因果关系早期理论的思想文献汇编，展现了亚里士多德的《气象学》的启蒙背景。在卡恩所探讨的许多主题中包括古典四元素学说，121—126页；并包括元素观念的历史（含希腊词语 ἀήρ 和 αἰθήρ 的启蒙史），尤其是在大约从荷马与赫西奥德到米利都学派的繁荣期这段时间内，134—159页；以及 ἄπειρον 这一词汇和阿那克西曼德关于它的概念的历史。萨姆伯斯基的《希腊人的自然世界》也同样令人感兴趣。

就并不在于他发现了四种元素，也不在于他用四元素论替代了一元素论，而在于他将元素数目限定为四种；其具有决定意义的作用是“将注意力明确到四种主要形式上，因而用规范的四元素取代了更完整的米利都学派（Milesian school）的系列。”[①]希腊人的元素理论及其关于对立面的观念，很可能是基于观察而来：日常生活中的冲突、生命的活力以及冲突力量之间的动态相互影响。[②]

既然人体与其他一切自然现象均由同样的元素组成，那么组成它的物质则会与水、气、火和土类似，尽管它们显然不是以外部形态，而是以液态形式存在于人体内的。人类的体液对应于宏 11
观世界的组成元素：气具有炎热和潮湿的品质，在人体内以血液为代表；火是炎热与干燥的混合体，在人体内以胆汁为代表；水是寒冷而潮湿的，在人体内以黏液为代表；而土是寒冷和干燥的混合体，人体内的黑色胆汁或称忧郁汁就代表了土。希腊人最常见的疾病胸疼和疟疾，证实了这些体液的存在：痰液、血液（出血热）、黄疸与黑疸（间歇性疟疾的呕吐）。[③]

体液学说的起源不清楚，可能来自于四元素论或者在埃及医学史中有其独立的来源。[④]元素的人体对应物由恩培多克勒提出，

---

① 卡恩，前引书，150页；亦见155页。

② 同上，133页。

③ 见琼斯（Jones）翻译的《希波克拉底》（*Hippocrates*）“概述”部分的讨论（洛布古典文库），卷1，xlviii页。

④ 见阿勒布特（Allbutt）：《罗马的希腊医学》（*Greek Medicine in Rome*），133页，该书认为伊奥尼亚与埃及有着积极的贸易关系，在希罗多德，Ⅳ，187中已经看到体液病理学存在的证据。亦见琼斯（Jones），前引书，xlvi—li页；以及萨顿（Sarton），前引书，338—339页，和同一作者的“气质论评述”（Remarks on the Theory of Temperaments），《伊希斯》（*Isis*），卷34（1943），205—208页。

体液学说则在希波克拉底的著作中加以描述，后来盖伦（Galen）用更为精细的形式就它们的对应作了重申。

作为一个和谐融合及各种力量平衡的健康理论，由克罗顿的阿尔克芒（Alcmaeon of Croton，约公元前五世纪）和希波克拉底派思想家所主张，它成就了一个理论发展，这个理论发展能够在抽象的生理理论与多样的人类文化之间的鸿沟上架起桥梁。

> 阿尔克芒主张，健康是各种力量的“势均力敌”，这些力量包括潮湿与干燥、寒冷与炎热、痛苦与甜蜜，等等，同时，任何一方的“压倒优势”都会导致疾病，因为这种优势具有破坏性。疾病直接源自过热或过冷，间接源自营养过度或营养不足；它的中心要么在血液，要么在脊髓，要么在大脑。有时它会由于外部原因而在这些中心里产生，如某种湿气、恶劣环境、过度疲劳、艰苦劳作或其他类似的原因。另一方面，健康是各种特质按一定比例的混合。[①]

希波克拉底的著作清楚地提到了体液理论。“人体在自身中有血液、黏液、黄胆汁和黑胆汁；这些构成了身体的本质，通过这些，人感觉到疼痛或享受健康。当这些元素在组合、力量和体积上处于适当比例，并且当它们完美地混合时，人就能享有最美

---

① 阿埃丘斯（Aetuis），V. 30，1。科尔克和雷文（Kirk and Raven）：《前苏格拉底哲学家们》（*PSP*），234 页。在这段引文中，ἰσονομία 译成势均力敌（equal balance），在《空气、水、处所》（*Airs, Waters, Places*）中亦使用同一词语；μοναρχία 译成压倒优势（supremacy），χώρα 译成环境（environment）。

好的健康。”在这段论述之前，希波克拉底批评了早期理论，吁请人们对身体运行过程进行直接观察，避免源于自然界四元素的类比。[①]

既然健康存在于体液的适当比例组合之中，那么自然环境 12
的某些方面（以温度最为常见）就被视为导致一种体液主导另一种体液的现象，这种主导现象会随着不同的区域气候或同一种气候的不同季节而发生变化。这会对个人和整个民族产生影响——十八世纪的赫尔德（Herder）在批评孟德斯鸠（Montesquieu）的《论法的精神》（*Spirit of Laws*）时分析了这个谬论。

讨论元素与体液本身远非本书的目的。这个内容混杂的长篇故事属于自然史和医学史范畴。重要的一点是体液学说有着长久而活跃的生命力，一直持续到十八世纪晚期，而且是较古旧的气候影响论的理论基础。四元素学说强烈影响了土壤理论、化学和农学的历史（因而也影响了有关整体自然环境之本质的观念），而体液学说则影响了心理学和生理学理论，凸显出总体气候、温度的急剧改变和季节交替给心智和身体带来的假定变化。

如果没有对自然的感觉与阐释，关于人对自然关系的各种观念也许得不到发展。自从亚历山大·冯·洪堡（Alexander von Humboldt）《宇宙》（*Cosmos*）中开创新路的历史性篇章发表以来，以此为主题的广泛著述展示了希腊人和罗马人在诗歌、艺术、

① 《人的本质》（*Nature of Man*），Ⅳ；对其他思想的批判在Ⅰ—Ⅲ；有关该文的作者，见 xxvi 页。《希波克拉底》（*Hippocrates*）（洛布古典文库），卷 4。见康福德（Cornford）的评论，前引书，36—37 页，该评论表达了我的观点。

风景画和哲学中对自然感受的深度与广度，这种强烈的对自然的感受在斯多葛学派哲学家和潘尼提乌（Panaetius）、波昔东尼（Posidonius）的著作中表现得十分明显。[①] 我们在阅读古希腊和罗马学者关于自然的描述时会有这样的印象，即描述这些景象的作者脑海里出现的是一个驯化了的自然，是自然与技艺的完美融合：地中海沿岸的村庄、漂亮的耕地，还有山坡上靠近小溪或森林的葡萄园和橄榄树丛。

最近文森特·斯卡利（Vincent Scully）强调了自然及自然环境在希腊文明史中的重要性。如果他的阐释被希腊建筑学研究者接受，那么人们将以一种全新的视角来审视希腊景观。

> 所有的希腊宗教建筑都在某一特定地点探究并颂扬一个或多个神的品性。那个地点本身是神圣的，它在神殿修筑于其上之前，就体现了作为一种公认的自然力量的总体神
> 13 性。随着神殿的建造，在神殿中安放偶像，且神殿本身也演变为代表神之存在及其品性的雕塑化身，其意义便成为双重的——既体现了自然界中的神性，又表达了人们想象中的神的形象。因此，任何希腊圣地的形式因素，首先是所在地点

① 苏塔（Soutar）：《希腊诗歌中的自然》（*Nature in Greek Poetry*），各处，以及本导论第 2 节所引用的海尔毕希（Helbig）和韦尔曼（Woermann）的著作。洪堡（Humboldt）对希腊人和罗马人的自然感受怀有复杂的情感，《宇宙》（*Cosmos*），卷 2，19—38 页。亦见比泽（Biese）：《希腊人和罗马人对自然之感受力的发展》（*Die Entwicklung des Naturgefühls bei den Griechen und Römern*）。比泽还提到了一些开拓性的研究，它们修正了关于古人缺乏对自然感情的早期观点。关于潘尼提乌和波昔东尼，见波伦茨（Pohlenz）：《希腊化的人》（*Der Hellenische Mensch*），279—299 页。

的特别神圣景观，其次是置于其中的建筑物。

景观和神殿一起构成了建筑整体，这是希腊人有意而为的，因此对两者必须以彼此关联的方式来看待。[①]

古典世界各民族对自然的态度，唯一最重要的普遍特点是其在悠久的古代历史中具有巨大的多样性。早期作者们要么低估这种态度的存在，要么满足于对一时期整体性的概括，以至于支持一个论题的征引资料会包括年代相距一千年之久的作者们所写的东西。甚至拉斯金（Ruskin）在其关于古典景观的讨论中认为将讨论范围限于荷马（Homer）十分合适，因为他认为荷马是整个时期的代表。当然，拉斯金错了。要说荷马是那个古代世界的范例，除非忒奥克里托斯（Theocritus）、维吉尔（Virgil）、卢克莱修和贺拉斯（Horace）从来不曾存在过。既然我们不能确认中世纪或近代具有文化统一性，那么对古典时代是否存在文化统一性也不能期望更高——自荷马史诗到奥索尼乌斯（Ausonius）的《摩泽尔河》（*The Mosella*），毕竟经历了一千多年的时间跨度。

然而我们有理由相信，主要成熟于希腊化（Hellenistic）时期的关于自然的观念及对自然的态度，不同于前希腊化（pre-Hellenistic）时代，而且这些观念和态度对理解随后有关这一主题的思想的确很重要。由于这个原因，我们将在本导论的第二部分讨论这个问题。

① 文森特·斯卡利（Vincent Scully）：《大地、神殿与诸神：希腊宗教建筑》（*The Earth, The Temple, and the Gods. Greek Sacred Architecture*），1—2 页。见第 1 章“景观与圣地”（Landscape and Sanctuary），尽管该书整体都致力于探索这个主题。

人们不仅仅是欣赏自然，在他们对采矿业、获取食物的方式、运河开凿及农业技术的兴趣中显示了好奇心与疑问。希腊人和罗马人对农业的论述，从色诺芬（Xenophon）的《经济论》（*Oeconomicus*）（他对波斯人的农耕大为赞赏）到普林尼（*Pliny*）的《自然史》（*Natural History*），都包含了很强的自然研究的意味，以及注视并观察自然界以获得播种、耕田和作物育种的技术；而罗马时期的作者，诸如瓦洛、科卢梅拉（Columella）和普林尼，对土壤改进、耕犁方法、灌溉、排水、搬开石块、清除灌木丛、获取用于栽种的新土地、施肥及虫害治理等，都怀着浓厚的兴趣。

同时，我们也不应忘记原始地中海世界的影响——对大地母亲的古老崇拜，这位大地母亲像真正的母亲一样行事，这是一个必须受精的大地。神话和习俗中都有一种对生育能力的迷恋，既
14 关乎人类又关乎地球。农业、牛群养殖、山羊和绵羊的放牧，这些都使人们靠近土壤，不管是已耕种还是未耕种的，并提醒他们注意土地的生产力。从人们的信仰中逐渐产生了关于土壤肥力、耕作技术和牲畜饲养的理性观念。[①]

生活在公元初年希腊化亚历山大城这个富足的混合体中的犹太人斐洛（Philo），清楚地认识这个在当时已经是古老的概念，并且对其深信不疑。

> 自然赠与每位母亲最精华的天赋——饱满的乳房，事先

① 见格思里（Guthrie）：《希腊人及其神灵们》（*The Greeks and Their Gods*），59 页。伊利亚德（Eliade）：《比较宗教范式》（*Patterns in Comparative Religion*），239—240 页。

即为将要出生的孩子准备了食物。我们都知道，大地也是一位母亲，因此最早的人们给她取名为德墨忒耳（Demeter），这个名字是“母亲”与“大地”的结合；正如柏拉图［《美涅克塞努篇》（*Menexenus*），238 A］所说，并非大地模仿女人，而是女人模仿大地。诗人们有个很正确的习惯，他们称大地为“全能的母亲”、“果实孕育者”、“潘多拉”或“施与者”，因为她是所有动物和植物存在并延续的起因。所以，自然也恰如其分地赠与地球——这个最古老而最多产的母亲——乳汁般的河流与泉水，为的是使植物得到灌溉，使所有的动物有充裕的水源可饮用。[①]

人们终于开始了对人类生命目的和宇宙目的之证据的搜寻。这种目的感，这种“大地和存在于其上的人类生命不会没有意义、没有计划地存在”的情感，在柏拉图和亚里士多德身上体现得尤为明显，尽管不是他们最早提出来的。对自然和自然过程中存在一个目的、一个目标的信念依赖于两个主要论点：一是宇宙的统一与和谐；二是工匠类比，相信造物主做事像一个工匠，比如一个修建房屋的木匠，他一开始就在头脑中谋划好了最终产品的模样——创世工作（ἔργου）与工匠手艺（τέχνη）是一样的。

要想充分追踪自然统一的思想，需要另外写一本书才行，但是我们至少可以提及这个观念所包含的某些因素。如果宇宙是统一的，那么就可以假定它的组成部分也是如此，因而地球、地球

① 斐洛（Philo）：《论世界之创造》（*On the Creation*），133 页。

上的生命、人类无一例外，尽管各民族存在很大差别，也不会改变这个结论。

什么现象被当作这种统一与和谐的证据呢？首先，天象存在着规律性，只有彗星和流星雨除外，而彗星和流星雨可以解释为神干涉自然秩序的表现。其次，证据还有月亮的盈亏及其周期、太阳的旋转和季节的变化、行星的运动，以及一昼夜有二十四小时，等等。可能正如库蒙（Cumont）所认为的那样，巴比伦天文学家对月亮的兴趣比对太阳的要大。在懂得一年的周期之前，人们靠月亮盈亏来标示时间，控制宗教和平民生活的神圣日历就是在月亮运行的基础上建立起来的。从月食中可以看出某些征兆，许多神秘的感应都被归因于月食这一神性现象，包括对植物及妇女健康的影响。①

天体的运动（它看起来是永恒的）终于导致了占星术的产生，后者也鼓励宇宙统一的思想。库蒙及其他学者认为这件事发生得相当晚，库蒙说星象宗教是迦勒底人在公元前六世纪起始的。太阳的升起和降落不仅带来了炎热与寒冷，还有光明与黑暗。尤其在地中海沿岸地区，季节变换可能与天空中的某些现象相关。由此推断，恒星与地球上的自然现象和人类生命过程有联系。“天空中和大地上的每个事物都处于不断变化之中，当时人们认为天上诸神的活动与下界所发生的改变存在着呼应

① 库蒙（Cumont）:《希腊人和罗马人的占星术与宗教》（*Astrology and Religion Among the Greeks and Romans*），70 页。库蒙认为，在炎热的国家太阳是敌人，而温柔地照亮大地的月亮则是友好的。

关系。”[①] 这样，占星术可能成为宇宙环境主义的科学，就像我们看到托勒密（Ptolemy）在《天文集》（*Tetrabiblos*）中仔细研究的那样：星星影响着地球上的所有生命，而地球上的自然环境能够解释基本相似性里面的差异。在以后罗马帝国星象宗教的发展过程中，占星术成为包罗万象的、赋予宇宙统一与和谐的哲学。

> 占星术的异教信仰神化了推动天上和陆地一切物体运动的积极准则。水、火、土地、海洋、风的气流，更重要的是包括恒星和行星的所有发光天体，揭示了填充整个自然的上帝的无穷力量。但是这种泛神论不再天真地认为自然界充满了变幻莫测的精神和不规则的力量。由于已经科学化，它将诸神理解为各种宇宙能量，后者在一个和谐系统中受命做着恰合时宜的运动。[②]

占星术在人类思想史上十分重要，其重要性的确很难有被夸大之嫌，但要真正掌握其意义也同样不容易。它一而再、再而三地出现在作为我们所关注的那些观念之来源的著作中。不知为何，许多一般思想的研究者对占星术置之不顾，几乎把它当作一个需要绕开的尴尬或麻烦，而不是一个值得深入探究的题目。占星术总是以一个比它影响个体生活的特征抬高许多的角色出现，这就

① 库蒙（Cumont）：《希腊人和罗马人的占星术与宗教》（*Astrology and Religion Among the Greeks and Romans*），11—12 页、16 页。

② 同上，68—69 页。

是“占卜”。然而，它的历史性作用比这个要深远得多。它是一个伟大的自然统一法则，一种宇宙环境主义。林恩·桑代克（Lynn
16 Thorndike）竟然将它与牛顿（Newton）对自然法则的发现相提并论了。

> 恒星不受自身运动及光的影响，因为它们是永恒而不可摧毁的。但是它们的运动和射线又一定会产生某些效果，并且这个巨大能量存储器的一个排放口就存在于我们的元素世界中，其改变、波动及变异与永恒天体的变换模式和光线的变动照射及感应同时发生。进一步而言，地球被看作宇宙的中心和底部，而下级自然应该被上级，即天体所统治、所主宰。

牛顿的《原理》（*Principia*）消除了上级与下级的差别，但是，“在艾萨克·牛顿爵士公布万有引力法则之前漫长的科学发展过程中，存在着被广泛认可与接受的另一个不同的普遍自然法则，其后被牛顿的法则所取代。这个普遍自然法则就是占星术的法则。”①

桑代克的解释阐明了诸如波昔东尼、托勒密、大阿尔伯特（Albert the Great）、托马斯·阿奎那（Thomas Aquinas）和让·博丹（Jean Bodin）等人的思想，在他们的思想中作为自然法则类型的占星术是一个基本的假设。

---

① 桑代克（Thorndike）：“占星术在科学史中的真正地位”（The True Place of Astrology in the History of Science），《伊希斯》（*Isis*），卷 46（1955），273—278 页。第一段引文在 274 页，第二段在 273 页。

这些证据是最强有力的，或许也是最古老的。从人类事务中提取的类比同样十分古老。苏美尔神学家“从人类社会得到暗示”，由生命体组成、有着人一般的外形却是超凡而不朽的众神，按照既定的规章制度管理着宇宙。这种 me’s（统治宇宙的神圣法律、规则和规定）也来自文化元素。[①] 希腊语 κόσμος 一词的历史意味着，对人类事务中秩序的观察或许曾激发这种秩序在有机界，进而在宇宙中的更广泛运用。在荷马及其他早期著作中，这个词及源自这个词的一些词语“通常表示合适的、顺当的、有效的安排或部署。其主要思想是某种物质上优雅整洁的东西，而不是在道德或社会方面的‘正确性’。”这个词语随后还意味着“华丽而丰富的装饰”。它也指一个集结军队的命令，以及牧羊人将草原上混合了的羊群各自分开。这个词语描述“美丽或效用的具体安排，以及道德和社会‘秩序’的较为抽象的概念”。它的“社会泛音尤其重要，也许从一开始，κόσμος 就通过对社会良好秩序的有意识类比而应用于自然世界”。对伊奥尼亚哲学家来说，宇宙意味着对所有事物的一种安排，在这里，每一个自然力量都有指定给它的功能与限制。如同在任何一种良好的安排中一样，这个术语意味着一个系统化的统一体，各种不同元素被结合或组合 17
在其中。[②] 到了五世纪，这个词汇不仅表示宇宙秩序，也被用于人体的结构、形式和机能。微观世界的统一，具有多样性的人体，

① 克拉默尔（Kramer）：《历史始于苏美尔》（*History Begins at Sumer*），78—79、99—100 页。

② 卡恩（Kahn），前引书，220—230 页；引文在 220、223 页。

很可能激发了“宏观世界中无所不包的统一”这个观念。[①]

还有毕达哥拉斯学派的理论——和声类比（harmonic analogy），即行星运动（好像振动）与角速度（好像产生天体音乐的谐波比）之间的联系。在这个概念中，宇宙里充满了（卡恩说）和谐与平衡的几何学原则。[②]

生物学类比同样有其巨大的力量，多样性中的统一成为生命的特征，其中包含了通向目的论的强烈诱因。从阿那克西曼德到柏拉图，“宇宙的起源被比作生物体的形成与诞生。宇宙演化论和胚胎学的这种古老结合解释了为什么阿那克萨哥拉（Anaxagoras）和恩培多克勒会将元素体称为所有事物的‘种子’或‘根源’”。[③] 正如我们稍后将要看到的，卢克莱修亦将生物学类比应用于地球。

我认为，正是这样一些观念使人们相信，多样性并不是一种幻觉，统一性也不是一种假想。[④] 关于自然界中存在着统一与和谐这一点，就其对地理思想的影响而言，也许是我们从希腊人那里接受的最重要的观念，尽管在希腊人中对这种统一与和谐的性质并没有一致意见。

---

① “自然和谐”(Nat. Hom.), 7,《希波克拉底著作集》(*Works of Hippocrates*)(洛布古典文库)，卷 4。由卡恩引述，前引书，189 页。

② 见萨姆伯斯基（Sambursky）:《希腊人的自然世界》(*The Physical World of the Greeks*)，53—55 页；卡恩，前引书，206 页，及斯皮策（Spitzer）:“古典和基督教的世界和谐思想”(Classical and Christian Ideas of World Harmoney)，《传统研究》(*Traditio*)，卷 2（1944），414—421 页。

③ 卡恩（Kahn），前引书，213 页。

④ 萨姆伯斯基（Sambursky），前引书，129 页。

陆地统一性（人类是其组成部分）这个观念，唤起我们注意地球本身是否适合作为人类和其他一切生命形式生存的环境，注意各种环境的不平等以及它们之间的差异，同时也隐含地唤起我们注意民族分布的不均衡，以及可能将稠密居住区与荒无人烟之地分开来的边界。希腊的 οἰκουμένη 概念是这个传统的一部分；在古代，这个词至少有六种不同的含义，但最普遍的意思是“人居世界”，即我们所知的有人居住并能够支撑生命的世界。这个 οἰκουμένη 的概念是具体的，其背后的认识是：不同民族生活在不同的环境之中，这些环境有时是类似的，但更多的时候是有差别的，如果把这两个因素——民族和环境——放在一起考虑，那 18
么两者之间的关系可能纯粹是间接的，或是一种背负着教条主义和演绎法沉重负担的理论性的关系。[①]

2. 希腊化时代及其对自然的典型态度

要想在少数几段文字中，对像希腊化时代这样漫长而复杂的时期进行有意义的评述是困难的；然而还是有必要做出尝试，显示这一时期对本书所关注的思想的历史是多么重要。事实上，希

① 关于 οἰκουμένη 这一古老观念，见吉辛格(Gisinger)：“人居世界”(Oikumene)，《保吕氏古典学百科全书》(*PW*)，卷 17：2，2123—2174 栏；卡尔斯特（Kaerst）：《古典时代“人居世界”的概念》(*Die antike Idee der Oikumene*)；以及帕尔奇（Partsch）：“人类的边界，第一部分：古典时代的‘人居世界’”(Die Grenzen der Menschheit. I Teil: Die antike Oikumene)，《莱比锡王家萨克森科学协会会议报告，哲学、历史学类》(*Berichte über die Verhandlungen der Königl. Sächsisch. Ges. d. Wiss. zu Leipzig. Phil-hist. kl.*)，卷 68（1916)，1—62 页。

腊化时代比希罗多德的时代，甚至比柏拉图和亚里士多德的时代更为重要，在这一点上我们可以认可塔恩（Tarn）的论述，即“只要说近代文明是在希腊文明基础上产生的，那么它主要是在‘希腊化文明’的基础上产生的。”[①] 在如何定义这个时代的问题上，总体上有一致意见，但细节上还有分歧。德罗伊森（Droysen）提出了“希腊化的”（Hellenistic）这一词语，希腊化时代通常被界定为从公元前 323 年亚历山大之死，到公元前 30 年奥古斯都建立罗马帝国为止这几个世纪的时间段。

我们把讨论限定在希腊化时代为本书所研究的观念提供线索的那些方面，既然如此，就不需要像一部独立著作所要求的那样精确定义这个时代。我将遵循公认的定义，但不会对利用上述时间段之外的材料感到抱歉。比如，很明显，维吉尔、提布卢斯（Tibullus）和贺拉斯对自然的描述和田园诗，与忒奥克里托斯、莫斯克斯（Moschus）和彼翁（Bion）的作品具有很多共同点。跨越一、二世纪的普鲁塔克（Plutarch）似乎很熟悉希腊化时代的文化（他是人们研究这个时代历史的一个重要资料来源），而意大利人瓦洛和西班牙人科卢梅拉则撰写关于作物引进、动植物培育和对乡村生活的反应等，表现了亚历山大时代之后地中海世界的特征。

希腊化时代引起了文化地理学者非比寻常的兴趣。我将克服

① 塔恩（Tarn）：《希腊化文明》（*Hellenistic Civilization*），第 3 版，由塔恩与格里菲思（Griffith）修订，1 页。

把它与文艺复兴时期或大发现时代进行比较的诱惑[1]（因为相似性是肤浅的，而差异性则是深刻的），但它无疑是西方文明史中特殊文化相接触的几个时期中的一个，人们通过这些接触知道了新的、不同的环境以及生活在其中的人民。尽管希罗多德著作中的例子令人印象深刻，但是它们在这方面无法与斯特雷波（Strabo）编辑的书籍相提并论，而且假如希腊化时期有更多的著作得以保存，这种差距将会更大。

然而我们不能一味地沉迷于差异之中。比较也是很重要的。 19
参加亚历山大征伐的希腊人所看到的许多事物的确是新鲜的，即使那些旧的或熟悉的东西，也是以一种新视角出现。从对埃及的长期认识中，希腊人熟知肥沃丰饶的尼罗河流域与邻接的荒凉贫瘠的利比亚沙漠之间的对比。得益于万人远征，波斯的植物界对他们来说也不太陌生。安纳托利亚的植物系与地中海地区很相似，美索不达米亚阳光普照的平原使人想起非洲的未开垦地区，而希腊人对本都山脉也久已熟悉。在印度的征战使人们看到了惊人的相似：西方的尼罗河与东方的旁遮普，两者都部分处于常绿热带地区，都具有异常丰富的植被。在西方，到利比亚沙漠中的锡瓦绿洲旅行，使他们看到了巨大的阿蒙绿洲的奢华植被。而在东方，他们在一场残酷远征中横跨了俾路支斯坦赤裸的沙漠海洋。对他们来说全新的是，被森林覆盖着的富饶而清凉的喜马拉雅山坡地，以及从印度河三角洲一直延续到波斯湾的阿拉伯海西北沿岸的红

① 有关这一点的讨论，见罗斯托夫采夫（Rostovtzeff）:《希腊化世界的社会和经济史》（*HW*），卷 1，127—129 页。

树林。[①]泰奥弗拉斯托斯（Theophrastus）的《植物探询》（*Enquiry into Plants*）就是这种世界植被知识不断增长的产物。其中第四部的标题是："关于特定地区和位置的特殊树木与植物"，在阅读这本书时，有谁会意识不到这些知识都是基于从地中海、埃及直到印度河流域的收集积累呢？泰奥弗拉斯托斯描写得绘声绘色，仿佛他曾经亲身站在印度河河口附近的岛屿上，那里粗如悬铃木或最高杨树的巨大红树林屹立于水中；当潮水到来时，一片汪洋，只有最高树木那向上伸展的树枝露出水面，上面系着船缆，就像退潮时系在树的根部一样。泰奥弗拉斯托斯听说在波斯湾的提罗斯岛东部，树林是如此茂盛，以至于它们能够成为涨潮时一道经常性的防护带；岛上还大量生长着一种产羊毛的树（棉花）。我们可以同意布雷茨尔（Bretzl）的论断，即，植物地理学起始于泰奥弗拉斯托斯。而泰奥弗拉斯托斯又是从亚历山大时期开始的；他面前已经拥有了科学旅行者们的观察结果，他们在远征中报道了人种志、地理、地质和植物方面的新的事实。[②]

那个时代的希腊人不仅知道了喜马拉雅山脉和红树林，他们对地中海世界的知识也比祖先深刻得多。近东——正如罗斯托夫采夫（Rostovtzeff）指出的那样——作为一个为人熟知且人迹常往的地区，出现在斯特雷波《地理学》（*Geography*）第十六和

① 根据布雷茨尔（Bretzl）：《亚历山大时代的植物学研究》（*Botanische Forschungen des Alexanderzuges*），1—3 页。

② 泰奥弗拉斯托斯（Theophrastus）：《植物探询》（*Enquiry into Plants*），Ⅳ，vii，4—7；布雷茨尔，前引书，4—5 页。

十七部中。[①] 亚历山大的远征将希腊化文明带到了印度河与中国
新疆地区。到公元前三世纪，托勒密王朝的君主们占领了桑给巴
尔、东非海岸的部分地区和苏丹。赤道附近可以居住这个事实， 20
可能在埃拉托色尼（Eratosthenes）提出之前很久就已经为人所知
了，因为达里昂（Dalion）已经到过麦罗埃以南的地方了。埃拉
托色尼本人是那个时代值得尊崇的典范，科学的地理学就始于他
的著作之中。他不仅囊括了之前学者们的理论，而且还涵盖了他
那个时代新近的知识累积。斯特雷波说埃拉托色尼希望修订世界
地图（II，1，2）。尽管埃拉托色尼最为著名的成就是发明了具
有惊人精密性的测量地球圆周的方法（如果长度单位 stade 的特
定数值被认可的话），但他同时还对人居世界（οἰκουμένη）与陆
地总体的对比怀有敏锐的兴趣，希望将前者精确地置于后者之中。
在他的文化地理学中，从叙述塞浦路斯森林砍伐事件的段落来判
断，他能够清楚地看到政府政策与土地变化的关系（见下文，本
书第三章第 4 节）。[②]

发现通往印度的海上航道（公元前 117—前 116 年），罗马

① 《希腊化世界的社会和经济史》（*HW*），卷 2，1040 页。

② 塔恩（Tarn）："漫谈亚姆布鲁斯时期"（The Date of Iambulus: a Note），《古典季刊》（*Classical Quarterly*），卷 33（1939），192—193 页。关于两回归线之间地区的可居住性，见蒂特尔（Tittel）："盖米诺斯，1"（Geminos，1），《保吕氏古典学百科全书》（*PW*），卷 7：1，1034 栏；吉辛格（Gisinger）："地理学（埃拉托色尼）"［Geographie（Eratosthenes）］，《保吕氏古典学百科全书》附卷 4，606—607 栏。关于埃拉托色尼的测量法，见萨顿（Sarton）：《公元前最后三个世纪的希腊化科学与文明》（*Hellenistic Science and Culture in the Last Three Centuries B.C.*），103—106 页；班伯里（Bunbury）：《古代地理学史》（*A History of Ancient Geography*），卷 1，第 16 章；汤姆森（Thomson）：《古代地理学史》（*History of Ancient Geography*），158—166 页。

征服西班牙、北非、巴尔干半岛和高卢并将其殖民化，不可限量地扩大了对民族和环境的了解。海希尔海姆（Heichelheim）说，一个精致文明的中心地（从巴比伦尼亚到意大利和西西里）“被一个巨大的外围区域（从恒河到大西洋）包围着，这个外围区域是由同化了的蛮族人王国、希腊殖民国家、罗马外省及其附属同盟国组成的，其间分布着城邦（*polis*）经济的岛屿和罗马自治殖民地”；当地村民从他们身上逐渐学会了希腊和罗马的农业技术。在这种希腊罗马式的发展进程中，在地球表面如此广阔的地域范围内，有规划的殖民、经济计划、资本构成、转让与投资、汇票和世界范围内的流通使得这样的情势成为可能：“从西班牙和高卢到印度和土耳其斯坦，城市、甚至更多的乡村都改变了面貌。”[①]

同样十分显著的是关于远古各民族的知识扩大了。亚历山大大帝的随从们沿着格德罗西亚和卡曼尼亚海岸，从印度河河口航行到阿拉伯河（即从俾路支斯坦海岸到阿曼湾的波斯海岸），看到的是多么奇妙的景象啊！他们（以及后来的观察者们）置身于“食鱼人”的世界中。按照狄奥多罗斯（Diodorus）根据尼多斯的阿加塔尔齐德斯（Agatharchides）的说法，公元前246—前221年
21 在位的托勒密三世，即尤尔盖特斯一世（Euergetes I）派遣他的一个朋友西米阿斯去侦察这片大陆，西米阿斯调查了从红海沿岸到

① 海希尔海姆（Heichelheim）：“古典时代对大地的影响”（Effects of Classical Antiquity on the Land），载于威廉·托马斯（William Thomas）编辑：《人类在改变地球面貌中的作用》（*MR*），168—169页。这是一篇令人称赞的有关希腊化时期的简短论文，是本处论点的基础，168—172页。亦见他写的词条“单极化（希腊化）”［Monopole (hellenistisch)］，《保吕氏古典学百科全书》（*PW*），卷16：1，特别是157—192栏。我十分感激海希尔海姆教授在1955年温纳－格伦研讨会上的启发性讨论和给我的建议。

可能是俾路支斯坦海岸的各民族（III，18，4）。的确，狄奥多罗斯著作的第三部中（仅包含人种学片段，大部分来自公元前二世纪早期的阿加塔尔齐德斯），有一些有史以来最为有趣的描述性人种志内容。很有意思的是一个报告（III，2—10，部分来自阿加塔尔齐斯德，部分来自其他资料），它描述自信的埃塞俄比亚人相信他们自己是最初的人类，他们的文明是独一无二且具有创造性的，并且埃及人中至少有一部分是从他们中间分化出去的。这些引人入胜的段落中频频出现关于获取食物、居住、死亡和埋葬的习俗，以及文化孤立的主题。很明显，研究这些问题的希腊人对食物作为一种文化标准这一点印象深刻，因为在他们对红海与印度洋沿岸和埃塞俄比亚内陆各民族的描述中，大多数当地人由其主要食物而得名：食鱼人、食龟人、食根人、食树人、食籽人，等等。

还存在着非常有吸引力的交替主题：一方面，古老的土著文化甚至在希腊化冲击下依然延续，另一方面，希腊文化在持赞同态度的新统治者庇护下得到扩展，这种扩展也得益于新的共同语言 κοινή，即《七十士希腊文本圣经》（*Septuagint*）和希腊文《新约》所用的语言。这些主题是如此复杂，以至于需要一部长篇专论，重新解释古代世界的人种学。在这里我必须满足于自己只用一两个例子来提及这些事实，因为它们表明，对于文化差异除了环境论的解释之外，其他替代的解释方法也是存在的。[①] 当时的

① 有关希腊文化地理的非常有趣的材料，见《希腊化世界的社会和经济历史》（*HW*），卷 2，1053—1134 页；及帕尔奇（Partsch）："人类的边界，第一部分：古典时代的'人居世界'"（Die Grenzen der Menschheit. I Teil: Die antike Oikumene），《莱比锡王家萨克森科学协会会议报告，哲学、历史学类》（*Berichte über die Verhandlungen der Königl. Sächsisch. Ges. d. Wiss. zu Leipzig. Phil-hist. kl.*），卷 68（1916），第 2 辑。

模式并不是说，组成这个世界的各种文化都经历了深远而广阔的希腊化，而是非希腊文化也得以持续（不过也可能伴随着一些希腊文化的渗透），同时作为希腊文化缩影的希腊飞地则全部打上了典型希腊殖民地的印记。因此，研究那个时代的学者们既强调了希腊化世界的统一，又着重指出统治者们对当地民族习俗和宗教的尊重。托勒密王朝“对改变神庙的古老习俗很谨慎”。他们“憎恶抛弃原有的传统，破除一个国家根深蒂固的习惯和风俗”。在埃及法尤姆的费拉德尔斐亚发现了埃及阿努比斯神的雅典式奉献碑，就是希腊人尊重埃及宗教的一个生动范例。[①]

公元前三世纪，泽农（Zenon）受雇于财政部长阿波罗尼乌
22 斯（Apollonius），后者是在埃及法尤姆强势的希腊财产持有人。两个为索夫西斯村布巴斯提斯猫神祭仪服务的养猫人给泽农写信，说明国王和阿波罗尼乌斯曾下令全国范围内的养猫人可以免除强制劳动，然而警察长列昂蒂斯科斯却派他们去收割庄稼。他们服从了这个命令，不希望打扰泽农。后来列昂蒂斯科斯又派他们去造砖，却不打发同村的两个职业造砖人，让那两个人干自己的活。养猫人请求泽农对此遵守国王和财政长官（διοικητής）的命令。[②]

在尤尔盖特斯二世（Euergetes Ⅱ）的法令中（公元前 118 年）有规定法庭管辖权的法令。在希腊人与埃及人之间，凡涉及用希腊文书写之契约的争议交由希腊法官（χρηματισταί）裁决，而用

① 《希腊化世界的社会和经济史》，卷 1，281、291 页；奉献碑在图 39，卷 1，319 页的对页。

② 埃德加（Edgar）：《泽农纸草》（*P. Cairo Zen.*），59451。阿波罗尼乌斯对希腊和埃及宗教祭仪的关注，可在《泽农纸草》中经常看到。未给出明确日期。

埃及文书写的契约争议则交由当地法庭依照埃及国内法律裁决；两个埃及人之间的案件也受当地法庭管辖。[①]

另一方面，对希腊殖民地域（例如法尤姆和泽农档案所在地）的研究给人以革新的、在传统埃及环境下生气勃勃的希腊飞地的印象，后面的第三章将具体叙述。“但是埃及的希腊上层建筑尽管重要，也不过是个上层建筑而已。”[②]在埃及这块具有漫长生活经验和宗教感情的古老文明土地上，希腊人是新来客。

近东地区生活显而易见的持续性和不变的本质或许也感动了希腊人，因为这与他们自己的运动和变化形成了强烈对比。狄奥多罗斯的一段特别有力的描述使我们形象地看到这种对比。他是在讨论巴比伦迦勒底人的古代生活。由于被指派为神灵服务，迦勒底人的生命在学习研究中度过，“最重要的名望是在占星术领域。”他们还忙于使用各种方法进行占卜和预言。他们的训练很不同于从事同一行业的希腊占星家。在迦勒底人中，学习就是从父亲（他已被免除了对国家的一切其他义务）传到儿子。父母亲是慷慨的老师，儿子则是听话的学生，从孩提时代开始的训练使他们掌握了非凡的技能。而在希腊人中，在没有准备的情况下学习大量不同科目的学生很晚才转向这些高深的学问；学习使他们苦不堪言、几度放弃，还不得不为谋求生计而心烦意乱。只有少数人能进入更高阶段的学习，并坚持下去以从中获得利益，但这些人“总是试图对最重要的学说加以革新，而不是延续他们前辈

① 《塔布突尼斯纸草》（*The Tebtunis Papyri*），5，207—220= 卷 1，54—55 页。

② 《希腊化世界的社会和经济历史》（*HW*），卷 1，265—266 页，引文在 205 页；对照 55 页。

的老路”。对蛮族人来说，他们“永远关注同样的事情，对每个
23 细节精益求精”，然而追求利益的希腊人却“不断建立新的学派，就最重要的思考事项相互争吵不休，致使他们的学生也持有相互冲突的观点，而且他们的思想在一生中始终犹豫不决，不能以坚定信念相信任何事情，只是在迷惘中徘徊。”①

塞琉西王朝早期，如同托勒密王朝一样，非常小心不去触犯其附庸者的宗教情感。尽管有大量事实可以证明这点，但一个例证就足够了：巴比伦尼亚圣城乌鲁克－瓦尔卡“在塞琉西王朝时期再次成为巴比伦尼亚宗教、知识和科学的一个重要中心”。②

这些例子表明一种文化多样性，这种多样性是由于历史和传统在起作用，这一点即便是最简单的观察者也能看到。这个观察结果可以用另一种方式来表达：在希腊化时代，οἰκουμένη（人居世界）概念有了引人注目的拓展。在更早的时代，人居世界主要是一个地理概念；在希腊化世界中，它还被赋予了文化内涵。

普鲁塔克赞颂亚历山大在教育其他民族方面的功绩，也不时表扬他在改变外族习俗方面的成就。当亚历山大教化亚洲的时候，“荷马的诗作被普遍阅读，波斯人、苏西亚那人和格德罗西亚人的孩子们都学会传唱索福克勒斯和欧里庇得斯（Euripedes）的悲剧。”苏格拉底（Socrates）因介绍外国神祇而受到审判，成为雅典告密者的牺牲品，而“通过亚历山大，巴克特里亚（大夏）和高加索地区学会了尊崇希腊人的神祇”。普鲁塔克比近代学者更

① 狄奥多罗斯（Diodorus），Ⅱ，29，3—6。亦见我所参考的卡尔斯特（Kaerst）：《希腊化时代的历史》（*Gesch. d. Hellenismus*），卷 2，149—150 页。

② 《希腊化世界的社会和经济史》，卷 1，435 页。

加强调被亚历山大征服地域的未开化人和野蛮人，而忽略了近东地区悠久的城市传统：亚历山大“在野蛮人部落中建立了七十多个城市，向整个亚洲地区派遣了希腊行政长官，因此克服了其不文明与野蛮的生活方式。尽管我们中间很少有人阅读柏拉图的《法律篇》，但是成百上千的人已经使用了亚历山大的法典，并且在继续使用它们”。被亚历山大征服要比逃避他更好，因为被征服的能变成文明的：“否则埃及就不会有它的亚历山大城，美索不达米亚也不会有它的塞琉西亚，索格狄亚那（粟特）也不会有它的普罗夫塔西亚，印度也不会有它的布西发拉，同样高加索地区也不会有近旁的希腊城市……”[①] 与这个拓展了的概念相连的是亚历山大征服的效果，是通用希腊语（κοινή），是对世界这一部分的希腊化，是斯多葛主义（Stoicism）。

普鲁塔克赞许地解释了斯多葛哲学创始人芝诺（Zeno）所表
达的思想，其主要原则是：“我们这个世界，不是一切居民都应
该按照各自的正义法则区别开来，生活在互相分离的城市和社区
里；我们应当将所有的人看作同属一个社会和政体，我们应当过 24
着共同的生活、遵守所有人共同的秩序，甚至像一群喂养在一起、
分享一个公用草场的牛羊那样。”根据普鲁塔克的叙述，亚历山
大总是寻求将人们聚集在一起，“将人们的生活、性格、婚姻和
各自的生活习惯联结起来，混合在一个巨大的爱杯之中。”[②] 普鲁
塔克说他并不因为没有机会看到坐在大流士王位上的亚历山大而

① 普鲁塔克（Plutarch）：《亚历山大的幸运或美德》（*On the Fortune or the Virtue of Alexander*），Ⅰ，328D、328D—E、329A。

② 同上，引文来自Ⅰ，329A—B，329C，329D—E 和 330D。

嫉妒别人，但是“我想，假如能亲眼目睹他把一百个波斯新娘和一百个马其顿和希腊新郎带到一起，在一个金顶帐篷内举行美丽而神圣的婚礼，组成共同家庭，那么我会非常高兴。”亚历山大渴望所有的人都遵从“同一个理性的法则，同一个政府的形式，表现出所有人如同一个民族，而亚历山大本人的所作所为符合这个目的。”若不是亚历山大的灵魂过早被神召唤，这个联合体必将成为现实。斯多葛主义一向强调宇宙的和谐，强调作为“设计之一部分”的人与自然的相互关系、上帝对世界的关怀，以及人对神圣事业的普遍参与，因而它也鼓励世界大同主义的前景，这个前景是亚历山大早已在自己的希望中预示了的。[①] 因此，也许的确有一个文化上的 οἰκουμένη（人居世界）概念，与地理上的人居世界概念一道在广泛传播，尽管我们承认书面材料不太充分。公元前三世纪的波塞狄普斯（Poseidippus）说:“有许多城市，但它们都是同一个希腊城市。”[②] 普鲁塔克对亚历山大及其时代的评论，他在《流放》（*On Exile*）一书中表达的人以世界为家的观点，在一个以苦难、奴役和战争的残酷而著称的时代，同样传达了某些这样的情感。[③]

---

① 卡尔斯特（Kaerst）:《古典时代“人居世界”的概念》（*Die antike Idee der Oikumene*），13 页；塔恩（Tarn）:《希腊化文明》（*Hellenistic Civilization*），79—81 页。

② 柯克（Kock）编辑：《阿提卡喜剧作家作品残篇》（*Comicorum Atticorum Fragmenta*），28 节，卷 3，345 页；塔恩（Tarn）引述，前引书，86 页。

③ 普鲁塔克（Plutarch）:《亚历山大的幸运或美德》（*On the Fortune or the Virtue of Alexander*），Ⅰ，329A—D，《流放》（*On Exile*），600D—602D。关于这个时期人类的苦难，特别见《希腊化世界的社会和经济史》（*HW*），第 4、6 章；塔恩，前引书，第 3 章。

希腊化时代不仅有着对自然和文化环境更敏锐的意识，而且，尽管对这样长久时期的证据不很充足，但看来还存在着一种在美学、哲学、诗歌和艺术上对自然的态度的转变。古代世界对自然的情感——自然形象，自然现象与人类情感的比较，对自然各个方面，如一朵花、一阵风的欣赏，或是对一个景观中表现出来的自然各个部分组合整体的欣赏——需要在现代知识背景下重新检视。并不是基本的原始资料有了多少改变，也不是我们缺乏研究，我并不认为新增的碑文和钱币材料、花瓶上的绘画，以及诸如此类的东西就会严重颠覆现存文献和近代专著所明确反映的主要趋势；然而，据我所知，近年来还没有对这个主题的透彻研究，最详细的研究还是在十九世纪，主要是由文学史家和艺术史家 25
撰写的。

因此，我们一方面需牢记重新检讨史料的必要，并意识到这超出本书的研究范围，另一方面也的确有大量理由相信，近现代对自然态度的根源存在于希腊化时代，而不是更早的时期。诚然，证实这些是困难的，一方面由于前面提到的原因，同时还因为大量材料已经丢失了。尤甚于过去的是，这个主题越来越广泛地扩散在不同领域内，如诗歌、文学、哲学、宗教、风景画和农业著作。我们可以试探性地指出，对自然的现实而生动的描述与宗教主题截然不同，与荷马史诗的多神论也确实存在差异。如果它是宗教性质的，那么它很可能如同斯多葛学派著作一样，是服务于设计论（design argument）的自然描述。伊壁鸠鲁（Epicurus）的哲学（它的世界也是一个统一体，其创造者不是上帝而是自然）可能启发了卢克莱修对自然的生动描述。希腊化时代对东方花园的认识、树木成行的散步广场、在城市中创造自然飞地的兴趣、来自更远的东方文化的灵感，这些在营造对自然的情感中所起的作用要比在较早的希腊世界里显著得多。西方文明史中没有比希腊化时代更早的时期揭示出如此强烈、自觉表达的城市与乡村之间的对比，这也许是当时城市生活的独特条件造成的，不仅在城市建设上，而且在不断扩展的城市规模方面。这些观察所得没有一个是新的——在1871年卡尔·韦尔曼（Karl Woermann）关于希腊人和罗马人自然情感的著作中，以及1873年沃尔夫冈·海尔毕希（Wolfgang Helbig）对风景画早期历史的研究中，都有类似的观察。① 海尔毕希认为在希腊化时代之前，自然是一个恒定存在的美好事物，并且永远不会离人远去。他将人与自然的疏离归因于巨大希腊城市的兴起。他进一步提出，人对自然的依赖是如此强烈，以至于任何与自然的人为分离都导致重建这种交融的尝试，并进而带来人们对自然的自觉情感和清晰的艺术表现方法。海尔毕希和韦尔曼都强调了东方花园在为人所知后产生的影响；城市（它成为文化集中之地）在规模和壮观程度上的增长造成了城乡对比的意识，并促使这个时代及随后的罗马时代有关自然的

---

① 韦尔曼（Woermann）：《希腊人和罗马人对景观的自然情感研究》（*Ueber den landschaftlichen Natursinn der Griechen und Römer*），65—66页；亦见其《古代民族艺术中的"景观"》（*Die Landschaft in der Kunst der alten Völker*），尤其是201—215页；海尔毕希（Helbig）："对坎帕尼亚壁画解释的论文集，Ⅱ"（Beiträge zur Erklärung der campanischen Wandbilder，Ⅱ），《莱茵博物馆》（*Rheinisches Museum*），新集，卷24（1869），497—523页，特别是514页，及其《坎帕尼亚壁画调查》（*Untersuchungen über die Campanische Wandmalerei*），第23章。我十分感激这些富有启发性的著作，尤其是它们引用的大量原始材料对我的帮助很大。

著作出现。尽管这些作品至今仍具有启发性和生命力，但它们自信的结论仅仅代表有趣的可能性，因为所述观念也许仅仅适用于那些最自觉、最能说会道的居民；很难相信它们是流行信念的一 26
部分。这些不充足的证据几乎不能引出任何一般性的概括。一首被认为是忒奥克里托斯所写的田园诗、几行来自彼翁的诗句，不会比荷马史诗更能概括一个长达数百年的时代。然而，尽管存在着是否具有代表性的问题，我还是想引用几段广为人知的希腊化时期和罗马时期的作品，来反映对自然的重要态度在那个时期得到了表达。一般来说，这些都是现实主义的，甚至在涉及神话题目或神祇活动时也是如此；它们比修饰性称号或明喻更为持久；它们十分逼真，标记着作者的观察、乡村漫步和与牧羊人的交谈。

其中第一部作品，阿波罗尼奥斯·罗德斯（Apollonius Rhodius）的《阿尔戈船英雄纪》（*The Argonautica*）（公元前三世纪）是希腊最古老传奇的一个版本——乘坐“阿戈尔号”的伊阿宋（Jason）与同伴为寻找金羊毛前往科尔基斯旅行。我们在这里关注的不是这个传说，而是时不时出现在旅行途中的对自然的附带描述。

（1）穿过提萨因海岬，俄阿格罗斯之子轻弹着他的里拉琴，“有韵律地唱着阿耳忒弥斯之歌”，当他歌唱的时候，“鱼儿们飞奔过深蕴的海洋，大大小小成群结队而来，沿着水路欢快地跳跃。正像无数绵羊跟着它们的牧羊人的足迹，进入堆满青草的羊栏，他走在前面用嘹亮的芦笛快乐地吹奏着牧羊曲；就这样，这些鱼儿们尾随着；清风追赶着前行的船只。”（I，570—579）

（2）伊阿宋手持阿塔兰塔赐予他的长矛，“踏上了他的城市之旅，如同奔向一颗明亮的星辰；这星辰被幽闭在闺房中的少女们视为升起于自家门前，在暗夜中用美丽的红色微光迷住了她们的眼睛，少女喜不自胜，她思念着远行在陌生人中间的青年，为了那青年，少女的父母不让她出门，等着给他做新娘；正像是在追寻那颗星辰，英雄大踏步地向城市迈进。”（Ⅰ，775—781）

（3）在斯库拉与卡律布迪斯之间的通道中，他们得到了涅赖德斯和忒提斯的帮助，涅赖德斯像海豚一样环绕船只游动，忒提斯指引着航向。“当波浪冲击时，船被高高托起，周遭向上涌动的惊涛拍碎在岩石上，时而如冲天的峭壁，时而又跌入深渊被牢牢地固着在海底，汹涌澎湃的海浪把洪水倾泻在他们身上。”（Ⅳ，920—979；引文在 943—947）

（4）这里有对光明，尤其是晨光的敏锐描述，它加强了美感，并补充了景观的总体印象。“现在……闪烁的黎明用它明亮的眼睛注视着皮利翁山顶，平静的海岬……湿透了，海面被风吹起阵阵褶皱……。”（I，519—521）“但是当太阳从远处的陆地升起，照亮雨露滋润的山丘，也唤醒了牧羊人”，他们便松开缆绳，将战利品放在甲板上，“随着顺风，他们驶过涡流丛生的博斯普鲁斯海峡。”（Ⅱ，164—168）

27 （5）赫拉与雅典娜造访爱神厄洛斯的母亲库普里斯，敦促这个男孩用他的箭去射埃厄忒斯国王的女儿美狄亚，这样她就可能爱上伊阿宋；她们毫不耽搁地行动并取得了成功。厄洛斯于是“起程穿过宙斯宫殿中硕果累累的果园”，通过高耸入云的奥林匹亚山山门，然后由一条从天而降的道路回到地面。“当他掠过广袤的天空时，在他下面出现了赋予生命的大地、人们的城市和神圣

的河流，然后依次是山尖和环绕四周的海洋。”（Ⅲ，164—166）

（6）“这时，黎明带着她神圣的光束归来，在天空中驱散了阴沉的夜晚；海岛的沙滩欢笑着，伸向远方平原的道路被露水湿润，街道上有了喧嚣；全城的人们开始起床，遥远的马瑞斯岛上的科尔基人也开始活动起来。”（Ⅳ，1170—1175）

（7）心境和自然的外貌之间同样存在着比较。美狄亚爱上了伊阿宋，为情辗转反侧，在公牛的力量面前为伊阿宋的命运感到恐惧。“她的心脏在心房中跳动得如此迅速，如同一束阳光跳离水面，斑驳地照射在房间的墙上，而水刚刚被倒入大锅或者木桶；阳光在这里或那里迅捷的漩涡中跳跃着、舞动着；即便如此，少女的心还是在胸膛中颤抖。”（Ⅲ，755—759）

在这一时期，对大自然情感的最为人所熟悉的例证在忒奥克里托斯、彼翁和莫斯克斯的作品之中（或来自那些通常被归于他们名下的作品）。这种田园诗歌，特别是忒奥克里托斯的诗歌，提到迷人的地中海乡村生活的详情：牧羊人的手杖、蜜蜂、放牧的草甸。这种清新的描述对城市场景同样明显，如《阿多尼斯节的妇女们》（*The Women at the Adonis Festival*）一诗，地点是在亚历山大城。戈尔戈清晨邀请普拉克西诺亚，一起去托勒密二世宫殿中举办的阿多尼斯节。她们艰难地穿过亚历山大城拥挤的街道——“我们怎样穿过这可怕的人群，”戈尔戈在路上说，“要花我们多长时间，我不能想象。真像个蚂蚁堆呀！”——她们到达了宫殿，戈尔戈坚持让普拉克西诺亚欣赏精巧而雅致的刺绣品。普拉克西诺亚回答说：“聪慧的雅典娜！”戈尔戈感叹织工和绣匠能够做出这样精细的作品。“这些东西都在这里面站着、走来走去，是多么真实啊！它们是活的！人能做这样的东西真是太奇妙了。”而圣童阿多尼斯，“他躺在银睡床上，面颊上刚刚现出成年的绒毛，看起来是多么漂亮啊……！”[忒奥克里托斯：《田园诗》(*Idyll*)，XV，78—86]

这种惊叹有其乡村的对应，背景是乡村的声音和场面。“松树的飒飒低语中有甜美的东西，”蒂尔西斯说，“使她的音乐在远方的泉水旁，甜美不亚于你牧羊人笛子的悦耳旋律。”(《田园诗》，Ⅰ，1—3）熟稔的笔调勾画出牧羊人的生活。“我去追随着牧羊
28 女阿玛丽利斯，我的羊群在山坡吃草，提屠鲁赶着它们。我可亲可爱的提屠鲁，请为我喂羊；带领它们去饮水，好提屠鲁，你要小心，别让那边黄色的利比亚公羊撞了你。”（Ⅲ，1—5）牧羊人告诉蒂尔西斯，乡村音乐对他并不陌生。“那么让我们坐在那远处的榆树下，从这边走，在普里阿普斯和喷泉女神的对面，在牧羊人的坐席和那些橡树的地方。”(Ⅰ，19—23)在第五首田园诗中，莱肯对科马塔斯说：“坐在野橄榄树和这矮林之下，你会唱得更好。那边有清凉的水流过，这里有野草和绿色的大床，还有絮絮叨叨的蝗虫来陪伴。”（Ⅳ，31—34）但是科马塔斯对周遭自然环境的口味却不同:“我永远不会到那边去。在这里我有橡树和篷子，蜜蜂勇敢地在蜂房里嗡嗡作响，这里有两处清泉，你那边却只有一处，鸟儿、而不是蝗虫，在树上叽叽喳喳，至于说树荫，你的还没有我的一半好；更重要的是，头上的松树正在孕育着坚果。”（Ⅴ，45—49）

在《收获之家》(*The Harvest-Home*）中，诗人和他的同伴们从科斯出发，下乡去参加收获节。在路上他们赶上了塞东尼亚

的牧羊人利西达斯，“任谁看到他都一定会认识他，因为没有人像他那样。他的肩膀上挂着一排新的牛胃膜、粗毛公羊的黄褐色羊毛，一条宽腰带绕过他的胸膛系着一件旧衬衣，手上拿着一根弯曲的野橄榄枝做的牧羊杖。”（Ⅶ，10—20）他们离开牧羊人踏上另一条路程；他们三个人——

> 尤克里塔斯、我和可爱的小阿敏塔斯拐进帕拉西达摩斯的农庄，在芳香芦苇深深的绿甸和新剪的葡萄藤中满怀喜悦地躺下来。许多白杨、许多榆树在头上低垂并飒飒作响，在近处，圣泉从宁芙山洞流淌而出，褐色的蟋蟀在树荫里忙碌地嘟嘟叫，树蛙在远处浓密的荆棘中咕哝。云雀和金翅雀歌唱着，乌龟在呻吟，蜜蜂在泉水边发出嗡嗡声，来回盘旋。整个大自然都令人呼吸到繁茂夏日和硕果累累季节的气息。大量的梨子，另一边是苹果，在我们脚下滚动，李树的新枝都匍匐在地面上，那是因为李子的重量。（Ⅶ，128—146）

在忒奥克里托斯对卡斯托耳和波吕丢刻斯的赞美诗中，伊阿宋船上的人们走下梯子，卡斯托耳和波吕丢刻斯离开其他人去看“山间有着各式各样树种的野生林地”。在一块厚厚的岩石下面，他们发现了一条永远满溢着纯净清澈水流的小河。河床上的鹅卵石似银、似水晶，河两岸生长着高大的冷杉、杨树、悬铃木和尖尖的柏树，“就像清泉溢流的牧场上盛开的芬芳花朵，被嗡嗡蜜蜂所热爱并为之劳作。”（XXII，34—43）

在彼翁和莫斯克斯的作品中，都有着暗含人与自然交融、自然中对人类苦难产生同情的段落，使人想起令拉斯金感到十分厌恶的“可悲的谬误”[《现代画家》（*Modern Painters*），第四部分第 12 章]。在彼翁的《哀悼阿多尼斯》（*Lament for Adonis*）（30—
29 39）中，不仅宁芙和阿佛洛狄忒在哀悼，自然界中的各种事物也在伤心——为他和库普里斯，后者在阿多尼斯活着的时候美貌异常，但是她的美丽亦随着阿多尼斯的死亡而枯萎。

> 所有的山丘都在为库普里斯悲痛，所有的山谷都在为阿多尼斯哀悼；河流哭泣着阿佛洛狄忒的忧伤，高山上的涌泉也为阿多尼斯而流泪；花儿因为悲哀而泛红，基西拉岛上的每一座山丘、每一条峡谷都在为基西拉女神吟诵着悲挽的歌声：**美丽的阿多尼斯死了**，回声交替出现，**美丽的阿多尼斯死了**。

同样，在《哀悼彼翁》（*The Lament for Bion*）一诗中（它通常被看作莫斯克斯的作品，但也可能是彼翁一个学生的作品），出现了来自自然的感应。

> 替我为他哭泣吧，哦，你树林中的空地，哦，甜美的多里安泉水；我请求你河流，你们为可爱而令人愉快的彼翁悲吟吧。美好的果园，你们哀悼吧；温柔的小树林，发出你们的悲鸣吧；鲜活的花儿们，你们因悲伤而凋零。请求你，玫瑰，用你的玫瑰红哀痛吧，还有你的哀痛，白头翁；亲爱的

> 鸢尾花，用你的花朵大声说话吧；美丽的歌者去世了。[①]

在据称是莫斯克斯的一个段落中，一个渔夫在深思自然元素以及这些元素如何影响着他。

> 当风儿轻拂着湛蓝的海面，我怯懦的内心被唤醒，对大地的爱引领我渴望伟大的水域。然而当月亮时暗时亮，大海开始膨胀并吐着白沫，波浪开始狂野奔涌时，我凝望着海岸和岸边的树木，离开了咸涩的海水，大地在欢迎我，成荫的绿树也变得愉悦欢欣，在那里，风从未像这样轻快，松树在唱着她的歌。

这个渔夫更喜欢在岸上生活，在悬铃木下睡觉，“还有附近潺潺的泉水声，它如此轻快，不会搅乱乡村的耳朵。”（第 4 节）

在被希腊化品味强烈影响的罗马作者中间，对乡村生活的描述及其细节、与自然交融的主题，以及城市与乡村之间的比较，常常有所表达，伴随着活力、美丽，或者如同科卢梅拉那样，还伴随着苦涩。我们只需回忆一下卢克莱修对自然的刻画。

（1）对维纳斯，这位生命的赐予者、埃涅阿斯的母亲（因而也是罗马人民的母亲）与爱神，他在开场白中说道：“你，女神，转身飞过清风和天上的白云，来到了这里；因为你，地球这技艺

① 《哀悼彼翁》（*The Lament for Bion*），1—7。彼翁的第 9 节关于夜晚的星辰、第 12 节关于伽拉忒亚的情人，结集了与自然的交融和爱及单相思的情感。

精巧的匠师奉献出芳香的花朵；因为你，海洋的平面微笑了，天空也怒气消散，随着光明的散播而熠熠生辉。”伴随着春天和强
30 劲西风的到来，“高空中的鸟儿最先预告你，女神，和你的到来，它们的心因你的力量而颤抖。于是温顺的野兽们开始狂野起来，在肥沃的牧场上奔跑，在奔腾的河流中游泳；如此强烈地被你的魅力所吸引，它们都怀着热烈的渴望跟随着你，被你引领着前行。”因为维纳斯是唯一代表“万物本质的领航员，没有你的帮助，任何事物都不能到达辉煌的光明彼岸，也不会快乐或美丽。我渴望你帮助我书写这些诗篇……”[①]

（2）身体只有最朴素的需要——仅仅需要给予快乐并带走痛苦。自然不需要宫殿中举行的宴会，不需要礼堂周围高举炽热火把的金色的青年雕像，也不需要雕花闪光的房梁回响鲁特琴的乐音；人们能够“成群地躺在溪水边树荫下的柔软草地上，分文不花地欣然重新振作身体，尤其是当天气对他们颔首微笑，季节为绿茵缀满鲜花的时候。”（Ⅱ，20—33）

（3）“在山坡的美丽牧场上吃草的毛茸茸的羊群，常常不知不觉受沾满新鲜露珠的青草召唤和诱惑，饱餐的羊羔蹦蹦跳跳，冲撞嬉戏；然而所有这些从远处看，对我们来说都是模糊一片，就像覆盖在绿色山坡上的一片白斑。”（Ⅱ，317—322）

（4）“在神灵们刻纹装饰的神殿前，常常有一头小牛倒下，

① 卢克莱修（Lucretius）：《物性论》（*De rerum natura*），Ⅰ，1—25。关于对维纳斯的祈祷及其可能与伊壁鸠鲁学说的不一致，见贝利（Bailey）编辑的《卢克莱修的物性论》（*Lucr.*），卷 2，588—591 页。亦见企鹅经典版中莱瑟姆（Latham）对这段话的极为优美的翻译。

在熏香缭绕的祭坛被宰杀，热血从它的胸膛中汩汩流出。但是被夺去亲人的母牛游荡在绿色的草地上，在地上寻找着偶蹄留下的足印，用眼睛四处扫视，只盼望无论在哪里瞥见她丢失的孩子，停止将悲伤填满茂密的树林……”（Ⅱ，351—360）

维吉尔的《农事诗》（*Georgics*）用非常明显的实用和功利性态度对待自然，但这种态度也许被《田园诗》（*Eclogues*）中如此适意地对风景抒情而美感的阐释调和了。提屠鲁在听到了梅伯利抱怨不幸降临到他和他的财产头上时说，这里，你今晚可以和我在青翠的树叶上休息。这里有熟透的苹果、柔软的栗子，还有很多压好的干酪等着我们。现在远处的屋顶已经炊烟袅袅，高山投下了长长的影子（《田园诗》，Ⅰ，80到结尾）。长满青苔的流泉、比睡眠还柔软的青草、青莓撑起的点点阴凉，为羊群阻隔了午时热浪；炎热灼人的夏天已经来临，丰饶的葡萄藤上也挂满了欲放的蓓蕾（《田园诗》，Ⅶ，45—48）。维吉尔表达了一种与自然交流的渴望，毫无疑问，一种对生命更深的理解伴随着与人类世界的分离而出现。他说，让帕拉斯生活在她建造的城市中；森林愉悦着我们，这比什么都更重要（《田园诗》，Ⅱ，62）。

然而，在其作品流传给我们的古代作家当中，没有一位像贺 31
拉斯那样清楚地展现了一种对乡村生活的偏爱。与乡村的快乐联系在一起的是普通人类无拘无束的存在，远离金钱事务的焦虑，远离战争，远离在危险海洋中的航行，远离罗马广场的生活和“更平和的公民们自豪的门槛”。乡村居民可以“将高高的白杨树与茂盛的葡萄藤连接起来”；俯视着“一队队哞哞叫的牛群”；修剪无用的枝丫、嫁接多产的树枝，储存蜂蜜，剪割羊毛。谦恭的妻子和母亲除了日常的职责之外，还将“时令的木柴高高堆起在神圣的壁炉旁”，把“欢蹦乱跳的羊群关进篱笆围起的山沟中”，并给奶牛挤奶。为人喜爱的场景有归途中的羊群，还有精疲力竭的耕牛“疲惫的脖子上挽着翘起的犁铧”［《抒情诗》（*Epode*），2］。贺拉斯这位“乡村的热爱者”，向“城市的热爱者”富斯库斯致以问候。“你待在那窝里吧；我却称赞乡村可爱的小溪、树林，还有长满苔藓的岩石。”这种对比实际上是技艺与自然之间的对比。就像牧师家里的奴仆被迫饱餐祭献蛋糕而逃出去吃普通饭食，贺拉斯喜欢面包甚过蜂蜜蛋糕。他尊奉着斯多葛学派的教义，问道，如果与大自然愉悦相处是我们的责任，那么还有什么比乡村更值得偏爱呢？城市的优势与乡村的简约相比较并不占便宜，甚至在城市中自然也是不可避免的。“因为，在你的各种柱子中间，你在照料树木，你还称赞遥望远处田野的大厦。你也许能用一只干草叉将自然驱逐出去，但是她永远会疾速返回，并且不等你意识到就胜利地突破你愚蠢的轻视。”“难道青草不如利比亚镶嵌画芬芳美丽吗？”难道城市里铅灰色管道里的水比“在倾斜小溪中跳舞、流动”的水更纯净吗？［《书信集》（*Epistles*），Ⅰ，10］

类似的主题出现在与维吉尔和贺拉斯同时代的提布卢斯的作品中；他的诗歌与贺拉斯的一样，将城市生活与乡村生活相对比，将热衷于财富、地位或战争的人生与谦卑、宁静、简单、渴望适度财产、从事体力活动的人生相对比（Ⅰ，i，1—30）。“当时机成熟，让我用自己灵巧的双手种上柔软的葡萄幼苗和结实的果树，我是个真正的乡下人。”（Ⅰ，i，7）像瓦洛一样，他将乡村看作是人类原生的老师。“我为乡村和乡村之神而歌唱。”（Ⅱ，i，37）“当人首次停止用橡树的果实来赶走饥饿时，它们正是那向导。”它们教人建造房舍，教人驯服公牛做人奴仆，教人使用车轮。那些野蛮的行为被种植果树和花园代替了，“金色的葡萄把汁液送给踩踏的脚步，清冷的水与令人欢乐的酒液相混合。我们从乡村迎来了丰收，那时候在上天的炎热中，大地一年一度地被剪掉她浓密的金发。”（Ⅱ，i，37—50）乡村生活的辛劳被真实地记录下来（Ⅱ，iii）；“不要因不时抓住锄头或棒打迟缓的耕牛而感到羞愧， 32
把被母羊忘记而掉队的小羊羔、小山羊抱在手臂中带回家也不是什么麻烦事。”（Ⅱ，i）

在写作农业散文的作家中，瓦洛和科卢梅拉更具哲理性，也更严谨；对于原始乡村力量的信念使他们更加坚决地认定城市是一种非自然产物。对瓦洛来说，农业生活比城镇生活要古老得多，年头长得惊人，“是小小的奇迹，因为神圣的自然创造了乡村，而人的技能创造了城镇，据说所有在希腊被发现的艺术都存在于近一千年的时间段之内，但是从来没有任何一个时候世界上没有可以耕种的土地。”[①] 科卢梅拉可能是古代世界关于城市与乡村最激烈的评论者。他为“丢人地全体一致”抛弃乡村美德和乡村纪律而哀痛，回想起古代罗马英雄和政治家在危难之际为保卫祖国而战斗，然后重返乡村平静地扶起犁杖。呼应着瓦洛“在我们祖父的年代”发出的抱怨，科卢梅拉说家长们已经摒弃了镰刀和犁铧，爬进了城市的围墙中；“我们在马戏团和戏院使用双手［即鼓掌］，而不是在庄稼地和葡萄园里；我们用惊艳的目光注视

① 瓦洛（Varro）：《论农业》（*On Farming*），第3部的导言；对照第2部的序言。

着娘娘腔的男子身姿，因为他们用柔媚的动作伪造了自然拒绝给予男人的性别……”城市是个无节制的地方，是暴饮暴食的世界，引诱青年人过早地堕入病态。而乡村生活正相反，它应该更靠近对人类来说最自然的生活方式，因为这样的生活方式是众神最初赋予人类的。①

荷马塑造的大自然的形象很生动，但它是与诸神的行为紧密相连的；希腊化时代的趋势则是按照自然界方方面面本身的形象来看待它们。在这样的文献中，记载了更加完备的地理知识和商业、旅行、探险的经验，因为可以将各地的景观相互比较。② 希腊化时代的自然诗歌和景观描述是古典世界中任何之前的时代所无法比拟的，它们也许可以和奥索尼乌斯、圣奥古斯丁（St. Augustine）、《玫瑰恋史》（*Romance of the Rose*）中的段落以及近代的这类作品相媲美。

对自然的兴趣被来自东方的灵感（如花园）壮大并强化，它与城市生活的扩大化结合在一起，使自然与技艺的区别变得空前尖锐——如果我们可以相信诸如贺拉斯、瓦洛和科卢梅拉这些作者所提供的证据的话。应该承认，这种一般性概括是不容易建立的，但确实存在这样的基础，令我们相信有关乡村生活与城市生
33 活尖锐对比的自觉意识已经出现。③ 的确，这可能是西方文化中

① 科卢梅拉（Columella）:《论农事》（*On Agriculture*），第 1 部序言，13—21；亦见瓦洛，前引书，第 2 部序言，3，这是科卢梅拉提到的段落。

② 海尔毕希（Helbig）:《坎帕尼亚壁画调查》（*Untersuchungen über die Campanische Wandmalerei*），204—209 页。

③ 同上，270 页及其后。

自然与人文景观之间的差异最大化的时期之一。这种现象并不是伴随中世纪的森林砍伐、十八世纪的自然秩序调整或者工业革命才首次出现的。许多希腊化城市规模不断扩大，这很可能增强了对城乡差别的认知，而花园和树木成行的散步广场的存在则暗示了一种在城市中创建小规模自然领域的愿望。

这个讨论将我们带入关于希腊化时期的最后一个问题：希腊化时期在西方城市化进程中的重要性。尽管关于城市的反对性评论经常出现，但是很难否认存在着一种强烈的城市传统，一种产生于地中海世界、把城市看作人类高级创造物的对于城市的依恋之情，以及希腊化世界各民族对这种传统的共享。很难相信亚里士多德会认为城市是一个人工创造物而不是自然创造物；他强烈相信人是社会性动物，在这个信念下，城邦中的生活对人来说会是一种自然的生存状态。在这里我们只说这个时期的城市化具有一种特殊性质就够了：它十分显著地发生在小亚细亚地区，并且大都发生在那些从很早时代就已经都市化了的地域，而亚历山大城成为历史上最伟大、最富吸引力的世界性都会城市之一。

在第三章，我们将更多地谈到希腊化时代的城市，因为它明显地造成了环境的变化。

35 # 第一章

宇宙中和大地上的秩序与目的

1. 神学与地理学

古代和近现代一样，神学和地理学常常是紧密相连的学问，因为两者在人类好奇心的关键问题上相遇。若要探寻上帝的本质，我们必须思考人和地球的本质；而若着眼于地球，有关地球创造的神圣意图及地球上人类的角色等问题就会不可避免地出现。在古典思想和基督教思想中都存在“神意设计的世界”这个概念，它已经超越了个人信仰。在西方思想中，神的观念和自然的观念往往有并行不悖的历史；在斯多葛派的泛神论中，两者是一体的，而在基督教神学中，它们互为补充、互相加强。不管上帝或诸神是否分享人们在自己美好世俗家园里的生活，或者是否如伊壁鸠鲁主义者相信的那样，自然的秩序不应归因于神意原因，总之这些争论所激发的各种解读，在塑造“地球是一个支撑生命的合适环境”这个概念上占据了统治地位。

活态自然界一向是显示造物主和有目的创世之存在的重要证
据之一；在寻求这个证据的过程中，对自然本身进程的兴趣变得 36
强烈、活跃而集中。神圣目的存在的证据涉及对假定的自然界有序性的考量，假如这种有序性得到认可，那么大自然作为一切生命都会去适应的平衡和谐体的概念就通行无阻了。

地球作为一个井然有序的和谐整体，无论是为人自身而塑造，还是从不那么人类中心主义的角度来看，为一切生命而塑造——这个概念一定是非常古老的；也许我们要寻找它的终极源头，必须深入一些早期信仰（众神对人类事务的亲自干预、拟人化的任命各作物神的自然进程），以及深入古代地中海世界广泛流传的大地母亲的古老神话中。有线索表明，这种概念早在希腊人之前很久的时候就已经形成了。

普鲁塔克在解释神灵的知识如何传授给人的时候说，人们接受了天为父、地为母，父亲流出精液、大地母亲承受并进行生产的思想［《哲学集成》(*De placitis philosophorum*)，Ⅰ，vi，11］。

狄奥多罗斯指出，迦勒底人认为世界是永恒的，它的性情和有序安排是神圣天意的杰作，它的基础是占星术（Ⅱ，30，1—3）。普鲁塔克在其他地方还谈到希腊人和蛮族人都广泛认同一种信念，即宇宙不是没有任何感觉、理由或引导就自行悬浮在天空的。威尔逊（Wilson）提请人们注意一段古老的埃及文字，“使创世的目的符合人类利益这一点是有趣而不同寻常的；通常神话只叙述创世步骤而不指出目的。”神灵们照顾着依据其自身形象所创造的人类。

> 上帝的爱畜，人，被好好地照管着。他按照他们的意愿创造了天和地，并（在创造时）驱除了水怪。他将生命（的）呼吸（赐予）他们的鼻孔。他们是从他身体内产生的他的形象。按照他们的意愿，他在天空升起。为了滋养他们，他给他们造出了植物和动物、家禽和鱼类。他杀死了自己的敌人，当他的孩子们密谋（反抗他）时，他（甚至）消灭了（自己）的孩子。[①]

在孟菲斯神系中（Memphite theology，其起源文本在古王国早期），威尔逊注意到早于希腊人和希伯来人两千年就已经产生了自然中有一个理性原则的观念。卜塔，孟菲斯之神，是诸神的心脏（即心灵、意志及感情）和舌头（表达和指挥的器官）。“这

① 普鲁塔克（Plutarch）:《伊希斯和奥西里斯》（*Isis and Osiris*），369C。约翰·威尔逊（John A. Wilson），载于亨利·法兰克福（Henry Frankfort）等:《哲学之前》（*Before Philosophy*），64页。

个创造背后存在一种清晰的智慧。通过心脏的思考和舌头的表达，
阿托姆本人与所有其他神灵诞生了。”威尔逊相信这是埃及人最 37
接近“逻各斯”（Logos，理性）学说的地方；对第一原则的寻求“富
于好奇心和探究精神，超越了埃及人通常对所创宇宙保持的平静
态度。”[1]

作于阿蒙霍特普二世（Amenhotep Ⅱ，约公元前1436—前1411年）时期的《阿蒙赞美诗》（*The Hymn to Amun*），描写阿蒙瑞神为兽类创造了草场、为人创造了果树，在那上面鱼儿和鸟类、昆虫、爬虫、苍蝇都能生活，他还赐予卵中的生命以呼吸，维持鼻涕虫幼子的生存。原始创造神阿托恩的关怀，在这里与阿托姆一样，是不分种族和肤色而赐予整个人类的：

---

① 威尔逊（Wilson）：《古埃及文明》（*The Culture of Ancient Egypt*），59—60页，有关这个问题的摘录翻译在60页。威尔逊将古王国时期界定在公元前2700年至前2200年。在评论这种对第一原则的寻求仅仅是抽象思考的一种途径后，威尔逊接着说：“但是我们必须记住，孟菲斯神系早于希腊人或希伯来人两千年。它坚持认为存在一种具有创造性和控制力的智能，这种智能塑造了自然界的各种现象，并从一开始就提供了规则与基本原理，这是前希腊思想的一个顶峰，是之后的埃及历史没有超越的一个顶点。”亦见威尔逊翻译的“孟菲斯神系”（The Theology of Menphis）摘录，收录于詹姆斯·普里查德（James B. Pritchard）编辑：《古代近东文献》（*Ancient Near Eastern Texts*），第2版，4—6页。另一研究是鲁道夫·安瑟斯（Rudolf Anthes）的“古埃及神话”（Mythology in Ancient Egypt），收录于塞缪尔·诺厄·克拉默尔（Samuel Noah Kramer）编辑：《古代世界的神话》（*Mythologies of the Ancient World*），61—64页；亦见其关于所谓“底比斯最高牧师信条”（Credo of a Highpriest of Thebes）的讨论，47页。安瑟斯认为“孟菲斯神系”是一块大约立于公元前700年的整体雕塑上的保存较差的碑铭，是按照沙巴卡国王的命令抄录古老蒲草纸卷轴上的内容。年代定为公元前2500年看来是可能的，目前已被广泛接受，61页；奥西里斯赞美诗被雕刻在亚门摩斯的墓碑上，年代约在公元前1150年，82—85页。

阿托姆，他制造了普通人，
他赋予他们不同的天性，给了他们生命，
他使他们的肤色互异，各个不同。[①]

更令人惊叹的是著名的阿肯那顿（Akh-en-Aton，公元前1369—前1353年）对太阳神阿托恩的赞美诗，这首赞美诗闻名于世，是因为它美妙动听、在一神论历史上占有重要位置，而且它与《圣经·诗篇》第104章之间的相似性令人惊讶并激发人们的思索。这首赞美诗中的一段揭示了在远古时代，人们就有了“造物主的荣耀表现在他的作品中”这个观念：

你所创造的何其繁复，无法看到！
你是唯一的神，无人企及！
你凭一己意志创造世界，独自为之：
人类、牛群和所有的牲畜，
那一切用脚步在大地上行走的，
还有那一切用翅膀飞行于高空的。[②]

38 与《阿蒙赞美诗》一样，《阿托恩赞美诗》（*The Hymn to*

① 引自威廉斯（Williams）：“阿托恩赞美诗”（The Hymn to Aten），收录于温顿·托马斯（D.Winton Thomas）编辑：《旧约时代文献》（*Documents from Old Testment Times*），150页。关于阿蒙赞美诗，见149—150页。

② “分节歌”（Strophe），Ⅵ，52—57行，同上，147页。

Aten）也认识到各族群之间存在着差异，并颂扬关怀一切的造物主：

> 何鲁和努比亚的异域，埃及的土地——
> 你安排人人各有其位，并提供其之所需；
> 每人皆有食物，其寿命已被算清。
> 他们说话时语言各异，天性亦不相同；
> 他们的皮肤各异，因为你区别了异族人的模样。[①]

这个造物主毫不犹豫地为各种不同的人群创造不同的环境。在希罗多德和柏拉图谈论埃及水的不同来源之前很久，《阿托恩赞美诗》已经区分了埃及的尼罗河与其他国家的尼罗河。虽然造物主为异族人创造了生活，但是他们被赐予的尼罗河在天上，就像海洋一样，可以从山脉的侧面流下来，浇灌“他们城镇间的田野”。

> 天空中的尼罗河属于异族，
> 为了行走在异域每一块土地上的羊群，
> 而（真正的）尼罗河是为了埃及自地下而出。

这可能是最早提到的单单依靠外源河流与依靠雨水灌溉的土

① “分节歌”，Ⅶ，58—62 行，同前书，147 页。

地之间的区别。[①]

39 ## 2. 目的论自然观的起始

如果上帝对世界关怀的概念的确存在（看起来它自远古时代即已存在），那么它就能够逐渐吸收宇宙统一与和谐的概念，两者共同成为“创世目的性”这个观念的组成部分。创世目的论将世界之创造看作造物主智慧的、有计划的、经过深思熟虑的行为。这个自然目的论观念——足够抽象和广阔，既能应用于个体生命，又能扩展到地球这个星球乃至整个宇宙——它实际上是什么时候

① “分节歌”，Ⅷ，69—77 行。亦见《圣经·申命记》，11：10—12。根据威廉斯的说法，有证据显示对阿托恩的崇拜“可能早在图特摩斯四世（约公元前 1411—前 1397 年）统治时期”就已得到发展，142 页；证据也非决定性地表明阿肯那顿是世界上最早的一神论者，143—144 页。关于常被提及的《诗篇》第 104 章与阿托恩赞美诗之间的相似性，他说尽管埃及文学作品影响到希伯来文学，“但我们可能感到奇怪，大约五百多年后的一位希伯来诗人如何会熟知一种宗教信仰的核心文件，这种宗教后来受到诅咒并从人们的记忆中删除。然而，虽然阿肯那顿死后对阿托恩的崇拜完全隐没了，它的影响仍然遗留在艺术和文学中，而且许多包含在阿托恩赞美诗中、基于早期原型的观念……均在后来的宗教著作中得以体现。《诗篇》作者很可能从例如这些来源中汲取了灵感。”同上，149 页。

威尔逊（Wilson）的《古埃及文明》（*The Culture of Ancient Egypt*），225—229 页，亦讨论了这首赞美诗和《诗篇》第 104 章的相似点。见威尔逊所引述的早期讨论：布雷斯特德（Breasted）的《埃及史》（*A History of Egypt*），371—374 页及后面，以及《道德之拂晓》（*The Dawn of Conscience*），367—370 页。布雷斯特德在《道德之拂晓》368 页中，引用了胡戈·格雷斯曼（Hugo Gressman）的结论：创世的神话主题可能起源于巴比伦尼亚，而“世界受到神意照顾的主题是一个后来的观念，它在埃及影响下进入了巴勒斯坦的圣歌”。亦见威尔逊在 282—284 页的翻译。威尔逊下结论说两者之间没有直接的联系。“这一类的赞美诗在阿肯那顿下台很长一段时间后仍在流行，因此当希伯来宗教达到一个需要某种表现模式的高度时，它可能会在另一种文学中找到能满足这种需要的习语和思想。”有关这首赞美诗的优秀质素，他写道：“……它漂亮地表达了一个神的概念，这个神具有创造性、能养育、心地善良，他将自己的才能赐予全人类和世界各地所有的生灵，不光赐予埃及人。”229 页。

出现的？阿那克西曼德主张宇宙由规律支配的原则，但是它并不等于目的论。

然而在阿那克萨哥拉、阿波罗尼亚的第欧根尼（Diogenes of Apollonia）和希罗多德的著作中，有最终导致柏拉图和亚里士多德目的论出现的线索。

对阿那克萨哥拉来说，心智“是无限的和自律的，它没有与任何其他东西相混合，自身完全单独存在”。它是“所有事物中最精细和最纯净的，它具有关于一切事物的知识和最强大的力量；心智控制着一切具有生命的事物，无论是大是小。”心智控制着旋转及其开始；它知道事物何时“混合、分开与分离……”心智安排着“运转，这运转在推动分离出来的星星、太阳和月亮、空气和以太。”“浓密与稀少分离，炎热与寒冷分离，光明与黑暗分离，干燥与潮湿分离”；除了相同的心智以外，“没有什么能够被完全分离，或将一部分与其他部分完全分割。”关于智能管理的论点很大程度上建立在天象、混合物与对立面存在的基础之上。[①] 苏格拉底认为阿那克萨哥拉是“一个完全不用心智的人，他也不用任何其他真实理由去安排世界，仅用空气、以太和水，以及许多其他谬论去解释事物”。[②] 如果我们同意苏格拉底的看法不去管阿那克萨哥拉，那么在第欧根尼的思想中，我们会看到一个更

---

① 第12节，辛普里丘（Simplicuis）：《物理学》（*Phys.*），164，24和156，13。载于科尔克和雷文（Kirk and Raven）：《前苏格拉底哲学家们》（*PSP*），372—373页。

② 柏拉图（Plato）：《斐多篇》（*Phaedo*），98 B 7，文本与翻译载于科尔克和雷文：《前苏格拉底哲学家们》，384页。

为积极、更具活力的原则在发挥作用。第欧根尼据说是第一个表达了一种真正的目的论自然观的人。[①]

他说，对于根本物质来说，智能是必须的，“从而将其分割，使一切事物有了标准——冬天和夏天，黑夜和白昼，雨和风以及好天气”（第3节）。这个论点建立在天气、季节和日间变化的基础上。同时它不也可能是来自对地中海气候特点——多雨的冬天、万里晴空的干旱夏季、著名的八方来风——的观察吗？

40 人和其他生物呼吸空气并赖以生存，对他们来说，空气“既是灵魂又是智慧”（第4节）。空气是人们称为智慧的那种东西；“所有的人都由它指引，……它具有超越一切事物的力量。”它是神圣的，无处不在，无所不为，无所不能。每个事物都包含着部分空气，尽管数量上有多有少。它“风格多样，有热有冷，有干有湿，有凝固、有流动，并且在气味和颜色上有许多区别，在数量上具有无限性”（第5节）。所有生物拥有同样的灵魂；这里的空气比外面温暖，但是比靠近太阳的地方清凉。所有人的体温不全是一样的，但差异并没有大到使人变得各不相同。在一个广阔而基本的相似性中，区别是可能的。“因为区别是多种多样的，生物体是多种多样且数量巨大的，在形体、生存方式以及智力上各不相同，这是由于诸多区别的存在。尽管如此，他们却都靠着同样的东西生存、观察和倾听，从同样的事物中获得其他智能”（第5节）。在这个概念中，最突出的是目的论

---

① 见泰勒（Theiler）：《迄亚里士多德为止的目的论自然研究史》（*Zur Geschichte der teleologischen Naturbetrachtung bis auf Aristoteles*），19页。

中气象学和生物学的因素。①

根据阿埃丘斯（Aetius）所言，第欧根尼和阿那克萨哥拉认为世界（κόσμος）“出于自身倾向”对南方具有一种偏好，于是生物出现。这种偏好也许归因于一位明智的上帝，因而世界上有一部分地区可以居住，而其他部分则不能居住，取决于不同地区的严寒、酷热或者温和的气候。②

关于创世神行为的目的感，希罗多德写道：“事实上，神圣的上帝，正如人们可能预先期望的，的确表现得像一位聪慧的发明家。那些成为捕食动物捕获物的胆小兽群，均大量繁殖幼仔，以使该物种不会被完全吃光而消失；而那些野蛮的有害动物则繁殖力很低。”③

---

① 第 3 节 = 辛普里丘（Simplicius）:《物理学》（*Phys.*）, 152, 13; 第 4 节 = 同上, 152, 18；第 5 节 = 同上, 152, 22；载于科尔克和雷文（Kirk and Raven）:《前苏格拉底哲学家们》（*PSP*）, 433—435 页。

② 第 67 节, 狄尔斯（Diels）:《前苏格拉底哲学残篇辑》（*Vorsokr.*）（第 6 版, 柏林, 1952 年）, 卷 2, 22 页。 来源为阿埃丘斯（Aetius）, Ⅱ, 8.1。

③ 希罗多德（Herodotus）, Ⅲ, 108。希罗多德讨论过缠绕着产生乳香树木的大量有翼蛇；阿拉伯人说过如果它们的数量不受控制，整个世界将被它们挤满。希罗多德随即解释了野兔高繁殖力、狮子低繁殖力，以及对毒蛇和有翼蛇繁殖存在自然抑制力的原因。所有这些都是传说中的，但关于动物数量增加速率不同的观点确实在书中有阐述（Ⅲ, 107—109）。对这段文字的述评，见内斯特尔（Nestel）:《希罗多德与哲学和辩士学派的关系》（*Herodots Verhältnis zur Philosophie und Sophistik*）, 16—18 页，以及豪和韦尔斯（How and Wells）:《希罗多德评介》（*A Commentary on Herodotus*）, 卷 1, 290—291 页，对照柏拉图（Plato）:《普罗泰戈拉篇》（*Protagoras*）, 321 B。内斯特尔认为希罗多德的Ⅲ, 108 与柏拉图的《普罗泰戈拉篇》321 B 都在普罗泰戈拉的 περὶ τῆς ἐν ἀρχῇ κατασγάσεως 中拥有共同的来源。见第欧根尼·拉尔修（Diogenes Laertius）, Ⅸ, 55。

41 在这段文字中，有目的创造被限定于动物的繁殖力，但是它揭示出对动物之间繁殖力存在差异（取决于它们是捕食者还是被捕食者）以及自然界具有强大再生能力的观察是多么古老。

在柏拉图让诡辩家普罗泰戈拉（Protagoras）告诉听众的神话故事中，创世、繁殖和适应的主题，与元素学说和设计论交织在一起。早于人类存在的诸神用土与火，以及二者不同的混合方式塑造了生物。当它们就要被造出来的时候，埃庇米修斯和普罗米修斯被诸神命令“去武装它们，并且分配给它们各自恰当的品质。”埃庇米修斯对普罗米修斯说：“让我来分配，由你来监督。”在分配动物品质时，埃庇米修斯以防止任何物种消失的原则为指导。每一种动物找到了适合各自天性的生存空间和避难处，比如鸟儿飞翔在天空，动物居住于洞穴。它们还被赋予对抗别种动物的自我保护方法，然后是抵御自然元素的各种武器：毛发、厚皮、角蹄，以及坚硬起茧的脚底。它们的食物来源也不相同：一些吃草、果实和树根，另一些则吃动物——这暗示着在一个有计划的世界中，动物界与植物界的各种生命之间存在着某种关系。食肉动物没有多少幼仔，而那些被捕食的动物则通过大量繁殖来避免物种消失。

这时普罗米修斯前来检查，他发现埃庇米修斯已经将自己所有的能耐都分配给了动物，同时困惑地认识到当人出现的时候，必须赐予他另外的一些能力。于是普罗米修斯偷盗了赫菲斯托斯和雅典娜的工匠手艺和火种（因为没有火种就无法施展手艺）。普罗米修斯为此受到严厉惩罚，而人有了这些天赋，就“拥有了支撑生命的必要智慧”，尽管还缺少政治智慧。就这样，人从神那里获得了品质与技能；依靠这些品质与技能，人发明了语言和名字，学会了建造和制作手工艺品，并且知道了怎样从泥土中获取食物。人的技艺取代了由上天给予动物们的自然保护和抵御能力。是不是可以将这个神话解读为：人只有将他的技艺、工具及发明应用于自然，为自身目的操纵和塑造自然，才能活下去并永世长存呢？我们一方面应当警惕用现代眼光阅读这段文字的危险，但同时还是能够辨别这两种相对比的观念：一种是通过捕食与环境条件来自然控制动物数量的生物学观念，另一种是注重技艺的社会学观念，这些技艺对人来说就相当于动物的保护装备、机敏和适应能力。这个神话或许代表了一种早期的尝试，去解释人虽然也属于自然的一部分，但在与自然相对的地位上却与其他生命形式大相径庭。尽管自然的秩序与人类的技艺都具有神圣来源，但是同一创世过程制造出来的人和动物，却被赐予了完全不 42
同层次的品质。[①]

① 柏拉图（Plato）:《普罗泰戈拉篇》（*Protagoras*），320 d—332 d，乔伊特（Jowett）翻译。这个著名的神话已被用多种方法进行解释，可能最常用的是作为对文明发展的一个理想化的说明。格思里（Guthrie）视普罗泰戈拉（诡辩家，而不是柏拉图的对话）为最早提出一种法律起源的社会契约论的思想家，《希腊人及其神灵们》（*The Greeks and Their Gods*），340—341 页。关于诡辩家的现代权威解释，见马里奥·翁特施泰纳（Mario Untersteiner）:《诡辩家》（*Sophists*），凯思琳·弗里曼（Kathleen Freeman）翻译，58—64 页，以及关于这一神话的参考文献，72—73 页，尤其是脚注 24。

3. 色诺芬谈设计

在一段著名的文字中，色诺芬借苏格拉底之口进行辩论，这些论点直到十九世纪中期还被几乎每一位赞同设计论的作者引述，并被他们用前所未有的近代社会丰富科学知识体系加以详细阐释与解说。

用来证明神圣天意存在的证据有三种：生理学证据、宇宙秩序证据，以及作为适宜环境的地球证据。仿佛预见到威廉·佩利（William Paley）的《自然神学》（*Natural Theology*）和十九世纪著名的《布里奇沃特论文集》(*Bridgewater Treatises*),苏格拉底指出，造物主似乎为了一些有用的目的来赐予人类眼睛、耳朵、鼻孔和舌头；他问：没有鼻孔，气味有什么用呢？眼睑被比喻成门，打开可以看东西，睡觉时则关闭；来自人体解剖学的其他例子也用来说明同样的道理。诸神将直立的身姿仅仅给了人；人能向上看、向前看，这样可以较少受到伤害；另外人还被赐予灵魂。在这个生理学论据的漫长历史中，眼睛——紧随其后的是手——成为一个经典的设计论证据。[①]

有了双手，便有了技艺；有了双眼，便有了看到神圣创造的能力；有了直立姿态，便能够抬头观察星星，而不是像动物那样俯身面向大地。库蒙说：古代天文学家“惊讶于眼睛的能力，古

---

① 色诺芬（Xen.）:《大事记》（*Mem.*），Ⅰ，iv，4—15；关于元素、心智和机遇，见 8—9。

人对于能达到最遥远星座的视野范围表示惊奇。他们给予眼睛高于其他感官的卓越地位，因为对他们来说，眼睛是恒星上的天神与人类理性之间的媒介。”①

第二个论据建立在宇宙秩序的基础上，它是十八世纪天体神学的先驱，也是所有自然神学的基本论点。不过我们可以略过它，去考虑第三个证据，即明显存在于地球自身之上的设计证据，因为这第三个证据才是令人最感兴趣的。苏格拉底问尤西德姆斯（Euthydemus），他是否曾经想过诸神在满足人类需求时有多么仔细。当尤西德姆斯回答他没有想过时，他和苏格拉底一起详细地指出神圣远见的本质：光明赐予人类，但黑夜对一段休息 43
时间也是必要的；如果一些工作，例如航海，必须在夜晚进行，那么有星星为我们指路，月亮则划分出夜晚和月份的界线。诸神使大地生产食物，并且发明了季节。帮助土地和四季的水大量存在；火，神圣远见的另一证据，不仅保护人类远离寒冷与黑暗，而且在人类准备为己所用的任何重要事物中都必不可少。冬至过后，太阳的靠近使某些谷物成熟，并晒干已经成熟的另一些谷物。甚至向北转移也是缓慢而温和的——在这里设计与温和气候完美结合——因为它没有后退太远而冻伤人类，并且它还会返回到天空中对我们最有利的位置上。于是尤西德姆斯说：“我开始怀疑诸神们除了服务于人，究竟还干不干什么别的事情。我感到困惑的一点就是低等动物们也受益于这些祝福。”苏格拉底回答

① 库蒙（Cumont）：《希腊人和罗马人的占星术与宗教》（*Astrology and Religion Among the Greeks and Romans*），57页。

说正是为了人，才制造、繁衍了动物，人从动物身上比从大地出产的果实中获得更多的利益。他以清晰的目光注视着地中海东部的绵羊和山羊，补充说：“……人类中的很大一部分，不把大地出产的东西当食物，而是依靠牲畜的奶、干酪和肉来维持生命。而且，人们驯化并圈养有用的动物，使它们成为人在战争和许多其他工作中的伙伴。”这些动物比人强壮，但是人能够将它们用于人所选择的任何用途。众神赐予人类感官，使他得以利用世界上不计其数的美丽而有用的东西。苏格拉底继续说道：“是的，你将意识到我话语中的真谛，只要你因为看见诸神的杰作而愿意赞美并崇拜他们，而不是等待他们现身在你面前。”[①]《大事记》（*Memorabilia*）中的这个陈述，再加上西塞罗（Cicero）《论神性》（*De natura deorum*）中斯多葛派巴尔布斯（Balbus）的论点，变成所有后来著作的蓝本。尽管它使用了两千多年，但基本没有新观念加入其中，虽然其例证变得更为深奥也更为丰富了。

色诺芬的《大事记》[②]被早期斯多葛派极力推崇，他的著作和西塞罗的著作，在十七世纪试图将地球及地球上的生命解释为目的存在之证据的人们中很有影响力。《大事记》中苏格拉底和尤西德姆斯所提出的论据特征，与观点本身同样重要。这些特征在自然神学、生物学、地理学和人口学方面的近代著作中已无数次出现，因而理应在这里加以概述。对大自然的作品存在着强烈的
44 惊奇意识，这种惊奇感在近代受基督教影响更是得到强化。它常

① 色诺芬（Xen.）：《大事记》（*Mem.*），Ⅳ，iii，2—14。

② 关于色诺芬思想的来源，参考泰勒（Theiler）：《迄亚里士多德为止的目的论自然研究史》（*Zur Gesch. d. teleologischen Naturbetrachtung bis auf Aristoteles*），19—54 页。

常取代好奇心，因为其中很少有督促学习与调查自然的训导（不过这个异议并不适合十七世纪末十八世纪初的自然史学者）。这就像是两个人正在远望湛蓝天空下地中海沿岸的迷人景色、葡萄藤和精耕田野，他们看到的是对于一个理性而有目的创世的活生生的证据。自然神学从来没有失去这种惊奇感，也没有放弃对所有自然的整体性和统一性的情感。

这种观念的强烈功利性和实用性偏向同样惊人，无论是将自然的所有表现都当作单独为人的福利与舒适而进行的创造，还是如在近代的重申中，不那么以人类为中心地看待设计，而使其成为解释和说明所有生命存在的方法。食物生产、航海、人类舒适、技艺和科学的发现与应用，这一切的适宜条件全都是神圣安排的结果——这些篇章如此有力地强调这一点，以至于这种强调成为以此种见解书写地球概念的绝大部分作品的特征。最后，此处所描述的自然的秩序与美丽，包括季节变换的优势，对温带而言能够成为更有说服力的论据。

4. 上帝的和自然的手艺

在这些观念的历史中，更为重要的是柏拉图在《蒂迈欧篇》中提出的工匠神概念。较早的神话曾把上帝描绘为缝纫工、陶工、纺织工、铁匠，而工匠神的概念便是这些主题的精练表达。“几乎在每个地方，原始创世都担负着一个低贱手工艺的俗世重担，使用的是物质世界巨匠造物主的工具。”《蒂迈欧篇》中世界的造物主“是神话中工匠神的升华”。

在蒂迈欧的阐释中，他区分了理想的和永恒的事物（它们永远“存在”且无“变化”）与真实的和短暂的事物（它们总在“变化”且不会永远“存在”）；前者通过理性协助下的思索而得以领悟，后者则仅仅成为非理性感觉协助下的观点的对象。任何发生变化的事物，如宇宙，必然有一个变化的原因。如果神圣工匠以永恒为模型，那么他的创造物将是美丽的；但是如果他用已经创造出来的模型（或变化中的事物）作为自己的范本，那么他的创造物将不美丽。整个宇宙已经被创造出来了：它可见、可触摸，并且有形体，因而是一个被信仰和感觉所理解的“变化”。建筑师造物主在创造宇宙时是根据哪一个模型呢？蒂迈欧回答说，它是以永恒为模型，因为它太美丽，以至于不可能不是如此创造的，要是将它假设为按照已有模型塑造就是不恭敬的。“但是众所周知，
45 造物主所瞩目的就是永恒；因为宇宙是所有已经形成的事物中最美丽的，而上帝则是所有‘原因’中最好的。”造物主“是美好的，在他身上从未出现对任何事物的嫉妒；由于没有嫉妒之心，上帝渴望一切都应当尽可能像对待他自己那样”，渴望“所有事物尽可能地美好，没有任何邪恶。”上帝发现一切事物“处在不和谐与杂乱的运动中”，他将世界带入了有秩序的状态。宇宙被有意制造得最漂亮、最完美；按照上帝的旨意，宇宙形成了。既然它是根据永恒模型创造的，我们就可以设想仅有一个这样的宇宙被创造，它是一个拥有灵魂和理性的生物体。作为生物体，宇宙中包含“所有本质上与它自身类似的生命”。起初，上帝用火和土制造了世界的形体，后来又在两者之间加入了水和气。所有的元素都用光了，目的是为了使世界完美、完整；既然元素都用完了，

就不可能制造另一个这样的生命体。这个制造成球状的生命整体，得以安全地远离衰老和疾病。[①]创世工匠不仅尽力做到最好，而且像一个人类的工匠一样，在其心灵之眼中拥有他正在创造的那个世界的模型或设计图。

提出关于宇宙创造的目的论观念，柏拉图不是第一个，但他似乎是将宇宙创造看作一位智慧、仁慈、理性而神圣的工匠之杰作的第一人。[②]正是这个观点（尤其是从27D到30D的简短文字）影响了早期基督教父的神学；然而柏拉图的上帝很明显不是基督教的上帝，尽管很多人曾努力寻求二者之间的强力相似点。[③]

灵魂是个体生命的原因，而有目的有秩序的生命在规则运动中表现自己。依此类推，世界的灵魂是巨匠造物主最初且最古老的创造物；它是秩序和天空中有序运动的原则。在宇宙中，四种

① 这个讨论建立在柏拉图（Plato）的《蒂迈欧篇》（*Timaeus*）（洛布古典文库）基础上，27—33C。这个论点在69B及后面部分作了总结，接下来是从目的论角度对生物体各个部分的创造所作的详细描述。亦见伯里（R. G. Bury）的评论，在他翻译《蒂迈欧篇》的前言中，14—15页；以及布拉克（Bluck）：《柏拉图的生平与思想》（*Plato's Life and Thought*），137—140页。关于工匠神本质的第一段引文来自罗伯特·艾斯勒（Robert Eisler）：《世界大衣与天穹》（*Weltenmantel und Himmelszelt*），235页，译文见厄恩斯特·库尔修斯（Ernst R. Curtius）《欧洲文献与拉丁中世纪》（*European Literature and the Latin Middle Ages*），545—546页。在论及蒂迈欧是神话中工匠神的升华后，库尔修斯接着说："两个元素都在中世纪的'技艺之神'主题中与《旧约》的陶艺、纺织和铁匠神融合起来了"，546页。

② 泰勒（Theiler），前引书，已对这个问题进行了深入研究，包括详尽地参考柏拉图和亚里士多德著作中的目的论原则。

③ 布尔特曼（Bultmann）：《原始基督教》（*Primitive Christianity*），15—18页对此有讨论。

元素因友谊而结合在一起，是上帝规定的联合体。[①]

46 柏拉图的工匠对难以驾驭的事物大力施加思想影响。“柏拉图将其物质学说建立在下述原则上：理性（νοῦς）和生命（φυχή）在本质上优先于形体（σώμα）及盲目的自然因果关系（ἀνάγκη）。”[②]

从本书关注的历史观点来看，柏拉图的概念中最富启发性的是工匠手艺对艺术的关系，即 δημιουργός 对 τέχνη 的关系。希腊人对工匠的尊重和对源自智慧与手工技能的美丽和秩序的尊重，深深根植于他们的历史之中。“甚至在遥远的青铜时代，希腊及周围岛屿的居民也高度重视金属技工。他的手艺既神秘也令人喜悦，他的天分被认为是来自超自然体，围绕这些超自然体有许多传说产生。”赫菲斯托斯是一位神界的能工巧匠，因为他在金属、象牙和宝石方面是一位非常伟大的艺术家。“凡人工匠干着活，以他认为他的神干活的方式，使用着他自己双手雕刻的精巧模具，使用着钻子、凿子、打孔器和刨子。不缺乏来自史前青铜时代的精良做工的证据。”[③] 在没有精密测量仪和其他仪器的时期，高超的技术产生于切割、镂刻和雕琢黄金、白银、青铜、象牙和宝石，以及修造需要设计的纪念碑和建筑物之中。对工匠手艺的尊敬能够导致两个一般观念；（1）作为工匠的创世者，（2）人类能够从

---

① 斯皮策（Spitzer）：“古典和基督教的世界和谐思想”（Classical and Christian Ideas of World Harmony），《传统研究》（*Traditio*），卷 2（1944），417—419 页。

② 《法律篇》（*Laws*），899b，9；引文来自卡恩（Kahn）：《阿那克西曼德与希腊宇宙论的起源》（*Anaximander and the Origins of Greek Cosmology*），206 页；亦见 206—207 页。关于工匠，亦见萨姆伯斯基（Sambursky）：《希腊人的自然世界》（*The Physical World of the Greeks*），67 页。

③ 塞尔特曼（Seltman）：《走进希腊艺术》（*Approach to Greek Art*），12—13 页。

粗糙的材料中创造出秩序和美丽，或者更宽泛地说，人类能够用智慧和技能的结合来控制自然现象。

《蒂迈欧篇》中表达了这样的观点：我们生活在一个充满生命之富饶、丰满和多样的世界之中，这是神圣工匠不嫉妒的本性带来的（见上文，“导论”第 1 节中关于“完满原则”的讨论）。

早在伏尔泰（Voltaire）取笑蒲柏（Pope）和莱布尼兹（Leibniz）之前两千多年，柏拉图就宣称，这是所有可能的世界中最好的世界，宇宙中和地球上能看到的安排是一位慷慨大方的神圣工匠工作的成果，并且生命的丰满性和多样性是在把宇宙制造为一个生命体的过程中就固有的。这些观念，与那些来自基督教的思想一起，大大有助于解释对待地球的各种态度，这些态度一直持续到《物种起源》（*The Origin of Species*）的发表。

5. 亚里士多德的自然目的论

与柏拉图不同，亚里士多德显然不需要工匠神；但是没有前后一致而明确的证据表明他如何看待宇宙的结构和历史——是神圣计划的执行，还是由于个体生命有意识朝向目标的努力，或者是自然本身无意识地为目标奋进的结果。罗斯（Ross）相信是第 47
三个观点“在亚里士多德思想中占主流”。

亚里士多德的“四因”学说和他对“自然不做徒劳无功之事”的信念，进一步支持了哲学和生物学上的目的论及其对地球的应用。终极因（final cause）是隐含在形成过程中的理性结局，它对“逻各斯”（理性）所遵循之进程的特征承担责任。终极因是至关重要的原因；它是“事物的‘逻各斯’，即事物的合理基础，而逻各斯总是自然产物的开端，就像它是技艺产物的开端一样。”通过类比人类制造机器和装置的过程，我们可以理解自然的作品，因为无法想象，假如发明者头脑中没有事先想好的模式，怎能制造出这样的一部机器或装置。医生在治疗过程中考虑健康，建造师在建造过程中考虑一幢完整的房屋，而一旦他们头脑中有了这些目标，“他们每人都能够告诉你，他所做的每件事的原因与合理基础，以及为什么必须要如他所做的那样去做。”[①] 亚里士多德解释说，这个在医生和建造师计划中如此清晰的有目的的行为，对于自然来说甚至更为真实，而“终极因，或者说好的事物，在自然的作品中比在技艺的作品中表现得更为充分。”自然就像人一样，本身就是一位工匠，不过是一位无比强大的工匠。

亚里士多德在把他的方法应用于动物研究时说，我们应该调查所有的动物，甚至那些低等的、不重要的种类，因为当我们研究动物时，我们知道“它们之中的任何一个都不缺乏‘自然’或‘美丽’。我把‘美丽’加上去，因为在自然的作品中，突出的是目的而不是偶然事件；这些作品的创造或形成所追求的目的或目标在美丽的事物中有着自身的位置。”在一所房屋中我们看重的是轮廓和外形，而不只是砖石、灰泥和木料；“因此在‘自然’的科学中，我们主要关注的是合成的事物、作为整体的事物，

① 亚里士多德（Aristotle）：《动物志（动物的各部分）》（*Parts of Animals*）（洛布古典文库），Ⅰ，i（639b 15—22）。关于目的论的替代性解读和上帝的作用，见罗斯（W. D. Ross）：《亚里士多德》（*Aristotle*），181—182页。

而不是它的材料，这些材料不能脱离它所构成的事物而单独存在。”[①]

在《政治学》（*Politics*）中，亚里士多德清楚地（但以一种令人失望的粗糙形式）表达了自然中的目的观念，包括动植物与人类需求的关系。动物种类的多样性与食物种类的多样性相对应，因为食物习性使它们的生存方式发生差异。自然决定了动物的习性，以便它们能够更方便地获得自己所选择的食物。植物必定是为动物所用的；而动物，我们可以推断，是为人而生存；家畜供
我们役使和食用，野生动物——即便不是所有的野生动物——则 48
提供食物、衣着以及各种用具。“那么，如果自然不做任何半途而废之事，也不做任何徒劳无功之事，其推论必然是：她为人的缘故创造了所有动物。”[②]在这个以人类为中心看待自然界相互关系的概念中，植物和动物的分布与人类的需要和用度直接相关；在近代，这个观点已被无数次地重复，尽管十七和十八世纪许多自然神学作者因为它与基督教不相符合而反对它，说它只是人类骄傲的另一个例证。毫无疑问，人的存在归功于自然中的这些神意安排，但是这些并不仅仅为人而存在。

亚里士多德说，假如有人奢华地住在地底下规划良好的房屋中——他们曾从传闻中听说众神或神力存在——一旦地球张开大嘴，他们会突然惊奇地看到地球、海洋、天空、白云、风、太阳、月亮、星星和那些固定在其永恒进程中的天体，“他们一定会认

① 亚里士多德（Aristotle）：《动物志（动物的各部分）》（*Parts of Animals*）（洛布古典文库），I，v（645a 24—37）。

② 亚里士多德：《政治学》（*Politica*），I，8（1256a 18—30，1256b 10—25）。

为众神存在，而这些伟大的奇迹则是众神的杰作。”①

那么，亚里士多德目的论（这些例证构成其中的一部分），它的普遍特征是什么？一切事物都为一个目标而创造；宇宙尽管是永恒的，但也是计划的结果。宇宙秩序中的循环往复是计划和目的的证据，因而也是工匠手艺的证据，因为我们研究自然如同研究一件人造的物品：它是用什么材料制造的？它是怎样制造、用什么技术制造的？每个组成部分的功能是什么？它的目的又是什么？②

亚里士多德经常用拟人化的方式来描述自然，就像自然是一位整洁而俭省的当家人，做事井然有序。然而不是任何事情都可以用终极因来解释；对一些现象而言，质料因（material cause）和动力因（efficient cause）就是充分的：眼睛作为一个整体能用终极因来解释，但是眼睛的颜色却不能这样解释，因为它并不服务于有用的目的。③

特别令人感兴趣的是亚里士多德的目的论观念在生物学上的应用，这是因为他对生物学领域的贡献。它是一种内在的目的论。“每个物种的目标对这个物种而言都是内在的；它的目标仅仅就是做这样的种群，或者更确切地说，在其生存环境——如它的栖息地——允许的程度内，自由有效地生长并繁殖种群，拥有知觉

① 西塞罗（Cic.）：《论神性》（*Nat. D.*）（洛布古典文库），Ⅱ，37. 94—95。见休谟（Hume）：《自然宗教对话录》（*Dialogues Concerning Natural Religion*），第 11 部分。

② 关于亚里士多德的物质目的论，见萨姆伯斯基（Sambursky）：《希腊人的自然世界》（*The Physical World of the Greeks*），103—112 页。

③ 罗斯（Ross）：《亚里士多德》（*Aristotle*），81—82 页。

及移动。”一个物种的特征不是为另一个物种而设计；自然将一个器官仅仅赐予能够使用这个器官的动物。

自然界存在的这个目的性是为了谁的最终目标？亚里士多德并不认为动物个体是有目的地生活着。“通常，是自然被描述成有目的地行事，但是自然并不是一个有意识的施动者；它是表现 49
在所有生命体中的生命力。”“……亚里士多德（在他之后的很多思想家也是这样）似乎满足于这个肯定不能令人满意的目的概念，这个目的并不是任何心智的目的。”[①] 如果这个目的是无意识的，那么它怎能成为一个目的？“但是亚里士多德的语言显示他（就像许多近代思想家）没有感觉到这个困难，在很大程度上，他满足于研究自然本身中的一种无意识的目的概念。”[②]

如果说亚里士多德的自然目的论不令人满意，如果说关于目的和心智的作用存在着不确定性，那么这些缺点并没有影响基督教思想家将其采纳并作出必要变化，他们的基督教上帝能够足量地提供目的和设计。

---

① 罗斯（Ross）：《亚里士多德》（*Aristotle*），125页。

② 同上，182页。亚里士多德否认一个物种的特征可能是为了另一个物种的利益而创造，罗斯在此引用了一个可能的例外，即：“鲨鱼的嘴长在身体下部，为的是当它们转身去咬猎物时，猎物可能逃脱——但同时也避免了鲨鱼掠食过多！”125页。这个讨论依据罗斯，125、181—182页；关于将目的论应用于国家，见230页。关于亚里士多德的目的论，亦见策勒尔（Zeller）：《古希腊哲学史纲》（*Outlines of the History of Greek Philosophy*），197—198页。关于所有的材料，见策勒尔：《希腊人在其历史发展中的哲学》（*Die Philosophie der Griechen in ihrer geschichtlichen Entwicklung*），第2部分第2节，第4版，421—428页；亦见泰勒（Theiler），前引书，83—101页。

6. 泰奥弗拉斯托斯的疑虑

到公元前322年亚里士多德去世，关于人对地球之关系的几个重要观念已然很好地确立了：在创世的作品中能看出隐秘的神圣力量；创世工匠、巨匠造物主，如同一位匠人，已从世界的杂乱事物中制定出秩序；自然进程中原本存在一个目的或"终极因"；自然中有着生命的丰满与富饶；植物为动物、动物为人类而生存。

所有这些观念难道都是由这种平凡的观察——植物的多样与丰富、计划在木匠之类的手艺中所起的作用、人与家畜之间密切的相互依赖、植物对动物生存的必要性——所激发的吗？然而在这些较早的著作中，对陆地秩序的提及并不详尽，不过它被想象为一个平衡而和谐的创造，人类也是其中一部分；我们应当就在这个概念中寻求近现代自然平衡思想的起源，这个自然平衡思想在生物史和生态史中是如此重要，而近现代与古代的显著差别是，近现代思想常常认为人类活动是对这个平衡的干预，而且这种干预往往是破坏性的。

泰奥弗拉斯托斯（公元前372/369—前288/285年）是亚里士多德的学生，在亚里士多德离开雅典后接管其学院。他看到了柏拉图和亚里士多德两人都强烈表达过的目的论自然观中的窘
50 境，指出终极因的缺点，并指出关于自然计划性与目的性的假设是不可靠的。他的例子来自宇宙和陆地现象，以及植物界和动物界。他说，很难在每一类事物中都找到设计并将其与终极因联系起来，这"在动物、植物和这个泡影本身中"都是困难的。这

种联系“由于其他事物的秩序和变化”而成为可能，比如“动物、植物和果实的生产所依赖的季节变化，而太阳可以说是万物之父。”泰奥弗拉斯托斯显然认为目的论解释是粗糙的近似解释，使用起来应当谨慎;其中的困难要求我们进行探究,以便确定“秩序占主导地位的程度，并说明为什么不可能达到更大的程度，或者它可能产生向坏的方面变化的原因。”[①]

他说，自然界中目标的发现并不像所宣称的那样简单。他的一句话使人想起后来康德（Kant）用松树生长在沙地为例来说明的异议(见下文,本书第十一章第8节)。泰奥弗拉斯托斯问道:“我们应该从哪里开始，我们应该以怎样的事情来结束？”这是不是针对罗斯在亚里士多德目的论中所注意到的缺陷，即亚里士多德的目的概念不能令人满意,因为它不是任何心智的目的？他还说，很多事情的发生不是为了一个目标，而是由于巧合或必要；天上和地上的现象都属于这个范畴。“海洋的入侵和退却、干旱与潮湿、一般而言忽而左忽而右的变化、即将结束与即将开始，以及相当多的这类其他事物，都是为了什么目标呢？”[②]泰奥弗拉斯托斯发现目的论也同样无法解释动物拥有无用器官，以及营养供给和动物出生（其阶段均由于必要和巧合）。他警告说不要不加批判地假设“自然在一切事物中都渴望最好，且只要有可能就会让事物分享永恒和秩序……”[③]他的态度不同于后来卢克莱修所表达的态度：泰奥弗拉斯托斯主要从生物学的观点表达意见，对用终

① 泰奥弗拉斯托斯（Theophrastus）:《形而上学》(*Metaphysics*)，Ⅳ，15。

② 同上，Ⅸ，29。

③ 同上，Ⅸ，31。

极因解读自然本质的有效性提倡一种怀疑论；而卢克莱修则对终极因整体进行批判，尽管他也有自己个人的目的论。泰奥弗拉斯托斯指出，那些不遵守或不接受利益的事物在很大程度上占支配地位，其中只有少部分是生物，而无生命的物质在宇宙中无限存在，“并且在生物本身之中，仅有很微小的一部分，其存在实际上比不存在的情况要好。”在再一次提请人们注意终极因学说的狭窄适用范围时，泰奥弗拉斯托斯质疑它能否令人满意地解释可能存在的无论什么样的秩序。显然，泰奥弗拉斯托斯认为自然中
51 存在着物质的无序，而秩序必须经过证实，而不是假设：“……在自然中和在现实世界里，无论是对终极因果作用还是对追求更好事物的推动力，我们都必须尽力找到一个特定的限度。因为这是探究宇宙的开始，也就是努力确定真实事物赖以存在的条件和它们彼此之间关系的开始。”①

在《论神性》中，伊壁鸠鲁主义的发言人维勒易乌斯（Velleius），在谈论无论是泰奥弗拉斯托斯还是其学生斯特拉托（Strato）时，都没有任何赞美之辞。泰奥弗拉斯托斯“令人无法忍受地前后不一致，一时说人的心智具有非凡的卓越性，一时又将这个卓越品质给予天体，而另一时又说卓越是天空中星座和星星的特点。”被冠以自然哲学家头衔的斯特拉托也不值得注意：“在他看来，神圣力量的唯一贮藏宝库就是自然，而自然本身包含着出生、成长和衰退的原因，但完全缺乏感觉与形式。”西塞罗自己说，斯特拉托试图免除神性在任何广阔范围内的行使：“他宣

① 泰奥弗拉斯托斯（Theophrastus）：《形而上学》（*Metaphysics*），Ⅸ，32，34。

称自己不利用神的活动去勾画世界。”所有存在着的现象都产生于自然原因——他对德谟克利特（Democritus）的原子论（atomic theory）没有耐性——他教导人们说：“任何现有或将要存在的事物都是由引力和运动的自然力量产生的。”[①]

7. 斯多葛派的自然观

地球是一个设计出来、适宜生命存在的环境这个观念，尽管到公元前四世纪就已经在所有的重要方面成形，但斯多葛派进一步打磨并丰富了它，对于所强调之处的一个关键变化看来是由潘尼提乌和他的学生波昔东尼完成的。

潘尼提乌是罗得岛人，约生于公元前 185 年，曾广泛游历地中海世界，包括埃及与叙利亚。在雅典，他师从巴比伦的斯多葛派学者第欧根尼，[②]后者是克吕西普（Chrysippus）的学生。潘尼提乌生活在罗马，在那里波利比乌斯（Polybius）激发了他对历史的兴趣，尤其是关于罗马建立世界霸权的战无不胜、势不可挡的远征，这些兴趣使他充分意识到历史发展对于更深刻理解当代的重要性。[③]潘尼提乌赋予斯多葛学派的古老信念——世界的美

① 维勒易乌斯的发言在西塞罗（Cic.）：《论神性》（*Nat. D.*），Ⅰ，13，35；西塞罗本人的言论在他的《论学园派》（*Acdemica*），Ⅱ，38，121。

② 罗斯（Ross）：“第欧根尼（3）”［Diogenes（3）］，《牛津古典词典》（*OCD*），285 页。

③ 关于潘尼提乌的这个讨论基于波伦茨（Pohlenz）：“潘尼提乌，5”（Panaitios，5），《保吕氏古典学百科全书》（*PW*），卷 18:3，421 栏，以及波伦茨:《斯多葛派》（*Die Stoa*），卷 1，191—207 页。

丽与目的性应归功于一种创造性的原始力量——更深的含义，并非用多少新思想，而主要是通过欣赏自然的可见方面来实现。通过他，希腊化诗歌与绘画中对待自然的情感被应用于一种哲学世界观：不仅宇宙秩序中存在着一种辉煌，而且在地球的美丽中还
52 有一种喜悦——看看那希腊景观中陆地与海洋的交替、无数的岛屿、可爱海岸与陡峭山峰及粗糙悬崖间的对比，还有生活在这美丽风景中的各种植物和动物。它不仅拥有美丽，而且拥有一种完备。当尼罗河和幼发拉底河灌溉原野时，难道我们没有在养育生命、促进生长的季风、昼夜、冬夏处处发现一个有目的有创造力的自然的杰作吗？所有事情中最奇妙的是，自然不仅一次性创造了它的生命体，而且提供条件使这些生命体永远存在。创世的顶点是造人，人直立的身姿是他区别于动物的决定性特点。他不需要像动物一样，俯身大地寻找食物，而是能够像处于高峰纵览全景那样看到被创造的万物，看到在自己的智力帮助下能够加以利用的外部世界。然而，潘尼提乌没有接受早期斯多葛派的人类中心论，即地球仅仅是为人类的需求而创造的。人就是在这里，利用着地球的美丽与资源。

这些观点（其中很多都再现于西塞罗的《论神性》）表现了早期对待地球的审美与功利主义态度的融合。它是美丽的，又是实用的；对地球的这两个简单概括在很大程度上解释了其后对待地球态度的历史：地球看起来很美丽，它的美丽应该加以保护；它又很实用，因为它拥有人类心智活动所需的材料，人的创造物、工具和机械改变并改善着地球，以满足人不断重复与增长的

需求。[①] 潘尼提乌也是最早试图在设计论框架内使用环境影响观念的学者之一。他摒弃了斯多葛派的占星术，接受了希波克拉底的观念，在人的身上找到了独一无二的特征，即人属于一个社会，而这个社会的特点是由气候与地貌决定的。[②]

在波昔东尼的思想中（这个思想仅仅通过他人的著作传达给我们），我们意识到他对地理的重要性和对存在于大地和谐中的生物相互关系有着深刻的见解。[③] 潘尼提乌和波昔东尼两位学者
似乎与前苏格拉底哲学家，与柏拉图、亚里士多德及早期斯多葛 53
派都有区别，表现在更大量地使用人种学、地理学和生物学材料上。重点从作为整体的宇宙、元素学说等自然理论，以及起源理论及宇宙演化理论，转移到调查地球上的可见现象。在潘尼提乌的启发下，波昔东尼在斯多葛派的目的论教诲中发现了一个统一及理解不同知识领域的方法；波昔东尼被称为古代最伟大的科学

① 波伦茨（Pohlenz）：《斯多葛派》（*Die Stoa*），卷 1，195—197 页。本段基于波伦茨对潘尼提乌及其区别于较早期斯多葛派特征的分析。亦见西塞罗（Cic.）：《论神性》（*Nat. D.*），Ⅱ，52—53；以及波伦茨：《斯多葛派》，卷 2，98—99 页。波伦茨说他的材料大部分来自色诺芬、亚里士多德，以及埃拉西斯特拉图斯的目的论生理学。“但他本人［潘尼提乌］拥有的情感让他在世界处处都能感受到具有创造力量的逻各斯（理性）的发作，也让他感受到‘自然神学’；‘自然神学’在理性中看到神性。”卷 1，197 页。亦见 193 页。

② 同上，卷 1，218 页。

③ 由于波昔东尼学问的特别困难（主要是来源研究的问题），并由于许多解释都具有争议性，我使用了下述二手材料：莱因哈特（K. Reinhardt）：“阿帕梅亚的波昔东尼”（Poseidonios von Apameia），《保吕氏古典学百科全书》（*PW*），卷 22：1，558—826 栏（这篇文章令人印象深刻地证明波昔东尼学问的深度、它的争论性及难度），以及同一作者所著：《波昔东尼》（*Poseidonios*），和已引用的波伦茨的论述。

旅行家。[①] 我们似乎看到一个富有深切好奇心的人旅行穿越高卢、意大利和西班牙（他在那里研究盖底斯的潮汐），目的是观察各民族及其居住地环境的多样性。[②] 波昔东尼具有一种对历史重要性的感受力；他和潘尼提乌都对波利比乌斯的主题印象深刻，后者记录下在短短五十年内引导罗马从一个半岛强国走向世界霸权的各个事件。[③] 历史感，对自然界的生命和成长、对诸如潮汐等自然现象的敏感，给波昔东尼的思维带来一种动力，这是早期斯多葛派概念所缺少的，因为对后者来说，自然的统一与和谐似乎更像一个固定而僵硬的镶嵌图案。波昔东尼相信世界是完美的，其发展过程建立在目的之上，人和生命互相拥有，生命弥漫着整个宇宙，它是随处可见的活力——他这些信念的背后究竟是什么原因呢？波昔东尼接受占星术，而他的老师潘尼提乌过去摒弃了它。但是很清楚，那是桑代克所描述的占星术，是伟大的宇宙影响力作为一种自然法则施加于地上世界的占星术。

对波昔东尼来说，潘尼提乌的环境因果关系理论并没有深入到足够的地步。气候与地貌本身由太阳的位置所决定，并受其他恒星的影响。这种思维方式使他去假设星星对一个民族的直接影响，以及对个人特性的间接影响。宇宙的各个部分被“共感”（sympathy）联系在一起：月亮与潮汐、太阳与植被、星星对个

① 波伦茨：《斯多葛派》，卷 1，209 页。

② 同上，卷 1，209—210 页：谈到他与凯尔特人的亲身经历、他在西班牙的学习、海洋对海岸形成的影响、采矿、发明、他对矿场奴隶非人待遇的痛恨，以及他在罗得斯的学院（西塞罗是那个学院的学生）。

③ 同上，卷 1，211—212 页。

体及对一个民族的影响。太阳和月亮对地球生命的影响已经足够清楚了。难道我们不能超越这个而谈论更远的行星和星座的影响吗？人们必须超越潘尼提乌的气候理论，因为气候和地貌是太阳位置和其他恒星影响的结果。[①]

人在很大程度上也是自然的一部分；他生长在自己的环境中并受这个环境影响——这里引进的是环境影响（例如温和气候之 54
卓越品质）的理论。然而这些关系只有在承认整个宇宙中和谐的存在时才能理解。太阳，神圣预见的一个例证，是为了所有生命的利益而创造的；它使动植物的存在、昼夜交替、气候和人类肤色成为可能；它使地球或干或湿、或丰饶或贫瘠。人类技艺是对自然的模仿，只有人的思想才能通过观察鱼的尾巴而发明船舵，因为在人的思想中发挥作用的，与自然界中所显现的是同样的"逻各斯"、同样的理性设计，这样才可能有这个发明。人类技艺与动物的技艺不同，它表现在纷繁多样的发明之中，这些发明不仅是为了满足需求，而且致力于创造更美好的生活。正是"逻各斯"的创造力，而不是必要性，带来了人类文化的发展；拥有智慧和不计其数的成就与发明的人类是自然的一部分，而他来源于自然的力量使他能够在广泛多样的事业、权力和才干上获得成功，这些是动植物无法拥有的。众神创造地球不仅为了自己，而且为了人类以及较低层次的植物与动物。[②] 莱因哈特（Reinhardt）说，波昔东尼哲学的中心思想是通过区分来达到发展目的的观点。我

① 波伦茨（Pohlenz）：《斯多葛派》（*Die Stoa*），卷 1，218 页。

② 同上，222—224、227—228 页。

们怎样解释单一中产生的多样性、简单中产生的复杂性？他从诗人的作品和历史事实中搜集资料，显示所有人类最高级行为的初始单一性，以及这些行为逐渐发展为现在占支配地位的复杂性。①

波普东尼的思想源自生物学、历史学、天文学、地理学和人种学的观念。它似乎也是生态学的，并且强调美学和自然之美，作为证明一个有目的制造的地球及宇宙的有力证据——这种强调使人理解他在古代得到的尊敬，也使人理解了他通过如西塞罗、塞涅卡（Seneca）、斯特雷波和维特鲁威等作者而对近现代思想所施加的影响。有人说西塞罗的《论神性》第二部大部分源自波昔东尼，果真如此的话，波昔东尼的影响就更加伟大了。②

8. 论诸神的本质

西塞罗的对话体《论神性》，因其将伊壁鸠鲁派、学园派和斯多葛派的观点相对比，成为宗教思想（包括设计论）的重要知
55 识宝库；与塞涅卡的著作和柏拉图的《蒂迈欧篇》相似，《论神性》

① 莱因哈特（Reinhardt）：《波昔东尼》（*Poseidonios*），75 页。

② 波昔东尼与环境理论的关系将在后面讨论。他关于自然的观念与早期斯多葛派的观念紧密联系，即火是最旺盛的、最活跃的元素，并因此会逐渐占据主导地位。见波伦茨（Pohlenz）：《斯多葛派》（*Die Stoa*），卷 1，219 页。关于他的共感观念和宇宙作为有机整体观念，参见莱因哈特（Reinhardt）：《宇宙与共感》（*Kosmos und Sympathie*），117—119 页。关于作为人类家园的地球，见莱因哈特："阿帕梅亚的波昔东尼"（Poseidonios von Apamea），《保吕氏古典学百科全书》（*PW*），卷 22:1，809—810 栏。

成为在文艺复兴时期和十七、十八世纪颇有影响的自然神学中再次引进古典设计论的工具。[①]

书中的四个对话者是斯多葛派的巴尔布斯、伊壁鸠鲁派的维勒易乌斯，以及作为学园派和柏拉图门徒的科塔（Cotta）和西塞罗。西塞罗从回顾有关诸神本质的各种主要态度开始引出话题：首先是诸神对人类事务置之不理的观点，这个被西塞罗不耐烦地撇开了；然后是那些"出众而高贵"的人物，即斯多葛派的观点，他们将世界想象为受神圣智慧和理性指挥，大地的出产、大气和季节的变化是诸神赐予人类的礼物。甚至卡涅阿德斯(Carneades)对这个观点的尖锐批判也是"以这样一种方式提出来，它在思维活跃的人们中间激起了发现真理的热切渴望。"[②]

伊壁鸠鲁学派的代表人物维勒易乌斯，既嘲弄柏拉图的虽不创造却从混沌中整出秩序的工匠神，也嘲弄斯多葛派的上帝观念。

> 我不打算向你解释那些毫无根据、凭空想象的虚构学说，诸如柏拉图《蒂迈欧篇》中的工匠神和世界建造者，或者斯

① 关于西塞罗（Cic.）的《论神性》（*Nat. D.*）材料来源的文献数量庞大。为讨论潘尼提乌和波昔东尼的影响，对第二部作了特别研究。见亚瑟·斯坦利·皮斯（Arthur Stanley Pease）的权威性研究：《西塞罗论神性》（*M. Tulli Ciceronis de natura deorum*，下称 *De natura deorum*），两卷本，卷 1 解释《论神性》第一部，卷 2 解释第二、三部。该著作包括《论神性》的文本和富于启发性的导言。

② 西塞罗:《论神性》,I，1—2。关于卡涅阿德斯，见《斯多葛派》，卷 1，176 页。卡涅阿德斯反对斯多葛派对世界之神性的信仰：自然的目的性能够用自然原因来解释，无须假设一个有目的的创造性智力。动物不会是仅仅为人类而创造；每个生物本身都具有一个自然指向的目标或目的。

> 多葛派的算命老女巫普鲁娜娅（Pronoia——我们可称其为“神意”）；我也不打算解释一个具有自己的思想和感觉的世界，一个球形的旋转的燃烧火神；这些都是那些不讲理性只会梦想的哲学家所编造的奇迹和怪物。什么样的精神视力能使你的大师柏拉图看到，如他所说的，神在建造宇宙结构时采用的巨大复杂的建筑过程呢？运用了什么工程学方法？用什么工具、杠杆和支架？什么样的施动者从事了这样巨大的工程？又是怎样使得气、火、水、土遵守并执行建筑者的意志呢？①

值得注意的是，这个批评运用了科技比喻，但同样是人类工匠的类比，在柏拉图那里支持了有计划的创世说，而在维勒易乌斯那里则否定了这个说法。

后来巴尔布斯反驳说，维勒易乌斯对斯多葛派词汇的理解十分有限；他和其他持同样信仰的人太醉心于自己的观念，以至不能明白别人的。普鲁娜娅不是女巫，也不是某种特殊的神。维勒易乌斯显然不明白省略：如果词汇能被理解且省略处被补充进来，
56 那么普鲁娜娅的含义不是一个“老女巫”，而是一个“受神意管辖的世界”（*providentia deorum mundi administrari*）。（《论神性》，Ⅱ，29，73—74）

尽管科塔长篇大论地驳斥了伊壁鸠鲁派的观点，但是他难以提出自己的看法，因而主要的辩驳任务留给了巴尔布斯。巴尔

---

① 西塞罗（Cic.）：《论神性》（*Nat. D.*），I，8，18—20。

布斯说，斯多葛派用四个观点来认识不朽神祇的问题：他们存在的证据、他们的本质、他们对宇宙的统治，以及他们对人类事务的关怀。[①] 巴尔布斯赞同地引用了早期斯多葛派学者克里安提斯（Cleanthes）给出的人类思维中为什么会形成诸神存在观念的理由：超自然方法对未来事件的先见之明；“我们从温和的气候、肥沃的土地和大量其他祝福中获得的巨大利益”；被自然界暴力（如暴风雨、地震、瘟疫和流星雨）灌输到头脑中的敬畏；以及最强大的一点，即人们观察到的天上的规律和秩序。[②]

与人类的创造物一样，宇宙也被假定有一个建造者。于是引入了一个环境解释，但其地位次于主要观念：人生活在地球上，地球是宇宙中最低下的地方，因此也是空气最稠密的地方。我们观察到某些城市和地区，居民比一般人愚蠢，这是因为空气太稠密，而这一点也适用于所有的人，因为他们生活在地球上；但是，甚至人类智慧都能够推断，宇宙中存在着具有超凡能力的神圣的心智。[③] 然而，地球仅仅是宇宙和谐的一部分，它表现为植被的丰富与荒芜，太阳在夏至和冬至点的运行变化、月亮的升起与降落，以及由一个超凡神灵所维持的音乐般的和谐。[④]

巴尔布斯辩论说，自然“沿着她自身的一条确定道路前进，达到她充分发展的目标”（如同葡萄和奶牛的生命周期），除非她

① 西塞罗（Cic.）：《论神性》（*Nat. D.*），Ⅱ，1，3—4。科塔的论述，见Ⅰ，21—44，57—124。

② 同上，5，13—15。

③ 同上，6，17—18。

④ 同上，7，19—20。

受到干扰。绘画、建筑、艺术和手工艺中包含着完美技艺的理想；这种趋势在自然界中更加显著。个别自然现象也许会受到干扰，但是没有什么“能挫败整体的自然，因为她自身包含并囊括了所有的生存模式。”[①] 用人类艺术和人类技术工作的计划性来解释自然进程，接着与神的手艺相比较而对人类表示蔑视，这种做法对古代和近代的设计论点来说都是很常见的。实际上，达尔文（Darwin）在《物种起源》中也使用了相似的争论方式，他写道：通过人工选择（artificial selection）影响动植物生命的人类力量，远逊于自然世界中的自然选择之力。[②]

巴尔布斯引用斯多葛派克吕西普的话说：“正如盾盒为了保
57 护盾牌、剑鞘为了保护宝剑，除了世界以外的其他每件事物都是为了某个别的什么事物而创造的……”地球出产的谷物和果实是为了动物，而动物是为了人，因为人骑马、用牛耕田、用狗打猎。而人，尽管有他的一切不完美之处，却是被创造出来思索和模仿世界的。据说克吕西普即便不是这个观念的原创者，也是推广它的“伟大冠军”。它的基本设想是生物等级体系，其典型形式是，植物为动物而存在，动物为人而存在，而人则是为了思索上帝（《论神性》，Ⅱ，14，37—39）。人类的智慧必然引导我们推断出宇宙中存在着具有超凡能力的神圣心智（《论神性》，Ⅱ，6，18）。这里斯多葛派的共感观念在起作用；在整个被创造万物中存在着相互联系与亲和力，存在着宏观世界与微观世界（即人类）之间的

① 西塞罗（Cic.）：《论神性》（*Nat. D.*），Ⅱ，13，35。

② 达尔文（Darwin）：《物种起源》（*The Origin of Species*）（现代书库版），29、52、65—66 页。

强大纽带。如果我们认可，人作为一个理性而智慧的生物体具有独一无二的地位，将他视为宇宙伟大心智的一部分（尽管是很小的一部分），那么就有理由说，这个世界上人所使用的一切事物都是为他而制造、而提供，世界的创造既为诸神也为了人，世上的事物则是为人享有而存在的（《论神性》，Ⅱ，61—62，154）。

这种思想方法派生出将世界（*mundus*）与一座房屋或一个城市相比较，甚至是与雅典和斯巴达相比较。太阳和月亮的旋转是人的眼镜。地球倘若仅仅为野兽提供食物就会是毫无意义的。每样事物都是为了那些能够使用它的事物而出现的。关于驯化的实用主义论点，尤其是狗、羊、牛的家养，与这种思想完好吻合。牛的脖子“生来适合轭”，而它的背不宜负重；在它们的帮助下，地球得以耕种（Ⅱ，63，159）。鸟儿带给我们“那么多快乐，以致我们斯多葛派的上帝好像不时成为伊壁鸠鲁的门徒”（Ⅱ，64，160）。从这些论点中出现了神对人关怀的观念，不仅是对整个人类，而且是对人类的小群体和个人（Ⅱ，65，164）。

> 这里有人会问，所有这些巨大的系统是为了谁的缘故而建造的呢？是为了树和庄稼，这些虽没有意识但依赖大自然为生的东西吗？但这无论如何是荒谬的。那么是为了动物吗？神灵们同样不太可能为了这些不会说话、没有理性的生物承担这么多麻烦。那么我们说究竟是为了谁的缘故创造了这个世界？毫无疑问是为了那些会使用理性的生物；这就是众神和人类，他们的确卓尔不群，超越一切其他事物，因为所有事物中最卓越的是理性（*ratio*）。因此我们可以相信世

界及其所包含的所有事物都是为了众神和人类的缘故而创造的。(Ⅱ, 53, 133)

在这样一个世界中，野兽可能被置于小偷的地位。[①] 这个论点显然与色诺芬的很像，它在有关自然和自然史的思想史中产生
58 了极其重要的后果：它给解释所有自然现象的含义带来强烈的实用主义偏向，这种偏向在自然神学中一直持续到十九世纪中叶，即便它们已经摒弃了所有的自然仅为人类而存在的观念。然而，尽管有了这种摒弃，对自然产物的研究和解释仍然是从它们对人类有用的角度来进行的。实用主义解释的一个同样重要的推论是对待驯化动植物的态度：驯化是自然秩序的结果，而不是对自然秩序的干涉。驯化了的植物和动物是人在为他设计的地球上活动的预期结果，他的艺术、发明和技术不是出于必要，而是来自富饶、丰满而多产的自然所提供的机会。我们正是应当从设计论中

---

① 关于克吕西普（Chrysippus）的人类中心主义观点，见德拉西（De Lacy）："卢克莱修与伊壁鸠鲁学说史"（Lucretius and the History of Epicureanism），《美国语文学会会刊和学报》（*Trans. and Proc. of the Amer. Philolog. Assn.*），卷 79（1948），16 页。其观点基于克吕西普著作的片断，载于冯·阿尼姆（von Arnim）：《斯多葛派残篇》（*Stoicorum veterum fragmenta*），卷 2，332—334 页。关于世界与一座房屋或城市的比较，见皮斯（Pease）在"domus aut urbs utrorumque"下的评论，《西塞罗论神性》（*De natura deorum*），卷 2，905—951 页，其中引用了许多其他作者的著作。关于野兽的地位，同上，在"宇宙"（mutarum）下的评论，卷 2，895 页。西塞罗（Cic.）：《论神性》（*Nat. D.*），Ⅱ，63，157—158。关于一种生命形式的目的是服务于另一种生命形式的观点（《论神性》，Ⅱ，14，37）没有被亚里士多德接受，如我们在前面看到的；关于亚里士多德的内在目的论，见罗斯（Ross）：《亚里士多德》（*Aristotle*），125 页；亦见本书 45 页注 3 和 46 页注 4。

去寻找关于动植物驯化的早期理论；驯化的历史原因曾与观察到的当代对被驯化动植物的使用混淆了。直到爱德华·哈恩(Edward Hahn)时代,才打破了“动物驯化是使用的结果”这个古老的概念,因为哈恩强调了驯化的非实用主义与礼仪性的起源。在此处由克吕西普所代表的斯多葛派观念中，占主导地位的看法是（它后来超越斯多葛派的范围而广泛扩散),马是为了运输,牛是为了耕种,狗是为了狩猎和护卫。

按照巴尔布斯的说法，所有生命的存在均归因于其内在的热量，且这种元素“自身拥有遍及整个世界的活力”。热量法则与生育和繁殖紧密联系；世界的所有组成部分现在且一直以来都由热量维持，因为遍布整个自然界的热火的原理之内具有生发的力量，即“一切生物出生和成长的必要原因，无论是动物还是扎根于大地的植物”。[①] 不单是有生命的自然界，而且整个宇宙都拥有这个生产法则，并因此具备一种有机特征。巴尔布斯引用斯多葛学派创始人芝诺的观点，将自然定义为“工匠一般的火，有条不紊地进行着生育的工作”；工匠一般的自然之火，就像人类工匠的双手一样，但拥有高超得多的技能，教导别人技艺，并以远见卓识详细策划出它的作品。宇宙大自然是个别自然的创造者；
它是世界的心智，被正确地称为审慎或深谋远虑，主要专注于为 59
世界获得“首先是最适合生存的结构，其次是绝对完整，而最主要的是尽善尽美，并加上各种装饰。”[②]

---

① 西塞罗（Cic.）:《论神性》(*Nat. D.*),Ⅱ，9，24；10，28。

② 同上，22，57—58。

这个宇宙大自然的目的性理论与四元素理论相结合来解释可见的自然。通过四元素，宇宙大自然的艺术滋养着地球并播种下籽实，地球反过来不仅滋养植物，而且通过它的呼吸来维持空气、以太和天体。四种元素以不同方式组合起来，并受着智慧而会设计的自然的管理，它们是一个有秩序的宇宙之组成部分。自然负责植物的成长和持续，这个责任扩展为管理整个宇宙，而且由于行事毫无差错，她从自己支配的原料中制造出了尽可能最完美的效果；就像《蒂迈欧篇》中的工匠创世者，她生产出万千世界中最好的世界。“现在世界的管理中不包含任何可能遭受谴责的东西；以现有的元素，能够从中制造的最完美结果已经制造出来了。要是有人说它还可能更好，就让这个人来证明吧。”①

巴尔布斯在说明诸神存在的证据时，也许是承袭了潘尼提乌和波昔东尼的生物学、美学和地理学传统，他提请其他人注意地球景色所提供的有力证据。置于宇宙中央的地球，表面覆盖着花、草、树木和庄稼，“各种植被形式，所有的都令人难以置信地不计其数，且无穷无尽地变化多样、各不相同。”混合着既包括自然的也包括人类艺术产物的品质，巴尔布斯谈到了泉水、河流、河谷的青草、山洞、地穴、悬崖、山脉和平原，以及金、银和大理石的纹理。

> 想想所有各种各样的动物吧，不管是驯养的还是野生

① 西塞罗（Cic.）:《论神性》（*Nat. D.*），Ⅱ，23。引文来自 34，86—87。“世界”一词照常用来翻译“mundus”，即宇宙。

> 的！想想鸟儿的飞翔和歌唱！想想牛羊成群的草地，还有森林中的大千世界！那么为什么我还要谈论人类呢？人可以说是被指定的土地耕种者，使土地不变成食肉猛兽出没或荆棘丛生的荒芜之地；人勤勤恳恳地用房屋和城市妆点大地、岛屿和海岸，使它们多姿多彩。我们只要能用双眼看到这一切，就像我们能在头脑中勾画出来的一样，任何一个看一眼整个大地的人都不会怀疑那神圣的理性。①

表面上看，这段文字似乎与一首描绘地中海生活日常景象的诗歌没有太大差别。但实际上它是一篇重要陈述，表明人对地球的改变与目的论自然观相一致这个立场。人成为地球的一种照管
者；他的耕耘对抗着疾病，他与野兽的斗争形成了一种控制，野 60
兽要是没有人的监管就可能过量增长。人自己的创造明确无误地增添了自然的美丽，甚至他来到遍布海洋的岛屿或沿岸定居，也为这种美丽作出了贡献。

在这篇热情洋溢的赞美词中，驯化的自然与原始的自然之间没有区别。这段文字所表达的思想在近代激发了许多相似的论述，因为《论神性》得到了文艺复兴时期和十七、十八世纪思想家的广泛阅读及高度赞扬。

在地球上，一个智慧而神圣的自然存在的证据很明显。来自海洋的空气昼夜变化，上升并浓缩为云朵，云朵用雨水滋养大地。空气的躁动产生风和季节变化；空气还是鸟儿飞翔的媒介，人和

---

① 西塞罗（Cic.）：《论神性》（*Nat. D.*），Ⅱ，39，98—99。

动物呼吸空气而得到滋养。[①] 植被从大地吸收滋润的湿气，树干保证树的稳定并运送有养分的树液。和动物一样，植物也有保护层来抵御酷热与严寒。动物具有胃口和感觉，因而能区别美味与毒食，在自然界中按照获取食物的方式来分割并创建各自的所谓领地：它们步行、匍匐、飞翔、游泳，或用嘴和牙捕捉、或用爪和喙抓获，或吮吸、或吞噬、或咀嚼；一些适宜在地面获取食物，另一些则有长颈，可以在更广阔的范围内觅食。捕食野兽要么强壮要么灵敏；另一些，如蜘蛛，则拥有技巧和狡猾，与别的动物之间存在着共生关系。[②]

动物与其栖息地之间的关联性也加入了自然史的其他观念中：自然负责为动植物繁殖提供条件，总体上创造着人们在地球上看到的美丽，尽管某些动植物必须依赖人类才能存留和改进。[③] 如果认为自然的这个强大构造——丰富而多样的食物、能舒缓炎热的季风，还有河流、潮汐、青山、盐床、医药的功用，以及每天的昼夜变化——是为了动植物而创造的，那么这个想法是荒谬的；更可信的观点是，包括地球在内的宇宙是为众神和人类创造的。[④] 与其他被创造物不同，人被赐予了头脑用于理解、感官用于观察和感觉、双手用来做事；他是自然的一部分，但是他的天赋使他在自己的自然环境中享有更大的自由，获取更广泛的经验，

---

① 西塞罗（Cic.）：《论神性》（*Nat. D.*），Ⅱ，39，101。

② 同上，47—48，120—124。关于贻贝及其与小虾的共生关系的评论，见Ⅱ，48，123。

③ 同上，5，2，130。

④ 同上，53，133。

并得到更多的机会去协助自然改善，也利用自然获益。人的双手 61
既用来操纵工具，本身也是一件有用的器具，它成为人类技艺和变化的伟大中介——这个观察结果在近代被无数次重述，因为人用双手造就了农业、渔业、动物驯化、采矿、森林砍伐、木工、航海、灌溉及河流改道；人用双手改变了地球，使地球对人类自己的目标更加积极响应。[①]

这篇对话中斯多葛派这部分的重要性在于其思想的范围，在于其清晰地说明了作为整体的被创造万物中的和谐概念，以及地球上物理和生物现象的和谐秩序，包括对人类作为自然环境改造者的认可（这一点将在后面更详细阐述）。

将设计论应用到作为一个可居住行星的地球，斯多葛派的这部分论述也是古典时代中最好的解说。其后的古代作家们对这一论述没有作出什么值得注意的补充。斯多葛派地理学家斯特雷波说，时髦城市图卢兹周围的区域规划得如此协调，那里的人们如此勤勉地从事各种各样的日常工作，以至我们很可能将其视为上帝的杰作，“这些地区的这种部署不是偶然产生的，而是源自某个［智慧的］思想。”[②] 上帝是一位“有无数作品的绣匠和技工”，他为众神和人类创造了所有的生命。上帝将天赐与众神，

① 西塞罗（Cic.）：《论神性》（*Nat. D.*），Ⅱ，60，150—152。巴尔布斯在Ⅱ，52—53 的论述，基于地球的美丽和用途、其为人类所用的设计，以及人类的特点（这些特点使人类得以利用这些机会），令人赞赏地总结了“神意设计的地球”这个观点。

② 斯特雷波（Strabo），Ⅳ，i. 14。

将地赐与人类，并为人类的使用量身打造了地球。[①]同样是斯多葛派学者的塞涅卡断言，上帝不仅为人类提供必需品，而且提供自然的奢侈品：地球的产物如此骄纵我们，甚至懒汉也能找到地球的偶然出品来维持生计。鸟儿、鱼儿和陆地动物都向人类进贡食物。对自然的功利主义观点表现为赞美那些环绕牧场、支持航行，甚至以洪水供给干热地球的河流。塞涅卡也许是第一个将设计论应用于采矿和矿藏分布的思想家，而这个看法后来成为十九世纪的一些英国地质学家最中意的主题——地层断裂使英国的含煤岩系较易接近，他们认为这是神意规划的结果。矿藏深埋在地底下；尽管人的眼睛看不到银、铜、铁，但他被赋予了发现它们的能力。塞涅卡还相信，季节性迁移放牧是神的关怀存在的证据：无论畜群在
62 哪儿，上帝都给它们提供食物，并且“规定了夏季和冬季牧场的轮换”；人甚至不能为自己的发明居功自傲，因为上帝给了我们智慧的力量来成就这些发明。[②]像色诺芬和西塞罗一样，塞涅卡在设计论的近代历史上扮演了一位重要权威的角色。这三个名字经常出现在基督教解释地球本质的支持材料中，尤其是在十六、十七世纪。[③]

① 斯特雷波，XVII，i. 36。斯特雷波接着说人是陆地动物；上帝为包围地球的水提供洞穴，为人类居住提供高地（包括供人使用所需的水），并且陆地与海洋之间的关系是不断变化的。

② 塞涅卡（Sen.）：《论利益》（*Ben.*），IV，5—6。

③ 这对于“伟大的塔利”（西塞罗）尤为适用。一个好例子是弗朗切斯科·彼得拉尔卡以此观点对西塞罗的赞美与批评，见彼得拉尔卡（Petrarca）：“论人自身的无知及他人的无知”（On His Own Ignorance and That of Many Others），收录于卡西勒、克里斯特勒和伦德尔（Cassirer，Kristeller，and Randall）编辑：《文艺复兴时期的人类哲学》（*The Renaissance Philosophy of Man*），79—90、97—100 页。《论神性》（*Nat. D.*），II，37，95 中一段来自亚里士多德的话亦被引用，83 页。

9. 伊壁鸠鲁哲学中反目的论观念的发展

到希腊化时期开始之初，目的论背后依然具有重量级伟大权威的支持。柏拉图创造了一位工匠神，他小心而认真地制定计划，亲力亲为确保宇宙永不衰退、永恒而神圣。在宇宙内部存在着元素的和谐，这在宇宙外部是不存在的，因为元素已经被用完了（《蒂迈欧篇》，31B4—32C4）。亚里士多德的目的论也有强大影响力，尤其在生物学中，尽管如我们在前面谈过的，泰奥弗拉斯托斯和他的学生斯特拉托提出过异议。

在希腊化时期很明显的是，一方面对目的论的解释存在着热烈而持续的兴趣，尤其是在斯多葛学派中，另一方面又有伊壁鸠鲁及其门徒对目的论的顽强反对，正如卢克莱修的长诗中清楚表现的那样。两种观点（特别是在公元前二世纪至前一世纪）共有一种拓展了的自然统一与和谐的概念。它们通常建立在对自然过程的观察之上，如水文循环和动植物中可见的自然界相互关系及规律性，还有对自然地理的观察，它可能反映了亚里士多德的生物学和《气象学》（*Meteorologica*）直接或间接的启迪。不仅如此，对过程的强调在两边来说都志趣相投：一边说自然是女性创造者，另一边说是神意规划在发挥作用。

既然我们已经讨论了目的论观念的早期历史，让我们再来讨论一下对立面的历史，从前伊壁鸠鲁时代开始，到伊壁鸠鲁，然后到伊壁鸠鲁学派代言人——《论神性》里的维勒易乌斯，最后到卢克莱修，并且我们会试图指出卢克莱修长诗中显著的罗马人特点，这些特点反映在他的解释与说明之中，使他与伊壁鸠鲁相区别。

63 通向伊壁鸠鲁（公元前 342/1—前 271/70 年）哲学的前奏可以概括为以下主题:（1）巴门尼德（Parmenides）一元论失败的后果，（2）对动力因的兴趣,（3）恩培多克勒四元素理论所提供的机会,（4）留基伯（Leucippus）对原子论的贡献,以及其后德谟克利特的贡献。然而，在这个说明中有必要讨论有关整体宇宙论的更广泛的问题，以便将这些适用于地球的观念置于合适的背景之中。

让我们从巴门尼德的信仰开始——世界（κόσμος）的概念不能靠感官证据来获得，只能通过心智的途径而达成。他相信世界是一个“固体，纯粹的物质，一个有形的整体”。它是“一个有限的、永恒的、不可分割的、不可移动的、球体的、有形的物质：运动、变化、多样性、出生和死亡，所有我们通过感觉经验得知的都仅仅是错觉。”真理的途径只能通过心智、不能通过感官来达到，因为巴门尼德“从真理的道路上驱逐了感官”。贝利（Bailey）说：“从这一原则中严格跟随而来的只可能导致统一的观点，它完全脱离经验，并且似乎彻底缺乏富有成效的结果。”贝利进一步评论道，巴门尼德的理论是“对一元论的致命打击”。后来的伊奥尼亚人保留永不变化的太一（One）并将其与总是变化的多数调和一致的权宜之计失败了，因为这意味着放弃统一原则。[①]

① 在准备这一节时，我感谢（显而易见地）贝利（Bailey）的《希腊的原子论者与伊壁鸠鲁》（*The Greek Atomists and Epicurus*，下称 *GAE*），感谢他对卢克莱修的出色编辑，以及皮斯（Pease）同样出色地编辑了西塞罗的《论神性》。贝利：《希腊的原子论者与伊壁鸠鲁》，25、26 页；关于巴门尼德（Parmenides），见狄尔斯（Diels）：《前苏格拉底哲学残篇辑》（*Vorsokr.*），A 22，卷 1，221 页。

既然巴门尼德的理论“使得坚称单一的同类物质作为世界的主要基础变得不再可能”，而且这样的理论也不能解释多样性和复杂性，那么就存在机会使一位思想家成为“巴门尼德系统与感官证据之间的调停者”。恩培多克勒似乎认为他自己为这个角色作好了哲学上的准备。[①] 四元素对感官而言当然是足够清楚的。单一元素概念意味着一种统一，一种构成微粒的物质同一性，而各元素的结合却能说明多样性和复杂性。这个概念还暗示着，不可能将元素做进一步分解或分割，而感官所领悟的多样性和复杂性意味着一定数目的元素组成多种结合体的机会。因此，伴随着爱和冲突（它们同样是有形的）的四元素理论对原子论十分重要，因为每个元素“与自己绝对同质，不可破坏，不可改变。”[②] 现在通路向原子论者打开了，他们看到统一，但这不是在一个单独的、 64
终极同质的“自然”中的统一，“而是假定在无数微粒中物质的绝对同一性，并将多样性解释为外形与结合上的差异”。[③]

这种力图解释统一和观察到的多样性的努力，鼓励人们去探究产生这种多样性的机制；也就是说，鼓励人们去调查动力因，于是动力因获得了一种尊严，这是当它们在终极因学说中扮演配角时不曾得到的。历史上，终极因学说与宗教观念及宗教对自然的解释之间有密切联系；在没有超自然干涉的情况下对现象自身原因的寻求，引发了自然法则的概念，而且，如果这些没有反过

---

① 贝利：《希腊的原子论者与伊壁鸠鲁》，27—28 页。

② 同上，29—31、50—51 页，引文在 29 页；《前苏格拉底哲学残篇辑》，B 17，19—20 行，卷 1，316 页。

③《希腊的原子论者与伊壁鸠鲁》，43 页。

来再与终极因学说挂钩，那么还引发了一个自然和自然秩序的概念，在这个自然秩序下，假定的统一与和谐真正产生了，因为自然本身是个女性创造者。[①]

恩培多克勒的四元素论，以及后来产生的原子论，使人关注到分割的重要性，因为正如留基伯所说，最终会达到一个不可能进一步分割的质点；这样，物质的终极微粒不可分割，称为原子。[②]分割，以及终极不可分割粒子的重要性在于"尽可能最小的存在"概念，原子便是破坏的停止点、创造的起始点，就像在有机物质死亡时的瓦解和后来新生命从新起点的生长过程中那样。"因此不连续的无限与恒久相协调：存在着无数微粒，但由于它们至关重要的特征，世界永远不可能被挥霍净尽到虚无状态。"[③]"需要"是原子运动的原因，这个字眼可能表明，每个事物处于运动之中都有一个理由，也可能如德谟克利特所说的，"运动中的原子遵守其本质的法则"。[④]这样，留基伯努力地寻求一个无处不在的自然法则概念。我们的世界不是唯一的，它只是无数世界之中的一个。多个世界的概念被留基伯陈述得非常清楚，而在他之前的阿那克西曼德是否已经拥有这个观念则是一个有争议的问题。[⑤]

---

① 关于动力因的富于启发性的讨论，见贝利（Bailey）：《希腊的原子论者与伊壁鸠鲁》（*GAE*），46—52页。

② 同上，73页。

③ 同上，74页。

④ 同上，85页，对照93页。

⑤ 关于无数世界，见卡恩（Kahn）：《阿那克西曼德与希腊宇宙论的起源》（*Anaximander and the Origins of Greek Cosmology*）的思想文献汇编，以及关于策勒尔、康福德与伯内特观点的讨论，46—53页。卡恩相信"不存在早于留基伯的任何思想家持有这个学说的可信证据"，50页。

留基伯可能是原子论的创始人，后来原子论成为伊壁鸠鲁及其追随者的反目的论及反神学哲学的强大支持力量。[①]

德谟克利特（鼎盛期在公元前 420 年）为原子论作出了进一
步的贡献，其中包括这个观念："没有任何东西从不存在中创造
出来，也没有任何东西被破坏成不存在。"[②] 后来卢克莱修用相同 65
的观念去对抗非理性的恐惧，反驳地球上和天空中存在着神力的
反复无常行为和任意创造——"没有任何事物是依神意从虚无中
而来"（nullam rem e nilo gigni divinitus umquam）。[③] 德谟克利特
比卢克莱修更大胆，他为必要性观念假定了更为广泛的适用范围，
以便摆脱神秘的半宗教性力量，如爱、冲突和心智，并摆脱宗教
传统及其对终极因观念的依赖。宇宙并不由设计或目的主宰。对
于德谟克利特来说，"创世是不可避免的自然过程之未经设计的
结果。"他的理论不仅仅是一个物理的理论，因为他"从一开始
就对宇宙新概念的形而上学含意独具慧眼"。[④] 原子不是自己进
入旋转状态，从而宇宙可以被创造；不存在设计，不管是内在的
还是靠外部力量，但尽管原子是"偶然地"陷入旋转，一旦成形，
那么"绝对必要性过程所产生的结果就是一个世界。"德谟克利

① 贝利（Bailey）：《希腊的原子论者与伊壁鸠鲁》（*GAE*），93 页；关于留基伯是原子论的创建者，见 106—108 页。

② 同上，119—120 页；《前苏格拉底哲学残篇辑》（*Vorsokr.*），A 1，卷 1，81 页，关于米列苏斯此前阐明的学说，见《前苏格拉底哲学残篇辑》，B 1，卷 2，268 页；伊壁鸠鲁（Epicurus）：《书信集》（*Epistle*），1，38（致希罗多德）。

③ 《希腊的原子论者与伊壁鸠鲁》（*GAE*），120 页；卢克莱修：《物性论》（Lucr.），Ⅰ，150。

④ 同上，122、123 页。

特坚持将“必要性”认定为一种自然法则，其目标之一显然是为了对抗目的论的解释。①

考虑到它后来的重要性，以及它在卢克莱修长诗中的突出地位，我们应该在这里提及自然的衰老，这是德谟克利特预示过的一个观念。各个世界都有其成长阶段，这些世界的数量是无限的，它们处于不同的完成阶段，一些在增长，另一些则在衰退。关于一个世界可能有一部分在生长、另一部分在衰退的观念，“按原子原理不大容易理解”，但它是一个解决无数世界之间差别的有效方法。“一个世界走向盛年，直到它再也不能从外部吸取更多的东西。”②

在自然世界中，德谟克利特宣称“必要性”的至高无上地位，以便建立自然法则、排除世界的目的论概念及偶然性观点，但是“必要性”观念没有延伸向道德领域，这里的准则是天真的；人被假设按照自由意志而行事。③

我们现在可以讨论伊壁鸠鲁哲学中的反目的论观念了，这个哲学的关键假设是众神不参与世界的管理。④创造令人惊喜赞叹，
66 天体有其庄重威严，它们的运动存在着秩序，但是这些观察并不

---

① 《希腊的原子论者与伊壁鸠鲁》(*GAE*)，141 页；西塞罗（Cic.）：《论神性》（*Nat. D.*），Ⅰ，24，66；卢克莱修：《物性论》（Lucr.），Ⅰ，1021—1028。

② 同上，147 页。关于德谟克利特，见《前苏格拉底哲学残篇辑》（*Vorsokr.*），A 40，卷 2，94 页。见卢克莱修：《物性论》，Ⅱ，1105 到最后。出自德谟克利特的这一段由贝利（Bailey）在 146 页引用，贝利认为这个一般观念可能是被恩培多克勒的冲突与爱交互作用造成世界的不同阶段所激发，147 页。

③ 同上，186—188 页。

④ 《准则学说》（*Princ. Doctrines*），1，贝利编辑的伊壁鸠鲁版本，95 页。

构成“天体是神圣存在”的证据。在伊壁鸠鲁著作中，至少在留传给我们的残篇中，论点似乎大部分建立在宇宙的有序性上面，而不是基于地球上的自然秩序。[①] 天体既不是众神意志创造和管理世界的证据，而且这样的创世概念也不是来自感觉。[②]

看来伊壁鸠鲁在与其他两个观念对抗，即柏拉图《蒂迈欧篇》中的工匠神（δημιουργός）和斯多葛派的普鲁娜娅（神意），也就是说，神对世界事务进展持续关怀的概念。[③] 伊壁鸠鲁不仅希望将神祇排除出世界，“而且甚至要排除有关自然本身的无意识先见的任何信念，因后者可能会使现象的目的论观点显得可信。”[④]

伊壁鸠鲁哲学的反目的论观念有那些分支呢，比如那些主要出现在西塞罗的《论神性》和卢克莱修的《物性论》中的论述？尽管这只是一个缺乏反证的论点（因为伊壁鸠鲁相当多的著作已经散佚），但看来似乎是：后来的伊壁鸠鲁主义（以《论神性》中的伊壁鸠鲁派倡导者盖阿斯·维勒易乌斯和卢克莱修的《物性论》为代表）对宇宙的关注要少得多，而是更多关注地球上可观察到的自然过程。同样的看法也适用于希腊化时代他们的斯多葛派反对者身上，可能有潘尼提乌（如果能对他的自然哲学有更多了解的话）、波昔东尼、巴尔布斯（《论神性》中斯多葛派的主角），

① 伊壁鸠鲁（Epicurus）:《书信集》（*Epistle*），1（致希罗多德），76—77;2（致皮索克勒），97；卢克莱修：《物性论》，V，114—145。

② 卢克莱修:《物性论》，V，122—125;伊壁鸠鲁:《书信集》，3（致美诺西斯），124；《希腊的原子论者与伊壁鸠鲁》，441 页。

③ 《希腊的原子论者与伊壁鸠鲁》（*GAE*），474 页;卢克莱修:《物性论》（Lucr.），V，165—186。

④ 同上，476 页。

还有斯多葛派地理学家斯特雷波；这个看法的确对西塞罗也适用。前面“导论”中探论过的对自然的兴趣，给我们这个推测提供了可信度。

西塞罗认为，关于诸神本质之争论的主要问题是他们是否积极参与了世界的管理，对他们在创世中的行为也出现相似的问题。维勒易乌斯被塑造成一个过分自信、派性十足的角色，与在伊壁鸠鲁的星球之间太空中聚集的群神自如地沟通，但是学园派的科塔无论如何还是称赞了他作为行家的资格。[①] 正如我们在前面谈到的，维勒易乌斯攻击柏拉图的工匠神，使用的是不敬的词语 *opifex*（手艺人）和 *aedificator*（建造者）——*non opificem aedificatoremque mundi Platonis de Timaeo deum*（不是柏拉图在《蒂迈欧篇》中描述为手艺人和世界建造者的上帝）。“手艺人”这个词主要用于糊口的职业，它与“工匠”（*artifex*）一词之间的关系类似于“工匠”或“技工”与“艺术家”之间的关系。[②] 他还攻击“斯多葛派的算命老女巫普鲁娜娅”，这个我们也已经引述过。

对维勒易乌斯来说，斯多葛派的上帝操劳过度，没有任何就神性而言必不可少的休息。“如果世界（*cosmos*）本身是神（*dues*），以难以置信的速度围绕天轴旋转（*circum axem caeli*）而没有片
67 刻停顿，还有什么比这个更不宁静？但是休息，是幸福的一个基

① 西塞罗（Cic.）：《论神性》（*Nat. D.*），Ⅰ，1，2；Ⅰ，8，18；Ⅰ，21，57—60。

② 皮斯（Pease）的版本《西塞罗论神性》（*De natura deorum*），卷 1，175 页，在“opificem”之下。

本条件。"[1] 在反对斯多葛派关于创造者及创造行为神圣本质的观点时，维勒易乌斯说这个行为是"如此简单，以至于自然将会创造、正在创造，并且已经创造了无数个世界。"[2] 自然不断创造的概念与基督教的"永续创造说"（*creatio continua*）有着不寻常的相似之处，但在基督教观念中是上帝在不断地创造，作为他对世界关怀的证据。

维勒易乌斯勾画了一个地球的概念，来反对斯多葛派的目的论、神圣工匠的观念以及"柏拉图《蒂迈欧篇》的世界建造者"。维勒易乌斯问道，当人类中有那么多白痴、只有极少数聪明人时，世界怎么可能是为了人类而创造的？当然地球的美丽不是为了神的自娱自乐。有人认为既然地球是宇宙的一部分，那么它也是神的一部分，维勒易乌斯嘲笑这个观点说：不能住人的沙漠非热即冷，难道它们是神的肢体在遭受极端温度的煎熬吗？（《论神性》，Ⅰ，9—10，21—25）关于伊壁鸠鲁哲学和斯多葛派哲学对人在自然中地位的不同看法，最能说明问题的比较便是将上述思想与巴尔布斯的发言相对照，后者正好使用了完全相反的论点。就维勒易乌斯而言，世界上没有足够的人类聪明才智使创世值得去做；而对巴尔布斯来说，假如光是为了植物或不会说话的动物而创世，却没有人这样拥有理性的生命来见证，那才是不可想象的（《论神性》，Ⅱ，53，133）。

---

① 西塞罗：《论神性》，Ⅰ，20，52；见皮斯的《西塞罗论神性》，卷1，331—332页，对此及对伊壁鸠鲁派大力强调休息是神性必要条件的评述。

② 西塞罗：《论神性》，Ⅰ，20，53；以及皮斯在"effectura"之下的注释，《西塞罗论神性》，卷1，334页。

那么，伊壁鸠鲁主义中卢克莱修的内容是什么？[1] 卢克莱修的所有研究者都想当然地认为，对终极因、设计、诸神参与宇宙管理概念的攻击说明伊壁鸠鲁的基本观念，其假设是卢克莱修对伊壁鸠鲁的教导表现出一丝不苟的忠诚。然而，卢克莱修也对具体的解说感兴趣："他从不喜欢没有来自感官世界的对应的可见实证。"[2] 他对自然的许多方面很熟悉。海滨与内陆景象同样吸引着他，对农牧业的观察描述显示他也许对乡村生活的兴趣大于城市生活。"这部作品的一个最大魅力在于，它的野外新鲜气息多过图书馆气息。"卢克莱修长诗的任何读者，尤其是对自然地理与文化地理、乡村生活和自然史感兴趣的读者，必然会同意塞勒（Sellar）的这句话。[3]

68 作品中表现的确实为伊壁鸠鲁学说，但是所用的例证却很平实。有地球上可观察到的自然进程，也有对待自然的主观态度。这些特征使卢克莱修与较早的伊壁鸠鲁思想家相区别（当然要记住他们的大多数作品没有幸存下来），并且关于自然界的美丽、城乡差别、与自然界的交融等观念都与希腊化时代的其他诗人相同（见上文，"导论"中关于希腊化时代对待自然态度的讨论）。

在这个带有自然形象的反目的论观点中，自然作为一个概念

---

① 见德拉西（De Lacy）："卢克莱修与伊壁鸠鲁学说史"（Lucretius and the History of Epicureanism），《美国语文学会会刊和学报》（*Trans. and Proc. of the Amer. Philolog. Assoc.*），卷 79（1948），12—23 页，其中总结了自 1928 年贝利（Bailey）的《希腊的原子论者与伊壁鸠鲁》（*GAE*）发表后在这个领域的学术活动。

② 贝利关于卢克莱修的编辑和评述，卷 1，15—16 页。

③ 塞勒（Sellar）：《共和国的罗马诗人》（*The Roman Poets of the Republic*），292—294 页；引文在 294 页。

又变成什么样了呢？它获得了一个不寻常的独立地位；自然“摆脱了她骄傲的统治者，在一切事情上我行我素，不受诸神的控制。”她是一位女性创造者，好比一个舵手，而地球则好比一个精明古怪的工匠。[①] 比喻的用法常常来自耕作术语；所有从种子里生长出来的东西都需要关怀，对它们来说已耕地好过未耕地。为生存而劳作的必要性证明了“事物可来自虚无”是一个谬见。同样来自伊壁鸠鲁的“没有任何事物可被完全灭绝”这一推论的真实性主要建立在生物学基础上，本质上是对环境中生命循环的描述，每种元素担负着各自的角色：天空、从天而降的雨水、大地、庄稼、绿色枝条、硕果累累的树木、儿童嬉闹的快乐村镇、鸟儿驻足的小树林，还有那散布在青葱牧场、产奶和下犊的牛群（Ⅰ，250—264）。卢克莱修常常对过程、自然的前因后果、物质世界与文化世界的相互关系表示兴趣，就像他对天空和雨水、田野和快乐城市之间的相互关系表示兴趣那样。

他对设计论的批评是什么？首先是设计论不能解释起源（Ⅰ，1021；Ⅴ，419—32）。它也不能解释不同身体器官的用途；卢克莱修说：“没有任何器官生长在身体中是因为我们或许能够利用到它，而是生长出来的器官创造了自身的用途”（Ⅳ，834—835）。他说这话带着一种热忱，要是十九世纪《布里奇沃特论文集》的作者们（更不用说威廉·佩利），读过他的这段话，一定会为此感到沮丧。他巧妙地指出将这些器官（如手、眼睛、鼻子）与

① 卢克莱修：《物性论》（Lucr.），Ⅱ，1090—1092；*natura creatrix*，Ⅰ，629；Ⅱ，1117；Ⅴ，1362；作为工匠（*suavis daedala tellus*），Ⅰ，7。见贝利对卢克莱修的评述，7，*adventumque tuum*，卷 2，593 页。

人类发明（如标枪、床、杯子）之间相比较的谬误。这些满足生活所需的人工制品，很可能是为了被人利用的目的才被发明（Ⅳ，851—854）。器物来自人类世界；它们的目的不应该与已经发展了专门技能的身体部位相混淆。远远早于伏尔泰嘲笑终极因的信仰者认为鼻子是为了眼镜而创造的，卢克莱修就已经看到了让一位工匠神按照“需要是发明之母”来行事的陷阱。设计论同样不能解释天体的存在，因为在这里自然也不是设计的产物，而是依靠自身力
69 量操纵“太阳行程和月亮盈亏”的舵手，是自然指导者（*natura gubernans*）（Ⅴ，76—81）。卢克莱修很快地澄清：没有必要用他的原子理论去反驳地球由神的计划安排、太阳和月亮按照神的计划或为了促进庄稼及动物生长的目的而旋转的信仰；我们仅仅需要指出宇宙和地球的不完美、野兽相对于人类的地位，以及与幼畜的自食其力相比较，人类婴儿是多么弱小无助就足够了。

正是自然的邪恶、地球在作为人类的适宜环境方面凸显的不完善性，被卢克莱修当作反驳设计论的证据：地球的很大部分对于人类要么无用、要么敌对，不可想象这种安排是设计的产物。这里存在太多的缺陷。有太大的面积被山脉、野兽出没的森林、岩石、荒漠，以及“分割大地海岸”的海洋占领了。这种对待海洋的态度与目的论者的态度形成鲜明对比，对后者来说海洋是有意地为贸易、航海和民族间的交流而创造的。卢克莱修还说，地球上几乎三分之二的面积被灼热的酷暑或无尽的严霜所笼罩。即使有少量的可耕土地，也只能在人与覆盖其上的自然植被不间断地争夺之后，才能被他加以利用。现存条件下的大地土壤（卢克莱修在别处谈到了黄金时代土壤自发肥力的主题）不太适合人类，

人必须在土地上辛勤劳作，调理土地，对土地严加照看。人类之
道“总是习惯于为了生计，抱怨着挥动坚硬的锄头，并用深耕犁
铧翻地。要不是人们用犁铧把肥沃的土块翻上来，制服了被唤醒
的土壤，那么庄稼不可能自动发芽生长到潮湿的空气之中。”人
必须在与野草、恶劣气候和植物疾病的持续斗争中，按照自己的
需求和目的再造地球。即便他已经成功地耕种了少量可耕地，庄
稼成熟时也可能被酷热、雨水、霜冻、大风毁坏，同时季节的
变换也会带来疾病和瘟疫。卢克莱修在设计论中找不到野兽的
地位，因为它们对人类是威胁者。此外，还存在天气的变幻莫
测，而且每个季节变化都有各自的疾病相随。人的生命是无常的。
自然也许是创造者，但对卢克莱修来说，当她创造时，她的目
光明显不在人类身上。卢克莱修列举地球缺陷作为缺少设计的
证据，这建立在更为普遍的观念上。地球作为人类生命适宜环
境的不完善性，以及完满原则，是卢克莱修的假定条件；这两
个观念结合在一起，就是相信生存斗争的基础。即使是一个不
完美的地球，有机物也能迅速地把它填满。既然农业在古代世
界中是生活的主要方式和生产的主要来源，那么可以理解这种
生存斗争被描述为迫使土壤供养人类过程中的种种困难。似乎
对卢克莱修来说，与人类相比，地球是一个更适宜于植物和动物
的生存环境（例如动物幼仔就很容易适应环境）。卢克莱修将生 70
命解释为对抗自然的艰苦抗争，这显然不在黄金时代的传统之中，
那时候的人们在未开垦的土地上幸福而舒适地生活；的确他们没
有必要去耕作土地，因为自然富含未开垦的财富。但是他写作时
是否也想到当时的意大利，想到那些赤裸的岩石、被侵蚀的高山、

那些沼泽，特别是它的贫困呢？[1]

尽管卢克莱修是设计论、工匠神观念和终极因学说的敌人，但是他自己并未超脱目的论的假设。[2]更何况，自然界衰老的观念很明显是目的论的。然而，这个目的论在形而上学重要性方面属于较低的次序；它作用于无数世界的偶然创造这个一般概念之中，并用来解释这些世界之间的差别。卢克莱修强烈表达了自然界衰老的观念，这显然是德谟克利特最初观念的发挥。它适用于地球上的条件并直接适用于地球本身；作为独立于人类中介的目的论进程，它也成为环境变化的一个解释（科卢梅拉认为是错误的解释）。如果地球不再像过去那样出产那么多东西，它的失败可能归因于衰老。

在卢克莱修作品中，地球衰老观念的应用尤其有趣，这是由于它作为一个地理概念的重要性。这个一般性观念也出现在伊壁鸠鲁的思想中，后者将其应用于多个世界（κόσμοι），但是他描述的过程更像一个物理的、而不是生物性质的过程。[3]不能说这个论证是成功的，即使按古代科学的预设条件来说也是如此，不过有意思的是看到卢克莱修把什么当作证据以及他怎样使用这种

① 《物性论》(Lucr.)，V，155—165，195—234；关于原始人类，V，925—987。贝利（Bailey）编辑：《卢克莱修的物性论》(*Lucr.*)，卷3，1350—1351页。关于这些论点（V，195—234），以及通俗而不那么哲学化的语句，朱萨尼说卢克莱修“不再是伊壁鸠鲁，而成为卢克莱修”。引自贝利编辑：《卢克莱修的物性论》，卷3，1350页。

② 见帕丁（Patin）：《拉丁诗歌研究》(*Études sur la Poésie latine*)，第7章，“反驳卢克莱修”(l' antilucrèce)。见V，1204—1217；以及贝利的评论，《卢克莱修的物性论》，卷1，17页。

③ 伊壁鸠鲁（Epicurus）：《书信集》(*Epistle*)，1（致希罗多德），73。

证据。今天它可能大部分用地形学的词汇来表达，诸如物理风化、侵蚀和沉积。尽管卢克莱修没有接受四元素理论，但他还是在通俗的意义上写出了世界上这些强大的成员和组成部分（*maxima mundi membra*），来说明他的论点。只有那些倾向于"地球不能永生"观念的人才可能被卢克莱修的证据说服，尽管它比近代提供的证据要好得多——后者在十七世纪受到乔治·黑克威尔（George Hakewill）雄辩而不知疲倦的抨击。[①]

卢克莱修对各个元素分别论述如下："土"（V，247—260） 71
被风吹刮成灰尘，被雨淹没成沼泽，并被水流冲蚀；换句话说，它被物理风化的过程移动。[②] 这里所描述不完全是一个周期性的死亡故事：土造成动植物的生长，但是在它们死亡的时候，尸体又以灰尘的形式还原成土，与土所给予的成比例（V，257—260）。土就像是双亲，又像是坟墓。[③]

"水"（V，261—272）的情况也不令人信服，但是这里的论点也很有趣，因为它建立在自然地理过程上。这一过程就是水顺流而下最终汇入海洋的循环，并且大部分来自海洋中的水被太阳和风蒸发进大气之中。然而所展现的不是死亡而是循环、水形态

---

① 见本书第八章第4节。亦见贝利（Bailey）对V，237的评论，他引用了朱萨尼关于卢克莱修对四元素理论的通俗使用，《卢克莱修的物性论》（*Lucr.*），卷3，1356页。

② 贝利指出，在V，251—256中地球（*terra*）意味着土壤，而在最后四行中它具有更广泛的含义，《卢克莱修的物性论》，卷3，1357页，在V，247下面的评论。

③ 有关衰老论点中元素问题的讨论，见贝利编辑：《卢克莱修的物性论》，卷3，1357—1366页。

的变化以及地球水总量的恒定性，否则海洋就会越来越大了。[1]

“气”（V，273—280）的描述像土和水一样，建立在观察的基础上——气主要表现为风的形式，它不会永远保持增长。卢克莱修在这里似乎再一次令人信服地证明：尽管有着转化和循环，各元素在数量上大体保持不变，即一个元素不会在削弱另一个元素的情况下获得增长。如果气一直增长下去，那么所有事物都将融化在其中；既然观察没有确认这个情况，就说明气处在平衡状态。气由事物的流出体所产生，并通过最终释放其捕获物而更新它们。我感到好奇的是，这个论点只是基于看见一阵风将尘土从一地扬起落到另一地、微风夹带枯叶运动，还是建立在更为复杂的观察之上呢？

卢克莱修所讨论的第四个元素是“光”（V，281—305），而不是人们所预期的火。然而，既然光是由火微粒组成，那么适合于光的东西就能够被推展应用于所有形式的火。这里的概念不是循环性的，因为光不涉及其他元素。与原子论相一致，“它不是连续不断的一股，而是一串不连续的微粒”，其流动能被任何障碍物切断，例如云朵，但是如果这个流动是畅通无阻的，“微粒一粒一粒如此迅速地首尾相接，以至于光看起来是连续的。”这些流动的光微粒实际上会毁灭，但是太阳不断泛滥于天空的新鲜光亮会给它们以持续不断的更新（V，281—283）。

卢克莱修在日常观察中找到了关于衰老的进一步证据。石头被时间灭失，雄伟的塔楼倒塌成废墟，岩块碎裂为屑。自然物和

① 卢克莱修：《物性论》（Lucr.），Ⅵ，608—638，关于水循环的形式。

人造器物泄露了不能永生的证据。他机敏地论辩道，“诸神的殿
堂和雕像逐渐变得破旧，神圣的存在也不能延长命运的界限或与 72
自然法则对抗。”人造的纪念碑坍塌成碎块，横冲直撞的石头要是能够对抗时间，能够“不间断地反抗岁月的所有围攻”，那么它们就不会倒下了。①

另一个不能永生的证据是人类文明显著的稚嫩；某些技艺在完善成长，船只的改进和音乐的更新就是例证。如果过去的大灾难湮灭了人类的踪迹、文明和城市，那么它们表明这个世界是多么容易被毁灭。如果你相信这些，“你就更应当相信自己注定要消失，并承认地球和天空一样将经历一场毁灭”（V，324—344）。

大地的历史讲述了一个相似的故事。植物被感性而主观地描述为“明亮鲜嫩”、“花海般的田野”、“在绿意中闪亮”，它们诞生之后出现了活动的生物，大地用雨露和阳光制造了动物。② 也许在地球的早期还有更多更大的动物。与生命相连的是热度和湿润，与大地相连的是食物，与温暖相连的是衣物，而草地是幼小动物的床铺。地球历史的阶段性也与气候变化相联系，在早期并没有极端炎热的气候。

地球是一位母亲，并且像一位上了年纪不能再生育的母亲：赐予生命的土壤液体就好比母亲的乳汁。对地球历史的解读说

---

① 卢克莱修：《物性论》（Lucr.），V，308—309，315—317。

② 对照Ⅱ，1150—1174，那里的世界被认为很古老；在那一部分中卢克莱修心目中似乎是自然，而在这里是文明。贝利（Bailey）编辑：《卢克莱修的物性论》（*Lucr.*），卷3，1370页。

明了土壤肥力的衰退，也间接解释了生活的贫困和艰难（V，782—836）。

我已经相当详细地考虑过卢克莱修著作中出现的自然的衰老这个概念，即便它只是一个附属性主题；它之所以重要，是因为它假定了一种自然变化的模式，其特征是目的论的，它独立于人类中介而运行，并影响到后来的文明及生命本质的一些概念。如果我们能够相信科卢梅拉的笼统言论，在他写作的那个时代，大约是公元60年，这个概念在“我们国家的领先人物”中间是强有力的。[①]

卢克莱修所表达的哲学，如果我们用十八世纪人口学家如罗伯特·华莱士（Robert Wallace）和托马斯·马尔萨斯最喜欢的措辞来描述的话，是一种“自然吝啬”的哲学。斯多葛派和卢克莱修之间存在的分歧，就像是近代的自然神学家与马尔萨斯学派和达尔文学派之间分歧的一个古老副本，自然神学家认为自然是仁慈的，因为它是慷慨善良且无所不知的设计的产物，而马尔萨斯派和达尔文派的学者则强调自然的再生能力与地球支撑生命的
73 限度之间的差异。卢克莱修攻击设计论，并非基于科学立场，而是基于一个农夫或父母亲可能作出的观察。对他来说，地球是一个生命体，它与地球上生长的有机物受制于同样的过程；它会生长、成熟并死亡。

普林尼既表达了斯多葛派的观点，也表达了伊壁鸠鲁派的观

① 科卢梅拉（Columella）：《论农事》（*De re rustica*），第1部，前言1。见本书第三章第7节。

点：在四种元素中，土对人类最为善良；于是我们称它为大地母亲，因为她属于人，正像天空属于上帝一样。这是一个仁慈的大地，对生命和对死亡的庇护都是如此。善良而纵容的大地为人类提供了极其丰富的自然产物，不管她是自愿的还是被迫的。为了人的利益，她丰饶多产，她的药草给人治病，甚至她出产的毒药也能在人无法忍受时帮他们逃避生命。大地的美丽和慷慨与人的不完美相对抗，人总是不断地虐待她，不过这种批评不是环境保护主义者的而是道德家的批评。土被冲入大海，被开挖成沟渠，被水、铁、木、火、石扰动，被耕种。她身体内部也被刺探，为了寻找金属和岩石。普林尼怀疑，与人类如此敌对的野兽是不是被指定为大地的卫士，保护大地免遭人类的亵渎之手。[①]

看上去，自然为人类创造了所有事物，"不过她为一切大方的礼物索要残酷的代价，几乎使人无法判断她是人类慈爱的母亲还是无情的后妈。"与卢克莱修一样，普林尼在动物与人之间作了一个不利于人的比较——动物天生具有保护自己的一切能力，从一开始就能自食其力，而人类的婴儿是无助的。然而，普林尼不相信地球衰老之说，在一段使人想起科卢梅拉的文章中，他说土地不会像凡人一样变老，它的肥力能够通过照管和良好的农牧业来维持。[②]

关于希腊化时期的目的论与反目的论思想，我们现在有可能得出一些结论了。这两种思想都表达出对自然——它的美丽与

① 普林尼（Pliny）：《自然史》（*NH*），Ⅱ，63。

② 同上，Ⅶ，1；ⅩⅦ，3，35—36。

用途——的一种情感。《论神性》中的段落（有些可能基于潘尼提乌和波昔东尼）及卢克莱修的文字说明了这个真实情形。二者都承认事物之间的和谐与相互关联性，斯多葛派是因为明显的理由，而伊壁鸠鲁派则是因为自然扮演着女性创造者和指导者（*gubernans*）的角色。在两派学说中，人的活动都是重要的，人控制或改变环境的力量也是重要的。斯多葛派认可这一点，因为人参与了神圣的理性，这种参与使他能够为了自身利益利用地球资源，而地球资源也大部分是为他创造的。卢克莱修认可这一点，因为它是从原始生命走向文明的人类发展结果；人类的成就是必
74 要性与模仿的产物。通过发现和发明（见下文，本书第三章第7节），尤其是冶金术的发现，人类已经能够创造卢克莱修满腔热情地描述的乡村了。

10. 普鲁塔克、赫尔墨斯派著作和普罗提诺

从普鲁塔克的著作中可以清楚地看到，目的论解释在公元一世纪后期仍然流行。对话体的作品《关于月球的外表面》（*Concerning the Face Which Appears in the Orb of the Moon*）——根据彻尼斯（Cherniss）的说法，该对话引起注意的日期迟于公元75年——对话者中的文学权威赛翁（Theon），在有关月亮支撑生命的可能性方面提出了目的论解释的问题。如果那里不可能有生命，那么月亮也是一个地球的主张就是荒谬的，月亮的存在没有任何明确的目的——它既不能生产果实，又不能为某种人群提供一个起源、一个住所或生存手段，而这些正是我们的地球诞

生的目的，用柏拉图的话说，是“我们日日夜夜的保姆、严格的卫士和能工巧匠”（937D）。赛翁接着提出了月球上存在的阻碍生命的难题（大部分是环境方面的，如过热或干旱）（938A—B）。

在一段冗长的回应中，拉姆普里亚斯（Lamprias）问道，是不是有必要说假使人类不能在月亮上生存，月亮就是白白创造的；他否定了这个假设（938D）。如果说月亮不适合人居住，因此其存在就是徒劳而没有目的，那么同样的异议也可以就地球提出（这里使我们想起卢克莱修），因为地球上只有一小部分能使动植物生长，大部分是严冬暴风雪、夏季干旱的荒地，或者是被海洋覆盖着。

这里的含义是，对地球表面的这种概括与划分是错误的。地球上无人居住或不能居住的部分对于可居住世界的福祉是不可或缺的，因为“这些部分的出现决不是没有任何目的。”“海洋呼出温和的气息，当仲夏来临时，无人居住的冰冻地区积雪慢慢融化，向我们释放并散发着最令人愉悦的微风。”[①] 这个论点很像十七世纪雷约翰（John Ray）、凯尔（Keill）和哈雷（Halley）所使用的说法，作为他们表明荒原和大片海洋有理由存在的部分根据。这是设计论的辩护者必须准备提出的一种论点。

---

① 普鲁塔克（Plutarch）：《关于月球的外表面》（*Concerning the Face Which Appears in the Orb of the Moon*），938D—E。彻尼斯（Cherniss）（洛布版）在这里提请关注泰奥弗拉斯托斯（Theophrastus）的《论风》（*De ventis*），ii，§ 11；以及亚里士多德的《气象学》（*Meteorology*），364 a 5—13，关于这段对话的日期，见 12 页。莱因哈特（Reinhardt）的《宇宙与共感》（*Kosmos und Sympathie*），发现这里有波昔东尼宇宙论的强烈影响（171 页）。

尽管月亮上可能没有生命，它仍然履行着有用的功能，例如反射散布在它周围的光线，或者成为星光的一个交汇点，或者吸收来自地球的蒸气（928C），以及调和太阳过分的热度和刺激性。
75 普鲁塔克引述一个古老的信仰说，月亮被描述为阿耳忒弥斯，一位贞洁不育、帮助女性的女神（938F）。他指出地球上有些植物只需要很少的雨雪、能适应夏天和稀薄的空气，然后问道是否有相似的合适植物可能会在月球上生长。这些关于植物特征以及它们对不同环境条件（尤其是干旱）的适应力的文字是极为有趣的，在这里普鲁塔克利用了来自亚历山大远征并被庄严载入泰奥弗拉斯托斯著作中的知识。[①]

不仅如此，环境从表面上看还可能具有欺骗性。光是看一看海洋，谁能够猜到其中生命的丰富多样呢？月球上的生命体不需要具有它们在地球上的相同特征才能繁衍、滋养和维持生计。这样的观点忽略了自然的多样性（904B）。地球上的生命没必要成为宇宙生命的范式。如果人类存在于月球之上，他们的体重可能很轻，“能够被周围遇到的任何东西所滋养”。普鲁塔克继续着关于欺骗性外表的主题说，月球上的人可能会对地球感到吃惊，“当他们远望宇宙中的沉积物和渣滓（可以这么说吧），在水气、薄雾和云层中晦暗不明，就像一个不发光的微弱的静止点，而想到它产生并滋养会运动、能呼吸、有体温的生机勃勃的生命体，是

① 939C—F。见布雷茨尔（Bretzel）：《亚历山大时代的植物学研究》（*Botanische Forschungen des Alexanderzuges*），各处，以及洛布文库彻尼斯（Cherniss）编辑的版本，他给出了对泰奥弗拉斯托斯的参引。

多么奇怪啊。”[①]

色诺芬、柏拉图和亚里士多德的思想，由潘尼提乌和波昔东尼详细阐述并丰富，又被西塞罗反复深入探究，并得到普鲁塔克的评论，这些再次出现在一个系列作品之中，即《赫尔墨斯经文》（*Hermetica*）（它更为经常地与作为世界上一个宗教概念的占星术相联系）。根据最近的英文编辑及翻译者的说法，这部作品的作者为赫尔墨斯·特里斯梅季塔斯（Hermes Trismegistus），成书可能在公元三世纪。人被创造出来是为了思索天空；上帝吩咐他们增长和繁殖，并“统治天空之下的所有事物，这样他们可以认识到上帝的力量，见证自然的劳作，而且能注意到什么事物是好的，辨别好坏事物的不同本质，发明各种巧妙的技艺。”[②]

这是上帝的荣耀，他创造了所有事物，“可以说，创造事物正是上帝的特殊本质。”[③]没有什么与这位创造者自身相联系的事 76
物应该被认为是邪恶的，邪恶与丰满是副产品，是创造所发生的意外，并被比喻为金属上的锈迹、身体上的污垢。在这个观念中，自然的丰满法则得到解释，邪恶的本质也得到说明：并不是上帝

① 亦见拉姆普里亚斯关于神意、宙斯以及自然条件或自然位置之意义的讨论，927D—928C；苏拉的神话，尤其是身体、灵魂、心智与地球、月亮和太阳的关系，月亮在宇宙中的目的及其在灵魂的生命周期中的作用，940F 到最后，以及彻尼斯的评述，20—26 页。在“是火还是水更有用”一篇中，956F—957A，海洋受到赞美，水从其自身提供了第五种元素；在人类进步、植物交换等方面，海洋被给予很高的荣耀，因为它鼓励了商业、合作和友谊；然而这篇文章现在没有被当作普鲁塔克的真正作品。见洛布版《道德论集》（*Moralia*）中彻尼斯的导言，卷 12，288—289 页。

②《赫尔墨斯经文》（*Hermetica*），第 3 部 3b。宇宙的劳作被比作一个好农夫的行为，第 9 部，6—8，又被比作一个已经从上帝那里获得了好品质的父亲，第 10 部，3。

③ 同上，第 14 部，7。

创造了邪恶，而是事物的“持续存在”导致了“邪恶在它们身上爆发”；因此上帝激发世界上的变化以洗涤它的邪恶。①

一个无所不包而互相关联的自然的信徒们，常常被昆虫与其他低等生命形式的存在及其用途所窘迫，就像许多近代自然神学家那样。这些生命形式在这个和谐自然秩序所要求的存在之网中地位何在呢？一位赫尔墨斯派作者提供的无力答案是，一些生物体，像苍蝇和虫子，创造出来就是为了被消灭。或者，昆虫是自然秩序的一部分，即便人类不知道它们的用途。甚至在近代神学中，昆虫及其他更小的动物是设计出来使人类苦恼的，用来把人类的骄傲控制在理性范围内，并提醒人类的堕落、失宠。这些思想家就像现代的杀虫剂制造商，把昆虫显而易见令人讨厌的巨大力量拿过来为己所用，并且他们下结论说，对昆虫必须以多少有些不同的方式来看待，因为昆虫不像自然的其他安排，它们没有明确的可展示的用途。

最后，我们必须考虑普罗提诺（Plotinus）生动的，常常是戏剧化的概念。尽管地球只是弥漫着生命的宇宙的一部分，但是它本身充满了生命物质各种可能的等级；它是一个有争斗、有冲突的多姿多彩的地球，带有自己奇特而惊人的美丽。包含地球在内的宇宙是永恒的，但它既不是偶然的产物，又不是原子运动的产物，也不是一位工匠根据预先制定的计划而劳作的产物。②

---

① 《赫尔墨斯经文》(*Hermetica*)，第3部3b。宇宙的劳作被比作一个好农夫的行为，第9部，6—8，又被比作一个已经从上帝那里获得了好品质的父亲，第14部，7。

② 普罗提诺（Plotinus）：《九章集》（*Enn.*），Ⅲ，2，1。普罗提诺还讨论了一位邪恶创世者存在的问题，以及根本不存在创世者的可能性。关于普罗提诺，我要感谢阿姆斯特朗（Armstrong）：《普罗提诺》（*Plotinus*），11—42页，和洛夫乔伊（Lovejoy）：《存在的巨链》（*The Great Chain of Being*），63—66页。

在普罗提诺的三大本质中，最高、先验的第一原则，即太一或美好，是超出人类理解范围的，“他是一个非常绝对的真实，具有无限的力量、容量和无数的优点”。太一是无形的，因为它是无限的，但它“不是世界‘之外’的上帝”，因为所有等级的生命之中都有它的一部分。[①] 精神（Nous）是这个第一原则的流溢物，而精神的流溢物——宇宙灵魂是仁慈而神圣的，它构成并统治着物质世界。这里有两个层次的灵魂，在较高的层次上，“灵魂担当着形式、秩序与智力方向的先验原则，而在较低的层次上它则充任生命和成长的固有原则。”这种较低形式的灵魂被称为 77
本质。宇宙是一个有机整体，充满了生命以及各种等级的生物。对普罗提诺来说，物质世界“是一个活着的有机整体，是精神的形态世界里活态的‘多样中单一’的最佳形象。”[②] 生命伟大的丰满性和多样性最终源自先验的第一原则：它是完美的，并且由于它完美，它不能长久地留在自身中；它产生了一些其他事物——这对于拥有与不拥有选择权力的生物，甚至对非活物都是如此：因此“火带来温暖，雪带来寒冷，药物具有其自身的功效。”[③] 完美的存在不可能保持在自身中，似乎是出于嫉妒或无能为力，一些东西必然要被夺走。“从‘一’中生产出‘多’，只要在降级序

① 阿姆斯特朗（Armstrong）:《普罗提诺》（*Plotinus*），31、32 页。

② 阿姆斯特朗：《普罗提诺》，这两个引文分别在 37 页和 39 页。

③ 普罗提诺（Plotinus）:《九章集》（*Enn.*），V，4，1。引自洛夫乔伊（Lovejoy），前引书，62 页。亦见 V，1，6；V，2，1。

列中任何可能的事物品种还没有实现，这种生产就不能终止。”[①]

这样一种哲学，强调生命及生命的丰满和多样，产生了一个对地球的生动而丰富的观点。而且在阅读普罗提诺时，我们感受到强烈的个人偏好和欣赏与抽象观念交织在一起：其中有对自然的欣赏，有对戏剧、战争和实际日常事务的兴趣。他说大自然中确实存在持续的战争：动物相互吞食，人们相互攻击；但是对他来说，捕食动物与被捕食动物就生命的多样性和丰富性而言同样必要，生命的丰富多样正是整个宇宙的特征。这种斗争被纳入一个更高级的概念之下，因为生命以另一种形式返回。这就像戏剧中的演员被谋杀，他们并没有真正被杀死，只是改变了造型扮演一个新的角色。生命在继续，即使存在着个体的苦难与死亡；倘若不是这样，那么就会有一个“生命的凄凉熄灭”，因为“按照计划，生命大量涌入整个宇宙，造成了普遍事物，并将多样性编织到它们的存在之中，永不停息地生产出一个漂亮优雅的无尽顺序，作为活生生的消遣。”[②] 所有的生命，无论多么低等，“都是一种行动，而且不是像火焰那样的盲目行动”；它像“有着固定动作的哑剧舞者”那样力图达成一个模式。普罗提诺强烈宣示人类对美丽和自然的情感，并批评“灵魂在其力量衰减后进行创造”这种观点；它不可能这样做，因为灵魂的创造行为证明它没有与神灵脱离关系。如同地球上的一位雕刻家，灵魂不可能计划自己的荣耀；它出于自身本性的需要而创造，我们也不能认为它对自

① 洛夫乔伊，前引书，62页。

② 普罗提诺：《九章集》，Ⅲ，2，15。

己的工作后悔了；灵魂“必然已经习惯了这个世界，必然能够随
着时间的流逝而对世界变得更加温柔。”没有理由相信，只因世 78
界上有很多烦扰的事物，这个世界就是来自不幸的起源，这样想将会把这个世界等同于可理解的领域，而不仅仅是后者的反映。并且即使它仅仅是一种反映，那也是多么非凡的反映啊！

> 而且，那个世界的什么反映能够被认为比我们的这个世界更美丽呢？什么样的火能够比我们在这里所知道的火更高贵地反映那里的火呢？或者什么样的另一个地球能够比这个地球更好地模仿那里的地球呢？什么样的星球能够比这个星球更精细完美，或者其行程更井然有序，更会被看作可理解的世界以自我为中心旋转的的形象呢？①

宇宙的秩序被比喻为一位将军的工作，他规划战役及军队的供给，预先安排他那复杂的计划以确保成功。现实中的将军必须在不掌握对手任何资料的情况下进行计划，但是这里有强大的上帝之将，“他的权力扩展到整个宇宙，还有什么能无序地通过，什么会不在计划之中呢？”②我们的地球参与了宇宙的这个崇高性。“我们的这个地球充满了各种各样的生命形式和不朽的事物；对天空来说，它是拥挤的。”③

即使这里没有神圣的工匠，有序的宇宙和宇宙中有序的地球

---

① 普罗提诺（Plotinus）：《九章集》（*Enn.*），2，16；Ⅱ，9，4。

② 同上，Ⅲ，3，2。

③ 同上，Ⅱ，9，8。

仍然是这个必定活跃的完美本质的产物和流溢物，从一个事物到另一个事物的流溢丝毫没有减少完美本质的精髓。[1]

在所有自然现象，包括地球上可见的自然现象的井然有序中，不但有美丽而且有合理性。不仅如此，地球还充满了各种形式的生命；我们感觉到它特别丰富的生命变得稠密，几乎要达到过于拥挤的程度。作为一个整体的宇宙，加上宇宙中按照一个完美模型创造的地球，是诸多世界中最好的一个。[2]

普罗提诺的观念是剑桥柏拉图学派的灵感来源之一，后者的可塑性自然概念[3]颇有影响力，因为它给雷约翰的《上帝创世中表现的智慧》（*The Wisdom of God Manifested in the Works of the*
79 *Creation*）提供了哲学背景；雷的这本书也许是西方世界中写得最好的物理神学（Physico-theology）著作，我们将在后面章节进行更详细的讨论。由柏拉图勾画大纲、经普罗提诺在此发展的完满原则，表现了西方思想家对于在植物、昆虫和小动物繁殖中很容易观察到的自然生产力问题是多么痴迷。完满原则后来可能给地球是否有能力支持生命无限繁殖的悲观结论提供了一个基础，

---

① 对可见世界美丽与秩序的赞美，除Ⅱ，9，8之外，亦见Ⅱ，16—17；Ⅲ，2，3。（“我们必须深思，这个世界是必要性的产物，而不是经过深思熟虑的目的的产物：它是一个更高级的种类根据自己的外貌通过自然过程创造的。”）亦见波伦茨（Pohlenz）：《斯多葛派》（*Die Stoa*），卷1，390—393页。“普罗提诺完全以斯多葛派的语调赞扬这个可见世界的美丽和秩序，这种美丽和秩序在甚至最小的造物身上、在植物的花朵中展现自己。”393页。

② 洛夫乔伊（Lovejoy），前引书，64—65页。

③ 例见雷文（Raven）对拉尔夫·卡德沃思（Ralph Cudworth）的讨论，《科学与宗教》（*Science and Religion*），114—119页。

这个有关地球能力的观察引进了通过自然或人工方式制约自然生产力的观念，制约方式包括战争、杀婴、疾病和瘟疫等。它的乐观一面则显示为，生命法则的富饶、多样和丰满被当作宇宙秩序的一个表现而高调称颂。

古代思想家关于宇宙的本质及作为宇宙组成部分的地球的本质的思考，关于巨匠造物主、诸神，或上帝角色的思考——不管指导原则或施动者如何定义——在哲学推断和日常观察的基础上，产生了一个地球的概念，它对西方地理学思想有着持续的影响。无论地球被看作有计划的神圣工匠的产品，还是像普罗提诺所主张的，是精神的流溢物（而精神本身是太一的流溢物），自然中的平衡、和谐及秩序原则，甚至早在犹太-基督教神学强化它之前，就已经作为对地球在人类命运中的地位的伟大解释之一，不仅被承认，而且被铭记了。

80

第二章

空气、水、处所

1. 环境论的希腊起源

环境论的起源既存在于希腊的哲学和科学理论之中，又存在于从实际生活和普通观察所得出的结论之中。有若干证据支持一个信念，即希腊人将其文明的独有特征归因于气候，或许是气温。从很早的时期开始，就存在着两种类型的环境论，一类建立在生理学基础上（例如体液理论），另一类则基于地理学的立场；
两类理论都包含在希波克拉底文集之中。一般来讲，建立在生理
学基础上的环境理论是由健康（表示体液平衡）与疾病（表示体
液不平衡）的观念演化而来，[①]同时也来自经验性的观察，诸如某 81
个市镇和房屋居址的有利条件，与高度（可能因为高地不受疟疾
肆虐的沼泽影响）、水源远近及某些季风相关的位置特点，等等。
自希腊时代起，这些理论不断显示着其起源的影响；到了很接近
我们的时代，它们则已经建立在心理-生理学理论基础上（有益
气候对精神与身体的激发作用）或者是基于地理学立场，而后一
种类型常常与政治及经济理论的著作相联系。

环境理论的历史与设计观念的历史截然不同，因为前者的主要促成因素最初来自医学，尽管在“一个有序而和谐的自然”思想中确实隐含着生命对自然环境的适应。在古代和近代直到卡尔·李特尔（Carl Ritter）的时期，基于生理学学说的理论都是居于支配地位的，不过孟德斯鸠和赫尔德拥有更为广阔的视野。与位置、地貌或土壤品质影响的观念相比，体液论使一个更大程度的普遍概括成为可能，因为位置、地貌或土壤品质的影响只适用于本地情况（正如修昔底德将这些因素用于讨论贫瘠土壤对阿提卡历史与文化的影响中）。稍后，罗马这个城市的选址成为一

① 希波克拉底（Hippocrates）：《人的本质》（*Nature of Man*）。他批评关于人体组成的单元素理论（Ⅰ—Ⅱ）。“人体在自身中有血液、黏液、黄胆汁和黑胆汁；这些构成了身体的本质，通过这些，人感觉到疼痛或享受健康。当这些元素在组合、力量和体积上处于适当比例，并且当它们完美地混合时，人就能享有最美好的健康”（Ⅳ）。亦见希波克拉底：《古代医学》（*Ancient Medicine*），xix。

个最常引用的范例。

从地理学观点来看体液论的重要性，正如我们在前面谈到过的，在于人体内是这种还是那种体液占优势的原因可能是环境条件。这样，这个理论唤起人们注意体液的不同混合对人体及整个民族的影响问题。这当然是希波克拉底著作的一个重要主题，而且亚里士多德《问题篇》（*Problems*）中提出的许多问题也围绕这一点；《问题篇》完全是希波克拉底的口吻（这部作品即便不是亚里士多德的，也被认为是包含了来自他的材料）。

体液论也假定了身体与心智之间的共感，身体中好的或坏的体液作用于心智，而心智的激情与骚动又影响身体。这样，体液连同其与心智和身体的关系，结合了空气、水和处所的影响，不仅能够解释生理与精神的健康，而且能够解释整个民族的身体和文化特征。

事实上，近代所有熟悉的主张都能在古代找到一个较为粗糙的雏形，即使我们宽容地只谈到孟德斯鸠为止也是如此：温暖气候造就热情的性格；寒冷气候塑成身体的力量与坚韧；温和气候带来智力上的优越；以及在非生理学理论中，肥沃的土壤产生软弱的民族，而贫瘠的土壤则使人勇敢。

尽管希波克拉底《空气、水、处所》（*Airs*，*Waters*，*Places*）
82 的第二部分（第12—24章）是关于环境对人类文化影响的最早的系统论述，但赫拉克利特（Heraclitus）和阿波罗尼亚的第欧根尼的著作残篇揭示了“潮湿不利于思考”这个信念有多么古老（它可能是由醉态联想出来的）。“一个干燥的灵魂是最聪明、最优秀的，”赫拉克利特（鼎盛期约在公元前500年）说道，“当一个人喝醉时，他的灵魂是潮湿的，被一个乳臭未干的毛孩所引领，磕磕绊绊，不知道自己要去哪里。”①

根据泰奥弗拉斯托斯的说法，第欧根尼（鼎盛期在公元前440—前430年）将思考、感官和生命归结于空气。思想起因于纯净而干燥的空气；“因为潮湿的气体抑制了智力；由于这个原因，思想被睡眠、醉酒和过度饮食所降低。”别的生物智力低下，因为它们从土壤中呼吸潮湿的空气；鸟儿呼吸纯净的空气，但是由于它们的身体构造就像鱼一样，空气仅能渗透到腹部周围；植物没有智力，因为它们不是中空的，内部不能吸收空气。②

2. 希波克拉底的文集《空气、水、处所》

在本书中，我通篇使用了希波克拉底的名字，好像不言而喻，他就是《古代医学》（*Ancient Medicine*）和《空气、水、处所》的作者，但是这里除了习惯没有什么能保证这个说法是对的。直到十八世纪末，普遍的共识是：传统上归于他的作品的确是他写的；只是到了十九世纪，这个观点才受到挑战，人们核查了真实性的问题，但是没有找到公认的解决之道。没有人知道希波克拉

① 科尔克和雷文（Kirk and Ravon）：《前苏格拉底哲学家们》（*PSP*），#233和234，205页。第一句在第118节，斯托比亚斯（Stobaeus）：《文集》（*Anth.*），Ⅲ，5，8；第二句在第117节，同上，Ⅲ，5，7。这些作者认为赫拉克利特的主要哲学活动结束于公元前480年，183页。鼎盛期根据《牛津古典词典》（*OCD*）。

② 科尔克和雷文：《前苏格拉底哲学家们》，#615，441页。来源：泰奥弗拉斯托斯（Theophr.）：《论感觉》（*de sensu*），39—44= 狄尔斯（Diels）：《前苏格拉底哲学残篇辑》（*Vorsokr.*），第6版，64 A 19，卷2，55—56页。

底到底是不是这两部作品中任何一部的作者。《古代医学》大概是由希波克拉底的一位早期弟子所结集，成书时期可能在五世纪末（应加上“公元前”——译者注）。《空气、水、处所》一直被包含在古代的所谓希波克拉底文集之中，很少有异议，在这个意义上它看来是真实的。希波克拉底著作的编辑者把这两部作品都收入他的文集中，利特雷（Littré）和琼斯（Jones）也沿袭了这个做法。一个合理的推测是，这篇论文很早就结集成书，以至它能够影响到像亚里士多德这样的人，并且有人还看到它对希罗多德历史学结论篇章的影响。这些关于时间与作者的疑点不应该模糊这个事实，即无论对与错，多少世代以来，希波克拉底都被当作一位非常真实的医生，当作这本书的作者，而《空气、水、处所》是他的论文中最受称赞的一篇。①

83 然而，《空气、水、处所》的读者们很快会注意到它缺乏统一性，实际上有两个不同的部分，一个是医学的，另一个是人种志和地理学的。1889 年，弗雷德里奇（Fredrich）指出了这个事实，认为它具有两个不同且各自独立的部分，即第 1—11 章和第 12—24 章。后来的文本研究证实了弗雷德里奇的观点，但是没有就这两部分之间的关系以及作者身份达成一致意见。②

---

① 对希波克拉底文集的讨论，见琼斯（W. H. S. Jones）在洛布古典文库版“希波克拉底”（Hippocrates）第 1 卷中的“概述”，以及萨顿（Sarton）：《科学史：直至希腊黄金时代结束时的古代科学》（*A History of Science. Ancient Science Through the Golden Age of Greece*），第 13—14 章。

② 关于这个批评的简史，见埃德尔斯坦（Edelstein）：《关于空气与希波克拉底著作集》（*Peri aerōn und die Sammlung der Hippokratischen Schriften*），1—4 页，其中概要论述了弗雷德里奇、维拉莫维茨、雅各比、海伯格和屈丁格的贡献。

埃德尔斯坦（Edelstein）对这一问题作了很有意思的重新检验，他认为前十一章的目的是向初次来到一个陌生城市的医生提供机会，使他在开始治疗之前，不必向任何人询问便可了解治疗可能牵涉到的所有重要因素。它是为了告知医生环境条件、常见疾病，以及各种疾病出现的季节性等情况的一本预言书。[1]

第二部分是关于欧罗巴、亚细亚，及其各个民族之间的区别，其中一些难题是由于文本的脱漏而造成的，例如对埃及和利比亚描述的缺失。埃德尔斯坦相信，之所以将这两部分连接（尽管它们之间没有关系，却好像组成了一部统一的著作），是因为有人对这两个不同的领域怀有私人兴趣，并将其作为一个整体加以保存。这样就可以解释为什么在一本医学文集中包含了第12—24章，而它们很像是出自一位地理学家之手。[2]

埃德尔斯坦还提出了一个关于希波克拉底文集起源的新假设，其中最令人感兴趣的一个方面是关于这部文集及其作者身份看法的历史。[3] 如果我们依赖较早的资料，则不能超越希波克拉底在他那个时代被当作一位出色而著名的医生这个宣称；他不是唯一的医生，也不是一位“半人半神”。对待其态度的一个重要的转折点是在凯尔苏斯（Celsus）为他发表更高调的评价，将他描述为所有医生中第一个值得纪念的人（“primus ex omnibus

---

① 埃德尔斯坦（Edelstein）：《关于空气与希波克拉底著作集》（*Peri aerōn und die Sammlung der Hippokratischen Schriften*），5—6、8、31—32页。

② 同上，59页；见第1章关于文本问题的详细回顾。

③ 同上，第4章，“关于希波克拉底的问题”（Die Hippokratische Frage）。

memoria dignis”)。[①]

对凯尔苏斯而言，希波克拉底不像后来的医生，他活跃在所有的医学领域，并且是具有英雄特质的人物；对伊罗田（Erotian）而言，他是能够与荷马媲美的作家；对盖伦而言，他是完美的医生。希波克拉底命名学及其述评的历史表明，所谓的希波克拉底著作整体上结集得很晚，最早只能够追溯到哈德良（Hadrian）的时代（哈德良是公元117—138年在位的罗马皇帝——译者注）。[②]然而所有已知的资料在这些作品的真伪问题上都没有发表意见。
84 埃德尔斯坦承认为假设性的结论是，希波克拉底的著作没有到达亚历山大城（至少是无法证实其存在），但是一组古老的、不知作者姓名的医学作品却在那里出现了。历史的观点把希波克拉底的声誉提升到如此高度，即使他的作品没能流传下来，人们仍然对他感兴趣，希望阅读他的著作。那些可能来自他那个时代的无名氏作品汇编存放在亚历山大图书馆中，这就向语言学家和医生们提出了一个问题，即它们当中是否可能有希波克拉底的作品。起初，只有很少一部分被认为是希波克拉底的，但这样的作品数量逐渐增加，因为人们对他持有高度尊重的记忆。最后，居主导地位的观点出现了。希波克拉底这位公元前五世纪的医生由于自己的名望，抹去了较小人物作品的痕迹，于是佚名作者的整个文集都归属到他的伟名之下。传统上，《空气、水、处所》属于希

① 参考来源是凯尔苏斯（Celsus）:《医学》（*De Medicina*），Ⅰ，18，12—13。埃德尔斯坦，126—127页。

② 同上，关于凯尔苏斯、伊罗田（希波克拉底术语的编辑者，鼎盛期大约在公元54—68年的尼禄时代）、盖伦，见128—129页；关于早期评述，见150页。

波克拉底的作品，但是埃德尔斯坦认为它的作者是被遗忘了名字的古代医生之一，他和其他许多无名氏的著作在早年流传到了亚历山大城。[①]

直到十八世纪末，希波克拉底都被看作一个真正的人，而《空气、水、处所》就是他真正的杰作之一。或许琼斯使我们能够想象希波克拉底，不是作为一个医生，而是作为公元前五世纪末期医学趋势的灵魂。

关于希波克拉底的这部作品已经有太多的论述，以至于几乎不可能再说什么新鲜的东西了。这篇论文对本书主题的价值在于，它揭示了医学、地理学和人类学的早期历史是多么密切地相互关联。

这部作品第二部分的基础哲学来自三个自然环境之间的比较，一个极端寒冷，另一个极端炎热，第三个则是介于两者之间的温和而适中的环境。第一个极端寒冷的北方地区居住着西徐亚人和长颅人（μακροέφάλοι）（在东欧大约相当于乌克兰的南半部），以及发西斯河流域的人们（发西斯河因与阿尔戈船英雄探险之间的联系而闻名，是现代里奥尼河从西格鲁吉亚流到黑海东岸的部分）；南部极端炎热的环境以埃及和利比亚为代表（书中这部分已经丢失了），而温和环境的代表是伊奥尼亚。这篇论文同样关注亚细亚与欧罗巴之间的对比，这个对比具有不同的特征；区分在于东西之间，而不是南北之间（因此经度胜于纬度），但是西徐亚人是书中给出的欧洲民族的唯一例子。

---

① 埃德尔斯坦（Edelstein），前引书，179—181 页。

在《空气、水、处所》中，希波克拉底讨论了几个重要主题，其中包括房屋相对于太阳的恰当位置、水的好坏品质、疾病
85 的季节性分布，以及欧亚之间的比较，“来显示两者之间在每个方面有怎样的差异，以及一个民族的体格怎样完全不同于另一个民族。”[①] 欧亚之间的比较这一点最为有趣，因为它关注的是民族，而不是个人。

亚洲的温和气候（在这段文字中指小亚细亚海岸的地中海气候）造成了更为美丽和更大规模的居民与植被。“当任何事物都不居于强势的支配地位，而是在各方面都均等的时候，就能最好地鼓励生长、脱离荒蛮。”[②] 亚洲的另一个区域拥有树林、雨水和泉水，拥有能使人类驯化野生植物的丰富植被及理想的奶牛品种，那里产生体格优美的高大人种，人们之间的差异较少。那个区域的气候被比作春天，但是我们不能指望那里的人们勇敢、坚韧、勤勉或活力十足，无论他们是本地出生的还是外来移民。

希波克拉底说他关注的不是那些相似的，而是各不相同的民族（ἐθυοί），不管是在天性上还是在习俗上。这个事实陈述也许能够揭示古人对于不同的自然环境感兴趣的原因。虽然希波克拉底感兴趣的是民族间的差异，而不是相似性，但是他的兴趣基

① 希波克拉底（Hippoc.）：《空气、水、处所》（*Airs*，*Waters*，*Places*），xii。

② 同上，xii。希波克拉底继续（xiii）在自然类型、土地类型和季节变化之间寻找关联性。最大的气候变异与荒蛮和崎岖的大地相关联，而微小的季节变化则与平坦的陆地相关联。人类体格的类型亦与林木茂盛而雨水充足的山脉、略微干燥的陆地、湿软的草场，以及干热不毛的平原相关联。在这个段落中所说的关联性是身体上的，而不是精神上的。

本上是医学方面的，而不是在人种志上。气候变异、季节交替、不同的景观类型，至少能够部分地解释这些差异的原因——希波克拉底并非一个严格的决定论者。如若希波克拉底对解释相似性表现出比解释差异性更大的兴趣，那么环境理论的历史可能就会完全不同了。

在他的第一个例子中，差异被解释为文化原因造成的。长颅人（其人种从属关系和来源不清楚）是传承后天习得特征的一个例子，因为他们有从婴孩初期起就拉长头颅的习俗，这个过程随着世代的不断实践而变得自然而然。不过，文化接触已经使这种惯例有所下降。“现在，拉长头颅的做法已经不像过去那样普遍了，由于与其他人的交流，这种习俗已经不那么风行了。”[1] 是风俗习惯、习得特征的传承和文化接触，而不是气候，说明了这些人的现状。

另一方面，亚洲并不是一概相同的，亚洲的人们也不都像地中海沿岸的人，因为那些居住在科尔基斯的发西斯河边的人们生
活在终年大雨滂沱、炎热而灌木茂盛的沼泽之中。包括发西斯河 86
水在内的水体是停滞的。过度的雨水和雾气抑制了生长；那里的居民高大而肥胖，具有微黄的肤色，以及因呼吸潮湿而浑浊的空气而变得低沉的嗓音。[2]

与欧洲人相比，这些亚洲人缺乏精神和勇气，也没有那么尚武，因为他们既不遭受精神冲击，也没有经历激烈的自然变化，“精

① 希波克拉底（Hippoc.）：《空气、水、处所》（*Airs*，*Waters*，*Places*），xiv。
② 同上，xv。

神冲击和自然变化比起单调的一致性，更有可能坚定人的性情，给人以热烈的激情。”然而希波克拉底承认，亚洲民族的制度也帮助塑造了他们的特性：为强化统治者的目标（而不是他们自己的目标，他们的酬劳只是危险和死亡）所实行的暴政和强制兵役甚至可能真正改变那些天性英勇活跃的人们。对比生活在专制君主统治下的亚洲人和那些不事暴君、独立生活、为自己的利益工作的人（无论是不是希腊人），后者表现出更大的勇气和好战性。[①]

气候和文化两方面的原因都用来解释西徐亚人的行为。西徐亚人是一个单一民族，他们代表着极端寒冷，并深受千篇一律的寒冷影响，正如埃及人代表炎热而受到热力影响。由于没有强烈的季节变化，导致他们在智力和身体素质上的相似性。然而这个民族因男人不育而著称，这种状况可以解释为气候效应作用于人体，以及受骑术之害——后者是富有的西徐亚人的特征，因为那些太穷而没有马骑的男人较少患上不育症。希波克拉底用这个例子论证道，疾病并不是神的惩罚，而是特定环境和行为的自然结果。

同样有启发性的是关于妇女不孕的讨论。希波克拉底说，不孕是由于女人肉体的肥胖和潮湿阻碍子宫吸收精子，由于月经困难以及子宫口因肥胖而闭合。作为证据，希波克拉底比较了肥胖、懒惰的西徐亚妇人和西徐亚女奴。“这些女奴由于经常活动、身体精瘦，一旦接触男人就立刻怀孕。”这儿还有对于“阿那瑞”

① 希波克拉底（Hippoc.）：《空气、水、处所》（*Airs*，*Waters*，*Places*），xvi。

（Anaries）的著名描述，他们是西徐亚男人，因为不育而变得女人气，穿着和举止都像女人，并干着女人的工作。[①]

谈到欧洲人，希波克拉底试图建立民族特征与其环境（诸如湿度、高度和地形）之间的几种关联关系。山区崎岖不平、高海拔、
多水、季节变化明显，居住在山区的人们多半有高大的体型，有 87
韧性，有勇气，并趋向野蛮与凶残。在类草原的憋闷山谷里，热风比冷风流行，生活在那里的人们“倾向于体型宽阔、多肉、有黑色毛发；他们自己的肤色也偏黑而不是较白，并且受制于胆汁胜过黏液。他们的性格中不是天生具有类似山区人那样的勇敢和坚韧，但是法律（νόμος）的强制性能够人为地制造勇敢和坚韧。”在这里希波克拉底再一次通过注意社会制度的力量来限定决定论。居住在多风、多雨的高海拔陆地的民族，会长得很高，彼此相似，但是会“在性格上缺少男子汉气，较温顺”。生活在土壤贫瘠、干燥而荒芜，具有强烈季节对比地区的民族，会坚强、公正、固执而独立。而生活在肥沃、柔软、灌溉良好，并且水离地表很近（夏天变热，冬天变冷）、享受有利季节变化的大陆上的民族是：

> 多肉、关节有病、湿润、懒惰，并通常性格懦弱。在他们身上能看到松散和渴睡，至于在技艺上，他们是迟钝的，

---

① 希波克拉底（Hippoc.）：《空气、水、处所》（*Airs, Waters, Places*），xxi—xxii。亦见希罗多德（Herodotus），Ⅰ，105；Ⅳ，67，他称他们为“恩那瑞”（*Enarees*）。萨顿（Sarton）认为这个名字可能是西徐亚语中的词汇，指两性人或同性恋。《科学史：直至希腊黄金时代结束时的古代科学》（*A History of Science. Ancient Science through the Golden Age of Greece*），369 页，脚注 65。

> 既不精细也不聪敏。但是在那些土地荒芜、无水、粗糙，被冬季风暴摧残、被太阳暴晒的地方，你会看到坚强、消瘦、关节健康、精神充沛而毛发丰富的人；这样的本质将表现为性格和脾气中的精力充沛、警醒、固执和独立，野蛮多于温顺，在技艺上具有超出平均水平的敏锐和智慧，并且在战争中具有超出平均水平的勇气。[①]

这种艰苦与优良环境之间的对照，经常被拿来与希罗多德结束他的历史书的著名段落作比较（见下文，本章下一节最后一段）。的确，这篇论文所激发的关于山脉、峡谷、沼泽、艰苦和优良环境的大量思考，不论怎样评价都很难说是过高。

尽管《空气、水、处所》有几个领先的理念（文化与环境之间的密切关系、习得特征的传承、职业疾病的流行、诸如政府等机构的影响），这篇论文的影响还是要归功于其中的第一个，即空气、水和处所产生的效果。这篇论文作出了环境观念的第一次明确表述，但是在它的人种学部分，它对文化研究所采取的方法比那些较为教条的陈述可能使用的方法要更加兼收并蓄得多，然而那些较为教条的陈述受到后代人的效仿。

还有一点也很重要，即对文化人类学和地理学感兴趣的人文主义思想家们只参考了《空气、水、处所》。关于人类文化，《古代医学》是建立在完全不同的假定之上：被需求与不满所激发的人类征服了自己的环境；通过驯化动植物和发明熟食，人获得了

---

① 希波克拉底（Hippoc.），前引书，xxiv。

现在的高标准文明。必要性驱使人们去研究医学，因为生病的人 88
不能通过与健康人同样的生存方式和养生之道获益。倘若人满足于“牛、马和除了人以外每种动物都满意的同样食物……”，那么现有的各种食物就不会被发现，因为一开始人与动物有着相似的营养供应。甚至古代的人们都深受粗糙的食物之害，大多数人死于体质过于虚弱。“由于这个原因，古人在我看来似乎也在寻找与其体格相协调的食物，并且找到了我们现在食用的东西。”小麦制成面包，大麦制成蛋糕；他们试验水煮和烘焙食物，将食物以各种方式加以混合，以便适合人类的体质。这种试验方式在本质上就是医学，因为做试验的目的是为了保证健康、提供营养；它是一种持续进行的研究，因为从事体操和锻炼的研究者不断发现容易吸收并使人更健壮的食物和饮料。①

然而，既然影响后来历史学、人种学和地理学理论家的是《空气、水、处所》，那么还是这部著作所留遗产的性质最令人感兴趣。它要为下面这个谬误负责，即，如果环境对个人身体和精神品质上的影响能够表现出来，那么这种影响就能够被扩展到适用于整个民族。假如希波克拉底说清楚：环境、医学和人种学是三种不同的研究，气候对个体的影响是一种恰当的医学研究，而人种学则需要其他的方法（他自己的描述也的确证实了这一点），那么，从希波克拉底引申出来的严格相互关联性就不会在至少持续了2300年的时期中被如此热心地推行，而且在我们这个时代，阿诺德·汤因比（Arnold Toynbee）也没有必要在其关于文明起

① 希波克拉底（Hippoc.）：《古代医学》（*Ancient Medicine*），iii。

源的讨论中反驳希波克拉底的观点了。①

3. 希罗多德对习俗和环境的兴趣

希罗多德和希波克拉底（或者某个不知名的作者）所使用的文化与环境资料之间的对比表明这两个人生活世界的不同，希波克拉底的主要兴趣是医学及其相关领域，希罗多德则对历史、旅行、习俗和不同的环境感兴趣。希罗多德的各种观念必须由读者进行某种程度的解读，这位历史学家很少直接说出来。在他的思想中似乎有一种对个人生活和城市生活的普遍悲观态度；偶然性扮演着一个强有力的角色；存在着权能的颠倒，无论弱点或快乐
89 都不会在一个地方长久；习俗的力量以及对文化改变的抵制是希罗多德著作中典型的重点，但是也有一种对文化借鉴的活跃兴趣。

希罗多德对自然环境之间的对比很敏感，并且偶尔地，就像在我们下面要讨论的著名段落（IX，122）——它使我们想起《空气、水、处所》——以及对西徐亚人的描述之中，他试图建立环境与文化之间的关联性。②

---

① 汤因比（Toynbee）：《历史研究》（*A Study of History*），卷 1，249—271 页，在 1—6 卷的萨默维尔（Somervell）节略本中更加详细，55—59 页。汤因比自己在《希腊历史思想》（*Greek Historical Thought*）中翻译了《空气、水、处所》的部分内容，143—146 页（Mentor Books）。

② 这种关系的讨论，见海尼曼（Heinimann）：《约定与自然》（*Nomos und Physis*），172—180 页。传统的观点是希罗多德和希波克拉底有着共同的来源，即赫卡泰乌；波伦茨认为希罗多德是希波克拉底作品的来源，而内斯特尔则认为希罗多德的材料来自希波克拉底。海尼曼下结论说，医学和人种志都在此前有相当大的发展，希罗多德与希波克拉底的著作之间没有直接联系，也不能使人推断《空气、水、处所》的确凿年代。

希罗多德说，西徐亚人的生活方式与陆地的性质结合在一起，使他们实际上是不可征服的，甚至是攻不破的。西徐亚人的攻击者们是自取灭亡，因为这些游牧民族随身携带着帐篷，从马背上射击，依靠牛群和马车生活。乡村及其河流的自然条件很大程度上帮助了他们抵御外敌。“因为大陆平坦，水草丰美，同时，穿越这片陆地的河流在数量上几乎等于埃及的运河数目。”[①]

但是环境描写大部分都很简略。伊奥尼亚城市的空气和气候被描述成世界上最美的；其他国家则或寒冷、或潮湿、或炎热且受干旱威胁。[②] 另一方面，他相信埃及人（利比亚人除外）是世界上最健康的民族，因为他们的气候没有突然变化。[③]

希腊人，正如希罗多德和柏拉图都明白表述的那样，对埃及环境（及其文化和历史）的独特性和两个国家之间的环境对比感兴趣，这种兴趣能够在希罗多德的历史著作和柏拉图的《克里特雅斯篇》（*Critias*）、《法律篇》、《蒂迈欧篇》中看到，其回响则出现在公元一世纪约瑟夫斯（Josephus）的作品之中。最基本的对比在于两个国家的水源，埃及人从河流中取水，而希腊人则利用雨水。我们在前面已看到，埃及人在《阿托恩赞美诗》（公元前十四世纪）第八节对他们自己和异族人做出了区分，埃及人拥有来自地下的真正尼罗河，而异族的尼罗河则来自天空（见上文，本书第一章第1节）。

有了这么多现成的水，埃及人不需要做什么事情，而依靠雨

① 希罗多德（Hdt.），Ⅳ，46—47。引文在第47章。

② 同上，Ⅰ，142。

③ 同上，Ⅱ，77。

90 水的希腊人则可能遇到干旱与洪水。显然是来自定期暴雨的巨大洪水，在假定的古希腊文明史中扮演了一个重要角色，直到阿特兰蒂斯被淹没而消亡。在希罗多德与埃及祭司之间的对话中，他建构了这样一个理论，即尼罗河水的连续沉积如此迅速地形成陆地，以至未来尼罗河也许再也不能担任其原来的角色。这些祭司告诉他："在摩里斯做国王的时候，一旦尼罗河涨水仅仅八腕尺，它就泛滥到低于孟菲斯的整个埃及"；而现在至少需要十五腕尺的高度，陆地才会被淹没。"因此，在我看来似乎是，如果陆地继续按照这个速度抬升并增长，那么，居住在低于摩里斯湖以下、在所谓三角洲和其他地方的埃及人，有一天由于洪水不再泛滥，将永久遭受他们告诉我他们预期迟早会降临到希腊人头上的命运。"当听到希腊人用水的唯一来源是雨水的时候，祭司们说："有一天，希腊人的宏伟愿望将落空，然后他们将陷入可怜的饥饿之中。"①

生活在冲积陆地上的埃及人不需要用犁或锄头耕耘土地；当其他地方的农夫不得不辛苦劳作的时候，埃及的农夫则"等待河水自动地漫溢到陆地上再退回河床，然后就在他的地块上撒种，撒种后将猪赶进去，猪会把谷种踩进地里，在这之后他要做的就是等待收割了。"②

希罗多德还区分了埃及的庄稼地和沼泽地：沼泽地的族群与其他地区的埃及人有同样的习俗，但是在可获得的资源方面有所

① 希罗多德（Hdt.），Ⅱ，13。

② 同上，14。

不同，因为他们利用莲花（一种像玫瑰的百合）、纸莎草，还有一部分人完全依靠鱼类生活。[①] 正如格洛弗（Glover）和迈尔斯（Myres）所指出的那样，希罗多德通过他的作品，揭示了对矿藏、矿物和食物资源的位置，以及对环境、经济和社会公共机构问题的强烈兴趣，尽管他的确将不同的文化解读为这些元素的各种结合方式。[②]

希罗多德著作中唯一的环境论实例在它的结尾处，居鲁士（Cyrus）的讲话很像是希波克拉底的教诲。居鲁士被他的国人催促着，要他同意在新占领的地区生活，那里的生活比波斯人所居住的边远荒芜地区来得轻松。居鲁士回答说，他们现在作为自由人居住在艰苦环境中，要比作为奴隶在被占领的肥沃山谷里过着奢华生活好得多。有人说，希罗多德将这段话插在此处作为一个
警告，说波斯人的威胁依然存在，希腊人应该学到居鲁士的教训。 91
居鲁士的著名演讲与汤因比关于艰苦环境对文明起源有激发作用的观念之间有着令人感兴趣的相似特点。色诺芬也表达过类似的思想，他把迦勒底人描述为最善战而贫穷的民族，充当雇佣军，他们生活的山区既不肥沃又不多产。[③]

---

① 希罗多德（Hdt.），Ⅱ，92。

② 格洛弗（Glover）:《希罗多德》（*Herodotus*），115—119 页；迈尔斯（Myres）:“希罗多德与人类学”（Herodotus and Anthropology），载于玛瑞特（Marett）:《人类学和经典研究》（*Anthro. and the Classics*），152—157、160—163 页。

③ 希罗多德（Hdt.），Ⅸ，122。见豪和韦尔斯（How and Wells）:《希罗多德评介》（*Commentary on Herod.*），该段之下，以及色诺芬（Xen.）:《居鲁士的教育》（*Cyr.*），Ⅲ，ii，7。

4. 位置理论与希波克拉底的影响

修昔底德延续了一种地理学的解释，这种解释已见于希波克拉底的著作中，尽管后者的思想基石是健康与体液平衡的理论。然而地理因素，诸如土壤、位置、居址、隔绝，或临海位置等，不需要建立在医学理论的基础之上。这样，修昔底德将早期希腊描述成一个移民非常频繁的地方，处于人口过剩压力之下的各个族群从一地转移到另一地；这些移民对希腊的富饶地区影响最大，像色萨利、维奥蒂亚，以及伯罗奔尼撒的大部分地区（除了崎岖的中部阿卡迪亚以外），因为富饶地区鼓励贪婪与入侵。另一方面，阿提卡则享受着稳定；由于土地贫瘠，它没有给入侵者提供什么诱惑，因而其居民保持原状。雅典文化传统的稳定使阿提卡有了发展的可能，后者的繁荣不仅因为自己的人民，而且也因为进入该地区难民的数量，直到雅典人口达到一个顶点，侨民不得不被送往伊奥尼亚。希腊对小亚细亚的殖民成为阿提卡土壤贫瘠的一个间接后果，这样的土壤提供了和平与稳定的必要条件，进而导致人口增长和殖民化。[①]

而对于构成一种文明的复杂的文化、经济和环境因素更有见地的是一本小册子，其年代大概可上溯到伯罗奔尼撒战争早期，并被保存在色诺芬的著作中。它对陆海关系和资源地理分布的重要意义进行了评述。一个陆地强国中被统治的民族比一个海洋强

① 修昔底德（Thuc.），Ⅰ，1—2。

国的民众更有可能在一场解放战争中组织起来，因为海洋强国能够控制其民众，这些民众被海洋分割，不能靠自身资源生存，而必须依赖进出口。雅典的繁荣得益于她通过控制海洋来利用不同大陆资源的能力，而她的文明得益于通过贸易产生的各种思想混合："雅典人热衷于一个世界性的文明，整个希腊与非希腊世界都被置于为这种文明作贡献的地位……"控制海洋很重要，因为 92
资源的地理分布强化了民族之间的互相依赖。木材或者亚麻不会在同一个国家里生产，铜和铁也不会在同一个国家里找到，"其他两三种材料也不出自单独一个国家，而总是一种在这里，另一种在那里。"一个控制海洋的国家通过使用多个陆地国家的资源而兴盛，这样的国家也依赖一种或两种自己的有利资源，然而这一两种资源并不足以使它们繁荣。[①]

柏拉图对话中的个别评论表明，在他那个时代有关自然环境影响的观念也是流行的。两段文字没有受到环境决定论的影响，一段在《斐多篇》(*Phaedo*)，另一段在《蒂迈欧篇》。在前一段中，苏格拉底发表了其著名的关于地球巨大的言论，说我们居住在从发西斯河到海格立斯石柱之间（也就是人类可居住世界的范围），沿着海岸，就像蚂蚁或是池塘边的青蛙，仅仅占据了它很小的一部分，还有很多其他人在别处也居住在很多类似的地方。[②]《蒂

---

① 伪色诺芬（Pseudo-Xenophon）:《雅典制度》(*Athenian Institutions*)，卡琳卡（E. Kalinka）编辑，1913 年（Teubner 版），2，2—8、11—16。译文见汤因比（Toynbee）:《希腊历史思想》(*Greek Historical Thought*)，162—164 页，在"海洋强国对历史的影响"（The Influence of Sea Power on History）标题之下。

② 柏拉图（Plato）:《斐多篇》(*Phaedo*)，109 b。

迈欧篇》中有一个与此相关的思想，即“在每个没有过度炎热或过度寒冷来阻碍的地方，总是存在着一些人群，在数量上或多或少。”[①] 后来那位埃及祭司说，雅典娜女神将一个基于宇宙秩序的地球秩序首先赐予了希腊人，然后又给了埃及人，并且，“她建立了你的国家，选择了你［梭伦］出生的地点，因为她感觉到了那里适当混合的气候，以及那种气候会怎样产生具有最高智慧的人们。于是，正是这位女神，她自己既是战争的情人又是智慧的情人，选择了这个地点，它最可能使人们像她一样，而这一点是她最先制定的。”[②] 在《法律篇》中，柏拉图看到了美德与地理位置之间的一种关系——同样的观念后来在西塞罗和恺撒（Caesar）的著作中出现——临海位置及其受到外来影响的机会对道德的危害是最大的；[③] 但是柏拉图的论点事实上是在攻击文化接触的罪恶，海洋环境仅仅为它的发生提供了更方便的机会。希波克拉底传统中的观念也表现在这里。不同地区的禀赋有好有坏，因为它们的气候、水质和土壤等特性不同。最好的地区有来自天堂的微风，它的部分土地处在精灵们的照顾之下。立法者应该尽力审视这些地区的自然特征，以便能制定相应的法律，并且在对一个国
93 家实行殖民统治时也应该实行相同的政策。[④] 这个主题——统治者应该彻底了解自己的领土以便制定恰当的法律，后来被圣托马

① 柏拉图（Plato）:《蒂迈欧篇》（*Tim.*），22 E—23 A。这是那位老埃及祭司讲话的一部分，他对梭伦谈到希腊文明初期，以及文明遭毁坏的自然原因。

② 同上，24 C—D。

③ 柏拉图 :《法律篇》（*Laws*），Ⅳ，704 D—705 D。

④ 同上，Ⅴ，747 D—E。

斯·阿奎那、让·博丹、焦万尼·博塔罗（Giovanni Botero）和孟德斯鸠一再重申过了。

试图在这些观点之间或者在这些观点与《蒂迈欧篇》中柏拉图的神圣工匠思想之间找到协调性是无益的，因为这里并没有系统的理论体系。我们最多可以说，《蒂迈欧篇》勾画了关于被创造万物及其创造者的一个无所不包的概念，而且有关陆地环境的这些看法描述了运作于整体伟大和谐之中的一个较低等秩序的影响——这些看法来自观察、共同信仰，并直接或间接来自希波克拉底的著作（我们没有调和这两者的意思）。不过，柏拉图的议论，与希波克拉底、希罗多德和亚里士多德的议论一样，的确印证了一些近现代学者的断言，即希腊人认为他们的文明在很大程度上应归功于地中海温和气候的种种优点。例如，亚里士多德的理论就是希波克拉底的一个简化版本加上政治解读。寒冷地区的民族，包括生活在欧洲的民族，英勇但缺乏技能和智慧。他们保卫着自身的自由，但是缺乏政治组织，没有能力统治别人。亚洲的民族则相反，他们聪明且善于发明，但缺乏勇敢，因而被征服、受奴役。希腊人生活在炎热与寒冷两个极端的中间地带，他们同时享受着两方面的优势，既无比英勇又很睿智。只有希腊人所欠缺的统一性阻止了一个世界帝国的形成，而他们的气候本来是能够使其成为现实的。[①] 和希波克拉底一样，亚里士多德也没有采用严格的决定论，因为对他来说希腊的失败是人为的，其原因不应在自然环境中去寻找。

---

① 亚里士多德（Arist.）：《政治学》（*Politics*），Ⅳ，7，1327 b。

对亚里士多德来说，希腊所处的“黄金中庸”位置拥有迷人品质，它结合了两个极端的最好部分，而不是最坏部分。在他看来，气候与民族之间的关联性是直接的，没有任何中间环节的生理学解释；“黄金中庸”既适用于环境，也适用于文化。这是有史以来关于环境对民族的关系问题上最有影响的论述之一，这不是因为它的创新（它没有多少创新），而是因为亚里士多德及其著作的声望。据我所知，就这个题目而言，它被引用的程度比任何其他古典作家的论述都要广泛，可能只除了《空气、水、处所》以及希罗多德著作中的居鲁士演讲以外。它的历史重要性在于，它将环境理论从医学提升到了政治学和社会学思想，传播着自我谄媚的结论，即最先进的国家都处于温和气候之下。

比起《政治学》中这段简短的希波克拉底变体，具有更大技术性趣味的是亚里士多德《问题篇》中的材料，其编纂年代可能不早于公元五世纪或六世纪。“《问题篇》尽管主要的是建立在亚
94 里士多德的假说之上，却表现了可观的唯物主义痕迹，后者是后来逍遥学派的特征。”这部作品看起来是编辑自泰奥弗拉斯托斯文集、希波克拉底学派著作，以及少数情况下来自存留的亚里士多德的文章。“它提供了令人感兴趣的证据，表明亚里士多德激发其学生所作研究的多样性。”[1]

研究医学相关问题的方法（第一部）和研究地理位置对性情影响问题的方法（第十四部）是相似的，并且这部作品证实了希波克拉底文集对医学、人种学和地理学思想的影响是强大而持

① 罗斯（Ross）：《亚里士多德》（*Aristotle*），19。

续的。这些问题，通常以疑问的形式提出，包含的论断在近现代科学研究中会被认为是调查的题目。两部书中的主导观念是，任何类型的过度会产生失常与变形，而各种特性的恰当混合产生的是适度和介于极端之间的中庸；就像希波克拉底的论述一样（这两部书无疑受到希波克拉底的启发），它们强调季节变化、季风、雨水、潮湿、过热和过冷造成的影响，以及沼泽的恶劣作用（无疑是由于疟疾流行）。为什么生活在山谷或沼泽的人们衰老得那么快？为什么我们在沼泽地区精神萎靡？为什么船上的人们，尽管在水上，也比那些生活在沼泽地的人们拥有更健康的肤色？[1]

> 为什么那些生活在极端寒冷或炎热环境中的人们性格和外貌都粗野？在这两种情况下的原因都一样吗？因为条件的最佳混合对心智和身体都有利，而各种类型的过度导致困扰，并且，如同它们扭曲了身体一样，也使精神气质反常。[2]
>
> 为什么温暖地区的居民懦弱，而那些居住在寒冷地区的人们勇敢？是因为假如两者作用相同，人类将不可避免地很快被炎热或寒冷消灭，于是存在一种抵消位置与季节影响的自然倾向吗？那些生来热性的人们勇敢，而寒性的人们懦弱。但是炎热地区对居住者的作用是冷却他们，而寒冷地区则在其居民中造就一种热性的自然状态。
>
> 为什么生活在温暖地区的人们比居住在寒冷地区的

① 亚里士多德（Arist.）：《问题篇》（*Problemata*），XIV，7，909 b 1—3；11，909 b 38—40；12，910 a 1—3。

② 同上，1，909 a 13—17。

> 人们聪明？这和老年人比青年人聪明是不是同样的道理？那些生活在寒冷地区的人们更为热性，因为他们的天性由于所居住地区的寒冷而反弹，这样他们就很像醉汉，思想也没有探究倾向，但是勇敢而乐观；而那些居住在炎热地区的人们却头脑清醒，因为他们天性冷静。无论何处，那些感到害怕的人们比自信的人们会更多地去尝试探
> 95 索事物，所以他们会发现更多东西。或者，这是因为温暖地区的居民种族更古老，寒冷地区的原居民已在大洪水中消亡，从而后者与前者有着青年人与老年人之间的同样关系？①

《问题篇》或许代表了多少个世纪被人们反复提出，并深深吸引人们的种种问题——不仅是医学从业者，还有那些利用这些医学推测作为理解各民族及其环境的一个途径的人们。

5. 文化多样性问题

波利比乌斯对环境论作出了比亚里士多德更有创新性的贡献，对他来说文化环境同样存在。希波克拉底说过公共制度能够改变由自然环境导致的品质。波利比乌斯将这一思想推进了一大步，详细地描述了来自其故乡阿卡迪亚的一个显著例证，来说明

① 亚里士多德（Arist.）：《问题篇》（*Problemata*），XIV，8，909 b 8—25；15，910 a 26—35。

环境影响与文化影响的力量。这位希腊历史学家、罗马人的人质和编年史家（他记录了从希腊衰落到迦太基衰落时期内罗马人迅速上升到世界统治地位的过程），描述了在伯罗奔尼撒的阿卡迪亚（波利比乌斯生于迈加洛波利斯），有着残酷野蛮、无法无天名声的谷奈塔人和其他阿卡迪亚人之间的差异，后者“在所有希腊人中间拥有某种道德声望，不仅因为他们对陌生人的友善和生活与行为的厚道，而且最重要的是因为他们的宗教虔诚……”谷奈塔人将自己的讨厌品质和在埃托利亚人手下的不幸归结于放弃了阿卡迪亚人根据自然所创造的制度。这些制度围绕音乐建成，因为音乐处于其作为一个民族而存在的最中心。孩童们唱着圣歌与赞美诗，颂扬国家的神灵和英雄；他们在笛子节、运动会中互相比赛，成长为年轻人之后更是参加男人的各种竞技活动。自婴儿时期就开始的音乐教育从未远离他们的生命：军队进行曲、精美舞蹈、戏剧，不断延续着早期强调音乐对人们价值的观点。古老的阿卡迪亚人并非出于轻浮，而是由于必要才引进音乐：阿卡迪亚的生活是艰难的，那里人们的简朴生活方式是寒冷阴郁气候的结果。“我们所有的人都出于必要而适应了我们的气候。”性格、外形、肤色和习俗的本质都归结于气候。为了减缓严峻气候的苛责，阿卡迪亚人创造了音乐、共同集会、男女合唱，“简而言之，用尽一切方法通过教育来驯服并软化灵魂中的强硬。”而谷奈塔人呢，尽管因为气候特别严酷而最为需要这种软化，但他们什么也不做，只是一味地打仗和相互残杀。波利比乌斯要他的读者记 96
住，阿卡迪亚人练习音乐并不是为了奢侈，在一段呼唤语中，他表达了一个希望，即上帝也能允许谷奈塔人通过教育，尤其是通过音乐来教化自己，使自己脱离野性。[①]

据我所知这是第一次全面地阐释这样一个观念，即一个环境产生了某种类型的人种特性，而通过有意识、有目的的艰苦奋斗，这种特征能够被无所不在的文化制度（比如音乐）所抵消。在这里，从原始状态（可能是由环境导致的野蛮状态）向文明的转变，是通过一群文化英雄或老前辈有意识的决定而完成的。这种概念与近代历史编纂中一种占支配地位的思想很相似，即文明史就是从自然控制人类的时代直到人类控制自然的故事，两者之间的区别在于：在近代历史学中脱离环境控制不是被归功于文化英雄们有意识的努力，而是被看作知识、技术与发明增长的结果。

我们有理由在此处介绍来自狄奥多罗斯的两段文字，这两段可能都是阿加塔尔齐德斯关于红海的一部作品的片段（阿加塔尔齐德斯在大约公元前 116 年成为年轻托勒密的护卫）。它们反映了当时人们对非洲人种学及红海沿岸的兴趣。第一段可能来源于几种资料，是关于人类起源的。根据狄奥多罗斯的说明，历史学家认为埃塞俄比亚人是最早的人类。他们不是移民而是土著，当地的自然环境有利于人类的产生。居住在正午太阳之下的人类首先被地球孕育出来，因为当世界产生时，太阳的热力“晒干了当时仍然潮湿的大地，使它孕育了生命”（Ⅲ，2，1）。哎呀！时间和利基家族（the Leakeys）（人类起源问题研究者——译者注）对待狄奥多罗斯、埃塞俄比亚人和那些历史学家们可是

① 波利比乌斯（Polybius），Ⅳ，20。这段节选亦被翻译在洛夫乔伊和博厄斯（Lovejoy and Boas）的《古代的原始主义及相关思想》（*Primitivism and Relative Ideas in Antiquity*）中，345—347 页。

够严厉的。奥杜瓦伊峡谷远在南方，那里正午的太阳同样高悬在天空。不过现在似乎可以确信，他们在声称非洲是人类故乡这一点上是正确的。

第二段被归属于阿加塔尔齐德斯，它对于通常所述的关联关系是一个饶有趣味的变化。像波利比乌斯一样，他强调习俗对一个民族的控制力。阿加塔尔齐德斯对比了极端气候下的国家，寒冷的西徐亚、炎热的上埃及与穴居人国家。在每一个这样不宜居的地方，居民们都如此热爱自己的国家，以至愿意牺牲自己的生命来避免背井离乡，因为国家对已经住惯了的人们施了魔咒，并且自婴孩时期就在那里度过的岁月使他们能够克服气候造成的艰辛。阿加塔尔齐德斯说，在二十四天中，一个人能够从最寒冷的北方走到南方有人居住的最温暖南端；在这样显著的气候差异之
下，“无论是这些居民的食物还是生活方式以及身体，都会与我 97
们现行的非常不同，这没有什么可奇怪的”（Ⅲ，34，8）。

我们在前面已经提到过波昔东尼对“神意设计的世界”这一思想的贡献，以及他对于受太阳、星星和月亮影响、作为人类栖息地的地球的概念。

然而，地球上民族多样性的问题依然是一个长期的难题：一方面是居住在地球环境中的人类统一性，另一方面是民族的多样性，他们之间各有差异，生活在非常不同的环境之中。波昔东尼似乎是（我们不能完全肯定）考虑到统一性与多样性这个问题之两方面的最早思想家之一。更早期的作者像柏拉图和亚里士多德，虽然关心目的论、设计论和气候的影响，但他们的思想是随意的；他们没有将环境观念与设计论密切联系起来。至于波昔东尼，虽

然我们不能肯定他确实作出了这种联系，但这是很有可能的。波昔东尼借用了希波克拉底《空气、水、处所》一书中的观念，并似乎成为使这些观念保持生命力并流传给后世思想家的中间人之一。[①] 我们对作为一个连贯整体的波昔东尼著作所知甚少，但看来他在与人类相关的环境问题上比早于他的任何一位作者都有更多的论述，这里面也许包括希波克拉底和亚里士多德。波昔东尼还深深涉足历史的意义和原始族群的人种学。他从前辈学者的主题中得到灵感，继续书写波利比乌斯的通史。“上帝的旨意赋予了罗马人建造一个帝国的使命，这个帝国也的确发展得为其臣民带来物质上与道德上的利益。”对波昔东尼来说，“显然，上帝的共同体在世界范围的罗马共和国身上得到了反映，历史的统一性也在罗马帝国这里实现了。”[②] 波昔东尼还是高卢和日耳曼人种学的研究者，他多半“没有将它们与凯尔特人分开”，并且因为他相信现存的原始民族代表了人类历史的早期状况，他还在比较方法的历史中占有一席之地。[③]

波昔东尼的著作仅有少量片段得以流传，但是这些已经清楚地表明他对人种学的强烈兴趣，并证明了这样一个判断，即研究不同文化深刻地吸引着他，而且他对各民族习俗做了大量的第一

① 贝尔格（Berger）：《希腊科学地理史》（*Gesch. d. wiss. Erdkunde der Griechen*），545页。

② 佩罗·特雷韦斯（Piero Treves）：“历史编纂，希腊”（Historiography，Greek），《牛津古典词典》（*OCD*），433页。

③ 佩罗·特雷韦斯：“波昔东尼（2）”［Posidonius（2）］，《牛津古典词典》，722页。我认为，这篇短文是对波昔东尼主要思想的最好论述，也是对其重要性最客观的评价；在阅读德国人冗长、充满推断和争辩的许多作品之后，这篇短文令人耳目一新。

手调查，尤其是在高卢和西班牙。（恺撒以波昔东尼的作品作为他对凯尔特人描述的来源。）

斯特雷波和阿森纳乌斯（Athenaeus）的作品在说明这个兴趣方面特别丰富。[①] 然而他们所引用的波昔东尼，大部分是有关风 98
俗、经济活动、技术（例如西班牙的采矿作业）的直接描述，没有因果解释。波昔东尼是事实部分的直接来源，我们可以在斯特雷波关于西班牙人和凯尔特人的很多资料上看到对波昔东尼的依赖。从斯特雷波、盖伦和维特鲁威的作品中还能得知，波昔东尼对环境与文化之间的因果关系十分感兴趣，而且可能比他的残存著作片段所显示的更为强烈地追寻这个兴趣。斯特雷波批评过他的斯多葛派同道“过分喜欢模仿亚里士多德钻研‘原因’的倾向，这是我们［斯多葛派］要小心回避的一个主题，就是因为所有的‘原因’都被极度黑暗包裹着。”[②]

波昔东尼按两种不同的方式对地球进行了地域性划分：“纬度带”（klimata）和“地区”。（这两种划分方式在后来的述评中引起许多混乱。）“纬度带”与近代气候概念没有任何关系。古代七个“纬度带”是对从北方玻里斯提尼斯河（第聂伯河）河口一线延伸到南方麦罗埃一线的可居住世界的分割。以最长那天每半

① 宁克（Ninck）：《欧洲经由希腊人获得的发现》（*Die Entdeckung von Europa durch die Griechen*），8、193—200、241—245 页。在阿森纳乌斯（Athenaeus）作品中有许多对波昔东尼的简短提及，但特别见《名儒聚谈录》（*Deipnosophistae*），Ⅳ，151 e—153 d、154 a，引述了波昔东尼对凯尔特人和帕提亚人的论述。这些是直接的人种学报告。进一步有趣的描述，见Ⅳ，210 e—f。

② 斯特雷波（Strabo），Ⅱ，iii，8。汉密尔顿（Hamilton）翻译。

小时的白日长度之区别，“纬度带”被一个个划分出来，它们不是气候带，而是有着重要纬度差异的地区。[1]

看来波昔东尼是比较深入地调查每个“纬度带”中太阳照射对温度影响的最早学者之一；然而，他没有探究“纬度带”与民族特征之间的关联性，而是将民族特征与五个“地区”联系起来。[2]其中两个地区，北极区和赤道区，一个太冷、一个太热，可以作为不适合人类居住的地区而被排除，留下三个处于地球气候温和部分的地区。这些地区并不是被假想的线条分割开，像北极圈那样；它们的界限是随着国家而变化的。温带的北部与寒冷的北极接壤，南部则与炎热的赤道区接壤。既然只有北半球有人居住，地球温带的这三个地区就对可居住世界的各民族有着重大关系。

波昔东尼对各个“地区”作了进一步的划分（为此也受到斯特雷波的批评），这个划分与纬度毫无关联。这些是狭长的条状地带，与回归线相接，被分成东部和西部，也许是为了承认：民族间的差别不能仅仅用纬度来解释，生活在同一地区东部和西部的民族之间也可能有不同。存在这种划分也许应当归因于已知的印度人与埃塞俄比亚人之间的对比，这两国人按照埃拉托色尼的
99 说法，居住在差不多相同的纬度，但是印度人比埃塞俄比亚人更吃苦耐劳，并且没有被太阳热量烤得那么干瘪。[3]

和希波克拉底一样，波昔东尼认为气候是影响一个民族天性

① 霍尼希曼（Honigman）：《七个“纬度带”》（*Die Sieben Klimata*），4—9、25—30页。

② 斯特雷波（Strabo），Ⅱ，iii，7。霍尼希曼，前引书，25页。

③ 见斯特雷波，Ⅱ，iii，7—8。

的重要原因。据盖伦所言，波昔东尼认为空气的混合体影响身体的活动，身体的活动接下来又激起心智的活动，而环境条件能够解释人们为什么懦弱或勇敢、为什么喜爱安逸或艰苦劳作。[①] 在斯特雷波的著作中也有类似的证据，他为波昔东尼过分强调两者之间的关联性感到愤愤不平，这促使他写出了我们后面将要讨论的著名段落，批评环境理论的决定论观点。

的确，斯特雷波保存了人种学和历史学中关于精神、语言和文化因果关系问题的饶有趣味的讨论。他赞同波昔东尼寻找“具有同一血缘和社会的民族国家”名字词源学的方法，“这样在亚美尼亚人、叙利亚人和阿拉伯人之间，在方言、生活方式、体质构造的特性方面，尤其是在这些国家之间的接触中，存在一种强力的密切关系。美索不达米亚作为这三个国家的混合体，就是这个观点的一个证据；因为这三个国家之间的相似之处十分引人瞩目。”斯特雷波还说（这里不能确定他是在表达自己的观点，还是波昔东尼的观点），尽管三种人的共同特征是主要的，但是由于纬度不同，在北方的亚美尼亚人、南方的阿拉伯人和中间的叙

① 关于波昔东尼的残篇，见雅各比（Jacoby）:《希腊历史学家残篇辑录》（*FGrH*），Ⅱ A，222—317 页，以及评述，Ⅱ C，154—220 页。关于民族之间的差异，残篇 28（= 斯特雷波，Ⅱ，2，1—3，8）；残篇 80（= 斯特雷波，XⅦ，3，10）；残篇 102［= 盖伦（Galen）:《论希波克拉底和柏拉图的学说》（*de plac. Hipp.et Plat.*），5］；残篇 120［= 马尼吕斯（Manilius），Ⅳ，715 及以后］；残篇 121［= 维特鲁威（Vitruvius），Ⅵ，1］；残篇 122［= 普林尼（Pliny）：《自然史》（*NH*），Ⅱ，80（189—190）］。波昔东尼的人种志和参考文献，由屈丁格（Trüdinger）进行了彻底研究：《对希腊罗马人种志的历史研究》（*Studien zur Gesch. der griechisch-römischen Ethnogr.*），80—126 页，作者反对将马尼吕斯书中的这段文字认作波昔东尼的作品。

利亚人之间也存在着差异。[①]

斯特雷波还引用了波昔东尼关于两个狭长地区生活的思想，这两个地区处于回归线之下，并被回归线分为两个部分，每年有大约半个月的时间接受太阳直射。炎热、干旱和沙化地域的荒芜就是灼热太阳威力的证明。串叶松香草和类似小麦的旱季作物是能在那里生长的唯一植物。那里没有山脉聚积云彩，也没有河流。“结果是：各类物种生来具有蓬松的毛发、弯曲的角、突出的嘴唇和宽阔的鼻孔，手足好像扭曲多节的树木一样。在这些地区中还居住着食鱼人。”[②] 这段文字显然将人类和动物的性质聚合在一起了。

作为一个连贯整体的波昔东尼思想只能从他人的作品中找
100 到，这真是一个巨大的损失。斯特雷波的地理学几乎完整无缺地保留下来了，其中波昔东尼的幸存语录带来的额外威信更增加了他的名气。但是，尽管有近代的艰苦研究和莱因哈特令人印象深刻的著作，波昔东尼仍然是个有争议的人物。例如，并不知道他的环境观念与占星人种学之间究竟是否有关联、在多大程度上有关联。波昔东尼相信宇宙的统一性和宇宙对地球影响的真实性。莱因哈特认为他的占星术和占星人种学是合理的，不存在罗马帝国占星术后来的无节制；这些观念是合理的，因为它们涉及研究太阳对陆地生命的影响、月亮对潮汐的影响，由此解释地球是宇宙的一部分并处于宇宙力量的影响之下。另

① 见斯特雷波（Strabo），Ⅰ，ii，34。

② 同上，Ⅱ，ii，3。

一方面，波尔（Boll）相信波普东尼是占星术进入罗马共和国的主要途径。人们知道在这一方面，波普东尼与他的老师潘尼提乌不同，后者对于占星术没有耐性。此外，波尔的观点遭到屈丁格（Trüdinger）的非议。[①]

波普东尼的基本立场可能是，天体反映了像法律一样统治宇宙的"共感"，这些天体决定着作用于地球上生命的普遍影响，而具有本地和特殊适用性的影响也许能在地球上所存在的环境条件之中寻求，尽管占星术也可以被用于发现这样的细节。似乎没有什么疑问（正如西塞罗的抗议所揭示的，这一点很快将在后面讨论），占星术对有关人类在宇宙中地位的思想有着强大的影响力，而环境影响理论与关于天体影响的一般理论相比，却受到更多的批评、分析、修正与限制，因为有日常观察所得到的证据。我们还应在宇宙共感与流行占星术的粗糙占卜之间作出区分。公元二世纪，盖伦这位目的论和"神意设计的世界"的信仰者、希波克拉底的崇拜者、承袭希波克拉底和波普东尼传统环境观念的信徒，受到了罗马民众在最粗俗形式的占星术支配下的纠缠烦扰。

---

① 关于波普东尼与占星术，见波尔-贝措尔德（Boll-Bezold）：《星象信仰和星象释义》（*Sternglaube und Sterndeutung*），23 页，"在一世纪初，是伟大的斯多葛派波普东尼使占星术处于当时希腊科学的高峰。"亦见 26、99—100 页。库蒙（Cumont）：《希腊人和罗马人的占星术与宗教》（*Astrology and Religion Among the Greeks and Romans*），40、46—48 页。但是，见屈丁格（Trüdinger），前引书，117、119—126 页，这里强调了更多的波普东尼环境观念以及太阳和"纬度带"的重要性问题。他不是一个像蒂迈欧或阿加塔尔齐德斯那样的"只在自己的房间里从事人类文学的人"（*Stubenethnograph*），119 页。

6. 某些罗马著作中的人种学和环境观

毫无疑问，古代的环境因果关系理论都是围绕着希波克拉底和波昔东尼存在的。然而，在间接的文献中，尤其是德国人的著述中，波昔东尼无处不在，写作并思考任何事情，而且每个人都
101 在引述他的话。相当大量的文献试图在别人的著作中鉴别出他的作品——我们立即可以想到的有西塞罗、维特鲁威、托勒密和恺撒。但我还是宁愿按照这些段落在每部著作中出现的情况来讨论它们，即便这些理念中真的有许多来源于波昔东尼。

同样没有疑问的是，气候的作用存在于许多罗马作家的头脑之中。我们不需要一一列举，因为它们只具有进一步证明的意义，并没有理论上的重要性。伊苏斯的科尔里卢（Choerilus of Issus），在贺拉斯眼中是一个卑劣的诗人，却是亚历山大大帝的红人，“为其笨拙而糟糕的诗篇”而被支付腓力皇家铸币。在绘画和铜铸上品位还不错的亚历山大，在诗歌方面却没有欣赏水平，以至于贺拉斯说：人们会认为他出生在维奥蒂亚的阴郁空气之中。

塞涅卡和弗洛鲁斯（Florus）后来都提到了严寒北方的荒芜和严酷，都相信生活在那里的人们具有像其气候一样野蛮的性格。波利比乌斯之后的阿森纳乌斯（鼎盛期大约在公元200年），也看到了艰苦而节俭的民族与寒冷而阴郁的气候之间的关联性。

更有甚者，卢克莱修的长诗是以环境生物学主题为结尾的。外部起源的流行病像乌云和雾气一样进来，或者从滂沱雨水和灼热阳光所腐蚀的土地中升起。他对于人们所不习惯的气候给他们

造成的影响有着深刻的印象，包括水土不服带来的困难。他提到英格兰与埃及之间的气候对比、克里米亚的气候，以及向南靠近黑皮肤人们居住地的加的斯的气候。这四个地区以四面来风和天空中的四个方位来区分，其居民的肤色、容貌各异，对疾病的易感染程度也不同。卢克莱修仅仅附带性地谈到心理和文化的影响，而对疾病的分布和病原学非常感兴趣。他记录下埃及的象皮病、阿提卡的脚痛风和阿哈伊亚的眼疾。空气差异使其他地区对别的身体部分和器官有不良作用。随着这些议论，卢克莱修对雅典的瘟疫进行了大段描述，然后就此结束他的长诗。空气像雾或云悄悄溜进来，污染了一个地区，沉落在谷物或者其他人类或动物的食用作物上，或者是人们吸入悬浮的成分。不管是人们走向污浊的空气，还是污浊的空气流向人们，都造成同样的致命后果。因此，卢克莱修追踪了自埃及心脏地区而来的雅典瘟疫的过程——他认为瘟疫产生在埃及中心——而他的长诗也结束于对其苦难的描述。[①]

西塞罗从他老师波昔东尼那里学到了很多东西，并且使用了后者的许多著作作为自己作品的基础，但是他缺乏波昔东尼对地理事件和地理问题的兴趣。对城市临海位置的不信任，曾经显示 102

① 贺拉斯（Horace）:《书信集》（*Epistles*），Ⅱ，1，244。塞涅卡（Seneca）:《论愤怒》（*De ira*），Ⅱ，15;《慰藉篇：献给赫尔维亚》（*De consolatione ad Helviam*），7。弗洛鲁斯（Florus），Ⅲ，3。阿森纳乌斯：《名儒聚谈录》（Ath.），XIV，626。卢克莱修（Lucr.）:《物性论》（*De rerum natura*），Ⅵ，1138—1286［基于莱瑟姆（Latham）的译文］。亦见贝利（Bailey）的述评，《卢克莱修的物性论》（*Lucr.*），卷3，1723—1744页。

在柏拉图的思想中，又再一次出现在西塞罗的著作里。如果说港口城市参与了国际贸易的利益，它们同时也就输入了外国理念，这些理念带来一种不安定的生活方式，将人们从古老的习俗和传统中拉开。临海位置导致人类思维浮想联翩；他们被海上贸易煽动，怀有希望、梦想、诱惑，渴望奢侈生活。对文化接触的恐惧一再成为古代著作中的主题；它出现在诸如希罗多德、柏拉图、西塞罗和斯特雷波这样时空分布广阔的作者们身上。西塞罗将迦太基和科林斯（确实还有整个希腊）的陷落怪罪到临海城市特有的这些缺点上。

罗慕路斯（Romulus）怎样“以更为神圣的智慧”为罗马人选择了一个靠近海洋的河流居址，却没有任何临海位置缺点的？他一定有一个“神圣的暗示，即这座城市有一天将成为一个强大帝国的所在地和基石；因为建立在意大利任何其他地方的城市都几乎不可能如此容易地维持我们目前的广泛统治区域。”尽管处于瘟疫爆发区当中（即彭甸沼地），罗马却是健康的，因为它拥有泉水和山丘，那些山丘“不仅沐浴微风，而且同时把阴凉赐予脚下的山谷”。[①]后来斯特雷波也表达了类似的情感。

在一段引人注目的文字中，西塞罗表现出他了解基于体液学说的环境理论，但对这些理论在具体情况下的夸大运用毫无耐性。不过他的批评显示了对斯多葛派学者克吕西普和波昔东尼的宿命论与占星术更为强烈的不耐。这段文字也揭示了“湿气与缺乏精神活力相联系”这个观念的顽强。

---

① 西塞罗（Cic.）：《论共和国》（*Rep.*），Ⅱ，4—6。

> 我们看到了不同地点的自然特征有着广泛差异：我们注意到一些是健康的，另一些则不健康；一些地方的居民冷漠，似乎过度承受着潮湿，其他地方的居民却干瘪渴水；而且一个地方与另一个地方之间还存在一些别的大不相同之处。雅典空气稀薄，被认为能导致超越一般民众的锐利才智；底比斯的空气稠密，因而底比斯人健硕而刚毅。即便如此，雅典的稀薄空气不能让一个学生在芝诺、亚尔采西拉斯（Arcesilas）和泰奥弗拉斯托斯的演讲中作出选择，而底比斯稠密的空气也不能让一个人去尼米亚参加一场比赛，而不是去科林斯。将这种区别更推进一层：告诉我，地点的性质能使我们在庞贝走廊散步，而不是在学院里散步吗？与你相伴而不是与别人相伴吗？在这个月的十五号而不是一号吗？

西塞罗在这里嘲笑的不是环境论，而是占星术的理论；如果这些环境影响不能用来解释个体决定与私人偏好，那么占星术的影响也不能用于类似的目的。天体的状况“也许会影响一些事物， 103
但是它一定不能影响所有的事物。”[①]

然而，我们不应产生这样一个印象，即古典人种学总是注重寻找或批评一个自然性质的因果性解释。它大部分是描述性的。例如，恺撒的人种学（其中一些被认为来自波昔东尼）在诸如高卢人、罗马人和赫尔维第人之间作出了强烈的对比，但是对这些差异的解释却是文化方面的，而不是环境方面的：比利其人的隔

① 西塞罗（Cic.）：《论命运》（*De fato*），Ⅳ，7—8。

绝和缺少外部联系确保了他们之中持续的勇敢和坚韧；而文化接触，就像与旧日相比发生在现在的高卢人身上那样，导致了软弱，使他们威风不再、斗志全无。恺撒同样表明了对海上生活和临海位置一种明显的不信任，因为这会使一个民族接受外来习俗，丧失体面并变得软弱。

塔西陀（Tacitus）的人种学与恺撒的相似：一般来说它是直观描述，不强调理论。然而，在《阿格里科拉传》（*Agricola*）中，塔西陀探讨了不列颠土著居民与大陆居民之间可能的类似之处，尤其是英格兰东南部的人与高卢人之间的类似。他们是否具有共同的起源（*durante originis vi*）？朝着相反方向延伸的高卢和英格兰这两片土地，它们的气候是否相似（*positio caeli*）？塔西陀摒弃了气候学假设，认为更可信的观点是高卢人自己占领了英格兰这个邻近的岛屿。

但是这里既没有哲学原理也没有偏见，因为在其他地方，塔西陀说马提雅契人与巴塔威人十分相似，但是又与巴塔威人不同，因为他们本国的土壤和空气使他们精神焕发。①

7. 斯特雷波的折中主义

与他的前辈相比，斯特雷波在文化地理学上是一个更为兼

① 恺撒（Caesar）：《高卢战争》（*The Gallic Wars*），第1部；第6部，11—20。在汉福德（S. A. Handford）翻译的《高卢征服》（*The Conquest of Gaul*）（企鹅经典）中，来自第1部和第6部的人种学材料被置于作品的开头部分。塔西陀（Tac.）：《阿格里科拉传》（*Agr.*），XI，2；《日耳曼尼亚志》（*Germ.*），29。

收并蓄的思想家。他似乎多多少少将地球当作一个舞台，它的地形地貌就是历史事件发生的后衬和布景。斯特雷波采纳了希腊的 οἰκουμένη（人居世界）观念，他说，地理学者应该仅仅关注有人居住的地球。他的话是一个早期而有力的主张，号召人们考虑文化地理和人文地理，并研究地球上那些人类生活其中并利用其环境的部分。[①] 他在一个关于欧洲可居住性的著名段落中说，良好的管理能使寒冷多山的地区适宜居住，希腊人在这方面的成功应归结于统治中的经济因素、他们的技艺和技术。罗马人也教导 104
了那些完全不懂商业的人经商。

在斯特雷波关于艰苦环境的讨论中能看到希波克拉底和希罗多德的痕迹。“在一个气候温和适中的地方，自然本身为这些优势的产生作出了很大贡献。正如在这种得天独厚的地区一切趋向平和，而那些贫瘠的地区就会制造出勇敢及战争倾向。”[②] 然而斯特雷波并没有对所有情形不加限制地运用这个观念。在谈到西班牙北部的部族时，他说他们粗鲁而野蛮的举止是战争和与世隔绝的结果，但是这些特征已经得到软化，因为他们处于和平状态，并且和罗马人发生交往。“在这些［影响］没有得到充分发挥的地方，当地人就更强硬更野蛮。也许这种性格上的粗野程度会由于山脉和某些他们所居住地区的荒芜而增加。”[③] 奥古斯都结束了他们的战争，提比略（Tiberius）在他们之中引入了一个文化政体。环境影响与文化影响的结合令人想起希波克拉底和波利比乌斯的

① 斯特雷波（Strabo），Ⅱ，v，34。

② 同上，Ⅱ，v，26。

③ 同上，Ⅲ，iii，8。

论述，不过斯特雷波把这些解释应用到更广阔的视角和不同的文化场景。

斯特雷波相当详细地讨论了意大利的环境条件及其对罗马统治地位崛起的影响：海洋和北部的边境山脉使它像岛屿一样；它的海港虽然少，但优良；它的位置使它能够“拥有大气和温度方面的许多优势，从而使得动物和植物，以及实际上能用来维持生命一切事物，都能够享有从温和到严酷的各种各样气温……”得益于亚平宁山脉，整个陆地都拥有“无论山区还是平原的最佳出产之优势”。“同样，由于意大利位于最伟大国家（我指的是希腊和亚洲最好地域）的正中心，很自然地处于能够获取统治权的境地，因为她无论在人民的英勇还是领土的辽阔上都优于周围国家，并且既然与这些国家接近，似乎就注定了没有困难地征服它们。”[①]

与波昔东尼一样，斯特雷波属于斯多葛派，在他的作品中也存在这种影响的线索，但是他反对在他看来是教条的波昔东尼的关联性论断。在一段陈述中（它是关于文化与环境的最著名的古代理论性陈述之一），斯特雷波批评了设计观念以及民族与其环境之间的因果关系：

105 事实上，［一个国家的］各种不同安排并不是预先谋划的结果，就像民族或语言的多样性不是预先谋划的一样；它们都取决于环境和偶然性。来自特定［内在］根源的技艺、

① 斯特雷波（Strabo），Ⅵ，iv，1。

政府形式及生活模式，无论身处何种气候下都会成长；然而气候有其影响，因此一方面某些特性归因于这个国家的自然，而另一方面其他特性则是公共制度和教育的结果。雅典人培养了雄辩，而拉西第孟人则没有，距离更近的底比斯人也一样，这就不能归结于这个国家的自然，而是他们的教育所导致的。巴比伦人和埃及人成为哲学家并非天生，而是由于他们的公共制度和教育。与此相似，优良的马匹、牛群和其他动物不仅产生于它们所处的地区，也是精心繁育的结果。波昔东尼混淆了所有这些区别。①

斯特雷波约在公元前64年生于本都王国首都阿马西亚（现土耳其萨姆松港口西南），去世约在公元24年；他的成年时期是在奥古斯都和提比略政权下度过的。他的地理学是特意为政府和管理者所撰写的，当时正值奥古斯都鼓励发展帝国贸易。② 在他的地理学中，对各民族的描述成为之前四百年来事实搜集的顶峰，这一工作在其死后仍得以继续，不过没有那么令人印象深刻，其中值得注意的是普林尼的著作。发生在斯特雷波身上的事情也必然要发生在亚历山大入侵之后，后来又肯定发生在大发现时代之后和十九世纪末期，那就是：关于世界各民族及其显著多样性的知识积聚，对过去令人满意的简单因果解释造成了巨大压力。这

① 斯特雷波（Strabo），Ⅱ，iii，7。

② 关于奥古斯都鼓励帝国贸易，见查尔斯沃思（Charlesworth）：《罗马帝国的贸易路线与商业》（*Trade-Routes and Commerce of the Roman Empire*），9—13页；亦见其对斯特雷波的评价，xiv—xv、13页。

就是斯特雷波摇摆不定，甚至是自相矛盾的原因。一些思想是传统的，一些建立在当时的观察之上。因果关系解释不得不比原来更加折中，因为语言和生活方式的差异在更大规模上变得十分明显，正如生活在十九世纪末的地理学者们面对那么多新发现，对于他们直接前辈的各种解释变得没有耐性。斯特雷波的地理学是古典文化地理学理论的制高点；此后就很少有像斯特雷波一样令人满意或激动人心的作品，无论是普林尼、托勒密还是维特鲁威。斯特雷波的书中充满着人类活动、探险和技术的记录，教条式的解释难以容身。近代地理学者确实有理由赞赏斯特雷波（即便他的资料来源相当混乱）。①

106

8. 维特鲁威论建筑

在维特鲁威的建筑学著作中，有自从希波克拉底时代以来对文化与环境最为广泛的讨论（波昔东尼和斯特雷波可能除外）。然而近代学者强调过，维特鲁威的环境理论和文化发展理论来自波昔东尼。尽管如此，我们还是按照它们在维特鲁威作品中出现的情况来讨论，因为这些理论也与他的工作任务相关。有四个观

① 见班伯里（Bunbury）的《古代地理学史》（*A History of Ancient Geography*）卷2中关于斯特雷波的杰出章节。关于斯特雷波地理学对拉丁作者的忽略，见卷2，216页。这种忽略本身给予我们一个教训，告诉我们对知识与思想交流的自然或其他障碍会造成什么后果。“但是，如果说在阿马西亚写作的斯特雷波对于在罗马广为人知的文学作品毫无了解，那么当我们发现他自己的伟大作品，尽管十分重要并有着巨大价值，却在很长一段时间里比较无名，而且甚至连一次都没有被普林尼在其收集的大量权威论述中引用，我们也就不会感到奇怪了。”

念很有意思。前三个得到很好的发挥，最后一个只是附带提及：气候对建筑问题的关系；气候对民族本质的关系；房屋的发展；文化接触的效果。

维特鲁威对气候与建筑学的讨论令人想起在《空气、水、处所》第一部分的一个相似探讨：设防村镇应该坐落在高地，没有薄雾和严霜，气候温和且远离沼泽；夏季的炎热给有利健康或不利健康的地区都造成削弱的效果，而在冬季，即使是不利健康的地区也比平时健康得多。热风应该被避免，因为身体由四种元素构成，如果其中之一，比如热，占了优势，那么“它将暴虐地摧毁并溶解所有的其他元素”。人体构造能够更好地适应寒冷而不是炎热，因为那些从寒冷地区转向炎热地区的人们日渐消瘦，而那些从热带气候迁往北方寒冷地区的人们则越发健康。温和的气候最有利于平衡与健康，这是从体液混合理论得出的一个结论。

沼泽和热气——疟疾和炎热天气——似乎是古代医生和建筑师最主要的恐惧。对炎热（即火）的强调沿袭了斯多葛派哲学中火的重要性，如果那些宣称维特鲁威依赖波昔东尼的学者们是正确的话。①

后来，维特鲁威论述了“地区”与文化类型、生物类型之间

① 关于维特鲁威对波昔东尼的依赖，见波伦茨（Pohlenz）：《斯多葛派》（*Die Stoa*），卷1，360页，及莱因哈特（Reinhardt）：《波昔东尼》（*Poseidonios*），43、79—83、402页。维特鲁威（Vitr.）：《建筑十书》（*De architectura*），Ⅰ，iv，1，4—6，8。元素论被用来解释鸟、鱼和陆地动物对自然环境的适应性，Ⅰ，iv，7。维特鲁威也探讨了牧场和家畜食物作为健康品质的指示信号，Ⅰ，iv，10；像希波克拉底一样，他对沼泽的危险性很敏感，Ⅰ，iv，11—12。维特鲁威在前面还强调了建筑师学习医学的必要性，这是因为 κλίματα（“纬度带”）、空气、健康居址和水的缘故，Ⅰ，i，10。

的关联性。维特鲁威作品中的这个部分大概整个地来自波昔东尼；当然在北方和南方的全面对比中，维特鲁威忘记了地区划分的精细化，正如斯特雷波宣称波昔东尼忘记了那样。

然而，他讨论这些问题的理由是建筑师实用的理由：房屋应该调整得适合气候条件，以便“我们可以用技艺去修补自然被放任自流时可能损坏的东西”。北方极端寒冷地区的潮湿空气不会
107 从人体内汲取湿气，因而人具有大量的血液补给，这解释了他们在战争中的勇敢。有着红色直发、作为高个子白种人的德国人或高卢人，在发热面前无能为力。寒冷潮湿的空气也使声音变得低沉。被稠密而潮湿的大气冷却的身体和心智变得迟缓，这一点通过观察蛇在温暖天气和寒冷天气下的活动情况就能证实。北方的民族勇敢，但他们可能由于缺乏判断力而丧失这个优势。

南方存在相反的情况，那里的民族暴露在直射的太阳光线之下，身体被吸出去过多的水分，剩下很少的血液；尽管他们容易忍受发热和高温，但在战争中却胆怯，因为他们缺少北方民族的强壮血液。南方民族矮小而黝黑，头发卷曲，黑眼睛，两腿粗壮。与北方人不同，他们的声音尖锐，那是温暖和干燥元素的结合，而且炎热而稀薄的大气不会像北方的稠密空气那样压迫身体与心智，因此他们具有敏捷的智慧，尽管他们缺少被太阳高温吸走了的勇气。维特鲁威在这里的描述可能是根据他对北非人种学的个人知识，因为他经历了公元前 47—前 46 年的非洲战争，跟随恺撒在哈德鲁梅（今突尼斯的苏塞）登陆，而他描述的似乎正是这些地区的沙漠民族。对日耳曼部族的观察可能来源于波昔东尼。他对温暖沙漠民族与欧洲西北寒冷地区民族之间对比的解释，是

建立在体液论上的常见的生理学解释。[①] 像亚里士多德论述希腊人一样，维特鲁威以适度的谦虚宣称：位于两种极端气候之间的“真正完美的领土是罗马人民所占领的地方”。将神意设计观念与环境论相结合，再加上一点占星术，维特鲁威下结论说，意大利以她的卓越粉碎了“蛮族人的勇猛进攻，并且用手中的力量阻止了南方人的欲望。因此，正是神圣智慧把罗马人的城市置于一个举世无双而温和克制的国家，为的是使它可能获得号令整个世界的权利。”作出这样一个宣言之后（这个宣言很时髦地将神圣目的与国家政策等同起来），维特鲁威重新回到手头上的工作任务：使房屋“在设计上适应国家和种族的特性，既然我们现成拥有自然本身的专门指导。”[②]

然而在出自房屋起源与发展理论的文化发展论上，我们看到了维特鲁威完全不同的另一面。有人说这也来自波昔东尼。过去所有人类像野兽一样过着一种野蛮状态的简单生活，直到偶然发现了火，使社会的建立成为可能；人们围绕火堆发出的声音导致 108
了语音和语言，随后又产生了协商性集会与社会交往，而这种情况有利于避居所的建造。通过模仿和运用智力与勤奋，避居所改进了，导致了木匠技巧的进一步发展，以及后来其他技艺和技术的前进，使人们有可能从粗野文化向文明转变。古昔的简陋棚屋发展成为对称的房屋，建立在地基上。在高卢、西班牙、路西塔尼亚、阿基塔尼亚、高加索地区、科尔基斯（位于黑海和高加索

① 维特鲁威（Vitr.）：《建筑十书》（*De architectura*），Ⅵ，i，2—9。

② 同上，Ⅵ，i，10—12。

之间）等地，木匠们能够获得大量木材建造茅草屋顶或橡木屋顶的房屋；维特鲁威在这些房屋中，甚至在木料稀有的小亚细亚弗里吉亚的房屋中，注意到房屋类型既揭示了房屋一步步的发展过程，又展现了因灵巧使用当地可用材料而作出的地区性修改和发明。自然赋予人们感官，正如她也给了动物那样，但她同时还赋予人类思考和理解的能力，人们通过这些能力征服了动物，并从建筑推进到其他技艺与科学，这样便“从一种粗鲁而野蛮的生活模式走向文明与精致”。[①] 这是一个独立发明的理论。这个理论的历史与近代的发展理论类似，使用比较方法或历史方法，其中假定人类的心灵统一，从古到今总有相似的发明出现在很多不相关联的地区，以回应环境条件，而环境条件在给予所有民族相似的智力天赋的情况下，引出对相似问题的相似答案。在维特鲁威这两个互有分歧的研究方法中，还可以看出希波克拉底的《空气、水、处所》与《古代医学》之间的方法差异，这个我们在前面已经记述过。

维特鲁威谈到了哈利卡纳苏斯山顶上的一眼泉水，它因导致饮水人的怪异淫荡而拥有邪恶的名声；然而泉水没有问题，因为一个希腊殖民者在泉水边开了一家店铺，泉水吸引了早先被殖民者驱赶到山里的蛮族人，这些蛮族人在与希腊人的会晤中放弃了他们自己的习俗。“因此这眼泉水获得了它的特别名声，不是因为它真的带来淫邪，而是因为那些蛮族人被文明的魅力所折服。”[②]

---

① 维特鲁威（Vitr.）:《建筑十书》(*De architectura*)，Ⅱ，i，1—7;引文在第 6 段。

② 同上，viii，11—12；引文在第 12 段。

维特鲁威的两个观念，即“气候的影响”和“通过一系列阶段的文化发展”，揭示出这两种不同的研究方式都是古已有之，它们强烈影响过很多对于文化自身和对于与环境相关的文化的近代研究。每种方式都有不同的预设，因而必然会得到不同种类的结果。

从历史上看，环境论本质上是一个静态的理论。民族和文化 109
因其环境条件而成就各自的面貌，尽管这些也的确能够被人类制度所改良。文化通常被认为是对环境的回应，或强化、或抵消环境的影响，但是实际上，无论是文化还是环境都没有作为一个整体而得到研究。环境论也无法涵盖并非由环境改变所造成的文化改变，而且不能容纳文化接触的后果。

在古代和近现代，环境论影响的历史是令人失望的；盲目拷贝的关联性取代了研究和独立思考。旧理论在唤起人们注意民族和环境的多样性方面达到了一个有用的目的，但是下一步，对人类文化在不同环境下的传播，以及作为传播结果在他们之中产生的使用资源方式的差异，其研究却没有进行下去。然而这个观点被冗长重复的影响所吞噬，直到十九世纪才清楚而系统地形成。

在“通过理想的一系列阶段的文化发展”这个观念中，自然环境仅仅扮演了一个普遍化的角色；是人类的发明创造力和心灵统一在起作用，因为被相距遥远的环境所刺激的人们却殊途同归，达成了同样或相似的技术、艺术与发明。一旦这种最初的环境刺激被认可，随后的重点就放在文化演进与表现其特征的阶段上面了；尽管可能存在由于当地环境差异而出现的较小背离，但普遍的现象便是发展本身。在上述两种研究方式中，文化对其环境所造成的改变几乎完全被忽略了；自古代起，由人类造成的环境改变和环境对人类的影响一直具有各自独立的历史，从来没有相互协调一致，而且直到十九世纪这两者的不同假设才终于得到检视。

普林尼的环境论令人感兴趣，主要是因为它表现了希波克拉底、也许还有波昔东尼（他是普林尼在《自然史》第二部中所列的权威著作者之一）思想的持续影响，还因为普林尼将气候理论应用到种族差异的起源上。他将“被近旁天体热度烧焦的”埃塞俄比亚人与拥有白皮肤、直长金发的北方寒冷地区的民族相对比：“后者由于其气候的严酷而勇猛，前者则因为他们的流动性而聪明。”两个地区的人都很高，一边应归结于“火的压力”，另一边则因为“湿气的滋养作用”。地球的中间部分，极端气候的混合带，拥有“适合所有出产物的肥沃而广袤的土地”，人们个头中等，甚至在肤色上也具有混合特征；“习俗文雅，感觉清晰，智力丰富，
110 能够领会整个自然；他们还有政府（这是外面种族从来不曾拥有的），多于他们曾被中央种族奴役的时期，后者由于笼罩那些地区的野蛮自然而相当地与世隔绝、离群索居。”[①] 这段文字亦表明下面这种观念的坚韧顽强，即温和的气候适宜于文明，处于温和气候区的自然没有极端气候区的粗犷和野性。它还使我们看到气候解释怎样被用来说明民族之间的差异，而这种差异本来是可能用种族或文化的相互混合来解释的。

---

① 普林尼（Pliny）:《自然史》（*NH*），Ⅱ，80。这段文字被认为与波昔东尼的一个残篇相同，见本书 93 页注 4。

9. 斐洛和约瑟夫斯的批评

犹太人斐洛（公元前30年至公元45年）和约瑟夫斯（生于公元37/38年）都就环境影响在希腊文明中的作用作出了批评。斐洛将宇宙比作一个大城市（*megalopolis*），它具有一个机制和一套法律，“自然之法，命令应该做的事，禁止不应该做的事。”地球上的城市位于不同地点且不受数量的限制，具有不同的机制和法律，“因为它们分别发明并增加了新的习俗和法律。其原因是，不仅希腊人和蛮族人之间互不愿意与对方为伍及连在一起，而且每个种族之内对自己的同一族群也是如此。”斐洛批评了对这种机制和法律多样性的希腊式解释；环境论解释，即“季节不宜、不长作物、土壤贫瘠，位置处于临海或内地或岛屿或大陆，或者诸如此类的东西”，并不是真正的原因，真正原因是贪婪和互不信任。这就是文化环境；贪婪和互不信任使他们不满意自然的裁决；“他们把法律称为似乎对思想一致人们的团体才有普遍用途的东西。”个别机制是自然机制的附加物，特殊法律则是自然之法的附加物。[①]

而约瑟夫斯驳斥阿庇安（Apion）针对犹太人的各种诽谤、为犹太人所作的辩护，事实上变成了对希腊历史学家们的方法的批评。他机敏地争辩道，过去的大型自然灾难影响了希腊人对自

① 《论约瑟夫》（*De Josepho*），Ⅵ，28—31，载于博厄斯（Boas）：《中世纪的原始主义及相关思想》（*Primitivism and Related Ideas in the Middle Ages*），8页；亦见博厄斯在这段中对斯多葛派思想的讨论，7—8页，以及对斐洛的讨论，1—14页。

身的看法；与斐洛一样，他看到了文化和传统（比如体现在精心而准确的档案保存之中）对塑造一个民族历史的重要性。约瑟夫斯惊讶于希腊历史学家对犹太人历史所涉甚少，他批评了他们的
111 无知、不准确、自身之间意见不一致，以及他们对非希腊历史学家的傲慢态度。希腊化文明是新近的，而更为古老的埃及、迦勒底和腓尼基文明不仅有历史记录，而且这些记录都保存下来了，这些国家所处的地区没有遭受摧毁过去记录的大灾难。希腊人的领土经历了无数次自然灾害，这些灾害抹去了往昔的记忆。希腊人的记录被摧毁了，他们的人民不得不重新开始生活，并且在重新开始时错误地认为：他们的每一次新开端就是一切事物的新开端。因此希腊人仅仅是冒牌的历史专家。不像包括犹太人在内的其他民族，希腊人不注重保留公众登记簿和记载事件，因而导致了他们的不准确，以及以为自己的生活方式多么古老这个错误认识。[①]

10. 环境人种学和占星人种学

在斯特雷波、狄奥多罗斯、维特鲁威和普林尼时代之后的罗马帝国早期，在环境理论方面是乏善可陈的。如果我们说这几位学者的很多观念是分散的、断续的、重复的，而且常常是教条的，但是与即将到来的时代相比，他们仍然代表了一个启蒙的时

---

① 约瑟夫斯（Josephus）:《驳阿庇安》（*Against Apion*），第1部，1—59，特别是6—14。汤因比（Toynbee）的《希腊历史思想》（*Greek Historical Thought*）中亦有节选，63—69页。

代。在公元二世纪，重复着希波克拉底思想的盖伦，是在罗马江湖医生荒漠中出现的一个亮点；更为典型的是托勒密的《天文集》，一本表明占星术的力量及广泛接受程度的令人难以置信的大杂烩。从那时直到十六世纪，一种宇宙环境主义，即“占星人种学”（astrological ethnology），与古老思想进行竞争，并常常取代了后者之中的很大部分。

盖伦在关于体液起源的简短历史论文中说，对古人的贡献已经没有什么可增添的了——古人中他提到了希波克拉底、亚里士多德、普拉克撒哥拉斯（Praxagoras）和菲罗蒂默斯（Philotimus）：“关于职业，还有地点和季节，以及最重要的自然本身［活的机体］，较寒冷的更漠然，较温暖的更暴躁。”在盖伦的著作中，医学理论与目的论紧紧相连，因为身体的组成部分像自然一样存在着艺术和设计。[①]

然而，在公元二世纪克劳狄乌斯·托勒密的著作中，我们看到的是另一个世界。熟悉的环境论因素和占星人种学因素都出现了，尽管在比较《天文集》Ⅱ，2与Ⅱ，3时，我们能觉察到对二者各自独立的处理方法；这两种理论代表着不同的历史传统，112
一个是环境的，另一个是占星术的。这部著作重要的一点就是表达了环境论和占星术理论之间的联系。托勒密的方法我们只能大致勾画，因为他的论点是如此盘根错节，他陈述的相互关联性是

① 盖伦（Gal.）：《自然之力》（*Nat. Fac.*），Ⅱ，viii（117—118）。表明这种自然中的目的论观念的其他典型段落有：Ⅰ，xiv（46）；Ⅱ，iii（87—88）；Ⅱ，iv（88—89）。这个论点在《论人体各部分的功能》（*De usu partium*）中发展得更为详细，Ⅰ，1—4；Ⅲ，10；Ⅺ，14。

如此复杂而数量众多，所以读者必须参考文本本身才行。[①]

托勒密将天文学预言划分为两大部分：与整个种族、国家、城市相关的全面性和普遍性预言，以及与个人相关的个体性和特殊性预言。普遍性探寻再进一步细分为国家、城市，以及“较大且多为周期性的情况”（战争、饥荒、瘟疫、地震、洪水等）和“较小且多为偶然性的情况”（温度的季节变化、暴风雨强度的不同、热度、风力、庄稼生产等）。

接着托勒密描述了不同“纬度带”（klimata）居民的特征，这些“纬度带”将民族划分为南方的、北方的和中间地区的；这些论述使人想起维特鲁威和普林尼。生活在赤道至北回归线地区的埃塞俄比亚人，像那里的动植物一样，被温度过高的太阳灼烤；他们“有黑皮肤，浓密而毛茸茸的头发，外形矮小，天性狭隘，本性乐观，习性大多野蛮，因为他们的家乡被热量持续地压迫着。”

离开太阳和黄道带（也就是在更北纬度）的西徐亚人是冷静的，但是他们被更多的湿气所滋养，而不是因热量而疲劳；他们的肤色发白，毛发顺直，“身材高大，营养丰富，天性有些冷淡；因为他们的居住地长期寒冷，所以他们的习性也是野蛮的。”

居住在这两种极端气候之间的民族分享着空气的适中温度，温度虽有不同，“但从热到冷没有剧烈的变化。因此他们肤色中等、

① 托勒密（Ptolemy）：《天文集》（*Tetrabiblos*），Ⅱ，1—3（53—75）。

身材适度、天性温和，紧密地生活在一起，并且习性文明。”[①]

托勒密承认，在这些普遍的划分当中，还可以作出更精细的区分，由“位置、地势高低或接邻”带来的专有地方特征可以改变普遍的特征：“而且，正如一些民族由于生活在平原而擅长马术，或者由于靠海居住而精于航海，或者由于土壤肥沃而倾向文明，同样，人们在每个民族中也会发现特别的个性，是来自他们的特定地带［即“纬度带”］与黄道十二宫星座的自然的通晓。”[②]

在这一点上，托勒密详细阐述了一个形式更为纯粹的占星人种学。这个方法简要说来是这样的：“人居世界”（οἰκουμένη）被分割成四个区，与十二宫中认可的四个三角形相联系：西北区 113
（白羊、狮子、人马，由木星和火星的西方星位统治）、东南区（金牛、处女、摩羯，以及联合统治者金星、土星和水星）、东北区（双子、天秤、宝瓶，由东方星位的土星和木星统治）、西南区（巨蟹、天蝎、双鱼，由东方星位的火星和金星统治）（本书第九章第5节指火星和金星为西方星位——译者注）。按照这种主要分割，加上更进一步的精细化（举例来说，由于北风的缘故，西北区主要被木星统治，但是因为有西南风，火星也负责协助），分割人居世界是可能的，这表现了占星术的影响，不仅在广阔的区域里，而且

① 托勒密（Ptolemy）：《天文集》（*Tetrabiblos*），2（56—58）。《天文集》的翻译者罗宾斯（Robbins）（亦见其参考书目）相信，占星人种学来自波昔东尼。亦见贝尔格（Berger）：《希腊科学地理史》（*Gesch.der wiss. Erdkunde der Griechen*），556—558页。强烈的不同观点见屈丁格（Trüdinger）：《对希腊罗马人种志的历史研究》（*Studien zur Gesch. der griechisch-römischen Ethnogr.*），81—89页。

② 托勒密：《天文集》，Ⅱ，2（58）。

在居住于其中的各民族身上。托勒密将这些影响与他那个时代所知的民族特征联系起来。这些部分读起来很有趣，而且往往十分生动。然而，我们在此不能继续讲述这个重要而使人发愁的著作了。看到与如此广泛而详细的人种学资料，并且这些资料都如此精准、确定而结论式地相互关联，真是令人惊奇。[①]

如果我们能通过普罗提诺后来的批评进行判断，那么占星术观念与环境观念就是发生了的一种微妙的混合。植物的生长和分布受太阳控制；关于月球的作用，特别是在播种上的作用有很多传说；再往前一步就是寻求星星的相似影响。人类的行为也能被带进它们的范围。因季节变化和地区之间的气候差异，太阳影响人们；而星星的影响又被置于太阳影响之上。普罗提诺考虑了这些理论并摒弃了它们：这些理论的提倡者“仅仅想出另一个手段将所有属于我们的东西去献祭天体，我们的意志行为、我们的状态、我们身上的所有邪恶、我们的整个人格。没有任何东西留给我们，只让我们成为可以滚动的石头，不是人，不是本质上负有一项使命的存在体。”尽管这些雄辩的语句针对的是占星术和占卜，但他的意思很清楚是将这个批评也适用于自然环境影响的理

① 托勒密（Ptolemy）：《天文集》，Ⅱ，3（59—74）。关于将此论点延伸到解释某种所谓的性习惯，见翻译者的注释 4，135 页，以及该处所列的参考书目。关于托勒密时代的占星术，见翻译者的介绍，ix—x 页。关于占星人种学见屈丁格（Trüdinger），前引书，以及波尔（Boll）对吉辛格（Gisinger）文章的脚注：“地理学”（Geographie），《保吕氏古典学百科全书》（*PW*），附卷 4，656 栏。根据波尔所述，马尼吕斯（Manilius）（Ⅳ，744 及以后）和《天文集》（*Tetrabiblos*）是表明占星人种学在古代的重要性的主要来源。波尔引用了一些近代研究成果，指出马尼吕斯Ⅳ，711—743 和《天文集》Ⅱ，2 来源于波昔东尼。见波尔所引用的著作。

论，这些理论一直是与占星术思想相提并论的。“毫无疑问，处
所和气候产生较暖或较寒的体格；父母对子女有影响，正如他们
之间的相似外貌所表现出来的。……尽管如此，虽然有相似的身
体和相似的环境，我们依然观察到性情和思想上的巨大差别：人 114
类的这个方面来自某种（与任何外部因果作用或命运）很不相同
的原则。”普罗提诺所说的、使他摒弃这些决定论的原则，是基
于其哲学中的一个中心观念：“在主要是属于我们的东西之上，
在我们的个人所有之上，增加了一些来自‘所有’的注入物……”①

11. 塞尔维乌斯论维吉尔

在古希腊人对元素、体液，以及空气、水和处所的影响思考八百多年之后，文法家塞尔维乌斯（Servius the Grammarian）在公元四世纪写下了著名的维吉尔作品述评；他对《埃涅伊德》（*Aeneid*），Ⅵ，724的解说将神学、物理理论和环境影响理论融合为一个连贯的整体，来解释生命的统一性和多样性。塞尔维乌斯的评论是关于埃涅阿斯之父安喀塞斯（Anchises）演讲的开篇：“天空和陆地、潮湿的平原、月亮闪烁的表面、泰坦族的太阳和星星，都被运转其中的精神所强化，也被融入整个辽阔宇宙并遍及其每个部分的心智所强化，使整个世界都生动起来。”②

① 普罗提诺（Plotinus）：《九章集》（*Enneads*），Ⅲ，1.5。这段文字的其余部分都是对占星术的尖锐而彻底的批评。普罗提诺可能也批评了常常出现在赫尔墨斯派思想家观点中的占星术思想。

② 维吉尔（Virgil）：《埃涅伊德》（*Aeneid*），Ⅵ，724。由杰克逊·奈特（Jackson Knight）翻译（企鹅经典）。

关于这一点，塞尔维乌斯说，希腊文中代表“所有”的 τό πᾶν，由四种元素和上帝组成。创造宇宙的上帝是一种渗透在各元素中的神圣精神。既然所有的事物都来自上帝和元素，那么它们就有同一个起源；它们获得了同样的本质。我们身上的什么来自上帝，什么又来自元素呢？我们的灵魂来自上帝，而我们的身体来自元素。在我们的身体中，泥土、湿气、蒸汽和热量是可以感觉到的，元素也是可以感觉到的。像这些东西一样，身体也没有理解的能力；而灵魂能够理解，就像上帝一样。元素会发生变化，身体（其存在来自元素）也会变化。另一方面，上帝不会死亡，灵魂也是一样。“部分”总是分享着其同类的特征。

但是如果有人反驳说，不朽的生命的确存在而且具有唯一的起源，那么为什么我们不能以同样的方式感悟到所有的生物呢？差异不存在于灵魂之中，它们的根源在身体上。一个生气盎然的身体产生活跃的精神，而一个行动迟缓的身体产生疲塌的精神。这能够由同一个身体表现出来；在健康的身体内，有相应的精神活力，而病体则是萎靡不振的；在最严重的情况下，例如说胡话时，理性也可能被剥夺。当精神深深地进入身体，它不会表现出自己的本性，而是会在品质上发生改变。我们观察到非洲人狡诈多变，希腊人任性无常，高卢人性情比较迟缓慵懒；这些特征正如托勒密所揭示的那样，是由各地区的性质所造成的（假设每个地区通
115 过体液产生自己的影响，先是作用于身体状态，随后作用于精神状态）。托勒密还意识到，如果一个人从一个地区到另一个地区，他的性情将发生某种程度的变化，但不会完全改变，因为他从一开始就接受了一种身体素质，后来的环境变化不能完全改变这个

素质。

关于国民性的语句，“我们看到非洲人的秉性狡诈多变，希腊人轻松任性，高卢人则迟缓慵懒：这些都是各种气候条件使然，正如托勒密所揭示的那样……”，被塞维利亚的伊西多尔（Isidore of Seville）复述下来，并进入了十三世纪巴塞洛缪·安戈里克斯（Bartholomaeus Anglicus）的地理学中，此时这个理论已经脱离了更为深刻的神学、物理学和医学理论的背景。①

这些希腊人和罗马人的环境影响概念——它们像地中海的多年生植物一样坚韧，像橄榄树一样扭曲多节——在中世纪和近代社会证明了自己的力量和生命力。具有众多变种的主题能够不断地被新的作者重新用来适应新的情况。中世纪的思想家们在这些主题的基础上进行创造，而大发现时代后的航海和旅行报告甚至常常加强了它们。当一个生活在可怖、污秽城市中的节俭勤劳的欧洲人，看到热温带民族或热带岛屿天堂上轻松、貌似无忧无虑而愉快的生活时，他会怎么想？新的书页可能是新奇的、激动人心的，也是令人困惑的，但读者的眼镜因为喜爱且经常使用，已经陈旧了。

① 《文法家塞尔维乌斯对维吉尔〈牧歌〉的评注》（*Servii Grammatici Qui Feruntur in Vergilii Carmina Commentarii*），蒂洛（Thilo）编辑，卷 2（《埃涅伊德》第 6 至 11 部），Ⅵ，724。后面的句子是：“当一个人被移送到另一种气候中，他的部分特质会有所变化，但于整体而言却不会改变，因为他最初的身体素质已经注定了一切。”99—101 页。

116

第三章

创造第二自然

1. 关于工匠手艺与自然

如果自然明显的统一和秩序使人们产生了一个信念，即在自然背后有一个计划、一个人类深涉其中的目的，如果民族之间的差异作为地中海东部日常观察的结果被人们察觉，并且如果这些差异被归结于习俗（νόμος）或者自然（φύσις），那么也存在一个对人们能够在自然中创造新奇事物的意识，以及对人们通过技艺和控制家畜的力量带来影响的认知。人类是秩序的创造者，是控制力的施动者，是工匠独特技能的拥有者。早在希腊人之前很久，已经有令人印象深刻的证据表明更古老的文明（特别是埃及）在冶金、采矿、建筑方面的技能。很多人已经说过，希腊科学不同于近现代科学，它没有导致对自然的控制；[①] 而专门职业、手艺和日常生活的技巧证明了，变化是可能的，这些变化要么带来秩序，要么以较为人类中心主义的观点来说，会使人们能够更有序地获得所需要的事物。如果我们 117
说“控制自然”是指这个词语的现代意义，即理论科学在应用科学与技术上的运用（同时承认理论科学和应用科学不能完全分开），那么在古代是不存在这种控制的。然而，对环境有意识的改变并不需要依赖于复杂的理论科学，正如我们从罗马“网格法”（centuriation）（将土地划分为网格状——译者注）清楚知道的那样。心智的力量在创世工匠的类比之中，并在它重整自然现象的潜能之中，得到了承认，例如在一个村庄的建立，人对动物的训练，用武器、陷阱对野生动物的间接控制等这类事情之中。

最后还有关于领土和庙宇的天上原型的神话，其世间的对应物只是摹本。在世界上，“人的存在和工作被感知——他所攀登的高山、居住和耕种的土地、航行的河流、城市、圣地庇护所——所有这些都有一个地球之外的原始模型，不管这原型被想象为一个计划、一种形式，还是纯粹而简单地作为在更高宇宙层面上的一个‘双重’存在。”沙漠地带、不毛之地、不为人知的海洋，

① 其中有萨姆伯斯基（Sambursky）：《希腊人的自然世界》（*Physical World of the Greeks*），17 页。

以及未被人类占领的类似地区就缺少这种原型；它们“没有与巴比伦之城或埃及人的省区分享一种差异性原型的特权。它们对应的是一种神话的模型，但性质不同：所有那些荒蛮的、未开化的地区和类似地区都与混沌相似，它们依然处于创世前的无差别、无形体的情态。这就是为什么，当一块领土被占领——也就是说，在其开发起始时——要举行象征性再现创世行为的仪式：未开发区域首先被‘宇宙化’，然后进去居住。”这样，“在一块新的、未知的、未开发的国度定居等同于创世行为。”①

这类神话强烈地暗示着人是自然的秩序制定者。在阐释人类对其环境造成变化的文献中，作者试图给这些变化赋予含义，因而总是一再重现这样的主题（我们在后面将要谈到这一点），即人是创世的完成者、人为自然带来秩序，并且在大发现时代之后，欧洲人发现了新大陆，这些土地上尽管有原始民族存在，但仍然被认为自从创世以来未曾发生变化，正在等候着欧洲人的改造之手。人是自然的改造者，是新环境的创造者，因为他们与动物之间有区别（主要是更高级的智力和直立姿态），因为他们具有创造一个世界、一种秩序的意识，因为他们的手艺使他们能够造出这个宇宙，还因为他们通过控制动植物的力量而能够维持这个宇宙并使其永存——人们意识到了这一切吗？有关这个主题的希腊早期作品虽然不多，但显示出这种意识的确存在。

在阅读古代作家关于人对自然环境造成变化的评论中，我们
118 有两点印象：首先，人类作为一种积极的、工作着的、有成效的

① 伊利亚德（Eliade）：《宇宙与历史》（*Cosmos and History*），9—10 页。

生命得到承认，尽管环境影响论的主流地位可能意味着自然表面的稳定性（我认为这个矛盾产生于缺乏系统研究，从而为孤立的、不试图调和的评论留下了余地）；其次，这些作者们观察到的——而且通常是热爱的——活生生的自然，正如我们所知道的，是一个已被人类大大改变了的自然。

在古代世界中，存在着对自然资源及人类如何开发利用自然资源的浓厚兴趣：采矿、获取食物的方式、农业方法、开凿运河、保持土壤肥力、排水、放牧，以及很多其他经济活动，这些活动，即使它们仅仅产生了“人是他所致力改造的自然之一部分”的不完全哲学，仍然雄辩地证明了人类在忙碌、不停不歇地改变着周围世界。对于技术的痴迷在有关原始主义（primitivism）的作品中是显而易见的，无论这些思想家个人是在追忆一个更幸福、更简单的时期，还是赞同他们自己文明的方便愉悦。过去的黄金时代往往是一个简单的时代，土壤无须耕作而自然而然地支撑生命，不必辛苦耕耘和刻意栽培；如果来到当前铁器时代的艰难现实的确经历了道德衰败，那么它主要归因于艺术和科学的发展，归因于应用技术。让我们仅仅举一个例子。在塞涅卡对波昔东尼的著名批判中，他斥责了这位希腊思想家的说法，即正是那些智者，也就是哲学家们建造了城市和居所，创立了鱼类保护区，发明了工具、纺织、农业和陶工旋盘。他问道：“难道是哲学树立了所有这些高耸的、对其中居民如此危险的公寓房屋吗？”在这里，塞涅卡以可理解的情感反对城市生活，反对频繁倒塌的多层公寓的建造者，因为这些公寓被胡乱地堆砌在一起，地基不足以支撑其高度。不，这些不是人类智慧的产物，而是人类灵巧发明的结果：它们出自实践者、工匠、从事日常生活事务的人们，而不是哲学家的作品，因为智慧训练的是头脑，而不是双手，而且遵从自然的智者不需要手艺人。在这个对工匠尖锐蔑视的评论中，有着大量对其力量和有效性的暗示，因为正是工匠的作品——哲学家对它不感兴趣，或者至少是像塞涅卡这样的哲学家对它不感兴趣——已经带来了自然界的变化。[①] 塞涅卡雄辩地表彰那些与发明、进步和日常器具毫无关系的智者，用尖锐而愤怒的语句生动描写了一个过分依赖机器、省力装置和舒适设施的文明之罪恶。
119 塞涅卡甚至对那些衣着品位比西徐亚人高的人也表示不耐烦。考虑到他的工匠从事劳作的热情，他的原始主义不可能得到很多人的认可。

虽然这些思想家中的很多人都曾广泛游历，但是他们最为熟知的并以最大热忱书写的还是地中海盆地的环境。在公元前五世纪，其悠久的居住历史就已经为人所知。希波克拉底说过，现在的生活方式与早期的不同（包括与早期的粗糙食物不同），它是在一个长时期内被发现并精心打造出来的。[②] 这种生活方式习惯于充满变化和人类活动证据的周围环境。具有讽刺意味的是，环境理论竟然起源于一个具有如此长久的人类改变环境记录的地区。这不像冯·洪堡，在人迹罕至的热带旅行，为其植被繁茂所

① 塞涅卡（Sen.）：《道德书简》（*Ep. mor.*），90，7—13。关于脆弱的公寓房（*insulae*）、无德而贪婪的建筑商、坍塌建筑的危险，见杰罗姆·卡哥皮诺（Jérôme Carcopino）：《古代罗马的日常生活》（*Daily Life in Ancient Rome*）（纽黑文：耶鲁大学出版社，1960［1940］年），23—33页。

② 希波克拉底（Hippoc.）：《古代医学》（*Ancient Medicine*），Ⅲ。

折服；也不像年轻的达尔文，在巴西茂密丛林中看到伟大的自然奇观，与之相比人类及其所作所为是毫无重要意义可言的。

人们感到，对于这些作者（不管是希腊的还是罗马的），葡萄园、橄榄园、灌溉渠、岩石顶上的羊群、村庄和别墅，与地中海夏季干燥而炎热的山丘、各地不同名字的季风、深蓝色的海洋和地中海明亮的天空这些风景，是融为一体不可分割的。这经过改变的景观，正是他们所注视、所热爱的美景良辰。

2.《安提戈涅》与《克里特雅斯》

古代所作的有关人类改造大地的观察，可以粗略地划分为三个不同的类型：（1）概要性的描述，其特定本质表明了一种意识，即在历史长河中，人类的确对一个地点的自然地理进行了改变；（2）较为具体却是分散的议论，出现在有关植物、农业、财产管理、饲养和放牧的书籍中；（3）属于更为广泛的信仰体系（诸如伊壁鸠鲁与斯多葛派的哲学）之一部分的陈述。

然而有两段文字是自成一体的，一段来自索福克勒斯《安提戈涅》（*Antigone*），另一段来自柏拉图的《克里特雅斯》（*Critias*）。《安提戈涅》合唱的著名诗行，使我们想起了圣奥古斯丁《上帝之城》（*City of God*）第二十二部中生机勃勃的第24章，想起十八世纪对科学的热情颂扬，以及当代对于人类控制自然的狂热。
人类航行海洋和使用铧犁的力量，他们在狩猎、动植物驯化和建 120
筑上的成就，以及技艺所给予他们的保护，成功超越了他们所有的梦想，因为人类已经征服了一切，除了死亡。

奇异的事物虽然多，却没有一个
像人的孩子，这般陌生，这般凶猛。

人的航海术已经掌握了海洋，而大地也感觉到他的触摸：

噢，大地有耐性，大地已苍老，
她是众神的母亲，但是人要去搅扰，
来来回回，犁耕队伍在前进，
撕裂她的土壤，年复一年。

飞鸟、林中野兽、游鱼都没有逃脱人的手掌：

他编织的网被远远地掷出，
他的思绪藏身其中，满满地环绕而行。

他迫使马和山牛为他服务。通过言论、思想和技艺，他能够建造房屋并保护自己免遭寒冷和雨水侵袭。

他全副武装：从来也不会赤手空拳
踏上旅途去迎接新的危险；
啊，他的技巧平息了接踵而来的每一个危害，
并帮助他战胜一切，除了死亡。

合唱结束在这个思想上："他工具的技巧已经超越了他的梦想，/ 匆忙向着或好或坏的目标奔去"，对比了将法律和上帝誓言奉为至高准则的人与缺少这些品质者的盲目。在人类工作成果面前的兴奋之情，对人类的打猎捕鱼诀窍、驯化动物和农业技术的欣赏，都与一个认识形成对照，即人是自己的敌人，如果没有正义和公平，他的成就便没有任何意义了。[①]

《克里特雅斯》中的那段是关于阿特兰蒂斯各族群与雅典人所带领、生活在海格立斯石柱范围内的各族群之间的传奇战争。在这个更早的时代（现在仅存在于模糊的记忆中了），大多数人是工匠、农夫或战士。柏拉图说阿提卡的土壤胜过所有其他地方，那时候它能维持免除了农牧业任务的大量人口。证据就在雅 121
典土壤的残迹中——"我们的土壤所剩留下的能与任何其他地方抗衡，它盛产一切庄稼作物，丰饶的牧场适合各种家畜；在那个时代，除了产品的精良品质，它还以巨大的数量出产这些东西。"柏拉图问道，为什么我们应该称这些现有的土地为过去土地的残迹呢？因为这块土地是伸向海洋的岬角，而土壤在这九千年的时

① 索福克勒斯（Soph.）:《安提戈涅》（*Ant.*），332—375 行。由吉尔伯特·默雷（Gilbert Murray）翻译，载于汤因比（Toynbee）:《希腊历史思想》（*Greek Historical Thought*），128—129 页。关于索福克勒斯的悲观主义，见基托（Kitto）:《希腊悲剧》（*Greek Tragedy*），122、151、154—155 页，以及奥伯斯道顿（J. C. Opstelten）:《索福克勒斯与希腊悲观主义》（*Sophocles and Greek Pessimism*），143—145 页。奥伯斯道顿对这首合唱诗歌的看法是，它部分由整个戏剧的情绪所激发，部分受埃斯库罗斯（Aeschylus）的《奠酒人》（*Choëphoroi*）感染（vv 583—596）。这首诗歌描绘了人类 δεινότης（可怕性）的两个方面，其发明创造力与其缺点，尤其是在理解力方面；"……根据这首诗歌，人类只有很少理由或没有理由为包含在其创造性心智成就中的潜能而自豪。"（145 页）

期内，已经被冲刷并沉积在海洋深处。“正如发生在小岛上的一样，现在留下的与当年存在的相比较，就像一个病人的骨骼，所有肥沃而柔软的土壤都已经被冲刷走了，仅剩下土地的骨架。”柏拉图接着描写了过去可耕作的山丘、丰饶的山谷和森林茂密的山脉，“这些直到现在还有可见的标志……”。今天仅能供给蜜蜂食物的山脉，在不很久远之前还能够生长适合建造最大建筑物的树木，这些建筑物的椽檩到现在依然完好。人工栽培的树木为羊群提供牧场，土壤浇灌良好，而雨水“不会像今天这样流失，从不毛之地流入海洋。”树木种植、土壤湿度保持的证据，柏拉图在他那个时代的圣地庇护所周遭的环境中找到了。在那些古老的岁月里，这个地区的卓越归功它的土壤、熟练的农牧业技术、充足的水供应，以及气候宜人的四季。

显然柏拉图在描绘一个极为久远的过去时期，因此他的讲述既不能接受为事实，也不能当作地中海景观自远古到柏拉图时代由自然和人为灾难造成恶化的证据。然而这里有清楚的证据表明，柏拉图承认自然侵蚀和人类活动（如森林砍伐）可能通过累积的作用在长时期内改变一个景观。在此情况下，森林砍伐似乎助长了溪流正常的侵蚀过程，将悬浮的土壤从山顶携入海洋。[①]

据我所知，这段重要的文字对后来有关文化与环境的思想，除了十八至十九世纪被偶尔引用外，并未产生多大影响；然而二十世纪的环保著作中却常常提及这一段。《法律篇》和《蒂迈欧篇》在概述文化发展理论上的影响要大得多，而且《蒂迈欧篇》

---

① 柏拉图（Plato）：《克里特雅斯》（*Critias*），110C—111D。

还引进了一个创造有序世界的巨匠造物主的概念。假如柏拉图在《法律篇》中已经注意到，人类通过长期定居改变其环境，土壤侵蚀和森林砍伐是文化史的组成部分，那么他也许在早期就会把这些至关重要的观念引进文化史，从而改变关于人类与环境的思考过程。

3. 希腊化时代的环境变化 122

尽管来自前希腊化时代的文字揭示了对环境变化的一种意识，但这些文字却是孤立的。在作为一个整体的古代世界中，并不缺少有关变化的证据，但是对变化的解释却很少。我们看到嫁接、施肥、市镇规划，但是在大多数情况下只有对事实的表述，仅此而已。偶尔，有可能从作品的情绪或是从作品所描述活动背后的精神来推断一种态度。优秀的例子来自托勒密埃及，例如《塔布突尼斯纸草》（*Tebtunis Papyri*）、阿波罗尼乌斯与泽农之间的通信、克利翁（Cleon）和西奥多罗斯（Theodorus）在法尤姆（即开罗西南五十英里的摩里斯湖）的开垦工作。这些都显示了希腊殖民者在埃及从事其任务时的热情，体现了一种积极、乐观、渴望改良土地的信念。

当叙拉古的希伦（Hieron of Syracuse）从事造船，阿基米德（Archimedes）来监管，船只用他发明的绞盘下水时［阿森纳乌斯：《名儒聚谈录》（*The Deipnosophist*），206-d，207-b］，我们获得了这样的印象——正如我们在阅读凯勒伊诺斯（Callixenus）对托勒密时代著名描述的其余部分（由阿森纳乌斯记录下来）所获得的印象——即人们有意识地寻求改变自己的环境，无论是通过建造城市或船只，还是通过为自己的目的引进新的作物来实现。

公元前256年2月16日，执政官和地主阿波罗尼乌斯，批准了泽农颁布的一项命令，即在费拉德尔斐亚的公园中种植橄榄和月桂树苗，泽农作为阿波罗尼乌斯财产的管理者已经或将要居住在那里。[①] 在一封日期为公元前256年12月27日的信件中，泽农得到命令从阿波罗尼乌斯自己的花园和孟菲斯宫殿土地上取得梨树嫩枝和幼苗——尽可能多——还要从赫尔马菲罗斯那里取得一些甜苹果树；所有这些将种植在费拉德尔斐亚的果园中。在同一日期的另一封信里，阿波罗尼乌斯命令泽农在整个公园各处，围绕葡萄园和橄榄树至少种植三百棵杉树。“因为这种树有出色的外形，并将为国王服务”；这些树将为他的船只提供木材，并将成为他产业的装点。[②] 公元前255年1月7日，阿波罗尼乌斯
123 提醒泽农是该种葡萄树、橄榄树和其他树种的时候了；泽农应派

① 埃德加（Edgar）：《泽农纸草》（*P. Cairo Zen.*），59125；亦见罗斯托夫采夫（Rostovtzeff）：《希腊化世界的社会和经济史》（*HW*），卷1，287—289页。在准备关于希腊化世界的环境变化这一节的时候，我大量参考了罗斯托夫采夫的伟大作品；这里几乎没有一个参引不是来自他的。在本书这样的著作中不可能顾及他所提出来的关于这个问题的所有证据；仅仅是写一个其发现的摘要就要占很多页。他的著作中尤为重要的论述是有关希腊化君主开发资源的问题、对希腊化的分析和城市化问题。我在本节中试图举出一些例子，能够有助理解关于本书所讨论的观念在这一时期大量增加的材料。我还利用了海希尔海姆、卡尔斯特、塔恩和波伦茨的著作。有关泽农纸草见罗斯托夫采夫：《公元前三世纪埃及的巨大财富》（*A Large Estate in Egypt in the Third Century B.C.*），以及普雷奥（Préaux）：《希腊人在埃及，根据泽农档案》（*Les Grecs en Égypte d'après les Archives de Zénon*）。

②《泽农纸草》，59156，59157。

人去孟菲斯取树苗，并发布开始种植的命令。阿波罗尼乌斯答应从亚历山大地区运送更多的葡萄苗和任何其他可能有用的果树苗过来。[①] 公元前 255 年 10 月 8 日，阿波罗尼乌斯命令泽农从他的公园和孟菲斯的各花园中至少取三千株橄榄树苗。在果实收获前，他要给打算取枝的每棵树做记号。更重要的是，要从所有野生橄榄树和月桂树中挑选树苗，因为埃及的橄榄树仅仅适宜种植在果园中，而不适合于橄榄树林。[②]

《塔布突尼斯纸草》中最著名的文件之一，时间在公元前三世纪末，是一个财务官对下属的指令，这位下属负责检查水管，看水量是否达到指定的深度、是否有足够的地方存水，而监管灌溉系统是一个省区管理人的职责（29—40）。他视察播种，通过观察庄稼发芽获得准确印象，因而很容易注意到播种得不好或根本未播种的土地（49—57）。一个不可或缺的职责是确保本省种下了播种时间表所规定的各种谷物（57—60）。（这个指令看来应用于皇家土地。）他应该在适当的季节种植成熟的当地树木：大约在埃历十二月（Choiak）种植柳树、桑树、金合欢树和柽柳。省区管理人拥有对种植、守卫和砍伐林木的全面掌控。树木先种植在苗圃；当它们生长到足够大时，便移栽到皇家堤岸上，专门的承包人负责保护它们免遭羊群破坏或别的危险。[③]

再一次，希腊化时代变得至关重要；除了少数例外，最广泛深远的观念、描述和解读都产生于这个长达三个世纪的时代，即

① 《泽农纸草》，59159。

② 同上，59184。

③《塔布突尼斯纸草》（*The Tebtunis Papyri*）703= 卷 3，66—102 页。

使来自其他时期也是受到它的启发。埃拉托色尼、泰奥弗拉斯托斯、《论神性》中的斯多葛派代言人、希腊化罗马时期的卢克莱修，以及那些后起的却与希腊化时代思想家有明显联系的人们（如赫尔墨斯派作家），他们那些震撼人心的言论（下面将讨论）使人不禁想到，要不是在传播过程中丢失了许多东西，还会揭示出什么样的内容来啊！

在希腊化时代早期，据罗斯托夫采夫说，东部希腊人的主流情绪是一种轻松的乐观主义；他们"对人及其理性的无限能力"拥有信心和忠诚，这得到主导哲学流派的支持。[①] 这个观察结论肯定能适用于许多斯多葛派思想家，而且根据卢克莱修的情况判断，同时也适用于伊壁鸠鲁派学者。农业和相关职业（例如家畜饲养）是古代世界中最重要的财富来源。这类经济活动的强化有利于眼睛可以看到的景观变化。运河出现了，沼泽消失了，河道
124 改变了。如果说凭经验进行土壤评估是一种原始技能（这从古典时代作家有关农业的著作看来是可能的），那么肥沃的土壤很早以来就已经为大家所熟知，而进一步的改善只能通过获取新的土地来达成。这个时期的土地开垦，是建立在机械科学和来自运河开凿、水利灌溉和沼泽排水的实践经验之上。有一个著名的工程，即在亚历山大军队采矿技师克拉泰斯监督下，在维奥蒂亚的科派斯湖排水，其目的看来是为了增加希腊的耕种面积。[②] 类似的项

① 罗斯托夫采夫（Rostovtzeff）:《希腊化世界的社会和经济史》（*HW*），卷 2，1095 页。

② 斯特雷波（Strabo），Ⅸ，ii，18，没有说是为了这个目的；克拉泰斯在给亚历山大的一封信中说，许多地方的水已经排干了。

目也在东方希腊化各君主国和埃及展开。[①]

罗斯托夫采夫说，托勒密王朝的经济体系“由一个动机所引发，那就是组织生产，主要目的是使国家——换言之，使国王——富有而强大。”[②]对托勒密埃及自然资源的有意识开发（对此我们知道的要比对希腊化世界其他大区域多得多），目的是使国家自给自足，并创造用现代术语来说是一个有利的贸易平衡。这里以及下文对埃拉托色尼的引述中可以看到，环境变化是自觉的政府政策的产物。[③]在执行这个政策时，托勒密王朝对希腊移民的热情关怀导致了陆地面貌的明显变化，这也是一个国家的品味和食谱输出到另一片土地上产生影响的很好例证。埃及人的饮料是啤酒，而希腊人喜欢葡萄酒，于是托勒密埃及很快就有了广泛的葡萄种植。不可或缺的橄榄也是如此。这样，葡萄园和橄榄树林成为希腊人存在的证据，还有果树和绵羊。（并不是埃及过去没见过这样的种植，但是很少，而且不太成功。）

有关植物移栽尝试的历史，尤其是在埃及，一定会包括一个谈希腊人食物衣着品位的章节。实验并不局限于埃及，哈尔帕卢斯（Harpalus）就曾试图在美索不达米亚移植松树。泰奥弗拉斯托斯说哈尔帕卢斯一再努力在巴比伦的园子里种植常春藤，但是

---

① 关于埃及的广泛讨论，见罗斯托夫采夫（Rostovtzeff）：《希腊化世界的社会和经济史》（*HW*），卷 1，351—380 页。

② 同上，316 页。

③ 同上，351、353 页。

失败了。① 希腊人喜欢用羊毛做衣服，于是绵羊在托勒密埃及变得尊贵起来。埃及进口了外国绵羊，并努力使它们适应水土。在托勒密二世费拉德尔菲（Philadelphus）时代，有阿拉伯、埃塞俄比亚和埃维亚的绵羊一连串地引进来（阿森纳乌斯：《名儒聚谈录》，V 201c）。不过，植物和动物的引进、水土适应并不是
125 希腊化时代所独有的；至少从色诺芬时期开始，必要时的植物引进和移栽在希腊世界就已经是常见的了。② 希腊化时代之后，类似的活动似乎更加兴旺，这一点可以从科卢梅拉的著作中看到。某些地区因特定的葡萄树、谷物或动物品种而闻名，科卢梅拉甚至还提供了一个狗在希腊语和拉丁语中的常用名名单。

假如那时有人能够每隔恰当时间给托勒密埃及拍摄照片形成一个系列，那么至少在早期，他多半会看到各种各样的庄稼、新装置，以及新品种引进，造成一个更为色彩斑斓的景观。③

猜测希腊化时代君主们对待森林砍伐的政策是件折磨人的事情，因为森林砍伐比前工业化社会中的任何其他做法都更大地改变了生态系统和陆地面貌。埃及的统治者们曾认真关注到树木种植和砍伐事项，但他们是否对森林保护感兴趣就不得而知了。④

---

① 关于哈尔帕卢斯在移栽方面的努力，见布雷茨尔（Bretzl）：《亚历山大时代的植物学研究》（*Botanische Forschungen des Alexanderzuges*），234—236 页。泰奥弗拉斯托斯（Theophr.）：《植物探询》（*Enquiry into Plants*），Ⅳ，iv，1。

② 见罗斯托夫采夫：《希腊化世界的社会和经济史》，卷 2，1162 页。

③ 同上，卷 2，1167—1168 页。

④ 同上，卷 2，1169—1170 页；1612—1613 页注 113，以及《塔布突尼斯纸草》（*The Tebtunis Papyri*）703，191—211（已经讨论过）和 5，200。有关森林政策，见海希尔海姆（Heichelheim）："单极化"（Monopole），《保吕氏古典学百科全书》（*PW*），卷 16:1，188 栏；罗斯托夫采夫：《希腊化世界的社会和经济史》，卷 1，298—299 页。

在希腊化时代，精密科学上的辉煌成功通过发明新技术设备，为生产和交换方式的进步作出了贡献。[①] 罗斯托夫采夫强调了建筑师和工程师的特殊地位，因为有极大数量的建筑物，尤其是在主要岛屿上和沿着小亚细亚、海峡和普罗庞提斯海岸的大型商业城市中：改造港口，重新规划并重建像米利都、以弗所和士麦那这样的城市以及小亚细亚地区的较小城市。新的城市和庙宇建造起来了，另一些已经存在的则得到改造，通过修建排水系统和导水管，使城市变得更为宜居。建筑业显然也和所在地的开矿、采石及森林开发紧密相关。战争和军事建筑也起着至关重要的作用。罗斯托夫采夫还认为，维特鲁威在《建筑十书》（*De architectura*）中描写的并不是理想的建筑师，而是他自希腊化时代继承而来的建筑师的概念，表现为他履行建筑师职责时，在科学知识与实际手艺这两者之间坚持一种“和谐合作”。如果这是真的，那么将维特鲁威与十五世纪阿尔伯蒂（Alberti）（见下文，本书第九章第 2 节）各自所表达的建筑师理想作一个比较，看来将会有所收获；两位感兴趣的都是和谐、哲学，以及任何建筑（无论是一所住宅还是一座城市）与广义的周围环境之间的关系。[②]

---

① 罗斯托夫采夫（Rostovtzeff）：《希腊化世界的社会和经济史》（*HW*），卷 2，1180 页；海希尔海姆（Heichelheim）：“古典时代对大地的影响”（Effects of Classical Antiquity on the Land），载于威廉·托马斯（William Thomas）编辑：《人类在改变地球面貌中的作用》（*MR*），169 页，以及萨顿（Sarton）：《希腊化科学》（*Hellenistic Science*），各处。

② 罗斯托夫采夫：《希腊化世界的社会和经济史》，卷 2，1234 页。参考罗斯托夫采夫的说法，理解维特鲁威（Vitruvius）在《建筑十书》（*De architectura*）第一书第 1 章和第七书前言中富有启发性的讨论。

126 建筑物的建造与军事工程之间、科学与艺术之间，似乎比农业上的实践和理论之间有着更为密切的联盟关系，因为后者缺乏以科学方法操作的农业实验。当时发生的技术革新并不是革命性的，它部分建立在科学发现上，部分是基于希腊化世界的组成国家就各自早已有之的方法所进行的相互交流。[①]

一座城市也是一种自然环境，它的特点是非常密集地浓缩了为人类目的的产物，也许包括了体现在树木、散步广场、花园、公园中的自然景观联想。它可能完全是房屋和街道，只有偶尔种上的一棵树；它也可能充满了花园、林荫道和公园，尽管带有人为痕迹，但仍然与环绕周围的用木材、石材和其他对称规划的材料构成的物体形成对照。在希腊化时代，正如我们在前面谈过的，有理由相信城市与乡村之间的对比尖锐化了，不过只有零星证据。关于乡村魅力的描述被用来对抗一种长久的城市传统，这种传统虽不产生于地中海世界，却在那里得到了很好的滋养。

在近东，亚历山大大帝创造了几个希腊城市类型的大型殖民地。亚历山大城就是突出的范例。有一些城市，如巴勒斯坦的加沙，也许还有腓尼基的提尔，是他摧毁后又重新建造的。我们谈到希腊化时期的时候，应该更多地描述当时城市生活的繁荣多样和滋养它的人类活动，而不是将希腊化时期看作一个城市修建的时期，因为有那么多的城市已经在那里了。久已存在的古老城市扩大了，新城市按照扩展模式建立起来了。一些城市保持了本地的

① 罗斯托夫采夫：《希腊化世界的社会和经济史》，卷2，1230—1238、1302页。

名字，另外一些，像托勒密-阿卡，则接受了新王朝的名字。有一些是新近的基地，另一些是托勒密时代之前的。在希腊化时代，希腊出口贸易各中心注入了新的生命力。像西顿和阿尔米纳港口这样的希腊-腓尼基城市是复兴的半希腊商城中最引人注目的典型。[①]

有几十个希腊城邦位于东方的亚洲帝国，“在伟大而具有战略意义的商业道路地点上，这些道路自远古以来就连结着东方世界中最文明最先进的部分。”

因此，亚历山大大帝创造的大多数希腊城邦都不是崭新的城市，也不是由小村庄转化而成。这些城邦在大多数情况下过去就是商业中心。道路也不是他的创造，他更没有把重要的骆驼商旅贸易中心连接到海洋。“它［亚历山大殖民化］的崭新而重要的特点是将东方市场转变为一种商业中心，这种类型的商业中心此
前不为东方所知。”[②] 由此，我们似乎可以接受罗斯托夫采夫的看 127
法，即希腊化世界的城市化与后来罗马世界的城市化是不同的。他说，罗马人将城市生活和希腊-意大利式的城市精神，介绍到几乎完全是部落式和村庄式生活的地区；而塞硫西王国为了许多目的修建希腊城市——首要的是为军事和政治目的的殖民化——但是真正的城市化早在亚历山大大帝之前很久就已经在叙利亚、

① 罗斯托夫采夫（Rostovtzeff）：《希腊化世界的社会和经济史》（*HW*），卷 1，130—131 页。

② 同上，卷 1，132—133 页。

巴比伦和美索不达米亚完成了。[①]

在前面的讨论中，希腊化时期被描绘成一个积极的时代，其特征是对人类及其环境持有广阔的哲学态度，包括对人的本质、人在宇宙中的位置、人与其他生命形式有何区别，以及体现在希腊化君主们的经济和政治抱负中的对资源实事求是的态度。此外，重要的论述大多来自这个时代或由这个时代所激发；确有一些来自更早的时代——赫西奥德（Hesiod）、希罗多德、伊索克拉底（Isocrates）、色诺芬——但是他们像柏拉图和索福克勒斯一样，似乎也只是孤例。

4. 环境变化的一般记述

在时间长河中，偶然会有一种对环境变化的意识，但丝毫没有对其重要性的解释。希罗多德最常被人引用的语句之一是，埃及是“一个获取来的国家，是河流的礼物”。但是希罗多德知道这只有一半是正确的。埃及文明不仅是尼罗河的礼物，因为埃及人民自己改造了他们的土地。神话般的谢索斯特斯（Sesostris）

---

① 罗斯托夫采夫（Rostovtzeff）：《希腊化世界的社会和经济史》（*HW*），卷 3，1436 页注 262。亦见切里考尔（V. Tscherikower）：“迄罗马时代为止亚历山大大帝所创建的希腊化城市”（Die hellenistischen Städtegründungen von Alexander dem Grossen bis auf die Römerzeit），《语文学家》（*Philologus*）附卷 19，第 1 辑（1927），vii+216 页。亦见罗斯托夫采夫：《希腊化世界的社会和经济史》，卷 3，1091 页，注 5；塔恩（Tarn）在《希腊化文明》（*Hellen. Civiliz.*）第 3 章中的讨论；以及海希尔海姆（Heichelheim），“古典时代对大地的影响”（Effects of Classical Antiquity on the Land），载于威廉·托马斯（William Thomas）编辑：《人类在改变地球面貌中的作用》（*MR*），168—169 页。

修建了运河，乡村的面貌被强制劳动改变了：曾经适合马匹和马车的埃及乡村，现在对两者都不再相宜，因为运河已经取代了它们，并改变了道路网络。[①]

伊索克拉底记述了另一位传奇的埃及国王布西里斯（Busiris），海神波塞冬和利比亚的儿子；他认为母亲出生的国度配不上他，因此征服了埃及。埃及不像那些缺少各种谷物所需的良好气候和位置的地方，那些地方会被雨水淹没或被炎热摧残；埃及坐落于尼罗河三角洲这个世界上最美丽的地方，能生产最丰富多样的产品，又被河流永恒的壁垒护卫着。尼罗河使埃及人能够像神一样令其土地不断出产。宙斯把雨水和干旱分配给其他民 128
族，但唯有埃及人像宙斯本人一样控制着这些。[②]（埃及人与其他国家的人们在水源上的对比，正如我们在前面谈到的，至少可以追溯到《阿托恩赞美诗》；希罗多德和柏拉图也提到了这些。）

后来在希腊化时代，忒奥克里托斯不仅赞美托勒密，而且赞美埃及、尼罗河和人类的技能。成千上万的土地和成千上万的国家在来自宙斯的雨水帮助下开垦他们的土地，但是没有一个国家像低处的埃及那样富庶，在那里尼罗河带来河水，浸润并打开土壤，“也没有一个国家拥有如此多精于劳作的人们组成的城市。修建在那里的城市有三百座、三千座、三万座，六万座、

---

① 希罗多德（Hdt.），Ⅱ，5，108；凯斯（Kees）：“谢索斯特斯”（Sesostris），《保吕氏古典学百科全书》（*PW*），2A：2，1873 栏。

② 伊索克拉底（Isocrates）：《布西里斯》（*Bus.*），10—14。关于这个传说，见希勒·冯·加特林根（Hiller v. Gaetringen）：“布西里斯，5”（Busiris，5），《保吕氏古典学百科全书》，卷 3，1074—1077 栏。

二十七万座，而它们的君王和主人是骄傲的托勒密。”①

有一块从公元前四世纪安条克一家浴室中存留下来的漂亮的浮雕地板，上面的埃及场景表明其富有的三个化身：肥沃的土地、精细的耕作，以及尼罗河。这种结合并不难理解。技术是善于发明创造的人类与自然之间的链接环节。②

斯特雷波也评论了埃及人在自己国家里造成的环境变化，附带解释了他们控制河水和干旱的细节。对希腊人来说，埃及的环境一定与他们的文明一样迷人。

> 给予尼罗河的重视和关照是如此强烈，从而导致了勤奋战胜自然。土地按照其本性，更加由于雨水的补给，出产丰盛的果实。同样按照本性，河流泛滥灌溉大片土地；但是勤奋完全成功地修正了自然的不足，因此在河流涨水比平时小的季节，全国大部分土地也能通过运河和堤坝得到灌溉，就像河流高涨的季节一样。③

在希腊化时代的地理学者中，埃拉托色尼表现出对环境变化所涉及的复杂文化历史因素有一种引人注目的了解。他说，过去塞浦路斯的平原被森林覆盖；为了给炼铜和炼银提供燃料而开始

---

① 《田园诗》（*Idyll*），XⅦ，77—85。

② 西塞罗（Cic.）：《论神性》（*Nat. D.*），Ⅱ，60，150—152；《论至善和至恶》（*de fin.*），Ⅴ，74；卢克莱修：《物性论》（*Lucr.*），Ⅰ，159—214。关于这块图板，见罗斯托夫采夫（Rostovtzeff）：《希腊化世界的社会和经济史》（*HW*），卷 1，352 页对页。

③ 斯特雷波（Strabo），XⅦ，i，3。

砍伐森林，同时也为了给修造船只提供木材，“因为海洋现在已经能够安全地航行，一支强大的海上军队也能够出海了。”为这些目的砍伐树木不足以“减缓森林中木材的增长”，因而人们获
准去砍倒树木，并且“占领这样清理出来的土地作为自己的财产， 129
完全免费。”这样，埃拉托色尼将景观的变化与采矿、航海联系起来，并且与政府的土地政策联系起来了。[1]

5. 泰奥弗拉斯托斯论驯化与气候变化

历史上，研究动植物生命和陆地形态的学者们对人类活动作用于这些现象的影响是相当敏感的。举个例子，植物学家对驯化的本质和人类介入的植物演替一直很感兴趣。在古代世界，泰奥弗拉斯托斯就是这样的一位学者，他问的两个问题在近现代已变得格外有吸引力。一种驯化的植物与野生植物在哪些方面不同？人有可能改变气候吗？两个问题的答案都揭示出对人类能力的一种好奇心（这也正是柏拉图讨论侵蚀问题时所表明的）：人能否改变植物？能否造成有利或抑制植物生长的环境条件？

泰奥弗拉斯托斯对野生和驯化的植物之间所作的划分是令人失望的，无非就是把普通观察改写了一下。他反对希朋（Hippon）关于每种植物都有一个野生形态和一个人工种植形态的观点，承认人类的关照与驯化相关，并承认有一些野生植物不能通过栽培存活。然而，某些从母树（靠种子生长）退化的树种却能够通过

① 斯特雷波（Strabo），XIV，vi，5。

栽培和特殊照料而改良。如果石榴树得到大量的河水和猪粪，其特性会发生变化，如果在杏树上插上导管使树胶流出来，并给予其他各种照顾，杏树的特性也会改变。[①] 泰奥弗拉斯托斯把驯化的植物比作与人类有密切关系的驯养动物。也许他心中想的是那种娇宠溺爱吧。下面这段文字暗示着，对所需品质的人工选择是野生与驯化树种的主要区别，尽管他说的好像是一种从前经过驯化而现在生长在野地的树木。“任何野生树种在果实方面都会恶化，它自身的叶片、树枝、树皮和外形通常也会受到生长阻碍，因为在栽培条件下，这些部分以及树的整体成长都会变得更集中、更紧凑、更结实；这说明栽培和野生的差别主要表现在这些方面。”[②]

泰奥弗拉斯托斯对由于人类介入而发生的气候变化所作的讨论，对本书的主题意义更为重大，因为它是有关这个主题的长期
130 思考历史的开端。他说，存在这样的区域，例如在色萨利的拉里萨周围的地区，那里过去树木不结冰，空气更稠密，气候较温暖，而且整个地区呈现出大规模湿地的面貌。然而，当水被排出去、重新聚集又受到阻碍时，这个地区变得寒冷，冰冻也增加了。他说，当地气候变化的证据是，过去高大而美丽的橄榄树消失了，即使在城市中也是如此，而葡萄园经常受到过去从未有过的严寒

① 泰奥弗拉斯托斯（Theophr.）:《植物探询》（*An Enquiry into Plants*）；关于希朋（Hippon），见Ⅰ，iii，5和Ⅲ，ii，2；Ⅰ，iii，6；Ⅱ，ii，6，11。

② 同上，Ⅲ，ii，3。在Ⅳ，iv部分，我们看到了一点关于亚历山大的征服给植物学带来的后果。对于这个主题，见布雷茨尔（Bretzl）:《亚历山大时代的植物学研究》（*Botanische Forschungen des Alexanderzuges*）。

袭击。另一个例子是海布罗斯河（马里查河）近旁的埃诺斯，当人们使河水更加靠近它流淌时，这个地区变得比以前温暖了。另一方面，腓力比的周边过去比现在结冰多一些，因为田野里的水排干了。这个地区的大部分土地被弄干并开始耕种。在这个例子中，未开垦的地区更寒冷，空气更稠密；森林覆盖阻止了太阳光线或微风穿透，即使在树林中有腐水聚集也没有用。

在拉里萨的例子中，排水导致了更严重的寒冷，因为水的存在能起到缓解作用；而在腓力比的例子中，清除林地把土地打开暴露在阳光之下，这样便带来更温暖的气候。普林尼也有类似陈述，但很清楚是来自泰奥弗拉斯托斯的。①

泰奥弗拉斯托斯举出的人类介入导致气候变化的例子只涉及很小的地区，但对他来说显然有一个普遍性原则在发生作用，正如作为其解释之基础的理论所显示的那样。这种探究由亚里士多德的学生泰奥弗拉斯托斯如此谦逊地起了个头，后来成为近代无数作者的主题，尤其是在十八和十九世纪。

然而，如果说这些特定观念激发了后世的调查研究也是不对的，因为这些观念看来是独立地产生在不同时期的很多人身上。中世纪的大阿尔伯特探讨了清除林地对气候的影响；在大发现时代之

---

① 泰奥弗拉斯托斯：《植物本原》（*De causis plant*），Ⅴ，14，2—4，5［=《存留作品全集》（*Opera*，*quae supersunt omnia*），284 页］。对于卡佩勒（Capeller）："气象学"（Meteorologie），《保吕氏古典学百科全书》（*PW*），附卷 6，354 栏，我要感谢他对这段的援引。亦见《论风》（*De ventis*），13，《存留作品全集》，379 页，谈到克里特岛变化的气候，然而没有给出原因。亦见普林尼（Pliny）：《自然史》（*NH*），ⅩⅦ，iii，30。

后，这种讨论成倍增加了，因为众多旅行者（尤其是在北美的旅行者）观察到——或者自以为观察到，或者相信老人的回忆——当新发现的陆地上树林被清除时，气候就变得比以前温暖了。

6. 乡村生活与黄金时代

在古代作者之中，提到人对环境的改造最为频繁的是在有关
131 农业的论述中。有一些作者，如色诺芬和加图（Cato），关注的是技艺的实践细节；其他人将他们所处时代的农业与黄金时代的土肥水美联系起来，用当年土壤的丰饶多产对比现今耕作的艰辛（赫西奥德、卢克莱修和维吉尔是很好的例子）；还有一些，像瓦洛、科卢梅拉和普林尼，则将农业与更广泛的文化史及哲学问题相结合。

色诺芬在《经济论》中描写了农业生活的道德价值；苏格拉底这位主要发言人赞扬了波斯国王对农业的兴趣，以及他对波斯人称之为“天堂”的鼓励，这天堂“充满着土地将要出产的所有美好而美丽的事物……”——根据一块大约雕刻于公元100—150年的碑铭，大流士表扬了加达塔斯（Gadatas，看来是伊奥尼亚省总督）在西亚种植果树，这果树来自幼发拉底河之外，也就是河的西边，可能是叙利亚。[①] 大地既为人们出产生活的必需品，

① “大流士之信，公元前521—前485年”（Letter of Darius，521—485 B.C.），载于托德（Tod）:《希腊历史铭刻选》（*Greek Historical Inscriptions*）（第2版，牛津，1951年），第10号，12—13页。该文本的真实性受到质疑。关于加达塔斯，见色诺芬（Xen.）:《居鲁士的教育》（*Cyr.*），Ⅴ，iii，10。亦见色诺芬:《经济论》（*Oec.*），Ⅳ，8。

也向他们提供奢侈品，而牲畜繁育的技艺“与农牧业紧密相连”；但是要想获得这些东西，人们必需为它们而劳作。[①] 农夫们被告诫要永远保持土壤的肥力；每个人都知道粪肥的价值，是自然创造了它，但是尽管它到处都有，却只有一些人收集，另一些人则疏于此事。自然送来雨水，如果把耕种前必须从田地里清除的草木扔进水里，那么“时间自身就会产生土壤所喜欢的东西”；各种植被或土壤在腐水中变成了肥料。人们还必须学会如何正确地从土地上排水、除掉多余的盐分。“因为偷懒者不能像在别的技艺中那样，声称不知情：土地，尽人皆知，回应精心的照料。农牧业是怯懦灵魂的明确谴责者。”[②]

关于通过恰当的照料和施肥保持土壤肥力的类似忠告在加图、科卢梅拉和普林尼的农业论文中也很常见。加图与色诺芬同样怀有对农业方式的尊重，他有几句话经常被人引用：“什么是好的耕作？好好犁地。什么是第二好的耕作？犁地。什么是第三好的耕作？施肥。”[③] 普林尼也讨论了坡地耕种的优势、土壤肥沃的原因，以及对地力衰竭的预防。[④]

农业著作还与黄金时代的神话相联系，正如赫西奥德和后来许多作者所描述的：黄金时代的人们不仅拥有身体上和道德上的

① 色诺芬（Xen.）:《经济论》（*Oec.*），Ⅳ，13；Ⅴ，2—3。在《经济论》Ⅴ中，有关于农业的美丽和农业的道德与经济优势的长篇讨论；引文在Ⅴ，3。

② 同上，XX，10—15。

③ 加图（Cato）:《农业志》（*On Agriculture*），LXI，被普林尼（Pliny）引述:《自然史》（*NH*），XVIII，174。

④ 普林尼：《自然史》，XVIII，2。

优势，而且他们的土壤是如此丰饶肥沃，以至于它给人类提供食
132 物而不需要耕作。这个主题产生于赫西奥德，后来被塞涅卡、奥维德（Ovid）、瓦洛和维吉尔等许多作者重复（或抄袭），这就是：当今时代需要对土地进行积极劳作和精心管理，才能确保从中获得生计，而在黄金时代这是由土壤自发赐予人们的。[①]

赫西奥德的诗歌是推测的历史与道德准则及农业规范的结合体，他相信诸神对人类秘而不宣其生活手段；如果他们没有这样做，人类就会放弃自己的任务，田地也不会得到耕种。[②] 环境变化是在需求的刺激下产生的。

赫西奥德认为人类的文明史有五个阶段：黄金时代、白银时代、青铜时代，随之而来的是半人半神种族的时代，后面是当代或铁器时代。生活在黄金时代的人们没有经历过哀痛（“远离并摆脱劳作与悲伤”），从未受到衰老之苦，并拥有生活中一切美好事物，“因为高产的大地自然而然地为他们提供果实，丰富多样、毫无保留。他们轻松而平静地居住在大地上，享有许多美好的事物，牛羊成群，并为有福的神灵们所喜爱。”[③] 黄金时代以快乐的

---

① 这个主题不断地在古典著作中出现，例见洛夫乔伊（Lovejoy）：《古代的原始主义及相关思想》（*Primitivism and Rel. Ideas in Antiquity*），来自以下作者的段落：奥维德（Ovid）[《变形记》（*Met.*），Ⅰ，76—215 及评论，43—49 页；《恋情集》（*Amoros*），Ⅲ，viii，35—36，63 页]；维吉尔（Virgil）[《农事诗》（*Georgics*），Ⅰ，125—155，370 页]；狄凯阿克斯（Dicaearclus）[载于波菲利（Porphyry）：《论节制》（*De abstinentia*），Ⅳ，1，2，94 页]。亦见对文化原始主义的评论，7—11 页，以及希腊滑稽诗人对黄金时代的可笑模仿，38—41 页。

② 赫西奥德（Hes.）：《工作与时日》（*Works and Days*），42—45 行。

③ 同上，110—112 行。关于这段的历史意义，见洛夫乔伊，前引书，27—28 页。

牧羊人和天生的土壤肥美为特征。这个神话的一个重要成分是这样一个概念：当土壤最少被人类的技艺所干扰时，它才是最肥沃的。很难说这到底意味着什么，是说当今时期代表着与铁器时代的文化衰落相对应的土壤肥力下降呢（一种不大可能的解释），还是仅仅表示黄金时代的普遍情况与人们在铁器时代所观察到的相反——铁器时代很难从土壤里获得生计——但无论如何，人们辛勤劳动的地位的确是突出的，他们为栽种而收拾好土地，并通过犁地和休耕使土地保持良好状况。“春天犁地；但是夏季的休耕不会掩埋你的希望。当土壤仍在变得松软时在休耕地上播种：休耕地是防止损害的保卫者，也是孩子们的抚慰者。”[1]

在古代，黄金时代土壤肥沃的观念作为文化史中的一个主题，从赫西奥德时期一直流传到塞涅卡时期，大约有七个世纪之长久，更不用说后来无数的重复。也许黄金时代的土壤肥沃仅仅是那个遥远时期中幸福生活的一个方面，用来与铁器时代不那么慷慨的 133
自然相对比；然而这个观念如此频繁地、在如此长久的时期内被复述，以至于它也许已成为一种没有特别含义的文字惯例。“这种土壤，”塞涅卡在谈论英雄时代时说，“在未开垦时更加高产，它为不去相互掠夺的各民族提供用不完的物品。”[2] 奥维德也将黄金时代描述为人类对原始环境没有作出多少改变的时代。“落在它老家山上的松树，还没有从那里降落到多水的平原，去游历别的陆地；人们除了自己的岸边，不知道还有别的海岸……没有强

① 赫西奥德（Hes.）：《工作与时日》（*Works and Days*），460—464 行。

② 塞涅卡（Sen.）：《道德书简》（*Ep. mor.*），90，40。

迫，地球本身不曾被锄头或犁铧触碰，她自愿供给人们所需的一切事物。”人们采集周围的食物，像野草莓、浆果和橡实。大地天然生长的庄稼就像人类技艺所驯化的植物一样。“很快地，未耕作的大地，产出成堆的谷物，田野尽管未曾犁过，仍然覆盖着沉甸甸有芒刺的麦子，呈现一片白色。牛奶和甜美的饮品流淌着，金黄的蜜汁从青翠的橡树中滴下来。”[①] 瓦洛引述狄凯阿克斯的话，也赞同人类生活的最远古阶段必定是自然状态，“那时候人们依赖处女大地自发出产的那些东西生存。”[②]

不管人们对黄金时代土壤肥沃的观念给予什么样的解释——无论土壤肥力是否仅仅为田园牧歌式生存状态的一个方面，而所有的方面都相互和谐，也无论这些观念是否构成对原始主义及其假定的优雅生活（与当代生活的艰难现实相对比）整体向往的一部分——我认为，得出下面这个结论是合理的，即在后来的不那么田园牧歌式的时代里，土壤需要人类的积极合作，人们通过耕作技术、土壤补给和地力保养从自然中奋力夺取生计。将黄金时代的自发性与现代有目的的劳作两相对比，人们认识到：人类社会的生存，尽管是糟糕的生存，要求对原始景观的改变。

赫西奥德对黄金时代的描述也许与他自己生活的时期（可能是公元前八世纪）的艰难现实形成尖锐对照。在阿里斯托芬的时

---

① 奥维德（Ovid）:《变形记》（*Met.*），Ⅰ，vv，95—112。

② 瓦洛（Varro）:《论农业》（*On Farming*），第2部第1章，3—4。亦见《希腊生活》（*Vita Graeciae*），残篇1，载于波菲利（Porphyry）:《论节制》（*De abstinentia*），Ⅳ，Ⅰ，2，文本与翻译见洛夫乔伊和博厄斯（Lovejoy and Boas）:《古代的原始主义及相关思想：历史文献》（*Doc. Hist.*），94—96页。

代（公元前五至前四世纪），情况仍然很严峻。几乎是赤裸的阿提卡农夫，在“很大范围内是贫瘠、多石，并且往往是尚未开垦的”土地上劳作。虽然会毁坏森林，但烧炭仍在继续并很重要。“能够形象地描述成‘田野臀部’的冲积土地是很少有的，尽管有‘富裕的雅典人’这个著名短语，或者阿里斯托芬漂亮的爱国呼喊：134
‘啊，可爱的凯克洛普斯之城，土生土长的阿提卡人，向你致敬，你肥沃的土壤，美好大地的乳房！’……［而］无须艰苦劳动就能生长丰盛的庄稼，这仅仅存在于童话故事的梦乡之中。”[①]

7. 地球会死亡吗？

地力衰竭理论也和自然界衰老的观念相联系，是将有机类比应用到地球自身。大约生活在公元一世纪的科卢梅拉纯熟地表述了这个理论并加以驳斥；虽然没有对卢克莱修指名道姓，但科卢梅拉攻击的正是后者的学说。

地球衰老的观念在整个中世纪得以存留并传承到近代；它是古代派与现代派之间争吵的问题之一。像乔治·黑克威尔、约翰·约翰斯顿（John Jonston）、约翰·伊夫林（John Evelyn）这些人都探讨过它；孟德斯鸠在《波斯人信札》（*Persian Letters*）中争辩现今人口少于古代，他通过一封 1718 年波斯人雷迪（Rhedi）从威尼斯写给在巴黎的郁斯贝克（Usbek）的信件问道：“与往昔相

① 艾伦伯格（Ehrenberg）：《阿里斯托芬的人们》（*The People of Aristophanes*），75—76 页。

比，世界上的人口现在怎么会如此稀少？自然怎么会丧失她原初时代那巨大惊人的生产力？难道她已经进入高龄，将要变得老朽昏聩了吗？”[①]

正如我们之前讨论过的，卢克莱修相信地球是一个终有一死的物体；它会逐渐变得衰老，最终会死亡。它也不是神圣不可侵犯的。他说，认为“世界的光辉本质”是众神按照一个神圣的计划为了人类而塑造，这是荒谬的；想象一个神圣工匠为人类创造了永恒而不朽的住处也是愚蠢的。他嘲笑这个思想，即“众神的古老智慧为人类所永久建立的事物，无论是通过任何力量从下面动摇它，还是用争辩来攻击它、自上而下颠覆它，都是一种罪孽。”[②]这里我们暂时偏离一下主题，他好像是在说近代一个普遍化的态度：通过人类技艺去干扰神的安排是有罪的。在近代，这个观点被推崇，用来反对河流改道、运河开凿，当然还有在医学中使用麻醉剂也成为一个突出的例子。如若上帝有意使这些东西存在，那么他在一开始就会创造了它们。也许卢克莱修是在批评流行的信仰，与下一个世纪的塔西陀所提到的相类似。塔西陀在一个引人注目的段落中，吁请人们注意宗教信仰在保留自然秩序上的影响，他提到当时对河流改道的普遍反对意见是认为，自然本身已
135 经为河流的源头、路线和出口作出了最好的规定。他说，元老院开始了一场讨论，台伯河的水患是否应该通过改变上游支流和湖泊的水路加以控制。来自自治市和移民地的各代表团发表了意见。

---

① 孟德斯鸠（Montesquieu）:《波斯人信札》（*The Persian Letters*），第 112 封信，由罗伊（Loy）翻译。

② 卢克莱修：《物性论》（Lucr.），V，156—164。

佛罗伦萨人呼吁说，如果齐亚纳河（克莱因斯河）被改道导入阿尔诺河，将会毁灭他们。如果这个计划在河水被分流成小溪后导致纳尔河（内拉河）泛滥，那意大利最高产的田野将注定完蛋。列阿特（现代的列蒂）的代表反对在通往纳尔河的入口处堰塞维里涅湖（披耶-狄-路果湖）。他们说："大自然已经为人类利益作出了最有利的安排，她给河流指定了适当河口、适当河道、适当界限，以及它们的源头。还应当考虑到祖先的信仰，祖先们把宗教典礼、树林和祭坛献给了家乡的河流。此外，他们也不愿意看到台伯河本身被截断支流，降低了它的宏伟气势而流淌。"关于这一点塔西陀评论道："不管决定因素是什么——移民地的请求、工程难度或迷信的原因——最后是皮索（Piso）'一切原封不动'的提议得到赞同。"[①]（这种信念在人类定居历史上产生的效果的确是巨大的。来自世界上许多地区和来自历史上许多时期的例子都能说明宗教信仰对保存自然景观的影响。仅举一个例子：圣地周围的神圣树林通常是已经消失了的过去景观的指示器。保存树木的愿望和关于不加选择砍伐森林为邪恶之事的原始概念，似乎常常与对神圣树林之神灵们的信仰混合在一起。）

不——卢克莱修继续写道，宇宙充满了太多的不完美，地球到处都有太多不能利用的土地，以至于我们无法承认神圣威权为人类而创世的可能性（见上文，本书第一章第 9 节）。不仅如此，地球也比过去衰老了。黄金时代的肥沃地力归功于地球的年轻。人和他的耕牛力量用尽了，犁铧几乎翻不动贫瘠田野的土块了。

---

① 塔西陀（Tac.）：《编年史》（*Ann.*），Ⅰ，79；亦见Ⅰ，76。

农夫将自己倒霉的命运与祖先受到的祝福对比，祖先们是那样轻易地就从土壤中获得了生计。“时光推移，葡萄藤架破旧了，种植者是多么沮丧，他诅咒这个时代，牢骚满腹地思索着，那些虔诚的老辈人怎么能够轻易地在狭窄的小块土地上维持生活，既然从前土地的限制对每个人来说要小得多。他也不理解，所有的事物都在一点一点地衰竭，并随着时间和生命的流逝精疲力尽地走向坟墓。”①

科卢梅拉攻击一个类似的观点，显然这个观点在国家管理者
136 中被广泛地接受。事实上，他的作品开始于这个攻击，后来又再次强调了他的异议。国家的领导们抱怨土壤乏力、气候糟糕，把这说成庄稼歉收的原因，将他们的抱怨建立在“似是而非的推理之上，在他们看来由于早期的过度生产，土壤已经疲倦并耗尽了地力，再也不能以它古老的仁爱向人类供应营养了。”科卢梅拉更直接地继续说道：

> 因为大自然被宇宙创造者赋予了持久的肥力，要是假设她好像感染某种疾病一样患上了不育症，那是罪过的；并且一个拥有良好判断力的人也不应该相信，地球——她的命运已被赐予了一个神圣而永久的青春，她被称为所有事物共同的母亲，因为她总是生产一切事物并注定要不断地生产它们——会以人类的方式变老了。

① 卢克莱修：《物性论》（Lucr.），Ⅱ，1157—1174。

科卢梅拉的意思并不是说土壤不会衰竭、会永远具有生产力，但是土壤的失败可能是人为的原因造成的。[①]

他说，把大地母亲与人类母亲相比是一个错误的比较。妇女在达到一定年纪之后就不再能生孩子；她的生育力一旦丧失便不能恢复，但是这种类比不适用于被放弃的土壤，因为当耕种重新开始时，“它便用高额的利息来向农民偿还它的赋闲期。”土壤衰竭与地球的年纪无关，而是关乎农业实践。科卢梅拉引用一位显然在土壤研究方面很受尊重的年长作家特雷米留斯（Tremelius）的话：“未开垦的和树木茂密的地区，当它们第一次被耕种时，出产是丰盛的，但是在那以后很快便不再积极回应种田人所付出的辛劳。”科卢梅拉说，他的观察是正确的，但解释却错了。这样的土地丰饶多产并不是因为它有更长的休耕、更年轻，而是因为经年累月的落叶和草木所积攒的营养。当砍伐发生时，斧头和犁铧破坏了植物的根系，土壤的食物来源被切断了；从前肥沃的土壤现在由于被剥夺了食物来源而变得贫瘠了。这并不是因为地球的年龄或衰老期，“而明显是因为我们自己缺乏能量，耕地给我们的回报才不那么慷慨。如果我们用经常、及时而适度的施肥来给土地重新注入活力，那么我们将有更大的收获。”[②]

肥料（绿肥和动物肥料）被详细讨论。[③]应该观察到表面上看来对土壤微不足道的影响，比如在允许牛群踩踏之前研究土壤的湿度。有一个段落令人想起索普（Thorp）对中国移动肥力的

① 科卢梅拉（Columella）：《论农事》（*De re rustica*），前言，1—3。

② 同上，Ⅱ，1，1—7。

③ 同上，Ⅱ，xiv—xv；亦见洛布版卷 3 的索引。

讨论，在这段里科卢梅拉说，大约在二月中旬，高坡上应该和干
137 草种子一起施肥了，“因为较高的坡地给下面的低地提供营养，当大雨或人工引导的溪水向低地流淌的时候，就把液态肥料与水一起带下去了。正因为这个原因，聪明的农夫们即使在犁耕的土地上，也给山坡比山谷施以更多的肥料，因为……雨水总是将所有肥沃的东西带到低地。”①

科卢梅拉相信有一个“适用于所有绿色事物的适中的肥力规律，甚至对人类和其他生物也一样。”自然已经将她的礼物分配到所有区域。他指出意大利的自然馈赠，它“对人类所给予的关怀最为积极响应，因为当意大利的农夫们投身于这项任务时，她学会了生产世界上几乎所有的水果。因此对一种可以说是本地的水果是否属于和源于我们的土壤，我们的怀疑应当减少了。”与十九世纪的维克托·赫恩（Victor Hehn）一样，科卢梅拉认为意大利有许多植物是在别的海岸驯化并被人带到那里的。②

普林尼表达了类似的思想，这些思想很可能就来自科卢梅拉，因为在普林尼引用的许多农业方面的权威著作中包括迦太基人马戈（Mago the Carthaginian）的佚作、科卢梅拉和瓦洛的著作。普林尼明白驯化的重要性；他区别了野生天然的树木和果园里的果树，后者的形态（即使不是它们的实际出生）归功于人类的技

① 科卢梅拉（Columella）:《论农事》（*De re rustica*），Ⅱ，xvii，6—7；索普（Thorp）：《中国的土壤地理》（*Geog. of the Soils of China*），433—436 页。

② 同上，Ⅲ，viii，1，5。维克托·赫恩（Victor Hehn）：《栽培作物与家畜从亚洲向希腊、意大利及其他欧洲国家的迁移》（*Kulturpflanzen und Hausthiere in ihrem Übergang aus Asien nach Griechenland und Italien sowie in das Übrige Europa*）。

艺和心灵手巧。在他关于土壤的论述中可以看到一些科卢梅拉的常识，例如土壤不应该被看作像人一样年老了；土壤在照料下将持续地力，而且如果能巧妙耕作，那就没有必要让山坡裸露。在山坡上犁地，农人应该避免上行和下行。应该“沿着山坡横向行犁，但是犁头应该时而对着山上、时而对着山下。”[①] 普林尼还保留了由于人类介入而引起气候变化的观念，这沿袭了泰奥弗拉斯托斯关于这一主题所作的观察。

从色诺芬到维吉尔的农业作品中，我们能够发现对人类改变自然秩序之能力的认识在扩展这个事实。信心建立在观察和经验性知识的基础上。然而，除了少数例外，主要的重点都放在可耕地的地力这一点上。这种对可耕地的普遍性强调（即使偶尔考虑放牧问题），也是直到十九世纪李比希（Liebig）时期末的近代农业化学的特征。至于对非耕地环境变化的详细研究，如牧场和森林，则是近现代人的兴趣，尽管在中世纪著作中有线索表明环境变化在非耕地也发生了，而且很重要（见下文，本书第七章第11节）。

8. 在文明的更广阔哲学体系中解读环境变化 138

有些作者对环境变化的解读是更广阔哲学体系的一部分，在他们的著述中，西塞罗、赫尔墨斯派作家（其在这个问题上的观

---

① 普林尼（Pliny）：《自然史》（*NH*），XⅦ，i，1；3，29—30；引文在XⅧ，49，178。

念可能来源于斯多葛派）、卢克莱修、瓦洛和维吉尔的作品是最具启蒙意义的。尽管在方法上有所不同，他们每个人都或含蓄、或明确地假定，文明史至少在部分上是环境变化的历史，技艺和科学的发展导致了自然环境的变化。

在斯多葛派哲学中，人的技术成就和发明、他给自然界带来的变化，都是双手的技能、心智的发现、感官的观察相结合的产物；他参与了充满这个世界的工艺和理性（地球尤为适合他），见证了外部自然的安排，例如为保护和关照他而存在的尼罗河、幼发拉底河和印度河。[①]

人类造成的环境变化，即在自然世界中创造“第二自然”，本质上可由人类与动物在技艺上的基本品质差异来解释。人是一种理性的生物，其世代累积的经验使他能够作出创新和发明；他参与了遍及整个世界的创造性生活与精神。[②]

卢克莱修的自然主义观念呈现了一种替代性的解读，没有用到工匠类比和设计论点。人们通过自己的努力，为自然已经提供的东西锦上添花。耕地比未耕地要好，产量更高。生计的获取陷入一个自然和人为的循环之中：天上的雨水最终为市镇带来食物，然后河流中的水返回海洋，又被蒸发到空中。[③] 卢克莱修深知人们在维护自己所创造的环境时会遇到什么样的实际困难；如有失

① 西塞罗（Cic.）：《论神性》（*Nat. D.*），Ⅱ，52，130；《论至善和至恶》（*de fin.*），5，39。

② 波伦茨（Pohlenz）：《斯多葛派》（*Die Stoa*），卷 1，227—228 页；亦见卡尔斯特（Kaerst）：《希腊化时代的历史》（*Gesch. d. Hellenismus*），卷 2，124—125 页。

③ 卢克莱修：《物性论》（Lucr.），Ⅰ，208—214，250—264，782—788。

败、不慎或懒惰，那么荆棘、树丛和野草就会重新侵占耕种好的田地。

然而，在卢克莱修对人类干预自然世界的讨论中，最引人
注目的论点之一在于他的动物驯化概念。这个概念具有令人惊
讶的目的论特征，同样令人惊讶的是关于动物自觉选择的假设。
动物驯化是一个“奖励”；动物被委托给人类监护，但是卢克莱 139
修并没有说是谁将动物奖励或委托给人类监护，也没有解释这
个令人迷惑的“师生关系”之目的。动物被置于其自我命运的
自觉决定者的地位。驯化对某些逃离自然界艰苦生活的动物来
说具有保命价值。卢克莱修暗示，权衡了两种选择利弊的动物
作出自觉而带目的性的行为，驯化在动物这方面是半契约式的，
而对人来说是出于功利目的才承担的，不是为人道主义目的。（动
物驯化的功利主义解释既能与伊壁鸠鲁哲学相协调，又能与斯
多葛派哲学相协调；在后者看来，这是按照设计来进行的，尤
其是如果假定世界上对人有用的资源实际上都是为他而创造出
来的话。）在卢克莱修的哲学中（伊壁鸠鲁派也是这样吗？），
动物灭绝可以从两方面来解释：自然界中的动物或者是没能在
生存斗争中幸存，或者是没能找到人类的保护。不过卢克莱修
关于自然选择和生存斗争的段落，与达尔文主义的进化论却鲜
有类同之处；卢克莱修假定物种的固定性，人类对几种较为温
顺的物种起着决定性的作用，而人类对动物世界的干预被假定
是很古老时候的事情。很早以前人就在干预自然秩序，他挑选
出某些物种，这些物种的生存和繁殖不再单独依靠自然环境，

而是依靠人。[①] 卢克莱修在此表达的这个观念后来重现在布丰《自然史》（*Histoire Naturelle*）对动物驯化的讨论中。布丰是卢克莱修作品的热切仰慕者，他的《自然史》是写于十八世纪的最吸引人的自然史著作。

过去的人们虽然比当今的人们更坚强，却没有将自己的精力花在犁铧上，因为他们对耕作、种植或剪枝一无所知。与黄金时代的人们一样，他们自由地接受大地自发的礼物。火的发明是向征服自然跨出的一大步；闪电或者也许是树枝之间的摩擦，最先使人得到了火。[②] 然后，受到太阳及其对地球物质的影响启发，人们学会了如何煮食。伴随着火的发明，下一步就是冶金术的发现。

卢克莱修的冶金术起源理论揭示了他对人类活动是多么留意：金属（铜、金、铁、银、铅）的发现，他归因于森林大火，大火可能是闪电导致的，也可能由于人们互相放火打斗，或者是有人渴望增加耕地和牧场而焚烧森林，还可能是因为有人想消灭野兽。“用陷阱打猎，首先把火升起来，然后用网围住树林，让狗惊吓野兽。”[③] 森林大火，无论起因是什么，燃烧得如此猛烈，以至于银、金、铜和铅的熔液流入地表的空洞里，人们受金属光
140 泽和亮度吸引，从它们的奇形怪状中发现了金属原来能够浇铸。现在他们能制造工具来清除森林、整理树木，还能耕种田野，刚开始使用铜器，后来使用铁犁。

---

① 卢克莱修：《物性论》（Lucr.），V，855—877。

② 同上，V，925—987，1091—1104。

③ 同上，V，1241—1296。引文在V，1250—1251。

受自然原型的教导并对其加以模仿，人们种植、嫁接各种植物，试验各种类型的耕作方式。通过精心照顾，人们将野生果实置于人类的保护和栽培之下，而且遵循着自然的暗示，人们扩大了改变的范围，用一个驯化的环境取代了原始环境。

> 日复一日，人们会迫使树林越来越退居高山，把下面的土地让给人们耕种，因而在山丘和平原上，人们能拥有草场、池塘、溪流、庄稼和赏心悦目的葡萄园，而灰色的橄榄树带以清晰的行列环绕其间，在山丘、山谷和平原之间蔓延；甚至正如你现在看到的，所有的大地都清楚地呈现出多姿多彩的美景，人们在这里那里种植甜美的果树使其明朗夺目，并把茂盛的灌木种植在周围当作围栏。[①]

我们现在已经在三个不同的语境中讨论了卢克莱修的长诗：首先，他对支持设计论的基本观念的辩驳；其次，他关于地球的有机本质，以及由此而来的地球会死亡的本质这个概念；第三，他关于环境变化是文化史组成部分的观念。最后这一条似乎在特征上更与历史相关而不十分理论化，因而与前两条是分离的。在上面引述的段落中，他清晰地描绘了一个民族改变景观的方式，用的是诗歌的语言，没有任何关于腐朽或死亡的暗示。

人类在技艺上的进步同样对其环境有影响；通过模仿和利用心智，人学到了知识，并通过实践和经验增加了知识；他解救了

① 卢克莱修：《物性论》(Lucr.)，V，1370—1378。

很多动物物种；他驯化了庄稼，清理并排干了土地，他周围的景观成为其自身创造力的一个结果，至少部分是这样。

瓦洛关于农业的著作对本书的主题有重要意义，因为它尝试描绘土地利用的历史顺序，并且在近代社会极具影响。这是由狄凯阿克斯所激发的调查；狄凯阿克斯是逍遥学派哲学家、亚里士多德的学生，他的《希腊生活》影响了许多作家，波昔东尼就是其中的一个。根据瓦洛的说法，狄凯阿克斯认为人们最初生活在一个自然状态中，只是利用大地自愿提供的产品。对他们来说，那是一个快乐的状态，是一个黄金时代。按照波菲利所述，狄凯阿克斯认为黄金时代是快乐的，不是因为人们在体质、精神或道德上比后世优越，而是因为他们不渴望只有通过艰苦体力劳作才能获得的便利愉悦；既然没有更高的抱负，他们也就很少有烦恼和悲伤。因为食物简单，疾病较少，压力也较小；因为没有冲突的目标，所以也没有战争。从这样一种自然状态，人们转变到一个不太理想的情况，即游牧阶段，用野生橡实、野草莓果、桑椹
141 及其他水果为自己补充营养，以他们所捕获、关起并驯化的动物作为食物。绵羊大概是排在第一个，因为它对人有用、温顺且容易被改造，给人带来羊奶、奶酪、羊毛和羊皮。紧接着游牧阶段的是农业阶段，它保留了前两个阶段的大量特征，在当今时代到来之前持续了很长时间。几个种类的野生动物存留下来了：弗里吉亚的绵羊、萨莫色雷斯的山羊和意大利的野山羊；猪也是这种情况；还有达尔达尼亚、马蒂卡和色雷斯的许多野牛，弗里吉亚和利考尼亚的野驴，以及东北西班牙的野马。对狄凯阿克斯而言，当时这些动物的存在证明了他的理论，即驯化脱胎于制服，现在

的家畜饲养是游牧时代的孑遗。[①]

瓦洛赞同这一点，而顺理成章的是，这位《论拉丁语》（*De lingua latina*）的作者将这个论点更加推进一步，试图在语言学范围内证明动物驯化，尤其是绵羊的驯化有多么古老。希腊语和拉丁语表明最著名的古代人是牧羊人。山羊和绵羊受到古人的尊敬，占星家以它们来命名星座。许多地名都能追溯到动物的名字。罗马人自己就出身于牧羊人。[②]

这个理论的历史意义是什么？首先，它将对环境自身的注意力转移到表现文化史特征的阶段顺序上来。瓦洛的方法与近代的比较方法或历史方法相类似，后两种方法假定文明经过了理想的一系列发展阶段，对这个顺序里早期阶段的认识要么来自古代的幸存物，要么来自当今世界上存在的处于不同发展阶段的民族。"阶段论"在二十世纪从人种学和历史学角度受到了强烈批评（然而当前它有所复苏，形式较以前精细深奥得多），因为这个理论忽视历史材料而注重抽象的格式化表述；但同样重要的事实是，这种理论从一开始就阻碍了人们研究环境的历史或文化改变环境

① 瓦洛（Varro）：《论农业》（*On Farming*），Ⅰ，2，15—16；Ⅱ，1，3—4。见狄凯阿克斯（Dicaearchus）：《希腊生活》（*Vita Graeciae*），残篇 1，见本书 126 页注 4。对照洛夫乔伊和博厄斯（Lovejoy and Boas）：《古代的原始主义及相关思想：历史文献》（*Doc. Hist.*），95 页注 159，作者评论了短语"别再说橡树了"（Enough of the oak-tree），即指吃够了橡实，以及对更好的食物和生活的渴望。亦见《保吕氏古典百科全书》（*PW*），"狄凯阿克斯"（Dikaiarchos），及威利（Wehrli）：《亚里士多德学院：文本与评论》（*Die Schule des Aristoteles. Texte und Kommentar*），第 1 辑"狄凯阿克斯"（Dikaiarchos），56—59 页。

② 瓦洛（Varro），前引书，Ⅱ，1，3—9。

的方式的任何尝试。瓦洛在自己的理论上远不像他后来的模仿者那样教条，因为他指责罗马人（与他的同时代人西塞罗一样，他警觉到那么多小土地所有者的耕地被转变成大土地所有者的牧场），为了城市而离弃乡村，从外国进口谷物和葡萄酒，由农业生活恢复到游牧生活，从而倒退历史进程。

142 “这个国家的城市创建者为牧羊人，教会他们的后代务农，这些后代却倒退了这个进程，出于贪婪并不顾法律而将庄稼地变成了牧场，丝毫不懂农业和畜牧业的差别。”①

诚然，瓦洛承认对自然秩序的修正属于文化与经济史的组成部分；建立在不同经济体系上的不同种类的文明，以不同方式利用着它们的环境，但是丰富的历史和地理资料所体现的具体性，却在将进程浓缩为阶段的过程中丧失了。

只是到了近代，人类经济发展中游牧阶段先于农业阶段这个观点才受到有效的挑战。阶段论或其变种在二十世纪的许多经济学教科书中出现，尽管十八世纪的凯姆斯（Kames）勋爵和十九世纪的亚历山大·冯·洪堡指出，在美洲新大陆并不能观察到一个游牧的阶段。近现代研究进而强调了游牧方式是较晚出现的。②

在另一些段落中，瓦洛对农业和畜牧业作了有趣的评论：他区分了农业的成效与食草动物对植被的移除；因此对农业和畜牧业都带来最大好处的是两者同时实践，这样除了其他优势外，农

---

① 瓦洛（Varro），前引书，Ⅱ，导言，4。

② 据我所知，对阶段论普遍化的最早批评是亨利·霍姆（Henry Home），即凯姆斯勋爵（Lord Kames）提出的；见《人类历史概观》（*Sketches of the History of Man*），卷2，82—84页。凯姆斯勋爵认为，这个谜团需用更丰富的知识加以解决。

民还能得益于肥料帮助促进作物生长。

瓦洛还描述了意大利南部的季节性迁移放牧："……我的羊群习惯在阿普利亚过冬，在列阿特附近的山里度夏，尽管这两个牧场相距很远，公共路径连接着它们，像是套在牛轭上的一对篮子。"[1]与近现代对季节性迁移放牧的讨论不同，这里没有提到过度放牧或为增加放牧土地而砍伐森林。

瓦洛对山羊使用了无情的词汇。瓦洛的岳父丰达尼乌斯（Fundanius）蔑视农业，因为正如狄凯阿克斯所表明的，游牧生活在其之前。对这一点，"苏格拉底学派的罗马贵族"阿格里乌斯（Agrius）引用移民者的法律说道："在种满树苗的土地上，不要让移民者放养母山羊的后代，甚至天文学都已经将这种生物移到天空中离公牛座不远的地方。"丰达尼乌斯回答说，法律适用于"某些家畜"，因为像母山羊这样的一些动物"是耕作的敌人，并且荼毒庄稼，因为啃噬，它们毁掉所有的幼苗，尤其是葡萄树和橄榄树。"[2]

对葡萄树的发现者、酒神利伯尔而言，公山羊由于它们的恶 143
行而成为祭品；不会用这样的祭品奉献给密涅瓦女神，因为山羊擦伤橄榄树，它的唾液还对植被有害。在雅典，山羊一年只能作为祭品进入卫城一次，"以免橄榄树（他们说橄榄树最早是在那里生长出来的）受到母山羊碰触。"在后面关于山羊的繁育和挑选的章节中，瓦洛说，它们在林间空地比在草地上快乐，它们喜

① 瓦洛（Varro）：前引书，Ⅱ，导言，4—5；季节性迁移放牧的引文在Ⅱ，2，9。关于牧羊人的资格亦见Ⅱ，1，16—17和Ⅱ，10，1—3。

② 同上，Ⅰ，2，1，15—18；丰达尼乌斯在19—20继续论辩。

欢耕地区域内的野生灌木和矮小树枝，而租赁人通常被契约禁止让山羊在他所租赁的农场上吃草。[①]

瓦洛的评论很有意思，因为这些评论揭示出人们意识到了这种驯化动物作为农场植被或山区荒原破坏者的力量（被驯化的动物是人类活动的一个扩展，因为山羊是在人类控制之下的）。自从十九世纪以来，人们经常大声抱怨山羊破坏性的吃草习性是环境广泛恶化的原因，而据我所知，在古代没有真正类似的情况，也许是因为那时候山羊的习性没有被解释为一个更广阔的生态问题的组成部分（如近代研究植被变化的学者所认为的那样）；也许还因为古人几乎不知道这种环境变化的累积影响。

文明的发展，在维吉尔对它的再现中是伴随着土地转变的。利用黄金时代的神话，他看到甚至在朱庇特之前就有一个“自愿的地球，她倾其所有自由地贡献，因为没有人向她要求慷慨馈赠。”朱庇特停止了这种馈赠，而将自然塑造成我们现在知道的这个样子；他把毒性给了蛇，把狼造成食肉野兽，使海洋膨胀，“从树叶上驱散了蜜汁，赶走火焰，停顿了曾经流淌在每条河里的葡萄酒……”这样人类才能够得益于经验，发展像农业和采矿这类的技艺。只是在朱庇特做了这些事之后，才有了河流和海洋上的航行（“河流接触到独木舟；接着水手们数着星星并给它们命名……”），才可能捕捉野兽，“用粘胶欺骗小鸟，用猎犬包围巨大的林间空地……”，在溪流和海洋里捕鱼。“然后产生了铁的坚硬和挫锯的刃片：过去人们竟用楔子劈开软木！现在技艺一个

---

① 瓦洛（Varro）：前引书，Ⅰ，2，20；Ⅱ，3，7—8。

接一个地出现。”刻瑞斯教给人们怎样翻土；现在他们还得学会怎样战胜植物病害和那些吃掉庄稼的动物。[①]维吉尔号召农民耕种土地、爱护庄稼，“来吧，庄稼汉们，学会每样东西都要求的独特的耕种，通过培育使粗糙的果实变得甜美，也不要让你们的田野无所事事。在伊斯玛罗斯种植葡萄树中有着欢乐，用橄榄树装扮塔布尔诺山的时候也有着欢乐。”自然能够被折服；嫁接或移栽到沟渠中的野生林木“将脱离其野性，而且凭借持续栽培的 144
力量，会乐意呈现你想要它们具备的任何特点。”熟悉土壤，编制篱笆防止羊群进入你的葡萄园，因为它们铁一般的牙齿和“深深啮咬茎干”留下的疤痕，造成的损害更甚于冷雪、严霜，“或是在干涸峭壁上忧郁沉思的夏天”。[②]

这样，维吉尔描绘了大地上的变化，它首先由朱庇特带来，后来由人类技艺造就：人是监工，保护庄稼免遭野生动物和他自己的驯化家畜侵害，守卫庄稼使其不得疾病，把他的耕作——橄榄树和葡萄园——扩散到当时并未赐予人们的土地上；他所有的行为都是智慧和基于经验的知识的产物，凭这种经验他改变了自己的生活方式和他所依赖的乡村。

在我看来，将人类造成的环境变化既与人类哲学相调和、又与自然秩序相调和的最重要尝试是由斯多葛派哲学家和那些受其影响的学者们作出的，观点表达最清楚的是在西塞罗的著作中（其中包括潘尼提乌和波昔东尼的贡献）：人与自然合作并不断改进

① 维吉尔（Virgil）：《农事诗》（*Georgics*），I，120—159。关于生火、施肥和休耕土地，见 I，71—99。

② 同上，Ⅱ，35—39，49—53，371—380。

自然的原始条件；人已经和将要带来的变化实际上是创造这个世界时神圣目的的组成部分。这个概念同样意义非凡，因为在希腊化时代斯多葛哲学享有巨大声誉，包括在罗马共和国后期和帝国早期对斯多葛派观念的广泛接受。

> 然而，对斯多葛派来说，作用于宇宙和作用于人体内部的是同一个“逻各斯”（理性）。因此顺理成章的是，人体内部也同样具有这种创造性的精力，引导他从事像工匠那样有生产效力的工作。肯定地说，老斯多葛派对技能和工艺没有特别的兴趣。因而潘尼提乌曾竭尽全力试图证明：被赐予了感官和双手的人与工匠手艺恰相匹配；“逻各斯”在人的帮助下，已经实际上发展了所有可能的技艺；通过这些技艺，地球的整个表面都为人的目标得到改造；并且在自然中创造了可以说是第二个自然。然后他的学生波昔东尼精确地定义了人们的实际目的应该是什么：“在实际形成宇宙并给宇宙带来秩序的过程中，与自然共同工作——并且全力以赴。”[①]

波昔东尼反对德谟克利特关于人是通过模仿自然和动物技能发展了自己技艺的观点；他虽然承认人类可能从这些来源中获得过一些刺激，但他仍然主张，由于人类自己的、表现在杰出个体身上的“逻各斯”，人类创造了某些完全不同的、来自其自身存

---

① 我本人译自德文的麦克斯·波伦茨（Max Pohlenz）：《希腊化的人》（*Der Hellenische Mansch*），276—277页。

在的东西：人的技艺不是像蜘蛛结网或蜜蜂筑巢那样本能行为的
产物；人类技艺囊括了生命的一切领域，通过个体人物的创造性 145
成就而以大量不同的方式展现了自己。[①]

这样人类就是自然的一部分；人与整个宇宙共同分享他的创造天赋，但是他的技艺与动物不同，属于生命的不同领域。凭借双手、工具、智慧，他创造了农业、渔业、动物驯化的技能和技术，他进行采矿、开荒和航海，从而通过这些改变了地球。西塞罗借斯多葛派人物巴尔布斯之口，把两方面的观点联合起来：一方面是设计论，即自然已经把各种机会给了人类，比如尼罗河、幼发拉底河和印度河赋予生命的洪水；另一方面的观念是，人类反过来不仅保存而且改进了动物和植物，它们要是没有人的照顾就会灭绝；自然给了人类双手、头脑和各种感官，这就是人类技艺的基本天资：头脑用来发明，感官用来感知，双手用来执行。凭着人类的双手，自然的很大部分得到控制与改变。我们的食物就是劳动和耕作的结果；野生的和驯化的动物被用于多种用途；铁矿的开采对耕作来说是不可或缺的；清除森林后的空地用来生火、做饭、建房和造船。

“我们享受着平原和高山的果实，河流和湖泊属于我们，我

① 再次参考塞涅卡（Sen.）：《道德书简》（*Ep. mor.*），90，7—13；波伦茨，前引书，277 页。塞涅卡和波昔东尼都表现了他们了解采矿和农业所造成的人为环境变化。塞涅卡说他不同意波昔东尼的看法，后者“说智者发现了铁矿和铜矿，‘当森林大火烧焦的大地熔化了处于表面的矿脉，使金属奔涌而出的时候’”。（90，12）塞涅卡还批评了波昔东尼关于农业进步的观念。“他宣称，这个行业也是智者的创造——这么说就好像土地耕作者们现今甚至没有在不断发现增加土壤肥力的无数新方法一样！”（90，21—22）

们播种谷物、种植树木、灌溉土壤使其丰美，我们限制河流，对河道截弯取直或让其转向。总之，凭借双手，我们试图创造一个可以说是自然世界中的第二个世界。”[①] 这里是斯多葛派的巴尔布斯在发言，但是西塞罗还在其他地方表达了他对人类改变其周围大地环境之力量的评价。

> 简而言之，假如没有人的协助，从那粗野的创世中能实现什么样的优势和便利呢？毫无疑问，人第一个发现我们可能从每种动物身上取得什么有用的结果；假如没有人的协助，甚至到现在我们都不会饲养、驯服、保护动物，也不能从它们身上获取因地制宜的利益。用同样的方式，那些有害的动物被消灭了，而可能有用的就被接受下来。为什么我还需要列举种种技艺，没有它们则生命绝不可能维持呢？[②]

146 在西塞罗看来，这的确不仅仅是一个哲学问题；它也必然是对过去和当时罗马人技术成就的观察结果：采矿、商业、贸易、马克西姆下水道、土地测量和道路，都证明了人的力量不仅伟大，

① 西塞罗（Cic.）：《论神性》（*Nat. D.*），Ⅱ，60，151—152。整个段落在Ⅱ，60，150—152，由于太长而无法在这里全文引用，以及皮斯（Pease）的《西塞罗论神性》（*De natura deorum*）Ⅱ中对这些段落的重要评述，939—945页。这些评述提到了资料来源和后来的思想家，尤其是早期基督教父们对这些段落的利用。波伦茨主张《论神性》的Ⅱ，59—60和147—153来源于潘尼提乌，见波伦茨，前引书，276—277页。

② 西塞罗（Cic.）：《论义务》（*De officiis*），Ⅱ，4。

而且属于一个不同于任何其他生命种类的层级。[①]

赫尔墨斯派的著作更加明确地表达了人类的介入在改变和完善这个神意设计的地球过程中的作用。在《阿斯克勒庇俄斯》（*Asclepius*）（医神——译者注）一书中，斯多葛派所持有的思想在上帝、自然与人之间相互关系的概念中达到了顶点。“造人”实现了两个目的：对上天的崇拜和作为上帝伙伴对地球事物的管理。“他抬起虔敬的眼睛仰望天空；他照料着下面的大地。”古代文献中除了西塞罗的那些段落之外，还没有一段文字如此清楚地表述人类改变自然环境的活动，以及这样做便是完成上帝所设计的天命。

> 当我说“地球的事物”时，我并不仅仅是指自然已经置于人们征服范围内的两种元素，水和土；我指的是人们在土地上和水中从事的所有活动，或者是用土和水制造的所有事物，举例来说就像耕地和牧场、建筑物、港口工程和航海，以及人类成员之间交往与相互服务，这是把他们紧紧结合在一起的强大纽带。[人类被赋予了责任去管理]宇宙中由土和水组成的这一部分；宇宙的这个地球部分通过人类的知识和技艺与科学的应用，被管理得井井有条。因为上帝的愿望是，直到人类已经完成了他那部分职责，宇宙才会变得完整。

① 亦见西塞罗：《论老年》（*De senectute*），XV，53；《论演说家》（*De oratore*），Ⅲ，xlv。

同一位作者后来解释了人类之所以能完成任务的原因：人的知识依赖于他的记忆，并且“正是他良好的记忆给了他对地球的统治权。”①

如果像赫尔墨斯派作者所说，宇宙的地球部分是由人类来维持秩序的话，那么近代大气考古学揭示出古代景观中这种秩序的生动例子（在这方面任何其他研究都没有做到）。照片表现的是景观，而不是思想，但是在审视地中海中部土地变化的证据时，我们感到奇怪的是，为什么在古典世界里“技艺之人”（*homo artifex*）不是比他现有地位更重要的人物。还有什么比罗马的“网格法”更有效地显示出一个经规划的、有秩序的且为几何图形式的景观呢？这种分割新占领土地的方法（其不确定的起源可能在公元前三世纪），即把土地划分为 20 *actus* 见方（776× 776 码）的网格，至今仍然引人注目地出现在波河河谷和阿普利亚的航空照片上；地中海很多其他地区也有，不过没有那么清楚。“显示这种精心制作的网格道路系统的有力烙印，至今仍然可以
147 在地中海中部两岸的几千平方英里地面上追踪得到。”布拉福德（Bradford）接着说，“网格法”很好地展示了罗马管理者“独断专行却有条有理的品质”。“凭着绝对自信和优秀的技术能力，同样外形的土地分割框架被添加到了波河河谷水源充足的冲积区和突尼斯的半沙漠区，这是教条主义者和机会主义者一种很好的平衡混合。”这样的土地分割使大规模园艺变得更简单；在干旱的

---

① 赫尔墨斯（Hermetica）：《阿斯克勒庇俄斯》（*Asclepius*），I，6a；8；III，32b。亦见 I，11b。

突尼斯，“网格法”使密集的旱地农耕变得较为容易，众多的田野分界堤坝和沟渠阻止了表面侵蚀。它周围是低地，但是和牧场、树林、丘陵和高山之间有着连接。这个田野系统使人联想到边疆情形、新移民点和殖民化。“网格法”是一个对自然景观的惊人再造，它可以媲美、甚至可能超过法国正规花园的几何图形秩序，比如凡尔赛花坛的复杂设计。①

9. 小结

古代思想家们发展了“地球作为人类生活和人类文化的适宜环境”的多个概念，其影响力在十九世纪仍能察觉到。“神意设计的地球”这一概念在学院派和斯多葛派哲学家中是最强有力的，但是甚至在伊壁鸠鲁派哲学家那里，人与自然之间的和谐也是可能存在的，即便不是设计的产物，倒也秩序井然。从地理学上看，这是一个最重要的观念：如果说在人作为其一部分的大自然里存在着和谐的相互关系（同时承认斗争和邪恶也占有必然却次要的地位），那么植物、动物和人的空间分布则符合并证实了这个“计划”；万物都有自己位置，且万物都处于自己的位置上。这也假定所有生命形式都调整适应了地球上的自然安排。

不仅如此，这个概念对我们所述的两个有分歧的（即使不是互相冲突的）观念也很友善：环境对人类的影响，以及人类改变

① 约翰·布拉福德（John Bradford）：《古代景观》（*Ancient Landscapes*），145、149 页；关于“网格法”的起源，见 166 页。

环境为己所用的能力。就前者而言，地球上的不同气候和生活在其中并适应不同气候的民族、植物和动物之中都存在着设计的证据，指出这些证据便可以包容这个观念。而后者也是如此。人类作为创世的最高生命形式，通过技艺和发明来改变、甚至改进自然；人的居住地，用斯多葛派的语言来说，表明技艺与自然是伙伴关系。人的外界环境可能代表着技艺——乡镇和城市、“网格法”、清除出来的空地、灌溉工程、农业运作和葡萄栽培——但是这些其实也是神赐予他的智慧的产物；在人改善原始地球使其达到完成状态的时候，他的发明、工具和技术都来自一个更高的创造源泉。

148 同样重要的是这些推测的功利性偏向，尤其是来自那些将创世视为服务人类用途的思想家们，以及那些通过观察当前来解释过去，在庄稼、牲畜、狗、绵羊和山羊的有用之处中看到其被创造的理由的思想家们。这些驯化是在过去发生的，驯化的目的就从这些动植物现在的用途中得到说明。最后，如果我们用现代语言来谈论古代思想，那么设计观念在特征上是反传播论的。一个设计中的所有部分都各就其位，并在一个无所不包的和谐之中相互适应，这种设计观念意味着稳定性和永久性；自然及人类在自然中的活动是一个伟大的镶嵌画，充满了生命与活力、冲突与美丽，其和谐在个体的千变万化中长存，那是一个内在的稳定。

从古典时代开始，“神意设计的地球”这个概念就只是更广阔的目的论和终极因哲学中的一个组成部分，但是我们不应该忘记，正是地球上自然界的这种美丽、效用和生产力（伴随着正确的选择性并避免粗糙与无效），提供了创世目的令人信服的根据，进而成为上帝存在的传统证明。由古典思想家和追随他们的近代人所发展的地球概念不是抽象的自然法则。它能被可爱的、常常是诗意的对自然本身的描述所丰富。它的力量和影响归功于它包罗万象的特征；所有的观念都能装入其中，而这种慷慨包容也成为它失败的原因：任何存在的事物、任何关系都能够被解释成这个设计的一部分，条件是我们要忽略不计（而卢克莱修拒绝这样做）地球作为可居住星球的某些特性，因为这些特性很难解释为目的和设计的产物。斯多葛学派和伊壁鸠鲁学派的分歧与十九世纪的争论具有惊人的相似之处，这场争论是以自然神学家如佩利、钱伯斯（Chambers）和许多其他人为一方，以莱尔（Lyell）、达尔文及其支持者为另一方进行的。

在古典时期，基于生理学和体液学的环境理论史，主要是对希波克拉底文集中的《空气、水、处所》的评述。建立在位置基础上的理论史来源复杂，既是地中海生活多样化的结果，也来自地中海盆地与较少人知的外围地区的地貌和场所。普遍化概括产生于海洋在希腊历史中的作用、罗马上升为一个帝国世界性都会的地位，以及希腊罗马文明对居住在其周围未开化民族的影响。值得注意的是，古代对环境论的批判是来自深深折服于习俗、传统及文化接触之力量的那些人；没有一个批评者强调人类在改变环境中所起的作用，作为一个替代环境论的观点。

在古代，潘尼提乌、波昔东尼、西塞罗和赫尔墨斯派作家们最接近于将哲学意义赋予人类造成的环境变化。如果说地球是受到神圣指令养育生命，那么人在地球上的使命就是改善它。这样 149
的解读为灌溉、排水、采矿、农业、作物育种的成功找到了机会。

如果将人视为上帝监管地球的伙伴这种解释是正确的，那么理解人在自然中的位置就不困难了。然而，到了十八和十九世纪，关于人在自然界中造成不良变化的证据变得明白无误且开始大量积聚，这时候这个古典的、后来是基督教的“人为上帝当管家”观念的哲学和神学基础就受到了威胁。这是因为，如果人过快地砍伐森林，如果他无情地消灭野生动物，如果山洪和土壤流失紧跟着他的毁林开荒，那么就好像造物主在其指定的任务上失败了一样，人正在按照自己的方式，任性而自私地违抗上帝的意志和自然的规划。不过这种责骂直到十八和十九世纪才出现，在马什（Marsh）的《人与自然》（*Man and Nature*）中达到顶点。

这些古典观念的影响通过基督教神学和早期教父的作品部分地得到彰显。然而，关于地球的犹太-基督教思想也必须予以考虑，因为这两个传统在近代的融合产生了地球作为一个可居住星球的概念，这个概念直到十九世纪的很长时间内仍在为人们服务。十七、十八和十九世纪的物理神学家们以崇敬态度仰视柏拉图派和斯多葛派思想家，但是他们有了一个基督教的上帝，并且他们综合了古典思想、基督教神学和近代科学中更为激动人心的成分。

关于人类的介入对地球的改造，在古代和近代文献之间存在一个鲜明的对比。如果从古代幸存下来的著作具有代表性的话，那么这种对比就不仅能衡量近代的变化在数量上和速率上的巨大增长，而且也体现出人们对于变化的意识觉醒，这种意识在中世纪积聚，在十七、十八和十九世纪迅速发展，在我们的时代上升到高潮，为此我们仍然在寻找超越描述、超越技术解决方案并超越对科学盲目信仰的有力解释。

第四章 150

犹太-基督教神学中的上帝、人与自然

1. 引言

基督教思想，像任何其他集中了从许多来源中获得大量观念（例如上帝、自由、自然和进步的观念）的思想一样，不是一个思想的统一体；它更像一系列的文本，累积了大量注释，这些注释不仅对文本、也对其他注释进行评论。对人类、自然、上帝、世界（无论指宇宙、物质的地球还是社会环境）的态度，都在这个范畴之内。对立的观念可能生发，而观念的平衡和调和也许是微妙而脆弱的。例如自然与道德的罪恶问题（也就是说，一场灾难性的风暴对人造成的悲剧后果，或是由一个人对另一个人施加的残酷行为带来的凄惨结局）。上帝是仁慈的，他热爱这个世界和他的创造物。他也会在自己认为适宜的时候毁坏它们。地球的美丽是他创造的结果，但是人类必须在其间小心谨慎地行走，因为他的命运不在这个世界，而在下一个世界。但无论如何，上帝确保了人的创造及繁衍，希望人拥有对地球上所有生命的统治权。

151 人是被创造出来的存在。他所生活的地球也一样。就与本书主题相关的方面来说，许多基督教思想关注的是在这两个被创造物之间建立联系。一个突出的尝试（早于犹太－基督教思想，如我们在前面所谈到的）是上帝对世界的关怀这个主题，这世界包括人、人的同伴、植物和动物、物质的地球。上帝对世界的关怀因而能成为一个统一一切的主题。本章和下一章将出现对这个真相的说明。①

不谈它的宗教重要性，也许对《圣经·创世记》第 1 章中创世叙述所作的最重要观察是，它是概要的。在描述创造宇宙的连

① 总的论述见鲁道夫·布尔特曼（Rudolf Bultmann）：《原始基督教及其背景》（*Primitive Christianity in its Contemporary Setting*），15—34 页。

续行动时，用语是如此简省，以至于随着基督教的发展和犹太教的持续强大，庞大的释经文献就不可避免了。创世行动主要关乎自然的和生物的事项；而随后的注释，无论是大约在基督纪元初年斐洛的解释，还是十九世纪调和经文与宗教的努力，都出于必要而使用了当时可以获得的材料，这些材料来自植物学、动物学、物理学、天文学、宗教和世俗的历史学，甚至人种学。在这个神学中还存在着热爱自然，甚至是热爱自然研究的强烈动机。至于深度的超脱尘俗观念，以及“因为自然的美丽使人脱离对上帝的沉思而拒绝这种美丽”的思想，在神学作品里要比《圣经》本身的论述多得多。

上帝是天空和大地的创造者。与希腊人的思考不同，《创世记》第 1 章并不关注它们的起源。上帝也不是柏拉图《蒂迈欧篇》中的工匠神，给不听话的材料带来秩序。创世是上帝存在的证据，但是创世不能与上帝相混淆。创世的美丽和荣耀并不因其本身而受到热爱：它们是上帝的，但是上帝又不在它们之中；它们可能是人类的老师，在上帝语言的帮助下，领导人类走向死亡之后将会到来的生命。上帝赋予了人强大的力量，尽管他有罪恶的倾向；人有着控制整个被创造万物的神圣使命。为了完成这个使命，上帝的意图是让人类繁衍自身，在地球上广泛分布开来，确保自己对被创造万物的统治。

2. 创世、原罪和统治

“起初，神创造天地。地是空虚混沌，渊面黑暗；神的灵运行在水面上。”①

在《创世记》的第1章，“在一周的模式里组织人类生活，其中最后一天是圣日，这……呈现为上帝的特意规定，反映了世界的第一周，在这一周内创世工作得以完成。”②

152 第一天，也就是说，在希伯来人的习俗中从晚上到晚上，在太阳之前光被创造出来。第二天，他创造了天空或天体，将天上的水和地下的水分离开来。第三天，完成了两项工作：水被限制，旱地露出来，还有各种各样的植物。第四天见证了天空之光的创造，一个管黑夜，一个管白昼，标志着季节运行和年岁流逝。第五天，他创造了海洋的生物和飞鸟。最后一天也有两项工作：动物的创造和人的创造。

上帝创造的生命——海怪、鱼和鸟——都是被上帝赐福的。“滋生繁多，充满海中的水，雀鸟也要多生在地上。”（1∶22）上帝还对人类说：“要生养众多，遍满地面，治理这地；也要管理海里的鱼、空中的鸟，和地上各样行动的活物。”（1∶28）结种子的植物和果树被赐给动物和人们，因为大家都是素食者。

---

① 克拉克（Clarke）的《简明圣经注释》（*Concise Bible Commentary*）：“对《旧约》作者来说，希伯来人的历史从亚伯拉罕开始，《创世记》第1章至11章的故事在当时被认为是属于世界历史的”（10页）。亦见336页：“耶和华［从《创世记》2∶4起］是一个脱离《创世记》第1章庄严的神很远的人物。就像使用黏土的陶工，他用大地的泥土创造了人。”在他的许多行为中，他“像一个放大了的人那样行事”。亦见克拉克在《创世记》第1章至8章下的注释，及弗雷泽（Frazer）：《旧约中的民间文学》（*Folk-lore in the Old Testament*），卷1，3—6、45—52页。亦见布尔特曼关于创世学说的讨论，前引书，15—22页。

② 赖特和富勒（Wright and Fuller）：《上帝行为之书》（*The Book of the Acts of God*），50页。

人是独特的并处于创世的中心，从其他形式的生命和事物中被分离开，因为上帝有意赐予他这个地位；他是“上帝工作的顶点，作为管家被安置在这里，向他的创造者为他在这个被赐予统治权的世界上所做的一切负责。”[①]

在对待其他形式的生命、甚至无生命自然的基督教思想史中，管家职位的观念扮演了一个令人感兴趣的角色；近年来，这个观念常常被援引来呼吁自然保存和保护，基督教的管家职位与地球上一个临时旅居者对其子孙后代所负有的责任紧密相连。

人是按照神自己的形象创造的（1：27），意思是“人的全部本质与上帝的全部本质具有相似性。在这个地球上只有人拥有这种相似性，动物就没有（尽管在异教信仰中动物也曾拥有这个）。”[②]

宇宙及其中的每种元素都不断依赖着上帝的关怀才得以生
存。“没有上帝的持续关注，自然的秩序将立刻被抹杀，并回复 153
到原始的混乱中去。”[③]我相信，正是对上帝不断关怀的信念成为“永续创造说”这个著名思想的基础，这在中世纪和近代社会都很普遍，正如我们在雷约翰的《上帝创世中表现的智慧》前言中看到的那样。创世是一个连续过程，需要上帝的不断关怀、行动和挂念。

既然上帝是一个至高无上的创造者，他工作的证据就在他的创造物之中；然而这证据被限制在它所能揭示的东西之中，因为

① 赖特和富勒（Wright and Fuller）：《上帝行为之书》（*The Book of the Acts of God*），49 页。

② 同上，54 页。

③ 同上，51 页。

它仅仅是一个被创造物。通过它，人们能够了解上帝的很多事情，但不是全部。“上帝是一个超越所有可知事物的终极神秘；他之所以能够被认识，仅仅是因为他展示了自己，并且也只能按照他自己所展示的方式去认识他。”①

在《创世记》的第二个创世神话中，人与地球的关系就完全不同了。已经存在的地球，因没有雨水而缺少植被。创世的顺序从人开始（用尘土创造，并通过上帝对他的鼻孔吹气活了过来），接下来是植物（神在伊甸园中的种植）、动物（由上帝用土造成）和女人（来自亚当的肋骨）。亚当被安置在伊甸园中，“使他修理看守”（2：15）。难道这里没有线索表明人类是自然的看管者，自然可能是人类的花园吗？这个神话的词汇是一个农夫的词汇；植物被驯化，伊甸园的园丁照料着它们，也许还除去野草，但他是看管者，而不是农夫。②动物被创造成人的助手——主把它们带到亚当面前让他给起名，③但是它们不够好；亚当必须要有一位

① 赖特和富勒（Wright and Fuller）：《上帝行为之书》（*The Book of the Acts of God*），53页。

② 克拉克（Clarke）：《简明圣经注释》（*Concise Bible Comm.*），“这个故事假设果实与可食用的植物已经存在了。人所要做的只是照料这个花园并保持它的安全；耕作者的辛苦存在于未来。真正是一个农夫的天堂。”（342页）“人必须种植和照料花园；这不是基于有关行业和工作价值的现代新教观念，而是基于古代农民认为世上第一个人是园丁的天真理想：树结果子，年复一年，几乎不需人去照管。但人在每年必须重新耕地的田野里一定感到厌倦。所以农民的理想是做园丁，毫不费力地靠树上的果实维生。现在甚至园丁都在天堂里！”赫尔曼·贡克尔（Hermann Gunkel）：《〈创世记〉》（*Genesis*），10页。

③ “通过给动物起名，亚当赋予了它们各自的基本性格。”克拉克，前引书，342页。亦见贡克尔，前引书，11页。

单独适合于他的助手。

当夏娃听信了蛇的蛊惑，主带着对亚当、夏娃和蛇不可改变的效力，向亚当宣布：“地必为你的缘故受咒诅”（3：17）；从今以后，为了支撑生活必须辛苦劳作。人类堕落的故事在基督教关于自然的观念中变得重要，因为它正是一个直到整个十七世纪还为人广泛持有的信念的来源，即人的堕落造成了自然界的无序及
其力量的下降，这个观念明显不同于建立在有机类比上的关于自 154
然界衰老的古典思想。[①] 从历史学角度看，这个段落也很重要，因为它引进了“劳作是原罪的后果”这个观点。然而，许多基督教注释家认为，农业是一个令人愉快的活动，并不与原罪相关联。

生活变得艰难起来。亚当和夏娃被赶出伊甸园。在随后的几个世代里，上帝后悔创造了人，并决定除灭人、走兽和飞鸟（6:7）。上帝宽恕了挪亚及与他结伴的动物们，而且上帝在他们离开方舟时还告诉他，他们可以“在地上多多滋生，大大兴旺。”（8：17）

3. 自然秩序中的人类

当挪亚建好圣坛，贡献了祭礼时，主在心里说：“我不再因人的缘故咒诅地（人从小时心里怀着恶念），也不再按着我才行的，灭各种的活物了。地还存留的时候，稼穑、寒暑、冬夏、昼夜就永不停息了。”（《创世记》，8：21—22）上帝赐福挪亚和他

① 这个主题在有关中世纪的讨论中将更为详细地分析。见乔治·博厄斯（George Boas）：《中世纪的原始主义及相关思想论文》（*Essays on Primitivism and Related Ideas in the Middle Ages*）。

的儿子们，再一次告诉他们要生养众多，遍布大地，他们会拥有对所有生物的统治权。“凡活着的动物，都可以作你们的食物，这一切我都赐给你们，如同菜蔬一样。”（《创世记》，9：3）上帝与挪亚和他的儿子们、他们的后裔，以及在方舟上的动物们，订立了一个契约。将不再有洪水毁坏大地（《创世记》，9：11）。从此以后，虽然世界上还有罪恶，但人和他的动物们将会看到一个有序的宇宙，没有更大的世界范围大灾难；人能够指望自然中的秩序、规律性和永久性，并且能够得到保证，大地将继续作为人类永久的居所（《创世记》，9:8—17）。根据“次经”《以诺书》（*The Book of Enoch*，[①] 它经过一个世纪的编写，公元前165—前63年），自然的组成部分的确接受了这个契约的誓言。

宇宙的秩序和人在自然中的地位在《旧约》的其他地方得到重申。“耶和华是一个有序宇宙的上帝；……”[②] 他关照着这个他为了人类居住而创造的世界。“创造诸天的耶和华，制造成全大地的神，他创造坚定大地，并非使地荒凉，是要给人居住。他如此说……”（《以赛亚书》，45：18）

155 这个主题可以与《诗篇》第8章的主题相比，人虽然在包裹月亮和星星的宇宙中很不重要（“人算什么，你竟顾念他？世

---

① 罗宾森（Robinson）：《旧约中的灵感与启示》（*Inspir. and Rev. in the OT*），10页；《以诺一书》（*I Enoch*），69：16及其后。见查尔斯（Charles）翻译的第4章，247页注释11。关于《以诺一书》，见赖特和富勒（Wright and Fuller）：《上帝行为之书》（*The Book of the Acts of God*），234—235页。

② 斯坦利·库克（Stanley Cook）：《圣经简介》（*An Introduction to the Bible*），129页。

人算什么，你竟眷顾他？”)，但他担任了一个表达和证明上帝旨意的崇高角色。“你叫他比神微小一点，并赐他荣耀尊贵为冠冕。你派他管理你手所造的……”(《诗篇》，8：5—6)“天，是耶和华的天；地，他却给了世人。”(《诗篇》，115：16) 人尽管是有罪的，但仍在大地上占据了一个可与上帝在宇宙中的地位相媲美的位置，作为一种个人的占有、一个上帝管家的领地——这个主题一直是西方文明的宗教与哲学思想中关于“人在自然中的位置”的关键观念之一。

4. 世间环境

上帝的力量是无限的：“他将水包在密云中……遮蔽月亮的面容，将云铺在其上……天的柱子因他的斥责震动惊奇。他以能力平静大海……藉他的灵使天有妆饰……”(《约伯记》，26：8—13)。地球上的环境条件是上帝的工艺品。上帝是一个全能气象员，尤其对热力、雨水和风感兴趣。“约伯啊，你要留心听，要站立思想神奇妙的作为”：那“云彩浮于空中”、南风造成的火热和寂静，和那“如同铸成的镜子”般的天空(《约伯记》，37：14—18；亦见36：24—33)。主以木匠和泥瓦匠的语言使约伯哑然失声：“我立大地根基的时候，你在哪里呢？你若有聪明，只管说吧！你若晓得就说，是谁定地的尺度？是谁把准绳拉在其上？地的根基安置在何处？地的角石是谁安放的？……”(《约伯记》，38：4—6) 谁给海洋定下界限，对它说：“你只可到这里，不可越过，你狂傲的浪要到此止住”(《约伯记》，38：11)？(对于水及限制海洋的关注——可能由于干燥的气候和地中海——在《圣经》和早期基督教父著作中都十分引人注目。）主质疑约伯对自然秩序的理解；要想真正领悟，他大概需要目睹其规划。“你自生以来，曾命定晨光，使清晨的日光知道本位吗？……”（《约伯记》，38:12）约伯领会海洋的深度、大地的辽阔、光明和黑暗的居所、白雪和冰雹的仓库吗？“谁能用智慧数算云彩呢？［用沙漠的语言］尘土聚集成团，土块紧紧结连，那时，谁能倾倒天上的瓶呢？”（《约伯记》，38：37—38）

主询问约伯有关野山羊的习性，为什么野驴（“我使旷野作它的住处，使咸地当它的居所”）自由奔跑（《约伯记》，39：6），
156 以及野牛对人的忠诚、鸵鸟的习性、马的力量和用途、鹰的飞翔，还有搭建在岩石峭壁上的鹰巢（《约伯记》，39章）。通过对河马和巨鳄生活习惯的描述，主向约伯进一步说明人理解创世的能力相当薄弱。[①]

通过这样的提问，主教导约伯一个有序的世界是怎样运作的，在这个世界中有如此众多他不曾预料的关系必须予以考虑。他所说的是各种各样的自然环境：沙漠、河流和高山，高山草场和生活在那里的动物，那些动物的繁殖习性和自我保护手段，这些习性和手段使它们作为一个物种得以存留，尽管它们之间相互捕食。表现在地球上自然秩序中的目的、远见和智慧，超越了甚至是最虔诚、最容忍和最明白的心灵的洞察力。主解释道，自然服务于

---

① 克拉克（Clarke）的《简明圣经注释》（*Concise Bible Comm.*）说，在《约伯记》第40、41章中，耶和华虎头蛇尾的演说也许是因为，他的第二段演说可能来自一本埃及人的智慧书，473页；亦见474页。

人——甚至约束人——但是自然不仅仅为人服务，自然的重要性并不依赖于人的需要。“谁为雨水分道？谁为雷电开路？使雨降在无人之地，无人居住的旷野，使荒废凄凉之地得以丰足，青草得以发生？”（《约伯记》，38：25—27）[1]

《约伯记》表明，自然的过程也许超越了人的理解，但这些 157
过程仅仅对人来说是神秘的，因为它们是一个神圣而理性的目的的产物。在《诗篇》第104章中有着类似的思想，但那里的信息更令人欢欣鼓舞、兴高采烈。宇宙有序而美丽；上帝创造了宇宙，尽管他不是其中的一部分。“人在这幅图画中的确处于中心，虽然乍一看他似乎只占据了很小的一个位置。”[2] 他处于中心，因为“《诗篇》的顶点是人对上帝的赞美”，这是由“能够清晰表达赞美的唯一地球生物”写作的。[3] 主以他的智慧创造了地球的各种地貌，限定了海洋，并使水易于被所有的生命得到。上帝是地

① “大概今天最需要的一课是38：26［‘使雨降在无人之地，无人居住的旷野’］——尽管自然对人的命运有影响，但对上帝而言，这并不是它全部的意义。”同上，474页。

② 罗宾森（Robinson）：《旧约中的灵感与启示》（*Inspir. and Rev. in the OT*），8页。“如果说《约伯记》中耶和华的第一段演说给了我们最完整的《旧约》关于自然神秘细节的回顾，那么自然作为一个持续运转关注点的最佳图画则应来自《诗篇》第104章，即使这篇的内容是部分借自埃及人的‘太阳赞美诗’（Hymn to the Sun）。”（关于这点，见本书36页注3）“这里的观点与《约伯记》的观点不同。吸引诗篇作者目光的不是自然目录册中那些条目的不可理解的神秘性，而是统治一切的和谐秩序，这种统治是通过月亮和太阳来进行的，因此黑夜是为了野兽而创造，而白昼则是为了人类。”同上，8—9页。

③ “《诗篇》第104章确实说明了《以赛亚书》45：18的思想，即上帝造就地球是为了人能够居住，也说明了《诗篇》第8章的思想，它将人置于上帝的造物中最高的位置上。”同上，9页脚注1。

球自然过程的一位慷慨的、富于同情心的、持续的监工；“因他作为的功效，地就丰足”（《诗篇》，104：13）。他确保动物们有野生植物可吃，人有栽培的庄稼，飞鸟和陆地动物有合适的栖息地——“高山为野山羊的住所，岩石为沙番的藏处”（《诗篇》，104：18），即使是食肉野兽也有它们的食物。“耶和华啊，你所造的何其多！都是你用智慧造成的。”（《诗篇》，104：24）[①]

难怪《诗篇》第104章会被那些赞同设计论和上帝存在之物理神学证据的思想家们如此频繁地引用了。自然界中的生命、美丽、行为、秩序和合理性被快乐地、甚至是以胜利的语调描绘着，其间没有神秘。上帝与自然是分离的，但可以从自然中得到对他的部分理解。在十七世纪晚期，雷约翰以《诗篇》104：24为其名著《上帝创世中表现的智慧》作引语；在他和其他具有类似信念的思想家带动下，通过发现上帝作品中的智慧而赞美上帝成为科学与宗教之间的一座桥梁：赞美并热爱上帝，通过研究和学习表达这种热爱，因为这样做我们就能获得关于自然的知识，以及对上帝作品更深刻的理解。

在其他地方，关于主的威严和他对人类关怀的主题被反复重申：“耶和华我们的主啊，你的名在全地何其美！”（《诗篇》，8：1）造物主也为人操心挂念，人被他制造得与上帝相差无几。“你派他管理你手所造的，使万物……都服在他的脚下”（《诗篇》，8：6）：绵羊、牛群、田野中的走兽、飞鸟和大海里的生物。在基督教神学中，这是关系到本书主题之一的最重要的观念，即人作为

① 与《诗篇》第148章相比较。

其环境的控制者和改造者的观念。上帝是天空和大地的创造者，他将地球给予人类去统治。他对动物的统治权通过两种途径来行使：通过驯化，以及通过人类为获取食物或为其他目的而消灭动物生命的能力。

5. 对自然的态度与智慧书

“诸天述说神的荣耀，穹苍传扬他的手段。”（《诗篇》，19：1）上帝是“一切地极和海上远处的人所倚靠的”（《诗篇》，65：5）：他创造了有水的地球，并祝福土壤中植物的生长。“你以恩典为年岁的冠冕，你的路径都滴下脂油，滴在旷野的草场上。小山以欢
乐束腰，草场以羊群为衣，谷中也长满了五谷。这一切都欢呼歌唱。” 158
（《诗篇》，65：11—13）这个壮观的段落是《旧约》尤其是《诗篇》中关于自然美景的众多描述之一，在混合了由自然和由人类造就的美丽景观这一点上，仅仅有《诗篇》第104章可与之相媲美。

表明热爱自然、在自然中得到欢欣，以及相信它是上帝手艺表现的进一步证据，来自“智慧”的概念，这个概念特别是在旧约《箴言》和次经作品《所罗门智训》（*Wisdom of Solomon*）及《便西拉智训》（*Ecclesiasticus*）中发展起来的。在这些“智慧书”中，“智慧被视为依赖上帝，但在某种意义上又与上帝分离的一个存在。”[①]

① 兰金（Rankin）：《以色列的智慧书》（*Israel's Wisdom Literature*）。关于智慧书的详细目录，见1—2页脚注1。尤其参见1—15、35—52、198—210页，以及第9章“智慧的形象”（The Figure of Wisdom），这些对本书主题来说是最重要的讨论。引文在224页。

“智慧”既是凡人的，又是神圣的；耶和华在创世之前就先创造了智慧，“智慧成为一个化身，几乎是一个人；它是所有事物的发明者。”[①] 智慧被看作一个“起中介作用并准人格化了的实体。”[②] 大多数作者都在智慧书中看到了希腊化的影响；显然，它不是上帝无处不在的学说，也不是斯多葛派的“逻各斯”(理性)。有关这个概念最明晰的表述是《箴言》中智慧的演说（8：22—31)。

> 在耶和华造化的起头，在太初创造万物之先，就有了我。从亘古，从太初，未有世界以前，我已被立。没有深渊，没有大水的源泉，我已生出。大山未曾奠定，小山未有之先，我已生出。耶和华还没有创造大地和田野，并世上的土质，我已生出。他立高天，我在那里;他在渊面的周围划出圆圈，上使穹苍坚硬，下使渊源稳固，为沧海定出界限，使水不越过他的命令，立定大地的根基。那时，我在他那里为工师，日日为他所喜爱，常常在他面前踊跃，踊跃在他为人预备可

① 库克（Cook)：《圣经简介》(*An Introduction to the Bible*)，68 页。关于在斐洛书中智慧为“逻各斯”(理性）所取代，见同页;关于《所罗门智训》的希腊化影响，见 67 页。亦见罗宾森（Robbinson)，前引书，10—11 页，以及布尔特曼（Bultmann)：《原始基督教》(*Primitive Christianity*)，96—97 页。

② 罗宾森，前引书，10 页。“在希伯来用法中，智慧形象的准确起源是模糊而真假难辨的。在此只作如下说明就够了：它的出现显示了外来影响，也许是伊朗人的影响。[沿袭兰金：《以色列的智慧书》，228—254 页] 它对于自然的统一功能是明显的。世界成为神圣智慧的显露，而自然在展示其神圣创造者和支持者的智慧这个意义上，是一个统一体。”(11 页)

住之地，也喜悦住在世人之间。[①]

在这一段里，自然中的喜悦、人类生活中的喜悦、从事一个人最胜任工作时的喜悦，与另一部智慧书的范本——《约伯记》的阴暗主题形成了惊人的对比。

智慧和造物主两位都不是柏拉图的工匠神，但是主在这里似 159
乎像一个测量师，以及在较小程度上像一个建筑师，而智慧则是非常有能力的熟练工，一眼就能看出需要做什么和怎样做。我们几乎能看到他们两位，像主人和受尊敬的仆人，平等地走在田野上，讨论着在哪里划定边界，在哪里种植庄稼，在哪里修建房屋。

在《所罗门智训》中（这部书可以看作《箴言》第 8 章之教导的延伸），[②] 上帝之灵充满了世界，[③] 而死亡并不是上帝的发明；他的创造意味着，所有事物都有其生存形态。“上帝创造万物，万物均得延续生存。经他所创造的万物全都是又善又美的……”（1:14）这些诗句发挥了《创世记》1:31 的思想，即创世是好的，主对此很满意。[④] 人的知识来自上帝：我们的存在和言语，我们

① 这只是对智慧的赞美诗的一部分。见《箴言》，8—9：6。在 9：1—6 中，智慧实际上成了一位无所不能的家庭主妇。

② 根据克拉克（Clarke）的《简明圣经注释》（*Concise Bible Comm.*），《所罗门智训》的文本（= 拉丁通行本圣经《智慧篇》）表明它有多个作者，因为它缺乏统一性；它建立在《箴言》第 8 章教导的基础上。作者拥有“相当丰富的（即便是二手的）希腊哲学知识，尤其是关于柏拉图和斯多葛派”（646 页）。关于该书对《新约》著述的影响，尤其是保罗给罗马人的书信，见 647 页。

③ 克拉克，前引书，指出这个观点与斯多葛派“世界之灵魂”概念之间的相似性（647 页）。

④ 克拉克对《所罗门智训》1：13—16 的评述，前引书，647 页。

的理解力，我们的审慎，我们的技巧，我们关于世界秩序、世界构成和元素活动的知识（7：16—18），关于月份、季节、太阳的运行，年岁周期、星座（7：19—20）：“我之所以学会了人们熟知的事物，也学会了人们尚未认识的事物，正是因为：塑造一切存在物的智慧，是我的老师。”（7：21—22）她不仅是一位老师，她还是“上帝之能的一口气……”（7：25）“她的大能渗透到世界的每一个角落，她将一切安排得井井有条。”（8：1）她就像一个年轻的爱侣，一个新娘，她与爱她的上帝生活在一起，并参与他的工作（8：2—5）。上帝用他的言语造出了世界，并创造了人类，使其“以圣洁与正义”来治理这个创造物（9：3）。但智慧是他的助手。“智慧与你同在，并且知道你的行动；当你创世之时，她就在场。她知道你喜悦什么，什么是正义，并与你的命令并行不悖。”（9：9）智慧关照着亚当，并赐予他统治其他事物的权力（10：1）。书中强调了上帝热爱他的创造物（11：25—26）。但为什么人看不到、不认识上帝呢？人们“熟视周围的美物而仍然无睹永生的上帝。他们研究被造物，却不认识造物之主。”（13：1）[①]
160 相反，他们把火、风、星星、流水、太阳和月亮都当作神。也许，人们太喜欢诸物之美了，错误地认为它们必定是神明（13：2—3）？“当我们认识到被造物是如何广阔而美妙的时候，我们同时也领会到造物之主。”（13：5）

---

① 这段文字出现在关于偶像崇拜的长篇讨论之中。“异教徒未能欣赏来自设计论的论据，也没有从美丽中推断出美的创造者；对这个题目的处理完全是希腊的。注意 9 节与 1 节之间有矛盾。”克拉克（Clarke）对《所罗门智训》13：1—9 的评述，同上，649—650 页。

《便西拉智训，或西拉之子耶稣智慧书》[1]亦有相似的主题，常常使人想起《箴言》第8章。人统治整个所创之世的力量被重申为一个赐予人类出生、寿命和死亡的神圣计划（17：1—3）。智慧就像一位女主人，或者也许只是一个女佣。“智慧要赞美她自己，在她自己的人民之中。在至高者的会众面前，在他的权能面前，她骄傲地唱起歌：‘我出自至高者之口，我好像雾，弥漫在大地之上。’”（24：1—3）智慧用日常生活的自然意象描绘着自己和主对被创造万物的关怀。“茁壮成长的我呀，如同黎巴嫩的杉木，如同黑门山的丝柏，”或像棕榈树、玫瑰花、橄榄树、梧桐树一样高高大大。“我发出优美的嫩梢，状如葡萄蔓，我开花结果，果实累累而丰满。”（24：13—17）在树木、蜂蜜、美酒、水果、丰收与河流的形象中，智慧的美丽、荣耀和富有就表现出来了。有时这种描绘主在塑造大地地理中的智慧的比喻，是异常美丽的，即使其象征只是一个地中海民族的平凡所有：“他命令，水向上高高堆起，说话之间竖起了巨大的蓄水池。”（39：17）

上帝作为一个持续造物主，会在他认为合适时干预自然界有序而预期的日常事务，或扰乱大地上的物质排列，他这样做是奖善惩恶（39:27）。“火、冰雹、饥荒与疫疠，这一切之所以被造，全是为着实行惩罚；猛兽、蝎、蛇、诛罪之剑，都是为着毁灭恶人……”（39：29—30）

---

① 《便西拉智训》（*Ecclesiasticus*）（拉丁文本）即《便西拉智训，或西拉之子耶稣智慧书》（*Ecclesiasticus*，*or The Wisdom of Jesus the Son of Sirach*），大约成书于公元前200年至前180年之间。克拉克，前引书，651页。

自然灾难、故意而暴烈的地球自然变化，作为对罪恶（通常是集体罪恶）的一种惩罚，这个主题一直是基督教神学中一个强大的主题，它在 1755 年 11 月 1 日里斯本大地震中达到了顶点；里斯本大地震是从根本上动摇这个（以及其他）基督教信仰的一个事件。[①]

以人类为中心的解读（这使我们想起色诺芬，也很像后来的早期基督教父们所做的），解释了太阳和较温和的月亮的运行路线，路线的变化赐予了人类一个天上的日历（43：1—8）；星星“缀满主高天，闪闪又灿烂”（43：9）。所有的自然现象——风、雪、雾——都是主的作为。“奥妙无穷，超过未知数；主的工作，我们仅知一点点。”（43：32）创世令人赞叹，其中却并没有上帝的无处不在；他是一个至高无上的存在。“谁曾见过他？谁能描绘他？谁的赞美能达到，主应得的高度？”（43：31）

161 6.《罗马书》1：20

在《新约》中，上帝、人与大地之间的相互关系并不总是清晰的；也许这种不清晰是因为这个宗教的融合性。[②] 最重要

---

① 这个问题将在本书第十一章中讨论。见肯德里克（T. D. Kendrick）：《里斯本大地震》（*The Lisbon Earthquake*），113—169 页。

② 见布尔特曼（Bultmann）的《原始基督教》（*Primitive Christianity*）中的第一章“作为一种融合现象的原始基督教”（Primitive Christianity as a Syncretistic Phenomenon），175—179 页。“基督传教士传播的不仅是基督的宣告，而且，当面对的是异教徒听众时，也宣传一神论。为此，不仅是来自《旧约》的论据，而且还有斯多葛主义的自然神学也被用来布道了。”（177 页）亦见关于《新约》中融合主义的例证（部分内容在这里讨论），178—179 页。

的观念在保罗（Paul）的书信中，其中一个是微缩版的自然神学（*theologia naturalis*），另一个是甚至影响了创世的空虚和堕落的表述；两个观念都在基督教对待自然的态度问题上（以及延伸到对待自然史研究的态度问题上）产生了深刻的影响。

保罗将人的罪恶归因于他们在自然中看不到上帝的杰作。[①]“自从造天地以来，神的永能和神性是明明可知的，虽是眼不能见，但藉着所造之物就可以晓得，叫人无可推诿。”（《罗马书》，1：20）稍作一些改动，这就像是一位斯多葛派哲学家写出来的；它也是对《诗篇》104 章的补充。人没有任何借口不知道或不尊崇上帝，也没有任何借口崇拜偶像。“自称为聪明，反成了愚拙；将不能朽坏之神变为偶像，仿佛必朽坏的人和飞禽、走兽、昆虫的样式。”（《罗马书》，1：22—23）这是基督教神学中一个经常重复的主题：崇拜造物主，而不是所造之物。上帝的作品能够在被创造的万物中辨认出来，但上帝是至高无上的，创世由他所为，却不是创造他自己，而且创世只是一个不完全的老师。我们能够在其中看到上帝做事的方法，但崇拜仅仅是对造物主本身的。在《使徒行传》中也有一个相应的思想。保罗和巴拿巴阻止了正要向他们献祭的宙斯庙的祭司；他们告诉人们要转向活生生的上帝、造物主，并说：“他在从前的世代，任凭万国各行其道，然而为自己未尝不显出证据来，就如常施恩惠，从天降雨，赏赐丰年，

① 保罗从承认他对希腊人和未开化人的责任开始这些评述（1：14—15），断言福音对“先是犹太人，后是希腊人”的威权（1:16），并继续道，了解上帝并不困难：“神的事情，人所能知道的，原显明在人心里，因为神已经给他们显明。”（1：19）

叫你们饮食饱足，满心喜乐”（《使徒行传》，14：16—17）。[①]

上帝的创造性与人类的较小才能形成对比。“因为地和其中所充满的都属乎主。”（《哥林多前书》，10:26）“亚波罗算什么？保罗算什么？无非是执事，照主所赐给他们各人的，引导你们
162 相信。我栽种了，亚波罗浇灌了，惟有神叫他生长。”（《哥林多前书》，3：5—6）“因为我们是与神同工的；你们是神所耕种的田地，所建造的房屋。”（《哥林多前书》，3：9；对照16）“凡神所造的物都是好的，若感谢着领受，就没有一样可弃的……”（《提摩太前书》，4:4）上帝关怀世界，热爱世界（《约翰福音》，3：16）。

与《诗篇》104章一样，《罗马书》1：20不仅是设计论的重要支撑（表现在创世中的上帝之智慧），而且大大有助于保持基督教神学的平稳，避免过分的超脱尘俗思想和对现世的拒绝，以及与人类社会的完全疏离。圣奥古斯丁为了这个目的而利用它。圣波拿文都拉（St. Bonaventura，即圣文德）在他对可感知世界的探索中找到了上帝的映像，引用《罗马书》1：20作为其讨论的结束语。而圣托马斯·阿奎那，正如我们将要讨论的那样，有强烈的兴趣表现自然的仁慈，而不是自然的败坏。[②]

---

① 在《使徒行传》17:24—25中有类似的思想。上帝并不生活在人建造的神殿中；他也不用人手来服侍。他对民族负责、对其疆界负责，“其实他离我们各人不远，我们生活、动作、存留都在乎他”（17：27—28）。

② 圣奥古斯丁（St. Augustine）：《基督教义》（*On Christian Doctrine*），第1部第4章；圣波拿文都拉（St.Bonaventura）：《心向上帝的旅程》（*The Mind's Road to God*），第2章，11—12；亦见《圣托马斯·阿奎那的哲学文本》（*St. Thomas Aquinas. Philosophical Texts*），第5章，“创世”（Creation）。

7. 鄙夷俗世态度

以上这些都是有关上帝、人与自然之间紧密联系的肯定论断；我相信，它们也是旧约和新约中的主要观点。不过，不可否认在基督教神学中，尤其是在释经文献中，存在着一种鄙夷俗世态度（*contemptus mundi*），它完全摈弃作为人类居所的地球，对自然厌恶、不感兴趣，并反对自然神学，因为后者相信人们能够在创世中发现一位理性的、有爱心而仁慈的造物主的杰作。《罗马书》1：20（被十七世纪的多位科学家以赞同而虔敬的态度引用）吸引着人们更深入地了解上帝和自然，而与之相反的是《罗马书》5：12—14，它直接关注的是人的情况。一个人——亚当，以罪恶给世界带来死亡；所有的人都面临死亡，因为他们也都有罪。早在法律出现之前，罪恶就存在了，“但没有律法，罪也不算罪。然而从亚当到摩西，死就作了王，连那些不与亚当犯一样罪过的，也在他的权下。亚当乃是那以后要来之人的预像。”（《罗马书》，5：13—14）这段文字包含了原罪学说的基本点，它实质上是对《创世记》3：17—18 的一个述评。《创世记》3：17—18 是导向对人和自然悲观论调的另一段著名文字，在这段中主对蛇、夏娃和亚当讲话，给他们每一个以惩罚。然而这种惩罚并不只是针对个人的，它们标志着自然界的一种变更——上帝对亚当说道：“地必为你的缘故受咒诅”（《创世记》，3：17），现在大地将向他索取代价，而他将要辛苦对付荆棘和蒺藜；作为大地的产物，他死后仍要归还于大地。[①]

163 根据一个当代观点，“人类堕落及其结局，即自然的传染病和彻底败坏，这个学说在使全世界基督教徒疏离对科学的兴趣方面产生了深远影响。”[②]保罗的目的是显示耶稣到来的伟大，因为那是生命的象征，是对于紧随世上第一个人亚当而来的罪恶与死亡的救赎。在《罗马书》5：12—14 中，“完全不能确定这位使徒的语言是否加强了这个信念，即亚当的罪恶玷污了他的后代。”这样，在后来的神学学说中，圣保罗书信里次要而偶然的成分在基督教中变得至关重要。《罗马书》8：18—39 对保罗的思想和对传统而言更具有代表性：“受造之物切望等候神的众子显出来。”（《罗马书》，8：19）造物的丰饶归功于上帝的旨意。被创之世本身也许期盼没有衰亡的光荣盛世。“在阵痛中呻吟”的万物和人正向着一个更高层次的秩序和成就摸索前行。这种不完善性，这种“呻吟”并不是因为人的罪恶：这些也是上帝的目的和互动的组成部分。“圣保罗是一位太认真的有神论者、太听话的《旧约》学生，以至于他不能相信创世的不完善性是由魔鬼或人的任何行为造成的：只有上帝才能控制他的世界。也不是因为世界尚不完善，从而被剥夺了奋斗、力争并渴望将要到来的东西的力量。在上帝内在精神的积极帮助下，被创造的万物怀着希望摸索前进。”[③]

① 见《以赛亚书》，24：4—6。“地上悲哀衰残”；“地被其上的居民污秽”；“地被咒诅吞灭，住在其上的显为有罪。”在《以赛亚书》11：6 中，伊甸园中存在的情形被恢复了。

② 雷文（Raven）：《科学与宗教》（*Science and Religion*），34 页。

③ 同上，35—36 页。

按照另一个观点，人类堕落象征着人的问题是反叛其造物主的问题。“人利用了上帝为使他统治地球上的被造万物而赐予他的自由，目的是要宣称他独立于上帝，并变得像上帝一样。”他拒绝接受自己作为一个依赖于上帝的造物的地位，寻求脱离上帝而独立自主，并与上帝平起平坐——在这样做的同时他就丧失了自己与上帝之间的交融。“他的独立主张实际上使他远离了所有的生命本原和所有的祝福。”①

8. 关键的思想及其影响之本质

《创世记》第1章引发了大量“六日创世文献”（hexaemeral literature）的问世，这些作品直白地列举创世六天中的活动。它由斐洛首创，圣巴西尔（St. Basil）为它精雕细琢增添魅力，圣安布罗斯（St. Ambrose）的拉丁散文将它广为传播，后者吸取了巴西尔的许多内容。既然《创世记》第1章留下了许许多多没有回答的问题，这些六日创世的作品——无论是护教学、释经学，还是说教术，都为宗教目标利用了各种知识。六日创世文献在整个中世纪继续发展，在弥尔顿（Milton）的《失乐园》（*Paradise* 164
Lost）中得到了最华丽的表述，并在十九世纪《创世记》与地质理论之间的调和过程中严重退化，这种调和尝试在有关历史地理学和进化论的争议中达到顶点。六日创世文献的作者们越是按照

① 赖特和富勒（Wright and Fuller）：《上帝行为之书》（*The Book of the Acts of God*），56—57页。

字面意义来解读创世的顺序，就越是需要物理学和生物学方面的证据。基督徒的虔诚、天生的好奇心、对可靠注释的渴望无可避免地导致对创世故事不厌其详地添枝加叶；许多物理、生物和地理的材料，都围绕着上帝在六天中创世的故事组织起来，成为对启示宗教（revealed religion，天启教）至关重要的材料。六日创世文献可以被看作一个巨大的稀奇之物，同时也是不相干之物；我认为，较为接近事实真相的是将其视为一组述评，这组述评不管有多少缺陷，还是将下述思想保持了鲜活并使人不会忘记：宇宙的历史，因而也包括地球的历史，曾是一个多事端、多变故的历史，而对自然的观察与对创世的理解是紧密相连的。

在《创世记》第1章朴实无华的描述中，没有对人做出价值上的判断；他的罪恶、他的堕落及其后果都属于其他的故事。此外，第1章还给设计论提供了一个基督教环境；设计论后来在中世纪和近代的历史清楚地表明了分别来自《圣经》源头的成分和来自古典世界的其他成分。

《创世记》的第2章（除了它的伟大宗教意义之外）对西方人的人类概念及人种学思想的历史造成了巨大影响，因为它引入了作为一个人的亚当的本质这方面问题，这样就促使人们将他与出生在人类堕落之后的各种人相比较。这种比较引发了关于文化原始主义之性质的问题（这些问题在中世纪被广泛讨论），正如希腊人和罗马人的思想——为着不同的原因且来自不同的源头——也产生过相似的著作群那样。《创世记》第2章激发了有关伊甸园的许多作品，尤其是激发了定位和描述这个花园的尝试；由此，《创世记》第2章既影响了地理思考，也鼓励了对自然的理想化描述（通常是地中海式环境的描述），并且其中一些甚至间接地指向了环境对人类的影响。

来自《创世记》第3章的一个观念，即人类的堕落也造成了自然的恶化，影响着人们关于地球本质的概念，至少直到十七世纪末还是这样。这种自然界的恶化，以及在人类堕落之后为促进土壤生产力所必须付出的艰辛，是道德世界中的邪恶在自然世界里的翻版。

这种恶化并不是一种有机的改变；它不是自然威权的衰落。它是一个诅咒，因为对希伯来人而言，不仅人，而且物体也能被诅咒。这个诅咒并不是强迫人自此以后去工作——他就是为了工作而被创造的——而是强迫他在坚硬而贫瘠的田野里，在荆棘和蒺藜中艰苦劳作。[①] 尽管自然中存在着与人类邪恶倾向完全相称 165
的不完善与吝啬，这个观念还是与另一个相矛盾：是上帝，而不是人类的邪恶，要为大地的状况负责。

与自然恒久性相关的问题是重要的，我们在后面还会再次谈到它们。卢克莱修的有机类比和科卢梅拉对有机类比的反对都很重要，而这个自然恒久性问题也因为同样的原因而十分重要，因为如果自然的威权不是恒久的，而是像有机体腐化一样腐烂，那么人类就做不了什么，而只好将自己托付给地理环境。随着时间的推移，这个环境只会越来越坏，并将无可避免地导致腐烂和死亡。然而，将有机类比应用于地球，并不是犹太－基督教思想的特征，尽管自然衰老的观念出现在“次经”《以斯得拉二书》（II

① 贡克尔（Gunkel）：《创世记》（*Genesis*），22页。

Esdras）中——它对比了生于年轻母亲子宫的青年与那些母亲年长后出生的矮个人。随后每代人的身材会越来越矮小，因为每代都是“生他们的母亲开始变化，已失去她年轻时的力量。”（《以斯得拉二书》，5：55；亦见 14：10—18）这段文字和卢克莱修的思想在近代有关自然恒久性的讨论中被频繁地引用。

旧约和新约，以及次经中的作品常常以其自然形象的美丽和丰富而令人瞩目。明喻和其他修辞手法可能就出现在从事简单工作的牧羊人、农夫、工匠或农场主的语言中。“至于我，”智慧说，“我好比一条灌渠，将河水引进花园。我原来只想给自己的果园和花园浇水，然而渠道很快变成了河流，河流又变成了大海。”（《便西拉智训》，24：30—31）

这些对自然的描写在《诗篇》、《约伯记》和《便西拉智训》中都很显著，它们令人想起乡村的日常生活——高原牧场、谷地、果园、橄榄树林、灌溉沟渠等等。《诗篇》详述了自然的美丽，以及热爱作为造物主作品的自然并在其中追寻造物主身影的需要。然而人们在自然中看到的并不是上帝，而仅仅是上帝的作品。后来的基督教神学中有大量警告，告诫人们仅对上帝的作品专注、沉溺并崇拜的危险性。这个思想在载于次经的《所罗门智训》中得到了很好的表达。不知上帝的人们见证着大地的美丽，“他们研究被造物，却不认识造物之主。”（13：1）无论自然神学多么热诚，无论对大地和天空的美丽领会得多么深切，在创造者及其作品之间绝不能有丝毫的混淆。这种区别在基督教对待作为人类生存地之地球的态度中是决定性的；对创世作品太过热烈的
166 赞美可能会导致对启示话语的忽略，或在自然神论的情况下，导

致对基督教的彻底抛弃。

就本书主题而言，最值得注意的是人类统治权的观念，这个观念表达在《创世记》中，又在其他作品中不断重复，尤以《诗篇》第 8 章最为突出。但是我们一定不能戴着现代眼镜来阅读这些章节；在我们这个“人类控制自然”就像一句早晨问候短语那样经常出现的年代，这是很容易陷入的误区。《圣经》中人类统治权的观念是什么？人们对于照料植物（园林建造、绿洲农业、谷物种植、园艺）以及杀死野兽和征服家畜的能力（使家畜担当农业、放牧或运输的工作，或利用动物身体作为食物或衣服）所涉及的技术进行日常观察并提炼其中的精华，“人类统治权”观念比这更进一步吗？按照上帝形象塑造的人，在上帝的容忍下，对地球生物实行着可在较小规模上与上帝控制宇宙相比的统治，这里难道不是还有着对人的尊严的宣示吗？而且，人的这种威权并不是通过或由于他的能力而获得的；他是被造万物的主人，因为上帝将这个高级地位赐予了他。人在地球上作为上帝副手的权能，是创世设计的一部分，因而在这个详细阐述的概念中，除了文字表面所示之外，没有给人留下什么骄傲自大的空间。

你派他管理你手所造的，
使万物，就是一切的羊牛、
田野的兽、空中的鸟、海里的鱼，
凡经行海道的，都服在他的脚下。

《诗篇》，8：6—8

这个权能尽管伟大，却是衍生的；它被强加给人类，而不是人类自己赢得的。[1]

《创世记》也引起了重要的历史学问题：世界的人口是怎样增长的？人类在可居住世界的分布是怎样发生的，他们之间的显著变化是怎样出现的？挪亚的三个儿子——闪、含、雅弗，陪同他离开方舟。世界上的人口分布全都由他们而来（《创世记》，9：18）。于是有了挪亚子孙们的谱系、他们占领的土地、他们的职
167 业和技能；在这些土地上，“洪水以后，他们在地上分立为邦国。”（《创世记》，10：32）（十五世纪对于新大陆土著的疑问，随着罗马教皇诏书宣布这些民族为人类而停止，这样使他们的存在也符合基督教关于人类统一性及其后来散布到各地的信念。）《圣经》传统对“文化传播”（cultural diffusion）的观念是友善的，正如以色列十部族文献所证实的那样；在近代，建立在人类精神统一基础上的“独立发明”观念，部分地是对那些不加批判地接受《圣经》来源而导致的夸张言论的一种反应。

主看到巴别的城市和塔楼，就把众人分散到地球表面上，很少考虑到促进他们的智力交流。分散之前的世界只有“一种语言和很少的词汇”。这个故事这样解释当代各民族之间在语言和居

---

① “根据第7篇，人类统治创造物的权力是某种来自上帝道德裁判的权力，也许是模仿上帝对宇宙和人类的权力。诗文的语句清楚地表现了这样一个概念的术语，而上下文则意味着人拥有对所有生命的统治权，即便是那些看起来超越其控制的生命也包含在内。特别是在《创世记》第1章和第2章中，很明显，人享有为自己的目的而利用所有事物的权利。人也许不是总能行使这个权利，但从根本上他是有这个权利的，这多亏了上帝将人确立为大地的主人。”康拉德·路易斯（Conrad Louis）：《诗篇第八章的神学》（*The Theology of Psalm VIII*），93页。

住地上的差异。[①] 难道这就是解释世界上文化多样性的唯一貌似有理的方法吗？要知道世界上有众多语言和方言，而根据基督教经文，这世界最初是相似而统一的啊。

《创世记》还使人看到如何说明自挪亚及其儿子们那个时候直到当代的世界人口增长问题。在宗教史的一个典型年表中（这个年表直到十九世纪仍在印刷），创世发生在创世纪元（*anno mundi*）1 年；挪亚出生在 1056 年；上帝在 1535 年决定发动洪水并指挥挪亚建造方舟；挪亚、他的妻子、他们的三个儿子和儿媳们以及动物们在 1656 年进入方舟，这时挪亚有 600 岁；下船是在 1657 年；巴别塔在 1757 年建造；基督诞生在 4004 年。[②]

在这个文献中，没有任何东西能与古典时期关于自然环境影响的思考相比。然而，存在着暗示，即人类适应自然、依赖自然，也能够利用自然。“以利法允诺了诚实的约伯与田间石头订立契约，即，消除石头对丰收的威胁，同时田里的野兽也会与他和平共处。”[③] 犁田、耙地、播种、打谷之所以能正确地进行，是因为农夫得到了正确的指导：“他的神教导他。”（《以赛亚书》，28：26）农夫就这样实现着耶和华的目的。

如此这般，宗教的影响远远超越了道德、哲学和神学而得到

---

① 亦见贡克尔（Gunkel）：《创世记》（*Genesis*），93 页。

② 见《拉沃斯尼宗谱学、历史学、编年史及地理学地图集》（*Lavoisne's Complete Genealogical, Historical, Chronological, and Geographical Atlas*）（伦敦：1822 年），年代图 2 和图 7。亦见图 6：“挪亚后人对地球的划分”（Division of the Earth Among the Posterity of Noah）。

③ 罗宾森（Robinson）：《旧约中的灵感和启示》（*Inspir. and Rev. in the OT*），10 页；《约伯记》，5：23。

传播；从观察自然秩序中收集上帝存在的证据，这就把地理学和人种学带入了宗教影响的范围之内，并且常常决定着文化史和人文地理学研究重大主题的框架。

168 有关上帝和自然秩序的犹太-基督教的观念，常常被早期基督教父与古典设计论及工匠神或巨匠造物主的思想结合在一起，创造了一个可居住世界的概念，这概念具有如此大的力度、说服力和适应性，以至于它作为西方世界绝大多数民族能够接受的对生命、自然和地球的一种解释，一直维持到十九世纪六十年代。

至少，在赞美（而不是否定）人和自然这一个方面，有关人类统治自然的犹太-基督教思想强调了人的创造力、人的活动、人的技术成就，因为这些品质不是他自己的创造，而是由上帝放置在那里的。他不仅拥有这些类似神的品质，而且还与上帝很接近。就其他被造万物而言，人处在一个意义不明的位置之上。上帝造出了世界，但上帝自己并不是世界的一部分。人按照上帝的形象被创造出来。但人也不像动植物那样属于自然的一部分；他更多的是做上帝的管家，并且如果说他分享了自然的卑微，那么他也同样分享了上帝的神性，其管家职位便来源于此。

基督教及其背后的思想是有关创世的宗教与哲学。它痴迷于造物主，也痴迷于他所创造的事物、这些事物与他的关系，以及这些事物之间的关系。因此毫不奇怪的是，在早期基督教父和稍后的经院派著作中，有着关于造物主及其创造物本质的长篇大论的阐释。这种痴迷不可阻挡地聚集起巨大的释经卷帙，即使这种“巨大”仅表现在篇幅而不在创意上。但是，在这样做的过程中，初期的西方文明中也就塑造起对生命和对自然的不同概念。它们不是披着基督教外衣的希腊和罗马思想；相反，除了环境理论，古典观念现在是从属于这种新的综合体了。新的基础在这个宗教之上在西北欧建立起来了，西北欧不像古老的地中海文明那样羁绊于传统，而处在一种呼唤实用性和实验性的环境之中。

第二部分

基督教中世纪

导　　论 171

《圣经》是中世纪被人研究最多的书籍。[①] 人们关于“地球作为适合人类居住之环境”这一性质的观点便是由《圣经》塑造的，也是由古典物理学、生物学和神学（其很大部分存在于释经文献）中的某些章节塑造的，这些内容从属于《圣经》，可以支持并强化《圣经》中需要说明和补充的部分。当然了，地球作为上帝计划和设计的居住地这一观念支配着其他两个观念（环境对

① 斯莫利（Smalley）：《中世纪对〈圣经〉的研究》（*The Study of the Bible in the Middle Ages*），全书。

人的影响、人作为其环境的改造者），其他两个观念与之相关联但地位较为次要，因为它们在哲学和神学的普遍化概括方面处于较低的层次。

我们在这里使用的“基督教中世纪”一词是广义的，是为了方便描述从早期基督教父时期（公元一至六世纪）直到1500年中世纪结束时的思想特征；或许这个用词方式是可以允许的，尽管人们都承认这样的时期划分是人为的，尤其是在涉及不同观念的时候，这些观念的进程无论在力度上还是在连续性方面都互不
172 相同。我们在此并不关注穆斯林、犹太人以及生活在地中海穆斯林世界中基督徒的丰富的世界性思想，除非当这种思想迫使基督教思想家在知识上或方法上作出修正的时候；或者我们只是偶尔提到，例如对腓特烈二世（Frederick II）《鹰猎之艺术》（*Art of Falconry*）和迈蒙尼德（Maimonides）《迷途指津》（*The Guide for the Perplexed*）的讨论。

这一时期的思想，至少在与本书主题相关的方面，远远不止包含着对古代世界的被动继续或古代世界与近代世界之间的连接，尽管这种继续和连接的确存在。在教父时期和所谓“黑暗时代”（Dark Ages），我们处于西方文明的形成时期，毋庸赘言，这一文明并不存在古典基础和基督教外观。[①] 教父时期尤其至关重要，因为表达新学说、解释《圣经》，以及捍卫宗教、对抗其古典的贬损因素，这些都需要思想和精力。在原罪对自然和对人

---

① 见巴克（Bark）批评皮雷纳关于波爱修和早期基督教父的论述：《中世纪世界的起源》（*Origins of the Medieval World*），29—30页。

类的关系上必须采取立场，关于自然及人类的邪恶问题必须重新审视。需要有新的编年表和新的分析性历史学，也需要一个基督教人种学以及关于人类统一性和分散性的理论。除其他作品外，佚名作者的《致狄奥格尼图书》（*Letter to Diognetus*）、拉克坦蒂（Lactantius）的《神圣教规》（*The Divine Institutes*）、奥利金（Origen）的《驳凯尔苏斯》（*Contra Celsum*）和圣奥古斯丁的《上帝之城》，在这些方面是多么发人深省啊！

此后，在圣卜尼法斯（St. Boniface）的生平及书信中，在富尔达修道院长艾伊尔（Eigil）所著《圣司图生平》（*The Life of St. Sturm*）中——两者的年代都在八世纪——我们不是能看到在德国的盎格鲁-撒克逊传教士们富于启迪性的生平故事吗？受到激励而力量不断增强的基督教催生出对于自然、地球和人类自身的新观点，其灵感大多（但也不完全）来自圣经中《创世记》、《诗篇》、《约伯记》和保罗的篇章。从本性上看，基督教专注于造物主、所造之物，以及将二者连在一起的事物。

在"人作为其环境的改造者"这一观念中加入了令人感兴趣的新东西，这来自对西欧广大地区各种变化长时期观察的缓慢积累，这些变化往往体现在传统、权利和用途方面。这样，始终存在着解释自然、表现自然的本质优点而同时又将自然与上帝相分离的问题，即使人们没有对这个问题作过近代意义上的调查。最缺乏独创性的则是环境影响的观念，尽管在这种观念的应用方面仍不乏有趣之处。

如果我们考虑一下近代学者对于如何解读中世纪所作出的修正，上述结论便不会令人吃惊。

“黑暗时代”这个概念遭到了强烈批评。西方修道制度在其对经济增长的关系方面得到了更详细的研究。人们开始探究中世
173 纪技术的广阔领域。人们也更加开明地承认环境变化的区域和范围，无论是西欧建造大教堂的三百年间开采几百万吨石头，还是为村庄、耕地和葡萄园而清除大片森林和绿地。中世纪因而不再被看作人类迈向太平盛世过程中一个愁苦而沉闷的休息时段。近年来关于文艺复兴本质和现代科学起源的讨论也指出了时期划分的危险性；甚至已经有学者抱怨说，情况向反面发展得过分了，中世纪的创造力被夸大了，以至掩盖了是后来才出现与过去真正决裂这个事实。[①] 就本书主题来说，阻止人们理解这个时代的障

① 关于对黑暗时代观念的修正，见巴克（Bark），前引书；关于修道制度与经济，见拉夫提斯（Raftis）：“西方修道制度与经济组织”（Western Monasticism and Economic Organization），《社会和历史的比较研究》（*Comparative Studies in Society and Histories*），卷3（1961），452—469页。对中世纪技术的研究，见怀特（White）：“中世纪的技术与发明”（Technology and Invention in the Middle Ages），《反射镜》（*Speculum*），卷15（1940），141—159页；同一作者的《中世纪的技术与社会变化》（*Medieval Technology and Social Change*）；辛格（Singer）等编辑：《技术史》（*A History of Technology*），卷2：汤姆森（Thomson）："中世纪的工匠”（The Medieval Artisan），383—396页和吉尔（Gille）：“机器”（Machines），629—658页。关于大教堂，冯·西姆森（von Simson）：《哥特式大教堂》（*The Gothic Cathedral*）和金佩尔（Gimpel）：《大教堂建造者》（*The Cathedral Builders*）；布洛赫（Bloch）：《法国乡村史的原始特点》（*Les Caractères Originaux de l'Histoire Rurale Française*），新版，由多韦涅（Dauvergne）作补充，两卷本。关于对文艺复兴时期和中世纪态度的修正，见沃尔特·弗格森（Walter Ferguson）：《历史思想中的文艺复兴》（*The Renaissance in Historical Thought*）；后来有文艺复兴时期研讨会的文章，包括杜兰德、巴伦、卡西雷尔、约翰逊、克里斯特勒、洛克伍德和桑代克，载于《思想史学报》（*JHI*），卷4（1943），1—74页，这些文章的标题列于本书后附的参考书目中。关于科学的起源，见亚历山大·柯瓦雷（Alexander Koyré）：“现代科学起源：一个新解释”（The Origins of Modern Science: A New Interpretation），《第欧根尼》（*Diogenes*），第16号（1956年冬），1—22页。柯瓦雷的文章讨论了克龙比对罗伯特·格罗斯泰斯特的研究。亦见克龙比（A. C. Crombie）：《中世纪和近代早期的科学》（*Medieval and Early Modern Science*），两卷本。所有这些作品都包含对先前文献的广泛参引目录，其中巴克的书目对我们此处的一般论述尤具相关性。

碍之一是，很多人都相信古典时代和中世纪的民族对于欣赏自然既无兴趣又无能力，尽管从十九世纪起就有文章和专著旁征博引地反驳这种说法。甚至迟至1943年，林恩·桑代克还有必要赞同地引述埃米尔·马勒（Émile Mâle）的话——“中世纪经常被人说成没有什么对自然的爱，而实际上却是怀着敬意注视每一片绿叶”——来说明必须放弃“是意大利文艺复兴时期的思想家把对自然之美的欣赏引入了近代欧洲”这个概念。[①] 十九世纪末和二十世纪的许多作者都试图纠正这种错误看法，即，对自然本身及其与人类关系的热爱和欣赏是在近代才发现的。在地理学上也有一种倾向，在考虑文化对环境的关系时从古代跳到近代，将中 174
世纪草草带过，这种倾向在中世纪的贡献和连续性方面留下了类似的空当，并贬损了神学对地理学理论的强烈影响。

对生物和非生物自然界的创造顺序作出悉心研究的“六日创世文献”在早期具有高度重要性，尽管这方面的写作贯穿整个中世纪并一直持续到十九世纪。圣巴西尔的“创世六日”令人印象最深刻，而圣安布罗斯的作品（大量依赖巴西尔）则最有影响力，因为他是用拉丁文写作的。

六日创世文献很自然是与设计论相容的；创世按照一个先后顺序进行，形成一个有序的世界。柏拉图主义和斯多葛派哲学家

---

① 马勒（Mâle）:《十三世纪法国宗教艺术》（*Religious Art in France of the Thirteenth Century*）[=《哥特式形象》（*The Gothic Image*），Harper Torchbooks，大教堂书库]，53页；被桑代克（Thorndike）引用于《法术与实验科学史》（*Hist. of Magic and Exp. Sci.*），卷2，536—537页，以及“文艺复兴还是振兴之前奏”（Renaissance or Prenaissance），《思想史学报》，卷4（1943），71页。

的“工匠类比”应当能够引入并符合基督教思想：上帝的创造性行为正像技艺的作品——这个比喻对基督教父们来说并不陌生，这些教父本身过去就是异教徒，其中许多人有着丰富的古典思想知识。对希腊人来说，宇宙就像一件技艺作品，具有形体和物质；然而以色列人“从来没有沿着希腊原型的思路发展其神话学。世界从来没有被看作类似一件作品（ἔργου）或是工匠手艺（τέχνη）的产品。”《旧约》“从不猜测创世的目的（τέλος），也不探究宇宙是否具有合理的可理解性。”[①] 这样，将宇宙及宇宙中包含的地球比作技艺作品也成为基督教后天获得的东西；希腊化时代生活在亚历山大城的犹太人斐洛可能曾将这个修改过的创世概念引进犹太-基督教思想。

环境影响的观念在中世纪也不缺失，尽管这些观念似乎被人们对于占星术和占星人种学的更大兴趣排挤出去了。有时候对于两者的兴趣都存在，例如在大阿尔伯特身上所体现的。环境观念也许无非就是直接借鉴了古典思想，也许是与基督教神学相调和，例如圣托马斯·阿奎那就这样做了，他在为塞浦路斯国王所写的论政府著作中说，统治者在建立一座城市时必须考虑所在地点的价值，正像上帝在计划创造世界时所做的那样。

地理学传统在中世纪也得以继续，有许多描述性（但较少理论性）的著作，即关于地方自然情况的文献，比如八世纪塞维利亚的伊西多尔编写的概要，再比如十三世纪的阿尔伯特·马

① 布尔特曼（Bultmann）：《原始基督教》（*Primitive Christianity*），128 页；引文在 16、17 页。对照 96 页。

格努斯（大阿尔伯特）、博韦的梵尚（Vincent of Beauvais）、伯纳德·西尔韦斯特（Bernard Silvestre）和巴塞洛缪·安戈里克斯（Bartholomaeus Anglicus）的著述，以及宗教和非宗教的旅行记，等等。这一切带来了关于鲜为人知地方的精彩报道，使得差异明显的环境概念保持鲜活，尽管其形式经常是过时而粗糙的。这些
地方自然情况文献几乎无一例外都是提纲式的，是一个以当时的 175
观察和作者所知的古人地理描述为素材而编写的地名册。

最后，中世纪也是一个产生广泛环境变化的时期：清除森林、陆地排水，修士会——例如熙笃会（Cistercian order）——改变原始模样的环境，还常常实行逆转进程，将开垦了的土地退还到荒野状态。有许多著作描绘了中世纪从梅罗文加王朝（the Merovingians）和卡洛林王朝（the Carolingians）到十五世纪的环境变化；但是据我所知，当代对其重要意义的解读却实属凤毛麟角。这方面的现存著作可能是由定居点的建立和以驯化植物（如葡萄园）代替森林的行为所激发的；它们所反映的也许是宗教感情、工作准则，或者是人对上帝、自然和人类本身的协助，而这些正是代表修士会特色的观点，至少在西方是这样。稍后的作品暗示了有必要控制不受欢迎的行为：在森林中大量养猪和养牛、对焦炭生产的过度需求、不良的家畜放牧习惯，等等。

在古典时代和中世纪的人类活动与工业革命后的情况不同，它们对自然环境造成的变化没有那么醒目，也没有那么令人吃惊。如果说存在一个主流观念的话，那就是：被赐予工作能力的人，协助上帝和人类本身改善地球家园，即便地球在基督教神学中只不过是旅居者的一个中途小站。

然而，当时人们观察研究自然的最主要原因却是为了更好地理解上帝。这种观察和研究为上帝的存在、上帝设计世界的计划和基督教的真实性提供了部分证据——但也仅仅是部分证据而已。

不过我们对这样一个漫长而多样的时期作普遍化概括的时候必须十分小心。包括圣奥古斯丁在内的早期基督教父在护教学及在对抗异教徒攻击的过程中，并没有忽视来自大自然的证据以证明基督教高于其他宗教及上帝设计的现实性，正如后来的思想家们，例如大阿尔伯特，在研究自然和捍卫基督教时也没有疏漏穆斯林文明的原创作品、述评和翻译。早期基督教父，包括圣奥古斯丁，热切地抓住地球上自然秩序中能找到的关于上帝计划的任何证据。他们对这些证据的使用并不只是多此一举地装饰和展现一个已经证明的学说。然而到了中世纪后期，正如桑代克所指出的，尽管自然研究仍旧是有关上帝设计的一般性研究中的一部分，但是自然研究也已经达到一定的独立性，并且更多地是为自身原因而进行了。

第五章 176

作为人类居所的地球

1. 早期教父时代

可能中世纪的每一位宗教作家都提到过“地球是人类的居所”，因为这个题目是如此重要，还因为它经常出现在释经著作中，尤其是在对《创世记》、《诗篇》和保罗书信的诠释中。

在教父时代，基督教父们接受了古典时代哲学家们对地球的许多观念，当然他们也作了些必要的修正。教父们采纳了希腊和罗马的思想家们为支持设计论而使用的宇宙论、生理学和物理神学的论据，这些论据实际上被吸收进了基督教神学体系中。

米纽修斯·腓力（Minucius Felix，大约公元二世纪）的《屋大维》（*Octavius*）是这些过渡期文献中最有启发性的著作之一。他是一位基督徒，经常用“我们的祖先”来称呼异教徒。古典时期的天文学和地理学、由泰勒斯（Thales）肇始的希腊宇宙演化论，都被应用于基督教之中。基督教反驳了伊壁鸠鲁主义，但同情于柏
177 拉图的《蒂迈欧篇》，基督教的上帝扮演起一位神圣工匠的角色。[1]
不少教父接受了“工匠类比”，同时也作了一个必要的改变，将这位工匠认定为基督教的上帝，即造物主，他计划了创世，而且在实施计划之前早已对成品了然于胸。然而，在日常匠人与神圣工匠之间有着很大的不同，前者运用并非自己创造出来的材料进行工作，而后者是白手起家，按照自己的计划塑造物质。虽然“物理神学”是一个新近才出现的术语，它的内容却是当年那些教父们创造出来的；他们从地球上可以观察到的自然世界中搜集、积累上帝存在的证据和示例。前奥古斯丁时期的物理神学比古代产

[1] “特尔图良皈依基督教之后，似乎完全忘记了他曾经为何理由做过一名异教徒。而这是米纽修斯·腓力从未忘记的。在二、三世纪所有的护教士中，米纽修斯·腓力是唯一向我们展示了问题之两面的人。”吉尔森（Gilson）：《中世纪基督教哲学史》（*HCPMA*），46 页；关于基督教目的论的古典思想，见皮斯（Pease）：“诸天述说”（Caeli enarrant），《哈佛神学评论》（*Harvard Theolog. Rev.*），卷 34（1941），103—200 页。

生的任何东西都更加博大精深，它始终难以超越，直到近代初期发明了诸如显微镜这类仪器，才使人们甚至在一些此前察觉不到的自然现象方面都能够更深入地探究这个神圣计划的证据。不过，这个观点并非没有受到过挑战，圣奥古斯丁就反对将上帝的创造力与匠人手艺进行死板的比较。他认为，上帝并不像是匠人那样用手来创作，“他用无形的创作造成有形的结果。”[①]

圣巴西尔的六日创世文字和圣杰罗姆（St. Jerome）的书信是所有这些作品中给人印象最深刻的，尤其是巴西尔的作品，在六日创世这个流派中，还没有其他篇目能在艺术魅力、包罗万象和理解程度上超过它们的，甚至一向对虔敬文学不大友好的亚历山大·冯·洪堡也对他的作品表达了敬意。[②] 在基督教时代早期，六日创世的体裁遍地开花，将短小而神秘的《创世记》第1章语句与可见的世间万物一望即知的复杂性联系起来。造物主在六天的每一天里，按照确定的先后顺序成功创造出一件完整有序的作品：一个永久的世界，直到世界末日将之毁灭。在一个有限的世界里，自然界的秩序和永久性被建立到满意的程度；有生命的万物能够与地球同寿，因为永久性是上帝圣约中允诺的一部分（《创世记》，8：21，特别是9：8—11）。我们或许能用例子来表明这些评述（当然不可能完整无缺），从而显示对待地球的这种态度是存在的，尽管一种超脱尘俗的蔑视自然态度也很强大。早在圣 178

① 《上帝之城》（*City of God*），XII，23。

② 冯·洪堡（Von Humboldt）：《宇宙》（*Cosmos*），由奥特（Otté）翻译，卷2，39—42页。洪堡还叙述了他在阅读米纽修斯·腓力的著作和“曙光中他在奥斯蒂亚附近河畔漫步的描述（第1章）”时的愉悦感受（39页）。

奥古斯丁之前，人们就进行过广泛讨论，而奥古斯丁的作品把这些讨论的焦点集中起来，并辅以丰富的细节。

在早期，如同我们能够预料的那样，各种思想与古典时期的观念仍然联系紧密。早期的基督教著作并非全都是攻击指责式的；在特尔图良（Tertullian）、拉克坦蒂和米纽修斯·腓力的著作中，常常会出现将基督教思想与古典思想，尤其是与柏拉图和斯多葛学派哲学家著作的善意比较。[①] 从古代自由吸收而来的设计论，在基督教模具里得到重铸，地球上的万物之美都成为神圣和谐与上帝恩赐的证据。

从大约是公元 96 年由罗马教堂写给科林斯教堂的一封信中可以窥探到这种转变。根据爱任纽（Irenaeus）的主教管辖名单，信的作者被认为是一位姓克莱门特（Clement）的罗马第三主教。这封信“在基督教早期被推崇至极，甚至一度被认为是埃及和叙利亚宗教法规的一部分”。后来亚历山大城的克莱门特将这封信当作圣经般来引述。

“地球遵照主的旨意按季节开花结果，为人、兽和地面上的所有生灵带来充沛的食物，没有一丝不情愿，也不会改变主的安排。”四季平静地交替，清风无阻无碍地完成它的使命，最微小的生物在上帝的意愿下也得以生存在安宁和谐之中。这种安排有利于所有的人，“而我们这些已经得到主庇护的人，主通过

① 例如，米纽修斯·腓力（Minucius Felix）的《屋大维》（*Octavius*），19，20。

耶稣基督给予我们无限盛大的恩惠。”① 这个主题——地球为所有人服务，但对那些得到了基督教化、笃信教义的人会施与得格外丰富、格外有益——在基督教对人与地球态度的历史上反复出现。

米纽修斯·腓力的对话体《屋大维》使人想起西塞罗的《论神性》，我们从中看到基督护教者们在遭到异教徒指控甚至信仰攻击时为自己辩护的情景。作为异教徒的对话者，伊壁鸠鲁学派的凯西里乌斯（Caecilius）重复了卢克莱修式的论点，即宇宙是由原子组成，不依靠神的协助。这些问题由基督教徒屋大维用人们熟知的答案回应了，提到天上的秩序和使人类得以仰望上天的直立身姿。在经常出现的神学与应用的联姻中，黑暗和光明提供了休息与劳作的周期，天上的时序帮助航海、提醒人们耕作季节的到来。倘若没有最高智慧的指引，四季的轮换就会失常。地理信息（可能来源于波昔东尼）展示了上帝对世界的 179
关爱。

“上帝不仅关爱宇宙这个整体，也关爱它的各个细部。不列颠难得阳光普照，但流淌在周围海上的暖气使其充满生机。尼罗

① “圣克莱门特致科林斯人书”（The Letter of St. Clement to the Corinthians），格利姆（Glimm）译，第 20 章；《基督教父：使徒教父文集》（*The Fathers of the Church. The Apostolic Fathers*），26—27 页。转引自西里尔·理查森（Cyril Richardson）在《早期基督教父》（*Early Christian Fathers*）中对同一书信的介绍，33 页。克莱门特（Clement）详述了《约伯记》38：11，说海洋被汇集到盆地中，法则将它限制住，不让它泛滥冲破屏障。无法通行的海洋以及更远处的其他世界，都被同一种神圣法则所控制。亦见第 33 章。关于这封极其有趣又极其重要的书信，见格利姆和理查森的介绍，以及利茨曼（Lietzmann）：《普世教会的成立》（*The Founding of the Church Universal*），61 页。

河中和了埃及的干旱；幼发拉底河抚育了美索不达米亚；印度河弥补了雨水的不足，据说既帮助了东方的播种，又灌溉了东方。”（《屋大维》，18）

功利主义的论点适用于地球表面许多小的部分，但没有人解释为何会有严寒的冬天。或许冬天就是为了衬托春天的美好而存在的！对自然的日常观察和对有利环境的肤浅理解成为证据的依托，而人们并不关心这是不是循环论证。自然界被假定为上帝计划的结果，同时又是上帝计划的重要证据。

与上述论点相反、但目的相似的是亚挪比乌（Arnobius）引人入胜的《反对异教徒》（*The Case Against the Pagans*）一书。亚挪比乌显然是个新的皈依者，他几乎没有任何关于《旧约》和《新约》的知识。他指出灵魂并不一定会不朽，他还以卢克莱修的方式（他一定专心阅读过卢克莱修），嘲笑了工匠神的概念和以人类为中心的世界观。难怪他著作的最新英译者及编者说：《反对异教徒》是一部“现存的教父时代文献中在许多方面最为杰出的著作”。一般认为亚挪比乌生活在罗马皇帝戴克里先（Diocletian）时期，其著作是在公元300年前后完成的。拉克坦蒂可能是他的学生，不过拉克坦蒂并未在自己的著作中提到过他。对反驳异教徒对基督教的指控这个主题同样感兴趣的圣奥古斯丁也未尝提及亚挪比乌，只有圣杰罗姆告诉我们关于他的一些事情。

亚挪比乌不曾求助于先知们的权威，也没有引用《新约》中的句子，可能因为他对这些都不甚熟悉，或者因为他的目的是使异教徒认识到他们的罪愆，而不是叫他们改宗皈依基督。有为数可观的有争议且无结论的文献提到了卢克莱修对亚挪比乌的影响，但毫无疑问的一点是亚挪比乌使用了伊壁鸠鲁派的许多论据，即便他自己不属于伊壁鸠鲁派。

亚挪比乌反驳了基督教应当为自然灾害和灾难性环境变化负责的说法（正如圣奥古斯丁和十七世纪的黑克威尔所做的那样，后者大量引用了亚挪比乌的语句）。他的反驳借助了自然法则和自然界中固有的安排。没有理由相信是基督教导致了这一切之中的变化：地球、日月星辰、季节、风霜雨雪、动植物、人（包括人的繁衍过程），像异教徒所指称的那样。基督徒既没有也不可能改变自然的原始定律。基督徒也不是产生疾病、瘟疫、歉收和战争的原因。这些事件有着漫长的历史，它们的发生和重现远在基督时代之前便有记载。

亚挪比乌持续攻击对自然的人类中心主义诠释（这让人想起
了卢克莱修），他说即便潮汐、星辰、自然灾害给人类带来了伤害， 180
它们也不能被视为邪恶的。这与赫尔德对伏尔泰关于里斯本灾难诗作的批评是相同的（见下文，本书第十一章第6节）。潮汐、星辰、灾难这些事件发生在另一个领域中，它们与人类存在和人类价值是分开的。它们是自然之计划的一部分。平静的天空并不因为阻止商人扬帆出海而被认为缺德（Ⅰ，9）。关于万物本源和终极因的知识是对人类隐瞒了的（Ⅰ，11）。

亚挪比乌尖锐地批判一个著名的论点，即作为技艺和科学创造者的人由于具有理性而比其他动物优越。对此，亚挪比乌答复道，技艺是尘世的现象，而非上帝所赐，“技艺不是知识的恩典，而是贫民的发明——是需要使然。”（II，17—18）他和伊壁鸠鲁派学者一样，是工匠神说法的反对者。异教的神明不是工匠或交付者。阿波罗并不带来雨水。异教的神明在上帝创造的世界上是后来者，上帝在他们出生之前很久就已经安排好了自然的进程（Ⅰ，30)。亚挪比乌嘲讽了《蒂迈欧篇》，认为事物的本源和多样性并不来自柏拉图碗里的搅拌。在这里是蒂迈欧而不是造物主在做这种搅拌（Ⅱ，52)。神明们也不是熟练的机械师。他们为什么要当机械师呢？（Ⅲ，20—21）亚挪比乌挑战他的对手去解释冰雹、雨水和其他自然现象的成因，因为他们先前的解释显然不堪一击。

亚挪比乌运用了伊壁鸠鲁派的论点反驳关于自然、目的、工匠手艺的典型古代概念，尤其是那些受斯多葛派和柏拉图的哲学启示而得到的概念，因为他自己的哲学是建立在对基督生命意义的完全信仰之上。于是卢克莱修便可以用来达到显著的效果，因为信仰——而非知识——才是最根本的东西。[①]

拉克坦蒂（可能是三世纪晚期至四世纪早期的人，因为他生活在戴克里先迫害基督徒时期）无论是否曾做过亚挪比乌的学生，他显然未曾沿袭这一攻击的老路。他的思想近似于米纽修斯·腓力；这种思想与斯多葛派哲学是同路人。尽管不走运的拉克坦蒂最为人记住的一点是他顽固坚持否认有人生活在对跖之地

① 感谢麦克拉肯（McCracken）对这部著作的注解和翻译，它们在我对亚挪比乌的讨论中起到很大作用。关于他的年代，见7—12页；关于亚挪比乌和拉克坦蒂，见12—15页；关于亚挪比乌和卢克莱修，见29—30、37—38页；关于亚挪比乌对《圣经》经文的知识，见25—26页；关于《蒂迈欧篇》，见卷1，331页注297。书中引述了圣杰罗姆对亚挪比乌的见证，在第3页的对页。亦见吉尔森（Gilson）：《中世纪基督教哲学史》（*HCPMA*），47—49页，书中提出："对基督教反对者们批评这一新宗教时所取得的可观进展，亚挪比乌始终是一位有趣的见证人。"（47页）

（antipodes）的可能性，但事实上，我们从他的著作中还是明显看到丰满的人性、文化内容，以及对古典思想的广泛知识。在他手上，典型的古代功利主义论点变成了上帝以地球上充足物产装备人类的计划中的各个部分。

拉克坦蒂认为，斯多葛学派提出创世是为人类而为的说法是正确的，因为人类确实享受了地球上的物产，但他们没能解释上 181
帝造人的原因，也没能解释神意会将人作何用途。拉克坦蒂回答道，这个世界为人而造，目的是人可以认识上帝，从而崇仰上帝。有谁会像人这样仰望天空、仰望太阳星辰，以及上帝创造出来的万物？这一异教的论点引出一个重要结论，即人的工作、人对自然的改变，都是神意安排的一部分，人凭借自己的创造力正在利用上帝所提供的原材料。这些功利主义的论辩预先假定了人在地球上作出的改变代表着上帝所设任务的完成，而上帝有意将其创世工作留着不完成。在他关于火、热力、树木、泉水、河流、平原、高山的简单思想中，拉克坦蒂并没有在人通过农业用途而改变的地区与为人提供木材燃料的荒山野岭这两者之间作出区分。世界比创世之初更加美丽：这是被人的技艺改进了的自然，这种改进得到了神的允许，也正是神的意愿。

这种一视同仁的态度——我们在古代、中世纪和近代早期常常发现这样的例子——或许是因为较之十九世纪晚期及二十世纪，过去城乡生活的区别并非那么明显而产生的。在十九世纪晚期和二十世纪的作品中，对文明的反抗似乎并未直指乡野中的农业地块，而是针对城市对农业地块和乡野二者的大规模取代。但在这些较早的时代（可能直到工业革命早期），自然界似乎就是人在自己周围看到的样子，是自然与文化的混合物。

拉克坦蒂重复了一种源远流长的赞颂，赞颂海洋提供了鱼类和贸易机会，赞颂地中海地区湿润的冬季，赞颂干热的夏季使果实成熟，赞颂月相如自然历书一般告诉人们夏季游历、作战和田间耕作的时间（此处引用了维吉尔的《农事诗》，I，289）。

在接纳关于地球对人类的实用主义古典观念时，拉克坦蒂假定人的艺术和技能都是创世的一部分，人在地球上所作的改变正是上帝远见卓识的延伸；从上帝的创造活动到人类的技艺具有连贯性。虽然持有“人不该扰乱自然”这一相反意见的传统也很强大（这些人认为假若上帝想要一个不同的世界，他从一开始就会那样做了），但是相信人类帮助造物主改善自然的这个传统，同样可以追溯到最早的基督教护教士的时代。①

那么早期基督教父中的苦行修道、超脱尘俗和反自然的态度又是如何呢？在我看来，它们有两种不同的视角，一个关注世间居住地的本质，另一个关注上帝之城的属性。二者各有自己的地位，而彼此之间并没有高下之分。二者的区别在于是将世界象征
182 性地看作生命、看作“泪之谷”、看作社会环境，还是按照字面意义，只看作动植物生长于斯、一切井井有条以支持人类生存的行星。

《致狄奥格尼图书》（*Letter to Diognetus*）的佚名作者在谈到基督徒时说，他们生活在地上，但他们的家乡却在天上（《圣经·腓

① “神圣教规摘要”（The Epitome of the Divine Institutes），第 68—69 章；“论天主的愤怒”（A Treatise on the Anger of God），第 13 章。关于对跖之地的讨论，见“神圣教规”（The Divine Institutes），第 3 部第 24 章，尼西亚前期教父：《直至公元 325 年教父著作译文》（*ANF*），卷 7。

立比书》，3：20）。虽然这句话表现的是基督教社会的超脱尘俗，但它同样包含了对自然世界的态度；这里是人在现世中的暂时居住地，他不能对其无动于衷，即便天国才是他永久的家，即便这个世界不过是一个较低级的创造物。

早期文献中，罕有能与这封书信下述语句所体现出的强烈态度相媲美的。对一个敏感于意识形态和少数者意愿的二十世纪人士而言，它们显得尤为扣动心弦。即便其中有些自以为是，但同样表现着对社会环境的意识，这种社会环境将人们在一方面变得相似，而另一方面又有所不同。衣着、言辞和行为的一致性的确存在，而深层次的、不那么明显的区别也同样存在。

> 人们并不能从国籍、语言或习俗上，看出基督教徒与其他人有什么区别。他们没有住在专属的城市里，他们不用一种特殊的形式说话，他们也没有遵从一种怪异的生活方式。……他们所信奉的学说并不是爱刨根问底的人通过奇思妙想或深思熟虑而发现的，他们所提出的也不仅仅是人类的教诲，像有些人提出的那样。然而，虽然他们每个人随着命运的安排，有人生活在希腊，有人生活在未开化城市，而且衣着饮食、生活起居一概与当地人无异，但是他们同时也证明着基督徒自己的王国那令人瞩目、明显出众的构造。他们住在自己的国家里，却是那里的异乡人。他们拥有公民的一份权利义务，却像外国人一样忍受诸多不便。每一个异国都是他们的祖国，而同时对他们来说，每个人的祖国又都是一个异国。他们像其他人一般地结婚生子，但并不将子孙们赶

> 出家园。他们彼此分享膳宿，不过婚床不在其列。他们确实“以血肉之躯”存在，但并非“按着血肉之气”生活。他们在地球上忙忙碌碌，但他们却是天国的子民。[①]

此时的基督教被斥为接受无神论、同类相残及乱伦，阿萨纳戈拉斯（Athenagoras，公元二世纪）对此作出辩护说，上帝如同一位工匠或是陶匠，将美丽与形体赋予物质之上。我们赞颂的是造物主的技艺，而非其所创造的美丽和秩序；我们赞叹皇室行宫的辉煌灿烂，但效忠的则是皇帝本人。然而皇帝建造装饰宫殿是为了自己，上帝创造世界却并非如此，因为他自己并不需要这个世界。这个世界正如一个音调准确的乐器，但无论如何我们崇拜的是和谐音乐的创造者。“我不会去向一个事物恳求它所不能给予的东西；我不会跳过上帝去崇拜那些元素，它们除了听从分派之外做不成更多的事情。因为即便它们很美，被视为创造者的作
183 品，但实质上它们不过是易朽之物。”（此处引用了柏拉图的《政治学》，269D）[②]

这些论辩让我们想起了柏拉图和普罗提诺，正如《蒂迈欧篇》一样，意义在于表明创世是爱的产物，并非上帝为自我满足而作出的举动。“上帝是无私的”这个信念支撑着大自然很仁善、对

① “致狄奥格尼图书”（Letter to Diognetus），《基督教历代名著集成》（*The Library of Christian Classics*），卷 1:《早期基督教父》（*Early Christian Fathers*），5—6。关于这一段，见吉尔森（Gilson）:《中世纪基督教哲学史》（*HCPMA*），10—11 页。

② “关于基督徒的辩护”（A Plea Regarding Christians），《基督教历代名著集成》，卷 1 :《早期基督教父》，第 15—16 章。引文在第 16 章。

人类宽厚慈爱这一思想，这是一个对人们很有帮助的信念，直到他们被自然选择与生存竞争的残酷现实所震慑。

塔蒂安（Tatian，生于公元120年前后）曾仿效《罗马书》1：20那著名的保罗文本，以类似的精神写道："我不能尊崇上帝为我们所做的手艺活儿。日月都是为了我们而设的：那么，我怎么能尊崇我自己的仆人呢？"[①]

在这些圣奥古斯丁之前的著述中——我们还可以为同样目的引述更多作品——对作为人类栖息地的地球（以及地球之美）的赞颂是很有限的，而且常常是不情愿的；神所构想的世界依然只是一个被创造物，我们效忠的是造物主，而非被创造物。

另一方面，爱任纽（生于公元126年前后）在其对诺斯替教（灵知派，Gnosticism）的批评中，强烈支持一种只能导致忽略地球研究的立场；我们既然都不能解决自然之谜，就更别提透彻了解上帝了。我们不懂尼罗河的水源，不懂潮汐，不懂像雨和雷电的成因这类气象现象，不懂月相的变化，不懂候鸟的栖息地。如果我们对自然都如此缺乏了解，又怎么可能去了解上帝呢？如果《圣经》中没有解释，那么自然现象和关于上帝的知识将一直是人们无法很好理解的谜团。爱任纽又说，即便我们不能真正地理解上帝，我们还是从《圣经》中知道创世是一项慷慨的工作；上帝将和谐赐给万物，在创造它们的时候

① "塔蒂安致希腊人书"（Address of Tatian to the Greeks），第4章，尼西亚前期教父：《直至公元325年教父著作译文》（*ANF*），卷2，66页。

便将它们安排在最合适的位置上。[①]

2. 奥利金

早期基督教的教师中，很少有人曾像奥利金（185—约254年）那样，对人类、人类环境和“神意”做出饶有兴味的描述。在《驳凯尔苏斯》（*Contra Celsum*）中，凯尔苏斯是一位柏拉图学派型的思想者（奥利金时常将他称为伊壁鸠鲁派，但在第五部中不再使用这一名号），他用异教的论据去批评基督教的主张和信仰，
184 而奥利金对此的回应则是时而强硬，时而无力。对现代读者而言，其思想中的一致领域多得惊人。在这部书中，我们这里的两个主题——经设计的地球和作为环境改造者的人类——都得到了清晰而深邃的讨论。奥利金是上帝、人的创造精神及“逻各斯”（理性）三者一致这一学说雄辩的支持者，该学说常常充斥着对不道德者的谴责，这种谴责成为基督教思想中相当枯燥而无吸引力的一部分。

奥利金确实也表述过这样的观点。圣奥古斯丁和圣托马斯·阿奎那批评他将自然界的多样性归结为生灵从当初被上帝创造时的

① “反异端论”（Against Heresies），第2部第2章，4，尼西亚前期教父：《直至公元325年教父著作译文》（*ANF*），卷1，361页。“显然，爱任纽的直接目的是毁灭‘灵知’（*Gnosis*）这一概念，这个概念被认为是对基督教的谜团作出了整体性的合理说明，但他坚称人类没有足够的自然知识这一点，却引入了一直持续到蒙田《为雷蒙·塞邦辩护书》的时代都是某种基督教护教学中最受欢迎的主题，这种引入即便不是第一次、也至少是带有当时尚属新鲜的一股力量。”吉尔森（Gilson）：《中世纪基督教哲学史》（*HCPMA*），22页。

原始统一与和谐中堕落了。从圣奥古斯丁对其研究之细致、攻击之尖锐中可以看出，这个学说——即被创造的万物整体在某种程度上是原始堕落的产物——被看作对基督教基本教义的威胁，如圣托马斯在十三世纪所认为的那样。[①]然而，奥利金的《论原理》（*Peri Archon / De Principiis*）并没有像圣托马斯所暗示的，表现出对自然一成不变的悲观态度。[②]奥利金说：

> 那些从最初被上帝创造时的原始统一与和谐中堕落的生物，那些背离善良状态、被不同动机和欲望的骚扰影响引入不同方向、将他们本质上单一而全心的善良随着各自不同的趋向改变成各式各样心态的生物——除了他们运动和衰退中的多样性和变化性，我们还能想象出来什么其他原因，造成世界上如此巨大的差异呢？[③]

《驳凯尔苏斯》的调子则完全不同。奥利金说，上帝并没有创造一个邪恶的自然；人们之所以变得邪恶，是因为教养不当、

① 《上帝之城》（*City of God*），XI，23；圣托玛斯·阿奎那（Thomas Aquinas）：《神学大全》（*ST*），第1部分，问题65，第2条。

② 《论原理》（*De Princ.*），第2部第9章，2=尼西亚前期教父：《直至公元325年教父著作译文》（*ANF*），卷4，290页；关于“世界”（*mundus*）和“宇宙”（*kosmos*）的意义，见第2部第3章，6，273页。亦见吉尔森（Gilson）：《中世纪基督教哲学史》（*HCPMA*），37、41—42页。

③ 《论原理》，第2部第1章，1，268页。吉尔森评论道，奥利金暗示了“甚至野兽也因为原始的‘背教’抑或自愿逃离天主，而变得多种多样。”（《中世纪基督教哲学史》（*HCPMA*），573页，注39）

扭曲反常和环境恶劣（假定是指社会环境）。[①] 上帝不会做错事，不道德行为的力量与“主的神性以及主全部的神圣力量”是矛盾的。[②] 奥利金提出，上帝是一位工匠，为整体的利益而创造了不同种类的生命，这与凯尔苏斯的观点是相反的；凯尔苏斯认为，即便生物的灵魂是上帝创造的，躯体也不是上帝所造。[③] 早在圣奥古斯丁反对永恒轮回这一概念之前很久，奥利金就写道，这一类的想法与相信上帝“按照每个人的自由意志照管宇宙，尽可能
185 地引领宇宙朝更好的方向发展”这个信念是不相容的。永恒轮回的决定论既否认了自由意志，也否认了改善的可能。[④]

凯尔苏斯说，基督徒相信上帝为人类制造了所有事物，对此奥利金回应道：

> 头脑混乱的凯尔苏斯，并没有意识到他同时也在批评斯多葛派的哲学家们。这些哲学家很正确地将人和一般的理性生物置于所有非理性的存在体之上，并认为神意主要是为了理性生物而制造了一切。作为主要之物的理性生物具有出生的孩子的价值，而非理性生物和无生命物体只具有随孩子而产生的胎盘的价值。[⑤]

---

① 《驳凯尔苏斯》（*Contr. Cels.*），Ⅲ，69。关于凯尔苏斯的哲学以及奥利金对他的态度，见查德威克（Chadwick）的导言，xxv—xxvi 页。

② 同上，Ⅲ，70。

③ 同上，Ⅳ，54。

④ 同上，Ⅴ，21；亦见Ⅳ，67。

⑤ 同上，Ⅳ，74。

凯尔苏斯“最后更清楚地展现了他伊壁鸠鲁派的观点”，提出雷电和雨水并非上帝所制造（即便它们确是上帝所为，它们也不只是为着养育人类的目的，而同样是为了养育植物、草木和荆棘）。奥利金以传统方式回应道，我们所见的自然并不能用纯属偶然来解释；上帝确实有意地为人类提供了家园。[①]

地球和大自然为人类而存在，并不是因为狭隘的人类中心论的理由，而是因为上帝较之非理性生物更偏爱理性生物。人类因其理性而获得这种偏爱，并拥有了尘世间的家园。

在反对凯尔苏斯关于神意关照人类和野兽的概念中，奥利金将这一重要主题更加奋力地推进下去。显然受到卢克莱修影响的凯尔苏斯提出，“尽管我们孜孜不倦、锲而不舍，我们也只能艰难劳作以求得生存，而对它们［即动物］而言，‘一切东西都是不劳而获。’”奥利金用修改为适应基督教需求的古典答案来回复他：需要是发明之母；上帝有意将理性生物造得比非理性生物更加困苦匮乏，以迫使人们运用他们的心智、发展新的技艺。这一答复确是传统概念的一部分，因为传统概念认为人是上帝的助手，帮助上帝完成和改善被创造的万物。

如果说这一概念有着明显的可批评之处，别忘了至少它还保留了人的尊严；它在人的心智、勤勉、技能和创造力中看到了宗教上的价值。它也没有否认这个世界或者世界上人类活动的重要性。

凯尔苏斯问道，为什么我们应当将人类看作非理性生物的管理者？为什么不能说造出人来是为了给野兽捕猎吞食的呢？自然

① 《驳凯尔苏斯》（*Contr. Cels.*），Ⅳ，75。

赋予它们毁灭人的武器，而人是较弱的一方，必须设计罗网和武
186 器，并且要得到他人及猎犬的合作才能保护自己。奥利金赞扬了人类的智慧——人类智慧优于动物的力量及其身体上的禀赋。我们正是用智力去驯服动物将其家养；我们能保护自己不受那些无法驯化的动物伤害，并且能食用它们，正如我们食用家养动物一般。看来奥利金在此处效仿了斯多葛学派的学说。

> 接着，造物主制造了万物为理性生物及其天生的智力服务。为了某些目的，我们需要犬类，比如为了保护羊群牛群之类，或者用来看家；为了另一些目的，我们使用兽类来承载辎重。与此相似，像狮子、狗熊、豹子和野猪之类的动物物种，据说给我们是为了让我们锻炼内在的勇气。[①]

尽管这段文章重复着老套的功利主义自然观，家畜的出现确实证明了人类的智力和技能，以及与上帝合作的理性生物给被创造的万物带来意义。

凯尔苏斯说道，“作为对您的话的回应，您提到上帝给我们抓捕野兽、利用野兽的能力，我们要说很可能在城市、技艺的存在和这一类社会的形成之前，在武器和罗网出现之前，人们曾被野兽抓捕吞食，而野兽被人捉到的可能性微乎其微。”[②] 这种诠释

---

① 《驳凯尔苏斯》（*Contr. Cels.*），Ⅳ，78；见卢克莱修：《物性论》（Lucr.），Ⅴ，218；查德威克（Chadwick）在《驳凯尔苏斯》一书中的评论，x—xi页；以及关于斯多葛派的观点，见本书第一章第7—8节、第三章第7节。

② 同上，Ⅳ，79。

认为，人对其他万物的掌控是依赖文化发展才产生的，有其历史性特征而并非自始存在。对此，奥利金能够想到的最好做法便是为了辩论的目的先认可这个命题，然后补充说，在一开始，上天对人类更加关怀备至；当时有神的声音、神谕和天使现身。

> 或许在世界刚诞生的时候，人类得到了更多的帮助，直到他们在智力和其他品德方面，以及在技艺的发现上都有了进步，能够独立生活，不再需要那些按照上帝的意旨行事、常以奇迹形式显现的持续看护和关照。顺理成章的是：在世界最初阶段，“人被野兽捕杀而食之，而野兽很少被人捕捉到”，这种说法是不真实的。[①]

这个没有说服力的答案，却表达了这样一种有趣的观念，即人类是在日渐成熟中获得对生命的统治权的。最初，人类像襁褓中的婴儿，不得不被保护起来，直到他发展了自己的力量。接着，像一个长大的孩子，不仅可以自行自立，稍后还能达成奋斗得来的宗主地位。被弃于荒野的孩子只能听凭狼的摆布，而长大了的青年、充满活力的成人，就能用圈套或弓箭轻易地杀死狼了。

3. 斐洛与六日创世文献 187

六日创世文献指的是对为期六天的创世进行评论和注释的作

① 《驳凯尔苏斯》（*Contr. Cels.*），Ⅳ，80。

品，是把异教世界的生物学、地理学和物理学著作应用到基督教神学中一个中心主题的绝妙载体，这个中心主题就是植物、动物、鸟、鱼和人的创造顺序。[①] 为何创世之举是一系列动作，而非单一的动作？按顺序创世是神圣秩序的体现吗？第一个问题的答案五花八门，但有一个重要的回答是，造物的秩序性在每一个步骤中向人证实了上帝的存在。第二个问题的答案则是清一色的肯定：《创世记》的报道描述了一位井井有条的上帝所做的工作。

斐洛的《论世界之创造》（*On the Creation*）是一部早期的（可能是最早的）六日创世文献的例子，我们能在其中看到关于人与自然的古典观念与希伯来观念活灵活现地结合起来。[②] 斐洛强调需要将上帝的力量视为一位父亲和一位创造者（δυνάμέυς ὡς ποιητοῦ καὶ πατρὸς），“不要给这个世界指派一个不相称的最高权威。”此外，父亲和创造者会关注他给予生命的东西。[③]

斐洛说，上帝为人准备好所有一切，“正像为他自己最亲爱最密切的生命那样……”上帝的旨意是，人自从来到这个世界的时候起，就应该生存并好好生活，人应该“看到一个宴会和一场最神圣的展示”（συμπόσιον καί θέατρον ἱερώτατον）——“宴会”指的是为满足人的生存、使用和享乐所需的大地上的果实，而“展

---

① 总体论述见罗宾斯（Robbins）：《六日创世文献：对〈创世记〉希腊文和拉丁文述评之研究》（*The Hexaemeral Literature. A Study of the Greek and Latin Commentaries on Genesis* ）。罗宾斯展示了这一传统对弥尔顿时期的力量（见《失乐园》）；实际上，六日创世文献在十九世纪相当活跃，正如达尔文和莱尔所看到的，许多思想者仍然追随着“造物主逐日的足迹”。

② 罗宾斯，前引书，24—35 页，其中也讨论了其他的犹太六日创世作品。

③ 《论世界之创造》（*On the Creation*），7—10。

示”指的是有序的天国，各种奇观“以一种总是按照数目均衡、旋转和谐而适当确定的秩序，做着美妙异常的环绕运动。”①

人对整个自然界无远弗届的统治，是他存在于世界上的特征，这在日常生活中都能见到（见下文，本书第七章第3节）。造物主把人做成这个样子，使他在任何方面都舒适自如：他能在陆地上生活、运动；他能潜水、游泳、航行、捕鱼；“商人、船长、紫鱼和牡蛎的捕捞人、普通渔民就是我所说的最明显的证明。”他直立的身躯让他自如行走；他天赋的视力使他拉近了日月星辰与自己的距离，所以他又是天上的生物。由四种元素组成的人固
然在身体上存在于这个世界，但神圣理性给了他与天父的亲缘关 188
系（“每个人在他的心智上，都与神圣理性联结在一起，这种理性作为那个被赐福的自然的复制品、片段或投射而产生……”）②

虽然创世工作是在六天里完成的，但造物主并不需要这么久，因为他能同时做完所有的事情。“提到六天，是因为诞生的事物需要一个秩序。”秩序涉及数字，而在所有数字里，“六”是最宜于生产力的：这是“一”之后第一个完美的数字，因为它恰等于其因数（1，2，3）的乘积与和；它的一半是3，三分之一是2，六分之一是1。它的性质中同时具备了男性和女性的特质，“并且是两者中任何一个之独特力量的结果。”男性可能被认为是奇数，女性是偶数；3是奇数的开始数，2是偶数的开始数，二者乘积为6。因为这个世界是所有存在的事物中最为完美的，所以

① 《论世界之创造》（*On the Creation*），77—78。

② 同上，147、145—146。

应该由完美的数字 6 组成；而且，因为这个世界“自身具有因双双结合而产生的事物，它应该被刻上一个混合数字的印记，即奇数与偶数结合而成的第一个数字，一个同时具备男性播种和女性接收的根本原则的数字。”[①] 圣奥古斯丁重复了这一思想：上帝在创世时并不需要延长时间；因为六是完美的数字，所以它代表着上帝作品的完美。“因此，我们不能轻视数字之科学，在《圣经》的许多篇章里，细心的诠释者都发现它起着突出的作用。”[②]

我们不会详述斐洛对创世每一天的讲解，但是他的释经之说中有一些例子显示，一个迷恋数字属性的人所考虑的是什么类型的问题。

在上帝的这些创造行为中，每一天都分享到整体的一部分。创世的最初举动并不被称为“第一”天，而是被称为“一日”（英文为“one day”，《圣经》中文版用的是“头一日”——译者注），以避免与其他日子混为一谈。斐洛的意思可从《创世记》1：5中理解：“有晚上，有早晨，这是头一日。”根据数字属性的学问，“一日”有整体性。上帝先构思了组成部分的模型，然后是观念，然后是合情合理的世界。[③]

第三天里，已经有必要控制咸水以避免陆地因此寸草不生；陆地与海洋分开；大地被安置得井井有条、并被覆盖起来。此时所有的植物都处于完美状态，果实成熟，可以立即食用。[④]

---

① 《论世界之创造》（*On the Creation*），13—14。

② 《上帝之城》（*City of God*），XI，30。

③ 《论世界之创造》，15，19。沿袭《蒂迈欧篇》，29E。

④ 同上，38—41。

第四天上帝创造了天空。“四”是一个完美的数字；有许多 189
证据可证明这一点，最简单的是因为它是“十”这个完整数字的基础和来源。如果说十是事实上的完整，那么四就是潜在的完整。将 1 到 4 的数字加起来，其和即为 10。进一步证明其重要性的证据还有四元素、四季，以及“它成为天国和世界被创造的起点。”既然“人们相信这个数字配得上在大自然中享有如此特别待遇”，所以光在这一天诞生一点也不奇怪；从那以后，人们的眼光开始转向上天，并开始创造出哲学。[1]

动物在第五天被创造出来是很自然的，再没有什么比这个数字与动物的关系更紧密，因为动物有五种感官。[2]

人在创世中的顺序解释了他在自然界的地位，最低级的鱼类最先诞生，最高级的人类最后出现，这两个极端之间的生物则产生在中间。到底是什么使人与其他生物不同？那是因为人是按照上帝的形象制造出来的，大地上的生物中没有哪一个比人更像上帝了；这不是指躯体而是指心智，是灵魂中的自主因素，因为人类的心智是按照上帝“宇宙之心”的原型制作的。对个人而言，他的心智正如他自己的一位神灵，“因为人的心智在他身上明显占据的地位，恰恰同伟大的统治者在全世界所占据的地位一样。”[3]发现人在《旧约》自然界中的位置，同时发现人的孤立性——这就是我们所能达到的最接近的一点了。正是人的心智导致了人的孤立性，也正是人的心智带来了对其他生命形式的控制权。

① 《论世界之创造》（*On the Creation*），47—53。

② 同上，62。

③ 同上，69。

4. 圣巴西尔与六日创世文献

在接下去的几个世纪里，圣巴西尔、圣安布罗斯和圣奥古斯丁为这些观念的发展作出了重要的贡献。巴西尔用希腊文写作的六日创世作品，成为安布罗斯同类作品的源泉；由于安布罗斯的作品是拉丁文的，在西方得到更为广泛的理解。奥古斯丁在年轻时受到过时任米兰主教的安布罗斯的热情鼓舞，也曾借鉴过巴西尔作品的拉丁文译本。[①] 这几位学者的作品揭示出当时人们对于解读活态大自然的一些兴趣；如果说他们仰望上天，那么他们至少偶尔也会向尘世投来关注的一瞥。人们对自然界的浓厚兴趣是
190 顺理成章的，因为任何六日创世文献或《创世记》述评，如果是按字面意义解释六日创世故事的话（但奥古斯丁没有这样做）[②]，都必须用来自动植物生长、陆地与海洋一般构造的事实和观察所得去记录这六天的工作。[③]

---

① 关于作品和书目，见吉尔森（Gilson）：《中世纪基督教哲学史》（*HCPMA*），581—582、589—591 页。关于巴西尔六日创世作品拉丁译本的文献，见 582 页；关于安布罗斯对道德教育比对抽象思维更感兴趣，见 589 页；关于奥古斯丁从安布罗斯之处学来的、"隐藏在《圣经》经文背后的'精神意义'"，见 590 页。

② 例如，可方便地参见奥古斯丁对《创世记》第 1 章的寓言式解读，见圣奥古斯丁（Augustine）：《忏悔录》（*Conf.*），第 13 部。

③ 除其他外，见《美国天主教大学教父研究》（*The Catholic University of America Patristic Studies*）中的下列作品：卷 1，杰克斯（Jacks）：《圣巴西尔与希腊文献》（*St. Basil and Greek Literature*）；卷 29，迪德里希（Diederich）：《圣安布罗斯作品中的维吉尔》（*Vergil in the Works of St. Ambrose*）；卷 30，斯普林格（Springer）：《圣安布罗斯作品中的自然意象》（*Nature-Imagery in the Works of St. Ambrose*）。

在论及这些的时候，我们一定不能忘记公元四世纪那些有教养的基督教思想家的观点。他们了解异教徒的思想和作品；他们中间有许多人是后来才皈依基督教的。他们从科学、哲学甚至异教的教义中搜罗出一切可取的部分来强化自己的宗教。[①] 如果说中世纪后期的基督教神学家必须通过尽量研究和吸收新的、可接受的东西来应对穆斯林思想和教义译文的挑战，那么处于这个早期的基督教思想家们也同样有必要展现自己思想的质素，利用已知的事实或假设的事实来说明：自己的宗教比异教哲学和教义所能提供的最佳内容还要来得优越。

圣巴西尔（约331—379年）是早期六日创世作品的集大成者。他对《圣经》的解释表达为著名的布道文，这是为他的简单而未受教化的教区会众准备的。布道文没有受到技术细节或难解小事的阻碍。它们的目的在于展示造物主的智慧，这种智慧清楚地体现为自然的平衡与和谐，体现为一切生命对地球状况的适应，包括人这个世界上最高等生命对地球状况的特别适应。

如同近代的自然神学一样，早期的六日创世作品也有着令人惊奇的共同特点，其中包括原创性的极度缺失。不过这些作品中的佼佼者的确倚仗亚里士多德的生物学、柏拉图的哲学和维吉尔的自然意象而试图作出综合阐述，使创世过程易于理解、

① 例见杰克斯对圣巴西尔的教育的评论，前引书，18—26页，关于基督教和异教的学习，7—17页。

有可信度。[①]

巴西尔作品的魅力在于它简洁明了的形式：它通俗易懂，并非技术性论著，而巴西尔显然感到他的会众能够通过他这种简单朴实、道德化的说明，最好地理解他的含义。

巴西尔一开始就提到“统治万物的良好秩序”，然后对希腊科学和哲学的结论提出疑问，特别是质疑一种观念，即：因为人
191 的身体被一种循环力量所推动，所以是没有开端的；这显然是在反驳应用于更广阔领域、源自循环运动类比的循环观念。世界有始，也会有终。[②]

世界并不像希腊人所想的那样，它不是永恒的；世界是被创造出来的。在创世之前，事物的秩序就已经存在，因而巨匠造物主能够在一个有利其施展超自然能力的氛围中工作，让他把各种作品完成得美轮美奂。[③] 在这个已有的世界之外，有必要增加一个全新的世界，也就是我们现在的世界，成为“学校和训练场，使人们的灵魂在万物注定要生于斯殁于斯的家园里得到教化”。也正是在现在这个世界里，时光的推移被创造出来，“永恒前行

---

① 关于《蒂迈欧篇》对于六日创世文献的影响，见罗宾斯（Robinson）：《六日创世文献》（*Hex. Lit.*），2—11 页。“总体而言，柏拉图受到了六日创世文献作者们的尊敬。然而，有某些柏拉图的假说不能为教会所接受，尤其是关于物质永恒的理论、灵魂再生的学说（奥利金曾被指责为持此观点），以及认为创世的理想状态是独立于上帝的理论。”（11 页）

② 圣巴西尔（Basil）：《创世六日》（*Hex.*），布道文 1，1—3，《尼西亚会议和后尼西亚基督教父作品选》（*NPN*），卷 8，52—53 页。

③ 巴西尔显然沿袭了奥利金（Origen）的《论原理》（*De Princ.*），Ⅱ，1，3。亦见罗宾斯（Robinson）：《六日创世文献》（*Hex. Lit.*），关于巴西尔对柏拉图、亚里士多德、奥利金和斐洛的著述的使用，见 42—44 页。

流逝，绝不稍事停留。”不能永生的万物适应了时间的性质，它们的生长和消逝“不曾有丝毫停顿，也不曾有稳定的时候”。存在被比作处于一股洪流之中，这股洪流携裹着植物或动物从生到死。被创造的万物生活在一个“其性质与不断改变着的生物相符合”的环境之中。时间和生命都是转瞬即逝的，因为在时间里，“过去已不复存在，未来还尚未出现，而现在，早在被人察觉之前便已逃逸。”受时间支配的世界是人类的学校这个意味深长的观念（它后来脱离了宗教并得到扩展），隐含了近代思想中“地球是人类的保育院和学校”这个主题，在十八世纪赫尔德的著作中大行其道，在十九世纪早期卡尔·李特尔的地理学中再次出现，并且由李特尔的学生、生于瑞士的阿诺·居约（Arnold Guyot）于1849年通过在普林斯顿的讲座介绍到了美国。[①] 这是基督教世界对地球态度中的重要观念之一，直到达尔文主义的自然选择理论将大自然变得比早期作家们所描述的、仁慈的造物主为人类而设计的那个自然界更为残酷。如此看来，我们的这个世界并不是一个偶然的创造，也不是无缘无故的创造，它有一个有用的目的：“因为它确实是理性的灵魂锻炼自身的学校，是他们学着了解上帝的训练场；那些可见的和可感觉的事物一出现，心智便由一只手带往对不可见事物的沉思中去了。”（此处引用了《罗马书》，1：20。）[②]

---

① 圣巴西尔（Basil）：《创世六日》（*Hex.*），布道文1，5，《尼西亚会议和后尼西亚基督教父作品选》（*NPN*），卷8，54页。居约（Guyot）：《地球与人》（*Earth and Man*），30、34—35页。

② 圣巴西尔：《创世六日》，布道文1，6，55页。

“工匠类比”同样为基督教神学目的服务，因为创造性的技艺作品比创造行为更长久地存在下去。巴西尔将创造性的技艺作品与舞蹈和音乐相对比，后者随着表演结束而告终，但我们对工匠（建筑师、木匠、织工、冶铜匠）的敬仰必定要超过对他们的作品的感佩。与此相似，我们通过世界这件技艺作品学会了解上帝，就如同一座大厦宣示了建筑师的名声。地球是良好、
192 有用而美丽的——即使这个想法并非直接源自《蒂迈欧篇》，也至少在很大程度上受到后者影响。“由于善良，主使世界有用。由于智慧，主使世界成为各有所能的万物。由于强大，主使世界异常伟大。”[①] 仁慈的基督教上帝并非是心血来潮或是出于个人需要，而是出于善良，才塑造了我们所看到的这个强大、有用而美丽的自然世界。

上帝创世之初，地球仍然有待于完善。万物都在水中，上帝尚未用植物之美来装点他的成果。巴西尔将完成前后的世界进行了对比，“地球体面而自然的妆扮，乃是它被完成的那一刻：山谷中麦浪翻滚，牧场上绿草如茵、姹紫嫣红，森林掩映着肥沃的空地与山顶。”[②]

在关于宇宙论和元素论的第三篇布道文里，巴西尔论及了空气和水的重要性。世界上有大量的水，因为必须要保护大地不受火灾之患，直到末日大火灾来临。同时，火又是支撑生命所必需的，编织、制鞋、建筑、农业这些技艺都需要火的辅助；热力是

① 圣巴西尔（Basil）：《创世六日》（*Hex.*），布道文 1，7，56 页。

② 同上，布道文 2，3，60 页。

火的温和形式，它对动物的繁殖生存和果实的成熟都起着持续的重要作用。水与火由此相互平衡，二者都不可或缺。这些观念来源于古典时代的四元素学说。巴西尔看到了神圣计划，因为他审视了地球上的可居住区域，这些区域由环绕的海洋所连结，“被无数持续的河流灌溉着，多亏了主以无可言说之智慧安排了一切，使这火的匹敌者免遭灭顶之灾。”但最终，火会得胜。（此处引用了《以赛亚书》，44：27。）[①]

巴西尔认为自然环境是很合宜的，有如下证据：全年里天上太阳位置的变化（尤其是冬至、夏至的太阳位置），意味着世界上没有一个地方会有过多的热量，而是在整个可居住世界上气候都比较适宜。[②] 在前哥伦布时代，生活在西北欧洲或地中海地区的思想者们在论证“适宜的气候为神意设计之一部分”这一点上不太困难，而在地理大发现时代之后，面对极端地带更严酷气候的学者们，再这样说可就不容易了。

巴西尔和在这方面追随他的安布罗斯一样，都对海洋之美有着细腻的感知。大海也是有用的，因为它能够通过地下水道或者
水气蒸发来补给地球的水分。按照一种当时广为认可的理论，来 193
自海洋的水流向地下水道和洞穴，通过土壤中的通路被风带到空

① 圣巴西尔（Basil）：《创世六日》（*Hex.*），布道文 3，4—6，67—69 页。关于古代科学与巴西尔及其他六日创世作品，见卡尔·格罗诺（Karl Gronau）：《波昔东尼与犹太-基督教〈创世记〉注释》（*Poseidonios und die Jüdisch-Christliche Genesisexegese*）。关于水火之论的古典背景，见 77—78 页。

② 同上，布道文 3，7，69—70 页。

中，并在这个过程中得到净化。[①] 这种理论在十六世纪遭到了贝尔纳·帕利西（Bernard Palissy）的猛烈抨击。地球的另一个水源显示了水循环的一种大致形式。这种形式中，由于日晒水分蒸发，陆地上的水注入大海而又不满溢出来，包含着水分的空气最终降落到地面，把水释放出来使土地变得更肥沃。

生于恺撒里亚的巴西尔曾经去过君士坦丁堡、雅典和埃及，也很可能了解并喜爱地中海及海中的岛屿。环绕着那些岛屿的大海不仅美丽还大有用途。

在对《创世记》1:10（“神看着是好的”）评论时，巴西尔说，上帝并非仅仅看到了海洋令人愉悦的方面；造物主思索他的工作，不是用他的双眼而是以他不可言状的智慧。“海洋好的时候，风平浪静，光芒熠熠；也还不错的时候则是被微风吹起皱褶，海面折射出浅紫蔚蓝的色泽——此时，大海并非狂暴地冲击周边的海岸，而仿佛在用轻柔的爱抚亲吻着它们。”根据《圣经》，上帝并不认为海洋的好处和魅力在于它的美丽，而是看重它的功能，因为它是水气的来源，环绕着岛屿，“为岛屿构成守护和美景，将地球上最遥远的部分连结在一起，帮助航海人互通来往。”[②] 不存在把临海位置视为本地文化价值破坏者的那种不信任，如我们在前面看到西塞罗和恺撒所表达的那样。

---

① 这一理论有多种形式，甚至到了文艺复兴时期亦是如此。关于对这一思想的驳斥和地表水来源于雨水的证据，见贝尔纳·帕利西（Bernard Palissy）:《出色的论述》（*Admirable Discourses*，1580）。在这方面，莱昂纳多·达芬奇的态度更加传统得多。

② 圣巴西尔（Basil）:《创世六日》（*Hex.*），布道文 4，6，75 页。

对巴西尔来说，有机生命的存在本身即是世界与上帝本质特性的绝佳证明。草类植物为动物和人类服务，但那些将太阳尊奉为蔬果之源的人们显然错了，因为早在太阳被创造出来之前，世界上便已经有植物。[①] 巴西尔反驳了异教徒认为太阳是植物生长原因的信念，这不仅否认了异教的科学，还否认了感官的证据。展现在植物身上的自然之美与和谐，都与上帝的创造行为有关，而且巴西尔和后来的安布罗斯都认为有必要坚持说，根据《创世记》，植物早在太阳被创造之前就已经在生长了。太阳并非万物之始，是上帝的仁慈打开了地球的怀抱，是上帝的恩惠使地球上果实累累；太阳是晚于绿色植物出生的（安布罗斯）。[②]

巴西尔赞颂树木向人类提供了食物、屋顶、造船木料、燃料， 194
其间流露出强烈的人与自然互为伙伴的意识。甚至人开创的树木轮种也被提及："据观察得知，松树被砍伐甚至放火烧掉，松林会变成橡树林。"另外，人类可以通过人工选择的方法，利用自己的技巧来改善果实的先天不足，园丁们也已学会分辨棕榈与无

---

① 关于这一有趣而令人好奇的问题，参见格罗诺（Gronau），前引书，100—106 页。格罗诺相信，巴西尔使用了某种自然史概要，这个概要建立在亚里士多德或泰奥弗拉斯托斯的学说之上，而非建立在任何特定古典时代作者的学说之上。

② 杰克斯（Jacks）：《圣巴西尔与希腊文献》（*St. Basil and Greek Literature*），108—109 页。普鲁塔克（Plutarch）的《哲学集成》（*De Plac. Philosophorum*），V，910 C，将这样的理论归功于恩培多克勒，即树木是最早的生物，在太阳与日夜出现之前便存在了。巴西尔对此说道："假如他们确信在太阳诞生之前，地球上便有了装饰，那么他们应该收回对太阳的大力赞赏，因为他们相信大多数植物和草类都生长在太阳升起之前。"（杰克斯的译文。）见圣巴西尔：《创世六日》，布道文 5，1。

花果的雌雄。①

巴西尔和安布罗斯都对动物有着浓厚的兴趣；动物群居的能力、动物所具备的有益其生存的保护器官，这两点都让他们看到重要的意义。每种动物都有自己的栖息地。海洋里总是大鱼吃小鱼——这倒是个机会去教化恃强凌弱的人类倾向。尽管如此，每一种鱼类在大海里都有指定给它们的家园，平等而公正。那些鱼是怎样穿越重重海湾迁徙到北海？它们怎么知道自己可以越过普罗庞提斯（马尔马拉海）一直游到尤克森（黑海）？“谁把它们送上了行军阵列？王子的命令在哪里？”②

在一个引人注目的段落里，巴西尔揭示了他对搜寻自然界里的神力证据有着多么强烈的兴趣。“我希望创世使你们全身充满对造物主极大的敬仰，因而在任何地方，无论你身处何方，最渺小的植物也能让你清晰地想起造物主的功勋。”③

诚然，包括圣巴西尔在内的早期教父们没有（或很少）对地球知识的增加作出什么贡献。他们的生物、地理和自然史的知识全部来源于异教。巴西尔的六日创世作品是以基督教原理为纲的古典科学与自然史的综述；实际上它是古代科学的宝库，现在用

---

① 圣巴西尔（Basil）：《创世六日》（*Hex.*），布道文5，7。对照圣安布罗斯（Ambrose）：《创世六日》（*Hex.*），3，13，53—57，米涅编辑：《教父文献全集，拉丁教父集》（*PL*），卷14，191—194栏。关于古典时代对虫媒授粉法的提及，见格罗诺（Gronau），前引书，102页。

② 同上，布道文7，4，92页。亦见布道文7，1—3。

③ 同上，布道文3，2，76页。

来为基督教服务。[①] 在十七世纪晚期到十八世纪早期雷约翰和威廉·德勒姆（William Derham）的著作出现之前，巴西尔的物理神学是出类拔萃的。然而雷和德勒姆已经受惠于伽利略（Galileo）、笛卡尔（Descartes）、牛顿和其他人的激动人心的发现，那些发现同样反映在自然学者和上帝的仆从身上。

圣安布罗斯借鉴了圣巴西尔的许多思想，他和巴西尔一样有着解释并赞赏自己周围的自然物质世界的强烈愿望，但安布罗斯的作品更具寓意和教化性。安布罗斯在著作中也运用了古典作品，特别是维吉尔的作品。孩童时期从摩泽尔河畔的特里尔旅行到米兰的见闻，很早就激发了安布罗斯对自然界的兴趣，加上他古典教育的背景，可能都成为他对大自然深厚情感的来源，这种情感不仅表现在他的六日创世作品里，而且在他的书信、赞美诗中都
流露出来。[②] 尽管他并非为自然界本身，而是出于道德和宗教教 195
育的功用来描绘大自然，但他对自然的喜爱还是溢于言表，虔诚的词句中弥漫着大自然的色彩、芳香和美丽。

安布罗斯的六日创世作品借用了巴西尔太多的内容，以至于阅读起来就好像重读巴西尔的文章一样。在对《诗篇》104：24

---

① 关于巴西尔阅读过的书以及他引述的来源，见杰克斯（Jacks），前引书，19页，以及格罗诺关于巴西尔六日创世作品的详尽述评，前引书，7—112页。

② 古典作家的作品对于四世纪时年轻人的教育十分重要，关于安布罗斯引用古典作家（尤其是维吉尔）的情况，以及他在释经作品中对柏拉图和奥利金的依赖，见迪德里希（Diederich）：《圣安布罗斯作品中的维吉尔》（*Vergil in the Works of St. Ambrose*），1—6页，其中有一大部分用来比较安布罗斯作品与维吉尔作品的相应段落，这种比较很下功夫。维吉尔的这些段落大部分来自于《农事诗》和《埃涅伊德》，来自《田园诗》的较少。亦见约翰·尼德胡柏（Johann Niederhuber）对安布罗斯《创世六日》德文译本的导言，《基督教父文库》（*BDK*），卷17。

的详尽阐述中，安布罗斯写道，世界（*mundus*）是神圣创造的标志（*specimen*），看到它就可以引领我们赞美造物主。假设我们按照数字来解释“起初”（即顺序），那么天和地被创造出来之后，大地以及其上的山峦低地和可居住区域才在细节上得到完善。[①]安布罗斯像他的基督教前辈及古典时代的学者一样，并不能解释为何地球上只有部分地区适合人类居住。实际状态变成了理想状态，人们希望看到的是神意设计的镜像。

安布罗斯和同样受到斐洛影响的巴西尔一样，都感觉有必要为上帝用了几天时间创造世界寻找理由，既然他原本可以在一瞬间做完这一切事情。然而上帝却希望一次性彻底否认古典神学。创世是分为六天完成的，这是为了不让人们误认为世界是永恒的、并非创造出来的，这样才能用这个例子诱导人们去模仿上帝。安布罗斯满不在乎地用工匠的日常生活作类比，说上帝愿意让我们模仿他，就像我们先制作一件东西，然后做完并装饰这件东西；倘若我们想同时做两个动作，那就一样也完成不了。人总是要先把布织成后才在上面绣花。上帝首先创造了世界，然后装点了世界，于是我们知道创世的主也负责打扮并装备这个世界。我们不会以为创世和装点世界是由两只不同的手完成的，从而通过其中一只手而相信另一只手。这也是圣巴西尔的一般性论断。[②]

像一些古典作家和研究圣经、研究《旧约》和《新约》的作者一样，安布罗斯深深地为水着迷。他对海洋的赞颂（沿袭巴西

---

① 圣安布罗斯（Ambrose）：《创世六日》（*Hexaemeron*），1，5，17；1，4，12，载于米涅编辑：《教父文献全集，拉丁教父集》（*PL*），卷 14，139、141—142 栏。

② 同上，1，7，27，148—149 栏。

尔）成为他描述自然的篇章中最经常被引用的部分。在他看来，大海是仁慈的（Ⅲ，5，22）：它向陆地播撒雨水，它是百川归宿（*hospitium fluviorum*），是降水之源（*fons imbrium*）。它是避开战争危险的围墙，是抵御蛮族人狂暴的障碍物。它的海岸线边遍布着由入海河流造成的冲积土壤。它是赋税的来源，歉收时期人们还可以通过海上贸易和商务，或者其他海上活动作为谋生手段。在安布罗斯的实用神学中，每一朵浪花都在这个明白无误的自然 196
功利主义观点中有着自己的用途。[①]

安布罗斯的六日创世作品不如巴西尔的那般睿智；其中更多的是寓意和精神方面的解读（这种强调对奥古斯丁有着不可低估的影响），但安布罗斯也将“人类是上帝改善地球中的伙伴”这个概念保持鲜活并传扬下去（见下文，本书第七章第3节）。[②]

5. 圣奥古斯丁

对照上述这些前人的背景，奥古斯丁可以说是走在一条已被人踩踏平坦的道路上。但他的独树一帜之处在于观念之丰富，以及探索这些观念时的想象力。

---

① 圣安布罗斯（Ambrose）：《创世六日》（*Hexaemeron*），3，5，22，177—178栏。在安布罗斯《创世六日》的德文译本中，尼德胡柏（Niederhuber）提出，哲学家塞昆德斯回应了哈德良关于什么是海洋的问题，说海洋是“百川归宿”以及“降水之源”［穆拉克（Mullach）：《希腊哲学家残篇》（*Fragm. phil. graec.*），Ⅰ，518］。《基督教父文库》（*BDK*），卷17，89页的注释。

② 吉尔森（Gilson）：《中世纪基督教哲学史》（*HCPMA*），589页注11。亦见55页，及奥古斯丁（Augustine）：《忏悔录》（*Conf.*），Ⅵ，4。

与圣巴西尔和圣安布罗斯的六日创世著作不同的是，奥古斯丁对于地球上自然秩序的观念并没有那样密切地关联到创世的顺序性，因为他自己的六日创世作品《创世记之全文解读》（*De Genesi ad litteram libri duodecim*）并非一部从字面上去理解创世的著作，也不像巴西尔那般强调与创世相连的自然现象。[①] 泛言之，奥古斯丁对地球上可见自然界概念的贡献，来源于古希腊的生物学和哲学，尤其是柏拉图哲学，以及《圣经》和释经著作。

圣奥古斯丁对于造物主上帝与地球上可见万物之关系、与人类之关系的概念，可以简述如下：我们必须永远崇拜的是造物主上帝创造天空和大地的技艺。地球和尘世的一切，一旦与更荣耀的上帝之城相比，便会被弃如敝屣；但这并不是说，我们要去蔑视地球上的生命和自然之美，因为它们处于一个较低的层级、代表一个次于神圣秩序的秩序。地球、地球上的生命和自然之美，同样是上帝的创造物。满负着罪过且易受犯罪诱惑的人类，无论如何仍然是上帝伟大品质的光荣创造：人类的艺术和技能便证明了这一点，但这种伟大并非出于人的先天价值——人没有资格骄傲——而是来源于创造他的上帝的仁慈。现在让我们来说明圣奥古斯丁著作中的这些主要思想。

在犹太-基督教的教义中，造物主与被造物的区别是明确无误的（即便在某种程度上，造物主存在的证据要从观察被创造的
197 万物来取得），这必须如此：自然秩序虽然可爱，却较上帝低一

① 罗宾斯（Robinson）：《六日创世文献》（*Hex. Lit.*），64—65 页。亦见奥古斯丁：《忏悔录》，XIII。

等，这永远是毫无疑义的。这是存在于基督教信仰深处、存在于基督教对自然的态度中的一种区别：人决不应该对自然之美过分入迷，以至于把自然之美误认为不是像他自己一样的被造物了。奥古斯丁在他著作中多处都强调了这种区别。[①] 这种区别并不意味着拒绝自然神学。实际上，奥古斯丁很好地利用了《罗马书》1：20。[②] 虽然人可以从被造万物中发现造物主的证据，但这些证据还必须正确解释才行。自然神学的力量和危险性在奥古斯丁对《诗篇》第39章的述评中体现得淋漓尽致："学会在世间造物中热爱造物主，学会从主所做的工作上热爱造物主。然而切勿为主所造之物掌控，不然，你将失却创造了你的主。"[③] 在他的一篇布道文中，他将人类世界的邪恶与自然秩序中固有的优点进行了区分。在教诲人们自己的利益究竟何在这件事上，邪恶竟然还扮演了重要的正面角色。

---

① 我非常感谢普日瓦拉（Przywara）《奥古斯丁综述》（*An Augustine Synthesis*）[下称"普日瓦拉"（Przy.）] 中提供的关于奥古斯丁的诸多参引。例如，关于奥古斯丁的卓尔不群，见"驳尤利安"（Contra Julianum），Ⅳ，3，33，《圣奥古斯丁全集》（*OCSA*），卷31，286页，普日瓦拉（Przy.），346页；"论三位一体"（De Trin.），Ⅸ，7—8，13，《尼西亚会议和后尼西亚时期基督教父作品选》（*NPN*），第1集，卷3，130—131页，普日瓦拉，346页；同上，ⅩⅤ，4，6，《尼西亚会议和后尼西亚时期基督教父作品选》，如引，202页，普日瓦拉，74—75页；"训诲人民"（Sermones ad Populum），第1集，158，7，7，《圣奥古斯丁全集》，卷17，487—488页，普日瓦拉，367—368页；"诗篇阐释"（Enarrationes in Psalmos），39，7，8，《圣奥古斯丁全集》，卷12，273页，普日瓦拉，410页。

② 《上帝之城》（*City of God*），Ⅷ，10；"论三位一体"，Ⅵ，10，12，普日瓦拉，141—142页。

③ "诗篇阐释"，39，8，《圣奥古斯丁全集》，卷12，273页，普日瓦拉，410页。

> 世界上充斥着邪恶,是为了不让这个世界占有我们的爱。那些藐视这个世界及其种种肤浅诱惑的人们是伟大的人、忠诚的圣人；我们做不到鄙薄这个世界，尽管它很污浊。世界是邪恶的，的确，它邪恶，但人们爱它，把它当作美善的。但这个邪恶的世界究竟是什么呢？天空、大地、水流和其中的一切，鸟兽虫鱼、森林树木都不是邪恶的。所有这些都是好的；是邪恶的人们把世界变得邪恶。①

奥古斯丁在这里也在思考异教，思考将自然界和地球拟人化的做法。造物主与被造物的区别在于这样的信仰，即只有一个上帝，而自然现象尽管千差万别，但它们都是由一个、而非许多个工匠所创造的。②

在对瓦洛的失传作品《神俗古事全书四十一卷》(*Antiquitatum rerum humanarum et divinarum libri XLI*)(涉及神事的最后十六卷）的长期阐释与评论中，奥古斯丁坚称异教对诸神的看法起始于地球为诸神之母的概念。地球不是诸神之母，地球本身就是上帝的创造。③ 奥古斯丁对那些献祭给“伟大地球母亲”的女气男子和
198 阉人表示了轻蔑和嫌恶。④ 地球上可见的伟大作品：人类的理性

---

① “训诲人民”，第1集，80，8，《圣奥古斯丁全集》，卷16，573页，普日瓦拉，434页。

② 《上帝之城》(*City of God*)，Ⅵ，8；Ⅶ，23，30。

③ 同上，Ⅵ，8。

④ 同上，Ⅶ，26。《上帝之城》中的几个章节都与瓦洛的佚作有关：Ⅳ，31；Ⅵ，2—6；Ⅶ，6，22—26。

心智、生物的繁殖力、月亮的轨迹（这些只是奥古斯丁所举例子中的几个），不像瓦洛所想的那样，是分配给诸神的创造物；它们都是唯一的上帝的创造物。无论天上还是世间，都充盈着主的神力。

奥古斯丁将造物主与牧羊人或农夫相比（“ille summus pastor, ille versus agricola”），[①] 而造物主是无限高于他所创造的万物的。[②] 跟从柏拉图和《蒂迈欧篇》的指导，可知造物主也是一位拥有无限技能且乐于创造的工匠，他创造的是一个有秩序的世界，[③] 这是出于他的仁善而创造的，因为他喜欢去创造。奥古斯丁斥责奥利金没能认识到这一点，还忽略了《创世记》1:31 的重要意义（“神看着一切所造的都甚好”）。[④]

在一个重要的段落中，奥古斯丁对自然界的实际秩序与人类赋予它的价值标准作出了区分。生物比无生命体高级；在生物之中，像动物这样有感觉的高于植物；在有感觉的生物之中，像人这样拥有智力的又相应地高于家畜。而且在拥有智力的生物之中，永生的天使高于不免一死的人类。在自然秩序中的这种分级，可能令某些人不高兴，他们对无感知的形式比对有感觉的生物更偏好。

---

① “训诲人民”（Sermones ad Populum），第 1 集，46，8，18，《圣奥古斯丁全集》（*OCSA*），卷 16，264—265 页，普日瓦拉（Przy.），273 页。

② “论三位一体”（De Trin.），XV，4，6；《上帝之城》，XI，4。

③ 《上帝之城》，XI，4。

④ 见本章第 2 节关于奥利金的讨论。《上帝之城》，XI，23。关于世界上的美好事物都是上帝的仁善造成的这一说法，见“论三位一体”，VIII，3，4—5，普日瓦拉，134 页。

> 这种偏好是如此强烈，以至于人们倘若有能力，便会将有感觉的生物从大自然中统统剔除出去，不管是忽视它们在自然界占据的地位，还是说，尽管我们知道它们的地位，也会出于一己的方便而将它们牺牲掉。举个例子，谁会不愿意自己家里有面包而不是有老鼠、有黄金而不是有跳蚤呢？但是这里没有什么可奇怪的，因为我们看到，即便由人自己（其本性毫无疑问是最高尚的）来权衡的时候，他们也常常认为一匹马比一个奴隶、一件珠宝比一个女佣更有价值。因此，沉思大自然的人所持的理性，会激发出与那些为生计所迫的人或那些追求奢华的人非常不同的判断；因为理性会考虑一件事物本身在创世等级上有何价值，而生计则考虑某物是否满足生活所需；理性会寻找智慧之光所判断的真实，而享乐则会寻找愉悦刺激感官的东西。[①]

在区分自然秩序与人对自然秩序的评价这方面，奥古斯丁与人们耳熟能详的功利主义自然观分道扬镳了。在另一段文字中，他甚至更直言不讳地揭露了功利主义自然观的狭隘性。自然现象应该从它们自身的标准去判断，而不是根据人类的标准去评估。“因此，造物给创造它们的工匠带来荣耀，并不是根据它们给予
199 我们多少方便或不便，而是与它们自身的性质相关。”[②] 在这里，奥古斯丁支持了一种以目的论为特点的传统，但这个传统的中心

① 《上帝之城》（*City of God*），Ⅺ，16。

② 同上，Ⅻ，4；亦见其第5章。

点在于不同的被造物自身的优异性和目的性，而不是去关注它们对人是否有用。这令人想起亚里士多德的概念，即认为每个物种的目标对这个物种而言都是内在的，一个物种的特征并不是为另一个物种而设计的。①

奥古斯丁还区分了耶路撒冷与巴比伦的不同之处，认为这两座城市分别象征了对上帝之爱和对世界之爱，这种区分有助于理解他对自然的态度。两城各自独立，但又并非完全相互隔绝。巴比伦也不是彻底无用的城市。②

地球上肯定最不缺乏的就是美。事实上，对世界上种种奇观的稔熟可能钝化了我们的感觉。“但大千世界，林林总总的造物，哪一项上帝的作品不是优异美妙的？然而我们对这些日常的奇观因为熟视无睹而不那么尊崇了。不仅如此，有多少普普通通的东西被我们踩在脚下，这些东西假如我们认真审视，就会使我们赞叹不已！”③ 这种强烈促动人们在被造万物中看到造物主成果的说法，又被另一个想法缓冲了，这就是，我们必须看到万物作为理解上帝的途径的局限性，即使万物之美宣扬了主的存在。奥古斯丁是一位高产作家，一生中不同时期为不同目的撰写了大量作品，想要通过引述一些分散在这些作品中的段落来支持一个主题

① 见本书第一章第5节，及罗斯（Ross）：《亚里士多德》（*Aristotle*），125页。

② 见《上帝之城》，XIV，28，及“诗篇阐释”（Enarrationes in Psalmos），44，2；136，2，《圣奥古斯丁全集》（*OCSA*），卷13，92—94页；卷15，244—245页，普日瓦拉（Przy.），267页。

③ “书信集”（Epistola），137，3，10，《圣奥古斯丁全集》，卷5，166页，普日瓦拉，50—51页。

是个危险的做法；但是我认为，从各种来源中选用奥古斯丁对自然看法的文字是不会错的。他每篇文章的重点可能不一致，但从来不会与一个观念相离太远，即自然与地球都是上帝所创造的，它们美丽、善良、有用，但人们万万不可在其中迷失自己、崇拜它们却忘记了造物主和上帝之城。“我们不要在这尘世之美中寻找它未曾得到的东西，因为，既然它未曾得到我们所寻找的东西，那么就这一点来看，它必然是处于最低微之处。但是让我们为尘世之美所得到的东西而赞颂上帝吧，因为即便对这最低微之处，上帝也赋予了伟大的仁慈，使它光鲜亮丽。”①

奥古斯丁警告人们必须将爱奉献于上帝，似乎泛神论和对万物的崇拜始终是一个隐患。奥古斯丁自己很晚才发展出对上帝的热爱，他在观察万物之美好的时候迷失了方向。上帝与他同在，但他并不与上帝同在，被创造的万物妨碍了他的理解：“那使我寻找着你，而我用畸形的方式，将自己委身于你所创造的事物中去，那些事物被你创造得很美丽。……那些事物将我与你隔离，但它们倘若不是存在于你，便什么也不是。”②

200 奥古斯丁以多种不同方式使用了宇宙论和物理神学的论据，有些热情洋溢，充满抒情之美，展示人们如何通过观察可见造物的秩序与美丽，来达到对上帝的理解。

> 问问那可爱的大地，问问那辽阔的海洋，问问那广袤的

---

① “驳摩尼教徒的基本教义”（Contra Epistolam Manichaei quam vocant Fundamenti liber unus），第 41 章第 48 段，《圣奥古斯丁全集》，卷 25，476 页，普日瓦拉，1 页。

② 《忏悔录》（*Conf.*），X，27，普日瓦拉（Przy.），75 页。

> 旷野，问问那高敞的蓝天，问问那秩序井然的繁星，问问那光芒万丈的太阳，问问那调和暗夜的月光，问问那些水里游的、地上爬的、空中飞的动物，问问那些隐藏的灵魂、感知的身体，受统治的可见者、行统治的不可见者——问问所有这一切，它们都会回答道：是你，上帝，保证了我们的可爱。它们的可爱就是它们的自白。这些可爱却易变的事物，是谁创造了它们，除了那恒久不变的美丽？[①]

人在被造万物中的位置与世界上的和谐和秩序相一致，也与充满着自然界的、有高有低的造物等级相一致。上帝确定了人的单一血亲，以此警示人们：随着人类的繁衍，越来越大量的增长中仍需保留统一性。女人是亚当的肋骨造就的，这强调了夫妻之间应当有何等密切的联结纽带：“上帝的这些作品显然异乎寻常，因为他们是最初的创造物。”人的罪孽与堕落并没有剥夺他生育的能力，但他的繁殖力现在已经受到了色欲的影响。在人类堕落之前，我们的父母可以遵照上帝的禁令，不带有任何色欲地繁衍后代。色欲产生于罪孽之后。但生育儿女是“婚姻荣耀的一部分，而非对罪孽的惩罚”。[②] 奥古斯丁运用其前提存在于《圣经》之中的早期人口理论，试图解释世界人口的增长，以及人类尽管经受了苦难，却依然保有上帝赐予的一定护佑。

---

① “训诲人民”（Sermones ad Populum），第 2 集，241 号，第 2 章第 2 段，《圣奥古斯丁全集》（*OCSA*），卷 18，238 页，普日瓦拉，116 页。

② 《上帝之城》（*City of God*），Ⅻ，27；ⅪⅤ，21。

被创造的万物受到上帝持续的监管；它们一旦失去上帝的力量便会消亡。那六天的实际工作仅仅是指创造大自然，而不是指对自然万物的掌控；上帝继续治理着整个宇宙。[①]

有关人对造物主、人对其余被造物之关系中最重要的观念是，人们成了众神，这并非靠他们自己，而是“通过分享唯一的真神上帝”。[②] 甚至在技艺和科学中（例如农业），神力也是主宰，人仅仅是协助。“上帝在人们栽种和浇灌的时候，自己叫作物生长。”[③]人是存在于可见世界上的一项奇迹，这个可见世界也是一项强大
201 的奇迹。[④] 人的本性被造成介于天使与野兽之间，并且，倘若他早先服从造物主，本可以成为天使长生不死，但如果他运用自由意志、为所欲为得罪了造物主，那就不免一死，还会活得有如动物一般。[⑤] 是人的心智，而不是人的躯体，被造成造物主的形象。[⑥]奥古斯丁说，人身上有许多邪恶之处，但“假如上帝不曾希望由人们将他的旨意传授他人，那么他们会活得更加卑微。”[⑦] 自然并

---

① “书信集”（Epistola），205，3，17，《圣奥古斯丁全集》，卷6，117—118页，普日瓦拉，117—118页；“创世记之全文解读”（De genesi ad litteram），Ⅳ，12，22—23，《圣奥古斯丁全集》，卷7，121—122页，普日瓦拉，117—118页。

② “诗篇阐释”（Enarrationes in Psalmos），对《诗篇》118章的第16次讨论，第1段，《圣奥古斯丁全集》（*OCSA*），卷14，585页，普日瓦拉（Przy.），306页。

③ “论三位一体”（De Trin.），Ⅲ，5，11，普日瓦拉，43—44页。引用《哥林多前书》，3：7。

④ 见《上帝之城》（*City of God*），Ⅹ，12。

⑤ 同上，Ⅻ，21。

⑥ “关于约翰福音”（In Joannis Evangelium），论文23，第10段，《圣奥古斯丁全集》，卷9，521页；普日瓦拉，18页。

⑦ 《基督教义》（*On Christ. Doct.*），序言6。

不邪恶，邪恶的是人。[1]

人是上帝的创造物，他得到上帝的帮助，也常常帮助上帝。正是人与上帝的这种关系，让奥古斯丁极为反感占星术，他认为占星术从表面看荒诞不经，而且与人对上帝的关系不相容。许多较早时期的基督教父们在异教的神明和占星术中看到对基督教教义的威胁，他们比起中世纪晚期的思想家们，对占星术的批判更加猛烈。[2]

人作为自然界中活跃力量的地位将在后面讨论（见下文，本书第七章）。我们在这里只需提及，奥古斯丁在谈到人类生活中固有的痛苦和不幸之后，接着热情褒扬人类及其技能，赞美他们是发明者、创造者、发现者，他们的天赋遍布许多领域，如艺术、农业、狩猎和航海等。人仍然保有尊严与伟大，并没有被他们的罪孽所吞噬。[3]

对奥古斯丁来说，与他对六日创世文献和释经作品的贡献相比，他在设计论、生物等级、完满原则方面达到了更高的名望；这些学问构成了基督教教义的大综合，构成了关于人与自然的哲学观点。

由于基督教信仰的愈益扩张，其教义的综述也变得更为重要。

---

① “训诲人民”（Sermones ad Populum），第1集，80号，第8段，《圣奥古斯丁全集》，卷16，573页，普日瓦拉，434页。

② 《基督教义》，Ⅱ，21—22；关于基督教父和占星宿命论，亦见伊利亚德（Eliade）：《宇宙与历史》（*Cosmos and History*），132—133页，和其中的参引书目；以及格兰特（Grant）：《希腊罗马及早期基督教思想中的奇迹和自然法则》（*Miracle and Natural Law in Graeco-Roman and Early Christian Thought*），119、265—266页。

③ 《上帝之城》，XXII。

这是一个狭隘、精细而大胆的综述，它的两极化倾向提出了艰难的选择：一边是物理神学和自然研究的方式，它欣赏人类及其创造能力；另一边是苦行僧式的超脱尘俗、蔑视自然、谴责人类的方式，这些主题在中世纪（而且在近代）也深刻影响了基督教对人与自然的看法。

这两个极端并不是奥古斯丁本人发明的。它们在《圣经》中已有暗示。然而，人们能在奥古斯丁的著作中明白无误地看到这一点，正如在任何一位重要的早期基督教思想家作品中所看到的那样。在阅读《忏悔录》（*Confessions*）的前几部时，有谁不会
202 感觉到另一种极端呢？无论什么人读到奥古斯丁叙述他父亲的部分时，都会对他的父亲大起同情：

> 欲念如同荆棘般在我的头顶之上生长，没人能将它们根除出去，当然我父亲也不能。有一天在公共澡堂里，他看到了我男性的勃勃生机正在苏醒，而这点足以让他盘算起抱孙子的念头。他兴冲冲地和我母亲提起了这件事，而他的快乐是由于沉醉，这种沉醉使世界忘记了你——它的造物主，去爱那些你所创造出来的东西，却不再爱你，这是因为世界饮了无形的酒而醉了，这酒便是世界本身那堕落的尘俗愿望。①

我必须承认，在这里有一个挑选和引用的难题。在对“神意

① 《忏悔录》（*Conf.*），Ⅱ，3，派因－科芬（Pine-Coffin）译本。

设计的地球”观念的历史进行追踪时，我经常提及和引用那些强调自然在基督教神学中的重要性、说明对自然的热爱和美学欣赏的段落，其频率可能超过了它们在文献中的地位所应该给予的。通过对材料的挑选，某些基督教父的思想可能被表现为似乎更偏向苦行而较少宽容，不够热爱生活、自然及学习，因而他们的思想变得“与对自然的任何高度评价格格不入”。[①] 实际上，许多人同时表达过以上两种不同的观点；我们不能假设一位作者的看法始终前后一致，或者说他在侧重点上的矛盾或差异可以调和起来。

一个经神意设计的地球——它因为自己的秩序与和谐而美好、可爱、有用，它由仁慈的造物主为人而创造，同时人被赋予智力和技能来使用它——这个观念大行其道；尽管有着早期对性的沉迷，对原罪、奇迹和奇妙之物的沉闷强调，以及令人痛苦的嘲讽，但是这个设计观念十分兴盛，因为它在《圣经》中可以找到强力支持，其中最基本的段落是《创世记》1：31，还因为基督教需要后来被称为物理神学证明的上帝存在之证据，正如《罗马书》1：20经常被引用这个事实所表明的那样。

宗教思想家们是这个时代思想的主要来源；他们精通神学，但是他们不一定能够真实反映那些受教育程度不高、不大能说会道的人群的感情。尔后对中世纪的工业、技术和农业的新研究经常指向那个所谓“黑暗时代”中热火朝天的活动，以及其间许多

① 关于这个题目，见雷文（Raven）：《科学与宗教》（*Science and Religion*），48—49页。

工业技术的幸存或改进。①

6. 早期释经著作的遗产

教父时期的释经著作中出现了三个有关地球和自然的观念。这些观念在中世纪后期广为流传，并且直到整个十七世纪它们都十分重要。这些观念植根于上帝是一位制作者、工匠、技艺之神（*deus artifex*）的思想，以及上帝显明于他的作品之中的理念。
203 很多情况下，它们的灵感来源是《罗马书》1：20。

这三个观念是：（一）有这么一部自然之书，当人们与上帝之书一同阅读时，便可以从中知悉并理解上帝和他所创造的万物；（二）并非只有人，而且自然界也在人类堕落之后饱受诅咒；（三）人可以赞赏并热爱大地上的自然之美，只要这种赞赏和热爱同对上帝的爱结合在一起。第三个观念与第一个相类似，但没有与启示宗教相对照，也不曾大力依赖工匠类比。正是这种观点指引圣方济各写出了《太阳兄弟的颂歌》。

自然之书

上帝的形象显明于《圣经》中，上帝的作品也遍布世界为人所见。自然之书与作为启示录的《圣经》形成对照，然而自然之

① 亦见巴克（Bark）：《中世纪世界的起源》（*Origins of the Medieval World*），148、153页。萨林和弗朗斯-拉诺尔（Salin and France-Lanord）：《莱茵与东方》（*Rhin et Orient*），卷2；《梅罗文加时代的铁业》（*Le Fer à l'Époque Mérovingienne*），尤其是3—5、235—243页。

书较《圣经》地位为低，因为至高无上的上帝完全显明于他的话语，却只部分显明于他的作品。自然之书成为注解，进一步证明了启示话语的真实性。比如，亚他那修（Athanasius）就曾经赞美创造之书中的造物如同文字一般（ώσπερ γραμμασί），高声向他们的圣主和造物主宣告万物之和谐与秩序。

被视为一本书的自然于是常常补充启示，作为认识上帝及其所造万物的手段；但这个概念可能失去控制而成为一个强大而独立的存在，像发生在雷蒙·鲁尔（Ramon Lull）和雷蒙·西比乌底（Ramon Sibiude）身上的情况那样。我不知道这个看法在基督教神学中最早何时出现，但在约翰·克里索斯托姆（John Chrysostom，即“金口若望”，卒于407年）的时期，它已经发展得十分完备。金口若望的布道清楚、简单而不厌其烦地重复，很像圣巴西尔。他机敏的论辩是否来源于他的历史感，来源于文化和语言的多样化，以及他所认识的那些民族的经济富足？他说道，如果上帝通过书本发布意旨，那么这种教化就给教育和财富加了分，因为识字的人才能读书，有钱的人才能买得起《圣经》。假若没有自然之书，那些穷人和不识字的人怎么办呢？能够读得懂《圣经》所用语言的人也占了优势，“但那些西徐亚人、蛮族人、印度人和埃及人，那些不能读懂《圣经》语言的人，便不能带走一点点提示。”对于天国则不能这样说了，因为天国的书这里人人都能阅读，至少所有能看见的人都能阅读。从天上的这个书卷中，无论聪明过人还是目不识丁，无论富贵还是贫穷，所有的人都可以学到同样的知识。金口若望引用《诗篇》19：3，谈到世间万物的普遍呼吁，“他们发出这个声音，以便那些蛮族人和希腊人，以至整个人类无一例外都可以听明白。”而同样的学问也可以来自沉思，沉思的对象包括昼夜更替、季节轮回（“仿佛处女们围圈舞蹈，快乐和谐地一个接着一个”），还有陆地对海洋的关系，以及各种自然力量的相互制衡。沙滩把强劲的海浪打碎、
204 扔回大海；冷热、干湿、水火、天地，这些都彼此争斗，但不会消灭对方；人体内的体液也有着类似的平衡。创世之际还没有人；即便当时就有，人也未必能明白。于是创世的模式变成了人最好的教师。在早期基督教时代，这些论辩对于未受教育的人们和来自不同文化背景的皈依者想必有着巨大的号召力，因为像巴西尔一样，这种布道充满魅力，其间点缀着许多日常生活经验的例证。[1]圣奥古斯丁也曾充分而铿锵有力地表达过这个观点：“有些人为了寻找上帝去读书。但这里就有一部伟大的书：正是活生生的被造万物。往上面看看！往下面看看！记住它，阅读它。你所要发现的上帝不曾用笔墨撰写这部书；相反地，他在你眼前展现了他所创造的一切。你还能要求比这更大的声音吗？听着，天空和大

---

① 亚他那修（Athanasius）：“反异教宣言”（Oratio contra Gentes），34，米涅编辑：《教父文献全集，希腊教父集》（*PG*），卷 25，68B—69A。约翰·克里索斯托姆（John Chrysostom）：“关于雕像，或对安条克人民的布道文”（The Homilies on the Statues，or to the People of Antioch），Ⅸ，5—9，《天主教教父著作集成》（*A Library of the Fathers of the Holy Catholic Church*），卷 9，162—170 页。亦见“关于使徒圣保罗给罗马人书信的布道文”（The Homilies on the Epistle of St. Paul the Apostle to the Romans），Ⅲ，第 20 节，前引书，卷 7，36 页；关于他的自然神学，见前引书，卷 9，布道文，Ⅹ，3—10，175—185 页；布道文，Ⅺ，5—13，192—199 页。见冯·坎彭豪森（von Campenhausen）：《希腊教会教父》（*The Fathers of the Greek Church*）；对金口若望著名的关于雕像之布道（387 年）的背景，见该书中关于金口若望的论文。

地都在向你呼喊：‘上帝创造了我！’”[①]

奥古斯丁在关于《诗篇》第45章的谈话中，认为《圣经》是人们从中学习的书，而宇宙（*orbis terrarum*）是人们从中观察的书。不识字的人根本没法读懂字书，但就算是文盲也能读懂这个世界（*in toto mundo legat et idiota*）。[②]

这个比喻在后来的著作中多次用到。十二世纪时里尔的阿兰（Alan of Lille）在《自然的抱怨》（*The Complaint of Nature*）中写道：

> 世界上一切造物生灵（*Omnis mundi creatura*）
> 如同一部书和一张画（*Quasi liber et pictura*）
> 对我们而言都在镜中（*Nobis est et speculum*）[③]

世界或大自然如同一本书这个观念“起源于布道词的雄辩，后来被中世纪的神秘哲学推测所采纳，最终成为普通的说法。”这个比喻使人想起《罗马书》1：20中保罗的思维，这段话在金口若望的布道文中尤为显而易见。这个比喻还意味着，人们在自然界中看到的都是另一种东西的映射。这种表达，如库尔修斯（Curtius）所言，在文艺复兴时期及以后的年代里经常被世俗化并且广泛使用，但我认为到那个时候，氛围和含义都已经发生了改变；阅读

① 我摘录这一段是因为它非常有趣，但我无法给出来源。休·波普（Hugh Pope）的《希坡的圣奥古斯丁》（*St. Augustine of Hippo*）在227页引用了这段话，他说引自《上帝之城》第16部，viii，1，但这是不正确的。

② “诗篇45阐释”（In Psalmum 45），《圣奥古斯丁全集》（*OCSA*），卷12，389页。

③ 米涅：《教父文献全集，拉丁教父集》（*PL*），卷210，579A。

自然之书的人们不是为了发现什么其他东西，而是为了了解自然
205 本身。[①] 自然如书这个观念为以后鲁尔和西比乌底更加大胆的陈述铺平了道路，他们在启示话语及其注释中看到了缺陷，由此奠定了中世纪后期自然神学的基础（见下文，本章第 14 节）。

人类的罪孽与堕落对自然的影响

人的罪孽与堕落使得另一个问题浮出水面：是否在自然界也有着与人之罪相呼应并同时发生的衰退？我们已经知道古典作家们在解释自然的邪恶时所遇到的困难，这些邪恶包括食肉动物、地震，以及日常的烦心之物诸如昆虫——尽管事实上蜜蜂（以及蚂蚁在一定程度上）常常得到人的赞美。蜜蜂、蚂蚁的活动（特别是蜜蜂的）提供了丰富的材料给人以教化，证明甚至在最低等级的生物中也有着上帝的设计，并向人类宣示某些严格的训诫。如果说我们很难在生物界的秩序中为这些小动物找到合适的位置，它们至少也是值得尊敬的，甚至常常比人类更加可信、更加勤劳、更加靠得住。他们代表了一个低于人类社会却与人类社会相仿的社会秩序。金口若望说，人应该向这些非理性的生物学习，就如同我们在家里向那些善于思考的孩子们学习一样。他也赞美蚂蚁的谨慎小心和勤于劳动。蜜蜂为他人做工、为人类服务的行为本身就带有道德教训，但是自我中心的蜘蛛就没有那么值得称赞了。在对小毒蛇、犬类和狐狸习性的观察中，金口若望也找到

① 库尔修斯（Curtius）：《欧洲文献与拉丁中世纪》（*European Literature and Latin Middle Ages*），321 页；见他关于自然之书的讨论，319—326 页，引述里尔的阿兰上述段落，319 页。

了相似的寓意。

中世纪的思想家们在解释自然界恼人之物和邪恶之事的时候，也有他们的种种说法。最风行的说法之一便是人很无知，并不懂得昆虫们的用途，这个回答虽然谦虚但不负责任；另一种说法是，昆虫被设计出来是为了激发人对上帝智慧更认真的探索，向人灌输道德教训和美德；也有一种说法是，昆虫这样讨厌是提醒人时时记得自身的罪孽与弱点，从而教会人谦卑；还有一种说法是，自然秩序为人服务，但并非完全听命于人，这个回答也教人谦卑，并且不那么人类中心主义；更有一种说法是，随着人的堕落，自然界也顺应人类事物的新状态而发生了变化，人虽然还继续留在世界上，但必须经受欲念、罪恶、苦劳、邪恶，还有恼人昆虫的折磨。

比德（Bede）在对《创世记》的述评中设问道：上帝在创世之后、人类堕落之前，明明意图是人只能食用植物果实，为何还将诸般鸟兽虫鱼置于人的控制之下？他对此的回答是，上帝预见到了人会堕落，提前采取预防措施为人此后的罪孽准备好了必需
品。鸟类，甚至邪恶有毒的动物们，都服从落入荒野中的上帝神 206
圣的仆人，不去伤害他们。[①]

① 约翰·克里索斯托姆（John Chrysostom）：“关于雕像，或对安条克人民的布道文”（The Homilies on the Statues，or to the People of Antioch），XII，5—6，《天主教教父著作集成》（*A Library of the Fathers of the Holy Catholic Church*），卷9，204—206页。关于比德的六日创世说，见罗宾斯（Robbins）：《六日创世文献》（*Hex. Lit.*），77—83页；以及沃纳（Werner）：《尊者比德和他的时代》（*Beda der Ehrwürdige*），152—161页。根据比德的说法，在人类堕落前，世界上没有有毒的植物，也没有任何不利健康之物；没有不结果实的植物，没有逡巡于羊群前的狼，没有吃土为生的蛇类；所有动物和谐生活，以食草木果实为生。比德（Bede）：《创世六日》（*Hexaemeron*），第1部，《教父文献全集，拉丁教父集》（*PL*），卷91，32 A—C。

最有趣的例子中，有一个来自十三世纪早期。亚历山大·尼坎姆（Alexander Neckam）将人类的现状与原始状态作了一番对比，以此解释人类掌控自然界的程度和在动物驯化上的部分成功。这两项成就都是从历史角度来解释的。

当世的生活可能会提醒人们在人类堕落之前的状况。“正是那些牛群和羊群提醒着人的原始尊严之荣耀，那是他在堕落之前所拥有的。”人丧失了对整个动物界的掌控，因为他放肆地滥用神赋予他的特权；这种骄傲自大和篡夺行径，是人被剥夺对自然界中大部分生物控制权的原因。然而，主出于怜悯，允许人使用某些动物作为抚慰。昆虫和有毒的植物被主保留下来继续生存，以便提醒人类牢记自大和欺骗的教训。这样，世界就是处于道德原则、而非生物原则的统治之下了。

纵贯整个中世纪及至近代，人们都在为自然界和地球不再是大洪水之前的好时光努力寻找解释，这种努力实质上就是要说明大自然中为何存在明显的不和谐。在人堕落后遭到损坏却仍然不失美丽的地球上，自然秩序曾一度被带入和谐状况，尽管人的道德境界在那时也并非尽善尽美。美丽的地球上有贫瘠的荒地、吃人或吃小动物的野兽，还有毒蛇和毒草、讨厌的虫子。自然界中显而易见的争斗与启示宗教的事实得以调和一致。人们也可以这样解释人尽管犯罪堕落，却依然幸存下来的现象：人继续活着并生育后代，但处境却不如堕落之前那么舒适了。自然让人经受艰难困苦，然而人类还是繁衍生长起来，在一定程度上甚至是欣欣向荣，道德水准也还足够领会，乃至跌跌撞撞地遵循着上帝的指令。最后，难道这不也是一种解释动物驯化之巨大文化意义的办法吗？上帝并没有剥夺人所有的控制权。温驯些的动物依旧是人的仆从。[①]

自然与上帝之爱 207

人类对自然的意识，如果说并不是为自然之美本身而热爱它的话，是可以在《圣经》、释经作品，尤其是中世纪的六日创世文献和描写伊甸园的作品中找到依据的。这种对自然的意识有何意义呢？长久以来一直有人在努力寻找自然之美与《圣经》文本之间的对应关系，并且从象征主义的角度把天堂描述成最完美的景观，正像一座修道院选址的形状像希腊文大写字母 Δ（*delta*），因为它象征着三位一体。如果认为对自然的这般欣赏必定会引致科学和对自然的调查，尤其是对生物学与人类社会之间相互关系的研究，那无疑是错误的；这种欣赏可能只会导向神秘主义，导向游吟诗人的自然诗歌，导向寓言，导向但丁（Dante）的诗歌意象，导向自然宗教、巫术和深奥玄秘的传说。[②] 这样的作品，从描述到寓言，都在大自然及其与造物主的关系中发现了道德教导和对

---

① 亚历山大·尼坎姆（Alexander Neckam）：《论自然事物》（*De naturis rerum*），第 2 部第 156 章［托马斯·赖特（Thomas Wright）编辑，伦敦，1863 年］。博厄斯（Boas）《中世纪的原始主义及相关思想论文》（*Essays on Primitivism and Related Ideas in the Middle Ages*）中的译文，83—85 页。这一主题在十七世纪时也被彻底探讨过。见本书第八章，以及维克托·哈里斯（Victor Harris）：《一致性之终结》（*All Coherence Gone*）。

② 见奥尔西克（Olschki）睿智的点评：《从中世纪到文艺复兴时期的技术和应用科学文献》（*Die Literatur der Technik und der angewandten Wissenschaften vom Mittelalter bis zur Renaissance*），《新语言科学的文学史》（*Gesch. d. neusprachlichen wissenschaftlichen Literatur*），卷 1，尤其是脚注 1，13—15 页。

生命的赞颂，但也让地球作为人类家园的理念保持了生命力，即便地球不过跟来世的接待室无甚差别。这些对自然的情感具体而热烈，常见于有关修道院的建立和选址的作品中。虽然许多修道院修建在诸如湿地和密林这样不受人待见的地方，但选址往往取决于自然之美：人们认为坐落于美好位置的修道院的花园正是创世荣耀的缩影。[①] 位于哈尔基季基半岛最东带的阿索斯山（圣山）之上的修道院的位置，可能激发了描述修道院选址的作品。[②] 的确，当时对自然的研究几近于零；当时有的是对自然界带着目的的观察，是对自然界的欣赏，这些都成为启迪人心、布道、教化、寓言和赞美上帝的材料。然而，在这段常被引用的语句中，还是可以找到个人品味的蛛丝马迹：

> 伯纳德爱山谷，本笃爱高山（*Bernardus valles*，*montes Benedictus amabat*）
>
> 方济各爱小镇，依纳爵爱大城市。（*Oppida Franciscus*，*claras Ignatius urbes.*）[③]

---

① 关于自然之美以及修道院建设的有趣讨论，见佐克勒（Zöckler）：《特别考虑到创世故事的神学与科学之间的关系史》（*Gesch. d. Beziehungen zwischen Theologie und Naturwissenschaft mit besonderer Rücksicht auf Schöpfungsgeschichte*），卷 1，313—315 页；亦见冈岑米勒（Ganzenmüller）："中世纪对自然的感受"（Das Naturgefühl im Mittelalter），98、149 页，以及在挑选形似希腊文字 *delta* 的修道院院址上对三位一体的象征性，98 页。冈岑米勒及其他一些人指出，这些地方并非因为位于贫瘠、不利健康之处而有意挑选出来的。

② 见赫西（Hussey）：《拜占庭世界》（*The Byzantine World*），127—128 页。

③ 引自威默（Wimmer）：《历史景观学》（*Historische Landschaftskunde*），154 页脚注 1。我不知道其出处。

没有必要通过思考创世的奇迹来证明基督的神力——《圣 208
经》中已然揭示了他的神力——但从另一个角度来看，天空秩序和地上自然界的秩序中所展现的上帝存在之证据，比起人类的构想更加强有力。中世纪最著名的宗教界人士，坎特伯雷的安塞尔姆（Anselm of Canterbury）、伯多禄·达弥盎（Petrus Damiani）、克莱尔沃的圣伯纳德（Bernard of Clairvaux）、阿西西的圣方济各、圣波拿文都拉，都不仅将自然视作上帝的创造，更视作永恒的形象。[1]

7. 从波爱修到爱尔兰人约翰的显灵说之连续性

评价了释经文献留给我们的遗产，我们现在可以回到本书的主题，通过几个例子来显示从波爱修（Boethius）到爱尔兰人约翰（John the Scot）这段时期中我们所讨论的这些观念的连续性及其沿革。

波爱修（约450—524或525年）的思想很传统，但他的著作《哲学的慰藉》（*The Consolation of Philosophy*）是一部在文学和哲学上都极有影响力的作品；在这部作品里还有着《蒂迈欧篇》第二十八节的缩影，《蒂迈欧篇》是由大约在三世纪末或四世纪初十分走红的卡西狄乌斯（Chalcidius）作注的。[2] 波爱修评论了

① 关于这点，见冈岑米勒（Ganzenmüller），前引书，291—292页。

② 波爱修（Boethius）：《哲学的慰藉》（*Cons. of Phil.*），第3部，诗歌，9。关于卡西狄乌斯的作品简述及参引，见吉尔森（Gilson）：《中世纪基督教哲学史》（*HCPMA*），586—587页。

地球上可居住部分之狭小，也抨击了那种固步自封于“渺小地球上这个微末之地”而汲汲于名利的虚荣心理。早在哥白尼革命使人们感到茫茫宇宙之大、自己孤单失落之前甚久，基督教神学便常常教导人们意识到人需卑微自处、人在宇宙中微不足道这个道理了。[①] 波爱修的著作中有创世工匠的类比；还有关于人类直立身姿的重要意义以及物理神学证据中的其他典型论点，尽管他倾向于宇宙论的证据。[②]

大马士革人约翰（John the Damascene）生活在希腊教父时代，但他在拉丁语区学者中享有盛名。他的论著写作于七世纪，而在十三世纪为圣托马斯·阿奎那所援引。约翰说，神的存在是我们难于领悟的，但上帝并未将我们置于一无所知的境地，因为自然已经将上帝的观念灌输给我们。神学与四元素说呈现出来的自然秩序，使我们知道确有上帝掌控着对立的能量诸如水与火、天与地；上帝迫使它们共存，并负责让它们永远和谐相处、共同运作。[③]

然而这些思想在拉丁西欧的传播中，起到最重要作用的是塞维利亚的伊西多尔。他的主要著作《语源学》（*Etymologiae*）与
209 规模较小的《物性论》（*De rerum natura*），对于诸如亚历山大·尼坎姆、罗伯特·格罗斯泰斯特（Robert Grosseteste）、大阿尔伯特、黑尔斯的亚历山大（Alexander of Hales）、康定培的托马斯（Thomas

① 波爱修：《哲学的慰藉》，同上，第 2 部，散文及诗歌，7。

② 同上，第 4 部，散文，6；第 5 部，诗歌，5；第 3 部，散文，12。

③ 《正统信仰的准确阐述》（*Expositio accur`ata fidei orthodoxae*），Ⅰ，1；约翰在Ⅱ，11 中描述了天堂的宜人气候。关于一般观念，见吉尔森（Gilson）：《中世纪基督教哲学史》（*HCPMA*），91—92、600 页。

de Cantimpré）、博韦的梵尚和英格兰的巴塞洛缪等探讨物之属性（*de proprietatibus rerum*）的中世纪晚期的作者们来说，是他们百科全书式作品中相关部分的重要参考来源。[①]

许多学科的史学家们都高度评价了塞维利亚的伊西多尔所起到的作用，他以百科全书的形式向拉丁西欧传播古典知识，吉尔森（Gilson）更将著于中世纪的《语源学》比作近代的《不列颠百科全书》（*Encyclopaedia Britannica*）或《拉鲁斯大百科全书》（*Larousse*）。[②] 在伊西多尔的这两部著作中，人们可以认出元素学说、体液学说和老旧的地理描述及理论。

伊西多尔多次提起基督教的一种信仰，即上帝之美显明于他所创造的万物之中。[③] 伊西多尔一部神学著作中的一个篇名就是“这是造物主承认的造物之美”（Quod ex creaturae pulchritudine agnoscatur creator）。他以简单的拉丁文告诉他的读者们古典物理学、宇宙论与地理学的术语名词：他说希腊语的 *kosmos* 就是拉丁语的 *mundus*，他给“微观世界”和 *klimata* 下定义；在他关于四元素说的讨论中，他提到希腊语的 στοιχεῖα 等于 *elementa*。[④]《语源学》中包括了更多内容：一部动物寓言集；一种对四元素理论的推敲和对 στοιχεῖα 的研讨；一部地名索引型的地理学，其中包

① 关于这方面的文献，见德莱尔（Delisle）：“关于论物之属性的各种专题论述”（Traités Divers sur les Propriétés des Choses），《法国文学史》（*Hist. Litt. de la France*），卷 30，354—365 页。

② 吉尔森：《中世纪基督教哲学史》，107 页。

③ 例如，《思想录三部》（*Sententiarum libri tres.*），第 1 部第 4 章。

④ 《物性论》（*De natura rerum*），第 9 章。

括关于地中海的有趣的一章，带有对当地城市、建筑与耕地的摘记；还有瓦洛的土地分级系统及对于农业生产的简述，参考了赫西奥德、德谟克利特、迦太基人马戈、加图和瓦洛等人的著作。伊西多尔也摘录了文法家塞尔维乌斯关于罗马人、希腊人、非洲人和高卢人国民性的部分评论，这样便将环境对人类影响的观念融入自己很有影响力的书中，而这些观念在中世纪稍后时期被其他的百科全书编撰者们不断重述。[①]

爱尔兰人约翰生于爱尔兰，又称约翰内·司各特·埃里金纳（Johannes Scotus Erigena）（*Eriu*、*Hibernia*、*Scottia* 都是爱尔兰的主要古称），他在秃头查理（Charles the Bald，即查理二世）的宫廷里是一位博学的人（可能是文书或修道士）。与大多数西方学者不同，他熟习希腊语文献，能够阅读希腊文。然而现在我们相信，这些是他在欧洲大陆学到的，当他从爱尔兰抵达高卢时，对希腊只有一些初步的认识。

我们对他的《论自然的区分》（*De divisione naturae*）很感兴趣，因为此书专注于对自然的思想和对造物主与被造物的相关概念。
210 他在希腊词语 *theophania*（显灵）中找到了通往可感知世界之意义的钥匙。他说，当我们提起神圣存在，并不仅仅是指上帝，因为《圣经》中指明为上帝的，常常在实际上说的是上帝存在的方式，这种存在方式对有思想和理性的造物表露出来，对理解力越强的表露得越多。希腊人将这种存在方式称为“显灵”（theophany），

① 伊西多尔（Isidore）：“语源学”（Etym.），《教父文献全集，拉丁教父集》（*PL*），卷 82。“动物寓言集”（Bestiary），第 12 部；元素说，第 13 部第 3 章，2；地理学，第 14 部；瓦洛相关内容，第 15 部第 13 章，6；塞尔维乌斯相关内容，第 9 部，2。

是上帝的突然现身（*dei apparitio*）。他举个例子说，当人们说“我看到了上帝坐在那儿”（*Vidi Dominum sedentem*）这句话的时候，并不是指他看到了上帝的真身，而是看到了上帝创造的某种事物（*cum non ipsius essentiam，sed aliquid ab eo factum viderit*）。[①] 上帝显明了他自己，他的作品是一种显灵，在这个意义上甚至可以说，上帝创造了他自己。

《论自然的区分》是以教师与学生之间对话的形式来表现的，其中的学生总是爽快地为下一个场景搬动布景。宇宙，正像《圣经》一样，是一个启示。那位教师要求学生思考这个问题，即在可感知世界的某些部分里能够观察到的空间上与时间上的重复现象是没有神秘性可言，还是并非如此（*vacant quodam mysterio，necne*）。与老师配合默契的学生答道，他不会轻易断定没有这回事，因为在物质世界的可见现象中，没有什么现象不是同时具备了抽象和精神上的意义的。然后学生还要求教师就这些重复现象给以简短的论述；按照这类对话中不出所料的情景，这位胸有成竹的教师对此应答如流。

他的说明揭示了循环过程带给他的强烈印象。对于那些同时用精神洞察力和感官判断力（*animi conceptione et corporalis sensus judicio*）去思考事物本质的人来说，比光线本身更清楚的是这种在天空中发生的重复现象，持续运动的球体总是循着自身

① 卡普因（Cappuyns）：《约翰·司各特·埃里金纳》（*Jean Scot Érigène*），7—8、13—14、28 页；关于他的职业，见 66—67 页；关于上帝创造自身的行为，见 346 页。爱尔兰人约翰（John the Scot）：《论自然的区分》（*De div. nat.*），Ⅰ，7，《教父文献全集，拉丁教父集》（*PL*），卷 122，446D。

的路线回到起始点。太阳和月亮就是这样的例子；也不需要给出其他行星的例子了，因为略通天文学的人都知晓这些。

事物的循环性、事物对先前位置或状态的周期性回归，也体现在地球上的种种现象之中。空气怎么样？难道它不是在确切的时间里回到同样的炎热、寒冷及温和的状态吗？（可能他在此处指的是温度在一天内或者季节性的变化。）海洋又是如何呢？它难道不是绝对遵循月亮的轨迹而行动吗？生活在陆地上和海洋里的动物呢？树木与草地呢？它们难道不是也有固定的吐出嫩芽、绽放花朵和落叶结果的时刻？这种生长同样是周而复始的，运动的终结即是开始，开始即是终结。如此，天上的循环规律性与大地上的生物周期（这在希腊人的思想中经常作为类比来使用）被引用为法律、和谐、秩序与神在自然界现身的证据。[①]

211 在描述上帝是仁善之因时，他再次援引了循环现象或假定的循环现象来佐证自己的观点。他说：让我们从自然界寻找例证。仁善就彷佛一条河流，它流出源头，沿着河床洋洋不绝地流入大海之中。以同样的方式，神性的仁善、存在、生命与智慧，诸般存在于万物之最初源头的事物，都如同溪流般向下流淌，先流入最原始的目标，赋予它们生命；接着继续沿着原始目标一路流下，这过程无法言喻，但始终与源头相和谐，从高处流到低处，最后到达万物的最低级别之中。而它们的回流则是循着一条最隐蔽的路线、通过自然界最神秘的孔道回归至本源。

① 《论自然的区分》（*De div. nat.*），V，3，866A—D。见伯奇（Burch）：《中世纪早期哲学》（*Early Med. Philos.*），9 页。

至高无上的仁善就这样将存在赋予第一等级的生物，而第一等级的生物又将它分享给次一级的生物，各等级的生物继续通过这种分享（*participatio*）而向下到达最低等级。他认为，*participatio* 不过是一个级别从等级排序中位于它上面的那个级别那里获取其存在。在这个存在的等级架构中，并非所有级别都是自身拥有生命，它们也并非生命本身；它们是从更高的级别中获得了生命。① 奔流之河的隐喻显然是受到古代的自山至海、自海返山的水自然循环观念的影响。细流起于山巅之泉，渐成大河，奔流入海，继而通过地下水道回到陆地。之后这些水再次到达山巅，其途径往往是某种自然的“蒸馏管”，因为当时人们不知道山巅的泉水其实来自于雨水的浇灌。

对神迹显灵的强调，对上帝现身于所创造之万物的强调，意味着上帝是通过他的创造行为来认识自己的。“凡是他知道的，他便创造，而他所创造的一切都来源于他自己。因此，整个创世就是神性显示的过程，每一件创造物都有限地代表了上帝自己特征的一个方面。”②

正是这个观念把哲学从泛神论的指责中解脱出来，而爱尔兰人约翰早期的学生常常作出这种指责。从某种意义上来说，上帝和被创造物是同一的、毫无二致的。他说，我们不应当认为上帝和被创造物是两种截然有别的事物，而应当把他们看作是同一的。被创造的万物存在于上帝之中，而上帝自身也以一种妙不可言的

① 《论自然的区分》，Ⅲ，3—4，628C—632C。

② 列夫（Leff）：《中世纪思想》（*Med. Thought*），68 页。

方式在万物之中被创造了出来。[①]

他关于自然的四个著名的种类或划分中，有两个是关于上帝的，另外两个关注被创造物。“我们通过理性去理解自然，因为自然本身是理性的。”如果我们不了解上帝或上帝的本性，我们可以从这个可感知、可理解之世界的秩序中推断出上帝的存在，
212 以及上帝是一切事物的起因。第一种类，创造事物而非被创造（*creat et non creatur*）的自然，那就是作为万物主宰的上帝；第二种类，被创造出来、也创造其他事物（*creatur et creat*）的自然，代表原型观念或初始原因；第三种类，被创造出来而不创造其他事物（*creatur et non creat*）的自然，是可感知的世界、外相的世界，是我们所看到的万物；第四种类，既不创造他物、也不是被创造出来（*nec creat neque creatur*）的自然，代表作为造物主的上帝在达到目标之后，开始休憩而不再创造了。自然的四个种类由两套相反的情况组成：第一种与第三种相反，第二种与第四种相反。对自然的这样一个划分说明了创世的起始、可见的万物所反映的形态或观念、可见的万物及其明确的目的性，以及在第六天创造活动的停止（尽管上帝继续统治着世界）。它还解释了生命的多样性。“对自然的划分表明上帝的行为，上帝通过这种行为表达自身，使世人在一个生命等级架构中认识他，而这个等级架构中的生命与他本身相异、比他低级。”[②]

---

① 《论自然的区分》（*De div. nat.*），Ⅲ，17，678C—D。

② 同上，Ⅰ，1—2，441B—443A；Ⅱ，2，527B。关于自然之理性的引文来自伯奇（Burch）：《中世纪早期哲学》（*Early Med. Philos.*），9页；关于等级架构的引文，来自吉尔森（Gilson）：《中世纪基督教哲学史》（*HCPMA*），117页。

个体生命分享着无所不在的普世生命。没有哪种生命形态不以某种方式处于生命力量的控制之下（*vitae virtute non regitur*）。这被世上的哲人称为宇宙灵魂（*universalissima anima*），因为它将整个宇宙联接起来。事实上，神圣智慧的探索者将之称为共同生命（*communem vitam appellant*）。①

在爱尔兰人约翰的哲学中，人类的堕落改变了人与自然的关系。人类生活的多样性以及人与人之间的差异是“罪后的”（*post peccatum*）。天堂象征着初始的人的天性，而亚当的沉睡造成人类从精神之路转向对世俗事物的渴求、对性交的欲望。亚当欣然堕入的沉睡其实意味着精神从对永恒到对现世追求的转变，从对上帝到对万物追求的转变。其结果正是我们所熟知的世界，有两性，还有像牲畜一般的繁衍。②

然而从本质上来看，这是人在对自然之关系方面的一种乐观主义哲学，即便它承载着人类中心论的负担，这种人类中心论在人的邪恶中看到了足以改变自然流程的力量。神的显灵假定了对创世的乐观态度。“因为被创造的万物既以上帝为原则而出自上帝，又以上帝为目的而走向上帝，所以整个自然都是对上帝之爱所推动的运动。”③

---

① 《论自然的区分》（*De div. nat.*），Ⅲ，36，728D—729A。

② 同上，Ⅳ，20，835C—836B。亦见伯奇（Burch）关于人类堕落的讨论，前引书，20—24页。

③ 列夫（Leff）：《中世纪思想》（*Med. Thought*），69页。爱尔兰人约翰详细讨论了四元素，并联系到六日创世学说、自然地理以及埃拉托色尼测量地球圆周的问题：《论自然的区分》，Ⅲ，32—33。

213 8. 圣伯纳德、圣方济各与里尔的阿兰

自然之爱与上帝之爱，在万物生灵的感知中表现为一本书、表现为上帝关爱世界的可见证据、表现为神的显灵，这些思想在圣伯纳德、圣方济各和里尔的阿兰的著作中以各种形式重新出现。

在圣伯纳德（1091—1153 年）的著作中，有着可追溯到圣奥古斯丁以及更早的人们对待自然的态度，这样的态度不仅仅局限于颂扬宗教。自然之美、自然的吸引力只要与上帝及上帝的作品联系起来，便顺理成章地为人接受。人们可以从大地和树木、谷物和花草中感知上帝。在圣伯纳德致海因里希·莫达柯（Heinrich Murdach）的一封广为人知的书信中，他写道："相信我，我发现你在森林中会比在书本中找到多得多的东西；树木和石头会教给你任何老师都不允许你听闻的知识。"[1]

在圣伯纳德对光明之谷（克莱尔沃）的修道院的描述中，景观是由一片荒野改造而成并被赋予意义，因为人类对其下了指令；当人们改变自然的时候，他们能让自然更有用处，或许甚至能让自然更富魅力、更美好。

这座大修道院坐落在一个山谷隔开的两座山脚下，一边的山

① 见让·勒克莱尔（Jean Leclercq）：《对学习之爱与对上帝之念》（*The Love of Learning and the Desire for God*），135—136 页；辛兹（P. Sinz）："圣伯纳德的自然观察"（Die Naturbetrachtung des hl. Bernhard），《灵魂》（*Anima*），卷 1（1953），30—51 页；以及吉尔森（E. Gilson）："在树荫下"（Sub umbris arborum），《中世纪研究》（*Mediaeval Studies*），卷 14（1952），149—151 页。

坡上种着庄稼，另一边山坡开辟成葡萄园，“这两者都给人绮丽的视觉享受，并且还使居住者无饥馑之忧。”在山顶上，僧侣们采集干树枝，“拔除杂乱无章的灌木”，开挖泥土“来粉碎那些使生长中的树木根部窒息、枝桠纠结的‘杂种树条’——请允许我效仿所罗门的用语[拉丁通行本圣经《智慧篇》(Wisdom),V,3]”，使得橡树呀、酸橙呀、山毛榉呀这类树木无障碍地自由成长。

在围墙包围着的山谷里的修道院中，种植着各类果树，此处也正是病中的僧侣们休养生息获得安慰之所，确是一个适合愈疾的好地方。“为了治愈人们的疾病，看看仁慈的上帝如何增加了多种疗法吧，他让新鲜空气静谧地流动，让大地结出累累的硕果，让病人自己经由眼睛、耳朵、鼻孔体味色彩、歌曲与气味的美妙。”

圣伯纳德欣喜地看到，僧侣们将奥布河改道为己所用，于是河流在许多方面替人做工。河流蜿蜒的河道“是教友们劳动而成，并非天生”，它把山谷划分为二。河水被控制着不致泛滥成灾；它推动了大型磨坊，充满了酿酒的锅炉，更被漂洗工用来操作沉重的杵、槌或足状木块，免去了繁重的人力劳作；此后河水流向纺织作坊。这从奥布河改道而出的小小溪流“在草原上散漫流淌，214
滋润了田野，然后又回归到主河道上。”①

“那个地方充满魅力，能深切地抚慰疲惫的心灵，缓解人们的焦虑和忧思，帮助追寻上帝的灵魂献身，重新唤起他们对自己渴望的天堂般美景的向往。缤纷的色彩绘就大地灿烂的微笑，春天生机盎然的新绿愉悦了视觉，清甜的气息向嗅觉致意。”美景

① 圣伯纳德(St. Bernard):《圣伯纳德的生平和作品》(*Works*),卷2,461、464页。

使他想起约伯主教服装的香气，想起所罗门的紫色袍子，而这些都无法与他所见的美景相比。“如此这般，当我的外部感官沉醉于乡间景致之甜美的时候，我内心的愉悦也因思考美景之下深藏的神秘而不差分毫。”①

在中世纪作品中，这段文字是我所知的寥寥无几的篇章之一，它们将对大自然的浓重宗教观点与对自然之美的欣赏融汇在一起，并且结合了对僧侣们如何应用技巧、技术和他们的水磨去完善自然之所赐的热情赞美。这里面隐含着的观念是，人作为上帝的伙伴，分享、改变并改善上帝所创造的万物以适合自己的最佳用途，因为这些成就是对上帝更高的礼赞。看来僧侣们认为，他们的劳动改造了混乱无序的荒野，重塑了人间天堂。

我们将在本书第七章中重新回到这个主题。对光明之谷的描述是在本笃规则（Benedictine Rule）启发下熙笃会的一个理想景观描述，当时僧侣们自己动手做大部分工作抑或密切指导这些工作，俗心俗念也还未曾介入宗教观念与景观变迁之间。这里也写到了人们狂热的活动，这种活动后来导致了清除森林、开垦耕地、播撒种子和根苗、建筑工程以开发利用乡野，以及提高畜牧技能。

在圣方济各（1182—1226年）的著作中，强调的是与自然的亲密交流、对非人类生命的教化，以及乡间宗教生活的清贫之乐。在圣方济各生前最后两年病中写作的《太阳兄弟的颂歌》中，圣人赞美了主以及他所创造的万物：赞美了主的象征——太阳兄弟，赞美了月亮姐妹和众星辰（“你把她们造成天上珍宝，灿烂

① 圣伯纳德（St. Bernard）：《圣伯纳德的生平和作品》（*Works*），卷2，464—465页。

晶莹”)，赞美了风兄弟（“不论天气如何，或阴或晴，你用空气维持你所造万物的生命！”)，赞美了水姐妹（有用而谦逊，可爱而纯真)，赞美了火兄弟（俊美而快乐，有力而强健)，赞美了我们的大地母亲姐妹（“她养育我们，照料我们，她长出繁多的果实、缤纷的花朵和树叶！”)。[1]

圣方济各欣喜而十分严格地遵循《罗马书》1：20 的劝诫之 215
词。切拉诺的托马斯（Thomas of Celano）神父曾这样谈到他：“谁能尽述，当他在主所创造的万物中沉思着造物主的智慧、力量与仁善时，他所体味到的那种狂喜？”圣方济各将万物都称作兄弟；即便是对小小的蠕虫，他都展示出非比寻常的爱心；一到冬天，他便为蜜蜂们奉上蜂蜜和好酒；但凡他邂逅了如云的花丛，他必定向它们布道，也不忘“邀请它们同来赞颂主，就如同它们是被赋予了理性一般。当他看见玉米田、葡萄园、石头草木，以及大地上的美妙之物、水泉绿野、风雨火土时，他都会以至诚至纯劝诫它们热爱上帝并真心服从上帝。”[2]

如果圣玛利亚山的乌戈利诺（Ugolino de Monte Santa Maria）

---

① “太阳兄弟的颂歌”（The Canticle of Brother Sun），《圣方济各的小花》（*The Little Flowers of St. Francis*）（及其他作品），拉斐尔·布朗（Raphael Brown）翻译，317 页。关于这篇颂歌，见第 19 章注 1，336 页；关于 per 这个词（此处翻译为 for），见注 20，350 页。关于圣方济各对鸟儿布道的内容，见《圣方济各的小花》，76—77 页；关于上帝的临视和慰藉，以及圣方济各在万物中见到造物主，见 164 页；关于圣方济各被鸟儿包围的情况，见 177—178 页。

② 切拉诺的托马斯神父（Brother Thomas of Celano）：《阿西西的圣方济各之第一生命》（*The First Life of S. Francis of Assisi*），费勒斯·豪厄尔（A. G. Ferrers Howell）翻译，第 29 章（80—81）。关于鸟儿、小野兔和鱼，见第 21 章（58—61）。

撰写的《圣方济各的小花》(*The Little Flowers of Saint Francis*)一书并非民间传说，而是这位圣人过世后流行一世纪之久的口头故事的结集，那么我们就看到了圣方济各的为人：他对万物说话都如对人一样，该骂则骂，也惦记着告知万物它们对上帝有着什么样的责任、它们应该如何遵循上帝的旨意。他和万物都作盟约，比如对古比奥的那条狼；事实上畜禽们也拥有自己的尊严，为自己的目的、凭自己的身份而生存。我们在前面谈到过，这种思想也为圣奥古斯丁所提及；上帝安排的万物等级确是以人类为巅峰，但这不代表万物都是为人类而生、供人类驱使的。

在坎纳拉，圣方济各曾指令一群燕子必须安静地听完他的布道，燕子们遵从了。[①] 他向鸟儿布道时，如同对人讲话那样提醒它们，上帝赐予它们恩惠，给它们自由，给它们温暖舒适的衣裳、不劳而获的食物，还恩准它们登上方舟，在很多地方建造家园。"所以呀，我的鸟儿姐妹们，你们定要小心翼翼，勿忘感恩，始终要虔敬颂扬上帝。"鸟儿们听懂了此言，齐齐点头，圣方济各惊喜于它们的多种多样和它们的注意力、熟悉度及喜爱之情。接着，他"无比敬仰地赞美了在它们身上所体现的造物主之奇妙，并谦和地敦促它们同来赞颂造物主。"[②]

圣方济各还曾在锡耶纳说服一个男孩不要卖掉鸽子，当男孩把准备带到市场的鸽子交给他时，圣人赞许了那个男孩，并且告诉那些鸽子："我想要把你们从死亡中拯救出来，为你们搭建能

① 《圣方济各的小花》(*The Little Flowers of St. Francis*)，75 页。

② 同上，76—77 页；引文在 77 页。

在里面生蛋的鸟巢，让你们完成造物主赋予你们的繁殖的使命。”[1]

古比奥那条吞吃了不少人和兽的恶狼同样拜服在圣方济各的 216
圣洁之下——如今上帝意欲以这圣洁感召人类了。圣方济各不顾惊恐万状的农民们的警告，前去会见那条凶残的恶狼。他划了十字，主的力量顿时制住了恶狼。“来吧，狼兄弟。以基督的名义，我令你不得伤害我及他人。”圣方济各先斥责了狼劫掠动物、残杀以上帝形象为样本的人的恶行，然后告诉它，它罪当处死，但他希望以和为贵。狼低头认罪，圣方济各也允诺它每日会有食物，因为它体内的魔鬼乃是由饥饿而生的。作为回报，狼承诺不再伤及人和动物。“当圣方济各伸出手去接受这誓言时，那条狼也举起前爪，温顺地将它搁在圣方济各的手上，以示它发下誓言。”圣方济各还以基督耶稣的名义，指令那条狼去到镇子里，让人们核准他们之间谈判的誓言，他自己则扮作一个担保人。双方都从未违反这个约定。[2]

十五世纪锡耶纳最伟大的画家之一斯特法罗·迪·乔瓦尼·萨塞塔（Stefano di Giovanni Sassetta）将此情此景栩栩如生地绘制出来。在那幅画作上，圣人神色平静地站在门口一群赞叹不已的镇民中间，携着长相俊美、态度友好的狼的前爪，这狼宛如一只活泼好动的狗一般。放下心来、高高兴兴的这群人是画面的中心，转移了人们对狼近旁血肉模糊的尸体的注意力。同时，配合着圣方济各与鸟类的关联，头上的鸟儿们在整齐划一地飞过。

---

① 《圣方济各的小花》（*The Little Flowers of St. Francis*），92 页。

② 同上，89—91 页；引文在 89、90 页。

很多研究者已经发现，较之其他修士会，方济各会（Franciscan order）对自然的理解更胜一筹。对圣方济各来说，有生命的万物都可能是符号，然而它们是为上帝自己的目的（而不是为了人的目的）被安放在地球上的，它们也与人类一样赞颂上帝。在向花鸟布道、与狼订立协议的行动中，圣方济各给了它们一种实质上是人类的道德哲学（在狼那一方还有一种契约责任），这有些近乎异端了。这里没有将神圣目的粗鲁地认同为人类目的；活生生的大自然获得了尊严和圣洁，远离了设计论信奉者的粗俗功利主义观念。我们以怀特（White）为例，他从圣方济各的思想中发现了中世纪自然观中的革命性改变，这就是，圣方济各以谦恭的态度摈弃了早期神学中自我本位的人类中心主义。怀特认为圣方济各是历史上最伟大的变革者，因为他率先教会欧洲人知道，大自然本身便饶有趣味且十分重要，也因为他迫使人类放弃对自然界的专制王国，在上帝所创万物间建立一个民主的制度。[①]

217 对于里尔的阿兰（1128—1202 年）而言，大自然是活跃而有功效的。自然本身作为上帝的化身和创造物，充分感知其自然法则的合理性和神圣性。《自然的抱怨》（*De planctu naturae*）一

① 小林恩·怀特（Lynn White, Jr.）：“中世纪的自然科学与自然主义艺术”（Natural Science and Naturalistic Art in the Middle Ages），《美国历史评论》（*AHR*），卷 52（1947），432—433 页。怀特并且认为，这种态度隐含在例如圣经《诗篇》第 148 章中。关于方济各会修士对自然界的观察，亦见乔治·博厄斯（George Boas）在其翻译的圣波拿文都拉（St. Bonaventura）《心向上帝的旅程》（*The Mind's Road to God*）一书中的导言，xix 页。

书极好地说明了对自然的传统基督教概念（书中回顾了普罗提诺、波爱修和爱尔兰人约翰的论述），这种概念当时还没有遭遇来自南方的其他宗教信仰的全部力量，也还没有受到复兴且备受关注的古典宇宙论的挑战。阿兰生活的年代，尤其是十二世纪的最后三十多年，是犹太教与伊斯兰教的思想开始冲击基督教信仰的时代；举例而言，在他关于天主教信仰的著作中，就曾流露出对攻击阿尔比派（Albigenses）、华尔多派（Waldenses）、犹太教和异教徒的忧虑。《自然的抱怨》一书：

> 表达了几乎所有中世纪神学学者共同的基督教自然观，当然除了严格的鄙夷俗世说（*contemptus saeculi*）的极端代表人物之外。正如波爱修与伯纳德·西韦斯特里斯（Bernardus Silvestris）曾提到的，“自然”在这里代表着无穷无尽的生产力，由此滋养万物繁衍生长。自然是普天下生命的源头，她不仅是生命的起因，也是万物的规则、法律、秩序、形貌和归宿。对自然的作品是怎么赞颂也不为过分的，因为这些作品是上帝通过她创造的杰作。①

① 吉尔森（Gilson）：《中世纪基督教哲学史》（*HCPMA*），172 页；引文在 176 页。这部作品效仿了波爱修（Boethius）：《哲学的慰藉》（*Cons. of Phil.*），175 页。更详细的研究，见德·拉格（de Lage）：《里尔的阿兰，十二世纪的诗人》（*Alain de Lille. Poète du XIIe Siècle*）。《自然的抱怨》（*De planctu naturae*）一书体现了中世纪思想中完满原则的重要性。见洛夫乔伊（Lovejoy）：《存在的巨链》（*The Great Chain of Being*），67—98 页，中世纪部分，虽然他并未讨论里尔的阿兰。

从我们的视角来看，这首诗作最重要的观念是自然的力量小于上帝的力量，但大于人的力量。自然，就像新柏拉图主义将其与“太一”分离开来，或者是与上帝分离开来，并在各种著述中被描述为母亲和存在之链一样，在这里被直呼为上帝的创造物。自然是上帝作品的反映；她也是上帝的副手，她的画笔受上帝之手的指引。维纳斯是自然的副代理人，与许门和丘比特一道保证万物生灵，尤其是人类的生生不息。寓言故事只是稍稍遮掩了关于长久维持人口数量、维持地球上的自然秩序与存在之链的理念。自然规范着上帝的行为。正像《玫瑰恋史》（此书大量借鉴了《自然的抱怨》）一样，阿兰对人类进行的是道义上的谴责；书中哀叹人类受到自身内恶魔的蛊惑而甘愿脱离自然。在万物生灵之中，唯独人类堕落了，犯下违反自然的罪恶，不遵从自然的法则。除其他越轨行为外，他特别严厉地提到男同性恋，因为那偏离了自然界的爱之原则。辽远长天、繁星微风，海陆相合、各守其界，鱼游水中，豪雨拥抱大地，无不体现了对自然规律的遵从。但自然界随处可见的和谐在人的身上却看不到。[①]

218 上帝统辖四元素从而缔造了宇宙的和谐。宏观世界的四元素正与人身上的四种体液相对应，人是微观世界。自然是上帝的代理人，是人与上帝之间的中介。上帝的力量至高无上，为最高级；自然的力量相对强大，为比较级；人类的力量则等而下之，为原级。阿兰通过对话者向自然的直接讲话和她的回答，

① 关于阿兰的资料来源，见德·拉格（de Larg），前引书，67—75 页。

将自然拟人化了。[①]

上帝自己在自然界中创造了一个由“次级原因”（secondary causes）组成的网络，界定并指导它们各自的影响范围。这个系统一旦建立起来，造物主便尊重其自主权，通常不会干涉它的运行。[②] 治理宇宙正如治理一座大城市，上帝安坐天庭统辖一切，天使飞舞空中（正如处在城中）具体管理，人类则“像异国生人住在宇宙的边缘”，处于服务的地位。

自然是上帝的侍女：

> 敝人未能亦步亦趋地追随上帝的足迹，然而我谨以至诚，从他所创造的万物中深自体味他的神迹。主的举动化繁为简，我却化简为繁；主的成果无懈可击，我的则纰漏连连；主的神迹辉煌璀璨，我的工作稍纵即逝；主并非他人所生，我则生于他人；主为制造者，我为被造物；主创造了我的作品，我也是他所创造的；主做事完全不假外力，我则需向人乞怜；主以其自身的圣心行动，我匍匐在他的名下。

① “我们可以看到三个级别的力量，上帝是最高级，自然是比较级，人被说成是原级。”《教父文献全集，拉丁教父集》（*PL*），210 卷，446B。亦见德·拉格，前引书，64—65 页。

② 同上，67 页。关于自然的描述，见韵律 1—3、散文 1—2；关于自然作为上帝的“总督”，见散文 3；对宇宙的统治，见散文 3；上帝与自然的比较，见散文 3；关于三种力量，见散文 3；性别的错乱，见散文 4，100—150、179—191 行，且散见于各处；关于自然、维纳斯、许门和丘比特，见散文Ⅳ，375—385 行。散文Ⅸ回顾了总体论点。亦见切努（Chenu）：“十二世纪沙特尔学院关于自然与人类哲学的发现”（Découverte de la Nature et Philosophie de l’Homme à l’École de Chartres au Ⅻ^{e} Siècle），《世界历史学刊》（*JWH*），卷 2（1954），313—325 页。

9. 地中海地区的骚动

克吕尼修道院院长、尊者彼得（Peter the Venerable），曾在1143年造访在西班牙的克吕尼会（Cluniac order）的修道院，在那里安排了将《古兰经》译为拉丁文——由凯顿的劳勃（Robert of Ketton）翻译——这是为了可以更容易地揭穿经文中的异端思想，而这个任务彼得本人也通过亲自撰写一部书来给以协助，这就是他的《反萨拉森邪教崇拜二卷书》（*Libri II adversus nefariam sectam saracenorum*）。[①]“从那时起，基督教发现自己面临两大鲜活宗教的冲击，这种冲击迥异于不同基督教徒之间的学说分歧。”[②]基督教世界自身受到异端与分裂的威胁，现在又不得不应对一种极其世界性的文明带来的挑战。同时，阿拉伯世界的学者们的著作和译作，也给基督教世界带来了不小的震撼。那些较有远见的人感到应将这些知识用于支持基督教的信仰；这个运动中包括针
219 对异邦人的神学汇编书籍，以及对自然、对数学、对希腊文献尤其是亚里士多德重燃的兴趣。对亚里士多德观念（文本起先是从阿拉伯文翻译过来的，包含了新柏拉图主义和阿拉伯人的思想，其后才有了译自希腊原文的较为纯粹的亚里士多德观念）的阐释，与大阿尔伯特及他的学生康定培的托马斯，还有圣托马斯·阿奎那的名字紧密联系在一起，这种阐释加强了人们对亚里士多德哲

① 吉尔森（Gilson）：《中世纪基督教哲学史》（*HCPMA*），635—636页。

② 同上，172页；亦见238、240、275页。

学中正面论述的目的论自然观的兴趣。[①]

在十二世纪，人们已经对自然流程和次级原因越来越热衷，这是因为人们认识到，只把创世中最琐碎的与最根本的方面一视同仁地归功于上帝的智慧是没有什么用处的。桑代克曾经举过两个绝妙的例子。生活在十二世纪的巴斯的阿德拉德（Adelard of Bath），他的侄子想知道大地上长出草木的原因，问道："除了奇妙的神圣意旨产生的奇妙结果，你还能把这归功于什么呢？"阿德拉德同意这的确是造物主的意旨，但是其中也不乏自然的因素在起作用。当他侄子将一切原因一股脑儿地归功于上帝时，阿德拉德回应道，在并不贬损上帝的情况下，自然界"并非混乱而无体系"，而且"应该给人类科学一个就其所涵盖的这些观点发言的机会。"[②] 在诺曼底的孔什的威廉（William of Conches）是阿德拉德的同时代人，他对那些认为"我们不需要知道这从何而来，但我们知道上帝能够做到"的人相当不满，他回应道："你们这些可怜的愚人，上帝的确可以用一棵树造出一头奶牛，可是他几时这么做过？所以你们得给出些理由说明事情为何如此，否则就别再说什么'事情就是这样'了。"[③]

---

① 列夫（Leff）：《中世纪思想》（*Med. Thought*），171 页。亦见吉尔森关于阿维森纳、阿威罗伊和圣托马斯的亚里士多德学派思想的论述，《中世纪基督教哲学史》，387—388 页。

② 被桑代克（Thorndike）引用，卷 2，28 页。在《自然探究》（*Quaestiones Naturales*），第 4 章。见切努（Chenu），前引书，书中各处。

③ 被桑代克（Thorndike）引用，卷 2，58 页。在《论世界哲学》（*De philosophia mundi*）=《教父文献全集，拉丁教父集》（*PL*），卷 90，1127—1178 页；或卷 172，39—102 页。关于《论世界哲学》的组织，见吉尔森（Gilson）：《中世纪基督教哲学史》（*HCPMA*），623 页。见切努（Chenu），前引书，书中各处。

地中海文明（包括了基督教和伊斯兰教）的世界性特征带来了一场新的骚动。伴随着西西里被诺曼人征服（1060—1091 年），在罗杰一世（Roger Ⅰ）的统治下，一种基督教－伊斯兰教的文明开始滋长，穆斯林取得了权威地位。伟大的阿拉伯地理学家阿尔-伊德里西（al-Idrisi）曾供职于罗杰二世（Roger Ⅱ）的宫廷，而在腓特烈二世（罗杰二世之孙）的统治下，亚里士多德与阿威罗伊（Averroes）著作的译本成为新建立的那不勒斯大学课程的一部分（那不勒斯大学在 1224 年建立，圣托马斯·阿奎那曾就读于此）。西西里的腓特烈的王国含有使用希腊语的希腊元素，同时也有使用阿拉伯语的穆斯林元素，还有通晓拉丁语的学者。[①]

即便是圣托马斯·阿奎那，也并非“如同阿尔伯特或阿伯拉
220 （Abelard）一样，是北方哥特人的后裔，而是生长在那个封建欧洲与希腊和萨拉森世界相混合的西方文明的奇怪边界之地［那不勒斯］。”[②]

穆斯林世界有共同的法律、语言和宗教，但它在某些程度上仍然是古老的、根深蒂固的地中海文化的产物，而地中海文化的世界主义不仅来自伊斯兰教学说，也同样曾受惠于犹太教和基督教的学问。托马斯·阿奎那借鉴了迈蒙尼德与阿威罗伊的观点，也“使用了从穆斯林经院哲学那里知悉的论辩方法。”[③]

---

① 希提（Hitti）：《阿拉伯人简史》（*The Arabs. A Short Story*），206—211 页。

② 克里斯托弗·道森（Christopher Dawson）：《中世纪论文集》（*Medieval Essays*），133 页。

③ 冯·格鲁尼鲍姆（von Grunebaum）：《中世纪伊斯兰》（*Medeval Islam*），342 页。亦见克里斯托弗·道森在其《中世纪论文集》中的两篇文章：“中世纪晚期文化中的穆斯林东西方背景”（The Moslem West and the Oriental Background of Later Medieval Culture），及“中世纪文化中的科学发展”（The Scientific Development of Medieval Essays）；尤其是 111 页，关于伊斯兰的文化统一性。

来自欧洲南部的风气激发了人们的兴趣，从地理学到环境的影响，乃至地球的本质和万物的属性，无不令人好奇。当时，信奉“一个神意设计而经和谐适应之地球”的概念并没有削弱，但亚里士多德著作中推行的目的论却为人们打开了一些新的解读范畴（例如世界永恒的学说），它们比起前人仰仗《圣经》和《蒂迈欧篇》得到宇宙演化论时的状况，更多地脱离了《圣经》诠释的框架。情势已经改变；固然有人因循守旧对新学不屑一顾，但那条道路是危险的。“另外一些人看到基督教神学在世俗学问的主要领域中被异教徒和无信仰者远远超过而深感恐惧，认为自己有责任赶上那些‘哲学家’，使基督教徒与对手们平起平坐。”像罗伯特·格罗斯泰斯特、罗杰·培根（Roger Bacon）和大阿尔伯特这样的人物“同样深信，归根结底，获取世俗学问有助于传播基督教真理，但他们的著作见证了名副其实的科学兴趣。”[①] 这种基督教神学与亚里士多德目的论的部分结合，以及《圣经》中揭示的“圣言”与对自然环境近距离观察的部分结合，加强了从宇宙论和物理神学上对上帝存在的证明。

10. 阿威罗伊和迈蒙尼德

让我们来简要地看看来自这个南方文明的两个例证——阿威罗伊和迈蒙尼德。阿威罗伊关于设计论和目的论的理念属于亚里士多德学派，是基督教思想的穆斯林对应版本。穆罕默德

① 吉尔森（Gilson）：《中世纪基督教哲学史》（*HCPMA*），275 页。

（Mohammed）的宗教也是一种启示宗教，是一神论的，有一位无所不能的真主，同犹太-基督教中的上帝一样创世与统治世界。在古兰经第16章《蜜蜂篇》（*The Bee*）里提到，真主关注着他亲手所创的世界，尤其关心人类。那些较低等级的万物都为真主而生，服从真主的统治，这与《旧约》里提到的相类似。

阿威罗伊就像那些热衷于围绕艺术呀、自然呀、作品呀这一类词语进行古典式类比的基督教思想者一样，认为工匠类比是理解创世的根本途径。当研究各种生物之时，我们首先必须认识到它们内蕴的艺术，随后是艺术作品，最后是创造这些作品的艺术工匠。与此相似，我们在宇宙中认识到工匠的艺术；对作品所揭示的艺术认识得越详尽，人们对艺术家的认识也就越完善。[①]

221 神圣法则邀请人们对宇宙进行深刻而理性的研究（此处引用了《古兰经》，59：2）。穆罕默德曾如此评论那些不承认他的启示的人："难道他们没有观察天地的主权和真主创造的万物吗？……"（《古兰经》，7：185）阿威罗伊还说，神圣法则认为人们有义务以理性的推断去思索宇宙。这种推断的最完美形式是称为实证的理性三段论。因而人们就必须分辨实证的、辩证的、雄辩的和诡辩的这些各种各样的三段论之间的区别。

然而三段论是由不同天性、不同习俗、不同品味和不同教育背景的人们所构建的，于是对宗教法则的解读势必大相径庭。因

---

① 阿威罗伊（伊本·鲁施德）（Ibn Rochd）：《宗教与哲学一致的决定性论述》（*Traité Décisif sur l'Accord de la Religion et de la Philosophie*），阿拉伯文原文，并由利昂·高蒂尔（Léon Gauthier）译为法文、作注释及导言，第3版，1—2、4—5页。此处的分析是基于法文译本作出的。

此，对种种解读者作出三个阶层的分类对阿威罗伊哲学来说至关重要。由于《古兰经》是神圣的经书，它对三个阶层都有吸引力。

第一阶层的人对任何形式的解读都无知无识，他们只接受雄辩的论争和劝导辞令。其实所有的人都在某种程度上属于这个阶层；精神健全的人都经历过这样的状态，不过总体而言，这个阶层是不问缘由就相信神秘现象和奇迹的普通大众。

第二阶层比第一阶层要求高些。这一阶层里面有人偏好辩证的论辩，他们也许天生是辩证论者，也许天性和长期习惯因素兼而有之。他们是阿威罗伊的祸害，因为他们这种神学家只看到矛盾和困难，却既没有能力找到、也没有能力领会一个实证的解决之道，即便他们的推理可能与真理有某种相似性。这些人将他们的不同解读传播给等而下之的平庸之辈，而后者更是作出各式各样的拙劣理解，从而造成了互相敌对的教派，产生了迫害和骚乱，也带来了伊斯兰宗教战争。倘若没有这些教派，抑或政府只允许两个高阶层向低阶层传播适当的解读，那么宗教和平就会重新建立起来，因为这样低阶层的人便不必费事去弄懂其无法理解的哲学家，也不再受神学家的荼毒。

第三阶层的人数最少，他们否认一切奇迹或神秘现象，只信 222
任无懈可击的实证。他们可能天生如此，也可能受哲学的熏陶变成这样。这些哲学家能感知到问题的症结，并用一种单一而独特的方法解决这些问题。

普通大众和哲学家在各自的范畴内都是健全人。与那些辩证论的神学家不同，他们于宗教无害且不会造就新的教派。然而只有极少受过训练的自律者，才能达到对世间万物和伟大哲学思想的深刻理解。将宗教法则的不同解读不负责任地传播给无力正确理解它们的人，那是有百害而无一利的事情。真正的释经工作是高度专门化的，所以哲学家与普通大众对自然的观念存在着、也应当存在理解上的鸿沟。①

伊斯兰世界对《古兰经》的注释较之基督教的释经活动可能更为细致，数量也更胜一筹。当阿威罗伊的思想传入拉丁西欧，那里的基督教释经工作本身已经提出来的问题便更加突出了。双方都显示了探究的冲动，而这是释经工作无可避免地定会引起的。比如在巴西尔的释经文字中，这表现为逐字逐句的讲解，并充满了来自古典植物学、动物学、地理学、天文学及其他科学的事实；而在安布罗斯、奥古斯丁和爱尔兰人约翰等人的六日创世作品中，则表现为象征性的。这种探究正如阿威罗伊所言，还可以是在不同层面上的，普通大众从外部和象征的意义上认知，哲学家从内部及深层的意义上感悟。不同历史环境要求不同的补救方式，正如托马斯·阿奎那在反驳异端邪说时所看到的，一时可能需要一位通晓《旧约》的犹太教徒，一时可能需要一位熟悉《新约》的异端人士，一时用得着一位本人曾为异教徒、因而能和异教徒打交道的早期基督教父，而一时又要有一位毫不关心基督教《圣经》的穆斯林。某些释经著作也许需要更多地强调自然，另一些则需要更重视启示，正如金口若望、奥古斯丁、阿奎那、鲁尔和西比乌底都意识到的那样。

---

① 阿威罗伊（伊本·鲁施德）（Ibn Rochd）：《宗教与哲学一致的决定性论述》（*Traité Décisif sur l'Accord de la Religion et de la Philosophie*），8、23—26、29—31页。亦见高蒂尔（Gauthier）的评论，xi—xiv页。

这个时期的释经著作成为一种社会学知识，一种在分析自然方面（不管是从日常生活还是从象征意义来看）特别有效的探究。这就说明，对经文的解读可以是文化层面的，也可以是心理层面的，这种解读尽管不反对宗教上的虔诚，却有着独立于虔诚而自成一体的正当性。

迈蒙尼德格外值得注意，因为犹太教和基督教都对《旧约》
注释有着共同的关注。迈蒙尼德的释经作品并未将《创世记》按
字面解说，而是根据四元素理论进行了诠释。[①] 他生活的时代是
在对《圣经》的“高等批评”之前很久，他提出了两个创世故事
实则为一、可以相互协调一致的假说。在第一个情境中，男人和
女人被创造出来（《创世记》，1:27），创世告成（《创世记》，2:1）。
但第二个故事又描述了进一步创造夏娃、生命之树及知识、狡猾
的蛇，仿佛这些都是在亚当被安置在伊甸园之后发生的。迈蒙尼
德说，我们的所有贤哲都同意，这些创造是在第六天完成的，因 223
为自那天结束后，便不再有新事物诞生。“上述诸般事物无一虚妄，
全因自然法则当时尚未固定。”[②] 对安息日的遵守有两个目的：确
定创世的真实理论，并提醒我们要感念上帝将我们从埃及人的压
迫中解放出来。安息日“给我们以正确的概念，也促进我们身体
的安康。”它还使得人们能够安然舒适地度过人生七分之一的时
间。[③] 为了保存人类是如何繁衍迁徙的材料，各国都有自己的世

① 《迷途指津》（*The Guide for the Perplexed*），第 2 部分第 30 章，213—214 页。

② 同上，第 2 部分第 30 章，216 页。

③ 同上，第 2 部分第 31 章，219 页；第 3 部分第 43 章，352 页。

谱；倘若无此，人们便不免怀疑真相究竟为何了。[①]

迈蒙尼德议论宏观世界和微观世界时，认为并非所有的生命形式对自然秩序都是不可或缺的。有些物种由于能够生长繁育、代代相传，就成为世间系统不可分割的一部分；而另一些物种，像秽物上的昆虫、腐果污水里的生物、腔肠里的蠕虫之类，它们的生命毫无目标，也不能代代相传。“因此你会发现，这些小东西并不遵循一个固定的法则，不过想让它们完全消失是不可能的，正像人类不可能没有不同的肤色和发色一样。”[②] 自然界也给人类安排好了经济效益：必需品便宜，奢侈品昂贵。人们最需要空气，空气的量就比水来得多，而水又比普通食物来得多、来得便宜，更不用提高级奢侈的吃食了。[③] 不过这样一种粗略的实用主义自然神学并非迈蒙尼德思想的典型标志。

自然中的设计即意味着目的。但这是谁的目的呢？迈蒙尼德说，亚里士多德反复指出自然不做徒劳无功之事。植物为动物而存在；动物身上的每一部分都是经设计、有目的的。这个我们可以承认。“这一切都只是说明一个事物的直接目的；但是每一个物种终极目的之存在——探究事物本质的每个人都认为这个终极目的是绝对必要的——却很难发现，而想要找到整个宇宙的目的更是难上加难。”[④]

人不能得出宇宙是为人类而创造的结论。人应该知道自己的

---

① 《迷途指津》(*The Guide for the Perplexed*)，第 3 部分第 50 章，381 页。

② 同上，第 1 部分第 72 章，116 页。

③ 同上，第 3 部分第 12 章，271 页。

④ 同上，第 3 部分第 13 章，273 页。

位置；宇宙并非为人而存在，而是造物主想要它存在。人应该将自己视作一个等级架构中的一员，在苍穹和星辰之下，较之天使为低，但终究是在四元素所构成的生物中最高级的。“无论如何，人的存在是上帝给予的恩惠，人之与众不同、完美无缺都源自神赐。”[①]

神意究竟是如何设计和计划自然的？迈蒙尼德首先详细研究了前人的理论，然后提出了自己的设想。他说，亚里士多德提出每一 224
个物种，无论是理性生物还是非理性生物，其个体存在的偶然事件都是机会造成的，并非事先安排。一场风暴卷落树叶、翻腾海水、倾覆船只并淹没乘客，一头公牛排泄使得蚂蚁遭受灭顶之灾，房屋基础塌毁致人死亡：这些事件究竟是机会使然还是设计出来的？[②]

迈蒙尼德赞成亚里士多德的观点，即神圣天意并未设计好一类物种中个体成员的命运，但他认为人的情况是个例外。

> 我不相信神意插手了某一片叶子的落下，我也不认为某一只蜘蛛抓到了某一只苍蝇是上帝在那一时刻特别命令的直接结果；并不是天主的决定使得某一地某一人吐出的唾沫恰好落在某一只蚊子身上把它淹死了，也不是上帝的直接旨意让某一条鱼在水面上吞吃掉某一条小虫。

但是，假如有人随船沉没身亡，或是被掉下来的天花板砸死，那么这种死亡就并非偶然而是上帝的意志了。迈蒙尼德接受这个理论，因为他“在任何先知的著作中都没有读到过除了有关人类

---

① 《迷途指津》(*The Guide for the Perplexed*)，第 12 章，268 页。

② 同上，第 17 章，283 页。

以外的任何上帝旨意的描述。”[①]

11. 腓特烈二世论猎鹰

我们再多谈些欧洲南部的事情吧。如果说许多人在圣方济各给予一切生灵的尊严中看到一种有利于自然研究的氛围出现了，那么也有另一些人——其中查尔斯·哈斯金斯（Charles Haskins）十分引人注目——从《霍亨斯陶芬王朝腓特烈二世的鹰猎之艺术》（*The Art of Falconry of Frederick II of Hohenstaufen*，腓特烈二世，1194—1250 年）一书中发现，中世纪人们对自然的观察在自然史上留下了何等的功绩。[②] 有很多文章写到这部著作对自然史的

---

① 《迷途指津》（*The Guide for the Perplexed*），286—287 页。这个理论——上帝的神意覆盖人类的全体以及个体，但对其他生物只涉及全体——被罗马的吉尔斯（Giles of Rome）认为是谬误的。在他的《哲学家的谬误》（*Errores Philosophorum*）一书中，吉尔斯总结了亚里士多德、阿威罗伊、阿维森纳、阿尔加惹尔、阿尔肯迪和迈蒙尼德的谬误，作为“批判性地阅读新哲学文章、不忘信仰教诲的严厉警告及训诫。”见约瑟夫·科赫（Josef Koch）为里德尔（Riedl）翻译的此书所作的序言。吉尔斯的文本在Ⅻ迈蒙尼德（Maimonides），9，63—65 页。

② 《霍亨斯陶芬王朝腓特烈二世的鹰猎之艺术》（*The Art of Falconry Being the De Arte Venandi cum Avibus of Frederick II of Hohenstaufen*），由伍德和法伊夫（Wood and Fyfe）翻译并编辑。编译者的导言很大一部分是基于哈斯金斯的论述；书中有许多鸟类的精美图片，以及与腓特烈统治相关的建筑物图片，尤其是阿普利亚地区的。关于这部著作，见查尔斯·哈斯金斯（Charles H. Haskins）：“皇帝腓特烈二世的‘鹰猎之艺术’”（The ‘De Arte Venandi cum Avibus’ of the Emperor Frederick Ⅱ），《英国历史评论》（*Eng. Hist. Rev.*），卷 36（1921），334—355 页；同作者的《中世纪科学史研究》（*Studies in the History of Medieval Science*），299—326 页，此部分是《英国历史评论》所载文章的修改本；同作者的“关于运动的拉丁文作品”（The Latin Literature of Sport），《反射镜》（*Speculum*），卷 2（1927），235—252 页。亦见厄恩斯特·坎特罗维茨（Ernst Kantorowicz）：《皇帝腓特烈二世，补遗本》（*Kaiser Friedrich der Zweite, Ergänzungsband*），155—157 页是广泛的参引书目表。

科学研究所作的贡献，特别是在鸟类学方面，因此我们只需给出几句一般性的评论就足以显示这部著作为何负有如此盛名。腓特烈二世这位“罗马皇帝、耶路撒冷王和西西里王”，许多研究他的学者强调了他身处的知识环境所起到的促进作用，这个知识环境就是他的了解穆斯林、基督教徒和犹太教徒的西西里宫廷。“在腓特烈二世对猎鹰的研究中，他有着整个国家的官僚体系可以供他操纵”，他与住在帝国各个角落的人就猎鹰的情况保持着广泛 225
的联络。[①] 来自全国各地的信息使他对鸟类的学问所知甚广，比如气候与鸟类筑巢、迁徙和觅食习惯的关系等等。

最有趣的是腓特烈二世对待亚里士多德的那种漫不经心的态度；后者之于他只不过是个跟常人一样会犯错的权威罢了。腓特烈二世可以对亚里士多德的学说召之即来挥之即去，并且一旦他发现自己的观察、他朋友或其他猎鹰专家对鹰的描述与亚里士多德相悖的时候，他从不会为相信谁而迟疑不决。举例而言，腓特烈二世曾观察到鹰在凝视着某件物体时，它的黑瞳孔会放大，而一旦不再全神贯注于某物，这种状态就消失了。[②]

① 哈斯金斯，前引文，《英国历史评论》，卷 36（1921），353 页；关于例证，见 354—355 页。

② 见总序言中对亚里士多德的批评。“腓特烈的不拘传统和权威，最清楚地体现在他对亚里士多德的态度上。”哈斯金斯（Haskins），前引文，《英国历史评论》（*Eng. Hist. Rev.*），卷 36（1921），346 页。关于一种既对穆斯林、又对腓特烈实验的严谨评论，见冯·格鲁尼鲍姆（von Grunebaum）：《中世纪伊斯兰》（*Medieval Islam*），334—336 页。关于从罗杰一世开始的西西里-阿拉伯历代君主，见菲利普·希提（Philip K. Hitti）：《阿拉伯人简史》（*The Arabs. A Short History*），208—211 页。罗杰二世和腓特烈二世被称为“西西里受洗二苏丹”。希提认为（210—211 页），腓特烈二世最伟大的成就是他在 1224 年创建了那不勒斯大学。关于对鹰隼瞳孔的研究，见《鹰猎之艺术》（*The Art of Falconry*），第 1 部第 24 章，60 页。

书中关于古代人打扰这个食肉猛禽世界的话语充满了深切的知识和情感。以我之见，自然史著作中罕有文章段落能超过下面这段关于猎鹰这种猛禽中的懒虫和懦夫各自如何捕食、有何遭遇的描写（Ⅳ，27—28）：

> 猎鹰里的懒虫们本可以做得更好，但它们倦怠消极，无所事事。懦夫们是那些曾被鹤类啄伤的猎鹰，所以它们害怕或者不愿意去攻击、去捕食。可以看出，此二者的区别在于前者掩盖了自己的本性，后者却是真的心存恐惧。懒虫们一旦碰到体弱或受伤的鹤类便会取而杀之；而懦夫们只要还在恐惧中，就不会去碰一碰任何猎物，不管是受伤的还是没受伤的，不管是体力不支的还是健康强壮的。[①]

对腓特烈二世而言，这样的狩猎是他真心热爱的一门艺术；他鄙视那些靠陷阱、猎网和猎犬之类去狩猎的人。他在书的自序中说，鸟类的生活是“自然界最富吸引力的现象”之一，对鸟类生活的研究是了解自然的一个途径。尽管腓特烈二世知道关于猎
226 鹰的东方著述，但人们的一般看法是他极少依赖这类书籍，他的著作是独出机杼的创新作品，就连引用亚里士多德的观点，大多数时候也是为了表达自己的不同意见。[②]

从更广义的地理学角度来看，腓特烈二世的著作采纳了关于

---

① 《鹰猎之艺术》，第 4 部第 27—28 章。引文摘自第 27 章，303—304 页。

② 见哈斯金斯，前引文，《英国历史评论》，卷 36（1921），346 页。

地球上七个“纬度带”（klimata）的古代学说（如阿尔-伊德里西所论述的）；他在书中讨论到不同鸟类选择何种地带筑巢、在何种地带内迁徙，以及何种区域适宜于猎鹰捕食。书中也体现了腓特烈二世对北纬地区及其鸟类和鸟类迁徙活动的认识。[①] 或许腓特烈二世宫廷中的地理学传统依然很有势力，因为阿拉伯地理学家、地图绘制家阿尔-伊德里西（约1099—1154年）曾在腓特烈二世的祖父、罗杰二世（1101—1154年）的巴勒莫宫廷中供职长达二十五年之久。

那么这部细致入微的技术专著的一般观点究竟为何？一种亚里士多德式的目的论阐释了生物器官的性质，但是并没有宗教上的弦外之音。腓特烈二世说，鸟儿的每种器官都是由适宜其功能的材料制成的，每种器官都有个功能性的目的。由此，假如说大自然创造了动物器官来履行特定的功能，那么也可能预料，自然创造一种鸟是为了消灭另一种鸟，也就是说，“自然创造一个物种是为了毁灭另一个物种，根据此公理，自然非但对此仁慈、对彼凶恶，而且更重要的是，自然同时展现出两个相反的方面，因为每个物种都在另一个物种身上发现对己有害的东西。”[②] 驯鸟活动中包括训练鸟类做并非本能之事。鹤类的体型大于猎鹰，他说，猎鹰不会出于本能而自愿地去捕捉这样的大鸟，所以人必须教导并帮助猎鹰，它们才会这样做。[③]

这部著作的重要之处并不在于当时人们对猎鹰的了解已经

---

① 《鹰猎之艺术》，第2部第4—5章；关于鸟类迁徙的内容在第1部第22—23章。

② 同上，第1部第23-Ⅰ章，57页。

③ 同上，第4部第27章，303页。

达到如此境地，也不在于人们对鸟类长达三十年的细微观察和驯化鸟类的纯熟技巧，而在于一位有学问的皇帝和辅佐他的专家们在研究这些事情并把它们记述下来。坎特罗维茨（Kantorowicz）曾很有见地地提出，并不是这种观察的传统中断了、然后又被腓特烈重新发现，因为中世纪的农夫猎户与过去时期的农夫猎户同样观察敏锐，但是那些有能力用文学语言清晰表述自己观察所得的人，却罕有关注外部感官世界的。① 腓特烈二世这位皇帝有着农夫猎户般的敏锐目光，又对自然世界兴致勃勃，还训练有素地用文字记载自己的观察。这才是腓特烈二世著作的意义所在。

227
12. 大阿尔伯特

尽管无法与腓特烈二世进行比较，但欧洲北方的大阿尔伯特（1193—1280 年）同样赞成理性而独立的自然研究。的确，他对本书所讨论的各种观念的历史全都有所贡献。“神意设计的地球”这一观念在他的著述中反复出现，这是他神学思想中必然而重要的组成部分。他全面评论了亚里士多德的自然哲学，并适度加上自己观察所得的新鲜内容。② 他写作地理方面的东西，看来是效

---

① 坎特罗维茨（Kantorowicz）：《皇帝腓特烈二世》（*Kaiser Friedrich der Zweite*），336 页。

② 关于经过深思熟虑的评价，见雷文（Raven）：《科学与宗教》（*Science and Religion*），66—73 页。雷文也表明，对作为自然史学者的阿尔伯特的研究中，关于理性主义和圣徒传记方面存在着难点（71 页）。

仿塞维利亚的伊西多尔所作的地名和地方描述概要的模式（而伊西多尔在这方面与普林尼相似）。不过阿尔伯特除了描述之外，还加上了自己对环境影响理论持续不断的探讨（见本书第六章第4节）。他在认可人类作用造成环境变迁这方面涉及较少，但也尝试着理解动植物驯化、施肥的好处和砍伐树木对土地的影响等等（见本书第七章第7节）。

早期基督教徒对地球的观点受到柏拉图、新柏拉图主义以及后来的奥古斯丁的影响，认为地球代表创世工匠的最终产物，自然秩序就像一幅镶嵌拼图，每一样事物都适得其所，造物主的设计也清晰可见。阿尔伯特的著述融汇了《圣经》中创世的记述（摒弃关于宇宙永恒的亚里士多德派观念）和亚里士多德的思想，其中古老的地球观并未销声匿迹，但在论述重点上已经有了微妙的变动。不仅每一个生物个体乃至其每个组成部分都有自己的目的，而且万物整体也有着目的性。在这里，目的论自然观中最微妙的观念——即自然不做徒劳无功之事——蓬勃复苏了。

我们在评价阿尔伯特的贡献时必须避免两个极端：既不应只强调他对过去的模仿而贬低他，也不应将他过分褒扬为一个创新者，却对他著述中的寓言故事、动物知识、鬼神论和占星术这些东西视而不见。

大阿尔伯特为当下的自然环境及对自然环境的正确观察赋予了新的价值。他是多明我会（Domincan order）的游方行乞教士。多明我会的加弥（Jammy）在十七世纪中叶编辑出版了阿尔伯特的著作，他指出，阿尔伯特曾沿着各个修道院步

行，一路乞讨为生。很可能他的行程与自然观察密切相关。他周游德国、意大利和法国各地，在1254年他被任命为日耳曼
228 的教省长官之后更是广泛游历。从1254年至1259年，他访问了德国南北的各个多明我会修道院，足迹远至北海附近的吕贝克。[①]

在从一个修道院到另一个修道院的旅途中，阿尔伯特步行穿越奥地利、巴伐利亚、士瓦本、阿尔萨斯、莱茵河和摩泽尔河河谷，到达过布拉班特、荷兰、威斯特伐利亚、荷尔斯泰因、萨克森地区、迈森和图林根。[②] 由此他对欧洲的一些强烈对比的景观相当熟稔，例如阿尔卑斯山、莱茵河河谷及莱茵河支流流域（他本人最喜爱科隆）、德国中部高地及北欧平原。

阿尔伯特孜孜以求的是以学习为基础的自然神学。人类的知识远非完整，只要它还不完整，人们对上帝及其作品的认识就远远不够；对自然的了解和观察是符合基督教精神的，而且对于掌握造物主及其创造物的真知也是必要的。在阿尔伯特看来，地球之美不只是象征符号，地球上显明的秩序也不仅仅是神意设计的

---

① 加弥（Jammy）对阿尔伯特著作卷1的导言，耶森（Jessen）：《当代及古代植物学》（*Botanik der Gegenwart und Vorzeit*），145页。由迈耶（Meyer）开始、其友耶森完成的阿尔伯特（Albert）的《论植物》（*De Vegetabilibus*）版本，1867年在柏林发行。关于阿尔伯特的旅行，亦见威默（Wimmer）：《阿尔伯特·马格努斯的德国植物志》（*Deutsches Pflanzenleben nach Albertus Magnus*）（1908年），8—9页。

② 耶森，前引书，145—146页。

简单说明。[①] 举例而言，阿尔伯特在论及洪水的本质时，就提到了历史上的例子，包括殃及整个世界的洪魔、规模稍小的洪水以及地区性的水灾。他说，确有一些人把这些洪水全都归因于神意，他们主张，除了知道是上帝使之发生外，人没有必要探求更多。阿尔伯特认为，我们部分同意这个观点，“这个由上帝意志所操控的世界也同样是为了惩罚恶人而创造出来的。但是我们说，上帝是通过自然因素来这样做的，自然因素的原始推动者，即上帝本人，也能够推动任何其他事情。更重要的是，我们并不问询上帝旨意的原因，而只是探究这里面的自然因素，这些自然因素就像是在这类事项上实施上帝意愿的工具。”[②]

地球是适合人类堕落以前的完善之人居住的家园；而人类堕落之后地球仍然是人们的安居之所，即便自然已经不再具备早先的尽善尽美。比如在人类堕落之后，地球上就第一次长出了蓟类

---

① 耶森（Jessen），前引书，152 页。因为阿尔伯特著作中有遭禁的部分，他的思想依然没有得到很细致的研究。在关于其自然史的研究著作中，我以为最有价值的是：厄恩斯特 · 迈耶（Ernst Meyer）：“大阿尔伯特”（Albertus Magnus），《林奈》（*Linnaea*），卷 10（1836），641—741 页；卷 11（1837），545—595 页。这篇文章显示了人们对作为自然史学者的阿尔伯特的研究有多迟、又是多么错误不断；关于迈耶对这一题目早期研究者的批评，见卷 10，642—652 页。这些文章在迈耶的名著《植物学史》（*Geschichte der Botanik*）卷 4，9—84 页中有概要。迈耶指出，阿尔伯特对农业和种植业的观念其后出现在一位著名的意大利农业作家佩特罗·克雷申齐（Pietro Crescenzi，1230?—?1310 年）的著作中。迈耶讨论了阿尔伯特的徒步旅行对其自然研究的重要意义。威默（J. Wimmer）的《阿尔伯特·马格努斯的德国植物志》（*Deutsches Pflanzenleben nach Albertus Magnus*）是关于阿尔伯特的自然史的基础研究著作。

② 大阿尔伯特：《论元素属性的原因》（*DPE*），论文 2，小标题 9，《大阿尔伯特作品集》（*Works*），加弥（Jammy）编辑，卷 5，311 页。

229 植物和有毒物质。[①] 尽管自然界可能不再完美无缺，但对自然的研究将人们引领入一个知识王国，其中的知识本身就很值得了解，同时也相当有用。

从自然研究中学习不仅是愉悦的享受，更是有益于个人生活、造福于国家的事情。在承认一切自然现象都服从于唯一自然原则的前提下，无论如何各种易于改变的事物还是能够通过技艺和人工培育来改变的，不管是变好还是变坏。人类能给植物带来很大的改变，通过施肥、翻土、播种和嫁接等方式让野生植物变成家养栽培植物。阿尔伯特接着说，让我们谈谈开垦田地、花园、牧场、果园，以及其他这类活动，植物通过这些活动就从野生变为驯化的了。[②]

阿尔伯特不像他的学生圣托马斯·阿奎那那样作出抽象的程式化叙事，他的写作范围很广，从圣托马斯所关心的较为强大的问题，一直写到谷仓马厩的熟悉气味。阿尔伯特的著作中关于农业的部分大多源自罗马时代的作家和帕拉迪乌斯（Palladius）的著作，对他们所提到的施肥、翻土和嫁接等事情进行生动新颖的解说。他也热衷于土地分类，[③] 热衷于研究新开垦的土地，以及砍倒的大树树根侵夺农作物养料、山坡上水土流失到下面山谷等等

---

① 《神学大全》(*ST*)，第 2 部分，论文 11，问题 44，279 页；问题 46，备忘录 3，314 页。引述比德、奥古斯丁、《创世记》第 3 章，《大阿尔伯特作品集》，加弥编辑，卷 18。

② 《论植物》(*De Vegetabilibus*)，第 7 部，论文 1，第 1 章，《大阿尔伯特作品集》，加弥编辑，卷 5，488 页。

③ 同上，第 7 部，论文 1，第 5 章，前引书，卷 5，492—493 页。

问题。[①]

圣阿尔伯特头脑中的“神意设计的地球”绝不仅仅是个抽象观念，或者仅仅是常规化地演示着物理神学对上帝存在的证明。这个地球是神圣的，是上帝的创造物，但这并不意味着它就不能用葡萄园主、园艺师和农夫们的语言去谈论。

13. 圣托马斯·阿奎那

圣托马斯·阿奎那在《神学大全》（*Summa Theologiae*）一书中列举并阐述了上帝存在的五大论据，其中第五个脱胎自世界管理的证明。在诸般缺乏为目的而行动的智力的生物中，我们也能看到其行为的秩序和规律性，这显示出一个有知识、有智慧的存在体在指导着这些生物，“正如需要弓箭手来施射，箭才能中鹄。”于是我们知道，必定有一种始终引领万物的智慧之存在，“而这种存在，我们称之为上帝。”[②]

工匠类比同样有助于解释被造万物的多样性和多重性。 230

> 由于每个施动者都想尽可能地将自己的相似形象引入自己产生的效应（当然要在这个效应能够接受其相似形象的程

① 关于新开垦的土地和砍伐树木的问题，见第 8 章；关于山坡水土流失，见第 7 章，前引书，卷 5，492—496 页。

② 五大证据见托马斯·阿奎那（Thomas Aquinas）:《神学大全》（*ST*），第 1 部分，问题 2，第 3 条，13—14 页。亦见托马斯·阿奎那:《驳异大全》（*SCG*），第 1 部第 13 章，第 5 段，在其中圣托马斯论述了大马士革人约翰及阿威罗伊。

> 度上），因此，行动者本身越完美，它就能越完美地做到这一点。很明显，一件东西越热，它产生的效应就越热；工匠手艺越好，他就越能把自己的艺术形式注入所创的作品之中。当然上帝是最完美的施动者。因此，他有这个特权将他的相似形象最完美地引入被创造的生物，其程度与被创造生物的本质相吻合。

没有任何一个物种能达到这个上帝的相似形象。没有任何一个被造物能以充分方式表达上帝的相似形象，没有什么能和上帝平起平坐。“因此被创造的万物呈现多重性和多样性是必要的，这样方可按照它们内在的特质展现完美的上帝相似形象。”[①]

自然的等级架构和连续性——它所呈现的多样、富饶、多重和丰满——都是为成为上帝的完美代表而必要的。[②] 事物越多样、越多重，就越接近完美的状态。这个论点与圣托马斯关于上帝存在的第四条证据相一致，第四条证据是“事物中展现的层级性”。

进一步而言，生物中有多重物种好过某一物种内部有多重个体。圣托马斯的思想很接近自然平衡与和谐的概念：尽管有制造出冲突的特性（比如说，狮子捕食羔羊的特性就无可厚非），各种生物的生活方式中还是存在着一种秩序。自然界中没有哪个物种能够仅凭自身之力繁衍而在世界上占据统治地位。世间万物的

---

① 《驳异大全》（*SCG*），第 1 部第 45 章，第 2 段。

② 同上，第 2 部第 45 章，第 3—4 段。亦见洛夫乔伊（Lovejoy）：《存在的巨链》（*The Great Chain of Being*），73—80 页。

差异性和不平等对于秩序来说是必要的，这看来意味着，很多在智力层级上、形态上和物种上截然不同的生物之间进行有秩序的相互协作。[1]

在生物的创造之中蕴含的法则是上帝的智慧，因而尽善尽美的世界必然会呼唤某些能够分享上帝智慧本性的生物。既然上帝创世是出于仁慈，并且希望将自身形象传递给他的创造物，那么所创生物中的上帝相似形象必然不仅包含外貌，还要包含知识。这样，人便从芸芸万物中脱颖而出了。[2]

圣托马斯评论了《圣经·诗篇》的用语（关于上帝的工 231
作和“你手的工作”），并补充说：“我们把天和地以及上帝所创的一切事物，都理解为工匠制造的工艺品。”[3]“为传授对上帝的信仰，确有必要对神的作品做此类冥思。”我们能崇仰并思考上帝的智慧（他在此引用了《诗篇》103：24，即圣经修订标准本 104：24）。这部书呼吁人们通过沉思上帝的作品来寻求知识以支持信仰，它引述了圣经和次经中关于自然和万物之美描写得最好的段落：《便西拉智训》、《诗篇》和保罗致罗马人、科林斯

① 《驳异大全》（*SCG*），第 2 部第 45 章，第 6—8 段。以下是圣托马斯的概述：“万物中的差异性和不平等性并非偶然的结果，也并非物质的区别所造成，更不是某些因素或者品德的干预所致，而是上帝自己的意图使然，他想给每一个被造物它可能拥有的完美状态。”《驳异大全》，第 2 部第 45 章，第 9 段。在第 10 段中，他在对《创世记》1：31 的评论中继续了这一主题。

② 同上，第 2 部第 23—24 章；第 46 章，第 2、5—7 段。

③ 同上，第 2 部第 1 章，第 6 段；第 2 章，第 1 段；亦见第 24 章，第 4—6 段，其中再次引用了《诗篇》104（103）：24；以及第 26 章，第 6 段。

人的书信。[1] 这些章节也在很大程度上启发了近代的自然神学。

正如人类工匠的技艺一样，上帝的技术和手艺也需要秩序、智慧和知识。圣托马斯援引亚里士多德学派著述、《诗篇》和《箴言》，论证上帝行为的理由，批评了“那些宣称一切事物都毫无缘由、只是依赖上帝意愿的人的错误观点。”[2] 圣托马斯还再度援引了智慧论据和工匠类比：“因此，所有的秩序都必然是由拥有知识的生命以智慧来实施的。即令如此，在机械工艺领域，建筑设计师还是被称为他们这个行业中的智者。”[3]

圣托马斯和其他繁琐派学者为自然神学和启示神学划分了清晰的界限，并且认为如果说前者稍逊于后者，它也至少在解释自然和理解上帝方面提供了有价值的助益。当时，过分执迷于自然神学对信仰的危险性，和阅读自然之书对启示宗教的危险性都尚未变得显著。这种危险性的显露是后来在雷蒙·鲁尔和雷蒙·西比乌底的著作中，以及在近代，表现在自然神教信仰者对自然神学的厚爱之中，而且这不仅限于自然神教信仰者，许多虔诚敬神者和正统教派人士同样抱有此种观念。

---

① 《便西拉智训，或西拉之子耶稣智慧书》(*Ecclesiasticus, or the Wisdom of Jesus the Son of Sirach*)，1:9、42:15;《诗篇》，139:6，11，14;《所罗门智训》(*Wisdom of Solomon*)，13 : 4 ;《诗篇》，104 : 24、92 : 4)；《罗马书》，1 : 20 ;《哥林多后书》，3 : 18，以及其他。对圣经修订标准本及次经的引用，与《驳异大全》木刻版本第 2 部第 2 章脚注或文本中对拉丁通行本圣经的引用有所不同。

② 《驳异大全》(*SCG*)，第 2 部第 24 章，第 7 段；第 4 段和第 6 段摘引了亚里士多德《形而上学》(*Metaph.*) I，2，和《尼各马可伦理学》(*Eth. Nic.*)，Ⅵ，4；以及第 6 段摘引了圣经修订标准本《诗篇》104 : 24 和《箴言》3 : 19。

③ 同上，第 2 部第 24 章，第 4 段。

在圣托马斯的著作中，秩序、规划与设计的观念与万物之美的思想融合在一起，《圣经》中描述的万物之美产生出了严格的自然神学。[①] 圣托马斯的《驳异大全》（*Summa Contra Gentiles*）
写出了中世纪关于自然神学的最重要也是最令人信服的论述。他 232
提炼出（并感谢了）早期基督教父针对异教徒的非难，通过自然之美和自然史来支持基督教的思想。在他的自然神学中，圣托马斯认识到多见于中世纪描写自然的作品里的两大主题（已见于上文）：启示宗教中上帝的存在除《圣经》之外无须其他证明，但是自然秩序里的证据可以添加补充的支持，为了解上帝如何行事开启新的途径。这也是上帝之书与自然之书的区别之所在。

亚里士多德的目的论和他关于“自然不做徒劳无功之事”的概念是支持这种自然神学的。但是圣托马斯的思想并不局限于亚里士多德，事实上，他改造了亚里士多德的学说，使其为基督教的上帝代言。[②]

然而，将自然、人和地球分开述说是徒然无益的，因为它们共同构成了一个更广大的问题，即基督教作为一种宗教的地位，以及它是否有能力克服无论是内部还是外部可能出现的谬误，达到智力的品质和尊严。圣托马斯的时代面临着类似于早期基督教父们遇到的问题，当时教父们用自然世界和古典科学的证据来支持他们关于上帝、创世和自然秩序的理念。圣托马斯对这个问题洞若观火：

---

① 见韦布（Webb）：《自然神学史研究》（*Studies in the History of Natural Theology*），235—236 页。

② 见吉尔森（Gilson）：《中世纪基督教哲学史》（*HCPMA*），365 页。

> 然而，针对个体错误进行驳斥是很困难的事，这里有两个原因。首先，困难在于我们对那些个人亵渎神明的言论不那么熟悉，所以我们只能用他们的原话作为反驳他们错误的基础。这也确实是早期的基督教父们反驳异教徒错误的时候所采用的方法，那些教父们明白异教徒的立场，因为他们自己曾经是异教徒、或者至少曾经生活在异教徒中、受过异教的教育。其次，困难在于他们中间的一些人，例如伊斯兰教徒和其他异教徒不同意我们的意见，即认可任何《圣经》经文的权威性，而《圣经》可能会说服他们认识到自己的错误。所以，我们和犹太人争辩时可以用上《旧约》，我们和异端人士争辩时可以用上《新约》。但是伊斯兰教徒和其他异教徒既不接受《旧约》也不接受《新约》。因此，我们必须诉诸自然理由，这个所有的人都不得不赞成。不过，自然理由遇到与神相关的事情时有短处，这也是真的。[①]

而且，还有自然是仁善还是邪恶这个问题，它是在基督教神学中反复出现、令人困惑的一个主题，而且有两个观念把这个问题复杂化了：人类堕落后对自然的诅咒，以及可感知的世界在物质上和道德上都次于上帝之城。在圣托马斯身上，我们没有发现在大阿尔伯特的《论受造界》（*Summa de creaturis*）里看到的那种对观察自然的兴趣，也没有发现如同阿西西的圣方济各特有的那样对自然和生物几乎是神秘而抒情的依恋。然而毫无疑问的是

① 《驳异大全》（*SCG*），第1部第2章，第3段。

圣托马斯认识到了自然及自然的哲学与神学意义。他一贯努力展 233
现自然之美丽仁善，与极端的超脱尘俗思想——包括对人类家园地球的蔑视和对生活中种种问题的蔑视——作斗争。

> 托马斯孜孜不倦地表明自然之仁善。在这里很重要的一点是要理解他写作时的外部环境。他在抨击那种认为自然是恶魔的假说的时候，并非只是在批评一种不合常情的理论。他还担忧对中世纪教会造成的有史以来最大危险。十三世纪时，摩尼教信仰广泛复苏，这种信仰曾是……奥古斯丁竭力反驳过的。这种严厉的清教教义中最臭名昭著的例子莫过于异端的阿尔比派，基督教会曾对这一派施以极其严厉的惩罚。但这种异端教派居然几乎与天主教信仰一样普遍。这一运动的理论植根于精神与物质的二元论，它相信一切形式的物质皆为邪恶。包括动物和人类形体在内的自然被不加分别地谴责。阿尔比派否认正统基督教的基本教义，支持种种威胁人类继续生存的社会活动。[①]

圣托马斯对奥利金的评论表明了他的批判思想，他说，奥利金主张“肉体的造物并非按照上帝的本意而创造，而是为着惩罚精神造物所犯下的罪孽而创造出来的。”圣托马斯回答道，奥利金的看法是谬论，因为世界必须被看作一个有机整体，其中每一部分都是为了它自身的特别目的而存在的。确实有些组成部分不

---

① 卡雷（Carré）:《唯识论者与唯名论者》（*Realists and Nominalists*），97 页。

如其他的那样高尚，但它们共同构成了世间有机统一体的生命等级架构，从最卑下的直到上帝本身。自然并非罪孽的反映；整个世界都是上帝的创造，反映了上帝的光辉并证明了上帝的仁善。这个学说与《创世记》1:31 和《诗篇》第 8 章及 104 章是一致的。[①]

对奥利金的批评很有意思，因为奥利金在《驳凯尔苏斯》一书中曾表述过与圣托马斯近似的观点，即相比那些没有理性的生物，上帝更偏爱有理性的，由此造成了在自然界中，人最受恩宠，而没有理性的生物大多位居从属于人的地位。[②]

圣托马斯接受目的论自然观，因而每一事物都不能脱离其自身被创造的目的而存在。历史上，目的论观念一向大量倚仗自然世界作为确认，尤其是生物世界，因为生物世界中的明显证据触手可及。即便像圣托马斯这样醉心于抽象的（几乎是条文式的）程式化叙事的人，也不得不求助于感官世界，尤其是生物王国。[③]圣托马斯采纳了亚里士多德强调终极因的自然观，而且正如亚里
234 士多德一样，他必须考虑“次级原因”，这些次级原因下属于终极因，而终极因带来所希望的结果。次级原因更增添了造物主的光辉，他的伟大并未因他没有事必躬亲而减低，这是由于他能够通过下级的和中介的因素而行事。而且，正是次级原因而非造物主本人，应该为世间邪恶事物的存在和自然界的缺陷负上责任。神意并非要剥夺那些较卑下的施动者成为起因的地位，比如男人

① 《神学大全》（*ST*），第 1 部分，问题 65，第 2 条。亦见卡雷（Carré），前引书，97—98 页。

② 见《驳凯尔苏斯》（*Contra Celsum*），Ⅳ，75、78。

③ 亦见卡雷，前引书，70、73 页。

的精子造就了孩子、比如靠近一个热东西的物体也变得热起来。这些例子中并没有体现上帝的直接作用。作为它们被创造出来时预定目标的一部分，较卑下的施动者必须有能力，而不必邀请上帝介入所有物质上的和繁衍性的行为，比如生火取暖、比如有机世界中的繁殖。由于神圣指引并没有排除次级原因的效应，我们便能理解邪恶和缺陷如何得以从次级原因中产生出来了。圣托马斯在这里运用了日常生活中的朴素例子来说明这个道理。一个技巧过人的工匠可能因为工具不好而造出有缺陷的作品，一个身体运动能力没问题的人可能因为腿骨扭伤而一瘸一拐。“所以，在上帝创造并统辖的事物中，还是有可能发现一些缺陷和邪恶，因为尽管上帝自身毫无不足之处，次级施动者的缺点也会起作用。”[①]

上帝对世界的装点也是他创造活动中的一部分。在元初，地上混沌一片，空虚无物，漫无形体，漫无内容，“没有植物如衣服般遮蔽，从而没有美丽可言。”[②]

由是创世的历程可分为三个阶段：首先，创造没有形状的天和地；其次，作出区分，完善天和地，“或是通过给无形之物加上实在的形状（引用奥古斯丁：《创世记之全文解读》，Ⅱ，11），或是像其他神学作家假设的那样，赋予万物其应有的秩序与美丽”；最后，对世界的装点，而装点也是分期进行的。在装点世界的第一天，即创世的第四天里，造出了光，“移动着装扮天空”；在装点世界的第二天，即创世的第五天里，造出了鸟和鱼，“美

---

① 《驳异大全》（*SCG*），第 3 部第 69 章，第 12 段；第 71 章，第 2 段；以及第 3 部第 69—71 章中的重要论述。

② 《神学大全》（*ST*），第 1 部分，问题 69，第 2 条 =344—345 页。

化中介物质，因为它们游弋于空中与水中，而此二者被视为一体”；在装点世界的第三天，即创世的第六天里，造出了其他动物“在地上活动，装点大地。”[①] 在创世的第七天，更是完成了进一步的自然秩序；上帝那一天仍在做事，不过并没有更多地创造，“而是引领并安排所创万物到适合它们的工作岗位上，由此主开始了第二次完善的过程。”[②]

235 人从自然秩序中能够学到的东西很有限：人们可以观察自然，并得出的确存在一位工匠的结论，但却无法了解创造者的本质，也不会知道到底是只有一位创造者还是有许多。[③] 与他的目的论立场一脉相承的是，圣托马斯说造物主在设计有序的自然流程时，心中所想的只有好的方面。比如说，树叶被安排成保护植物果实的样子，而动物身上的各种天然保护器官也起着相似的作用。这些并不是偶然产生的。“可见，自然生物有趋向优势的性质，智能生物就更明显如此。所以，每个生物行事时都趋向于好的方向。”[④] 这种综合表现了自然的仁善、秩序与美丽。

圣托马斯对伊甸园的描述很有趣地揭示了他最向往的自然环境概念。伊甸园是个田园牧歌般美好的所在，但拒绝懒惰的闲人，因为这里的劳动不像人类堕落后要做的劳工那样令人疲惫。而且，天堂的气候温和适宜。圣托马斯认同伊西多尔的看法（《语源学》，xiv，3），即最适合的地点是在东方，“那是地球上最美好之处”，

① 《神学大全》（*ST*），第 1 部分，问题 70，第 1 条 = 346 页。

② 同上，第 1 部分，问题 73，第 1 条，反对意见 2 及其回应 = 353 页。

③ 《驳异大全》（*SCG*），第 3 部第 1 部分第 38 章，第 1 段。

④ 同上，第 3 部第 3 章，第 9 段。

因为东方“在天上是右手”。盖因右尊于左，“所以上帝将地上的天堂置于东方是很适宜的。”[引用亚里士多德，《论天》（*De Caelo*），II，2。][1]有人认为人们已经搜寻遍了世界上适宜居住的所在却还未曾发现人间天堂，圣托马斯针对这个论调回应说，那是被高山、重洋抑或不可逾越的酷热地带所阻隔，故而撰写地志的人也没有提到过；他谈论了天堂位于赤道地带的可能，但更倾向于亚里士多德[《流星》（*Meteor*），Ⅱ，5]关于赤道附近不适合人居住的说法。这个观念在十六世纪也被博丹详细论述过。[2]

圣托马斯设问，人是否被置于天堂里来装饰它和维护它，然后他沿袭奥古斯丁的说法答复道，“由于人拥有对自然力量的实用知识”，在天堂里耕种会很愉快。对圣托马斯而言，在气候温润适宜的恬静乡村里耕耘土地，简直是田园牧歌一样美好的事情，

---

① 这种关于上天之左右的观念在文艺复兴时期又重新反复出现，例如在博丹（Bodin）的《历史的方法》（*Methodus*）中。《神学大全》，第 1 部分，问题 102，第 1 条，499 页。

② 《神学大全》（*ST*），第 1 部分，问题 102，第 2 条。对反对意见 4 的回应，501 页。关于中世纪人对赤道地区是否可居的思想，见约翰·赖特（John Wright）：《十字军东征时期的地理传说》（*The Geographical Lore of the Time of the Crusades*），162—165 页。赖特说（162 页）：“穆斯林的天文学研究，使得这一看法传入欧洲，即赤道地区不仅可以居住，而且实际上有人居住。”赖特还引述了彼得·阿丰斯（Peter Alphonsi，1106 年？）关于位于赤道的 Arin（Aren）温和气候的长文。《对话》（*Dialogi*）= 米涅编辑：《教父文献全集，拉丁教父集》（*PL*），卷 157，547 栏。大阿尔伯特相信太阳垂直于地面时，如果人们能够利用山洞藏身，热带地区还是可居住的。《论地方的自然情况》（*De natura locorum*），第 1 部，6，《大阿尔伯特作品集》（*Works*），加弥（Jammy）编辑，卷 5，270 页。加卢瓦（Gallois）在《文艺复兴时期的德国地理学》（*Les Géographes Allemands de la Renaissance*）中认为，有这种想法的阿尔伯特几乎是孤立的，137 页。

即便是堕落之前的人也值得去做。[①]

236 圣托马斯也考虑过人的罪孽对自然秩序产生的效应。人类堕落导致的一个后果是，本来在人无罪时顺从他的动物们不再对他俯首听命；堕落发生之后人对动物的控制力（圣托马斯指的是动物驯化）只有之前的部分水准了。人在无罪时的力量是与他在完美秩序中的地位紧紧相连的。圣托马斯援引亚里士多德（《政治学》，Ⅰ，5）关于植物担负着喂养动物的任务、动物担负着服务人类的任务这个说法，认为“人应该作为动物的主宰，这才符合自然的秩序。”[②]

人“在某种意义上，包含了万物”。理性使人近似天使，感官知觉使他近似动物，自然力量使他近似植物，而他的躯体又像是无生命的物体一般。在人堕落之前，他对动植物的统治力“并非在于如何掌控或改变它们，而在于毫无障碍地利用它们。”[③]由此，圣托马斯将人通过驯化而对动物显而易见的（尽管只是部分的）控制力，与人失去主的恩宠协调一致起来，也与人在堕落后仍然保留着足够的神圣属性、使他配得上继续控制自然界这一点协调一致起来。人对植物栽培、特别是对动物驯养的关系，必定是一个长久激起人们好奇心的问题，而圣托马斯的阐释与基督教神学是贯通一致的（见上文，本章第6节中关于亚历山大·尼坎姆的论述）。

人在自然中的位置和他对自然的部分掌控，是基于他在生物

① 《神学大全》，第1部分，问题102，第3条，501页。

② 同上，第1部分，问题96，第1条，486页。

③ 同上，第1部分，问题96，第2条，487页。

等级架构中的地位；正因为如此，人也可以利用自然环境，改造自然的赐予为己所用。[1] 这种对自然的支配地位只不过是神意理性计划的体现，即具备理性的生物主宰其他一切。由于人至少在某种程度上分享了智慧之光芒，而动物却不知理解为何物，因此神圣天意命令动物为人所驱使。[2]

在圣托马斯关于上帝、人和人在自然中的地位的观念中，或许最值得注意的一点就是这些观念具有一种世界性。诚然，他的主导思想与之前的重要基督教文本无甚差异，但是他的论证方式和论证范围的扩大却是来自南方和源于古代的思想影响所造成的结果。站在这个角度上看，圣托马斯的《驳异大全》可谓有史以来最引人入胜的书籍之一。

看来圣托马斯关于人与自然的哲学中，最基本的假设是人统治着低于他的生物等级，同时改造仁慈的自然为己所用，这并非一种权利，也不是由于他自己所创立的智慧与力量，而是因为上帝注入他内心的理性和神性。因此，虽然人有力量和控制力，但他在自然中的地位只是派生的，这便要求他自己谦卑谨慎、不骄不躁。

14. 圣波拿文都拉和雷蒙·西比乌底 237

在《心向上帝的旅程》(*The Mind's Road to God*)第一章里，圣波拿文都拉（圣文德）谈及上帝在可感知世界留下的痕迹，这

① 《驳异大全》(*SCG*)，第 3 部第 1 部分第 22 章，第 8 段。

② 同上，第 78 章，第 1 段；第 81 章，第 1 段。部分引用《创世记》，1：26。

是受了圣经《罗马书》1：20 的启示。类似这样的提法在中世纪所有神学家的论著中都能找到，包括圣波拿文都拉的强劲对手托马斯派学者在内。但我们还是能从人们对《罗马书》1：20 的评注里发现他们对自然的不同阐释。圣波拿文都拉的阐释被称为范本论（exemplarism），[①] 这个词包含了我们在前面讨论过的诸多观念。自然界中的一切事物都是上帝的标志。我们已经在将自然视为一部书（自然之书）的概念中看到了这种范本论；它还隐含在爱尔兰人约翰的显灵说、里尔的阿兰的镜子、圣方济各的自然尊严论，以及稍后的雷蒙·西比乌底的思想之中。在这个奥古斯丁派的传统中，随之推出的结论是，被造物很重要，因为它们提供了上帝存在的痕迹。被造物自身并无重要意义。需要强调的不是对自然本身的研究，而在于万物生灵确认了上帝的工作。

圣波拿文都拉引述圣经《箴言》16：4 和《诗篇》16：2，提出这样的观点：上帝创造万物的原因，并不在于万物对他有用，抑或他需要这些物体，也并非为了增加他的荣耀，而是为了展示和传达这种荣耀，通过这样的展示和传达，被造物都实现了最高尚的用途，那就是对主的赞颂和主的幸福。[②]

正是这种范本论，与像大阿尔伯特（以及较低程度上康定培的托马斯）这样的学者对自然的阐释形成对比，后者代表了“不仅对自然世界的象征意义、而且也对自然世界的现实意义感兴趣

---

① 列夫（Leff）：《中世纪思想》（*Medieval Thought*），200 页。

② “箴言四书注解”（In quatuor libros sententiarum），卷 2，第 1 章第 2 段第 2 条，问题 1，结论［《全集》（*Opera omnia*），卷 2，265 页］。

的时代倾向。”[1]关于自然研究，我们不应认为有两个极端，而应该看到当时的潮流，即趋向于对现实万物感兴趣，而并非趋向于“履行宗教义务”的潮流，[2]因为在包括圣托马斯·阿奎那在内的大部分学者的著作中，我们同样也能找到范本论的表述。

至少在早期阶段，方济各会会士强调用简明的方式宣讲《圣经》、接纳来自底层的民众加入教派，并且基本上把自己认同于乡村生活；可能正是这种环境使得方济各会作为一项规则，“比自己的强劲对手托马斯派更加强调对自然世界的观察。”[3]

圣波拿文都拉在1257年成为方济各会的第七任主教，他有意识地努力追随圣方济各的足迹。在圣方济各逝世后第三十三年，波拿文都拉登上了阿维纳山，在山上思索“通向上帝的心灵提升”。
在那座山上，他像圣方济各一样，看到了“形似十字架上的耶稣 238
那样的六翼天使”。[4]

在《心向上帝的旅程》一书中，圣波拿文都拉将人类接近上帝的过程分为六个阶段。第一阶段、也是最低层次的阶段是在感官世界里感知上帝的痕迹（*vestigia*），乔治·博厄斯说这个词意味着艺术作品揭示其背后的艺术家、手工艺作品揭示其背后匠人的痕迹。圣波拿文都拉“似乎深陷于将世界比作某种镜子（*speculum*）、从中看到上帝这个基本的譬喻之中。”人们必须攀

---

① 亨利·泰勒（Henri Taylor）：《中世纪思潮》（*The Medieval Mind*），卷2，429页。

② 见乔治·博厄斯（George Boas）为《心向上帝的旅程》（*The Mind's Road to God*）所作的导言，xix页。

③ 同上；列夫（Leff），前引书，181页。

④ 《心向上帝的旅程》，序言，2。

上雅各梦中的天梯，“将这向上的第一阶梯牢牢铭记，把整个可感知的世界像一面明镜放在我们面前；通过这座天梯我们将接近上帝……”①

这个世界的一切被造物引领人们的心灵注视上帝，因为它们是“影子、回响、图形、痕迹、映像和反射，使我们从中看到那最有力、最聪慧、最优秀的‘第一原则’，那光芒和完满性，那帮助我们仰望上帝的艺术、例证和指令。”万物生灵是“摆在我们迷蒙未化之心灵前面”的范例，指导我们的心灵达到未曾想见的智慧之域。

每一个被造物都是永恒智慧的某种画像和相似形；“那些不愿意注意身边万物，不愿意从中了解上帝、赞美并热爱上帝的人们是不可原谅的，因为他们不愿意被带出阴影、进入上帝的伟大光辉之中。”②

这种风格的作品中更饶有趣味的一部是《自然神学》（*Theologia Naturalis*），作者雷蒙·西比乌底，即雷蒙·塞邦（Raymond Sebond），1436年写成，1484年出版，但显然影响甚微。倘若不是蒙田（Montaigne）那篇著名的论文（也是有关著述里最长的一篇）略微提到西比乌底及其思想的话，他的名字可能早就被世人遗忘了。然而西比乌底的著作却是自然神学史上的里程碑，也是与基督教信仰传播相关联的基督教护教史上的里程碑。

西比乌底的著作，很大程度上被视为雷蒙·鲁尔已经表述过

① 博厄斯，前引书，7页注1；《心向上帝的旅程》，第1章，9。

② 《心向上帝的旅程》（*The Mind's Road to God*），第2章，11—13。

的观念的延续。鲁尔的自然神学（西比乌底沿袭了他的学说）认为，上帝通过两本书来昭示自己：自然之书与《圣经》。

> 司各特·埃里金纳［爱尔兰人约翰］的“显灵”世界，奥弗涅的威廉（William of Auvergne）与圣波拿文都拉的“自由被创造物”（*liber creaturarum*），实际上在宝石集与动物寓言集里出现的全套象征主义，还别忘了中世纪大教堂门廊上所装点、窗户上所闪耀的象征主义，这些都充分证明了人们普遍相信这个半透明的世界，在这里最卑微的生命也是上帝存在的活体表征。假使确如人们普遍认为的那样，鲁尔与圣方济各会有关联，那么他无须远寻便可了解这个世界。阿西西的圣方济各和圣波拿文都拉又不曾生活在另一个世界里。（吉尔森）

西比乌底说，人能够接触到两大知识储备，即造物之书与《圣 239
经》经文。然而，如果遵循他关于自然之书足够丰富的学说，那么《圣经》中的证据就该从属于人们在可见世界里看到的证据，而这个观点要求人们对自然进行大力的研究：这不是为了自然本身作出实验和观察，而是——用韦布（Webb）的话来说——以一种“关注感”来研究自然，而这正是古今自然神学皆有的特质。西比乌底说，在人得到的这两本书中，自然之书是他一开始就拥有的。书是由字母组成的，而人有理性，但是人在创世之初没有任何知识，必须要逐步获取知识。人只能通过书来获取知识，因为倘若没有记载知识的书籍，知识本身就无法传播。一个被创造物就是上帝亲手写下的一个字母，许多被创造物就像许多字母一样组成了一本书。然而这本自然之书比《圣经》经文更优越：自然之书不能被篡改、被毁灭或被误读；自然之书不会诱发异端，而且就算是异端人士也不会误解它。[①]

不过这个学说并不像它初看起来那样离经叛道。它是从《圣经》诠释中自然而然出现的。圣典蕴含着真理，而人类的想法总免不了会有谬误。圣典之外，没有任何一种学说在基督教神学中有更坚实的根基；也不是全部对于圣典的述评都有同样的优点。圣奥古斯丁在“驳摩尼教徒福斯图斯”（Contra Faustum Manichaeum）一文中就解释过这一点。他说，如果我们看到《旧约》或《新约》真经里有荒谬之处，那并不能说经文的作者错了，而是辗转抄写、翻译的过程中出了差错，或者就是我们自己没能理解作者的本意。在真经作者级别以下的后期作者，其权威性就比较低。他们的版本可能也包含了真理，但与真经的差异不可以道里计。[②]很显然，释经本身就带有论辩和争议的种子；它甚至

① 关于《自然神学》（*Theologia Naturalis*）的出版，见吉尔森（Gilson）：《中世纪基督教哲学史》（*HCPMA*），701—702 页注 61。鲁尔于 1235 年出生于马略卡的帕尔玛；关于他在基督教护教学中的地位，尤其是在揭示阿威罗伊学派和穆斯林学者的谬误方面，见 350—351 页，引文在 353 页。

韦布（Webb）认为西比乌底的著作被置于索引中是因为他的“自然之书足够丰富的学说”。引文在 296、297 页。西比乌底（Sibiude）的《自然神学》由米歇尔·蒙田（Michel Montaigne）译为法语；这不应与他为雷蒙·塞邦的辩护相混淆。见《自然神学》序言、第 3 章。

② “驳摩尼教徒福斯图斯”（Contra Faustum Manichaeum），XI，第 5 章，《圣奥古斯丁全集》（*OCSA*），卷 25，538—539 页；《尼西亚会议和后尼西亚时期基督教父作品选》（*NPN*），卷 4，180 页。

可能被推向西比乌底所评论的程度，即认为《圣经》的书面文字比自然之书的层次要低。

因此，关于上帝存在的物理神学证据在西比乌底著作中占有非同寻常的分量。世间所创万物是一位工匠的作品，是上帝决定了万物的正确比例，限制并安排了万物。在自然的等级架构中，存在着让各类生物的数量保持平衡的机制（没有一种生物疯长到把其他生物排挤出去的程度），因而自然的部署是和谐的。人被 240
提拔到高踞于有机与无机世界之上，但他这种崇高的地位，正如动植物的低下地位一样，并非出于自决。维生的途径恰与生物等级相对应：树木用根直接从土地汲取养料，动物用嘴进食，而人较此二者生活得更为高贵。自然的这种安排当然是基于创世伊始就定下的物种不变、万物有序的设想之上的。西比乌底的提问正是自问自答：谁来保证每个生物留守自己的级别、位置、次序？谁使这些等级秩序历久不变？谁在维持陆地海洋各守其域？[①]

鲁尔和西比乌底都不曾依赖《圣经》经文或权威观点来支持自己的理论。鲁尔阐释了信仰的意义，并试图不借助经文或神父的力量去说明天主教真理中的逻辑价值。[②] 西比乌底后来也是这么做的。西比乌底将人视作仅次于天使的最重要的造物；在等级架构中，较人等而下之的各种生物在人的身上找到它们的目标，而人的终极奥义则需向上帝去寻求。正因为如此，人看来是在可

---

① 《自然神学》。西比乌底在自序中给出了其论点的主要概括。

② 普罗布斯特（Probst）：《雷蒙·塞邦（雷蒙·西比乌底）的鲁尔主义》［*Le Lullisme de Raymond de Sebonde*（*Ramon de Sibuide*）］，18 页。

感知的自然世界与神圣的上帝之间搭建了一座桥梁。[①]

这种深入细致利用自然世界来为神学服务的做法，我们从圣巴西尔的时代以来就没有见过了。西比乌底的思想并非是对传统信仰胆大妄为的背离，而是对传统信仰的单向扩展，甚至几乎是一种夸张。总之，被创造的万物是上帝存在和创世工作的可靠证据；万物是一本书，它不受制于错误解读、教会分裂和教义相争。这个态度已经近似于十七和十八世纪的自然宗教思想了。

15. 世俗自然观

并非所有关于人类、自然与地球的思想都是为宗教服务的。如果说像大阿尔伯特这样的宗教人士也对作为实际事物的自然史、植物和农业感兴趣，那么这种痴迷在世俗的写作和艺术之中当然也有对应的表现。诗歌作品方面一个绝佳的例证是《玫瑰恋史》1237 年，1277 年），它是中世纪得到最广泛的阅读且最受喜爱的作品之一。乔叟（Chaucer）曾将它的部分篇章译为英文。两位作者中，纪尧姆·德洛里（Guillaume de Lorris）写作的部分对大自然有着文辞清丽的描写，让·德默恩（Jean de Meun）的词句同样华美，但大体上是基于学术知识且具有争议性。如此，《玫瑰恋史》一书中德洛里的诗“即刻拥趸如云”，而德默恩的诗则“引

① 普罗布斯特（Probst）：《雷蒙·塞邦（雷蒙·西比乌底）的鲁尔主义》[*Le Lullisme de Raymond de Sebonde*(*Ramon de Sibuide*)]，16 页。关于西比乌底的自然神学，亦见韦布（Webb）：《自然神学史研究》（*Studies in the Hist. of Nat. Theology*），292—312 页。

起一场骚动”。

在德默恩自己的辩护词中（第 70 章），针对有人指斥他的文辞庸俗低级的说法，他提出他的用语完全是故事所需要的。至于别人认为他有厌女倾向，他说，他为了传授知识的目的描写生活 241
的现实，而诗篇中的女性行为确有其依据。他无意对那些忠实追随教会或虔诚信神的人进行人身攻击，但他想要揭露各种伪善行为，并且所说的都是有凭有据。

> 假如圣教会能找到哪怕一个词语
> 她认为很愚蠢，那么我十分情愿
> 将其像改衣一样修正，直到令人满意
> 只要她屈尊找个试穿的时间。[①]

德默恩是一位富有才学和历史感的人。他曾翻译维吉提乌（Vegetius）的《罗马军制论》（*De re militari*）、波爱修的《哲学的慰藉》、《彼得 · 阿伯拉与赫洛伊丝之生平与通信》（*Life and Letters of Peter Abélard and Heloïse*），以及吉拉尔度 · 坎布雷西斯（Giraldus Cambrensis）的《爱尔兰地形地貌》（*Topography of Ireland*）。由于《玫瑰恋史》在当时大受欢迎、非同凡响，并具有宽广的知识覆盖面（尤其是德默恩写的部分），故而这部诗作敏锐地反映了那个时代的众多观念。[②] 这部著作对任何研究自然

---

① 《玫瑰恋史》（*The Romance of the Rose*），第 70 章，124—127 行。

② 见查尔斯 · 邓恩（Charles Dunn）对《玫瑰恋史》（*The Romance of the Rose*）的导言，罗宾斯（Robbins）译，尤其是 xvi—xviii 页；关于此书的盛名，见 xxv—xxvii 页。

思想史的人都充满了吸引力，书中受里尔的阿兰《自然的抱怨》影响的痕迹也显而易见。在纪尧姆·德洛里写作的篇章中（第1—4058行，包括最后78行一位佚名作者的诗句），有很多充满生气、活力和赞颂自然之美的迷人段落，但这些诗句都是单纯的、个人化的，并不假装有什么哲学深度或哲学意义。让·德默恩写作的部分（第4059—21780行）对自然、造物主、地球和人的观念与阿兰的表述如出一辙，是通过拟人化的“自然”和“神灵”来表达的。他用大胆的隐喻语言来议论两性之事（锤砧的比喻也是借用了阿兰的），成为对自然的生命力、多产和完满性的强力肯定。他还批判了人背离自然界其他生灵常态的行为。

柏拉图学说中的工匠神创造了美好可爱的地球；这位慷慨的造物主成竹在胸，有计划、有目的，像犹太教的上帝那样，从无中生出有来（*ex nihilo*）。上帝最初整饬了混沌、纷繁、杂乱的状况，接着分离出各种“从未被析出”的元素，为它们编号，并使之各归各位。

> 轻者上扬，重者下降
> 降到中间的凡尘。
> 主为每种元素安排了正确的时空。①

上帝按照自己的设计，使得“一切生物听从其命各就各位”，还创造了“自然”来辅弼自己，任命她作为自己的大管家、治安

① 《玫瑰恋史》（*The Romance of the Rose*），第81章，46—48行；关于创世，18—31行。

官、服务员和代理主教。

上帝授我如此之荣宠，
在我的领地里他留下金色链条
约束各元素，使它们对我言听计从。①

万物都必须顺从自然，遵守自然之规律，不忘自然之法则， 242
这一点是上帝的意旨。在所有的被创造物中，唯独人漫不经心地对待自然规律。但是人有意志的自由；人能够给自身和宇宙的关系带来理性；恒星的影响可谓巨大，但理性能够对抗它。

每位智者都明了
理性并不受制于星辰；
因为并非在星辰威力下，理性方才出生。②

人因为具有理解力，所以对那些不能说话、不能互相理解的愚笨兽类享有威权。

但假若它们也有言语、也会感知
能够了解自己和彼此之间的意思，
那么人就不会有那么幸福的日子。③

① 《玫瑰恋史》(*The Romance of the Rose*)，第 81 章，64—66 行，以及 49—63 行。

② 同上，第 82 章，43—45 行；关于自然法则，第 81 章，53—74 行。

③ 同上，第 82 章，543—545 行。

没有骏马天生就想让人给它安上马衔、让骑士骑乘；没有公牛天生就甘于套上牛轭；没有驴和骡子愿意为趾高气扬的主人载运货物；没有大象喜欢在背上搭上城堡似的乘座；那些能够自给自足的猫狗也不会愿意为人服务。倘若动物也有人类的天赋，人和动物间就会爆发战争，动物也会想出计策来对付人的阴谋诡计。动物们会打一场大战与人拼到底——从猿猴到虱蚤、到寄生虫都会大胆加入这场战斗。[①]

> 人将不得不狠心停下手头一切
> 去击败动物，并把昆虫赶尽杀绝。[②]

这段的寓意是人们必须避免缺德和邪恶，因为这将使人感觉迟钝、浑浑噩噩。人可以使用自由意志并跟从理性；倘非如此，人将不会被轻饶。

人们应当懂得，电闪雷鸣狂风骤雨（“天界演奏队的喇叭和铜鼓”）都有其自然原因。

> 只有狂风和暴雪
> 才能解释所造成的浩劫。[③]

人类现在可以借助书籍去研究自然。自土八该隐（Tubal-cain）

① 《玫瑰恋史》（*The Romance of the Rose*），第 82 章，545—580 行。

② 同上，581—582 行。

③ 同上，第 83 章，11—12、28—29 行。

的时代以来，无人对自然的观察比亚里士多德更多，埃及的阿尔哈曾（Alhazen）的光学著作更是“只有愚人才会无视。”[①]。

《玫瑰恋史》引人注目的第87章再一次使人想起里尔的阿兰，德默恩在这里半是训导半是说教地赞美了所有被创造的万物：天 243
空呀，元素呀，动植物呀，甚至鸟儿和昆虫，唯独人不在此列。天国的生灵尽忠职守，自然元素各归各位，植物也惟自然法则是从。鱼鸟禽兽都是优秀学者：

它们按照自己的习俗繁育，
借此来保持族系的荣誉。
看到这些真是深感欣慰
它们每个都不让自己的种族灭绝。[②]

动物们也得到健康证明；它们风度翩翩地喜结连理：

当它们情投意合的时候
不会有讨价还价来延误它们的结合。[③]

各种昆虫（苍蝇呀，蚂蚁呀，蝴蝶呀）、那些“在腐烂之物中孵化出来”的虫子，还有大蛇小蛇，都像是优秀的学者，“孜

① 《玫瑰恋史》(*The Romance of the Rose*)，第83章，119—123行。关于土八该隐，见《创世记》，4∶22。

② 同上，第87章，37—40行。见此章全文。

③ 同上，48—49行。

孜不倦地做着我的工作。”[①]

人无处不与被创造的万物为伴，分享着它们所得到、而唯独人没有得到的祝福。他像石头一样有存在感，像草叶一样有生命力，像野兽一样能感知，像天使一样会思考（见上文，本章第13节关于圣托马斯的最后几段）。但是自然却对人充满怨言：

他拥有人能孕育的一切，
他自己身上就是一个微观世界——
但他用起我来，比幼狼崽子都来得恶劣。

然而人是不受自然管辖的；并不是自然把人的理解能力给了他。

我不够有力，也不够聪明
去创造一个如此智慧的生灵。[②]

244 耶稣降生是为了拯救有罪的人类；但是自然说，她不知道耶稣如何在没有她辅助的情况下生出来，除非上帝以他的全能之力才得以创造耶稣。自然对童贞圣母玛利亚诞育了耶稣充满惊讶，“因为这根本不可能 / 一名处女靠自然将婴儿降生。”在关于繁殖力的训诫中，守护神代表自然发言，他辩护说人类的性行为是符

① 《玫瑰恋史》（*The Romance of the Rose*），第 87 章，54—57 行。

② 同上，第 88 章，27—29、33—34 行。

合神圣计划的。[①]

对自然而然的两性生活的诉求以及对神职人员禁欲的批判（作者与世俗者同声同气，格外痛批多明我会的规矩），用效果显著的隐喻语言表现出来，常常是关于农夫或铁匠的。作者认为，关于全能上帝消除了有些人的性欲这种说法是无稽之谈。因为主会希冀所有的人都平等地分享他的恩惠。而假如人人都同样地缺乏性欲，人类就会灭绝了。

> 我相信
> 主的意志是让所有人——而不只是几个，
> 都追寻通向主的道路，一视同仁。
> 倘若主想要一些人保持童身，从而更接近神圣，
> 那他为何不让所有人都禁欲终生？[②]

尽管他挑战神职人员来与他论辩，但他获胜的希望极微；他们只会说来说去却"永无结论"。他与里尔的阿兰一样，出于同样的理由反对畸形的性行为：人的性行为与繁衍皆是自然界神圣法则的一部分；变态性行为与终生节制性欲都使得人脱离了遵循自然法则的其他生物，给人类社会带来不和谐。

---

① 《玫瑰恋史》(*The Romance of the Rose*)，第 88 章，110—112 行。关于柏拉图的思想，见 37—73 行。

② 同上，第 91 章，90—94 行。关于德默恩对托钵僧的态度，见导言，xxii—xxiv 页。

但是有些人不屑于用锥刺
在精致的贵重牌匾上书写真情，
这样做会使所有世间生物焕发生气，
自然给了我们可不是让我们弃之不用……[①]

而且，作者再次使用了将女性比作耕地的古老譬喻——

那些被罪孽迷了眼的人
那些自以为是而精神错乱的人
他们对生机勃勃的原野上
纵横交错的犁沟置若罔闻，
他们不走正道，却像
愚笨的可怜人走进不毛的荒原之中
误用他们的犁铧，把种子浪费得颗粒无存……[②]

这里强调的是生命的力量与权能、自然的富饶多产，以及自然作为上帝辅助工具的角色。人类的性行为是神圣意图的一部分，应当与它的高尚目标相一致。德默恩信奉的并非一种放肆而过分的哲学。

积极地完成你的自然功能——

① 《玫瑰恋史》（*The Romance of the Rose*），第 91 章，100、101—104 行。

② 同上，111—117 行。关于女性与犁沟，见伊利亚德（Eliade）：《比较宗教范式》（*Patterns in Comparative Religion*），259—260 页。

要比松鼠更活跃，要比
鸟儿和微风更生动机灵。
只要你干起活儿来勇敢坚定，
我就宽恕你所有的罪行；别失去这份恩宠！
高高兴兴地跳起来舞起来，
别停顿，免得同伴会失去热情。
你把所有的家什都用上吧，
干得好的人能温暖自身。
耕呀，大佬，耕呀，延续你的血脉
你要是不耕作， 245
之后就会无处安身立命。[①]

的确，在十二和十三世纪，人们关于地球及地球上有生命和无生命自然界的概念已经超越了视之为奇观，或者单纯敬神、作神学上评论的阶段。人们对“奇迹”的兴趣减少了，而对规律性和自然法则的兴趣增长了。人们较多地研究起上帝的作品与自然的作品之间有何区别。十二、十三世纪的人们对观察自然有普遍的爱好，[②]而且从埃米尔·马勒的书中，我们知道人们也在关注宗教艺术对自然的忠实表现。

根据马勒的说法，中世纪时期的整个世界都被视作一个象征符号，艺术家们在神职人员的监督下，在教堂上创作表述当时宗

① 《玫瑰恋史》（*The Romance of the Rose*），第 91 章，151—162 行。

② 见克龙比（Crombie）在《中世纪和近代早期的科学》（*Medieval and Early Modern Science*）中关于十三世纪生物学的论述，卷 1，139—161 页。

教思想的作品。但是一旦这种包罗万象的象征主义诠释符合了宗教概念，那么附属的装饰物就可以自由自在地发展下去。这种象征主义正如一个顶盖，而顶盖之内的现实主义则常常反映出那些简单自然的工匠和手艺人的兴趣、快乐与渴望，他们毫不掩饰自己的才能。“在沙特尔和布尔日……那些行业公会捐赠的窗子上，下半部分显示着捐赠者和他们的行业徽章——像泥刀、锤子、羊毛梳、烘焙铲、屠刀这样的图像。那时候，没人觉得把这些日常生活的画面放在圣人传奇故事的场景旁边有什么不相称的。”①

让·金佩尔（Jean Gimpel）也曾记录了这种神圣与世俗混杂的情况。他这样描述沙特尔大教堂：

> 仔细观察这座教堂，可以很清楚地看出来各个行业公会为自己的窗户安排了最好的位置。这些窗户有的被安装在侧面通道旁，有的被安装在离公众最近的回廊上，而主教和士绅们捐赠的窗玻璃则被降级安在教堂中殿与唱诗班所在之处的高侧窗上。布商、石匠、车轮匠和木匠都在自己的行业公会捐赠的窗户较低部位的纹章里被描画出来，这些形象尽可能地离可以说是潜在的顾客群更近一些。②

马勒补充道，试图在当时雕塑者的每一件作品上都找出象征主义的影子是不正确的。

---

① 马勒（Mâle）：《哥特式形象》（*The Gothic Image*），1—5、29 页；引文在 64—65 页。

② 金佩尔（Gimpel）：《大教堂建造者》（*The Cathedral Builders*），47 页。

> 研究十三世纪动植物装饰的不怀偏见的学者会看到，这些装饰纯粹是一种艺术作品，表达了对自然深沉温柔的爱。在不受干涉的情况下，中世纪的雕塑者并不汲汲营营于象征符号，他只不过是普通人中的一员，用孩子般的好奇目光打量整个世界。看看他用双手把漂亮花儿活灵活现地创造出来的时刻吧。他并没有想在蓓蕾初绽的四月鲜花中读出人类堕落和救赎的神秘。在春季的第一天里他走进法兰西岛的森林 246
> 中，那里普普通通的植物们正开始破土而出。蕨类植物像强力弹簧一样，在毛茸茸的外表下还紧紧卷着，而小溪旁边的白星海芋已经快要开放了。[①]

马勒的论述中还有许多东西，我们必须留给他本人的读者们和他所提到的权威例如维欧勒-勒-杜克（Violett-le-Duc）的读者们自己去体会。塑造鲜花盛开形象的雕塑艺术表现了演变，这些浅浮雕以现实主义的手法刻画出每月的花事，往往从一个地方到另一个地方都不一样，因为各地的季节变换是各有不同的。

城乡之间的雕塑并没有巨大的差别，来自乡间的灵感在教堂的浅浮雕上明显可见。十三世纪浅浮雕上的每一个细节——

> 都是来自艺术家对生活和自然的直接经验。中世纪带城墙的小镇城门边就是乡村，有着耕地、草场，以及有节奏的田园劳作的景象。沙特尔教堂的高塔矗立在博斯的田野上，

① 马勒（Mâle），前引书，51页。

兰斯大教堂俯瞰着香槟的葡萄园，巴黎圣母院的东殿更是被树林和草地包围着。所以，雕塑者们就从视线可及的现实中为他们的乡村生活场景艺术汲取灵感。[①]

而且：

里昂大教堂门廊基座的小圆雕上刻着田野里和树林中的好多生物：两只鸡追逐打闹、一个爪子藏在鸡毛下边，一只小松鼠在长满松果的树枝上跳来跳去，一只乌鸦停在一只死兔子身上，一只鸟儿叼着一条鳗鱼飞过去，一只蜗牛在树叶中间慢慢爬着，一头猪的脑袋从橡树的树枝缝隙里露出来。雕塑者仔细观察了这些动物，并且把它们各自独特的形态栩栩如生地刻画出来。

对这些雕塑者来说，宏伟的教堂就好像是整个世界的缩影，是“上帝所有的创造物都能安居的地方。”在十三世纪末的一本祈祷书里，“一只猴子装作僧侣的样子走在柱子上，一名演奏者研磨了驴的下颌骨用来演奏乐曲。”[②]

---

① 马勒（Mâle），前引书，67页。一个非常有趣但对本书主题不太相关的内容在第2章，是关于中世纪图像学所使用的方法，马勒在此围绕十三世纪的百科全书编纂者博韦（Beauvais）所著的《大宝鉴》（*Speculum Majus*）进行研究。关于这项重要成果的分析，见布尔雅（J. B. Bourgeat）：《博韦的梵尚之研究》（*Études sur Vincent de Beauvais*）。

② 同上，54、63、61页。

维拉尔·德·奥内库尔（Villard de Honnecourt）的速写图集常被艺术史所论述，其实它在自然描绘的历史上也有地位。其中画了这样一些场景：一只鹈鹕撕扯着自己的胸，一只喜鹊嘴里衔着一个十字架站在石板上；一位领主右手擎着一头猎鹰，与夫人坐在一起；一名山地骑手一只脚蹬在马镫里保持着平衡；有五只触角的蜗牛把身子从壳里探出来，两只活灵活现的鹦鹉用爪子抓住横杆站着（这是一个经常重现的图像）；一个游吟诗人带着他的狗，弹拨着六弦古提琴；一位优雅的夫人手臂上站着一只鹦鹉，247
她的狗在身边跳了起来。一只野兔和一头野猪的下面画了两个弓着背的人形，仿佛是在掷骰子。维拉尔提到，一个驯狮人想要低声吼叫的狮子顺从自己的时候，他抽打自己的两条猎狗，而大惑不解的狮子目睹了这场鞭打，顿时气馁顺从了。维拉尔为自己能够描摹真狮子而感到骄傲。他还速写过大到豪猪、狗熊、美洲虎，小到蚱蜢、苍蝇、蜻蜓、虾蟹，还有猫、卷毛狗、山羊、交叉脖颈形成一个V字的两只鸵鸟、手持长柄大镰刀的人、三角地里头戴兜帽的养鹰者、围在一个破损的十字架边的四个石匠，还有水力锯最早所知的形象。[①]

虽然中世纪艺术、教堂建筑、装饰艺术和诗歌大大超出了本书的有限范围，会把我们引向更广泛的领域（自然对艺术之关系、浪漫爱情对自然之关系、象征主义对自然之关系，以及其他众多的题目），但我们在这里还是可以简要地注意一下那些探究，它

① 《维拉尔·德·奥内库尔的草图集》（*The Sketchbook of Villard de Honnecourt*），西奥多·鲍伊（Theodore Bowie）编辑。对这些图版的描述见7—14页，以及马勒对维拉尔的评论，54—55页。

们提供了要么是世俗自然观的证据、要么是有关人类和自然现象更现实主义的描述的证据。

十三世纪关于耶稣升天、圣母和圣婴、耶稣受难的肖像作品都忠实地体现了人的感受。比如，在耶稣受难图上，基督因为痛苦而扭曲了，鲜血从他的伤口上汩汩流下。[①]

在六日创世的肖像式描绘上，早期（大致是五、六世纪）作品偏向于描绘创世前几天、着重于宇宙论的片段，而在这项艺术的全盛期（十二世纪中期至十三世纪中期左右），就着重刻画创世后几天，即发生在地球上的活动。[②]

山水诗——其中一些描述了四季轮回（就像马勒提到的教堂浅浮雕一样）——与热爱生命、年轻人放弃学习、浪漫爱情这类事情紧密相联。在本尼迪克博伊昂（Benedictbeuern）的手稿、一部著名的中世纪诗歌选集中，有如下诗句：

> 世界敞开了胸怀
> 在春天的柔情之中，
> 谁还僵卧不起
> 走不出那隆冬？

---

① 怀特（White）："中世纪的自然科学与自然主义艺术"（Natural Science and Naturalistic Art in the Middle Age），《美国历史评论》（*AHR*），卷 52（1947），425—426 页，及脚注 9。怀特认为，一个深深关注对自然界调查研究的时代开始于 1140 年前后。关于耶稣被钉上十字架的描绘，见 432—433 页，以及马勒（Mâle），前引书，ix 页。

② 见施密特（Schmidt）：《关于六日创世的阐述：自其肇始直至十五世纪末 》（*Die Darstellungen des Sechstagewerkes von Ihren Anfängen bis zum Ende des 15 Jahrhunderts*），90—92 页，被怀特引用，前引书，430 页。

北风停止了呼啸，
大地漫卷过西风，
万象更新的时刻里
谁不高声歌颂？[①]

海伦·沃德尔（Helen Waddell）认为，1150年至1250年间 248
的这类诗歌很大程度上受到凯尔特人、阿拉伯人，尤其是异教徒的影响。本尼迪克博伊昂著名的手稿就是引人注目的例证。祝酒歌里表现了对那些喝酒畏畏缩缩的人不耐烦。诗歌还赞扬了年轻人那些傻乎乎的行为，他们必须认识到，随着时间的流逝，干傻事的机会也会溜走的。青春总是和春天联系在一起，但是自然美景、林间漫步、采撷鲜花，都比不上对一个年轻姑娘的爱恋。夏天也是恋爱的季节，而没有回报的爱情就是冬天了。爱情主题经常大量借用古典神话。在大自然里，夏天必须给冬天让位，但是真正的爱情之火却不会这样冷淡下来。[②]

16. 公元1277年的谴责事件

另一些动荡不安与二百一十九个命题相关，这些命题是被巴黎的主教艾蒂安·坦普埃尔（Étienne Tempier）指为谬误、并在1277年谴责了的。这些谬误（它们令人想起这位主教在1270

① 《中世纪拉丁抒情诗》（*Medieval Latin Lyrics*），海伦·沃德尔（Helen Waddell）译，219页。

② 同上，7、340—342页。

年曾谴责过的那些观点）出自阿威罗伊、阿维森纳（Avicenna）、安德鲁·卡佩拉纳斯［Andrew Capellanus，《论爱情》（*Liber de Amore*）一书的作者］、圣托马斯·阿奎那以及一些不知名的作者。有些可能只是口头说说，未曾付诸文字。这些观点只是间接影响本书所讨论的思想，它们与物理学史、宇宙论、神学和哲学有着更密切的关系。然而，这种谴责体现出对亚里士多德学派世界永恒学说的天然敌视态度，并强烈反对反创世论的观念。与这个立场一脉相承的是对所谓双重真理说的否定态度，按照双重真理说，一个命题可能从理性的角度看是错误的，但从信仰的角度看则是正确的。因此哲学与神学能够并且应该被区分开来。[①] 坦普埃尔主教批评说，这些人的做法好像世上存在两种对立的真理，其一以哲学为基础，其二基于天主教信仰。“他们于是说：那是真实的，是基于哲学而非天主教的信德，就好像有两种彼此相对立的真理，就好像那些未获救赎的异教徒口中的真理是反对《圣经》真理的利器，因此《圣经》经文中说：‘我要灭绝智慧人的智慧’，意思是：真正的智慧必定胜过虚假的智慧。”[②] 然而宽泛地看，主教的谴责与其说是对阿威罗伊及其基督教同情者的较狭义的批判，不如说是对非基督教哲学单独存在这一可能性进行攻击。[③] 至于说这两

① 关于谴责事件的整体论述，见吉尔森（Gilson）：《中世纪基督教哲学史》（*HCPMA*），第 9 部分。关于受到谴责的作品，406 页；关于 1270 年的谴责，404 页；关于双重真理，387—388、406 页；列夫（Leff）：《中世纪思想》（*Med. Thought*），224—231 页。

② 《巴黎大学文件汇编》（*Chartularium Universitatis Parisiensis*），卷 1，543 页。

③ 列夫：《中世纪思想》，226—229 页。

种真理之间没有冲突，因为天意启示是比源于自然法则的真理更高级的一种真理，这个解释同样难以立足，因为它不真诚、对天 249
启口惠而实不至。[1]

主教的谴责否定了这样的命题：只要所有的物种是永恒的，世界就是永恒的（87），世界上没有“第一个人”也没有“最后一个人”，因为人类的代系繁殖从古至今不断，将来也是如此（9）。这两个命题都与将创世视为历史事件的基督教信仰相抵触。在《玫瑰恋史》中，德默恩创作的人物就已经赞同过某些被谴责的谬误，其中包括：节欲本身并非什么美德（168），完全的禁欲会破坏道德、妨碍物种繁衍，两个未婚男女之间的私通并不是什么罪过（183）。其他受到谴责的命题，也是对贞洁和禁欲的品德持批评态度（172、181，对照 166）。

仍然是宽泛地说，这些被谴责的命题说明人类正常的性关系是自然的。其他一些命题批评了基督教，认为基督教与其他宗教一样都存在虚假谬误之处（174）；认为基督教法则妨害教育（175）；认为人的幸福存在于现世，而非来世（176）；认为神学家的话语建筑在虚构故事上（152）。所有这些命题都意味着脱离教会教条的直接监督来学习的可能性。[2] 与此同时，占星术与巫术（206）

---

① 霍伊卡（Hooykaas）：“中世纪的科学与神学”（Science and Theology in the Middle Ages），《自由大学季刊》（*Free University Quarterly*），卷 3（1954），90—91 页。

② 这是《巴黎大学文件汇编》（*Chartularium Universitatis Parisiensis*）的编号列表，卷 1，543—555 页。许多近代作者使用曼多内（Mandonnet）对这些论文的重新整理成果［《布拉班特的西热》（*Siger de Brabant*），卷 2，第 2 版，175—181 页］，而不是《巴黎大学文件汇编》的随意次序。亦见邓恩（Dunn）对《玫瑰恋史》（*The Romance of the Rose*）的导言，xxv—xxvi 页。

也受到了谴责。

艾蒂安·坦普埃尔主教对这二百一十九个谬误的谴责，其目的是为了把神学作为统辖一切的学科保存下来，把地中海穆斯林世界的新知识到来之前的基督教教义保存下来。谴责的主要对象是布拉班特的西热（Siger of Brabant）、罗杰·培根、达契亚的波伊提乌（Boethius of Dacia，瑞典）和托马斯·阿奎那。然而，格列高利九世（Gregory Ⅸ）与乌尔班四世（Urban Ⅳ）两任教宗，都曾赞同“以一种会保证对基督教益处最大而害处最小的方式”接受亚里士多德的著作。教宗并未确认坦普埃尔的谴责，而是认识到新知识的重要性，赞许了“圣托马斯将亚里士多德学派的科学知识与基督教信仰协调起来的理想”。[①]

这个片段本身是思想史上一个有趣的题目。在桑代克看来，谴责事件是神学希求闯入自然科学领域的一次行动，可与罗马教廷禁止教授哥白尼学说、逼迫伽利略保持缄默相提
250 并论，但这种比较为霍伊卡（Hooykaas）所反对。皮埃尔·迪
昂（Pierre Duhem）曾在一个著名的段落中提到，近代科学很可

---

① 佩吉斯（Pegis）为圣托马斯的《驳异大全》（*SCG*）所作导言，第1部，15页；道森（Dawson）：《中世纪论文集》（*Medieval Essays*），132—133页。亦见吉尔森（Gilson）：《中世纪基督教哲学史》（*HCPMA*），402—410页及其注释。许多受谴责的命题包括有关其来源的注释都在727—729页被引用。其他有趣的观察所得，见列夫（Leff）：《中世纪思想》（*Med. Thought*），229—231页。亦见皮埃尔·迪昂（Pierre Duhem）：《世界的体系》（*Le Système du Monde*），卷6，第1章，以及亚历山大·柯瓦雷（Alexander Koyré）：“十四世纪的虚空与无限空间”（Le Vide et l'Espace Infini au XIVe Siècle），《中世纪教义史和文学史档案》（*Archives d' Histoire Doctrinale et Littéraire du Moyen Âge*），卷24（1949），45—91页，尤其是45—51页。

能就是诞生于这个时代。那些谴责是对亚里士多德和阿威罗伊的决定论的打击。迪昂说，坦普埃尔主教严肃地宣布世界多重性的可能，并认为各种星体的总排列可能毫无矛盾地产生于直线运动。这种思想显然认为希腊式的决定论无法控制上帝，上帝可以从心所欲地创造和统治世界。自然法则不能限制上帝的行为。

吉尔森的观点不那么强烈，但也认为那是一个近代宇宙学从基督教环境中破土而出的日子。

戈登·列夫（Gordon Leff）从谴责事件中看到一种思想变革的开端，“合成变成了分离。当时人们在逐步尝试将属于信仰的东西与理性可能推论出来的东西剥离开来。……1277 年之后，我们再也没有看到过对于理性能够了解本属于信仰范畴事物的同样强烈的信心。”

克里斯托弗·道森（Christopher Dawson）将此看作是一个短暂事件，它一度干扰了将亚里士多德学派科学与基督教思想协调起来的不可避免的趋势。霍伊卡则认为通过否认物种的永恒性，通往“发展理论”的道路无意间被打开了。最后，克龙比（Crombie）提出，“主教对阿威罗伊认为亚里士多德的论述是形而上学和自然科学最高权威这个观点提出谴责，主教在 1277 年的行动并非无懈可击，对他的批评反过来会动摇他的理论体系。”自然哲学家们还有另一个选择；他们已经有了亚里士多德的自然哲学，现在他们还可以开创自己的假说，“发展在理性框架内运行的经验主义思维习惯，并拓宽科学发现的视野。”①

17. 小结

在本章的小结部分，我想表达几个与本书主题相关的一般性论点，但又必须避免离题太远，进入哲学史、神学史、逻辑学史和科学史的范畴。诚然，由于基督教独尊的统治地位，中世纪思想的统一性是其他时代所没有的。但是任何时代也不会是一种观念完全压倒一切其他思想。从大家同意的统一体中总是产生出各种替代性思想。中世纪也是一个前所未有的单一的、知识受到控制的时代，以至于这个时代既不能珍惜旧时的思想，又不能容纳新鲜的观念。一个时代的智慧储藏具有博物馆的性质，就像那些
251 长寿而高产的作家的作品一样。知识和主张累积起来，其情状并不比一个小县城的博物馆整齐多少，在那里当地早期居民及其后裔的家具、琐碎东西、银版照片高高堆起。不同的、而且常常是互相冲突的思想持续共存着，一种观念不一定会取代另一种。

① 桑代克（Thorndike）：《法术与实验科学史》（*A Hist. of Magic and Exper. Sci.*），卷 3，470 页；霍伊卡（Hooykaas）：“中世纪的科学与神学”（Science and Theology in the Middle Ages），《自由大学季刊》（*Free University Quarterly*），卷 3（1954），101—102、103—105 页；迪昂（Duhem）：《莱昂纳多·达芬奇研究》（*Études sur Léonard de Vinci*），卷 2，411 页；吉尔森（Gilson）：《中世纪哲学》（*La Philosophie au Moyen Âge*），第 2 版，460 页，及《中世纪基督教哲学史》（*HCPMA*），408 页；道森（Dawson）：《中世纪论文集》（*Medieval Essays*），132—133 页；列夫（Leff）：《中世纪思想》（*Med. Thought*），230—231 页；克龙比（Crombie）：《中世纪和近代早期的科学》（*Medieval and Early Modern Science*），卷 1，64 页。

在列夫的《中世纪思想》(*Medieval Thought*)一书中，他发现在十四世纪出现了与过去截然不同的变化，并把十三世纪的特点归纳为合成的时代，而十四世纪的是分离的时代。在他看来，那种企图显示十三、十四世纪之间有连续性的做法纯属误导。从本书研究内容的观点看来，当时人们将理性从一种神学工具的地位中解脱出来的努力，或许是最重要的发展。理性不再支持神学，天意启示变成了信仰问题，神学家与哲学家从此不再合而为一。列夫在谈到这一思潮的代表邓·司各特(Duns Scotus)时说："除了表达上帝创造世界的意旨之外，这世界不能为上帝的做法提供什么解释；这世界当然不能表明上帝工作的方式。结果就是，在神与被创造的万物之间出现了断裂——这在圣托马斯所构建的精密得多的秩序之中是不存在的。"[①] 于是，在这种全新的思想里，理性被限制在对自然现象的研究和解释中去了。

文中也提到，由贡比涅的罗塞林(Roscelin of Compiègne，1050—约1125年)所开创、并为他富有批判性的学生彼得·阿伯拉(Peter Abelard，1079—1142年)所继承的唯名论(nominalism)，"开启了关于世界的大争论，这引导人们对个体的物体本身产生更大的兴趣，而不是像过去圣奥古斯丁所做的那样，将个别物体仅仅视作一个永恒观念的影子。"[②] 在奥卡姆的威

---

① 列夫(Leff)，前引书，267页。

② 克龙比(Crombie)，前引书，卷1，25页。霍伊卡(Hooykaas)，前引书，120—135页，以及卡雷(Carré)论述圣奥古斯丁的唯实论、罗塞林与阿伯拉的唯名论，和圣托马斯的中间态度，《唯实论者与唯名论者》(*Realists and Nominalists*)，尤其是30—31、40—42、58—61、99—100页。

廉（William of Ockham，1300?—1349 年）的极端唯名论中，据说他既摒弃了早期那种“不假思索的虔诚”，又与奥古斯丁、安塞尔姆及托马斯·阿奎那的典型态度“信仰寻求理解”（*Fides quaerens intellectum*）背道而驰，后者认为理性的任务是“从逻辑上尽可能澄清天启的拯救”。“由于事物本身并无通行的原则，原则是从个体中总结归纳出来的。较之形而上学，他更偏向那些可感知的现实，这种态度造就了他对物理学的贡献。”[①]

如果说奥卡姆的威廉将现实局限在个体物体、将知识局限在经验范围内，那么就有可能把许多概念作为纯粹思维架构来加以否认。除了个体事物和从经验中得来的知识以外，其他一切都包含在智力的范畴中，因而对世界的阐释被归入心理学范畴。[②] 对奥卡姆的威廉来说，理性也不能证明启示的信仰；所以，神学和自然科学不适合用同样的方法去研究。

252 在接下来的两章中，我们将不再用大量篇幅讨论宗教和神学，而是看看置于实际经验上的价值的例证和人类对技术的兴趣的例证，这些潮流也可能削弱了对自然进行完全宗教的诠释，并且可能鼓励了人们在自然和超自然的两种知识体系之间作出清楚的区分。而且，如若从经验中获得证明和确认，那么“质料因”和“动力因”会形成一种更独立的存在，而“终极因”和“形式因”的重要性就比原来要小了。[③] 但是这些考量将我们带入对科学本源的探讨中去了。关于“神意设计的地球”这一观念的历史，却不

① 卡雷（Carré），前引书，引文在 121、120 页。

② 列夫（Leff），前引书，281 页。

③ 同上，前引书，296 页。

能归纳到科学方法史下面去；前者也是哲学和神学的持续性组成部分，相较物理学，它与生物学关联更大，因为生物学比物理学更能包容目的论、设计论和终极因。①

在这个时期的尾声，我们看到一些不同的替代性解说。以奥古斯丁学说为基础的对设计的解读、“自然之书”的作品、显灵之说，这些在十五世纪的西比乌底的著作中仍有论述。对亚里士多德学派思考方法的教授，尤其是1240年之后的一段时间——此时亚里士多德的著作不加演绎地由希腊文翻译过来，使这位希腊哲学家的目的论自然观得以确立，尤其明白无误地表现在圣托马斯提出的上帝存在的第五个证据之中。像大阿尔伯特著作里那

---

① 见林恩·怀特（Lynn White）：“中世纪的自然科学与自然主义艺术”（Natural Science and Naturalistic Art in the Middle Ages），《美国历史评论》（*AHR*），卷52（1947），421—435页。怀特强调十三世纪晚期和十四世纪的科学家在理解亚里士多德之后，在观点上与亚里士多德有所不同。亦见克里斯特勒（Kristeller）对亚里士多德学派传统的令人信服的评论，《文艺复兴思想》（*Renaissance Thought*），29—34页，其中强调了传统的力量，以及广泛接受的对于文艺复兴时期由柏拉图学派取代亚里士多德学派的概括说法中的陷阱。关于科学起源的近代研究，见收录于威纳和诺兰（Wiener and Noland）编辑的《科学思想之根》（*Roots of Scientific Thought*）中的各篇论文，其中除了克龙比的文章，其他全部最初登载于《思想史学报》（*Journal of the History of Ideas*）上。尤其是下列文章，克龙比（Crombie）：“从理性主义到实验主义”（From Rationalism to Experimentalism），125—138页；小兰德尔（Randall, Jr.）：“帕多瓦学校中的科学方法”（Scientific Method in the School of Padua），139—146页；柯瓦雷（Koyré）：“伽利略与柏拉图”（Galileo and Plato），147—175页；穆迪（Moody）：“伽利略与阿芬巴塞：斜塔实验中的动力学”（Galileo and Avempace：Dynamics of the Leaning Tower Experiment），176—206页；小兰德尔：“莱昂纳多·达芬奇在近代科学出现中的地位”（The Place of Leonardo Da Vinci in the Emergence of Modern Science），207—218页；以及齐尔塞尔（Zilsel）：“科学进步概念之开端”（The Genesis of the Concept of Scientific Progress），251—275页。

种对自然的独立观察和研究，也可以在这种目的论的框架内进行。大阿尔伯特和圣托马斯的自然哲学都鼓励了对自然的研究。特别是大阿尔伯特更喜爱研究自然界的实物，尽管在这样做的过程中他感觉到必须为自己热衷于“粗俗的智慧”而道歉。①

这段历史中接下去的发展是什么样子呢？我认为，随之而来的是文艺复兴思想，是对西塞罗和《论神性》自然神学的再度发现，如我们在前面所言，《论神性》包含着对“神意设计的地球”观念的清晰说明。剑桥柏拉图派学者们作出了进一步的贡献，他们的思想为十七世纪后半叶至十八世纪初雷约翰和德勒姆伟大的自然神学理论的建立起到了辅助作用。

253 这样一个观念似乎蓬勃发展起来了：即便地球只是一个暂时的居住地，关于它还是能学到对基督教徒有用而具启发性的许多知识。地球上确实有神意的成果，诸如被创造的万物和奇迹现象，同时也有自然的杰作；二者归根结底都是上帝的作品，但是自然的作品是依据人们可以研习到的法则来完成的。②

当我初次读到有关中世纪的材料时，我以为可以轻而易举地粗略描绘出这段时期的成就，这期间人们对地球的态度发生了某些看得出来的转变。现在，我意识到当时的感觉错了，因为这是一个在人对自然的关系方面发生根本改变的时代，复杂而具有开创性。

---

① 转引自桑代克（Thorndike），前引书，卷2，536页。

② 关于这一概括性的主题，见切努（Chenu）：“十二世纪沙特尔学院关于自然与人类哲学的发现”（Découverie de la Nature et Philosophie de l'Homme a l' École de Chartres au XIIe Siècle），《世界历史学刊》（*JWH*），卷2（1954），313—325页。参引在318页。

而我们应该如何看待这个时期整体的重要性呢？那些纷繁庞杂的材料中，多数是围绕着《圣经》或与《圣经》离题不远，那些议论朝很多不同方向引申开去，通往神学、神秘主义、诗歌、包容“次级原因”的对自然的世俗研究、释经、争议和辩论。

对我而言，这个时代的突出特点在于对创世的冥思苦想。日月星辰光芒万丈、令人敬畏，但是地球上持续不断可见的创造（如我们在自然主义、象征主义和寓言式的作品里经常看到的那样）才是人们所知的最好证明。在西方文明形成时期这场关于创世及其意义的旷日持久的讨论，增强了人们对自然的统一与和谐的兴趣、对物质上和精神上的邪恶现象的兴趣，以及对上帝与日常生活之间的中介力量的兴趣，不管这中介是“次级原因”还是里尔的阿兰和让·德默恩所写的拟人化的自然。如果要我找出第二个词来表达的话，那就是“释经”，它是检视造物主与被造物的手段，包括六日创世文献、《神学大全》和那些布道文。通过释经，人们发展出不同的自然观，诸如神秘主义的、宗教的、象征主义的和世俗的观点。当时所发生的事情与马勒对中世纪宗教艺术的描述很相似：世界仍然是一个大而化之的象征符号，但在其中卑微的工匠们用现实主义的手法为教堂装饰上各种花草枝叶，同时也不忘彰显自己的行业。倘若这个象征性的世界真如一个巨大的穹庐，那么在里面也有世人忙忙碌碌的日常生活和对身边琐事的兴趣，这一点我在为本书第七章收集资料的时候变得深信不疑。

如果这个解释正确无误，那么就是说，关于人与自然的西方思想正是在中世纪发生了巨变。这些思想后来成为近现代人需要重视的观念，它们的反响至今还在我们身边回荡。

第六章

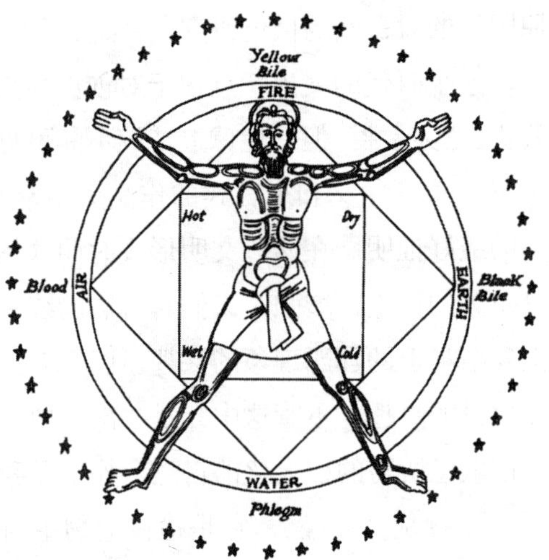

神创世界中的环境影响

1. 引言

六世纪时卡西俄多拉斯（Cassiodorus）曾说，为了了解经书中所提及地点的确切位置，僧侣们有必要学习宇宙志。[①] 对于我

① 卡西俄多拉斯（Cassiodorus）:《神学与人文著作导读》(*Intro. to Divine and Human Readings*)，第 1 部第 25 章。

们将要开始讨论的中世纪地理学思想，这句话是个不错的引子。

上帝、地球与人之间存在密切关系的思想主宰了整个中世纪，但这并不等于说，环境影响观念因为与无处不在的神学不合而逐步淡出历史舞台。古典时代给人们提供了选择，既可以考虑人类对自然的关系，也可以考虑人类对神的关系。在中世纪就没有这样的选择了，但是基督教神学对环境影响论并非抱有敌意，而且在中世纪中后期实际上也不排斥关于占星术影响的观念，尽管占星术曾被早期的基督教父们严词指斥。亚里士多德的《形而上 255
学》（*Metaphysics*）和《论天》（*De Caelo*）以及阿拉伯学者对这两部著作的述评在十二世纪之后的基督教思想家中间激起了对天体的敬仰，这种敬仰在这两部著作被重新发现之前，从未如此强烈过。[①]

不过，环境理论毕竟大多只是关于适应的简单理论罢了。创世的各个元素存在于秩序与和谐之中，为上帝所控制及主宰，它们之间相互适应，即便在人类堕落后混乱无序的世界上仍然如此。纵观设计论的历史，这个理论对环境适应论的哲学一向较为友好，在当时所起的作用相似于十九世纪的“习得性状遗传”（inheritance of acquired characteristics）学说或自然选择论，十九世纪的这两种理论同样假定不同程度的环境适应。

就我所知，迄今为止还没有人对中世纪的地理影响论作一番穷尽的检视；这种研究可能只是冗长而重复地堆积几个基本观念

① 韦布（Webb）：《自然神学史研究》（*Studies in the History of Natural Theology*），153—155 页。

的例证，所以大概会吃力不讨好。[①] 四元素理论、混合论、体液

---

① 见克雷奇默（Kretschmer）:《基督教中世纪的自然地理学》（*Die Physische Erdkunde im Christlichen Mittelalter*）；赖特（Wright）:《十字军东征时期的地理传说》（*The Geographical Lore of the Time of the Crusades*）；金布尔（Kimble）:《中世纪地理学》（*Geography in the Middle Ages*），176—180页。关于旅行与航海，见比兹利（Beazley）:《近代地理学的开端》（*The Dawn of Modern Geography*），三卷本（但这部著作极少涉及理论性的问题）；赖特的《十字军东征时期的地理传说》中关于思想的讨论极有价值；金布尔的著作亦是如此，其中包括了关于古典地理学与穆斯林地理学的章节。亦见德利尔（Delisle）:“关于物之属性的各种专题论述”（Traités Divers sur les Propriétés des Choses），《法国文学史》（*Hist. Litt. de la France*），卷30（1888），334—388页。莫拉（Mollat）:“中世纪”（Le Moyen Âge），收录于努吉耶、博热和莫拉（Nougier, Beaujeu, and Mollat）:《世界探索史》（*Histoire Universelle des Explorations*），卷1，254—408页；以及奥尔西克（Olschki）:《马可·波罗的先行者们》（*Marco Polo's Precursors*）。

我很不情愿地略去了对伊本·赫勒敦（Ibn Khaldūn）的讨论。他的观念属于阿拉伯思想，而不属于西方思想，在这一时期中尤其如此。直到1863—1868年德·斯莱恩（de Slane）将其著作绪论翻译出版，他的思想才在西方变得广为人知。然而，伊本·赫勒敦的思想非常有意思，因为其中包含了从古典源头中得来的环境观念，同时运用了七个“纬度带”的概念并结合了他诠释阿拉伯史所得的思想。这是一个两种传统交汇、但并未调和的有趣例子（我在此也想到维特鲁威）。见《历史绪论》（*The Muqaddimah*）的罗森塔尔（Rosenthal）译本，特别是第1部第1章第3段的开场讨论。冯·格鲁尼鲍姆（Von Grunebaum）指出，穆尔太齐赖派的阿尔-纳扎姆（al-Naẓẓâm）在九世纪时论述气候条件造成的体质与智力上的差异，他的门徒阿尔-贾希兹（al-Jâḥiẓ，869年去世）“举出气候因素来解释为何琐罗亚斯德用永恒的寒冷而非永恒的炎热去恐吓他的追随者们。他接着论辩道，由于这种恐吓只对琐罗亚斯德实际上开始传教的山地的居民有效，因此这个教义本身就证明了琐罗亚斯德的使命和教义的地方局限性。与仅仅是地方性宗教的琐罗亚斯德教相反的是，古兰经中的地狱之火，其可怕之处并不基于当地的恐惧心态——考虑到阿拉伯人受到酷暑和严寒的双重煎熬——而是为穆罕默德使命和教义的普遍特征提供了证据（顺带提一句，贾希兹发现这一诠释对确证《启示录》本身也有作用）”。引自冯·格鲁尼鲍姆:“多样性中的统一性问题”（The Problem: Unity in Diversity），收录于冯·格鲁尼鲍姆编辑:《穆斯林文明中的统一性与多样性》（*Unity and Variety in Muslim Civilization*），17—37页，参引在19—20页，亦见22、24—25页。气候在文化相对论中起到了作用，同时也在近代西方使人们对宗教的普遍性和正确性产生了怀疑，正如我们后面将在博丹到孟德斯鸠和伏尔泰身上所看到的那样。亦见利维（Levy）:《伊斯兰的社会机构》（*The Social Structure of Islam*），482—484页。

说在中世纪都被接受；结果就是，这一时期的环境理论要么是希腊罗马思想的陈陈相因，要么只是对希腊罗马思想略有变异。许多百科全书的撰写者大量利用古典资料来源或其摘要。在七世纪，塞维利亚的伊西多尔借鉴了文法家塞尔维乌斯的著述，这样一来他多半就是间接引用了希波克拉底、亚里士多德和波昔东尼的学说。十三世纪英格兰的巴塞洛缪（他是较晚期百科全书编纂者中最博学的学者之一）在对地理学理论的解说中，常常依赖伊西多尔书中关于传统思想的材料，但另一方面他表现了崭新的活力来记录当世生活。[①] 256

环境理论和占星术理论继续被用来解释种族和文化的差异。它们也像在古代一样，与政治理论保持联系：托马斯·阿奎那在思想上接近诸如希波克拉底、柏拉图、亚里士多德和维特鲁威这样的古人，也接近后来的但丁，以及诸如博丹、博塔罗、马基雅维利（Machiavelli）、伯顿（Burton），甚至孟德斯鸠这样的近代人。环境理论对于政治理论很重要，因为根据柏拉图的学说，环境理论对一个合格的政府来说是不可或缺的：为了保持施政公平而有效，法律必须依据人民的天性来制定，而人民的天性往往是由他们所处的环境决定的。对于环境——气候、土壤、地貌以及类似种种——的研究很少是为了环境本身；人们将环境作为天经地义的事情而接受，并且把传统的概括方法理所当然地应用于当代事务。

① 菲利普（Philipp）："塞维利亚的伊西多尔《语源学》中的历史地理原始资料"（Die historisch-geographischen Quellen in den etymologiae des Isidorus v. Sevilla），《古代历史和地理的资料及研究》（*Quellen und Forschungen zur alten Geschichte and Geographie*），第 25 辑，第 1 部分（1912），第 2 部分（1913）。

由于中世纪的环境影响理论脱胎于古典思想，所以它也保持着与古典思想中相同的区分：一方面是生理学理论（基于希波克拉底的传统、体液心理学和体液生理学），另一方面是地点和位置的理论。从古典来源中还借鉴了其他东西，例如，认为文化孤立产生于环境隔绝，产生于远离具有贸易、航海和民族混合的纷繁多彩世界这个论点。

尤其在十二世纪和十三世纪，百科全书作者中出现了更复杂精细的环境理论，其中最令人瞩目的言论来自吉拉尔度·坎布雷西斯（1146？—1220年）、大阿尔伯特（1196？或1206？—1280年）、圣托马斯·阿奎那（1225？—1274年）和巴塞洛缪·安戈里克斯（鼎盛期在1230—1250年）。尽管这些作者的观念——尤其是那些关于年代久远、地域偏僻以及并非亲眼所见的地方的描述——来源于古典时期的作者，但它们偶尔会在应用方面、在与基督教神学的适应性方面以及在作者对当时社会的观察方面，带来新鲜内容。

最重要的著作要么出现在早期，紧随着古典文明而产生，要么出现在传入穆斯林世界的古典思想被部分重新发现之后，由于加入了旅行经验及沿途观察见闻而显得生机勃勃。塞维利亚的伊
257 西多尔的著作架起了两个时代之间的桥梁，他包罗万象的概要书是对地方和原生态经济的简单报道，也是对地理环境的描述。

2. 古典思潮的回响

甚至早在伊西多尔之前，我们从奥罗修斯（Orosius）和卡

西俄多拉斯的词句中就能感到古老的希腊思想的回响。卡西俄多拉斯是一位政治家，大约在公元 540 年离开迪奥多里克王（King Theodoric）的宫廷，投身于维瓦留姆修道院。奥罗修斯认为，条顿人和辛布里人穿越阿尔卑斯山的厚厚积雪，一路畅通无阻地南侵到了意大利平原，但那里温润的气候、醇酒美食和舒适的沐浴享乐消磨了他们的意志，使他们变得萎靡不振。在卡西俄多拉斯的书信中洋溢着强烈的兴趣，探究迁徙时代这些人给文明社会带来的影响，其中包含一些富有启发性的句子，证明自希波克拉底时代直到彼时，希腊人所持的气候影响说在千年之中未曾消失，而是在不同时期和不同地域都得到了保留。

卡西俄多拉斯大约在公元 477 年生于斯奎拉切湾的西利西翁，人们认为该地在现代的罗切拉或罗切拉附近。[①] 在他对这座城市的赞颂之词中——有时候他写得情辞动人，有时候却过于华丽浮夸了——提到了当地的自然条件来显示环境对人的影响。当地的气候终年温和宜人，使人们不会对恶劣天气产生悲伤和恐惧心理。“这样，人在这里也比在别处心灵上更自由，因为适宜的气候支配了一切。”[②] 还有种种类似的关联性，比如居住在炎热国

① 奥罗修斯（Orosius）：《反异教史七卷》（*Seven Books Against the Pagans*），卷 5，16；霍奇金（Hodgkin）：《卡西俄多拉斯书信集》（*The Letters of Cassiodorus*），68—72 页，附地图；菲利普（Philipp）：“西利西翁”（Scylletium），《保吕氏古典学百科全书》（*PW*），卷 2A：1，920—923 栏。

② 霍奇金：《卡西俄多拉斯书信集》，第 12 部第 15 封。这句话的原文是“hinc et homo sensu liberior est quia temperies cuncta moderatur”。“杂录第 12 部”，《杂录》（*Variae*），XII，15，3，载于《日耳曼历史文献：古代作者》（*Mon. Ger. Hist.*，*Auctores Antiquissimi*），卷 12，1894 年，莫姆森（Mommsen）编辑，372 页。

家的人往往尖锐、变化无常，寒冷的国家使其居民行动迟缓、诡秘狡猾，而气候温和的国家里，“也会由这温和的特征造就人们的性格”。接着他阐述了一条有趣的论点，即希腊人自己将他们的成就归功于自然原因——据我所知这是有关此题目的最早论述，也似乎证实了本书第一部分中表达过的意见：

> 于是，古人将雅典称为哲人之地，因为当地充满了最为纯净的空气，为雅典的儿子中头脑清晰的智者慷慨提供了适宜深思熟虑的氛围。饮用甘甜清澈的山泉水或是只能喝污泥浆水，这二者对身体的影响定是截然不同的。甚至心智之活跃也会被沉重的空气所阻塞。大自然本身让我们受制于这些
> 258 影响。乌云使人感伤，而万里晴空让我们充满欢乐，因为灵魂的神圣本质喜欢一切纯粹洁净的事物。①

污泥浆水之于身体与沉重空气之于心智的比较，正是体液心理学的范畴，对沉重空气的提及令人想起西塞罗的《论命运》（*De fato*）和赫拉克利特将潮湿天气与反应迟钝联系起来的说法，而最后几行中柏拉图式的弦外之音暗示着这些理论与基督教神学是

① 霍奇金（Hodgkin），前引书，第12部第15封，503—504页。在这些书信中，有关于水道和水渠保养维护的有趣段落；关于清理拉文纳水道中的灌木，见第5部第38封，286页。“草木是建筑的和平颠覆者，是倾倒建筑的攻城锤，尽管我们听不到围攻的号角。”这一水渠主题，关于其好处和维护，在第7部第6图（关于水渠的图表）中还有着有趣的论述，324—326页。关于卡西俄多拉斯，见莱斯利·琼斯（Leslie Jones）在《神学与人文著作导读》（*An Intro. to Divine and Human Readings*）中的导言，3—64页。这篇文章广泛参引了近现代关于卡西俄多拉斯的学术研究成果。

并行不悖的。

这些观念在卡西俄多拉斯等人的著作中持续体现（他的著作只不过是一个例子），其理由并不在于作者们由于缺乏想象力而耐心抄袭，也不是惰性使然。这种思想得以流传下去，是因为它们在说明文化差异、尤其是种族差异方面是有用的。古典时代的自然史作家中，在中世纪最有影响力的是普林尼，他将种族与气候关联起来（见上文，本书第二章第 8 节）。看来很清楚，住在最炎热气候中的黑人吸收了最强烈、最直接的日晒，地中海地区的民族所处的位置正在中间，而北方人生活在另一个极端气候条件下。这种基于气候的解释还可以适用于其他差异现象。同样受到人们重视的是纬度差异性的观念，但这种粗枝大叶的关联法不仅掩盖了普遍归纳造成的谬误，还忽略了经度的问题：即便纬度相同，生活在不同经度地区的民族也可能彼此不相类似。

如金布尔（Kimble）所指出的那样，尽管关于环境影响的广泛讨论是在中世纪晚期才开始的（当时人们旅行的机会比先前大多了），但古典的环境影响观念却很早就被引入基督教思想中，作出引进的人是塞维利亚的伊西多尔。[①]

---

① 金布尔（Kimble）:《中世纪地理学》（*Geography in the Middle Ages*），176 页。“早期教父们与世隔绝的生活，使他们很少有机会思索文化景观的问题。直到像十字军东征时代人们开始长途跋涉后，他们才开始意识到景观与生活之间各种各样的关系。”然而，在某些修道会中的僧侣们，在很大程度上意识到他们所处的环境以及他们改变环境的能力，即便他们并未走出修道院的围墙之外。确实，他们不像十字军战士那样有机会去观察比较文化景观的不同，但他们也看到了树林与清理出来的空地、葡萄树与森林覆盖的山丘、农田与排干水的沼泽，以及诸如此类的事物之间的区别。

259 伊西多尔认为他在事物名称的语源学中发现了其本质特性的关键所在。他说，埃塞俄比亚的命名是因为其居民的肤色，名字的来源是希腊语“燃烧”和“脸”。他们的肤色是他们离太阳较近所造成的，并且和天体的影响有关；他们居住在常年炎夏的地域，因为这个地域全部处于南方。[①] 这种思想也可能是间接地从普林尼那里得来的。伊西多尔提出，正如天空中有种种差异一样，各个民族的容貌、肤色、体型和天性也是各有不同的。他沿袭塞尔维乌斯的说法，认为罗马人的严肃、希腊人的轻松、非洲人的狡诈、高卢人的凶猛无畏，这一切都有着环境上的原因。[②]

另一个环境影响观念来源于蛮族人入侵的经历。保罗执

---

① 根据韦氏新国际英语辞典（未删节第 2 版）中“埃塞俄比”的定义，希腊语词汇 Aithiops 显然来自于 aithein，意为“燃烧”，和 ōps，意为“脸”，或者这个词可能源自一个非洲土著名字。伊西多尔（Isidore）:《语源学》（*Etymologiae*）第 14 部第 5 章，14，《教父文献全集，拉丁教父集》（*PL*），卷 82，511C。关于来源，见菲利普（Philipp），前引书，第 2 部分，128 页。经过了各种中间媒介的最初来源是否为普林尼（Pliny）:《自然史》（*NH*），Ⅱ，80？亦见萨顿（Sarton）:《文艺复兴时期对古代和中世纪科学的赏识》（*Appreciation of Ancient and Medieval Science During the Renaissance*），78—80 页。

② 见塞尔维乌斯（Servius）:《文法家塞尔维乌斯对维吉尔〈牧歌〉的评注》（*Comm. in Verg. Aen.*），Ⅵ，724，以及本书第二章第 11 节。伊西多尔：《语源学》，第 9 部第 2 章，105，《教父文献全集，拉丁教父集》，卷 82，338C。亦见菲利普，前引书，第 2 部分，32—33 页。英格兰的巴塞洛缪（Bartholomew of England）实质上对此进行了复述，见《论物之属性》（*De proprietatibus rerum*）（十三世纪），第 15 部第 66 章，2。塞尔维乌斯使用 climatum 一词，毫无疑问是希腊语 klima 的翻译；这个词并不指“气候”，但如 klima 一样意味着“纬度带”，在中世纪和近代早期也可能指一个地方，如英语词汇“clime”一样。亦见达比（H. C. Darby）:“尊者比德的地理学思想”（The Geographical Ideas of the Venerable Bede），《苏格兰地理杂志》（*Scott. Geog. Mag.*），卷 51（1935），84—89 页。

事（Paul the Deacon，八世纪）的《伦巴第人史》（*History of the Langobards*）发展了这一思想，它的影响甚至波及近代。保罗是一位本笃派的教士，据信是在782年之前加入了卡西诺山修道院，在那里过着神职人员的清净好学的生活。[①] 他曾断断续续地为查理曼大帝（Charlemagne）鼓励和推动学术的努力效劳。四世纪至八世纪间，曾有许多人关注未开化各民族的历史及其迁徙过程，并且可能是偶然地对他们入侵拉丁西欧的原因产生兴趣，保罗即是其中之一。

在古典时代，关于人口过剩和随之而来的饥荒是迁徙原因的理论极为普遍。[②] 四世纪末至五世纪初，基督教历史学家苏格拉底（Socrates），以及索佐曼（Sozomen），将类似理论向前推进了一步，来解释哥特人（Goths）与匈奴人的迁徙。卡西俄多拉斯本人曾撰写过哥特人的历史，现已佚失，但是约尔达内斯（Jordanes）在自己的著作中使用了卡西俄多拉斯的材料。[③]
保罗执事理论的独特之处在于，它提供了一种关于人口过剩的气 260
候上的解释。他相信北方地区（可能指的是斯堪的纳维亚半岛

① 麦卡恩（McCann）：《圣本笃》（*Saint Benedict*），修订版（Image Books），205—208页。

② 关于这些理论的概述与讨论，见特加特（Teggart）：《罗马与中国》（*Rome and China*），225—235页。

③ 人们自问这一理论是否会源自卡西俄多拉斯（Cassiodorus），而他的《哥特史》（*Gothic History*）已经佚失。琼斯（Jones）说，它的宗旨是体现现代国家的高尚之处，从而带来“颓废拉丁民族与精力较为充沛的哥特人之间的调和”，12页。这一主题很可能包括了类似保罗那样的论点，但这仅仅是一种猜测。见《神学与人文著作导读》（*An Intro. to Divine and Human Readings*），琼斯译本，12—14页；约尔达内斯（Jordanes）的摘要，14页。

南部和德国北部）是各民族的“蜂箱”，是民族发源地（*officina gentium*）：北方地区是许多蛮族移民的源头，当地的气候造成人口强大的生育力，而与日俱增的人口使人不得不向外迁徙。保罗在他著作的卷首语中说：“北方地区由于远离太阳的热量、终年被冰雪覆盖，所以相对而言更有利于人体健康并适合人口繁殖；而另一方面，任何一个南方地区离太阳越近，它的居民就越容易染上疾病，也越不适宜人类的繁殖。”①

勤奋不懈的伊西多尔在他的《语源学》一书中，将“日耳曼”（Germany）这个词的来源归为 *germinare*，“意思是发芽或生长”，保罗也采用了这种说法，他认为将这个东起塔纳斯河（顿河）延伸至西方（无进一步定义）的整个地区“称为‘日耳曼’没有什么不合适的。”

这个国家有能力生育却没有能力喂养自己的人口，这说明它为什么入侵欧洲和亚洲。“整个伊利里亚和高卢地区到处都有惨遭摧毁的城市，足以证明这个道理，而感受最深的莫过于意大利，它惨遭几乎所有这些民族的暴行。”但是保罗也提到了除了人口过剩之外，造成斯堪的纳维亚半岛人群迁徙的还有其他原因（尽管他没有详细阐述）；斯堪的纳维亚人把自己分为三组，“通过抽签决定哪一部分人必须背井离乡，寻找新的住处。”据说可能有一位女预言家告诉过他们，为了实现被上帝救赎而要勇往直前。②

---

① 执事保罗（Paul the Deacon）：《伦巴第人史》（*Hist. of the Langobards*），第 1 部，第 1 章。

② 伊西多尔（Isidore）：《语源学》（*Etymologiae*），第 14 部，4，4，《教父文献全集，拉丁教父集》（*PL*），卷 82，504B—C。执事保罗：《伦巴第人史》，第 1 部，第 1—2 章，以及福克（Foulke）的注释 4，3 页。

这个简单直接的叙述把气候论与北方孕育国家的观念结合起来，在环境主义理论史上产生了极其重要的后果，因为它引起了人们将斯堪的纳维亚视作蛮族人口过剩的故土这种推测，这说法一直延续到十九世纪开始后的很长时间。

约尔达内斯的《哥特史》（*Gothic History*，写于551年）可能在很大程度上参考了卡西俄多拉斯散佚的《哥特史》（*Gothic History*）——不过我们很难相信后者的仆从只将此书借给约尔达内斯三天。约尔达内斯的著作首次提出了"斯堪第泽岛"是孕育国家的"子宫和蜂巢"，这里的移民被比作一窝蜜蜂，但作者没有说明为何作此比喻。[①] 保罗执事认为是环境原因使然，这开启 261
了一系列将气候与北方热爱自由的哥特人相关联的思想，哥特人与孱弱懒散的南方人形成对比。[②]

① 见琼斯（Jones）为卡西俄多拉斯（Cassiodorus）《神学与人文著作导读》（*An Intro. to Divine and Human Readings*）所写的导言，12—14。对卡西俄多拉斯和约尔达内斯的讨论，亦见米罗（Mierow）编辑并翻译的《约尔达内斯的哥特史》（*The Gothic History of Jordanes*），尤其是13—16、19、23—29页，以及约尔达内斯自序中的讲述，不过对他的讲述人们不无怀疑。他说他第二次读到卡西俄多拉斯的这本书，是因为卡西俄多拉斯的仆从将书借给他三天。著名的一句话是："据说，哥特人在其国王Berig的率领下迁出了这个被称为Scandza的岛——这里是哥特诸部的发源地，或者毋宁说宛如这些部族的庇护所……"《论哥特人的起源与事迹》（*De origine actihusque Getarum*），Ⅳ，25，莫姆森（Mommsen）编辑，60页。

② 克利格（Kliger）：《英格兰的哥特人》（*The Goths in England*），1页。"这些早期文本中［塔西佗、圣奥古斯丁、萨尔维安、约尔达内斯、保罗执事］所能看到的关于哥特人性格的分析，将哥特人描绘成一个条顿民族，对他们而言政治自由是非常珍贵的。"（2页）支持者们对保罗执事的理论加以利用，虽然后者并未将气候与热爱自由联系起来。亦见该书10—15页，以及关于"气候与自由"的讨论，这个讨论追踪了环境对爱好自由的影响这种观念，尤其是从文艺复兴时期到十八世纪，241—252页。

这位本笃派教士以这样的言辞来开始讲述一个民族的历史（他自己也是这个民族的后代），说明在研究思想史时十分重要的一点是，必须注意到那些无知者相互抄袭带来的重复。关于气候影响的古典思想传统，与渴望为蛮族迁徙时期的动乱、灾难和毁灭找到原因的想法（这在保罗的历史著作中很明显）相融合，开启了一条至少延续千年的思想之链。[①]

因为保罗执事的理论在于试图解释一系列历史事件，所以它并没有直接涉及神学。然而人们可能会想到，环境论迟早会与人类的诞生以及随之而来的文化分化发生直接的联系。这样一种联系出现在爱尔兰人约翰的著作中，如我们在前面谈到的，爱尔兰人约翰也熟知古希腊的思想。

对于虔诚的教徒来说，基督教就人类的起源和现状提出了极端难解的问题。人类以迥异于动物的方式被创造出来，引发了为何上帝要从亚当身上取下一根骨头创造夏娃的疑问。而人类明显存在的种族和文化的差异性也带来如下问题：人类最原始的统一性是何等情状？原罪抑或人类堕落后的其他影响在造成种族和文化差异方面起到了什么作用？

这些问题将要由十六、十七世纪的宇宙志学者们加以详尽思索。发现之旅和由之而来的知识，将人类种族如何由同一变为多样、如何散布到世界各地等问题的解释，变得更加复杂多了。

爱尔兰人约翰说，倘若第一个人并无原罪，他就不会经历其

① 乌普萨拉的学者们（雷德贝克、乔安尼斯、奥劳斯·马格努斯以及其他瑞典作者们）后来试图证明瑞典是真正的“民族庇护所”（*vagina gentium*），关于这一点，见克利格，前引书，12 页，以及他所参引的著作。

本性被划分为两性的过程：他会保留最初按照上帝的模样被创造 262
出来的原生状态。人被自己所犯罪行的羞耻感压倒了，他不得不忍受被拆分成男女两性的痛苦。由于人不想遵循有关其繁衍的神圣法则，上帝惩罚他，把他的生存状态降低到如同动物一般，成为短暂存在的大批雄性和雌性生物。在耶稣身上，开始有了一个如同原初的人一般的新统一体、一个将来复活的形象。[①] 人类自从堕落以来，出现了比两性差异更多的差别；人的体质、体型和其他许多方面，都与原初的单一形式有很多不同。个体特质（如身高）方面的变化并非源于自然（即源于原初人的形象），而是从人的原罪与堕落中产生，从水土、空气、食物及类似的环境因素所造成的时空差异中产生。他说，众所周知，习俗和思维方式上的差别是在人的原罪与堕落之后才出现的。[②]

据我所知，用环境论的解释来理清基督教对早期人类的概念中令人迷惑的不确定性，爱尔兰人约翰是第一个。然而，这种思想似乎是孤立的，对中世纪或近代的思想家都没有什么影响。这并非他的主要学说，可能在一部长长的著作中被淹没了。

3. 引入更系统化思想的评述

十一世纪至十三世纪间，地理描述的性质发生了一些改变。这些改变并非革命性的，也没有与传统割裂。地理描述的坚实依

① 爱尔兰人约翰：《论自然的区分》（*De div. nat.*），Ⅱ，6，《教父文献全集，拉丁教父集》（*PL*），122，532A—533A。

② 同上，Ⅱ，7，533B。

靠还是古典地理学家的著作，以及《圣经》地理学的启示。塞维利亚的伊西多尔的地理学就是如此，他的地方描写常常来自对文法家塞尔维乌斯或圣安布罗斯等重要作家的转述。伊西多尔的著作是综述性质的，而十二、十三世纪的百科全书式的作品——大阿尔伯特、英格兰的巴塞洛缪、博韦的梵尚等人的著作也都是这个类型。从地理学知识的角度来看，早期和晚期的综述书籍是否有任何不同？确实存在不同，英格兰的巴塞洛缪就可作为例证。巴塞洛缪显然极大地倚仗早期作者的著作，因为他在对许多地方的描述之后，都以“希罗多德如是说”或“正如伊西多尔在其第
263 十五部书中所言”这样的词语来结尾。巴塞洛缪说他开始写作的时候只是想描述《圣经》中的地方，但最终却涉及了很多其他门类，除了《圣经》的，还有教堂的和当代的地方描述，很多是建立在他自己或同代人的个人旅行见闻和观察所得上。巴塞洛缪的《论物之属性》（*De proprietatibus rerum*）一书可能作于十三世纪中叶；但提尔的威廉（William of Tyre）大主教作于十二世纪的编年史《海外活动史》（*A History of Deeds Done Beyond the Sea*）就已经吹来一股新风，其中并无环境影响论的痕迹，但对地方的描述却是生动详尽，激动人心。像愤怒的乌云盘旋在这些地方及其历史上空的，是无处不在的人类苦痛。而弗赖辛的奥托（Otto of Freising）主教所著《红胡子腓特烈传》（*The Deeds of Frederick Barbarossa*）和不来梅的亚当（Adam of Bremen）所著《汉堡-不来梅大主教史》（*History of the Archbishops of Hamburg-Bremen*）也至少是不时地吹来同样的新风。这些著作，至少部分地脱离了基于古典地理的书本学问，而是包含了对食物、地方位

置、贸易性质的简单实时观察，然而作者们却很少从理论上利用这些观察所得。

以希波克拉底、亚里士多德或盖伦的学说为基础的古老理论，也发生了微妙的变化。古典作者的陈腐例证不再被单纯地重复引用，而是被方便地用来说明这些人所知道的情势。使古老传统适应于新的情况，这一点在大发现时代之前与大发现时代之后的发展相比显得微不足道，后者在博丹、博塔罗和孟德斯鸠的著作中尤其引人注目。

除了古典思想的启迪外，中世纪中期的某些其他兴趣也推动了环境影响论的出现。人们对一些地方有着长期而持续的关注，要么是因为它们在宗教上的利益和重要性，要么是因为它们的历史和经济意义。人们还热衷于总结国民性，无论是不是还附带解释其原因。对近邻评头论足、归纳出他的性格特征，似乎是自古相沿的习惯。举个简单的例子，英格兰的巴塞洛缪就曾探讨过荷兰人的健壮身躯、力量、勇气和俊美外表，他们的诚实、虔敬上帝，以及值得信任的品质和爱好和平的天性，还有和其他日耳曼民族相比不爱劫掠的特质。[①] 巴塞洛缪并未给出是什么理由造就了这些可赞赏的品性，不过一旦作家们试图阐释国民性抑或文化差异时，都会严重依赖环境方面的解释。

中世纪的百科全书中含有涉及地方性质（*de natura locorum*）和事物属性（*de proprietatibus rerum*）的大量重要知识，它通常

① 英格兰的巴塞洛缪（Batholomew）：《论物之属性》（*De proprietatibus rerum*），第15部第110章，5，“荷兰”（De Ollandia）。

包括对地理学的综述，以及关于四元素、体液、混合体和质量等章节，而所有这些内容都与中世纪人们想象的宇宙志息息相关。大阿尔伯特在《论元素属性的原因》（*De causis proprietatum*
264 *elementorum*）中，讨论了与地点相关的元素属性，并提请读者们注意他关于地方性质的一篇论文，那里更加详细地讨论了诸如海岸、山峦和海洋等不同地方所造成的不同效果。[①] 这样，对地方性质的描写与对事物属性的描写紧密联系起来了。四元素学说认为复杂的合成体是由四种元素混合而成的，引入了混合与比例的思想（正如在古典时代一样），这种思想使人们关注一个特定地方在带来元素的各种组合、从而造成差异这方面的影响。

当时的许多作者都探讨过类似的问题，比如提尔伯里的葛凡斯（Gervase of Tilbury）、亚历山大·尼坎姆、康定培的托马斯和他的老师大阿尔伯特、阿尔伯特更著名的弟子圣托马斯·阿奎那、巴塞洛缪·安戈里克斯、罗伯特·格罗斯泰斯特等。我从这些作品中挑选了以下四套著作，这四套著作似乎较清楚、较详细地说明了环境理论如何参与到当时的普遍思想之中：大阿尔伯特的《论地方的自然情况》（*De natura locorum*）、圣托马斯的《论王权》（*On Kingship*）、英格兰的巴塞洛缪的《论物之属性》中关于地理的章节，以及吉拉尔度·坎布雷西斯的《爱尔兰地形地貌》（*The Topography of Ireland*）、《爱尔兰征服史》（*History of the Conquest of Ireland*）和《巴德温大主教穿过威尔士的行程》（*The Itinerary*

---

① 大阿尔伯特（Albert the Great）:《论元素属性的原因》（*DPE*），论文 1，第 5 章，《大阿尔伯特作品集》（*Works*），加弥（Jammy）编辑，卷 5，297 页。

of Archbishop Baldwin Through Wales），并在介绍吉拉尔度之前讨论一下弗赖辛的奥托。此外，我还对罗杰·培根关于宗教地理学和占星人种学的思想作了一些札记。这些著作中的每一部都以不同的方式阐释了新形势下旧观念的变革，而且至少有一部（圣托马斯的著作）对环境理论和最高高在上的神学教义进行了调和。其中有些观念直接来源于伊西多尔记录的古典思想，另一些则是通过对维特鲁威、维吉提乌的著作及亚里士多德《政治学》的重新发现而为人所知。有些思想可能来源于阿拉伯人，其中包括阿维森纳（980—1037 年），他的著作展现了他在古典医学理论方面的知识。在给初学医者撰写的作为医学研究入门的说教诗歌《医药颂歌》（*Canticum de Medicina*）中，阿维森纳重述了许多古典时代的医学格言，涵盖了混合物、体液、空气与饮食等多方面内容。[①] 物性的混合（暖与冷、干与湿）以及相对应的体液，按照不同季节而各占优势：黏液主冬，血液主春，黄胆汁主夏，黑胆汁主秋；类似的关联性也表现在人的年龄，孩童和青年为暖，年长者、特别是高龄者为寒。肌肤、头发和眼球的颜色从根本上是由气候决定的混合物造成的。通过肌肤颜色的不同，可以辨别出七大“纬度带”（klimata）中的混合体。这些气象格言、阳光热效应、265
山陵与山谷的气候、风向和湿地等论述主要涉及的是它们对身体

① 阿维森纳（Avicenna）：“医学说教诗歌（医药颂歌）”（Das Lehrgedicht über die Heilkunde），卡尔·奥皮茨（Karl Opitz）由阿拉伯文译为德文，载于《科学与医学史的原始资料及研究》（*Quellen und Studien zur Geschichte der Naturwissenschaften und der Medizin*），卷 7，第 2/3 辑（1939），150—220 页。见第 12—80、116—146 节，160—163、165—166 页。

的影响，因为阿维森纳感兴趣的是医学问题，而非文化问题。

4. 大阿尔伯特

大阿尔伯特关于地方性质的名著《论地方的自然情况》中有着多种观念的有趣结合。[①] 假如我们只是简单地回顾他关于环境影响的观念的话，会发现在这个问题上他确实知道很多，但与其读他的文章，不如直接去读希波克拉底、盖伦的著作，或是斯特雷波、普林尼和维特鲁威著作中的波昔东尼片段，以及托勒密的著作，因为这些著作很明显是大阿尔伯特理论的直接或间接的渊源。

但是，如果有人想要找出上述著作在大阿尔伯特思想中所起的作用，或许也是对那个时代整体所起的作用的话，就会发现一些更令人惊喜的、更富有活力的东西。环境理论在阿尔伯特的因果论中有着明确的（尽管可能只是适度的）地位。对这些环境理论的研究，能使人理解为什么有可能把这些地理事项（由于《圣经》地名和古典地名的重要性，中世纪百科全书作者们都很熟悉作为一个研究领域的地理学）当作一个有关神创整体的更大的知识和理论体系的组成部分。对这个整体性的知悉，使人能够靠近

① 在这段分析中，我非常感谢克劳克（Klauck）的"大阿尔伯特与《地学通论》"（Albertus Magnus und die Erdkunde），《阿尔伯特研究》（*Studia Albertina*），234—248 页。克劳克讨论了在他之前对阿尔伯特的宇宙论和地理学著作的研究，但他本人却在解释阿尔伯特的地理学原理中大大超越了前人。当然，我们在这里只关注阿尔伯特地理学理论中的一小部分。

上帝，能够增进对创世的理解和对各民族与其环境之关系的理解。这些思想领域之间的普遍联系是什么？首先，基督教对上帝创造地球的信仰，与物质组成（四元素或四体液或两者结合）的理论并不抵触，因为全能的上帝可以创造任意数量的一类物体，也可以创造任意种类的组合。其次，根据古代理论，四元素与处所或位置相关，因为人们相信处所或位置会影响元素的组合，一种元素对另一种占有优势，取决于这个元素在地球表面所处的位置。[1]一个实体——人、植物或动物——在地球表面所占据的位置会在某方面与其他任何位置都不同，原因有二：一是星体的影响，二是地球上自然状况的影响。

虽然这里不是讨论占星术历史的地方，但有必要提一下，占 266
星术理论与环境影响论不一定是相互竞争的观念，对一个理论的接纳并不意味着排斥另一个。它们可能互为补充。同时运用两种思想体系来对多种多样的生命和性质各异的物质构建一种前后一致的因果阐释，在十三世纪像大阿尔伯特这样的作家们中间是个突出特征，这些作家与之前的思想家不同，他们已经熟悉了亚里士多德的物理学著作。而托勒密呢，正如我们在前面谈到的，把它们看作互不相干的两种知识领域，也就没有达到这样的综合高度。大阿尔伯特把这两个方面结合起来了。像大阿尔伯特或是罗杰·培根这样的十三世纪思想家与早期基督教父的重要区别之一，就在于他们对占星术的态度。我们在前面说过，早期教父对占星

① 例见大阿尔伯特（Albert the Great）：《论元素属性的原因》（*DPE*），第 1 部，论文 1，第 5 章的开头部分，《大阿尔伯特作品集》（*Works*），加弥（Jammy）编辑，卷 5，297 页右页。

术普遍抱着谴责的态度。对奥古斯丁而言，占星术与崇拜伪神无异，同时还意味着对自由意志的否定。[①] 占星术阻挠对上帝、对基督的信仰，它的错误教导带领许多人背离了基督教的真理。但是对于大阿尔伯特来说，星座的影响只不过是上帝创造性的另一个例证——这也表现了设计论的顽强。上帝是万物的创造者；大阿尔伯特援引赫尔墨斯·特里斯梅季塔斯的话，认为影响地球这个尘世星球的形成力量来自天上的星星。占星术的影响往往是更普遍的；地方的影响，例如邻近山川海洋，补充了天体的影响，或者是在一个具有天体影响力造成的普遍相似性的地方之内作出进一步的细分。那些熟知星体传说的人们可以通过他们的知识和艺术，要么加强星体的影响，要么抵挡这个影响。[②]

阿尔伯特坚持人们必须要去详细了解地方的性质，这一点也值得注意；它是对自然、自然史和地理学的兴趣的一部分，激发这种兴趣的是通过阿拉伯人所完成的对希腊文和拉丁文作品的恢复。阿尔伯特对环境影响理论所表现出来的兴趣，恰是他对包括神学、占星术、地理学和自然研究在内的更广阔概念的一部分。

---

① 见圣奥古斯丁（Augustine）有说服力的批评，《上帝之城》（*The City of God*），V，1，《基督教义》（*On Christian Doctrine*），Ⅱ，第21—22章；以及本书193页注8。

② 大阿尔伯特（Albert the Great）：《论地方的自然情况》（*DNL*），论文1，第5章，《大阿尔伯特作品集》（*Works*），加弥（Jammy）编辑，卷5，268页，误印为277页。对赫尔墨斯的引文在《论宇宙之力》（*De virtibus universalibus*）中。亦见图利（Tooley）：“博丹与中世纪气候理论”（Bodin and the Medieval Theory of Climate），《反射镜》（*Speculum*），卷28（1953），67页，及脚注23、24。

在最广泛的意义上，阿尔伯特对人文地理学的贡献主要是他在《论地方的自然情况》中对古典作家和像伊西多尔这样的早期基督教百科全书学者作品的复苏（这种复苏令人信服地体现在他相当沉闷的关于宇宙志的第三篇论文中），[①] 以及他对环境影响思想加上了同时代观点和说明的系统化陈述。他的著作可能有阿拉 267
伯世界的源头（他摘引了阿维森纳和托勒密的说法），唤起了人们对世界上许多地区（包括赤道地区和南半球）的可居住性这样重要问题的关注。[②]

阿尔伯特对地方和地方性质的兴趣有着坚实的基础：倘若没有对不同地方的多样性及其原因的详尽知识，自然科学就无从建立，那些不去寻求这种详尽知识的人注定要犯错误。对自然界仅仅作普通的观察是不够的，人们必须像柏拉图和亚里士多德那样，将注意力集中在具体的和特殊的事物上。[③]

阿尔伯特对地理材料的处理有些混乱，因为他从古典作品中继承了两种截然不同的将可居住世界划分为区域的办法，并且没有试图调和二者。乍看之下，他最多地使用了七大“纬度带”（klimata）之说，并且在为地方的特征和性质分类时谈到了它们

---

① 大阿尔伯特：《论地方的自然情况》，论文 1，第 1 章，前引书，卷 5，263 页。《论地方的自然情况》中的宇宙志含有地名辞典般的地理知识，列出了河流湖泊、大小城市等，偶尔加上作者对一个地方或其历史重要意义的个人评价。

② 同上，论文 1，第 6 章（引用托勒密和阿维森纳）和第 7 章，卷 5，268—272 页。亦见克雷奇默（Kretschmer）：《基督教中世纪的自然地理学》（*Die Physische Erdkunde im Christlichen Mittelalter*），140 页，以及克劳克（Klauck），前引书，239—240 页。

③ 大阿尔伯特：《论地方的自然情况》，论文 1，第 1 章，前引书，卷 5，263 页右页顶端。对柏拉图与亚里士多德的引用是在详细说明这些主题之后。

的价值。[①] 然后，他又摒弃了这个做法，转而对可居住世界进行另一种描述，将它划分为东西南北四个区域。此外，阿尔伯特在其他地方还表示过使用三种地区进行划分，这三种地区与七个“纬度带”毫无关系，它们是寒带、热带和温带地区，与其相关的是生活于其间的人类种族、肤色、人品和生理特征等。[②]

阿尔伯特接受了七个“纬度带”的传统分类法：第一个和第七个，热带和最北方，是极端地带；第二个和第六个分别相似于第一个和第七个，但没有那么极端；第四个和第五个地带更加温润适宜。沿袭古典时代的习俗，这种“纬度带”划分只适用于地球上的可居住部分（oikoumenē），并且在每年最长一天的白日时间长度上，每个“纬度带”之间依次相差半个小时，比如，位于第一个也是最南部的麦罗埃，最长的一个白天是十三小时，而在
268 第七个也是最北部的玻里斯提尼斯河（第聂伯河），最长的一个白天则是十六小时。[③] 阿尔伯特还将这七个“纬度带”中的每一个细分为三个区域。然而他并没有想要把当地人们的文化或身体特征与这二十一个小分区关联起来。相反，他强调了热量和精液湿度随季节而变换的重要性，选择这两个例子是因为它们对所有

① 前引书，论文 3，第 1 章，前引书，卷 5，283 页右页底部。人们阅读关于七个“纬度带”的古典与中世纪材料（以及一些近代的论述）时，往往会感到无可奈何的迷茫。我所知的唯一能使人摆脱这一泥淖的指导是霍尼希曼（Honigmann）的《七个“纬度带”》（*Die sieben Klimata*）。

② 霍尼希曼（Honigmann），前引书，17—19、26—27 页。利用了波昔东尼的“纬度带”与“地区”之说，可能是造成更晚时期的混淆状态的源头，尤其是假若维特鲁威（阿尔伯特在这一点上提及他）确实将他的论述建立在波昔东尼学说之上的话。

③ 霍尼希曼，前引书，9 页。亦见他关于七个“纬度带”与阿拉伯人的讨论。

的生物都不可或缺。[①] 不同地方所决定的不同混合方式，解释了生物的不同特点。

从对照和比较的观点来看，最重要的“纬度带”是极端的第一个、第七个和居中的第四个、第五个。第一个过度炎热干燥，寒冷和湿润在那里绝迹。吃了热食的男人产生精子，精子在极热的体内成熟，并进入女性的子宫，在那里沸腾蒸发。（那里的人能怀孕真是奇迹！）当地人的黑皮肤和卷发同样是太阳热量的产物。[②]

在《论地方的自然情况》中一段更详细的论述里，最炎热地方出生的人自身就温度很高，像极度干燥空气中的胡椒籽一样皱皱巴巴。他们的黑皮肤（埃塞俄比亚人就是例子）是这样产生的：又热又干的子宫接纳了高温的精子；精子中稀少的水分在高温中蒸发，剩下沉重、坚硬的部分造就了黑色的皮肤。（阿尔伯特对身体里的坚硬部分，像骨头和牙齿为何是白色的，就只能含糊其辞了。）处在炽热空气中的干燥躯体，持续不断地流失水分。这些人身体很轻，行为敏捷；他们对发烧安之若素。高温将他们体内的湿气带走，所以他们的私处孱弱而不育。与水分一起消失的是生命力，当地人只能活到三十岁。尽管由于气候干燥、身体虚弱，女人们（为明显原因）很难怀孕，但她们分娩却很容易，因为她们的子宫都很松弛柔软。第一“纬度带”的当地人，倘若离开

① 大阿尔伯特（Albert the Great）：《论地方的自然情况》（*DNL*），论文 2，第 2 章，前引书，卷 5，280 页。

② 大阿尔伯特：《论元素属性的原因》（*DPE*），第 1 部，论文 1，第 5 章，前引书，卷 5，297—298 页。

故土前往第四、第五“纬度带”，便会在肤色上发生从黑到白的转变。

像印度人那样生活在第一“纬度带”中流动热量（季风？）地区的人们，擅长发明创造，在哲学和魔法上卓有建树——但在这方面星体的影响似乎是主要因素。

生活在第七“纬度带”的各民族以及他们的生理过程，都与第一“纬度带”的人们恰成对比。在第七“纬度带”的边缘甚至边缘以外，居住着西方的达契亚人和哥特人，以及东方的斯拉夫人。他们的皮肤是白色的，因为寒冷的天气阻碍了血液流动，甚至会把血液压榨出来。阿尔伯特援引亚里士多德的话，认为北方地区的妇女极少行经，但可能会从鼻子里流出血来。由于他
269 们的身体封闭性很好，体内的热量长期储存，使他们的身躯肥硕、体内充满黏液。[①] 那里的女人极少怀孕，一旦有孕，分娩时也十分困难。阿尔伯特将这里的女人与随时能够怀孕的德国妇女——几乎比任何别国女子更甚——相比较，但德国妇女分娩同样不容易。寒冷的天气妨碍了第七“纬度带”居民的身体活动，也延缓了他们精神和体液的流失，从而他们能保持精力充沛。他们的血液和体质总是充分温暖。[②] 所以，他们对发烧感到很恐惧（他们自己体内已经有够多的热量和湿度了），但反倒不怎么害怕受伤，因为他们血液充沛。第七“纬度带”的居民们身体沉重，所以他们在体力劳动上不算出色。他们乏味无趣、未

① 大阿尔伯特（Albert the Great）:《论地方的自然情况》（*DNL*），论文 2，第 3 章，前引书，卷 5，282 页。

② 同上，论文 2，第 3 章，前引书，卷 5，282 页右页底部。

经教养，但倘若经过学习，还是可以趋于好的方向。达契亚人和斯拉夫人并不像米兰的人们那样，劳心劳力去学习法律、从事人文研究或者致力于艺术。[1]

第四个及其邻近的第五个“纬度带”，其特性的确是极端气候之优点的中间状态，这个结论与古典看法一脉相承。那里的民族得享长寿、生机勃勃而行事自然，各项成就值得赞叹，有着良好的习俗。北方人心脏中的热度使他们的习性野蛮无礼（真的就像狼一样）。南方人则过于满不在乎。中部地带的人们相处和睦、行事公正、信守诺言、崇尚和谐、尊重社会。阿尔伯特赞同地发挥了维特鲁威的评论，后者认为罗马帝国的成功是由于它身处两个极端之间的适宜环境。[2] 在这里，阿尔伯特显然使用了一个比“纬度带”更简单的分类法：仅仅是极冷、极热和温和气候。

但是阿尔伯特还有其他的环境理论，例如高山与海洋之间、树林与沼泽之间的对比；它们是一些干扰性的原因（*accidentia*），由于纯粹的地方自然状况而导致了地区差异。这些令人想起希波克拉底的论述。

生于多石、平坦、寒冷、干燥地区的人身体强壮，骨骼坚
硬，关节清晰可见；他们身材高大，能征善战，四肢健硕。他们 270

① 《论地方的自然情况》（*De natura locorum*），论文 2，第 3 章，前引书，卷 5，282 页。

② 这里引述的是维特鲁威（Vitr.）：《建筑十书》（*On Arch.*），第六书第 1 章，10—11。大阿尔伯特：《论地方的自然情况》，论文 2，第 3 章，到最后，前引书，卷 5，282 页右页。

性情狂野，脾气好似顽石。另一方面，生活在潮湿而寒冷地区的民族则皮肤光滑、面容俊美，关节不易看到，身体肥胖，个子不高，腹部突出。他们的心脏跳动剧烈，所以他们大胆无畏，但工作起来却很容易疲倦。他们对打仗并不热衷。他们的脸部皮肤呈白色或黄色。住在山区的人常常呈现多结而肿大的脖颈和喉头（甲状腺肿？），因为那里的饮用水在他们体内产生了太多的黏液。[①]

另一方面，阿尔伯特的思想也显示了一种历久弥坚的信念，即人在艰苦冷酷的环境面前并非束手无策。很多情况下，人们可以改变环境。位于森林正中或附近的地区，往往空气沉闷压抑，很多这样的地方会阴云密布，常遭旋风袭击。森林的地面很湿润，其间的水汽接触到树木便被限制住了，变得稠密。正因为如此，过去的智者们砍掉大树和灌木来改善他们所居的环境。胡桃木、橡树和其他一些树种，有的散发苦味污染空气，有的因为长得过高而妨碍空气的流通和净化，所以它们都对人有害，需要砍伐。如此，环境可以人为改变，环境影响就不一定是永久性的了。这段论述使人想起经普林尼复述的泰奥弗拉斯托斯的说法，即砍伐树木能够改变一个地方的气候。[②]

继希波克拉底的《空气、水、处所》一书之后，大阿尔伯特的《论

---

① 大阿尔伯特（Albert the Great）：《论地方的自然情况》（*DNL*），论文 2，第 4 章，前引书，卷 5，282—283 页。这一章继续以维特鲁威的方式讨论了房屋的恰当选址、衣着、药品，以及它们与不同地方之间的关系。适用于人类的因素也适用于动物、植物和石头。

② 同上，论文 1，第 13 章，到最后，前引书，卷 5，278 页。

地方的自然情况》是论述与人类文化相关的地理理论的最重要、最详尽的一部著作。此书虽然原创观点较少，但无损于其在观念的延续性上作为一座里程碑的重要意义。地方的多样化意味着其间各种现象的多样化；地方对占星术来说也很重要。环境和星座这两方面的影响，都体现了神的意志加于各元素之上的统一与和谐。但阿尔伯特也延续了一种旧时的谬误：他把或许会造成个人之间在精神或身体上区别的环境影响推论到整个民族身上。阿尔伯特和古人一样，使环境理论成为解释种族差异（尤其是肤色和发质的差异）以及解释生理和文化差异的捷径。

阿尔伯特达成了一种关于人与自然之思想的有序体系。这个世界是被创造出来的，不是永恒的，宇宙展现出上帝想要的秩序 271
与美的证据。各个天体在地球上都有它们的影响范围，这种影响得到地球上当地自然状况的补充；此外，他没有忘记把大自然界作为一个整体来研究，因为气候、生活环境和当地条件对于我们理解各民族和理解自然史都同样重要。①

5. 百科全书学者——英格兰的巴塞洛缪

十二和十三世纪的百科全书学者们在作品中大多包含一篇地理学或宇宙志的论文，这很像生活在六至七世纪的塞维利亚的伊西多尔，而这些百科全书学者们也大量借鉴了伊西多尔的著作。

① 例见《论动物》(De animalibus)，第12部，论文1，第4章，59，载于《中世纪哲学史文集》(*Beiträge zur Geschichte der Philosophie des Mittelalters*)，卷15(1916)，820页。

通常情况下，这些论文都是如同目录一样的地名、省名和摘引古书的纲要式集合体。大阿尔伯特、黑尔斯的亚历山大、康定培的托马斯、博韦的梵尚和英格兰的巴塞洛缪都写过这类书籍，其中尤以巴塞洛缪《论物之属性》中关于地理学的论述令人最为印象深刻。这些对地理知识进行梳理的工作，很大程度上仰仗于普林尼、伊西多尔、奥罗修斯、圣奥古斯丁、圣巴西尔和圣安布罗斯的论述。

人们对巴塞洛缪的生平所知甚少；他大概生于英格兰，曾在法国生活，看来周游过低地一带和法兰西、日耳曼（或曾听闻关于这些地区的第一手信息）。人们相信《论物之属性》一书出版于十三世纪中叶，在十三世纪结束前流行于英格兰地区；它被译成意大利文、法文和英文，让·科贝松（Jean Corbechon）的法文译本尤为风行。这部著作直到十六世纪初期仍然拥有众多读者，颇具影响力。[①] 巴塞洛缪是罗伯特·格罗斯泰斯特的学生，后者自己曾写过一篇关于地方性质的短文，但那篇文章对本章的主题

① 德莱尔（Delisle）："关于物之属性的各种专题论述"（Traités Divers sur les Propriétés des Choses），《法国文学史》（*Hist. Litt. de la France*），卷 30，363—365 页。德莱尔试图证明巴塞洛缪出生在法国。我在此感谢威廉·汉弗莱斯（William J. Humphries）未发表的博士论文（伯克利，1955 年），其中概括了关于巴塞洛缪生平的主要资料来源；论文中包括了《论物之属性》（*De prop. rerum*）第 15 部——地理部分的拉丁文校订本及 1372 年由让·科贝松（Jean Corbechon）翻译的法文译本。《论物之属性》将以下主题以这样的顺序排列：上帝、天使、灵魂、元素和体液；身体的部分；生命、家庭、社会；音乐；天上世界、运动和时间、物质和元素、大气现象、鸟类、水和鱼类、土地和山脉、省份、矿物、植物、动物，以及物质的特殊属性。

没有什么价值。[①]

巴塞洛缪的观念同样源自古人的生理学理论。[②] 寒冷干燥的北风使人的毛孔闭合，人体热度得以保持，所以北方人身材高大、肤色白皙。而受湿热的南风影响的人们，就缺乏北方人那种大胆、易怒的气质。[③] 当巴塞洛缪借用他人的材料时，他会使用这一类和其他一些环境论的解释，然而一旦涉及他在当时生活中所知道的地方时，他多半就对地方状况不作解释，或者所作的解释与环境影响无关。地理思想史上可能值得研究的一个主题是：环境影响的观念，在应用于久远的年代或遥远的地方时，比起谈及观察 272

① 我们在此提到巴塞洛缪与格罗斯泰斯特之间的关系，因为格罗斯泰斯特在实验科学史上有重要地位。关于格罗斯泰斯特（卒于1253年），见克龙比（A. C. Crombie）的《罗伯特·格罗斯泰斯特与实验科学的起源，1100—1700年》（*Robert Grosseteste and the Origins of Experimental Science，1100—1700*），以及在他的《中世纪和近代早期的科学》（*Medieval and Early Modern Science*）中的简要论述，卷2，11—23页。亦见安东·舍恩巴赫（Anton E. Schönbach）：“巴塞洛缪·安戈里克斯对1240年前后的德国之描述”（Des Bartholomaeus Anglicus Beschreibung Deutschlands gegen 1240），《奥地利历史研究所通讯》（*Mitt. des Insts. für österreichische Geschichtsforschung*），卷27（1906），54—90页；以及达比（H. C. Darby）：“一部中世纪教科书中的地理学”（Geography in a Medieval Text-Book），《苏格兰地理杂志》（*Scott. Geog. Mag.*），卷49（1933），323—331页。

② 见《论物之属性》，第4部第2章，关于种族、肤色和气候。它引用了亚里士多德的《论天，论宇宙》（*De caelo et mundo*），第6章，并引述了盖伦的观点。整个第4部都与元素和体液有关。

③ 《论物之属性》（*De prop. rerum*），第11部第3章。见金布尔（Kimble）：《中世纪地理学》（*Geog. in the Middle Ages*），178页，那里有一个有趣的例子，体现了环境论（由以上摘引的巴塞洛缪观点为代表）和源自《约翰·卡尔德利拉的占星术规则》（*Liber Canonum Astrologiae of John Calderia*）的占星术理论之间的冲突（约翰·卡尔德利拉是十五世纪威尼斯的一位物理学家）。

者所熟知的时代或情景时更有说服力，也更容易为人接受。日常生活里人们可以观察到太多的明显因素，所以很难承认一个单一的解释。另外，巴塞洛缪并未将他对地方的描述限定在自己的既定目标，即书写宗教圣地上，这表明他对地方的商业重要性和各民族的国民性有着更广泛的兴趣（他的很多文章中都体现了这一点）。

在巴塞洛缪对欧洲的论述中，他说自己沿袭了普林尼对白种人和黑种人的对比。他采纳了伊西多尔对“埃塞俄比亚”的语源学方法，对种族肤色给出了气候方面的解释。[①]“高卢”词条表明了巴塞洛缪了解伊西多尔的归纳法，后者脱胎于文法家塞尔维乌斯对《埃涅伊德》的评注，认为是“纬度带”（klimata）造成了罗马人的庄重、希腊人的轻松、非洲人的恶意和高卢人的勇敢。巴塞洛缪在“普瓦图”词条中重述了这一思想。[②]

然而，假如单独引用巴塞洛缪对前人的这些借鉴，就会给人留下错误的印象。他书中更具普遍性的词条，其模式是对土地和民族给以简要的特点描述：土地是否肥沃，长的是谷子还是葡萄或其他农作物，有没有沼泽、树林和野生动物；当地人是勇敢、
273 善良，还是狡猾、残暴。巴塞洛缪在描述佛兰德和荷兰时，便完

① 普林尼（Pliny）:《自然史》（*NH*），Ⅱ，80。《论物之属性》，第 15 部，“欧罗巴”（De Europa），7。这到当时已成为一个相当俗套的主题；大阿尔伯特已经对此谈得太多了。第 15 部，52，“埃塞俄比亚”（De Ethiopia），1。

② 同上，第 15 部，66，2，“高卢”（De Gallia）和 122，5，“皮克塔维亚”（De Pictavia），此处再度引用了伊西多尔。见伊西多尔（Isidore）:《语源学》（*Etym.*），第 9 部第 2 章。

全忘记了普林尼和伊西多尔那套过时的货色。他提到，佛兰德人从沼泽中挖掘泥炭，来弥补木料的不足；这种泥炭烧出的火头有力，但气味不佳，灰烬也没有用处。[①] 他对荷兰人的赞许已经见诸上文。巴塞洛缪注意到生活在相似气候条件下的同一国内的不同族群存在着不相似之处，但没有对此解释原因。他还提到法国国内有良好的采石场和绝佳的建筑材料资源，巴黎的土壤也以富有石膏而饶有名气，巴黎人称之为"灰泥"。巴塞洛缪大大褒扬了巴黎这座城市。[②] 他还认识到文化特点可能产生于不同族群的混合这一事实。比如，普瓦图人与法兰西人杂处并习得了法兰西人的语言和风俗，而他们优美的身材和强壮的体力来源于祖上的皮克特人。他然后援引了伊西多尔关于人的体格、肤色和精神受环境影响的说法。与英格兰人杂处改变了苏格兰人的习惯，使他们与自己的原始先人不再相同，那些先人们曾像爱尔兰人那样生活在森林里、守护并夸耀自己民族的古老习俗。斯拉夫各民族之间比较相像，他们的不同之处在于宗教信仰，因为有的是异教徒，有的信奉希腊和拉丁的偶像。[③]

中世纪作家们对伊甸园自然环境的概念，足以构成一篇有趣的论文，因为他们的描述常常揭示出他们认为理想的生活条件是什么样的。巴塞洛缪引用伊西多尔对"天堂"这个词的追根溯源，并同意伊西多尔的说法：天堂高高在上，使它得以免遭大洪水的

---

① 《论物之属性》(*De prop. rerum*)，第 15 部，58，5，"佛兰德"(De Flandria)。

② 同上，57，"法兰西"(De Francia)；关于巴黎，见 6—9。

③ 同上，122，"皮克塔维亚"；152，4—5，"苏格兰"(De Scotia)；140，1，"斯拉夫"(De Sclavia)。

侵袭。天堂里的气候既不寒冷也不炎热，常年温度适中，繁花盛开，景色迷人。这是一个值得以上帝为原型的人生存之所在。巴塞洛缪沿袭斯特雷波和比德的说法，认为只有纯洁无瑕的人才适合住在天堂里。天堂很高；正如比德和伊西多尔所言，它高至月亮的边缘，其间空气纯净静谧，是不朽生命所居之处。伊甸园的图景是人世间环境的理想化状态，显而易见地健康、多产，瓜果丰盛，气候怡人。天堂的环境里，不存在死水一潭、包藏疾病的沼泽地，天堂的美丽和宜居，都与没有堕落前的人类天性相匹配。①

6. 圣托马斯《致塞浦路斯王》

圣托马斯·阿奎那的《论王权：致塞浦路斯王》（*On Kingship. To the King of Cyprus*）这部著作部分关注了自然环境与国家治理的
274 关系，这在政治理论史和地理思想史上都是一个重要的主题。

在这一问题上，圣托马斯紧紧跟随亚里士多德一段著名的论述，提出人不可能独自生活，因为人是政治动物，必须拥有一个政府，而君主政体（依据上帝是宇宙的唯一主宰这一类比）是最佳政体，当然君主不能是暴君。当一个国王建立城邦或者在建立后进行统辖时，他必须考虑诸多因素，包括选址、大气特质和食物供应，等等。

① 《论物之属性》（*De prop. rerum*），第 15 部，112，“天堂”（De Paradiso），这是此书中篇幅最长的文章之一。

这篇文章可能是“写给对多明我会的活动持友好态度的塞浦路斯君主于格二世（Hugh Ⅱ）的呈文，或者是为于格二世的王族某成员修建教堂的善举而作的感谢信，也可能是提醒基督教首领们，在1244年耶路撒冷陷落、法兰西圣路易的十字军东征失败之后，需要他们的服务”，因为“多明我会集结王公和民众支持不稳定的圣地事业，其不断加强的活动十分引人注目。”以上不过是一些猜测，但十字军东征的年代确实为人们提供了大量机会来比较不同的环境。中世纪的塞浦路斯记述中描绘了各种各样的自然条件，有温和而健康的，也有炎热而多沼泽的；这些差异表明人们在建立聚居地时，必须将气候因素纳入考虑。“或许是受类似报告的影响，圣托马斯认为有必要提醒君王那些关于国民生活与气候之关系、医药条件对政治之意义的古代教诲……”[①] 在这个努力中为他提供指导的是亚里士多德（尤其是《政治学》与《物理学》）、维特鲁威和维吉提乌的著作。[②]

圣托马斯把政府权威与神的创造相比较，他说，城邦和王国的建立者必须竭尽其人力所能来仿效上帝创造世界这一范本，而人们可以通过观察事物的产生和“世界各部分的有序区分”来获得对上帝创造世界的了解。我们能观察到某些种类的事物分布：星辰在天上，飞鸟在空中，游鱼在水里，动物在地上。“我们进

① 《论王权》（*On Kingship*），译者导言，xxxi、xxiii—xxiv页。

② 亚里士多德（Aristotle）：《政治学》（*Pol.*），Ⅶ，7；《物理学》（*Physics*），Ⅶ，3，246b；《论生命之长短》（*On Length and Shortness of Life*），Ⅰ，465a，7—10；维吉提乌（Vegetius）：《罗马军制论》（*De re militari*），Ⅰ，2；维特鲁威（Vitr.）：《建筑十书》（*On Arch.*），第一书第4章。亦见译者注，68—80页。

一步注意到，每个物种所需要的东西，神力都为它充足提供了。”[①]（他概述了《创世记》第1章来说明这一点。）

在这个意义上，城邦和王国的建立者永远不可能是一个“造物者”，盖因他无法创造出人们、人们的居住地抑或其他必需之物。建立者必须通过自身的手艺和技术，去利用自然界已有的东西，就像铁匠要用铁，建筑工人用木石。“故而，城邦和王国的建立者首先必须选择一个合适的地方，这个地方能以其健康环境确保
275 居民的生存，以其丰饶多产为居民提供生活所需，以其美景愉悦他们的身心，并以其天然屏障保护他们不受外敌侵扰。”[②]这样，神意计划和世俗规划之间的相似之处就一目了然了；建立一座城市是一种创造性的工作——当然比上帝创世的级别低得多——在这项工作中，君王和臣民们都可以参与其中。因此，这篇论述中关于地理的部分，主要涉及的是参考古代实际传统、仿照神圣计划来进行地方规划的事情。王国的部分地区或许适合建造城市，另一些地区可能宜于建造大小村庄；不同的地点可以选择作军营、学校、市场、教堂、法院、贸易集散地等，来为不同职位、不同阶层的人们提供种种生活所需。

亚里士多德学派的黄金中庸之道（在生理方面代表着体液的和谐平衡状态）是设计艺术的要旨。“应当选择一处气候温和的区域，因为居住者可以从温和的气候中享受诸多好处。首先，它能保证人们身体健康、长寿，这是因为，既然健康来自生命之液（即

① 《论王权》（*On Kingship*），99。

② 同上，100。

体液）的适中温度，[1]那么健康必定最宜于在温和的气候中得到保持，因为相似的东西才会保存相似的东西。”极端气候因而对健康无益。像大阿尔伯特一样，圣托马斯举例说埃塞俄比亚境内酷热地区的居民预期寿命只有三十年，因为生命赖以维持的水分在高温下很快蒸发净尽了。[2]

“其次，温和的气候还非常有助于锻炼作战的体格，而通过战争人类社会才能维持安宁。”（圣托马斯在这一点上援引了维吉提乌的《罗马军制论》，I，2，关于气候影响军队招募的内容。）温和的气候还“对政治生活有不小的价值。”（他在此摘录了亚里士多德《政治学》，Ⅶ，7，1327b，23—32。）

一处选址是否对健康有益应当考虑；要避免多沼泽之地，还需要够通风、有日照（此处引用了维特鲁威《建筑十书》，Ⅰ，4）。一个地方健康与否可以从它出产的食物状况来判断。“古人惯于通过检视在当地生长的动物来了解一个地方的食物状况。”在重要性上仅次于良好空气的是清洁的水源。当地人的外表同样能揭示这个地方气候是否有利于健康。一处合适的地点应当有利健康、土地丰饶，而且，在种植和贸易这两种获取食物的方法之中，前者优于后者，因为种植使人们更加自给自足。圣托马斯重复了那种认为贸易有损道德的古典信念，提出与外国人交易（沿袭亚里士多德《政治学》，Ⅴ，3，1303a 27；Ⅶ，6，1327a 13—15）“对当地习俗特别有害。外国人自有不同习俗，他们的行为举止不可

① 《论王权》（*On Kingship*），124。关于古典来源，见 124—127 的注释。

② 同上，125。

276 能像当地人一样，但当地人却会学着这些陌生人的样子改变旧习。”[1] 在十二、十三世纪人们大规模努力建设城市的背景下，这句话很令人震惊；圣托马斯在思想上太贴近古典范式和对于盈利的宗教观念，而显然忽略了他同时代的最佳例证——新建城市及其引发的一系列复杂情况。

城市的选址“必须以其美景留住居民”：城市里应当有广阔的草地、茂盛的森林、山地与树丛，以及充足的水源；但是正如适合于黄金中庸之道信徒的那样，城市也不能过于漂亮，太漂亮的城市会引诱居民过度享乐，从而钝化、削弱感官的判断能力［此处沿袭了亚里士多德《尼各马可伦理学》（*Nicomachean Ethics*），Ⅵ，5；和《伦理学》（*Ethics*），Ⅵ，4］。

圣托马斯关于王权的论文可不仅仅是在十三世纪的背景下重述那些源自亚里士多德、维吉提乌和维特鲁威著作的观念；他看来也很关注当时一些适于用古人思想来解决的现实问题。古典时代的观念是最为现成可用的了；大阿尔伯特曾说过，气候、医药和平民社会这些问题自古以来就受到君主们的关注。他们关注这些问题的原因，在圣托马斯的时代与古典时代并没有什么本质的不同：自然环境与身体健康之间存在着明显的关系。而中世纪的思想者们也愿意沿袭他们古典导师的说法，相信这种关系还会延伸到心智、种族和文化差异。然而这篇论王

① 《论王权》（*On Kingship*），126、128—129。根据维特鲁威（Vitr.）的《建筑十书》（*On Arch.*）第一书第4章，9，古人检验牛的肝脏。圣托马斯也因宗教理由反对贸易，因为它激起贪欲，弱化并损害军事行动，还会把人过分地集中到城里，从而引发倾轧和纠纷。贸易不可能完全避免，但它只应适度进行。

权文章中最重要的思想，在于将世间的王权统治与宇宙间的神意统治进行比较。世间的君主，正如上帝在更高层次上创世一般，以一个理性智者应有的方式，合理地规划、建造城市与王国，使用人类的技艺和发明来装点它们，并且在创建一个王国这样艰巨而责任重大的任务着手之前，深入细致地研究有关空气、水和地方的种种事项。

7. 东方与西方：弗赖辛的奥托和吉拉尔度·坎布雷西斯

约翰·赖特（John K. Wright）在《十字军东征时期的地理传说》（*The Geographical Lore of the Time of the Crusades*）一书中提到，在十字军东征时期，当拉丁西欧的人们开始熟悉地中海东部各民族的时候，出现了认为文明进程中有一个地理迁移的历史哲学。这个概念产生于当时为人所知的世界史，也脱胎于《圣经》和其他古典资料所记载的一种认识，即东方土地的古代更加伟大（*ex oriente lux*，“光从东方来”）。于是当时人们相信，纵观历史，文明中心已经由东方转移到了西方。但是这个学说并没有使人安心。“因为人们感到，一旦文明中心到达了西方的极限，人类就 277
将面临世界末日。”① 四世纪时，加巴拉的塞维里安（Severian of Gabala）说过，关注着未来的上帝把人安排在东方的伊甸园中，是“为了让人懂得，正像上天之光逐渐西移，人类也在加速走向

① 冯·格鲁尼鲍姆（Von Grunebaum）：《中世纪伊斯兰》（*Medieval Islam*），62 页。

灭亡。”[①] 同时，我们在前面已经谈到，由于北方具有民族发源地的特性，因而也存在文明向南迁移的传统说法。

在西方思想史上，历史上的地理迁移是一个反复出现的主题。十九世纪时这个主题相当热门，在黑格尔（Hegel）的历史哲学、李特尔的地理思想及其门徒阿诺·居约的著述中，都含有此题目。卡尔·李特尔是十九世纪地理学上最专心致志的目的论和虔诚派理论家，他利用上述类比所获得的结果，比忧心忡忡的塞维里安所预见的要乐观得多。李特尔认为，“亚细亚”的字面意义是清晨之地、文明之源，而“欧罗巴”是晚间之地、高等文明的安乐窝；“阿非利加”是形容不出来的、无甚特征的中午之地，北极地区则代表深夜。然而，新大陆的发现为“晚间之地”的欧洲带来一个新的东方。[②] 十二世纪时，文明演化的北进思想曾流行过一时，但它是建立在片面观点之上的，其中最明显的是过分强调西欧历史在文明史上的重要意义。

对这一主题的预期，比如塞维里安的预期，出现在十字军东征之前。马可·查士丁（Marcus Justinus，公元三世纪？）曾为庞培·特罗古斯（Pompeius Trogus）的《腓力史》（*Historiae Philippicae*）做过摘要，其中查士丁发现，世界性的大帝国有一个由东（亚述、米底、波斯）向西（马其顿和罗马）变迁的过程。“查士丁将统治世界的帝国权力（*imperium*）或威权，视作由溃败的帝国转交给继起者之物。这个观念（以‘帝国交接’的名义）

---

① 冯·格鲁尼鲍姆摘引自赖特（Wright）:《十字军东征时期的地理传说》（*Geo. Lore*），234 页。

② 《地理学研究》（*Geographical Studies*），盖奇（Gage）翻译，73 页。

在中世纪的历史观中扮演了重要角色……”基督教作家们采纳了这个观念，杰罗姆就提到了亚述-巴比伦帝国、米底-波斯帝国、马其顿帝国和罗马帝国这个历史先后顺序。奥罗修斯用迦太基帝国代替了波斯帝国在其中的位置，使这四个帝国正符合四大方位。[①] 弗赖辛的奥托（1114？—1158年）详尽阐述了这一概念。在《两城史》（*The Two Cities*）的一个充满智慧的段落中，奥托提出，我们“被时间的流逝与生活中的经验所训练，是的，训练得越快，我们生活其间的世界的年纪也就越大”，而且我们在掌握了已有的东西之后，就会去设计新东西。“岁月的流逝和事件 278
的发生”向人们揭示了各种各样的东西，而这些东西是不曾看到未来的人类先祖所无法知道的。“所以现在人人都能看到罗马帝国的来龙去脉；而这个罗马帝国，由于它的不可一世，过去被异教徒认为它将永恒存在，即便是我们的基督教徒也曾把它当作几近神圣。”

发轫于东方的人类威权或智慧“在西方开始达到极限”，从巴比伦人传递到米底人、波斯人、马其顿人，再到罗马人，到罗马帝国统辖下的希腊人，并从他们那里传递到法兰克人，接着——这体现了人类事务的易变性——又到了日耳曼人身上。[②]

---

① 见米罗（Mierow）在其所译弗赖辛的奥托（Otto of Freising）《两城史》（*The Two Cities*）导言中的论述，29页，我对此文提供的材料表示感谢。奥罗修斯（Orosius），2，1，5

② 《两城史》，第5部前言，322页。见米罗的评论，30页。《两城史》，第6部第24章，384—386页；关于法兰克人所谓的恒久不变的威权之地转瞬即逝，见第5部第36章，357—359页。

文明的西进在宗教史上也是同样，可为佐证的是西方修道生活的蓬勃发展。在早期，僧侣数量最多的国家是埃及，而现在，修士最多的则是“高卢和日耳曼地区，所以人们大可不必为威权或智慧从东向西转移而惊讶，既然很明显的是宗教事务上也同样经历了这种转移。”① 但是，在《两城史》一书中却弥漫着这样一种全人类受苦受难的悲惨气氛，以至人们可能会提问，作者关于文明在地理上迁移的思想是否有其环境决定论的根源。反之，教会的影响是更为突出的主题；罗马帝国的衰亡和天主教教会的兴起都是人类历史上的关键事件。教会的地位被国家和偏向它的康斯坦丁（Constantine）大帝这样的统治者提升起来，羽翼日渐丰满。教会原本不可能给国家带来如此深切的屈辱，直到国家被自己的神职人员所削弱，并且被自身的物质之剑与教会的精神之剑联手摧毁。在罗马时代，文明已经进展到人类足以接受基督教的程度；基督携其新律令，来到一个臣服于罗马帝国威权、又被哲学家的智慧所塑造出来的世界。世俗的思想已是明日黄花，而宗教的思想带着无可避免的鄙夷俗世态度大力发展起来。现世的人们越发污浊，而作为上帝子民的修道士和俗家弟子们，则通过上帝的恩惠达到了至善的美德，同时他们也认识到教会也难免鱼龙混杂。奥托加入了熙笃修道会，他赞成熙笃会的神秘主义和苦行主义。罗马已经不再是“世界之城”，即便是教会也不再是“上帝之城”。奥托对当时教会在尘世地位的提升，坦率地表露出惊讶。他的熙笃会式的苦行主义，

① 《两城史》，第7部第35章，米罗的译本，448页。

把他的注意力从生命的转瞬即逝、尘世财富的变幻莫测上移开，他不再关心世界之城（*civitas mundi*），转而关注永恒的上帝之城（*civitas dei*）。①

然而，在吉拉尔度·坎布雷西斯（约 1146—约 1220 年）的 279
著作中，东西方的对比具有地理特征而非历史特征。他描述了健康的西方（以爱尔兰为代表）和疾病丛生的东方之间的强烈对比，显示出他对东地中海地区的情况十分了解。

这位威尔士历史学家在《爱尔兰地形地貌》（1187 年完成）一书中，写出了种种奇闻异事、虚构故事和虚荣心理，就像巴塞洛缪的作品一样，表达了与惯常借鉴的古典著述不同的思想。其中有些似乎来自他个人对爱尔兰状况的观察，有些则来自十字军东征的记录。

吉拉尔度将地球上的所有现象排列为一个逐级向上的等级阶梯，依次是：无机物、植物、动物、人，以及天使。上帝则如同制陶匠高于他所制的陶器一样，卓然独立于所有的被创造物之上。这些思想使吉拉尔度产生了一种谦卑态度，它与神性等级架构相类似，是中世纪一个熟悉的场景。“……啊，人哪！人要有多么厚颜、多么冒失，才会自以为探究追寻到了神秘现象的奥妙所在，

---

① 《两城史》（*The Two Cities*），第 3 部前言，220 页；第 7 部前言，404—405 页；以及第 9 章，415 页；第 24 章，433—434 页；第 34 章，445 页。关于奥托（Otto）的时代和他对世界的阴暗看法，以及他的《红胡子腓特烈传》（*The Deeds of Frederick Barbarossa*）中较为愉悦的气氛，见米罗（Mierow）的导言，57—61 页；关于他的历史哲学，61—72 页。

真正的天使却认为自己完全不够格查明呢！”[①] 我们大可不必把这种谦卑太当回事，因为吉拉尔度的好奇心是无所不在的，他并没有低眉顺眼地不好意思充分夸赞自己的诸多才能。

对吉拉尔度而言，“爱尔兰是所有国家中最宜人的”；在那里，冬夏两季牛群都能吃到青草，人们不需要割干草，也不需要盖牛棚。那里的空气很新鲜健康——“云彩不会带来传染病，也没有受污染的水汽，更没有肮脏的微风。”但是，异乡人在那里可能会得上一种毛病，那就是痢疾。吉拉尔度相信自然也会老化，这种思想给宜人的爱尔兰田园牧歌般的描绘上添上了一道阴影，但在这里他轻轻放过了爱尔兰人。“……当世界老去、堕入腐朽的老年，当它行将结束之时，几乎一切事物的性质都将败坏堕落。”洪水、浓云和大雾显然是老龄的意象，但吉拉尔度似乎对他的主题没有耐心，以一个较为快乐而非结论性的句子作为结语。“尽管如此，大气的骚乱也好，天气的四季变换也好，都不会惹恼身心健康的人们，也不会影响高雅精致的人们的神经。”在这里，作者淡忘了自然界的老化；爱尔兰人并没有面临迫在眉睫的危险。

东方世界有着丝绸、贵金属、宝石和香料，但它不像西方有
280 温和、健康的气候，而只有糟糕的空气。在一个段落中（可能是

---

① 《爱尔兰地形地貌》（*Topography of Ireland*），第1部分第9章，赖特（Wright）编辑，31页。吉拉尔度于1188年与鲍德温主教长一同被遣至威尔士宣扬第三次十字军东征，但他从未到过圣地耶路撒冷。他陪同亨利二世去法国，1187年后半年他们得知萨拉丁夺取耶路撒冷的消息。在亨利驾崩后，新王理查一世因吉拉尔度对威尔士人的影响力而将他送回威尔士，解除了他的誓言。见赖特在《吉拉尔度·坎布雷西斯的历史著作集》（*The Historical Works of Giraldus Cambrensis*）中的导言，以及第11版《不列颠百科全书》（*Encyclopaedia Britannica*）中对他的介绍文章。

浓缩了诸多描写东方国度的艰苦生活、疾病与死亡的报道），吉拉尔度说道："在那些国家，尽管所有要素都是被创造出来供人使用的，但实际上它们却带来死亡的威胁，摧残人的健康并置人于死地。"在那里，大地和岩石、饮水、空气、雷电和日晒，都可能引起死亡；暴食和畅饮烈酒也会致死。人们互相传染毒素，而野生动物和毒蛇也同样危险。充满毒液和毒素的东方因而完全不能和爱尔兰的气候相比，后者绝佳的舒适宜人恰好弥补了爱尔兰所缺乏的东方式奢华环境。上帝对爱尔兰这片土地格外慷慨。爱尔兰人无须害怕旷野或岩石；尽管土地稍显贫瘠、产量不高，但生活还是不错的。"确实，当我们离东方地区越近、气候越温暖的同时，土地也越肥沃，大地奉献的果实也越丰盛。……那里的人们得益于更明亮的大气，虽然身材纤细，却有着更精密的智慧。"东方的人们更多地死于中毒而非暴力，死于技艺而非武器。世界上西方的土地相形之下较为贫瘠，但胜在空气新鲜，人民虽稍逊敏锐，却更加强健；"因为大气沉重的地方，土地就不像智慧那样丰饶多产。"吉拉尔度还援引了占星人种学的一些说法来强调环境差异问题。

> 因此，酒神巴克斯和谷神刻瑞斯掌管着东方，陪同的是一旦离开他们就会郁郁寡欢的维纳斯；智慧神密涅瓦，同样总是为一片纯净的天空所呵护、所吸引。统治这里［即西方］的是战神玛尔斯、商神墨丘利和阿卡迪亚之神。东方的人们积累起超量的财富；而在这里，我们拥有适中的、体面的满足。东方上空宁静安谧，而这里空气健康可人。那里的民众

> 机智聪颖，这里人们的知识充满活力。那里的人们用毒药武装自己，这里则靠雄性的勇武来守卫。那里的人们心灵手巧，这里的人们能征善战。那里的人们孕育智慧，这里的人们培养辩才。那里是阿波罗的领地，这里是墨丘利的地盘；那里的统领是密涅瓦，这里则是帕拉斯和狄安娜的天下。

这些听起来都像是托勒密《天文集》里的话语。在一段精心构思的结语中，吉拉尔度将地理上的对比与体液心理学、体液生理学以及来自人生年龄的类推融为一体，得出结论说西方占有种种优势。

> 正如平心静气比焦虑不安为好、悉心维护比亡羊补牢为好、常保健康比病痛后再去求医问药为好，在同样的程度上，西方的优势要比东方的为好。迄今，大自然都更加青睐西风吹拂的地区，而不是东风横扫的国度。看来很可能是，湿润的空气调和了早晚的温度，而中午往往是酷热难耐的；人亦如此，年幼和年老的时候性情温和，盛年时则热情高涨。与此相仿佛，对于子午线及其附近的地区来说，太阳会暴晒其
> 281 好似青春大好时光的部分，空气会由此传播疾病，而比较湿润的气候则会使太阳升起和降落的边缘地区温度适宜。[①]

---

① 《爱尔兰地形地貌》(*Topography of Ireland*)，第1部分第25章，51—52页；第26章，52页；第27章，54—55页；第28章，56页。

吉拉尔度在以一种异乎寻常的努力去解释东西方的差异时，似乎被东方君主的排场和奢华迷惑住了（他的文章中只字未提穷苦人），而对于西方的更宁静而少浮华的生活，他所表现出的是一种愁闷的、几乎是不情愿的偏好。看来气候和疾病是这些文化区别的真正基础。这些观念，加上间或提及的神话典故、星体效果、环境影响，以及与人生年龄之间的关联性（这是中世纪百科全书作者们经常讨论的话题），远远不如他关于经济发展阶段的理论那样令人瞩目，后者很可能是吉拉尔度将狄凯阿克斯的理论适用于爱尔兰历史的成果。

> 爱尔兰人是一个粗鲁的民族，赖以为生的只是他们牲畜的产物，过得与野兽无甚差别——是一个尚未脱离放牧生活的原始习性的民族。在事物演变的通常规律中，人类不断进步，由森林到田地，由田地到城镇，进而取得公民的社会状况；但是这个国家的人民看不起农业劳动，对城市的富庶也基本无动于衷，同时还对国家机构有着强烈的反感情绪，因而他们与他们的父辈一样，在森林里和牧场上度日，既不愿意放弃古老的习惯，又不愿意学习任何新知识。所以，他们开垦的耕地都是零零散散的；他们的牧场草料不足；他们几乎不培育作物，很少在土地上播种。耕地面积不足，是因为本该耕耘土地的人们对此不管不顾，其实那里有大片天然肥沃丰饶的土地。这个民族的全部生活习惯都与农业活动格格不入，所以那里的良田因为缺少农夫打理而荒芜，土地只能

空等着不见踪影的农人。[1]

那里的果树种类很少，并非因为不能进口果树或者不能栽培进口的果树，而是因为“懒惰的农夫不想劳神费力去种那些明明会长得很好的外国树种”。那里有金属矿，却无人发掘；人们对生产亚麻和羊毛、抑或从事贸易和机械制造也都毫无兴趣。那些懒人只想免受辛劳之苦、尽享自由之乐。他们的穿着、他们把胡子和头发留长的习惯，更证明了他们的野蛮特性。

> 但是，人类的习俗都是由互相交流所得。由于这个民族生活在与世界上其他人相距甚远的国家中，处于世界尽头，可以说是形成了另一个世界，所以他们与文明国家隔绝开了，他们什么都学不到，而且除了那些生养以来一直沿袭、几乎成为第二天性的野蛮习俗之外，更无其他东西可以实行。他们所有的天赋条件都是优越的，而一切需要勤勉的特质都是一文不值的。[2]

282 这段文章足以与任何关于文化史的作品或十九世纪的经济发展理论相媲美。在吉拉尔度的理论中，森林取代了游牧阶段（指古代人的地中海放牧地）的地位，可能是因为森林在养育动物方面有着相似的重要性。他丝毫没有感怀原始生活如何如何，而是

---

① 《爱尔兰地形地貌》(*Topography of Ireland*)，第3部分第10章，124页。

② 同上，125—126页。

以理解和客观的笔触描写了那种生活。最令人难忘的是他的这个观念，即认为人们不一定会利用自然赋予他们的资源，因而如果不了解一个民族的习惯和偏好，那么优越的自然环境在理解这个民族方面就是没有什么意义的。同样给人深刻印象的是吉拉尔度如何解读“孤立”的作用及其与文化惰性的关系。我们几乎可以听到他在说，环境给人带来的改变，还不如他们有机会遇到的其他民族给他们带来的改变那么大。这些段落带着观察和经验的印记，而几乎没有他在其他那些推论中展现的幻想成分。

吉拉尔度关于文化与环境的论述显示了某种前后不一致，这是因为他把从别人著述中的借鉴与自身所知的事实混合起来了。对他而言，对东方最好的理解方式是通过那里的气候、那里的奢华以及那里甚嚣尘上的疾病。气候同样能增进对西方的理解，但文化上的孤立性才是理解爱尔兰人的关键——长期生活在自己喜爱的与世隔绝状态中的爱尔兰人，与那些熟稔农业生产及乡镇文明生活的人们之间，其差别不可以道里计。

8. 罗杰·培根：地理学与占星人种学

在罗杰·培根的数学著述中，他对神学、天文学和地理学之间的相互关系进行了广泛的探讨，但他最根本的兴趣还是在占星术上，因为他认为天空中存在巨大的宇宙力量，影响着地上的世界。虽然他所述说的大部分内容更适合放在一篇关于占星人种学的论文中讨论，但我们这本书要是忽略他也是不对的，因为在他的思想中包括了将占星术与地理学结合起来的内容，还强调了“地方”的重要性。

他提出，哲学的目标在于通过被创造的万物来理解造物主。然而，由于天上事物数量之巨大，神的显灵也必须包含整个宇宙才行。天上的现象和尘世间的现象都让人崇敬并赞美造物主，但是这两者在它们的终极目的方面没有可比性，尘世间现象较之天上现象是无足轻重的。这里有一个基本概念：上帝所创造的天上的事物，要比尘世间的任何东西都大，所以它们的影响力也就更大。[①]

培根反复强调了解地方确切知识的重要性，以及天文学在确
283 定地方具体位置中的作用。为正确解释神学和《圣经》经文，精确的定位是不可或缺的。这个思想远远不只是要求达到宗教地理的准确性，以便人们能够获知《圣经》中所提地方的确切位置。这种知识对理解各个地方的神圣意义是必不可少的，它也成为明晓尘世中神的显灵和明晓景观（或者个体的山脉、河流、城市）之精神启示的一种途径。

让我们把罗杰·培根的论点作一个概述，并总结一下他的例证吧。除非我们也知悉事物所在的地点，否则便不可能了解这个事物的任何重要方面。占星术和天文学必须为世界上可居住和不可居住的部分划出界线，并进一步将前者适当划分为不同的区域。历史学倘若不包含地理内容，就失却了原本的和精神上的含义。对那些忽略事件发生地点的人来说，“历史的表面经常由于无数的地名而变得索然无味，尤其是由于新《圣经》里层出不穷的谬误；

---

① 《大著作》（*Opus Majus*），第2部分第7章，卷1，49页；第4部分，200—201页。

结果是他们无法上升到历史事件的精神意义上，而只能马马虎虎作出解释。”但是对一个熟悉地方知识的人而言，他“明了地方的位置、距离、高度、范围、纵深，并检验了当地是干热还是湿冷、是风景秀丽还是面目可憎、是土地肥沃还是贫瘠低产，以及其他种种自然条件，他就会对历史记载的字里行间深感兴趣，也能够又快又好地掌握历史的精神意义。”物质的道路表明精神道路的重要性，而物质的地方也指向精神道路的终点。

这些想法体现了他与寓言化的释经学说有共通之处。培根赞同地引用了杰罗姆的话：“那些亲眼目睹过犹太城，并了解古代城市的纪念物及城市名称（无论其沿革如何）的人，会更清楚地领悟神圣的经书。”但这里的论点并不在于，人通过这种知识就会对《圣经》中提到的场面和景观产生更确切、更生动、更多彩的印象。重要的是，精确的原本地理学能导致恰到好处的象征性阐释。培根褒扬了杰罗姆、奥罗修斯、伊西多尔、卡西俄多拉斯和恺撒里亚的欧瑟比（Eusebius of Caesarea）这些看到了宗教地理学之必要性的教会人士。这些人在实质上达成了杰罗姆所说的目标：“我们和那些最有学问的犹太教徒一起，承担我们为自己设定的这个任务［即他对《圣经·历代志下》的评注］，我们可能会长途跋涉去到这个所有的基督教教会都谈论的地方。”①

那么，精确的原本地理学如何导致有把握的象征性阐释？让
我们看看培根的例证。南流的约旦河流经耶路撒冷东边。在约旦 284

① 《大著作》(*Opus Majus*)，卷 1，203—205 页。

河与耶路撒冷城之间是耶利哥城及其附近的平原地区、橄榄山（位于耶路撒冷以东）和约沙法谷（即是汲沦谷），后者位于橄榄山与耶路撒冷之间，旁边就是圣城耶路撒冷。但这种原本地理学有什么精神上的意义呢？

约旦河代表整个世界，这有许多原因：它最终悉数注入象征着阴间的死海；耶利哥城代表人的肉体，橄榄山则“由于山体的壮美，代表着精神生活的恢弘”；约沙法谷象征着卑微，而耶路撒冷意味着“和平的图景，在道德意义上它还是拥有和平之心的神圣灵魂，在寓言意义上它代表世间‘战斗的教会’，在比拟意义上代表天上‘胜利的教会’。”

那些想要心灵平静地走到生命尽头的人，那些想要成为教会完美而忠实的一份子的人，那些想要在此生就到过天上的耶路撒冷的人，应当征服代表现世的约旦河而将它甩在身后，或者如同那些修道会的僧侣们一样撤离约旦河。接着，他必须鞭笞肉体，这比离开约旦河更为艰难。对肉体的征服需要逐步进行。在这里，肉体就是耶利哥城及其附近的平原。培根于此表示反对通过突然而夸张的苦行主义对身体施加猛烈的压力。完成这个任务的方法应该像穿过一个平原到达耶利哥城一般。当此人已经越过了约旦河和耶利哥城，他就要准备“攀登精神生活的至美高峰，去品尝奉献的甘甜”。因此他要登上橄榄山，“到达完美的顶峰，沉浸在祷告和沉思的甜美之中”。此后，他必须穿过约沙法谷，这就是说，他必须以最谦卑的态度结束自己的生命。当他做完了这一切，他就在三重层面上到达了耶路撒冷：一是心灵之平静，二是上帝之平和，三是“战斗的教会”之安宁。[①]

培根说，地理学中还有更多的精神意义有待发掘。地理景观对宗教寓意的影响是一个有趣的题目；在基督教神学中，早期的六日创世文献中便有它的身影，但并未给出字面上的解释。圣安布罗斯描绘的自然形象中有着特别丰富的出自地理、自然、农业和葡萄栽培业的寓言。

因此，对各个地方、对经纬度的确切知识，成为一种引导出神圣内涵的方式，“从少数中推出多数，从小事中推出大事，从明显的事实中推出隐含的深意。”在一双训练有素的眼睛里，景观就体现了神显灵的特征。

获得这种理解的关键是天文学，因为人们可以通过天文学得知哪些行星对应地面哪块地区、从而在不同地区中造成差异。[②]
人们可能不愿意考虑恒星的影响，但理性的灵魂可能“受到强烈的影响和激发，于是会无端地渴望那些天体力量使其渴望的东西，正如我们见到有些人出于交际、建议、恐惧、喜爱及类似的原因，
会大大改变他们本身的意图，无端地希求他们之前不曾希求的东 285
西，尽管他们并没有受到外界强制，这就像一个希望平安航海的人会把他最宝贵的器物丢进大海一般。”[③]

罗杰·培根知道各个“纬度带”(klimata)之间存在的文化差异，诸如在西徐亚人、埃塞俄比亚人、皮卡第人、法兰西人、诺曼人、佛兰芒人和英格兰人之间，但是造成这些差异的原因是在天国，

---

① 《大著作》(*Opus Majus*)，卷1，205—207页。

② 同上，208页。

③ 同上，271页。

而不是在尘世或人间。不过，通过观察，培根不得不修正这种归纳，因为他也发现了一座大城市对周边的文化影响；围绕着一个著名城市的周边地区会采取城内的方式和习惯，因为“城市就像一处避难所和办理生活事宜的中心点”，还因为城市对周边地区有强制力，更因为交流和暴力的存在。与此相似，一个强大的王国也会对周边稍弱小的国家产生这样的影响。

当培根转向论述更实际的问题时，他对地理学及地方知识的诉求基本上就是对关于世界的开明知识的诉求，这与他呼吁学习外国语言的精神是一致的。要是没有关于事物所在地方的知识，人们就无从了解世界上的事物，无论是自然现象、道德、科学和人的习俗，还是应用于艺术及科学中的不同技术。具备关于各个民族和地方的知识，对于开展贸易、改变异教徒的信仰、理解不信神者、反驳不信神者及反基督教者，都是必要的。旅行者必须知悉所去的异国他乡的气候和特点。他们也可以选择途经天气较为适宜的地方。在赤日炎炎时走热带、在冰天雪地时走寒带，这种做法摧毁了旅行者的身体，同时也损害了基督教徒的宗教利益。那些试图劝化异教徒皈依基督教的人们，需要了解目的地国家的气候、地点、礼仪、习俗和环境。①

9. 佩里的贡特尔

几乎在任何时代的诗歌中，人们都能发现环境论观念风行的

① 《大著作》(*Opus Majus*)，卷 1，273、321 页。

痕迹；在描写自然的诗歌中，这种痕迹更是经常可见。中世纪对大自然最优美的描述，有一部分出现在佩里的贡特尔（Gunther of Pairis，佩里在阿尔萨斯）的叙事诗作品中，作于1186或1187年，赞颂了腓特烈一世（红胡子）的早期统治（1152—1160年）。[①]这部叙事诗对景色极尽铺陈，描写了莱茵河与摩泽尔河之间人口繁茂的法兰克地区——它的田野、树林和高贵的葡萄树；描写了穿过阿登高原到达亚琛的路途；[②]描写了亚平宁山脉如何缓和炎热的南风造就宜人的夏季；描写了阿尔卑斯山脉如何阻挡住来自 286
北方的寒风；也描写了波河一路收集来自阿尔卑斯山脉和亚平宁山脉的溪流，奔腾注入亚得里亚海。[③]这些描写都不涉及人与自然之间的因果关系。但是在描写住在波罗的海沿岸的人们时，作者认为他们与周遭环境有着密切的联系。由于他们所处的自然位置与外界阻隔重重，所以外人对他们的习俗所知甚少，只是知道他们粗野无礼、未受教化，并且容貌凶恶，令人颤栗。他们不受法律的控制，使用放血疗法治病，他们那种不稳定、变化莫测的精神状态，使虔诚的基督教徒感情上觉得很不适应。[④]

这些应受责难的品格，部分是大自然造成的，部分是因为受到更为不堪的邻近部族的恶劣影响。因为在波罗的海，每座岛屿——显然他将海岸附近的陆地认作岛屿——都常年天寒地冻，

---

① 《阿尔萨斯的贡特尔·冯·佩里之〈利古里努斯〉》（*Der Ligurinus Gunthers von Pairis im Elsass*），导言，viii页。

② 同上，第1部，385—434节。

③ 同上，第2部，56—118节。

④ 同上，第6部，25—49节。

只有尖嘴锄才能钻进这令人苦恼的土地。波罗的海的人们靠狩猎和抢劫为生，在饥荒时甚至同类相残。这种条件下，受他们影响的人几乎不可能有很好的修养。这段文字体现了对待一个民族的老套做法，这个民族地处辽远，对他们的了解主要是通过道听途说，他们的怪异之处被归咎于远离教化及所处环境的问题。

10. 小结

中世纪的学者们在地理环境对人类影响的研究中并无多少独创性的见解。阅读中世纪的神学、哲学、科学及伪科学著述就会发现，相比中世纪中后期人们把魔术、占星术和炼金术当作值得研究的知识主体加以注意，地理学理论看起来是无足轻重的。披着新伊斯兰教外衣的这些知识馈赠带来很大的希望：掌控自然、掌控人类，极其壮观的无限度的新兴创造力。然而，大阿尔伯特对这个题目所作的拓展思考再一次使我们确信：环境论在中世纪的确是一个重要的思想体系。在本章中，我避免采用那些猎奇的文章——描写遥远之地的奇闻异事，什么狗头人呀、胸前长脑袋的人呀、单目人呀之类的——而在当时，这样的文章是惹人注目并受到推崇的。我这样做可能给大家造成了一种错误印象，即中世纪的地理学理论是比较合情合理的，但事实并非如此。当然，对不可思议之地的描写也有另外一面。提尔大主教威廉就以一种毫不留情的笔触写出了十字军到达过并为之战死的拉万廷各城市。弗赖辛的奥托所写的文章也是这样。不来梅的亚当对北方地区（日德兰半岛、菲英岛、西兰岛、斯堪尼亚、挪威、文兰和冰

岛等地区）富有想象力的描写，就比过去那些地名索引式的文章 287
优秀得多。前述这些作品中并没有涉及地理因果作用的理论，但作者们对环境性质及其用途有着生动的认识。[①] 中世纪的地理影响理论承袭了古典时代的传统，即认定自然环境与心智及精神健康之间存在着密切的关系，由此推导出一种实用主义的技艺，用来为房屋和城镇选址、寻觅健康之所避开污浊之地，还被当作解释文化差异的方便理由，甚至被视为设定新律令的治国辅弼。由此，地理影响理论很好地配合了中世纪的基督教神学和基督教哲学。如果人们将地理影响理论看作具有本地或地区重要性的、阐明上帝计划和设计的概括，那么它与基督教神学和哲学就不必发生冲突。地理影响理论有古典科学的支持；它与地球上的种种问题、磨难及恶人的病态相关，而这个地球与初民们生活的天堂在道德活力上是非常不同的。

圣托马斯·阿奎那比任何人都更接近指出两者之间的关联性。

---

① 见提尔大主教威廉（William Archbishop of Tyre）：《海外活动史》（*A History of Deeds Done Beyond the Sea*），第 1 部第 7 章，关于土耳其人的起源与祖先；对君士坦丁堡的描述及其历史，见第 2 部第 7 章；对耶路撒冷及其水源供应的描述，见第 8 部第 1—4 章；关于恺撒里亚的描述，见第 10 部第 15 章。亦见弗赖辛的奥托（Otto of Freising）：《红胡子腓特烈传》（*The Deeds of Frederick Barbarossa*），第 2 部第 13 章，其中有对波河河谷、阿尔卑斯山（他称后者为比利牛斯山）和亚平宁山脉的描述。他说，伦巴第人已经失去了他们野蛮人的粗鲁一面；由于和罗马人通婚，他们的子孙"从母亲的血液中继承了罗马人的一些礼貌和热情，同时得益于这个优秀的国家和适宜的气候，保留了拉丁语的精致和举止行为的优雅。"亦见奥托在有关圣科比尼亚诺生平的概述中对弗赖辛大山的描述，在《两城史》（*The Two Cities*）第 5 部第 24 章，348—349 页。不来梅的亚当（Adam of Bremen）：《汉堡-不来梅大主教史》（*History of the Archbishops of Hamburg-Bremen*），第 4 部中有对北方岛屿的描述。

上帝创造并设计了宇宙；国王创造并设计了他的王国。尽管国王所作不多，但同样分担了上帝的工作，国王会考虑所有的事情——某地的优劣、是否对健康有益、对人类居住者有何影响——就像一个有创造力并且正在创造、有理性和秩序感的凡人所应该做的那样。

第七章

288

解读虔诚信仰、行为及其对自然的作用

1. 引言

近现代学者对中世纪的研究已经为人们展现了一个活跃而生机勃勃的世界，要是留存下来的中世纪文献中没有包含对人类改变自然环境之重要意义的任何解读，那倒会是一件不可思议的事情。[①]

① 在这一章的准备过程中，我要感谢许多二手资料的作品；虽然我尽可能地查阅原始资料，但是有许多观念是从引文中收集到的，由于书目的稀有和无法获得，原始文献我没有看到。以下著作尤其有价值：格兰德和德拉图舍（Grand and Delatouche）:《中世纪直到十六世纪罗马帝国结束时的农业》（*L'Agriculture au Moyen Âge de la Fin de l'Empire Romain au XVIe Siècle*）［以下简称《中世纪农业》（*AMA*）］；于菲尔（Huffel）:《森林经济》（*Economie Forestière*）；德莫尔德（De Maulde）:《中世纪和文艺复兴时期奥尔良森林状况研究》（*Étude sur la Condition Forestière de l'Orléanais au Moyen Âge et à la Renaissance*）［以下简称《奥尔良森林状况研究》（*Étude sur la Condition Forestière*）］；以及施瓦帕赫（Schwappach）:《德国森林和狩猎史手册》（*Handbuch der Forst- und Jagdgeschichte Deutschlands*）［以下简称《德国森林和狩猎史手册》（*Handbuch*）］。

由于本书讨论的是人们对环境改变的态度或观念，而非环境改变的实际历史，以下作品（作为对上述著作的补充）也可供参考；它们的价值在于其中的论述以及对其他著述的征引。达比（Darby）:“欧洲林地之开垦”（The Clearing of the Woodland in Europe），托马斯（Thomas）编辑:《人类在改变地球面貌中的作用》（*MR*），183—216 页；达比：“大发现时代前夜的欧洲面 貌”（The Face of Europe on the Eve of the Discoveries），《新编剑桥近代史》（*The New Cambridge Modern History*），卷 1，20—49 页。达比关于英国历史地理、沼泽地和英国土地志的著述也涉及环境变迁。布洛赫（Bloch）:《法国乡村史的原始特点》（*Les Caractères Originaux de l'Histoire Rurale Française*），修订版两卷本，增订卷由多韦涅（Dauvergne）编辑，卷 1，1—20 页；卷 2，1—30 页。《剑桥欧洲经济史》（*Cambridge Economic History of Europe*）的卷 1 和卷 2 都很有意义，下列文章尤其与本章所述主题密切相关。卷 1:克布纳（Koebner）:“欧洲的开拓与殖民”（The Settlement and Colonisation of Europe），1—88 页;帕兰（Parain）:“农业技术的发展”（The Evolution of Agricultural Technique），118—168 页；奥斯特罗戈斯基（Ostrogorsky）：“中世纪拜占庭帝国的农业状况”（Agrarian Conditions in the Byzantine Empire in the Middle Ages），194—223 页，以及第 8 章“中世纪农业社会的盛世”（Medieval Agrarian Society in its Prime），278—492 页（甘绍夫写法国、低地国家和德国西部，米克维茨写意大利，史密斯写西班牙，奥宾写易北河以东地区和德国向东部的殖民化，鲁特科夫斯基写波兰、立陶宛和匈牙利，斯特鲁韦写俄罗斯，尼尔森写英国，博林写斯堪的纳维亚）。卷 2：波斯坦（Postan）:“中世纪欧洲的贸易：北方地区”（The Trade of Medieval Europe: the North），119—256 页；内夫（Nef）:“中世纪文明中的采矿业与冶金业”（Mining and Metallurgy in Medieval Civilisation），429—492 页;琼斯（Jones）:“中世纪西欧的石质建筑”（Building in Stone in Medieval Western Europe），493—518 页。著作等身的库尔顿（G. G. Coulton）经常涉及这些主题。关于他对本笃规则、修道院、农民以及森林砍伐的观点摘要，见《中世纪的村庄、庄园与修道院》（*Medieval Village，Manor，and Monastery*），212—230 页。亦见他的《宗教信仰五个世纪》（*Five Centuries of Religion*），卷 2。广为人知的是，库尔顿对各修会的许多近代护教论者表示不满，他认为那些人夸大了自己在实际开垦活动中的直接参与程度。他对圣本笃和在本笃规则下行事的早期僧侣们颇有好感。布瓦索纳德（Boissonnade）:《中世纪基督教欧洲的工作》（*Le Travail dans l'Europe Chrétienne au Moyen-Âge*），英译本为：《中世纪欧洲的生活与工作》（*Life and Work in Medieval Europe*）。汤普森（Thompson）:《中世纪经济社会史》（*An Economic and Social History of the Middle Ages*）。怀特（White）:《中世纪的技术与社会变化》（*Medieval Technology and Social Change*）。

研究中世纪的诸多历史地理学者和历史学者都看到，在漫 289
长的中世纪里人力对自然环境作出的广泛改变，是与那个时期的社会和经济史密不可分的。让我们列举几个这样的主题。（1）十一、十二世纪西欧的土地开垦活动对“解放普通大众”所作的贡献。[①]（2）对这种改变的抵抗和这种改变的进展两个主题轮番出现，阶级角色分化，其组织能力逐渐壮大。例证是王室和贵族们为了狩猎不允许砍伐森林，牺牲了那些生活不富裕的人们的利益，后者亟需清除森林增加耕地；还有拓殖过程中的经济和宗教动因，以及林地开垦中对承包人和转包承揽者的使用。[②]（3）中世纪边疆所起的作用以及对边疆史的比较研究；美国历史学家詹姆斯·韦斯特福尔·汤普森（James Westfall Thompson）对此问题尤其感兴趣，他认为德国由封建的西部向非封建的东部扩展，
与十九世纪美国的边疆史有相似之处。汤普森还在弗雷德里克·杰 290
克逊·特纳（Frederick Jackson Turner）的边疆假说中发现了有助于理解早先时期的阐释。于我而言，两者之间的差异已经使得这种比较的价值所剩无几：一方面只具备简单的技术，代表着几个世纪的努力，而另一方面有机械的辅助，不过是几十年工作的成果。更有收获的比较史研究应该是与地中海地区或中国的文化

① 关于这一观念的历史，以及海滨的佛兰德人的案例研究，见莱昂（Lyon）：“中世纪房地产发展与自由”（Medieval Real Estate Developments and Freedom），《美国历史评论》（*AHR*），卷 63（1957），47—61 页。亦见克布纳，《剑桥欧洲经济史》，卷 1，3、5、11 页。

② 达比（Darby）：“欧洲林地之开垦”（The Clearing of the Woodland in Europe），《人类在改变地球面貌中的作用》（*MR*），193—194 页；甘绍夫（Ganshof），《剑桥欧洲经济史》（*CEHE*），卷 1，281 页；克布纳（Koebner），同上，45—47、69、71—72 页。

景观相比较，这些景观是通过砍伐森林、驱逐野生动物（及大型猛兽的灭绝）、建设城镇、兴修水利、开挖运河、筑造堤坝之类的活动而形成的。对于向德国东部迁移的研究也有着人类学上的吸引力，正如十三世纪关于普鲁士人举止行为的描述所揭示的那样；在这里环境变迁的主题可能与文化接触联系在一起。因此，德国人的东进涉及了景观上的巨大改变——建立了新聚落、开辟了林中村庄（*Waldhufendörfer*）、对河流进行控制、为沼泽排水，等等。景观的面貌反映了出于人类自主选择的新型密集地，它取代了旧时的环境。由于这些原因，欧洲学者对环境变迁的研究与聚落史研究之间存在着密切的联系。①

最后，（4）对农民能力的持续探讨和农民生活史研究，因为农民有人手、使用工具，并且掌握关于动植物的经验性的知识。②

森林、灌木、湿地和沼泽在后退，新城镇建立起来，新耕地出现了，这些现象给整个中世纪打上烙印。但是，当代对荒弃村庄的研究提醒我们，我们决不能把这些活动都视作不断扩大的过

---

① 见480页注1。莱昂（Lyon），前引书，47页。汤普森（Thompson）：《中世纪经济社会史》（*An Economic and Social History of the Middle Ages*），517—519页。克布纳，同上，80—81页。亦见“日耳曼之东进”（The German Push to the East），载于罗斯与麦克劳克林（Ross and McLaughlin）编辑：《中世纪便携读本》（*The Portable Medieval Reader*），421—429页。本文从比勒（Bühler）编辑的重要著作《骑士团与教会权贵》（*Ordensritter und Kirchenfürsten*）中节选、翻译，但后者目前在美国不易获得。

② 关于这一主题，见克布纳，《剑桥欧洲经济史》，卷1，75页；库尔顿（Coulton）：《中世纪的村庄、庄园与修道院》（*Medieval Village, Manor, and Monastery*），214、219—221页。法伊弗（Pfeiffer）：“中欧农民生活质量”（The Quality of Peasant Living in Central Europe），《人类在改变地球面貌中的作用》，241页。

程。开辟采石场是另一种景观的变化，它与建造封建领主宅邸和教堂的需求有关；而与采矿相关联的则是对森林的利用，以及对据信有矿藏的偏远地区的勘探，这些传统活动后来在乔治乌斯·阿格里科拉（Georgius Agricola）的早期作品中有活灵活现的描写。

进一步而言，我们必须强调这些环境变化的不稳定性：它们不具备必要的永久性，可能只是一片森林中零星小块的地点被清理出来了。近代学者对于荒弃之地（*Wüstungen*、*les vagues*）的研究揭示了这种不稳定性和非永久性，证据表明罗马时期的可耕地变回灌木丛或森林，抑或一度被开垦的地区却不再被人占据。中世纪圣徒传记中一些最细致入微的段落描绘了僧侣遇上野蛮的动物，他们碰巧来到一处荒弃的田地，然后快乐地将其重建成伊甸园一般的天堂。这些地方的名字中包括 291
vastinae、solitudines、mansi、eremi loca invia、alsi、non vestiti，等等。[①]

当时无论是由修道院、大采邑组织，还是由个人进行的砍伐，都几乎不存在我们今天在人类文化对环境的改变中所联想到的那种永久性和不可避免性。刚刚过去的一百年间，在文化改变景观最为迅猛的地区，我看没有什么人发出警告说，如果不是全世界

① 布瓦索纳德（Boissonnade），前引书，31—32 页；格兰德和德拉图舍：《中世纪农业》（*AMA*），55、244 页。关于荒弃之地的广泛参考书目，见古扬（Guyan）：“作为考古学和地理学问题的中世纪荒弃地：基于沙夫豪森州一些例子的阐述”（Die mittelalterlichen Wüstlegungen als archäologisches und geographisches Problem dargelegt an einigen Beispielen aus dem Kanton Schaffhausen），《瑞士历史学报》（*Zeitschrift für Schweizerische Geschichte*），卷 26（1946），433—478 页；尤其参见 476—478 页的书目，以及 462—465 页中举出的荒弃地存在的原因。

都被破坏净尽的话，大自然有可能从人类手中夺回它的景观。那种还认为砍伐一旦完成、沼泽一旦抽干，就必须牢牢守住以防止整个地区复归原状的想法，如今看来是非常老旧了；这个想法已经被另外一些担忧所取代了，因为自然界的改变和砍伐之后的状态相当容易保持下去。这种今昔对比十分有趣，其分界点可能是在十九世纪初：现在，我们考虑的不再是抵抗自然界强大的修复力、维持文化景观的问题，而是在经济、旅游和美学机械概念的扩张面前，如何保护自然环境的问题了。

许多历史学家曾撰写过中世纪在环境变迁史上的大时代，他们笔下的这些时期自然是有所不同的。格兰德（Grand）和德拉图舍（Delatouche）将森林砍伐与沼泽排水的历史分为三个主要阶段：（1）最早的蛮族王国梅罗文加王朝的森林砍伐，这一举动是受罗马人前例的刺激（另一方面，蛮族人往往不希望砍伐森林，因为他们相信诸神位于森林最深处，所以这些地方是神圣的）；[①]（2）卡洛林王朝时期；（3）十一世纪中期至整个十三世纪，[②]“大开垦时代”（*Âge des grands défrichements*）——人类历史上一个最为迷人的时期，这是由于它作为大规模景观改变例证的内在价值，由于它产生的长期效果，也由于它反映了基督教神学对一种“改变哲学”的关系，更由于它体现了对某些生态关系的理解迹象，尽管这种理解只是经验性的而非理论性或实验性的：这些生态关系包括森林与农业、放养动物的影响、牧羊人之火与森林破

① 克布纳（Koebner），《剑桥欧洲经济史》（*CEHE*），卷1，20、43—44页。

② 《中世纪农业》，237—246页。

坏、健康、环境变迁，等等，这些我们将在后面谈到。其余的时期就远非那么活跃了，而是以瘟疫、灾害、侵略或无政府状态为 292
特点，例如从九世纪中到十世纪中维京人（北欧海盗）和萨拉森人入侵欧洲、十四世纪黑死病蔓延，以及百年战争（一般认为从1337年至十五世纪中叶）。各处发生景观面貌巨大改变的时间段，自然是因地而异，且不时波动。景观改变的重心也发生了变化：早期修道士们的热情是与圣本笃（St. Benedict）和圣奥古斯丁的崇高理想紧密相连的，此后则变得安逸而世俗，再后来甚至堕落了。在中世纪晚期，景观变迁的历史与个人以及大范围的领地（无论是世俗的还是教会的）联系到一起了。讨论景观变迁史本身并非本书的任务，也不可能是本书的任务；但是，我们有必要给出一个概括性的说法，以支持对环境变迁所作的诠释。其中最宝贵的线索，来自专门化和地域性的森林史、牧业史、季节性迁移放牧史和采矿史。

尽管人们不能把观念本身从促使观念生存发展并赋予其意义的背景及事件中分离开来，我们仍然可以在中世纪思想中分辨出对于人类作为环境改造者的三种不同的一般观念。

虽然有一些明显的反对意见，我还是从不同国家和不同时期撷取材料作为例证。我想提到的是，中世纪不同时期中散居在各地的许多人，都意识到人们（如他们自己）对大自然作出人力改变的现实，这种改变具有地方特征，从根本性质上看并不能综合成近代环境保护著作所代表的一个思想体系。今天人们想了解这种环境变迁，无疑比当时的人要容易得多。诚然，我们偶尔也会碰到足以适用于广大地区和较长时间段的陈述。普吕姆的恺撒略

（Caesarius of Prüm）指出："我们知道，在这个相当长的时期内［从 893 年至 1222 年］，许多森林被砍倒了，许多房屋建造起来了，什一税增加了；在我们提到的这一期间，设立了大批磨坊，种植了众多葡萄树，也开垦了不计其数的土地。"①

我们所说的三种类型的观念分别是：（1）那些与基督教神学显然是密不可分的观念；（2）那些不一定有宗教意义，或者至少与神学问题并无直接关联的观念，例如湿地排水对健康的影响、首次林地开垦对气候的影响、松木种植对沙丘的影响等；（3）那些结合了以上二者的观念，如本笃规则，以及熙笃会修士、普雷蒙特雷会修士（Premonstrants）、查特里斯特会修士（Chatrists）的早期严格规范，据此，修士们的工作既是对上帝尽义务，又是
293 一种关乎美德和利益的实际活动，这些利益是由森林砍伐、沼泽排水、保护树林草场或开辟高山牧场带来的。虔诚信仰与这些深得人心的改变自然行为和谐一致，成为后者的积极同盟军。创立一个适宜做基督教徒聚落的景观，使他们能进行劝化皈依和拓殖工作，这是对虔诚信仰的回报。

2. 基督教与改造自然

基督教思想家们正如古典思想家一样，提出两个基本问题。人在哪些方面与其他生命形式有区别，尤其是与那些在生物等级

① 全文摘录自兰普雷克特（Lamprecht）：《中世纪德国的经济生活》（*Deutsches Wirtschaftsleben im Mittelalter*），卷 1：1，402 页。亦见威默（Wimmer）：《德国土地历史》（*Geschichte des deutschen Bodens*），56 页。

上最接近于人类、能快速移动的大型陆地动物？人如何发明了像建造房屋、纺织和耕作这样的技艺？人有智能、有创造力，在运用视力和双手方面很灵活，因而能够实施头脑中的决定；而缺乏此类质素的动物，从幼年期起就必须独立生活，并且被赐予了比人类好得多的保护性外表，如毛发和厚厚的皮肤。人拥有心智和灵魂，却没有这类天然的保护措施，所以有某种能力去创造属于自己的环境空间，并且通过他本身的创造力制作出有用的保护装备，这些装备的作用还不止于弥补他天生的弱点。以上是古典的答案，认为需要是发明之母。基督教对此作出的解答则是根据《创世记》所述，人是依照上帝的模样被创造出来的，由于上帝的恩惠得以统治整个自然界。许多基督教父综合了以上这两种说法。

正如我们在前面谈过的那样，环境影响的各种理论在中世纪基督教思想中占有一席之地，而且不难将它们与主流神学融合起来。同样地，除了对那些极端苦行者与来世信仰者之外，把人的活动看作他现世生活的一部分也是容易接受的，在人与上帝的这个伙伴关系中，改变是不可避免的，因为人要开展农业、利用森林并驯化动植物。在一个有限的、被创造出来且可以被毁灭的世界上，人作为上帝的助手而存在，协助上帝完成创世工作——这种观念很容易由《圣经》中的乡村比喻表达出来；它也比关于环境影响的繁琐复杂的希腊思想更容易理解。城镇与乡村生活的工作——耕作、伐木、灌溉、嫁接、造石墙、采石——轻而易举地就能使人相信他们确实是上帝改进世间万物的伙伴。克里斯托弗·道森指出："然而这种新的宗教的基本精神，对农人生活而言完全不陌生。它最初就是从加利利渔民和农民中产生的，而福音书的教诲也充满了田野、羊圈和葡萄园的图景。”[1]

早期基督教父们知道古时的农业哲学，特别是瓦洛和维吉尔著作中表述过的农业哲学。（他们在何种程度上将“有机类比”
294 应用到地球上还很难说清楚；他们中很多人否认自然界会衰老的观念，可能是沿袭斐洛的说法：上帝创造出来的自然，是一份富饶而充裕的厚礼，而不是像人理解的那样也会死去。）地球的肥沃多产源自造物主的仁慈和规划；只要耕种土地、修剪嫁接树枝，或者把植物移植到新的地方，人类就能一直生存下去。

因此，倘若没有一座从神学到农作、放牧及林业的桥梁，也就是说，倘若在人类通过利用地球、改造地球以满足自己的愿望，从而得以维持生命的能力中没有体现神圣目的的话，那倒是一件出乎意料的事情了。西方的僧侣们会登上处女地，或者重新开垦那些曾在罗马人统治下一度肥沃富饶的土地。在那些不仅是为王室和贵族狩猎者保留的森林里，人们可以放牧马匹、牛群、猪群、羊群，采集调味的蜂蜜和制造教堂蜡烛所用的蜂蜡，并且捡拾做燃料的枯枝。

对僧侣的说法同样可以适用于整个教会。人们即便在一个充满罪恶的世界里也必须生存并传播信仰，而这个世界不过是通往上天之城的破旧前室。修道士的居住地“为生计所迫，不得不从事农夫的工作，清除森林、耕种土地。梅罗文加王朝时期修道院中的圣者们，无论是高卢人还是凯尔特人，生活都充满了与农业劳动相关的内容——他们的工作包括开垦林地，并把入侵时期被

① 道森（Dawson）：《欧洲的形成》（*The Making of Europe*），174页。

废弃的土地重新恢复到文明状态”。[①]

对于最信奉宗教的人来说，地球作为人类家园，是他与上帝的伙伴关系中至关重要的纽带。那时僧侣们中间常常有一种深切的感受，觉得他们在林中静修、清理树木和耕作土地的过程就是在复制人类堕落前天堂的情状。人们也不应当轻易忽略有关野生动物的传说，它们出现在森林里，成了僧侣们的助手，这在热情洋溢的圣徒传记中有夸张的描述。虽然这些传说故事经一再重复而变形，但它们可能确实是建立在事实基础之上的：僧侣们重新开垦荒弃的土地，在此过程中使用野生动物并可能驯化了它们。在各修士会的早期历史中，当宗教理想仍然强大而尚未被财富和世俗观念所淡化时，在冥想生活的理想、本笃规则中的工作哲学与普通生活中的日常任务这三者之间有着密切的联系，这在僧侣们和他们的俗人助手中都是这样。人们理解环境变迁可能如何影响到他们。这种理解在关于习惯性的权利和用途的冲突之中是显而易见的，常常很简单，就像是牧羊人在照管羊群时燃起火堆暖暖身子却造成了森林火灾；这种理解也明显体现在森林法规里，体现在森林与可耕地之间的密切关系中。

3. 对人类主宰自然的诠释 295

宗教思想家采取正面态度对待人在地球上的活动，这也不是什么非同寻常的事；这种态度承认人有改造地球的需要，并且常

① 道森（Dawson）：《欧洲的形成》（*The Making of Europe*），178 页。

常表现出对技术发明的重视。犹太人斐洛、特尔图良、奥利金、恺撒里亚的圣巴西尔、尼撒的圣格列高利（St. Gregory of Nyssa）、圣安布罗斯、圣奥古斯丁、狄奥多勒（Theodoret）和科斯马斯·印第科普莱特斯（Cosmas Indicopleustes）的一些作品，说明了那些把宗教、技术和环境变迁连在一起的思想的纵深和范围。

斐洛相信“工匠神”通过设计创造了地球，由此引发了他对人类主宰自然这个问题的思考，而圣经《旧约》反复确认人就是有这样的权力。据我所知，除斐洛以外没有其他的早期作家曾如此生动地评述上帝赋予人类的这种主宰权。此外我们有理由相信，在小亚细亚和地中海东部地区的人们经年累月地与驯化的动物为伴，这使他们对这种主宰权的存在确信无疑。

斐洛认为，最后突然出现的人类，在动物之间引起了恐慌；仅仅是看到人就足以使动物驯服，而最野蛮的动物正是最先也最容易被驯服的。它们只对人表现出温顺，好斗的天性在同类之间从未减少分毫。在陆地上、在水里、在空中的所有生物，都听命于人。

> 体现人类统治力的最清楚的证据，就是正在我们眼前发生的事情。有时，一个普普通通的人就能赶一大群牛，而这人既没有穿盔甲，也没有带铁质武器，还没有任何防身之物，只有一件蔽体的羊皮和一根棍子，后者用来给牛群指路，也可以在他疲乏时用来倚靠休息。看看，那里有一个绵羊牧人、一个山羊牧人和一个牧牛人，赶着成群的绵羊、山羊和牛。他们并不是什么强壮有力的人，也不像是能用健康的精力来

> 吓倒那些看到他们的动物。而那些有技能、有力量的动物们，虽有自然赋予它们用以自卫的器官，还是在牧人面前畏畏缩缩、俯首帖耳，正如站在主人面前的奴隶一般。[①]

让牛犁地、为羊剪毛、驾驭马匹等日常活动，体现了人类的控制力如何轻而易举地施于这些勇敢活泼的动物之上。

人对自然的控制可以比作马车夫和领航员（ἡνίοχον δή τινα καὶ κυβερνήτην）。假使认为由于人是最后一个被创造出来、是跟随其他动物才出现的，所以他缺乏控制力，那可就大错特错了。马车夫跟随马队却掌握着缰绳；领航员站在船尾，他的一举一动也决定着全船人的安全。

“所以，造物主给了人所有的特性，让他像马车夫和领航员 296
那样驾驭、领导世间万物，并且令他照管动植物，正如一名听命于上级和国君的地方官一般。”[②]这段文字何等得体透彻！它清晰地阐释了人类通过能力和技巧来控制动物、驯化植物的主宰力。

特尔图良（约160年—约240年）在一篇卓著的驳斥轮回说（metempsychosis）教义的文章中，娴熟地采用移民、人口增长、人力造成的环境变迁等观念来说明自己的论点。[③]他说，假如生者是由死者变成的，正如现在死者是由生者变成的一样，那么世

① 斐洛（Philo）：《论世界之创造》（*On the Creation*），84—85。

② 同上，88。

③ 我为下面的部分感谢瓦辛克（J. H. Waszink）版本的《灵魂论》（*De Anima*），即《特尔图良的灵魂论》（*Quinti Septimi Florentis Tertulliani De Anima*），包括拉丁文本、导言和述评。见《灵魂论》的述评，第30章，370—377页。

界上的人口应该自始至终是不变的，地球上的人数应该与创世之初的人数相等。情况显然不是这样的，因为过去人们已经由于人口过剩而迁移他处了。（特尔图良的材料来源似乎是瓦洛关于神性和人类事务的散佚著作。）他继续指出，在各个人口增长中心，世界的人口逐渐增长，"土著"们从生于斯长于斯的家乡迁徙出来。特尔图良说的"土著"可能是指来自人口过剩地区的游牧人、流亡者、征服者或普通移民。[①] 现在世界上不仅有更多的人口，也有更多的土地每天都被开垦出来。的确，信仰和理性是可以共存的，因为也正是特尔图良曾经说过："我相信，正因为它不合情理。"（Credo quia ineptum.）

"现在所有的地方都能到达，所有的地方都为人所知，所有的地方都开放商业活动；最好看的农场清除了原先那些瘆人而危险的废物痕迹；耕地取代了森林；羊群和牛群驱赶了野兽；沙漠里播撒了种子，石头地上植了树，湿地的积水抽干了；曾经人迹罕至的村落，现在一变而成为大型城市。"[②] 这段话抱怨，世界上不断增长的人口已经成为地球资源不能承载的负担。"我们的欲望越来越强烈，人人七嘴八舌越来越厉害地抱怨，而大自然已经不能如往常一般支撑我们的生活了。"瘟疫、饥荒和地震削

---

① 熟谙希腊语的特尔图良，使用了"ἀποικία"一词，意指"殖民地"或"聚落"，来描述这一类移民。这一词也有"子菌落"的含义；关于"土著"，见瓦辛克，前引书，372—373 页。

② "灵魂论"（A Treatise on the Soul），彼得·霍姆斯（Peter Holmes）翻译，第 30 章，3 页，尼西亚前期教父：《直至公元 325 年教父著作译文》（*ANF*），卷 3，210 页。特尔图良并未说过"我相信，正因为它荒谬。"（Credo quia absurdum.）见吉尔森（Gilson）：《中世纪基督教哲学史》（*HCPMA*），45 页。

减了人类生活中的奢华；但是这些人在“千年放逐”（millennial exile）之后却不再回归地球，这个“千年放逐”的说法来自柏拉图，意指“在相继两次转世之间的常规净化时间”。[①]

特尔图良在《论大脑》（*On the Pallium*，即 *De pallio*）中表 297
述过类似的思想，而此文正是他的《灵魂论》（*De anima*）中一些段落的出典。“地球被这岁月改变了多少模样！我们帝国的三重活力产生、发展和重建了世界上的多少城市！”[②] 特尔图良在世界各地中心城市的人口增长与景观变迁之间发现了某种关联，然而他所看到的人口增长抑制因素与环境改变无关，他也没有暗示过人口膨胀造成了环境恶化。特尔图良的兴趣点在于阻止亡灵复生，而非环境变化。虽然他在向罗马帝国的统治者祈求公正时说过，基督教的真理明白“自己只不过是尘世的匆匆过客”，但是他补充道，指责基督教徒“对生活事务毫无用处”是错误的。“我们并非印度的婆罗门，也并非那种眠于林中、从普通人生中自我放逐的裸体苦行僧［即印度的裸体哲学家］。……所以我们与你们一样寄居在这个世界里，我们不放弃集会和散步，不放弃沐浴和吃喝，也要做工、住店，也要每周去逛市场，我们也不拒绝任何其他的商业场所。”[③]

---

① 瓦辛克，前引书，376 页，在 30，4 下面：“千年”（Mille Annos），以及那里提到的参引：柏拉图：《理想国》，10，615A；《斐多篇》，249A；维吉尔：《埃涅伊德》，6，748。

② 《论大脑》（*De pallio*），Ⅱ，7。此处之前的文字一定是饶有兴味的，但因为是断章，无从摘引。

③ 《辩护书》（*Apology*），特尔沃（Thelwall）译，第 1 章，尼西亚前期教父：《直至公元 325 年教父著作译文》（*ANF*），卷 3，17 页；第 42 章，49 页。整篇辩护书都很有趣，因为它介绍了批评者对基督教徒提出的非难及教徒们的回应。

按照奥利金的说法，人改变自然是因为他需要这种技艺，因为他缺少生活必需品，也没有像动物那样的保护性外衣。“需要是发明之母”这个古典论点与奥利金的基督教神学是一致的，因为上帝已经指派人作为他在自然界的合作伙伴，令他像主人那样掌管自然界。人的理解力是需要锻炼的，不能荒废。上帝把人造成有需求的生物，以迫使他探索用来养活自己、保护自己的技艺。奥利金注重的是人的智能。那些对宗教或哲学不感兴趣的人应该是有所需求的，这样他们才会被驱使去探索各种技艺。假如这些人很富裕，他们就会忽略自己的智能。对生存必需品的要求带来了农业、葡萄种植业、园艺、木匠行业、铁匠行业、纺织业、羊毛业、纺线业、建造乃至建筑业，以及航行和航海业（因为生活必需品并不是到处都有）。神意使得理性的生物比非理性动物有更大的需求。其中的次序是这样的：上帝给人智能，智能带来技艺，而技艺导致景观的改变。然而奥利金没有强调景观的改变，他着重指出的是通过需求刺激来达到对心智的教化。[①]

298 圣巴西尔在关于《圣经》经文“地是不可见而未完成的”[②]第二篇布道文中指出，上帝创造了世界的本质和形态，他所创造的事物与他希望这个事物所具有的形态是和谐一致的。上帝故意避

① 奥利金（Origen）：《驳凯尔苏斯》（*Contra Celsum*），IV，76。查德威克（Chadwick）在《驳凯尔苏斯》第245页提起读者注意：奥利金把有发明力的人与具有优越天赋的理性的人区别开来，而以下著作在他做出的这个区别中有重要作用——柏拉图的《普罗泰戈拉篇》，321A—B；西塞罗的《论神性》，Ⅱ，47，121；以及普鲁塔克的《道德论集》，98D；亦见查德威克对斯多葛主义与奥利金的评论，x—xi页。

② 《创世记》，1:2，修订标准本中的译文是：“地是空虚混沌，渊面黑暗”，等等。

而不谈创世过程中的许多细节，比如水、火、空气是怎样产生的，因为有必要训练人类的智力，让他们自己去发现真相。当时人们观察到过多的湿气减弱了大地的生产能力，这一点巴西尔认为正说明地球尚未完成的特性，因为地球上的水分还没有被限定在合适的界限之内。过重的湿气阻碍了视线（由于雾气），也阻碍了世界的完成，“因为地球上最合适、最自然的装饰，就是它的完成：摇曳在山谷里的玉米、开满缤纷鲜花的青翠草地、富饶的林间空地，还有森林掩映的山头。”对地球陈设的描述——巴西尔举出的例子中包括人力造成的变化——解释了上帝的所作所为，这代替了《圣经》就此题目直接提供详情。他认为，他所处时代的景观就意味着装饰和完成，正如上帝供给的陈设一般。[①]

尼撒的格列高利表达了这样一个观点：要肯定自然和世间万物的价值，即便它们必定处在从属于上帝王国的地位上。格列高利说，在现实的东西和精神的东西之间存在着联系；上帝创造了这二者，并统辖这二者。被创造的万物中没有任何事物应该被摒弃，也没有任何事物应该从上帝的群体中剔除出去（根据《提摩太前书》，4：4）。上帝在人的身上实现了灵与肉的结合。[②] 人是统治自然的主人，这有助于他们追寻上帝，而自然本身在此过程中也得到了提升和赞扬。上帝创造了一个充满富源的地球，其中有人所珍视的金银和宝石；上帝准许人出现在地球上，以见证这些奇异珍宝并对它们行使统治之责。[③] 对低级别生物的统治权

① 巴西尔（Basil）：《创世六日的布道文》（*Homilies in Hexaemeron*），Ⅱ，3。

② 《大教义问答》（*The Great Catechism*），第6章。

③ 《人类的诞生》（*On the Making of Man*），第2章。

为满足人的需求是必要的：人体行动缓慢困难，因而需要驾驭马匹；人赤身裸体，因而需要掌管绵羊；人不是食草动物，因而需要控制牛群；狗的腭骨能充当人的刀具，因而需要驯养狗只。人对铁的使用给他们以保护，就像尖角和利爪给予动物保护那样。[①]

圣安布罗斯（340—397 年）的作品中包括许多象征主义内
容，还有许多对宗教活动与日常农作、园艺和葡萄栽培事务的比
较（当时的教堂也是种粮的田地，主教像农夫一样照料他管理下
299 的田野），他把人看作农夫，与上帝合作改进地球的面貌。[②] 他
在一封 384 年秋天致瓦伦提尼安·奥古斯都的信中写道，当这个
世界被装点起来，它将比创世之初美丽得多。“之前，大地并不
知晓如何才能长出果实。后来，当细心的农人开始经营土地，用
葡萄树覆盖上难看的土壤，大地便收起了狂野的性情，被人工培
育得温柔绵软了。”[③]

早期基督教父的这些陈述，为圣奥古斯丁的《上帝之城》中脍炙人口又令人惊讶的一个段落做好了铺垫，之所以令人惊讶是因为他的名字常常与苦行主义对世界的拒绝联系在一起，也因为他倾向于在有罪的人类与完美的上帝之间制造一个几乎不可逾越的鸿沟——只有教会才能在这鸿沟上架起桥梁。然而奥古斯丁毫

① 《人类的诞生》（*On the Making of Man*），第 7 章。

② 斯普林格（Springer）：《圣安布罗斯作品中的自然意象》（*Nature-Imagery in the Works of St. Ambrose*），77、82 页，以及书中各处。

③ 圣安布罗斯（St. Ambrose）：《书信集》（*Letters*）。第 8 封书信（在本笃会排序中为第 53 封），47 页；亦见第 49（43）封书信，254—264 页。

不吝啬地赞美人的智慧、技巧和创造力，当然，他将这些都归功于造物主的恩惠。这些能力使人得以创造各种技艺，由此人类社会就产生了。上帝给每个灵魂以头脑，这头脑里面有着推理和理解能力，它们在人幼儿时沉睡着，人成熟时便觉醒并获取各种知识：由此，人的头脑有能力学习、理解真理、热爱善良。人的灵魂可以对谬误和其他天生的恶行进行战争，“不作他想，只谋求至高而恒久之仁善”，以此来克服那些谬误和恶行。

> 即便这并不是始终如一的结果，然而有谁能恰当描述、甚至想象出万能上帝如此伟大的成就，还有他赐给我们理性本质的无法言说的恩惠，让我们甚至可以拥有这等程度的能力？因为除了那些称为美德的技艺、那些教给我们如何能够圆满度过自己的一生并获得永久快乐的技艺——这样的技艺完全是由体现在耶稣身上的主的恩典赐予有前途的、王国的孩子们的——难道人的天分没有发明并应用无数令人叹为观止的其他技艺吗？它们有些是需求所产生的结果，有些是出于丰富的创造力，因此这个精力充沛的头脑——它太积极了，以至也会发现一些多余的东西，甚至还会发现危险而有破坏性的东西——预示着在可以发明、学会或利用这些技艺的大自然中，有着无穷无尽的财富。人类在纺织、建筑、农业与航海这些方面的技艺发生了多么神奇（也可以说是令人惊讶）的进步呀！在制陶、绘画和雕塑中产生了怎样种类繁多的设计，又是以何等高超的技巧来完成！剧院里的表演是多么引人入胜，那些没亲眼看到的人会感到难以置信！人们

> 捕捉、猎杀、驯服野兽的计谋是何等匠心独具！至于对人类的伤害，有多少种毒药、武器、破坏工具被发明出来，而同时用来维护或恢复健康的器具和疗法也是无穷无尽！……有
> 300 谁能说清那些关于自然的思想，即便他是在绝望于无法详述细节的情况下，仅仅努力给出一个概括的观点？总之，哪怕是对错误和曲解作出的辩护（这些辩护展示了异教徒和哲学家的天才），也无法得到充分的宣示。[①]

居鲁士主教狄奥多勒（约390—458年）在他的著作《论神旨》（*Provi-dence*）中，相当娴熟地把古典的终极因论据修改适应基督教神学，希望藉此说服那些依旧反对教会的知识分子，尽管教会已经在政治上取胜。[②] 人，正如一些古典作家所描述的那样，是一个成功的行动者与变革者，他的双手和臂膀翻地播种、开辟沟渠、修枝摘果、捆扎秸秆、扬糠筛谷，而双手和臂膀正是服务于智力的工具，所以非常重要而宝贵。人的灵魂借助手臂的力量，为大地装点上繁花盛开的草地、富饶丰收的田野、广袤无边的森林，还在海洋上开辟了千条路线。源自上帝的智慧让人能够发明采矿、农作的工具，行业之间互相借用那些对每种行业都有用的技艺。建筑师从铁匠那里获得工具，铁匠从建筑师那里得到容身之所，二者又都仰赖农业的养育，但农夫们同样也需要马匹和农

---

① 《上帝之城》（*City of God*），XXII，第24章。

② 关于写作这部著作的可能原因，参见阿泽马（Azéma）为其译为法文的狄奥多勒（Theodoret）《论神旨》（*Discourse sur la Providence*）所作导言，30—32页；亦见吉尔森（Gilson）的议论，《中世纪基督教哲学史》（*HCPMA*），596—597页。

具。假如有人追根溯源，他就会发现上帝是如何将人所需要的东西赐予他使用的：如此一来，人们变成了矿工、城市建造者，或是漂洋过海的水手。这是上帝对世界关照的一部分，即让人不仅能够生存，还要生活得好。[①]

关于人是自然的管家、因为他是神在世间的代表这一思想，最引人瞩目的陈述出现在科斯马斯·印第科普莱特斯的《基督教世界风土志》（*The Christian Topography*）一书中，可能写作于535年至547年之间。科斯马斯将人出现之前发生的创世活动，与人们入住新居之前所做的配备家具、装饰工作进行比较。他说，上帝在这所房子里放置了他所有的形形色色、种类繁多的作品。当一切准备就绪，上帝便表现得如同一位国王，“当他建成了一座城市，便将他自己的形象置于其中，并给这形象描画上诸般色彩……”上帝放在他房子里的形象便是人的形象，而人是他选择来完成、装饰这所房子的。由于人是上帝的形象，便有天使如同卫士般围绕在他身旁侍奉着。出于类似的原因，所有的被创造物都为他服务：科斯马斯列举出来的有我们熟悉的太阳、空气、火和水的使用，功利主义自然观与上帝和天使对人的呵护完美啮合，
而人正是“将被创造的万物友好联合的纽带”;“他所服从的天命， 301
是他自己受教的学校，也是所有的理性生物受教的学校。”我们在前面已经提到，圣巴西尔的著作中包含了被创造万物是人类的学校这个观念；十八世纪后期，赫尔德使用这个比喻来描述地球

① 见第四论全篇：关于双手和臂膀，613—616D；关于改变自然的技艺，616A—D；关于技艺的互相借用，617A；关于作为建造者的人，620A—B；亦见阿泽马对这些段落的讨论，第164页注76。

在对人类的教育中所扮演的角色。

人处于高地位，是“地球上万物的国王，与天上的主基督一同统治世界，并和神灵们成为同侪；被创造的万物在臣服于上帝的同时都侍奉着作为上帝形象的人，并对造物主永葆爱戴与感恩之心。”[①] 对于“人是自然的改造者，作为上帝的代理人来装备并完成创世”这个早期的基督教观念，我们没有必要再进一步强调了。这类解说大部分见于护教作品或布道文章之中——见于护教作品是因为它必须与异教徒仍然有说服力的批判相抗衡，见于布道文章是因为它致力于诠释一种新的信仰，其中既有像圣巴西尔那样以简明通俗的语句讲解，也有像狄奥多勒那样要求读者具有较深的古典科学与哲学知识的阐述。许多基督教思想家在为他们的新宗教辩护时，意识到他们不可能无视这样一种责难，即教义意味着完全拒绝现世，也意识到他们无法否认人的勤勉、人的行动力和人的成就。我们感觉到，基督教的立场是特尔图良出于某种紧迫感而建立起来的。他说，我们被指责为在现实事务中毫无用处，但是“我们与你们一起航行，与你们并肩作战，与你们一同耕耘大地；以相似的方式，我们在你们的交易中与你们联手协

① 科斯马斯（Cosmas）：《基督教世界风土志》（*The Christiam Topography*），麦克林德尔（J. W. McCrindle）译，第 3 部，169、104—105 页；第 5 部，210、167 页。关于写作日期，见 x—xi 页；全书各处散见许多论述使人想起关于人、物质和世界的古典时期思想和基督教早期的观念：四元素说，10—11、20—21、85—86 页；对跖之地，14—15、136—137 页；地球与天堂的性质，33 页；传统的环境影响观念，41 页；生物等级的观念，108 页；人类的高贵相较动物的粗蛮、交配，109 页；技艺的初期及其重要性、世界的原初，124—125 页；“纬度带”，244—252 页；对《罗马书》1：20 的评论，293—294 页；反对永恒轮回，301 页。

作——甚至在各行各业中，我们为你们的利益而将我们的作品变成公共财产。”[①]

这些观念既承袭了古典思想，也是对《圣经》教诲的适当补充。古典思想的遗产是基于心智、眼睛和双手在发明创造中所起到的作用，而这种发明创造相应地又引起环境的改变，这种改变过程中常常有驯养的动物从旁帮助——即便这些思想者们在日常生活中轻视体力劳动，把体力劳动视作奴隶干的活。在基督教教义中，人类的活动是与《圣经》中“遍满地面，治理这地”的训谕相一致的。上帝的意图与人的工作之间没有相互抵触之处，因为人正在上帝的帮助和鼓励下完成并装备这个世界。

这种解读在圣托马斯的作品中再度出现，证明了它的力度。 302
人是上帝的合作伙伴，以自身的智慧为自己服务。上帝将尚无罪恶的人置于天堂时，他本计划让这第一个人装点并维护天堂，作为爱的劳作，而并非是后来那样罪孽的劳作。[②]“由于人具备关于自然力量的实用知识”，装点和维护天堂“本来会是令人愉快的。”[③]这样，装点、耕耘这样的工作，与原罪以及人的堕落区分开来。圣托马斯暗示，对于人的工作，甚至人在堕落后对地球的利用，上帝都是认可的。

---

① 特尔图良（Tertullian）：《辩护书》（*Apology*），42，尼西亚前期教父：《直至公元 325 年教父著作译文》（*ANF*），卷 3，48 页。

② 引用《创世记》，2 : 15，修订标准本：“耶和华神将那人安置在伊甸园，使他修理看守。”

③ 《神学大全》（*ST*），第 1 部分，问题 102，第 3 条，卷 1，501 页。

4. 工作哲学

然而，西方修道院中的僧侣们与那些护教派和布道派学者的观点大不相同，他们以自己的经历为基础，对人力造成的环境变化有了新的阐释。他们的态度不像早期基督教父及圣托马斯的态度那样古典，也不那样拘泥于书本。他们的理由存在于神学中，也存在于日常事务的尊严之中。圣本笃的规则，以及早期描写修道院生活的作者，如圣巴西尔和圣奥古斯丁（稍晚还有圣托马斯·阿奎那），同样给体力劳动赋予尊严，这与古典思想形成了鲜明对比。劳动与人类的堕落脱离了关系，因为工作中自有乐趣，劳动并非仅仅是对人的原罪的惩罚。几乎所有研究西方修道会的学者都强调，在蛮族入侵之后，拉丁西欧的宗教、社会、经济及气候条件将强烈的实际需求加之于修道会成员身上，影响了他们的理想；他们所面对的外部条件或许能部分地通过冥思和祷告来补救，但同时也需要利用斧头、火把、锄头、犁铧、狗和牛之类的去改善，无论是由僧侣们自己还是他们的佃户来完成。虽然人们不能坚称，护教派和布道派的哲学与修道会创始人及修道院院长的哲学之间有着不可逾越的鸿沟（也许有人两种身份兼而有之），然而就人是环境的改造者这一思想而言，后者作出的阐释远比前者频繁得多，因为后者扎根于修道院生活的日常实际问题之中。

的确，西方修道生活的理想源自东方的修道制度，而东方修道制度本身就强调体力劳动。其重点是以一人之力去追寻上帝，不仅要与世俗生活脱离开，也要从教堂的俗务中抽身出来。[①] 他们的精神类作品有这样的标题：《天之想望》（*On celestial desire*）、 303
《天国家园之思与爱：唯鄙夷俗世者得入》（*For the contemplation and love of the celestial homeland，which is accessible only to those who despise the world*）、《天堂耶路撒冷赞歌》（*Praise of the celetial Jerusalem*）、《天国家园之乐》（*On the happiness of the celetial homeland*），等等。正如沃克曼（Workman）所乐于指出的那样，具有讽刺意味的是劳动的理想后来在经济事务中得以彰显，最终将那些隐士们带回到世俗世界。[②]

对圣伯纳德而言，修道士是耶路撒冷的居民，而耶路撒冷可以在任何一个地方，只要远离尘世与罪恶，人接近上帝、天使和圣人的地方便是耶路撒冷。“修道院就是预期中的耶路撒冷，是等待和期许的地方，在那里作好准备，前往我们欢欣盼望的圣城。”[③]

> 修道院是“真正的天堂”，其周围的乡间也分享它的尊严。未经人工修饰装点的“原生态”自然界，会激起饱学之

① 沃克曼（Workman）：《修道理想的演变》（*The Evolution of the Monastic Ideal*），10—13、154—157、219—220 页。沃克曼强调，僧侣们不仅从俗世逃脱，也反抗教会的世俗化；劳作的系统化以及人们对劳作之地位的概念变革，是由圣本笃完成的；而西方的僧侣们对劳动的观念更加忠诚投入，也更加认真实践。

② 同上，157、220—224 页。关于精神类的作品，见让·勒克莱尔（Jean Leclercq）：《对学习之爱与对上帝之念》（*The Love of Learning and the Desire for God. A Study of Monastic Culture*），27、94—97、105 页。

③ 让·勒克莱尔（Jean Leclercq），前引书，59—60 页；引文在 60 页。

> 士一种恐惧：我们乐于窥视的深渊和高峰，对他来说是一个恐怖的海洋。一处荒野地方，没有经祈祷和苦行使其受到尊崇，也不是任何精神生活的发祥地，那么就可以说是处于原罪的状态。但是一旦它变得肥沃、有使用价值，它便获得了最大限度的重要意义。[①]

如果我们回顾伊利亚德（Eliade）将宇宙之城视为尘世间城市的神性范本的说法，就会发现，勒克莱尔（Leclercq）的上述言辞具有了新的内涵。当人们拥有了某块土地并开始开发它，“人们会举行象征性地重复创世之举的仪式：未开垦的地区首先被‘宇宙化’，然后才能居住。”[②]

在拉丁西欧的修道制度发展过程中，修士们常常被引导着走出对独处隐居的过度强调，转而顺应他们面临的外部条件所要求的新的价值观：扩展精神关怀的需要、劝化皈依基督教的活动，为达到这些目的而进行必要的伐木和建设，改善修道院的环境以保证水源、通道，也常常是为了欣赏美景的需要。[③]

甚至连敬神的行为也有其不得不完成的实际要求：“需要一群羊，以供应抄写塞涅卡或西塞罗的著作所需的羊皮纸。”人们取得许可证猎杀野兽，或者在属于修道院的森林中捕获野兽，以

---

① 让·勒克莱尔（Jean Leclercq），前引书，136 页。

② 伊利亚德（Eliade）：《宇宙与历史》（*Cosmos and History*），10 页。见本书第五章第 6 节最后和第 8 节；关于上帝在人类建造尘世的耶路撒冷之前，已经创造了天国的耶路撒冷一说，见伊利亚德著作的 8—9 页。

③ 麦卡恩（McCann）：《圣本笃》（*Saint Benedict*），57—64、47—48 页。

供应书籍封面所需的兽皮。[①] 以静修避世开始的事情，结果却变成了各种各样的行动：劝化皈依、伐木开垦、种植庄稼、饲养牲畜。在远离城市的地方建立修道院时，常常伴随着一种为人类需要而改造景观的自觉性。在一首诗中，诗人马可（Mark）——据信是在第三位院长辛卜力乌斯（Simplicius）任内卡西诺山修道院的一位修士，该诗写于 560 年左右；或者是八世纪造访卡西 304
诺山的一名朝圣者——描绘了本笃会（Benedictine order）建立后卡西诺山的改变，这种改变创造了美丽、带来了慰藉、激发了虔诚，也给予人们道德上的教导。

为免人们对你高高的住所跋涉寻觅，
缓坡的道路蜿蜒通向你的房子。
然而这座山就该敬奉于你，
因为正是你使得它富饶华丽。
你让不毛的山边花团锦簇，
裸石上也覆盖着葡萄藤的繁密，
悬崖羡慕那不属于己的庄稼果实，
昔日的野树林变成了丰收的田地。
甚至我们的举止行径也受你培育，
让我们干涸的心里顿时甘霖滴滴。
我祈祷，让恼人的棘刺变成果实吧，

① 勒克莱尔，前引书，129 页。

那棘刺总是惹起马可愚蠢的思绪。[①]

在西方文明史上，本笃规则的影响是一个熟悉的主题；一度被认为是奴隶命运的体力劳动成为一项指导原则。本笃规则中的许多都关乎实际事务。辅弼上帝的工作，可以在小礼拜堂、在修道院、在花园中或是在道路上完成（第 7 章）。

最被广泛征引的章节是第 48 章，开篇如下："游手好闲是灵魂之敌。所以，同修们必须在特定时间里从事体力劳动，也必须在其他时间来诵读经典。"[②]然而，本笃规则并不是我们所知道的第一个规定体力劳动的；埃及的圣帕科米乌（St. Pachomius）首先做出了这样的规定（他的修道院是一个农业和工业的聚集地），此外巴西尔规则也有这样的规定。圣本笃曾在这件事上援引圣奥古斯丁的话，后者坦率提出过修士们做工是合适的。让我们来看看他的理由。

圣奥古斯丁一再强调修士们必须亲自参加劳动，他指的并不是在象征意义上，而是实实在在地干体力活。他的《再思录》

① 转引自麦卡恩（McCann）：《圣本笃》（*Saint Benedict*），203—204 页；拉丁文本见米涅（Migne）编辑：《教父文献全集，拉丁教父集》（*PL*），卷 80，183—186 页。关于这首诗的其他参考文献，见麦卡恩，204 页的脚注。

② 体力劳动的定义很宽泛；它不仅包括田间的日常体力劳动和修道院内的一般养护工作，还包括比如抄写经文这类任务。关于规则中的体力劳动主题（*De opera manuum cotidiana*），见麦卡恩：《圣本笃》，75—76、140—141 页。奥斯瓦尔德·亨特-布莱尔（D. Oswald Hunter Blair）：《圣本笃规则》（*The Rule of Saint Benedict*）（拉丁文和英文，注释本）。关于神圣树丛和卡西诺山上留存的其他异教之物（根据圣格列高利），见麦卡恩，70 页；关于上帝的工作，77—78 页。亦见本笃规则第 19 章和第 20 章。

（*Retractationes*）给出了何以撰写这部著作的理由；他说，在迦太基地方建立的修道院中，有些修士依靠自己的劳动过活，而其他人则希望“凭借信众的供奉”（*ex oblationibus religiosorum vivere volebant*）来维持生活。他们不为维生做任何工作，反倒认为——还得意洋洋地自夸道——他们不过是履行福音书的训诫，
严重依赖《马太福音》6：25—34 以及《哥林多前书》3：5—10 305
行事罢了。天父养活飞鸟，飞鸟既不种、也不收，又不会将粮食积蓄在仓里；百合花也不劳作或者纺线。奥古斯丁所写的主要就是驳斥这种观点。[①]

奥古斯丁将自己的看法重申了很多次，所以人们不可能看不到：他认为上述这一切说法都是误读，正确的表述是在别处，主要是在保罗的书信中——他援引得最多的是《帖撒罗尼迦后书》3：10：“若有人不肯做工，就不可吃饭。”他说，保罗希望上帝的仆从都从事体力劳动，这种劳动最终会带来精神上的回报；他们必须依靠自己的劳动去获取衣食，而非依赖别人。[②]（见《帖撒罗尼迦后书》，3：6—12 中保罗口气强硬的语句。）

奥古斯丁这篇出色的作品是发散型的，语句多有重复，有时又很简洁，表达了对伪善的轻蔑，而且几乎完全是以保罗书信为基础。在这里有着本笃训诫中“游手好闲是灵魂之敌”的源头，还严厉指责了那些懒散傲慢、不能为新人作出榜样的修士们。倘

① 《再思录》（*Retractationes*），第 2 部第 21 章；《论修士的工作》（*De op. monach*），2，《尼西亚会议和后尼西亚时期基督教父作品选》（*NPN*），卷 3，504 页。

② 同上，3—4，504 页。

若他们愿意像鸟儿一般，那就让他们不要为将来囤粮好了。[①]他也没有耐心再与那些提出“一个人如何能有时间既要劳作又要宣讲福音”问题的人们周旋，只是再一次指向保罗的生平和著作。难道人们不能在工作时唱赞美诗，就像船工唱划船号子那样？即便是劳工，也会一边干活一边哼唱他们的粗俗小调。[②]“那么到底有什么妨碍着一名上帝的仆人，使他在用手做工时不能沉思主的法则，不能歌唱至高无上的主的名字呢？当然，要学习之后才能凭记忆反复演练，这需要他抽出时间来。”[③]

奥古斯丁在体力劳动的过程中看到了愉悦。在一个遵从规则、秩序井然的修道院里，一位修士在劳作之后能够阅读、祈祷，或者做些与神圣著述相关的工作，从而规避无所事事的危险，这样就很好。看看那些没有规矩的年轻寡妇们是怎样变得闲游懒散、多嘴多舌、说长道短的吧（此处引用了《提摩太前书》，5：13）。[④]

假如那些终其一生辛勤劳作的穷人们进入了修道院，并从此过上懒散的生活，那么那些放弃了一切来从事谦卑工作的富人们呢？富人不应该“在信仰上低人一等，从而让穷人被抬高而拥有荣耀。”他认为这种角色的颠倒、体面的换位是无意义的。[⑤]那些

---

① 《再思录》(*Retractationes*)，第2部第21章；《论修士的工作》(*De op. monach*)，2，《尼西亚会议和后尼西亚时期基督教父作品选》(*NPN*)，卷3，30，518页。

② 同上，20，514页；37，521页。

③ 同上，20，514页。

④ 同上，26，516页。

⑤ 同上，33，519页；文本在《圣奥古斯丁全集》(*OCSA*)，卷22，118页。

寻找借口不去劳动的修士是放肆傲慢且不够真诚的，正如那些不愿剪断长发的人缺乏谦卑之心一样。[①] 他的意思似乎是说，即使 306
修士的生活也需要在祈祷、学习和实际活动中有所变化，这样做并不会降低虔诚的程度。看来也很清楚的一点是，这种观点以及劳动规则的基本理由都来源于保罗。

本笃将奥古斯丁的教诲（或者说是保罗的教诲）付诸实践。工作指的是有序的每日活动，不是随意做的各式各样的零碎事情。工作或“次要工作”（*opus secundarium*）的地位仅次于上帝的工作（*opus dei*），即进行日课、每天的赞美诗唱颂和祷告。“祷告和工作。”根据近年一位研究这个规则的学者赫韦根（Herwegen）的说法，游手好闲（*otiositas*）意味着不参与公共事务、不参加正式活动，即对平民百姓全无好处的怠惰。[②]

让我们接下来看一些与建造修道院有关的记载，以及对它们重要性的诠释。根据尊者比德的说法，曾经统治过德伊勒省的埃塞沃尔德（Ethelwald），曾给“上帝仆从切德”（Cedd，659 年去世）（似为 664 年之误——译者注）一块土地让他建造修道院。切德

---

① 《再思录》（*Retractationes*），33，519 页；文本在《圣奥古斯丁全集》（*OCSA*），卷 39，522—523 页。

② 赫韦根（Herwegen）：《本笃规则的思想与精神》（*Sinn und Geist der Benediktinerregel*），283 页。见关于第 48 章的论述（*De opera manuum cotidiana*），282—293 页。赫韦根认为，*otiositas* 在意思上近似于德语词 *Musse*，有“不积极”和“没有公共责任感”的弦外之音。关于本笃规则与对工作规律性和多样性的需要，见艾琳·鲍尔（Eileen Power）：《中世纪英格兰修女院，约 1275 年至 1535 年》（*Medieval English Nunneries c. 1275 to 1535*），第 7 章。“极为重要的一点是，一俟圣本笃精心调整的工作秩序被打乱，修道制度也就垮台了。”（288 页）

接受了这块土地。“按照国王的愿望，切德在几处高峻偏僻的小山之间选择了一处修道院院址，那里看起来更适合做强盗的老巢、野兽出没的地方，而不像是人居之所。他这样做的目的是为了实现以赛亚的预言：‘在野狗躺卧之处，必有青草，芦苇和蒲草。’[①]他也盼望着曾经只有野兽栖息、野人出没的地方，会有辛勤劳动的果实遍野茂盛。”[②]选择偏僻的处所、让它们未来成为小小的天堂和劝化皈依基督教的中心，这种愿望在艾伊尔的《圣司图生平》（圣司图于779年去世）中得到较好的表述；圣司图是富尔达修道院的第一位院长，也是圣卜尼法斯的弟子。[③]卜尼法斯曾鼓励司图按自己的心愿做一名隐士，并给了他帮助和祝福。“去博赫尼亚那个隐逸的地方，看看那里是否适合上帝的仆从居住，因为即便是在沙漠里，上帝也能为他的信徒安排一个地方。”[④]当司图
307 找到了一处有合适水源和土壤的地方之后，他回禀卜尼法斯，而后者经过思考后建议他另觅他处，因为那里会有遭受撒克逊人攻

① 詹姆士国王钦定版圣经《以赛亚书》，35：7:“在龙躺卧之处，必有青草，芦苇和蒲草。”以及修订标准本：“野狗躺卧之处将变为水池，青草将变为芦苇和蒲草。”《以赛亚书》，35：1 可以很恰当地展现修道者的抱负：“旷野和干旱之地必然欢喜，沙漠也必快乐，又像玫瑰开花。”（修订标准本）

② 比德（Bede）：《英格兰教会与人民的历史》（*A history of the English Church and People*），雪利－普赖斯（Sherley-Price）译本，第3部第23章（企鹅经典），177页。

③ 见文集《在德国的盎格鲁－撒克逊传教士》（*The Anglo-Saxon Missionaries in Germany*），塔尔博特（C. H. Talbot）编译［《基督教创造者》（*The Makers of Christendom*）系列］，其中尤其是威利鲍尔德（Willibald）的《圣卜尼法斯生平》（*The Life of St. Boniface*），以及《圣卜尼法斯书信选》（*The Correspondence of St. Boniface*），都有对西方早期基督教会传教士活动的生动描述。艾伊尔（Eigil）的《圣司图生平》（*The Life of St. Sturm*）对于了解修道院的实际工作很有价值。

④ 艾伊尔：《圣司图生平》，前引书，183页。

击的危险。司图再度去寻找，再度向“非常迫切想要在荒野之中过隐修生活的”卜尼法斯汇报。司图说没有找到合适的地方，卜尼法斯对此的回答是“上帝预设之处尚未被发现……”[①] 司图这位百折不挠、唱着圣歌的隐士进一步去探索，路上只在夜幕降临时歇息，砍下一些树枝围成一圈用来保护他的驴子。终于，他看到一处他感到是受到祝福的、是上帝预先设定为如此神圣用途的地方。[②]

“当他走在这块土地上，看到这个地方所具备的所有好处，他向上帝致谢；从各个角度他每多看一眼，就多增加一分喜爱之情。他被此地的美景深深迷醉，以至于花了整整一天的时间漫步其间，探求各种可能性。最后，他祝福了这个地方，转身回家去。”[③] 卜尼法斯此后去觐见了法兰克的国王卡洛曼（Carloman），告诉他：“我相信，如果按照上帝的旨意并且在你的帮助下，你的王国东部能建造起一所修道院开创修道生活，这会带给你永久的回报；这可是一件前无古人的事情。”[④] 国王把这片选定的地点赐予他们，在 744 年 1 月 12 日，创建者们和教友们来到现场。两个月过后，卜尼法斯造访此处；大家都同意建立一所教堂。于是，这位主教——

命令所有随他而来的所有人到那里去砍树并清除灌木丛，

① 艾伊尔：《圣司图生平》，前引书，185 页。

② 同上，186—188 页。

③ 同上，188 页。

④ 同上，189 页。

> 而他自己则爬上一座小山（今天称为“主教山”），在那里向上帝祈祷并冥思经文。……经过一个星期的砍伐清理之后，泥炭堆得高高的，足以去烧造石灰了；接着主教为教友们祈福，向上帝推荐这个地方，然后与他带来的工人们一同回家。①

这座新修道院里的僧侣们遵循本笃规则。

圣司图生平的这个片段显示了可能上演过很多次的一种事物发展顺序：从世俗权力手中获取土地，对场地仔细挑选（尤其注意土壤是否肥沃、是否有流动的水源），砍伐树木，在一处宜人却偏僻的地方建造修道院，因为这样的地方适合劝化皈依基督教、作祈祷和冥想。值得注意的是，对审美的考虑或许在选址中发挥了作用。②

---

① 艾伊尔：《圣司图生平》，前引书，190页。

② 狄米耶和杜蒙蒂耶（Dimier and Dumontier）：“依然病态的地点”（Encore les Emplacements Malsains），《中世纪拉丁评论》（*Revue du Moyen Âge Latin*），卷4（1948），60—65页，其中给出了许多例子，摘自利奥波德·亚瑙谢克（P. Leopoldus Janaischek）：《熙笃会起源》（*Originum Cisterciensium Tomus*），卷1，“其中列举各教区教众的现状并清晰梳理为修士们所进驻的各个既有修会发展脉络的相关文献，揭示其最基本情况”，描述了优劣不一的选址，大多是十二世纪以来的（我没有找到此书）。但是，没有一处地点是因为该地条件恶劣而特地选择的。许多情况下，一旦该地情况恶劣变得明显，或当地空气有害健康，院址就会迁移。

博普雷，建于1135年，“在最美丽的位置上”，亚瑙谢克，38页；马林索尔，建于1143年，“在布满甘泉和池水的最宜人的山谷间”，76页。关于较差的选址：约克主教区的方廷，建于1132年，“在那篇荆棘丛生的土地……自古以来即荒无人烟……无法成为人类的栖居地，却更适合为野兽提供藏身之所”，37页。以及对修道活动的描写：1147年，当约克主教区的拜兰归附熙笃会后，“修士们开山拓林，以修建既长且宽的沟渠排干沼泽里的大量积水，于是呈现于眼前这块坚实的土地，为他们提供了一方空旷、宜人而美好的处所”，104页。

那些修道的理想，至少在它们较早期更为理想主义的阶段 308
之中，是怎样与景观的改造联系起来的呢？在荒弃的或无人居住的地方所做的改善工作，对于劳动的僧侣们而言，就成为使精神趋于完美的基础。事实上，农业技能与提供精神关怀的能力相结合，使得遵循本笃规则的各个修道院在欧洲的许多地方都具有强大势力。[①] 景观改变与精神生活的这个联合体中内在的热诚，可以从阿基坦的阿尼亚那的圣本笃（St. Benedict of Aniane）身上体现出来；他是卡洛林王朝修道院改革的领袖、在817年掌控了亚琛教会联合会，这个联合会的目的之一是为了确保更加严格地遵守本笃规则。据传本笃本人与樵夫们同砍柴，与农夫们同耕耘、同收获。[②]

在各个修道会中，本笃会、熙笃会、普雷蒙特雷会和加尔都西会（Carthusian order）在改变景观上尤为活跃。

在修道院长德范·哈定（Stephen Harding）于1119年为熙笃会及其四个下属修会——克莱尔沃、拉斐塔、摩里蒙和蓬地尼——所作的《慈善宪章》（*Charte de charité*）中，他描写了土

① 亦对兰普雷克特（Lamprecht）:《中世纪德国的经济生活》（*Deutsches Wirtschaftsleben im Mittelalter*）里面关于教会中精神关怀与领主扩展相结合的总主题有大段摘引，卷1：1，117页。

② 阿尼亚那的圣本笃生平由阿尔多（Ardo）作了描述，载于约翰尼斯·马比荣（Iohannes Mabillon）编辑的《圣本笃修会教规大全》（*Act. SS. O. B.*），Ⅳ，1，204页（我没有找到此书）。转引自蒙塔朗贝尔（Montalembert）:《西方的僧侣：从圣本笃到圣伯纳德》（*The Monks of the West，from St. Benedict to St. Bernard*），卷5，198页注2。重印于米涅编辑:《教父文献全集，拉丁教父集》（*PL*），卷103，351—390栏；对照368B。

地上的劳动，正如《创世记》里上帝指示人做的工作一般。收获是最值得赞赏的工作之一，克莱尔沃修道院的首任院长圣伯纳德就曾亲自指导过属下收割干草。[①] 在这里，实用主义和宗教的理想并行不悖；尽管有后来的滥用行为，但当时虔诚信仰与一种工作哲学之间的强力结合，在西方文明史上一个重要转折关口造就了永久性的景观变迁。（长期以来有这样一个传言，说熙笃会修
309 士们有意地寻找不利健康的低地去建造修道院，尽管圣伯纳德已经为他们推荐了山谷中的一处地方，其间绿草如茵，还有适宜种植庄稼的肥沃土地。）[②]

从对十二世纪德国北部熙笃会活动的描写中，我们可以看出这种思想的影响力。修道院长和工人们一道砍伐树木、开辟耕地。院长一手举着一个木制十字架，一手拿着装圣水的罐子。当他走到灌木丛中间时，将十字架插在地里，以耶稣基督的名义占领这片处女地，接着在地上各处洒圣水，最后拿起一把斧子砍掉一些灌木。院长所清出的一小块地，便是僧侣们劳动的起点。一组人（*incisores*）去砍树，第二组（*exstirpatores*）搬走砍倒的树

---

① 格兰德和德拉图舍：《中世纪农业》（*AMA*），149、250—251 页。亦见赫卢英（Herluin）的故事（他是建于 1034 年的贝克修道院的创建者），戈约（Goyau）："诺曼底的本笃与征服者威廉"（La Normandie Bénédictine et Guillaume le Conquérant），《两个世界评论》（*Revue des Deux-Mondes*），1938 年 11 月 15 日，337—355 页，参考书目在 339 页。

② 狄米耶和杜蒙蒂耶（Dimier and Dumontier），前引书，60—65 页，以及其中摘引的许许多多有趣的原始材料。

干，第三组（*incensores*）焚烧树根、粗树枝和地上的杂蔓。[①] 但是，这样的场景中也有限制。甚至在十二世纪中期，最繁重的劳动还是由熙笃会的俗家弟子（*conversi*）、但不是由僧侣们去干的；到十三世纪末（有些地方稍早些），大修道院已经开始放弃由俗家弟子掌管的庄园直接开垦这种做法了（这些庄园对修道院的经济发展起到了相当重要的作用），而是交给佃农去开垦土地。[②]

5. 野生和家养动物

充斥着传闻的圣徒传记描绘了僧侣们在异教徒领土上创造的

---

① 温特（Winter）：《东北德国的熙笃会修士》（*Die Cistercienser des nordöstlichen Deutschlands*），第 2 部分，171 页。温特的材料来源于迪布瓦（Dubois）的《摩里蒙修道院史》（*Geschichte von Morimund*），204、206 页（我没有找到此书）。

② 《中世纪农业》，673 页。亦见汉斯·穆根塔勒（Hans Muggenthaler）：《十二、十三世纪一个德国熙笃会修道院的殖民和经济活动》（*Kolonisatorische und wirtschaftliche Tätigkeit eines deutschen Zisterzienserklosters im XII. und XIII. Jahrhundert*）。这是一部非常有趣的作品，描写了与斯拉夫文化相邻的旺德雷布河左岸的埃格兰地区瓦尔德萨森修道院的扩张以及经济活动。今日这一地区临近捷克国界。当布拉格的主教辖区于 973 年建立起来时，埃格兰就成为对抗东方的坚实前沿。修道院建于 1133 年。正如我们可以料到的，熙笃会修士们倾向于在一个山谷中建院，坚持本笃规则。修道院有生机勃勃的庄园，以葡萄种植和园艺农业为主。虽然规定不能食肉，但庄园也为获取奶品、兽皮和羊毛而养育家畜。僧侣们在森林里劳作，养蜂、捕鱼。尽管最初对奢华的教会艺术存有反感，但行业里还是包括石工和金匠。其中还有食品业（例如烘焙面包），有磨坊和酿酒厂的昂贵设备，有制衣与修道院裁缝（*camera sartoria*）。穆根塔勒说，僧侣们是精明的生意人。十三世纪中期出现了衰落，其原因有多种：一是对更舒适甚至是奢华生活的追求，二是纪律性的降低，三是托钵僧会的建立，由此引发了与托钵僧及其他修会的竞争，以及随之而来的熙笃会劳动力衰竭，因为俗家弟子转向托钵僧会去了。

310 奇迹，以及他们与野兽和家养动物的关系。这些故事帮助我们进一步了解与环境变迁直接或间接相关的宗教动机和宗教信仰。蒙塔朗贝尔（Montalembert，1819—1870年）是修道会的热情捍卫者，他说，僧侣们来到森林之中，“有时手握斧头，带领着一群刚刚皈依基督的人，或者是一班又惊又怒的异教徒，去砍倒所谓的神树，从而破除那些流传甚广的迷信。”[①] 圣本笃本人就曾亲自砍倒过卡西诺山上的一处“神树”，那是在基督教势力范围内残存的一个异教崇拜物。为圣司图作传的修士艾伊尔说，圣司图“在传教中抓住每一个机会向异教徒宣传，他们应当抛弃那些偶像，接受基督教信仰，捣毁异教神庙，并且砍倒灌木丛去建造基督教的神圣教堂。”[②] 从人类学的角度来看，这些早期圣人的生平及他们与异教徒的接触，足以作一个了不起的研究了！蒙塔朗贝尔以无比的同情态度描写了圣高隆庞（St. Columban），后者那种不由分说的高压作风足以使他准备好应付麻烦。这些森林中的修道院圈地——用以独处冥思、劳作和进行农业试验的地方——看来成了那些被王室狩猎追杀的野兽们的庇护处和避难所：有很多关于修士与野兽之间的友谊的传说，包括修士和鹿、和狼的故事。[③] 在圣塞甘努（St. Sequanus）的一生中，狼成为他开垦土地、修

① 蒙塔朗贝尔（Montal.），前引书，卷2，190页；关于圣高隆庞，见273—274页。

② 艾伊尔（Eigil）：“圣司图生平”（The Life of St. Sturm ），收录于《在德国的盎格鲁-撒克逊传教士》（*Anglo-Saxon Missionaries in Germany*），200页。关于树木保护对宗教信仰的关系，见莫里（Maury）：《高卢与古代法兰西的森林》（*Les Forêts de la Gaule et de l'Ancienne France*），7—39页。这本书参引了很多原始资料和较古老的二手材料；自从莫里的著作在1867年出版后，有许多人对这一问题进行论述，但相当分散。

③ 蒙塔朗贝尔，前引书，卷2，200—213页，关于梅罗文加第一王朝。

建房屋的帮手。[①] 当然，与动物的友谊是基督教传说中历史悠久的一部分；正如我们在前面谈到过的，动物和昆虫常常被尊崇为行为的楷模。圣安东尼（St. Anthony）院长有半人半马的怪物辅助；圣马可（St. Mark）和圣杰罗姆的朋友是狮子；圣尤菲米娅（St. Euphemia）有她的狮子和熊；圣洛克（St. Rock）的伙伴是狗；罗马的圣克莱门特则有羔羊，如此等等。这些传奇故事的主角大多是水牛呀，野兔呀，雄鹿呀，显然是因为人们相信僧侣们住得离森林里的动物那么近，他们一定与动物相处得很和谐。古代作家们记录了驯化野兽和野兽对人忠诚的事例，“他们众口一词地断言，老僧侣们之所以能够建立起一个驾驭各种动物的超自然王国，其原因正在于这些人物忏悔罪过、纯化心灵，已经赢回了原初的无罪状态，并将他们重新置于亚当夏娃时期的尘世天堂之中。”[②] 动物的行为揭示了人类堕落前世界的重新创建。看来这些僧侣们感觉到，他们重获了人类堕落后便被剥夺的对自然的主宰权。他们对这种观念的认可、他们的忠心、他们的勤奋和痴迷，他们对异教信仰随时随地的（即便是不自觉的）根除，这些都是 311
促成环境改变的强烈影响因素；他们将劝化皈依的热情与造成自然环境改变的愿望结合在一起，而这种自然环境的改变正是在地球上履行神圣任务所要求的。他们的行动可以被视为证实了《约伯记》5：23：“因为你必与田间的石头立约，田里的野兽也必与

① 蒙塔朗贝尔（Montal.），前引书，卷2，200页；其他的传说见216—217、222页。亦见沃克曼（Workman）：《修道理想的演变》（*The Evolution of the Monastic Ideal*），34—37页。

② 同上，212页。

你和好。”这些动物的友善与温顺，正是上帝藉以告诉人类：在人被放逐出伊甸园之前，自然界万物都服从于他的情景是何等美好，而在人类堕落之后，他所重获的掌控又是何等不完全。[①]

布列塔尼的圣徒生平史诗大部分作于十世纪之后，但其中也提到了查理曼大帝之后的一些情况，有许多对清除灌木和野生树林的描述。圣阿梅尔（St. Armel）套上一对公母鹿犁地。圣波尔奥雷利安（St. Pol Aurelian）和圣科朗坦（St. Corentin）开发了里昂和康沃尔。[②]

圣马丁（St. Martin）驱赶着一些水鸟离开水边去往沙漠，它们照做了；一只大乌鸦为隐居的保罗衔去了面包。[③]动物的出现可能会预示修道院应该创建的位置。“有不计其数的传奇故事告诉我们，这些野兽对僧侣们的话言听计从，被上帝的仆人驯服到像家养的地步，不得不服务于人、听命于人。”[④]狼和雄鹿对人特别有帮助。[⑤]拉·博德里（La Borderie）提到，野兽像驯化的动物那样服务于人类的传奇故事，其起源为随着高卢-罗马人口逐渐消失，牛、马和狗重新恢复了野性；是僧侣们发现了它们，并使它们为己所用。[⑥]“这个奇迹在于：人重新获得了他的王国和他对万物的掌控利用权，而这本来就是上帝赐予他的手段。对回

---

① 蒙塔朗贝尔（Montal.），前引书，卷 2，217 页。

② 《中世纪农业》（*AMA*），243 页。其注释 4 提到更多的二手法文参考书目。

③ 蒙塔朗贝尔，前引书，卷 2，218 页。

④ 同上，221—222 页。引文在 222 页。

⑤ 同上，224—226 页。

⑥ 同上，226—227 页。

到野蛮状态的动物再次驯化，是古代修道士推行文明的使命中最有趣的片段之一。”[①] 倘若那些充满热忱的修士们都相信这一点，那么重新获取自人类堕落便失去的对自然界的部分主宰权，是多么令人陶醉的经历啊！

6. 有目的的改变

纪律和联合一致造就了僧侣们及其助手改变景观的力量（大
部分体现为砍伐森林），这种力量的强度和热情绝非俗人的普通
努力所能比拟。关于本笃会修士，据说他们的农场是农场中的模 312
范，并且，通过彼此合作与纪律约束，每个人都精神百倍。[②]

基督教中关于人类主宰自然和工作哲学这两个主题与新文明的实际要求是彼此啮合的，这种新文明建立在树木与水的基础上，在西欧发展起来。奥德里克·维塔尔（Orderic Vital）曾提出将一座大修道院从诺雷迁到圣埃弗雷的论据，他说最为重要的一点是诺雷附近缺乏水源和树林：“这个地方不适于僧侣们居住，因为没有水源，亦远离丛林；可以肯定，没有这两样要素僧侣们是无法生存的。”[③] 没有树木和水源的地方不是僧侣们应居之处，这

① 蒙塔朗贝尔（Montal.），前引书，卷 2，227 页，基于阿瑟·拉·博德里（Arthur la Borderie）：《论布列塔尼圣人们在历史上所扮演的角色》（*Discours sur le rôle historique des saints de Bretagne*）。

② 例见布吕塔伊（brutails）：《鲁西永》（*Roussillon*），10 页。

③ 索瓦热（Sauvage）：《特罗阿恩》（*Troarn*），转引部分在 270 页。原始材料来自《奥德里克·维塔尔》（*Orderic Vital*），卷 2，16—17 页。见基佐（Guizot）编辑的《诺曼底历史》（*Histoire de Normandie*），卷 2，14—15 页，载于《关于法国历史的回忆录集》（*Collection des Mémoires Relatifs a l'Histoire de France*），卷 26。

是一个适用于几乎所有西欧修道院的真理，它真实地揭示了许多关于环境本质、资源利用、技术水平，以及修道院领导之道的情况。乡间的修道院针对劝化皈依基督教的实际需求，开辟了一些新的小片信徒区域，它们常常在必要时成为农业、园艺和森林保护的培训学校。[①] 当时人们很为这些世俗的成就而自豪。布瓦索纳德（Boissonnade）在谈到十一至十四世纪的开垦运动时说："教会特别地将拓殖当作一项体现虔诚的工作，通过这项工作，教会既增加了影响力，也增加了财富。"土地所有者阶层考虑收入，农民考虑的是通过劳动来改善他们的命运。"整个社会精英阶层都在这场运动中起着带头作用。"[②]

对改变自然的某种高度赞扬在跨度宽广的各地区和相距久远的各时期都可以看到。卡洛林王朝时期有这样一首对人类成就的赞美诗："曾经的 Corbeia 是什么样子？ Brema 又如何呢，仅是 Soxonia 的两座城市吗？ Herschfeldum 又是怎样的呢，一个位于 Thuringia 或毋宁说是位于 Hessia 的一座城镇吗？ Salisburgum、Frisinga 和 Eichstadium 这些教区城市是什么情况呢？位于 Helvetii 的 S. Galli 和 Campidona 是什么情况？整个日耳曼地区那数量难以胜计的其他城市情况又是如何？——总之一句话，昔日野兽出没的恐怖蛮荒之地，今朝成为欣欣向荣的人间乐园。"[③]

---

① 见布瓦索纳德（Boissonnade）：《中世纪欧洲的生活与工作》（*Life and Work in Medieval Europe*），65 页。

② 同上，226 页。

③ 约翰尼斯·马比荣编辑：《圣本笃修会教规大全》（*Act. SS. O. B.*），第 3 节，转引自施瓦帕赫（Schwappach）：《德国森林和狩猎史手册》（*Handbuch*），37 页脚注 3。

最后一句话所包含的主题，在中世纪曾被反复提到——曾经是令人恐惧、只适合野兽居住的荒野，现在已经变成了人类最美好的家园。即便是远在天边的荒蛮之地，新天地也能开创出来，就像上帝的创世被人来重现；上帝赋予了人们热情和决心去完成这些任务。实际上，对这些令人恐惧之地的征服，经常被比作创世工作本身。更具诗意的是马姆斯伯里的威廉（William of 313
Malmesbury，生于1090至1096年之间，卒于1143年）对英格兰东部沼泽地区索尼岛上所建修道院的描绘，他的行文糅合了两个主题：尘世间的天堂这一宗教主题，以及自然与人类技艺相互竞争这一世俗主题。

那正是天堂的形象（*paradisi simulacrum*），它展现的甚至是上天自身的最佳状态。在湿地也有茂密的树木，亭亭玉立，树身光洁，直指星空。茫茫一片平坦的草地，青翠宜人，引人注目，匆匆穿过也不会有异物绊住你的脚步。土地上即便最微小的部分也都被耕犁过。在这边，土壤的肥力直达挂果的树梢；在那头，农田的周边围绕着葡萄藤，有的满布在地面，有的高高地攀缘在棚架上。的确，此处存在着自然与人类技艺的竞争，每一方都在创造对方忘却的东西。对这些优美的建筑，还有什么可说的呢？在沼泽中央，用如此坚实的泥土支撑起房屋的稳固地基，是多么了不起的事情啊！僧侣们得到了大片的隐居静修之地，在这里他们可以紧紧拥抱天主，由此更清楚地看到自己不能永生的命运。[1]

---

① 马姆斯伯里的威廉（William of Malmesbury）:《英格兰主教言行录》（*De gestis pontificum anglorum libri quinque*），卷4，186节，326—327页，本段是我本人翻译的。对照道森（Dawson）:《欧洲的形成》（*The Making of Europe*），200—201页。

7. 要改变的地球

到目前为止我们讨论的重点在于宗教观念，但实际上，这些观念更多是关于神学问题而非环境变迁问题。人类对自然的主宰权、人类在堕落后继续持有的部分主宰力、僧侣们在他们新开辟的人间天堂重新创造大洪水前的秩序，等等，这些概念从根本上说都是关于人对上帝之关系的诠释，其次才是人对自然环境之关系的诠释。

因此，假如过分强调这些观念的力量并以此指导我们解读整个中世纪发生的变革，那将是不明智的，同样不明智的是把这一切全数归因于建立在圣保罗、圣巴西尔和圣奥古斯丁的著作和本笃规则基础上的修道理想及其修士行事信条。这些思想更反映较早时期的特征，但后来，尤其是在“大开垦时代”（*âge des grands défrichements*），所有阶级都抱着他们各自的观念、权利、贪婪和抱负，参与了对环境的改变。宗教理想固然还存在，但理想背后却也有现实问题提出来了。于是，这个过程变得不再是那么纯粹的宗教史，而更多地成为一段经济和社会的历史，尽管教会组织仍然很重要。思想观念相应地获得了更大的世俗特色，因为它们产生于外部条件，而这些外部条件又是由技术、由播种嫁接栽培这些实用知识、由经济竞争、由社会志向等诸如此类的因素所造就的。

314 我们应当记住农民能力范围的传统和俗家弟子活动的重要性。熙笃会的俗家弟子与其说是僧侣，不如说是农夫；这些农民先驱者和他们的地主在意大利的土地开辟及波河的运河开挖中扮演了重要角色，而诺曼底的世俗地主和日耳曼作为俗家弟子的地主承担了砍伐森林的工作。

由此看起来，我们从一个将人视作自然改造者的神学观念占主导地位的时代，进入了这样一个时代，在这个时代里人作为自然改造者这种思想变成了开发自然资源的经验的成果，不管是宗教人士还是非宗教人士的经验都是一样的。

举例而言，在环境变迁问题上，修道院方的态度与世俗机构的态度可能并无区别。然而随着二者都变得更大更富有，随着二者的经济利益网络超出了所处乡间的界限，于是他们对待环境变迁的态度也根据自身的经济利益而产生分歧。有些人可能希望保持他们的树林，而另一些人可能迫切地想把树林砍掉；有些人发现自己与抵制林地开垦的贵族发生了争吵；有些人不想抽干湿地的水，为了养鱼而十分珍惜他们的池塘和沼泽；而另一些人可能想抽干水分，变湿地为耕地。建立在本笃规则基础上的对日常工作的旧有热情和忠诚已经失去了力量，许多修道院后期的历史都染上了贪欲、庸俗和腐败的令人忧伤的色彩。

这种态度并非产生于某一个单独的思想体系；神学的内蕴总是藏身于背景之中，但新的观点，正如大阿尔伯特在自然史上的观点，是从涵盖农业、牧业和森林利用习俗的大型综合体中诞生的。尽管阿尔伯特是一位神学家，但以下的讨论显示出他关注自然环境的合理利用，以及通过实践与理论对自然环境作出改进。

在阿尔伯特有关这个主题的著作中，基于他自身经历的对德国农业的实际观察，抑或基于前人著作记述的事迹（其中尤其值得注意的是四世纪帕拉迪乌斯的作品），代替了先前时期那种一般性的、常常是夸夸其谈的议论。甚至当他的材料是取自早期作者时，他还是显示出对现实事务的兴趣，而没有立即关注它们的神学含义。[①]

阿尔伯特提出，自然作为所有自然界事物的唯一原理，是可以被技艺和文化改进，也可以被它们恶化的。施肥、耕作、播种、嫁接，都极大地改变了自然。他将野生植物与驯化植物的特性进
315 行比较，说野生树木更多刺，树皮更粗糙，树叶和果实更多却更小。野生的谷物和蔬菜一旦被人工培育，就会变得更大、更柔软，口感也会更温和。[②] 犁铧和锄头将荒原旷野变为宜耕的田地。犁锄将土地翻开以接纳种子，并且随着土壤表层被打破，土中的肥力得以发挥作用。通过这些工具的使用，地力得到均匀分布，同时冷热、干湿之间也得以融合。犁锄将土地分成许多小块，但是如果在过分潮湿的天气下翻土，土壤就不能均匀散开，而要是翻土时天气过分干燥，坚实的泥块就无法打碎。[③]

---

① 关于开垦的参与者，以及几个世纪中僧侣们对体力劳动态度的改变，见库尔顿（G. G. Coulton）:《中世纪的村庄、庄园与修道院》（*Medieval Village, Manor, and Monastery*），208—222 页。库尔顿反对夸大僧侣们在田间的劳动量，即便在开拓时期也是如此；见 208—213 页。关于大阿尔伯特对实际事务的兴趣，见威默（Wimmer）:《阿尔伯特 · 马格努斯的德国植物志》（*Deutsches Pflanzenleben nach Albertus Magnus*），39 页。

② 大阿尔伯特（Albert the Great）:《论植物》（*De Vegetabilibus*），第 7 部，论文 1，第 1 章，《大阿尔伯特作品集》（*Works*），加弥（Jammy）编辑，卷 5，488—489 页。

③ 同上，第 4 章，491 页。阿尔伯特用 *adaequatio* 这个词［也指继承人之间的均分继承，见迈涅 · 达尔尼:《古代晚期和中世纪拉丁文简明词典》（*Lex. Man.*），72 页］来指土壤肥力的分布，并用 *comminutio* 来指土壤的粉碎。

阿尔伯特针对斜坡上土壤的危险性提出了警告；土壤可能变得干枯而贫瘠，因为湿气和腐殖质很容易流向下面的河谷。能够保护斜坡的耕作方式包括横向（而不是纵向）犁地，不要把土块打得过于细碎，抑或在田地低端的边缘上建一道石墙，等等。①

阿尔伯特提到在德意志北部沼泽地带对农业采取安全措施的必要性，这可以通过建造堤坝抵挡海水，以及开挖沟渠排放多余雨水来达到。② 建造简单的圩田和排水道等措施，在大阿尔伯特的时代已经不是新鲜事了，它们对中世纪的观察家而言，显然是体现人类的效率和劳动生产力的惊人例证。

一个非同寻常的有趣之处是大阿尔伯特对于 *novale* 和 *ager novalis* 的讨论，这是指新开辟的土地和正在休耕中的土地。他有这样一个理论（似乎在中世纪是很普遍的看法）：在进行林地开垦时，有必要把所有被砍伐的树木根茎都仔细清理出去，以免它们把土壤肥力全部吸收走了。③ 其中也提到了放火烧林去清理土地这一点。他还说，允许一块土地有休耕期这种长久以来确立的做法，由于恢复了土地过去的能量，确实有效地让衰老的土地焕发新生。④

---

① 《论植物》（*De Vegetabilibus*），第 7 章，494—495 页。阿尔伯特建议的意思看来与普林尼的相同或非常相似：农夫在山坡上应该避免上下耕地，而是应该沿着山坡横向行犁，“让犁头时而对着山上、时而对着山下。”普林尼（Pliny）：《自然史》（*NH*），XⅧ，49，179。

② 同上，第 6 章，493—494 页。亦见威默（Wimmer）：《德国土地历史》（*Geschichte des deutschen Bodens*），103—106 页。

③ 同上，第 8 章，495 页。

④ 同上，第 2 章，490 页。

阿尔伯特也指出了天然牧场（*ager compascuus*）的逐渐衰退
316 和水草地（*prata*）的增加，后者很大程度上是拜排水和灌溉的人工照料所赐，运河带走了多余的水量，而临近的小溪流至少每年一次，在春天开始之前将水带到需要的地方。[①]

我们在前面已经说过，阿尔伯特很熟悉关于砍伐树木会影响气候这一观点；这个说法出现在他关于环境影响和人类有能力特地将不健康之地转变为健康之地的论述之中。[②]这种实际的讨论，和他的弟子圣托马斯的作品形成强烈反差，后者关于人与自然的观念是来源于神学和哲学的。阿尔伯特常常为自己的观察所陶醉，他作为一个云游四方的僧侣，在日常职责所需的步行旅程中注意到周围的种种变化，并应用他自己和前人累积的农业知识试图去理解这些变化。

正是在中世纪中晚期的几个世纪里，人们开始听到一种喃喃低语（它在近现代世界中已经变得无比响亮），即人类既可以给自然造成有利的改变、也可以给自然造成不利的改变这一观念。

在中世纪，这些改变可能具有团体的或共同的、而非个体的特征。个人以集体成员的身份，享有基于法律和传统的相互连锁的使用权。法规、习惯法、当地风俗，都与环境变迁的现实不可

① 《论植物》（*De Vegetabilibus*），第 12 章，499—500 页。

② 同上，第 8 章，495 页；第 12 章，499—500 页。我感谢威默（Wimmer）的《阿尔伯特·马格努斯的德国植物志》（*Deutsches Pflanzenleben nach Albertus Magnus*）一书中的讨论和列举的参考书目，38—43、47—48 页。关于阿尔伯特对施肥和肥料的兴趣，威默写道："在施肥方面，他看来是把它当作将植物从'野生状态'转变的主要手段，他谈论的对施肥的需要，几乎与李比希所写的具有相同效果，并且无论如何都像是与我们能从一个十七、十八世纪的农业作家笔下所期待的理论。"41—42 页。

分割。这一类法规出于必要，常常是合乎实际而世俗的，因为它牵涉到资源分配的问题。封建时期法兰西大片地区都处于同样的成文法和习惯法管辖之下。在米迪和阿尔萨斯地区执行的是为当地风俗和习惯法所修正的罗马法，而反过来说，习惯法也可能是经过教会法修正、适应了法国习俗的罗马制度与日耳曼制度的混合体。这样管辖着广大地区的普遍立法被称为：*consuetudo pagi*，*mos provinciae*，*coustume du pays*，但它们还为更多的当地风俗所补充和修正，常常特就一处领地、一个农场，甚至一片森林而起效。这样的法规是 *consuetudo loci*，*lex terrae*（当地的习俗、领土的法律）。这种普遍与特殊的结合，让我们看到一个用各异的手法编织起来的法律、习俗和传统大网所笼罩的自然环境。[①]

人对自然环境的改变可以和技术进步相提并论。二者都常常 317
因自身的动能而前进，不管是否有一种哲学引导——或者它们可能创造自己的哲学。这种动能正是存在于环境变迁的本性之中，即便没什么其他原因，事情也会接二连三自然发生，而且细碎进程会逐渐叠加，实际生活中不可避免的微小变化也会不断累积起来。一位农夫砍倒一排树，并非因为他的宗教信仰要求他劳动，也并非因为懒惰是一种罪孽，而是因为他想要在开辟出来的林地上种庄稼。零零散散的观察记录显示出在中世纪，人们对环境变

① 关于这些法规、习俗和传统在林业中的普遍重要性和特殊意义，见于菲尔（Huffel）：《森林经济》（*Economie Forestière*），卷 1：2，100 页，其中他从拉格雷兹（Lagrèze）的《法国纳瓦尔》（*La Navarre Française*）（巴黎，1882 年）中摘引了一句巴斯克谚语："国有国法，家有家规。"（Chaque pays a sa loi et chaque maison sa coutume.）

化的解释涵盖面甚广：阿尔卑斯山的树木、洪流和水灾，起保护作用的森林，农业与林业，季节性迁移放牧，选择性利用土壤，狩猎、驯化及驱赶野兽，等等。

接下去是一些撷取自不同地域不同时期的材料。尽管这种做法可能招致批评，认为孤立的例证在解释地域如此辽阔、时间如此长久的环境变迁性质中价值甚微，但它们至少说明了一些人们确曾持有的态度。然而，当时并没有形成像近代环境保护著作那样的一个连贯的知识体系。

在拉丁西欧（还有不列颠群岛，尤其是在诺曼征服之后），对待环境变化的基本态度与主要涉及农业、森林利用和牧业的大量风俗习惯是无法区分的。我们可以看到这些进程如何发挥作用，特别是在马克·布洛赫（Marc Bloch）的研究中、在罗伯特·多韦涅（Robert Dauvergne）和罗杰·迪翁（Roger Dion）这类学者的著作中、在各个修道院的专门历史中，以及在各个森林的历史记载中都有这方面的内容。显然，情况是因时而异、因地而异的，但是很多述评往往在本质上有着相同之处。诸如指责牧羊人引起林火、用林木制作木桶、因大量蜂群而砍倒橡树、允许在林中自由牧猪，等等，这些事情或许并不是每个地方都有的特征，但它们却显示出延续了多个世纪的环境利用之类型的特征。这种描述常常成为认知的代表，即便作者本人对此不作解释。它们还表明人类开始意识到自己具有改变环境的能力这一历史进程的性质。古代世界的残存材料没能给我们提供这样的领悟——至少没有达到令人满意的程度。而中世纪的材料在我看来是在某种程度上证实了这一点的。这一历史进程起始于孤立的、地方性的意识，例如我们在一些章程、规则、信件和圣者生平中看到的；接下来则是中世纪时期知识的部分扩散（通过诸如大阿尔伯特这样的作者所写作的百科全书式的作品，以及通过旅行传播），最终带来了作为近代世界特征的认知，这种认知受惠于印刷术发明后大大改善的知识传播，这使得人们有机会收集、比较不同的例证。

我们可以从两个初步观察着手：首先，在西北欧与地中海沿 318
岸地区的自然环境之间有巨大的差异；其次，森林清除是人力改变景观的中心主题，所有其他改变都是围绕它进行的。

8. 西北欧的森林清除

要建造修道院和聚居地，首先就必须清除森林（放火烧毁、用斧砍伐，或是二者兼用）、排干湿地。西北部欧洲的树林与地中海地区相比，当然范围要大得多，树种不同，质量也更好；后者是独特的地中海气候的产物，从远古开始就遭受到各种破坏性行为的打击。

中世纪西北欧属于一种林木文明，所达程度远远高于地中海地区。经济生活中一个重要组成部分就是围绕森林利用的复杂权利而发展起来的，一方面需要砍伐树林开辟耕地，而另一方面却需要维持森林以保护旧时的使用权、防止洪水冲刷和土壤流失。读到这一时期历史的人，不可能忽略森林的极端重要性和它与城乡生活的密切联系。在西欧，为文明的持续进步而要求巨大变化的环境，与人们为达到这个目的而产生的对工具、工艺和技术的有意识追求之间，存在着一种独特的结合。“古人没有普遍机械装置的思想。关于技术的这个新概念很可能是在中世纪真正产生的。”①

勒菲弗·德·诺蒂斯（Lefebvre des Nöettes）在1931年出版的《古往今来的马具和马鞍》（*L'Attelage et Le Cheval de Selle à Travers les Âges*），激起了人们对中世纪的发明及其与社会、环境变迁之间关系的兴趣。让我们在一般哲学的层面上探讨他的著作，暂且忽略那些作为证明的技术性论述和例子。他认为，排在人类征服自然行为前列的是人利用动物力量的能力；如何控制、驾驭像马和牛这类动物的能量，让它们来干活，是人类在生存斗争中必须解决的最棘手的问题之一。他继续说道，古代世界与大约十世纪开始的时期在利用动物做工方面有一个根本的区别。古代社会中人们对动物力量的利用是效率很低的，问题出在控制动物的方法上。最重要的是马的角色发生了变化。在古代，马的脖子上套着软皮挽具，套的方式会对它们的喉管
319 施压，使它们无法正常呼吸，故而严重影响了它们的效率和拖拉重负的能力。大约在十世纪（日期并不确切），人们发明了一种新型的安置在马肩部的硬轭，从此马开始替代牛成为干活的动物。勒菲弗说，这种变化出现在卡佩第一王朝时期；他把这项发明视为给予人类的巨大恩惠，因为他相信，使用动物做工带来的效率大幅提升对奴隶制度的消失有直接关系。这是他的

① 吉尔（Gille）：“1100至1400年间欧洲的技术发展”（Les Développements Technologiques en Europe de 1100 à 1400），《世界历史学刊》（*JWH*），卷3（1956），63—108页。参考书目在65—66页，引文在77页。

研究结果中最引发争议的一个观点。

这项发明极大地提高了人类改造景观的能力，使得建造房屋、清除树林、耕耘土地、长途运输重物都变得较为轻松了。[①]

的确，有多项发明是从别处传入的，但是我们必须清楚，一项发明的发明地和将其发挥最大功效的地方是不同的。水磨可能来源于地中海地区，尽管那里的自然条件不适宜水磨的全年使用——那里的大多数河流在夏季要么很浅，要么就完全干涸。西北欧的环境为利用这项发明提供的条件要好得多。（卒于395年左右的奥索尼乌斯曾在他关于摩泽尔河的优美诗篇中提到罗马时代晚期的水磨。）[②] 水磨对这样一种文明而言是一个重要的新方法，在这种文明中，木头是不可或缺的原材料和能量来源（用以取暖、烹饪、制造木炭、采矿等），而森林是放牧、狩猎、养蜂等多种多样活动的场地。此外，最近关于中世纪技术的研究认为，所谓“黑暗时代”的技术实力和技术活动，比人们曾经认为

① 《古往今来的马具和马鞍》（*L'Attelage et le Cheval de Selle*），2—5、122—124页。关于其与环境改变的关系，见格兰德和德拉图舍：《中世纪农业》（*AMA*），446页。关于这项发明的起源与流传，以及近代对奴隶制命题的批评（包括马克·布洛赫的论述）不在本文讨论范围以内，但可以参考《中世纪农业》，444—449页，以及巴克（Bark）：《中世纪世界的起源》（*Origins of the Medieval World*），125—135页，和他所引的参考书目。

② 布洛赫（Bloch）：“水磨的出现及成就”（Avènement et Conquêtes du Mooulin à Eau），《经济和社会史年鉴》（*Annuales d' Histoire Économique et Sociale*），卷7（1935），541页。奥索尼乌斯（Ausonius）：《摩泽尔河》（*Mosella*），V，362；以及今人怀特（White）：《中世纪的技术与社会变化》（*Medieval Technology and Social Change*），80—84页。

的要强大得多。[①] 尤其引人注目的是西北欧和斯堪的纳维亚地区水力锯的发明和传播。据我所知，对这项伟大发明的缘起人们所知甚少，而它在后来成为一股改变环境、尤其是改变河岸环境的
320 强大力量。[②] 芬兰、瑞典和挪威的历史学家都强调过引入水力锯之举给各自国家的经济史带来的决定性的变化。马克·布洛赫相信，水力锯的发明至少可以上溯到三世纪，[③] 尽管这项珍贵发明有据可查的第一幅图像只是出现在维拉尔·德·奥内库尔的《图集》（*Album*）（大约完成于十三世纪中期）；而且，水力锯的第一次文字提及是在迪康热（Du Cange）的词典中，它比上述《图集》的年代还要晚一些。[④]

火力、像锯子和斧子这样能对景观造成迅速改变的小工具、像水力锯和水磨这样的较大型设备，以及可通航河道的利用（其规模为古代人一无所知，更不用说对那些工匠和他们的技术了），[⑤]

---

① 见福布斯（Forbes）:“冶金术”（Metallurgy），载于辛格（Singer）等:《技术史》（*History of Technology*），卷 2，62—64 页；萨林和弗朗斯-拉诺尔（Salin and France-Lanord）:《莱茵与东方》（*Rhin et Orient*），卷 2:《梅罗文加时代的铁业》（*Le Fer à l'Époque Mèrovingienne*）（巴黎，1943 年）。关于古代斯堪的纳维亚语族入侵从而自北方带来新的冶金技术，见吉尔（Gille）:“冶金技术的历史记录。一、中世纪的发展。铁磨和高炉”（Notes d'Histoire de la Technique Mètallurgique. I. Les Progrès du Moyen-Âge. Le Moulin à Fer et le Haut-Fourneau），《金属与文明》（*Métaux et Civilisations*），卷 1（1946），89 页。亦见怀特（White），前引书，82—83 页。

② 吉尔（Gille）:“水磨”（Le Moulin à Eau），《技术与文明》（*Techniques et Civilisations*），卷 3（1954），1—15 页，参考书目在 12 页。

③ 布洛赫，前引书，543 页。

④ 吉尔（Gille），前引书，12 页。

⑤ 吉尔:“欧洲的技术发展”（Les Développements Technologiques en Europe），《世界历史学刊》（*JWH*），卷 3（1956），65—66、91 页。

这些正是使环境变迁得以加速的技术资源，特别是在十二世纪及十二世纪以后的时期里。

为什么我们一定要将森林及人们对森林的态度视为本书主题中的关键因素？因为森林既涉及改变的需求，又涉及稳定的需求。森林的消失可能不会使一个农夫或阿尔卑斯山的牧人伤感，而森林保持原样则可能是低地牧人、另一个农户、王公贵族狩猎者所希望的。但是我们不能按职业身份来区分对森林的态度；当地利益的因素占更大的分量。某一地的僧侣可能倾向于林地开垦；到了另一地，僧侣们可能会反对清除森林或排干湿地，而是把人们摆渡到富于珍贵鱼类的沼泽地带上去。

9. 森林的利用

人们对待森林的态度源于森林的用途——宗教的、经济的，抑或审美的。古老的瑞典谚语“森林是穷人的斗篷”，告诉人们森林与平民百姓之间的密切关系。

从梅罗文加王朝到中世纪末期，森林的用途非常广泛，所以我们现在最好从几个大类别来考量：作为食物和家用必需品的来源；作为放牧、狩猎和养蜂之地；作为小型工业和木炭制造之场所；以及凭其本身的价值作为珍贵的原始区域。在无数与森林用途有关的习俗中，在许多国家的人们针对滥用森林发出的警告中，在森林充当工作场所的角色上，我们都清楚地看到人们与森林之间的亲密关系。

在这段时期（大致从梅罗文加王朝至卡洛林王朝时期），旧日耳曼经济中对森林的使用方式已经是令人印象颇深的长长一列，很值得细细道来。人们采集橡实和山毛榉坚果。人们用阔叶树（如橡树、白杨）和针叶树（如欧洲赤松、枞木、落叶松、紫杉）建造房屋，用橡树、山毛榉、松树和枞木做屋顶板，用针叶树做
321 室内的护板和隔板。所有的木头都能当作燃料焚烧。桌椅板凳、箱柜、碗橱之类是用橡木、白杨、花楸、枫木、桦木和野苹果树制造的，地位较低下的人使用枞木。由于缺乏大量的陶土，碗碟和厨房用具、水槽、盆、桶、长柄勺、架子等等都是用橡木、山毛榉、枞木、椴木来制作的，而更精致的器具，尤其是汤匙，则用普通红枫木制作。扬糠皮和铲谷子的铲子、轮圈、车轴、独轮车、亚麻碎茎机、葡萄榨汁器，后来还有榨油器和挤压器，都是用山毛榉木材制作的，榆树木材则用于制作四轮马车、车轴、轮毂、轮圈、梯子、耙子和水磨轮浆。桦木用来制作车辕和梯子，水蜡树木材用来制作辐条，红山毛榉的根部和树干底部被用来做成放在雪橇上的盆。木桶和木盆外面的箍圈是用桦树和柳树做的，而绳索则来自椴木的内皮。轻巧的赤杨木能做连枷棍，它和针叶树木是做打井工具和水管的材料。赤杨木还用来做沼泽地上的木桩。森林里出产的木料可以用来制作葡萄榨汁器、犁、四轮马车、桶板、犁把手、四轮马车的车轮箍圈，还有栅栏。桦树的细枝用来制作扫帚（这是古老的习俗），松木火把和燃烧的碎片用来照明。独木舟是橡树树干做的，船上的桅杆是枞木做的，船舵是山毛榉做的。白蜡木用来做矛和斧柄，椴木用来做盾牌和水壶，紫杉木材可以做弓，赤杨木可以做弓箭、长矛和弩。饮具来自枫树的根部木料和其他树木。鞣酸和各种染料从树皮中提取。各种各样树

木的叶子形成落叶层和土肥，白蜡树的落叶还可当作草料。人们可以从桦树树干中获取新鲜饮料，可以从野苹果树和野梨树上摘取果实食用。椴树、白蜡、桦树、赤松、白杨和落叶松都可以烧成木炭。对树脂大有需求，因为要用它填塞家用木质器具的缝隙。一家之主最终沉睡在棺材之中——而棺材正是一具中间挖空的树木。

人们在森林中狩猎，也在森林中牧牛和放养其他一些小型家畜。森林还是采集橡实、山毛榉坚果和浆果的地方。当诙谐的美因茨主教希里格尔（Heriger，913—927 年在任）听人说有一个假先知“给出许多好理由来推行一个观点，即地狱被一片茂密的森林完全包围着”的时候，他大笑着回答说，“我想把我的养猪人送去那里，放牧我那些瘦骨嶙峋的猪。”[①]

根据牧业上的价值来给树木分类，显然是拉丁西欧蛮族人的早期做法。树木被划分为有生产力的（*fructiferi*）和无生产力的（*infructosi*，*steriles*），很大程度上依据它们是否产果实。欧洲赤松和松树，在“勃艮第人法”（Law of the Burgundians）中被划为有生产力的，是因为它们的用途与那些能产果实的树相等。[②]

在西哥特人和伦巴第人的法律中，对森林中牧猪有详细的规 322
定，而日耳曼部族较少注意这一点。在查理曼的《庄园村镇与王

---

① 这些例子来自海涅（Heyne）:《德国食物性质》（*Das deutsche Nahrungswesen*），148—151 页。有关希里格尔主教的这段文字部分转引自 151 页脚注 153。这首诗由海伦·沃德尔（Helen Waddell）由拉丁文译为英文 :《中世纪拉丁抒情诗》（*Medieval Latin Lyrics*），161 页。

② 施瓦帕赫（Schwappach）:《德国森林和狩猎史手册》（*Handbuch*），46 页。

室土地法令集》（*Capitulare de villis et curtis imperialibus*）和普吕姆的修道院规则中有着更详细的说明。在果实成熟的季节，修道院所属地区的自由民可以轮流去牧猪，每人至多放牧一周。[①] 在一份九世纪的布告中，一个森林中果实可以喂养的猪的头数，成为衡量森林大小的标准。[②]

养蜂同样是一个古老的传统。习惯法中包括这样的条文，它规定了人对所发现的蜂群的所有权，以及对飞走并落入空心树干为居所的蜂群的所有权。直到中世纪末，养蜂都是一项重要事业：蜂蜜被用作甜味调味品和蜂蜜酒的材料，而照明也离不开蜂蜡，尤其是教堂里的照明。蛮族法律中，将蜂蜜和蜂蜡置于森林出产物列表中的“木材”之前。在法国，蜜蜂与橡树之间存在着悠久而有趣的关系。人们在林中捕猎蜂群；法国国王和教会及世俗贵族都有专门在林中穿梭寻觅蜂群的官员。由于人们对蜜蜂的需求太过强烈，所以很有必要制止砍伐林木，尤其是蜜蜂栖息其上的橡树。“在中世纪，人们为了获取蜂群而不惜向最美的树木射击。”[③]

整个中世纪的一个特点是，各个国家在各个时期都曾利用火去开辟林地，并在工业中使用木炭。放火是一种获取空地的传统手段，尽管常常被禁止。木炭制造与熔炼业、玻璃制造业有密切

① 施瓦帕赫（Schwappach）：《德国森林和狩猎史手册》（*Handbuch*），48 页。

② 同上，48 页脚注 14。

③ 于菲尔（Huffel）：《森林经济》（*Economie Forestière*），卷 1：1，5 页脚注 1；以及一般性论述，4—7 页。亦见德莫尔德（De Maulde）：《奥尔良森林状况研究》（*Étude sur la Condition Forestière*），227—229 页。关于养蜂，见《中世纪农业》（*AMA*），528—534 页。

关系。森林中可能有焦油炉，像在哈茨山那样。[①] 木头和木炭被用于煮盐、熔铁、炼焦油，挪威人甚至早在引入水力锯之前就这样做了。[②]

10. 习俗与惯例

欧洲各个国家的森林史充满了类似这里提到的种种使用方式的例证，这些方式显示出，历史进步也平行发生在一个用以规范和监管森林开发的权利、惯例和习惯法体系的不断壮大之中。这个权利与惯例的网络正是理解前工业时代生态学的关键所在，其中包含了丰富生动的细节，而这些细节是像“人与自然”这样抽象的公式所不能清晰体现的。森林用途的这些例证以一个高度组 323
织化的社会为前提条件。权利和习惯用法被中世纪丰富的拉丁文字记载下来而得以长存，当我们读到这长长一列清单的时候，都会被一个事实所震撼，那就是，这些用法、用途越来越广泛，因为除此之外人们再无别的方式可以生存。如果说贵族们迫使约翰王（King John）签署了《大宪章》（the Great Charter），那么他们同样强索出了《森林宪章》（the Forest Charter），而且后来亨利三世（Henry III）签署的更详细的森林宪章中有更多的妥协让步。“《森林宪章》可与《大宪章》比肩而立，是英格兰社会景观之基

① 施瓦帕赫：《德国森林和狩猎史手册》，166页。

② 巴格（A. Bugge）的调查最佳，见《挪威木材业的历史》（*Den norske Traelasthandels Historie*），卷1，12—14页，及书中各处；关于挪威的水力锯，见5—6页。亦见桑德莫（Sandmo）：《森林史》（*Skogbrukshistorie*）（挪威），48—73页。

础的一部分。”[1] 诚然，权利和惯例的终极根基可能是宗教性的，但它们之所以存在的直接原因则是日常生活的需求。这些使用方式正如绳索一般，网罗了个人、机构以及其他习俗，直到整个时代及其景观都被它们所覆盖。在中世纪，习俗与传统的体系正是扮演了近现代的文化概念这一角色。

除了那些从古典时期继承的农业知识以外，我们必须在这个习俗与传统的体系中去寻觅对环境变迁重要性的敏感度。发现最早的反对毁林或森林保护的法律，即便可能的话也并不那么重要；更重要的是要看到，在习俗与惯例错综复杂的网络之内出现了对自然环境中所发生的或有利、或不利变化的认知，抑或是将一种原本令人满意的环境保持不变的努力。这些在本质上都是世俗和经验主义的观察；关于人是上帝再造地球的伙伴这一宗教思想，始终存在于背景之中，但过于书本化，也过于抽象和宽泛，不适合应用于日常情况之中。

有成千上万的可用例证，我们最好还是只从一个地方选取一个例子，以便用最简洁的篇幅说明这些惯例的本质。德莫尔德（De Maulde）在他对中世纪和文艺复兴时期奥尔良地区森林的研究中（下述例证都来自他的研究），列出了一个包括大约 350 处地点的清单，这些地点都享有利用森林或林间放牧之类的不同权利；列出这些地方用了超过四十页纸。

在阿卢兰市的市长任内，他有权在圣本笃教会管辖的树林中

---

① 斯滕顿（Stenton）:《中世纪早期的英格兰社会》（*English Society in the Early Middle Ages*），106 页。见 97—119 页的讨论。

获取干木头（1391 年、1396 年）；昂贝尔修道院可以在林中免费
放牧六十头猪、十六头耕牛、十四头骡子和雏马，还有权取用木
头作修补、建葡萄藤架、打篱笆桩和当薪柴之用（1301 年、1322 年、
1403 年）。[①] 欧塞尔布罗塞及其他一些地方的人们可以用干橡树
（半干的直立橡树或已倒下的绿橡树）作建材和燃料（1353 年、
1440 年、1497—1610 年）。布雷欧、里维耶尔、沙朗西和其他 324
一些地方的人以每家出燕麦和林中牧猪权的条件，交换到了放
牧其他动物的权利（1396 年、1559 年、1361 年）。比伊松-艾
格朗、普特维尔、马尔谢-克勒拥有在任何时候放牧的权利，但
山羊除外（1317 年、1320 年）。欧茨德沙莱特和兰西有建房子
和烧木头的权利（1337 年）。沙普的修道院，考虑到每周要为公
爵作三次弥撒，故而拥有在林中养殖一百头家猪和野猪的权利
（1361 年）。库尔迪约大修道院拥有放牧权、林中牧猪权、每年
使用两或三棵橡树的权利，以及在谢吕坡林中使用木头去修补
犁具的权利（十三世纪）。拉勒的领主有权使用圣本笃教会所属
森林中的树木作薪柴和房屋、作坊及桥梁的建材（最早在 1317

---

① 木材有许多类别，但要区分它们却是件难事；德莫尔德（De Maulde）指出，即便是在当代的文献中，对木材的称呼也很混乱。两种被认为是无用或有害的常见木材是 *Mortuus boscus*（= 法文的 *mort-bois*），泛指不挂果的树，以及 *Boscus mortuus*（= 法文的 *bois mort*），指的是干枯或已死的树木。迪康热（Du Cange）：《古代晚期和中世纪拉丁文词汇》（*Glossarium mediae et infimae latinitatis*，下称 *Du Cange*），*Boscus* 词条。在森林里，树木被分为 *sec estant*（指还挺立着的）和 *sec gisant*（指倒下的）两种。见德莫尔德：《奥尔良森林状况研究》（*Étude sur la Condition Forestière*），142—146 页。亦见达尔尼（D'Arnis）:《古代晚期和中世纪拉丁文简明词典》（*Lex. Man.*），*Boscus* 词条；以及于菲尔:《森林经济》（*Economie Forestière*），卷 1:2，145 页，在 *Bois*、*Boscus* 名下。

年）。一所麻风病院可以采集薪柴，其属下的两名佃户每人可以放牧一百头猪，并且还有牧牛牧羊的权利（1311 年）。奥尔良的救济医院的管理人员，在医院不降低穷人取暖标准的条件下，有权取得医院所需之外剩下的木柴（1327 年）。[①]

德莫尔德所说的关于奥尔良地区森林的情况，为我们理解中世纪欧洲其他地区森林所起的作用提供了一份有用的指南。奥尔良的森林向一大批小工厂供应原材料，而这些小工厂正是乡村财富的基础。森林并不妨碍商业，也并非对工业毫无作用。有人说森林是封闭的、因而是文明发展的障碍，这种指责是由误解产生的；林中的道路实际上有利于商业发展；如果说森林路况恶劣、不能通行，那也并不比其他环境中的道路更糟糕。[②] 这是个很有道理的论点，而一些中世纪作者和近代照抄其观点的研究者们常常给人一种印象，即森林和高山是文明的敌人，是没人主动前往的可怖之地，人们不欣赏高山的美丽，只把高山看作恼怒的挡路者。这些作者像是喋喋不休抱怨的小市民，无视纵贯整个中世纪的森林利用和林间迁移放牧的活生生的当地历史。

这种个别权利是如此之多，于是人们试图将其归为几大类。有人提出，归类可以基于三种肯定是经常遇到而且必须迫切满
325 足的需要：喂养牲畜、收集薪柴、获取建筑木材。[③] 第一种也是

---

① 德莫尔德（De Maulde）：《奥尔良森林状况研究》（*Étude sur la Condition Forestière*），182、183、187、188、189、190、195、201、202、208 页。

② 同上，236—237 页。

③ 格兰德和德拉图舍：《中世纪农业》（*AMA*），424—425 页。

最重要的一种，*jus ad pascendum*，[①] 涉及在林中喂养动物的权利，即林中放牧权；第二种，[②] *jus ad calefaciendum*，*ad combureduum*，或者说是 *ad focagium*，[③] 总之是收集薪柴的权利；第三种，*jus ad edificandum*，*ad construendum*，或者 *marrenagium*，是为了修补或建筑房屋而获取木材的权利，[④] 也包括 *jus ad sepiendum*，即拥有建造仓房、围栏，以及在葡萄产区搭建葡萄架的木头的权利。[⑤]

森林与灌木丛之间，在所有权及使用权的类型方面自然是有区别的。如果将森林的惯例、权利和常规做法视为具有法律效力的习俗，那么这些利用权看来确实对森林的开发方式——理性开发抑或无序开发——起着举足轻重的作用，对于可能依赖森林以

---

① 例见迪康热（Du Cange）：《古代晚期和中世纪拉丁文词汇》（*Glossarium mediae et infimae latintatis*）和达尔尼：《古代晚期和中世纪拉丁文简明词典》（*Lex. Man.*），在 *Pastio* 词条之下，*Glandagium*，*1. Pascagium*，*Pascharium*，*Pascio*，都是与喂猪相关的。

② 见《古代晚期和中世纪拉丁文简明词典》，*Lignaricia* 词条，基于伊尔明内修道院用法的定义："Jus lignorum exscindendorum in silvis ad annum usum pro quo tenentes certam pensitationem domino exsolvebant. ..."亦见 *Lagnagium* 和 *Lignarium* 词条。

③ 见《古代晚期和中世纪拉丁文简明词典》（*Lex. Man.*），*Foagium* 词条下的第三义项："Jus capiendi lignum in silvis"；亦称为由这个拉丁词派生而来的法语词 *fouage*，*affouage*。这一权利使得每个家庭或家族（不是个人）都能不受限制地收集干枯的树木（*bois mort*），有时也能按照当地习惯所确定的数量收集不挂果的树木（*mort-bois*）。格兰德和德拉图舍：《中世纪农业》（*AMA*），424 页。

④ 《古代晚期和中世纪拉丁文简明词典》，在 *Materia*，*Materiamen* 词条下，这些词指的是适合用作建材的树木。

⑤ 关于 *silve palarie* 的存在，即人们获取 *pali*（指葡萄支柱和葡萄桩）的地方（常为栗树丛），见《中世纪农业》，425 页。

获取能源的任何其他资源的开发利用(例如采矿)来说也是这样。[①]

326 为狩猎的目的而保留精选的森林地带，是近代森林史研究中

---

① *Forest* 一词，数百年来都有一个非常一般性的意义，适用于许多不同种类的林地，有各种各样的用途和保有状况，而这个词最初指的是一块土地，并不一定有树木。在西方取代了罗马帝国属土的蛮族王国中，整个五、六世纪及七世纪前半段，现代意义上的 *forest* 一词最好的译词可能是拉丁文的 *silva*，指的是经过开发的地区，也指在林区开辟出来的一块地方；人们也使用 *nemus*，但这个词常常也指未经开辟的林地。*Forestis* 这个词看来是首次出现在六世纪中叶的文本中。在 556 年奇尔德伯特一世的一份官文中（但其真实性存疑），国王留出了河边的一片地供钓鱼用，称作他的 *forestis*，它的通常意义可能是指放到一边或者留出来的东西。《日耳曼历史文献：王室文书》(*Mon. Germ. Dip.*)，卷 1，7 页和 41 页之后。亦见海涅（Heyne）：《德国食物性质》(*Das deutsche Nahrungswesen*)，153—154 页注 160；于菲尔（Huffle）：《森林经济》(*Economie Forestière*)，卷 1：1，302 页注 3，这里说文件的日期大约是 558 年奇尔德伯特二世统治时期。据说 *forestis*（*forestas* 或者 *forastis*）最初指的是国王或高等级贵族的别墅边界以外的水体、森林或林地；这个名字显示它是从拉丁词 *foris* 派生出来的，指“门外”或“国外”。在法国，*forestis* 指“林地”的用法可能至少上溯到 648 年；西日贝尔二世在一份文件中，准许阿登森林的一个区建造后来被称为马尔梅迪-斯塔维洛的修道院（于菲尔：《森林经济》，卷 1：1，302—303 页）。

Forestis 一词最初指的是庄园边界以外未开发的土地，而庄园内的住户无权使用它（同上书）。住户有权使用庄园内的水与林木，而国王或领主对庄园以外的水和林木有独占权。“这是他的 *forastis*，他的 *forestis dominica*。从七世纪开始的文件中，经常在 *forestis* 后面加上 *dominica* 这个修饰语。”到了九世纪，*forestis* 指的是属于国王或尊贵之人的森林，为狩猎之用，农人不得入内砍柴或加入狩猎。（于菲尔：《森林经济》，卷 1：1，304 页）。

在德国，这个词也有一段相似的历史。在十八世纪末叶前，*foresta*（*forestis*，*foreste*）指的是王家森林或者国王赐给贵族的森林，以与其他林地相区分；后来它还含有仅供国王及蒙他特许的人进行狩猎的林地（*Bannforst*）的意思。狩猎权对外开放的王室森林常常被称作 *silva* 或 *nemus*。施瓦帕赫（Schwappach）：《德国森林和狩猎史手册》(*Handbuch*)，56—59 页，以及对其他文献的参引，56 页脚注 8。亦见他的“‘森林’一词的含义及语源”(Zur Bedeutung und Etymologie des wortes，‘Forst’)，《林业科学文摘》(*Forstwissenschaftliches Centralblatt*)，1884 年，515 页。

经常提到的一种森林利用类型。有一种论点是：这形成无意识的森林保护，并非因为当时的人们了解保护森林的必要性，而是因为王室或贵族对狩猎的热爱促使他们赶走具有破坏性的入侵者。在法国，这些政策激起了针对森林及拥有森林的王公贵族的仇恨，这种仇恨在法国大革命时期达到顶峰。尽管毫无疑问，森林景观是这样得以保留、非如此便会被破坏，但是强调这一点并没有对森林利用的历史作出中肯的评价，也没有对习俗和惯例（尤其是中世纪后期的习俗和惯例）的复杂性作出公平的判断。

三个这样的例子：*gruerie*（一种关于森林的监管征收制度及王室权利——译者注）、*afforestatio*（造林）和 *baliveau*（轮伐时保留幼树的做法——译者注），说明了法律或习俗在保护景观或改变景观上所具有的影响。德莫尔德在他对奥尔良森林的研究中提到："*Gruerie* 是与林木有关的一切事务的基础。"这种做法的本质在于，所有者无权随心所欲地开发利用森林；森林的开发利用受限于中央权威机构的监督，这个权威机构是国王派来的官员，他负责监督森林的贸易以及其中涉及的种种运作。*Gruerie* 的权利经常由 *grairie* 的权利伴随出现，后者指的是所有者专属享有对森林底土、放牧和狩猎的权利。

在中世纪，*gruerie* 有两个为人所知的名字（以及它们的变体词）：*gruagium* 和危险。德莫尔德找到了它在十二世纪的踪迹，并发现它在十二世纪末达到了鼎盛。根据 *gruerie*，所有者只有得到了王子的正式许可，才能销售木材。1202 年 11 月，腓力二世奥古斯特（Philippe-Auguste）允许默恩的圣利法尔教堂的教士们在比西地方售卖他们的树木三年；1235 年，雅尔若的圣瓦伦修道院所颁布的宪章宣布国王允许出售二百阿邦（约 100 公顷——译者注）的木材，宪章决定，完全出于自愿并作为一种让步，
327 国王会得到销售收入的三分之二。[①] 这篇宪章还显示，*gruerie* 最初代表了保卫森林所需费用，是对木材的征收（与对农产品的征收相对应）。国王对木材销售的批准权在 1202 年得到弗洛廷修道院院长的认可；而在雅尔若的圣瓦伦，这项特权变成了一种税收。[②]

---

① 德莫尔德（De Maulde）的《奥尔良森林状况研究》（*Étude sur la Condition Forestière*）第 36 页登载的这两篇重要通告如下：

> Ego prior de Flotans，et fratres ejusdem loci，notum facimus presentibus et futuris quod dominus rex francorum concessit nobis quod nos venderemus nemus nostrum quod est circa domum nostram ad faciendam ecclesiam nostram；tali conditione quod de cetero non poterimus vendere predictum nemus ullo modo absque mandato domini regis. Actum anno Domini millesimo ducentesimo secundo，mense novembri.
>
> Omnibus presentes litteras inspecturis，Simon decanus，totumque capitulum Jargogilense，salutem in Domino. Noverint universi quod nos de ducentis arpentis nemorum nostrorum de Monlordino que illustris Francorum rex nobis concessit ad vendendum，volumus et concedimus quod de denariis venditiones dominus rex percipiat duas partes，et nos tertiam. Actum anno Domini millesimo ducentesimo tricesimo quinto，mense novembri.

② 德莫尔德（De Maulde）《奥尔良森林状况研究》（*Étude sur la Condition Forestière*）进一步的讨论见 36—55 页。这一特权一直维持到大革命时期；国民大会从最开始就要求制止这一特权，54—55 页。关于 *gruerie* 在不通航河流上的适用，见 55 页。德莫尔德并不支持这一习俗（33 页），认为这是“以某种社会党人和野蛮人的方式”，将业主的权利转变为以公爵管理机构为代表的公共的国家所有权。亦见《古代晚期和中世纪拉丁文简明词典》（*Lex. Man.*），*Dangerium* 词条，其中关于林学的释义来自迪康热：《古代晚期和中世纪拉丁文词汇》（*Glossarium mediae et infimae latintatis*）。“In re forestaria，dangerium dicitur jus quod rex habet in forestis et silvis Normanniae，in quibus proprietarii caesionem facere non possunt inconsulto rege，aut illius officialibus，sub commissi poena quam *danger* vocant.”德莫尔德指出（32—33 页），这个做法并非如迪康热所说仅限于诺曼底。同时注意 *in forestis et silvis* 的用法。

尽管德莫尔德反对这种做法，但他还是表扬 *gruerie* 在奥尔良的森林问题上所取得的成就几近奇迹："同质性如此之高、如此密集的树木，经历了整个中世纪时期得以保存，而且保存得非常完整……"[①]

通过造林（*afforestatio*），某些保留的或是禁止进入的森林区域被保护起来，从而在森林健康生长所需的时期中，避免了由于人们持续不断地行使普通权利和利用森林而导致对森林资源的浪费和挥霍。[②]

当时开展造林工程的理由看来与近现代的动机相去不远，都与森林保护和经济收益相关。在卡洛林王朝的起始阶段，人口增加，森林所占面积由于林地开垦而开始减少，领主们便着手限制甚至禁止某些权利的行使。森林利用权仅仅涵盖了权利享有者的需要，足以满足这些需要的区域被预留出来。在其余区域的活动则都被禁止了（*defensa*）。人们用许多名字指代这些被禁的区域：*défends*，*bétal*，*embannie*，*haie*，*plessis* 等。这样的区域也叫作 *foresta*，[③] 把它包围起来是为了在里面植树造林。

在西欧历史的早期，如禁止领主们新建林地保护区的"文雅路易"（Louis the Debonair）法典（818 年）所表明的那样，[④] 在两部分人之间产生了斗争：一方拥有传统的使用权、希望继续实施

① 德莫尔德：《奥尔良森林状况研究》，32 页。

② 格兰德和德拉图舍：《中世纪农业》（*AMA*），432 页。

③ 见于菲尔（Huffle）：《森林经济》（*Economie Forestière*），卷 1：2，81—82 页、81 页脚注 2。

④ 同上，82 页。

328 这种权利，而另一方想要限制或改变这种传统权利。即便这种斗争与森林保护本身几乎没有什么关系，但这个主题还是令人激动。双方的胜负关系都体现在景观的变化上。支持改变传统权利的一方最终获得了胜利：中世纪之初的林地开垦，与中世纪末在耕地之间看到的遗留森林，两相对比形成反差。

通过自然界的更新换代而达成的森林再生（这个词在现代词汇里就是植树造林），往往是一个地区树木被砍伐后留下的小树或树苗成就的。迪康热为这种做法下了个定义，称之为 *baivarius*（或是 *bayvellus*），即“arbor ad propagationem sylvae relicta”；[1]这个词在法文中以 *baiviaux* 和 *baliveau* 的形式出现，一般被译为“抚育幼树”。根据于菲尔（Huffel）的解说，*baivarius* 在法国古已有之；在古代文字中，树木常常被称作 *estallons*（=*éstallons*, *stallions*）。在 1376 年法国的森林法令中，*baliveau* 的目的很清楚就是森林的“再植”，法令中还警告了违反者并对其规定了惩罚。每一阿邦必须留有八到十株种苗（即每公顷十六至二十株）。中世纪王室森林法令中反复提到轮伐时要在保存的小树上留下记号，旧文本也提到了当时人们经常不能达到保存树木的最小数量。在 1516 年法国的森林法令中，幼树像种马一样携带着林木再植

① 迪康热（Du Cange）：《古代晚期和中世纪拉丁文词汇》（*Glossarium mediae et infimae latintatis*），达尔尼：《古代晚期和中世纪拉丁文简明词典》（*Lex. Man.*），*Baivarius* 词条。根据于菲尔（Huffel）的说法，这个词语的词源还是未知。见他的论述，“法国森林管理的方式”（Les Méthodes de l'Aménagement Forestier en France），《国家水利与林业学校年鉴》（*Annales de l'École Nationale des Eaux et Fôrets*），卷 1，第 2 分册（1927），15 页脚注 3。

所需要的种子；这项法令表达了一个愿望，即为再植目的要留下充足数量的美观树木。[①]

幼树保留可能是使砍伐过的森林得以重新生长的唯一有效方式。这个做法很重要，还因为林中牧猪权破坏了森林自然再生的可能性。倘若猪被赶出去了，木材销售后留下来的树木便会给林间空地重新撒上种子。[②]

十六世纪有一些通告指出（可能也代表了较早时候典型的权利滥用行为），不能依赖买卖任何一方留出再种的树种，或者指望他们出于良心来选择留下哪些树木；幼树保留是由一位森林管理官员通过木材标记指定的——在十九世纪时砍伐的树木上曾发现百合花饰标记。[③] 大管理者或林务员代表会在守卫长官的标记 329
外再加上一个标记，倘若购买者砍下了带有这种标记的树木，他便会面临严厉的惩罚。德莫尔德列举了一些达到“巨大体积”的树木的名称。其中许多种相当有名，尤其是在十六世纪的时候。一些地区都以树种的名称命名。这些遗留的大树往往处于远离森林的田野里，它们受到崇高的礼遇，被砍伐的可能性极小，以致

① 《国家水利与林业学校年鉴》（*Annales de l'École Nationale des Eaux et Fôrets*），卷 1，第 2 分册（1927），15—16 页：“由于在过去，树林主人在进行木材销售时，无意或有意忘记了为森林再植而做出保留幼树或树木的限制……兹命令，从现在起，一切销售必须遵循在每一阿邦内保留八株或十株幼树及树木的限制；主人必须将此写入其文书……即便他没有这样写，也必须如此理解（这一点即便漏写仍为默示内容）。假如该主人忘记或疏于实行此限制……他将自负后果，交易者（这里指买卖双方）须负责恢复原状。……”摘自《法兰西国王法令汇编》（*Recueil des Ordonnances des Rois de France de la 3e Race*），卷 6。

② 德莫尔德（De Maulde）：《奥尔良森林状况研究》（*Étude sur la Condition Forestière*），452 页。

③ 同上，424 页。

成为代代相传的地标。这种习俗在奥尔良及其相邻区域长盛不衰，十五世纪时，在该地移动界标或者砍伐树木，会受到同等的惩处。[①]这些为自然繁殖目的被留下来的树木，因其长久而成为美的标志，成为活生生的法律文件。在中世纪——正如当代一样——权利的多样性为自然资源的开采划出了界限。曾有一位作家说过，试图限制这些权利的举措几乎与权利本身一样历史悠久。有人认为，这两种倾向之间不稳定的休战状态贯穿了整个中世纪。使用权并不仅仅是一纸空文；它体现了饮食以及从土地上获取食物的必要性。纵观整个中世纪，大的趋势似乎是，这些权利随着时间的推移而朝着更精确定义和划界的方向发展。[②]

涉及景观是改变还是保存的利益冲突[③]从本质上看必定是地方性的。大多数情况下，这并非现代意义上的环境保护问题，尽管当时人们已经意识到需要在森林和耕地之间取得平衡，也意识到需要保护森林（这些我将在稍后会更详细地说明）。耕作者们在扩大耕地面积时会遭遇森林管理者及类似官员们的反对，因为这些管理者和官员在保卫树木的同时，也在保卫他们世袭的职务，

---

① 德莫尔德（De Maulde）：《奥尔良森林状况研究》（*Étude sur la Condition Forestière*），455—456 页。

② 这些议论是部分受到格兰德和德拉图舍《中世纪农业》（*AMA*）中以下内容的启发而产生的："权利之多样性，其起源之古老及不确定，其定义之经验性及各不相同的特征，是无数滥用权利、不断侵权和无穷争执的根源。"（430—431 页）"这些做法对森林的保护及合理利用是如此有害，以至于森林所有者试图限制或规范权利之行使的努力，几乎与这些权利本身一样历史悠久。"（432 页）

③ 亦见达比（Darby）："欧洲林地之开垦"（The Clearing of the Woodland in Europe），《人类在改变地球面貌中的作用》（*MR*），193—194 页。

这些职务的存在全仰仗于他们所管理的森林。僧侣们可能站在这
一边，也可能站在那一边。当僧侣们开辟林地时，他们经常会与
森林看管人发生冲突。博兰德会（the Bollandists）的圣徒生平上
记录了与森林看管人发生矛盾的轶事。遵守本笃规则的僧侣们及
其助手，可能每天开垦七小时，他们的砍伐自然就降低了一处地
方作为树木繁茂之林地的重要性。达戈贝特一世（Dagobert Ⅰ）
时候的一位伯爵沃德雷吉西尔（Vaudrégisile）做了修士；他是方
坦那修道院的第一任院长。他开始清除塞纳河河口的森林，而那
些森林是宫相厄钦诺（Erchinoald）、巴蒂尔德（Bathilde）王后
和克洛维二世（Clovis Ⅱ）国王赐予他的。某天，当沃德雷吉西
尔正在监督林地开垦时，一个王室森林的看管人靠近他，企图用
矛将他杀害。正当千钧一发之际，刺客的手臂突然不听使唤，停 330
在举起的姿势上一动不动，直到院长向上帝祈祷，才使得这位看
管人恢复了手臂的活动。这个颇为引人的戏剧性场面描述，或许
是被许多平庸无奇的暴力行为激发起来的，在那些事件中可没有
什么援救的奇迹。另一段同时代（七世纪）的趣闻通过“*foris*”
一词的双关意义，揭示出开垦林地的僧侣们与森林看守人之间
的敌意。严厉指摘的尖锐性产生于 *foris* 的一个义项（“在外边”）
与 *foris* 所衍生出来的 *forestis*（还延伸为 *forestarius*）。主教说：“的
确，这些看管人被称为‘驻外者’是对的，因为他们将站在上帝
的国门之外。”[①] 如果说上帝这一次是站在了开垦者一边，那么也

① 根据于菲尔（Huffle）：《森林经济》（*Economie Forestière*），卷 1：1，332 页脚注 2。

有其他时候，他是在守护着人们的土地免遭开垦者斧钺和火把的侵袭。

即使是那些大方地把自己的土地交给僧侣们的人，可能也会对他们砍伐森林的热情感到不信任，从而限制他们进一步开垦的权利。奥尔良主教让（Jean），曾在1123年将树林赠与库尔-迪约修道院，但仅仅是作为牧场。1171年，他的继任者玛拿塞斯（Manassès）给了普雷-科唐修道院一片带有住宅的林地，用以喂养动物和作为修道院花园，但不可以用来耕种。[①]

11. 毁林开荒的盛行时期

无论如何，在毁林开荒的盛行时期（大致从十一世纪到十三世纪末），教会鼓励其追随者过一种积极的基督徒生活；他们可以用自己的名义和上帝的名义，获取从异教的东方夺得的新土地。以基督教习俗取代异教习俗之举，常常间接地导致景观的改变。一份写于十三世纪的对普鲁士人的描述表现了活跃的基督教精神、对开垦土地的热情及其所遭遇的对抗，而普鲁士人被形容为未经教化、不知有上帝的人，对各种造物都崇拜。"他们也有田地、树林和河流，他们将这些视为神圣，因此他们既不耕地或

---

① 德莫尔德（De Maulde）在《奥尔良森林状况研究》（*Étude sur la Condition Forestière*）109—110页摘引的两段文字如下："Quantumcumque nemoris circumadjacentis extirpando in usum pratorum vertere voluerint ..."；以及1171年："Domum de Prato Constancii ... ad suorum nutrimentum animalium，ad hortos ibi excolendos，ad prata facienda excepto quod ibi agriculturam non exercebunt."

捕鱼，也不砍伐林中的树木……”

在一份1226年的王室确认书中，腓特烈二世批准马索维亚与库亚维亚大公康拉德（Conrad）将普鲁士领土内的库尔姆赠予赫尔曼兄弟（Brother Hermann）及其条顿骑士团的弟兄们，腓特烈二世注意到这位首领的积极虔敬态度。不仅这个赠予得到皇帝 331
认可，他们还可以蒙上帝恩宠在普鲁士进行征服，从而享有对高山、平原、河流、森林和湖泊的特权，正如古代的王室特权一样。[①]神职贵族与异教徒、与封建贵族的看法都不一致。根据于菲尔的说法，“比起那些粗鲁的封建贵族，他们更有教养，行为举止更为优雅，对深入密林之中追逐野兽也没有那样不可自拔的迷恋。他们想要建造女修道院和宏伟的大小教堂，这些建筑我们至今还在崇仰。”[②]“建造”（*aedificare*）并不仅仅指盖起房屋，也意味着砍伐森林、平整土地。[③]他们收集了各类书籍、艺术品、珍宝和祭祀装饰。他们试图吸引新人来到他们的领地，并且向他们证实

---

① 见“日耳曼之东进”（The German Push to the East），由施瓦兹（H. F. Schwarz）译自比勒（Bühler）编辑：《骑士团与教会权贵》（*Ordensritter und Kirchenfürsten*），74—75页，载于罗斯与麦克劳克林（Ross and McLaughlin）编辑的《中世纪便携读本》（*The Portable Medieval Reader*），421—429页（引文在427页）。关于库尔姆，见“向德国骑兵团赠予土地的王室确认书（1226年）”（Kaiserliche Bestätigung der Schenkung des Kulmerlandes an den deutschen orden, 1226），比勒，72—73页；译文在《中世纪便携读本》，425页。

② 于菲尔（Huffel）：《森林经济》（*Economie Forestière*），卷1：2，137页。

③ 同上，138页脚注1。《古代晚期和中世纪拉丁文简明词典》（*Lex. Man.*）给出了*aedificare*一词的意思：开导、使用，加上反身代词*se*，指选择住所、开垦土地、耕种。

中世纪时广为流传的格言“十字架下好生活”。[①]

另一方面，也可能有很好的理由不去改变自然景观，因为保持景观的自然状态，或相对来说不发达的状态，是有经济优势的。举例而言，1068 年，蒙哥马利的罗杰（Roger de Montgomeri）给位于诺曼底欧日山谷中的特罗阿恩的本笃教派修道院一片湿地（*sclusa*）供其自用。[②] 在十一、十二世纪，除了渔猎以外，这块湿地显然还是一片不能带来显著收入的荒地。1295 年，人们曾试图建造堤坝沟渠来排干沼泽之水，僧侣们也在岸边筑堤造坝，以求获得更多土地，并保护土地不受海水侵袭。[③]

僧侣们非常珍惜欧日山谷中的湿软草场，以及在上面放牧和捉鱼的权利。[④] 在十三、十四世纪，他们开辟了更多的草地牧场，特别是在海岸边围造了许多湿地牧场。[⑤] 这片草地对僧侣们的价值可以从他们对待偷盗牧草行为的严肃程度上体现出来。他们对天鹅享有独占权，这一点他们甚为看重，而天鹅也是他们对湿地所有权的象征。天鹅的看管人有权利和责任跟踪天鹅
332 去往它们所到的任何地方。1314 年，一个叫作西蒙 · 莱热的人因为在“禁止进入的特罗阿恩”割草和把天鹅追赶出保护区而

① 于菲尔：《森林经济》，137 页，对照 137—138 页。

② 索瓦热（Sauvage）：《特罗阿恩》（*Troarn*），255 页。蒙哥马利的罗杰在 1068 年给特罗阿恩的修道院“totam sclusam ... Troarni a terra usque ad terram.”脚注 3，证据，II。“‘Sclusa’这个词涉及沼泽，似乎可与‘foresta’、‘garenna’类比。”

③ 同上，255—258 页。

④ 同上，258 页。

⑤ 同上。

被罚款四十里弗银币。[①]

僧侣们用湿地里的许多植物作饲料和褥草，用来制造箍桶和家具，以及苫盖房子；他们也提取泥炭作燃料。[②] 1297 年，修道院规范了特里尔地方湿地上的泥炭提取活动；1297 年之后，文献中再不曾提到修道院的此类行为，或许是因为次数太少了。[③] 修道院在湿地上行使渔猎之权（迪沃河口湾就是野鸟的栖息地），并且实际上拥有鱼类的专卖权。[④] 到十三世纪末，修道院在迪沃河流域还拥有七座磨坊。[⑤] 修道院享有森林的独占权。生长茂盛的修道院院落花园，树木、篱笆围绕的修道院圈地，都被用作种植谷类或牧草；葡萄树长在向阳的斜坡上。[⑥] 除去花园、牧场和葡萄树之外，修道院的经济生活是基于将环境保持在其自然状态之上，而这一政策曾遭到卡昂的诺曼底公爵所颁布的指令阻挠（至少在部分意义上，指令是对当地居民的怨言所作出的反应）。僧侣们向国王申诉，其后他们被剥夺的某些权利又得到了恢复。[⑦]

---

① 索瓦热（Sauvage）：《特罗阿恩》（*Troarn*），259 页。

② 同上，260 页。

③ 同上，261 页。

④ 同上，262—263 页。

⑤ 同上，267 页。从字面意义上说，在这里被译为“流域”的 fiet 这个词，是“大河的支流，但流速不快”，256 页脚注 5。

⑥ 同上，274、276—277 页。

⑦ 关于细节，同上，267—270 页：1295 年，卡昂子爵纪尧姆·杜·格里皮尔下令破坏一些渔场、拓宽并清理河流支流、整治桥梁、维护界标、加固堤坝等。僧侣们向国王抱怨，于是国王颁布了针对侵害修道院权益行为的法律补救办法。其中包括了三道王室敕令（*mandements*），腓力四世和路易十世，1314 年 2 月 24 日、10 月 10 日，及 1315 年 1 月 18 日（267—268 页）。

想要保持原始状态景观的人，与那些坚持毁林开垦的人之间的冲突，常常是权利之争；这并非是什么顽固守旧或锐意求变之争，也不是什么保存古老之美或创造新奇魅力的矛盾。涉及其中的可能是共同福利的问题，因为一片地区的林地开垦或许会废除年深日久的权利。可以举出一个上溯至九世纪的例子。特镇王室财库区的住民们想要分割、开垦位于阿斯坦内顿（可能是斯帕附近的斯坦诺）的林地，而他们对这片林地享有使用权。路易和洛泰尔（Lothair）皇帝于 829 年颁布的一份公文宣示他们对林地拥
333 有共有权，但不得毁林开垦。[①] 最终可能是通过妥协作出调整。1219 年，鲁昂的大主教关于砍伐阿利尔芒的部分森林并在当地建立一个新教区的计划，遭到了圣欧班-塞尔夫的领主和居民的反对，抗议者认为他们的使用权将由此而缩减。后来人们同意了砍伐森林之举，而大主教作为报偿，将林地的一块割让给居民们专属使用，还加上八十里弗银币，并免除了他们享有使用权时通常应当缴纳的税款。[②]

在中世纪，使用权如何行使是保持景观抑或改变景观的重要方式；但是这种权利行使与评估人类利用土地会造成什么样的后果并没有多少直接关系。不过，有证据表明常常存在这一类的诠

---

① 于菲尔（Huffle）:《森林经济》（*Economie Forestière*），卷 1:2，79 页脚注 1。于菲尔的来源是《斯塔沃格-马尔梅迪契据集》（*Cartulaire of Stavelot-Malmedy*）；这一法令“据我们所知，是最早的以书面确立一个乡村人群对森林的共同使用权利的规定”。

② 基本来源是德莱尔（Delisle）:《中世纪诺曼底农民阶层状况研究》（*Études sur la Condition de la Classe Agricole en Normandie en Moyen-Âge*），156—157 页，在于菲尔的《森林经济》卷 1:2，140—141 页脚注 2 中引用，其中还给出了另外的例子。

释。人们知道他们的行为对森林、对野生动物、对牧场和对土壤的影响。当他们建筑堤坝以阻挡海水，当他们种植草类以固定沙丘，当他们设计美观兼实用的花园时，他们意识到自己所具有的创造力。

在查理曼时期，关于森林砍伐和森林保护这两个主题如应答轮唱般地出现，是很容易识别的；这种现象十之八九是更早就有的。世俗的和教会的主管似乎同样都是自觉而目标明确地支持环境改变，并成为这一观念的引导者。

查理曼大帝在他的《万民诫谕》（*Admonitio Generalis*）中对所有的主教们说（789 年），遵照主在法律中的要求（即《出埃及记》20：8—10）和先皇父的规定，我们在此进一步颁布命令，在礼拜日不得劳动：人们不能在田间耕作，不能照管葡萄园，不能犁地、割草或者收干草，不能搭篱笆、清除树桩，也不能砍树（*nec in silvis stirpare vel arbores caedere*），不能采石或建造房屋，也不能在花园中劳作，或者纵情享乐、外出游猎。[①]

在《庄园村镇法令》（*Capitulare de Villis*）中，规定要正确放牧种马，以便对马和牧场都有利；指示各地区的王室官员在自己的管辖区内要有一批各种各样的工匠，包括渔民、捕鸟人，以及通晓如何制作捕兽捕鱼捕鸟之网的匠人；规定从所有这些活动中得到的收入要记账；指示消灭狼的问题，包括捕猎的数目、交

① 查理曼（Charlemagne）："第 22：万民诫谕，789 年 3 月 23 日"（Admonitio Generalis），《日耳曼历史文献：法兰克国王章》（*Monumenta Germaniae Historica: Capitularia Regum Francorum*），伯雷修斯（Boretius）编辑，卷 1，81 节，61 页。后续有一些豁免的条款，也有类似的禁止妇女在礼拜日工作的条款。

334 出毛皮，以及在五月间搜寻幼崽，用粉末（可能是有毒粉末）杀死它们、用钩子抓获它们或者用陷阱和猎犬捕捉它们；还指示要正确选取适合花园的树种和植物。[①]

查理曼大帝的一道法令常常被人引用，作为有意识地砍伐森林的证据："只要有足以胜任的人，就应该给他们森林去砍伐，以改良我们的属地。"[②]

然而，《庄园村镇法令》第36章，从本书主题来看是最重要的："我们的树丛和森林会被好好守卫：有适合开垦的林地，就去开垦它，不要让树林在田野里扩大范围。"[③]

这一章用短短几句话概括了文明的一个重要特征：森林似乎首先意味着留给野兽避难的地方；这项计划要求在森林与耕地之间取得平衡、为王室狩猎保护野兽，并从林中牧猪中得到收入。

---

① 《庄园村镇法令》(*Capit. de villis*)，第13条，关于牧马；第69条，关于狼；第45条，关于工匠；第62条，关于收入；第70条，关于植物。亦见迪康热（Du Cange）：《古代晚期和中世纪拉丁文词汇》(*Glossarium mediae et infimae latintatis*)，关于 *waranio*，*admissarius equus*，*emissarius equus* 的词条。

② 77:"亚琛法令"(Capitulare Aquisgranense)，第19条，载于《日耳曼历史文献：法兰克国王章》，伯雷修斯编辑，卷2，172页。

③ 《庄园村镇法令》(*Capit. de villis*)，第36条。莫姆（Meaume）的《森林法》(*Juris. Forest.*)第8页第21段，认为《庄园村镇法令》是一个仅对王子的农庄有效的国内法令，其重要性被大大夸张了。莫姆作出了一个有趣的观察（第22段），认为佩凯（Pecquet），这位在路易十五统治时期任职于诺曼底省的著名森林、水体管理者，是第一位援引这份条例以支持下述观点的：他认为九世纪时，高卢人可能深受森林扩张之害，以至于查理曼大帝首先要考虑的问题之一，可能就是支持毁林开荒、禁止新栽林木。佩凯的声名缘于他对1669年法国森林条例的评注和讨论（《森林法》，巴黎：1753年。原文我没有找到）。莫姆称他为"卓越的森林守护者，却是拙劣的历史学家"。

负责王室庄园和农场的官员必须要仔细留意树丛和保留的森林（*silvae vel forestes*）。那些宜于农作的地区可以毁林开荒，但在需要保留林木的地区则不得允许有害无益的砍伐。要保护王室的猎物；要为了狩猎照顾好鹰隼；要为享受森林中的种种权利而付出代价（照字面意思 *censa nostra*）。倘若王室、宫廷的官员或其随从带着他们的猪去林中放牧觅食，他们就该是第一个付出费用（即 *decima*）的人，也就是带往王室森林的猪只总数的十分之一应上交，由此树立一个好榜样。

或许人们能从这个著名章节中读出太多的含义了，而这样做确实也太容易了。它被解释为第一个自然保护措施，同时又被看作一份发出毁林信号、给毁林盖上认可印章的文件。[①] 考虑到这份文件有限的适用范围（正如评论者们所指出的），而因为森林 335
对牧猪如此重要，难道这里没有表现出对森林与农业之间、放牧与农业之间的平衡关系进行摸索探求吗？蛮族的法律很清楚地显示了猪和其他家畜在森林经济中的地位。这些法规（以及查理曼继任者们的法规）很可能是承认，不断增长的人口、对森林的多样利用和对丰产农田的需求，三者之间是相互关联的。

这段法规所引发的诠释正如它内在的重要性同样有意义。对

---

① 关于这一章的讨论，见莫里（Maury）：《高卢与古代法兰西的森林》（*Les Forêts de la Gaule et de l'Ancienne France*），102—103 页，其中摘引了莫姆的观点，即法规只对王室所有的林地生效，以及查理曼不希望林地侵吞耕地，否则会有现实的危险，因为那些享有林中牧猪权的人支持森林扩张。查理曼的继任者们显然延续了同时禁止两种做法的政策，既不得建立新的林地，又不得未经许可擅自砍伐已有的森林。关于查理曼的先驱者，亦见格兰德和德拉图舍：《中世纪农业》（*AMA*），242 页。

于十九世纪的一些德国历史学家来说毫无疑问的是，卡洛林王朝是史上力度最大、范围最广的殖民化以及随之引起的环境变迁时期之一。[①] 但是哈尔芬（Halphen）反对这一观点，他认为卡洛林王朝的殖民与毁林规模都被夸大了，那些只不过是对圣高隆庞及其门徒从六世纪至八世纪已经发动起来的时代趋势的一个延续而已。他还说，卡洛林王朝时期，通过新教会的设立及征服行为，人们对自然界的驯化可能有些微的进步。

对环境变迁的诠释，在大约十世纪末至十四世纪这段时期内越来越频繁地出现。不过我并无兴趣去编纂一些清单，列出对有害行为的抱怨或是对征服一处新环境的得意报道这些东西本身；更重要的是通过例证，展示人们当时开始认识到人为改变自然环境之力量，尽管这种认识是分散的、互不相关的。在某些方面，这段时期类似卡洛林王朝，是一个随着事实上的无政府状态而来的殖民化和毁林开荒时期。斯堪的纳维亚人的入侵和马扎尔人的压力，引发了广泛的内在无序状态；欧洲被各个蛮族和更高程度的伊斯兰文明包围了。

909 年召开的特洛斯莱宗教会议的文件，让我们部分了

① 见路易·哈尔芬（Louis Halphen）关于伊纳玛－斯特内格（Inama-Sternegg）的《德国经济史》（*Deutsche Wirtschaftsgeschichte*）（卷 1，275—280 页）和阿方斯·多普施（Alfons Dopsch）的《卡洛林王朝的经济发展：以德国为主》（*Die Wirtschaftsentwicklung der Karolingerzeit vornehmlich in Deutschland*）的讨论，以及他对《庄园村镇法令》第 36 章和《亚琛法令》（*Capitularia*）第 19 条的评述，见《查理曼时期历史的综合研究》（*Études Critiques sur l'Histoire de Charlemagne*），240—245 页。

解了法兰克教会的领袖们面对基督教社会遭到大规模破坏之前景时的绝望情绪。他们写道："城市人口被减灭，修道院被毁被焚，整个国家沦为孤岛。""正如初民在生活中没有法律、不畏上帝、放任个人激情一般，现在每个人也都这样，只做自己认为有益之事，藐视人类和上帝制定的法律以及教会的命令。强者欺凌弱者；世界上充满了对穷人的暴力行为和对教会财产的掠夺。""人们像海中之鱼一样互相吞噬。"[①]

然而，在十一世纪，人们对景观变化的观察开始增多起来。336
在我看来，这一类观察自那时起至今始终没有中断。不过在中世纪时，在这些问题上并不只有一种历史，而是有无数种地方历史，正如每一个读过法国、德国或瑞士的小区域历史地理论文的研究者都会发现的那样。对景观变化的观察也出现在著名的"判例汇编"（*Weisthümer*）之中，[②]出现在一些地方性的森林史，诸如普林奎（Plinguet）的奥尔良森林史，以及德莫尔德关于这个主题的富于启发性的著作之中。在关于中世纪的通论性作品里，我们

---

① 道森（Dawson）：《欧洲的形成》（*The Making of Europe*），225—226 页。亦见格兰德和德拉图舍：《中世纪农业》（*AMA*），244—245 页。

② "判例"（*Weisthum*）是一种成文的习俗或先例，常常具有法律的效力。亦见法伊弗（Pfeifer）"中欧农民生活质量"（The Quality of Peasant Living in Central Europe），《人类在改变地球面貌中的作用》（*MR*），245 页。有许多这类的集子。在较大规模的集子中，可能最著名的是由维也纳皇家科学院搜集的《奥地利判例汇编》（*Oesterreichische Weisthümer*），以及由格林（J. Grimm）搜集，并由在哥廷根的慕尼黑科学院史学委员会于 1840—1878 年出版的格林《习惯法判告录》（*Weisthümer*），七卷本。

从哪里可以读到一个阿尔卑斯山谷的详细历史呢？而正是这一类地方史，让我们得以体味历史长河中环境变迁的性质。

森林保护这一主题（或者更正确地说是农业、工业和林业之间的平衡这一主题）确实体现了一个事实，即中世纪的林业史不可避免地与许多其他专门史，尤其是农业、牧业、采矿以及葡萄种植的历史相互交错在一起。卡洛林王朝相信林地开垦有益无害（除了有一个声明说，不适宜作其他用途的王室林地应该被准许保留为森林），这一想法在十二和十三世纪为一种相反的信念所代替：毁林开荒——而不是保留森林——必须得有充分理由才行。支持保护森林的这一转变可能只是始于不起眼的开端，比如注意到建造房屋时漫不经心的材料浪费，以及交通方便的地方对森林的毁坏，等等。①

根据格兰德和德拉图舍的说法，从十二世纪起，人们感到保护森林的迫切需要，这种需要与乡村人口增长、新城镇数目增加、用木头作为燃料和建筑材料的工厂相继开设联系在一起，并且和放火毁林的举动相关。树木为家具师、细木工、桶匠和车匠们提供了原材料，树木还可以制造农具、围栏，以及用来锻铁和烧制玻璃的木炭。保护森林的呼声，正是发源于森林的这个非常敏感的地位。人们必须要砍伐森林，腾出地方来建设城镇、种植葡萄和庄稼，可是一旦森林不复存在，经济生命的血脉也会停滞下来。

我在前面已经提到过中世纪时期森林的多样而广泛的用途

---

① 关于这些主题，见施瓦帕赫（Schwappach）：《德国森林和狩猎史手册》（*Handbuch*），154 页；海涅（Heyne）：《德国食物性质》（*Das deutsche Nahrungswesen*），148—159 页；《中世纪农业》（*AMA*），433 页。

（在近代依然如此），这些用途将当时作为一种文化环境的森林与我们今日的森林鲜明地区分开来。据我所知，在森林、耕地、城 337
镇和工业之间取得微妙平衡的最具说服力的证据，当属爱尔福特城的两个《判例汇编》，一个是 1289 年的，另一个是 1332 年的，后者还被称为《比布拉小册子》（*Bibra-Büchlein*）。[①] 在这一汇编中，有一个清单列出了被带到爱尔福特的图林根森林的出产物。其中有：细枝做成的扫帚，或者说是大捆捆在一起用来打扫的树枝；不同类型的容器、盆子或桶；吊桶、铁环、小桶，还有不同类型的木制量器，用以度量牛奶、食盐等等；手推车；各式各样的编织料，尤其是用柳条做成的，用来把葡萄藤捆到木桩上；内皮纤维；各种类型的垫子和屋顶苫盖材料，可能是用树木内皮或细枝等编织而成的；水槽、钥匙，以及一种用某种枝梗特别制作的草或者芦苇的腰带；木制饮水器；某种长柄勺；可能还有啤酒花支杆或葡萄藤架；揉制的木槽；木制滚筒、苏木，可能还有弓弦；弩、木棒、木杆、矛杆、斧柄，可能还有剑鞘或者饰带；用来做滤网的木纤维；耙子，以及看来是用作在啤酒厂内运送半成品或成品啤酒的空心管子；木制虹吸管；喂猪的食槽；木制储藏箱或小隔间；厚厚的中间有钻孔的木轮盘，可能是为四轮马车或是磨盘所做的；

① 这一段讨论是根据基希奥夫（Kirchoff）在《爱尔福特市最早的判例汇编》（*Die ältesten Weisthümer der Stadt Erfurt*），#2，14，42—47 页中编辑的《比布拉小册子》（*Das Bibra-Büchlein*）文本。我沿用了基希奥夫关于这些文字含义的注释及论述。关于《比布拉小册子》，见 vi—vii 页；关于 *kunes* 的意义，在这里译为“啤酒花支杆或葡萄藤架”，存疑，43—44 页脚注 36。在施瓦帕赫的《德国森林和狩猎史手册》中，有关于这个《判例汇编》的讨论，164—165 页。

其他一些木轮、量谷器、箱子、筛子；不同的木制容器；面包烤炉推杆；以及马鞍，等等。

历史上也有政府直接鼓励人们保护发展森林的例子，甚至达到政府下令将农用地改为林地的程度。在十四世纪，日耳曼国王阿尔伯特一世（Albert Ⅰ）和亨利七世（Henry Ⅶ）都曾下令，将以前是林地、后被人们改造成农田的区域重新恢复成森林；1304 年的命令影响了哈根诺尔森林和安韦勒附近的弗兰肯韦德
338 森林，1309 年和 1310 年的命令涉及纽伦堡王室森林。[①] 有人说，自然的新生和从邻近树群获取树种是重建森林的方式，那些不利

① 这里所根据的文本（我没有找到这两本书）来自舍夫林（J. D. Schoepflin）的《阿尔萨斯公文》（*Alsatia diplomatic*），卷 2，第 829 号，《法兰克古文献集成》（*Spicilegium tabularum litterarumque veterum Frankf*），1724 年，500 页；以及冯·韦尔肯（L. C. von Wolkern）：《纽伦堡历史文件》（*Historia diplomatic Norimbergensis*），224 页，第 68 号，1309 年。《阿尔萨斯公文》卷 2，第 829 号（约 1304 年）中的文本如下：

> Mandamus，ut nullus hominum nemus nostrum et imperii dictum Heiligvorst deinceps vastare vel evellere radicitus aut novalia aliqua facere audeat aliqualiter vel presumat. Sed volumus ut de pertinenciis et juribus ipsius nemoris apud antiquiores homines circa metas nemoris residentes diligens inquisitio habeatur，et ea que per inquisicionem habitam inventa fuerint dicto nemori pertinere，sine sint culta vel inculta，nemori predicto attineant et inantea non colantur，sed pro augmento nemoris foveantur.
>
> 下面这段来自《纽伦堡历史文件》第 224 页，第 68 号的文本尤其有趣："Mandamus, quatenus sylvam nostram et imperii sitam prope Nuremberg ex utraque parte ripae, quae dicitur pegniz, a quinquaginta annis citra per incendium vel alio modo quocunque destructam seu vastatam, ac postmodum in agros a quibuscunque redactam in arbores et in sylvam, sicut solebat esse primitus, auctoritate nostra regis redigatis."（约 1309 年，于 1310 年再次重复。）这些文本在施瓦帕赫（Schwappach）的《德国森林和狩猎史手册》（*Handbuch*），181—182 页脚注 4 中引用。

于播撒种子的环境（诸如林中草地）都被尽可能地控制住了。（人工栽培树群是后来的事情。）在哈根诺尔森林中，不允许进行任何新的开垦，而退耕还林的行为应该提倡。纽伦堡法令规定了在佩格尼茨河两岸恢复树林植被，此前五十年间，当地的树木被清理干净，变为耕地。

在施瓦帕赫（Schwappach）所著的德国森林史中，他发现，最初零星的、地方性的反对毁林的法规出现在十二世纪，而后数量不断增加，到中世纪末期，森林保护已成为定则，而准许砍伐树木却变成了特例。[①] 这些禁止毁林法律背后的动机，似乎是希望保护那些作为王室狩猎地而保留的森林（*Bannforst*），又似乎是希望防止新的林中开垦，或者是希望保护猪饲料的来源和牧场。[②] 很难界定较为早期的禁令仅仅是为了狩猎的利益，还是也考虑到森林的其他用途，因为狩猎并非只是一项娱乐，还是一个重要的食物来源，即便对王室来说亦是如此。很明显，在森林（它是能源、工具、器物、植物和动物食料的来源地）与出产食物的庄稼地之间，需要有一个平衡。根据施瓦帕赫的说法，这种通过禁止林中开垦来推动森林经济的趋势，首先出现在萨尔斯堡大主教埃伯哈德（Eberhard）的特权中（1237 年），他出于生产食盐的目的，禁止将已经砍伐殆尽的林地变为农田或草地，以求森林

① 《德国森林和狩猎史手册》（*Handbuch*），154 页。

② 同上，154—155 页。

会再度生长起来。[①] 阿尔伯特一世在1304年颁布的法令禁止在哈根诺尔森林中开辟牧场和做出破坏性行为，并命令人们在许多地方恢复林地，同时，阿尔伯特还认识到应由纯粹负面的禁止，转变为正面的森林养护举措。[②]

亨利七世对鲁道夫王（King Rudolph）1289年颁布的法令做出了更为严厉的重申，重申时参考了纽伦堡皇家森林的保护法则，他提出“倘若毁灭王国的森林，将之变为耕地，灾难就会降临到
339 国王和王国的城市之上。”在这篇著名的文献中，森林向耕地的转变竟然被认为是一场灾难！它使人想起了十七世纪时伊夫林关于农业是森林之敌的指责。1310年，亨利七世命令所有在文献规定的适用范围内的人都必须在万灵日时，做出身体的宣誓——意为以手接触圣物宣誓——并必须有与议会、执法部门及市长关系密切的城镇皇家法官（*Schultheiss*）在场，宣誓将森林恢复到原状，绝不允许外人通过购买或其他任何手段取得任何形式的森林使用权。[③]

1331年，巴伐利亚的路德维希（Ludwig of Bavaria）国王颁

---

① 这个说法的来源是（我没有找到此书）汉西兹（Hansiz）:《神圣日耳曼》（*Germaniae sacrae*），卷2，339页：“... illud quoque juris eis concedentes，ut succisis nemoribus patellae ipsorum deputatis sive deputandis nulli liceat fundum eorum nemorum excolere vel pasturae animalium usupare，ut ligna in eisdem fundis possint recrescere.”（约1237年）转引自施瓦帕赫（Schwappach）:《德国森林和狩猎史手册》（*Handbuch*），156页注31。

② 同上，156页。

③ 穆门霍夫（Mummenhoff）:《老纽伦堡》（*Altnürnberg*），55—57页。关于这一时期 *Schultheiss* 的准确含义，见13、20—21页。

布了更多有关在纽伦堡的佩格尼茨河两岸的森林（*forst*）和王室森林（*reichswald*）的法令。一年一度，所有来自佩格尼茨河两岸的官员、森林管理者和养蜂人都会由议会召集起来，在议会面前向圣者宣誓谨遵有利于王国和城市的决定，并斥责任何被认为对森林有害的行为。只有森林管理者才有权批准将木头移出森林。官员们、森林管理者及其助手们，只可以允许那些自早先以来就拥有搬运木头或购买木头之权利的人这样做。最高林业机构官员有义务长期居住在纽伦堡，而他或者其他任何人都不得出售在森林中的权利，因为这种出售会对城市或对王国造成损害。[①] 这些规定将森林的命运与人民及国家的命运紧密联系起来，使得城市与周遭的森林合而为一。老纽伦堡的一位历史学家厄恩斯特·穆门霍夫（Ernst Mummenhoff）曾说："在我们这个时代［约在十四世纪中期］结束时，森林看来将是这座城市分不开的一部分。"[②]

据我所知，这是中世纪在重要城市周边保护当地森林的所有努力中最为激烈的一种。此处所提到的情况显示，当时的人已经理解城镇与森林之间存在的复杂的相互关系。

而更令人叹为观止的——无论出于什么原因——是神职人员在森林保护事业中的积极参与程度。1328 年，即班贝格的主教上任的那一年，他必须宣誓他会竭尽全力保护主教辖区内的森林，并且不会允许新的开垦行为；这样的仪式和宣誓在 1398 年

① 穆门霍夫（Mummenhoff）：《老纽伦堡》（*Altnürnberg*），58 页。

② 同上，61 页。

340 选择新主教时又一次重演。[①] 而对森林不断增长的关注，还可以从1482年至1700年间，德国各地颁发的151份法规中体现出来。[②]

在森林与工业二者之间同样存在着重要而微妙的关系。我们可以拿玻璃制造业作为例子，这一产业在十四、十五世纪时的整个中欧都相当重要。它生产的每一个阶段都需要大量的木头。这些玻璃工厂都坐落于森林中，因为这样做要比支付高昂的能源运输费用便宜许多。在黑森林和其他地方，工厂从森林中一块砍伐净尽的空地迁移到另一处是寻常之事，之后才变得比较稳定了。玻璃制造业，正如采矿业一样，凸显了森林作为能源供应地和工业生产地的角色。[③]

采矿业和冶炼业开展起来时也遇到了同样的需求。加泰罗尼亚农民的炼铁炉需要木炭和矿石。冶炼厂必须建设在附近林木茂密之地。在蛮族人迁徙的过程中，这一类运作已经有所开展；为此（以及其他原因）而产生的毁林现象发生于卡洛林王朝时期。[④]

---

① 威默（Wimmer）:《德国土地历史》（*Geschichte des deutschen Bodens*），133页。

② 安东（Anton）较早时的作品（1802年）也很有趣：《从古代到十五世纪末的德国农业史》（*Geschichte der teutschen Landwirthschaft von den ältesten Zeiten bis zu Ende des fünfzehnten Jahrhunderts*），卷3，429—489页是关于林业的内容，覆盖了1158年至1350年这段时期。

③ 见迪舍尔（Dirscherl）："作为玻璃工业产区的东巴伐利亚边境山区"（Das ostbayerische Grenzgebirge als Standraum der Glasindustrie），《慕尼黑地理学会通讯》（*Mitt. der Geo. Gesell. in München*），卷31（1938），103—104页。注意关于黑森林的讨论，103—104页，关于施佩萨特山、施泰格林山、图林根州森林、西里西亚高地、菲希特尔山、东西普鲁士，以及波美拉尼亚地区，103—108页。

④ 古扬（Guyan）:《沙夫豪森州的一个中世纪铁工业景观之概况与性质》（*Bild und Wesen einer mittelalterlichen Eisenindustrielandschaft in Kanton Schaffhausen*），64页。亦见58—60、65页。

当锯木厂建造起来时，也发生了类似的森林中的迁徙，到十五世纪末锯木厂开始在河道上迅速成倍增加。[①] 首次被提到的锯木厂是十四世纪末十五世纪初在日耳曼领地上，后来在奥地利和巴伐利亚阿尔卑斯山区以及黑森林中大批兴起。

采矿业，包括采盐业，逐步将更偏远的地区带入经济网络，从而为这些大趋势进一步推波助澜。采矿业同样要求大量的木头。由于当时没有近代的爆炸材料，人们不得不通过加热（燃料来源是木头）、继之以水泼的方法，使石块开裂破碎。根据施瓦帕赫的说法，大约在 1237 年，哈茨山和哈莱因地区的森林被专门划为采矿和采盐之用。在日耳曼领地上，显然为采矿者慷慨提供了大量可用的木头。[②]

在这个意义上，葡萄栽培同样是工业的一种，因为它需要依 341
靠森林获取木桩，并用各种植物纤维将葡萄藤绑在木桩上。事实上，人们可以辨别两种不同的主题，其一认为葡萄树是森林之敌，因为它移置了树木；其二认为森林与葡萄栽培业互为补充，因而为葡萄栽培的需要预留出部分森林（正如为采矿业一样）。

---

① 《中世纪农业》（*AMA*），439 页，摘引了居约（Ch. Guyot）：《1789 年前的洛林森林》（*Les forêts lorraines avant 1789*），南锡，1886 年。

② 施瓦帕赫（Schwappach）：《德国森林和狩猎史手册》（*Handbuch der Forst- und Jagdgeschichte Deutschlands*），142 页。哈茨山和哈莱因地区情况来自汉西兹（Hansiz）：《神圣日耳曼》（*Germaniae sacrae*），卷 2，330 页；以及瓦格纳（T. Wagner）：《矿冶法规汇编》（*Corpus Iuris Metallici*）（莱比锡，1791 年），关于 1484 年。见内夫（Nef）："中世纪文明中的采矿业与冶金业"（Mining and Metallurgy in Medieval Civilisation），《剑桥欧洲经济史》（*CEHE*），卷 2，436—438 页；以及吉尔（Gille）："欧洲的技术发展"（Les Dév. Technolog. en Europe），《世界历史学刊》（*JWH*），卷 3，91—92 页，关于德国人对采矿业及采矿技术的影响。

由此，很容易从这些例证中看出，为什么关于森林的文献能够上溯到如此之早期，以及为什么对环境利弊两种改变的反思文字，会随着不同环境被用作不同目的而累积起来。

12. 阿尔卑斯山谷

中世纪地理学中一项引人入胜的主题是高处阿尔卑斯山谷地带的聚落，人们因为那里的自由和安全而定居下来；有些定居者偏爱那里受保护的森林，而那些森林在近代，尤其是在近代的法国，因为与控制山洪有关而深受重视。（一份在十五世纪因河河谷弗劳灵地区发布的奥地利判例说，在某些地区禁止砍树，目的是保护教堂或邻近地区不受水流的侵袭。）[①]

十九世纪下半叶，弗朗索瓦·阿诺（François Arnaud）对于拜河谷进行了调查（于拜河是下阿尔卑斯省迪朗斯河左岸的一条支流），这项调查被收入德孟茨伊（Demontzey）关于法国境内阿尔卑斯山洪绝迹的著名作品中。

于拜河谷自从十三世纪以来，几乎享有完全彻底的独立；它以“像自由天堂”（*comme un eldorado de liberté*）的形象，吸引

① 于菲尔（Huffel）:《森林经济》（*Economie Forestière*），卷 1 : 1，134 页；《奥地利判例汇编》（*Oesterreichische Weisthümer*），III，26 页：“Mer，her richter，offen wir，das（iemant）in der lent hinder des pfarrers kabasgarten im poden hinein nach pis a den vodern schroffen weder däxen noch klain holz nicht solt schlachen pei umb，damit der kirchen und den nachpaurn von dem pach kain schad widerfar.”在施瓦帕赫（Schwappach）的《德国森林和狩猎史手册》（*Handbuch*），181 页脚注 2 中引用。

了来自周边封建领地的难民。当地的人口变得如此稠密，以致将毁林开荒、谷物种植推向了极限。此外，当地政府想方设法却很难避免毁坏森林和铲除草皮（*dégazonnement*）造成的灾难性后果。

这些中世纪的聚落渐渐联合成为公社（*mandements* 或 *consulats*），这些公社较之今日法国的乡镇人口更稠密，地方也更广大。每个公社都有一个地方议会（*capitulum*），由所有家庭的家长组成，他们的正式决定被称为“官方条款”。地方议会选出的执政官或行政长官有责任严格监督这些条款的执行，协助他们的是被称为“地方法官”的宣誓过的监管者。[①]

最早的地方条款（阿诺将之重印了）是 1414 年 8 月 29 日迈 342
罗讷和拉齐地方所颁布的，对牧场和私有地盘上树木的使用作出了规定。[②] 下面是这些条款的举例，其意义是不言自明的：

禁止在山地范围内砍树或使人砍树；这一条款甚至对领主们在自己的草场上也同样适用。

从圣约翰日至圣路加日期间（6 月 24 日至 10 月 18 日），禁

---

① 于菲尔（Huffel）：《森林经济》（*Economie Forestière*），前引书，卷 1：1，134—135 页。

② 弗朗索瓦·阿诺（Francois Arnaud）：“于拜河谷洪水的历史记载”（Notice historique sur les Torrents de la Vallée de l’ Ubaye），收录于德孟茨伊（Demontzey）：《由造林导致的法国山洪绝迹》（*L’Extinction des Torrents en France par le Reboisement*），408—425 页。近年来，泰蕾兹·斯克拉弗特（Thérèse Sclafert）对这一地区重新作了研究：《普罗旺斯省的文化；中世纪的毁林与牧场；人类与地球》（*Cultures en Haute-Provence. Déboisements et Pâturages au Moyen Âge. Les Hommes et La Terre*），Ⅳ（1959）。尤其注意第 2 部分第 4 章：“森林保护及抵抗侵蚀”（la Protection des Bois et la Lutte contre l’Érosion），181—212 页，其中给出了许多例证，包括阿诺发表的那些，184—185 页。

止在阿德雷奇（高于拉齐）和阿德雷奇德普朗（高于圣乌尔）放牧羊群或任何其他动物。

禁止任何人从林中带走干木头和新伐树木。

禁止不属于迈罗讷和拉齐社区的外来者在其土地上放牧家畜（目标显然是排除季节性迁移放牧者）。

禁止两社区的居民在未经执政官允许的情况下，拥有超过六群（180 头）数量的羊群。

禁止在生长不足十年的新草场上放牧大型或小型家畜。

禁止在未经执政官允许的情况下，拥有超过人均六头的牛。

禁止在圣约翰日（6 月 24 日）之前于山区中放牧动物。1436 年 1 月 9 日颁布的地方条款中，包括了更严峻的惩处，其中有诸如戴枷和穿拘束衣等刑罚，以警示他人。

这些地方条款显示，当时人们对毁林与山洪之间的关系、过度放牧和每年在错误时间错误地点放牧的危害、严格控制季节性迁移放牧的必要性等，已经有了不少认识。

中世纪时，人们意识到了家畜的破坏性，但它们的破坏性与不可或缺性二者孰轻孰重，必须加以衡量。山羊是一个极端的例子，它常常是和猪这样的动物同样重要。[①] 但是它的破坏性较之任何其他家养动物更加可怕，人们需要对山羊严加照看。迪
343 康热曾引用过一篇诺曼底语文献，其中有以下内容：山羊没有 *bannovium* 的权利（字面上的意思是，动物们被允许在公共草地

① “如果它［山羊］一般来说不是理想的农场动物或者最普通的家畜，但是它廉价、简单、不易染上结核病、忠诚、体型小、产奶较好较多，这些使得山羊在今天仍然是普通人的福音。”《中世纪农业》（*AMA*），505 页。

上食草的时间），[①] 但必须被小心看管，以免它们咬去幼树和灌木苗，以及篱笆和藤蔓。“在1080年前后，有权使用安茹地区朗松森林的人们，不能够将绵羊或山羊赶入树林中。[②] 在米迪地区也有类似的严格控制：1337年，有人发现七头山羊在圣帕尔基耶的森林中吃叶子，这些羊的主人为此付出了等同于砍倒一棵橡树所需付出的罚款。”[③]

由习俗、惯例或法律对林中放牧加以规范的历史源远流长；据我所知，希腊罗马时期并没有类似做法，只有农业方面的作家关注到在动物在农田中的劫掠行为，但也没有涉及山地牧场或森林中的事情。不过，在克洛泰尔二世（Clotaire Ⅱ）的一篇法令中（614年或615年），就有禁止王室庄园的养猪人在教会森林和私人所有的森林中牧猪的条款，但这可能是由橡实供应而导致的经济措施。[④]

---

① 在达尔尼《古代晚期和中世纪拉丁文简明词典》（*Lex. Man.*）中，“Bannovium: Tempus quo licet pecora pasci per agros communes.” 见迪康热（Du Cange）《古代晚期和中世纪拉丁文词汇》（*Glossarium mediae et infimae latintatis*）*Fraiterius* 词条，以及格兰德和德拉图舍：《中世纪农业》，505页。

② 译自《中世纪农业》，505页，其来源为《圣欧班契据集》（*Cartulaire de Saint Aubin*），卷1，262页。

③ 《中世纪农业》，505页，其来源为“图卢兹总管的账目”（Comptes de la Sénéchaussée de Toulouse），《朗格多克史》（*Histoire du Languedoc*），卷10，c. 783；圣帕尔基耶，蒙泰什县（塔恩-加龙）。

④ 《克洛泰尔二世令》（Edict of Chlotharii Ⅱ），约614年或615年，第21章：“Porcarii fisales in silvas ecclesiarum aut privatorum absque voluntate possessoris in silvas eorum ingredi non praesumant.” 第23章：“Et quandoquidem pastio non fuerit unde porci debeant saginari cellarinsis in publico non exigatur.”《日耳曼历史文献：法兰克国王章》（*Capitularia*），伯雷修斯（Boretius）编辑。亦见于菲尔（Huffel）：《森林经济》（*Economie Forestière*），卷1：1，278页，注1。

在德国林业史上，禁止放牧绵羊和山羊的例子可以追溯到十二世纪。格林（Grimm）的《习惯法判告录》（*Weisthümer*）中的一个判例问道："山羊、绵羊和猪对于福霍尔兹山有什么权利呢？"[①] 回答是："它们没有任何权利，但是猪可以在寻食时间进入山林。"在 *Dreieicher Wildbann*（约 1338 年）中规定，牧羊人只可以在他能将手杖扔多远的这个范围内牧羊。奥地利的判例对山羊也并非毫无约束；在那里，山羊只能在阿尔卑斯森林一些偏僻的区域中放牧。[②]

344 这些规定以及其他很多相似的法令，都证明了当时人们对作为生物栖息地的森林的状况有着真切的关注。由于森林既要养育供狩猎之用的野兽，又是家畜的放牧之地，所以必须得到保护。根据莫里（Maury）的说法，撒利族法律条文中保护森林的规定实际上旨在保护家畜；在为了猪、绵羊和山羊保护牧场的同时，也为鸟类和蜜蜂保证了一个适宜的环境，并且使得树木免遭那些

① 指下萨克森。见格林（Grimm）：《习惯法判告录》（*Weisthümer*），259 页，第 6 项；施瓦帕赫（Schwappach）：《德国森林和狩猎史手册》（*Handbuch*），169 页脚注 47。

② 一份约 1391 年来自奥布达赫行政机构的奥地利判例规定："Es sol auch kainer unser underthanen in dem ganzen ambt Obedach nit gaisz haben bei der straff."《奥地利判例汇编》（*Oes. W.*）卷 6，274 页。同一本合集中提到约 1437 年，在 Altenthan 的阿尔卑斯山放牧山羊的情况："Wer gaisz hat，soll sie wie vor alter an die grasze wäld und hölzer，dasz si den hann nit kräen hören und niemand schäden thun treiben."卷 1，30 页。对牧羊人的提及出自格林（Grimm）的《习惯法判告录》（*Weisthümer*），卷Ⅵ，397 页，6："... auch sal ein gemein hirte nicht verrer mit seinen schafen und ziegen in den walt farin，dan he mit sime stable gewerfen mag，and sal alle zit da vor stên und werinde sin heruz."（*Dreieicher Wildbann*，约 1338 年）。这些文本在施瓦帕赫（Schwappach）的《德国森林和狩猎史》（*Handbuch*）中部分引用，169—170 页。

拥有森林使用权的人鲁莽的破坏。[①] 同时还有证据表明，一旦一片森林被砍伐，人们会关照新的再生植被，但这种做法究竟范围若何尚不能确定。举例来说，德莫尔德引用一位布沙尔·德·默恩（Bouchard de Meung）勋爵与奥尔良的圣-让-耶路撒冷收容所分部之间的一份协定（1160年获奥尔良主教批准），这项协定是关于清除森林建造一个村庄的，它规定如果人口增长，进一步的森林砍伐将在主教同意之后方可进行。农民有权在这些森林中放牧牛群，但是如果森林已经被砍伐，再生植被取而代之的地区就不允许动物进入了。[②] 德莫尔德还引用了一些关于奥尔良地区森林的古代文献，其中指出除了山羊之外（*capris tamen exceptis*），任何动物都可以在此放牧；而对山羊来说，则坚决不得入内。[③]

很可能，人是在后来才意识到其自身的力量可以凭借对家畜繁育、建造棚舍和放养施加影响而给环境带来剧烈的变化，尽管有非常古老的例证指出，自愿在空旷的平地还是在山地间放牧，很早便证实了人类有能力通过把动物有控制地集中在所选地点来改变外部环境。对动物繁殖及其密度的规范，具有宏大的累积效应。这些较为迟缓的生态进程，与故意砍伐或烧毁森林造成的直

① 莫里（Maury）说，在撒利法典中，保护森林的法规实际上旨在保护家畜；在为了猪、绵羊和山羊保护牧场的同时，也为鸟类和蜜蜂保证了一个适宜的环境，并且使得树木免遭那些拥有使用权的人鲁莽的破坏。《高卢的森林》（*Les Forêts de la Gaule*），90—91页。

② 德莫尔德（De Maulde）《奥尔良森林状况研究》（*Étude sur la Condition Forestière*），114—115页。

③ 同上，149页，以及脚注6。

接可见效果相比，并不那么明显。当然，动物的生活习惯是很容易观察到的。山羊对小树、树苗，甚至对整片树群的破坏，都并非难以发现之事。而且，森林着火常常由牧羊人引起，有时是偶然的，有时是为了让牧草更好地生长而有意这样做。牧羊人、家畜和火灾，由此成为一种强力的结合体。

在许多国家，伐木者和牧人的行为都曾与森林着火联系起来。德莫尔德在他关于奥尔良森林史的著作中，摘引了一些维特里和
345 库西教区的颇有趣味的通告，日期上溯到十五世纪中叶。其中有这样的内容：有人在森林中用干木头点火，将被判罚五苏（一种法国旧钱币——译者注），并指出在干的或青绿的橡树下面点火是有区别的。无论在哪个季节，在比较干燥的橡树下面点火都将使罚金提高五苏；如果橡树仍然青绿，罚金将增加到十五苏。

林火受到习俗的控制，那些有权为开辟牧场纵火之人，同样也有责任抗击火灾。通过用扫帚击打、逆向放火和开挖沟壕可以扑灭大火。人们意识到纵火的危害，但也同样意识到火在创造新的土壤肥力中的作用。

德莫尔德在同一部著作中引用的一些证据显示，在十四世纪人们已经清醒认识到那种不分青红皂白的毁林之举所造成的悲惨后果。被砍伐区域，或者称为 *vagues*，在森林消失后布满了生长过度的金雀花和石楠。十三世纪的文献在树林与本应为树林却没有树木的地区之间作出区分，在真正的森林与间杂荆棘的树丛之间也作出区分。十五世纪，人们使用 *alaise* 一词为这样的地方下定义，即森林中脱离于其他部分的、有时为大片的空地所占据而形成清晰的独立区域，它不单是因为人们疏于

照料所造成，而且也是由于动物啃食、践踏刚发芽的树苗，从而使得植被不能再生。[①]

13. 土壤

中世纪时人们意识到，通过人类的施动力可以改善土质。建立在四元素学说之上的土壤理论，本质上是经验主义的。人们也知道了肥料的重要性，正如在大阿尔伯特和佩特罗·克雷申齐［Petro Crescenzi，即 Petrus de Crescentis，1230—1310 年，他的《实用农作》（*Opus Ruralium Commodorum*）一书受益于大阿尔伯特］的论述中所体现出来的。加泥灰看来是当时改善土质的主要手段之一，施用动物粪肥是一个辅助手段（其重要性不如在当代），因为当时动物体型较小，而且它们经常是在空旷地带、草原和森林中活动的。[②]

斯克拉弗特（Sclafert）关于南阿尔卑斯地区森林砍伐的研究中所提到的理论，更使人兴趣盎然：在收成常常不稳定的农人看来，森林中的树木是无用的植物，是他的敌人，因为它们吸走 346

① 德莫尔德（De Maulde）《奥尔良森林状况研究》（*Étude sur la Condition Forestière*），87—91 页。关于幼苗的通告，来自 1543 年的一份特许函件。

② 关于中世纪使用肥料的讨论，尤其是法国的情况，见《中世纪农业》（*AMA*），261—269 页。亦见伯特兰·吉尔（Bertrand Gille）："1100 至 1400 年间欧洲的技术发展"（Les Développements Technologiques en Europe de 1100 à 1400），《世界历史学刊》（*JWH*），卷 3（1956），96 页，其中论述了中世纪与古典时期农业方法上的不同，这些农业方法至少包括罗马时期作者们著述中涉及的农业经济学、施泥灰、休耕制，以及诸如亨利的沃尔特（十三世纪）、佩特罗·克雷申齐（十四世纪）及其他农业方面作者描述的内容。

了土壤中所有的养料。[1] 在僧侣中，有部分人相信这个理论，而另一些人则反对为此理由砍伐森林。大阿尔伯特曾对砍伐树木而不除去根茎之举提出过警告（见本章第 7 节）。在中世纪中晚期，人们通过排干湿地及其他造田方式获取了更多土地，森林与耕地之间的矛盾可能就有所减弱了。[2]

14. 狩猎

狩猎与农业之间的关系是变化的：有迹象表明，在中世纪晚期，人们的关注点从保护野生动物（即便当时可能并没有为能够狩猎的少数特权人士规定封闭狩猎季），转向了保护容易受到野兽劫掠破坏的庄稼和家畜。而且，在中世纪，狩猎由于其与神学的关系，是一个敏感的问题，基督教会的官方态度不赞成对狩猎的那种普遍存在而不可自拔的沉迷。我们可以预期基督教会如同其他许多宗教一样，会劝诫人们同情、怜悯野兽，甚至与野兽建立友谊。在基督教教义中，宽恕野兽、不对野兽施暴，是人类的一项义务，是以人道之名来履行的。[3] 基督教的圣

① 斯克拉弗特（Sclafert）：“关于南阿尔卑斯地区的森林砍伐”（A Propos du Déboisement des Alpes du Sud），《地理学年鉴》（*Annales de Géographie*），卷 42（1933），266—277、350—360 页，引文在 274 页。

② 安东（Anton）的《德国农业史》（*Geschichte der teutschen Landwirthschaft*），卷 3（1802 年），包括了很多从说明这一主题的早期文献中摘出的有趣细节，185—216 页。亦见《中世纪农业》（*AMA*），260—264 页。

③ 敦·勒克莱尔（Dom Leclercq）：“狩猎”（Chasse），载于《基督教考古与礼拜仪式辞典》（*Dict. d'Arch. Chrét. et de Liturgie*），卷 3，1087 栏。

徒传记中，充斥着圣徒与小动物、甚至与大型食肉动物之间存在友谊的描述。稍晚的作者们编写出他们所仰慕的圣人生平的神话和奇迹，将圣人们置身林中隐居之地，与动物们交好，或者如蒙塔朗贝尔所说，对凶猛兽类进行“再教育”。[①] 这样的基督教圣徒传记也许确实是对冷酷杀害野生动物的一种抗议形式。[②] 圣杰罗姆曾说，在《圣经》经文中有不计其数的圣洁渔夫的例子，却没有任何一例圣洁猎人的记载；圣安布罗斯谈到，在猎人们中间从来都找不到正义；教宗尼古拉一世（Nicholas Ⅰ）也曾宣布，只有堕落的人才去追捕野兽。这类情感时有表述，直到十一世纪列日主教圣于贝尔（Saint Hubert）成为狩猎者的保护圣人。[③]

中世纪时人们对狩猎的热情如此高涨，教会只能徒劳地要求
神职人员不去参与。原则上，真正禁止的唯一狩猎方式是带着号 347
角、猎犬与猎鹰，高声呼喊着追捕野兽，因为这是奢华与世俗的体现。据说国王和参议会试图控制教会人员对狩猎的热情。在阿格德政务会（506 年），教士们不准带犬行猎，也不准饲养猎鹰。在卡洛林王朝以及后来的一段时期内，多次出现不准使用猎犬、

① 蒙塔朗贝尔（Montalembert）的议论格外有趣，因为他本人是同情甚至崇拜僧侣的。见前引书，卷 2，226—231 页。

② 关于狩猎、追捕的一般性论述，见《中世纪农业》，547—618 页，“猎物与狩猎”（Le gibier et la chasse），以及施瓦帕赫（Schwappach）的《德国森林和狩猎史手册》（*Handbuch*）中的相关章节。

③ 勒克莱尔（Dom Leclercq）：“狩猎”（Chasse），前引书。

鹰隼、各种捕猎鸟类和步哨的禁令。[①] 反对狩猎的基础和试图控制狩猎的原因——对世俗人士和神职人员来说都是如此——是因为狩猎体现了人类返祖的本能，而这种本能应该被压制。[②] 支持狩猎的功利主义论据看来势力强大，而当我们意识到狩猎在当时不仅仅是一项令人愉悦的消遣时，就容易理解这种态度了。狩猎为人们提供食物，即便对高层人士而言也是如此；狩猎控制了那些危害庄稼和家畜的物种不至泛滥成灾；狩猎为手套提供动物的皮毛、为教士的书籍提供缝合线，后一种需求常常被提出来以证明神职人员狩猎的正当性，尤其是对岩羚羊的捕猎。狩猎给景观带来了一种显著的（即便是暂时性的）改变：大片经过人为管理的森林中间，被开辟出宽阔的道路，既有利于野生动物的栖息又有利于人类狩猎的方便。[③] 在这种情况下，人们很容易理解中世纪王公贵族或宗教地主对毁林行为的一再反对。研究欧洲林业史的历史学家已经多次强调狩猎行为在森林保护中的地位。于菲尔在谈到法国森林史时说：

狩猎，即便不是为了获取食物的有益目的，在森林里也

---

① 从原始材料中的引文摘自施瓦帕赫（Schwappach）的《德国森林和狩猎史手册》（*Handbuch*），61 页。阿格德政务会的第 55 号文件（Concilium Agathense，506）："Episcopis，presbyteris，diaconibus canes ad venandum aut accipitres habere non liceat." 关于栖息在德国丛林中的动物种类，参考施瓦帕赫书中的"狩猎"（Jagdausübung）一章，64—70 页。

② 见《中世纪农业》（*AMA*）中的评论，554—556 页，其中可以看到许多试图控制狩猎的努力，但大多未获成功。

③ 《中世纪农业》，569 页。

> 一向有着重要地位。众所周知，我们的国王也如同先君们一样，是狂热的狩猎者。大面积皇室的、公爵的、领主的森林历经多个世纪得以保存下来是因为他们精心的照料，君主们通过这样的照料来管理他们的狩猎领地：正是对国王“天生贵裔”的崇拜，使我们古时君权治下的森林中最宝贵、最丰饶的中心地带大部分被纳入国家的统辖之中。[①]

15. 环境变迁中的次要题目

以上列举了环境变迁中的主要题目，但同时在这个过程中也
存在着一些次要的题目，有些来源于宗教，有些来源于世俗，它
们也至少应该被提到。其一是花园。在解释花园的规划及目的时， 348
我们不应当忘记基督教中的天堂主题和修道院墓地中的花园。愉
悦性的花园（不是那些种植药草的功利性的园子）常常被构想为
伊甸园的模拟。培育这样的花园不仅是一项神圣的任务，也是创
世行为的部分再现。这个工作兼具美学和宗教上的意义。[②]

近代发生的真正巨大景观改变之一，是对湿地、沼泽、沿海及湖区的排水。然而，对湿地和沼泽的大规模排水看来主要是近代才有的现象（多数始于十七世纪晚期），尽管早期也有不少著名的例子，诸如对波河流域湿地的排水造田（自十二世纪起），

---

① 于菲尔（Huffel）：《森林经济》（*Economie Forestière*），卷 1：1，6 页。

② 见海涅（Heyne）在《德国食物性质》（*Das deutsche Nahrungswesen*）中的讨论，62—100 页。

以及由皇家招募的荷兰移民在今日柏林这个地区的开垦。对土地的需求，对健康环境的改善，二者构成了排水的强大动机。在古代医学中，人们出于经验认识到疾病与几近停滞的水源之间存在联系。在欧洲的某些地方，健康理由可能是导致湿地排水的决定性因素。在古法兰西的地中海省份鲁西永，排水的目的是为了消灭死水并杜绝巴日、尼尔等地的致命流感；在萨兰和埃尔讷郊区开凿多数运河可能出于同样目的；使用地下排水通道或许也是由于同样的原因。鲁西永的吉纳尔（Guinard）伯爵曾叫人将位于佩皮尼昂东北部的一口池塘排干。有人为排水目的向马斯德乌的圣殿骑士团做生意。①

另一方面也有修造人工池塘的例子。中世纪时在法国栋布、布雷讷都有临时性池塘（布雷讷地区至今还保留着湖泊和湿地沼泽，比栋布地区的多），由此将农业与渔业结合起来，同时利用悬浮的肥土颗粒。人们在山谷底部建筑堤坝，将邻近山丘下来的水拦截住，停留在地力疲软的土壤上；新形成的池塘保留到土壤得以充分休眠并具备了肥力的时候。接着人们打开堤坝放水流出，然后这块新土地就可以耕种了。然而，这种类型的肥力迁移的优点，显然被其对健康产生的危险抵消了。②

① 布吕塔伊（Brutails）：《中世纪鲁西永乡村人口状况研究》（*Étude sur la Condition des Populations Rurales du Roussillon au Moyen Âge*），3—4 页。

② 见迪耶纳伯爵（Comte de Dienne）：《1789 年以前法国湖泊沼泽排水的历史》（*Histoire du Desséchement des Lacs et Marais en France avant 1789*），5 页。作者没有给出中世纪这些池塘的确切年代。

16. 小结

还有许多其他活动涉及环境的改变，例如建设城镇、村庄和修道院：需要排干沼泽中的水，有时需要填筑一个地块，以及——在布雷蒙捷（Bremontier）及其直接前任之前很久——种植松树以固定葡萄牙莱里亚一带的沙丘（此事发生在 1325 年）。[①] 的确， 349
我们在中世纪的作品中，会不时读到对创造新事物的真真切切的欢乐和狂热情绪。这种证据零零散散，不足以证实中世纪整体的情况。几句摘引并不能用来概括一千年间发生的事情。尽管如此，它们本身仍然很有趣味，甚至教会都看到了环境变迁带来生活改善这个好处。前文引用过的老话，“十字架下好生活”，不仅仅具有精神上的含义，它同样可以意指乡间修道院的活动所导致的经济富足。神职人员将他们自己视为创造新环境的精神领袖；这样的态度很早便显示在西方神父的行为之中，体现为一种转变：从热爱独处和祈祷、希望从世间俗务中解脱出来，变得对开垦、建筑、排水等日常工作怀抱着富有使命感的热情。（较晚时期的历史显然在教育意义上比较弱。）

本章的总体结论同样可以作为对当代的结论：其中存在着多种诠释，这些诠释是基于不同宗教、经济和美学的价值观，正如我们自己的诠释也是如此。

---

① 吉尔（Gille）：“1100 至 1400 年间欧洲的技术发展”（ Les Développements Technologiques en Europe de 1100 à 1400），《世界历史学刊》（*JWH*），卷 3（1956），96—97 页。未注明出处。

常常有人提到，近代社会与中世纪、古典时代的差异，表现在近代对控制自然的得胜意识，它与早期持续的对大自然的依赖态度形成对比。这种对比的基础在于，它低估了古典时代和中世纪环境变化的程度，相信广泛永久的环境变化必须以先进技术及复杂的理论科学为前提，并且把所谓工业革命与过去的工业技术之区别看得过于尖锐了。人们可能会感到奇怪，中世纪的思想家为什么没有构建出能与伽利略、牛顿的学说相媲美的理论科学；这一点他们确实不曾做到，但他们既不缺乏关于林业、农业和排水的实际经验，也不缺乏令他们能够促成其环境发生全面而持久变化的技术。事实上，他们造就了到那时为止人类历史上一些最剧烈的景观变化。

苦行修道的理想，是逐渐形成“人是新环境创造者”这一哲学的原始推动力。早期的圣人们有意隐居世外，他们想象着通过亲自开垦，他们是在再造尘世的天堂，重新取得人类堕落之前所拥有的对一切生物的完全主宰权。对教士和俗人同时存在的这种遁世的吸引力，以及劝化皈依基督教的有组织的努力，导致了基督教的行动主义，其中驯化野兽也是宗教经历的一部分。圣伯纳德所起的诸多重要作用之一，是增进了教会改变自然景观的潜
350 力。我们看到，熙笃会在他的影响下，由过去的隐逸、忘我，变为在新老土地上一致的积极基督教化的努力。这种行动的成功，取决于实际的知识和意识，类似 1134 年的《修士大会决议汇编》（*Instituta capituli generalis*）所表达的，“食物来自双手的劳动，

来自耕耘土地，来自喂养家畜。”[①]

在毁林开荒的盛行时期，世俗的抱负与教会的雄心壮志一道，都在召唤着行动和改变，而这些都是经济扩张和劝化皈依活动的一部分。结果就是——用现代的表述来说——对控制自然的渴望。在中世纪较晚阶段，对技术、对知识本身（无论是增进思想还是改善人类状况的知识）、对开垦和排水以及其他类似事情的兴趣，都泄露了人类对控制自然的热切愿望。[②] 正如人类历史上的所有时代一样，对自然环境的改造都与观念、理想以及实际需求联系在一起。大规模建造大教堂的时期体现了一种宗教上的理想；它同时意味着大量采石，这一时期从地表移走的石块可能比之前的任何可比时期都要多。从 1050 年至 1350 年这三百年间，在法国开采石料建造了八十座大教堂、五百座较大的教堂以及数以万计的小教堂。基督教对异教徒的劝化皈依责任，以及世俗的扩张和殖民，意味着纵火、毁林和烧荒。谷物和葡萄自有其实际意义上的历史，也有文化上和宗

① 转引自穆根塔勒（Muggenthaler）：《十二、十三世纪一个德国熙笃会修道院的殖民和经济活动》（*Kolonisatorische und wirtschaftliche Tätigkeit eines deutschen Zisterzienserklosters im XII. und XIII. Jahrhundert*），103 页。

② 见怀特（White）：《中世纪的技术与社会变化》（*Medieval Technology and Social Change*），79 页；以及内夫（Nef）：“中世纪文明中的采矿业与冶金业”（Mining and Metallurgy in Medieval Civilisation），《剑桥欧洲经济史》（*CEHE*），卷 2，456 页。

教上的历史。[①]

351 大阿尔伯特的生平为我们提供了一条线索。他与他的同时代人及早先的基督教思想家都拥有同样的信念，即地球是设计出来的，自然是体现上帝手艺的一本书，人为了宗教和实际的目的需要了解自然；他还思考环境在文化事务中所起的作用，观察到开垦、烧荒、驯化动物和施肥的力量。这就是我们所说的，从神学到施肥的行动之链。

① 1913年，赫伯特·沃克曼（Herbert Workman）出版了《修道理想的演变》（*The Evolution of the Monastic Ideal*），在此书中，他发展了以下论题，即东方的修道生活已经堕落为“诺斯替派的极端”和“无聊的自我中心论”，而圣本笃的贡献在于，他为早期东方的主观主义劣行添上了客观性的解药。实际上，圣奥古斯丁此前就已经在他关于僧侣的文章中提到过这一点。沃克曼还说，圣本笃并未发现修道理想与工作哲学的这种融合所产生的重大后果。“本笃没有看到——早期僧侣们居住的与世隔绝之地使他们无法看到这一点——劳动的引入从长远来说注定要将僧侣拉回他曾逃遁出去的世界，或者不如说，把他身后的世界拉到光明与平和的中心，这光明与平和是他的劳动在荒野中创造出来的。”（157页）这一发展对西方文明史固然可能相当重要［即便是库尔顿（G. G. Coulton）这样一位对修道制度一贯持严苛态度的批评者，也赞扬了圣本笃与本笃规则］，但沃克曼论辩道，这种融合对于最初预设的修道理想却是致命的。实际上，他构建了一个修道会的理论上的历史，这种历史本质上是循环的。首先，有一位最初的创始人，他抱着隐居的热切愿望去往密林、荒野或沙漠之中；如果他获取了某种声誉，他的处所就会吸引其他僧侣，这一群体又会吸引越来越多的人，甚至包括世俗之人，于是最初不过是暂居之处就变成了一所修道院。小小的领地成为有组织的社区，人们用斧头和铲子清除树木、填平湿地，并且“通过工业的炼金术使得沙子变成了黄金，在森林深处建造了文化的中心。”（219—220页）沃克曼坚称，这种融合是致命灾难，因为在忘我境界与辛苦累积起来的财富之间存在冲突，从而导致世俗、腐化、堕落，于是又会重复引发新一轮苦行修道的开始（220—224页）。沃克曼是卫理公会派牧师，也是非常虔诚的基督教徒。亦见戴维·诺尔斯（David Knowles）为这一版所作的批评而富同情的导读前言。关于大教堂，见金佩尔（Gimpel）：《大教堂建造者》（*The Cathedral Builders*），5页。

汉译世界学术名著丛书

罗得岛海岸的痕迹

从古代到十八世纪末
西方思想中的自然与文化

下 册

〔美〕克拉伦斯·格拉肯 著

梅小侃 译

商务印书馆

2019年·北京

第三部分

近代早期

导　论

1. 引言

在这部地理学思想史中，把文艺复兴与大发现时代放到一起讨论具有相当的合理性。在文艺复兴时期，人们对古典时代学问的关注程度远远超过了中世纪博学家们所表现的出来的那样：此时资料来源更为清晰，更直接地来自古典世界，数量也更多了。

如利昂·巴蒂斯塔·阿尔伯蒂（Leon Battista Alberti，1404—1472年）的《建筑十书》（*Ten Books on Architecture*）就是直接学习古典知识的雄辩证据。他是多么透彻地阅读了绝大多数相关作家，即便他们对他的著作只有间接的贡献，并且他是以什么样的批判眼光深入研究了维特鲁威！除了这种对古代世界之观念的兴趣以外，假如我们要评判像勒罗伊（Le Roy）和塞巴斯蒂安·明斯特尔（Sebastian Münster）等人的著作的话，还发现当时有着“新事物已在人类历史中出现”这种觉悟，而这种觉悟被大发现时代的结果增强了。

而且，依据教宗庇护（皮尔斯）二世（Pope Pius Ⅱ，Aeneas Sylvius Piccolomini，1405—1464年）的回忆录来判断，在文艺
356 复兴时期，人们有可能把对风景之爱与历史联想结合起来，在两者的融合中看到已经和未经人类改造的景观之美。下面让我们稍稍深入地考察一下这部回忆录。

皮尔斯描述了荒蛮的意大利景观，但又时时可见人类活动的印记——橄榄树丛、葡萄园、废墟等。对美景的享受常常被当作教宗职务、神圣标志及红衣主教会议的一部分。在“芬芳的早春时节”，他循着梅尔塞河溯流而上，去往浴场；在紧挨着锡耶纳的“无以名状地可爱”的乡村，“和缓的小山坡上种植了林木和葡萄，或者是耕犁过的庄稼地”，俯瞰着“宜人的山谷中葱翠的牧场或已经播种的田地，被永不枯竭的溪流灌溉着”。鸟儿在自然生长或人工种植的茂密森林中“唱着最甜美的歌”。人类的侵扰——村落和修道院——在锡耶纳的每一座山上都能看到。一行人沿着满是鳗鱼的梅尔塞河向上走，经过一条精耕细作、“密布

着城堡和庄园”的通道，进入靠近浴场的旷野乡村。在那里，大约晚上十点钟的时候，他习惯去牧场，坐在河岸碧绿繁茂的草地上聆听人们的代表和请愿者的陈述，而他通向浴场的路上撒满了农妇们带来的鲜花。

为了躲避闷热而不利健康的罗马，他在蒂沃利度过了一个夏天。在路上，他们从特洛伊战争一直聊到小亚细亚的地理。后来，他在闲暇时间写下了对亚洲的描述，“引用了托勒密、斯特雷波、普林尼、库尔修斯、尤利乌斯·索利努斯（Julius Solinus）、波帕尼乌斯·梅拉（Pomponius Mela），以及在他看来对于理解这个主题有关系的其他古代作家的作品片段。”这个段落是多么清楚地向我们揭示真相啊——它是在点缀着废墟的垦殖景观中撰写的古典论文！这就像阿尔伯蒂的著作一样。

蒂沃利到处都有废墟；皮尔斯认为坐落在阿涅内河旁峭壁上的庙宇过去可能属于灶神维斯塔，而且他注意到一座曾经宏伟壮丽的圆形竞技场的遗迹。阿涅内河的一部分转道通过城市，“推动了磨坊、作坊、喷泉，大大增添了这个地方的美丽。”离城市约三英里远的地方，是哈德良的华丽庄园，建筑得就像一座大城镇。“时间摧毁了一切”：常春藤爬上了曾经用绣花挂毯装饰的墙面，荆棘和野玫瑰长到了荣耀的紫袍讲坛上，皇后的香闺成了蛇虫的巢穴。在庄园与城市之间是美丽的葡萄园、橄榄树丛、大树，包括生长在葡萄丛中的石榴树。大型的高架引水渠依然屹立，即使成了废墟，它们还在证明着自己的高昂造价。

到访苏比亚科时，人造景观——美丽的葡萄树、实用的河流改道，以及诸如“从岩石中开垦出来、挂满了红葡萄”的新葡萄园那样的成就——再次吸引了皮尔斯的注意。在维泰博有一个城市（“很少有一所房子没有泉水和花园”）与乡村的混合地带。
357 “几乎每天黎明，他都要在天气变热之前到乡野中享用甜美的空气，凝视青葱的庄稼和盛开的亚麻花，那花在早晨最好看，是天蓝色的。”关于锡耶纳境内的阿米亚塔山，他写道，“它覆盖着森林，一直到最高的山顶”，常常云遮雾绕的上部是山毛榉，往下是板栗树，再往下则是橡树和栎树，最低的山坡上是葡萄树、种植林、耕地和草场。这使人想起前面引用过的卢克莱修的一段描述（V，1370—1378；见上文，本书第三章第8节）。

景观使人回想起人类的往昔。皮尔斯沿着亚壁古道游览了内米湖，这条古道的硬路面至今依然可以看到。“这条路在很多地方都比罗马帝国高地上的道路漂亮，因为它的两旁和头顶上都是榛树枝叶形成的树荫，这些树木在五月份时最为葱绿茂盛。是比任何艺术都更加高级的大自然，把这条道路变得如此赏心悦目。”

这部书暗示了在随后的几个世纪中将更大量出现的东西：对自然的审美鉴赏，景观的激发性力量，历史的联系；当前面貌与全盛时期远远不同的废墟，作为遗迹而创造了一种与众不同的人工美。最引人注目的是阿米亚塔山，山坡上自然与艺术交相辉映、活色生香。[①]

---

① 此处参考的是《一位文艺复兴时期教宗的回忆录：庇护二世的述评》（*Memoirs of a Renaissance Pope. The Commentaries of Pius II*），弗洛伦斯·格拉格（Florence A. Gragg）翻译，利昂娜·加贝尔（Leona C. Gabel）编辑并作导言；尽管它是一个删节本，但比全本容易获得。格拉格和加贝尔翻译的全本载于《史密斯学院历史研究》（*Smith College Studies in History*），卷22、25、30、35和卷43。锡耶纳农村，154—155页；小亚细亚，190—191页；蒂沃利，193—194页；苏比亚科，213页；维泰博，261页；阿米亚塔山，277页；亚壁古道，317页。

这些观念产生于地中海的过去，其他的则来自大发现时代。尽管在这里我的目的并不是要回顾那个时代众所周知的后果，但是或许应该谈一谈那些人们可以利用来解释旅行和航海带给他们的新发现的知识资源。欧洲史和世界史领域中老生常谈的主题之一，就是大发现时代，尤其是哥伦布航海使人们的知识视野得以扩张。我们并不需要详述这个主题，唯一需要指出的是，大发现时代导致人类智力生活的拓展和深化不是很快发生，而是慢慢到来的，而且我们最为敏感的叙述和评价——例如焦万尼·博塔罗和拉菲托神父（Father Lafitau）的著述——也是在大发现时代之后很久才发生。同样重要的一点是认识到：人们并非用空空如也的头脑去迎接大发现时代及其所提出的人与自然之关系的问题。我们已经讨论过一些观念的历史，这些观念仍然可以为人们进行长期而有用的服务。

2. 大发现时代

我们在下面将要谈到，“神意设计的地球”这个观念是文艺复兴时期思想的平常表述，它体现了古典概念和源于《旧约》的
概念，就像中世纪神学家的构想一样。对于上帝的智慧、力量和 358
创造力，还能有什么比来自新大陆的出人意料的消息更有力的证据呢？繁密的植被，宽广的湿热带，生活在那里的各个民族——其生活方式立即提出了人类起源问题和人类及家畜的迁徙问题（后一个问题事实上比前一个更为棘手）——这些只是激起人们无限惊奇的景象中的几个例子。航海者们的故事在华丽描述方面，

远远超过了神学家和哲学家曾经写过的任何关于在创世万物中所看到的上帝存在的证据。世界变得更大，充满了更多的惊奇，并且可居住的地方比原先以为的要多得多。“我一直在日记中记录值得注意的东西，”亚美利哥·韦斯普奇（Amerigo Vespucci）说道，“等以后我要是有空闲，可能会把这些独特而神奇的事情放到一起，写一本地理学或宇宙学的书，那样我的记忆将与子孙后代共生，万能上帝的伟大作品也会被理解，这些作品中有些是古人不了解而我们认识到的。”①

对跖之地的存在，与干旱沙漠、地中海和西北欧不同的气候和环境的存在，这些发现增强了这样的观念，即上帝赐予了自然的丰满、富饶和多样。而气候和环境影响的世俗观念也同样合用。在十七世纪晚期和十八世纪早期，尽管人们开始认识到，阅读历史书籍和来自航海与旅行的报告常常使人对气候论的解释心生疑窦，但无论如何气候论解释仍然是人们的偏爱，即便不能用来解释文化差异，至少也能用来解释文化行为。如果一个人对热带疫病及其起因一无所知，或者对原始民族的日常生活和体力活动只有非常肤浅的认识（仅限于对其体格特征的初步观察及对其性格的主观评估），那么当他看到当地人在炎热天气中躺在树荫下睡觉的奇怪场景，除了说他们是受气候奴役的生物，还有什么更合乎逻辑的解释呢？环境影响的古老观念远未遭到怀疑，事实上它的有效性还在增长，这不仅表现在通向新大陆的航

① 亚美利哥·韦斯普奇（Amerigo Vespucci）:《新世界：给洛伦佐·彼得罗·迪·梅迪奇的信》（*Mundus Novus, Letter to Lorenzo Pietro di Medici*），乔治·诺思拉普（George N. Northrup）翻译，12 页。

行中，还存在于穿越欧亚大陆的旅行及有关波斯和中国的报告里面。

甚至，人是环境的改造者这个思想在新的土地上也获得了戏剧性的表征。人们可以亲眼看到在大家认为自创世以来就不曾改变过的处女地上，通过烧荒、砍伐而带来的变化，尽管其中有些变化的确是暂时的。他们可以应用欧洲不同地点分散出现过 359
的有关开垦和排水效果的经验及理论。稍后，尤其是在十八世纪，关于新大陆环境中人为改变的作品开始增长，人们既认识到他们改变地球的力量，也认识到貌似原始的景观作为探究自然奥秘的外部实验室的价值。在迪埃哥·德·埃斯基韦尔（Diego de Esquivel）关于奇南特拉省印第安人的文章《奇南特拉之关系》（*Relación de Chinantla*，1579 年 11 月 1 日）中，有一个著名的段落描述了新大陆的健康状况和大地的清理及干燥。作者把印第安人过去与当前的情况与作了对比，主题是他们的人口在减少，同时他们对沼泽、丛林和森林蔓延的控制能力也随之降低：

> 他们没有以前长寿，比以前疾病多，因为以前乡村中印第安人的人口更为稠密，他们耕作、播种、清除丛林。而当前，巨大的丛林和森林使整个地区荒芜、潮湿、不健康。印第安人［现在］如此稀少，散布在五十多里格（约 240 公里——译者注）的地域中，这个地区变得潮湿多雨，一年中有八个月下雨，他们无力清理大地，让风像古老时代一样吹拂，干燥

大地。①

对人和神两者的事情，人们的兴趣都在快速增长，因为有关世界各民族的新问题被提出来了。大发现后很快就认识到，需要修正对人类历史的解释。挪亚及其子孙时代以来的人口史不得不谱写新的篇章，以便把新发现之民族的习俗和特征置于神意设计的保护伞之下，写出这些人与更为熟悉的欧洲、西亚及北非人之间的差异（可能通过气候论的解释），并阐明他们如何通过操纵其环境而得以生存、实现温饱。理应对这些人天生的发明创造力进行探究。是人类智力和地方环境（这在后来被称为人类的心理统一性）使每个地方的人都能各自独立地令自然为其所用吗？

1537 年 6 月 4 日，教宗保罗三世（Paul Ⅲ）对所有的基督教徒（*universis Christi fidelibus*）颁布了敕书《至高天主》（*Sublimis Deus*），宣称：上帝出于对人类的爱创造了人，使他们可以分享其他生物所享有的善，上帝还赋予他们更大的能力去达到至
360 善，并与至善直面相对。既然人被创造出来是为了享受永恒的生命和幸福——但是只有通过信仰耶稣基督才能享受——他就

① 迪埃哥·德·埃斯基韦尔（Diego de Esquivel）："奇南特拉之关系"（Relación de Chinantla），弗朗西斯科·德尔·帕索–特朗科索（Francisco Del Paso y Troncoso）编辑：《新西班牙文献》（*Papeles de Nueva España*），第 2 辑，卷 4（马德里，1905 年），58—68 页，所引段落在 63 页。这篇文章被译成了英文（引文即源于此），收录在泛美洲地理与历史研究所的出版物第 24 号（墨西哥，1938 年），伯纳德·贝文（Bernard Bevan）：《奇南特克人及其居住地》（*The Chinantec and Their Habitat*），139 页。

同时必须拥有使他得以追随这个信仰的本性和才能才行。“任何人如理解力不足，只是渴望信仰但缺乏接受信仰的最基本才能，亦为不可置信。”保罗教宗引用基督的话语，“你们要去，使万民作我的门徒”，并进一步宣称耶稣没有创造例外，“因为所有人都有能力接受信仰的教义。”根据“你们要去，使万民作我的门徒”（*Euntes docete gentes*）这个教诲，保罗三世在敕书中说，西部和南部的印第安人“以及我们近来认识的其他人群”，都不应该被当作愚蠢的野蛮人来对待，认为他们是为服侍我们而生，或者假定他们不能被劝化皈依基督教。奴役他们是没有道理可言的。印第安人是真正的人类，有能力理解信仰，而且据我们所知——保罗继续说道——他们愿意接受信仰。无论是印第安人，还是基督徒此后发现的其他民族，他们的自由和财富都不应被剥夺，即便他们生活在信仰之外；任何奴役行为都是无效的。在《布尔戈斯法律》（*Laws of Burgos*，1512 年）颁布二十五年之后，经过巴托洛梅·德·拉斯卡萨斯（Bartolomé de las Casas）、伯纳迪诺·德·米纳亚（Bernadino de Minaya）、朱利安·加尔塞斯（Julian Garcés）等人对奴隶制的持续谴责和对“印第安人是人类”的一再肯定，最终确立了保罗三世的《至高天主》敕书。但即便是这份敕书也没有终结这样的观念，即印第安人属于野蛮的低等级，除了服侍基督教主人以外就没有更大的价值了。[①]

要概括紧随大发现时代之后的观察者们对于原始民族所持的意见是很难的。的确，很多原始民族被看作不值一提的粗野、赤裸、凶残的野蛮人或食人族。[②] 有人说，对于土著民族的概念，从他们被视为野蛮人的早期阶段进步到了被当作初民研究的时代。[③]
361 毫无疑问，从十六世纪到十九世纪，对原始民族的观察是渐趋精细老练的，不过很多早期描述——例如何塞·德·阿科斯塔（Jose de Acosta）的作品——也并没有令人感到作者自认为在与野蛮人和食人族打交道。当然我们不可能在此全面分析有关新发现大陆的民族以及征服者对其态度的各种作品，但可以说两种通常的看法是：（1）认为他们沉溺于懒惰和恶习，这些特征可以纠正，其

① 敕书《至高天主》（*Sublimis Deus*）的拉丁文本和英译本收录于麦克纳特（MacNutt）:《巴托洛梅·德·拉斯卡萨斯》（*Bartholomew de las Casas*），427—431 页。关于拉斯卡萨斯的活动见 182—199 页。亦见刘易斯·汉克（Lewis Hanke）：“教宗保罗三世与美洲印第安人”（Pope Paul III and the American Indians），《哈佛神学评论》（*Harvard Theolog. Rev.*），卷 30（1937），65—102 页，尤其是 67—74 页，关于西班牙人对印第安人的态度，及关于德·米纳亚和主教加尔塞斯；94—95 页，关于拉斯卡萨斯与敕书。汉克认为，保罗三世当不起关于他是印第安人的朋友和保护人的通常赞誉；汉克说，考虑到天主教信仰和教会法规，当时没有任何一个教宗会拒绝发布这份敕书。亦见路德维希·弗赖赫恩·冯·帕斯特（Ludwig Freiherrn von Pastor）:《中世纪结束以来的教宗历史》（*Geschichte der Päpste seit dem Ausgang des Mittelalters*），卷 5:《教宗保罗三世史》（*Geschichte Papst Pauls Ⅲ*），第 13 版，719—721 页；英译本《教宗史》（*History of the Popes*），克尔（Kerr）编辑，卷 12，518—520 页。

② 米尔曼(Mühlmann):《人种学方法论》(*Methodik der Völkerkunde*)，18—19 页。

③ 汉斯·普利施克（Hans Plischke）：《从野蛮人到未开化的：经历多个世纪的原始部族》（*Von den Barbaren zu den Primitiven. Die Naturvölker durch die Jahrhunderte*）。

途径是通过皈依并接受基督信仰，以及靠近西班牙人居住，因为从西班牙人那里他们能学到普遍认可的习俗；（2）认为他们尽管也是上帝的创造物，但是曾受撒旦控制，而现在，通过传教活动引导他们皈依、把所有新发现的民族全部置于基督信仰之下，已经成为上帝设计的一部分。《布尔戈斯法律》很好地说明了许多这样的观点。它揭示了对无所事事的担忧、对劝化异教徒皈依的热望，以及将这些人本身作为一些民族来承认他们的特征、承认文化接触和仿效的本质，甚至承认尊重印第安人习俗的必要性。①

拉菲托神父（1670—1740 年）是前往易洛魁河地区的法国耶酥会传教士，他使用比较方法对印第安人作出了最早的人种学的广泛研究，对前任的作品进行了一些有趣的评论，同时高度概括了对新大陆人民的普遍态度。他批评了这样一些人：他们认为印第安人缺乏宗教情感，也没有关于神、法律或政府的知识，印第安人唯一的人类特征就是他们的外表。他说，甚至传教士和其他心怀善意的人也曾传播这类不准确和不真实的观点。

尽管拉菲托写作的年头较晚——《美洲印第安人习俗：与原始时代习俗的比较》（*Moeurs des Sauvages Ameriquains, Comparées aux Moeurs des Premiers Temps*）第一卷在 1724 年才问世——他仍然表达了正统天主教对新大陆及其民族的态度。他说，大发现时代并不是像它表面看来那样的偶然发现；相反，它是上帝在其天意之珍宝中早已预留了的，为的是用信仰之光启蒙

① 辛普森（Simpson）：《布尔戈斯法律，1512 至 1513 年》（*The Laws of Burgos of 1512—1513*）。

那些被撒旦劫持为奴的芸芸众生，那些被蒙蔽在谬误的黑暗中和死亡的阴影下、深陷于制造凶残之恐怖及偶像崇拜之荒诞的芸芸众生。拉菲托继续指出，即便对饱学之士而言，那些人的外貌也是如此令人吃惊，以至于首先要问的就是他们是否为亚当的后代，是否为我们最初祖先的子嗣——我们的信仰不允许自己怀疑这一点——而他们又是在什么时候、以什么方式、从什么地方来到此处？因此在很早的时候，关于人的传播、迁移及迁移路径的问题
362 就有了重要意义，这样才能将新发现与《圣经》中关于创世、大洪水、挪亚后代的繁衍、上帝对世界的恩惠和关爱等方面的记述调和起来，即便撒旦之霸权何以在新大陆持续如此长久这一点没有得到解释。[①]

当时很多人十分清楚地意识到大发现时代在推翻旧观点和拓展人类视野方面的重要性。亚美利哥·韦斯普奇宣称它是一个新世界，因为古人对它一无所知；认为在赤道以南没有陆地，或者即使有也不能居住的旧观念已经被证明是错误的——“因为在那些南部区域，我已经发现了一个大陆，它有着比我们欧洲、亚洲或非洲更稠密的人口和更大量的动物，而且气候比我们已知的任何其他地区都更温和、更舒适……”[②] 类似的表达出现在洛佩·德·维加（Lope de Vega）的喜剧《克里斯托弗·哥伦布发现的新世界》（*El Nuevo Mundo Descubierto por Cristóbal Colón*，十七世纪早期），剧中哥伦布以一位新大陆自觉发现者的角色出

---

① 《美洲印第安人习俗》（*Moeurs des Sauvages Ameriquains*），卷 1，27—29 页。

② 亚美利哥·韦斯普奇（Amerigo Vespucci），前引书，1 页。

现，驳斥了炎热地带不适宜人类居住的古典观念。如果人们可以生活在寒冷的西徐亚，那么他们同样能够生活在烈日炎炎的气候中。他打算寻找对跖之地的人民。为什么不应该有人在地球另一面与我们相对而立呢？难道我们不知道有人一年里六个月生活在黑夜中吗？难道挪威不是一个寒冷的国家吗？[①] 这些评论（洛佩·德·维加的只是其中一个例子）表明，人们意识到有必要修正之前假设的地球环境分布，主要是关于纬度与气候，以及对跖之地的简单问题。

同样，弗兰西斯科·洛佩兹·德·戈马拉（Francisco Lopez de Gómara）对古人的地理学理论毫不留情，这些理论已经被当前的航海经验所驳斥了。他概述了“有不止一个世界”的古典观念，发现这些观念没有根据。地球是圆的，不是扁平的，不仅是可居住的，而且已经被人居住了。他对气候带的批判性历史论述，显示了对古典思想的广泛熟谙。他指出人对极端气候有适应能力，因为人是泥土做成的，上帝命令亚当和夏娃生殖、繁衍，并行使对地球的统治力。他在《圣经》中找到证据，表明新大陆的存在是为人所知的。将人类广泛分布这个新发现、新观察与《圣经》调和起来，是旧观念面对新事实时表现韧性的另一个例子。他关于对跖之地和热带可居住思想的简史也值得注意。更为引人注目的是他的伟大著作的尊贵开篇：世界的美丽与多样现已展示在有识之士面前，供其研究和理解它的奥妙。“世界是如此之大且美丽，事物是如此之繁复多样且各自迥异，凡是认真思考、仔细观察的

① 第 1 幕，第 1、2、7、10 场；第 3 幕，第 11 场。

363 人，无不为之赞叹不已。凡是不像野兽一样活着的人，很少不曾思虑这样的奇观，因为每个人对于自然都有求知欲。”①

3. 塞巴斯蒂安·明斯特尔

通常，当我们把挑选出来的多部著作作为一个整体加以审视，尤其是如果这些著作在一个时代（比如大发现时代）结束足够长的时间之后才出版，从而使理论和观察得以成熟并与旧知识相融合的话，那么我们对占主流地位的各种观念以及它们彼此之间的关系就会获得更真实的体悟。在此，我选择了三个这样的人物：塞巴斯蒂安·明斯特尔、何塞·德·阿科斯塔和焦万尼·博塔罗。他们都被卷入作为回应新发现而出现的新思潮之中；他们写作时都熟知欧洲的观念，都意识到这些观念在阐释新知识中的重要性，并且都明白他们自身现在必须经历的修正。

塞巴斯蒂安·明斯特尔，1489 年出生于下英格尔海姆（位于美因茨与宾根之间），1505 年成为一名方济各会僧侣。1529 年，他转入瑞士改革派的新教信仰。他是希伯来语学者、制图家，还是古典著作的编辑者（编辑波帕尼乌斯·梅拉和尤利乌斯·索利努斯的作品），但他是以宇宙学者的身份铭记于世人心中，其声誉建立在《宇宙志》（*Cosmographey*）这部书的基础上，这是大

① 弗朗西斯科·洛佩兹·德·戈马拉（Francisco Lopez de Gómara）：《西印度群岛史》（*Historia General de las Indias*），载于《西班牙作家文库》（*Biblioteca Autores Españoles*），卷 22，即《西印度群岛史前史》（*Historiados Primitivos de Indias*）二卷本之卷 1。

发现航海之旅以后出版的令人印象最为深刻的早期地理学概要论著。初版于1544年的这一世界名著，是作者十八年辛勤工作，并由120位学者、艺术家和高级人士协助而完成的巅峰之作。随后的1545、1546和1548年版几乎未做改动，但是1550年版做了许多修正和补充，并增加了多幅精美的城镇版画，还有新的地图，更为这部著作增添光彩。明斯特尔1552年在巴塞尔死于瘟疫，他去世后又发行了增订版。这部著作在一个多世纪的时期中，在德国以及欧洲很多其他地区中都有着非常重大的影响。①

这本超长篇幅的著作被分成厚薄不一、精粗不同的六册。第 364
一册是自然地理学和数学地理学的概论性纲要，结尾基于《圣经》，是关于大洪水之后人类分散的述评。可能最为出色的第二册是关

① 维克托·汉奇（Victor Hantzsch）："塞巴斯蒂安·明斯特尔的生平、创作及学术意义"（Sebastian Münster. Leben，Werk，Wissenschaftliche Bedeutung），载于《王家萨克森科学协会论文集》（*Abhandlungen der königlich Sächsischen Gesellschaft der Wissenschaften*）（哲学、史学类），卷18（1898），第3号。汉奇提到了对瓦莱描写之优美和新大陆材料之贫乏。玛格丽特·霍金（Margaret Hodgen）的两篇论文写出了这个时期的特色："塞巴斯蒂安·明斯特尔（1489—1552年）：一位十六世纪的人种志学者"［Sebastian Münster（1489—1552）:A Sixteenth-Century Ethnographer］，《奥西里斯》（*Osiris*），卷11（1954），504—529页；"约翰·伯姆斯（鼎盛期1500年）：一位早期人类学家"［Johann Boemus（fl. 1500）: An Early Anthropologist］，《美国人类学家》（*American Anthropologist*），卷55（1953），284—294页。亦见霍金女士在《十六和十七世纪的早期人类学》（*Early Anthropology in the Sixteenth and Seventeenth Centuries*）中高明的第5章至7章，关于习俗的汇集，挪亚方舟与文化多样性问题，传播、退化与环境主义。约翰·罗（John Rowe）的《十六世纪的人种志和人种学》（*Ethnography and Ethnology in the Sixteenth Century*）也非常有意义。概述性论文亦见加卢瓦（Gallois）:《文艺复兴时期的德国地理学家》（*Les Géographes Allemands de la Renaissance*）；及弗朗索瓦·德·丹维尔（François de Dainville）:《人文地理学》（*La Géographie des Humanistes*），巴黎，1940年，尤其是85—87页。

于南欧和西欧的；诚如汉奇（Hantzsch）所言，其引人注目之处在于对风俗习惯和民族特征鲜明生动的描述，以及对土地生产率、土壤肥力和物质文化的观察。[①] 论述德国的第三册篇幅最长；第四册讲的是北欧和东欧，第五册是亚洲和新岛屿（新大陆），第六册讨论非洲。

关于这部初版于哥伦布首航五十多年后的《宇宙志》，我们最重要的总体评论就是，关于亚洲和新大陆的第五册写得很差劲。书中有版画刻着狗头人、脸长在胸部的无头人、连体双胞胎、单腿巨足人，同样的版画在关于非洲的第六册中再次出现。尽管此时已经存在关于哥伦布航行和韦斯普奇航行的德语文献，但是明斯特尔只是简略地提到这两次航行，加入了关于印第安人身体构造和生活方式的一两处短评。明斯特尔自己曾经帮助他的朋友格里诺伊斯（Grynaeus）写作《新世界》（*Novus orbis*），该书包含了哥伦布的前三次航性、平松（Pinzon）和韦斯普奇的航行、马可·波罗（Marco Polo）及其后继者的旅行。[②] 他对下列事件视而不见：当年曾引起全球关注的对墨西哥和秘鲁的征服，韦尔泽家族（the Welsers）向委内瑞拉的殖民——查理五世（Charles V）已经在1527年把圣安娜德科罗指定给奥格斯堡银行公司，公司

---

① 汉奇，前引书，52页。

② 《新世界》（*Novus orbis*）于1532年在巴塞尔和巴黎分别独立出版。格里诺伊斯（Grynaeus）写了前言，但编纂工作是由约翰·赫蒂齐（John Huttich）做的，格里诺伊斯其后作了修订。见贾斯廷·温莎（Justin Winsor）给《叙述性与批判性的美国历史》（*Narrative and Critical History of America*）卷1所写的导言，xxiv—xxvii页，并附有格里诺伊斯和明斯特尔的肖像。

很快派遣殖民者去了奥里诺科河谷——还有德国财富追求者在新大陆的活动，富格尔（Fugger）在智利和南太平洋的殖民事业，以及德国商人在巴西的繁荣聚落。在明斯特尔去世后发行的版本中，关于美洲的著作和法兰克福的铜版刻印家西奥多·德·布里（Theodor de Bry）及纽纶堡的出版家莱温纳斯·赫尔修斯（Levinus Hulsius）所收集的航海藏品——“有关东西印度群岛知识的用之不竭的资料”——似乎完全没有引起这些编者的注意。[①]

明斯特尔的地理哲学是什么？他对地理之内涵和意义的概念是什么？对他而言，地理知识意味着对实际事务和宗教问题更深入的知晓与理解。

明斯特尔认为地理学对于历史学家十分重要。他自己经常不断地使用历史资料，即便只是因循守旧式的使用。斯特雷波是他的榜样，当朋友们把他誉为德国的斯特雷波的时候，他感到十分高兴。[②]
宇宙学是对世界及置于其中的每一事物的描绘，打开了《圣经》中 365
隐匿的秘密，揭示了有智慧、有见识的大自然的力量。人们获悉新的习俗，探索之路将人引向新的动物、树木和植物的知识。

明斯特尔对环境变迁作为文化史的一部分这一点显示出清醒的认识。像他这样熟知德国历史的德国爱国者，为斯特雷波和托勒密描绘的日耳曼与他们自己所处时代的国家之间的对比感到震惊，他说现在的德国像高卢和意大利一样被垦殖了。他比较了德国的历史进展与圣地巴勒斯坦的环境恶化，但是没有作更深入的

① 汉奇（Hantzsch），前引书，56、68 页。

② 同上，59 页。

解释。

明斯特尔在他的文化史纲要中说，随着文明的进步，人们毁林开荒并排水，城镇产生了，城堡在山上建立起来，土堤和水坝控制了水流。人终结了创世。渐渐地，通过耕作，以及聚落、城堡、村庄、田地、牧场、葡萄园和其他类似的东西，地球的原始状态已经遭到如此的改变，以至于它现在可以被称作另一个地球。

尽管他远远未能将人们在前往新大陆的航海和旅行中获得的财富带给热切的读者，但他并非没有意识到这些财富的含义，因为它们同样也是神意设计的一部分。我们可以惊讶地凝视创造物，因为每块大陆都被赐予了其他大陆上不曾发现的某些东西。造物主如此了不起地分配了他的礼物，为的是让人们能够认识到他们和他们的陆地总是彼此相依。①

除去这个传统的神学内容，明斯特尔的地理学是描述性的而不是理论性的。他被欧洲位置的优越性所震撼。他沿袭将旧大陆分为三个区域的古代划分方式，以顿河、地中海和尼罗河为分界线；他评论道，欧洲是最小的，但是肥沃丰饶，有着适宜果树、葡萄和许多其他树种生长的温和气候。欧洲不亚于任何地方，可以与最好的地方相媲美。这里建造了引人入胜的城市、城堡、市场和村庄，这里的民族也远比非洲和亚洲的民族更强大。② 明斯特尔还谈到自古以来随着西欧殖民，以及现在随着新发现而带来的人类地理视野的扩展；然而这一景象又充溢着关于事物转瞬即

---

① 以上段落根据《宇宙志》（*Cosmographey*），“前言”（Vorrede）。

② 同上，第1册第16章。汉奇（Hantzsch），前引书，51页。

逝的忧郁氛围，所罗门（Solomon）关于新奇事物的观察支持了这一点。

一般认为，这部著作中最出色的描写是关于瓦莱的部分。它以锡永的哈德里安主教（Bishop Hadrian）辖下的一位省都督约翰尼斯·卡尔伯马特（Johannes Kalbermatter）的作品为基础，可以与现代的描述相媲美。瑞士的这个著名州现在主要以它的风景名胜和滑雪场著称：阿尔卑斯山口、马特峰和采尔马特，以及
它在罗讷河上的两座城市——马蒂尼和锡永。山谷和高山草甸、 366
包括熊和野猪在内的野生动物、放牧奶牛和绵羊山羊的夏季牧场，在书中简略地提到。这块内陆土地什么都不缺，有谷物、水果、肉、鱼和葡萄酒；对锡永和谢尔出产的红酒的优异品质，书中赞美道：它们如此之黑，以致可以用来书写，更多地写出山地牧场、山羊奶酪、黄油、卖到意大利的牛群，以及河中之鱼。还有，药草和药用树根（甲状腺肿流行及其可能的原因）、松节油、矿石和采矿、温泉浴场，这些进一步详解了这个没有统计数字的盘点评估。①

在这个十六世纪的描述中，欧洲最美丽、最有魅力的景观之一栩栩如生。它比整个新大陆的描写更绵长、更完整、更准确。

4. 何塞·德·阿科斯塔

何塞·德·阿科斯塔说，就我们从《圣经》所知，所有的人

① 《宇宙志》，第 3 册第 43 章，“瓦莱的沃土”（Von Fruchtbarkeit des Lands Wallis）。

都是第一个人的后代，那么人又是怎样及通过什么方式到达美洲的呢？阿科斯塔马上排除了有第二艘方舟及由某个天使干预而成的说法；他认为依据理性的原则，新大陆有人居住是自然原因造成的。然后他考虑航海而来的可能性，以及如此这般的航行是有意还是意外。他说，我们一定不能认为航行的技艺只有我们才拥有；这些早期的人可能像我们一样，已经拥有航海术和领航员。所罗门就曾经从提尔和西顿带走船长和领航员。然而阿科斯塔并不认为这样的航行是有意为之的，主要在于这些早期的人缺少天然磁石和指南针，而没有指南针要横渡大西洋是不可能的。他说，古人航海依靠太阳、月亮和星星，依靠观察陆地标志和陆地之间的差异。他认为，由于这些原因，如果新大陆的发现是航海带来的，那么它是偶然的（最大的可能就是被风吹来的），因为这样的意外发现在我们的时代也时有发生。进一步而言，很多发明和发现都是来自意外而不是人为努力的结果，但是阿科斯塔又补充说，意外发现仅仅对于人类来说是意外的，因为这样的发现只有通过造物主的旨意才会发生。

但是，由于不好解释动物，尤其是对人无益的狐狸、老虎、狮子等食肉动物是如何到达新大陆的，阿科斯塔否定了因航海而意外发现的可能性。应景的动物可能会被运过来，但是较大型食肉动物的存在促使阿科斯塔得出结论说，美洲有人和野兽居住皆由陆路实现；在某个地方——北方或者南方——新大陆与旧大陆
367 之间存在着连结，或者只被一个狭小水体相分割。远离大陆、野兽游不过去的岛屿上就没有野兽，这一点使他进一步深信：陆地通道是生命从一个大陆迁移到另一个大陆的唯一说得通的解释。

在大陆上看到的老虎、熊、野猪和狐狸，在古巴、伊斯帕尼奥拉岛、牙买加、玛格丽塔岛、多米尼加等地却没有，在这些岛屿上发现的野兽都是西班牙人引入的。①

从十六世纪到十九世纪中期，很多人都相信，土著美洲人是以色列失落之部落的遗存。包括拉斯卡萨斯在内的很多早期教士都相信这一点，但是阿科斯塔并不相信。②阿科斯塔说，有关新大陆的动物的问题长期困惑着他。人们可以带着一只母鸡从一个地方到另一个地方，甚至今天仍然如此。但是很难解释那些欧洲所没有、而现今在印度群岛发现的野兽的起源。如果它们是在新大陆被创造出来的，那么当初就不需要挪亚方舟。如果飞鸟和野兽会在新大陆上第二次被创造出来，那么当初也没有拯救它们的必要；如果后来的这次创造发生了的话，那么就不能说世界是

---

① 阿科斯塔（Acosta）:《印度群岛历史》（*Historia de las Indias*），第1部第16、19、20章。

② 见古德斯皮德（Goodspeed）所译的《次经》（*The Apocrypha*），"以斯得拉二书"（The Second Book of Esdras），xiii，39—47。1650年托马斯·索罗古德（Thomas Thorowgood）在英国出版了最早的讨论集《犹太人在美洲，或美洲人为犹太人的可能性》（*Jews in America，or，Probabilities that the Americans are of that Race*）。十七世纪的新英格兰的主导牧师们接受了这个理论。1768年，查尔斯·贝蒂在特拉华人中找到了失落部落的踪迹，他们复述印第安人的故事，即他们很久以前也出售"同样的经书给白人，传教士们最终试图使他们熟悉这些经书。"在十九世纪早期，有人对土著语与希伯来语之间的相似性，以及印第安人与古代希伯来人习俗的相似性产生兴趣。在此，我除了提请读者注意这些人类传播论作品外，不希望作更多的讨论。本注释是基于贾斯廷·温莎（Justin Winsor）的《叙述性与批判性的美国历史》（*Narrative and Critical History of America*），卷1，第2章，"前哥伦布时代的探险"（Pre-Columbian Explorations），115—117页，及其广泛的文献参引。亦见阿科斯塔，前引书，第1部第23章。

在六天里创造完成的。如果挪亚保存了所有的野兽，那么也就是说，即便在旧大陆找不到它们，它们也是从那儿来的。人们在新大陆发现了这些动物，把它们当作旅行者和陌生者，但是为什么这些种类的动物没有任何一只留在旧大陆呢？如果羊驼、骆马和秘鲁绵羊在世界上任何其他地方都不存在，那么是谁带它们来到这里？为什么它们在这里，而在任何其他地方都没有它们的踪影？如果它们不是从其他地方来的，那么它们是在新大陆被创造出来的吗？也许上帝进行了野兽的新创世？（“¿Por ventura hizo formaron Dios nueva formacion［sic］de animals?”）适用于羊驼和骆马的道理，同样适用于森林中的上千种飞鸟和野兽，这些飞鸟和野兽无论是我们还是过去的罗马人、希腊人都不认识。阿科斯塔最后的结论是，所有的动物事实上确实来自挪亚方舟，它们分布在适合于它们的环境中，在其他地方灭绝了，但是在新大陆存活下来。他补充说，这不是一起不寻常的事件，很多亚洲、欧洲
368 和非洲国家也有这样的例子。大象只在东印度才有，但是它像羊驼和骆马一样也是来自挪亚方舟。[①]

因此，人和野兽的散布问题很早就与基督教神学紧密地连结在一起。人的散布意味着其习俗的传播。阿科斯塔的观察显示出传播理论和独立发明理论——乃至十九、二十世纪关于新大陆文明之旧大陆源头的争议——可能是如何形成的。

---

① 阿科斯塔（Acosta），前引书，第4部第36章。

5. 焦万尼·博塔罗

焦万尼·博塔罗是一位受耶稣会（Jesuit）教诲的学者，在反宗教改革运动期间写作，并出版了三部主要著作：《城市之伟大》（*Greatness of Cities*，1588年）、《国家理性》（*Reason of State*，1589年）和《全球关系》（*Relazioni Universali*，其第一部分发表于1591年）。在这几部著作中，《城市之伟大》是最为有趣和最有吸引力的，也具有某些激动人心的思想。《国家理性》的写作，作者声称是为了抵消马基雅维利的影响，它属于政治论文的类型，常常是向一位统治者讲话，到当时为止这类著作中最突出的例子有柏拉图的《法律篇》、圣托马斯的《论王权》、但丁的《君主制论》（*On Monarchy*）和马基雅维利的《君主论》（*Prince*）。《全球关系》一书则是地理事实的概要，理论吸引力要小得多。

博塔罗说，为了适当地驾驭他的臣民，一位君主必须能言善辩，而如果不了解构成人类作品基础的自然之作品，则不可能使他的论辩“精妙，或者令人信服，或者给人深刻的印象”。

> 没有什么比以下这些知识更能唤醒智慧、启迪判断力和激励心灵向往伟大事物了：世界的布局，自然的秩序，天体的运动，单体与复合体的质素，物质的生成与消灭，精神的本质及其能量，草、植物、石头和矿物的特性，动物的行为与感觉，未完美融合之物质的产生：雨、雾、雹、雷、雪、

陨石、彩虹、泉源、河流、湖泊、风、地震、涨潮和落潮。[①]

如果这对君主而言有点期望过高，那么博塔罗自有绝妙的捷径，即各类博学之士可以围绕在君主身边，通过启发性谈话来教导他。

为了很好地统治，君主必须理解他的臣民。一个人的本质、特征和性情是由地理位置、年龄、运气和教育等形成的；已经有许多人讨论过教育，而亚里士多德论述了年龄和运气，因此博塔罗将把自己的写作限制在地理位置方面。

369 接下来便是他对温和气候之优越影响力论据的重述；如同在每种事物中一样，宇宙里最理想的地方位于两个极端之间。博塔罗作了惯常的笼统概括，这种概括体现了模仿古典时代学说的特征。古典观念一如既往，但是它们所适用的区域已经改变了。例如，北方各民族（不包含极北地区的人）大胆，而不狡猾；他们体格强壮，为人简单、直爽，不过经常处于酒神巴克斯的影响之下。北方人现在居住在特兰西瓦尼亚、波兰、丹麦、瑞典。南方人则不出所料，有着相反的性格：他们狡猾，但缺乏勇气，他们干瘦，受金星的影响。而温带地区的民族则结合了南北方各自最优秀的特点。

更有意思的是博塔罗对宗教与气候的分析。作为反宗教改革运动时期的耶稣会会士作家，他自然对非基督教之宗教、对宗教改革运动所造成的基督教教会内部新近分裂有着自己的观点。南

① 《国家理性》（*Reason of State*），第 2 部第 2 章。

方人（如他用含混语言所指的）大部分是非基督教世界的民族，他把印度和“萨拉森人统治的地区”包括在内。“南方人更习惯于玄思，深受宗教和迷信的影响：占星术和魔术在他们那里发源，神汉、裸体苦行僧、婆罗门和智者受到他们的尊崇。”在对古兰经作出一些不大恭敬的评论后，博塔罗接着说：“同样值得注意的是，给上帝的教会带来麻烦的异端教义中最精微和玄妙的部分起源于南方，而那些较为粗糙、物化的部分则产自北方。”博塔罗举出具体的例子对这句话作了说明，并且实际上为宗教改革的原因提供了一个环境论解释。北方人——

> 拒绝教宗的权威，因为内心坚毅的他们是自由的极端热爱者；他们的世俗统治，无论是共和制还是君主制，都是由他们自己的意志和选择而决定的，因此他们渴望用同样的方式选择自己精神政府的形式。北方国家的军官和士兵在战争中仰仗力量而不是技巧，在与天主教徒的争议中他们的代表依赖强硬的语言而不是论辩。

我们对博塔罗的其他环境观念的兴趣仅仅在于它们说明了一个老传统的连续性。地理位置的相关性适用于北半球，但是他指出这种相关性可以同等地适用于南半球。我们在前面说过，人们在古典时期已经认识到，单单纬度不同并不能被视为民族之间差异的充分解释。经度、地形、气象的差别同样存在。博塔罗延续了这一传统，对居住在不同地区的民族作出区分：东方人（随和、性格可塑造），西方人（骄傲、内向），风带人（不安分、狂暴）， 370

静谧地方的人（安宁、温和），山地人（野性、孤傲），山谷人（柔顺、女性化），贫瘠地方的人（勤劳、孜孜不倦），肥沃地方的人（慵懒、文雅），海边的人（机敏、精明、擅长经商），内陆人（真诚、忠心、容易满足）。①

博塔罗对环境观念的运用显示出这些观念的韧性及其对新历史环境的适应能力；不过他同时也关注潜在的人类成就，关注文化接触，关注人口增长及人口增长与城市、疾病和资源的关系。要是在十九世纪，这些话题很可能会在一个类似“人与环境的相互影响”这样的标题下一并得到讨论。在博塔罗的著作中它们是零散的，是博塔罗著作的阐释者给了它们统一性和连贯性。需要指出的是，我们不能只强调其思想的环境论色彩，还应该讨论他的更富有活力的其他观念，这些观念带有他亲身观察、思索和感受的深深烙印。

博塔罗论述了亚洲“软弱方式”侵入希腊的坏影响及随后给罗马带来的灾难性后果，而葡萄牙王国“衰落的命运不是由摩尔人造成的，而是拜印度的软弱方式所赐。”这些不只是关于克制自己的说教，而是断言一个民族通过与另一个民族的直接或间接接触会受到影响，造成与“炎热使人狡猾、寒冷使人勇敢”这种简单气候关联性所产生的完全不同的印象。后来，博塔罗不太确切地转释了波利比乌斯的观点（没有提及他的名字），即音乐具有改变一个民族的效果，而这个民族的初始状态是由气候

① 《国家理性》（*Reason of State*），第2部第5章。

所造成的。[1]

博塔罗还对人口与环境的关系做了有趣的观察。他赞成人口众多，也强调了国家人口稠密的优势。意大利和法国有自己的金矿和银矿，但是他们比任何其他欧洲国家拥有更多的金银，是因为他们稠密的人口通过贸易和商业从全球各个地方吸引了金钱。“有很多人的地方，大地必定是精耕细作的，它为生命提供所需的食物，为工业提供原料。”如果说西班牙土地贫瘠，这种状况应当归咎于其居民的稀疏；无论是土壤的性状与品质还是大气自身都没有改变，真正原因是居民人数减少了，土地耕种退步了——博塔罗在这个评论后面接着分析了人口下降的历史原因。[2]

他问道，土壤肥沃或人民勤劳，哪一个对于促使国家强大繁 371
荣更为重要？他自己又毫不犹豫地回答，人的勤劳更重要：“首先，人类手工技能的产品比大自然的产物数量更多、价值更大，因为虽然大自然提供了材料和物体，但是无限变化的式样却是人的才智和技能的结果。”[3]

博塔罗描述的在地球上所显示的神圣计划，在他关于陆地与水体传统对比的老调重弹版本中得到了说明。上帝创造水，不仅因为它是“完美自然的必要元素，而更重要的是，它是从一个国家到另一个国家传输携带货物最便捷的方式。”造物主通过他的地理计划，在整个地球上分配他的祝福，为的是让人们彼此需要，也为了“有可能生成一个社会，从社会中生成爱，从爱中生成我

① 《国家理性》(*Reason of State*)，第 2 部第 17 章；第 5 部第 4 章。

② 同上，第 7 部第 12 章。

③ 同上，第 8 部第 3 章。

们之间的统一。”[①]

一位君主必须毫不迟疑地改变自己国家的自然面貌。温暖和湿润对农业的成功必不可少，因而“君主也必须引导河流或湖泊经过他的国家，以此来千方百计帮助自然。”他赞美米兰官长用运河抽取提契诺河与阿达河的河水。“一切能够用来促使他的国家肥沃丰饶、生产它所能提供的所有产品的措施，君主必须保持其活力并使之兴旺。”君主还应该毫不犹豫地从其他国家进口种子、树木和动物。土地不能像在英格兰那样被转换成公园，假如人民必定因此而承受谷物短缺的话。完成这些高尚公共工程的实际手段并不讨人喜欢；博塔罗认为奴隶、船奴、罪犯、乞丐、流浪汉和无业游民可以干这些活，不过士兵和普通人（像在瑞士那样）也曾从事这样的工作。他谈到彭甸沼地的垦殖和土地改良，这是由那些更热衷于国家的未来而不是眼前利益的统治者们承担起来的。一个国家有原料可供使用，而在博塔罗的思想中是人的勤劳创造了它们。“自然给原料以外形，而人的勤劳为这个自然作品加上无限多样的人工式样；由此，自然之于工匠，犹如原料之于自然施动者一样。”[②]

对博塔罗而言，人口政策与国家福利、土地改良及一夫一妻制密切相关。婚姻并不能确保人类的繁衍，因为儿童必须要得到照料才行。他抨击土耳其人和摩尔人的一夫多妻制，赞美基督教徒的一夫一妻制。他指出，由于妒忌和猜疑，“几个妻子互相阻

---

① 《城市之伟大》（*Greatness of Cities*），第1部第10章。

② 《国家理性》（*Reason of State*），第8部第2、3章。

止别人怀孕，或者利用巫术伤害已经出生的婴儿。”一个拥有不同妻子所生子女的父亲稀释了他的爱心，他没有兴趣关注孩子们的教育及抚养他们的办法。

瘟疫和疾病保持了人口的稳定。 372

> 当每隔六年就有数以千计的人死于瘟疫的时候，开罗从它那庞大的人口中得到什么好处呢？如果说每三年传染病几乎夺走整个城市的居民，那么康斯坦丁堡如何从它的稠密人口中获益？事实上，瘟疫与疾病来自住所的拥挤不适、生活条件的污秽恶劣、政府不关注维持城市洁净和空气清新，以及其他类似的原因。所有这些事情使养育儿童变得困难，尽管有很多婴儿出生，相对而言却只有很少的存活下来或成长为有价值的人。①

博塔罗关于城市生活的讨论，与他本人沉溺其中的粗糙的传统环境相关论截然不同，而是表明他相信，一个民族的生命和性格可以被他们的生活方式所塑造。忒修斯（Theseus）能轻易说服居住在分散村落里的乡村居民加入雅典人的行列，是因为他能够把这样一个联盟的优势展现给他们。博塔罗像其他基督教徒作家一样，关注信仰在新大陆的传播，因而他对聚落形态感兴趣，对土著族群居住在人口较稠密的定居地并较为接近葡萄牙文化中心的可能性感兴趣：

---

① 《国家理性》（*Reason of State*），第4章。

> 那些人［在巴西］散居各处，住在岩穴和用棕榈树干与树叶搭建的棚屋中（不能称之为房子）。由于这种居住如此分散的生活方式使得这些人保留了他们一如既往的野蛮头脑和粗鄙的举止行为，给福音书的传布、异教徒的转变、受苦人的指引带来很大的困难和障碍，因此，为了劝化他们皈依，引领他们走向知识与文明，葡萄牙人和耶稣会修士用了极度的努力和关心来减少驻地，把他们吸引到对其目的更便利的某个聚居之地，在那里他们生活在文明的交流中，可能更易于被基督教信仰所引导，更易于接受国王的地方官和大臣的管理……①

这里的论点是通过文化接触所带来的仿效而造成转变的说法。同样比传统环境观念更为精细老练的，是博塔罗对人居住在城市中的原因的分析。很明显，他崇尚与乡村生活迥异的城市之张扬与华丽，赞美像安条克、大马士革、布鲁萨、科尔多瓦和塞维利亚这样的地方，以及人们居住在这些地方的实际理由：

“人们由于愉悦和惬意而总是被吸引集中居住在社会之中，无论这愉悦惬意之情是地方的位置还是人工技艺带给他们的。地方位置的吸引力来自清新的空气、宜人的河谷视野、舒适的树荫、
373 大量的猎物和丰富的水流……”属于人工技艺的是“城市里笔直整洁的街道、壮丽宏伟的建筑”、剧院、竞赛、喷泉以及其他“赏

① 《城市之伟大》(*Greatness of Cities*)，第 1 部第 2 章。

心悦目的奇妙事物，让人们又景仰、又惊讶。”[①]

在《城市之伟大》一书中，博塔罗回到他在《国家理性》中提到的一个主题，即城市“一旦扩张为伟大城市，即依据其自身比例而不再增长”。博塔罗援引哈利卡纳苏斯的狄奥尼修斯（Dionysius of Halicarnassus）的话说，在罗慕路斯建立罗马时，它有3300个能够服兵役的男子。到他37年的统治结束时，这个数字已经增长到4.7万人。大约150年后，在塞尔维乌斯·图利乌斯（Servius Tullius，公元前578—前534年）时期，有8万人。渐渐地罗马人口总数达到45万。博塔罗接着问道，为什么罗马的人口增长停止了，为什么米兰和威尼斯的人口持续400年不变。他否定了原因是瘟疫、战争和饥荒这种解释，因为这些因素在以前比当时更严重。“战争现在已被移出战场、逼入墙角了，鹤嘴锄和铁锹比宝剑更常用。”

他不满足于不作更深入的探究就简单解释为：这是上帝的旨意。上帝如此这般处置，却在统辖自然时通过“次级原因”行事：“我的问题是，永恒的天意用什么手段使很少的东西增殖繁衍，使很多的东西停留在原地、不再向前发展。”答案是一个城市的人口，或者整个地球的人口，将增长到食物供给所允许的数值为止。城市增长的原因部分在于“人的生殖优点”，部分来自“城市的营养优点”。生殖优点在历史长河中是稳定不变的；倘若没有任何干扰，“人类的繁育会无止境增加，城市的扩大也会没有尽头。如果它并没有无限增长，那么我必须说，这是由于它所需要的营

① 《城市之伟大》（*Greatness of Cities*），第6章。

养和食物供应有了缺陷。”[①]

这些著名的段落在前马尔萨斯人口理论中占有长期的地位，其基础是一种与众不同的环境论——不是纠缠于区分炎热、寒冷和温暖区域，而是一种从环境生产食物的能力、因而也是直接控制一个地方乃至整个世界人口的能力这个角度来看待总体环境的理论。这种环境论，即地球作为一个限定因素的环境论，不同于主要用来解释文化差异的较老旧的环境理论，我相信它是一种近代性质的观念。诚然，在中世纪便有这种思想的蛛丝马迹，而在古代，人口过剩是移民原因的一个传统解释。博塔罗能在宗教框架内轻易地推进这个理论。世界人口的数量和他们能够获取的食物数量是由造物主的设计所决定的，但是这个设计可
374 以通过观察规律性和次级原因而发现，通过这种方法，人们可以得到比简单回应“人口与食物供应之平衡是上帝智慧的证明”更为满意的答案。

上述三位学者都相当自觉地意识到由大发现时代和欧洲生活变迁所提出的人与环境的问题。塞巴斯蒂安·明斯特尔仍然站在惊讶的边缘，但是他朦胧地看到了旧文明在新环境中的激动人心。阿科斯塔清楚地认识到在《创世记》纲领下可能统辖人类传播的环境条件。博塔罗讨论了那些我们一直在追寻其历史的所有观念，为旧环境理论找到了新的用途。神意计划的地球披上了鲜艳的新外衣，因为神仙裁缝有了比任何人所预料的更多的布料。同时也开始看到，比自然环境更复杂的影响力可能对一个民族产生作用。

① 《城市之伟大》（*Greatness of Cities*），第 3 部第 2 章。

博塔罗清楚地表达，为了推进文明的发展，需要一个统治者来改变自然秩序；他还阐述了本质上是近代性质的观念，即存在着环境对人口增长的限制。

375 # 第八章

物理神学：更深入理解作为可居住行星的地球

1. 引言

终极因的观念在近代以毫不衰减的活力大行其道，贪婪地吮吸各种新证据，其来源包括地球上尚未探索的部分、天文学的新发现、显微镜所揭示的有机物与无机物的内部结构，等等。弗朗西斯·培根（Francis Bacon）的《学术的进展》（*The Advancement of Leaning*），康德的《目的论判断力批判》（*Critique of the Teleological Judgment*）和歌德（Goethe）关于目的论的见解使之有所停顿，但是，撰写论文用自然神学说明在植物、昆虫、动物和无机世界中的“设计”，以此来“追随造物主的脚步”的热情一如既往，尤其是在英国，一直持续到莱尔和达尔文的时代。在这些后期作品中最著名的是佩利的《自然神学》，它由于过多的功利主义论辩，在广度和洞察力方面远逊于雷约翰和德勒姆的著作。

对文艺复兴时期思想家而言，相关主题的主要启示来自柏拉 376
图的《蒂迈欧篇》和西塞罗的《论神性》。在彼得拉尔卡（Petrarca）对西塞罗冗长的、几乎是信徒般的颂扬中，甚至在他挚爱式的斥责中，都可以看到西塞罗断然宣称的设计论的古典论据给彼得拉尔卡留下了多么深刻的印象。[①]

很多不同的人——无论他们是不是耶稣会修士——都能够存在于耶稣会文句的保护伞下：在一切事物中寻找上帝（“Ut Deum in omnibus quaerant”）。1592年，在科英布拉耶稣派学院，一篇关于四元素的论文提出了“地球创造出来的时候有没有山脉”

① 弗朗切斯科·彼得拉尔卡（Francesco Petrarca）：“论人自身的无知及他人的无知”（On his Own Ignorance and That of Many Others），汉斯·纳霍德（Hans Nachod）翻译，载于《文艺复兴时期的人类哲学》（*The Renaissance Philosophy of Man*），卡西勒、克里斯特勒和伦德尔（Cassirer, Kristeller, and Randall）编辑，80—89页；关于西塞罗著作与圣保罗著作的比较，见85页。

的问题，答案是：由于山脉有用且美丽，地球初创时就有了山脉。山脉事实上后来成为“被设计为人类居所的地球”这个目的论拱门上的拱心石。山脉意味着降雨、河流、冲积层。奔流之水——从地球上的小溪到大河——预示了山脉的存在，否则大量的水如何流淌而下？山脉迫使饱含湿气的空气从海上抬升并凝结。山谷中肥沃土壤的微粒由溪流从山顶挟带而来，在此过程中山顶现在逐渐变得贫瘠。①

2. 终极因及其批评者

近代早期科学界的大多数伟大人物既不排斥自然中的设计论，也不否定终极因的有效性，但是在将它们应用于眼前问题的热情程度上是不同的。哥白尼理论没有提出对创世之说的怀疑；宇宙体系就是神意设计和秩序的产物。② 伽利略巧妙地声言，禁止教授哥白尼天文学“无非就是责难神圣《圣经》的一百个段落，这些段落教导我们，万能上帝的荣光与伟大要在他所有的作品中精妙地识别、在敞开的天书中虔敬地阅读。”③ 开普勒（Kepler）

---

① 丹维尔（Dainville）：《人文地理学》（*La Géographie des Humanistes*），91 页；关于山脉的论述，见 28 页。

② 例如，哥白尼（Copernicus）“天体运行论”（De revolutionibus orbium caelestium libri sex）第 1 部的序言，载于《尼古拉 · 哥白尼全集》（*Nikolaus Kopernikus Gesamtausgabe*）（慕尼黑：Verlag R. Oldenburg，1949 年），卷 2。

③ “致洛林的克里斯蒂娜夫人的信”（Letter to Madame Christina of Lorraine），载于《伽利略的发现与见解》（*Discoveries and Opinions of Galileo*），斯蒂尔曼 · 德雷克（Stillman Drake）翻译（Anchor Books），196 页。

是一位神圣和谐与天体音乐的忠实而神秘的信徒，他指出在地球的轴心倾斜中表现出上帝的睿智；这造成了季节，并因此形成对地球环境适宜性的中肯评价。因其每天的自转，地球更适中地得到温暖，因其轴心倾斜——从终极因的角度看——地球成为适合有机生命的美好家园，因其季节的变换，促进了有机生命在地球 377
表面的广泛分布。[①] 牛顿坚定地信仰目的论，但是他对“黄道”没有什么热情。在他 1692 年 12 月 10 日的信中，他告诉本特利（Bentley）：“……我看不到地轴倾斜对于证明上帝存在有任何特别之处；除非你坚信它是产生冬夏、使地球可居住地向两极发展的装置……”然而牛顿的目的论植根于天体的秩序、美丽和运动，而不是地球上的自然秩序。[②] 在雷的著作之后出版的波义耳（Boyle）关于终极因的著名论文，不遗余力地强调下列传统观点：作为整体的被创造万物中的设计、其个体部分中的设计、在动植物部分中的设计，以及创世为人类目的服务。莱布尼兹是终极因的热心辩护士，他写道，终极因比动力因更好地唤醒了对神圣作品之美的赞赏。[③] 我将在本书第十一章中深入讨论他的思想。他

---

① 开普勒（Kepler）：《哥白尼天文学概要》（*Epitome astronomiae copernicanae*），第 3 部第 4 节 =《约翰尼斯·开普勒文集》（*Johannes Kepler Gesammelte Werke*），卷 7，209 页。

② 见牛顿致本特利的四封信，载于《牛顿现存作品全集》（*Opera quae exstant omnia*），卷 4，429—442 页。引文在 433 页。关于牛顿的目的论，见伯特（Burtt）：《近代科学的形而上学基础》（*The Metaphysical Foundations of Modern Science*），修订版（Anchor Books），288—290 页。

③ 莱布尼兹（Leibniz）：《莱布尼兹选集》（*Leibniz. Selections*），威纳（Wiener）编辑，132、318 页。

的宇宙和谐预建的观念，他认为是上帝存在的新证据，而这种和谐论是比“工匠类比”更为优越的解释。莱布尼兹雄辩地论述了自然中的存在之链条或等级；人类的进步作为预建之和谐的一部分，由地球上的变化相伴，因为随着时间的流逝，人类更多地开垦地球、修饰地球、关爱地球。[①]

科学与哲学领域中这些伟大的名字使自然的目的论和设计论精神得以存活下去，尽管他们也对这些理论提出批评。应用于地球的设计观念无非就是强大交响乐团里的一把小提琴，因为目的论一直是西方神学、哲学和科学的伟大的痴迷苦想之一。虽然显赫的大人物，如培根、斯宾诺莎（Spinoza）、笛卡尔、布丰、拉·梅特里（La Mettrie）、歌德和康德批评了终极因的观念，但是阅读过关于进化的争论或者莱尔致达尔文信件的人，有谁会说这些批评找到了它们的目标？培根没有反对终极因本身，然而终极因不适合于自然史研究。[②] 笛卡尔也拒绝将终极因作为探询的工具，因此十七世纪的很多自然神学家（例如雷等人）为此对他提出了批评。笛卡尔认为，寻找终极因并想象“上帝可能会和我们商量”未免显得自说自话，因此他限定自己把上帝当作“万事万物的动力因”。沉溺于终极因不仅是人的自说自话，而且也是人的自我中心态度，因为过去和现在如此众多的自然现象与他的经验、他

① 莱布尼兹（Leibniz）：《莱布尼兹选集》（*Leibniz. Selections*），威纳（Wiener）编辑，192、221、354—355页。

② 《广学论》（*De Augmentis Science*），第3部第5章，《学术的进展》（*Adv. of Learning*）（Everyman版），96—97页，培根在此批评了柏拉图、亚里士多德和盖伦。

的存在毫不相关。[①] 斯宾诺莎把追寻终极因写得好像是白痴式的 378
无礼，他嘲笑那些陈腐的例子，比如眼睛是为看东西而设计的。因此，“自然没有在自己面前设置终点目标，所有的终极因无非就是人类的虚构。”

斯宾诺莎对终极因的基本反对意见是，终极因是人类心智的臆造之物，是建立在源自人类活动目的的一种类推之上的。终极因被邪恶这个问题降低至荒谬，因为，难道自然灾害不是不分善恶一律残杀伤害吗？一个智者想要理解自然，而不是像傻瓜一样目瞪口呆地看着它。像后来的休谟（Hume）和康德一样，他并不知道自然各个部分是否真正地相互联结。他没有将美好或丑恶、有序或混乱归结于自然，这些都是想象力的产物。那句著名的格言“自然不做徒劳无功之事”，在他看来是纯粹的人类中心论。“试图表明自然不做徒劳无功之事（也就是说，不做对人没有好处的事情），似乎最终表明自然、众神和人都同样是疯了。”[②]

在这一时期的著述中可以看到两种自然观，即机械自然观和有机自然观之间的冲突。在机械自然观中，整体各个部分的行为由已知的法则来解释，整体是各个部分及其相互作用的总和。而在有机自然观中，整体先于部分而存在，或许首先存在于工匠的心目中；整体的设计解释了各个部分的作用与反作用。[③] 强调次

---

① 《哲学原理》（*Principles of Philosophy*），第 1 部分第 28 条、第 3 部分第 3 条。

② 斯宾诺莎（Spinoza）：《伦理学》（*Ethica*），第 1 部分，命题 36 之后的附录；《斯宾诺莎通信集》（*The Correspondence of Spinoza*），沃尔夫（A. Wolf）翻译，信件 32，致亨利·奥尔登伯格（Henry Oldenburg）。

③ 富尔顿（Fulton）：《自然与上帝》（*Nature and God*），134 页。

级原因的机械论观点，摒弃了将终极因作为研究的积极指南，把终极因降低到神学或私人虔信领域。在十七世纪关于自然法则、物质和运动的著述中，可以频繁地读到终极因拥戴者对德谟克利特、伊壁鸠鲁、卢克莱修的攻击，而且他们还热衷于将那些体现在自然法则中的新知识拿来为己所用。古典时代的作家常常作为权威被引用来反对“机械论观念”，于是柏拉图、塞涅卡和西塞罗不断地出来作证。自然是一个基于法则的体系，还是天意设计出来的，还是为了某种目的而设计的产物呢？①

然而，如果我们希望把地球当作一个可居住的行星来理解，那么就必须把它作为一个整体加以考虑。根本的自然原因控制着地球的轴心倾斜、风的波动和流向，以及地貌。不仅如此，地球上的很多物质是活生生的，因而终极因学说在生命科学中总是更令人信服并存在得更长久，这主要是因为活态世界中的生命周期增强了人们的这个信念，即终点目标统治着个体存在的孕育、出生和生命阶段。

379 3. 自然的恶化与衰老

一群作家（他们大多数生活在十七世纪，不能与牛顿、笛卡尔或伽利略相提并论）对自然史、物理神学和科学研究发生兴趣，这些探索被认同为进一步发现了造物主在创造自然界的各种产物及构建这些产物之间相互关系方面的智慧，这正是本章的主题。

① 关于这一点见格林（Greene）:《亚当之死》（*Death of Adam*），12—13 页。

这类将活态自然作为一个整体的研究和解释，成为自然统一性这个近代观念的基础，这一观念后来被十八世纪的布丰、十九世纪的达尔文等人所推进。达尔文主义又引导了自然的平衡与和谐概念、“生命之网”概念，乃至近年来的生态系统概念。

地球上的自然秩序是造物主仁善设计的结果——这个本质上属于乐观主义的思想受到两个较古老的观念阻碍。第一个观念是，人的堕落导致了与之相呼应的自然界恶化，这是中世纪的普遍观念，我们在前面已经谈到了；对它的兴趣在十七世纪又复活了，因为伽利略、开普勒和牛顿的发现激起了人们把地球起源及其历史关键时期的自然面貌理论化的兴趣，例如创世时期、亚当和夏娃生活在伊甸园的时期、人类堕落时期、大洪水时期，以及大水退却后地球的重建时期。关于引力、彗星、行星轨道和潮汐的知识，创造了比过去较为无知、不甚了了的虔信所展现的要丰富得多、鲜明得多地注解《创世记》的机会。其中的一些理论否认地球环境的适宜性，其理由要么在于地球是一片有着多余的山脉、沙漠和咸海的荒凉大地，要么是说一个残缺的地球比完美的地球更适合于充满原罪和邪恶的人类。

第二个观念很可能是受卢克莱修的学说启发，它就是自然衰老的思想，是有机类比对地球自身的应用。为了达成基于以下假设的自然哲学，即上帝用智慧创造了一个适宜的环境，那么首先必须表明衰老并不存在于作为整体的自然之中，即便个体生命形式不免一死；而且自然界并没有通过人的原罪而产生恶化。然后，人们可以进一步证明，仁慈的造物主希望自然能恒久，自然秩序不是取决于人的原罪，是依赖上帝的意愿，而上帝希望有一个仁善的自然。

雷约翰出色地抓住了对地球的较新见地，他的《上帝创世
中表现的智慧》一书，很可能是有史以来写得最好的自然神学
著作。这个新见地不是进化性的；地球及其动植物物种从一开
始就以它们目前的形态被创造出来，但是现在看到了它们之间
380 相互关系的重要性，而且地球整体在外观方面可能会变化，或
者由自然力量引起，或者因人类繁衍而不断增加的大地垦殖所
导致。而且，对地球的这种见地与一个对人类命运充满希望的
观点结盟，这个观点赞同科学技术在社会进步方面所能施加的
影响力，在这一点上它的对立面，即终极因学说的批评者也是
一样。设计论的拥戴者在新科学中看到了为人所用的手段，人
们可以靠这些手段在上帝的计划和指引下履行自己的天命，即
改善作为人类居所的地球；他们看到，科学研究的新原则意味
着对自然法则的认知，而对自然法则的认知又意味着在最广阔
的意义上控制自然。然而，此处还留存着早期给人类定罪的强
大残余，即人是有罪的、邪恶的，人们太频繁的道德失检持续
考验着上帝的耐心。在那些相信有可能改善人类社会的人们中
间，这种思想常常以劝诫的形式出现，说人们应该清除自身的罪
恶，即便当他们的强大心智找到了控制自然的更强大手段时也是
如此。

为了理解自然之统一性和恒久性的思想是如何随着当时可获得的科学证据而发展的，让我们对这些衰老和恶化问题作更深入的考察。

在十九世纪和二十世纪，学者们意识到一个时代与其先前

时代作出比较的重要性；每个自觉而有文化的时代都有这样的思想群体。举例而言，十七世纪古代派与现代派之争辩中所使用的最引人注目的比喻之一就是，今人比古人懂得更多，因为即便他只是一个侏儒，他也是站在巨人的肩膀上；然而这是十二世纪时索尔兹伯里的约翰（John of Salisbury）用在贝尔纳·德·沙特尔（Bernard de Chartres）身上的比喻；这个比喻还可能回溯到更远的时代。[①] 十七世纪也作了很多这样的比较。这不仅是古人或今人哪个更具有文学、艺术和技术优越性的问题，同时也涉及了科学方法的有效性、对自然的态度、对自然宗教和启示宗教的态度，以及人类事务中变化的本质等问题。[②]

---

① 索尔兹伯里的约翰（John of Salisbury）：《元逻辑》（*The Metalogicon*），麦加里（McGarry）译，第 3 部第 4 章，167 页；琼斯（Jones）的《古人与今人》（*Ancients and Moderns*）引用了该书，293 页注 12；鲍德温（C. S. Baldwin）：《中世纪的华丽辞藻与诗歌语言》（*Medieval Rhetoric and Poetic*），167—168 页。

② 关于这个争论，见里戈（Rigault）：《古代派与现代派之争的历史》（*Histoire de la Querelle des Anciens et des Modernes*）；吉洛（Gillot）：《法国的古代派与现代派之争》（*La Querelle des Anciens et des Modernes en France*）；琼斯：《古人与今人》；伯林盖姆（Burlingame）：《历史背景下的书战》（*The Battle of the Books in its Historical Setting*）。乔纳森·斯威夫特（Jonathan Swift）在《书的战争》（*The Battle of the Books*）中讽刺了其中的部分内容。对该争论的简短而有暗示性的特征概括，见乔治·希尔德布兰德（George Hildebrand）为弗雷德里克·特加特（Frederick J. Teggart）编辑的论文集《进步的观念》（*The Idea of Progress*）修订版所作的“导言；进步的观念：一个历史分析”（Introduction. The Idea of Progress: an Historical Analysis），12 页；伯里（Bury）：《进步的观念》（*The Idea of Progress*），第 4 章；特加特：《历史理论》（*Theory of History*），第 8 章；伍德布里奇（Woodbridge）：《威廉·坦普尔爵士》（*Sir William Temple*），303—319 页。关于当时的同代人对这个争论的看法，见威廉·沃顿（William Wotton）：《对古今学识的反思》（*Reflections upon Ancient and Modern Learning*）（1694 年），1—10 页。

我们并不直接关注这个有过很多研究的争论对进步观念有何影响的问题，而是关注在争论本身之中作为论据使用的某些其他
381 思想。它涉及对自然的两种概念之间的冲突：自然在运行中稳定不变，或者自然像一个活的有机体那样随时间而衰退，后者得到自然界中各种各样恶化证据的支持，正如黑克威尔所展示的那样。古代优越性的支持者常常相信，自然在过去有着优越的能力，到了现今时期它的力量减弱了，因为它变老了；而现代派则通过自然法则不变的规律性，主张自然是恒久的，并声称没有观察到自然的枯竭、恶化或变坏。当然，自然法则的恒久性曾经是勒内·笛卡尔的伟大教导之一，它假设自然进程是有序的，独立于神的介入也无须神的干预。上帝可能在他的创世行动之初制造了混沌，但是，如果“上帝已经建立了自然法则，并在按照习惯行事时维持了自然本身，那么在时间流逝的过程中，所有纯粹物质的东西都会呈现为我们今天所见的形状，这个信念并非对创世奇迹的冒犯。”①

几个旧观念可能促进了自然衰老信念在近代的复活。人的堕落也影响了自然，这一中世纪思想可能加速了对这个信念的兴趣。“次经”《以斯得拉书》（*Esdras*）和《圣经·诗篇》中被人频繁引用的段落或许也稍稍加强了它。它可能肇始于重新兴起的对卢克莱修和科卢梅拉的研究。依据理查德·琼斯（Richard Jones）的说法，在英格兰对这一理论最早的提及是弗朗西斯·谢

① 《方法论》（*Discourse on Method*）（1637 年），5，沃拉斯顿（Wollaston）译（企鹅经典版），71 页。

克尔顿（Francis Shakelton）在1580年出版的《一颗耀眼的星》（*A blazyng Starre*）。[①] 谢克尔顿相信地球已经被洪水、大火和灼热的太阳改变并破坏了，像地震、海水泛滥这样的大灾难是末日降临的证据；他认为另一个征兆是，自从托勒密时代以来，太阳和地球之间的距离缩短了，这是天体变动的信号。“作物和药草不如以前优良。每一种生物都比以前虚弱。因此仍然是（也必须是），不久之后世界将要终结和完成，因为它（可以说）受制于老龄，从而各个部分都衰弱了。”[②] 甚至大发现时代带来的知识的扩展和理解的深入，都不足以把塞缪尔·珀切斯（Samuel Purchas）从流行而晦暗的思想中拉开：“没有上帝的一些伟大工作是不行的，因此在世界的老旧衰破时代，让它拥有关于它自身的更完美的知识吧。”琼斯接着说：“所有这些竟出现在产生了莎士比亚、斯宾 382
塞（Spenser）和培根的时代！”[③]

这些著作中最著名的是戈弗雷·古德曼（Godfrey Goodman）的《人类的堕落》（*The Fall of Man*，1616年），这本书似乎受《圣经》的激发要比受古典作家有机类比的启示更多。

> 堕落的证据，他［古德曼］发现在他的时代的罪恶中，

---

① 我未能参考谢克尔顿和古德曼的著作，我的讨论是根据琼斯（Jones）：《古人与今人》（*Ancients and Moderns*），24—30页（他指出布鲁诺也有同样的思想），以及哈里斯（Harris）：《一致性之终结》（*All Coherence Gone*），8—46页。

② 转引自琼斯，前引书，25页。

③ 《珀切斯的朝圣之旅》（*Purchas His Pilgrimage*）（1613年），43页。转引自琼斯，前引书，26页。

> 在人的疾病、苦难、邪恶、愤怒和不幸中，在元素的战争中，在苍蝇、蠕虫和怪物中，在美的衰败和果树的枯萎中。自然给人无限的欲望，似乎她有无限的珍宝，但事实上她贫瘠而有缺陷。……人的堕落带来了自身的死亡，因此他把死亡强加于整个自然。总体而言，古德曼的观念是，人与自然的进程是一个从完美状态到老龄衰败的持续下降的过程。

自然在古代如此富足以至于没有必要做什么实验，而现在则需要人的发明创造力才能满足自身的需要。“艺术做着类似补鞋匠或补锅匠的工作，它装饰墙面，修补自然的废墟。”[①] 到处都是衰落：大海中鱼少了，大地失去了它的丰饶；上天了解衰落和死亡。（此处引用了《诗篇》，102：26）

4. 乔治·黑克威尔的《辩护词》

对于一位笃信造物主之仁慈与智慧的教徒而言，持有与上述内容相反的论点也是可能的。为什么大智大慧而仁慈的上帝要如此安排自然界，以至于每一代新人都要面对其自身愈演愈烈的腐败，以及自然的肥力下降、物产减少？宽泛地说，这就是黑克威尔要解决的问题。

乔治·黑克威尔的《辩护词，或关于上帝统治世界的力量

① 转引自琼斯（Jones），前引书，27、28页。

与远见之宣言》（*An Apologie，or Declaration of the Power and Providence of God in the Government of the World*，第一版 1627 年，第二版 1630 年，第三版 1635 年），以当时学者对材料驾轻就熟的掌握程度，清楚地表明所谓自然的恶化对地质现象、对景观外貌和对宗教信仰有什么影响。这部书显示，如果要达到对于自然、科学和文明高瞻远瞩的态度，就迫切需要相信自然的恒久性及自然法则的正常运作。要是支撑着人及其所创文明的自然一天天变得衰落，那么还如何能够期待人及其文明逐渐得到改善呢？黑克威尔直面所有这些问题，并在大多数情况下明确地讨论了它们。他的著作堪称伟大。

在我看来，没有任何其他著作能够使我们如此清晰地看到， 383
在近代科学的形成时期，人们利用地理、地质、地球和自然史方面的证据进行探索以理解地球的本质，因为这部书是解释性和综合性的著作，而不是原创性的研究。遗憾的是它没有获得世界性的声誉，在思想通史中也很少被提到。通过对经典作品以及大陆作家如迪巴尔塔（Du Bartas）著述的利用，这部书成为价值很高的文艺复兴思想之富有想象力的综合叙述，而一些远不如他的人却变成教科书上的不朽人物。或许黑克威尔的遭遇是因为他几乎没有提供新的内容，或者可能如琼斯所说，他没有像培根那样前瞻式地证明他的观点，也没有像他那个恬不知耻的模仿者约翰斯顿那样大力赞许当时的发现、发明和科学总体的令人敬佩之处。但是他砍去了多少灌木草丛！他排干了多少沼泽和湿地！他为阳光淋洒大地清除了多少障碍！[1]

黑克威尔认为有比有机类比更好的方法来解释天空的群星、地球和有史以来人类成就的本质。衰退不是题中应有之义；人已经成就了许多东西，他们在自身的改善和地球的改善中可以扮演积极的角色——在人们奋斗的时候地球并不衰退。

黑克威尔像他后来详细引用的科卢梅拉（见本书第三章第7节）所做的一样，在其著作的开端便抗议自然衰退、事物生而衰退、人对此无能为力的流行观点，这样做难道是偶然的吗？[2]“世界衰退的观点被如此普遍地接受，不仅在民众中，而且在神职和其他的学者中也是如此，以至于这种普遍性本身便使它与众多观点保持同步，而没有得到任何进一步的检视。”

---

① 对黑克威尔（Hakewill）的称赞和对他的影响及不足之处的讨论，见琼斯（Jones），前引书，36—38页。黑克威尔的观念被波兰的约翰·约翰斯顿（John Jonston）作了概述（这是厚道的用词），却没有给黑克威尔以应有的承认与感谢。约翰斯顿的书——《自然恒久性的历史》（*An History of the Constancy of Nature*），事实上只是黑克威尔著作的一个180页的提纲。在《辩护词》（*An Apologie*）的1635年版中，黑克威尔轻蔑地抱怨了约翰斯顿的剽窃行为。约翰斯顿的书最初以拉丁文于1632年在阿姆斯特丹出版。我仅见到了此处引述的罗兰（Rowland）翻译的本子，见琼斯，295页注21。尽管毫无疑问，约翰斯顿在所有的观念和摘引方面完全是依赖黑克威尔，但是琼斯的说法也有他的道理，即约翰斯顿比黑克威尔更强调“现代发现、发明和科学总体”（38—39、295页注21）。见约翰斯顿对现代发明的论述：《自然恒久性的历史》（1657年），105—115页，以及哈里斯（Harris）：《一致性之终结》（*All Coherence Gone*），该书描述了有关自然衰退的争议（及其历史前情），特别强调的是这个学说的主要拥护者戈弗雷·古德曼（Godfrey Goodman）和有力反对者乔治·黑克威尔。书名来自约翰·多恩（John Donne）的《世界的剖析》（*An Anatomise of the World*）。戈弗雷·古德曼的《人类的堕落》（*The Fall of Man*）（1616年）尤其罕见，我未能参考。

② 《辩护词》（*An Apologie*），1页。

驳斥这样的看法，几乎用了满满四百页的篇幅，并因其学识的深度和历史跨度、推理的力度、观点的活泼常识感而格外令人 384
瞩目。黑克威尔把他的书分为几篇论文，其详尽程度证明了他所反对的观念之流行，以及这些观念在非常不同的学科中出现的面貌，论点范围包括从天体的衰退直到礼貌与习俗的败坏。统一的主题是他的对立面提出的自然普遍衰退的假设。在1635年的修订版中，黑克威尔写了六篇论文：衰退总论，论天体和四元素的衰退，论人类衰退（寿命、力量、身高、技艺和才智），论礼貌的衰退及地球未来的毁灭。第五篇和第六篇论文回答了该书第二版以来人们提出的反对意见。这些论题每一个都附有充分的参考材料，论题范围表明这一驳斥在解决古人与今人谁更优越的问题中是多么重要，驳斥的结果在进步观念的兴起中所扮演的角色是多么关键。充斥于对立面观点之中的是变坏的假设，它有时是物理性状的或有机性状的。在人类事务中，它常常有着制度性或道德性的特点。

更令人感兴趣的是黑克威尔为何理由承担起一个规模如此巨大的任务，这些理由透露了黑克威尔和像他那样思考的人们的哲学、道德和宗教立场。尽管衰退观念在俗人和学者中盛行，黑克威尔仍然可以问自己：这些观念是否值得驳斥。他相信是值得驳斥的，理由如下：(1)“救赎被迷惑的真理”；真理必须让人知道，衰退的论点是错误的；它获得了太多的追随者，必须遭到挑战并被击败。[1]（2）“澄清造物主的荣誉”。他想，即便地球最终会被

① 《辩护词》(*An Apologie*)，16—18页。

烈火烧尽，但是，说上帝创造一个世界而又允许“这样一种日常的、普遍的、不可恢复的消耗存在于大自然的各个部分……”，则与上帝的荣誉、智慧、力量和正义相矛盾。[①] 他问道，那些抱怨这种衰退的人，“他们的所作所为不就是在暗示性地怀疑和指控上帝的权力吗？”对此，他以经院派的语言作了回答。上帝的权力“的确并非其他，而是能生之自然（*Natura Naturans*，为经院短语），即能动的自然，以及它的技艺之创造物——被生之自然（*Natura Naturata*），即被动的自然……”他赞许地引用了斯卡利杰（Scaliger）对卡达努斯（Cardanus）的反驳：世界的消解不会来自疲惫，好似自然是磨坊中的驴；而万能上帝的权力统治着现
385 今，凭借的是与创世时所行使的相同的无限指令。[②]（3）那个“相反的观点［即衰退观念］畏惧希望，钝化高洁的努力的锋刃。”[③] 这是卢克莱修曾经提出过的观点：农夫不应该抱怨歉收，因为在母亲大地的普遍老龄中他是无能为力的。（4）黑克威尔同时也看到在这样的信念下道德沦丧的危险：“它使人对于忏悔更加漫不经心，也使人对自己当前的财富和为后代提供生计都更加粗心大意。”[④] 人推卸了责任，他的恶劣行径成了荒废的自然所生的病症。（5）最后，“相反的观点建立在虚弱的理由之上。”[⑤]

在此我们仅仅关注黑克威尔驳论中的几点，即他的那些有关

① 《辩护词》（*An Apologie*），18—19 页。

② 同上，19 页。

③ 同上，21 页。

④ 同上，23—25 页。

⑤ 同上，25 页。

地球、活态自然的概念和设计论思想。然而值得提到的是黑克威尔给出的衰退思想之所以流行的一般原因。他把对立面的证据分成三类：它们分别来自理性、人的权威和《圣经》。他对每一类都深入地检视、批评并拒斥。他说，主要的、并为所有其他论点所依赖的论点是，"造物越接近第一块模子，它便越完美；而依它从初始模型移开的程度及距离，它日趋不完美和虚弱，就像喷泉的溪流，它们流经不干净的河道越长，受到的污染就越重。"①

黑克威尔的答案本质上就是，艺术作品、自然作品与感恩的作品都不能证明这种归纳结论，"它们都是从某种较不完美、不优雅的状态，通过某些步骤演进为更完全、更完美的存在。"就感恩作品而言，我们在基督教存在期间增长了知识、美德、启明、圣化；我们通过把美德叠加美德、也通过加强每种美德而增长了美德。艺术作品的开端很微小，就像一个织工开始他的编织物那样。一个建筑师作规画图时实在是从垃圾场开始的，而在完工大楼的布置和装饰中达到完美。自然界也是如此；世界源于混沌，参天大树由渺小的种子长成。黑克威尔在此处心中所想的似乎是，可以期望经验、时间流逝和错误的消除带来改善，因而造物的完美——人类的、自然的或神灵的完美——出现在事物的结尾，而不是开端。②

来自理性的第二个论据是，整体会衰退，因其所有各部分都会衰退，黑克威尔概括地拒绝了这一点。他否认活态自然界、现

① 《辩护词》(*An Apologie*)，57 页。

② 同上，57—58 页。

今这样构成的地球，会作为一个整体单元而衰减，只因为个体的动植物和人必有一死。

386 在黑克威尔引用的支持衰退论的权威学者中，有奥利金、圣安布罗斯、格列高利一世（Gregory the Great）和居普良（Cyprian），后者被他详细引述。居普良作为三世纪的殉教圣人，感到地球和他周围的一切正在衰败和死亡，虽然黑克威尔很尊敬他，但还是严重质疑他作为哲学家或作为“稳健的神学家”的资格。黑克威尔在居普良生活的时代背景下分析他的思想。生活严酷而痛苦；那是一个饥饿、战争和死亡的年代。这些可怕的时段随着康斯坦丁大帝的皈依而结束；居普良要是活到康斯坦丁统治的时期，他就会以胜利的口吻写作，正像他痛苦地描写其自身所处时代的困境和悲剧一样。对基督教徒的迫害，以及《圣经》中引导信徒相信基督再次降临即将到来的经文，使他们处于“对末日审判及世界终结的不断警告和预期之中……他们的思想仍然在那上面运转，一切事情似乎都与之相应，一起趋向终结。”[①] 黑克威尔引用卢克莱修关于衰退的论述并把他与居普良相比较，然后指出，自从卢克莱修以来的1600年间，自从圣居普良以来的1400年间，并没有出现可以证明这些思想家正确的衰退。[②] 他巧妙地引用了亚挪比乌的《反对异教徒》（见上文，本书第五章第1节），这部书针对指责基督徒应为世界上很多灾难负责的说法，为基督徒进行辩解。圣·奥古斯丁在《上帝之城》的前十部中也作了类似的

① 《辩护词》（*An Apologie*），62页。

② 同上，64页。

彻底辩护。有基督教之前，战争和征服即已存在；描述这些现象的词语之存在即证明了这一点。黑克威尔利用亚挪比乌为基督教所作的辩护来反驳居普良和卢克莱修，他说巨大的自然灾害、道德危机和事物变坏，并不能证明衰退；它们存在于所有历史时期。[①]

第三个权威是《以斯得拉二书》5：51—55，居普良本人即依赖于此。[②]黑克威尔说，然而，《以斯得拉书》缺乏《圣经》以及那些常常被引用来支持衰退思想的神圣著述的权威性。《以赛亚书》24：2、《罗马书》8：20—22，以及被误解却“被依赖最多的”《彼得后书》3:4，黑克威尔说它们都缺少“解释和应用”。引用的段落并不是它们看上去的那样，这归结于不确切的翻译、错误的注解，或者是没有理解上下文中的思想。[③]

进入更直接地影响本书主题的观念，黑克威尔很快地否定了人的堕落造成自然恶化的论点。衰退的种子存在于世界之中，要么是在人堕落之前，要么是在人堕落之后。倘若自然的衰退确实由人的原罪及其惩罚所造成，那么世界不可能在被创造出来的时候受制于衰退，“除非我们使效果先于原因，惩罚先于犯罪，既然在人被创造出来之前、因而更是在他犯罪之前，世界就已经建 387
造并装点好了……”[④]而且，当上帝完成他的创世之时，他宣称它是好的。

---

① 《辩护词》（*An Apologie*），65—70 页，其中几乎有 5 页引自亚挪比乌。

② 同上，70—73 页。《以斯得拉书》（*Esdras*）这个段落的论据是软弱而不连贯的，它暗示从古至今的衰减，这种衰减就像活的有机体的生命循环一样。

③ 同上，73—74 页。

④ 同上，55 页。

黑克威尔反对自然衰退是人类堕落之结果的论辩具有同等的说服力。原罪不可能是这种衰减的原因。自然界的原则已经由造物主建立起来了。人和天使可能会腐化自身以及其他生物，但是人和天使两者都“没有也不可能改变存在于其自身之中的根本自然法则，更别说存在于其他生物中的根本自然法则了；顺理成章地，如果在人堕落的同时，自然的原则被破坏了，那毫无疑问是被这些原则的创造者所破坏的，因为没有任何其他力量有足够的能力来制造这样的结果。”①

天空中没有衰退，包括太阳。② 黑克威尔说，假如灼热带当前的可居住性是由于天空变老了，那么地球的寒冷带岂不应该变得更加不适于人类居住了。③ 同时也没有一种元素消亡；它们仍然有四种，维持着相同的比例和维度；他引述了英文翻译的迪巴尔塔关于气、火、水关系的论述，说它们之间就像“五月里的乡村少女”肩并着肩。④ 元素“都是神圣链条的环，把世界的很多成员联接到一起……”⑤ 它使人想起在《玫瑰恋史》中的自然言说之一：

> 上帝授我如此之荣宠，
> 在我的领地里他留下金色链条

① 《辩护词》（*An Apologie*），56 页。

② 同上，75—103 页。

③ 同上，105 页。

④ 同上，118 页。

⑤ 同上，119 页，引用了迪巴尔塔（Du Bartas）。

约束各元素，使它们对我言听计从。[①]

黑克威尔基于地理现象和气象现象对这些论点的驳斥具有启示意义，因为它们显示了令人惊奇的各种各样的事件，这些事件被认真视为衰退的证据；几乎任何自然现象都是适合的：空气污染、雷雨、天气变化、地震、火山爆发，如此等等。占主要地位的思想是，这些自然现象在当今时代出现得更频繁、更暴烈；黑克威尔对此回应说，它们在所有的历史时期都出现过，事实上疾病的致命性、地震和火山爆发的猛烈程度在古代可能更为严重。[②]

还有一个论点认为存在着陆地正逐渐被大海淹没的可能性，
这是衰退的另一个表征。黑克威尔对此回应道，被大海、河流和 388
浴场所占据的地域面积与过去大约相同，在此地失去的地盘又在彼地出现。[③]

黑克威尔赞同地引用了詹求思（Zanchius）的著作《创世作品》（*De operibus creationis*）第四部第3篇论文，谈的是起始于海水蒸发而结束于河流汇入大海的水循环的长期平衡。詹求思说，为了维持人与动物的地球，上帝规定了一种元素到另一种元素的变化（例如水变成空气和水蒸气）。他说，德谟克利特疯了，居然争辩说蒸发将最终导致海洋的干涸。不过如果可怜的德谟克利特是以地中海为基础得出他的观察结果的话，我们倒可以对他表示同情；因为河水流入是地中海所得的很小部分，而蒸发则是它失

① 第81章，64—66。（见本书第五章第15节。）

② 《辩护词》（*An Apologie*），124—137页。

③ 同上，139页。

去的一大部分。

黑克威尔的论述是基于当时流行的或源自古代的地质学理论，即海水通过秘密脉络回到陆地形成泉水和河流。[①] 陆地向大海流失，反之亦然，彼此抵消。小溪流或喷泉可能有频繁的改变，但是大河的河道或水流在历史上变动很小，如印度河、刚果河、多瑙河、莱茵河和尼罗河。喷泉和浴场的医疗价值没有变化。鱼的供应可能下降了，但是黑克威尔说，他无法根据自己的知识肯定或者否定这个说法；他把这个论断贬为荒谬，因为假如鱼的数目由于世界的衰退而减少，那么地球上的动植物和鸟类也会因同样理由而降低总体数量了。[②]

黑克威尔像此前思考动植物王国的所谓衰退一样，把"地球的所谓衰退"作为一个整体加以思考。他的驳斥以常识、自然法则和观察为基础。上帝并没有指定每个地方的丰饶或贫瘠，也没有指定永远的丰饶或永远的贫瘠。现在的荒地和沙漠在以前是肥田沃土，或者情况可能正相反。大地也可能"被耕作损耗或滥用"而需要时间休养恢复；黑克威尔在此处同样表现出与科卢梅拉的相似性。[③] 在侵蚀循环中，什么也没有失去，只是在山脉的磨蚀中，在三角洲平原的生成中，地球成为土壤从一地到另一地的巨大搬运场。他引用布兰卡纳斯（Blancanus）的《地球结构》（*De mundi fabrica*）中关于雨水和河流对山地

① 见亚当斯（Adams）关于水泉和河流起源的论述：《地质科学的产生与发展》（*The Birth and Development of the Geological Sciences*），432—445 页。

② 《辩护词》（*An Apologie*），140—144 页。

③ 同上，37 页。

的侵削、土壤搬运、山坡夷为山谷的论述：“……在整个全球
范围内没有失去什么东西，仅仅是从此地搬运到彼地，因此在
时间进程中最高的山峦可能被降低为谷地，而最低的山谷可能
再次被抬升为山峦。”[1] 布兰卡纳斯预言，如果世界存在得足够 389
长久，它将再次被大海淹没，正像它起始之初由陆地侵蚀导致
的无情夷平过程一样。这对黑克威尔来说太过分了，他指出布
兰卡纳斯忘记了《创世记》9：11、《约伯记》38：8 和《诗篇》
104：9 中的神圣契约。[2] 至少自从大洪水以来，地球是同一个
地球，它的面积相同，它的肥沃程度也相同。平衡总是维持着，
陆地上的河流维持了海平面，大地滋养的有机物死亡后的腐败
又维持了大地的肥沃。[3]

5. 古今之争与机械论自然观

在十七世纪稍后时期，当争论在法国人佩罗（Perrault）和丰特奈尔（Fontenelle）、英格兰人威廉·坦普尔（William Temple）爵士和威廉·沃顿（William Wotton）的著作中继续进行的时候，我们可以看到综合设计论或环境影响论的观念以支持其中任何一方的可能性。丰特奈尔灵巧地把环境论思想运用于植物，而不用

① 《辩护词》（*An Apologie*），147 页。朱塞佩·布兰卡尼（Giuseppe Blancani），即约瑟夫·布兰卡纳斯（Josepheus Blancanus），是帕尔马的数学教授（1566—1624 年），他的原书我没有找到。

② 同上，147—148 页。

③ 同上，148—149 页。

在人类身上；威廉·坦普尔爵士为“东方地区”原创性活动找到了强力的环境原因；威廉·沃顿在这场争论中发现了基督教信徒启示的新源泉。

佩罗在他的诗《路易大帝的世纪》（*Le Siècle de Louis le Grand*，1687年）中沉思了自然衰退思想的优劣，该诗在法国引发了古代派与现代派之争，并导致了佩罗自己写了《古今看法对照》（*Parallèle des Anciens et des Modernes*），其各卷在1688—1696年间出版。在诗中，佩罗直截了当地说不存在自然的衰弱无力；无论我们看到的是星星、鲜花，还是伟大人类的作品，我们都可以在自然的力量和运行中期望恒久性。

> 训练头脑像训练身体一样，
> 大自然在任何时候都作出同样的努力，
> 他的存在不可改变，而这个巨大的力量
> 都来自大自然，用之不竭。[①]

佩罗在《古今看法对照》中再次表达了关于自然的相似观念。“今天游荡在非洲沙漠中的狮子老虎与亚历山大或奥古斯都时代的狮子老虎同样骄傲、同样凶残，我们的玫瑰花与黄金时代的玫
390 瑰花同样红艳；[重申在《路易大帝的世纪》中已经表达过的思想]

① 《路易大帝的世纪；诗歌》（*Le Siècle de Louis le Grand. Poème*）以独立页码附于佩罗（Perrault）《古今看法对照》（*Parallèle des Anciens et des Modernes*）卷1的结尾，21页。

那么人为何会例外于这一普遍规则呢？”①

尽管黑克威尔很久之前就作了这个批评，但是丰特奈尔巧妙地——几乎是蓄意马马虎虎地——处理了自然中的所谓衰减与古人和今人谁更优越这两者之间的关系。这个问题可以通过了解过去的树木是否比现在的更高大来实现。倘若古人有较高的智力，那么他们的大脑必定更完善。大自然为树木和大脑负责。因此，要是古代比现今有更大活力的话，就该表现为更高大、更漂亮的树木和更聪明的人，然而事实并非如此。丰特奈尔否定说自然在古代强大的创造活动中把自身消耗得精疲力尽这个概念。“自然拥有一种总是相同的面团，她以一千种不同的方法不停地塑造、再塑造这面团，把它做成人、动物和植物。”丰特奈尔表明自然恒久性的观念与自然中可观察到的差异之间是相容的。树木在任何时代都能够长得同样高大，而每个国家的树木则有所不同。这个真理也适用于人类的心智。我们必须探寻对差异的解释，这种差异的造成可能既有自然原因又有文化原因。②

然而，在这些著作中最引人注目的是威廉·沃顿的《对古今学识的反思》（*Reflections upon Ancient and Modern Learning*，1694 年），因为他关于不偏不倚地展现争论情况的宣称大体上是

① 佩罗（Perrault）：《古今看法对照》（*Parallèle des Anciens et des Modernes*），卷 1，89 页。列昂娜·法赛特（Leona M. Fassett）翻译，引自特加特和希尔德布兰德（Teggart and Hildebrand）《进步的观念》（*The Idea of Progress*）中所选的佩罗，191—192 页。

② “漫谈古人与今人”（Digression sur les Anciens et les Mordernes），《丰特奈尔选集》（*Oeuvres Diverses de M. de Fontenelle*）（新版，A la Haye，1728 年），卷 2，125 页。列昂娜·法赛特翻译，引自特加特和希尔德布兰德《进步的观念》中所选的丰特奈尔，176 页。

符合实际的（尽管他同情现代派），还因为他看到了这场争论对于人类存在的更广阔问题的关系。研究古人与今人的相对优越性问题会有助于宗教，帮助看清对信仰有着最大危险的信念，即貌似合理的世界永恒假说。沃顿承认埃及人、迦勒底人和中国人回溯到遥远过去的历史，给予这种信念某种可信度，但是他批评这种观念的倡导者轻易地断言洪水和蛮族入侵抹去了人类的历史记录，因而认为人类在地球上事实上并不年轻，而是非常古老。沃顿说，世界不停地改善，现在知道的要比远古时代多得多；没有证据令人相信古代的人类天才更伟大，或者古代的地球更有活力。也不存在所谓毁灭了早期人类记录的大洪水的证据。尽管对摩西时代以前的征服一无所知，但是这些征服不可能抹去所有的文明记录。沃顿的论点以历史上的入侵后果为依据。这些入侵并没有
391 消抹文明，蛮族入侵者最终吸收了很多他们所征服的文明。本质上沃顿相信，文明从来没有失去任何根本上的重要东西，随着时间的推移，其中产生了越来越多的改善。证据表明文明的青年时期，也表明世界的青年时期、《圣经》的真理，以及亚里士多德学派关于无须基督造物主的世界永恒观念的谬误。他说，这一研究引导他走向既有用又令人惬意的其他研究。“因为对各种发现谈论最多的是在机械哲学中，这种哲学是最近才在世界上复活的。教授们把自然的整体知识全都吸纳到其中……”沃顿为《罗马书》1：20 释义说，这种自然知识存在于“自然宗教被很多人否定、启示宗教被更多人否定的时代，看来非常重要的是它到目前为止至少要为人所知，因为上帝的不可见之物可能被这个世界上的可见之物清楚地证明。”他补充道，（我可以发现）什么是古代已知的，

什么是新知识，在这个过程中获得机会“用赞美那万能而仁慈上帝之无限智慧与慷慨的新时机来完善我的心智，整个宇宙及其所有部分都完全依靠这位上帝并在他的庇护下生活、运动及拥有自己的存在。”[①] 历史知识和自然知识为基督教关于地球本质、历史和创世概念的真实性提供了证据和说明。

到十七世纪末，一个有影响力的自然概念——威廉·沃顿所抱怨的，并且是在科学史中被强调的概念——是机械观，对它的广泛接受归功于数学的声誉和伽利略、笛卡尔、牛顿及其他人的科学与哲学著作：地球作为其一个部分的宇宙像一架巨大的机器，并应该在几何意义上得到理解。自然的和谐归功于一个内在的机械秩序，它是最具价值和迫切需要研究的，是一个从永恒自然的绚丽多彩中远远脱离出来的秩序。怀特海（Whitehead）认为这个概念是十七世纪思想的典型特征，但是他的归纳仅适用于十七世纪思想的一个片段，因为它忽略了在生命科学中远未接受机械观暗示的那些人，他们强调——带着一个可能像西方文明自身一样古老的观念的灵感与威望——地球是一个神意设计的环境，适宜于无数多样性的生命共存。[②] 这些生命的外形、美观和所有那些被当作无足轻重的第二性质（secondary qualities），在研究自然史的具体事实中都确实特别重要。对设计论，我们不应该只强调其中的人类中心论和目的论（后来的科学认为它们十分讨厌），

---

① 《对古今学识的反思》（*Reflections upon Ancient and Modern Learning*），前言，无页码。

② 《科学与近代世界：洛厄尔讲座，1925 年》（*Science and the Modern World. Lowell Lectures，1925*）（Pelican Mentor Books），55—56 页。

392 而无视这样一个事实：设计论唤起（抽象的机械观所没有的）对自然之美的欣赏，激发了对存在于自然之中相互关系的研究，即便这些相互关系属于在自然史中如此重要的第二性质。通过这样做，据说人们不仅可以更多地了解自然，而且可以在这些发现中找到上帝智慧的进一步证据。今天，伴随着文明对自然环境各个阶段的影响，我们或许更友善地对待第二性质，对待永恒外貌的研究，对待自然之美的科学方面，对待这些相互关系的根本性（而不是第二性）的重要意义——这些相互关系以前是自然史的研究题目，现在部分被生态学所涵盖，部分包括在美学描述中。

6. 剑桥柏拉图学派

近代物理神学与中世纪和古代物理神学之间的主要区别，并不在于基本思想和假设——它们实质上是相同的——而在于有了更多的机会为其作出说明，使其更有说服力，这要归功于近代巨大的科学严格性。色诺芬用几行文字表达了他的思想，斯多葛派在分散的段落中、圣巴西尔在几篇布道文中作了自我表述，但是近代作家却需要成卷的篇幅。这些神学理论从多种来源中收集各自的证据。这证据可能是一个乡村牧师散步途中的观察，或者是一个业余科学家在自己的花园、实验室和望远镜中的所见，还可能是科学刊物研讨会的实验报告。物理神学与启示神学形成对照；它是关于上帝存在的物理神学证据的逻辑扩展。它同样也与星象神学（astro-theology）形成对照，后者关注的是宇宙和谐。一般而言，在近代，物理神学偏爱的话题是人的身体及其对环境的适应，与此相似的兽类、鸟类和昆虫的环境适应性，以及作为整体的地球这个水陆球体上可观察到的和谐性。威廉·德勒姆是十八世纪早期最著名、最有影响力的物理神学著作之一的作者，他扩展并补充了雷约翰的《上帝创世中表现的智慧》，同时也写了一本关于星象神学的书。当时即便是最优秀的物理神学家也有着令人烦恼的习惯，即一而再、再而三地使用同样的说明和论据，常常导致抄袭的指控。钟表是其中最著名的例证之一（如果有人在一个无人居住的地方发现了一座钟或一块手表，他将不得不认定它是设计及计划的产物，这个类比随后又被用来证明天与地之间的明显规划）；这出现在纽文泰兹（Nieuwentijdt）的《自然神学》（*Theologia Naturalis*）中，但是它可能更为古老。很多观念和解释是如此地老生常谈，以至于德勒姆伤心地——而且比他可能认识到的更有启示性地——承认，他曾有意避免阅读其他物理神学 393
家的早期著作，以便他自己的写作能够更具原创性！

这些作家很多都强调地球上有机相互关系的意义，他们的观点与自然之平衡和秩序的近现代思想很相似。但是有两个重要的区别。人类文化对自然平衡与和谐的破坏性干涉没有进入他们的著作；而且各种和谐状况、有机体对环境的适应性及其彼此之间的适应性在他们看来是上帝在创世时进行的工作。因此他们强调的是形式、适应性和安排，而不是像近现代进化理论中的成长与发展。

雷和德勒姆的物理神学在地球上自然进程的处理方面远胜于所有其他人，他们与剑桥柏拉图学派同声相应，尤其是这个团体的老前辈拉尔夫·卡德沃思（Ralph Cudworth），他在《宇宙之真的推理系统》(*The True Intellectual System of the Universe*)中发展了可塑自然的思想，这个自然是“执行上帝法则的下级牧师，像天使执行天意的工作那样”。他的观点被人与后来的“生命要素”，或称 *élan vital* 的概念相比较。[①] 卡德沃思相信可塑自然（plastic nature）的理由使我们能够明悉他与那些在科学研究中忠于“机械哲学”的人之间的分歧。

依据卡德沃思的看法，这不是一个偶然发生的创造，也不是由未受指引的机械性所带来的存在；而另一方面，上帝并没有即刻或奇迹般地做所有的事情。上帝与被造万物之间是“可塑的自然”，它是上帝的一个低级而下属的工具，“它确实无尽无休地执行上帝天意中的一部分，这部分天意存在于物质有规律、有秩序的运动之中……”可塑自然不能选择自己的道路，也不能自行决定自己的行动；一个更高的天意介入其中来对抗任何缺陷并可以否决它。可塑自然与“机械有神论者”(他认为笛卡尔就是一个机械有神论者）之间的区别是，后者让上帝仅仅“依据某种普遍法则，去实施作用于物质运动的一定量的第一推动，以及这种运动的随后保持……”[②] 可塑自然为某种原因（ἕνεκά του）行事。它是整体性的，决定着自然低级部分的形式和功能：“生命或者可塑自然，与机械性混合在一起，贯穿了整个物质宇宙。”卡德

① 亨特（Hunter)：“十七世纪的可塑自然学说”(The Seventeenth Century Doctrine of Plastic Nature),《哈佛神学评论》(*Harvard Theological Review*), 卷 43（1950), 197—213 页。

② 《宇宙之真的推理系统》(*The True Intellectual System of the Universe*), 卷 1, 223—224 页。

沃思详细讨论了他的思想与世界灵魂（*anima mundi*）观念的相似性，以及他对早期思想家（如柏拉图）的感激。因此，可塑自然的学说预先假设目的和设计，而没有把上帝描绘成做着他日常工作的工人。倘若上帝被迫亲自去做每一件事情，他将会“费 394
力、劳神、分心”。卡德沃思幼稚地从伪亚里士多德的《论世界》（*De mundo*）中选取了一个类比来说明他的观点：薛西斯（Xerxes）是一个伟大的统治者，但是他自己不做最平庸的工作，底下的任务交给下属官员或机构去做。如果说这类平庸任务连薛西斯都不值得亲自动手，那么对上帝来说，去完成细小的工作又会是多么地更加不得体啊。①

一位负有所有这些职责的上帝，会使人们丧失信念、鼓励无神论者，而无神论者正是卡德沃思用猛烈炮火持续攻击的人。雷补充了这样一个思想：要是上帝不用下级牧师而亲自料理创世的所有细枝末节，那么这样做是不合身份的。对于一个全能代理，“万物产生时缓慢而渐进的过程，看起来将会是一个徒劳无益的浮华场面”；上帝能在瞬间做到的事情，慢慢去做（像有机物生长那样）在神那里即是矫揉造作。可塑自然解释了变种与畸形怪物，表明自然不是万无一失，而是可能——正如人类技艺一样——“有时会为物质的不情愿而沮丧和失望……”倘若万物都是由那位绝对正确的、万能而完美的造物主直接创造的话，自然中就不会出现畸形或不正常的东西了。允许在造物主与被造物之间存在一个中

① 《宇宙之真的推理系统》（*The True Intellectual System of the Universe*），卷1，221、223页。

介就避免了信念的两个极端，其一认为上帝一旦让事物运转起来后便仅仅是一个监工，其二却相信每个创造行动都要求上帝的亲自介入，无论是多么微末。[①]“剑桥柏拉图学派希望把自然看作是可塑的而不是机械的。他们不是把复杂的反应分解为其简单元素，而是喜欢从整体到部分这样来进行，并显示统治自然的唯一原始生命力如何被无穷次地示范说明，而在这些范例中并没有失去自我。”[②] 这样的学说显然吸引着那些对活态自然有知识并有浓厚兴趣的宗教人士，作为自然主义者的雷对他们也有同样的吸引力——雷相信每一个科学发现都为上帝的智慧增添了新鲜而闪光的证据。科学的进步也意味着在了解神意设计之复杂性方面的进步。

雷借力于卡德沃思这样的哲学家，而后者的智识来源于柏拉图、普罗提诺，以及像马尔西利奥·菲奇诺（Marsilio Ficino）等文艺复兴思想家。这样，雷欣然接受对于自然的旧的、传统的解释，使自己与培根所强调的“在科学中没有终极因位置”的理论分道扬镳。我想，这也表明雷坚持认为生命具有独特性质，拒斥说生命过程像机器运转的观念，并厌烦笛卡尔动物生理学思想中的粗糙之处，因为对笛卡尔而言动物并不比机器更好。

395 亨利·莫尔（Henry More）在《无神论的解毒剂》（*An*

---

① 雷（Ray）:《上帝创世中表现的智慧》（*The Wisdom of God Manifested in the Works of the Creation*），51 页。

② 卡西雷尔（Cassirer）:《英格兰的柏拉图学派复兴》（*The Platonic Rennaissance in England*），佩特格罗夫（Pettegrove）翻译，51 页。卡西雷尔强调了剑桥柏拉图学派对文艺复兴思想家的借鉴。

Antidote Against Atheism，1652 年）一书中，概述了剑桥柏拉图学派的物理神学论点，这些论点被雷和德勒姆更有效地使用，因为他们有更深厚的生物学和自然史知识。尽管莫尔加上了一个否认申明，说世界并不是为人创造的，上帝的意图是其他生物也应当自享快乐，但是他有关地球优越性的吟诵基本上都是功利主义的和人类中心主义的。地轴的平行性，它不“胡乱翻滚”的稳定性，有利于航海和标度，天然磁石和北极星依靠的就是这种平行性。[①]他讨论了地球与黄道平面相关的可能姿态：垂直的、相交的，最终表明实际存在的姿态正是最好的（在一篇解释的文章中，莫尔重画了一幅图来表明地轴与黄道平面相交的效果），[②]于是得出结论说，在当前的天意安排下，地球的可居住地更大，有更多的季节变换，并且“事物的有序兴衰荣枯给我们带来最大的愉悦，使人喜好沉思的特性得到最好的满足。”这个思想后来被雷几乎逐字重复而未对莫尔表示感谢。依据净化理论，莫尔把山脉设想为自然的蒸馏器，人是地球产品中的鲜花和主宰，地球的物资是人行使各种能力所需要的。[③]陆地与海洋之间的清晰区别（而不是流淌的泥沼和水），以及对生命的身体和精神方面具有重要意义的航海，是地形特征有用性的又一些证据。莫尔谈到植物的外形和美丽：人看到它们，就只能承认一个隐藏的原因，正如他自己的本性，“那是智力，是世界上如此悦目的奇观的策划者和完善

① “上述无神论的解毒剂附录”（An Appendix to the Foregoing Antidote Against Atheism）；《无神论的解毒剂》（*An Antidote Against Atheism*），41 页。

② “无神论的解毒剂之注释”（Scholia on the Antidote Against Atheism），154 页。

③ 《无神论的解毒剂》，41、48—49 页。

者”，这是由于它们的形式，由于它们的基础存在于一个智力原则之中。[①] 自然的有用性和美丽，与人理解自然、知悉自然，甚至为了自身利益而控制自然的责任并不矛盾。“……人似乎是有意被带到这个世界上来的，这样被创造万物的剩余部分才可能被改进到极度有用与有利。”[②] 倘若没有人和他驯化的家畜，地球及其当前的景观则是不可想象的。野生和凶猛动物被赶入保留地，这表明了人的存在和威力。甚至自然的，即野生的世界也是自然史中一个令人愉快的主题，它锻炼了人的机智和勇猛。莫尔把人当作地球的可能改善者的观念，比人装点地球，甚至完成创世的传统思想更向前进了一步；人参与了（可能是通过对植物和动物的挑选）生命的实际改善。

396 1692 年，著名的英国古典学家理查德·本特利（他曾就设计论与牛顿通信），在波义耳所建立的讲席上宣讲了八篇布道文章，即《无神论辩驳》（*A Confutation of Atheism*）。本特利同样活跃在关于古人与今人的争论中，全歼可怜的威廉·坦普尔爵士的某些论据，因此激起了乔纳森·斯威夫特（Jonathan Swift）的盛怒，在《书的战争》（*Battle of the Books*）中把他说成一个没有同情心的家伙。本特利的这些布道文章，是十七世纪英国神职人员普及牛顿科学，并将牛顿科学与对设计论的亲切虔信联姻（这得到牛顿认可）的最佳尝试之一。本特利很接近牛顿的发现，曾与牛顿

---

① 《无神论的解毒剂》，52—54 页。引文在 53 页。

② 同上，63 页。

通信探讨过科学和宗教问题。[①] 正如人们可以预期的那样，本特利致力于"从世界的起源和结构"来驳倒无神论的三篇布道文（第六、第七和第八篇），主要组成部分是关于地心引力、地球与太阳的关系、地球的轴心倾斜、地球自转和公转的讨论，尽管此前牛顿写信给本特利说，他不愿意给地球轴心倾斜加上太大的分量来作为支持终极因的论据。[②]

本特利以自己的古典学知识丰富了论述。他说，世界有系统部分的秩序和美，它们可识别的目的与终极因，"τὸ βελτιον"或者说"超越必要事物的改善"，这些都展现了一个智慧慈祥的代理人。[③] 像他的很多宗教界同时代人一样，他担心古典原子论的复活将把新生命力注入亚里士多德的世界永恒学说之中。人类和世界都不是永恒的。人有开端，当前的地球形态和世界体系也有开端。[④] 尽管"我们不需要，也没有将上帝创造所有平常形体时的意图限制及确定在人类的目的和用途上"，但是所有的形体，如地球，都是为了智慧的头脑而形成，不是为了无理性创造的快感；因此，地球"主要是为了人的存在、服务和沉思而设计"。与这个原则相一致，其他行星很可能也是可居住的。[⑤]

本特利同意一些人关于地球当前的形态和结构最适合于生命

① 见牛顿：《现存作品全集》（*Opera omnia*），卷 4，429—442 页，以及本特利（Bentley）：《作品集》（*Works*），戴斯（Dyce）编辑，卷 3，203—215 页。

② 见上文，本章第 2 节。1692 年 12 月 10 日的信件，本特利，前引书，卷 3，207 页。

③ 《无神论辩驳》（*Confutation of Atheism*），132、172 页。

④ 同上，135—136 页。

⑤ 同上，174—175 页。

的观点；很清楚他对像托马斯·伯内特（Thomas Burnet）那样的理论（见下文，本章第 8 节）没有什么耐心。地球到太阳之间的距离、地球自转与公转周期，都是很好地设计出来以使生命存在、谷物有序生长、生命中有周期循环。[①] 一个划一、平和、宁静的气候（如伯内特所构想的，见本章第 8 节）不一定有助于健
397 康长寿，变动和多样化可能对身体与寿命更好。[②] 依据通常的证据——这些证据来源于陆地到海洋、海洋到陆地之间的水循环，来源于海洋面积与其必须接纳流入的大河水量成适当的比例——本特利明显地遇到了地球上自然面貌凌乱的问题，那就是，与终极因观念应用于生物学相比，将这个观念应用到犬牙交错的山峦、巨石遍布的峡谷和不规则不对称的海岸线身上有着更大的困难。（伯内特指出地球是一个残余和废墟，而不是一个和谐的居住地。）本特利嘲讽那些仅仅看到河湾、湖口、海湾和海港的风险和凌乱的人，而他的评价是基于它们对人的功用。它们不规整、不划一更有利得多，因为这种表面上的凌乱与笔直海岸线相比，为航海造就了好得多的港口。关于地球自然地理面貌凌乱的问题，本特利作了两个有力的回答，一个是神学的，另一个来自自然法则，每个都能单独站住脚。神学理由是，地球不是天堂这一点足够清楚，这是一个观点的变异，即人不能够期望比其原罪本性所赋予他的更好的居所。"……我们把它仅仅设想为我们**游历**的大地，而渴求**一个更好的**、**天上的国度**。"自然法则的理由是，地球上

① 《无神论辩驳》（*Confutation of Atheism*），181—185 页。

② 同上，189 页。

地形的表面凌乱是海洋风暴和波涛侵蚀的结果，也是降雨冲下山顶物质、地震与火山爆发造成巨大土地错位的结果。这个证据建立在陆地水侵蚀、波涛侵蚀、三角洲生长、水循环、地震和火山作用的基础上；倘若当年冰川作用已经被理解的话（而冰碛、冰斗、擦痕和陡角峰则很难用终极因来说明），那么在那时候可能就会获得对地球景观历史的满意解释了。[①]

尽管本特利深陷功利论据之中，他还是比大多数人都更多地强调了自然之美和自然的不对称性。一个不规则的面貌——例如一块地貌——并不一定比规则的面貌难看。也许为了反对"上帝是一位按几何图形工作的数学家"这个观点，本特利说：

> 所有的美丽都是相对的；所有的个体在所有可能的形状和比例下都具有真实而自然的美丽，只要它们在自身的类型中是好的，是与它们的恰当用途和本质目的相匹配的。那么，我们不应该相信：大洋之岸真是畸形，只因它们没有一个规则壁垒的形状；山脉走样了，只因它们不是精确的角锥体或圆锥体；星星的放置很笨拙，只因它们没有全部位于统一的距离上。这些不是自然的不规则，而是仅仅关乎我们的幻想，它们也没有给生活的真正用途和人在地球上存在的设计带来任何不便。[②]

① 《无神论辩驳》(*Confutation of Atheism*)，195 页。

② 同上，196—197 页。

398 这些人并没有对地球是一个经神意设计的行星提出疑问；但是他们也没有相信自然的衰老，或者相信大洪水把地球留在一个如此残破变形的状况中，以至于地球仅仅是漠然地适应了人类的生活。

7. 设计与人的繁衍和散布

有人认为约翰·格朗特（John Graunt，1620—1674 年）对统计学知识作出了四个贡献，其中的前两个之前还没有被认识到：到那时为止人们认为应归结于偶然的某些社会现象的规律性（包括疾病的发病率）、男性的出生超过女性、幼年期的高死亡率，以及城市死亡率超过乡村。[①]《对死亡报表的自然与政治观察》（*Natural and Political Observations Made upon the Bills of Mortality*），初版于 1662 年，在作者没有作任何明显有意识努力的情况下，成为对物理神学一个极其重要的贡献，因为在统计数据的支持下，它比以前任何作品都更为有效地将人口理论置于自然神学的羽翼之下。格朗特的影响深远，包括德勒姆和约翰·聚斯米希（Johann Süssmilch）都受到他的影响。现在我们还可能加上马尔萨斯的抑制说。[②]

格朗特用伦敦的死亡报表与汉茨的乡村环境进行比较，他说汉茨不以其居民长寿或健康著称。（现代统计学家会不满意格朗

① 赫尔（Hull）为《威廉·佩蒂爵士的经济学论著》（*The Economic Writings of Sir William Petty*）撰写的导言，卷 1，lxxv—lxxvi 页。

② 同上，卷 1，lxxix 页。

特从汉茨这样的小样本中做出关于乡村人口的一般性概括。）据格朗特称，死亡报表首次出现在1592年，在大瘟疫后的1603年又重新开始；他想要“从这些繁花中得到真正的果实”，以超越它们通常的用途：好奇，就疾病状况向富人发出警告，以及告诉商人们可能期望什么东西。[①] 他说，他关于男女出生比率的发现表明，基督教比伊斯兰教更符合自然法则（那是上帝的法则）；要不是自然界有一个平衡的男女比例，穆斯林法律允许一个男人有很多妻子就没有什么关系。格朗特计算出伦敦的男女出生比率是14：13，汉茨是16：15。[②] 他表明，尽管有瘟疫，人口还是 399
增长了；按照他的计算，每64年人口能翻一番，亚当和夏娃在5610年间，“按照正常的生育比例”已经生产了比现在实际生活在地球上的更多的人口。[③] 格朗特的作品是就其主题几乎不带哲学意味的有条有理的论文；尽管如此，在他的论文中有着可适用

① 《对死亡报表的自然与政治观察》（*Observations*）增补的第5版，1676年，前言，2、16页；关于汉茨，见86页。

② 同上，86页。威尔科克斯（Willcox）在该书第一版重印本的导言中说，格朗特（Graunt）的说法，即男子出生超过女子1/13，与他的出生或死亡数字不相吻合，格朗特数字所显示的性别比率在死亡时与出生时是不同的。关于小册子的原作者问题（到底是格朗特还是威廉·佩蒂爵士），见赫尔，前引书，其中包含截止到1899年的争议，li—liii页；关于为佩蒂争辩的理由，除其他来源外，见兰斯多恩（Lansdowne）侯爵编辑：《佩蒂-索思韦尔通信集，1676—1687年》（*Petty-Southwell Correspondence 1676—1687*），xxiii—xxxii页；关于截止到1939年的情况，见威尔科克斯，前引书，iii—xiii页。赫尔的结论是，两人进行了合作，“本质而有价值的部分”是格朗特写的；威尔科克斯说这本书是共同努力的产物，但是他对格朗特比对佩蒂要更加敬重得多，说格朗特写的是“统计音乐”，而佩蒂“就像小孩在玩一个新的音乐玩具，偶尔演奏出一点和谐音符”（威尔科克斯，前引书，x页）。

③ 《对死亡报表的自然与政治观察》，86页。

于设计观念的更高度概括的因素：男女出生的规律性不可能反复多变；基督教与自然法则的一致性表现在道德价值和一夫一妻制的合理性上；从大洪水时代以来的人类繁衍现在能够得到准确的理解了。这些观念被马修·黑尔（Matthew Hale）爵士应用，他和十八世纪的聚斯米希是对设计论范围内的人口理论最令人瞩目的贡献者（如果我们不包括马尔萨斯的话）。

威廉·佩蒂（William Petty）爵士使人感兴趣的主要是他关于下列问题的一般观点：人口、地球的容量，以及应该给予其居住人口的鼓励。佩蒂的论述表明，人口增长和分布问题可以多么容易、也多么有趣地与物理神学的较宽广含义联系起来。佩蒂说，地球上尽快住满人是对上帝的敬意并给人类带来优势；人口问题在一千年之内，或者直到每三英亩超过一个人之前，都没有必要担心。人越多，每个个体的价值越大。向上帝致敬就是要承认他的力量和智慧；如果通常所说的是真的，即地球和恒星造出来就是为人所用的，那么要是地球的四分之三无人居住的话，只有无神论者才会感到安心。假如地球上的人如此之少，那么对于创造地球的真正目的就会有半信半疑和迷惑惶恐。有人可能相信它是一个偶然的创造，不是设计好的。让地球上住满它所能承载的人口，就会解除关于它的创造目的的任何疑问。艺术与科学在城市比在沙漠中得到更好的陶冶。“假如地球上有它所能负担的那么多的人，上帝智慧的作品和奇迹就会更快被发现，上帝也会更快获得真正的、发自内心的赞美……我说上帝对人和兽的最初最伟大的指令就是增长和繁殖以补充地球。因此这个职责为什么应当推迟呢？”[①] 随着人口的增长，哲学家的数量会增加，英格兰国王的土地，以及威廉·佩蒂爵士和罗伯特·索思韦尔（Robert 400
Southwell）拥有的爱尔兰土地也会增加！直到地球上每三英亩有一个人为止，“没有理由阻挠这个设计”——这个有趣思想近似于几乎一个世纪后孔多塞（Condorcet）的评论，说倘若在某个未来的时候必须控制世界人口的增长，人也会那样做的，这个说法极大地激发了马尔萨斯。[②] 佩蒂和很多其他思想家因经济和政治原因而提倡人口主义的政策；将这个政策建立在宗教基础上就赋予它更广阔的意义，因为它把世界人口的增长和分布置于设计论的框架内，意味着地球上人的数量与资源将总是和谐与平衡的。

马修·黑尔爵士的《人类的原始起源》（*The Primitive Origination of Mankind*，1677 年）是十七世纪后期成为可能的一种综合研究的范例，书中运用了当时通行的有关人的数量及散布、人对自然其他方面之关系的观念和知识，也考量了人对自然不断增长的控制力的含义，而控制自然是《圣经》指令人去做的。

这本书的开场白确定了全书基调，揭示了黑尔写作所处的智识框架。“在自然中万物皆有适合的位置和适应性，既为了它们自己的便利和急需，也为了彼此之间的便利、用途和急需，这是神圣智慧和天意令人钦佩的证据……”

在上帝与人之间的链条上有着中间存在，但是人，尽管他有

---

① 《佩蒂－索思韦尔通信集》（*Petty-Southwell Correspondence*），154 页。

② 威廉·佩恩（William Penn）显然也分享佩蒂对世界人口快速增长的热情，因为宾夕法尼亚也会在人口增长中分享一份。《佩蒂－索思韦尔通信集》，143、148、153—155、165 页。

原罪、不完美，然而他比我们所知道的任何一种可见的被造物都更多地承受了神的形象。[①] 在“事物可赞美的等级划分”中，从矿物到植物、动物和人（人是一个有天使本性的参与者，尽管不完美），较低等级者拥有“高等级者那些完美品质的若干气息、笔触和暗影”。也有等级间的混杂，低等级的采纳了其紧邻的最高等级之最低显性中的许多特征。于是，低等的矿物“在自己的生长、增加和特定构造中似乎有着蔬菜生命的影子”。植物生命的最先进形式“似乎达到了有感觉生命最低等形式的界限和边缘”。高等陆地动物，像马和大象，“通过劳动和规训作用可以进步到高度的完美，看起来就像是低于人之动物属性的下一个自然等级……”人是可以见到的动物中的最高等级，而“在他的智识天性中，他似乎分享了天使般的本质”（此处引用了《诗篇》8：
401 5）。人“兼有动物的最高程度和智力［即天使］的最低程度；分享两种天性，可以说是较上层世界与较下层世界之间的连续体，维持着与两者的融合及两者之间的融合。”这是解释人与其他被造万物之间关系的关键思想。[②] 然而，黑尔也用另一种方式看待人类，作为一个生命物种它有起源，成倍增长了自身数量，散布到全世界，并在这样做的过程中发展了构成人类的各民族之间的差异。黑尔把这些差异归结于环境原因。各民族的肤色、体形、身高、体液和性情由气候造成；作为例子，他罗列了“黑色、扁平鼻子、卷头发”的埃塞俄比亚人与“黄褐色”的摩尔人，“肤

① 《人类的原始起源》（*The Primitive Origination of Mankind*），1、15—16 页；其他讨论见 310、349、371 页。

② 同上，310—311 页。

色黝黑、矮小、高傲自大、审慎”的西班牙人，“精灵鬼怪、不易预料”的法兰西人，以及“高大、面色白皙、强壮有力、勇敢无畏”的北方民族。一切描述都十分传统，除了在运用体液理论时有所暗示外，他没有试图去解释气候可能是怎样造成了这些差异。在同样的气候类型下（“较为毗邻的气候”），人群有着巨大的多样性，这些差异是其他环境原因造成的。英格兰高地的人“强壮、有力而坚忍”，湿地（尤其是萨默塞特郡一带）的人是大块头、高个子，居住在山地的威尔士人“通常有机警的面容”。[①]

《创世记》里的讲述，在新大陆发现的土著人口和本地动植物，提出了有关人与驯化的动植物起源的问题，以及艺术与科学是传播的还是独立发明的问题，就像阿科斯塔曾提出来的那样。在阅读阿科斯塔对羊驼、骆马和“秘鲁的印第安绵羊”（los carneros de Perú）的陈述后，黑尔认为在新大陆动物的存在是一个比人的存在更加困难的问题。阿科斯塔说过：“这确实是一个长期让我感到困惑的问题。”[②]

黑尔讨论了新大陆人有独立起源的论据，这些论据包括：美洲很久以来就有人居住；没有表明前哥伦布时代移民的证据，因为航海发现得太晚而不能解释美洲的大量土著人口；因此，美洲人既不是来自亚当也不是挪亚，但是他们要么有一个“永恒的延续”，要么繁衍自“其他普通人群，而不是摩西历史所引进的”。

① 《人类的原始起源》（*The Primitive Origination of Mankind*），200—201 页。

② 同上，182—183 页；阿科斯塔（Acosta）：《印度群岛的自然与道德历史》（*Historia Naturaly Moral de las Indias*）（1590 年），第 4 部第 36 章。

黑尔承认美洲民族的传统可能偏爱这个结论，不过他仍然感到想象人横渡大洋的可能性没有什么困难，但是对于动物则感到严重不可思议。[①] 野兽，尤其是食肉猛兽，不可能轻易地被跨海运
402 输；同样不容易明白的是，新大陆存在的这些动物如何才能被运过大海以便在方舟中得到保护，然后再被运回新大陆。[②] 有人回答说，大洪水不是全球普遍的，或者就是美洲才有的动物的重新创造是出现在大洪水之后的。[③] 黑尔权衡了所有的论据：可能大洪水以前大地较平坦；可能大洪水仅仅淹没了部分大地；可能大洪水以前的大地充满了罪恶、人、野兽，需要一场洪水为未来的居民腾出地方；可能前哥伦布时代与新大陆的联系是由不列颠人、挪威人、鞑靼人或西徐亚人、腓尼基人和迦太基人，以及中国人所建立的。[④] 他的结论是，新大陆的人是从旧大陆通过一连串的移民浪潮迁移过来的，所有的移民都发生在大洪水之后，但是由于年代如此久远，具体日期已经不可考证。他说，如果移民出现在两千年前，那么已经有足够多的人被繁殖出来填充大陆，而时间流逝、遗忘、衰落，或者新造林地的变迁也许抹去了过去的记忆。

检验了证据之后，他补充说，美洲的动物和鸟类群体也是迁移的结果。远离西班牙聚落的古巴、牙买加、玛格丽塔、伊斯帕尼奥拉没有狮子、老虎和熊，表明这些动物不是新大陆土生土长

---

① 《人类的原始起源》，89 页。

② 同上，184 页。

③ 更详尽的讨论，见同上，197—203 页。

④ 同上，195—196 页。

的。动物之间的差异就像人之间的差异一样，可能由物种的混杂以及气候和土壤的不同而导致；新大陆生命的多样性并不是反对共同起源的论据。最初它们可能相同，但在时光中出现了偶然的变异，在“使自身习惯于某一大陆或其某一部分”的时候发生了意外的变化。[①] 鸟儿可能飞到新大陆，但这个壮举可能要假设阿特兰蒂斯岛的存在。家畜可能在贸易中来到新大陆。黑尔指出古代的孔雀和猿猴交易，并引用了《圣经·历代志下》9：21。尽管认可新大陆的家畜可以用迁移（无论有没有人类中介）来解释，但是人不可能是猛兽和野生动物分布的中介。黑尔承认这个困难，并假设可能存在古代陆桥，它们随后被大水或地震毁灭了。为了支持这个理论，他提到了几种可能性：可能有一条通道从中国到菲律宾群岛，再到“南方大陆”（Terra Australis），然后到火地岛；中国和新几内亚与新大陆之间的各岛屿可能曾经是一块陆地；北亚、欧洲与美洲可能曾经相连接。[②]

黑尔对这个困难所作的明智而有见地的解释，正如阿科斯塔 403
的解释一样（黑尔显然从阿科斯塔那里汲取了许多观点），揭示了犹太-基督教神学与传播观念及独立发明观念之间的关系。在很多方面，设计论不喜欢传播论的思想。前者强调植物对气候的适应、动物对植物的适应、人对植物和动物两者的依赖，以及不同地方的动植物和人由不同的环境条件造成了差异。自然是有目的的，不做徒劳无功的事情，每个地区的人受其需求的召唤而发

① 《人类的原始起源》（*The Primitive Origination of Mankind*），199 页。引述阿科斯塔（Acosta），前引书，第 1 部第 21 章。《人类的原始起源》，201 页。

② 同上，202—203 页。

明东西。另一方面，《创世记》中对大洪水、方舟、随后大地再次遍布人类的叙述，却不可避免地表明人类历史中迁移和散布的巨大影响。早期理论中的极度传播论，包括以色列人部落在新大陆这个说法，是引起反作用的一个原因，使人更赞同缘于人类心理一致的独立发明观念，尤其是在十八和十九世纪。黑尔所讨论的很多问题直到今天仍然以另一种形式存在：新大陆的高级文明究竟是土生土长（对环境因素的回应、需要为发明之母、心理一致性），还是来自旧大陆的前哥伦布时期影响的结果。

与人类起源和散布紧密相关的问题是，人类用什么方式逐渐增加，从大洪水中存活下来的八个人：挪亚、挪亚的妻子、他们的儿子——闪、含、雅弗——以及儿子们的妻子，使世界重新布满人。黑尔说，人类的自然趋势是增长。如果一个父亲在 27 岁时有第一个儿子，30 岁有第二个，那么当他到了 60 岁时（这是黑尔用作男子寿命的年龄），这一家会有八口人（他自己、他的妻子、他们的孩子，和四个孙子）。在大约 34 年中——从第一个儿子出生到父亲去世期间——这个家庭人数翻了四倍。情况在古代会更有利些，大洪水后的长寿、性能力的长久持续，使人类能够大量生育。①

在他的计算中，黑尔感谢了格朗特，并在自己的书里包含了格朗特著作的一个概要。格朗特的作品“给出了地球表面人类逐渐增长的证明，比一百个概念论据所能表现或驳斥的更有

① 《人类的原始起源》（*The Primitive Origination of Mankind*），，205 页。

力……”①

黑尔试图重建世界人口史，其中考虑了《圣经》、格朗特的研究，以及古代和现今寿命的证据，这使他与后来德勒姆所采纳的立场十分相似，即人类的增长及当前数量为只有用设计论才能解释的秩序与规律性提供了证据。在所有生命中，既不是出生超过了地球负荷，又不是出生不足，也没有太多的死亡给多样物种画上句号，从而导致自然的总解体。 404

像威廉·德勒姆后来所做的那样，黑尔从所有的生命种类里选取例子；他注意到非人类物种的数量增长趋势，但是经过某种矫正它们被保持在界限之内。这里的例子是对动物、鸟、鱼、昆虫增长的抑制因素，它们使人想起了达尔文。

动物（自然增长比人类大得多）：作为食物被吃掉；像猫和狗那样的驯化动物不当作食物，但是通过毁灭幼崽或溺毙来保持在界限内；有害野生动物被猎杀；被人灭绝。

鸟类（自然增长看来比动物或人类都大得多）：作为食物被人吃掉；害鸟被消灭；很多大量生育的鸟儿自然短命；弱小鸟类被捕食性鸟类杀死；严冬里鸟儿被冻死或饿死。

鱼类（自然增长与动物、人类或鸟类相比无限巨大，其不受控制的繁衍会导致海洋中的鱼类过剩）：鱼籽“没有撒开”［沿袭亚里士多德：《动物史》（*Historia animalium*），第 6 部，13，567b］；鱼籽被雄鱼或其他鱼儿吞食或损坏；鱼籽作为食物被人吃掉；遭其他鱼类捕杀；海里、河里、池塘里、湖泊里的鱼因鸟、

① 《人类的原始起源》（*The Primitive Origination of Mankind*），206 页。

冰冻和干旱而消灭；淡水鱼因湖泊、池塘和河流被抽干，或因“太热影响水质”而消灭。[①]

昆虫（具有繁殖力超强和生命短暂的特征）：如若对它们的再生产能力不加抑制，“整个大气层、大地和水体都会被它们挤满”。由于存在矫正措施，观察结果没有证实这样的拥挤：被人消灭；即便不能把昆虫当作食物，某些动物也与它们不相容；作为动物的食物；不利于腐败的空气减少了“它们的卵或籽的多产能力”；大雨、雷暴、洪水、寒冷、霜冻、大雪、被水淹没，等等。依据天意，对“这些自然界细小而微不足道之物种”的抑制允许它们种属的保存，防止因过度繁殖而“伤害、惩罚低等世界”。[②]黑尔看到在动物、鸟类、鱼类、昆虫中存在着“较强壮、活跃而有生气的造物对较弱小、不活跃、无生气的造物不断进行侵犯和统治”。[③]

405 黑尔说，人类的生殖和增长中也有着类似的矫正；有各种“修剪办法”在防止地球的超载。地方性和世界性的瘟疫与传染病在所有的历史时期都存在。饥谨，尽管由于人的勤劳在现代没有那么严重——“部分在于供应可以通过海运到达那些需要的国家，但主要还是在于上帝的善意”——但在过去非常严重，尤其是当饥谨和瘟疫同时出现，或者饥谨后面紧跟着瘟疫的时候。战争，因其在所有历史时期频繁发生并耗时长久，一直是一个强力的抑

① 《人类的原始起源》（*The Primitive Origination of Mankind*），207—208 页。

② 同上，210 页。

③ 同上，211 页。

制因素。[①] 除去明显的或表面的原因，战争在黑尔看来“似乎在某种意义上是世界上人的数量过多过剩的自然后果……”[②] 地方性或世界性的水灾和火灾也为人口控制作出贡献。对人口数量的抑制措施受天意统治：它们惩罚罪孽，保持世界人口数量与方便程度及地球的容量相符合。由于有这些抑制因素（并且尽管有这些抑制因素），人类在数量上增长了，维持了个体的平衡，从而防止了悲剧性的人口过多，但是又还没有严重到足以毁灭人类的地步。[③]

为什么人在最后才被创造出来，黑尔给出的理由与他的下列主张相一致：人是地球管家的思想（见下文，本书第十章第4节），人类从一个单独起源地向外传播的观念，以及对大洪水时代以来人口增长的解释。创世是一个从比较不完美到更加完美的进程，它给人配置便利的装备供其使用：创造野兽之前先造出小草，创造人之前先造出水果和食物。造物主意欲赐予人类自由的财富，但是人这种在地球上的下属统治者首先需要自己的装备。创世，正如人的这个管家身份所暗示的，并不仅仅是为了人类；低等世界主要是为人所设，但是假如认定这是为他专用而准备的，那么就会很愚蠢。“万能的上帝有自己伟大的荣耀，并将传播他的仁慈作为自己所有作品的伟大目标”；因此，存在着一个包容与和谐状况，适合于作为上帝管家和房客的人类。[④] 黑

① 《人类的原始起源》（*The Primitive Origination of Mankind*），213 页。

② 同上，215 页。

③ 同上，226 页。

④ 同上，328 页。

尔（1609—1676 年）被后人铭记的身份是法学家。他是英国王座法庭的首席法官，他的名字更多地与英国普通法历史——而不是与早期人类学——紧密相连。进一步而言，他的写作有律师风格。他的重要思想是一种事物适应另一种事物，以及各种事物适应作为“万能上帝的管家和房客”的人类；反映上帝智慧的是整体的和谐，而不是对人的有用性，上帝像对人类拥有处分权（*jus disponendi*）的伟大统治者那样行事，而人类的法定权利已经按照英国法的最佳传统授予了他！[①]

406 8. 幻想、宇宙论、地质学及其导向

柏拉图主义在剑桥的再次兴起，自然恒久性的有力论据，那些处处看到自然界中死亡和衰退的证据、看到人类堕落导致的大洪水之后毫无希望的世界混乱的人们声名不再，这一切使一种新的综合成为可能：地球不是一个不必考虑终极因就可以理解的机械创造；人要想领悟事物的意义，必须知道造物主创造它们是为了什么目的。地球也不能通过从抽象前提的一系列推演来理解，像笛卡尔所做的那样，因为自然神学很奇怪地喜欢——就它自己的利益而言有点过于喜欢了——可见的事物、详细具体的事物、第二性质，以及对诸如植物、动物、昆虫、身体局部、溪流、云彩、雪花构造等随意而偶然的观察。如果承认这个最初的假设，即每一个自然现象都是设计的产物，那么观察和收集细节的理由就是：

① 例如，《人类的原始起源》（*The Primitive Origination of Mankind*），354—355 页。

每一点细节都成为设计的新证明；这样的研究也在知之不多的领域里的细节发现中，开启了迄今为止未被怀疑的证据。物理神学总是在生命科学中成功得多，也持久得多——尽管这使科学史家深感不悦——因为在生命科学中有很多机会找到终极因的貌似合理的证据：在对有机体成长的观察中，在动植物之间的关系以及它们与其栖息地之间的关系中，在动植物群落中，在有机生命全球分布的模式中。对大地的沉思，对动植物的沉思，对人的沉思，甚至还有对无机物的沉思，使自然神学的信仰者确信，他们带着好奇、热情、激动追求知识，这样做同时就是通过发现上帝存在及全知全能的新鲜证据，为上帝的更伟大荣耀作出贡献。否认自然的恶化也是一个受到肯定的信念，拒绝将生物类比应用到自然身上同样如此。人不必担心地球在某一个时期会比其他时期少一些丰饶和收获。这些驳论使当时的科学先进人士和神学先进人士（很多时候科学和神学可能体现在同一个人身上）为地球的现状辩护。这种辩护在下一个世纪也没有被遗忘，因为赫尔德向他的读者保证当下地球具有美丽和优势，其方式与十七世纪作家笔下的几乎相同。

十七世纪最后二十年里，在英格兰出版了四部出色的著作，都是关于地球起源，都试图充分利用伽利略、开普勒、牛顿和其他人的新发现来达成这些发现与《创世记》的调和。托马 407
斯·伯内特的《地球的神圣理论》（*Telluris Theoria Sacra*）初版于 1681 年，其英译本《地球的神圣理论》（*Sacred Theory of the Earth*）在 1684—1689 年间以对开本出版。约翰·伍德沃德（John Woodward）的《地球和陆地物体，尤其是矿物的自然史论……》

（*An Essay Towards a Natural History of the Earth*，*and Terrestrial Bodies*，*especially Minerals ...*）第一版于1695年面世，第二版在1702年、第三版在1723年发行。威廉·惠斯顿（William Whiston）的《地球新论》（*New Theory of the Earth*）1696年出版，紧随其后在1698年出版的是约翰·凯尔的《伯内特博士地球理论之检讨》（*Examination of Dr. Burnet's Theory of the Earth*）。凯尔是一位天文学家、数学家，也是牛顿的朋友，在微积分发现的优先权之争中曾站在牛顿一边反对莱布尼兹。这些著作在地质学史或宇宙学史中一般作为这些历史上的幻想期的例证而被提到，当时地球被普遍地认为非常年轻。人们广泛接受大主教厄谢尔（Ussher）对创世年份为公元前4004年的认定，或者其他接近的估计。[①] 对于这些作者和与他们相像的其他作家来说，创世、人类堕落、大洪水，以及大洪水消退后新构造的大地，是地球曾经经历过的自然变迁史中具有重大意义的事件。他们这些作品不只是私下延伸了虔信与创新力的结合；它们被广泛地阅读、评论，其中一些，像伯内特和伍德沃德还被翻译成外文。这些著作的重要程度足以使布丰在其《自然史》中分析伯内特、惠斯顿和伍德沃德的体系。[②]

在这里我仅仅略微地对这些著作的主要写作目的感兴趣，更迫切注意的是这些作者讨论的偶然性问题：地球的可居住性；终极因观念应用于地表特征，尤其是陆地与海洋的关系、山脉、河

---

① 雷文（Raven）:《自然主义者雷约翰》（*John Ray*，*Naturalist*），421页注8。

② 见《地球理论的证明》(*Preuves de la Théorie de la Terre*)，第2篇：关于惠斯顿；第3篇：关于伯内特；第4篇：关于伍德沃德；第5篇：关于其他理论家。

流和河谷；大洪水之前和之后世界的比较，因为它们帮助理解人之原罪对自然的影响问题，以及地貌与人的道德名望之间的相应性这个更广泛的问题。

让我们用托马斯·伯内特（1635—1715年）开始这个故事。这位牧师深受尊敬的《地球的神圣理论》把未开化的地球历史分成三个时期：洪水前、洪水后和未来期，未来期会在外表上与第一个时期相像。伯内特的著作很重要，因为它所激发的辩驳强调了创世的本质之善、人间环境的适宜，以及存在于自然现象中的生物和物理相互关系的合理性。他最著名的断言是，洪水前世界的面貌平滑、规整而划一。尽管缺乏山脉和海洋，但它是可居住的。
对于那些声称没有山脉就不可能有河流的批评者，伯内特回应说 408
有河流，并解释河流因地球的卵形状而流淌；但是他的同时代和当前的批评者都不能明白地球的卵形如何能造成水流下小山。伯内特在deluge（洪水）这个单词能够接受的意义内并不相信有大洪水；水留存在地面以下，平滑的土地掉进水的深渊。来自观察地球当前构造的证据，连同《创世记》第8章中的证明，令他感到满意。地球的不完美（他指的是它的地形）是陆地向水深渊陷落的后果；地震是地球内部空洞的证据，这一点也从海洋的地下连通中得到说明。

伯内特的洪水前世界是一个乐园，与之同期的是古人的黄金时代和永恒的昼夜平分。在那个时候，地球没有地轴倾斜。[①]小气的天神甚至拒绝将彩虹赐予洪水前世界。在所谓的大洪水时期，

① 《地球的神圣理论》（*The Sacred Theory of the Earth*），188页。

地球遭到如此的分裂和移位，以至于失去了平衡，它的重力中心改变了，一个极点倾向于太阳，从而导致地轴倾斜。作为一个后果，洪水后世界不再如此惬意、如此多产，也不再像洪水前世界那样便利；它被破坏得太厉害，不再是一个乐园，而自然有太多的错位和贫瘠的陆地，变得严酷而吝啬。洪水后世界的土壤不再像黄金时代那样天然多产；由于土壤的衰退和季节的多变，新地球要求人工技艺来耕作。季节变换不再具备永恒昼夜平分的优点；由于季节变换和缺乏一个像过去的平滑大地那样的稳定媒介，洪水后世界的人寿命较短。尽管热带甚至在洪水前时代也不适宜居住，但是那时由于没有海洋，在其他地带有足够的地方。然而在它悲惨的洪水后时期，地球的姿态不得不被改变，以使热带也能供人居住。

伯内特继续推想这一切的无情终结，他认为当大火毁灭当前地球之后，它将再次变成一个像最初那样的乐园——平坦划一，因为大火将熔化一切。伯内特的玄思迫使那些不同意他的人去陈述为什么现在这样构造的地球对人类及其他生命形式是有利的理由，并且去论证作为造物主设计的一部分，使地球从黄道平面的垂直线倾斜二十三度半的智慧在何处。在伯内特看来，有罪的人类居住在一个物质凋敝、土地荒芜的地球上，山脉、海洋、沙漠既无用处又不美观，它们悲伤地提醒人们：人类不配得到更好的东西。[①]

① 关于伯内特与山脉的论述，见尼科尔森（Nicolson）：《山之忧郁与山之荣耀》（*Mountain Gloom and Mountain Glory*），207—224页。

伍德沃德完全不同意伯内特的思想，但是他的观点既不恭维 409
人类也不奉承地球。从物质世界来看，他认为洪水前的地球与当前的地球没有什么两样，陆地与海洋的比率也大致相同。他的证明以化石为依据：海洋鱼类的介壳、牙齿和骨头指示出洪水前时期海洋的广泛区域，而淡水鱼类的残骸表明了河流；河流意味着山脉及其间的山谷，从而针对伯内特的观点提出反证，即洪水前世界与当前地球的地形是相似的。

化石是怎样从大洪水中存留下来的呢？伍德沃德底气不足地回答说，大洪水分解了石头和矿物体，但是没有分解介壳、牙齿、骨头、树干和树根，以及动植物的其他部分。一个批评者质问为什么这些可能存留下来而那些却溶解掉，他的回应是由于化石的广泛分布，这些事情必然是这样发生的。因此，化石记录用来证明在洪水前的地球上存在着海洋、河流（因而也有山脉），以及两个地球的面貌是基本相似的。[①]

伍德沃德说，大洪水有两个目的，一是惩罚人，而更重要的目的是改变地球，使它拥有与人类的脆弱相称的结构，因为它以前的状态只适合处于无罪状态的人。[②] 如果洪水前世界与当前的如此相像，那么在两者之间又有什么区别呢？伍德沃德最有意思的答案使人想起罗伯特·华莱士和托马斯·马尔萨斯的某些思想。洪水前世界要丰饶得多，它如此多产以致几乎不需要照看和耕种，

---

① 《地球自然史论》(*An Essay Towards a Natural History of the Earth*)，107、244、251、254—255 页。

② 同上，83 页；亦见 90、92 页。

犁铧是在洪水后世界发明出来的。[①] 无罪之人可以利用洪水前地球的这种伟大而醉人的优势，但是随着人的堕落，地球的肥力变成“对他的持续诱饵和陷阱”，使他悠闲的丰饶大地只是带来越来越多的道德败坏和滥交的机会。大洪水惩罚了人，但是倘若不是因为有必要“把世界从这种潦倒、凄凉状态中复原和寻回……”，那么他的惩罚并不需要一场洪灾。[②] 在人类堕落后，植物茂盛生长和动物成倍繁殖成为地球的负担，这种负担只有通过一场洪灾才能解脱。伍德沃德的证明仍然是化石证据：

> 我诉诸那时地球的遗存：它的动植物产品至今依然保存着；大片而不计其数的遗存物明显证实了极端的丰盛和高产。而我只需要将它们呈现出来作为证据，证明在大洪水来临时，地球长满了植物、挤满了动物，以至于这种有利状态居然想要消除这些负担，为其延续生产腾出空间。[③]

410 在大洪水中，造成洪水前之丰饶的地球表面有机物质（在这里伍德沃德似乎是土壤构成的腐殖质理论的一位早期拥护者），在与各种植物和矿物质笼统混合后，沉淀到洪水底部，附着于固体岩石上，“在靠近地表处仅仅留下一些，可能只够满足人类本性的需要，但多不了多少，或者根本不会多出来；就是

① 《地球自然史论》（*An Essay Towards a Natural History of the Earth，and Terrestrial Bodies，especially Minerals*），83、84 页。

② 同上，85、87 页。

③ 同上，101 页。

这些甚至也是不纯粹的，没有从更加贫瘠的矿物质交错混合物中分离出来，如此这般并不适合作为植物的养分……”[①] 因此大洪水后的地球要求人用耕种和施肥来劳作和照料；它变成了一个艰难的世界，自然很吝啬。

在一个表明大洪水、腐殖质积聚、土壤侵蚀、人口增长和终极因之间相互关系的著名段落中，伍德沃德论辩道，与其说这是为了“削减、紧缩地球产品的奢华和过剩”并从土壤里提供较为俭省节约的产物，不如说是对设计的证明。[②] 在大洪水时期沉淀到海底的腐殖质积聚在岩石和其他矿物质的较低层，随着大水的消退，事实上为子孙后代保留了一个土壤肥力的后备储存。腐殖质（伍德沃德称之为“植物性物质”），腐败的介壳、牙齿、骨头、死亡动植物残骸，“是地球合适而天然的肥料”。要是所有洪水前的腐殖质都留在表层的话，这些腐殖质就会逐渐从山上被冲刷下来。岩石、山地或者其他高地，“尤其那些年复一年被挖掘、犁耙或类似做法翻搅扰动的表层”，当它们的表层土壤被流水冲刷并挟带到下面的平原和山谷，就逐渐变低了。即便是石头也不能幸免，不管是裸露的还是覆盖着一层泥土；它也“被一步步分解了，轮到它像松土一样被冲走。”[③]

要是这层腐殖质没有在大洪灾中沉淀下去，而是作为表土残留在洪水后的地球上，那么侵蚀的过程——伍德沃德称之为“除

---

① 《地球自然史论》（*An Essay Towards a Natural History of the Earth，and Terrestrial Bodies，especially Minerals*），89 页。

② 同上，238 页。

③ 同上，230 页。

土”（deterration）——就会把土壤从高处搬运到低处，随着腐殖质的流失、减少，仅有下面一个贫瘠而不毛的底土层会留存下来。即便这样也还不是事情的终结。高地的贫瘠层会逐渐被侵蚀掉，也会“同样一步步成功逼近山脚和山底，压向山谷和平原；所到之处，它会覆盖并掩埋那些延伸到山谷和平原的表面植物土层，
411 把覆盖的地方也一概变得同样令人沮丧、贫瘠而少产。”[①]与此同时，地球上的人口会增长到布满整个地球，“所有的边边角角都有人居住”，这些人为了食物会需要每一丁点的肥沃土壤；现在土壤会比以前少得多了，因为地球会由于慢性侵蚀而变成不毛之地。“这样，要不是由于这个天意使然的储备，他们甚至可能已经饿死了：这种储藏，如果我可以这样说的话，它被收存在底下的层面之中，而现在被适时地揭开并显现。”[②]这个解释是基于土壤的腐殖质理论（即只有腐化的有机物为植物提供养料），但它又是地球逐渐夷平的惊人概念，高地每一次新的剥蚀为山谷和平原提供珍贵的腐殖质，随着地球上不断增长的人口要求越来越多的肥沃土壤，夷平过程逐渐进行。即便是这些幻想理论，也并没有远离日常生活的现实。很清楚对于伍德沃德而言，耕作、施肥、土壤肥力和土壤侵蚀是紧密联系在一起的，人对地球的关系确实是非常密切的。

在审美领域伍德沃德也与伯内特存在争议。伯内特沉溺于这样的观点，即地球是一堆“废墟和垃圾”，它的山脉没有“艺术

---

① 《地球自然史论》（*An Essay Towards a Natural History of the Earth, and Terrestrial Bodies, especially Minerals*），239—240 页。

② 同上，240 页。

和忠告最起码的脚步”；作为一个“粗糙大块”、一个“小而脏的行星”的球体，伯内特认为它既无序又无美。[①] 而伍德沃德在大海与陆地、山峰与山谷的对比中看到的是“的确极有魅力而令人愉悦”的东西。他进而指出，这不仅仅是他自己的观点，而是人类的共同观点，得到了古人、今人及异教徒的一致认可。源于自然美的审美愉悦被伍德沃德，也被后来的雷当作上帝智慧的又一个证明。

我们可以看到老石头一点一点地被搬走了。如果说在自然过程中有恒久性，如果说在洪水后世界中有理性的秩序也有美丽，那么现在人与自然之间的新关系看来就是可能的了；理论科学和技术领域中的发现驱散了一些阴霾。人被看成致力于并不肥沃的土壤的勤劳生命，并且在这个过程中同时完善了他自身和地球，也为他未来的人口增长提供了条件。

关于惠斯顿，尽管在《不列颠百科全书》第十一版中他的词条作者把他描述为“不仅是自相矛盾到了疯狂边缘，而且对异见不相容到了偏狭边缘”，但是我们怎么可能对一位把下列问题理论化的作者的奇思妙想不怀有敬佩之情呢？他说原始的混沌由彗星的大气组成；地球围绕太阳的公转始于创世；地球绕地轴自转 412
和地轴倾斜都产生于人类堕落后彗星撞击地球，而彗星作为机械方法修整了地球，以适于一个现已远远不像过去那么高尚的造物。

对于惠斯顿来说，一个完美的地球作为不完美的人的家园

---

① 关于伯内特对于山脉的矛盾态度，见尼科尔森（Nicolson），前引书，207—216页。

是不相称的；地球的物质自然必须适应人类的道德高度。不能期望地球什么，因为其居民也不配得到比现在所拥有的更好的东西。“至于这个地球的主要用途，就是给一个有罪孽、有过错的造物种类提供住所，他们当前只有很小的能力和才干，却有巨大的邪念与罪恶……”[①] 他常常以雄辩的语言讥讽“宇宙是为人设计的”这个观念；在《创世记》中描述的创世仅适用于地球，一个试用之地，确实不是最崇高的球体之一，但是适合于人当前的构成。[②]

尽管在细节方面持批评态度，但是惠斯顿关于洪水前地球的自然构造大多沿袭了伍德沃德的观点，主要区别在于惠斯顿认为洪水前世界的水量更小，没有真正的大洋。[③] 人口也非常稠密，因为它更肥沃，有更多陆地；在估计人口数量时，他受到了佩蒂和哈雷计算人口增加一倍所需时长的引导。[④] 洪水后世界不如洪水前时期，因为它肥力较低，这归结于它从太阳那里接收到的热量较少这个事实：大洪水之后，地球的轨道成为椭圆而不是正圆，现在太阳热量只有洪水前时期的百分之九十六。地球也更潮湿了，既有大洪水带来的水量（它并非源自地球），又有地球表面或者接近表面的水分，这种潮湿他认为阻碍了肥力。因此，肥沃土壤的数量和质量都不如洪水前世界。惠斯顿对地球肥力的评价与伍德沃德有些相像，因为两人都描绘了地球的挣扎和困顿；然而地

① 《关于创世之摩西历史》（*Of the Mosaick History of the Creation*），57 页。

② 同上，60—61、70—77、88、90—94 页。

③ 《地球新论》（*A New Theory of the Earth*），233—237、256、264—265、359—361 页。

④ 同上，247、254—255 页。

球生产的低下性质与人的道德品质是相称的。[①]

约翰·凯尔对当时的宇宙演化论学者的严厉批评中出现了较为新鲜、适度、平实的评价，他说他们“像任何古代派学者一样狂野、放纵、自行其是……”[②] 为此他指责笛卡尔，因为“他在哲学家中大肆鼓励这种狂妄的骄傲，以至于他们认为自己理解自然的所有作品，并且能够给出好的解释，然而无论是他还是他的任何追随者，都没有对任何一件事情作出一个正确解释。”[③] 凯尔 413
相信终极因；像雷一样，他就人在自然中的位置留下了向乐观主义敞开的道路，因为他不能相信智慧的造物主会创造一个不比存在于一堆垃圾中更有秩序的地球。

凯尔攻击说，以为“地球的结构”从它混沌的最初状态到它的当前情况能够从已知的机械原理和自然原因中推导出来，这种信念是愚蠢的。对于伯内特关于洪水前地球平滑、规整而划一的论点，凯尔以终极因的语言作出回应，解释了为什么山脉在洪水前世界里必然已经存在。山脉在当时就像现在一样是必不可少的。在他为终极因的辩护中，凯尔引用波义耳和雷作为支持，说现时在一个没有山脉的地球上居住或生存是不可能的。[④]

除了植物生命的次要用途外——为了矿物生产、作为动物的庇护所、确定风向以及天气、构成国际边界——它们最大的重要

---

① 《地球新论》（*A New Theory of the Earth*），358—360、363—365 页。

② 《伯内特博士地球理论之检讨》（*Examination of Dr. Burnet's Theory of the Earth*），9 页。

③ 同上，10 页。

④ 同上，37、46 页。

性是为河流和淡水的流向负责。凯尔引用了埃德蒙·哈雷关于地形对河流以及由此对生命之重要性的论述。[①]"在整体的海洋中收支是平衡的，"哈雷说，大海既不会干涸也没有淹没陆地，因为水从海里蒸发上来，从那里被吹过低地、吹向高山并被迫抬升，从而产生了雨和泉水，然后同样是这些水，通过山泉、溪流、小河和像莱茵河、罗讷河、多瑙河那样的大河被带回大海，完成了循环。(更多的水分回到大海是通过其表面的露水和降雨，从陆地植物、从盈余的雨水流回大海。)像有机物生长一样，这种循环令人信服地与微观世界和宏观世界的观念，以及与设计论相呼应（见《圣经·传道书》，1：7)。哈雷说，如果我们将终极因应用于山峦，设计似乎就是"将山脊置于贯穿大陆的中部，可以用作所谓蒸馏器，蒸馏淡水供人和动物使用，而它们的高度给那些溪流柔缓地流淌提供了落差，就象宏观世界的很多脉络一样，对被创造的万物更为有益。"[②]在另一个段落中，哈雷进一步提到了蒸馏器。部分水蒸气进入了山上的洞穴，水"像在一个蒸馏器里那样凝聚起来"进入石盆地，其中盈余的水溢入泉中，泉水然后可能会形成溪流、小河，最后进入河流。哈
414 雷对蒸馏器的提及，提醒了我们内部蒸馏理论的长期历史。地球深处的海水被蒸馏，然后在山脉较高处冰冷的大小洞穴中凝

① 见"海洋水汽循环和泉水成因的解释"(An Account of the Circulation of the Watry Vapours of the Sea, and of the Cause of Springs)《伦敦皇家学会哲学汇刊》(*Royal Society of London Philosophical Transactions*)，第192期，卷17（1694)，468—473页。

② 同上，473页。

结，随之便可以出现了。[①]

被凯尔所接受的哈雷的体系中，海水的蒸发、水蒸气的随风传输、山形降雨的产生，以及地球表面不均衡的地形造成的河流流域，都由终极因作了最好的解释。

凯尔还赞同开普勒的观点，即地轴倾斜是造物主仁慈的证明。[②] 凯尔的论据也是传统的，即地轴倾斜带来了季节变换的有利效果；更重要的是，随着当前地球的地轴倾斜，与太阳总是笔直地照射在赤道上相比，生活在纬度 45 度以北的人每年可以接收到更多的太阳热量。[③]

“我相信不会有多少人那么喜欢改变，以至于愿意把地球当前的倾斜姿态转变成某个理论家［即伯内特］的垂直位置，那样的话会使这整个岛屿变得不比一块野地更好，而地球的绝大部分会变得不可居住。”[④] 地轴倾斜提供了更广阔的可居住地区，并因此而为世界人口增长带来扩张的机会和对地球表面更稠密的占据——这个论点尽管遭到牛顿的反对，但是它与伯内特建立在原罪和人类堕落基础上的阴暗观点相比，是设计及上帝存在的更加令人信服的证明。

在解释地球为什么是可居住的理由时，凯尔比其他人展示了

---

① 见亚当斯（Adams）：《地质科学的产生与发展》（*The Birth and Development of the Geological Sciences*），434—441 页；以及来自基尔舍（Kircher）《地下世界》（*Mundus Subterraneus*）的图解。哈雷（Halley）对宏观世界的提及同样使人想起了基尔舍。见亚当斯，435—436 页。

② 凯尔（Keill），前引书，53—55 页。

③ 同上，58 页。

④ 同上，5 页。

更多的常识。对凯尔来说，伯内特关于地球上太多地方被海洋占据的信念表明了他对自然哲学的无知。倘若海洋面积减少一半，那么水蒸气的量也会减少一半。山脉必定存在于洪水前的地球上，因为那时的地球也需要河流和淡水，正如洪水后的地球一样。①

对现代的头脑而言，这些著作可能看起来并不值得讨论。然而我自己的诠释是，在这里有着——这将在雷和德勒姆那里看得更清楚——越来越强的意识，即为了理解自然的过程和人类的过去、现在、未来，人们必须考虑地球上不断拓宽的关系系列，而且尽管能灵巧地借助于终极因，人们也必须将以下这一切融入一个概要观点之中：季节交替（以关于地轴倾斜的争论为代表）、
415 大气环流（以海水蒸发、向岸海风和山形降雨为代表），以及河流系统（作为淡水分发者和侵蚀的施动者）对地球上所有生命的重要性。

基于对伯内特、伍德沃德、惠斯顿、哈雷和凯尔的上述讨论，我们现在可以转向雷约翰和威廉·德勒姆的工作，这两位学者大多通过综合他人的观念及发现，创造了以物理学和生物学原理为基础，并得到设计论支持的自然统一性的宗教与哲学观。按现代标准判断，这些生态学原理是粗糙的，但是在试图理解后来被达尔文称为“生命之网”的东西这方面，它们与古典时期功利主义的简单化和中世纪很多守旧的虔信行为相比，确是一个进步。

① 凯尔（Keill），前引书，77 页。参见他的概要和结论，134—139 页。

9. 雷约翰和德勒姆论上帝的智慧

雷约翰的著作《上帝创世中表现的智慧》（1691年）是物理神学的一个杰出榜样，书中检视了地球的本质和地球上可观察到的自然和谐，同时还试图为人和他的工作——发明、技术、在自然环境中造成的变迁——找到一个位置。除了关于植物和植物分类法的技术作品以外，雷还撰写了他的低地旅行；在《世界的消亡》（*The Dissolution of the World*）一书中，他以黑克威尔的精神回应了那些相信自然能量衰减的人。

雷在哲学、宗教和科学基础上否定了世界的耗尽和消亡的信念；他的反驳同样是基于对自然当前形态的观察，表现了与十九世纪地质学均变论（uniformitarianism）的相似性。他说，自然中没有任何东西支持或可以推导出未来的消亡，尽管不大会发生的意外事件（洪水、太阳毁灭、地心中央大火爆发、热带地球干燥可燃而也许会被火山点燃，或者所有的火山同时爆发）有可能击溃地球。[①] 雷提到地球由于流水侵蚀而最终毁灭的可能性，他所使用的解释要是被十九世纪地质学均变论追随者看到，或者被威廉·莫里斯·戴维斯（William Morris Davis）的门徒看到，都不会感到陌生。陆地上流水的最终效果是夷平陆地，磨损山脉，生成三角洲，就像波河、阿迪杰河、尼罗河和布伦塔河的三角洲那样。渐渐地，三角洲的面积会增加，雨水会在上面积聚，坦荡

① 雷（Ray）：《世界的消亡》（*Dissolution*），39、44、148—149页。

的平原会延伸到内陆，直到大海在地下河流的帮助下会覆盖整个
416 地球。[①] 世界的任何终结——很清楚雷试图将《圣经》的预言推迟到尽可能遥远的未来——都会是突然出现的，因为目前没有走向消亡的趋势。雷相信未来地球很可能会被提炼和纯化，而不是被灭绝，因为他看不到如果人类在最终的大火中被毁灭，而地球却存在下去的理由。[②]

对于雷来说，自然恒久、地球永葆丰饶多产的信念不仅仅是来自神意计划的逻辑推论，而且是由当代观察所得的证据来保证的；这一点从人对其周围的自然产品的利用看得很明显。雷也赞同技术、工艺和科学上的进步；他对文明的未来和带来未来状态的技术进步持乐观态度（当然有着对人类邪恶的通常保留态度）。这一乐观主义，不证自明地，不可能建立在自然衰退与消亡的忧郁学说上，无论古人和他们的现今同情者可能如何认为。

雷的作品对本书主题的意义在于，它令人印象深刻地结集自然史的已知知识（包括他自己的贡献）来展示自然的统一，并由此表明上帝在创世中的智慧。雷自认他的书是一本综合而成的著作："……在我所知道的任何著作中都无法完整地找到包含在本书中的所有具体论述，但是它们零星地、散乱地分布在很多著作中……"[③]

---

① 雷（Ray）：《世界的消亡》（*Dissolution*），44、44—52页，引用瓦列尼乌斯（Varenius）和基尔舍（Kircher）；49页，论述海浪对海岸线的作用。

② 同上，190、198—199页。

③ 《上帝创世中表现的智慧》（*The Wisdom of God Manifested in the Works of the Creation*），前言。

创世的工作就是上帝所创造的事物：它是一个从开始以来就未曾改变而一直持续的创造。在一个谈及中世纪“永续创造说”的段落里，他指出：“……最先由上帝创造的作品，仍由他以最初创造时同样的状态和情况保存到今天；因为保存（依据哲学家和神学家的判断）就是一个持续的创造。”[①]

这本书以引用《诗篇》第 104 章第 24 节作为开篇，书中的
每个主题基本上都围绕这段具有极大影响力诗行的统一宗教思想
而展开。雷很自然地跟随该诗的思想，大胆地陈述了为什么终极
因观念在研究被创造物时是合情合理的。他对西塞罗《论至善和
至恶》（*De finibus bonorum et malorum*）的权威和《论神性》感
到欣慰，反驳了亚里士多德学派的世界永恒观念和伊壁鸠鲁学派
的原子论。[②] 替代“无神的”原子论，雷采纳了卡德沃思的可塑
自然——上帝用来掌管这个世界的下级牧师——的思想。卡德沃
思认为“可塑的自然”是一个性命攸关的原则，单词“性命攸关的”
（vital）被当作“机械的”（mechanical）反义词使用，意味着斯
多葛学派“逻各斯的种子”（*logos spermatikos*）的观念。[③] 像莫 417
尔和卡德沃思一样，雷反对“机械神学论者”（他认为笛卡尔就
是一个）。他反对把动物当作机器、当作自动物品的笛卡尔式概
念，因为这与动物有疼痛感的日常观察相反；没有借口可以对动

① 《上帝创世中表现的智慧》（*The Wisdom of God Manifested in the Works of the Creation*），前言结尾处。

② 同上，30—34 页。

③ 见波伦茨（Pohlenz）：《斯多葛派》（*Die Stoa*），卷 1，353 页。

物残忍。[①] 雷说，原子神学论者“完全排空了从事物人工框架的现象中得到的关于上帝的重大论据……。”[②] 在技艺与自然之间的类比中，雷补充指出，如果人类技艺在其概念背后有着理由支持，那么自然在其概念背后又定然有着多么大量的理由支持啊，因为自然要比技艺优越得多。[③] 他引用了切斯特主教约翰·威尔金斯（John Wilkins）的话，威尔金斯通过在显微镜下观察事物看到了自然优于人工技艺的强力证据，因为显微镜揭示的动植物生命体中秩序和对称的最微小细节也呈现了自然的完美，而人工制品在相同仪器未加恭维地放大后看到的却是愚钝和笨拙，两者形成对比。[④]

在此时，四元素理论并未与神学或科学卷入冲突。然而雷对四元素的论述表明，即便在他那样有科学声望的人身上，物理神学中功利主义偏向的遗产也是多么强大。他对火功用的讨论和他所列的火用途清单，是对他那个时代的技术的自豪概括。[⑤] 对气的论述比较就事论事地提到它在维持生命（包括胎儿）中的角色，以及作为飞行的介质。水的戏剧性角色，除了平淡的洗涮用处外，被热情地勾画出来。大洋的规模和配置，水通过山泉和河流在地球表面

① 《上帝创世中表现的智慧》，38、41、43、46、54—55 页。

② 同上，42 页。

③ 同上，35—37 页。

④ 威尔金斯（Wilkins）：《论自然宗教的原理与责任》（*Of the Principles and Duties of Natural Religion*），第 1 部第 6 章 =70—71 页；雷（Ray）在《上帝创世中表现的智慧》中部分引用，58 页。

⑤ 《上帝创世中表现的智慧》（*The Wisdom of God Manifested in the Works of the Creation*），71 页。

的分布，是最伟大智慧的证据。依赖凯尔对伯内特的批判，雷申明："不可能有至少一半的海洋区域被省出来增加给陆地，以供给人娱乐和维生，这些人用不断的努力和斗争扩展自己的界限、彼此侵占，看起来是被空间的缺乏给改造了。"[①] 雷打击了这种论调，他说任何牺牲海洋而大量增加陆地是会产生更大的面积，但是地球将会更干燥并减产。因而世界的人口承载量与陆海面积比紧密相关。[②] 对于反对意见，即地球常常有太多的水和与之相随的灾难性洪水，雷的回答是在地球有了足够的水之后，洪水把水送回大海。[③] 用现代术语讲，降雨、溪流和洪水与地质侵蚀、水循环、三角洲生成和冲积土形成紧密相连，尼罗河和刚果河的冲积土尤其令人印 418
象深刻。对洪水的偶发合理性辩护使我们想起"一切皆好"（*tout est bien*）的哲学，这种哲学常常是比较抱有希望、人类中心主义的物理神学中一个令人不快地自满的特点；洪水对于那些经历过其猛烈的人来说可不是什么祝福。伏尔泰在《老实人》（*Candide*）中对"一切皆好"哲学的讽刺在这里也可以应用在雷的身上。

像伍德沃德一样，雷采纳了对于土壤的活力论观点，土壤是地球的地幔上一层薄薄覆盖，是食物的来源，它特别的重要性在于腐败的植物质，腐殖质存在于其中。[④]

---

① 《上帝创世中表现的智慧》（*The Wisdom of God Manifested in the Works of the Creation*），79—80 页。

② 同上，88—91 页。

③ 同上，82—83 页。

④ 同上，83 页；见伍德沃德（Woodward）：《地球自然史论》（*An Essay Towards a Natural History of the Earth*），227 页。

更重要的是，在雷的作品中有一些对自然的审美鉴赏内容。“这个地球的表面是怎样变化多端地分成山丘、谷地、平原和高山，提供令人愉悦的远景？它是怎样不寻常地披戴并点缀了宜人的青葱芳草和高贵大树，或各自星散分布，或集聚在森林和树丛中，所有这些都由雅致的鲜花、果实来美化和装饰……”[①] 这不只是一个理想化景观的平常而感性的形容。我认为它是对伯内特关于地球丑陋性描述的一个积极反应，是对感官的呼唤，而且多多少少平衡了雷的作品中太多的强烈功利主义的偏向。

抢在十九世纪的地质学家之前（这些地质学家试图将结构及矿物分布与造物主的设计调和起来），雷对较贱金属的讨论成为上帝智慧的颂词（这使我们想起阿格里科拉），因为上帝给人以手段把自己拔出野蛮泥沼，没有这些金属我们可能会“没有文化或文明”；它们为耕作、收割、剪草、犁地、挖掘、修枝和嫁接所必须。没有它们将会没有机械工艺和贸易，没有家用容器和厨具，没有居住的地方，没有船运或航海。“果真如此，我们必定会过着一种多么野蛮和卑污的生活啊，”他在一个说明利用当代人种学重构假设性社会起源的句子中如是说，“在美洲北部的印第安人就是一个清楚的例证。”[②] 然而雷没有解释为什么神圣智慧不肯把慷慨馈赠英格兰人的东西给予异教徒野蛮人。四元素的有用性，四元素所创造的自然资源的有用性，自然中某种安排的优

① 《上帝创世中表现的智慧》(*The Wisdom of God Manifested in the Works of the Creation*)，87—88 页。

② 同上，96 页。

点（例如山脉和平原），这些被看作有利于已经达到十七世纪后期英格兰文化与技术水平之民族的东西。

作为一个自然主义者，雷对植物生命的丰富性和多样性有着深刻的印象，这种丰富性和多样性在大发现时代后愈发令人震惊而出人意料地被揭示出来，“在广袤的美洲大陆上有和我们相媲 419
美的物种多样性。”基于在英格兰的亲身考察、欧洲学者的作品，以及来自世界各地旅行者的报道，雷完成了一项自然史研究，他说，创造这样的多样性需要一个有智慧、有力量的能工巧匠。他用自己的话表述“完满原则”说，自然的富有和旺盛正是智慧与力量的标志：“……全能上帝在形成如此大量不同种类的创造物中，与他只是造出几种相比，发现了自己更多的智慧，而且所有的创造物都是值得尊敬和无可指摘的艺术；这宣示了他理解的伟大及能力无限。”[①] 他也是一位多产的上帝：自然中的可见作品证明他确实如此——雷在此处是作为一位自然主义者在写作，他相信上帝存在的物理神学证据中强大而令人信服的力量。超自然的演示、心智的内在启发、预言的精神、奇迹，这些证据受限于“无端指摘和无神论者的例外”，但是“从暴露在每个人眼前的效果和运作中得来的”证明却不受这样的制约。[②] 雷在这里是以雷蒙·西比乌底的语言在讲话。增强人对上帝信仰的方法就是去研究自然，去观察地球上（以及天空中）事物的丰富性、多样性，去注意生命体对周围环境的无限适应性。

---

① 《上帝创世中表现的智慧》(*The Wisdom of God Manifested in the Works of the Creation*)，25 页。

② 同上，前言。

如果我们把注意力从这些简朴而传统的一般观念转移到雷用来证明它们的证据材料上来，那么很明显，他感兴趣的不仅是动植物，而且还有它们的栖息地，以及人对地球的关系，同时也考虑了人的才能和专长：人的心智及心智决定的忠实执行者——眼和手；人使用工具，并使用人类力量的生物代理——家畜。使他感兴趣的是事物的有机整体，我们能感觉到他对于牧场、谷仓场、森林的具体兴趣，他不愿意把这些活生生的具体例证扔到一边，用抽象的一般规律把它们掩盖掉。自然中存在着一种平衡，一种秩序，它不必是一个数学的秩序。在他的《物理神学观察》（*Physico-Theological Observations*）中有一个重要的段落，批判了伯内特关于山脉只是自然中的混乱的信念。正像那些在人的能力和人自身日益增长的控制性技术中看到人类希望的人们一样，雷认为这些希望只有在一个自身拥有秩序的自然环境中才能实现。在对生命不可或缺的山脉中，人们观察到这样的秩序，但是这个秩序与造物主总是几何式地行动的格言不相和谐。它不是几何秩序，而是一个超越了机械主义和几何学范围的活生生的秩序。

很自然，雷在讨论那些接近他自己专业兴趣的事物时是最棒的。自然照看着植物的繁殖和生长，因为它们被设计为动物的食
420 品；从而导致了植物繁殖的多种方法、它们种子的活力，以及它们的生存策略。植物的分布与气候及各地区不同人群的要求相关联。“依据天意的安排，每个国家都有自己生产的一些植物物种，它们对生养和居住在那里的人和动物是最合适、最便利的食物和

药物”，雷说，这里面有着某种真理。[①] 他随后列举了很多有趣的例子，展现生命与环境之间的紧密关系，当然所有的都被用来当作设计的证据。鸟下蛋而不下崽就是神圣智慧的证明，因为这是保护下一代的方法，以便“不论捕食鸟、蛇，还是家禽都不能过多地限制它们的繁殖。”[②] 在动物的本能行为中，它们被一位智慧的督导引向生命的目的，而自己并不知道这些目的是什么。[③] 鸟和鱼的迁徙，一个显示鸟儿如何保持鸟巢不被弄坏的普通情景，弱小动物具有的狡诈，猪对拱土觅食的适应，动物不同种类的叫声，这些都是在环境之中形式与功能相协调的其他例子。[④]

在关于野生动物和驯养动物的讨论中，雷对它们的环境适应力、数量增长、繁殖、两性比例，以及出生与死亡之比表达了兴趣。他发现很难相信保持两性之间的数字比例仅仅是一个机械方式的后果，它必定推论出一个起督导作用的天意。然而某些动物与人的关系已经制造了动物的弱点，绵羊现在就需要“人的照料和教导”作为生存的手段。设计的另一个常见例子是，猪有一个长长的鼻子以适应拱食——它这样会适应，事实上也导致了狡黠的意大利人用猪来找蘑菇，并用一条绳索拴住后腿以免它把找到的东西吃掉。[⑤]

---

① 《上帝创世中表现的智慧》（*The Wisdom of God Manifested in the Works of the Creation*），114 页。

② 同上，116 页。

③ 同上，125 页。

④ 同上，159 页。

⑤ 同上，137、139 页。

人对自然的关系是什么？本质上它是一个和谐的关系，这个判断的依据是设计论和雷常常包含着不少自鸣得意成分的乐观主义。关于人可以使自然的很多现象为己所用，雷说："这个论点可能被拒斥，理由是这些用途并非在事物形成时由自然设计的，而是人的才智使事物迁就了这些用途。"[①] 雷似乎把这种反对意见看作吹毛求疵。沿袭莫尔《无神论的解毒剂》，雷回应说，材料（例如岩石、木头、金属）散布在地球上，"为的是利用智慧而活跃之生命的才智和勤劳"；上帝创造了人这样的生命，人能够使用这些材料，并通过使用它们来统治低等生物。上帝应该会知道人可能施加于它们的所有用途，"对它们来说那就是承认神性生
421 灵的存在；这一点都不次于一种演示，即它们是有意——虽然不说是仅仅——为了这些用途才被创造出来。"[②] 尽管雷否认他相信所有的自然都是上帝为人设计的观念，但是在他热情论述物质对于人的用途时常常忘记了自己的否认。（关于雷的"人作为自然改造者"的思想，见下文，本书第十章第4节。）

如果我们可以假设——我认为我们可以这样假设——雷的《上帝创世中表现的智慧》代表了对神学、科学和文明的广泛持有而较为乐观的态度，那么思想中的变形是令人震惊的。雷继续了黑克威尔的积极肯定说法，不过没有那么尖锐也没有那么热情。地球这个神意设计的行星，之前被人的原罪糟蹋和削弱，现在作为一个美丽而有用的地方出现，它的力量不会像它所供养的动植

---

① 《上帝创世中表现的智慧》（*The Wisdom of God Manifested in the Works of the Creation*），160页。

② 同上，161页。

物那样随着年龄而消退，它的地形和气候变化不是残骸与废墟的证据，也不是创世中一个无人之地的证据，而是美丽和秩序的证据，地球上的人——虽然的确仍然有罪，但也具有从他的社会本性和他对上帝献身而来的能力——现在被赐予了使用和利用地球的机会，不断获取新知识以推进地球的新用途。

进一步而言，当雷把这个行星当作一个整体的时候，他在地球球形、地球的公转和自转、地轴的平行和倾斜这些耳熟能详的例子中，找到了上帝智慧和力量的令人信服的证据。由地轴倾斜导致的季节变换影响了智识世界，因为"……事物的有序兴衰荣枯，使人喜好沉思的特性得到最好的满足。"①

这个关于人对地球之关系的观点是优雅的，几乎是田园诗般的：雷的仁慈造物主为人创造出友善的居所，这位造物主有许多关于地球用途的暗示和忠告（常常是无缘无故的），而被赋予理性和发明创造力的人心怀感激，使用着美丽的地球，并在使用过程中改变着地球，即便它不是专门为人设计的。

雷的朋友威廉·德勒姆牧师的物理神学是雷的思想一个有价值的补充，并因其自身的缘故产生了影响。在某种意义上，德勒姆的书（1713年）是一部更彻底更丰富的著作。像十九世纪《布里奇沃特论文集》的作者们那样，德勒姆作了一系列演讲，目的是说明上帝在创世中的智慧；这个系列讲席是罗伯特·波义耳的遗嘱所资助的，为的是保卫基督宗教免受异教徒和无神

① 《上帝创世中表现的智慧》（*The Wisdom of God Manifested in the Works of the Creation*），198页。

论者的攻击。德勒姆有影响的著作被翻译成数种外语。我们可以在约翰·彼得·聚斯米希关于人口的著名德文著作《神圣秩序》(*Die Göttliche Ordnung*)中清楚地看到它的影响(这部著作的标题揭示了它所依托的哲学);这个影响也反映在康德《纯粹理性批判》(*Critique of Pure Reason*)关于上帝存在的物理神学证明的论述中。

德勒姆的《物理神学》(*Physico-Theology*),像雷的作品一样,
422 强调功利性并在某种程度上强调地球的美丽,我们在此没有必要重复这些思想。然而以下概念应得到较详细的讨论:食物链、有机生命所有形式的相互依赖性、陆地形状的分布、自然中介如溪流和风的运作,以及地球绕轴的合宜位置。

与雷的论述相比,一个具有重要意义的进步是他考虑了人口增长与作为一个整体的地球之间的关系(将设计论应用于人口理论使德勒姆受到聚斯米希的欢迎)。对德勒姆来说,地球能够支持的人口数量有一个限度这一点是不证自明的。动物不加控制的繁殖会导致饥馑,或者一种动物吞灭另一种动物。这种不加控制的繁殖没有出现,因为神圣天意通过控制不同物种的寿命和不同增长率保持了数量的平衡("平衡"这个重要词语属于德勒姆):那些活得长的增长得慢,寿命短的则增长很快。他认为有用的造物也比无用的更多地被生产出来(引用普林尼《自然史》第八部第 55 章)。在时间长河中,神圣天意以这种方式达到了种群数量的平衡,包括人类在内。就人类的人口而言,在创世之后和大洪水之后特别的长寿是必要的,但是到了地球上已经有不少人的时候,生命跨度减少到 120 岁(此处引用了《创世记》

6∶3)。从摩西时代到德勒姆的时代，在此期间地球变得住满了人，寿命再次下降，成为大约70至80岁。然而德勒姆在“出生超过死亡”这个规律性中，看到了确保人口数量与地球承载能力相对稳定的设计证据。与马尔萨斯后来（1798年）撰写人口原理的仁慈本性相同，德勒姆说这个值得钦佩的规则照顾到紧急情况和“死亡超过出生”的不健康地方的住民，补偿了在海事、战争、疾病和瘟疫中失去的人口，并使得向地球上无人居住地区殖民成为可能。[①]

将设计论认真地应用于人口理论是十七世纪和十八世纪早期一项值得注意的发展。这个基于设计的人口理论是如此广泛地被接受，以至于它成为马尔萨斯理论道路上的重要绊脚石，正如整体的设计论在十九世纪成为进化论的一个障碍一样。

德勒姆像雷一样，认为地球是一个有序的、完好计划出来的地方，在这里“无匮乏、无冗余或浪费、无粗制滥造或造坏了……”[②]创造物取之不尽用之不竭，造物主的慷慨是如此伟大。他对创造物有用性的态度也非常宽厚，对资源不断变化的价值有着广阔的 423
理解，“因此，在一个时代看起来无用的东西，在另一个时代被接受，正如医药方面的所有新发现和食谱的所有变动如此充分地见证的那样。”[③]植物如木薯、矿石和昆虫可能在一种形式下是有用的，而在另一种形式下则是有毒的。对人类无用的很多生命形

① 德勒姆(Derham):《物理神学》(*Physico-Theology*),卷1,257—261页、267页；关于动物的平衡，见257—270页。

② 同上，卷1，51页。

③ 同上，卷1，84、90页。

式，在自然经济中必不可少，空气和水里的昆虫是鸟、鱼、爬虫和其他昆虫的食物。在德勒姆看来，自然是如此富足，以至于人忽视那些似乎对他无用的东西也没关系，他可以用对他是否有用以外的标准来判断一个东西。①

一旦焦点离开了人，强调的便不再是有用性，而是作为整个自然特征的更为广泛的相互关系。这些关系甚至可能并不为人所知晓。这里引入了食物链的初步观念。雷和德勒姆的一个同时代人沃拉斯顿（Wollaston）也看到，设计影响着自然中最广泛的相互关系，这些关系可能存在而不为人所知。

> 如果应该反对说很多事物似乎无用，很多出生的东西是怪物或类似于怪物的东西，那么可以作出这样的回答。一些东西的用途有某些人知道，而另一些人不知道；一些东西的用途现在知道，而以前任何人都不知道；很多东西的用途可能在将来被发现，而另一些东西的用途可能永远保留在所有人的未知领域中，然而它们仍然存在于自然之中，就像那些被发现的事物在它们被发现之前，或者像它们现在对于那些不知道它们的人一样。②

确定地言说思想首次出现于什么时候是危险的。很清楚，自然中的统一这个观念是非常古老的，但是雷和德勒姆的某些思想

① 德勒姆（Derham）：《物理神学》（*Physico-Theology*），卷 1，91—94 页。

② 沃拉斯顿（Wollaston）：《自然宗教概述》（*Religion of Nature*），第 5 节，第 14 段，84 页。德勒姆：《物理神学》，89 页注。

与近代生态学，尤其是个体生态学非常相似。我确信，在我们对待自然及人类介入自然的态度中十分重要的近代生态学理论，其起源归功于设计论：造物主的智慧是不证自明的，创世中的每件事是相互关联的，没有哪一种生命是无用的，所有的事物都是彼此联系的。[①]

在雷和德勒姆如此欣喜而虔诚地描绘的这个自然的总体设计中，上帝、活态自然界和地球，以及人类知识牢不可破地连接在一起。造物主在他的创造过程中展示了精美的手艺，但是这个伟大的展示不是为了给那些粗心大意、不求甚解的造物看的；它要得到自然中理性部分的赞赏，那就是人。随着牛顿奇迹般的发现， 424
德勒姆写出下面这句话时既代表他自己，也代表了雷和很多同样把希望寄托于知识之力量的其他人："我的文章称赞上帝的作品，不仅仅为了这些作品的伟大，也是为了表扬那些发掘它们或刺探它们的好奇而别出心裁的查究。"[②]

与伽利略、笛卡尔和牛顿所打造的新科学方法论相比，物理神学在十七世纪和十八世纪早期只是一个小调乐曲；它与过去的物理神学不同之处在于，它成功地把许多老例子带入精准焦点，

---

① 德勒姆《物理神学》1798 年版的编辑引用了一位斯特姆先生的话，他讲述由于寒鸦伤害玉米，美洲殖民者试图灭绝寒鸦；随着寒鸦的减少，蠕虫、毛虫、甲虫剧增；而当他们停止对寒鸦的战争时，他们也从害虫的灾难中解脱出来了。德勒姆，前引书，卷 1，94 页注。

② 德勒姆（Derham）《物理神学》（*Physico-Theology*）1798 年版的编辑引用了一位斯特姆先生的话，他讲述由于寒鸦伤害玉米，美洲殖民者试图灭绝寒鸦；随着寒鸦的减少，蠕虫、毛虫、甲虫剧增；而当他们停止对寒鸦的战争时，他们也从害虫的灾难中解脱出来了。德勒姆，前引书，卷 2，394 页。

增添新例子，利用新知识、新灵感，并且被赋予更具体的对地球现象中相互关系的感知（这或许是因为雷的生物学兴趣）。这些观点中有很多都持续到了十八和十九世纪，尽管那时普遍地对终极因观念不再迷恋。

用设计论解释可居住地球之本质的可能性被更清楚地认识到：地球的形状、地球与太阳的关系、季节变换与地轴倾斜，以及地球上令人敬畏的变化过程，后者以巨大规模表现为陆海交汇、侵蚀和水循环。在地球表面（非常薄的一层表土内）是植物性沃土或腐殖质，陆地上的所有生命被认为都依赖于此，腐殖质的重要性部分地归结于活力论，部分地归结于腐殖质是土壤肥力的真正来源这个信念。约翰·伍德沃德很好地表达了这一观点：

> 地球的顶层或者最外层：为人和其他动物踩踏、植物生长的这一层处于永恒的流动和变迁中；这是共同的蕴藏和存储，以供应并运送为在地球表面形成身体的物质。自从世界的创造以来就已经存在的所有动物，特别是人类，还有所有植物，在所有时代，都从这个蕴藏中连续地汲取他们身体的所有组成物质。①

我们在这些著作中——在古代和中世纪的著作中同样如此——注意到对活态自然界功用的着意强调，但是作者们不免摇

① 《地球自然史论》（*An Essay Towards a Natural History of the Earth*），227 页。

摆不定。有时他们赞同把人看作整体的一个部分的较宽广的观点，更常见的则是快乐地罗列自然对人的用途，同时严肃提醒：自然并非专门为人而存在。这种态度是亨利·莫尔、雷约翰和威廉·德勒姆的特点，也是十八世纪林奈（Linnaeus）和十九世纪早期佩利的特点。即便厌倦于它的肤浅，我们也必须宽厚对待这种功利主义偏向。我想，它表达了神学与经济学之间一个具有重要意义的关系，尤其是在前工业时代，那时候人们对动植物的依赖比日后更直接、更密切，更本地化。人可以虔诚地注视活生生的自然， 425
并为上帝智慧的这些证据感到受宠若惊；一双世俗的、精明的、老练的眼睛同样看得到自然的用途。

把人看作自然的最高存在同时又并不认定自然专门为人而存在，设计论的这个侧面把自然之美和自然之恶，以及自然界中的生存斗争视为设计的一部分，它超越了人类的兴趣、要求和理解。自然界中的生存斗争常常被人以自鸣得意的口吻描绘出来，但这些描述也预示了一种生态观点。随着这些相互关系的逐渐阐明，设计论的脚手架可以被拆除了；它事实上大部分已经被布丰、冯·洪堡、拉马克（Lamarck）和达尔文拆除了。

物理神学也关注人对自然的控制。尽管基督教思想家对于人的缺德和有罪从来也没有保持过长久的沉默，但是这些十七世纪的作家，黑克威尔、雷和德勒姆在工作中看到了美和目的性。人的活动不只是原罪的后果（见下文，本书第十章）。

他们在自然界里人作为监管者和仲裁者的角色中把人类看作一个整体，但是他们仍然能够接受基于气候或环境因素组合而存在文化差异的解释，这与设计论也是相符合的。或许受到《以斯得拉二书》的激发，基督教神学给了他们对文化传播的天生兴趣；土著美洲人真说不定是消失的以色列部落的现今代表呢。

这些基督教思想家，接受了由《圣经》和自然世界这两方面所揭示的真理，并且非常渴求知识而把这句老话用自己的方式说出来：被创造的万物存在，是为了人能够通过自己对它不断增长的知识而更加尊重上帝令人惊叹的作品，他们自然而然地对一个极端重要的问题感兴趣，这个问题曾经使何塞·德·阿科斯塔困惑不已，那就是有关人及其文化特征在全世界的传播，还有家畜和野兽在全世界的散布。如果接受人类统一性和单一起源地的观点，如《圣经》所教导的那样，那么对新大陆的民族以及植物区系和动物群落的研究就不可避免地提出文化传播的问题。人口增长的问题也不可避免，因为需要用基督教神学所接受的方式解释，地球上的人口从大洪水到当前是如何增长的。尽管有战争和瘟疫，人口仍然维持着自身；植物快速地繁殖，但是同样快速繁殖的动物和人消耗着它们；"修枝剪刀"阻止了个体的过剩（人口和动物数量之间的比较也部分地受到了亚里士多德的《动物史》和圣经《创世记》1：22及1：28的激发）。因此释经作品提出了有关寿命长短、人口翻番所需的时期、人口增长的机制，以及曾阻止人口增长太快的抑制因素等问题。

426 此时出现的最重要的概括性结论是，尽管有战争、瘟疫和类似因素的抑制，人口仍然缓缓增长。有些这样的概括是不可避免的，如果我们考虑到世界人口都源自八个人的话——这八个人是挪亚和他的妻子、他们的三个儿子和儿媳，假设挪亚一家登上方舟是在创世纪元（*anno mundi*）1657年，基督诞生在

3999年（这比通常接受的基督纪元始于创世纪元4004年早四年零六天）。

格朗特对男女出生人数规律的发现，即男性多于女性（在城市和在乡村环境中略有差异），把数学秩序、平衡和规律性概念引入了人口理论中，而先前的人口理论不曾有这些内容。这样的统计学规律性使每个优秀的物理神学家眼中闪烁发光。还有什么比格朗特发现的这个自然规律更能成为上帝智慧令人信服的证明？虽然男童多于女童，但是难道男子不是会战死在疆场或溺毙于大海，难道一个男人的生命不是比一个女人的更危险些吗？这个发现，如格朗特所言，不就是一夫一妻制的论据吗，它不是表明了基督教对穆斯林教的优越性吗？尽管有一切抑制因素，人类仍然增长并遍布世界，这个显著的能力不就证实了《圣经》的指引吗？这不也表明造物主知道地球有能力供养他命令其增长繁衍的善良灵魂吗？威廉·德勒姆牧师热切地抓住了格朗特论文中的物理神学含义，而约翰·彼得·聚斯米希在阅读德勒姆时则抓住了这个论据与一般人口理论的关联。

10. 小结

相信终极因的这些人中很多都投身于自然研究，把这种研究比作追随上帝的脚步，或者用托马斯·布朗（Thomas Browne）爵士的话说，"从自然之花中吸吮神性"。[①] 他们不赞同强调动力

① 《医者的信仰》（*Religio Medici*），第16节。

因、次级原因的机械哲学，也不赞同笛卡尔，即便他的虔诚和有神论不受质疑，但他也建议研究自然无须终极因的帮助。然而“机械哲学家”也好，物理神学家也好，在一件事上是统一的（当自然失去活力的谬论被扫除之后），这就是人要达到控制自然的目标，笛卡尔在《方法论》（*Discourse on Method*，1637 年）的一个著名段落中已经给人类设置了这个目标。

427 无论是用灵巧而焦躁的手指塑造科学方法的主流学派，还是坚忍不拔地把设计的证据堆砌得像一个老式博物馆玻璃展柜的次要学派，都看到了知识的作用和用知识取代经院式推想的需要。在这个对一种科学的呼唤中——这种科学将引领用工匠般深刻而专业的知识控制自然——笛卡尔像三十年后的皇家学会历史学家斯普拉特（Sprat）一样，显示了对实际生活中所取得成就的尊敬，例如航海、排水（他住在荷兰，这必然会使他意识到人及其工具改变自然景观的力量）和农业（见下文，本书第十章第 4 节）。

然而这些道路通往不同的方向。被笛卡尔如此狂热描绘的道路[①]引导人们走向通过应用科学有意控制自然的理想，这种类型的控制在我们自己的时代已经在很大程度上胜利达成了。

物理神学的道路则更为曲折，其中还有些死胡同。它导致反复出现的业余性，导致进一步哲学化思考人的角色：在上帝与野兽之间开路前行，完成创世，使他自己并通过自己使地球能够变

① 《方法论》（*Discourse on Method*），沃拉斯顿（Wollaston）翻译（企鹅经典），第 6 章，84 页。

得更完美。很久之后，可能是到十九世纪中期，人作为“自然的管家”不再是其角色的准确描述这一点变得明显，此时出现了幻想破灭，同时认识到人能够以自己甚至都不知道有这个能力的方式无情地破坏地球，他们的许多努力都不是受神性的引导，也不是有目的控制的结果，而是偶然的和华而不实的，他们不能由于与造物主的意图同一而被美化增光。物理神学的真正贡献是（我们还会再次谈到这个题目），它具体地看到了自然界中活生生的相互关系。它记载了这些关系。它在达尔文的“生命之网”之前就已经为人们进行生态研究作好了准备。

这个时期筛选扬弃了几个世纪的谷壳，在筛选扬弃结束之后，保留下来的观念依然可以识别出过去的历史，然而新的好奇心和知识已经给了这些观念一个新鲜的注解。自然界衰退的旧概念被刷洗掉了。从当前与洪水前地球的幻想性比较中，终于出现了一个比以前所作的更大胆的肯定论断，即不论人的原罪如何，我们现在所看到的地球适于很多种类的生命共存，它们都适应了存在 428
于活态自然界中的相互关系。

这个论断把基督教对人在地球上短暂居留期间的活动的解释，阐发到一个备受颂扬的地位，认可人所制造的变迁，强调人在承担对动植物生命监管中行动的正确性。地球是给他来改变的，是给他按 *perficio* 的这个词的本意（带到终结、结束）来完善、来完成的，因为要是没有一个随着时间而变得更有知识的能感知的生命存在，创世便没有什么目的了。

十七世纪的伟大人物无疑创造了怀特海所描述过的自然概念，但是很多较小的人物拒绝接受这个概念。他们提出的问题，答案只可能来自对第二性质、对相互关系的具体研究，来自对处于其居所中的生命的研究。上帝作为一个几何学家已经很久了，现在该是他成为园丁、农夫、植物栽培者和动物养育者的时候了，甚至是成为一位漫游者，在大山上、荒地里、山谷中和沿着长长河岸，观察绵羊、山羊、杂草和森林中的树木。

第九章

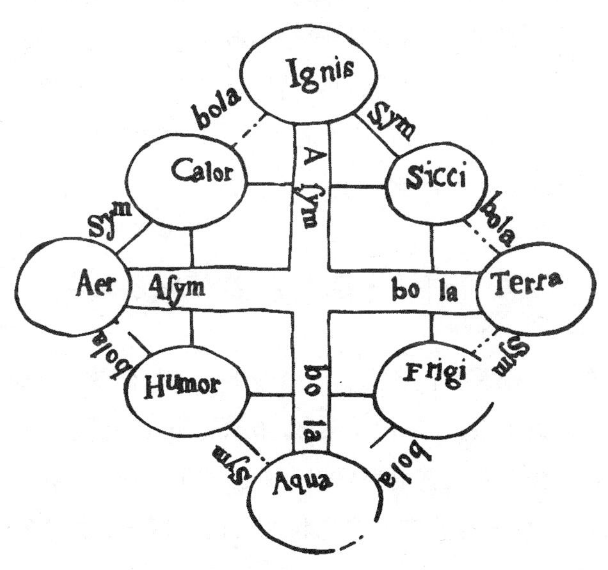

近代早期的环境理论

1. 引言

在近代早期，尤其是在大发现时代之后，环境影响的观念比它们在古典时代或中世纪要重要得多。著作的数量远比前两个时期更巨大，并在整个十八和十九世纪继续增长，批评对这方面著述的不断产生已经几无影响。

我们完全可能引用十六和十七世纪的数百种参考文献，但是只有一小部分有理论价值，其他著作则展现了这些观念是多么广泛、多么深刻地进入了思想的每个领域。它们出现在政治理论家的著作中，如马基雅维利、博丹和博塔罗；出现在哲学家的著作中，如沙朗（Charron）；出现在诗人的著作中，如迪巴尔塔和弥尔顿；以及出现在难以计数的旅行家的著作中。

430

2. 关于利昂·巴蒂斯塔·阿尔伯蒂

没有哪一部著作比利昂·巴蒂斯塔·阿尔伯蒂（1404—1472年）的《建筑十书》（*Ten Books on Architecture*）更令人信服地展现古典环境概念对文艺复兴思想家的影响了，该书以拉丁文初版于1485年。后来这些古典概念长期帮助了博丹、博塔罗、迪巴尔塔、伯顿以及很多较次要的作家。事实上，博丹成为唯一最重要的传播者，但是很多人的思想直接来自希波克拉底或维特鲁威，或者来自被他们所激发的同时代著作中。

像维特鲁威一样（阿尔伯蒂曾仔细并批判地阅读他的著作），阿尔伯蒂认为对环境的理解是建筑实践的根本；而且，这句话不能作狭义的解释，因为阿尔伯蒂同样很关注位置与适宜的选址、整个地区、花园、城市和乡镇规划等。公共责任感、为整体效果的努力、人的创造与自然环境的和谐化，贯穿了他的工艺哲学。他珍爱景色、视野，以及等候在街道拐角处的意外发现。自然环境、健康的生活条件和带来健康生活条件的环境变迁，正是建筑师在其中施展本领的大体范畴；这些相互关系将在未来几个世纪中保持其重要性。如果某个环境条件导致某种疾病，人们就应该变更环境。社会、社会上的建筑物及创造它们的匠心都牵涉到周围的自然环境，因为他相信，初次把人们聚集在一起的，正是屋顶和墙面（而不是水或火）的有用性和必要性。[①]

阿尔伯蒂对古典作家有深厚的了解。他像伯顿一样轻松自如地熟知古典作品。他珍视幸存下来的古代纪念碑，它们与自然美景一道具有重要地位（对过去的记忆迫使我们去思考时间的流逝，思考人与物的命运，使我们充满了惊讶和景仰）。他评论了健康条件，提到了环境造成意大利及其他国家的扭曲畸形的人的可能性。[②]

他说古人在实践中十分注重避免有害区域，他们对有益空气的要求尤其敏感。他们在改善不健康环境方面的能力有限。他们可能通过才智和勤劳纠正土壤和水源中的有害之处，但是他们相信无论是人的智慧还是人的双手都不能令人满意地征服恶劣空气。阿尔伯蒂记载了古人对纯净空气的重视，并以赞同的口吻重复了可能出自维特鲁威的说法：生活在干燥空气中的雅典人比生活在浓密潮湿大气中的底比斯人有着更敏锐的智慧。他补充道，
人人皆知气候对事物的繁衍、生产和维持有多么巨大的影响。意 431
大利和世界其他地区不健康的、疾病丛生的城市经历着从炎热到寒冷、从寒冷到炎热的突然变化，但是他也看到了空气运动的益

---

① 阿尔伯蒂（Alberti）：《建筑十书》（*Ten Books on Architecture*），前言。

② 同上，第六书第 4 章、第一书第 3 章。

处。他喜欢柔和的微风多于强风，但是后者又比平静、不动而沉闷的空气要好。风到来时应该已经“因山峰和树林的阻挡而破碎，或者因长途跋涉而疲惫。”①

阿尔伯蒂沿袭了古典作家对于选择适宜地点的关注；除了天然的优势外，场地必须提供与邻居和平相处的保障。宏伟的大厦不应该建造在偏远的地方。他十分喜爱中庸之道的古典思想。最好的区域既不太暖和也不太潮湿；这样的区域将出产精神焕发、苗条而健美的人。光是有用、健康和方便在建造一座大厦或一个城市中还是不够的，人还必须体察漂亮和美感。他说，不要在两山之间的山谷中建造大厦，因为除了不言自明的反对理由以外，“如此位置的大厦没有尊严气象，它基本被遮蔽了；它那被阻断的视野既不愉悦也不美观。”②

他的观察所得更加强了他的思想。在他未指名的某些意大利城市中，没有一个妇女不是既生出一名男子，又生出一个怪物。如此多的驼背、斜眼、拐子和瘸子，“以至于这里几乎没有一个家庭，其中的所有成员全都没有缺陷或身体变形。”我们应该在动物、植物和无生命的自然界中寻找有利或者有害气候的标记。他举出古人对于瘟疫和雷电效果的观点，并回忆起柏拉图关于一个区域可能处于精灵影响之下的看法。某个地方的人们容易变得疯狂。传染在某些原本健康的地方是有可能的，这些地方的位置使它们会受到外国人的瘟疫和腐化的感染。③

① 阿尔伯蒂（Alberti）:《建筑十书》（*Ten Books on Architecture*），第一书第 3 章。

② 同上，第 4 章；亦见第四书第 2 章。

③ 同上，第一书第 5 章。

在他关于城市位置古典思想的详细回顾中——包括恺撒、李维（Livy）、斯特雷波、瓦洛和希罗多德——阿尔伯蒂同意古人对坐落于海岸近旁感到的厌恶，因为与外国人的文化接触会带来坏影响。[①]

在他的城市规划论述中，这个概念被拓宽了，因而城市本身被视为一个环境。一座尊贵的城市应该有一个不同于普通市镇的规划，战争方面的要求也必须考虑。健康、功能、尊严、景色和视野——所有这一切都属于由人创造的环境。[②]

3. 气候与文化的一般问题 432

我们在这里所关注的只是气候与文化的较为一般性的讨论，但是气候影响的理论被应用于很多更具体的问题，比如一个单一地点或国家之内与其所在的更广阔区域相对照的独特性，或者气候对职业的影响。维吉提乌关于士兵征募的评论被引用，重新激发了对气候与战争之关系的兴趣。我们讨论过的来自保罗执事的一个著名段落复活了人们有关气候对人口增长的关系、移民问题，以及北方地区是各民族发源地（*officina gentium*）的兴趣。这些理论也与北方人，尤其是哥特人是爱好自由的民族这个观念相关

① 阿尔伯蒂（Alberti）：《建筑十书》（*Ten Books on Architecture*），第四书第 2 章、第七书第 1 章。

② 同上，第四书第 2 章。

联。[①] 近代早期这些著作中很多都沿袭柏拉图《法律篇》和亚里士多德《政治学》开创的先例。尽管与古代世界有连续性，但是近代著作不只是古典思想的再陈述。新大陆的发现、对古代世界更深刻的认知、对当时的欧洲民族和欧洲大地不断增长的新知识，这些都提出了太多的问题。而且，环境观念在文艺复兴时期的复活最终导致了十八世纪对环境影响的非常有趣而重要的争议，这引起了如孟德斯鸠、休谟、伏尔泰、赫尔德、弗格森（Ferguson）、罗伯逊（Robertson）和许多其他主要的政治与社会理论家的注意。

为什么环境影响理论在近代如此激增？首先，这个时代有更多的机会应用这些理论。更多的自然环境被认识。关于赤道区域的新知识、对相似纬度内文化差异的新知识，使人们发现了古人的过于简单化。对礼仪和习俗方面兴趣的增长，鼓励了对差异原因的研究。最后，在这个时代里，教会与国家君主的关系被细细考量，宗教改革运动的教会分裂给政治和社会理论家摆出难题，这种情况下气候、地理位置对于法律的关系变得重要了。

那么气候对于法律和习俗是不是具有决定影响呢？阅读历史

---

① 见泰勒（Taylor）：《都铎后期与斯图亚特早期的地理学，1583—1650 年》（*Late Tudor and Early Stuart Geography 1583—1650*），尤其是关于区域地理、经济地理和人文地理的各章，还有关于都市化的旅行者那个富有启发性的一章。泰勒女士指出，那时的英国地理学家缺乏像博丹和博塔罗那样的地理学哲学（133—134 页），而卡姆登（Camden）的《不列颠》（*Britannica*）在解释环境对不列颠人的影响时总体上沿袭了希波克拉底的学说（9 页）。亦见克利格（Kliger）《英格兰的哥特人》（*The Goths in England*）对气候与自由的讨论，241—252 页。关于德国的例子，见莫伊滕（Meuten）：《博丹关于地理位置对国家政治生活影响的理论》（*Bodins Theorie von der Beeinflussung des politischen Lebens der Staaten durch ihre geographische Lage*），26—28 页。

看到的是它的残暴、无理性而变幻无穷，看到的是战争、阴谋、争端，有什么东西能成为诠释气候意义的基础吗？这基本上就是 433
博丹在《历史的方法》（*Methodus*）中提出的问题。以较稳定的自然环境作为研究的基础更为合理吗？这些问题唤起了更令人不安的问题：人比有机万物仅仅拥有不大的优越性吗？如果说动植物的分布受气候控制，那么这种控制也施加于人吗？而人的优越性是否仅仅在于他对这个决定性关系的敏锐认识呢？像这样的问题又引起了其他问题：人对抗这些决定性影响是可能的吗？这最后一个问题，我认为是整个事情的症结所在。博丹、孟德斯鸠和赫尔德都问过这个问题。在古代，波利比乌斯也以暗示方式问过，并作了肯定的回答。

因此，在历史阐释中指派给环境影响的可能是一个决定性的角色。如果环境影响在过去是如此强力的决定因素，那么这些影响是否曾强化了人与人的差异，使他们之间的对抗和敌意永存呢？气候理论是否曾成为人类的分隔物，起到了与十九世纪后期的种族优越论相似的作用呢？来自古典时代关于两种环境对比的理论也复活了，一种是太安逸的环境——像一位过于纵容的自然母亲，她的慷慨大方使人柔弱，最终以诱发懒散及奢华爱好而挫败了他——另一种是艰难的环境，像一位吝啬的自然母亲，通过需求激发了人的发明创造力和勤奋辛劳。

马基雅维利的《论李维著罗马史前十书》（*Discourses on the First Ten Books of Titus Livius*）清楚地展现了这个古典灵感。他讨论了两个古典主题，但用的是现时背景和现时应用：土壤与文明主题、政府与环境主题。他的立场类似于柏拉图在《法律篇》

中的立场：在法律的制定和实施上，必须考虑各民族的多样特征。

一座城市要有丰饶的土壤才强壮、伟大。假如土壤的肥力鼓励懒惰（像传统上认为的那样），那么法律则应该设计为提供与贫瘠土壤可能给予的相等的激励。马基雅维利表扬立法者，如古埃及的建国者、现时的帕夏和他们的马穆鲁克义勇军，他们制定了抵消气候柔化影响的法律。统治者有权力用人来对抗自然的力量；他可以选择丰饶的地点，因为法律能够克服场地造成的任何不良影响。[①]

在《佛罗伦萨史》（*Florentine History*）中，马基雅维利复活了保罗执事的气候与北方区域之肥沃多产相关的思想。另一方面，他认识到——以威尼斯和比萨为例——人对自然的某种独立性，以及人把看起来不可居住、不健康的地区变成可居住地，从而改造自然的能力。进一步而言，他否定了维吉提乌（公元 4 世纪）的建议，
434 即士兵应该从气候温和地区招募，因为这样地区的人拥有精神和身体的勇气，两方面幸运地谐调在一起。相反，他支持从国内的青年人中招募士兵，想必是因为他们会热爱国家而为之战斗。[②]

4. 让·博丹综述

在文艺复兴时期关于历史及当代生活与地理环境之间关系的

---

① 《论李维著罗马史前十书》（*Discourses*），第 1 部第 1 章，108—109 页（Modern Library 版）。

② 《佛罗伦萨史》（*Florentine History*），I，1；《战争的艺术》（*Dell'arte della guerra*），第 1 部，《作品集》（*Opere*），帕内拉（Panella）编辑，卷 2，492 页。

一般论题方面，让·博丹是最重要的思想家。他生活在近代欧洲史上最混乱的时期之一（大宗教战争时期），各种各样的问题——维持社会统一的问题，君主制维持社会统一的能力问题，民族主权问题，使法律足够普适而同时又明智地考虑地方差异的问题——都超越了思想家及其国家的范围。这个时期没有其他的思想家——马基雅维利、博塔罗、勒罗伊、沙朗——能够在以下方面与博丹相匹敌：他的系统化思想的广度（他的关联性不是机械式的，而是深深植根于古代和中世纪的生理学理论、身心关系理论、物理学与宇宙学理论、占星术理论和命理学理论），或者是在勤奋与彻底性上，正是这种勤奋与彻底性使得多少个世纪中零星散布在各处的思想和观察所得被汇聚到一起，并且由于它们都以中世纪宇宙概念为基础，这些思想和观察所得即便在现代人看来还不是一个令人满意的统一体，也至少被赋予了一个内在的连贯性。

事实上，如果我们围绕希波克拉底、亚里士多德、托勒密、大阿尔伯特和圣托马斯的名字书写环境论的历史，并以博丹的综合体总结两千多年的思考结果，那么我们就不致大错。从博丹那里，我们可以轻易地看到通向孟德斯鸠的道路，因为如果我们忽视前者沉闷、学究式的风格，也忽视后者有效掩盖原创性缺乏的清新警句风格，那么很清楚的是，两位学者关注的是相同类型的问题（他们最大的不同在于他们的答案），这些问题的一般性质隐含在这个问题中：当一群人在习俗、传统、法律、肤色、体格和精神面貌方面如此明显不同的时候，怎样才能统治这群人，无论是在一个小区域内还是在整个世界范围？这个问题在博丹

《共和》（*The Republic*）的诺尔斯（Knolles）英文译本（1606年）中得到了漂亮而准确的表达："现在让我们通过民族体液的多样性来展现什么对一些［共和国］可能是特殊的，目的是使我们可以将公共福祉适应地方的性质……"[①] 这是《共和》的语言；在更早时期的著作《历史的方法》中，有着对自然环境意义更宽广的哲学和历史思考。

435 《共和》出版于1576年，《历史的方法》出版于1566年。两本著作的突出之处是它们依赖古典和中世纪的观念、同时代欧洲人在欧洲的旅行和对欧洲的看法，并且稍稍考虑了新大陆的人种学。博丹环境探讨的每一页都凸显了他对经典著述的深邃学识（希波克拉底的《空气、水、处所》、柏拉图的《法律篇》、亚里士多德的《政治学》、维特鲁威的《建筑十书》和托勒密的《天文集》）。斯特雷波常常被提到，但是没有出现在环境问题的理论探讨中。有很多同时代的证据来自他曾经遇到过或阅读过的在欧洲内部的旅行者，他显然对阿尔瓦雷斯（Alvarez）的《葡萄牙驻阿比西尼亚大使馆叙事，1520—1527年》（*Narrative of the Portuguese Embassy to Abyssinia During the Years 1520—1527*）和非洲人里欧（Leo the African）的《非洲的历史及描述》（*The History and Description of Africa*）深感兴趣，因为它们关于南部区域对他有东西可讲；但是关于新大陆的参考资料则很少而且琐细不相干，如拉斯卡萨斯讲述的大块头而简单的巴塔哥尼亚人，还有南

① 《共和》（*Rep.*），第5部第1章。

美人的残酷。[①] 这表明，在美洲发现几乎七十五年之后写作的一个重要思想家，仍然把他的论点建立在古典的和同时代的欧洲证据之上；毫无疑问，部分解释在于书籍稀少、传播困难，但它清楚地提醒我们，大发现时代的果实——较新的人文观念、人类文化、新环境的启示——除了一些非典型的个人以外，在十七和十八世纪之前没有被全部收获。

博丹的兴趣还包括：国民性；各民族不忠、狐疑、背信弃义的性质及不同程度（在和平与战争时期）；各民族及其个人的无情残酷；醉酒和发酒疯，以及此种越轨行为是否有可以观察到的地理分布，还是它在每个地方都能找到，或者是它在某些地区占突出地位。

亚里士多德《政治学》里的短句持续提醒着读者，某些自然环境可能有利于高等文明的存在。亚里士多德说，的确如此，这些自然环境的性质是温和的，希腊就是例证。这种普遍化概括——这正是它的魅力所在——没有为温带地点剔除较新的选择。如果说亚里士多德的时代得天独厚的国家是希腊，为什么在十六世纪不能是西北欧或者是法兰西呢？关于受宠爱的温带地区随着时代一再迁移，人们大可写作一篇富有启发性的论文。

让·博丹的理论是希波克拉底学说和占星术传统的产物。中世纪后期杰出的思想家（像大阿尔伯特）综合了两者，博丹也是这样做的。然而，他拒绝托勒密的观点，而赞成更简单而不那么

---

① 《历史的方法》(*Methodus*)，雷诺兹(Reynolds)译，102 页；马里安·图利(Marian J. Tooley)：“博丹与中世纪气候理论”（Bodin and the Mediaeval Theory of Climate)，《反射镜》(*Speculum*)，卷 28（1953），75 页。

流行的占星理论。[①]

436 关于博丹论述气候影响的著作之资料来源，最近的研究表明，他的思想中对中世纪就已经得到发展的概念存在着连续性。在我看来图利（Tooley）的论点是正确的，他说气候影响理论的一般原则“太熟悉而无须说明”。[②]（几乎不可能是相反情况，因为体液的古典理论——尤其是盖伦去粗取精的理论——十分盛行，而体液当然是环境与健康之间、体格与精神特征之间关联性的真正基础。）包含四元素讨论的中世纪宇宙论，以及同样讨论四元素和体液的百科全书，在整个十六世纪继续流行。

5. 博丹对地球的划分

更重要的是，博丹否认哥白尼的宇宙观，而接受基于托勒密的中世纪解释，即七个星球（月亮、水星、金星、太阳、火星、木星和土星）加上第八个恒星球体，围绕着静止的地球转动。如果跟从亚里士多德学派的观点，即物质只能由一个外部的动力因给予其外形，以及那个“自然不做徒劳无功之事”的格言，那么顺理成章就是这八个星球必然有一个目的。“对于博丹，正如对于他的中世纪前辈，这个结论是不可避免的；一定是这些星体在

---

① 布朗（Brown）：《让·博丹的简易领悟历史的方法：批判性研究》（*The Methodus ad Facilem Historiarum Cognitionem of Jean Bodin. A Critical Study*），14 页，他认为博丹可能是从占星家奥吉尔·费里尔那里得到的这个理论，费里尔是凯瑟琳·德·美第奇王后的首席内科医生，“哲学家、卡丹的门徒、博丹的朋友和敌人”。

② 图利，前引书，64—83 页，引文在 65 页。

它们的进程中控制着物质的变异。而且，博丹拒绝接受外形潜在于物质之中，而星体仅仅起诱导作用的理论，那么对博丹而言，星体实际上就是源头，多种多样的外形直接从那里推进。”[①]

不用深入技术细节就可以清楚，来自天空的射线的数量和强度在各地并不相同，从这些环境中，更可能解释任何时候地球上的生命迟早要发生的一再变迁和生命的多样性。[②]专家解释这一点的才能令人惊奇地展现在托勒密的《天文集》第二部第 3 章中。占星术的原理同样能够解释宇宙的运行。

托勒密体系在当地应用中较为复杂，它的基本原理却是简单的（亦见上文，本书第二章第 10 节）。让我们在此重复其中的一部分。可居住的世界被分成四个部分，一条大致从伊苏斯海湾到直布罗陀的东西向线把它分成北部和南部，一条从本都山脉直到阿拉伯海湾的北南向线把它分成东部和西部。这两条线把世界分成四分区，每个四分区都被一个“三宫”所掌管：西北区是白羊、
狮子和人马，木星以北风的缘故统治，火星因南风而加入；西南 437
区是巨蟹、天蝎和双鱼，由西方星位的火星和金星统治；东北区是双子、天秤和宝瓶，由东方星位的土星和木星统治；东南区是金牛、处女和摩羯，由东方星位的金星和土星统治。托勒密随后把每个四分区作为整体上给出一般的文化相关性：以西北之人为例，他们独立，热爱自由，喜欢武器，勤勉，好战，具有领导才能，他们爱清洁而宽宏大量，但是对女人没有激情，偏爱男子。托勒

① 图利（Tooley），前引书，66—67 页，引文在 66 页。

② 同上，67 页。

密在这个总体模式下精练了两个方面：他描述了各个民族更具体的特点（取决于他们与星体的确切相对位置），并且特别关注了居住在每个四分区中心附近的人们。这四个中心，每个四分区一个，即构成可居住世界的中心；这里彼此之间差异性较小，因为住在西北区东南部的人与住在东南区西北部的人相互影响，而住在东北区西南部的人与住在西南区东北部的人之间也是一样。

然而博丹在使用占星人种学的时候是谨慎选择的，尤其拒斥了托勒密的概念。他更简洁的占星体系与对北方、南方和温带地区之间不同之处的环境解释结合在一起，说明文化差异。

博丹最为关注的北半球从赤道到极地被分成三个区域，每个区域三十度，而四十五度纬线是北方和南方的分界线。经线的分割在博丹的体系中重要性小得多，它是由一条穿过加那利群岛（赫斯帕里得斯）的子午线（这是西方的一条传统本初子午线）和另一条在东方穿过马鲁古群岛的子午线所确定的。尽管博丹认识到东方和西方是相对的位置，地球的球形阻止它们交会，但是他使它们事实上在美洲的某个地方相交。

这三个三十度地区（分别代表热带、温带、寒带）中的每一个再被细分成各十五度的两个亚区。然而博丹相信地球上最热的地方在两个回归线上，最冷的地方在两极；在北半球，冷和热的极端会以北极和北回归线为代表。相信这一点的原因，本身就揭示了对于地球环境范围及多样性新知识的一个非常重要的态度。如果博丹的思想是有代表性的——我们很愿意相信它是的——那就是说十六世纪的人对赤道地区可以居住这个发现比对新大陆的发现有着更深刻的印象。博丹说我们必须消除古人（波昔东尼和

阿维森纳除外）的错误，他们相信人只能居住在回归线与极地圈
之间的地方。赤道地区是健康的，这些地区拥有充沛的降雨、高
高的山脉和森林（这被“频繁的探险”所证明，也得到弗朗西斯 438
科·阿尔瓦雷斯的见证）；然而在两个回归线上，事实上比在赤
道上更炎热。不难明白博丹是怎样为旧大陆做出这个概括的：赤
道或接近赤道的地区有热带雨林型气候的茂盛植被，而北回归线
则穿过北非酷热和几乎无雨的沙漠中心。[①]

博丹把位于回归线和极地之间的温带向北移动，因为北回归线比赤道更炎热；遵循这个推理，他认为地球上最温和的地区是北纬四十度到四十五度；在三个区域的每一个之内，他认为东部比西部更温和。温带地区是最舒适的，除了其中的粗犷高地、沼泽区、干旱或贫瘠的土地以外。

博丹说他将主要讨论居住在北纬三十度到六十度之间的人民。他的理由是对这些民族所知较多，而对任何其他民族知之甚少，而且，在现代人看来最说不过去的是，“通过这样的例证我们将了解到，关于所有的人，什么是必须相信的东西。”[②]

博丹区分了居住在赤道到北纬四十五度之间的人所产生的身体热量与居住在北纬四十五度到七十五度之间的人所产生的身体热量，七十五度以北地区几乎无人居住。北部地区的人由于从太阳那里接收的热量较少，所以必须在他们自己体内产生补充热量。用这个理论，博丹解释了北方牛群和羊群的优越性（动物更

① 《历史的方法》（*Methodus*），87 页；亦见丹维尔（Dainville）：《人文地理学》（*La Géographie des Humanistes*），25—27 页。

② 《历史的方法》，第 5 章，97 页。

活跃更健壮），而人也是一样的：最伟大的帝国从北方向南方蔓延。博丹的这些方向术语完全是相对的，就像在下面的例子中：亚述人征服了迦勒底人，米底人征服了亚述人，希腊人征服了波斯人，帕提亚人征服了希腊人，罗马人征服了迦太基人，等等。①

6. 博丹对体液的应用

体液的古典理论中，假设精神习惯能够从由体液创造的身体状况推导出来，还假设在个人之中如此发现的身心关联性能够应用于民族。然而身体和心智可能向着相反的方向被摆动（亚里士多德《问题篇》中的一个频繁的主题），强大的思维遭到虚弱身体的反抗。当应用于民族的时候，这个概括就解释了，例如，为什么南方人有智慧但缺乏活力，而北方人拥有相反的品质。显然，
439 地球上各民族之间在品质方面达到大致平衡，因此如果一个民族在某方面出类拔萃，那么这个优势会被另一方面的缺点所冲抵。在基督教背景下，博丹很自然地会问道，这种安排难道不属于神的智慧吗？②

一个醒目的段落表明这些观念可能导致什么。博丹说：

> 这种野蛮［南方人的，看来意指迦太基人和埃及人，因为博丹刚刚论述过他们］部分地来自专制主义，这是一种邪

① 《历史的方法》（*Methodus*），92—93 页。

② 同上，98—100 页。

> 恶的训练制度和未加约束的欲望在一个人身上所创造的东西，但是更重要得多的是来自体液混合中的不合比例。这种不合比例反过来又来自受到外部力量不均衡影响的元素。元素被天体力量所扰乱，而人的身体被包围在元素之中，血液被包围在身体之中，精神被包围在血液之中，灵魂被包围在精神之中，心智被包围在灵魂之中。尽管最后这个灵魂独立于所有的物质性，但是它仍然深受这种联系之紧密程度的影响。因此恰巧是那些最遥远区域的人更倾向于邪恶。[①]

这是环境论历史中最重要的段落之一，因为在其中，当然是以粗糙的形式，存在着环境论在近代变得如此重要的理由。引语的开头最关键：一个民族在环境的控制之下可能会无能为力或者部分地无能为力，这是一个可能与基督教教义相冲突的因果关系理论。诚然，体液（其组合受气候影响）的分布被解释为神意设计的一部分，但是把残酷和野蛮解释为在很大程度上超出一个民族所控制的条件的结果，则是一个多少有些不同的事情了。

在我看来，正是这个基于环境控制的道德、宗教和习俗的相对性问题，在历史上给了环境论在西方思想中如此强大的影响力，甚至持续到我们这个时代。至关重要的观念是气候控制与文化惰性之间不可避免的等同：这本质上就是伏尔泰对孟德斯鸠的批评。如果人注定拥有由不变的环境条件所强加给他们的品质，那么制度改革的努力又有什么用呢？博丹确实在《历史的方法》其他部

① 《历史的方法》（*Methodus*），102 页。

分和《共和》中留出了从这个宿命论里撤退的道路，但是仔细阅读他的著作使人相信，他认为人只有通过巨大的努力才能够克服基本的控制，而有可能战胜环境的制度中如有任何松懈，就会意味着回到原始的控制之中。

不同环境创造不同的体液组合，并由此产生不同的身体与精神特征的理论，被博丹用来解释欧洲的主要疯癫形式、麻风等疾病的发病情况、各民族的不同生育率、性结合体的忠贞程度等。
440 男人在冬季性能力更强，在夏季更有情欲；有性能力的人不需要充满激情，因而情欲意味着缺乏性能力。女人则展现出与此相反的季节行为。博丹没有给出这样说的证据，但是在任何一个季节两种相反表现和谐交会，确保了人类持续繁衍，这是上帝智慧的证明。然而，我们无法分析出所有这些是具体适用于个人呢，还是适用于民族。不过可以作一个一般的观察——体液理论的应用，伴随着将错误理论应用于事实体系所惹起的一切牵强和歪曲，远不如召唤这个没用理论来回答的各种各样问题本身那么有趣：它必须解释各民族的多产、宗教在一个地理区域中的兴起，以及疯癫、麻风、战争中残忍行为的分布等。

主要的观念（我们随后将显示其占星术的方面）是以热带、寒带和温带的划分为基础。最有趣味而富于启发性的说明出现在关于各民族的一般精神与身体两方面品质的讨论中。

南方人属于冥思型，擅长秘密科学，黑胆汁或者说忧郁笼罩着他们，促使他们长时间沉思默想，他们拥有最有才能的哲学家、数学家、预言家。“文学、实用技艺、美德、教育、哲学、宗教，以及最后人文（*humanitas*）本身，从这些人那里涌向地球，就像从喷泉里涌出一样。”[①]

气候对宗教的影响（后来由沙朗作了发展）是一个敏感的主题，因为它对神直接调停人类事务是否现实、启示宗教是否为真理提出了疑问。（环境观念对宗教观念的关系就其本身而言就是一个有趣的主题；甚至在二十世纪，一神教的兴起被归因于酷热难当的沙漠里乏味的同一性和千篇一律。）北方民族善于从事依靠感官的活动，他们非常会做手工技艺和艺术，并且具有机械技能。值得注意的是博丹用内科医生乔治乌斯·阿格里科拉［即乔治·鲍尔（George Bauer）］的工作说明北方人的技能。阿格里科拉的著作《老矿与新矿》（*De veteribus et novis metallis lib. ii*）1546年在巴塞尔出版。在这本书中，他讲述自己参观矿场和熔炉，阅读矿业史，并熟知其中一些有技术的人，这些话题后来在附有著名图解的《论矿冶》（*De re metallica*）一书中得到彻底的研究。[②]

博丹重新激活了希波克拉底关于人的三个年龄段的思想（后来又被孟德斯鸠再次激活）——青年、中年、老年（但不是垂死状态）——分别类比于北方、温带和南方。

> 当我更仔细观察时发现，南方人、中间地带人和西徐亚人似乎在某种程度上拥有老年人、成年人和青年人的习惯和气质，这很好地表达在一个古代说法中：老人的祈祷、青年人的行动和成年人的计划。我称那些尚未老朽的人为老人。 441

① 《历史的方法》（*Methodus*），110页。

② 同上，112页。

> 当然，西徐亚人有青年人的风格，是热情而胆怯的。南方人冷淡而干巴巴，与老人形象相符。那些已过上中年生活的人得到两者的适宜融合。[①]

用占星术术语讲，在北方，代表战争的火星由代表追逐的月亮相助；在南方，土星代表冥思，金星代表爱；在中间地区，木星被视为等同于统治者，水星等同于演说家。

7. 其他问题

博丹的行星影响理论叠加在地球上存在的环境区别之上，这些环境区别主要是湿度和气温分布的产物，两者都受太阳热量控制。博丹在作了长篇驳斥之后，摒弃了托勒密的占星人种学，他的批评是，三宫“不仅清楚地与先前的陈述相矛盾，而且甚至与自然本身及历史相矛盾。”错误的开端追溯到托勒密不懂得地方和地理学。[②]

太阳对于所有区域是共同的；博丹引用了迦勒底人的信仰，即“土星的力量控制理解，木星的力量引领行动，火星的力量指导生产。”土星被说成是寒冷的，火星是炎热的，而木星介于二者之间。

寒冷的土星和金星在南方统治着。土星控制理解，掌管着心

---

① 《历史的方法》(*Methodus*)，125 页。

② 同上，146—152 页，引文在 147 页。

智、知识和冥思（适宜于黑胆汁），这是秘密科学的王国。温暖的火星和月亮被指派给北方。火星统领着依靠技巧、力量和想象的艺术和手工技艺，因此它是手工技艺的领域。比火星或土星都要温和的木星，与水星一起在中部区域引导行动：智慧体现在行动中，包含着所有的美德和理性。木星和水星统辖下的人最适合于管理事务，他们是法律的制定者、习俗的创始者、政府官员、商人。[①] 环境观念与占星观念，这两者事实上都建立在亚里士多德《政治学》所作的地区划分的基础上。托勒密在《天文集》中，正如我们在前面看到的，考虑了环境人种学和占星人种学，但是没有把二者融合成一个单一的理论。博丹这样做了，因为星相影响的地区与基于阳光辐射的传统地区是一致的。

博丹的体系是雄心勃勃的，它比自从大阿尔伯特《论地方的自然情况》以来关于这个主题曾经产生的任何论著都锐利、彻底、连贯得多。尽管我们可以忽视细枝末节，但是讨论一下博丹的努力中隐含的一些较为宽泛的问题还是很重要的。 442

除了基于纬度影响和星相影响的文化区别以外，博丹遵循传统还看到了其他可能的环境影响，即归因于经度，以及坐落于河边、沼泽、山上或山谷的环境影响。这些地方的影响可能与地区关联性有冲突。

居住在不同经度地区人们之间的文化差异总是很难用气候理由来解释。通常的对比是在东方民族柔和、有礼貌、爱好华丽而艺术性的服饰这些特点与西北欧人粗糙简朴、缺乏狡诈的性格之

① 《历史的方法》（*Methodus*），112 页。

间。在山地，博丹看到了在东西方之间作出更细致区分的可能性。“由于升腾的光用它适度的热量净化了空气中有害的浓重浑厚，就使得这个区域更加温和。更重要的是，当太阳以它的最大热量燃烧的时候，也就是说在下午，它便从东方区域降落而在西方区域升起。”在坦荡低平的地方，这个问题对于博丹几乎是难以克服的，因为这里没有升起和降落，大地在早上感觉到升起的太阳，在傍晚感觉到它的降落，但无论如何他相信，东方部分比西方更温和更良好，并引用了《圣经》和古典权威作为证据。[①] 博丹如此痴迷于经度环境影响的神秘性，他甚至都没有想到——而他在其他问题上是想到了的——差异可能根本就不是环境造成的。

居住在山地的人们是自成一体的类型，山地居民无论住在何处都彼此相似，而与居住在本地区的非山民之间相似性较小。“因为山里人坚强、粗笨、好战，惯于辛勤工作，一点都不狡猾。”湿地出产高个子的人，例如荷兰与弗里西亚，但是博丹表现出对炎热地区沼泽地的传统恐惧。居住在肥沃山谷中的人与那些住在贫瘠平原上的人相反，变得爱好奢华。所有这些观念都举例作出充分的说明，例子大多来自古典的和同时代的资料；然而处理方式是传统的，主要是由于不懂得气候类型的实际分布。[②]

在《共和》中，博丹把他的理论应用到政府管理的实际问题上。理论的基础是相同的。民族体液的多样性要求其制度的多样
443 性；统治者在改变法律和习俗之前必须了解人的气质。一个统治

① 《历史的方法》(*Methodus*)，130 页。

② 同上，139—140 页。引文在 139 页。

者的任务被比作一位建筑师，他用能够在当地找到的材料来盖房子。进一步而言，统治理论与哲学、宗教和技术的更广泛问题相关，其区域分布属于神意计划的一部分。对博丹而言，像对博塔罗和勒罗伊一样，很容易将环境论与设计观念调和起来。按照神意注定的互惠原则，温带地区的审慎民族擅长经商、组建集团、为他人制定法律，他们能够判断、说服、指挥。南方民族热情追求真理，教授其他人深奥神秘的科学。北方民族凭他们的灵巧双手，教给世人手工艺方面的技能。

的确，博丹的著作娴熟地总结了大约两千年来关于环境对人影响的思索推断。在大宗教战争的关键时期，当很多人意识到古典遗产、航海和旅行的某些后果，以及宗教改革运动导致组织分裂的含义的时候，他的作品提出了某些广泛的问题。

这些问题中最重要的是环境控制人的程度。博丹不相信气候是唯一的影响。“民族的融合把习俗和人的天性改变了不少。”融合与杂居在温带区域是平常的，因为来自极端气候区域的人迁移到那里，“好像来到气候最为冷热适中的区域。”在此，博丹表现出了他对战争、迁移、文化接触在塑造一个民族的生活和习俗方面所起作用的高度评价，但是他没有在更大规模上应用这个观念来显示，迁移的历史、身心特征以任何方式的传播，在理解人类历史时可能是比气候更为根本性的解释。[①]

而且博丹还说，神或人的教育可能影响人的天性。“如果希波克拉底真的认为所有的植物物种都能够被驯化，那么这对人类

---

① 《历史的方法》(*Methodus*)，143 页。

而言在多大程度上更是如此呢？难道曾经有一个种族是如此巨大而野蛮，以至于当它找到引路人的时候，却没有被引上文明之路？哪一个种族曾经被教给最精致的艺术，但是停止了修炼人文学科，而没有在某一时刻陷入凶残和野蛮？”[①] 博丹用艺术和习俗影响人的身心特性的例子回答了这些问题。[②] 对他来说，最令人信服的证据（他在《共和》里重复了这个证据）来自从塔西佗时代到他自己时代的日耳曼历史。这很像塞巴斯蒂安·明斯特尔的叙述（见上文，第三部分导论第3节）。日耳曼人自己承认，他们一度比野兽好不了多少；像动物一样，他们未经驯化地游荡在森林和
444 沼泽地中。“尽管如此，他们现在已经有了这样大的进步，以至于似乎在人文学科上超越了亚细亚人，在军事上超越了罗马人，在宗教上超越了希伯来人，在哲学上超越了希腊人，在几何学上超越了埃及人，在算术上超越了腓尼基人，在占星术上超越了迦勒底人；而在各种手工艺方面，他们似乎超越了所有其他民族。”这个段落的寓意好像是，环境论最适合解释古代历史，而在关注到一个当代文明的复杂性时，环境论就不能解释了。博丹在此前的理论化论述中，并没有为十六世纪后期德国文化被如此推崇备至的描写作过任何铺垫。然而，他的确很熟悉德国历史编纂学、地理学和技术的趋势，以及宗教改革运动的含义。[③]

在《共和》中，博丹强调了政府在改变人民及其性情上扮演的角色。他要否定“波利比乌斯和盖伦的观点，他们认为地方的

---

① 《历史的方法》(*Methodus*)，145页。

② 同上，145—146页。

③ 同上，145—146页。引文在145页。

乡野和自然必定统治着人的举止”；但是他没有补充的是，在这一点上波利比乌斯所想的非常像他自己，即对阿卡迪亚人来说，通过制度化的音乐来改变他们的特征是可能的，而这些特征起初是由阿卡迪亚的恶劣环境塑造出来的。①

博丹诱人地提到了天才或贤能之士扎堆出现的趋势，比如：（1）柏拉图、亚里士多德、齐诺克雷蒂（Xenocrates）、蒂迈欧、阿契塔（Archytas）、伊索克拉底，以及很多没有指出名字的演说家和诗人；（2）克吕西普、卡尔涅阿德斯、斯多葛派的第欧根尼、亚尔采西拉斯；（3）瓦洛、西塞罗、李维、塞勒斯特（Sallust）；（4）维吉尔、贺拉斯、奥维德、维特鲁威；（5）“以及不久之前，瓦拉（Valla）、特拉佩尊修（Trapezuntius）、菲奇诺、加沙（Gaza）、贝萨里翁（Bessarion）、米兰多拉（Mirandola）几乎同时涌现。”②

这个观念的历史本身就会成为一个有趣的研究主题。克罗伯（Kroebe）在他的《文化成长之形貌》（*Configurations of Culture Growth*）中研究了这一现象；特加特（Teggart）提醒人们注意研究天才扎堆出现所处的历史环境的重要性。在十九世纪，托马斯·德昆西（Thomas De Quincey）详细讨论了这一思想。在古代世界，塔西佗对为什么演说家倾向于成群地出现表示惊奇，维

① 《共和》（*Rep.*），第5部第1章。在图卢兹的世界性氛围下，博丹遇到了所有国家的学生并友善地与之相处，发展了国际性的观点，这个观点后来在《历史的方法》（*Methodus*）中呼吁世界共和国（*Respublica mundana*）时得到雄辩的表述。他关于国民性的某些有力而准确的观察（在《历史的方法》第5章中可以看到）很大程度上归功于他与学生们的交往。见布朗（Brown），前引书，16页；亦见53—54页。

② 《历史的方法》（*Methodus*），152页。

勒易乌斯·帕特库鲁斯（Velleius Paterculus）也清楚地意识到了这个现象。杜博（Du Bos）神父，我们将在后面看到，也对这个问题十分感兴趣。“如果任何一个人在收集了难忘事件的片段之后，将之与这些伟大轨迹相比较，并查明受影响的区域或改变了的状态，那么他将获得关于习俗和民族本性的更完整的知识；而
445 且，他还会对每种类型的历史做出更有效、更可信的判断。”[①] 博丹也看到，天才和贤能之士的周期性扎堆出现需要历史性的解释。假如真的顺着这条线索追寻下去，那么必定会质疑环境论的解释是否充分，除非能让气候方便地随着文化成就的每个波峰和波谷而变动。

环境理论常常提出这个问题：在什么程度上个人或者民族要为他们的善恶品质负责？博丹这时在讨论历史上熟悉的主题，比如顽强地坚持习俗，面对酷刑也绝不放弃一个人的宗教，以及已知的民族的缺点。极端的立场不合乎博丹的口味。

> 既然这些恶习可以说是每个种族生来就有的，那么在我们能够作出不利的评论之前，历史必须依据每个民族的习俗和本性被判断。如此，南方人的温和不值得褒扬，而西徐亚

① 《历史的方法》（*Methodus*），152 页。关于天才的扎堆出现，见克罗伯（Kroeber）：《文化成长之形貌》（*Configurations of Culture Growth*）；特加特（Teggart）：《罗马与中国》（*Rome and China*），11—12 页，及其引用的参考文献；德昆西（De Quincey）：“风格”（Style），收录于《托马斯·德昆西作品集》（*The Collected Writings of Thomas De Quincey*），马森（Masson）编辑，卷 10，194—231 页；塔西佗（Tacitus）：《对话录》（*Dialogue on Oratory*）；维勒易乌斯·帕特库鲁斯（Velleius Paterculus）：《罗马史》（*The Roman History*），第 1 部，16—18。

> 人的酗酒（它遭到大量批评）也不应该真的受到鄙视，因为南方人缺乏内在的热力，稍稍吃喝便酒足饭饱，另一方面，西徐亚人受内在热情的驱使并缺乏精神资源，所以即便他们希望克制自己也不容易做到。[①]

假设世俗环境在不断变化的人类场景和历史不确定的命运之中是稳定的，那么历史的环境基础又是以什么理由而存在呢？博丹的答案仿佛预测了很多十九世纪地理学家，尤其是弗里德里希·拉采尔（Friedrich Ratzel）所作的解答，拉采尔的解答是在他倾向于决定论观点的一个阶段中所给出的。博丹说历史学家是不可信的，他们不写那些该写的事情，而在人类事务中多的是可变的和难以捉摸的东西。

> 既然如此，就让我们寻觅并非从人类制度中获取、而是从自然中获取的特性吧，这些特性稳定而从不变迁，除非是被巨大的外力或者长期的训导所改变，而即使这些特性被变更了，最终也还是会回复到原初的特色。关于这个知识体系，古人未能写下什么，因为他们对不久前才刚刚开放的区域和地方一无所知；相反，那时每个人都通过概率的推论来尽可能地向前推进。[②]

---

① 《历史的方法》（*Methodus*），128 页。关于在中世纪相似的讨论，见图利（Tooley），前引书，79 页。

② 《历史的方法》，85 页。

气候赐予一个民族的原初印记只有通过努力才能得到改变。这样，博丹承认气候严厉无情的控制，并承认一个民族有能力通
446 过有意识的努力从气候的直接影响中脱离出来，不过胜利是细微的，防御城垒必须保持警戒。这或许是一位饱学经典、沉浸于法律的理论与实践方面的敏感人物，在一个发现、变动、暴力成为其日常内容的时代所能作出的最好陈述了。“博丹很可能是十六世纪抓住了欧洲迅速变动这个事实的唯一作家。他看到没有一个君主制度能够永久存在，无论现在多么稳固，同时也认识到在当时的法国，强大的君主制是躲避政治动乱的唯一希望。”① 博丹的环境理论部分是他那个时代政治局势的结果；他对教会至上和君权神授思想的批判态度，为关于统治权、君主、君主与人民团体及个人的关系等问题开辟了道路。他是在近代欧洲史上一个最为波澜起伏的时期写作：路德（Luther）在 1517 年写下了“九十五条论纲”，特伦托会议在十八年的不定期会议之后于 1563 年关闭，法兰西内战从 1562 年持续到 1598 年。法国在 1548 至 1610 年之间有过七位君主，“这些君主几乎没有一年不在应付国外战争、国内暴动，或者两者都有”[布鲁恩（Bruun）]。博丹希望设计一种符合分裂时代信仰相对性的政治哲学。对他来说，环境在人类事务中扮演的角色表明，在一个中央集权的君主制国家中需要容忍和统一，这个君主制应该明白地方习俗的多样性。

即便如此，事实上从较广阔的视角来看，博丹仍然是一个传统主义者。如果我们追寻环境影响理论的踪迹，从当下回溯到

① 《不列颠百科全书》（*EB*），“博丹”（Bodin）词条，第 14 版，卷 3，771 页。

十九世纪、十八世纪、十七世纪的思想家那里，然后再回到博丹，那么他看起来是一个革新者，一个在可以识别为近代的背景下深入思考这些问题的人——那是在大发现时代之后，在很多古代经典著作被重新发现之后，在宗教改革运动之后。然而，如果我们从过去的方向来接近博丹的作品，从希波克拉底、亚里士多德、托勒密到大阿尔伯特和圣托马斯·阿奎那，那么他们的传统——常常被痛苦地曲解——这个特征也是至为明显的。研究博丹的近代学者赞美他，为占星术和命理学（后者我还未曾提及）寻找借口，说那是时代的恶劣现象；还说他是孟德斯鸠的先驱，他的理论不是宿命论的，因为这些理论为其他影响留出了空间，这些理论是后来成为科学的理论体系的先行者。（这种声称大多数出自那些认为科学地理学就是环境影响研究的人们。）博丹关于环境的思想不可想象会导向科学。他的思想在今天的主要意义——除了历史重要性之外——是它们揭示了在博丹眼里历史问题与当代问题的复杂性，以及两千年的累积学问对解释这些问题实际上的无能为力。博丹的理论确实存在某些优点，它们通过对差异性和相似 447
性的集中关注，可能引导了新的区域地理学，还可能为文化观察擦亮了眼睛。但是当它们依靠的是漫无边际的臆想的时候，这样的理论又会起什么样的指导作用呢？

关于博丹思想的这个长篇分析简化了我们的任务，因为很多作家要么借鉴了博丹，如博塔罗、沙朗，可能还有迪巴尔塔，要么像博丹那样借鉴了一个共同而广泛持有的信念体系，这个体系是博丹如此令人钦佩地组合到一起的。

8. 环境理论的进一步应用

从历史上讲，正如我们在前面看到的那样，调和环境因果理论与设计论并不是一件困难的事情。然而如果把环境因果理论过分地带入伦理或宗教，这些理论就可能削弱伦理和宗教，因为它们会显示，自己的学说比大多数伦理体系或启示宗教所愿意允许的更多地成为地方性环境的结果。环境对宗教和宗教分裂的关系在宗教改革运动以后及整个十八世纪被频繁地讨论。我们已经在博塔罗和博丹那里见到了这样的讨论，我们还会在孟德斯鸠和伏尔泰那里再次见到它们。

路易·勒罗伊在《事物的兴衰》(*De la Vicissitude des Choses*，1579 年）中写道，事物的多样性是与地方及气候的差异相一致的；每个国家拥有它自己的禀赋和独特性，经由神圣天意仔细地分布，以为世界创造普遍的美好。没有这样的多样性，神意不能维持其完美，因为多样性“目的是使彼此需要的国家之间可能在一起交流，互相援助。”[①] 这些关系并非自行其是，为之负责的是基督上帝，而不是自然环境，也不是星座。

---

① 路易·勒罗伊（Louis Le Roy）:《可互换的进程，或事物的多样性》(*Of the Interchangeable Course, or Variety of Things*)，罗伯特·阿什利（Robert Ashley）译（伦敦，1594 年），10r—11v。对照关于塞巴斯蒂安·明斯特尔的讨论，本书第三部分导论。勒罗伊沿袭了托勒密的占星人种学（同上，13v—13r)，采纳了熟悉的北方、南方和中间地区关联性的论点（14v)，并提到文法家塞尔维乌斯（约公元 400 年）在评论维吉尔的《埃涅伊德》时表达的思想。

勒罗伊展示了气候影响怎样得以作为设计论的一部分，但是皮埃尔·沙朗表明它们如何呈现了一个更独立更具挑战性的特征。这不是因为沙朗的气候理论有任何新内容，既然大部分论述似乎都是从博丹那里搬来的。然而，沙朗在一项调查中比博丹更深入地探索了环境对道德和宗教的影响，这项调查为他招惹上无神论的指责，尤其来自耶稣会士弗朗索瓦·加拉斯（François Garasse）。（沙朗的早期著作较为正统。）沙朗说，一个民族的习俗和举止既不能被认为是恶习，也不能被认为是美德；它们是自 448
然的作品，要想改变或放弃都是最困难的。美德能够把极端向着中间方向和缓、冲淡、减轻。[①] 在他的评论中更加直言不讳的是，看到宗教信仰中的巨大歧义是一件可怕的事情，但是在它们中间也经常存在着教义的共识。不同的教义可能在相同的气候中兴起。更有甚者，一种宗教常常以另一种为基础，年头较短的宗教从老宗教那里借用教义。一个人从生养他的环境和居住于斯的人们那里获得他的宗教。[②]

另一位法国人吉尧姆·德·萨卢斯特·迪巴尔塔（1544—1590年）是加斯科尼人、诗人、新教徒，博丹的同时代人，他揭示了环境论多么容易卷入宇宙论和宗教历史之中。他的主要著作是《第一周》（*La Premiere Sepmaine*）和《第二周》（*La Seconde Sepmaine*），属于六日创世文献；但是事实上它们远不止于此，而是一座储藏着人类长期持有的观念的壮丽宝库：四元素、

① 《论智慧》（*De la Sagesse*），第1部第38章，以及219页上的表格。

② 同上，第2部第5章，257、351—352页。

体液、环境影响、占星术，以及传统的释经内容。在一首初版于1584年的诗歌《殖民之地》（*Les Colonies*）中，[①]迪巴尔塔解释了挪亚时代以后人类的传播和当前在各民族中可以观察到的差异。迪巴尔塔既谈到自然了不起的丰饶多产，也讲述了人在身体、精神和文化上的巨大多样性。北方、南方和中间地区人们之间的尖锐对比使人想起博丹在《历史的方法》中所作的比较。在他们二人的观点中有很多相似之处。南方民族有知识、好沉思，北方民族拥有手工技艺，介于两地之间审慎的民族具有统治和管理的才能。[②]"简言之，好学的人崇拜科学，/ 其他人手上拥有技艺，另一些人则小心谨慎。"[③]像博丹一样，迪巴尔塔强调北方人的技术能力（"他们用金属和木材去做他们想做的一切事情"），与南方人相比，他们富有战斗活力并且多产。[④]

人类遍布全球是遵照神的意志——上帝希望把他的孩子们从他们出生地的罪恶中带领出来——为的是从西徐亚到桑给巴尔，他虔诚的仆人会歌颂他的名字，而异邦的土地现在也能让人类使用。"异邦田园盛产的珍宝 / 便不会因无人使用而白费。"[⑤]

迪巴尔塔描绘了一幅伟大城市栩栩如生的壮丽画卷，城市里

---

① 霍姆斯（Holmes）："纪尧姆·德·萨卢斯特·迪巴尔塔：传记性与批判性研究"（Guillaume De Salluste Sieur Du Bartas. A Biographical and Critical Study），收录于《迪巴尔塔作品集》（*Works*），霍姆斯、莱昂斯、林克尔（Holmes，Lyons，Linker）编辑，卷1，18页。

② 《殖民之地》（*Les Colonies*），541—584行。

③ 同上，585—586行。

④ 同上，530—540、566、580行。

⑤ 同上，623—624行。

有着贸易、各行各业、商务和智识生活。他意识到国家之间通过贸易彼此相依，并列出清单加以说明：来自加那利群岛的糖，来自印度的白象牙和来自德国的马。“总之，地球的每个地方献上 449
不同的礼物 / 它是整个宇宙的百宝箱。”[①]

《殖民之地》以热烈的赞美结尾：地球是为人所设的环境，海洋是生命和人类营养的巨大水库，而法兰西是欧洲的明珠和地球上的天堂。这是一首杰出的诗歌，它对比了人的举止和国民性，这些差异大多是由不同的气候所致，但同时也承认人的流动性和适应性，人因神的指令居住在非常适合他的地球上。

英国文学史家，尤其是弥尔顿的研究者，对迪巴尔塔表现出了相当的兴趣，他的著作被乔舒亚·西尔维斯特（Joshua Sylvester）以《巴尔塔的神圣两周与作品》（*Bartas His Devine Weekes & Workes*）为标题翻译成英文，这是除了细微遗漏外的全编，于 1608 年出版。[②] 人们认为这位法国诗人激发了弥尔顿对气候影响理论的兴趣，这种说法在 1934 年乔治·泰勒（George C. Taylor）的《弥尔顿对迪巴尔塔作品的应用》（*Milton's Use of Du Bartas*）出版以来更为突出。弥尔顿（他的主旨归根结底来源于保罗执事）著作中最显而易见的段落在《失乐园》中。他说到“那些恶天使被看到 / 在地狱的穹隆下面回环飞翔”：

连那人口稠密的北方也没有这么众多的人群

① 《殖民之地》（*Les Colonies*），647—648 行。

② 关于西尔维斯特（Sylvester）译本复杂的出版史，见《迪巴尔塔作品集》（*Works*），卷 3，538—539 页。

从她冻僵的胯下繁殖出来，
当她凶暴的子孙越过莱茵、多瑙流域
如洪水般朝南涌来，遍布大地
冲过直布罗陀到达利比亚沙漠的时候。①

英格兰人对气候理论感兴趣的一个理由，在于传统上依据气候论对北方民族知识能力和才干的贬低。闷闷不乐的不列颠常常尴尬地出现在北方民族的组别中，而不是被看作属于中部。这里面可能有各种各样的恶作剧。弥尔顿可以怀疑自己的才华，而整个不列颠各民族都可能因为缺乏重要的知识禀赋而被人不屑一提。唯一受恭维的方面是，作为北方民族的哥特人受气候诱导而坚定地热爱自由。②

气候理论——大多数都是博丹所讨论过的类型的变种——在十六和十七世纪大行其道。这些理论的流行很是引人注目，表现

---

① 《失乐园》(*Paradise Lost*)，第1部，第351—355行。

② 与弥尔顿及其时代相关的气候方面的作品，见芬克(Z. S. Fink)："弥尔顿与气候影响理论"(Milton and the Theory of Climatic Influence)，《现代语言季刊》(*Modern Language Quarterly*)，卷2(1941)，67—80页。这篇文章引用了当代作家，详尽地研究了气候论在弥尔顿著作中出现的情况，并就气候论对弥尔顿个人的影响和对英国社会的影响得出了结论。亦见"迪巴尔塔在英国和美洲的声誉"(The Reputation of Du Bartas in England and America)，收录于《迪巴尔塔作品集》，卷3，537—543页；乔治·科芬·泰勒(George Coffin Taylor)：《弥尔顿对迪巴尔塔作品的应用》(*Milton's Use of Du Bartas*)，55—57页；塞缪尔·克利格(Samuel Kliger)：《英格兰的哥特人》(*The Goths in England*)，241—252页；以及埃尔伯特·汤普森(Elbert N. S. Thompson)："弥尔顿的地理学知识"(Milton' s Knowledge of Geography)，《语文学研究》(*Studies in Philology*)，卷16(1919)，148—171页。

它们被频繁地应用到具体的国家或者论题上。举例而言，蒙田和 450
培根的观念就属于这个类型。蒙田提到了维吉提乌、柏拉图、西塞罗和希罗多德。他补充说，人不仅受到地方的影响，而且像植物一样，迁移的时候就会呈现新的特征。[①] 然而离传统较远的是蒙田在关于食人族的论文中揭示出的文化相对主义，不过他在此处关注的并非环境问题。弗朗西斯·培根为他关于战争发源于北方好战区域的理论给出了三个可能的理由：一是星座，二是北半球大陆面积多半更大一些，而最有可能的第三点是“北部的寒冷，在没有纪律来帮助的情况下，确实使身体最硬朗、勇气最高涨。”[②] 然而在其他问题上，培根的感知力都强得多、传统性也小得多。一个人如果考虑到“居住在欧洲最文明国家的人与居住在新印度群岛任何一个荒凉野蛮地区的人生活上的巨大差异，他会认为人可以说是人的上帝，这是多么伟大，不仅从互助互利来说如此，而且来自他们生活状态的比较——这是技艺的结果，而不是土壤或气候的结果。”[③]

然而更清新的微风正吹过海洋，这风来自耶稣会神父何塞·德·阿科斯塔的亲眼观察。像炎热地区（*tierra caliente*）、温和地区（*tierra templada*）和寒冷地区（*tierra fría*）的近代纬度区划一样，阿科斯塔把印度群岛分成低地、高地和位于两个极端之间的中间地。海岸低地非常炎热、潮湿、不利于健康，很多

① “为雷蒙·塞邦辩护书”（An Apologie of Raymond Sebond），《蒙田随笔集》（*Essays*），第 2 部第 12 章。

② 《事物的兴衰》（*Of the Vicissitude of Things*），1625 年。

③ 《新工具》（*Novum Organum*），第 1 部，格言 129。

地方不能居住，因为有危险的沙子，还因为没有出海口的河流制造了沼泽。他们的人口减少了三十分之二十九，几乎灭绝了，因为印第安人曾被迫从事难以承受的劳作，他们由于与西班牙人的接触而改变了自己的习俗，养成了过量饮酒和其他的恶习。低地也有城市，那些是西班牙贸易的入口。高地寒冷、干燥、贫瘠，虽然不和睦但是健康，人口不少。这里有牧场、有牛羊，这里的人民因为自己耕地上谷物不足，通过物物交易和交换得到食物。高地的金矿也是人口稠密的原因。中间地是小麦、大麦和玉米的生长地区，也有很多牧场和不少牛羊、小树林。这是所有区域中最健康和令人满足的地方。①

451

9. 论国民性

尽管对文化差异的意识看来在任何时代都不缺失，但是十七世纪的英格兰对这个主题有着显而易见的兴趣。这与博丹的著作十分不同，他的环境论作品上空笼罩着占星人种学的厚厚帷幕。然而这种兴趣也不很明显地具有理论性。它是对国民性的兴趣，是欧洲人对其他欧洲人所作的观察。另一个兴趣所在是远方的民族，如住在波斯、印度和中国的人们。这些特征常常被描述出来

---

① 何塞·德·阿科斯塔（P. José de Acosta）：《印度群岛的自然与道德历史》（*Historia Natural y Moral de las Indias*），马德里，1894 年（1590 年），卷 1，第 3 部第 19 章，249—254 页。

而没有解释原因，但是把它们看作气候的产物也很普通。[1]

这些论述国民性的作品有吸引人的一面，也有丑陋的一面。它们为好奇、活跃、开明的智力提供了一个倾吐的出口，敏锐的观察常常变成对平凡世界、饮食和区域差异的有价值的描述。它们的一大弱点是容易流于偏见和令人厌恶的自满，还常常会固执己见。它们的粗糙在于假设给国家或民族快速而牢固地贴上标签是可能的，各民族不得不勇敢地顺从于给他们作定论的唯一标签。论述国民性的早期著作也有相似的缺点，而经历了两次世界大战和很多小规模战争的我们这个时代同样看到这些缺点的迅速扩散。霍尔（Hall）主教在他的《新世界之发现》（*Mundus alter et idem*，1605年）中严厉批评这种过分简单化：

> 通常认为法兰西人轻率，西班牙人骄傲，荷兰人醉醺醺，英格兰人古板，意大利人娘娘腔，瑞典人胆怯，波希米亚人不人道，爱尔兰人野蛮而迷信；但是谁会如此痴呆地认为法兰西根本没有保守的人，西班牙没有懦夫，或者日耳曼没有人清醒地生活？他们是傻瓜（才相信）这将把人的举止紧紧地系于星座，什么都不留给人自身的力量，什么都不留给父母亲的天性，什么都不留给培养和教育。[2]

---

① 见泰勒（Taylor）女士的章节“都市化的旅行者”（The Urbane Traveller），《都铎后期与斯图亚特早期的地理学》（*Late Tudor and Early Stuart Geography*）。

② 约瑟夫·霍尔（Joseph Hall）：《新世界之发现》（*The Discovery of a New World*），约翰·希利（John Healey）译自拉丁文，10—11页；泰勒，前引书，150页。

让我们看三个例子，它们都来自英格兰，来自十七世纪早期：托马斯·奥弗伯里（Thomas Overbury）爵士、约翰·巴克雷（John Barclay）和威廉·坦普尔爵士。托马斯·奥弗伯里的著作《十七省之国工作中的观察：公元1609年的状况》（*Observations in His Travailes Upon the State of the XVII. Provinces as They Stood Anno Dom. 1609*，出版于1623年）是率直描述的例子，他明白人的国别差异和一个国家内部族群之间的差异。选择荷兰很自然，这是因为它近期的解放和它部分出于自然、部分出于人工的独特地理。托马斯·奥弗伯里爵士像威廉·坦普尔爵士一样，评述了由莱茵河、
452 马斯河和斯海尔德河的三角洲形成的有利的国家地理位置。荷兰人代替威尼斯人成为运输者，把来自印度群岛的货物送到基督教王国的其余地方（英格兰除外）。他们所处的位置对于欧洲的南北贸易和在东方与德国、俄国、波兰的贸易很有利。他们天生的慢性子与轻率易变的法兰西人和佛罗伦萨人形成对比。他们在"平等精神"方面像瑞士人，这种精神"使他们与民主政体如此般配"，但是托马斯·奥弗伯里爵士似乎并不十分敬仰民主政体。①

他评论了法兰西的国力、形状和区域多样性。法国"将较小的毗连民族吸纳进来，没有破坏，或者在他们身上留下任何陌生的印痕，如布列塔尼人、加斯科涅人、普罗旺斯人，以及其他不是法兰西的民族。走向合并过程中，他们对陌生人平易的、包容的天性比任何法律可能产生的效果都更大，但要经过很长时间。"

---

① "十七省之国工作中的观察"（Observations），《托马斯·奥弗伯里爵士合集：诗歌与散文》（*The Miscellaneous Works in Prose and Verse of Sir Thomas Overbury*），228、230页。

后来他描述了法国是怎样通过添加多样但有关联的族群而实现了某种世界大同主义，“因为皮卡第、诺曼底和布列塔尼类似于英格兰；朗格多克、西班牙、普罗旺斯、意大利和余下的地方是法兰西。”[①] 法国核心地区周围的老国家的文化相似性看起来是接壤和文化接触的结果。

这个时期关于国民性最令人印象深刻的著作是约翰·巴克雷写的《心灵的图像》(*Icon Animorum*)，该书1614年初版；托马斯·梅（Thomas May）以《心灵之镜》（*The Mirrour of Mindes*）为标题，将这本书从拉丁文翻译成英文，在1631年出版。[②]

巴克雷说每个时代几乎都有一个与众不同的具体特征；“每个区域都有一个与之适合的精神，这个精神在某种意义上可以说是依据其自身塑造了学问和居民的举止。”[③]

他从格林尼治山眺望泰晤士河沿岸的景色，被自己所见到的自然与人工美景惊呆了。一个全景的魅力，英格兰——可能还是全欧洲——最美丽的地方，“无意中迷住了”他的精神。这是“如此多样的美景，是自然的勤奋（可谓如此），呈现出她的富足”。

① “十七省之国工作中的观察”（Observations），《托马斯·奥弗伯里爵士合集：诗歌与散文》（*The Miscellaneous Works in Prose and Verse of Sir Thomas Overbury*），236—237页。

② 一个不太热情的评价见泰勒（Taylor），前引书，134—136页；关于这部著作的详尽研究见科利尼翁（Collignon）：“约翰·巴克雷的精神肖像（《心灵的图像》）”[Le Portrait des Esprits (*Icon Animorum*) de Jean Barclay]，《斯坦尼斯拉研究院院刊，1905—1906》（*Mémoires de l'Académie de Stanislas, 1905—1906*），第6辑，卷3（1906），67—140页。

③ 《心灵之镜》（*The Mirrour of Mindes*），36页。

然而即使是自然之美也不能容忍单调乏味。任何美景都会使观者“眼福过饱而疲惫”，除非它是“被相互对比和天赐的多变来美化，用意料之外的新奇不断地使疲惫的观者耳目一新。”[①]

自然已经创造了实际环境的多样性。有些国家在山顶，有些则在山谷，有些国家过分炎热，有些却极端寒冷，“其余的国家，自然指令其温和，尽管程度有所不同。”

国家的丰饶也随着时间变化；星座没有相同的影响（在巴克雷的作品中有一点占星术）。因此，“没有一年仿效过去，也没有一年是随后年份的确定规则。”[②]

453 时间和空间的这种多样性在人的身上也很典型，人是按照上帝的形象创造的，“而且特别是为了人的缘故，世界上的所有其他装饰被制作出来”，人是这种多变的美丽中最伟大的楷模。在所有的多样性中最值得惊叹的是，生而自由的人同样应该服务于“他们自己的性情、他们所处时代的命运，这些可以说是强迫他们进入某种热爱之情和生活的规则之中。”世界的每个时代都有一个特定的守护神，“他全面统治着人的心灵，使他们转向相同的欲望。”某些时期除了军事技能什么都不崇尚，然后几年过去，一切“都再次归于和平和宁静。”[③]

有辉煌成就的时代——巴克雷引述了从奥古斯都到尼禄（Nero）的希腊和罗马时期——与另一种力量同行，即，“适合于每个区域的那种精神，从人一出生起就灌输给他们自己国家的习

① 《心灵之镜》（*The Mirrour of Mindes*），42 页。

② 同上，43 页。

③ 同上，44—45 页。

惯和感情。”[①]

巴克雷此时开始了对国民性的长篇分析，附有对每个国家自然环境的略述，但是其阐释是描述性的。地理、贸易、物产没有从因果性方面联系到一起。巴克雷把野蛮的非洲世界和新大陆当作不值得他注意的地区而不予理会；他把大部分时间花在西部欧洲上，礼貌性地从法国开始（这是献给路易十三的书），偶尔议论一下这里的特殊兴趣（牧场的扩展使狼群消失，它们现在已被猎人杀光）。法国之后，巴克雷描写了英格兰、苏格兰和爱尔兰，然后回到德国大陆。他对德国的评论是，它曾经布满了森林和野地居民，而如今则因其城镇而变得美丽，它的森林“曾经巨大并覆盖整个国家，现在降低为用品和装饰品。”[②]随后是关于联合省和佛兰德（效忠于西班牙国王）及意大利的描述，他将后者巨大的文化多样性归结于社会原因。这一地区尽管有共同语言，但在习俗方面有非常大的差异，这是由于国家分裂为很多州、各级政府的多样性，以及外国占领遗留下来的痕迹。他描绘了居住在穷困、干旱而贫瘠的土地上的西班牙人，
还有匈牙利人、波兰人、莫斯科人，以及其他北方民族。（他说， 454
波兰广阔的森林生产了取暖所需的木材，又是动物的天堂，这些动物的毛皮生产名贵的皮衣；森林里还有众多的大群野蜜蜂。）他用保罗执事关于北方是各民族发源地这个概念作为例子，说明传统习俗随着时代而变迁。他问道，在辛布里人的克尔索尼斯

① 《心灵之镜》（*The Mirrour of Mindes*），54—55页。

② 同上，144—145页。

（日德兰半岛），看起来取之不竭用之不尽的人类资源是怎样不复存在了呢？今天，它几乎没有什么市镇，而且人口稀少。巴克雷的解释是（这在欧洲作家中很普通），在不同时期扮演领导者角色的荷兰人、日耳曼人和斯堪的纳维亚人酒喝得太多。过去的时代人们流动，是因为如此贫穷的土壤上有着太多的人；而现在，过度的吃喝已经削弱了人们的繁殖能力，以至于他们几乎不能生产足够自己所需要的东西。在关于国民性的最后部分，巴克雷把土耳其人和犹太人放到一起作了论述，他说这是因为他们在受到人们憎恨这一点上是一致的。

巴克雷最有意思的思想是，在各个时期都有某些人类成就的扎堆现象，以及民族之间的空间对比。巴克雷强化了后来的杜博神父关于天才扎堆出现的信念。[①]

威廉·坦普尔爵士的《尼德兰联合省的观察》（*Observations Upon the United Provinces of the Netherlands*，1673 年）缺乏巴克雷那样的新鲜感和推断的大胆，但是它也提出了环境与国民性之间的因果关系。尽管这些思想是因循守旧的，但是在分析中存在着精妙和鉴别力，例如，他认识到在联合省内部存在着具有不同

---

① 在杜博（Du Bos）神父的《关于诗与画的批判性反思》（*Reflexions Critiques sur la Poesie et sur la Peinture*），卷 2，260 页，他提到了巴克雷（Barclay）的《攸佛米奥·鲁西尼努斯》（*Euphormionis Lusinini*），其原因是，自从 1623 年赫斯·斯特拉斯伯格版以来的所有版本中，《心灵的图像》（*Icon Animorum*）习惯性地被错误地当作是前一部著作的第四部分。科利尼翁（Collignon），前引书，67—68 页。

特征的阶层，但是所有的阶层又都有一些共同的特征。[①]

在讨论人民的问题之前，他首先清晰而富有想象力地描述了国家地理——它的风、对须得海之青春活力的推想、平坦的土地，以及陆地排水中人工努力的位置。[②]

威廉·坦普尔爵士用实实在在，并且常常是毫不客气的语言描绘了荷兰的社会阶层：小丑或粗人（农夫）、水手或船长、商人或贩子、食利者（以租金或利息为生的人）、绅士、军官。他
用一针见血的句子迅速地确立了他们之间的差异。所有阶层的共 455
同特征是他们“非常节俭，花费很有秩序”，在公共事务和私人事务中都是这样。[③] 对于这个民族作为一个整体，他说：“一般而言，这里所有人的胃口和激情似乎比我所了解的其他国家更低而更冷淡。贪婪可能在意料之中。”部分解释——他认为他们做爱时也很少有激情——可能归结于空气的阴沉，然而这种空气也可能“置他们于特别专心致志和持续应用大脑的境地，以此恒久地钻研并努力运作他们设计的和得到的任何东西。”空气质量可能也影响着他们饮酒的习惯。书中随后是关于饮酒和早上不喝酒

① 《尼德兰联合省的观察》(*Observations Upon the United Provinces of the Netherlands*)所获得的尊重，见克拉克（G. N. Clark）为这本书所写的导言，v—x 页。克拉克说：“把这本书结合为一个整体的，是一种诠释历史的方法，一种概括在下面这个名言中的方法：‘大多数民族习俗是某些看不见的、或者没有观察到的自然原因或必要性所产生的效果。’这个观念及其相关的观念引燃了那个时代很多最好的思想，坦普尔必定从他的青年时代起就已经接触了它们。”（ix 页）

② 《尼德兰联合省的观察》，89—96 页。

③ 同上，97—102 页，引文在 102 页。

的饶有兴味的讨论。[1]

然而，比较不那么守旧的观察所得是，饮食可能最终改变一个民族的性格，这一点还引起了杜博神父的注意。在几个关于饮食（主要为肉食）与勇敢之关系的例证之后，威廉爵士就古代好战的荷兰居民与他那个时代居住在那里的人民之间的差异给出了他的解释：

> 不仅是本地荷兰人中间（尤其是陆地上的）武器的长期废弃和对其他民族的利用（主要是利用他们的自卫队），而且，贸易的艺术、和平，以及饮食方面的高度节俭，几乎不吃肉（普通人吃肉很少超过每星期一次），这些可能促进了大幅降低民族的古代英勇善战精神，至少是在陆地服役的时候。[2]

坦普尔在关于古人与今人的争论中站在古人一边，他对文明的本质、历史的地理进程，以及有利于艺术与科学的环境条件等更为广泛的问题也很感兴趣。对他来说，一种文明是建立在其前辈文明的基础上，这个诠释常常比很多十九世纪的观点更加符合我们现代的发现，十九世纪的观点由于被考古学发现的初步进展所束缚，看到的往往是基于有利环境条件的突发繁盛，例如他们对古希腊和文艺复兴时期的看法就是这样。

---

① 《尼德兰联合省的观察》（*Observations Upon the United Provinces of the Netherlands*），106—108 页，引文在 105、106 页。

② 同上，111—112 页；杜博（Du Bos），前引书，卷 2，288—289 页。

东方地区——中国、埃塞俄比亚、埃及、迦勒底、波斯、叙利亚、犹地亚、阿拉伯和印度——的创造性成就也给坦普尔留下深刻印象。他说，希腊知识起源于埃及或腓尼基，而埃及和腓尼基兴盛的文明可能在很大程度上要归功于埃塞俄比亚人、迦勒底人、阿拉伯人和印度人。在毕达哥拉斯的哲学背后并养育了这个哲学的是他在孟菲斯、底比斯、赫利奥波利斯和巴比伦的逗留，以及他在埃塞俄比亚、阿拉伯、印度、克里特和德尔弗斯的旅行。德谟克利特的哲学可能来自他的埃及、迦勒底、印度之旅；斯巴达的莱库格斯（Spartan Lycurgus）的哲学来自先前的文明，而这些文明又享有有利的环境条件，这样的环境条件鼓励高度文化，除非 456
发生了一场灾难性的征服或者入侵。

> 而且，我知道除了人们种族中的严谨克制、空气的高度纯净、气候的均匀、帝国或政府的长期平稳以外，没有其他环境适宜对人的知识和学问进步作出更大的贡献：所有这些我们可以公道地承认为更多地属于那些东方地区，而不是我们熟悉的任何其他地区，至少是直到印度和中国在此后的世纪中被鞑靼人征服为止。

他补充说，“学识中的一些部分起源于此”，与接受象棋的起源是印度一样，是可以谅解的。[①]

① “古今学识论”（An Essay upon the Ancient and Modern Learning），《威廉·坦普尔爵士著作集》（*The Works of Sir William Temple*）（新版，1814 年），卷 3，446—459 页；引文在 458 页。

10. 论忧郁

这些对景色、视野和空气变迁的较新的热情是从旧理论中出现的，但是它们也含有来自对当代生活敏锐感受的新鲜度。或许巴克雷和伯顿是这个时期这种体裁的最佳范例。

在很多历史时期，某些著作获得了超越自身主题的特点，其学识的广博与深邃使它们成为思想的宝库。在我们自己的时代，汤因比的《历史研究》（*A Study of History*）毫无疑问就是这样的著作；其他时代的有西塞罗的《论诸神的本质》（*On the Nature of the Gods*）、黑克威尔的《辩护词》，以及蒲柏的《人论》（*Essay on Man*）。罗伯特·伯顿的《忧郁的解剖》（*Anatomy of Melancholy*）即属于这一类，因为这部书在古典思想和作者所属时代的大陆著作及英国著作方面有着广泛的学问和深邃的知识。关于环境问题，他大量依赖博丹和博塔罗。伯顿承认喜爱宇宙志，他的作品中有很大的篇幅证明了这一点，包括导言和两篇出色的论文："坏空气是忧郁的一个原因"（Bad Air a Cause of Melancholy）和"空气净化；附空气的题外话"（Air Rectified. With a Digression of the Air）。[①]

由于忧郁在时间和空间中广泛传播，并且由于伯顿是一个非常细心的人，又令人敬畏地博学多才（即便是最漫不经心的读者

① 第1部分第2节第2支第5小节，第2部分第2节第3支。伯顿（Burton）把他的著作分成部分、节、支和小节。见德尔·乔丹－史密斯（Dell Jordan-Smith）版的《忧郁的解剖》（*Anatomy of Melancholy*）中很有价值的索引和传记与文献词典。

也能很快发现这一点），因此很容易明白这样一个剖析为什么会需要几乎一千页的篇幅。有关环境问题的引出是因为这本书论述的是某些精神状态，尤其是忧郁，因此它涉及了这样的话题，如身体与心灵的关系、空气和水对忧郁及其消退的效果及对性情的一般性影响、空气变化和景色变化的影响，等等。与阿尔伯特、庇护二世和巴克雷一起，伯顿是我所知道的详细描绘景色之美丽及其激励作用的少数几位早期作家之一。书中专门论述空气和水的那些部分特别有趣，因为它们建立在当时及古典医学的基础上，457
尤其是希波克拉底和盖伦。

由于环境论的历史与医学史如此紧密地联系在一起，论述这些主题的作家们对于流动的和静止的水给予了很多的注意。伯顿生动地写出了腐水及其危害性。

> 死水，厚重而颜色混浊，比如来自浸泡了大麻或者泥沼鱼类生活的池塘和壕沟，是最有害健康的。它们在太阳热量的作用下，腐败变质，充满了小虫和匍匐植物，黏稠、泥泞、不洁、污染、不纯，是死水一潭。它们在人的身体和心智上造成可怕的失衡，它们不适合饮用或洗涤肉类，也不适合用于人体内外。它们可以用在许多家务上，洗马、浴牛等，或者在必要的时候使用，但不是在其他时候。①

① 《忧郁的解剖》（*Anatomy of Melancholy*），第 1 部分第 2 节第 2 支第 1 小节，195 页。

迟早有一天，在对忧郁的任何研究中将不得不考虑食物。伯顿把坏饮食作为忧郁的一个原因来讨论，在其中评述了习俗对饮食的影响。他比较了博丹著作中的北方民族和南方民族的饮食以及它们的气候基础。他说，莱姆纽斯（Lemnius）——十六世纪的一位荷兰内科医生和神学家，也是几部医书的作者——"总结出两件对我们的身体最有益同时也最有害的主要东西，空气和饮食……"。他举出暴露在炎热地方产生疯癫影响的例子，但是他也阅读过阿科斯塔对赤道上温和炎热地区的描写。[①] 他提到了臭名昭著的不健康地方的坏空气——亚历山大勒塔、新西班牙的Saint John de Ullua港、都拉斯、彭甸沼泽、拉姆尼沼泽——但是这些地方并非盲目地听命于环境因素，因为人也"通过他们自己的恶心与邋遢，肮脏而卑污的生活方式"，允许他们的空气腐败。[②] 所有这些都以体液理论为基础；伯顿的讲解来自安德烈亚·劳伦修斯（Andreas Laurentius），一位"脱胎于希波克拉底"的撰写解剖学主题的作家。[③]

"身体是灵魂的家园，是她的房子、居所和住处。"精神状态来源于身体状况；"……或者像葡萄酒沾染了酒桶的味道，灵魂也从它作为工作之地的身体那里接受了些微迹象。我们在老人、儿童、欧洲人、亚洲人、炎热与寒冷的地带中都看到这一点。'乐观'是愉快的，'忧郁'是悲伤的，'迟钝'是沉闷的，这是由于

---

① 《忧郁的解剖》（*Anatomy of Melancholy*），第1部分第5小节，206—207页。

② 同上，第1部分第5小节，209页。

③ 同上，第1部分第1节第2支第2小节，128—129页。亦见"劳伦修斯"（Laurentius），1016页。

那些体液的充足，而且它们不能抗拒体液所施加的这些情绪。”[①]

这位饱学之士从未旅行过，他通过热爱阅读旅行书籍而透露
了自己明显的漫游热望。这里几乎没有决定论，尽管他依赖—— 458
他那个时代的内科医生也依赖——古代的医学遗产。在他的想象之旅中，他将亲自研究自然地理的很多问题。[②]从何处产生了不同的习俗和生活的多样性，还有新旧大陆之间在动植物分布上的差异？没有比空气变化更好的医药了。

> 因为游历用如此无以言表而赏心悦目的多样性吸引着我们的感官，那些从未旅行过的人认为自己不快乐，像某种囚徒，怜悯他从摇篮到老年一成不变的处境；一成不变地仍然处在同一个位置：以至于拉西斯（Rhasis，拉齐）不仅称赞旅行而且强迫旅行，让一个忧郁的人看到多种多样的事物，躺在不同的小旅店里，被拉去与不同的人做伴。

伯顿欣赏风光、视野和海景，每个国家都有这些：从“科林斯残破的旧城堡”看到的景色（从那里可以看到伯罗奔尼撒半岛、希腊，还有伊奥尼亚海和爱琴海），从矗立在尼罗河河谷的大金字塔顶部、从开罗的苏丹王宫、从耶路撒冷的锡安山看到的景色；他同意巴克雷的话：从格林尼治塔看到的风光是欧洲最美丽的景

---

① 《忧郁的解剖》（*Anatomy of Melancholy*）第 2 部分，第 2 节第 5 支第 1 小节，319 页。

② 同上，第 2 部分第 2 节第 3 支，407—415 页。

致之一。[①]

在书中长长的关于爱和爱之忧郁的分支中，伯顿看到了场所或地方对于爱的关系。“地方本身会对我们的居所起很大的作用，还有气候、空气和风纪，如果它们同时发生的话。”他引用盖伦的评论，在密细亚几乎没有通奸者，但是在罗马则因那里的欢乐气氛而有很多。他还引用了斯特雷波对科林斯的评论，说它有着一切富庶可以款待外国人，它有一千个妓女。“所有国家向彼处求助，就像是去维纳斯学院。”在气候对性欲的关系上，他沿袭博丹的观点。那不勒斯土壤上的果实、宜人的空气，削弱了身体，改变了体质，弗洛鲁斯把这称为酒神巴克斯与维纳斯的竞赛，福利耶（Foliet）对此很赞赏。[②]

11. 小结

到十七世纪下半叶，像丰特奈尔那样博学而有批判眼光的思想家，能够明白气候不会对一切生命形式产生相同的影响，而人类社会比很多人想的要复杂得多。“由于物质世界所有部分之间的联系和相互依赖，至少可以确定的是，影响植物的气候差异也必定会影响大脑。”然而，对大脑的影响是比较遥远的，因为必须考虑“艺术与文化”的影响。丰特奈尔的主张与波利比乌斯的相似。最初由气候确定的差异能够被文化影响所改变：“作为心

① 《忧郁的解剖》(*Anatomy of Melancholy*)，第2部分第2节第3支，437—438页。引文在437页。

② 同上，第3部分第2节第2支第1小节，661页。

智彼此易于影响的后果，就使得各民族不再保持原初的精神特征， 459
这些精神特征他们自然是从各自的气候中获取的。”丰特奈尔有意忽略气候的影响，因为气候看来存在有利因素与不利因素，彼此相互抵消。

在几个短小的段落中，他否认了自然的力量在古代较强的概念，区分了作用于植物世界与作用于人的环境影响，并号召人们研究自己的心智和习俗，而不是气候，这样来解释各民族之间的相似性和差异性。“阅读希腊著作在我们之中产生很大程度上的相同效应，好像我们只与希腊人通婚似的。”①

设计论，正如我们在前面谈到并将在很多其他相关地方谈到的，对许多各种各样的观念都能热情接纳，因为是人在发现这个设计，此后人紧跟造物主的步伐，而且与真实或假设事实相应的任何附属模式都能包括在内。如果说天意真的为太阳底下的每一个人预先确定了一个地方，为居住在世界不同部分的人们建立起种族、身体和文化上的差异，那么，造物主也就真的是把人设计得能够承受极端的温度，顺应各种不适，不停地从一个地方迁移到另一个地方，正像迪巴尔塔之前说过的那样。这种强调人的适应性的思考方式假设了整个地球都是意欲作为人之居住地的，因

① 贝尔纳·勒·博维耶·德·丰特奈尔（Bernard Le Bovier de Fontenelle）：“漫谈古人与今人”（Digression sur les Anciens et les Mordernes）（1688 年），《丰特奈尔选集》（*Oeuvres Diverses de M. de Fontenelle*）；引文出于利昂娜·法塞特（Leona M. Fassett）的翻译，引自特加特和希尔德布兰德（Teggart and Hildebrand）《进步的观念》（*The Idea of Progress*）中所选的丰特奈尔“论古人与今人”（On the Ancients and Moderns），176—178 页。

此才有人类的迁移。它也假设了人在本质上是可塑的和易变的。这种思想由让·弗朗索瓦（P. Jean François）在《水科学》（*La Science des eaux*，1655 年）中雄辩而出彩地写了出来，但他所表达的是一个甚至早于他的时代就存在的观点。关于人，弗朗索瓦写道：

> 他与狮子一起居住在热带的极度炎热中，与熊一起居住在寒带的冰冻荒野中；他与驼鹿一起在美洲的森林中游荡，在巴拉圭省的地下或岩穴中藏身，在中国的很多地方居住在水上。在马提尼克，他以蜥蜴为食，在上埃及吃他搜集并用盐腌制的蝗虫，在爪哇岛就靠食用蛇和老鼠为生……简言之，气、水、土以及生长于其中的物产在地球上是如此多种多样，以至于动物和植物不能忍受它们而活下去。只有人生活在每个地方，并使自己与之相适应。[①]

我们怎样诠释这一时期各种思想的混合物——概念上简单，
460 应用时不确定？这里存在着不同的可能性：它们可能与占星人种学混合在一起，它们可能只是单独地被简单使用，它们可能从属于设计论观点，最后它们还可能体现适应性思想，而适应性是作为人类在世界范围内扩散的一个后果而强加于人类的。

随着时间的流逝，占星人种学开始消失于黑夜中，但是环境

① 我未能参考弗朗索瓦珍贵而罕为人知的著作。我为此处的讨论感谢丹维尔（Dainville）：《人文地理学》（*La Géographie des Humanistes*），276—303 页，我的翻译来自 316 页所引的弗朗索瓦的前言。

的关联性及一般概括则顽强地度过了整个十八世纪。

对希波克拉底和盖伦的尊敬继续存在，但是现在他们似乎越来越像顾问而不是知识的源头，因为对气候、健康、身心状态有了大量的当代观察和研究，正如我们能在《忧郁的解剖》中清楚地看到的那样。与这种观察和研究相对比的是——像弗朗索瓦所示意的——人们越来越意识到其他的影响，并意识到人类的分布是一个高等秩序的创造力和适应力的证据。

丰特奈尔不太愿意把他应用于动植物的环境尺度同样应用到人的身上。在某个时期能人或天才扎堆出现的现象被注意到了，这项观察暗暗挑战了在整个时间过程中气候影响的一致性。杜博神父在十八世纪细致地思考了这个问题，我们会在后面谈到。对国民性的兴趣在增长。坦普尔关于借鉴（无论是个人的借鉴还是不同文明之间的借鉴）之重要性的观点，表示了仿效或抄袭在文化环境中所起到的作用。环境理论变得更世俗，它们不再与设计论那么紧密地捆绑在一起，并且它们被用来解释宗教分裂。最后，随着阿尔伯蒂、巴克雷和伯顿高度评价地方的空气、空气的变化，以及风光、视野和海景的效果，这预示了后面将要出现对自然之方方面面的研究。

在本章所涉时代出现的环境影响的各种观念意义非凡，主要是因为它们卷帙浩繁，因为它们被赋予了多种多样的用途。宣称它们对理解人类文化与自然环境之关系有任何贡献是没有用处的。最好是说气候相关性激发了区域研究，导致了对文化差异的认识，尽管这种相关性可谓难以捉摸、不够明智。然而，这些差异此前很长时间以来就已经得到理解了。创造性理解的道路不是通过博丹而铺开的，阿科斯塔和弗朗索瓦的思想打通了一条更加开放的道路。对经典著作的研究和对新旧大陆旅行书籍的阅读没有达成新的突破，而这样的新突破才会最充分地利用新发现的含义：居民的踪迹几乎能在世界上每个地方找到，搬迁、移民、战争、侵略是人类历史的一个重大组成部分，人们生活和生存在极其不同的自然环境中、令人困惑的多样性条件下，而他们也以极其不同的方式使用他们的土地。

第十章

461

自然控制意识的增强

1. 引言

很久以来人们就知道自己有改变自然环境的能力，但是只有少数人把这些改变视为一种关于人在自然界之位置的更宽广的哲学、宗教或科学态度的一部分。我在这里所说的并不是人通过将理论科学运用于应用科学与技术来控制自然的主题，也不是指工匠们所作的技术改进和技术发明，这些改进和发明带来对自然资源新的、有目的的利用及要求。然而，这些一般性的主题不能被忽略，因为近代对于生活的改善和实践活动的重要性有了较新的哲学见解，尤其体现在弗朗西斯·培根的哲学中。关于人控制自然的主题对人及其成就恭维有加，但仅仅是偶然涉及人作为地理施动者这个主题，对变迁是从它们对地球的影
462 响这个角度来理解的，而不是把它们当作有目的掌控环境障碍的证明。

人是地质或地理的施动者这个观念是近代思想，尽管它的根源存在于对前工业时代很容易达成的变迁的观察中，这些观察与中世纪频繁进行的观察几乎没有区别：砍伐树木，焚烧森林或者把森林用于放牧或烧炭，沼泽和湿地排水，城市供暖（烟囱使城市大气比乡村暖和），农耕，以及可能会使用斧子、犁耙或火焰的职业。这些活动从远古以来就一直在继续，但是直到十七世纪后期和十八世纪才能看到更明显的综合性活动的开端。对这种综合性的激励一部分来自农业、排水、工程的成功，以及常常与土地直接相关的其他职业的成功，这些活动要么导致土地本身的变化，要么造成土地对另一块土地地理关系的改变。① 在这个时期中散见于各处的是对一些主题的孤立的关注，这些主题如今已经成为有组织的知识体系：空气污染、土壤侵蚀、肥料、林业、气候变化、生态。很可能这些观察所得（以及很多没有记录下来的类似观察所得）在当时是如此普通，以至于它们只是常识，而来自这些常识的哲学概括后来才会出现。在十八世纪，这是布丰伯爵具有重要意义的成就。

① 尤其参见《技术史》(*A History of Technology*)，卷 3，辛格（Singer）等编辑，12—13 页，以及第 2、3、12、17、25 章。

2. 文艺复兴时期的技术哲学

在文艺复兴时期和十七、十八世纪的著作中，持续存在两种不同的见解：一种来自理论科学、神学或哲学，强调人在改变自然、控制自然中所扮演的角色，是人在生命等级位置上的预期功能，也是人的独特能力的预期功能，这个独特能力是通过诠释创世重要意义的聪明才智表现出来的。这种类型的例子体现在菲奇诺、帕拉塞尔苏斯（Paracelsus）和弗朗西斯·培根的著作中。另一种见解的起源远不如前一种那样受人推崇，而往往来自没有哲学或教化意味的日常观察。在许多情况下，这些几乎是作为顺带提起的话语掺杂在关于采矿、森林、灌溉或工程方面的技术讨论中；它们可能出现在法律或立法的历史中，或者来自治国之道的实际需要。

让我们检视一下文艺复兴时期的一些这样的观点，它们表明的主要是进行此类日常观察的可能性，而不是对人类社会与环境变迁关系的任何有意的科学或哲学探究。

马尔西利奥·菲奇诺在《柏拉图的神学》（*Platonic Theology*） 463
中说，永生的第三个标志是从艺术活动和政府活动中得到的。这本著作对人的赞美可能太热烈，对终极因的信仰可能太坚定，但它也是在人受到凶恶责骂后对人的创造力令人耳目一新的肯定，这些凶恶责骂说人没有价值、遭天谴、充满了罪恶，这严重损害了基督教神学。

菲奇诺说，人比动物要自由得多，动物要么完全没有技艺，要么只有一个，就是做听天由命的事情。人不仅发明创造，还改进自己的发明创造。人“模仿神圣自然的所有作品，并完善、纠正、提高较低等自然的作品。这样人的力量几乎近似于神圣自然的力量，因为人以这种方式通过自身而行事。”[①] 人不仅仅创造，还用他的技艺把自然的各个部分结合到一起。他是物质材料的转化者，是所有元素的使用者。“人不仅利用元素，而且装点它们，这是没有哪种动物曾经做到过的事情。整个地球上土地的耕种是多么神奇，房屋和城市的建造是多么了不起，水道的控制是多么巧妙！”它使人想起西塞罗的话语和圣奥古斯丁抒情诗般的段落。“人是上帝真正的使徒，因为他占据并培育所有的元素，而且他在地球上一直在场，也没有从苍穹中缺席。”他使用并统治动物，而动物虽然有自我保护的天才，与人进行的却是一场失败的战争。在一个使人强烈想起斐洛评论（已经引用过的《论世界之创造》，84—85）的段落中，菲奇诺问道：

> 谁曾经见过任何人被置于动物的控制之下，像我们处处看到的一群群野生和驯化的动物在它们一生中听命于人那样？人不仅靠力量统治动物，他还管理它们，保护它们，训练它们。宇宙的天意属于上帝，他是宇宙的动因。因此，为万物（不管是有生命的还是无生命的）普遍地提供其所需的

---

① 马尔西利奥·菲奇诺（Marsilio Ficino）：《柏拉图的神学》（*Platonic Theology*），第 8 部第 3 章；选段由约瑟芬·伯勒斯（Josephine L. Burroughs）译自拉丁文，《思想史学报》（*JHI*），卷 5（1944），227—239 页。

人，也是某一种神。[①]

我们越深入研究人作为自然控制者这个观念的早期历史，越震惊于人对自身这种力量意识的深度，尤其是在对大型动物的控制力方面。在历史上，建立在动植物驯化成功基础上的这些较为广泛的结论，在形成对其他生命形式的态度上极其重要。菲奇诺关于人在改造地球中所起作用的解释不同于来自各修道会的宗教解释，尤其是中世纪修道会的解释。对于僧侣们来说，毁林开荒、成立修道院、劝化皈依，无非是同一种活动的不同侧面，这种活
动就是在地球上建立基督教王国。菲奇诺强调的与此不同：人的 464
品质使他能够做他所做的事情、给地球带来他所能带来的改变、迫使较低等生命听从他的吩咐，人的这些品质把他带到最靠近天神的地方，并决定性地标明与所有其他类型的生命之间的界限。结论是无法抗拒的：正是人的独一无二性使他得以创造他所创造的奇迹。

尽管很难从我们所讨论的自中世纪到文艺复兴期间的思想中看到显著的变化，但是在文艺复兴时期，如果从莱昂纳多·达芬奇（Leonardo da Vinci）、帕拉塞尔苏斯、阿格里科拉、帕利西等人的著作中来判断的话，我们可以看到对技艺、发明和技术更为自觉、更为自信的看法。基本上，这个意识是一种观察的放大，即通过人的作用力，自然界中以一种形式存在的东西转变成另一

① 马尔西利奥·菲奇诺（Marsilio Ficino）：《柏拉图的神学》（*Platonic Theology*），第 8 部第 3 章；选段由约瑟芬·伯勒斯（Josephine L. Burroughs）译自拉丁文，《思想史学报》（*JHI*），卷 5（1944），234 页。

种形式，而后者假如没有人的发明则是不可想象的。人不是原始材料的创造者——上帝才是，但人是有力的转变者。这是帕拉塞尔苏斯的主要思想，我们在后面将要谈到。

在文艺复兴时期，关于人不仅转变元素而且转变景观的力量有着不断增长的自觉意识，我们对这一点没有什么怀疑。与中世纪相比，这一时期对这个世界上各种事物的兴趣更大了；对古典时期著述的重新发现中也包含了像维特鲁威那样的技术书籍，而中世纪的技术可以得到改进并成为进一步发展的基础。“技术成就在文艺复兴时期获得了特别的激励，这来自对现实生活更巨大而普遍的痴迷思索，也来自很多有远见的能工巧匠更强烈地渴望对自己依赖习惯性经验法则的手工作业进行知识启蒙和提供科学基础。”①

在论述建筑、采矿、运河开凿和冶金的技术书籍中，常常可以看到一些评论，它们涉及的是已经产生的转变或者将带来转变的计划的更广泛含义。利昂·巴蒂斯塔·阿尔伯蒂关于建筑师职责本质的广义概念，不仅建立在他所认识的科学的基础上，而且建立在人的哲学的基础上，即人的抱负激发了导致规划和改变景观的活动。阿尔伯蒂十分清楚地意识到人的能力，这种能力在工艺和发明的长期历史中展现了自身。他观察到，人可以美化自然，人工装饰中包括意大利历史遗存下来的古迹。他也非常明了植物的引进在一个国家的审美和经济生活中扮演的角色。②

---

① 克莱姆（Klemm）:《西方技术史》（*A History of Western Technology*），111 页。

② 《建筑十书》（*Ten Books on Architecture*），利奥尼（Leoni）翻译，第六书第 4 章。

> 为什么我要强调充足大量的水体从最遥远、隐蔽的地方
> 被带进来，用在如此众多的不同而有用的目的上？为什么我
> 坚持说纪念物、礼拜堂、神圣的宏伟建筑、教堂之类应该适
> 合于神圣崇拜和子孙后代的使用？或者最后，为什么我会提
> 到砍削岩石、钻通山脉、填平山谷、限制湖泊范围、引沼泽
> 之水入海、建造船舶、给河流改道、河口清淤、架设跨河大 465
> 桥、修成港口，这些不仅是为人们的当前便利服务，而且向
> 他们敞开了通往世界所有地方的道路。[①]

莱昂纳多·达芬奇同样对技术和规划，以及它们与自然环境的关系感兴趣。如果一个人可以说，“依据虹吸原理，每一条大河都可能被引到最高的山上”，这就表明他理解物理理论与应用技术之间通过果断的人类活动中介而发生的关系。[②] 在一个有着悠久的土地开垦、河流控制和运河修造传统的国家，运河建筑师莱昂纳多常常会看到人改变环境的能力与水及水的控制相关，这并不令人吃惊。他说，当河流靠近人口稠密地区的时候，就会沉积更多的泥沙。因为山地和土丘被垦殖，所以雨水比在覆盖着杂草的坚硬地面更容易冲走松软的土壤。莱昂纳多观察了水的侵蚀力，以及它作为整平介质的角色。“水流冲刷山地、填满山谷，

---

① 《建筑十书》（*Ten Books on Architecture*），利奥尼（Leoni）翻译，x 页。被克莱姆引用，前引书，112—113 页。

② 《莱昂纳多·达芬奇的笔记》（*The Notebooks of Leonardo da Vinci*），麦柯迪（MacCurdy）编辑，775 页。

要是它有这个力量，它会把地球削成一个完美的星球。”后来，应用这个原理，他建议有目的地用流水携带山地土壤填平沼泽，从而也净化空气。①

在莱昂纳多那里可以看到同样存在于帕拉塞尔苏斯、帕利西、阿格里科拉和培根著述中的，对发明家、实验者、手工技巧的尊崇，以及对权威之自命不凡的鄙视：“如果说我的确没有能力像他们那样引述别的作者，那么从经验方面去阅读是大得多而且有价值得多的事情，经验是他们主人的女教师。他们趾高气扬，膨胀浮夸，不是通过他们自己的劳动而是用他人的劳动来装扮修饰自身，他们甚至不会允许我用自己的东西。”②

另一个尝试是由声名卓著的内科医生、炼金术与自然史学者特奥夫拉斯图斯·邦巴斯图·冯·霍恩海姆（Theophrastus Bombastus von Hohenheim，即帕拉塞尔苏斯）做出的，这个尝试在范围上像菲奇诺和弗朗西斯·培根的尝试一样广泛而具哲学性，来阐释有知识、有创造力的人——在他的日常活动中，在健康与疾病中，在用工具改变他周围环境的工作中——作为宇宙的一个至关重要的部分。帕拉塞尔苏斯考虑了一个问题（这是沉浸在星象知识和《罗马书》1：20教义中的培根也将考虑的），即人的统一性概念，来自三条不同的思想线索：作为上帝六天工作中一个事件的人的创造、对人的诅咒的效果，以及这两个事件对人类创造力的关系。

① 《莱昂纳多·达芬奇的笔记》(*The Notebooks of Leonardo da Vinci*)，麦柯迪(MacCurdy)编辑，310页，引文在317页，及322页。

② 同上，57页。

帕拉塞尔苏斯利用宏观世界（即整个宇宙）和微观世界（即人）的古代思想解决了第一个问题，人在他的身体里有着相同的 466
元素但是以不同的形式存在着，他在一个微小程度上反映了具有整体特征的过程。在创造人这个微观世界的时候，上帝的计划是人会在创世中予以合作，而炼金术就成为改变和转化的一门技术、一个方法、一种哲学合为一体，其目的是给创世时未完成的自然做出最后的加工。

第二个问题的解决方法非凡而大胆，与传统上对人类堕落的灰暗而悲观的解释很不一致。在六天的工作中，万物被创造出来，但是艺术，就是工艺、手艺和“自然之光”没有被创造。帕拉塞尔苏斯的这个著名词语“自然之光”应用在人身上的时候，意味着他的创造能力。人在创世之时并不拥有这个自然之光；这是在亚当被赶出伊甸园的时候才赐予他的，男人被命令用双手劳动，女人则需经受生育之痛。亚当和夏娃在伊甸园时好似天国的造物，现在变成了大地之子。帕拉塞尔苏斯显然相信“需要是发明之母”：“夏娃被告知去养育自己的子女，因此摇篮和哺育技能产生了。”作为地上的造物，人需要推理和领悟，这些当他作为天国之子生活在伊甸园时并不需要。人被驱逐出伊甸园的时候，他从天使们那里得到了他们的知识，但并不是全部知识。从此以后人也不得不千方百计侦破自然的奥秘。“为了揭开隐藏在万物中的东西，人和他的子孙必须依据自然之光一件事物接着一件事物地学习。因为虽然人在身体方面被整体创造而成，但在‘技艺’方面却没有这样被创造。所有的技艺都已经赐予他，但不是以一个可以直接认知的形式；他必须去发现这些技艺。”[①]

进一步而言，上帝的旨意是我们不能仅仅接受自己所看到的自然，而是要做更多的事。我们必须“调查和了解它为什么被创造出来。然后我们可以探索并理解羊毛和猪鬃的用途；于是我们能够把每个事物置于其所属之处，能够把粗糙的食物烹调成可口的美味，能够为自己建造冬季的公寓和挡雨的屋顶……”[②]

地球上的一切事物都已放在人的手中，“为了让他给它们带来最充分的发展，就像地球为其生长出来的东西所做的一样。”这个任务意味着努力、探索和查询；人有义务改善已经赐予他的东西。帕拉塞尔苏斯相信需要是发明之母、被创造物的存在是为了诱发人们采取行动。与这个信念相一致，他说，因为被创造物是为人而创造的，所以他需要它们，必须探索创世过程中的一切。
467 在帕拉塞尔苏斯的哲学中，人好动、好奇、活跃，他在世界上的地位是由上帝所确定的，上帝的奥秘不可见，但是必须去发现。“上帝的旨意并非使他的奥秘看得见；上帝的旨意是，这些奥秘通过人的工作才变得明显而可知，人被创造出来就是为了使这些奥秘大白于天下。”上帝显现在自己的作品之中，人也是如此；因此

① 《帕拉塞尔苏斯：作品选》（*Paracelsus*，*Selected Writings*），176—177 页。引自“Das Buch Paragranum”，收录于《帕拉塞尔苏斯全集》（*Paracelsus Sämtliche Werke*），祖德霍夫和马西森（Sudhoff and Matthiessen）编辑，第 1 部分，卷 8，290—292 页。被克莱姆（Klemm）引用，前引书，144 页；我感谢这部著作对帕拉塞尔苏斯的参引。

② “隐性疾病的书籍”（Die Bücher von den unsichtbaren Krankheiten），1531—1532 年，祖德霍夫，卷 9；克莱姆（Klemm），前引书，144 页。

需要人持续工作以发现上帝给予他的礼物。①

这就引出了第三点，并导向对人类技艺和创造力之本质的检验，尤其是因为它们对技术和工具制造有影响，而技术及工具制造是人能够转变自然的手段。帕拉塞尔苏斯的答案令人想起铸造工厂的烟气和火焰、矿场的叮当声和喧闹、木匠铺子里木头和刨花的气味，这些都是他在旅行中相当熟悉的事物。帕拉塞尔苏斯相信《圣经》所写的话，即一切皆从无中创生；但是创世即便是完全实现了，它也没有全部完成。他相信地球是为人而创造的，它以人为核心，就像苹果的果肉围绕着带有种子的果核一样。因此，创世的完成被设想成以人类为中心的：万物被从无到有地创造出来，但并非以人使用它们的形态创造。创世需要完成，这是由火和火的主人伏尔甘实现的。"上帝创造了铁，但没有创造铁能制造的东西，没有创造铁锈色素或铁棒或镰刀；仅仅是铁矿，他赐予我们的就是矿石。剩下的事情他交给了火，还有火的主人伏尔甘。顺理成章的是，铁本身也服从于伏尔甘，炼铁的手艺同样如此。"火是改变的强大中介，无论熔化矿石还是烤面包。上帝也没有创造药物的完全形式：是火把药物从浮渣中分离出来。

因此，炼金术这种最惯常用火来操作的过程是人的创造物，是一项技艺，是完成创世的一种方法。炼金术士等同于工匠。"因此有木头的术士，例如预备木材使其可能变成房屋的木匠；还有版画家，他们把木头制作成迥异于本来面目的东西，这就是木头

① 《帕拉塞尔苏斯：作品选》，182—184页；《活着的遗产》（*Lebendiges Erbe*），113—116页；祖德霍夫，第1部分，卷7，264—265页；卷14，116—117页；卷12，59—60页。

做成的一幅画。”上帝没有把任何东西创造到完美程度，但是他命令伏尔甘完成这一过程："面包由上帝创造并赐给我们，但并不是像面包师那里出来的样子，而是三个伏尔甘：农夫、磨夫和面包师把上帝所赐制成了面包。”[①] 他脑海里呈现的是作为一位工匠之神、作为一位神圣工匠的赫菲斯托斯的希腊概念。通过这些词句，帕拉塞尔苏斯不仅表达了他的炼金术哲学，而且展示了他与一些古老概念的相似之处，即人作为行动者、制造者、
468 完成者，正如我们在前面提到的斯多葛派和赫尔墨斯派著作中所表达的那样。

乔治乌斯·阿格里科拉（即乔治·鲍尔）像帕拉塞尔苏斯一样，认为手工劳动不止是普通的日常活动，它也体现在一种哲学中；阿格里科拉“是文艺复兴时期又一位真正多才多艺的人，他们把致力于自然沉思及实际技术活动的心智与人文学识结合起来。”[②] 对本书主题具有特别意义的是阿格里科拉为采矿业的辩护，他坚持认为采矿不仅在其工艺本身，而且在矿产的勘探方面都需要高度的技能。他以历经几百年而矿石没有枯竭的矿场为例，说有人将采矿与农业的永久性相比而强调采矿的暂时性质，这样做是错

① “Labyrinthus Medicorum errantium”，1537—1538 年，《帕拉塞尔苏斯的赫尔墨斯秘文和炼金术著作》（*The Hermetical and Alchemical Writings of Paracelsus*），韦特（Waite）翻译；《帕拉塞尔苏斯：作品选》（*Paracelsus*，*Selected Writings*），185 页；克莱姆（Klemm），前引书，145 页。见雅各比（Jacobi）编辑：特奥夫拉斯图斯 · 帕拉塞尔苏斯的《活着的遗产》（*Lebendiges Erbe*）（苏黎世和莱比锡，1942 年）和《帕拉塞尔苏斯：作品选》，古特曼（Guterman）英译，包含了帕拉塞尔苏斯的很多选篇，主题广泛多样；两部著作都附有宝贵的帕拉塞尔苏斯所用术语汇编。

② 克莱姆，前引书，145 页。

误的。矿场中健康与安全的真正问题，不可能通过因其危险而废止采矿的主张来解决。他特别严厉地批评那种认为金属对人的灵魂或身体没有根本性的服务，因而采矿业是无用的观点。

有一个目的论的论据说，假如自然的设计是让矿产品为人所用，那么矿石就会离地表很近，阿格里科拉对此不屑于回答。他蔑视这样的概念，即大地毫不隐藏、毫不保留、毫不掩盖那些对人有用或必要的东西，而是“像一个仁慈和蔼的母亲，大方地奉献出充足的东西，把花草、蔬菜、谷物、水果和大树带到光天化日之下。”[①] 另一方面，矿物质深埋地下，但这并不等于说它们不应该被找寻出来。

在另一个重要段落中，阿格里科拉指责了一个在当年显然是广泛持有的信念，即采矿业是自然的破坏者。其最强论据是：

> ［采矿业的诋毁者说］田野被采矿运作毁灭，为此原因以前意大利人受到法律警告，任何人都不应该挖地发掘金属而伤害他们十分肥沃的田地、他们的葡萄园和橄榄树林。诋毁者还说，森林和树丛被砍倒，因为木材、机器和金属熔化需要用之不尽的木头。而当森林和树丛被砍倒时，野兽和飞鸟也随之灭绝了，它们中大多数能给人提供惬意而适宜的食物。更有甚者，当矿石被冲洗的时候，用过的水毒害了溪流和小河，毁灭或赶跑了那里面的鱼。为此，由于田地、森林、树丛、小溪和河流被毁坏，这些地区的居民在获得生活必需

① 《论矿冶》(*De re metallica*)，第1部，胡佛（Hoover）翻译，7页。

469 品方面遇到极大困难，而且由于木材的毁灭，他们在建造房屋时被迫付出更大的花费。所以，据说对所有人都很清楚，采矿业带来的损害比它所生产的金属价值更大。①

阿格里科拉对这些论点作了两个回应，一个触及所提到的具体恶评，另一个提出了更广泛的哲学问题，即金属对人的有用性。

阿格里科拉说，如果说矿工们对田地有所破坏的话，那也只是轻微的破坏，因为他们是在原本也不会出产的山里挖掘，或者是在阴暗的山谷里挖掘。在清除出来的地区，灌木根和树木被移走了，也许能种上谷物，新田地里富足的庄稼会补偿因木材价格升高而带来的损失。在这些山区，还可以用金属工业中获得的利润来购买和存储禽鸟、食用野兽和鱼类。

对于反对采矿业的更为普遍性的理由（包括认为金属，尤其是较贵重而价值高的金属是人类的腐蚀品这种说法），阿格里科拉简洁地回应道，没有金属，文明就不可能存在。没有哪个技艺比农业更古老，但是金属技艺“是至少与之相当或同时代的，因为没有人不用工具开垦田地。”② 尽管他尊重那些因金属带给人类腐败和灾难而鄙视金属的人的诚实、无知和善良，但是对他而言，他们是把指责放错了地方。对战争的责怪不能算到金属头上；没有铁或铜，人们会用自己的双手打斗。阿格里科拉坚称，为屠杀、抢劫和战争应该受到指责的是人的本性，而不是冶金术的进步。

---

① 《论矿冶》(*De re metallica*)，第 1 部，胡佛（Hoover）翻译，8 页。

② 同上，第 1 部，序言，xxv 页。

说金属的坏话就是控告和指责上帝自身是不道德的，因为通过谴责这些，人假定造物主徒劳无益地做出某些东西。虔诚而明智的人不会把造物主想象成制造罪恶的作者。[①]

金属被隐藏在地里，并不是为了阻止人们得到它们，“而是因为深谋远虑而睿智的自然已经为每个事物指定了地点。”有人说金属被藏了起来，因为它们不是为人使用的，阿格里科拉嘲笑了这个看法并指出，人作为一种陆栖动物，远航到大海深处去捕鱼，而搜查大海比探究大地内部更加奇怪。而且，鸟生活在空中，鱼生活在水里，其他生物，尤其是人生活在地上，以便“他能够耕种大地，挖出它穴藏的金属和其他矿产。”阿格里科拉列出了金属在各种行业中不同用途的详细清单，这些行业要么直接需要金属，要么间接需要，即通过金属制造的工具去完成所要求的任务。“假如我们从人的服务中拿走金属，那么保护和维持健康的所有方法和更仔细维护生命进程的所有手段将随之消失殆尽。”
阿格里科拉认为没有金属，人只能够像野兽那样生活。人不应该 470
试图贬低金属；作为自然的一个创造物，金属提供了人的生活需求，既装点人生，又对人有用。[②]

在《出色的论述》（*The Admirable Discourses*，1580年）中，贝尔纳·帕利西表达了相似的哲学，即关于自然的真理一旦被发现，人应该尽己所能从那些发现中获得利益。帕利西轻蔑地否认了对古典语言的任何知识，还鄙夷那些对书本权威比对实地观察

① 《论矿冶》（*De re metallica*），第1部，胡佛（Hoover）翻译，11—12页。

② 同上，第1部，12、14、18页。

更感兴趣的人。他对待权威的态度近似于莱昂纳多·达芬奇。

> 一旦我毫无疑问地知道，天然喷泉的水由降雨造成和产生，我就想到那些拥有缺水土地的人不去学习制造喷泉的方法是多么愚蠢，眼看着上帝把水播撒到沙地像播撒到其他地方一样，而且不需要多高深的科学就能懂得如何截取它。倘若古人没有研究上帝的作品，他们就会生活在动物的牧场上，他们就只会在田野里果实成熟时采集果实，而不去劳作：但是他们明智地决定种植，用播种、耕作来帮助自然。这就是为什么某个有助于自然的好东西的最初发明人受到我们祖先的如此崇敬，以至于他们认为这些人是上帝精神的分享者。[上帝]希望我们工作以帮助自然……[①]

照看自然的知识也来自对它的过程的观察。在《关于水流和喷泉的对话》（*Dialogue on Waters and Fountains*）中，西奥里（Theory）问道，他希望用作公园的山地周围的树是否应该被砍掉。

> 天哪，不！不能那样做：因为这些树在这件事情上对你将十分有用。在法国的许多地方，特别是在南特，有很多木桥，为了阻断猛烈冲击桥梁支柱的水流和冰，这些支柱前面放置了大量笔直的木杆，否则桥梁支柱不会保持很久。同样

---

① 《出色的论述》（*The Admirable Discourses*），58—59页。帕利西（Palissy）在此阐释了他关于泉流和喷泉起源于雨水的理论，但是关于帕利西的原创性问题，见13页。关于他对待权威的态度，见该书的翻译拉·罗克（La Rocque）写的导言。

> 的道理，在你打算建造公园的山地，沿山而植的树木将大大减弱水流的力量，因此我非但不会建议你砍掉它们，而且劝你在没有树的地方也种上树：因为它们会起到阻止水流冲挖地面的作用，靠这个方法草地就能保存，而水会沿着草地静静地一直流淌到你的水库里。①

阿尔伯蒂、莱昂纳多、帕拉塞尔苏斯、阿格里科拉和帕利西
都生活在十五、十六世纪，他们居住在十分分散的地方。他们都
是不同寻常的人物，其中莱昂纳多是一个天才，其他人则是大才 471
子。他们都有一个共同点，就是对技术、工艺和环境变迁感兴趣。
而且，他们与政治理论家焦万尼·博塔罗有非常相似的地方，博
塔罗曾建议君主们关注通过排水或开垦来改善他们的王国。他们
也与阿尔布雷克特·丢勒（Albrecht Dürer）有共同特点，后者像
莱昂纳多一样是一位艺术家、工程师、工匠，对通过更精确的科
学和数学方法提高工艺深感兴趣。②

3. 弗朗西斯·培根

宽泛地讲，在整个十七和十八世纪有一种增长着的乐观主义，

---

① 《出色的论述》（*The Admirable Discourses*），63 页。亦见他关于通过仔细规划使土地有多种用途的论述，67 页，以及树木重要性的论述，71—72 页。“如果我要描述树木的必要性有多大，没有树木要做什么事是多么不可能，那么我将永远写不完。”（72 页）

② 见克莱姆（Klemm），前引书，131 页。

认为人不断累积的知识增强了他对自然的控制。一些人持有异议，他们仍然把古典时代视为人类成就的早期顶峰，或者相信自然的衰老，或者相信对人的诅咒也伴随着对自然的诅咒。然而乐观的趋势可以在阿格里科拉、帕拉塞尔苏斯和弗朗西斯·培根身上看到，与培根的名字相连的是科学方法的早期历史，是把理论科学运用于应用科学和技术的思考，是人类控制自然的广泛问题。关于最后一个主题，培根有着很大的兴趣来谈论，其中有些令人想起中世纪的思想，有些则与后来十八、十九世纪的思想相似。[①]

在他对理解自然的呼吁中（他使用的“自然”这个词与“被创造物”同义），培根警告说，人应该认识到他们面对的是上帝的创造物，而不是人类心智的产物。

> 须知我们一方面为我们最初祖先的罪孽受苦，另一方面却复制着这个原罪。我们的祖先希望像上帝那样，而他们的后代却意欲变得甚至更加伟大。我们创造多个世界，我们指导自然、向自然发号施令，我们将使万物在我们的愚行中成为我们想象它们应该是什么样子，而不是看起来与神的智慧最为相配的样子，也不是它们事实上被看到的样子。我不知道我们曲解更多的是自然的事实还是我们自己的才智，但是我们清楚地把自己的形象印在了被造物和上帝的作品上，而没有去仔细查看并认识造物主本身在那上面留下的印

① 弗朗西斯·培根（Francis Bacon），1561—1626 年。《学术的进展》（*The Advancement of Learning*），1605 年；《新工具》（*Novum Organum*），1620 年；《新阿特兰蒂斯》（*New Atlantis*），1629 年。

> 记。我们因此第二次丧失了对生物的主宰，这并非不是咎由自取。虽然在人的堕落之后，某些针对被造物抵抗的权力仍然留给了他——通过真正而实在的技艺去征服并管理它们的权力——但是这个权力我们同样在很大程度上失去了，通过我们的傲慢，并且因为我们渴望像上帝那样，渴望遵循我们自身理由的指令。因此，如果存在哪怕是一点点对造物主的谦恭、对他作品的尊敬或赞美的倾向、对人的仁爱和解除其痛苦及需要的忧虑、对自然真理的热爱、对黑暗的痛恨、对理解之净化的渴望，那么我们必须一再恳求人们将这些轻浮荒谬的哲学丢弃或者至少暂时放到一边，这些哲学偏爱命题 472
> 而不是假设，导致经验被俘获，并且击败了上帝的工作；我们必须一再恳求人们采取谦恭而景仰的态度去展开创世的画卷，去徜徉并沉思其中，并且用清除了成见的心智，在纯粹与完整中研究这个创世的画卷。①

人类的无知就像是人的第二次堕落；它正像人的大堕落一样，也是一种形式的失败，假如旧哲学甚至能够战胜上帝之言的话。在劝告人们“展开创世的画卷”时，培根很好地利用了在自然之书中学习的旧观念。

---

① “哲学基础的自然与实验历史，或宇宙的现象：伟大的复兴第三部分”（The Natural and Experimental History for the Foundation of Philosophy: or Phenomena of the Universe: Which is the Third Part of the Instauratio Magna），《弗朗西斯·培根著作集》（*The Works of Francis Bacon*），斯佩丁、埃利斯和希思（Spedding，Ellis，and Heath）编辑，卷5[即《哲学著作》（*The Philosophical Works*）译本卷2]，131—134页。引文在132页。

培根关于通过修炼技艺与科学、鼓励发明来实现对自然控制的这个哲学并没有与宗教相分离；它是宗教的一个至关重要之部分，与创世的历史及人的堕落紧密相连。他反复援引《创世记》的教导，即光的创造发生在头一日；当他谈到实验应该模仿光的创造时，就是通过把人类科学与神的创世相比较而大大赞扬了人类科学的地位。“……我们寻求这样的实验，它们将提供光而不是利益，这是仿效上帝创世的榜样，在头一日仅仅造出了光，把那整整一天的工夫都用于光的创造，而没有加入任何物质的工作，正如我们常常观察到的那样。”①

对培根而言，人的堕落，“我们最初祖先的罪孽”，在其后的人类历史和自然历史中都具有决定性的重要意义，这一观点明显出现在《新工具》雄辩的结尾句子中：

> 人在堕落时就立即失去了他的无罪状态和对万物的统治权，但是这两宗损失即使在此生中也能够得到部分恢复，前者要靠宗教和信仰，后者则靠技艺和科学。须知被创造物并未被那诅咒变得完全而彻底地叛逆，而是跟随“你必汗流满面才得糊口”这个信条，现在终于被我们的各种劳动（当然不是被一些空口争论或魔幻祭礼）迫使着在某种程度上供给人类面包，也就是说，提供人的日常需要。

不仅宗教和信仰为一方、技艺和科学为另一方被指派了不同

---

① 《新工具》(*Novum Organum*)，第 1 部，第 121 节。

的角色，而且技艺和科学还减轻了初次堕落与第二次堕落（即采纳那些阻止探究并理解自然的哲学）的实际后果。

培根怎样设想人对自然的控制？有一点可以肯定的是，他认为这对人来说是一个崇高而客观的立场，这一点我们从他把科学实验与光的创造相比较中便可预料到。在他关于三种抱负的著名段落中揭示了这个立场：人们可能想要在他们自己的国家里扩大自身的权力，这个抱负培根认为是粗俗而颓废的；人们可能努力扩大其祖国对人类的权力和统治，这是比第一种较为尊贵的抱负，473
但还是很贪婪；或者，他们可能为扩大人类控制整个宇宙的力量而努力，这是一种更明智、更高尚的抱负。培根在关于三种抱负的段落后面接着说了一句话，这是他被引用得最多的话语之一：“现在控制万物的人类王国完全建立在技艺和科学之上，因为自然只会听命于服从她的人。”①

在通往掌握自然道路的知识这个目标上，培根很难容忍那些认为古代世界更优越的人。当前正是一个真正的古代。从一个老年人那里，人们期望比从年轻人那里得到更多的东西；与此相似，既然世界现在更年老，它的储备增加了，实验和观察也更丰富了。培根惊叹于人类地理视野近期的扩展；这种扩展必定与人在知识洞察力中的可比增长相匹配。航海和大发现的新鲜空气与一味依附权威、依附经典知识之间的对比是培根哲学中的一个基本的关注点。人必须抓住大发现时代提供给他们的机遇。

“的确，如果物质世界的区域——大地、海洋和星星——在

① 《新工具》（*Novum Organum*），第1部，第129节。

我们的时代得到如此巨大的开发和阐释，而智识世界却仍被禁锢在古人狭窄发现的界线之内，那实在会是人类的耻辱。”①

当《新阿特兰蒂斯》（*New Atlantis*）的管理者描述萨洛曼学院（Saloman's House）三个人的使命的时候，我们清楚地看到在导致进一步掌控自然的思想互相交换中，航海和旅行对于发现与发明的重要性；这三个人乘两条船出发，“给我们带回关于他们所去的那些国家的事务与情况的知识，尤其是全世界的科学、技艺、制造和发明的知识，而且还带给我们各种各样的书籍、工具和模型……”这位管理者提到上帝在头一日创造了光，并继续说：“但是你看到我们进行贸易，不是为金银珠宝，也不是为丝绸、香料或者其他任何物质商品，而仅仅是为了上帝的第一个创造物，那就是光；我说，那就是拥有世界所有地区的成长的光。”②

培根的思想中，在一个意识到视野日益开阔所带来刺激的时代，发现之旅，尤其是那些科学旅行，成为对那些不加批判地接受权威和先例的人的持续指摘。事实上，发现之旅与发明似乎是
474 平行的，因为建立在自然基础上的哲学和科学在成长；而建立在观点上的哲学和科学则既没有改变也没有增长。培根认为静止科学比不上机械技艺，他说后者“建立在自然上面和经验之光上面，它们（只要还在流行）似乎充满了活力，不停不歇地繁荣生长，起初粗糙，随之便利，最后得到润饰，并时时都在改进。”③在此，

---

① 《新工具》（*Novum Organum*），第1部，第84节。

② “新阿特兰蒂斯”（New Atlantis），收录于《理想之国》（*Ideal Commonwealths*）（“世界最伟大文学作品”版），119—120页。

③ 《新工具》，第1部，第74节。

培根示意了技术发展的一个理想的阶段序列。

萨洛曼学院也称为所罗门学院和六日创世学院（后一个名字表明培根被六日创世的象征性深深吸引，这六日始于光的创造），新阿特兰蒂斯的管理者说，它是以“在你们那儿很有名，对我们也不是陌生人”的希伯来国王命名的；他的一些在别处已然遗失了的著作在此处保存下来，包括所罗门的“自然史，他记载了所有植物——从黎巴嫩的雪松到墙上长的苔藓——以及一切有生命、有动作的事物”。如这位管理者所描述的，萨洛曼学院代表了基督教思想中积极的方面，它崇拜上帝在创世中的手艺，与此同时看到了被创造物对人的用处。他说，我们的国王从希伯来人那里得知，上帝在六天里创造了世界，“因此他建立了那所学院，以便找到万物的真正本质，从而上帝可以在万物的精雕细琢中享有更高的荣耀，而人则可以在使用万物中获得更多的成果。国王也给学院起了‘六日创世学院’这第二个名字。”[①]

既然萨洛曼学院在新阿特兰蒂斯是如此重要的机构，在这里艺术、科学、伦理和宗教纠集起来达到了所有的力量和光荣，那么人们自然会期望，除了更多的发明、更多的医药研究、更多的理论科学领域的探究以外，还有对于改变环境以服务于人类的积极兴趣。更重要的是，在这些方案中没有关于人为环境变迁可能带来不利后果的任何暗示。“我们创办的目的就是要了解原因的知识和事物的秘密运动，扩展人类王国的界限，实现一切事物可

① “新阿特兰蒂斯”（New Atlantis），119 页。

能的效应。”①

在新阿特兰蒂斯，多种多样的肥料和土壤使大地丰饶多产。咸水湖和淡水湖盛产鱼和禽鸟；天然尸体也埋葬其中。咸水制成淡水，淡水变成咸水。急流、飞瀑、“成倍增强风力的引擎”是力量的源泉。在果园和花园里，“我们对美景没有那么尊崇，而是更注重大地和泥土的多样性，它们适合不同种类的树木和药草，有些果园很宽敞，种着树木和浆果，而我们在葡萄园旁边制造各
475 种饮料和美酒。”嫁接大量实行。通过技艺，蔬菜、水果和鲜花比自然成熟期提前或推迟开花结果。利用技艺它们还可以长得更大，它们的果实更甜美，它们的色、香、味、形变得不同。很多植物被发现具有药用价值。“我们还有办法通过土质的混合而不用种子就使不同的植物生长，也可以创造出不同于凡俗作物的多样新品种，还能使一种树木或植物变成另外一种。”

公园和鸟兽的圈养地不仅用作观赏或珍藏，也为了解剖和实验，以通过它们发现“什么可以用在人的身体上”。这类实验在鱼身上进行，也给虫子和苍蝇留出了繁育的地方。②

在新阿特兰蒂斯，影响自然环境的人类活动主要涉及农业和园艺（土壤施肥、植物繁育和选种），以及利用水力和风力作为能源推动工业社会的机器，为上帝和人类服务。“我们有一定的赞美诗和礼拜仪式，天天吟唱，赞美上帝并感谢他的杰作。还有其他的祈祷形式，乞求上帝的帮助和祝福照耀我们的劳动，使我

---

① “新阿特兰蒂斯”（New Atlantis），129 页。

② 同上，129—132 页。

们的劳动达到美好而神圣的用途。”[①]

4. 十七世纪著作中的乐观主义

遵循培根和《罗马书》1∶20的精神，托马斯·布朗爵士说他将在自然之中找到上帝的证据，自然是上帝“无处不在的、公共的手稿”，是上帝的仆人。世界“是造出来给野兽居住，给人研究和思考的；这是我们亏欠上帝的理性之债，是为我们非为野兽而表示的敬意。没有这个，世界现在仍然会像没有世界一样，或者像它在第六日之前，当世上还没有一个能够想出或说出‘这里有一个世界’的造物的时候。”我们又一次遇到了这个思想，即，只有人类才拥有的上帝所赐的理性，正是这个理性为创世赋予了意义。人的禀赋越高，对这个意义的理解就越深。给上帝智慧增光的“不是那些无礼地盯视、带着明显土气赞美上帝作品的粗俗头脑”，而是那些“明智地探寻上帝的行动、审慎地研究上帝的造物的人，承担了虔敬而博学的称颂之责任。”[②]

人是“介于肉体与精神本质之间的两栖物种”；他的确是一个微观世界，因为他在自己的生命中体现着所有的五种存在。首
先他是“尚未被赋予生命特权的”呆板的粗坯，随后他相继过上 476
了植物、动物和人的生活，最后是精神的生活。出于“一个神秘的本性”，拥有这五种存在的人理解世界和宇宙的造物；“因此人

① “新阿特兰蒂斯”（New Atlantis），137页。

② 《医者的信仰》（*Religio Medici*）（Gateway版），第1部分第16节，27页；第13节，24页。布朗（Brown）在1635年写作《医者的信仰》，该书初版于1643年。

是那个伟大而真正的两栖者”，是多个世界的跨越者。所有五种存在化身于他的生命中，这给了他在地球上所扮角色的独一无二的资格。上帝为他自己的荣耀创造了世界，然后创造出人作为唯一能够颂扬他的生命。[①] 上帝在第六日的创造完全改变了前五天创造活动的意义。如果我们加上《创世记》1：28 的命令（布朗没有加这条），人就成为上帝的工人和自然的管理者。有着最高天赋的人通过探寻和研究，会最好地完成这些任务。马修·黑尔爵士雄辩地扩展了这个主题（见下文，本节后面一部分）。

像培根一样，笛卡尔对知识控制环境的力量有信心；事实上，《方法论》中的相关段落几乎与培根关于“我们只有服从自然才能命令自然”的陈述同样著名。他把技术当作改善人类命运斗争中的同盟军，他对技术的热情或许是被他居住在尼德兰期间的研究和观察加强了的，在那里通过排水和填海造成的陆地戏剧性转化当时正在发生。

让我们把话题稍稍岔开一会。人们可以写一篇富有启发性的论文，谈谈荷兰水利工程对于乐观解释人力改造陆地的影响。十七世纪上半叶是取得成就的黄金时期，甚至在此之前，海堤外面的专家安德里斯·维尔林（Andries Vierlingh）在晚年撰写了他关于建筑堤防、水坝、水闸以及“把沙洲或沙滩变成新陆地”的作品。维尔林这样谈到这方面的工作：“事实上它并不是一项多么了不起的技艺，一个牧羊人也许就能仿效。但是创造新的陆

---

① 《医者的信仰》（*Religio Medici*）（Gateway 版），第 1 部分第 34—35 节，52—54 页。

地属于上帝独有。因为上帝赋予一些人这样做的知识和力量。它需要爱和大量的劳作，并非每个人都能玩这个游戏。”1600 年以后，风车在很大范围内成为活跃的抽水用具。同样在晚年写作的海堤内的专家扬·利沃特（Jan Leeghwater，1575—1650 年），在他自己的一生中看到了国家面貌的变迁。在阿姆斯特丹北面的半岛上，他到 1640 年为止数出了二十七个被抽干的湖，而他自己建议在一百六十座风车帮助下排走哈勒姆湖的水。最后还有科尼利厄斯·费尔默伊登（Cornelius Vermuyden），他在 1621 年受国王詹姆斯一世（King James Ⅰ）委任，修补在达格纳姆的泰晤士河岸，完工后留下来监督英国东部沼泽地区的排水工作。[①]

笛卡尔说，当他获得了“物理中某些一般概念”的知识的时候，当他认识到这些原理与那些至今仍被尊崇的旧时原理有如此巨大 477
差异的时候，他便不能将自己的知识秘而不宣，“否则就是大大违背了法律，这个法律使我们有责任尽一切力量获取人类的普遍益处。”现在有可能得到对人“最有用”的知识，这种实践知识能够逐渐压倒学院中讲授的思辨哲学。利用这种实践知识，“通过查明火、水、气、天体、天空的力量和运动，查明围绕我们的所有实在物体的力量和运动，清楚得像我们知道工匠的各种手艺一样，我们就能够以同样的方式把它们应用到各自适合的一切用

① 范·维恩（Van Veen）：《疏浚、排水、造田》（*Dredge，Drain，Reclaim*），34—47 页。引文在 34、39 页。关于荷兰人在国外的活动，见附有地图的 47—59 页。亦见哈里斯（L. E. Harris）：“陆地排水与造田”（Land Drainage and Reclamation），收录于《技术史》（*A History of Technology*），辛格（Singer）等编辑，卷 3，306—308、319 页。

途上，从而使我们自己成为自然的所谓领主和主人。”[①]

莱布尼兹也看到了技艺和科学对人类进步作出贡献的可能性。他屡次提出促进它们的建议，包括展览、博物馆和研究院的详细计划。他为人类知识的博大深感折服；要确定我们知道多少是困难的，因为很多有价值的知识并没有被记录下来。他相信要从日常生活的各行各业中学习，从人们（包括儿童）的游戏中学习，无论这些游戏是关乎技巧还是关乎机会。“有关散落在不同职业者中间的不成文知识，我坚信它们在数量上和重要性方面超过了我们在书本中找到的一切，我们财富的最大部分还没有得到记录。”[②]

莱布尼兹有着关于神圣的“预建和谐”（preestablished harmony）的观念，有着对终极因学说的热情，他坚信技艺和科学正在前进，它们只要得到鼓励便将阻止世界回归野蛮。他还认为进步是宇宙的特征，他看到人类不可避免的进步没有任何理由不能被地球类似的进步过程来平衡，地球的终极完善正是人的累积才能的见证：

> 除了上帝作品的普遍美丽与完善以外，我们还必须承认

---

① 笛卡尔（Descartes）：“方法论”（Discourse on Method），6，收录于《方法论及其他作品》（*Discourse on Method and Other Writings*），阿瑟·沃拉斯顿（Arthur Wollaston）翻译并作导言（企鹅经典版，1960 年），84 页。

②“关于确认的方法和发现的艺术，以结束争论并迅速取得进步”（Discourse Touching the Method of Certitude，and the Art of Discovery in Order to End Disputes and to Make Progress Quickly），《莱布尼兹选集》（*Leibniz. Selections*），威纳（Wiener）编辑，46—47 页。

> 整个宇宙的某种持续而非常自由的进步，这样宇宙才能一直向着更大的改善而前行。因此，即便是现在，地球的大部分也已经耕种，而且将越来越多地被耕种。尽管有时候地球的某些部分的确再次长成野地，或者再次遭受破坏并恶化，但是我们阐释这种痛苦时必须这样来理解，就是说，这些破坏和恶化反而导致一些更伟大的后果，因此我们在某种程度上从这个损失本身获得利益。[①]

这是一个重要的段落，因为它揭示了可能在终极因学说中和 478
预建和谐的思想中存在的乐观主义，这种和谐是包含作为自然体的地球在内的。所有的变化在总体上可能都会往最好的方向变，整个地球将像一个花园那样来耕种。缓慢收集的孤立信息碎片表明，人可能在自然界累积制造不利的变化，而这些变化不可能被“不可避免的进步”这个单纯信念来克服，这不幸地证明了这个假设——莱布尼兹的这个大胆预见是错误的。

弗朗西斯·培根、笛卡尔和他们的先行者莱昂纳多、帕拉塞尔苏斯、阿格里科拉、帕利西的精神，在十七世纪的很多杰出思想家中继续发展，对他们来说，上升到人类经验更高层面的人类的勤奋努力，解释了通过技艺和科学对自然日益拓宽的控制。这种勤奋努力在哲学上，可以看作心智和巧手向着合意目标的一种应用；在神学上，可以看作一个既是上帝在地球上的管家、又是

---

① “论事物的终极起源”（On the Ultimate Origin of Things）（1697 年），《莱布尼兹选集》（*Leibniz. Selections*），威纳（Wiener）编辑，354 页。

上帝神圣手艺的崇拜者（这手艺他在大自然中随处可见）的生命的行为；而在实际上，则可以看作利用地球资源，给否则会混乱的大自然带来秩序的有用活动。人类控制自然并改变所处环境的这个见解，对笛卡尔而言是与过去相分离的杰出成就的证据，对莱布尼兹而言是宇宙的进步特征的证据。

我们在前面已经看到了黑克威尔（及其著作的推广者，波兰的约翰·约翰斯顿）在与自然衰退的概念作战时所起到的作用，这个自然衰退概念是由戈弗雷·古德曼极力倡导的。黑克威尔相信，地球就像《圣经》所预言的将会走向终结；这个终结如何发生，他认为不能依据理性来确定，它可能会由一个奇迹而导致。既然他不相信地球上目前可观察到的任何过程正在带来它的衰败，像有机物腐烂那样，于是他成为反对卢克莱修的科卢梅拉，为发生在环境中的变化找到了更直接、更合理的原因。[①]

黑克威尔头脑的素质和他的洞察力显示在他关于圣地自然力量削弱的论述中。黑克威尔说，它已经毫无疑问地衰退了；它早期的富庶可能是上帝的特别关爱。（他引用了《申命记》11：3、《利未记》26“你们若尊行我的律例，谨守我的诫命……”等等。）他在考虑了《圣经》和布罗卡尔德斯（Brocardus）的报告《论圣地》（*De Terra Sancta*，第2部分第1章）之后下结论说，那里的衰退也许应该归结于上帝的诅咒，或者归结于“他们没有给土地好好施肥（谚语‘大领主的马践踏过的地方，草儿从此不再生长’似

① 关于黑克威尔与古德曼在世界衰亡、地球为人而设计、目的论、地球的最终状态等问题上的观点之比较，见维克托·哈里斯（Victor Harris）：《一致性之终结》（*All Coherence Gone*），82—85页。

乎就是由此而来），而不是土壤养分的任何自然衰退。”在黑克威 479
尔关于人对地球关系的概念中，劳作与勤奋拥有尊严，因为人的勤劳使事物比无人协助的自然能够做到的更好。“肯定是上帝下了命令，人的勤劳在一切事物中都应该与自然的工作同时发生，两者都是为了把一切事物带入完美，两者都是为了把它们保持在被带入的完美状态。”[①]

关于自然诅咒影响的较为老旧的悲观思想与通过有目的、有计划的努力来改善自然环境的当代激情之间的冲突，在罗伯特·伯顿《忧郁的解剖》中得到了很好的展现。

伯顿接受了这个陈旧的悲观观点，即人的堕落带来自然的衰退，人的罪孽反映在地球的贫瘠之中。[②] 导致这些情况发生的次级原因中有星座的不友好影响（尽管他认为占星术是导向性的而不是强迫性的）、空气（流星、导致瘟疫的坏天气，他在此引述了焦万尼·博塔罗对开罗和康斯坦丁堡的不健康情况的观察）、地震、洪水、火灾以及与人作战的动物。不过他没有太认真地对待这些由元素和其他生命形式带给人类的大灾难；人对人的奸诈更是坏得多，而且不像其他东西那样可以避免。[③]

然而，这种老套的悲观主义与这部关于忧郁的权威著作中对

① 《辩护词》（*Apologie*），151、156 页。引述科卢梅拉和普林尼，xviii，3。引述卡尔文（Calvin），157 页。

② 《忧郁的解剖》（*Anat. of Melancholy* ），第 1 部分第 1 节第 1 支第 1 小节，113—114 页。

③ 同上，第 1 部分第 1 节第 1 支第 1 小节，113—117 页。关于占星术，见第 1 部分第 1 节第 4 支第 1 小节，179 页。

付忧郁的其他处方不太契合。[1] 事实上，伯顿对人的创造性和人对自然的控制力量增长非常感兴趣。他赞同地引用博塔罗的观察所得（见上文，本书第三部分导论第5节），还说王国像人一样也会遭受忧郁困扰。统治者应该改善王国的自然环境，以克服这种病态。他赞赏荷兰人和他们在自己国家中作出的改善，并把荷兰人所取得的进步与他自己同胞的惰性两相对照。

> 是啊，如果哪个旅行者想要看看（离家较近的）那些富裕的荷兰、西兰等联合省份，与我们相对比；那些洁净的城市和人口众多的乡镇，到处是勤劳的工匠，从大海里夺回了如此大片的陆地，用那些人工发明如此费力地保护起来，如此神奇地得到赞同，例如荷兰贝姆斯特尔的圩田，因此你会发现在整个世界上，没有什么可以与之媲美或相像，地理学家贝尔修斯（Bertius）说，整个世界不能与之相匹，有如此众多的航道从一个地方到另一个地方，都是由人的双手创造，等等。而在海的另一边，我们成千上万英亩的沼泽地被水淹着，我们的城市萧条，它们与人家的相比看上去卑劣、贫穷
> 480 而丑陋，我们的贸易衰落，我们流淌的河水断流，交通运输的有益用途整个被忽视，众多的港湾缺乏船只和市镇，众多的公园和森林用来休闲，众多的土地贫瘠荒芜，众多的村庄

① 亦见维克托·哈里斯（Victor Harris）：《一致性之终结》（*All Coherence Gone*），138—139页。

人口减少，等等。我确信这位旅行者会发出抱怨。[①]

伯顿同意博塔罗所说的，仅有肥沃的土壤是不够的，技艺和勤劳必须被加入其中。关于荷兰，他说："为他们吸引来各种商业和商品，并保持住他们现有财产的最主要的天然磁石，不是土壤的肥沃，而是使他们致富的勤劳，秘鲁或者新西班牙的金矿可能也比不上他们。"[②] 他还赞同科卢梅拉的观点：在土壤中没有疲惫或枯竭，是懒惰使土地变得贫瘠。他对下列方面都很感兴趣：水的正确管理、灌溉、沼泽与泥塘及荒野的排水、溪流的污染、水与疾病的关系、自流水、水流动时的沉积，以及蓄水池和输水道的历史。[③]

马修·黑尔爵士在《人类的原始起源》一书中考虑了广泛的问题，引起这些问题的是人类在地球上的繁衍和散布、人在生命等级中的位置，以及人对自然日益增强的控制的含义（见上文，本书第八章第7节）。对于黑尔来说，人作为上帝在地球上的管家而行事，人是一种在地球上创造秩序的生命，没有人就会天下大乱。他还暗示，人受其自觉智力的激发所做的工作、人已经实现的对较低等生命形式的控制，将尊严和价值赋予所有的生命，否则这些生命便不会享有这样的尊严和价值。这比"地球是为人而设计"的观点更为广阔，也更能站得住脚。

① 《忧郁的解剖》（*Anat. of Melancholy*），导言，"德谟克利特致读者"（Democritus to the Reader），73页。

② 同上，74页。

③ 同上，第2部分第2节第1支第1小节，397—398页。

在一段激动人心并富有想象力的论述中，黑尔说，人在自然中的位置可以通过观察得知，而无须天启。人的创造似乎有一个与地球上的自然秩序相关的目的或意图。野性不可驯化的动物需要人的强制力去阻止它们毁灭更有益处而较为弱小的动物。人可以保护有用的但易于被杀害的家畜免于灭绝，可以保护有用的鸟类，可以对野兽和猛禽作战。他也可以在照料柔弱而精致的植物方面起到相似的作用，使它们免于灭绝或退化，果树、药草、上等的花卉便是他爱护照顾的例子。人有责任保护世界，不要使湿地沼泽里积水成为池塘，不要使植物生长得太茂盛。他的作用是"勤奋的监工"，纠正植物过度生长，以免自发的植物繁殖使地球成为一个树木、杂草、荆棘、野蔷薇的旷野荒地。没有一个"耕种的监工"，地球的表面将变得污沼遍野、杂草丛生，"到处长满了过多的赘疣"。这是一个与十八世纪布丰伯爵十分相似的思想框架。

481 处理诅咒问题没有花费黑尔多长时间。这种贫瘠无益的赘物可能是人的原罪的后果，上帝预见了原罪，也提供了补救的方法。人在堕落之后不得不更努力地工作，但是他的职务与在伊甸园里时并没有不同，在那里上帝把人放在花园中装扮和维护花园。

就我所知，黑尔下面的话比任何其他著述都更娴熟地阐释了《创世记》所宣示的人统治自然的现实这个基督教信念：

> 因此，与这个野兽和植物的低等世界相关，创造人的目的是，他应该是天国与大地的伟大上帝在这个低等世界中的总督，是这个下层世界大农场里上帝的管家、经理人、看守

或农场主，而保留给上帝本身的是最高统治权，以及忠诚、服从与感激的供奉。作为对这种忠诚、服从与感激的最大承认和回报，上帝让人在这个低等世界享有收益权，节约使用并整理布置这个世界，以节制、适度和感恩的态度来享用它的果实。

由此，人被注入力量、威权、权利、统治力、信任和关爱，去纠正和减少凶猛动物的通路和残暴，向那些温和而有用的动物提供保护和防卫，保存各种植物的物种，改善它们以及别的植物，纠正无益植物的疯长，维持地球面貌的美丽、有用和丰饶。确实，这并不低下于上帝创造植物自然界、通过它使地球更美丽更有用的智慧和仁善，因此，同样的智慧委任并授权给这样一个下属监管者，使他可以即时关照这个自然界，也没有任何不合适的地方。

肯定地说，如果我们观察人对管制和整顿这个低级世界所表现的特别而独有的包容性和适应性，那么甚至不需要天启，我们就有理由下结论说，这是上帝创造人的一个目的，就是说，让他在下属团队尤其是在动植物领域中，成为全能上帝的副官。①

马修·黑尔爵士是一位著名的律师，他作为一名首席法官并撰写关于英国普通法的著作，远比他的《人类的原始起源》更加

① 《人类的原始起源》(*Prim. Orig. of Man.*)，370 页；此前的讨论是基于 369—370 页。

广为人知。不过律师的笔触同样存在于这部作品中。人承担的是一个律师认为他应该完成的任务，即作为管家、作为看守人的任务。黑尔勾勒出地球上一个领主的法定义务，即公正、公平、严格但并不残酷地管理他的领地。地球需要一个高等生物来使它保持良性秩序，否则自然界中的平衡将会失去，森林和旷野将会吞噬大地和人，有用的动物将会在凶残野兽的捕食下走向灭绝之路。人有能力扮演这个角色，因为他有智慧的天赋，有双手这个器官中的器官（*organum organorum*）。他控制自然，既是为了地球也
482 是为了他自己。生命的等级制度，即地球上自然界的平衡，通过人力作用而得到维护并保持有条不紊。“这样万能上帝的无限智慧把万物链锁到一起，并使万物各得其所，适合于自己的用途和目的。”[①]

对黑尔而言（很多十七和十八世纪的思想家也赞同），人控制自然是以他在生命阶梯中的位置为基础的。他享有梯子的最高梯级，但是他这位主人的权利是由义务所限制的，“位高则任重”（*noblesse oblige*）。人的位置是一个法律地位；他也是自然的监工，像一个农夫，而地球就是他的农场，他的活动被黑尔用法律和商业语言描述下来了。

人的“聪明智慧和计谋”使他具备了监管资格，他能够驯化较大较强的动物——马、大象、骆驼——并使较弱小的动物对他毕恭毕敬。人通过驯化动植物改变自然的能力似乎给这一时期的

① 《人类的原始起源》（*Prim. Orig. of Man.*），371 页；此处的讨论是基于 369—371 页。

思想家留下了深刻印象，正如它深深影响了过去的思想家一样。我们在后面还会看到，布丰对此也十分折服。人的双手，使用刺剑、长矛、弓箭、标枪、捕网、陷阱、工具，这给了人战胜野兽的压倒性优势。人必须持续地努力掌管动植物，如果他不这样做，他会被动植物所击败——这个论辩抢在了 1894 年托马斯·亨利·赫胥黎（Thomas Henry Huxley）声名卓著的罗马尼斯（Romanes）讲座的前面。[①]

人必须积极地干涉残暴的自然（用一个具有黑尔时代特征的词语），以便维持文明。没有被人触动过的自然是较低级的自然，自然经济在人积极监管它的地方才是最好的。人是自然的看管者，在他与其他生命形式的关系中是上帝的总督、管家，这个角色证明了他有理由占据存在之链中的位置并取得他的技术成就——森林砍伐、采矿、修筑运河，以及众多其他活动，这些活动可能既不是革命性的也不是激进地与过去大不相同，但是它们生成了累积性的变迁。

斯普拉特撰写的《皇家学会史》（*History of the Royal Society*）——也许可以称之为所罗门学院史——对人作为自然的改变者表达了同样的热情。它的献词赞美了大众技艺的价值，后面的部分称颂了造物主作品中表现出来的智慧。斯普拉特表扬实用的物体、朴素的发明和发现。人可以通过技艺来改善自然，这个观念是自豪

① 见“进化论与伦理学：绪论”（Evolution and Ethics. Prolegomena）（1894 年），收录于《进化论与伦理学及其他》（*Evolution and Ethics and Other Essays*）（即《天演论》），纽约，1896 年。

和自我庆贺的源泉。[①]通过植物引进、使用动物和比较性农牧业，人可以造成这些环境改善。在像斯普拉特、雷约翰这样的人身上，
483 以及后来的布丰伯爵那里，没有浪漫的原始主义。文明通过技艺创造了一个环境，它与人类历史早期的原始状况没有什么相像之处。

雷约翰为很多虔诚的基督教徒代言，他们也是改善自然环境的自信的仰慕者和倡导者。

> 一个这样被耕种并装点的国家，一个这样被润饰而文明化的国家，一个为供给、维持、招待其无法计数的大量民众而被一切文化方式改进到如此高度的国家，倘若这个国家与野蛮而不友好的西徐亚相比没有被人更喜爱，后者没有房子，没有农场，没有庄稼地或葡萄园……；或者与粗鲁而无教养的美洲相比，那里住着懒散、赤裸的印第安人，不是住在精心建造的房子里，而是住在两两相接的木杆搭成的可怜草棚和小木屋中；倘若真是这样，那么肯定地说，无理性的野兽状态和生活方式（我们上面提到的与之非常相近）就会比人的状态和生活方式更受尊重，智慧和理性白白地赐给了人。[②]

进而，雷做了一个很有说服力的综合，把他的物理神学中由

① 斯普拉特（Sprat）：《皇家学会史》（*History of the Royal Society*），119—121、386 页。

② 雷（Ray）：《上帝创世中表现的智慧》（*The Wisdom of God Manifested in the Works of the Creation*），165 页。

人造成的环境变迁也包含在内。这个综合包括下列元素：大力依赖对自然过程的目的论解释，强调自然之美和有用性，看到人在上帝指引下积极改变自然，坚信人所造成的变化成为新创和谐的一部分。

对于雷来说，人类很清楚地在大自然中扮演一个活跃的角色，人通过增长如何利用地球资源的知识而不断前进。上帝设计了地球，提供了充足的东西为人所用，而上帝此前便知道，人拥有必要的理性和理解力，通过发现和发明的方式来改制地球所提供的东西以适应自己的用途（同时他也改变自己以适应地球）。[①]

下面的段落以其优雅的自命不凡著称，是雷替上帝拟写的演说，在这里上帝确切地告诉人他已经为人做了些什么。

> 我现在已经把你放置在一个宽敞而装备精良的世界中；我赋予了你理解什么是美、什么是相称的能力，并造出美丽而适宜的东西取悦于你；我向你提供了材料，让你在上面练习并使用你的技艺和力量；我给了你杰出的工具——手，调整到可以利用所有这些技艺和力量；我把地球区分成高山、河谷、平原、草场和森林；所有这些地方，都能够通过你的勤劳加以培育和改善；我承诺在你犁地、搬运、拉货和旅行的劳作中给予帮手——勤快的牛、耐心的驴、强壮而可驭的马；我为你创造了繁多的种子让你从中选择最适合你的口味、

① 雷（Ray）：《上帝创世中表现的智慧》（*The Wisdom of God Manifested in the Works of the Creation*），161 页。

> 最完全充分的营养……[①]

484 这里丝毫没有马尔萨斯“自然的吝啬”或者达尔文生存竞争的影子。“我把你创造成一个会社交的生物（Ζῶον πολιτικόν），通过讨论，以及观察和实验的交流来提高你的理解。”而且，上帝还给人以好奇之心去观察陌生的和外面的国家，提高他的地理、政治和自然史的知识。

> ［雷在上帝说完后作了补充］我说服自己，人的存在、人的才能以及其他万物的富足而和善的造物主，欣慰于他的创造之美，对人的勤劳感到非常高兴——人装点大地：用美丽的城市和城堡；用悦目的村庄和乡舍；用长满了各种灌木、药草、水果的规整花园、果园和农场，它们给人食物、药品和适度的欢愉；用浓荫密布的森林和树丛，还有漂亮树木在两旁排列成行的林荫道；用散布着羊群的牧场，种植着庄稼的山谷，生长着绿草的牧场，以及其他一切使一个文明而耕作良好的地域区别于贫瘠荒凉旷野的事物。[②]

从帕拉塞尔苏斯、阿格里科拉到培根和雷，很多思想家是乐观的，因为人们长期以来孜孜以求的将理论知识应用于控制自然的想法正在实现。对他们来说，困难在于达成知识的应用，而不

① 雷（Ray），前引书，161—162页。
② 同上，163—164、165页。

在于一旦成功之后，控制所带来的后果。这些思想家把这种应用视为行善，因为它们是有目的的，人们知道他们想要什么，知道这些是怎么回事。在这一时期欧洲的景观中，很多戏剧化的人为改进是目的性的，尤其是广泛展开的排水行动和运河建设，其中在科尔贝（Colbert）掌控和邦雷波的皮埃尔-保罗·里凯（Pierre-Paul Riquet de Bonrepos）监督下的南运河（朗格多克运河）筑造，是最值得骄傲的例子。

5.《森林志》与《防烟》

这些乐观的结论建立在这样一个假设之上，即大地的人为改造是有计划的和有益的，但是有些人也看到，某些传统的资源利用做法很浪费，或者与新经济条件中出现的其他类型的资源利用不相容。一般来说，在近代早期，抱怨出现在以采矿、林业或农业为经济基础的地区。尤其是森林遭到了毁灭的威胁，这是由于采矿、冶金、造船和农业对木材的需求，还因为农业发展需要开垦更多的土地。

我们可以引用数以百计的例证，以表明在德国、挪威和瑞典 485
存在着相似的问题，但是我宁愿提及并较为详细地讨论两部著名的文献：约翰·伊夫林的《森林志，又名林木论》（*Silva: or, A Discourse of Forest-Trees*，1664 年），和《法国森林条例，1669 年》（*French Forest Ordinance of 1669*）。这两者对我而言，似乎标志着西方思想史上对于人为改造自然更谨慎态度的开端。它们绝不是最早的，但是它们属于最早的一批尝试作出理解的文献，所理解的正是现代作品中常常强调的东西——为了合理的经济理由而承担的环境改造带来了非寻求的、非计划的而且常常是没有注意到的后果。两部文献都承认过去的历史在习惯性使用权利的持久活力中的影响，也都认识到后代的要求。两部文献是重要的分水岭：科尔贝的条例不仅揭露了多少世纪以来滥用自然的性质，而且编纂了法国的法律，取代了以前关于这个主题的所有法律；而人们评价伊夫林的《森林志》说，它回顾了森林开发的旧时代，也展望了认识到需要森林保护的新时代。

从广义上看，伊夫林的著作呼吁着对森林与农耕、放牧、工业之间关系的适当理解。以有力的、常常是平俗的语言（“读者会知道，假如这些干树枝能给他任何汁液的话，这只是那个卓越的集体［皇家学会］每天生产的汁液中最小和最差的一滴”），往往急躁而倨傲不逊（“我写作这些论文，并不是为了满足那些虚有其表的纨绔子弟，他们的才能只够用来整理他们的假发，向一位小姐献殷勤，或者最多写一篇淫秽肮脏的流言蜚语，他们不得不用这些去冒充真正的悟性……”），伊夫林为森林保护阐述理由，说明应将林学看作一门科学，并谴责那些认为林学配不上他们才能的人的势利思想。他说，他的论文不是为那些无法理解这种问题的俗人所作，而是为那些能够理解的绅士所作。因此它不是为几乎不识字的人写的园艺手册，而是吸引议员、有知识的园艺家和科学之士的著作。（伊夫林是英国皇家学会的创建者之一，1662 年成为该学会的秘书。）他关于把林学当作一门科学和学识领域加以尊重的吁求，使人想起阿格里科拉早前关于采矿业的吁求：它不是无知者的学科，它要求科学知识和技术知识，并尊重工匠技艺。他偶尔从同样尊重技艺的作者那里引用一些话语，如帕利西和弗朗西斯·培根。面对一些位居高层或出身名门却无可救药地无知的轻薄者对皇家学会的批评，伊夫林坚决为皇家学会辩护，他认为，通过皇家学会的作用力，科学得以应用于人类环境条件的好转和陆地的改善。但他并不是教条主义者。如果在他 486
看来古人有任何有用的高见，他就会详细地引述它们。《森林志》从维吉尔的《农事诗》，从泰奥弗拉斯托斯、普林尼和科卢梅拉那里都引用了许多东西。他没有对古代与现今的权威加以区分，他的检验标准在于这些权威是否正确、对于所讨论的内容是否具有相关性。

尽管《森林志》建议森林保护和植树造林，但文本的很大部分涉及的是技术细节、具体树木的描述、种植与嫁接的方法、树木的用途，等等。在讨论该书的下述主题时，我应该补充一句：它们在整部著作中没有占据显著的位置。

第一个主题是土地的竞争性使用，包括一种土地用途对另一种和多种土地用途的侵占。正如《法国森林条例》所列举的，例证来自农业、放牧和工业（尤其是炼铁和玻璃制造）。

对伊夫林来说，森林的状况对于国家政策至关重要，而国家政策与皇家学会的兴趣密切相关。对国家的最大威胁是其木制围墙很可能腐朽（他最喜欢用这个来表述海军），这与木材的生产密切相关。因此皇家学会可以研究木材和国力问题。[①]

伊夫林说，国家森林的消耗有很多原因：航运的增长、玻璃

① 《森林志》（*Silva*），致读者（To the Reader），无页码。

厂和炼铁炉的成倍增加、“耕地不成比例的蔓延”，以及人的自私欲望，想要“完全根除、摧毁，可以说剃光那些为数众多的漂亮树丛和森林，那都是我们谨慎的祖先留下来装饰和服务于自己的国家的。”伊夫林把这种破坏描述为“流行病式的”，需要立即加以阻止，以免“国家的壁垒之一”被彻底毁灭。[①]

通过让自然顺其常规发展来纠正这种破坏，“将会付出（除了圈地以外）整整几个时代休耕的代价……”既然一个国家必须让人吃饭，那么替代的方法就是选择最有用的树种来播种和栽培。“千真万确，我们的树木浪费和破坏已经如此普遍，因此我相信，假如不去普遍种植各种各样树木就不能弥补和充分应对这个缺陷……”[②]

除了农民不加选择的砍伐以外，还有放牧问题。伊夫林不反对放牧，这从无法追忆的古代起就与欧洲的森林联系在一起了，但是他提倡更严格地理解它的影响。“但愿我们娇嫩的和可以改善的树林不再以任何方式允许牛群进入，直到它们长大到牛够不
487 着为止；那些屈从习俗和为了满足少数吵闹、粗鲁的平民而默许放牧的法令，是过于放纵了……”[③]

“狼吞虎咽的铁厂过度扩张和增长”可能毁坏英格兰，他建议它们应该搬到一个新世界——“新英格兰的神圣土地。……从美洲购买我们所有的铁要比在国内耗尽我们的树林强，尽管（我并不怀疑）这些树林可能会安排成能够保存它们的一种方式。……

---

① 《森林志》（*Silva*），致读者（To the Reader），1—2 页。

② 同上，3 页。

③ 同上，595 页。见 399 页，这段将在下面讨论。

1612年，有个叫西蒙·斯特蒂文特的人，借口通过用露天矿煤、海煤和树枝燃料熔化铁矿石和其他金属一年可以节省30万镑，从国王詹姆斯一世那里获得了特许经营权。可惜的是它没有成功。”伊夫林承认，如果铁厂主得到引导的话，通过照顾和重新植树来熔铁和维持森林是可能的，他自己的父亲就曾告诉他这是可能的。然而要是没有这种照顾，“那我不会赞同铁厂，而且会是一个公开的谴责者。但是大自然认为在森林地区比在任何其他地区，更适合大量出产这种浪费性矿物，丰富了我们的森林，却造成了森林自身的破坏。”他引用了他的朋友、诗人亚伯拉罕·考利（Abraham Cowley）描写迪恩森林的诗句："树木高大而参天，亘古即如斯 / 神圣不可犯，此地近处无矿产。”[①]

伊夫林明白围栏对自然植被产生的效果。事实上，下面这个段落可以和达尔文从萨里的法纳姆荒野做出的说明相媲美。他的一个亲戚有“一片超过六十年的树林。在他买下来之前，这片树林任凭牛群践踏了很多年：外围边缘的一些地方什么也没有，剩下了灌木丛和可怜的枯瘦树木。这块地仍然愿意变得树木繁茂，但是因为这种忽视，它一直被压制着。”他的亲戚围起了几英亩地，把所有的植物砍到靠近地面，在八九年中，这片树林长得比六十年的老树还好；“……终将供应最无可比拟的木材，而另外那一

① 《森林志》（*Silva*），567—568页；关于迁移铁厂、使用新英格兰和保护木制围墙的主题，在577—578页继续讨论。伊夫林（Evelyn）翻译并引用了考利（Cowley）写的拉丁文诗歌《植物》（*Plantarum*）。见《亚伯拉罕·考利作品集》（*The Works of Mr. Abraham Cowley*），共三卷（伦敦，1721年），《植物》（*Of Plants*），第6部“森林”(Silva)，其中的英文翻译不同于伊夫林的译文，卷3，430页。

部分，虽然生长了很多年，但永远恢复不过来。所有这些，除了用围栏保护以外就没有别的原因了。由此可知，我们的树林是怎样变得如此贬值。”①

他熟知毁林开荒带来气候变迁的理论，并乐于看到这些理论被应用于地方环境。密集的树木和森林“阻碍了多余湿气的必要发散（evolition）和空气的对流”，这使得它们所在的国家更加受制于雨水和雾气，不利健康，就像美洲的林场和爱尔兰从前那样，
488 “两地自那时起均获得很大的改善，原因是砍伐和清除这些大面积的树荫，引入空气和阳光，使大地适合成为耕地与牧场，于是那些灰暗的大片地区现在变得健康而可以居住。”在他看来，英格兰的许多“高贵宅第和居住区”或许还在遭受相似的苦境，因为“一些树丛，或者老旧树木组成的围篱……让空气中充满了发霉和有毒的排出气体，这需要砍出一些林中空地使之通风，让污浊之气穿过去，才会治愈这种恶况，并恢复老宅的声誉。”②

最后，伊夫林认识到景观随着时光而变迁是十分常见的事情，因为树木不断地被砍倒。他说，大不列颠像日耳曼一样，一度是一个大森林，而现在喀里多尼亚的老森林几乎已经一棵树不剩。砍伐森林必须被更自觉的保护方法所取代。伊夫林熟悉其他国家的森林史（特别是西班牙、德国和法国），对英格兰的森林法有完备的历史知识，这些赋予他历史视角，这种视角在制止长期破坏趋势的论据中成为一个有力的同盟。他引用了托马斯·塔

① 《森林志》（*Silva*），399 页。

② 同上，30—34 页。关于“evolition”，见《牛津英语词典》（*OED*）“evolation”词条。

瑟（Thomas Tusser,?1524—1580年）——《农牧业的五百个好处》（*Five Hundreth Good Pointes of Husbandry*，1573年）的作者——哥特字体的原始手稿，来支持他的论断：圈地是保护土地、从中获得最大利益的方法。[①]

伊夫林的《森林志》通常被认为是环境保护史中的经典，而他的见地甚至更为宽广。这种广度是由于他的这个阐释：砍伐森林是历史过程中景观不断变迁的一个方面，植树造林是一种积极的介入方式，会塑造某些新东西，而不是倒回不可能的过去。他的哲学是理性土地利用的哲学，这不仅包括森林而且包括各种类型的土地，是一种友善对待实用景观和观赏景观的创造的哲学。如果国王陛下的森林和狩猎区长满了橡树——

> 疏密有致，因而放养鹿和牛在树下食草可能得以改善（因为这是老的索尔特斯），阳光闪烁和煦，透过林中空地的远方美景和频密的山谷点缀其间，没有什么会比这更令人心醉神迷的了。我们也可以在林中散种一些果树，用来做果酒和许多奇特的用途。我们会看到这样美丽的林场让护林员引以为荣，而森林即便粗糙又遭到忽视，还是远比我们所见到的任何东西都更加喜人。[②]

对于通过转变其物理特性积极介入土地的改善，书中也表现

---

① 《森林志》（*Silva*），572、586—587页。

② 同上，85—87页。

了同样的热情。如果土地太潮湿、树林不能繁茂，那么就把这些土地变成牧场，“在土地上下功夫，像那些好牧人在草场上所做
489 的一样，即排水。而且可能仅用一条大小合适的运河代替狭窄的多条细流（或者说排水沟），运河要削平、裁直，泥土挖出来堆到低湿之处。这样照管的任务也不会很重，不需要年复一年不断地重修和清掏为数众多而不规则的水道。除此以外，运河还可以养鱼获利。”如此排水可以创造优良的草地和林地。“在树木饥渴虚弱的地方，丰满的谷物和健壮的牛群会更大量地生长。把一些林地（林地的适当长处我们已经言无不尽了）转变成牧场和耕地是有益的，只要也改善新土地植树造林作为补偿，并且平衡其他的用途。”①

伊夫林回忆起梅兰希通（Melanchton）在一个多世纪之前说过的话：“缺乏三件事物会毁灭欧洲的时候就要到来：良材、优币、挚友。”② 以这个急迫的语气，“这篇运用普通林务员的自由写成的土气的论文”就要结束了。像其他人在一般的发现和发明中吁求目的性一样，伊夫林大声疾呼自觉的、有目的的土地使用和土地维护。这便是伊夫林在这些思想的更广阔趋势中的重要意义；初看起来好像是园艺手册的一本书实际上是土地使用的哲学著作。

约翰·伊夫林希望拯救英格兰的树木，也想拯救伦敦的空气。他的《防烟》（*Fumifugium*）像《森林志》一样干脆利落，是对

① 《森林志》（*Silva*），587—588页。

② 同上，599页。

空气污染的抗议。这部出版于1661年的书描述了城市中工业集中的后果。

他了解希波克拉底的《空气、水、处所》，他接受气候对叛乱、岛民、宗教和世俗事务的影响，但是他不希望追究这些问题。他更感兴趣的是纯净的空气，引用了希波克拉底和维特鲁威对其重要性的论述。

伦敦建立在“可爱而最为宜人的高地上”，从水上和低地飘往南方的自然烟气很容易被太阳驱散。是海煤而不是厨房的灶火，它的烟云“恒久地逼近笼罩在城市的头顶上”。[①] 烟雾来自酿酒的、染布的、烧石灰的、熬盐的、煮肥皂的和其他私人贸易者的“下水道和排放物”。“它们之中单独一个的通风口就显著地影响空气，比除它们之外伦敦所有的烟囱加在一起还要厉害。”有“烟灰口”这样向外喷出秽物，伦敦“与其说像理性生物的聚集地和我们无上君主的帝国中心，不如说像埃特纳火山、火神伏尔甘的宫廷、斯特龙博利火山，或者像地狱的郊区。”[②]“因为天下竟会听到如此之多的咳嗽和打喷嚏的声音，就像在咆哮和吐痰不停不歇的伦敦教堂和人民集会中一样。”“是这种可怕的烟雾遮掩了我们的教 490
堂，使我们的王宫看起来陈旧，污秽了我们的衣服，败坏了我们的河流，因此要有几个季节降下大雨和清新的露水才能沉淀这种漆黑黏稠的不洁水汽，它弄脏和污染任何暴露其中的东西。”[③] 他说，必须弄走这些毒害鸟儿、杀死蜜蜂和鲜花、阻止水果成熟的

① 《防烟》(*Fumifugium*)，13、17、18页。

② 同上，19页。

③ 同上，20、26页，亦见22—27页。

可恶东西。用作墓地的教堂庭院和停尸房污染它们附近的空气、水泵和水源，更不用说要对“由牛脂和污血等产生可怕的恶臭、无法忍受的气味”负责的杂货商和屠夫，[①] 也不用说城市里的屠宰场、鱼贩子、重罪监狱和普通牢房了。

当烟雾散去，人们可以重新看到晴天的灿烂、明朗天空和清新空气的益处。因为我们由元素组成，我们参与元素的品质。体液的来源在于元素，我们的激情来自体液，而“与我们的这个身体联合起来的灵魂禁不住要受身体意向的影响。”[②]

他引述了国会的一项法令，这项法令禁止英国的几个郡在四月到九月间焚烧荒地，以防止毁灭野禽和野生猎物，并防止烟气损害庄稼，以及火头向农田和牧场蔓延。如果我们对飞禽、走兽、庄稼和草地表示出这样的关怀，那么，“岂不是应该对这个城市表示更大得多的关怀吗？这里涉及的是如此众多的居民啊。”[③]

伊夫林有一份详细的改善计划：种满芳香的植物、鲜花和蔬菜的方形地块可以取代烟雾地区，丑陋的公寓可以被清除掉。在他给国王的奉书中，他巧妙地提醒君主他的宫殿、花园和油画受到的损伤，并补充说，国王的姐姐、奥尔良女公爵最近访问伦敦时，“我的确听到她抱怨烟雾对她的胸和肺产生坏影响，而那时她还是在陛下您的王宫里。”[④] 伊夫林像阿尔伯蒂；计划多于技术。它建立在人与其周围环境之关系的哲学基础上。这不仅是一个健

① 《防烟》(*Fumifugium*)，42 页。

② 同上，44 页。

③ 同上，42 页。法令文本，39—41 页。

④ 同上，2—3 页。

康的问题；既然受空气影响的体液对灵魂有着自己的影响力，那么审美也涉及其中，甚至还关乎人的存在问题。

据我所知，这是关于工业化造成空气污染的最早的一份报告；它肯定也是最传神的报告之一。像他引用过的格朗特一样，伊夫林认为伦敦比乡村更不健康（“在伦敦去世的人里面，几乎有一半死于肺结核和肺瘟热”），但是这样的状况并不是必然的，因为欧洲的其他大城市，例如巴黎，就没有这些烟雾弥漫的恶臭，它 491
们仍然很健康。没有其他大城市会容忍伦敦这样的状况。[①]

6.《法国森林条例，1669 年》

《法国森林条例，1669 年》，像伊夫林的著作在英格兰一样，被认为是欧洲森林史上的里程碑。这部先锋的森林法规汇编，影响了整个欧洲，也影响了此后法国森林立法的历史，是对由科尔贝和萨利（Sully）早些时候表达的一种恐惧的回应，他们认为法国将因缺乏木材而死去，这种担忧自从十四世纪以来就不时被人提起。科尔贝特别关注海船木料，他很容易就把他的担忧传达给了路易十四（Louis XIV）。条例不是一个心血来潮的结果，而是顶级立法的例子，它建立在法律、习俗和规范的基础上，探究到法国历史很早的时期。它的革命性特征不大在于与过去的分离，而更多的是在于它对错综复杂、良莠不齐的过去习俗、条例及使

① 《防烟》（*Fumifugium*），前言，18—20、25—26、30、34 页。

用权的收集、筛选、合理化和综合化。[①]

这部出自一个杰出委员会之手的条例经过了长期的准备。奇迹般的情况是，从1661年到1669年这八年期间，依据王室条例，在国王的森林中没有砍伐，没有人用使用权从中采伐木材，没有家畜进入其中。“国王知道如何使人服从他，他也的确被人们服从。”[②]路易十四在1669年8月使这部条例生效的皇家公告中说，
492 条例的目的是把秩序带入已经变得混乱不堪的状况之中。无序“已经溜进了（s'était glissé）我们王国的河流与森林，变得如此普遍和根深蒂固，使得补救看起来似乎不可能。”现在由于科尔贝和

① 这部法律的文本，附有评论以及在它之前甚至追溯到古典时代的法律、条例文本，见《法学通论：立法、学说与法理大全，按系统及字母顺序排列》（*Jurisprudence Générale. Répertoire Methodique et Alphabetique de Legislation de Doctrine et de Jurisprudence*），新版由D.达洛和阿尔芒·达洛（D. Dalloz and Armand Dalloz）合作编辑（巴黎，1849年），卷25，这一卷是关于森林的。1669年条例的文本开始于15页。它的英文本由约翰·克鲁姆比·布朗（John Croumbie Brown）翻译：《法国森林条例，1669年——附此前法国森林事务简史》（*French Forest Ordinance of 1669 with Historical Sketch of Previous Treatment of Forests in France*，爱丁堡，1883年）。像布朗的许多著作一样（这些著作多为编纂性质，但都经过精心选择并且常常是取自这个国家里难以找到的隐蔽的来源），他翻译了描述森林早期状况和导致该条例的事件的好几篇作品。在皮埃尔·克莱芒（Pierre Clément）的《科尔贝及其政府的历史》（*Histoire de Colbert et de Son Administration*），第三版（巴黎，1892年），卷2，64—84页中，有价值很高的背景材料。正如人们可以预料到的那样，任何国家的森林史都与贸易、战争、对于商业和农业的态度等等紧密结合在一起。例如，克莱芒说：“从1572年起，对林地所有权来讲不是一个好时期。国内战争的重新兴起，土地价值的增长，对草场越来越多的偏爱，许多穿越林地道路的开通，冶金工业的发展，这一切造成了对森林破坏的担忧。”（65页）亦见于菲尔（Huffel）：《森林经济》（*Economie Forestière*），卷1：2，267—291页。后面的引文取自布朗的翻译。

② 于菲尔，前引书，卷1：2，291页。

在八年期间（1661—1669 年）协助他的二十一名委员会成员的工作，秩序已经回归了。[①]

即便是从路易十四公告的官方语言里，我们也能清楚地看到，古代陋习妨碍了现今的雄心壮志，无论是在战争中、在和平中，还是在受到穿越世界的长途航行刺激的商业中。公告发出对子孙后代之需要的早期吁求，它表达的意思在后来的几个世纪里人们会越来越频繁地听到："重建秩序和纪律，假如我们不用良好而明智的法规来保证其果实能为子孙后代所享有的话，那么仅仅有这种重建就是不够的……"[②] 到十九和二十世纪，诉诸子孙后代对于自然保护主义文献已经变得必不可少。

这部条例值得注意，还因为它旨在指导一个整体资源的未来管理。尽管它的主要条款是保护王室森林，但是这些条款也适用于政府有权制定规则的教会团体、平民社团和社区所拥有的森林，也适用于有某些法定权利的个人。在有限范围内，政府有权为私人对森林的利用制定法规。[③]

条例规范了森林中的树木砍伐或拔除，以及动物放牧（标题二，6）。绝对禁止绵羊、山羊、母羊、羊羔进入森林，甚至禁止进入"树林和森林边缘的田地与荒地，或者是空旷及光秃的地方……"（标题十九，13）。对于烧窑、熔炉、制炭、刨挖和连根拔树，以及挪移指示灯、橡实和其他产物等，规定了限制（标题

① 达洛，前引书，15、21 页。

② 前言，布朗译，61 页。

③ 达洛（Dalloz），前引书，25—27 页。关于对这部法律的反对意见，见 29—32 页，及于菲尔（Huffel），前引书，卷 1：2，293—294 页。

三，18）。在议会厅的箱子里放置了锤子印章“以标记地界交点树、分界、边界树、幼树苗或结种子的树，以及其他被保留的树”，要拿到这个箱子的钥匙须遵守严格的规定（标题二，3）。当橡实和山毛榉坚果供应充足、销售可以进行而不会危及森林的时候，为橡实和山毛榉坚果的售卖制定了规程。

评估森林可以提供的林中牧猪权是一项集体责任。森林主管、副官或者国王的委托人“应查看现场，在锤子印章保管人和卫士长在场的情况下，他们应就辖区森林中可列入林中牧猪权的猪只数目做出一份记录……”（标题十八，1）。在动物进入林中牧场的道路两
493 旁，为了护卫木料树的幼苗或者矮树丛，要挖掘宽度和深度足够保护这些树木的沟渠，还要把旧的沟渠清理干净，其费用来自“使用者社区，按照使用者放入牧场的动物数量的比例”（标题十九，12）。

第二十七个标题清楚地表明了使用权、保护的需要与工业需求这三者之间的精心度量和平衡。

储备树和树苗（留着用来再生森林的“种苗”）“将适时被计为我们树丛和森林资本的一部分，没有任何贵族遗孀、受赠者、承包商、收益权人，以及他们的财产管理员，或者农场主，可以对这些树木和幼苗自称有权利，或者就其进行任何罚款”（标题二十七，2）。

在视察时，大总管必须记录“一切没有在免役税或租约权益项下被让渡或给予的空地”等等，以便用于再次播种、植树造林，或者作其他适当的用途。毗连王室森林的树林主人必须用一条4英尺宽、5英尺深的沟渠把他们自己的林子与王室财产分开，维护这条沟渠也是他们的责任（标题二十七，3—4）。

拔除橡树、牛轭榆树或其他树的幼树受到严厉条款的控制，

包括需要由大总管副签的国王许可。同样严格的限制条款禁止从森林中取走沙、土、泥灰或黏土，也禁止在离森林 100 杆（1 杆约等于 5 米——译者注）的范围内制造石灰。运送矮树和小树给火药制造者或硝石制造者，无论是绿树还是枯树，都是禁止的，违者重罚（标题二十七，11—13）。

禁止在森林四周或者边界上，或者在距离森林半里格（1 里格约等于 4.8 公里——译者注）之内用桩柱建造茅舍；那些当前已经违反的要拆除，将来在离“我们的树丛和森林”两里格内不得建造这样的茅舍（标题二十七，17）。

禁止采购商、使用者，以及所有其他人在王室森林、教会和社区的森林里制灰（标题二十七，19）。

烧炭和焚树也被禁止；剥树皮同样如此。烧炭坑“应该放到最空旷的地方，并且是离树木和新的幼苗最远的地方”；对这些空地的恢复也作了规定，如果森林大总管认为恢复是有益的话。“桶匠、制革工人、车工、木鞋工，以及其他类似的职业，不能在距离我们森林半里格的范围内开作坊，否则他们的存货充公，并处以 100 里弗的罚款”（标题二十七，22—23）。

禁止拔扯、敲落橡实、坚果，以及其他水果。绝对禁止传递 494
或点燃火种（标题二十七，27、32）。[①]

① 讨论这部法律的执行及其功效超出了本文的范围。在十八世纪早期，像那些法律制定之前的抱怨仍然很普遍。不过人们相信，如果没有它事情会糟糕得多，至少要到 1789 年才会改变。该法律几乎原封未动地持续到 1827 年。对它的两个经常性批评是惩罚之严厉和将个人利益从属于国家利益。关于这些方面，见克莱芒（Clément）：《科尔贝及其政府的历史》（*Histoire de Colbert et de Son Administration*），卷 2，75—76 页。

森林逐渐破坏的历史证据创造了1669年的森林条例。[①] 在红衣主教、首相马萨林（Mazarin）去世的时候，人们认识到需要采取严厉的措施来使法国的森林获得新生。1665年的一份备忘录解释了国王行动的理由。王室森林已经浪费了很久；没有为大型工程和重要场合作出储备的规定；大多数省份在四十年里没有产生森林收益。在诺曼底，森林几乎被完全摒弃，来自森林的税收以前曾接近100万里弗，现在几乎不到5万。[②]

这个条例体现了对于被组织在社会中的人与自然环境之间广泛关系的意识；它是白芝浩（Bagehot）所说的介入利用者与被利用资源之间的"习俗结块"（cake of custom）的缩影。它唤起人们注意习俗所产生的对于地球的哲学态度。是不是古人的使用和权利浪费了甚至破坏了资源，使较新的和近代的用途越来越不易得到资源，而这些新近用途现在也在要求自己的份额呢？

7. 小结

大约从十五世纪末到十七世纪末的这个时期，我们可以看到人作为自然控制者的观念开始变得清晰明确，更趋向近现代的方式。正是在这一时期的思想中——而不是在《创世记》中上帝命令人去统治自然，像日本的禅宗佛学权威铃木大拙（Daisetz

---

① 克莱芒（Clément）：《科尔贝及其政府的历史》（*Histoire de Colbert et de Son Administration*），卷2，65页。

② 同上，卷2，71—72页。

Suzuki）所认为的那样[①]——一个独一无二的西方思想结构开始出现，使西方思想从其他伟大传统中分离出来，例如同样关注人对自然之关系的印度和中国的思想。这种对人的力量的意识在十八世纪剧烈增长，我们稍后会在布丰和其他人的著作中明显看到。在十九世纪，伴随着大量新观念和新阐释，这种意识以甚至更为激动人心的方式进一步扩大，而到了二十世纪，西方人达到了一个令人震惊的人类中心主义，其基础是过去任何事物都无法与之匹敌的控制自然的力量。

在这一时期末，我们可以识别出几种趋势。这几种趋势保持 495
了各自的身份，就像布伦塔河、阿迪杰河和波河，它们的源头相距很远，但是河道大致彼此平行，因为它们都流向同一个三角洲。

人统治地球、完成创世的宗教观念，到十七世纪变得更突出更明确。黑尔的思想最为清晰；人因其自身的存在而成为其他生命形式之存在的平衡力量。他成为裁决人，制约野生动植物的扩张，鼓励驯化动植物的散播。在人撤离对其监管的地区，很快就出现野生物种的侵占。通过清除自然植被、通过排水、通过把野生动物吓退到隐蔽之处、通过保护种植作物和家畜，人对于生生不息的大自然几乎扮演了法官的角色。像黑尔这样的人时刻关注着自己的时代，他们认识到文化景观——排干的沼泽、开垦的土地、种满庄稼的农田——和森林、矮树林、灌木丛这样的野地，只能解释为人类活动的结果。狩猎，突然袭击没有被人直接持有

① “自然在禅宗佛教中的角色”（The Role of Nature in Zen Buddhism），《爱诺思年鉴1953》（*Eranos-Jahrbuch 1953*），卷22（1954），291—321页；特别见291—296页。

的陆地，都表明野生动物生活在消亡的威胁中。

这些思想与这样一个信念联系在一起：人在用工具和知识改善地球，就像他在改善自身一样有把握，这两种改善可以并驾齐驱。在一个走向衰退消亡的地球上，或者在一个没有通过耕种、排水和开荒而改善的地球上，人类又怎么能够取得进步呢？

然后是这样一些观念，它们与上述第一类思想区分起来还比较困难：这些观念没有把宗教排除在外，但宗教不是最重要的主题。如果人作为自然的完成者和创世的完工者这个思想既导致虔敬又引向实践精神的话，那么后者即实践的态度本身就能够鼓励对心智、手工技艺和知识所取得的成就作出强调，这种强调主要是世俗性的。阿格里科拉、帕利西、培根和笛卡尔代表了这个观点。

最后，一个应答式的观念是，人制造了不受欢迎的自然变化，这些变化就其长期趋势而言是鲁莽而缺乏自觉目的性的，它们是为了狭隘的目标。如果树被砍倒，以便铁匠能够熔铁，使用建立在科学及行业秘密基础上的自觉技术去制造一个工具，那么就铁匠而言，整个过程是有目的的；然而由他和其他人带来的自然环境的长期变化（可能是恶化）就并非如此了。在过去时时出现这种土地利用上的冲突趋势的证据，但是在伊夫林的《森林志》和科尔贝的《法国森林条例》中，它们被戏剧化了，成为更复杂更广泛分布的冲突的预告。

被培根、笛卡尔和其他人如此有力表述的思想——人类有目的地控制自然——历史性地导致了对人类社会及其成就的强调，
496 导致了把科学规律有目的地应用于食物、住房、交通运输等方面的需要、从而改善社会的可能性。

另一方面，人能够制造并且确实制造了自然界中不受欢迎的变化（通常没有认识到，因为这些坏影响可能没有被理解，或者坏影响本身可能显现得太缓慢），这个观念历史性地引导了对人类扰乱环境的研究，其强调之处在于地球上的物理变化，而不是人类社会的变化。正是这个观点产生了有关人为环境变化的大量作品，并激发了历史地理学和植被变迁的生态研究，以及今天很多其他领域的调查研究。

人不仅是自然的一部分，而且是一种极其活跃的生命形式，有着控制与改变的野心——这种更为自觉的意识背后有着什么东西？给出一个恰如其分的答案将会需要长篇大论，需要从经济史、宗教史、哲学和技术史中自由汲取大量内容才行。我在此只希望指出三点或四点。首先，与十七世纪的科学技术相比，中世纪在科学与技术之间很少联系，这个观察在我看来是正确的。“只有在十七世纪（尽管这个思想在中世纪就有所预示），人们才认识到——而且还只是少数人认识到——科学和技艺同样关注自然现象，并且能够相互帮助。人们逐渐看到，对于自然的知识带来了控制自然力量的权力。”①

如果说在这个时期的现有技术中没有巨大的变革，如果说没有一个原动力的新发明，但无论如何还是在已知人类活动的地理扩张中有着某种壮丽的成功。其中重要的一件事是冶金术的传播，以及随之延伸的森林利用和森林破坏。第二件事是排水和造地的流行，如尼德兰的填海，英格兰的沼泽抽水，意大利的河道

① 《技术史》(*A History of Technology*)，编者为第 3 卷写的前言，v—vi。

控制和沼泽排水，以及法兰西对泥沼、池塘和湖泊的排水工程。在 1819 年，迪耶纳伯爵（Comte de Dienne）单单是描述 1789 年以前法国湖泊和沼泽排水的历史，就出版了一本超过五百页的著作。[①] 最后还有运河和桥梁，这是克服自然障碍的一个初步胜利的明显而戏剧性的证据，这方面在这一时期力拔头筹是科尔贝掌控、邦雷波的皮埃尔-保罗·里凯（1604—1680 年）监督下完成的南运河（即朗格多克运河、两海运河）。很少有哪条运河比这条连接大西洋和地中海的运河更能激起人们的想象了（至少在苏伊士运河和巴拿马运河之前是这样）。甚至在接下来的
497 十八世纪，伏尔泰在《路易十四时代》（*Siècle de Louis XIV*）中说，由于它的功用、壮观和难度，王朝最光辉的纪念碑是“这条连接两个海洋的朗格多克运河”（ce canal de Languedoc qui joint les deux mers），而不是卢浮宫，也不是凡尔赛、特里亚农宫，也不是这个时代的任何其他建造项目。[②]

回顾起来，我们现在可以看到，当时占主流地位的乐观主义，其基础是对旧习俗和新技术这两者均作为改变环境潜在力量能达到何等程度的无知。同时隐藏起来的还有关于世界人口正在开始急剧增长的认识，以及对人自身巨大而可怕的复杂性的真正了解。

---

① 迪耶纳伯爵（Le Comte de Dienne）:《1789 年以前法国湖泊沼泽排水的历史》（*Histoire du Desséchement des Lacs et Marais en France avant 1789*）（巴黎，1891 年）。

② “路易十四时代”（Siècle de Louis XIV），《伏尔泰全集》（*Oeuvres Complètes de Voltaire*），伯绍（Beuchot）编辑，卷 20，252 页。关于这条运河的历史，亦见克莱芒（Clément），前引书，卷 2，97—126 页。

第四部分

十八世纪的文化与环境

导　　论 501

此前从来没有一个时代像十八世纪这样，思想家们如此透彻而深入地讨论关于文化与环境的问题。比起过去的人们，他们正在获取对人类社会更好的理解；他们在摒弃对个体和对抽象化的人的研究；同时，他们也在脱离十七世纪时仍然流行的，如托马斯·布朗爵士所称的“两栖物种”的人这个较为老旧的宗教观念。诚然，这些观念延续到了十八世纪，但它们却不再能满足那些渴望得到更多知识的人们，这些知识包括社会纽带、传统、国民性、环境对个人与国家的影响，以及对人类生命、社会和历史的复杂性更深的理解。人们也在不断地学到自然史中的更多内容。十八世纪是最伟大的自然史学家的世纪：林奈、布丰、查尔斯·邦尼特（Charles Bonnet）、贝尔纳丹·德·圣皮埃尔（Bernardin de St. Pierre）、彼得·西蒙·帕拉斯（Peter Simon Pallas）和约瑟夫·班克斯（Joseph Banks）爵士。

502 不仅如此，人们还如饥似渴地利用起那些不断累积的、已出版或正在出版的航海和旅行资料。在人类发展的原始阶段，自然的状态如何？初民是什么样子的？按旅行家的说法，是什么影响决定了远方各民族的特征？在十七世纪也有人问过这些问题，但当时的思想家们很大程度上仍然依赖古典时代作家的论述。自十八世纪中期到十九世纪早期，在布丰、孟德斯鸠、赫尔德和马尔萨斯（其作品的第二版及以后诸版）的著作中，我们看到这些航海和旅行报告成为多么清新而无穷无尽的源泉。十八世纪的最后十年标志着库克（Cook）船长和福斯特父子给自然史和人种志带来的全新刺激。当作为植物学家的班克斯爵士退出了库克船长的"决心号"第二次远航（1772—1775 年），约翰·莱因霍尔德·福斯特（John Reinhold Forster）和他的儿子乔治·福斯特（George Forster）被选中代替了班克斯的位置。乔治的作品《环绕世界之航行》（*A Voyage Round the World*）（1777 年），不仅吸引并激励了亚历山大·冯·洪堡，而且也预示了即将到来的由洪堡、达尔文、利文斯通（Livingstone）、斯坦利（Stanley）、贝茨（Bates）、华莱士和许多其他学者所开启的科学旅行时代。

对适用于地球构造的设计论的兴趣仍在继续，但是对终极因有了更尖锐的批评。很多学者同意，就研究地球、动植物生命和人在自然中的地位而言，设计论仍然占据一个有用的地位。十八世纪是物理神学繁荣的时代，利于寻找造物主智慧的踪迹——即便在对石头和昆虫的研究中也是如此。有很多伟大人物对目的论学说仍然并不冷淡。而否定目的论学说的其他人则坚持着对自然平衡与和谐的强烈信念。然而，布丰、休谟、歌德、康德等人的作品，以及从里斯本大地震中得出的结论，将怀疑投向了终极因学说的乐观内涵，也投向了终极因学说作为推动科学知识发展工具的功效。这其中最重要的作品是休谟的《自然宗教对话录》（*Dialogues Concerning Natural Religion*）和康德的《判断力批判》（*Critique of Judgment*）（1790 年），尤其是关于目的论判断力的批判。这两位学者都仔细而见解深刻地探究了在自然中，以及在人对自然关系中的目的论问题。

孟德斯鸠戏剧性地复兴了环境论，以警句式、常常是相当机智的方式来表述，以至于环境论的传统特征被掩盖了，这就提出了关于法律和立法的本质、关于一般意义上的人类社会和社会制度的种种问题，正如博丹和博塔罗提出过的那样。究竟是哪些物质的与道德的因素影响着这些东西？

此外，马尔萨斯第一篇关于人口的论文（1798 年）提出了人口增长的环境论。这并非地理学家或宇宙志学者所说的“环境”，即描绘由气候类型或地形造成的文化差异；自然环境被抽象地理解为一个限制性的整体，影响着人类及其数量。不仅如此，自然 503
环境还狭义地被看作可以用来生产食物的耕地。十八和十九世纪很多重要的思想家，如孟德斯鸠、布丰、马尔萨斯、洪堡，对气候影响与人口理论都发表过言论。然而，马尔萨斯大胆、有力、毫不退让的风格，比那些在他之前许许多多的思考，吸引了人们对人口理论更广泛也更普遍的兴趣。古代与现今国家哪个人口更多，这是有关古人与今人孰优孰劣的更广泛争论之下的一个从属争论，这个从属争论事实上成为一个重要的分水岭；一种人口理论赞赏古代的同情者并假设自然的衰老，而它被另一种假定自然运转恒久性的人口理论取而代之了。到十八世纪末出现了两种综合论述，一个是聚斯米希的物理神学综论，另一个是马尔萨斯更为世俗化的学说。

最后，在布丰的作品中，尤其是《自然纪元》（*Des Époques de la Nature*）所论的最后一个纪元中，这个思想——人类作为环境变化的施动者，其力量与地理和地质变迁的其他施动者（例如风和水）旗鼓相当——成为理解人类与其他生命及无生命的自然之间关系的一个重要概念。尽管布丰的思考中常有环境论的暗示，但是他关于人是周围环境改造者的观念凸显了环境影响理论的弱点，因为布丰的这些观念强调的是人类创造性的能量和推动力。

那些诠释了这些复杂主题的伟大名字是布丰、赫尔德、休谟、康德、马尔萨斯和孟德斯鸠，他们的思想也是这些主题中具有代表性的。这一切建立在过去的基础之上，但世界因他们与过去的分离而变得更加丰富了。即便是今天，他们的问题也启发着我们的问题，不过如果他们做的还不止这个，那倒会是一个奇迹了。因为他们所生活的世界，与过去的相似度高于与即将到来的世界的相似度，至少在涉及人类文化和自然环境的问题上是如此。

第十一章 504

物理神学最后的力量和弱点

1. 引言

自然神学或物理神学在宗教、科学和哲学中有着自己的特别使者，因为它关系到一些基本的问题，诸如上帝存在的证据、终极因，以及自然中的有序性。物理神学并不像人们常说的那样，主要关心的是证明大自然中的一切都是为人设计的。它的眼光通常要高得多，因为以下两种看法之间存在着极大的差异：第一种把人看作被造万物等级体系中的最高存在，并假设较低等级的每一种生物都有其存在的目的，无论这个目的是否与人相关；另一种则认为所有的造物都是为人服务的，就像维多利亚时代小说中的一个中年管家照顾她的单身男主人一样。我们在前面谈到过，圣奥古斯丁将下面这两种对存在事物的等级划分方式区别开来：其一是依照它的自然本性（有生命的高于无生命的，有感知的高于无感知的，有智力的高于无智力的）；其二是基于它对人的功用，
505 而人也许因其用途而喜欢无生命的多过有生命的，即便后者在自然阶梯中处于更高一层。[①] 在这里不存在宗教与科学的冲突。就自然神学而言，宗教和科学都包含在内；它常常扮演着一个整合的角色，尝试达成一种与科学或宗教都不矛盾的对自然的大诠释。

不过，在本章中，我们关注的是比整个物理神学史（在昆虫、岩石、人体等方面都有许多著作）狭窄得多的领域。我们的关注点在于其主导思想如何具体应用于活态大自然的研究，并应用于作为一个可居住星球的地球。尽管很多重要的思想家在这一问题上都曾各抒己见，但我认为作出最显著贡献的人有：莱布尼兹、林奈、聚斯米希、比兴（Büsching）和赫尔德，他们是物理神学的支持者；还有布丰、莫佩尔蒂（Maupertuis）、休谟、歌德和康德，他们是物理神学的批判者，其中休谟和康德又有着特别地位。就设计论与目的论对自然和对地球的应用，有强力的支持者和强力的反对者，而且，十八世纪的讨论常常远比十九世纪的更有说服力。

① 《上帝之城》（*City of God*），第 11 部第 16 章、第 12 部第 4 章。

当伽利略赞叹上帝创世的手艺时，他并没有使目的论从科学中褪色。[①] 诚然，他的科学方法可以抛开目的论的解释而存在，控制被造万物的基本力量可以用数学术语来表述，而目的论可以被放在一边或者仅以传统虔敬的形式存留下来。然而，想要忽略目的论在十七到十九世纪对地球科学和生命科学的影响并非易事。次级原因或动力因的"机械哲学"所谓的胜利，很难与目的论思想的大量存在相吻合，除非我们将后者当作无结果、无影响的次等心智产物而不予理会。

正如我们可以预料到的，终极因学说的影响在以下这些学科中存在得更为持久也更为鲜活：涉及生命的学科，涉及一种生命对另一种生命乃至无生命物质之关系的学科，涉及生命的保持、死亡与衰败的学科，以及涉及植物、动物与人类之间相互关系的学科。这些也是物理神学在地理思想史中如此重要，且延续时间如此之长的原因之一。

2. 关于莱布尼兹

对终极因哲学上和科学上的兴趣、对这些学说的积极倡导，

---

① 见伽利略（Galileo）的"致图斯卡尼大公夫人，洛林的克里斯蒂娜的信"（Letter to Madame Christina of Lorraine，Grand Duchess of Tuscany）（1615 年），收录于《伽里略的发现与见解》（*Discoveries and Opinions of Galileo*），斯蒂尔曼·德雷克（Stillman Drake）翻译（Anchor Books 版），196 页。亦见赫谢尔 · 贝克（Herschel Baker）：《真理之战》（*The Wars of Truth*），316—317 页，及第 8 章"征服自然"（The Conquest of Nature）。

也许可以从莱布尼兹跨越两个世纪的作品中得到说明。莱布尼兹是多么希望保留过去有用的东西，对他认为已失败的新东西持有
506 多么严格的批评态度，对那些有希望改善人类境况的新事物又是多么欣然地接受啊！他热忱地希望保留的旧事物是科学与神学的结合，以及终极因的学说。在《形而上学论》(*Discourse on Metaphysics*，1686 年）中，莱布尼兹所批评的不是终极因，而是源于终极因的人类谬误影响下的片面认识。“我十分愿意承认，当我们想要确认上帝的宗旨或劝诫时很容易犯错，但这种情况只在我们试图将其限定在某个特定设计时才会发生，我们以为上帝仅仅考虑了一个单独的事物，而事实上他同时关注到了一切。”① 莱布尼兹也为终极因在科学工作中的价值争辩。他指出，考虑“总是以最简单最坚决的方式实现其计划的上帝的旨令”，要好过单独考虑次级原因或动力因。② 莱布尼兹举出威理博·斯涅尔（Willebrord Snellius）的折射定律作为例证。接受终极因学说“从机械哲学中清除了归结于它的不虔诚”，并且导向了“更高贵的思维方向”。③

而他所批评的新事物是什么呢？对他来说，无论是笛卡尔还是牛顿关于自然的认识都没有对世界的秩序作出充分的解释。此外，笛卡尔哲学也没有为发明和控制自然提供所需的刺激因素。或许他想到的是伽利略、牛顿、惠更斯（Huygens）的重大发现，还想到他自己，这些人都不是笛卡尔主义者。他在给马勒伯朗士

① 威纳（Wiener）编辑：《莱布尼兹选集》(*Leibniz. Selections*)，318 页。

② 同上，321 页。

③ 同上，323 页。

（Malebranche）的信中说："因为大多数笛卡尔信徒都只是讲解者"，并补充道，他希望有人能够在物理学上作出与马勒伯朗士对形而上学所作的同样大的贡献。[①] 莱布尼兹批评笛卡尔主义者毫无成果，因为他们拥护一种不能带来科学进步的哲学。

人生活在被终极因所控制的自然之中，但人能够改善自己以及周围的环境；莱布尼兹此处的思想与"人是自然的完成者"这个基督教观念十分相近，人用自己的大脑和双手，在一个较小规模上模仿上帝在宇宙中的所作所为。我们在前面说过（见上文，本书第八章第 2 节），莱布尼兹在 1697 年将秩序概念应用于地球，并认为这一秩序正在人的帮助下日渐增长。他大胆地把进步的观点应用于作为一个整体的地球，并假定地球上以及人给地球造成的变化中都存在着有序性。

莱布尼兹深深折服于他这个时代以及稍早前时代的知识进步。发明与发现显示出设计论的说服力。显微镜与望远镜揭示了设计的错综复杂和无限广大，同时也揭示了秩序与目的。"由 507
于上帝的恩惠，我们现在拥有了出色的工具来探索自然的秘密，在这些考察中，我们能够在一年里取得我们的祖先十年甚至百年所取得的成就。"[②] 在一段很像后来怀特海的名言"十九世纪最

---

① 莱布尼兹致马勒伯朗士（Leibniz to Malebranche），1679 年 6 月 22 日（7 月 2 日），普鲁士科学院编辑，卷 2，I，472。转引自巴伯（Barber）：《莱布尼兹在法国》（*Leibniz in France*），34 页。

② "对一个爱德意志协作社的建议"（Vorschläge für eine Teutschliebende Genossenschafft），《莱布尼兹作品集》（*Die Werke von Leibniz*），克洛普（Klopp）编辑，卷 6，214 页。亦见威纳，前引书，xxx 页。

伟大发明是发明了发明的方法”的文字中，莱布尼兹写道："这‘工具中的工具’（*organum organorum*）、‘真实的逻辑’（*vraye logique*）或‘发明的技艺’（*ars inveniendi*），现在看来似乎终于被发现了；凭借它，我们智力上所受的增益绝不亚于我们的目力依靠望远镜所得到的改进。”我们获得了对世界这宏伟的大厦、对上帝作品之壮丽庄严的正确概念。古人的可怜观念没有给造物主增添什么荣耀，而我们这个时代的人远比他们更能发扬上帝的智慧。技术和发明不仅与见多识广、好奇、聪慧的人及消除无知的人紧密相连，而且也与对上帝的虔诚和爱紧密相连。显微镜使得我们从微小中看到广大世界，几百万的物体，总和不过是一粒沙的大小。[①]“然而这个‘真实的逻辑’也是‘心理的’逻辑，它的设计不仅是为了增加人对他自己的理解，也是为了帮助人树立起自己，找到他在‘时代混乱中’的影响力。”这是传播知识、消除偏见与无知的手段。[②]

莱布尼兹也看到了生命广度无限扩张前景的新机会。列文虎克（Leeuwenhoek）与斯瓦姆默丹（Swammerdam）对精子的研究预示着对生殖与生物生长的新洞察。列文虎克否定了自然发生说，声称即便是最小的动物也有生殖力。斯瓦姆默丹的昆虫专著、“先成说”（preformation theory）、对蜜蜂及其他昆虫解剖的研究，

① “对一个爱德意志协作社的建议”（Vorschläge für eine Teutschliebende Genossenschafft），前引书，214—215 页；怀特海（Whitehead）：《科学与近代世界》（*Science and the Modern World*）（Pelican Mentor Books 版），98 页。

② 迈耶（R. W. Meyer）：《莱布尼兹与十七世纪的革命》（*Leibnitz and the Seventeenth-Century Revolution*），123、208—209 页；我为这里的参引感谢此书。

都提升了对生命奥妙的认识。[①] 有机物和生命的主题占据着莱布尼兹思想中的很大部分，在这一点上，他与剑桥柏拉图学派、与雷约翰和德勒姆十分接近，分享着他们对终极因的热情。

他的“无窗的单子”（windowless monads）是“生命能量的实质中心”（其编者威纳语），它们彼此之间的关系依据的是上帝设计中的预建和谐。不过，比起从前的研究，当代一些莱布尼兹的研究者指出了他的哲学中不那么抒情的意味。也许这个世界在所有可能的多个世界里是最好的，但对人类而言并不一定是最好的。[②]

机械论的解释不能令人满意，因为这些解释本身就需要解释。508
在《学者著述的历史》（*Histoire des Ouvrages des Savans*，1705 年）中，他坚持我们同时需要次级原因和终极因。“可以说有两个王国，一个是动力因王国，另一个是终极因王国，每个分别都详细到足以解释所有事，就像另一个不存在那样。但是从它们起源的一般性质上，它们无法脱离彼此而自足，因为两者都出自同一个源头，在这个源头中，形成动力因的力量与规范终极因的智慧是统一的。”[③] 这些话有可能从终极因的每一个信奉者口中说出来，只是也许不这么有技巧。充足理由律假定上帝的思路遵循与人类思维相类似的原则，这个规律被莱布尼兹定义如下：“除非有充足的理由，即为什么是如此而非其他，否则没有任何事情会是真实

① 见努登舍尔德（Nordenskiöld）：《生物学史》（*The History of Biology*），165—171 页。巴伯（Barber）：《莱布尼兹在法国》（*Leibniz in France*），108 页。

② 巴伯，前引书，88 页。

③ 威纳（Wiener）编辑：《莱布尼兹选集》（*Leibniz. Selections*），193—194 页。

的或存在的，也没有任何命题会是正确的，即便在大多数情况下这些理由并不能为我们所知。”①这一原则来自假设的被造万物的秩序与和谐，即造物所有组成部分都有其存在的目的与理由。通过假定一个预建的和谐和充足理由律，莱布尼兹得出结论说，合理性与道德性乃是宇宙均一不变的特征。②

在给布尔盖（Bourguet）的信中（1714年），莱布尼兹论述了一个熟悉的问题，即自然中的混乱与不和谐，他承认这些初看起来似乎存在于地球上。由维苏威火山大量喷射物造成的混乱只是表面上的；“……无论是谁，只要有足具穿透力的感官能体察到事物的微小部分，都可以发现万物有序；假如他能继续增大其穿透力到所需要的程度，他就会一直看到新的、从前觉察不到的东西。”③

向莱布尼兹所打开的世界，并非怀特海描述的那种十七世纪末期沉闷的机械的宇宙。④对于有机的和目的论的一切，他身上具有太多同情心。对他来说感官世界是活生生的。大自然的完满性使他迷醉。他所渴望的不止于冥思上帝的作品；他想要为人类的福祉而利用它们、改造它们。⑤

---

① 《单子论》（*Monadology*），32页（Everyman's Library版，8页）。亦见威纳编辑的《莱布尼兹选集》中这个章节，93—96页。

② 关于这些观点，亦见巴伯（Barber）：《莱布尼兹在法国》（*Leibniz in France*），35页、55页；威纳在《莱布尼兹选集》中的导言，xxxviii页；及露丝·莉迪亚·苏（Ruth Lydia Saw）：《莱布尼兹》（*Leibniz*），72页。

③ 威纳编辑：《莱布尼兹选集》，200页。

④ 《科学与近代世界》（*Science and the Modern World*），55—56页。

⑤ 见迈耶（R. W. Meyer）：《莱布尼兹与十七世纪的革命》（*Leibnitz and the Seventeenth-Century Revolution*），43—44页。

3. 自然史

目的论自然观成为对十八世纪常见的自然史在哲学上（以及神学上）的支持。德勒姆的物理神学英文原著多次再版，还被翻译成德文和法文，其影响大大超越了英国本土的范围。德·普吕什（De Pluche）在自己的自然史中把它当作资料来源之一，而这部自然史的流行程度不亚于布丰的著作；林奈在关于《自然的组织法则》（*Oeconomy of Nature*）论文中也提到了它；聚斯米希的名著《神圣秩序》——一部基于设计论的人口及人口理论研究著作——对德勒姆既有赞美也有批评；而康德在其讨论关于上帝存在的宇宙学和物理神学证据时，提到了德勒姆及荷兰物理神学家纽文泰兹的著作，后者强调在许多领域中都有设计的证据，但对涉及地球与生物自然的一些观念并未添加任何特别有趣的新东西。①

509

自然史提出的问题既鼓舞着传统模式中的研究者，也鼓舞着那些不耐烦地背离传统模式，转而研究作为自然秩序与统一基础的次级原因（而不是终极因）的人们。在这里德·普吕什有用武之地，布丰也有用武之地。人们开始也对具体的、活生生的东西

① 纽文泰兹（Nieuwentijdt）:《宗教哲学家；又名：正确使用对造物主作品的沉思 》（*The Religious Philosopher: Or，The Right Use of Contemplating the Works of the Creator*）；约翰·张伯伦（John Chamberlayne）译自荷兰文，共两卷。参看其对《圣经》的引用、钟表类比，以及广泛多样的“沉思”，特别是基于《罗马书》1:20 的沉思 2，第 3 节，及卷 2。纽文泰兹的著作是有史以来最对自然神学最为广博的汇编之一。

感兴趣，这一兴趣很大程度上来源于对世界各地动植物和人的大量材料的成功积累，来源于搜集动植物置于花园和博物馆（诸如英国的邱园和法国的罗伊花园）的那种狂热。

这种流行的对自然史的兴趣清楚地表现在德·普吕什神父的著作中。他的《自然的奇观》（*Spectacle de la Nature*）因其来自设计论的头脑简单幼稚的论据而被嘲弄。确实，他忽略了布丰在《自然史》中所关注的根本问题，尽管这两部著作几乎是同时代的。即便存在这么多缺点，德·普吕什还是将人们的注意力转向了自然的规律性、整体性与统一性。正如莫尔内（Mornet）所指出的，这一著作十八世纪在法国受欢迎的程度可与布丰的著作相媲美。此外，与之前那种对自然的特异与奇观的着迷相对比，德·普吕什的著作对自然中的常规和普遍的东西更有兴趣。[①] 自然的几何图景未能满足人们对活态自然界细节的基本好奇心，这些细节只有通过探索发现和具体描述才会呈现，这样的发现和描述可能会强调颜色、香气等第二性质，而不是轻视它们。

几何学丧失了从前至高无上的地位——

> 因为人们得出了确定无疑的结论，即几何学不能为知识宝库增添任何新东西。它所做的只是通过在推理基础上推理，对已经稳固建立起来的原理进行发展和添加而已。因此它与现实没有任何联系。我们看到在真实生活里没有无深度的平

① 莫尔内（Mornet）：《十八世纪法国的自然科学》（*Les Sciences de la Nature en France, au XVIIIe Siècle*），9、13—14、33—34 页。

面、无宽度的长度这种东西，也没有呼应位置定义而无量值 510
的事物，更没有展示几何学分派给事物的理论上规则性的东西，这样我们从几何学中学习到的似乎不会比一个用几项等式所表达的梦境更多了。试图以运动和延伸来解释创世的想法是最纯粹的空洞废话。这是由笛卡尔先生开启的，而笛卡尔先生已经风光不再了。[①]

诚然，德·普吕什是一位通俗作者，但是设计论在严肃科学家（如林奈）对活态自然的研究中也继续作为一种工具在使用。虔诚信仰和对造物主成就的称颂是周日的赞美诗，而对地球资源切实而冷静的评估则是一周里其余时间的工作。赞美上帝是基督徒的责任，而探究植物和动物的有用性也同样是恰当的。林奈在自然神学上的兴趣是受到约翰·阿恩特（Johann Arndt）《论真正的基督教》（*True Christianity*）的激发。[②] 不过，在他 1749 年于斯德哥尔摩的大学研究院所作的关于自然组织法则的著名演讲中，林奈背离了自然神学的传统支持者观点，而进入一个更为世俗的立场——在承认设计论的同时，强调在动

① 阿扎尔（Hazard）:《十八世纪的欧洲思想：从孟德斯鸠到莱辛》（*European Thought in the Eighteenth Century, from Montesquieu to Lessing*），130 页。关于同时代的观点，见布丰（Buffon）对笛卡尔的批评：《自然史：通论和专论》（*HN*）（1749—1767 年），卷 2，50—53 页。亦见厄恩斯特·卡西雷尔（Ernst Cassirer）:《启蒙的哲学》（*The Philosophy of the Enlightenment*），第 2 章。

② 阿恩特（Arndt）是一位路德教神学家，在 1609 年发表了《论真正的基督教》（*Vom Wahren Christenthum*）。这是一本名副其实的包含了物理神学多个时代的累积的手册。尤其见第 4 部“自然之书”（Liber Naturae）。

植物和人的分布及其活动中的环境影响。[①] 林奈作为一个自然史的哲学家，与卡尔·李特尔作为一个地理学的哲学家有相似之处：他们两位都不是革新者，却是他们那个时代自然神学的概述者。

甚至在十八世纪，偶尔还是有必要对付这样的批评：地球对于生命只是一个勉强还算合适的环境。对林奈而言，地球现在的地形与位置就是计划出来的秩序的证据。他指出了水循环中的智慧；他对植物演替（一个地区如何经由自然过程得以从沼泽变为草地）很感兴趣；他为地球上的地形起伏从审美与实用两方面找到理由，因为这样的地形既赏心悦目又增加了地球的表面积。[②] 从天真的简单性到自然神学与环境因果理论混合的这种转向（就像雷和德勒姆经历过的那样），可以从林奈对地球上存在的生命所作的分析中得到说明。造物主宣令地球应由植物覆盖。既然季节的变换和土壤的性质防止了单一的植物覆盖，于是植物都
511 是不同的，因为每种植物都要适应它所在的气候。不过，功利主义和人类中心论的概念支持了林奈关于草和腐殖质的论述。草的分布极为广泛，因为在一切植物中它是家畜最为需要的；腐殖质（黑色土壤）则通过出生、成长、死亡、腐烂及有机物残余再

① 关于林奈与阿恩特自然神学的关系，见哈格贝里（Hagberg）:《卡尔·林奈》（*Carl Linnaeus*），34 页；关于亚里士多德《动物史》（*History of Animals*）对林奈的影响，见 44 页；其他的影响见 48—49 页。

② “自然的组织法则”（The Oeconomy of Nature），收录于斯蒂林弗利特（Stillingfleet）编辑：《关于自然史、农业和医药的文选》（*Miscellaneous Tracts Relating to Natural History, Husbandry, and Physick*）（1791 年），44—45 页。

吸收进入大地这一循环过程，成为维系土地肥力持续不断的关键物质。[①]

林奈也同意同时代学者关于动物与动物数量的推测：那些繁殖能力最强的是体型最小的动物。其他的动物要么有用处，要么可以给别的动物当作食物。因为每个动物种群吃的都是特定的食物，且自然为它们的胃口设定了限制，所以地球可以养育所有的、多种多样的生命，也正因为这种多样性，生命既不会产出无用之物，也不会造成过剩。林奈假定了自然中的和谐与动物数量中的平衡，尽管他没有使用这些术语。任何一个动物种群的数量都受到一定限制，这就是神圣旨意的证据，目的是防止任何一个动物种群的数量大到威胁人类或其他动物存在的程度。生命形式是多样而非单一的，这实在是自然的一种智慧安排。继德勒姆之后，林奈也对“过量饲养”的危险提出了警告。[②]

林奈的马车车轮深陷在传统的车辙里，这个传统不断提醒着人们：自然并非专为人的利益而创造，于是林奈说自然的组织法则不是按照组织的个体原则而设定的。他提出了一个有趣的观点，认为文化差异即是这一真理的证据。人类的生活方式存在着巨大

---

① “自然的组织法则”（The Oeconomy of Nature），收录于斯蒂林弗利特（Stillingfleet）编辑：《关于自然史、农业和医药的文选》（*Miscellaneous Tracts Relating to Natural History，Husbandry，and Physick*）（1791 年），78 页。

② 现代论述中有类似的观点：“从生态研究中逐渐浮现出一个一般原则，意思是越复杂的生物群落就越稳定”，见贝茨（Bates）：《森林与海洋》（*The Forest and the Sea*），261 页，及埃尔顿（Elton）：《动植物入侵之生态学》（*The Ecology of Invasions by Animals and Plants*），143—153、155 页。“自然的组织法则”（The Oeconomy of Nature），前引书，119 页；德勒姆（Derham）：《物理神学》（*Physico-Theology*），237 页。

的差别，拉普兰人、欧洲农夫与霍屯督人（Hottentots）之间的强烈对比证明了这一点。这些自身各有不同的人类组织法则，正与“令人惊叹的、遍布全球而始终同一的上帝组织法则”形成对比。[①] 之后林奈进一步陷入人类中心主义的思索中。他说，看起来造物主为人设计了三界：化石（那些被挖掘出的事物）、动物与植物。人利用自然、改造自然的能力，就证明他拥有神所赋予的创造力。人猎取或驯化了野生动物，增加了植物的数量，也开采了土地的矿藏。

最后，林奈把地球看成一个自我更新和自我清洁的自然体系。
512 生命的丰富华美和成长的旺盛活力，与腐朽和衰败相互对应，后者是由靠尸体过活的动物和昆虫来处理的，腐败物的残余被再次吸收成为新生命的养料。如此循环的过程让土地保持着生机和新鲜度，也使作为整体的大自然的恒久性成为可能，保证这些和谐的相互关系持续存在下去。

4. 神圣秩序下的人口与地理

在近代，人口理论常常是以宗教和环境影响论为基础。人口理论也依赖于其他几种观察所得的证据，例如，食物供给是人口增长的有效抑制因素，又如战争、疾病、瘟疫、婴幼儿早夭，以及某些习俗，都有可能有效抑制人口数量的增加。这些观察所得可能——也常常是——与《圣经》中提到的事件所引起的历史问

① “自然的组织法则”，前引书，121 页。

题相联系，并且与设计论相联系。对死亡报表的分析唤起了对城乡之间健康状况对比、性别比率与出生死亡比率的注意，这些都是统计学规律性的证据，很容易与设计论相一致。

约翰·聚斯米希把许多这样的线索汇集到一起，这位普鲁士军队牧师被很多德国人看作人口统计学的奠基者。尽管处于马尔萨斯的阴影之下，聚斯米希的著作仍然可以说是一个对人口理论、地理学与神学的极为引人入胜的综合。他说他将拯救基督教，以对抗孟德斯鸠“新的危险的指控”（die neuen und gefährlichen Anschuldigungen）。他补充说，一种神学理论难道不应该意识到自己周围世界上正在发生什么事情吗？他的三卷本著作题为《神圣秩序》，这很恰当地使读者为他的立论及其组成思想的传统特征作好了准备。聚斯米希强调《创世记》中一些章节的重要性（9：1—2、6），这些章节命令人类繁殖并确保自己对地球上一切生物的统辖，将人与动物作出区分，动物服从的是一种不那么包罗万象的指令去繁殖他们自己，而人履行上帝的命令，将自己散布在地球上每一个地方，即使这个地球已经差不多填满了（《创世记》，9：1—2、6，8：17，1：21—22）。每种动物都要求自己的气候，同时也被这种气候所限制，而人却可以去他们喜欢的任何地方。造物主预期人会在全世界分布，就为他所生活的每种不同气候提供了特别的植物和动物。这样，神学与大发现时代弄明白的事实吻合起来了，那个时代不断拓展的眼界给人在自然中的位置带来新的启迪：人可以适应许多不同的自然环境；尽管人类具有统一性，各民族却是多种多样的；旧大陆与新大陆动植物种群之间的差异，更是戏剧化地展现了动植物令人惊奇的分布。[①]

513 聚斯米希说，让这地球被填满，却又不要容纳不下，这是上帝神圣的命令。德国的例子便显示了上帝对这个世界的关心。德国人口以每五年百万人的速度增长着，毫无疑问是欧洲开发最广、人口最稠密的土地；尽管有战争、疾病和向外移民，其人口损失由 10∶13 的死亡出生比率弥补起来了。[②] 世界人口的增加带来文化的多样性，因为地球不可能以同一种方式在各处被填充。也许造物主在他的人类繁衍和散布的计划中，有意地结合了身体与道德的因素。那些不适宜居住的沙漠可能防止了世界变得过于拥挤，同时也设置了一道天然屏障，以便制约道德毒素轻易传播，预防对国家习俗的破坏达到有害的程度，并阻拦战争与苦难。聚斯米希的比喻常常来自于职业军人用语，他还把人口缓慢有序的增长比作军团的行进。[③]

聚斯米希坚持认为人口的增长有可能与神圣历史和世俗历史相一致。的确，他的重构很是别出心裁，其关键概念是，人口翻一番所需要的时长是随着时间不断变化的。生活在大洪水之前的人们有更多的食物，因此地球上的人口也更多。而且，洪水前世界的海洋比现在更受限制、更狭小，因此沙地比较小，土壤也就更为丰饶，因为洪水是带来混乱和灾难的东西。[④] 在大洪水之后，造物主削减了生命的长度，在挪亚的时代就开始削减，而其后更

① 《神圣秩序》(*Die Göttliche Ordnung*)，卷 1，xii、9—16 页。

② 同上，20—21、271—272 页。

③ 同上，29—32、33—34、52—53 页。

④ 同上，298 页；卷 3，160—161 页。

进一步削减直至今天；随着地球上人口的增长，造物主逐渐缩短了人的预期寿命。然而，即便对与人类立约不再有洪水毁坏地球的造物主来说（《创世记》，9：11），洪水后世界也带来一些问题，造物主此时便不能再像大洪水之前那样对待人类了。和以前相比，较为恶劣的环境、更大的海洋与沙地面积、下降的土地肥力，都削弱了洪水后世界的能力。通过缩短人的寿命并延长人口翻番所需的时间，造物主避免了人口过快增长会带来的不幸后果。因此聚斯米希得出结论说，《圣经》的记载与经验及理性都是一致的。[①]

聚斯米希详细讨论了对人口增长的抑制，他认为通常是社会和宗教信仰因素决定性地影响了这些抑制作用力的运行。比如伊斯兰教助长了瘟疫的传播，因为对真正的信仰者来说，死亡并非坏事，他也无须在通往死亡的道路上设置任何障碍。由于这个原因，瘟疫在土耳其的土地上有其永久居所，几乎没有一年不曾爆发过。[②]

基督教神学不可避免地要注意人口问题，这是因为教义中关 514
于人口增加和繁衍的指令，也因为教义对一夫一妻制的承诺。如我们在前面谈到的，博塔罗也有兴趣比较穆斯林与基督教信仰对人口增长的影响（见上文，本书第三部分导论）。一夫多妻制下的妻子们和孩子们之间为吸引丈夫或父亲的注意而持续进行竞争，这是对人口增长的一种抑制因素吗？

牧师的独身生活和各种阉割行为自然会引起一位将其人口理

① 《神圣秩序》（*Die Göttliche Ordnung*），卷 1，299 页。

② 同上，315 页。

论建立在神圣秩序上的作家的关注。聚斯米希严厉批评了基督教历史上的这些做法，并单独将奥利金自宫的事情提出来加以特别谴责，但与此同时承认他是一位值得尊敬的博学之士。聚斯米希认为这种行为是对《马太福音》19：12 的有害解读，伊比法尼（Epithanius）将奥利金及其追随者称为异端是正确的；他们该当得到这个称号，因为他们与上帝的意图作对，他们伤害自己，也成了国家的主要敌人。他同样坚决不赞成东方的去势与自残，并补充说，去势是西方、特别是罗马教廷控制地区中禁欲行为的东方翻版。他对禁欲的态度使我们想起让·德默恩《玫瑰恋史》里的诗句。倘若上帝想要去除某些人的欲望，那么为什么不去除所有人的欲望？聚斯米希说，在努力做到禁欲的过程中，人们忘记了他们是人，忘记了他们生命中的使命（*Bestimmung*），无视造物主的愿望；他们想要的比做人更多，想做天使，但人的天性还无法与天使的相符合。他问道，身体致残（*Verstümmelung*）是否一定不如保存人全副精力的禁欲？阉割后，精神存在受到保护，对抗那些导致焦虑、残忍与丑行的可怕诱惑。对他来说，牧师的独身生活成为一种精神的阉割，这与实际的身体阉割是一样的，都与神圣秩序相悖。①

515 在他对战争作为人口增长抑制力的广泛分析中，聚斯米希谴责了战争的破坏性与非人道，探讨了人口的恢复能力（这显然是

① 《神圣秩序》（*Die Göttliche Ordnung*），371—373 页；关于奥利金（Origen），见 370—371 页。关于奥利金的另一面，见本书第五章第 2 节。《玫瑰恋史》（*The Romance of the Rose*），第 91 章，244 页，90—94 行。

在“三十年战争”之后），还评论了现代战争暴力减少的现象。[①]他对饥馑也作了类似的分析，包括病虫害、洪水、地震带来的影响。这些对人口增长的抑制因素是为施行神圣秩序所必需的吗？战争、瘟疫、饥饿、地震，这些都是为维持人口平衡和避免世界人口过剩所必需的吗？它们实际上是不是依照造物主智慧行事的次级代理呢？关于这一问题有两个观点，他回答道，一个认为它们确是如此，另一个则认为它们是对人类罪孽的惩罚。大部分人会同意第一个观点。[②]但是聚斯米希支持第二个观点——赞同里斯本大地震是“神的惩罚”（*Gottesstraf*）这个神学概念。对于1755年11月1日发生的大地震事件，他写道，我们有“一个证据，证明正义的造物主能够多么轻易地扭转大地”。造物主并不需要可怕的瘟疫和饥馑来防止世界人口过剩，因为他拥有更为和缓的方式。[③]所以是的，它们是惩罚。如果管理神圣秩序的造物主希望控制人口增长，他可以通过提高热病的力量或者采用确保较高死亡率的其他温和方式，使死亡率缓慢地增长。

聚斯米希稍后提出，统治者有义务保证其国家的人口与食品供给相匹配，在这一主张中，他将世俗世界的人口政策与基于神学的人口理论及历史联系起来。这与马尔萨斯是多么的不同！对聚斯米希而言，上帝的仁慈显现在他对生命繁衍的关怀中，而人的邪恶被限制其数量的可怕天罚揭示出来了。在马尔萨斯看来呢，人口原则也是神授的，而对人口的抑制因素是这仁慈原则的一部

---

① 《神圣秩序》（*Die Göttliche Ordnung*），331—335、336、339—340页。

② 同上，390—391页。

③ 同上，362、392页。

分，因为它确保了没有任何一种抑制因素（或几种抑制因素的结合体）将导致人类的灭绝。

一种相似的、超越了宗教笃信或简单虔敬的自然神学，出现在另外两个德国人的作品中，他们是 D. 安东 · 弗里德里希 · 比兴和约翰 · 戈特弗里德 · 冯 · 赫尔德，都是近代地理学史上的重要人物（关于赫尔德，见下文，本章第 9 节）。

比兴是最早撰写近代地理学概要的学者之一，1767 年的沙夫豪森版共有十一卷。他常常被当作一个缺乏想象力的事实搜集者而被忽略，但最近一位德国地理学家总结了一些普遍存在的对他不敬的评价，为他辩护，使他免遭那些刺耳的断言。[①]

比兴导论性质的文章，《从地理学受益》（*Von dem Nutzen der Erdbeschreibung*）是一篇不可超越的短小精悍的论文，它讨论了地理学在自然神学、特别是在基督教神学中的地位，地理学最主要的用途是能够增进对作为造物主和万物保护者的上帝的了解。[②]

通过优雅的概括，比兴在不到七页的篇幅中呈现出地理学用
516 途的论据，从其所提供的对造物主作品进行庄严凝思的机会，直到日常生活中的商业交易。事实上，地理学最主要的用途是为物

① 普勒韦（Plewe）："D. 安东 · 弗里德里希 · 比兴研究"（Studien über D. Anton Friederich Büsching），载于《地理学研究，汉斯·金兹尔 60 诞辰纪念专刊》（*Geographische Forschungen*，*Festschrift zum 60. Geburtstag von Hans Kinzl*），203—223 页。比兴的作品被翻译成多种语言，其中包括英文、荷兰文、法文、意大利文和俄文，显然在整个欧洲非常有影响力（203—204 页）。

② 普勒韦曾极为确当地评论过，如果有人不能理解地理学的这个功能，"那我们就不能理解比兴，也不能理解直到卡尔 · 李特尔的地理学"（同上，209 页）。亦见他对虔信派及新教徒思想的评论，209—211 页。

理神学的证明提供了证据；我们生活的地球也许是宇宙一个很小的组成部分，却极为庄严美丽，而地球上存在的一切都构成了上帝存在的证明。

利用古代的自然与技艺之区分，比兴说，我们找到了自然的杰作、技艺的杰作，或同时为二者的杰作。上帝是自然王国的美丽、可爱与辉煌的创造者，他还是景观、城市、建筑这些由人类活动而产生的一切的创造者。无论是人未曾触及的自然，还是经人改造过的自然，都同样是上帝的作品。因而人不过是上帝的代理人，他的技能是上帝的赐予而非自己的创造。[①]

地球上的气候、蔬果、动物中巨大的自然多样性都可为人所用。还有一个智慧的做法是，世上初始只有唯一一个人，他的子孙后代最终散布于地球表面，获得了不同的外貌、语言、习俗和生活方式；上帝认为给不同的人群和民族设置领土边界是合适的。[②] 由于上帝的智慧，已知世界的各民族变得更加接近，他们互相帮助，食物的不足与剩余通过世界贸易和商业得到分配。（这一思想预告了十九世纪下半叶耳熟能详的声称：运输上的新奇迹——蒸汽轮船、铁路、运河——不仅使世界各地更紧密地联系在一起，而且地球的资源现在也向所有民族开放，可以把从人们长久以来对本地资源的依赖中解放出来。）上帝还要为民族迁徙负责；通过移民，民族之间更为互相了解，也变得更为相像。

当我们凝视那些城市、要塞、建筑和花园，我们会惊异于上

---

① 《新地理学》（*Neue Erdbeschreibung*），卷 1，17—20 页。

② 同上，18 页。

帝赐予人类如此深刻的理解、如此巨大的力量和如此多重的祝福。一个城市、一个城堡、一个要塞所在的地方，也许不久之前还是空旷的荒地、森林、粗糙凄凉的悬崖，或是难以接近的沼泽和湿地。自然，成功地因技艺而改变、被人的力量造成这些崭新的模样，它成为人们眼中的奇迹。但是人们应当把这些看作自己的作品吗？在比兴令人欣慰的哲学里——人在其中似乎对善与恶负不了什么责任——答案是“不”，因为这些都是上帝的作品；如果与上帝的意志相悖，它们便不可能被创造出来。①

一部好的地理学属于最必需、最有用的书籍之列，只有地理学的详细知识才能使我们理解创世的成果。而且，遵循习惯用法，宗教论据会被功利论据所取代。在我们努力认识地球的过程中，地理知识是愉悦的、有用的，也是必需的。如果我们不了解那些地方在哪里，怎能明白报纸和历史记录，又怎能阅读发生在
517 陆地与海洋上的战争和旅行呢？地理学应归入青年教育。拿开那些鬼怪女巫的故事、童话传说或者其他无价值的东西吧！地理学应当成为统治者、政治家、自然历史学家、商人和旅者的良师益友。比兴不能容忍神职人员中存在的无知；假如神学家对地理学所揭示的地球奇观一无所知的话，那他是无法正确理解并阐释《圣经》的。②

在比兴的作品中，我们再一次看到在十八世纪自然神学中存留的力量与活力。其中有环境论解释的空间，有人类创造力的空

① 《新地理学》（*Neue Erdbeschreibung*），卷 1，19—20 页。

② 同上，22—23 页。

间。上帝创造了人的居住地，而这两个自然——人未曾触及的自然与人为的景观——正是上帝的意愿和创造性的真实而唯一的体现。地理学是对创世作品的研究，出于各种非常不同的理由，它是从神学家到商人同样不可缺少的。①

5. 自然中的终极因

十九世纪的论战——关于物种的稳定性、特殊创造论、地质变迁的性质、终极因学说——与达尔文《物种起源》的出版结合起来，除了在一些专门文献中以外，掩盖了十八世纪所进行的关于终极因和地球自然秩序等基本问题的讨论。我只需提到休谟和康德就可以了。

在对设计论及活态自然之目的论持批评态度的十八世纪思想家中，普遍的观点是认为设计论和目的论常常偏离方向进入一些琐屑小事，认为它们过于专注在人类的问题上，过于轻易地将人类需要与自然法则等同起来。莫佩尔蒂同情终极因学说，但对其狂热信徒的过分表现感到不耐烦，他说："自牛顿以来的众多自然科学家，在群星间、在昆虫和植物身上、在水中找到了上帝。有人在犀牛皮的皱褶里找到了上帝，因为这种动物的皮太厚，如果没有皱褶的话几乎不能摇动自己……把这些无足轻重的东西留

① 比兴（Büsching，1724—1793 年）于 1754 年在汉堡出版了《新地理学》（*Neue Erdbeschreibung*）的第一卷，然后出版了后面的十卷。我们的讨论是基于 1767 年沙夫豪森（Schaffhausen）的"最新版"，卷 1，17—24 页。普勒韦（Plewe）的文章分析了这部著作的内容，并讨论了其中许多其他有趣的思想。

给那些不知道自己愚蠢的人吧。”他看到灾难在等候着那些将设计论应用于自然界最细微征候的人们。他的一个段落显示了对德勒姆的仔细研读，其中批评了“那些在每个地方都看到智慧的人，和那些在任何地方都看不到智慧的人”。“动物的组织、昆虫器官的多样与细微、天体的无限浩瀚、它们的距离与旋转，这些
518 都更适合于震惊我们的心智，而不是启迪它……让我们在宇宙的基本法则中、在支撑整体之秩序的普适原则中找寻上帝，而不要在这些法则的繁复结果中找寻他。”莫佩尔蒂看到，在每个时代想要发现这类证据的人都会找到它们；他也看到在物理神学的吸纳能力中有一个基本事实：自然现象研究的进步越大，这种证据的数目也就越大。[①] 莫佩尔蒂率领路易十五派遣的拉普兰远征（1736—1737 年），目的是测量经线的度数，他呼吁在科学探究中更加勤勉和严格。停止惊奇，不再隔空喊话，在基础发现上下功夫！

伏尔泰经常取笑莫佩尔蒂，因为后者为发现地球是一个椭球体而十分自负，然而就像我们在后面将要谈到的那样，伏尔泰甚至比莫佩尔蒂更为同情终极因。但是引起伏尔泰鄙视的是莫佩尔蒂那种在自然细节上对上帝工艺作品的微末追踪，加上自满的乐观主义（这是对终极因的迷恋很快就能诱发的）。当老实人赣第德（Candide）看到那位再洗礼派教徒勇敢营救了一位水手后溺水，就想要去拯救他，但是庞格罗斯（Pangloss）博士阻止了他，说道：“通往里斯本的塔霍河被创造出来，就是为了让这个再洗礼论者

① 《宇宙学论文》(*Essai de Cosmologie*)，13—14、28—30、55、60—62 页。

淹死在里面。”[①]

在研究自然的严肃作者（如布丰和歌德）的著述中，我们看到对自然研究中的终极因甚至更缺乏耐心，对明显不能区分自然法则与人类便利也十分不耐烦。

布丰伯爵拒绝将终极因当作自然研究中的工具，尽管他著作中的一些段落确有目的论的味道。比如《自然纪元》里提到，直到地球经受的剧烈变动结束、并且平静到成为人类适宜家园的程度之前，人不出现在地球上。[②]

然而更代表布丰特征的是他关于猪的议论：猪看来不像是按照原初的、特殊的、完美的计划形成的，而像是由其他动物的器官组合起来的。它拥有无用的或表面有用却不能实际使用的器官。脚趾的骨头构造是完美的，但是它们并不能帮助这种动物。他得出结论说在生命的组成中，自然并没有使自己屈从于终极因的指引。倘若是这样的话，那为什么会有多余的器官，又为什么必不可少的器官却常常缺失？不断寻求关于目的的想法就意味着，人们放弃了追问万物到底“是怎样的”这个看法（le *comment* des choses），即自然的行为方式，而用找寻“为什么”这种虚无的观念（en cherchant à deviner le *pourquoi*），即自然行事时心中的目的，来取代前一种探究。[③]

---

① 《老实人》（*Candide*），第 5 章。

② 《自然纪元》（*Des Époques de la Nature*），尤其是第五纪元最后，《自然史增补》（*HNS*），卷 5（1778 年），189—190 页。

③ “猪、暹罗猪、野猪”（Le cochon，le cochon de Siam，et le sanglier），《自然史》（*HN*），卷 5（1755 年），102—104 页。

519 布丰说，树懒的天资实在可怜，这种不幸的造物之所以生存下来无非是因为没有别的生物去干涉它们罢了（“这种刚有雏形而不成熟的生物被大自然万般呵护着”）。假如它们不是居住在荒凉的地方，假如人或强势的动物抢先占领了它们的居住地，它们是不会存留的；事实上，总有一天它们将会被毁灭。它们的存在就证明了：生命所有的潜力都在实际情况中实现了，所有能够实现的都实现了。造物主没有限制自己所造物种的数量，它们是无限的组合——和谐的与不和谐的。但是自然中的这种完满性并不证明终极因的有效。要是为了诸如树懒这类的不协调生物而承认终极因观念，宣称自然在它们身上也像在那些美妙造物身上一样闪光，那就真是一孔之见，混淆了自然的目标与我们自己的目标。[①]

当终极因思想被抛弃时，对自然和谐的概念会有什么影响呢？布丰的答案是，自然应当为其自身的缘故被展望和研究。在这个概念下，环境因素立即呈现出了更为巨大的意义。在他的《自然：第一图景》（*De la Nature，Première Vue*，1764 年）中，布丰将自然定义为造物主为事物的存在与生命的连续而建立的一个法则系统。它不是一个事物，因此它会是一切事物；它也不是一个生命，因此它会是上帝。人们可以将它看作一种活生生的力量（*puissance vive*），它巨大无比，包罗万象并推动万物，下属于一个至高无上的存在；它有了上帝的命令才开始运行，有了上帝的赞同才继续自己的进程。自然中的力量是神圣力量中展现给我们

---

① “树懒”（L’unau et l’aï），《自然史》，卷 13（1765 年），38—40 页；亦见“自然史的研究和分析方法”（De la manière d’étudier et de traiter l’Histoire Naturelle），《自然史》，卷 1（1749 年），11—13 页。

的那一部分。“大自然是神的庄严宝座之外的王位”。它既是原因同时又是结果，既是手段同时又是实质，既是设计同时又是完工的作品。不像由死去的事物组合产生的人类艺术，自然本身是一位永不停歇、永远活跃的工作者，它知道如何运用万物，它总是在同一个基础上工作，它的储备永不枯竭。时间、空间、物质，都是工具，宇宙是它的对象，生命的运动是它的目的。[1]

这样的准则，无论其辞藻多么浮夸或者表面看上去多么虔诚，都解除了造物主关照琐事、规划地球上生命及物质间错综复杂之相互关系的任务。因此，布丰强调生命对环境状况的适应性，尽管他对人类改造自然的力量也深感兴趣。

如我们在前面谈过的，从历史上看，环境观念是设计论中重要的从属因素；无论是否有神的眷顾，和谐的适应性都意味着和谐存在于各种形态的生命之间，也存在于有机与无机的世界之
间。在布丰的著述中，人们看到了一种转变的发生：尽管有虔信 520
派的抗议，但生命对环境的适应并非由造物主的明确意图所带来，这种适应的发生是因为在自然本身中可观察到的条件及相互作用（比如生命在一个受限环境中的抗争），根本无须乞灵于终极因。

霍尔巴赫（Holbach）男爵持有相似的观点，他的作品充满热情地注意到了物理学中机械论的解释战胜了目的论的解释；霍尔巴赫对牛顿的钦慕在于后者的科学方法，而非后者对终极因的虔诚信仰。对霍尔巴赫而言，秩序的观念是人类的创造，它来源

① “自然：第一图景”（De la Nature. Première Vue），《自然史》（*HN*），卷 12（1764 年），iii、xi 页。

于观察宇宙中必需的、规律性的和周期性的运动。人所谓的“混乱”无非是指那些与他们的秩序观念不一致的东西。“因此，人仅仅是在自己的想象中，找到了他称之为‘秩序’或‘混乱’的模型，这些模型就像人所有抽象的、形而上学的观念一样，并没有假设任何超出其影响范围的事情。然而秩序永远不过是人使自己与周围存在相一致的能力，或者说是人与他作为其中一部分的那个整体相一致的能力。”①

当霍尔巴赫将这些一般观念应用于对生命性质的说明时，他看到这是几种现象的结果，这些现象包括地球的自转，以及季节变换对动植物和人类生命的影响，等等。关于地球早期和人类占有地球的历史，无论我们采用什么理论去解释，“植物、动物和人只能被看作我们这个地球与生俱来的、自然而然的产物，存在于它们实际所在的位置或环境之中。”②假如地球上有什么意外事件发生，那地球的特别产物就会随着新环境而变化，人类甚至有可能灭绝。动植物和人类生命的分布清楚地展现了差异，一切都随着多样的气候而不同。“人生活在不同的气候中，在肤色、身形、体格、力量、勤勉与否、勇气大小和心智能力等方面就有所不同。但是，构成气候的又是什么呢？它是这同一个地球上各部分相对于太阳的不同位置，是足以使其产物产生可觉察的多样性的各个位置。”这个段落比我所知的任何一位自然史学家的著述都更好地阐明了一个事实，这就是，当设计论不再作为各种生物分布的

① 《自然的体系》（*The System of Nature*），卷1，第5章，33—34页。

② 同上，第6章，44—45页。

一个基本解释时，剩下来常常就是某种形式的环境论了。在一个讨论人调整自己以适应自然的能力的有趣章节中（他的立场很像伏尔泰反驳蒲柏的立场），霍尔巴赫说，假如地球上存在的特殊自然环境被改变了，那人类就不得不改变或者消失。“正是人所拥有的、使自己与整体环境合拍的这种天资，不仅给了他秩序观念，还让人慨叹：**凡是存在的**，**都是正确的**，一切都只是它们能够成为的那样，整体必定是它现在的样子，而这绝对没有什么好或者不好。只有把一个人逐出地球，才能使他指责这个混乱的宇 521
宙。”[①] 环境不仅带来了人们之间的差异，也解释了他们思维方式的相似之处。

霍尔巴赫无法容忍“工匠类比”：

> 我们不想再被告知：如果我们不同时了解区别于其作品的工匠，便无法了解一件作品。**自然不是一件作品**，她一直都是自我存在的。正是在她的怀抱中，万物运转。她是那巨大的计划者，被给以材料，她制造自己得以利用的工具：她所有的作品都是她自身能量所产生的效应，也是那些她制造的、她包含的、由她投入行动的代理人或原因所造成的后果。[②]

传统观点认为自然是一件作品，其各个组成部分都有目的地、连锁地存在着——植物为羚羊而生，而羚羊是狮子的美餐——自

① 《自然的体系》(*The System of Nature*)，卷 1，第 6 章，45 页。

② 同上，卷 2，第 3 章，232 页。关于有神论、自然神论、乐观主义及终极因，亦见第 5 章，246—274 页。

然是来自智慧计划的一种和谐；霍尔巴赫在反驳这种观点时表示了一种去除终极因的看法，即自然中的各种关系是基于自然法则，这些法则的运作只要人了解得足够多便是可以被弄清的。地球上的自然环境、地球对太阳的关系、太阳热量分布的种种变化，保证了植物、羚羊和狮子的生存。至于羚羊吃植物、狮子吃羚羊，这个现象并不比它们最初的存在更为神秘。

6. “一切皆好”

人们对于地球作为一个可居住星球的自满态度被1755年的里斯本大地震严重破坏了。这次可怕的灾难和随之而来的海啸，凸显了“恶”这一问题，也使得人们思考，这种无差别影响一切生命的自然灾害到底扮演着什么角色。它还提出了关于地球上的秩序与和谐、自然环境的适当性，以及终极因在自然中的有效性等问题。

在一个对自然灾害的作用过程知之甚少的年代，自然灾害和对自然灾害所作的解释就像道德之恶的问题一样令人困惑。关于自然之恶问题，基督教护教派的传统回答是，引发了巨大痛苦的灾难起着教训和警告的作用，在更加恶化的情况下就是作为惩罚。如果一个具有地震特征的自然灾害引发了人们头脑中对设计这样一个有缺陷构造的造物主能力的怀疑，那么传统的答案——这是巴特勒（Butler）主教在《宗教的类比》（*The Analogy of Religion*）中给出的——是说人类并不被指望能够领会在如此庞大规模上计划出来的创世。

1750 年 2 月和 3 月发生在伦敦的两次小地震，激起了关于 522
地震的自然原因、道德原因和宗教原因的很多思考。不过，1755 年 11 月 1 日上午 9 点 30 分开始的里斯本大地震，或许是自公元 79 年维苏威火山喷发以来西方历史上最可怕、也最广为人知的自然灾害。

这次地震在思想史中有重要地位，不仅缘于对它所作的宗教阐释，还因为伏尔泰的作品《里斯本灾难哀歌》（*Poème sur le Désastre de Lisbonne*）和《老实人》。前一首诗歌直接把目标指向了亚历山大·蒲柏“一切皆好”（*tout est bien*）的哲学。伏尔泰这首诗和《老实人》都激烈地表达对某种乐观主义的轻蔑，这种乐观主义是伏尔泰认为自己在莱布尼兹的哲学中看到的。在地震过后的第二天，幸存者表现出普遍的消沉，庞格罗斯博士解释说，万事都不得不以其发生了的方式发生。他说：“这一切必定都是为了最好的结果；因为，如果里斯本的下面有一座火山，那它就不会在别处，既然事物绝不可能不是它们现在的样子。因为‘一切皆好’嘛！”所谓“一切皆好”来自蒲柏《人论》中的一段，其开头是“那么停止吧，也不要把秩序称为不完美”：

整个自然乃是艺术，只是你不知道；
一切机遇都有方向，不过你没看出；
一切不协调皆构成和谐，可惜你没领悟；
一切局部的祸，都是全局的福：
尽管人傲慢，理性会错误，

一条真理很清楚：**凡是存在的**，**都是正确的**。[1]

尽管伏尔泰孜孜不倦地批评莱布尼兹、沃尔夫（Wolff）和他们的追随者，但他所反对的哲学应当更多地记在蒲柏账上，后者的信念——我们这个世界是所有可能的世界中最好的世界——是基于对科学的尊重、基于经验的依据，而不是像莱布尼兹那样“先验的”（*priori*）依据。对蒲柏来说，科学揭示了无所不包的世界统一性。他在此使用了剑桥柏拉图学派的语言（“看到可塑的自然在运行……”）以及雷和德勒姆的说辞。[2] 不过，蒲柏这位英国诗人并不熟悉莱布尼兹的著作，而启发了蒲柏很多观念的博林布罗克（Bolingbroke）是看不起德国哲学家的。伏尔泰在《老实人》中所嘲笑的是终极因的极端信奉者与蒲柏的盲目追随者。后来，主要因为七年战争，伏尔泰的悲观主义似乎进一步加深了。[3]
523 地震，还有伏尔泰的名望，挤走了关于自然和谐的较愚昧的放纵

① 《老实人》（*Candide*），第5章。《人论》（*Essay on Man*），信件I，x。这封信也包括了关于存在之链的著名段落（viii），这段的开头是：“一切都只是一个巨大整体的各部分，自然是它的躯体，上帝是它的灵魂”，等等（ix）。

② 《人论》（*Essay on Man*），信件I，第281—294行，引文在第289—294行；信件Ⅲ，1，第1—26行。巴伯（Barber）：《莱布尼兹在法国》（*Leibniz in France*），110、174—177、194页。

③ 巴伯，前引书，118、230、232页；关于“一切皆好”，见238—241页。根据他的说法，天主教正统派常常将乐观主义与自然神论联系在一起（114—115页）；不过，蒲柏引发了人们对莱布尼兹的兴趣（122页）；沃尔夫在德国的流行，以及那些热心追随者将其哲学传播到法国的尝试，都使得公众熟知了莱布尼兹的学说（141页）；伏尔泰早期的一些思想与蒲柏颇为相似（215—216页）；伏尔泰经常无法区分蒲柏与莱布尼兹，他不熟悉莱布尼兹的《神义论》（*Theodicy*），对莱布尼兹并无深刻的理解（232页）。

言行、人间事务中自鸣得意的乐观主义，以及认为随着时间进程必然会取得进步的不加甄别的假设，不过，它并没有给终极因和被当作理解自然钥匙的设计论观念以致命的一击。[①]

伏尔泰本人并非终极因的敌人。他关于里斯本地震诗歌的初稿写于 1755 年 12 月 7 日，多次修改后的终稿完成于 1756 年 3 月。[②] 他关于终极因的宣言发表得比这晚得多。他收入《哲学辞典》（*Dictionnaire Philosophique*）中关于终极因的文章最初发表于《自然之奇异》（*Des Singularités de la Nature*，1768 年），其开篇大段引用并抨击了霍尔巴赫男爵的《自然的体系》（*Système de la Nature*）。伏尔泰论及了巨大山脉的用处——它们使地球更为坚固，协助土地灌溉，还将所有的金属与矿藏都封存在自己的底部。但伏尔泰也不支持滥用或将事物推至荒谬的极端：鼻子不是为眼镜而生的；潮水也不像某些人所说的那样，赋予海洋只为便于船只进出港口。终极因，如果要被认为有根据的话，需要时间与空间上的一致效果和不变性。因此，“海洋是为贸易和航海而创造的”这个论点是错误的，因为船只并非一直存在，也并非所有的海上都有船只。伏尔泰在反驳霍尔巴赫时强调说，自然世界确实就像一件艺术作品，因为二者都揭示了一种目的感。同时，

---

① 关于伦敦地震，见肯德里克（Kendrick）：《里斯本大地震》（*The Lisbon Earthquake*），11—44 页；关于里斯本地震的描述，见 45—70 页；关于“上帝的愤怒”，见 113—169 页；关于伏尔泰的重要性，见 183 页往后；关于卢梭和伏尔泰对地震的论述，见 194—197 页；关于康德的阐释（他当时深受莱布尼兹哲学的影响），见 198—200 页。这本书中与我们的主题最为相关的是第 7 章“乐观主义被攻击”（Optimism Attacked），180—212 页。

② 关于这首诗的历史，同上，180 页注 2，184—191 页。

伏尔泰也为这样一个论点所打动：自然中的美暗示着终极因，就像山川、河流、平原三位一体组合的实用与美丽意味着终极因一样。[①]

在《哲学辞典》的其他条目中，伏尔泰表达了类似的观点。他不赞同斯宾诺莎和卢克莱修的看法，他认为：否认眼睛是为看而生、耳朵是为听而生、胃是为消化而生，都是愚蠢的。自然正如艺术，二者中都存在着终极因。一棵苹果树造出来是为了结苹
524 果，钟表造出来是为了告知我们时间。[②] 拒绝接受终极因的是几何学者（比如笛卡尔），而不是哲学家；一个真正的哲学家是会承认终极因的。教义问答师向孩子们宣扬上帝，而牛顿则向有智慧的人证明上帝。[③] 在伏尔泰对牛顿哲学的普及中，他批评了笛卡尔和斯宾诺莎，反驳他们时引用了牛顿在《光学》（*Opticks*）里所表述的对终极因的信仰。对牛顿足够好的东西对伏尔泰来说也是一样。[④]

伏尔泰和霍尔巴赫的作品是文学家之间关于终极因辩论的例子。对于吸引了严肃的自然研究者的哲学，他们两人都是受人欢

---

① “自然之奇异”（Des Singularités de la Nature），《伏尔泰全集》（*Oeuvres Complètes de Voltaire*），伯绍（Beuchot）编辑，卷 44，236 页；以及“终极因”（Causes finales），同上，卷 27，520—533 页。

② “上帝，诸神”（Dieu，Dieux），同上，卷 28，374—375 页。

③ “无神论”（Athéisme），同上，卷 27，189 页。

④ “牛顿哲学原理”（Éléments de la Philosophie de Newton），同上，卷 38，13—14 页。在“詹尼的历史，又名：无神论者与智者”（Histoire de Jennie，ou l’Athée et le Sage）（1755 年）第 8 章中，伏尔泰阐述了与他关于上帝的文章相似的观点（同上，卷 34，390 页）。

迎的辩护者。伏尔泰为终极因的辩护是令人遗憾的，那不过是色诺芬的简单论据，他没能像雷和德勒姆甚至林奈那样对这个简单论据加以充实。据我所知，当时对伏尔泰最中肯的批评，以及对解释自然灾难的宇宙意义和人类意义中存在缺陷的最恰当评论，是来自赫尔德的：

> 非常不像哲学家行为的是伏尔泰对里斯本灾难的抱怨，为此他几乎是亵渎地责难上帝本身。难道我们自己，以及属于我们的一切，甚至包括我们所居住的地球，不是都受惠于元素的力量吗？而当这些元素欣然按照永恒运作的自然法则，周期性地苏醒并伸张它们自己；当水、火、空气和风这些让我们的地球可居住而丰饶的要素，按它们的进程行事去摧毁地球；当太阳在长期慈父般地温暖我们、养育一切生物、用金色带子把一切生物连结到自己的欢喜面容之后，最终将地球老朽的力量吸入他炽热的胸怀，因为地球不再有能力更新和维持这些力量；在这种情况下，除了智慧与秩序的永恒法则所要求的之外，还会有什么其他事情发生呢？在多变的事物体系中，如果要有某种进步的话，就一定会有毁灭：那将是表面上的毁灭，或外观和形式的改变。但是这绝不影响自然的内部，这个自然内部在一切毁灭之上升起，继续不断地从自己的灰烬中上升，像凤凰涅槃一样，并且绽放出青春活力的花朵。我们这个居住地的构成和它出产的一切物质，一定早就为我们准备好应付人类历史的脆弱和多变，而且，我们越是靠近地去审视它，这些东西就越是清晰地在我们的

认识中展现自己。[①]

7. 休谟

考虑到设计论思想和终极因学说曾长期被应用于活态自然及可居住地球的概念，考虑到俗套例子和类比无数次地重复出现，
525 还有一些贫乏到不值得因袭的观念令人沮丧地陈陈相因，在这种情况下我们不可能不佩服康德和休谟的批评分析，他们两位远远超越了之前曾出现的任何一个人，也许直到今天在说服力方面依然无人超越。康德所用的例证特别引人注目，因为他对地理学和人类学非常感兴趣，这些兴趣都呈现在他的目的论批判中。

工匠类比的基础是假设上帝像人一样思考。但休谟极为明晰地看到人们在理解创世时的局限，看到人们在阐释由望远镜和显微镜的发明而打开的自然界时所遇到的困难，也从自然法则的角度看到自然之恶这一问题。

在本文的讨论中，我所关心的并非休谟本人的看法这一恼人的问题（见第 7 节最后一条注释），而是对话中的对话者所表达的思想。斐洛是这些对话者中最有趣、最富挑衅性和最有说服力的人，他认为，人在日常的思索中具有诉诸常识和理性的优势，但这些在神学中几乎毫无用处，因为神学问题对人类理解力而言是过于强大了。我们的思想不会比自己的经验走得更远，但显然

---

① 赫尔德（Herder）：《人类历史哲学思想》（*Ideen zur Philosophie der Geschichte der Menschheit*），第 1 部第 3 章最后，丘吉尔（Churchill）翻译，9 页。

我们对于神的属性没有任何经验。

对话者克里安提斯为设计论陈述的理由很有尊严且定义明晰，也是传统的。世界是一台机器，其中的部件经复杂校正、精准磨合，在一起运行良好。调整手段以适应目的，是所有生命的特质。因此，大自然正如人类工匠的作品一样，不过其结果更令人难忘得多，规模也更大。如果能将自然中可观察到的效果与出于人类目的的创造物作个类比，那就可以在带来这一切的人的原因与神的原因之间作出类比。如果这些陈述是正确的，那我们也就可以说，自然的创造者在行事时有着与人相似的心智，当然我们这样说的时候带有通常的保留，即神的心智自然要伟大得多。斐洛回答说，这个类比可经不起分析。它将事物引伸过度了，比如说假设一所房屋就像宇宙一样。[①] 此外，秩序和安排的存在及其适当运转，本身并不是设计的证据。身体运行不畅的动物会死去，宇宙也是一样。秩序也许不过是物质之中所固有的；我们大约可以说，这样的构造使事物得以运转，而不必提及设计论。

人和动物都具有思想、设计与智力，但是这些特质也只不过是“宇宙的机能和原则”之一，完全不足以解释宇宙的原则。“我们称之为‘思想’的这种大脑小小的骚动，它拥有什么专门的特权，以至于我们必须把它当作整个宇宙的模型？”自然中有无限数量的机能和原则。人见证了船只和城市的出现以及它们后来的发展，可这些只是太琐屑不足道的经验，不能作为推测宇宙起源 526

① 《自然宗教对话录》(*Dialogues Concerning Natural Religion*)，第1部分，9—10页；第2部分，18页。

的指南。[①]

这时，冷峻的斐洛剖析了一个被从前的许多学者认为定案的论点：望远镜和显微镜无可估量地拓宽并加深了人们对自然秩序和上帝智慧的理解，因为他们现在可以观察到从无限大到无穷小的存在物的完整范围。传统的结论是（莱布尼兹本人对此欣然同意），这些新近揭示出来的多重世界一千倍地确认了“设计”的存在，这些世界在完全意料不到的领域中显示了一种秩序和模型。斐洛说，迄今为止人类所知自然边界的这种扩展，使问题变得更加复杂，而不是更简单，因为类比变得更加遥远而不相干了。

古代世界的卢克莱修与西塞罗的论点如今又在现代知识的帮助下被更新提出。“即便我们把自己的这类［显微镜方法］研究推进得再远，我们仍然会被导向这样的推断，即总体的宇宙原因是与人类极为不同的，或者说与人类经验和观察的任何对象是极为不同的。”康德也得出了类似的结论。[②]

在日常的世界中，到底什么才是工匠技艺？在当代的人类工匠背后，有着世代的尝试与错误，有着技巧的积累、发明、工艺传统；人类工匠是长时期所积累的技巧的承载者，是这些技巧在当时的体现，而并非自己就是一个创造性的天才。此外，雄心勃勃的任务是合作的事业，是很多人的作品。斐洛问道，即便承认世界是一件完美的作品，难道一件作品的卓越之处能够归功于它

① 《自然宗教对话录》(*Dialogues Concerning Natural Religion*)，第2部分，23页。

② 同上，第5部分，38页。见卢克莱修（Lucretius）：《物性论》（*De Rerum Natura*），第11部，2，及西塞罗（Cicero）：《论神性》（*De natura deorum*），第1部第8章。

的工匠吗？“如果我们视察一艘船，面对制造出如此复杂、实用而漂亮的机器的木匠，我们一定会对他的创造才能产生一种多么赞叹不已的想法吧？而当我们发现他不过是一个模仿他人的愚蠢技工，他所抄袭的那种技艺是经过漫长年代中无数的实验、错误、修正、深思与争辩才得以逐渐改进的，我们又该感到怎样的惊讶啊！”如此，人类生产力的合作性质使其不能成为证明上帝独力工匠技艺的有力证据。这样的论点带来了一种可能性，即多个世界“也许在永恒的进程中曾经被糟蹋或弄坏过”，这些是由摸索中的试验和错误带来的，它们逐渐改进了“创造世界的技艺”。[①]

斐洛的辩驳基于人类技艺与发明的复杂的、历史的及合作的特性，他的辩驳再一次地令人信服地表明：想要通过比较自然与人类创造秩序的能力来解释明显的自然秩序，实在是毫无希望的。
斐洛说，实际上，假如一定要作出类比，那么世界更像是一棵植 527
物或一只动物，而不像一座钟表或者一台织机，并且，世界的出现所经历的过程可能更接近于或者可类比于繁衍的过程，而不像制造钟表或织机的过程。坚持这个观点也并非为了观点本身，而是因为它显示“我们没有资料来确立宇宙演化论的任何体系。”[②]

克里安提斯抱怨斐洛过于强调，一个生命形式除非拥有其存在所必需的力量与器官，否则便是无法生存的。但是事实上，人和动物拥有的便利与优势是怎样起源的呢？“一双眼睛和一对耳朵对物种的生存并非绝对必需。没有马、狗、牛、羊等动物，以

---

① 《自然宗教对话录》(*Dialogues Concerning Natural Religion*)，第 5 部分，39 页。

② 同上，第 7 部分，47—48 页。

及使我们满足和享受的水果和其他作物，人类可能也会繁殖与维持。要是骆驼没有被创造出来供人在非洲和阿拉伯的沙漠中使用，那么世界就会瓦解了吗？”克里安提斯在此处（以及用其他的例证）反驳了对自然吝啬的强调；其他事实表现了自然的仁慈与慷慨。[①] 就此，斐洛还击说“你已经陷入了神人同形论。”我们在前面谈过，关于驯化的最早解释之一就是，动物是由仁慈而慷慨的造物主特意设计出来，为了让它们在人所支配的体系中发挥作用；这个观点同样假设，关切人类福祉的自然是慷慨大方的。

然后，德梅亚（Demea）说，人类不是有一种普遍的共识，认为人类的苦难在世界上只是平常事吗？当德梅亚说没人否认这一点的存在时，斐洛纠正他说，莱布尼兹就否认过（这是不正确的，见上文，本章第 2 节和第 6 节）。“相信我，斐洛，这整个地球都被诅咒和污染了。一场持久的战争已经在所有的生物中点燃。贫穷、饥饿与匮乏刺激着其中那些强壮勇敢的，而惧怕、焦虑与恐怖则使那些无力的和懦弱的心慌意乱。”斐洛说，注意看“自然的奇特诡计，那是为了令每一个生命痛苦。”强壮的是掠夺成性的，弱小的也一样——并且像昆虫一样令人厌烦；“每只动物都被敌人包围着，这些敌人无休无止地寻求着对手的受难与毁灭。”德梅亚回答说：人看起来是这个规则的部分例外；通过联合起来组成社会，人可以保护自己不受大型肉食动物的伤害，而且事实上掌控它们。斐洛回应说，人类对万物的掌控并不能解决这个问题，因为他制造出了自己的问题，其中有：迷信、人对人的不人

① 《自然宗教对话录》(*Dialogues Concerning Natural Religion*)，第 8 部分，55 页。

道、精神与肉体的疾患、劳役与贫困。其结果是在没有愤怒与哀怜的情况下显示出了人类生命的不稳定。人的禀赋足够生存，只是需要挣扎奋斗。[①]

这些关于人类苦难的直言不讳的段落，导向了关于观察者的问题。这让我们再一次想起西塞罗和卢克莱修著述中的相似讨论。自然秩序，(a) 在一个事先确信其真实性的人看来，以及 (b) 在一个不这样确信的人看来，会是怎样的呢？ 528

这两个选择中的第一个是想象出来的，第二个则反映了人的实际经验。关于第一种选择，他说，如果一个只有非常有限的智力、对宇宙毫无认识的人预先得到保证说，宇宙是被"一个非常好的、智慧而有力的存在"所创造，那么，他在真正看到宇宙之前对于"宇宙会是怎样的"想法，与我们通过经验所知的宇宙样子会非常不同。有了万物归因于神的认识，他绝不会怀疑"结果可能会充满了邪恶、苦难与混乱，就像真实生活所表现的那样。"然而，当这个人被带到世界上来，他可能会对他所看到的东西感到失望，可他只会为此责备自己的不足，而仍保留着他的预想，因为他"必须承认，对这些现象可以有很多解决方案，只是它们都完全超出了自己的理解。"第二种选择表现了人类真实的处境：不存在对仁慈而有力的神圣智慧的事先确信，也没有得到任何预先的指导；人"只能靠自己从各种事物的表现中集合起这样一个信念——这就完全改变了整个情形，他也不会找到任何理由来下

① 《自然宗教对话录》(*Dialogues Concerning Natural Religion*)，第 10 部分，62—63 页。

这样一个结论。”即便人认识到了自己理解的狭隘，这种不足也不会帮助他从自己的所见所闻中形成关于神圣存在的推论，“因为他必须从他所知的一切，而非从他所不知的东西中形成这一推论。”[①]

因此，以卢克莱修甚至是伯内特的方式，斐洛嘲笑自然的混乱无序。如果自然一定要有一个工匠创造者的话，那么它实在是一个愚笨无能的建筑师的作品，这建筑师不能为他拙劣的作品找借口说：本来可能会更坏。建筑师原应以适用的技能制定一个好的计划作为开头的。[②]

斐洛得出结论说，这个世界可能与一位有力、智慧、仁慈的上帝的观念相一致，但是“它永远不可能给我们关于上帝存在的推论。”考虑到地球与生命的真实状态，为什么不能每个人都幸福？为什么身体上的痛苦与艰辛是必需的？答案正如后来形成马尔萨斯和达尔文理论的那些要素一样。斐洛认为人类的苦难与邪恶有四个主要原因：（1）痛苦和愉悦“刺激所有的被造物行动起来，让它们始终警醒于自我保护这一重要工作”，这是创世经济制度的一部分。可是为什么不能只有愉悦呢？有任何理由说痛苦是必要的吗？（2）倘若世界不是被一般法则支配着的话，那么痛苦的能力本身就不会产生痛苦；但是这种支配“对一个非常完
529 美的存在而言似乎绝非必需。”难道不会是上帝在“消除一切恶行，无论它在哪里被发现，并创造一切好事，而无须任何准备或漫长

① 《自然宗教对话录》(*Dialogues Concerning Natural Religion*)，第11部分，72页。

② 同上，72—73页。

的因果过程？”[①]（3）自然经济制度的特点是“一种伟大的节俭，所有的力量与能力都按照这种节俭精神被分配给每一个别的存在。”对动物机制现存部分的调整是如此精细，以致令人怀疑是否真有任何动物灭绝过，但是赐给它们天赋的是一只过于节俭的手，因此对这些天赋的任何重要缩减都会摧毁这些生命。自然是严厉的而不是纵容的父母，是“严格的主人”，她给予她的造物“比刚刚够满足它们所需多不了什么的力量或天赋”。纵容的父母会慷慨地多给一些，以避免意外并确保造物的快乐与幸福。为什么一个如此强大、可能拥有无穷力量的造物主会表现得如此固执与吝啬？假如他的力量其实是极为有限的，那也许更好的做法会是“少创造一些动物，而赋予这些动物更多的能力以利于它们的幸福与保存。”[②]（4）最后，存在着“自然这伟大机器所有机能和原则的不精确的手艺”。我们承认宇宙中万物结合在一起，似乎运行得相当良好，并且看起来没有哪些部分不是为某种目的服务的，然而尽管如此，疏忽与粗心大意还是明显存在于执行的过程中。“我们可以想象，这壮观的作品没有得到创作者的最后润色——所以并非每一部分都完成了，并且制作的笔触还相当粗糙。”在这里斐洛背离了传统的观点，后者认为神圣有序的创世之所以未完成，是为了让人类通过耕作、建立城市和其他活动去完成它。

风和雨也许是仁慈的，但是为什么会有飓风和酷热？不过，

① 《自然宗教对话录》（*Dialogues Concerning Natural Religion*），74 页。

② 同上，76 页。

这种自然之恶是自然法则运作的后果。飓风、火山、酷热、地震，这些都可以由独立于人类生命之外的原因来解释。这就是赫尔德在批评伏尔泰关于里斯本灾难的诗歌时的要点。但是为什么这些在人身上效果冲突的自然法则之运作是必要的呢？

既然自然之恶主要来自上述四种情况，于是对话者得出了与《罗马书》1：20 相反的结论。我们眼中所见，并不能把我们引向关于工匠或自然的工匠手艺的可靠推论。

> 四周看看这宇宙。如此无限丰富的存在，生机勃勃又井然有序，通情达理又活跃积极！你赞美这不可思议的丰富多样与丰饶多产。但是，再仔细一点审视这些有生命的存在，这唯一值得重视的存在。它们对彼此是多么地充满敌意与破坏性！它们每一个对于自己的幸福是多么地无能为力！这对
> 530 旁观者而言，又是多么地可鄙或可憎！这个整体呈现出的只不过是一个“盲目自然”的观念，受孕于伟大的生命赋予法则，从她的下摆倾泻般生出残疾又发育不全的孩子，而她却没有识别力或给予父母关怀！①

① 《自然宗教对话录》(*Dialogues Concerning Natural Religion*)，78—79 页。《自然宗教对话录》（发表于休谟去世后）曾长久地使休谟的研究者感到迷惑。考虑到第 12 部分的明显“放弃”，斐洛到底在何种程度上表达了休谟的思想？在结尾的一段里潘菲勒斯说，“斐洛的原则比德梅亚的原则可能性更大，但是克里安提斯的原则更为接近真理。”见亨利·艾肯（Henry D. Aiken）为这一版所作的导言。

8. 康德与歌德

上文对休谟《自然宗教对话录》的讨论，为我们接下来介绍康德作好了准备。康德在《纯粹理性批判》（1781 年）中已经讨论过物理神学证明和目的论，我们在这本书中能够感觉到，康德对必须拒绝宇宙论证明和物理神学证明还是很遗憾的。[①] 不过他关于设计论、秩序及人在自然中的位置最深入的讨论，还是在《目的论判断力批判》之中。[②]

让我们来看一看康德适用于地理学的一些例证。冲积沉积是一种有可能引发目的论解释的物理过程。河流携带着悬浮的土壤，在河岸旁和三角洲形成很好的农用土地。涨潮时海水将冲积物带向内地或者沉积在海岸边，这也许算是把它们从海里营救出来；要是人可以防止退潮将这些冲积物带走的话，可耕地的面积就会扩大，陆地将在损害海洋面积的情况下得到增加。自然不断地用这种方式创造新的土地，问题也就此出现：是否"这个结果应当被看作自然方面的一个目的，既然它对人而言充满利益。我说'对人而言'，因为对植物界的利益不能被考虑进去，这是由

① 《纯粹理性批判》（*Critique of Pure Reason*），第 2 部第 3 章第 7 节。见其中康德关于环境影响论的讨论、他对莱布尼兹、伯内特和存在之链的批评，以及对地球及其外形的讨论。

② 关于康德的目的论，见克尔纳（S. Körner）：《康德》（*Kant*）（Pelican Books 版），196—217 页。

于陆地增加了多少，相应的海洋生命就损失了多少作为抵消。”[①] 或者，我们可以考虑一下某些自然现象在使其他现象达成目的中所起的作用。康德说，举个例子，松树长在沙地上。对它们来说，没有什么比原始海洋后撤时留下的土地更为健康了；这种土地不适宜农耕，很多松树林可以长成，“就是我们经常责怪祖先们肆意摧毁的那种森林”。那么，这些沙地是不是自然考虑到可能对松树林有利而设置的目的呢？如果把松树林假定为目的的话，那么沙地、沙地背后撤退的原始海洋，等等，一定也会是从属目的。在第三个例子里，康德说，如果我们认为牛、羊、马之类的动物是因为某种理由而存在于世界上，那么一定要有喂养它们的草，
531 沙漠中还一定要有特别的碱性植物才能让骆驼生存。如果肉食动物——狼、老虎和狮子——要存在的话，上述动物以及其他的草食动物必须存在才行。“因此，以适应性为基础的客观终结并非事物固有的客观终结。就像沙地，作为单纯的沙地，不能被视为形成它的原因（即海洋）所得到的结果，除非我们让这个原因寄望于一个目的，并且将结果（即沙地）当作一件艺术品来对待。”[②] 草木或农作物可能凭其本身资格被认为是自然有组织的产物，但如果将注意力放在靠它们喂养的动物身上的话，那它们同时也可能只被当作原始的材料而已。

人类通过使用动物和植物介入自然，这使人对目的论自然观的解释产生了更多的怀疑。“人在因果作用上的自由，使他能够

---

① 《目的论判断力批判》（*Critique of Teleological Judgment*），13（367）页。

② 同上，14（368）页。

改造实在的物体去适应那些他心中所想的目的。”人或许会愚蠢地用鸟的羽毛装饰自己，也会聪明地把家畜用于运输或耕作，但这些介入并不证明这些使用方式存在于动物与生俱来的天性之中。“我们所能说的无非是：如果我们假定人原本就应该居住在地球上，那么至少，作为动物，乃至有理性的动物（无论在多低的层面上），其生存所不可或缺的资料也必定不能不存在。但是在这种情况下，这些人之生存不可或缺的自然事物必须同等地被视为自然的目的才行。”①

康德将他的分析扩展到生命在地球表面的分布，以及生命形式对自然环境的关系。他开头只是漫不经心地谈及在寒冷的国家里，下雪使人们更容易交往，因为他们可以使用雪橇。一个拉普兰人可以享受他的雪橇，因为他拥有一头驯鹿来拉动雪橇，这样带来了他所喜欢的社交。驯鹿靠着从雪下面刮出来的干苔藓过活，它们屈服于人的驯化，很快就接受了自己的自由被剥夺。在以海洋生物为食品、衣服、燃料，以浮木生火的北极各民族中，同样也存在着类似的人、动物和无机环境之间复杂的相互关系。

> 现在，我们在这里有了真正绝妙非凡的自然对目的的许多关系的汇集，这目的就是格陵兰人、拉普兰人、萨摩耶德人、雅库特人，等等。但是我们根本不明白人为什么要居住在这些地方。因此，要是我们说这些事实——蒸汽自大气中以雪的形式落下，海洋有洋流把较暖地带的树木冲刷到这些

① 《目的论判断力批判》（*Critique of Teleological Judgment*），14—15（368）页。

> 区域，含有大量油脂的海怪在这里被发现——**都是由于**给某种可怜造物一些利益这个观念构成了使这些自然产物聚集在一起的原因之基础，那我们这个说法会是十分危险而任性的断言。因为，假设这一切自然方面的功用都不存在，那么我们也就不会因为自然原因没有为这个生存秩序服务的能力而感到欠缺了。相反，在我们这一方面，即便只是向自然去要
> 532 求这样一种能力或这样一种目的，都会显得放肆而轻率——因为除了人类极端缺乏社会统一性之外，没有任何其他理由能够把人分散到如此不适宜居住的区域。①

康德继而指出，把自然比作一台机器或一个工匠是有毛病的。有组织的自然不能被视为一台机器。负责生产钟表的动因在钟表之外，钟表的一个齿轮不能制造另一个，一只钟表也不能通过利用或组织外部材料来制造其他钟表，它无法更换部件、校正缺陷，也不能修理它自己。毫无疑问，康德有意识地使用了钟表的例子，因为这是多年来人们用以说明“工匠类比”最喜欢使用的例子：一只没有制造者的钟表，那简直不可思议；一个没有制造者的自然也是一样……等等。

> 但这些都是我们在有组织的自然中有正当理由期待的东西。因而一个有组织的存在不是一台单纯的机器。一台机器只有**动力**，而一个有组织的存在拥有内在的**构成力**，并且能

① 《目的论判断力批判》（*Critique of Teleological Judgment*），16（369）页。

将构成力给予没有这种力量的质料——即它所组织的质料。因此，这是一种自我繁殖的构成力，不能只以运动能力来解释，也就是说，不能以机械论来解释。[①]

接着他讨论了工匠类比。只说自然“在有组织的产物中”的能力为艺术的类比物是不够的，因为在艺术的观念中一定有一位艺术家——一个理性的存在——从外部工作。“但是自然恰恰相反，它组织自己，并且也组织它每一个物种的有组织产物——对一般特征而言当然是遵从单一的模式，但为了保证在特殊情况下的自我保护，仍然允许一些有意的偏离。……因此，严格地说，自然的组织与我们所知的任何因果作用都毫无可比之处。”[②]

不过，康德再三声称目的论在自然研究中是有用的，只要我们将它看成一个向导，或许是通过某种行为而给我们提供线索，就好像眼睛生来是为了看到东西那样。

因此，一件事物本质上是一个自然目的这一观念，既不是理解的构成概念，也不是理性的构成概念，但它还是可以被反思判断力作为一个规范性概念来运用，指导我们通过与我们自己按照一般目的的因果作用作间接类比，来进行我们对这类对象的研究，并作为反思万物最高来源的基础。但是在后一点上，它不能被用来推进我们的知识，无论是关于自

① 《目的论判断力批判》(*Critique of Teleological Judgment*)，22（374）页。
② 同上，23（374—375）页。

> 然还是关于那些研究对象最初来源的知识，而是与此相反，必须被限制用在理性的恰恰同样实践能力上，我们正是在与它的类比上考虑所涉的终结之原因的。[①]

533 由于康德对地理学与人类学深感兴趣，他将自然的目的与人、与人群间的文化差异、与其他的生命形式、与地球表面形状联系起来考虑，就并不令人意外。他说，我们没有任何权利因为河流方便了内陆国家的国际交流，便认为河流是自然的目的，或者因为山川使河流得以出现或保有积雪使河流在旱季也能流淌，便认为山川是自然的目的。"因为，尽管这种地表形状对植物界和动物界的起源与维持十分必要，然而在本质上，它并不包含这样一种东西，其可能性会让我们感觉到必须按照目的而援用一个因果关系。"康德将同样的分析应用到驯化的动植物的有用性问题上。牛也许需要草才能生存，人类也许需要牛才能生存。"但是我们并不明白，究竟为什么人在事实上的存在是必需的——如果我们心目中的人类样本是比如新荷兰人或火地岛人（Fuegians）的话，这个问题可能就不那么容易回答了。我们以这种方式得不到任何绝对的目的。相反，这一切适应性都要依赖一个条件，而这个条件离我们越来越远，被移到了永远在后退的地平线。"[②]

可惜康德没有详述他对新荷兰人和火地岛人的评论。因为他暗示，只有高等文化存在，他所讨论的问题才是有意义的，文明

① 《目的论判断力批判》（*Critique of Teleological Judgment*），24（375）页。

② 同上，27—28（378）页。

是研究自然中意义的先决条件。这是否意味着，人的进步才使得这一研究有了尊严，倘若人还处于原始状态中，那么这一研究就不会也不可能进行，自然也会因此而没有意义？

追随着这个主题——终极因可以被当作向导，而不去干预自然研究应通过对次级原因的调查来进行的原则——康德讨论了自然中不合人意的和恼人的事（我们在前面谈到过，这是较早期目的论最喜欢的话题），以及它们对人类的关系。他说，害虫也许是自然鼓动人作清洁的一种方式；这个思想与“需要是发明之母”十分接近。“还有，使美洲荒野对野蛮人来说如此难以忍受的蚊子和其他叮人昆虫，也许正是众多的刺激物，促使那些原始人排干湿地，让光线射入阻隔空气的密林中，通过这样做并通过耕种土地，使他们的居住地变得更为卫生。”这一原则也可以适用对自然之美的欣赏。“我们可以把它看作自然赠予我们的一种好处，除了给我们有用的东西以外，它还这样大量地分送美丽与魅力，为此我们会爱上它，正如我们由于它的广大无限而以尊敬的态度看待它，并且在这样的静观中感到自己也崇高起来——就像是自 534
然心目中带着这个精准的目的，才建立并装饰了它辉煌的舞台。”[1]

康德说，我们无法在自然中找到“任何一种存在物，能够声称自己享有创世终极目的的优越地位”。最初，我们可能将植物界看作“机械作用的单纯产物，就是自然在矿物界的形成中所展现的那种机械作用。但是对植物不可形容的聪慧组织有了更深入

① 《目的论判断力批判》(*Critique of Teleological Judgment*)，29—30（379—380）页。

的认识，就使我们不能怀有这种观点，并且使我们提问：生命的这些形式存在，是为着什么目的？”如果我们回答说它们是为着草食动物而存在的，那么我们就必须追问草食动物为什么存在，答案会说它们的存在是为了肉食动物。如果我们继续更深一步地质询，以图探知创世的终极目的，我们便回答那是为了人，以及“他的智力教他去将这些生命形式投入的多种多样用途。人是这个地球上创世的终极目的，因为他是地球上独一无二能够构建目的概念的存在物，并且能够从一大堆有意塑造的事物中，在他理性的帮助下构建一个目的的体系。”沿袭林奈的说法，康德考虑了如果采取“看来相反的进程”会得出怎样的结果。草食动物的存在，可能是为了抑制过度增长的植物界，肉食动物的存在则是为了给“草食动物的贪吃设定界限；最后，人的存在是为了通过追捕肉食动物、减少它们的数量，也许能建立自然的生产力与破坏力之间的某种平衡。所以，依此看来，不管在特定的关系中如何能把人视为目的，在另一种不同的关系中，人却只能列为一种手段。”在这最后一个例证中，人在自然中的角色使我们想起黑尔关于人作为自然的管家或管理员的观念，除了一点，即黑尔还相信人担任这一角色是因为他处于创世的顶点。①

如果我们在个体形式上采纳终极因原则，那么，我们必须迈出合理的下一步，认为整个自然王国的体系也是按照同样的原则组织而成。如果在整个自然体系中有这样一个目的存在，它只能

---

① 《目的论判断力批判》（*Critique of Teleological Judgment*），88—89（426—427）页。

放在人的身上，但是并无证据表明这是真实的。“因为被视为诸多动物中一个物种的人，大自然远远不是把他当作一个最终的目的，而且并没有使他在免于遭受自然破坏力上多过免于承接自然生产力，也没有在使一切服从毫无目的的机械力这一点上为他作出丝毫破例。”①

康德再一次展示了他对地理学和自然科学的强烈兴趣。如果自然作为一个整体，是一个被终极因所支配的体系，那么生物的栖居地必须能够说明这一原则。栖居地、土壤或其他意在支持生命的要素，并没有显示出“任何原因的痕迹，只有一些全然没有 535
设计的东西在一起行动，并且事实上倾向于破坏，而不是有意促进形态、秩序与目的的发生。”这段文章提出了地球环境对生命的适宜性这个老问题，这个问题如前所述，在伯内特对地球的批评之后曾激发了十七到十八世纪众多思想家的兴趣。康德采取的立场是，目前地球表面的形状尽管有斜坡、泉水、地下水，以及其他令人满意的特征带来的便利与智慧用途，但它并不是设计所得，而是地质历史发展的结果；对它们的更仔细的调查“显示出，它们只不过是如此而来的结果：部分由于火山爆发，部分由于洪水，甚至由于海洋的入侵。”此处最重要的一点不是康德所采纳的地质学理论，而是康德的这个表述：地球构造是历史事件的结果，而非终极因的结果。在这样一个有着自己历史的星球上，人类历史呈现了它本身。②

---

① 《目的论判断力批判》（*Critique of Teleological Judgment*），89（427）页。

② 同上，80—89（428）页。

康德对自然中的终极因和对“地球是设计产物”这个观念的分析，实在是对历时两千多年的多种思想的大收获。从短一些的时段来看，这也是伯内特《地球的神圣理论》所引发的思考与研究所达到的顶峰，因为，在一个牛顿科学已给予人们诸多新思想去研究的时期，伯内特迫使人们思索地球的构造、形态、位置及其对生命的适宜性，这个任务由雷、德勒姆和其他人承担起来，并得出了十分有趣的结果。从他们寻找上帝创世智慧的尝试中，出现了相互关系的思想，最终取代了终极因的学说。

关于自然的目的论解释对科学探究的影响，歌德也持强烈批评的态度。从根本上来说，他也反对设计论，因为设计论建立在一个类比的基础上。他说，当一种科学看起来发展减缓或者中断，错误常常存在于“某种基本概念过于因循守旧地处理这个题目”，或者是不加考虑地继续使用一个已被接受的术语。虽然歌德认为“有机生物是由一个目的论生命力为特定目的而创造并赋形的观念”取悦了一些人，对某些思维模式必不可少（“我自己发现不可能也不希望把它作为一个整体来反对”），但在严肃的科学研究中，这却是一棵脆弱的苇草。困难在于，人们通过生活经验，对有目的的活动心怀尊重，他们的性情与处境使得他们倾向于认为，他们是作为创世的目的而存在的。像“杂草”这样的词汇揭示了他们误解的性质。

> 当从他［即人］的角度来看，一种植物确实不该存在时，为什么他不应当称这种植物为“杂草”？他会毫不迟疑地把妨碍他种田的蓟草之存在归因于被激怒的仁慈神灵的诅咒，

> 或者归因于一个不吉利鬼魂的恶意，而不愿意简单地把蓟草 536
> 看作普世自然的子民，被自然所珍爱，正像自然珍爱他小心栽培并高度重视的小麦那样。

歌德作出了与布丰一样的论断：对于理解自然的目的来说，人类的目的实在不足为训。“并且，由于人评价最高的是自己及他人有意图、有目的的行事过程，他也会将目的与意图放到自然身上，因为他对自然的概念不可能超越他对自己所形成的概念。”

如此强调“目的”和“用处”的这样一种自然构想，使自然看来像一个巨大的工具棚。假如自然中的一切都是为人而存在的，那么人就是假设自然正为他制造工具，就像他为自己制造工具那样。“这样，为杀死猎物而获取枪支的猎人，无法充分颂扬自然母亲般的关怀，而正是自然在万物之初创造了狗，使他能够找回猎物。”

更具独创性的是歌德提出的异议：“人认为所有的事物都与他自己相关，他这样想就必须假定外部形态是从内部决定的，这一假定对人来说要容易得多，因为这意味着任何一个单独的生命如果没有完整的组织，都是不可想象的。”生命的内部组织是被明确定义的，但它的外部存在则只可能出现在适宜的环境条件下。在歌德手中，环境从生命的被动媒介转变为一个调理生命、维持生命的主动创造性角色。

> ……我们看到在土地上、在水中、在空气里到处活动的形式极为多样的动物；根据流行的阐释，这些元素（土地、水、

> 空气）被提供给这些生物，专门是为了使他们可以产生多样的活动，并保护他们多样的存在。但是，原初的生命力，或习惯上归属于它的运用理性之造物者的智慧，当我们接受即便它的力量也是有限的，并且承认它不但**向**外部创造，而且**从**外部也同样创造得很好的时候，难道不是获得了更高的名望嘛。在我看来，与其说鱼是为水而存在，不如说鱼**在水中、依靠着水**而存在；因为后一种陈述清晰得多地表达了前一个说法中仅仅模糊暗示的东西，也就是说，被称为鱼的造物之存在，只有在被称为水的元素存在的情况下才有可能，并且这些鱼不仅是在水里存在，还在水里成长。同样的情况对所有其他造物也都适用。

这也是一种生态学观点的前兆，包含对环境条件影响生命的研究——环境条件给生命以形态，或为生命设定了限制。橡树不能单独被橡实所解释，它的秘密也显示在风、山坡、太阳和土
537 壤之中。① 休谟、康德和歌德都没有一锤定音。我们都知道，创

① 歌德（Goethe）：“发展一个普遍比较理论的尝试”（An Attempt to Evolve a Genenral Comparative Theory），收录于《歌德的植物学作品》（*Goethe's Botanical Writings*），伯莎 · 米勒（Bertha Mueller）翻译，81—84 页。着重符号为原文所有。关于写作时的情况（此文属于 1790 年代初），见 81 页脚注。亦见“植物生理学的初步笔记”（Preliminary Notes for a Physiology of Plants），91—93 页；“新哲学的影响”（The Influence of the New Philosophy）（1817 年），歌德在其中为康德在《判断力批判》中对终极因所作的分析，表达了他对康德的欣赏之情，230—231 页，以及他著名的“自然（断片）”［Nature（A Fragment）］和他的“自然评论”（Commentary on Nature），242—245 页。

世记与地质学之间的争议——这是用安德鲁·怀特（Andrew D. White）的表达——涉及自然神学及启示宗教对进化论的关系，在十九世纪的大部分时间中还持续着，特别是在英格兰。这些著作最有影响力而最令人难堪的次品是威廉·佩利的《自然神学》，它出版于 1802 年，即康德的批判论文发表十二年之后，而这本书确实与上述学者的智力水平相去甚远。科学世界里的设计论支持者表现得像被自己的说教所迷住的牧师，而他们的对手——包括达尔文、莱尔和赫胥黎，看起来都不太理解设计论的历史重要性，也不太理解设计论在许多领域提出的涉及人对自然之关系的问题。

9. 赫尔德

在我看来，有两个人——赫尔德和洪堡，是十八世纪末到十九世纪初对作为一个整体的地球所持有的多种观念的代表。本书一直以来所讨论的三个观念，赫尔德在对它们的综合论述之中代表了就要消失的旧思想中最好的，以及新思想的线索。洪堡则代表着自然研究的一种方式，这种方式将人们引领到十九世纪的思潮。

赫尔德的《人类历史哲学思想》（*Ideen zur Philosophie der Geschichte der Menschheit*，1784—1791 年）一直被认为是综合论述的权威著作。书中包括：涉及地球环境适宜性的思想，这是十七世纪末至十八世纪初的物理神学家们广泛讨论过的；关于气候影响的思索，这个内容被孟德斯鸠赋予了新地位（见下文，本书第十二章第4—6节）；涉及人对自然环境影响的观念——这些被集中到对两个问题的影响上：其一，作为一个整体的人类对作为一个整体的地球的关系；其二，个体的民族对他们恰巧生活其中的地球不同部分的关系。就第二个问题而言，赫尔德属于布丰、孟德斯鸠和伏尔泰一类学者：他们都对人及其所在的自然环境感兴趣，都对航海和旅行感兴趣，也都通过参考书目或引用揭示了作为他们灵感来源的知识遗产。[①]

对赫尔德的书作长篇分析是一个巨大的诱惑，因为他引人入
538 胜的讨论涉及了人、人类文化、历史、自然环境的诸多方面，是他那个时代知识界学识的缩影。尽管如此，我还是要把自己的论述限制在赫尔德两个意义重大的成就上：（1）他将本书所讨论的三个思想集中为一个有意义的综合；（2）他区别了整个人类及其对作为整体的地球的关系，与个体民族及其对地球上个体地区的关系，后一个关系需要考虑不同民族之间的差异，以及可能解释这些差异的自然条件和文化条件。

赫尔德认为，尽管地球经历了那些自然变化，它对生命仍然

---

① 因为赫尔德（Herder）的《人类历史哲学思想》（*Ideen zur Philosophie der Geschichte der Menschheit*）有太多版本，本书将按照“部”和“章”来引用。赫尔德著作的标准版本是伯恩哈德·萨芬（Bernard Suphan）编辑的文集，《人类历史哲学思想》构成文集的卷13和卷14。在本书引文中，我使用了丘吉尔（Churchill）优雅的英译《人类历史哲学的要义》（*Outlines of a Philosophy of the History of Man*），只作了很小的改动与修正（例如所有格代词从 it’s 改为 its）。见克拉克（Clark）：《赫尔德》（*Herder*），特别是第10章，以及格伦德曼（Grundmann）：《赫尔德“人类历史思想”中的地理学与人种学原始资料和观点》（*Die geographischen und völkerkundlichen Quellen und Anschauungen in Herders “Ideen zur Geschichte der Menschheit”*）。

是一个适宜的环境。他相信，至少地球那些最为显而易见的特征是设计的产物。在对地质学史的说明中，他沿袭了布丰（也许是《自然纪元》）的观点，接受了布丰的命题，即人类出现在灾难性的变革发生之后——大火、洪水、地震，这些是地球历史早期的特点。赫尔德说，目前的地球是被完善了的——它已经长老了——但是它永远不会全然摆脱那些标志着地球过去的大灾难（布丰也相信这一点）。与这一立场相一致，如我们前面所提到的，赫尔德批评伏尔泰对里斯本大地震采取了哲学上站不住脚的立场，因为这样的灾难在自然法则中有它们自己的个别原因。地球是一幅持续变动的场景——破坏旧的，创立新的。人类不确定地生活在一个自然不稳定的地球上，只有一个简单的原因，即这些有着自己因果作用法则的灾难不可避免地使这个地球不稳定。因此，伏尔泰为里斯本大地震对上帝的批评是不切题的。“我们这个居住地的构成和它出产的一切物质，一定早就为我们准备好应付人类历史的脆弱和多变；而且，我们越是靠近地去审视它，这些东西就越是清晰地在我们的认识中展现自己。”①

尽管有灾难性的变革（赫尔德在这一点上再次追随布丰的观点），地球环境的适宜性还是保留下来了。秩序与统一留存在地球上，而地球的历史是以如此众多的灾难性事件为特点的。“实际存在于我们地球上的种种多样性令人震惊，但让我们更为惊异的是统一性，这统一性遍布在不可思议的多样性之中。我们没有

① 《人类历史哲学思想》（*Ideen*），第1部第3章最后，丘吉尔（Churchill）译本，9页。

从孩子们在摇篮里开始就让他们深深感受我们地球的这种美丽、这种一体性与多样性，这实在是极度的北方野蛮性的标记，而我们就是这样教育自己子女的。”[①]

539 关于地轴倾斜作为设计证据的古老争论似乎被遗忘了，目前倾斜度的好处是不言自明的。赫尔德展示了设计论、倾斜度及环境差异是如何相互联系的：

> 地球必须有一个规则的倾斜度，那些否则便会处于极度寒冷与黑暗中的地区才能因此看到阳光，并适合于组织。从远古时代开始的地球历史告诉我们，地区之间的差异对于人类心智及其运行方式的一切变革都有可观的影响。从热带和寒带都没有产生过温带所造成的那些效果：我们看到，全能的手指用什么样的精致特性描绘和囊括了地球上的一切变化及细微色差。[②]

不过，赫尔德并非始终如一地主张这种强烈的环境论解释。

地球因此必须被看作上演人类历史的剧场。在一个醒目的比喻中，赫尔德说“自然用她描画的山脉线、用她促动从山上流下来的溪流，伸展了人类历史及其变革的虽粗糙却又坚定的轮廓。”[③] 赫尔德将地形与聚落关联起来（如，河岸和海岸，典型的猎人、牧羊人、农夫与渔民的居住地）。地球的地貌也可以解释

---

① 《人类历史哲学思想》（*Ideen*），第1部第4章，丘吉尔译本，9—10页。

② 同上，第1部第4章最后，丘吉尔（Churchill）译本，12页。

③ 同上，第1部第6章，丘吉尔译本，18、22页。

长期风俗习惯的持续，以及各民族经历过的变化。[①] 在人类的起源地、在山脉的位置，以及在地球表面的不规则之中，存在神圣的规划。造物主将旧大陆山脉的主干（*Hauptstamm*）置于温带，最文明的国度就生活在这些山脚下。

> 原始种族可能最初生活在平静中，而后逐渐沿着山脉与河流后撤，变得习惯于较狂暴的气候。每一个种族营造并享受它小小的圈子，就好像那是整个宇宙……如此，世界的造物主一向把事物规定得比我们所能够指导的要更好，而且我们地球的不规则形式达到了一个目的，这是更大的规律性永远不可能成就的。[②]

人出现在地球上（赫尔德似乎再一次受到布丰《自然纪元》的影响），是一个入侵者。“所有的元素、河流与沼泽、土地与空气，都被生物充满或填塞着：人必须用他神一般的素质、技能和 540
力量，为自己的领地开辟空间。”[③] 他的技能最初来自对动物的观察，这技能使他能够开始取得自己在地球上的位置，并随着时间获得了他现在所享受的支配地位。

赫尔德假设人类的统一性。人与一切自然相联系，他不是独立的存在体；人呼吸空气，从自然产物中获得饮食，他使用火，

---

① 赫尔德将这些对地貌与人类事物关系的普遍观察应用到对每块大陆的有趣讨论中。同上，19—22 页。

② 同赫尔德前书，第 1 部，22 页。

③ 同上，第 2 部第 3 章，丘吉尔译本，36 页。

吸收光线，污染空气；“无论醒着或睡着，运动着或休息着，都在对宇宙的变化作贡献；他不会也被宇宙改变吗？把他比作吸收水分的海绵、闪烁火花的导火索就太小了：他是群集的和谐，是活生生的自我，围绕着他的所有力量之和谐都在他身上起着作用。”[①]

考虑过作为整体之人类与作为整体之地球的关系，下面还有第二个问题：既然许多不同民族组成了人类，那么他们所生存的环境状况影响他们吗？他们又反过来影响环境吗？

尽管赫尔德偶尔表示出对气候影响观念的同情，在更为关键的时刻他对这种观念却并不满意。他虽然赞赏希波克拉底和孟德斯鸠，但对文化差异产生的原因有着较为折中的个人观点：“有些人在人类历史的哲学中把太多东西构建在气候之上，另一些人又几乎完全否定了气候的影响，而我所能尝试的无非是提出一些问题而已。”[②] 他说，旧观点认为人不能生存在温度超过自身血液温度的气候中，这个观点必须被抛弃；但从另一方面讲，我们对体温并没有足够的了解，还没能掌握一种对身体或对精神适用的气候学。赫尔德还看到由孟德斯鸠重新论证的气候理论中的谬误（见下文，本书第十二章第 4—6 节）。

在设计论中，总是有容纳一个环境论概念的空间，因为它们二者都严重依赖“适应”的思想。赫尔德在地球上可居住土地的

---

① 《人类历史哲学思想》（*Ideen*），第 7 部第 1 章，丘吉尔译本，164 页。

② 同上，第 7 部第 2 章最后，丘吉尔（Churchill）译本，172 页。

分布中发现了洞察力：南半球被创造出来作为地球上巨大的贮水池，是为了北半球可以享受较好的气候。“那么，无论我们从地理上还是从气候上思考这个世界，我们都发现大自然希望人类成为睦邻的生命，居住在一起，并且给予彼此气候的温暖及其他便利，同时也互相传播瘟疫、疾病和天气的坏处。”[①]

然而，赫尔德清楚地意识到，如果人们能适应不同的环境（无 541
论是自然环境还是文化环境），那么他们也有能力改变环境。人对火、铁、植物、动物乃至他的人类同伴的使用，有着深远的地理学后果。“欧洲曾经是一片阴湿的森林，很多现在已十分开化的其他地区当年也是如此。这些地方现在都受到了阳光的照耀，而居民们自己也随着气候一起改变了。”先于十九世纪流行的自然对人与人对自然的互惠影响说，赫尔德认为，人为的环境变迁反过来也影响了人自身。

> 要不是因为人的技艺和方针，埃及的面貌无非就是尼罗河的泥浆。人从洪水中得到了它；在那里，并且在更远的亚洲，生物世界也使自己适应了人为影响的气候。因此，我们可以认为人类是一个虽小但很勇敢的小巨人团队，他们逐渐地从群山中走了下来，用他们纤细的手臂征服地球、改变气候。他们在这方面能够走多远，未来将会予以展现。[②]

---

① 《人类历史哲学思想》(*Ideen*)，第 3 章，丘吉尔译本，175 页。

② 同上，第 7 部第 3 章，176 页。“Arms”是丘吉尔对“die Erde zu unterjochen und das Klima mit ihrem schwachen Faust zu verändern”的翻译。

比起布丰（见下文，本书第十四章第 4 节），赫尔德对人类活动提出了更多的忠告与批评，他说人应当避免对自然环境作不计后果的和突如其来的改变。“我们不应该假设，人的技艺可以用专横的力量，通过砍伐森林、开垦土地，将一个异域一下子转化成为欧洲。因为整个生物世界紧密地相互关联着；人在改变这种相互依赖的情况时，应当谨慎行事。”

赫尔德对彼得·卡尔姆（Peter Kalm）关于欧洲人在北美的殖民地所带来影响的观察印象颇深。这位瑞典博物学家被耕作方式的新颖所震撼，也惊异于印第安人与欧洲人在利用森林上的不同——除了当地小规模的焚烧，印第安人极少干涉森林生态。卡尔姆认同一个普遍的信念，即欧洲人是最先开始用犁铧耕种那片土地的，这就更加突出了人所改变的环境与原始自然秩序的稳定性之间的对比。鸟类数量减少了，因为欧洲人砍倒了它们居住的森林，把它们吓走或者灭绝了；磨坊的增加和机械装置的多样化，也以相似的方式减少了鱼类的数量。开垦和排干沼泽改变了气候。卡尔姆对农业方法批评得最激烈，尤其是关于长期持续使用新开发的土地，以及砍伐森林。“我们在瑞典和芬兰对我们自己森林的敌意也很难比他们在这里破坏得更甚了：他们的眼睛盯着现在的利益，却对未来丧失了视力。”卡尔姆在各个地方都看到表明上帝在创造自然的原初状态时智慧与仁慈的证据；是人没有以理
542 解的方式利用自然。赫尔德对这种宗教观念怀有同情，难怪他认

为在干预自然进程时必须审慎。①

就像布丰一样，赫尔德被休·威廉森（Hugh Williamson）的论文所打动，论文写的是北美中部殖民地的森林砍伐造成气候变暖，以及排水对健康所产生的影响。② 赫尔德说："自然无论在何处都是一个活着的整体（ein lebendiges Ganze），要被温和地追随并改善，而不是靠力量来掌控。"③

对赫尔德而言，自然是慈爱的父母，是人类的导师。

有理解力的人思索地球的结构，以及人对地球的关系，

---

① 赫尔德（Herder）的《人类历史哲学思想》，第7部第5章第3段。这一段是由我本人翻译的。彼得·卡尔姆（Peter Kalm）：《北美旅行记》（*Peter Kalm's Travels in North America*），卷1，51、60、97、152—154、275、307—309页，涵盖了从1748年9月22日到1749年5月18日的记录。亦见奇纳德（Chinard）："十八世纪关于美洲作为人类居住地的理论"（Eighteenth Century Theories on America as a Human Habitat），《美国哲学学会学报》（*PAPS*），卷91（1947），27—57页；及格拉肯（Glacken）："布丰论自然环境的文化变迁"（Count Buffon on Cultural Changes of the Physical Environment），《美国地理学家协会年鉴》（*AAAG*），卷50（1960），1—21页；引述的部分在19—20页。赫尔德补充说："这是由卡尔姆提供的报道，无论我们认为它是多么地方化，它还是说明：自然不喜欢太快、太激烈的改变，即便是在人所能做得最好的工作——对一个国家的开垦中，也是一样。"《人类历史哲学思想》，第7部第5章，丘吉尔译本，186页。

② 见下文，本书第十四章第3节，以及休·威廉森（Hugh Williamson）："试解释在北美中部殖民地观察到的'气候变化'"（An Attempt to Account for the CHANGE OF CLIMATE, Which Has Been Observed in the Middle Colonies in the North-America），《美国哲学学会汇刊》（*TAPS*），卷1（改正第2版，1789），336—345页。赫尔德提到在《柏林藏书》（*Berliner Sammlung*）第7部分中有此文的一个德文译本。关于威廉森文章法文译本的情况，见格拉肯，前引书，11页脚注39。

③ 《人类历史哲学思想》（*Ideen*），第7部第5章，丘吉尔（Churchill）译本，187页。

> 那么有谁会不倾向于认为，我们的种族之父，他决定了各个国家应当延展多远多宽，所以他也决定了这一切，就像我们大家的全科教师那样？一个看到船只的人会否认其制造者的目的性吗？将我们自然的人工框架与可居住的地球上每一种气候相比较，谁又会拒绝这样一个概念，即各种人拥有的气候多样性就教化人的心智之目的而言，便是创世的目的？①

不过，赫尔德补充说，居住地并不影响一切事情，因为我们作为活生生的人也在彼此指教和影响。

人必须考虑自己的历史、自己的传统、自己的习俗。在对人类历史经验的阐释中，赫尔德下结论说，主要的法则是，“**我们地球上的每一处，根据地方的情形与需求、时代的环境和机会，以及人们原有的或习得的特性，它能成为什么样子，就已经成为什么样子了**。”②

543 赫尔德的作品是人与自然之哲学的硕果，这种哲学在他的时代已经达到顶点，并开始走向衰退，即便承认他的折中主义比孟德斯鸠等人较为教条的思想更优越也无济于事。设计论——地球作为环境的适宜性，人居住在地球上的适宜性，人类对地球的影响和地球对人类的影响——似乎被赫尔德令人赞叹地解决了，但是它仍然塑造在一个旧模型之中。弗里德里希·拉采尔虽然对赫尔德十分仰慕，但还是批评他幻想地球是人类的襁褓与摇篮，就

---

① 《人类历史哲学思想》(*Ideen*)，第 9 部第 1 章，丘吉尔译本，227 页。

② 同上，第 12 部第 6 章，丘吉尔译本，348 页。

好像整个地球（而不仅是某些受到优待的部分）是一块乐土一样。为了把他的批评放在适当的视角内，拉采尔其实还应该补充说，赫尔德并非代表他自己在说话，而是代表了一个传统，他丰富了这一传统，而这一传统几百年来给自然的图景带来荣耀。[①] 赫尔德的作品是辉煌的日落，日出则属于休谟、康德、歌德和亚历山大·冯·洪堡了。

10. 洪堡

如果确实有这样的日落，那么考虑到已经发生的探险、对自然史的关注、对终极因的探讨，在十八世纪末对自然的观点还有哪些可能性呢？我想我们可以看到，这样的可能性出现在《植物地理学论文》（*Essai sur la Géographie des Plantes*）以及《赤道地区自然图表》（*Tableau Physique des Régions Équinoxiales*）中，这是由洪堡与邦普朗（Bonpland）于1805年以法文首次出版的。（对洪堡关于这些主题的思想作全面分析超出了本书的讨论范围，但洪堡在稍后著作中进一步发展的思想大都在这些短论文中提到了。）这些论文的题目并没有传达出它们实际所表达的广阔的自然哲学。《植物地理学论文》不仅是植物地理学历史的里程碑（就像它通常被认为的那样）；洪堡本人显然将之看作自然研究的基础工程。[②] 他的自然观比起前人的观点更具体、更详细，这主要

---

① 《人文地理学》（*Anthropogeographie*），第2部分，3—4页。

② 《赤道地区自然图表》（*Tableau Physique*），42—43页；《热带自然图集》（*Naturgemälde*），39页。

是因为他曾有极为广泛的旅行，并亲自作了大量观察。他的自然观没有目的论解释，并且同时重视人对自然的改造和环境对人的影响。

洪堡将《植物地理学论文》献给歌德，他说他在很年轻的时候就构思了此书的观念，同时还表达了他对乔治·福斯特的感激之情，福斯特陪伴他作为植物学家的父亲参加了库克船长的第二次探险（1772—1775 年）。洪堡曾在 1790 年与福斯特一起去英格兰旅行，并将自己关于植物地理学的早期手稿呈交给他。洪堡补充说，从事多种物理 / 数学科学的研究给了他拓宽视野的机
544 会，但最重要的是，他在热带所收集的材料为“地球的自然史”（l’histoire physique du globe）做出了贡献。[①] 正是福斯特与洪堡的作品，使广大的热带世界——从当时科学的视角来看——开始对自然的概念施加影响。稍后我们看到这一点继续出现在达尔文和华莱士的作品中。

尽管洪堡并不轻视植物学的活动，比如寻找新品种、描述植物外观以及植物分类，但是他说，必须认识到，同样重要的植物地理学才是普通科学的核心，而现在普通科学仍然仅在名义上存在。[②] 他说，仅仅按照地域或海拔，甚至是它们与气压、温度、湿度、电压的关系去研究植物地理学是不够的，还要根据植物的生存方式考虑这些因素：单独生长而被分散的，以及像昆虫中的

---

① 《植物地理学论文》（*Essai sur la Géographie des Plantes*），vi—vii 页。《植物地理学思想》（*Ideen zu einer Geographie der Pflanzen*），德文版，1807 年，iii—iv 页。后者并非前者的原样翻译，而是包含了法文版中没有的观念和插图。

② 同上，1 页。

蜜蜂与蚂蚁那样的群生植物。[1]

他接着说，将同一种类植物聚集的地区绘成地图会很有趣；它们也许会呈现狭长的带状，其无可抵抗的扩展减少国家的人口，分隔邻国，对交流和贸易造成比山川与海洋更大的阻碍。在德文版中，他说这些植物带是“现在的荒野，现在的草原——西伯利亚大草原和热带大草原”。在展现这些群生植物（同一种类植物的聚集）对人类社会的关系时，他举例说，普通欧石南、沼泽欧石南、霜降衣属地衣和石榴苔属地衣联合起来不断向外伸展，从日德兰半岛最北端通过荷尔斯泰因和吕讷堡直到北纬 52 度，而后向西通过明斯特和布雷达的花岗岩砂砾，直至英吉利海峡。[2] 人类对荒野景观的改造被描述成替代性植物体的小小飞地，这些植物体鲜艳的绿色是一个人造绿洲，与周围环绕着的不毛荒野形成对比。在这里人的任务（他只取得了部分成功）被想象成对自然的斗争，为的是以一种新的植物体来取代那些数百年间都主宰这些地区的植物。[3] 将初始的覆盖物与人的替代性植物相对比，洪堡说有一种泥炭藓（*Sphagnum palustre*），它也是一种群生植物，曾覆盖了德国很大一部分地区；农耕人口对森林的砍伐降低了湿 545
度，沼泽逐渐消失了，有用的植物取代了泥炭藓。

洪堡对比了这些沉闷的地区与生物种类多样的热带，尽管这两个地区较高的山上都有群生植物。单个而分散的物种形式构成了热带雨林的密集丛生植物，而将这种密集状态与欧洲的情况相

① 《植物地理学论文》（*Essai sur la Géographie des Plantes*），14—15 页。

② 同上，17 页。

③ 同上，18 页。

比较，引导洪堡对旧大陆与新大陆的农业起源问题作出有趣的思考。最早的农业迹象发端于游牧人放弃了他们的生活方式，开始收集对他们有用的动植物。这种自游牧向农耕的转换在北方民族中发生较晚。在奥里诺科河与亚马逊河（德文版使用了旧名“马拉尼翁河”）之间的热带地区，浓密的森林阻挡了原始人群从狩猎中获取食物。捕鱼、棕榈树果实，以及小块的开垦地，就是南美印第安人的生存基础。[①] 不过，在德文版中洪堡说，又深又急的河流、洪水、嗜血的鳄鱼与蟒蛇，都让捕鱼变得十分艰苦而收获甚微，就这样自然迫使人去耕种植物。在各地，野蛮人的处境（*état*）都被他居住地的气候与土壤的性质变更着。单单是这种改造，就区别了希腊的最初居民与游牧的贝都因人，也区别了贝都因人与加拿大的印第安人。[②] 这样，洪堡特尝试用环境因果作用去解释 1775 年曾使凯姆斯勋爵大为困惑的问题：在人类文明的发展中，假设的普遍次序是从打猎和捕鱼到畜牧，然后再到农耕，然而这种假设在新大陆是不正确的。

追寻着人改变环境和环境影响人这两个主题，洪堡指出在植物全世界分布的过程中人类影响的效率——以及它的变幻无常。人把来自最遥远气候的产品收集到自己身边，人的农业建立起他

---

① 《植物地理学论文》（*Essai sur la Géographie des Plantes*），24—25 页。亦见德文版《植物地理学思想》（*Ideen zu einer Geographie der Pflanzen*），16—17 页。

② 德文版中论述与此不同，尽管其思想并无差别：“因此气候与土壤的改造比起野蛮人人种、居住地和风俗的影响要更大。这就决定了畜牧的贝都因人和古希腊橡树林的佩拉斯吉人之间的差异，以及他们和热爱狩猎的密西西比游牧人之间的差异。”《植物地理学思想》，17 页。

对外来植物的统辖，这些外来植物受到比本土植物更好的庇护，而本土植物就被挤压到越来越窄小的空间。这样的活动通常所得的结果，就是人口众多、高度文明的国家中的单调景色。[①]

洪堡强调热带世界中植物体压倒性的繁茂，但是它的确缺乏温带土地上的嫩绿植物、草原和草场。在一条带有目的论意味的评论中，他说，煞费苦心的自然给了每个地区独特的优势。546
先于自己在《宇宙》一书关于自然观念的历史中详细阐发的主题，洪堡在这里已经提出植物的分布（以及植物景观）对想象力（*Phantasie*）和艺术敏感性（*Kunstsinn*）有何影响的问题。这片或那片土地的植被特性存在于哪些因素之中？这个植被特性能够召唤起凝视它的人灵魂中的情感吗？[②] 这一类的质询要有趣得多，因为它们直接关系到风景画甚至描述风景的诗歌藉以部分地施加影响的神秘手段。在所有这些被西方文明所滋养的地理学家中，只有洪堡在这篇文章，并在他后来就同一主题写作的鸿篇巨制中，清晰地看到了地理学与美学所分享的共同点。主观的地理学——它也意味着美学与心理学的理论——这一研究领域不像其他那些系统的地理学（无论是文化地理学还是自然地理学）那样，它从来也没有被人热情追寻过。诚然，很多地理学家常常写下欣赏自然和自然美景的主题，但这些作品在当时和现在一样，更像是文学体裁而不是专业著作。只是从十九世纪下半叶起，当地球景观中出现了如此多的丑陋之处的时候，人们才看到这对于像地

---

① 《植物地理学论文》（*Essai sur la Géographie des Plantes*），25—28 页。

② 同上，30 页；《植物地理学思想》（*Ideen zu einer Geographie der Pflanzen*），24、30 页。

理学这种缺乏美学与艺术史的强大历史基础的学科，造成了多么巨大的损失。

当我们将自然看作一个整体时，观察草地与森林得到的乐趣，与对有机体及其绝妙的构造进行研究所唤起的乐趣不同。后者的细节刺激着求知的欲望；而这整体，即前者的巨大聚合，则对想象力产生巨大的影响。草地的青翠颜色与冷杉的幽深阴影所唤起的感觉是多么不同啊！如此被唤起的感觉上的差异，是存在于万物的伟大之中，还是存在于绝对的美丽之中，抑或存在于植物形态的对比及组合之中？热带植被如画般的优势究竟存在于何处呢？[①]

热带土地上的居民能够享受一切植物形态的景色，这是一种欧洲人无法参与的享受，因为很多植物形态都是他们一无所知的。然而欧洲人有他们自己的替代品，体现在他们语言的丰富完美中，在他们诗歌与绘画的想象力中。欧洲人对模仿自然的艺术十分着迷，他们不必离开家就可以树立起自然的壮丽概念，将最勇敢探索者的各项发现攫为己有。正是通过这种利用国内没见过的遥远异域事物的能力，我们才获得了洞察力，这个洞察力对我们的个
547 人幸福施加了最大的影响：我们可以看到现在和过去，看到不同气候中自然的多样产物，并且我们与地球上所有的民族都有交流。由过去的发现所支撑，我们继续进入未来，在自然法则的发现中不断前进。在这种探询的环境中，我们得到了智力上的愉悦、一种精神上的自由，它增强了我们抵御命运多变的能力，并且不会

① 《植物地理学论文》，30 页；《植物地理学思想》，24—25 页。

被任何外部的力量所摧毁。

同样的哲学渗透在更详细的另一篇论文里：《赤道地区自然图表》；这是一个将自然作为一个整体的纲领。“在这条因果的巨链中，没有任何一个事实可以被孤立起来考虑”，因为洪堡看到自然的普遍性平衡，这种平衡超越了对抗力量的作用。①

在这篇论文里（论文遵从多样性以统一性为基础的原则，以及自然中的均一与平衡的原则），洪堡在著名的钦博拉索山地图中，展示了植物、动物甚至是岩石的海拔分布，并呼吁说，极地、温带、赤道地区也需要类似的地图，还需要表现北半球与南半球、旧大陆与新大陆之间对比的其他地图。洪堡的雄心是，通过世界范围内的植物学探索，并随后将考察结果以适当的地图形式出版，来使“多样性中的统一性”这一原则充实丰满起来。

他在此处也是对一个旧的环境理论怀有赞同之心（这一理论在他后来的作品中多次以各种形式出现），即艰苦环境造成的刺激因素。这一点最早由希罗多德提及，而后在阿诺德·汤因比更精细、更圆熟的推动下穿上了近代的外衣。各民族所达到的文明程度，与他们土地的丰饶及周围自然的仁慈繁茂形成一种反向的关系：自然越是设置需要克服的障碍，社会因素就越快地发展。本质上这种理论是“需要是发明之母”这个观念的变体。②

假设湿润的热带更为富饶肥沃（对热带土壤的这个概念在某些地区持续至今），洪堡问道，文明为什么不在那里发展，而是

① 《赤道地区自然图表》（*Tableau Physique*），42—43 页。

② 同上，139—140 页；《热带自然图集》（*Naturgemälde*），168—169 页。

在温带的土地上发展？为什么新大陆文明在安第斯高地上，而不是在大河岸边兴盛起来？为什么印第安人更愿意居住在不友好的天空下海拔 3300 米的地方，开垦他们多石的土地，而山脚下肥沃的平原就在离他们小屋几乎不到一天的行程之内？洪堡认为他们留在这些不宜居的土地上，是出于对本土的热爱和习俗的力量；他比较了美洲高海拔地区的聚落与欧洲的类似地方，评论道，秘鲁一些城市所在的高度，在欧洲只有一些季节性放牧者的小屋。
548 这些讨论都是随意粗略的，但也暗示了人类地理不能够仅用环境来解释，它还包含风俗与文化惯性，这可以通过环境的比较而得知。①

洪堡的自然观是高贵的，就像福斯特父子和布丰一样，呼吸着自由与自由探询的空气。② 他展示了一个研究人与自然的学者——才华横溢、敏感、广泛游历——在十八世纪晚期到十九世纪早期能够取得怎样的成就。在十九世纪很多著名博物学家的著作中，可以轻易发现受他的榜样激励的痕迹，从丹麦的斯库（Skouw）的作品到达尔文致谢的段落中都能看到。这可能是在达尔文的进化论之前，以当时的知识所能达到的关于活态自然的最好构想了。然而，要是认为从洪堡到达尔文之间有一条自然史学史的便捷路径，那会是一个巨大的错误，因为那样的话，我们就不会去考虑基督教神学框架内的设计论、终极因信仰者那出色的活力——即便他们的知识深度不必言及。莱尔便认识到物理神

① 《赤道地区自然图表》（*Tableau Physique*），139—141 页。

② 关于这些思想更广泛的发展，见洪堡《宇宙》（*Cosmos*）的导言部分。

学家们的反对意见。在1830年6月，他写信给波利特·斯克罗普（Poulette Scrope）说："如果你不击败他们，而是恭维当今时代的开明与直率，那么主教们与有识的圣者将与我们一起，看不起古代和现代的物理神学家。"[①] 地理学中目的论自然观所含设计论的生命力，在洪堡的朋友卡尔·李特尔的著作中十分清楚。卷帙浩繁的"追随造物主足迹"的著述在十九世纪累积起来，就好像斯宾诺莎、布丰、康德、歌德、洪堡从未批评过设计论一样。

11. 小结

十八世纪的自然研究是站在十七世纪研究的肩膀上作出的，但是让我们把一个老比喻变动一下，它不是巨人肩上的矮子，二者可谓旗鼓相当。从伯内特到雷的思想步伐，创造了它自己的大自然之壮观场面（*grand spectacle de la nature*）。在十八世纪，无论是在目的论的框架之内还是之外，许多研究者被自然研究的新机遇触动并激发，他们无视蒲柏关于不要审视上帝和关于对人类研究应适度的小学老师式的训导精神。布丰、贝尔纳丹·德·圣皮埃尔和其他人所使用的感叹号不仅仅是华丽文风，莱布尼兹狂喜的评论也同样不是修辞方式。现在已成为老朋友的显微镜与望 549
远镜将人们的视野带向了无限小与无限近、无限大与无限远，这给了我们大范围的实质与深度。在博物学家的手中，有机的主题

① K. M. 莱尔（K. M. Lyell）：《查尔斯·莱尔的生平》（*Life, Letters and Journals of Sir Charles Lyell, Bart*），卷1，271页。亦见吉利斯皮（Gillispie）：《创世记与地质学》（*Genesis and Geology*），133页，我为此处的引述感谢他。

繁荣起来，从推想、旅行、版画、植物采集中吸收营养。“大自然之壮观场面”支撑着德·普吕什、圣皮埃尔、林奈、帕拉斯、布丰、歌德和福斯特父子的哲学。

自然之恶的问题也卷入了自然研究之中。蒲柏与庞格罗斯博士的“一切皆好”哲学经常是在提及社会世界的乐观主义时被讨论到的，但是这个哲学用在解释自然进程中同样切题恰当。终极因学说模糊了地球与物理进程之间的区分，后者解释了地球的美丽和便利、地球上的地震、风暴、火山爆发、山崩，以及具体表现在人类聚落地理学中的人类世界。作为这些大灾难结果的自然之恶对人类的造访，取决于人的数量与分布。如果人们居住在一个位于断层上的大城市或者活火山脚下的村庄里，他们并不能指望自己的在场会改变导致地震和火山爆发的状况。

此外，终极因对精神进程的关系，休谟与康德之所见比他们的任何前辈都更加清晰。休谟对工匠手艺含义的分析，以及康德关于自然的组织结构与我们所知的因果作用毫不相似的说法，唤起了人们注意人类心智对构建自然概念的参与。这一事实在现今的生态系统思想中十分清楚。康德暗示，人类的智力给自然以意义，这是缺乏高级理解力的动物以及植物所无法做到的，他指出人类在自己的价值观范围内，可以努力达成对被造万物的开明而令人满意的理解。这看起来与存在主义思想有些类似。

在休谟的《对话》中，我们可以看到当设计论之网破碎时，自然中的生存斗争意味着什么。冲突与竞争变得毫无意义，吝啬的自然与设计论中那位慷慨的母亲形成鲜明的对比。在十九世纪，人们会常常听到这一类表达，它来自马尔萨斯和其他那些为生命之多产与食物之不足的对比感到震惊的人。当设计论这个保护封套被移开，较次要的思想便得以逃逸出来并宣示自己，就好像反叛父母的儿童一样。与此相似，进步的观念也掩盖了千年文明进程中种种据称是不重要的失败。移除这个观念，这些失败就显示出它们独立的意义了。文明中的许多趋向不再表现为彼此之间必须和谐的样子。知识增长、技术进展也许并不与伦理上的进步和战争的减少相伴，而这些进步反过来也不一定能带来对土壤的更好利用和对森林的保护。

到十九世纪初，较老的物理神学已经开始衰退。随着拉马克
和达尔文的著作发表，人们将注意力集中到了对环境的适应性上。 550
建立在这个较老旧的思想之上，他们开始了一项新任务：创造一个关于自然之间相互关系的新概念，即“生命之网”；他们的后来者继之以生物群落的研究，并最终形成了生态系统研究。

目的论并没有消失在十九世纪的机械一元论中。它的一个世俗版本及批判文章取代了过去神学导向的目的论及其评论者。进步观念、马克思主义、达尔文理论，都有它们自己独特的目的论。后来的生物群落研究，特别是那些带有整体论弦外之音的观点，都与目的论有强大的（即便是隐含的）联系。因为对明显的“有目标性的活动”——语出布雷思韦特（Braithwaite）——作出的目的论解释与分析，仍然是思想中的力量，这种力量可以涉及任何领域。[①] 语言学家难道不会提出问题说，语言是在向着语法更

① 见布雷思韦特（Braithwaite）：《科学的解说》（*Scientific Explanation*），319—341 页。

简化、意义更精确的方向进化，还是仅仅用一种重新排列来取代旧的东西？这样的问题在我们发现人类社会的新兴模式与进化的努力中，难道不是一再重复出现吗？关于人与地球的关系，康德说目的论的解释崩溃了，我认为他是正确的。人类行为的反复无常和动机的多种多样导致了环境的变化。人类在地球表面的种种创造——线条、方块、轮廓、平整了的区域和挖沟围起来的区域，等等，都不是作为整体的社会进化的结果，而是不同的文化历史的结果。若要地球的变化与社会抱负之间相契合，只能建立一个世界政府，采取一种专制的土地利用制度才能做到。但如此一来，这就不是目的论而是规划了。也许有人相信一种文化或一个社会的目的论发展，但是我们很难像莱布尼兹那样相信，随着文明的进步，地球也发生了一种伴随的、协同的变化。

目的论会在很长时间里与我们同在，因为这是一种寻求人的意义、自然的意义，以及两者之间关系的表达，以不断重复的形式出现。我们一方面正确地坚持人类是自然的一部分，但同时仍然必须将人类的行为分离出来，作为一种需要特别的研究技术和自己的哲学的独特力量。有人说西方传统强调人与自然的对立，却没有补充说它也强调两者的结合，这种说法是错误的。这种对立观点的出现，既因为人是独一无二的，也因为人与生物世界的其余部分分享生命和死亡。

第十二章

气候、习俗、宗教与政府

1. 引言

孟德斯鸠那尖锐而又常常是诙谐的话语令他的时代惊异，他大胆的气候关联性论述使许多人相信他的新颖性与原创性，但是轻松的笔触并没有掩盖他对古典世界、西欧，以及后哥伦布时代旅行作品的知识。孟德斯鸠对他的同时代人和后来那些阅读他著作的人影响是如此之大，以至于在博丹的时代一百五十年之后，孟德斯鸠似乎引领了占支配地位、也是出人意料的新潮流。伏尔泰看到了这个说法的错误，因为近代的其他法国人——博丹、丰特奈尔、夏尔丹（Chardin）和杜博神父——也曾撰写过关于气候的论述，而且伏尔泰还看到他们与古代思想家之间的相似之处。伏尔泰对孟德斯鸠有所批评，但对孟德斯鸠的其他批评者则颇为轻蔑。伏尔泰说："《论法的精神》的作者并不援引权威著作，把这个［关于环境影响的］观念推进得比杜博、夏尔丹和博丹更远。
552 某些阶层相信是他首先提出了这个观念，并且把这当作一个罪行归咎于他。这实在非常符合我们所指的这些阶层的特点。到处都有热忱大于理解力的人。"①

伏尔泰的观点被顺畅地接受了，因为思想的连续性没有被打破。如我们在前面讨论过的，环境影响论在此之前已经开始履行重要的功能。比如，皮埃尔·沙朗显示了他对启示宗教和对犹太教、基督教和伊斯兰教之真实性的不信任，因为他认为阿拉伯半岛的气候应对所有这些宗教的兴起负责。②

此外，过去时代对健康与医学的兴趣也毫不滞后。如果说希波克拉底（还有盖伦）曾经在中世纪被看作好像是一位基督教医生那样，那么他在文艺复兴时期以及十七、十八世纪则不再那么

---

① "气候"（Climat），载于《哲学辞典》（*Dict. Philosophique*），莫利（Morley）翻译。引文见《伏尔泰全集》（*Oeuvres Complètes de Voltaire*），伯绍（Beuchot）编辑，卷 28，115 页。

② 沙朗（Charron）:《论智慧》（*Of Wisdom*）（1601 年），258 页。见本书第九章第 8 节。

多地作为基督教医学的象征，而在更大程度上成为一位经验主义观察者的典型，其观察从自然——而且只从自然——开始，一些人甚至相信他支持无神论。① 整个十八世纪，对希波克拉底的过分仰慕持续存在于医生中间，同时因为《空气、水、处所》这部著作，他在人类研究者中得到的崇拜也一点不少。

2. 丰特奈尔、夏尔丹、杜博

如果说环境因果关系与宗教信仰及健康相关，那么它也与历史变化相关，与旅行和探险相关，与人类成就的地理分布相关。让我们首先来看一下伏尔泰提到过的几位——丰特奈尔、夏尔丹、杜博，看看在孟德斯鸠进行他著名的羊舌头试验（本章第 5 节）、试图将环境影响研究建基于科学之前，他们都曾经说过些什么。

在《论古人与今人》(*On the Ancients and Moderns*)的论文中，丰特奈尔尝试使这场关于两者哪个更优越的讨论具有意义。这场讨论把丰特奈尔和很多其他人带入了一个更为根本性的探寻，即将有机类比应用到作为一个整体的自然身上是否有道理(见上文，本书第八章第 5 节)。丰特奈尔假设各民族初始的精神特点来源于气候，不过这些特点后来因为人们思想的相互影响而丧失了，这个主张令人想起波利比乌斯。丰特奈尔显示出自己十分明了模仿和文化接触的力量（这一观点休谟在下一世纪在更大程度上持

① 戴西格雷贝尔（Deichgräber）:“歌德与希波克拉底”（Goethe und Hippokrates），《祖德霍夫医学史和自然科学史档案》(*Sudhoffs Archiv für Geschichte der Medizin und der Naturwissenschaften*)，卷 29（1936），27—56 页，引文在 27 页。

有），他进一步论述道：

> 对希腊典籍的阅读在我们身上产生的效果，就好似我们只与希腊人通婚那样。肯定地说，作为这种频繁联盟的结
> 553 果，希腊与法国的血统会变更，两个国家的独特的面部特征会经历一些改变。……［由于气候的效果是非决定性的，一个影响也许会抵消另一个，］气候的差异顺理成章地可能会打折扣，只要我们所说的心智除气候不同外都是同等开化的。我们至多可能可以相信，热带地区和两极地区不是特别适合于科学的发展。到目前为止，这些科学还没有将影响延伸到在一边比埃及和毛里塔尼亚更远，在另一边比瑞典更远的地方。它们被限制在阿特拉斯山与波罗的海之间的地域也许并非偶然，我们不知道这些是不是自然强加给它们的边界，也不知道我们是否有任何希望看到拉普兰人或黑人中出现大科学家。

丰特奈尔没有回答突出的成就是否有地理区域的问题，但他否定了对古代世界与现代世界人们之间的差异使用环境论的解释。关于这一问题，他再一次先于休谟论述道：

> 时代并不造成人们之间的自然差异。希腊或意大利与法国的气候几乎是一样的，不会导致希腊人、拉丁人与我们法国人之间可察觉到的不同。即便气候会造成某种差异，也应该是能够轻易消除的，而且归根结底，这对他们有利的地方

> 也并不比对我们的更多。如此，我们都是完全平等的——古人与今人，希腊人、拉丁人与法国人。[①]

伏尔泰在对夏尔丹和杜博神父持批评态度的同时，赞许地引用了“有天分的丰特奈尔”。

《夏尔丹骑士旅行日志》（*Journal du Voyage du Chevalier Chardin*），特别是其中的《行旅波斯》（*Voyage en la Perse*），是十七世纪著名而有影响力的旅行著作。约翰·夏尔丹爵士（1643—1713 年）是一位珠宝匠和珠宝商，这一职业诱使他不仅去过波斯，还去了印度。他的著作十分有趣，但主要是侧重于商业与贸易实际情况的说明，不过也常常充满热情地描述当地人的习俗。夏尔丹的观察为“东方整体衰微”这一古老的信念提供了明显的证据，也证明了波斯人的落后，特别是他们社会毫无变化的性质。夏尔丹将这些情况归咎于气候：

> ……炎热的气候使身体衰弱，同时也使精神萎靡，让技艺发明与改进不可或缺的想象力变得缓慢。在那种天气里，人没有能力通宵达旦做事，也没有能力勤勉努力地工作，而

---

① 贝尔纳·勒·博维耶·德·丰特奈尔（Bernard Le Bovier de Fontenelle）：“漫谈古人与今人”（Digression sur les Anciens et les Mordernes），《丰特奈尔选集》（*Oeuvres Diverses de M. de Fontenelle*）（新版，A la Haye，1728 年），卷 2。此处引用的段落译自 127 页。我感谢列昂娜·法赛特（Leona Fasset）的译本，那是为特加特（Teggart）［由希尔德布兰德（Hildebrand）修订］《进步的观念：论文集》（*The Idea of Progress. A Collection of Readings*）中选录丰特奈尔的著作而翻译的，177—178 页。

> 正是这种勤勉才能带来文学艺术和机械技术上有价值的作
> 554 品。由于同样的原因，亚洲人的知识受到很大限制，以至于
> 他们的知识仅仅存在于学习并重复古代典籍的内容；他们的
> 勤奋处于休耕与未开垦的状态，如果我可以这样表达自己意
> 思的话。我们必须仅仅在北方寻找艺术与科学中最大的改进
> 和最高的完美表现。①

关于这段话，伏尔泰写道："但是，夏尔丹没有想起萨迪（Sadi）和洛克曼（Lokman）都是波斯人，他也不记得阿基米德来自西西里，那里比波斯四分之三的地方都要炎热。他还忘记了毕达哥拉斯也曾教授婆罗门几何学。"②

这样，近代旅行中对非欧洲民族的观察与描述，也许可以给关于古代的判断以真实性，即便所涉的地方是不同的。夏尔丹的书也许不是近代第一部这样的作品（当然肯定是最早的作品之一），对"不变的东方"作出环境论解释（这在欧洲和美国作者中，甚至直到第二次世界大战还十分流行），以中国、波斯和印度为一方，以西欧为另一方的对比是文化持续性与文化改变之间的对比。

伏尔泰提到的第三部著作——同样重要，同样有影响的——是杜博神父对天才的研究。这与夏尔丹的联系很直接，因为杜博引用了荷马对尤利西斯的赞颂，认为它适合借来向约翰·夏尔丹

---

① 《约翰·夏尔丹爵士的波斯之旅》（*The Travels of Sir John Chardin in Persia*），卷2，257页。

② "气候"（Climat），《哲学辞典》（*Dict. Philosophique*），前引书。

爵士的成就致意。[①]

如我们在前面谈过的，杜博对一个古代与近代的思想家都有兴趣的问题十分关注：人类天才的扎堆出现，或者说在特定的历史时期内特定种类人才的扎堆出现。用杜博的话说，“各个时代并不同等地产生大师。”[②]

杜博不赞同将道德因素，即社会原因，作为天才艺术家在时间和空间上分布的充分解释。道德因素（一个国家的快乐情势、统治者和公民们对文学艺术的兴趣、合资格教师的存在）为艺术创造了一个有利的环境，但并没有实在地为艺术家增加任何才智（*esprit*），也没有在自然中制造任何变化。这些为艺术家完善自己的天才提供机会，道德因素让他们创作作品更为容易，通过竞争并通过对研究和应用的奖励来刺激他们。杜博说，有四个世纪为所有的后来人所艳羡：第一个，起始于马其顿的腓力（Philip of Macedon）统治之前的十年；第二个，尤利乌斯·恺撒和奥古斯都的时代；第三个，尤利乌斯二世（Julius Ⅱ）和利奥十世（Leo

---

① 《关于诗与画的批判性反思》（*Reflexions Critiques sur la Poesie et sur la Peinture*），第四版修订本，由作者本人作校正与扩充。这一作品最先出现在 1719 年。亦见科勒（Koller）：《杜博神父对气候理论的主张：约翰·戈特弗里德·赫尔德的先驱者》（*The Abbé du Bos: His Advocacy of the Theory of Climate. A Precursor of Johann Gottfried Herder*）。书中有一篇有趣的介绍性文章谈杜博作品在美学史上的地位；它还包含了对许多关键段落的翻译，实质上是杜博作品中环境部分的摘要。我强调了（这一点科勒未曾强调）丰特奈尔对气候和对巴克雷（Barclay）《心灵的图像》（*Icon Animorum*）讨论的重要性。

② 《关于诗与画的批判性反思》，卷 2，128 页。见本书第九章第 7 节。

555 X）的时代；第四个，路易十四的时代。[①] 他评论道，人们常常归因于道德因素的东西，实际都是自然因素的结果，他质疑前者是否能够解释艺术的全盛时期。通常，艺术并不随着有利的道德因素而繁荣起来，阿喀琉斯并不总是拥有他的荷马。艺术和文学达到完美状态不是通过缓慢的进步，也不与培育它们所花费的时间成比例——进步是突然的。而且，道德因素没有能够使艺术成就停留在其最高水平上，没有能够阻止其后来的衰退。[②]

杜博详细讨论了这些观点中的每一个。首先，诗歌与绘画有定义明确的地理分布：真正的艺术被限定在欧洲，诗歌与绘画向北方的行进到荷兰为止。（他把艺术限定在北纬 25 度与 52 度之间。）[③] 杜博此时结合了维勒易乌斯·帕特库鲁斯与丰特奈尔的思想。帕特库鲁斯观察了古代世界中的这种扎堆效应。不过杜博在他借鉴丰特奈尔的时候具有更严格的选择性，他引用了以下这段：

> 不同的思想就像植物或花朵，它们并非在所有类型的气候中都同样地茁壮成长。也许我们法国的土壤不适合埃及的思维方式，就像我们的土地不适合埃及的棕榈树那样；而且，不用走这么远，在意大利欣欣向荣的橘树在这里可能就长不了那么好，这表示意大利的某种思想发展在法国不会得到完全的重复。至少可以肯定的是，由于物质世界的各个部分之

---

① 《关于诗与画的批判性反思》（*Reflexions Critiques sur la Poesie et sur la Peinture*），130、134—135 页。

② 同上，146—148 页。

③ 同上，148、150—151 页。

> 间存在着联系和相互依赖，影响植物的气候差异非要同样影响大脑不可。

不过丰特奈尔补充说（这几句话杜博没有引用）“然而，在后一种情况中，效果不那么明确及显而易见，因为艺术与文化可以对大脑施加的影响，比对土壤所施加的影响要大得多，土壤的性质更坚硬、更难对付。因此，一个国家的思想要比它的植物更容易输送到另一个国家，而我们在自己的作品中采纳意大利的非凡才能应该比移植橘树的困难少一些。”①

丰特奈尔继续对环境论解释进行批评，得出我已经引用过的结论。于是，杜博一方面悲叹像丰特奈尔这样的天才作家没有将这个想法进一步探究下去，另一方面却有意或无意地在丰特奈尔批评环境理论、倾向道德因素的节点上，与丰特奈尔分道扬镳！杜博下结论说艺术在对它们有利的气候中自行生长。他相信雕塑 556
和绘画起源于埃及，是因为那里的气候适合它们的发展。如果艺术没有被引进的话，它们会在那些适合它们的国家中产生——也许会出现得晚一点，但是总会出现。艺术不会在不适合它们的气候中繁荣起来。

杜博认为，真正艺术的所在地是欧洲，它一离开这片大陆，质量便有所下降。他承认其他民族也是善于发明的；但是，尽管

① “论古人与今人”（On the Ancients and Moderns），收录于特加特和希尔德布兰德（Teggart and Hildebrand），前引书，176—177 页，译自“漫谈古人与今人”（Digression sur les Anciens et les Mordernes），前引书，卷 2，126 页；由杜博（Du Bos）引用，卷 2，149—150 页。

中国人发现了火药和印刷术，这也仅仅是个偶然！是欧洲使这两项发明变得如此完美，以至于欧洲现在可以给中国的发明者上课了。杜博讨论了埃及的雕塑和绘画（它们由希腊人和意大利人进一步发展起来），还将夏尔丹的波斯波利斯绘画中展现的艺术斥为平庸。杜博带着优越感俯视那些“丝绸、瓷器，以及其他来自中国和东亚的新奇玩意”，并下结论说，墨西哥和秘鲁的艺术家是没有天才的，倘若婆罗门和古代波斯人中产生了达到荷马高度的诗人，行旅的希腊人就会在他们的图书馆中收藏他的作品。①

这一论据得到一个详尽阐发的理论支持，这个理论涉及空气对身体的支配力量，以及身体对心智和灵魂的支配力量，因为人的一生中，灵魂与身体一直是结合在一起的。人类精神的特征和我们的爱好在很大程度上依赖于血液的特质，血液滋养着我们的器官，提供了我们在婴幼儿与青少年时期保证器官生长的原料。反过来说，血液的特质又在很大程度上依赖于它们所呼吸的空气；它们甚至在更大程度上依赖于养大一个人的地方的空气特质，因为这决定了婴幼儿时期的血液特质。就这样，空气的这些特质协助了器官的构造，而器官的构造又通过必要的联系协助了我们血液特质的成熟。正是由于这些原因，生活在不同的气候下的各民族在精神和爱好上才如此各不相同。②

空气的特质依赖于空气所包裹的土地发散物的特质。因为土地发散物不同，空气也不一样。土地是一个混合体，受制于各式

---

① 《关于诗与画的批判性反思》（*Reflexions，Critiques sur la Poesie et sur la Peinture*），卷 2，151、156—157、159—162 页。

② 同上，238—239 页。

各样的发酵作用，因此发散物也是各异的，它们改变着空气，也影响着民族的天性。

杜博观察到，在法国，某些世代比其他世代更具有精神的倾向性（*plus spirituelles*）。他说，生活在同样气候中的这些世代之间的差异，与生活在不同气候中各民族之间的差异有着相同的原因。自然原因决定了气候的变异，而气候的变异决定了一年又一年收成的质量。这其中有一种本质为循环性的有机联系，涉及空气、地球表面、人，以及其他形式的有机生命。我们所呼 557
吸的空气把浸泡在它自身的特质带到肺里的血液中；空气也把对土地生产力最有帮助的物质沉积在地球表面。耕耘土壤的人们翻起田地并在上面施肥，他们的确认识到，当土地的大量微粒吸收了空气中的物质，土地就会更加丰饶多产。人们食用地球出产物中的一部分，把余下的留给动物，继而人又通过食用动物，使动物的肉体转化为人自己的物质。空气的特质还通过雨和雪被带入泉水与河水中，雨雪总是携带着悬浮在空气中的部分微粒。[①]

这种解释假设了空气组成的复杂性，它容纳了很多不同的结合方式，带来了各异的影响。既然大气是由空气、从地球吸收的发散物，还有微生物及其精液所组成，那么这些构成物的数量差异就造成了空气性质的变化，而这些变化又导致了依赖于空气的自然产物的性质不同。

杜博对两类普遍的人类行为感兴趣：一个地方的人群与另一

① 《关于诗与画的批判性反思》（*Reflexions Critiques sur la Poesie et sur la Peinture*），卷 2，241 页。

个地方的人群显而易见的不同特点，以及生活在同一个地方的人群在情绪和性格上的不同。

为了解释这两类差异，他区分了具有暂时性特质的空气与具有永久性特质的空气，这个区别是像太阳和风这样的外部原因引起的。永久性特质对人类所造成的改变被称为“变更”，而暂时性或瞬时性特质所造成的改变则被称为“变换”。海拔、与太阳的距离、暴露程度、阳光所照射地方的地形特征，这些带来了太阳的不同效应，这些不同效应是“变换”的例子；风也是一样，风通过冷与热、干燥与潮湿使空气发生改变。产生于空气的“变换”反映在我们日常的情绪中，它提醒我们，那些永久性特质对人们的影响（特别是对儿童的影响）更大得多。

人的心情（体液）——甚至成年人的才智——很大程度上取决于空气的“变换”。当空气是干燥的或湿润的，是冷的、热的或温和的，我们便机械地变得愉快或者悲哀；我们会无缘无故地（*sans sujet*）心满意足或暴躁易怒，而且还会发现自己难以专注于手头的工作。为暴风雨作预备的“发酵过程”也这样作用在我们的精神上，使我们的心情变得沉重，阻碍我们像通常那样用自由的想象力去思考，甚至会使我们的食物坏掉。酷热的咒符导致罗马季节性的超高犯罪率（如果一年有二十起犯罪，那么其中十五起发生在夏天最热的两个月里）。这还会影响法国的自杀率（在巴黎，一年中每六十起自杀案里就有五十起发生在冬天开始
558 或结束的时候，那时刮东北风，天空变得阴沉，显然折磨着精力最充沛的人）。据法国地方行政官所说，一年中犯罪率的不同无法归咎于食物匮乏、军队士兵退役，或者其他“合理的”原因。

对杜博来说，这原因就是气候。[①] 他还讨论了严寒带来的影响。他说，如果“变换”都能够这样严重地影响人的思考、想象力和性情，如果它可以导致暴力、犯罪及自杀，那么空气的永久性特质又定然会造成多么巨大的效应啊。我们在从一种气候旅行到另一种气候中时，会注意到这些永久性特质所表现出的力量。当永久性特质被改变，也许会导致流行病。一个人出生地的空气就好像药剂，对杜博来说，思乡病（*Hemvé*）就像字面意义那样，是一种由气候引起的肉体上的痛苦。[②]

随后杜博将注意力转向更具根本性的、与“变换”相区别的“变更”，他问道，为什么来自共同祖先的人类，却产生了差异？分歧自移民而始——这是一个向着两极和向着赤道逐步迁移的进程——十个世纪足以让同一父母的后人变得像今日的黑人与瑞典人一样互不相同。杜博进而作了一个传统的假设，即如果气候造成肤色、躯干与声音的不同，那么它也能作用于更微妙的、不那么显而易见的人类特征。它影响着一个国家中的天赋、爱好和习俗，甚至比对身体的影响更大，因为大脑和身体中决定人的才智与爱好的那些部分具有更大的敏感性。空气的差异也许能够导致心智的不同（杜博的这个空气可真是一种方便又有弹性的混合体），即便这种差异的力量不足以产生更大的、显而易见的身体

---

① 《关于诗与画的批判性反思》（*Reflexions Critiques sur la Poesie et sur la Peinture*），卷 2，242—246 页。正如科勒（Koller）所评论的，对于犯罪率的这些观察抢在了十九世纪犯罪学家隆布罗索著作的前面，前引书，72 页。

② 同上，249—250 页。关于 *Hemvé* 一词见科勒，前引书，74—75 页。杜博将这个词转换成法语，这借自德语的 *Heimweh* 以及斯堪的纳维亚语言中的相似形式。

上的不同。

杜博说，葡萄牙人在非洲的经历，支持了他对气候论解释之正确性的信念。葡萄牙人在非洲西海岸建立殖民地只有三个世纪。当年第一批殖民者的后裔已经不再像葡萄牙本土的葡萄牙人了。尽管他们仍认为自己是白人，但是他们有了黑人卷曲的头发，扁平的鼻子和厚嘴唇。（杜博说，不过，要是黑人在英国建立一块殖民地，同样的影响也会起作用，他们的皮肤会变得比较白。）杜博竟然没有想到种族间的性结合可能会与头发、嘴唇和鼻子的改变有关系，即便考虑到当时遗传理论尚属粗糙，也还是令人吃惊的。[①]

559 杜博关于罗马天主教的例子则更为精细和敏锐。罗马天主教对教义信条的礼拜仪式（*le culte comme pour les dogmes*）在各个国家的天主教会都基本相同；然而尽管是共同的信仰，每个国家却在其做礼拜的方式上（*dans la pratique de ce culte*）展现了不少的独特性。取决于每个国家的天赋，仪式的进行带着或多或少的华贵与庄重，以及或多或少的忏悔或者欢庆的外在表现。

通过杜博的这些记述——这一评价对博丹和孟德斯鸠也同样适用——我们看到他有着对国民性的认识（在欧洲这几乎是不可避免的！）和对古代所作出的这方面观察的认识；而且，古典作家所描述的民族特征，在这些民族的后代中也可以辨识出来。荷兰北部和安达卢西亚的农民是用同样的方式思考吗？他们有着同

---

① 《关于诗与画的批判性反思》（*Reflexions Critiques sur la Poesie et sur la Peinture*），卷2，251、253—256页。

样的激情吗？甚至他们是以同样的方式体验自己作为人类所共有的激情吗？他们希望以同样的方式被管理吗？对杜博来说，提出这些问题也就是在回答这些问题。当外在的差异如此明显，那么内在的差异、心智的差异也必然是巨大的。杜博把这一点联系到丰特奈尔关于中国与欧洲自然面貌对比的评论。“请看一看在中国大自然的样貌是如何被改变的。还有其他的面貌、其他的特征、其他的风俗，以及大部分其他的推理原则。”①

杜博将约翰·巴克雷尊为国民性研究的权威，并且让自己的读者去读他的书。②他论及了一个国家最初的居民和他们的后裔之间的相似性：将李维对哥特人的描述与现今的加泰罗尼亚人相比较；而恺撒对高卢人模仿外国发明的才能的评论，对现代法国人来说也是真实的，他说。即便通过砍伐森林、排干沼泽、建设城镇代替旧日村庄来改变环境，也没有能够抹去德国人的个性，这很可能是受巴克雷启发而得到的观察结论。③

在气候论的整个历史中，它作为对文化惯性的一个解释而扮

---

① 《关于诗与画的批判性反思》（*Reflexions Critiques sur la Poesie et sur la Peinture*），卷 2，259 页。见丰特奈尔（Fontenelle）：《关于多重世界的对话》（*Entretiens sur la Pluralité des Mondes*）（1686 年），第 2 日。

② 同上，卷 2，259—260 页。关于巴克雷（Barcley），见本书第九章第 9 节。

③ 同上，卷 2，266 页。见本书第九章第 9 节；以及巴克雷：《心灵之镜》（*Mirrour of Mindes*），144—145 页。根据阿尔贝·科利尼翁（Albert Collignon）的“约翰·巴克雷的精神肖像（《心灵的图像》）”[Le Portrait des Esprits（*Icon Animorum*）de Jean Barclay]，《斯坦尼斯拉斯研究院院刊》（*Mémoires de l'Académie de Stanislas*），第 6 辑，卷 3（1905—1906），67—140 页，《心灵的图像》的一种法文译本在 1623 年出现，然后在 1625 年又出现了两种译本。关于这一著作的拉丁文原版和德、英、法译文的各版本，见 129—135 页。

演着重要角色；它在杜博和后来的孟德斯鸠（《论法的精神》，第十四章第4节）那里都扮演了这个角色。气候比血缘和出身更为强大——杜博写这句话就好像它是一个众所周知的常识。他说，高卢-希腊人是过去定居在亚洲的高卢人的后裔，虽然他们有好战的祖先，但在五代到六代之中却变得如亚洲人一样温和柔弱。
560 所有以善于掌握武器著称的民族，当他们迁入那些气候也使本土民族性格温和化的地区，就都变得柔和而懦弱。殖民者会承接那个地方的特征；气候使不同的人群变得相似，并且使他们保持相似状态。①

那么这个理论中那些显而易见的例外又是怎么回事呢？杜博讨论了其中两个，罗马人和荷兰人。他的非常有趣的解释实质上否定了自己的理论，这些解释显示出，十八世纪早期的旅行、商业及人类活动所产生的结果，已经在打破过去那种较为简单的决定论——即便杜博似乎没有意识到这一点。现在，让我们来考虑一下这两个例外。

他说，古代罗马人以他们的军事特长和纪律性而远近闻名；现代罗马人，在这样一个寻求治愈繁文缛节病症的时代，却仍然乐此不疲。对他们来说，礼仪是时尚的；他们设法在这方面优于别的民族，正如古罗马人尽力在军事训练方面出类拔萃一样。②

杜博回答说，现代罗马人没有理解、也不能正确控制罗马城内部及其周围的环境状况，当下的大气已经与古罗马皇帝时期的

---

① 《关于诗与画的批判性反思》（*Reflexions Critiques sur la Poesie et sur la Peinture*），卷2，267—268页。

② 同上，卷2，277—278页。

大不相同。杜博说，除了圣三一教堂和奎里纳尔宫，罗马城的空气在炎热的夏季中非常不健康，以至于只有那些已渐渐习惯了它的人才能够忍受，就像米特里达梯（Mithridates）使自己慢慢适应毒药那样（罗马时代本都国国王的传说——译者注）。长期的疏忽导致了排水管和下水道的恶化，新的环境缔造了新的状况。杜博在此处假定，人类的积极参与对生命的正常维持是必不可少的。

杜博讨论了相关的彭甸沼地问题，他说，罗马的平原有带毒性的空气，既然毒素来自土壤，那么土壤必定是已经改变了，这要么是因为土地不再像古罗马皇帝时代那样被耕种，要么是因为奥斯蒂亚和奥凡托的湿地不再被排干。杜博自问道，对明矾、硫黄和砷的开采，以及燃烧着的长长烟柱（沼气），难道不也是与不健康的空气有关吗？

最后，杜博相信，十八世纪的气候与古代相比更为温暖，尽管这个国家在古代居民更密集，开垦也更认真。[①] 诺厄·韦伯斯特（Noah Webster）在一篇颇具洞察力和批判性的论文中展示过，这种关于气候变化的信念有多么流行，而支持它的证据又是多么薄弱；它们大部分来自古代作品对特定地方气候状况的描述，而这些地方当时与现在的气候条件是大不相同的。“［认为现代北纬地区的冬季变暖的］这种观点被许多著名的作家采纳并坚信，比 561
如杜博、布丰、休谟、吉本（Gibbon）、杰斐逊（Jefferson）、霍

① 《关于诗与画的批判性反思》（*Reflexions Critiques sur la Poesie et sur la Peinture*），卷 2，283—284 页。其所引用的唯一的证据是尤维纳利斯（Juvenal）的第 6 首讽刺诗。

利奥克（Holyoke）、威廉斯（Williams）。确实，我不知道在这个时代，是否有任何人质疑过这个事实。”[①]

荷兰人的例子就更有意思了；和罗马人一样，他们也发生了改变。古代好战的巴达维亚人和弗里西亚人，一点也不像他们擅长商业和艺术的现代代表。杜博对这种变化的解释是，现代荷兰人确实不再拥有同样的土壤，尽管他们还居住在同一片土地上。他认为，这种土壤变化是在自然过程中发生的。巴达维亚人的岛屿地势很低，在古代被树林覆盖着，而古代弗里西亚人所居住的地区（它构成了今日荷兰最大的一部分）则布满了中空的小山。海水淹没到这些空洞中，导致了陆地下沉，但这块土地随后又由于自然原因从大海手中收回来了。海浪把沙子冲到岸边，泛滥的河流造出了自己的沉积层。（杜博看来是在阐述，大海完全淹没了陆地，而后退却，沙丘随之成形，阻断了留在陆地上的积水返回大海之路，同时由莱茵河和马斯河造成的沉积层填入并取代了这些被隔离的积水，后者到此时就会蒸发了。）当土地干透便可以重新定居；事实上，现在它变成了坦荡的平原，运河纵横交错，湖泊和池塘星罗棋布。土壤的彻底更换带来了农业和畜牧业的变化，从而也导致了饮食的改变与生活方式的不同。公牛和奶牛长得更大，而居民——这里的人口比欧洲任何其他地区都增加得更快——可以食用豆类、奶制品、鱼，而不像他们的祖先那样吃家

① 韦伯斯特（Webster）："关于假设现代冬季气候变化的论文"（Dissertation on the Supposed Change of Temperature in Modern Winters）（1799 年宣读于康涅狄格艺术与科学学会），收录于《政治、文学与道德论文集》（*A Collection of Papers on Political, Literary and Moral Subjects*），119—162 页；引文在 119 页。

畜和凶猛野物的肉。[①] 在此处，杜博提到了威廉·坦普尔爵士关于尼德兰联合省的作品；坦普尔认为空气影响了荷兰人的国民性，而巴达维亚人与荷兰人之间的明显区别应归因于饮食的改变。和杜博不同，坦普尔认为现代的饮食结构过于吝啬，肉类不足。[②] 杜博别出心裁的论点也许可以这么总结：通过自然原因的运作，原始土壤被新的土壤代替，由此空气的特质也被改变了；改变了的空气反过来又影响性格、土壤和饮食；饮食的这种变化也变更了国家的特征。杜博引用夏尔丹关于气候对波斯人产生影响的说法来支持这个论点。[③] 但是在关于荷兰人的例子中，杜博显然是 562
受到威廉·坦普尔爵士作品的影响，将自己的论点稍稍变动到决定论色彩较轻一些的基础上。尽管气候仍然是一个根本性的影响因素，但环境状况与人类的勤奋也处于一种互利互惠的关系之中。

杜博解释艺术与科学在一个广泛气候系列中分布的认真尝试，更是格外引人注目地显示出在十八世纪早期，气候决定论如何可能被击溃，并被一种不那么教条的解决办法所取代。杜博的这种尝试迫使他承认，只有极端的环境才无法鼓励人类的显著成就。即便在这里，决定论也失灵了。

另一个例证是他的断言，即贸易取代了人们对地方农业的依

---

① 《关于诗与画的批判性反思》（*Reflexions, Critioues sur la Poesie et sur la Peinture*），卷 2，277、285—287 页。

② 见本书第九章第 9 节；以及威廉·坦普尔（William Temple）爵士：《尼德兰联合省的观察》（*Observations Upon the United Provinces of the Netherlands*），105—107、109—112 页。

③ 《关于诗与画的批判性反思》，卷 2，288—289 页。

赖，人类现在能够从地球的所有地区汲取养料，无论是必需品还是奢侈品。商业给予北方人民他们自己的土地所不能提供的食物和葡萄酒，热带国家使寒冷国家的人民用上了他们的糖、香料、白兰地、烟草、咖啡和巧克力。这些产品中的盐分和酒精给北方人的食物中添加了一种原本没有的超凡精油。商业与贸易完成了土壤和空气做不到的事情。西班牙的精神充满了北方人的血液，加那利群岛的元气和风貌伴随着葡萄酒一起来到了英格兰。杜博以精彩的比喻手法写道，频繁而习惯性地使用热带国家产品，可以说是把阳光带到了北方的国家，并且将活力与优雅注入这些国家居民的血液与想象力之中，而这种活力与优雅是他们的祖先从未曾有过的——他们的祖先生性简单，满足于自己看着其发芽生长的土地产物。然而，杜博也继续写出了令人不快的关于疾病的消息，疾病显然是由这些新食物的传入而引起的。[①]

杜博神父在形成自己的体系时将好几种观念结合在一起。关于天赋、才能、能工巧匠在时间与空间上扎堆的观念来自一位古典作家；刺激物的思想同时来自丰特奈尔，丰特奈尔像威廉·坦普尔爵士一样，痴迷于有关古人与今人的争论，以及气候论解释可能的正确性；巴克雷、夏尔丹和威廉·坦普尔作品中关于国民性的讨论，也是他磨坊中的待磨谷物。古典思想、同时代人的欧洲旅行和更广泛的航海活动、对人类成就之性质的好奇心，这些都为建造这本引人入胜的著作添砖加瓦，而这部作品的问世比《论

① 《关于诗与画的批判性反思》(*Reflexions, Critioues sur la Poesie et sur la Peinture*)，卷 2，290—292 页。

法的精神》早了整整二十七年。

3. 阿巴思诺特论空气的效应

约翰·阿巴思诺特（John Arbuthnot）是一位著名的英国医生，他于1731年发表了《关于空气对人体的效应》（*An Essay Concerning the Effects of Air on Human bodies*）。他对大气与疾病之间的关系很感兴趣，特别是季节性复发的疾病。这本书表现出了对希波克拉底著作的深切敬意与透彻了解，尤其是《空气、水、 563
处所》和《流行病》（*Epidemics*）；他同意希波克拉底的病原学概念，即疾病的原因是自然的，而非超自然的。在这部明晰易懂而又精密严格的作品中，设计论思想迅速地被忽略，转为思考疾病及其控制这个令人困惑的难题。他说，自然的明智创造者，在地表附近创造了一种有益健康的空气，它带有不同种类的微粒，这些微粒除少数偶然情况以外，都十分适合于动物。自然不让空气中充斥过多的微粒，并主要用风力使空气循环，以此来努力保护健康的空气；但是，不健康的空气、静止的空气、充满腐败物的空气，常常会击败自然的意图。当时，医师对疾病的细菌理论一无所知，但怀疑流行病以不平衡的步伐传播，有时很慢，有时飞速地从一个地方跳跃到另一个地方（这也许与地方拥塞有关），在这样一个时代里阿巴思诺特附和着希波克拉底的忠告：当人们建造城市时，他们应该使城市“开放、通风，还要平整地块。”[①]

---

① 《关于空气对人体的效应》（*An Essay Concerning the Effects of Air on Human Bodies*），1751年版，vii、13—17页。

倘若没有约瑟夫·德迪厄（Joseph Dedieu）的断言，阿巴思诺特杰出的著作也许仅仅会受到医学史家的注意；德迪厄说，孟德斯鸠的气候理论是对这位英国内科医生著作的“强有力的改编，但仍然是一种改编”。[①] 德迪厄的说法是令人信服的，因为他显然使用了阿巴思诺特作品的法文译本。他不经意地提及阿巴思诺特对希波克拉底的继承，但没有非常清楚地说出：阿巴思诺特关于气候对各民族影响的论述，就是对希波克拉底《空气、水、处所》仔细浓缩的摘要。因此，关于这一主题的对应段落的比较，更多地是在孟德斯鸠与希波克拉底之间，而不是在孟德斯鸠与阿巴思诺特之间。[②]

阿巴思诺特接受了希波克拉底的医学哲学，但他对于同时代的调查研究结果也十分敏感，不过希波克拉底对于气候影响的归纳则被他不加批判地接受了。生理学理论当然是当代的，包括关于空气对人体的效用、身体热量的平衡、大气状况对疾病的影响，以及流行病的讨论。

沿袭传统的方法论，阿巴思诺特通过指出热、冷、潮湿和血液循环所扮演的角色，来展示空气对人体的效应。[③]

热，但并非极端的热，“伸展放松了纤维；这就是在炎热的日子里，晕眩和虚弱的感觉发生的根源……”。寒冷则导致了相

① 德迪厄（Dedieu）：《孟德斯鸠与在法国的英国政治传统》（*Montesquieu et la Tradition Politique Anglaise en France*），212 页。在 214—223 页，作者将对应的段落作了比较。

② 阿巴思诺特（Arbuthnot），前引书，122—124 页；德迪厄，前引书，221 页注 2。

③ 关于孟德斯鸠书中的对应段落，见德迪厄，前引书，214—216 页。

反的反应："它收缩动物的纤维与体液，它们在寒冷能达到的程度上变得更黏稠。在寒冷天气中的动物尺寸通常较小。寒冷不仅 564
仅通过收缩的特性来加强纤维，也同样通过凝结空气中松散的水分来做到这一点。"潮湿也导致能动植物纤维的放松，列举出来作为证据的有：浸泡的效果、肌肉最初收缩后洗一个放松的冷水澡的效果、放松的热水浴的效果，等等。[①] 关于冷与热对血液循环的影响，阿巴思诺特写道："寒冷在身体外部造成的阻碍，会驱使血液用更大的力量压迫内部器官，并且增加热量。"[②]

我们不会更深入地介绍阿巴思诺特的生理学理论细节，但是可以从以下引文看到他的研究导向的一种概括：

> 但是这种［关于体质、饮食、疾病、气候的］观察所得仍然有很大的困窘，我们能做的只是从机械法则和空气的已知属性与特质中，推论出一定是它们的自然效应的东西。下面这个说法看起来与理性和经验都是一致的：在人类体质、面貌特征、肤色、性情，以及因此而来的在不同国家和不同气候中各不相同的人类行为方式的形成中，空气在合情合理地运作着。[③]

阿巴思诺特注意到，"神经敏感、精神活跃的人们"容易受

① 《关于空气对人体的效应》（*An Essay Concerning the Effects of Air on Human Bodies*），1751 年版，48、56、61—62 页。

② 同上，161 页。

③ 同上，146 页。

到每日天气变化的影响，在某些日子里记忆力、想象力和判断力都更为旺盛，因此，很可能“国家的天才依赖于他们空气的禀赋：艺术与科学几乎没有在很高或很低的纬度上出现过。”较冷国家的居民在那些需要勤勉与应用的艺术上取得成功，因为在较冷国家工作起来比较容易；而炎热的国家对活跃的想象力较为适宜，从而产生出要求这种想象力的艺术。[①]

像那些在他之前的学者一样，阿巴思诺特也观察到国民性中的持续性特征，并以高卢人和法兰西人为例证来说明这一点。为个性特征负责的是国家，“即便种族已经发生了变化。”“政府限定居民的行为方式，但是不能改变居民的天赋与性情；并且，在不受法律限制的范围内，他们的激情，以及随之而来的国民美德与恶习，都会在某种程度上与空气的温度相契合。……国家就像个人一样，有自己本质上的坏毛病……”[②]

如此，阿巴思诺特对古人所观察到的文化差异作出了现代解释。他同意希波克拉底的观点，即北方民族与南方民族之间的确存在不同，但他的解释源自他那个时代的科学。在北方国家中，
565 气压有频繁而巨大的变化（他没有给出来源），人的纤维（神经与血管？）在舒张与收缩之间交替变化。由于纤维张力中的这种差异，“整个神经系统和生物精神都受到某种程度的影响。”极端炎热与极端寒冷制造出的效果是相似的，纤维舒张和收缩或轮流“收放”。极端的寒冷扮演了刺激因素的角色，带来的是“运动与

---

① 《关于空气对人体的效应》(*An Essay Concerning the Effects of Air on Human Bodies*)，1751 年版，148—149 页。

② 同上，149—150 页。

劳作的活力与忍耐力，这在干燥严寒的天气中比在热天中更多；相反地，生活在热带的人，则持续地处于一种像我们最热天气的那种状态。”北方民族的纤维震荡运动具有更大的多样性，这同样造成了他们精神上的震荡，“因此他们的激情也相应地不够均衡，从而有更大的活力与勇气。”炎热气候下气压和空气温度的变化幅度很小，人们能感受到的纤维张力仅仅来自干燥与湿润（即旱季和雨季），这样“他们的纤维和精神的运动较为统一，由于这个原因，也由于过大的热量，他们可能懒惰、闲散：跟随不活动与懒散而来的，自然是一种奴性的倾向，或者是厌恶与掌控他们的力量作斗争。”[①]

阿巴思诺特此时已经“通过源于空气属性与特质的机械原因，冒昧解释了这位睿智老人[希波克拉底]的哲学……”专制政府“虽说对人类普遍具有破坏性，但在寒冷气候中又是最不合适的，因为这种气候需要大量劳作，工人应当对他们的劳动果实拥有一定的所有权。有不同程度的奴隶制，一般而言，在一些炎热多产的国家里最为极端。”阿巴思诺特还推测了气候对语言的影响，并且评论了热带国家中的性早熟现象——这个主题孟德斯鸠也讨论过。[②]

4. 孟德斯鸠综述

在本章和上文第九章，我们已充分展现了从博丹到孟德斯鸠

① 《关于空气对人体的效应》(*An Essay Concerning the Effects of Air on Human Bodies*)，1751 年版，151—152 页。

② 同上，151—153、153—155 页。

之间的时代是一个环境影响理论格外大行其道的时代，这种理论参与了古人与今人谁更优越的争论，参与了关于法律和立法的理论、疾病与公共健康的概念，以及对习俗和国民性的解释。因此，人们对孟德斯鸠的兴趣更多地是由于他的影响力，而不是他的原创性。孟德斯鸠机智的、警语式的句子只是重述了一些长久以来就为人所知的观念——尽管他利用了知识的进步（这与博丹形成鲜明对比，博丹是面向中世纪的）——但这一点在思想史上不那
566 么重要，更重要的是孟德斯鸠转变了在十八世纪下半叶写作的知识分子的思想，使之从一种到当时为止仍满足于思考社会原因的道德哲学，成为一种必须思考道德因素对自然因素之关系的哲学。即便我们判定孟德斯鸠持有教条的决定论（这个判定，如果我们只看《论法的精神》第十四到十八章，是很容易作出的，但是将这本书看作一个整体时就要困难一些了），他的著作仍然标志了社会科学史前史的一个转向点，铺开了一条最终通向人文地理学的路径。在大多数情况下，处于博丹与孟德斯鸠之间时代的学者，除了杜博之外，都以或多或少随意和偶然的方式使用了气候论，而在孟德斯鸠的著作和那些显示了孟德斯鸠影响的作品中，自然因素则牢固地盘踞在普遍的理论体系之中。

进一步而言，孟德斯鸠观点的各个来源能引起我们不同寻常的兴趣，杜博观点的来源也是一样，因为这些内容揭示了建造道德哲学大厦所用的诸多砖瓦，展现了未来社会科学的基质。孟德斯鸠、布丰和赫尔德的作品引起人们极大的兴趣，因为它们代表了比个人思想更多的东西，却又比百科全书更为个体化和私人化；它们成为一个时代的思想的宝库。

十八世纪稍后时期，孟德斯鸠被当作自然因素对道德因素之关系的权威加以引述，正如布丰作为自然史的权威被人引用一样，但是这种地位并非一下子就达到的。很多同时代有名望的传统知识分子代表在读到孟德斯鸠著作的时候怀有对抗情绪，这些人没有兴趣去发现自然环境与人们在其中生活、形成国家、制定法律的社会环境之间的关系。并且，即便这部著作作为整体，不像单独的气候著作将人类与自然环境连结得那样紧密，但孟德斯鸠也说过："气候王国是所有的王国中第一位的、最有力的王国。"[①] 法理学的学者们不喜欢看到法律被一直上溯到气温，哲学家则认为它不过是宿命论唯物主义的喧嚣复兴而加以反对。迎接这一著作的还有普遍的嘲笑、对其新奇性的惊异，乃至困惑。[②]

从宗教方面对这本书有许多攻击，其中最尖锐的据信是来自方丹·德·拉·罗什（Fontaine de la Roche）神父，发表在一份詹森教派期刊《牧师通讯》（*Nouvelles Ecclésiastiques*）上。这一批评觉察到了痴迷于自然宗教（与启示宗教相对）和气候论对教

---

① 《论法的精神》（*De l'Esprit des Lois*）[由让·布雷特·德·拉·格雷塞（Jean Brethe de la Gressaye）整理出版，下称《论法的精神（格雷塞版）》（*EL*）]，第19章第14节。

② 德迪厄（Dedieu），前引书，192—193页。德迪厄说：

"没有任何一本著作像这本一样引起了如此之多的震惊，也没有任何一本著作引来了这样多的兴奋与谩骂。神学家、哲学家、法学家，甚至只是对文学好奇的人，都惊人一致地打击孟德斯鸠，以及他'臭名昭著'的理论。好奇的人感到迷惑。法学家无法使他们政治上的考虑限于困境，而献身于气候王国——这个'所有王国中的第一王国'。哲学家和神学家再一次经历了他们过去的恐惧：斯宾诺莎的'必要性'，宿命论的唯物主义，从他们黑暗的藏身处带着一声巨响再次出现了。"（193页）

会构成的威胁。作者的结论是，孟德斯鸠这部著作的意思是在显
567 示，宗教必须让它自己适应于不同民族的习俗（*moeurs*）、惯例和风气，不管这些习俗、惯例和风气是什么，并且宗教更多地取决于气候与政体（*l'etat politique*）。这一著作因此从根本上违反了启示宗教（天启教）。[①]

孟德斯鸠一般思想与主要思想的来源是什么呢？首先，孟德斯鸠显然对亚里士多德《政治学》中关于气候的段落颇为了解，他的著作像托马斯·阿奎那和博丹的著作一样，属于一种可以一直追溯到柏拉图《法律篇》的类型：一个立法者或曰制法者在为他的人民建立法律之前，应当了解他们的本质以及他们生活在其中的自然状况。

约瑟夫·德迪厄在1909年说，孟德斯鸠气候论作品的主题来源于约翰·阿巴思诺特的《关于空气对人体的效应》。德迪厄的证据是，阿巴思诺特的生理学理论与孟德斯鸠《论法的精神》第十四章第2节的理论惊人地相似，而后者是孟德斯鸠思想的科学基础。[②] 在1929年，缪里尔·多兹（Muriel Dodds）出版了一

① 关于这一点，见《论法的精神（格雷塞版）》，卷1，lxx—lxxi页。这个攻击发表在《牧师通讯》（*Nouvelles Ecclésiastiques*）1749年10月9日和16日的两期中。

② 阿巴思诺特（Arbuthnot）的著作由博耶·德·佩布朗迪（Boyer de Pébrandié）翻译成法文，并于1742年出版［德迪厄（Dedieu），前引书，204页注1］。接受德迪厄论点的一个障碍是：孟德斯鸠一部早期作品《论可能影响精神与性格的因素》（*Essai sur les causes qui peuvent affecter les esprits et les caractères*），其写作日期在当时不为人知，而《论法的精神》第14章从这部作品中借用了许多观念；现在一般认为这篇早期文章写作于1736年到1741年之间。目前看来很有可能的是，如德迪厄所论，孟德斯鸠的确从阿巴思诺特处多有借鉴。德迪厄关于两本著作对应段落的清单非常令人信服（德迪厄，前引书，213—225页）。关于在德迪厄的作品之后，基于在拉布雷德堡各种发现所得的证据概况，见《论法的精神（格雷塞版）》（*EL*），卷2，176—178页。

本书（这本书的格外有趣之处在于，它清楚地说明了那些待在家里的哲学家如何利用别人的远航与旅行经历），书中提到夏尔丹对孟德斯鸠气候理论的构成上有着根本的影响。①

那么孟德斯鸠的两位著名的先驱者——希波克拉底和博丹又处于什么位置呢？这个问题现在也可以得到比较确定的回答。在1721年到1748年之间，人们对希波克拉底的兴趣有一次显著的复苏，与这种兴趣相联结的是普通医学，但特别是传染病的病原学、传染病与温度急速变化之间的关系，以及空气对传染病的影响。②

现在我们知道，孟德斯鸠在他的图书馆里有《空气、水、处所》的简短摘要，他有博丹的《历史的方法》一书并“在第五章 568
的页边空白部分亲笔批注。”③

---

① 多兹（Dodds）：《旅行见闻：孟德斯鸠〈论法的精神〉之来源》（*Les Récits de Voyages. Sources de l'Esprit des Lois de Montesquieu*），55—56页。夏尔丹并不是唯一的影响来源；她的讨论中也包含了《让-巴普蒂斯特·塔韦尼耶赴土耳其、波斯、印度的六次旅行》（*Les Six Voyages de Jean-Baptiste Tavernier qu'il a fait en Turquie, en Perse, et aux Indes*），两卷本，巴黎，1676年；以及弗朗索瓦·贝尼耶（Francios Bernier）的《游记：包括大莫卧儿、印度斯坦与克什米尔等国的描述》（*Voyages, Contenant la Description des États du Grand Mogol, de l'Hindoustan, du Royaume de Kachemire, etc.*），两卷本，阿姆斯特丹，1699年。见她的“《论法的精神》来源列表”（Tableau des Sources de l'Esprit des Lois），在第14章之下，201—213页。

② 关于希波克拉底学说复兴的详情，见德迪厄，前引书，205—207页，其来源为埃米尔·利特雷（Emile Littrés）编辑：《希波克拉底全集》（*Oeuvres complètes d'Hippocrate*），卷2。

③《论法的精神（格雷塞版）》，卷2，174页。德·拉·格雷塞在这里强烈表示博丹对孟德斯鸠的启示作用，这与德迪厄的判断相反，后者认为博丹影响的分量没有那么重（德迪厄，前引书，211—212页）；《论法的精神（格雷塞版）》，174—175页。

孟德斯鸠的气候理论也萌芽于那个时代的当务之急。调和法国法律的不同来源（罗马法、教规、具有法律约束力的习惯、王室法令等），要求对历史、习俗和传统的重要性予以注意。人们要如何去解释对生活在多样气候下的陌生民族多姿多彩的描述？要如何理解疾病和最有利健康的环境？[①] 孟德斯鸠阅读并依赖的那些旅行见闻，通常都是由见多识广而有才华的人写作的，比如约翰·夏尔丹、杜·哈尔德（du Halde）神父和恩格尔伯特·肯普弗（Engellbert Kaempfer）。不过无论如何，孟德斯鸠保持着自古典时代起所有作者所作出的基本假设：（1）气候（对他来说，这基本上就是随纬度产生的温度变化）影响人体的物理状态（其形式为神经和血管的收缩或舒张，以及血液循环）；（2）这种物理影响反过来又会作用于精神状况（热烈的激情、爱、勇敢和怯懦）；（3）这些假设的个人精神效应也适用于民族集体。

5.《论法的精神》中的气候论

孟德斯鸠希望通过展现法律的目的和制定法律时所考虑的因素，来为人类的福祉作出贡献。“如果人的性格和内心激情在不同的气候中真的会有极大差异的话，那么法律就应当与这些激情和性格的多样性都有关联。”[②] 这一理论来自阿巴思诺特：

---

① 亦见德迪厄，前引书，207 页。

② 《论法的精神》（*De l'Esprit des Lois*），第 14 章第 1 节。除特别提到者外，所有英文引文皆来自努根特（Nugent）的译本。

> 寒冷的空气收缩身体外部纤维的末端，这增加了它们的弹性，并且帮助血液从肢体远端回流到心脏。它收缩了那些特定的纤维[这是一个含糊的用法，显然同时指血管与神经]，也因此增加了它们的力量。反之，温暖的空气放松并伸展了纤维末端，毫无疑问地减少了它们的力量与弹性。

从这段话来看，人类好像几乎不需要心脏。[①] 孟德斯鸠的结
论是，寒冷气候中的人们更为精力旺盛。“在这里，心脏的跳动 569
和纤维末端的反应都有更强的表现，体液的温度较高，血液更自由地流向心脏，于是心脏也相应地更有力量。”[②] 力量上的优越性造成了各种各样的精神状态，比如有勇气的感觉。孟德斯鸠使用了一个老套的比喻，把寒冷国家的人民比作勇敢的年轻人，把炎热国家的人民比作怯懦的老人。他说，从一种气候中走出去的个人会受到新气候的影响，就像在西班牙王位继承战争中作战的北方士兵那样。

不过，孟德斯鸠做的羊舌头实验和他由此得出的结论，显示出他对科学论证的了解是多么贫乏：

> 我观察过羊舌头的最外部，用肉眼看上去它像是被乳头状细粒所覆盖。在这些乳头状细粒上，我通过显微镜发现了细小的毛发或某种绒毛；乳头状细粒之间是金字塔形的东西，

---

① 关于孟德斯鸠早期作品中这一段的来源，见《论法的精神（格雷塞版）》（*EL*），卷 2，396—397 页注 1—3。

② 《论法的精神》，第 14 章第 2 节。

末端类似钳状。这些金字塔很可能就是味觉的主要器官。

我把这条羊舌头的一半冷冻后用肉眼观察发现，乳头状细粒大量消失了：甚至有几排缩回到它们的覆膜内。我用显微镜观察了最外部，却没有发现那些金字塔形的东西。随着霜冻的消退，乳头状细粒用肉眼看上去逐渐隆起，用显微镜观察则看到，粟粒状的腺体也开始出现了。

这一观察证实了我所说的，在寒冷的国家里神经腺体较少扩张：它们更深地缩进自己的覆膜内，接触不到外部物体的活动，因此它们的感觉就不那么灵敏。

在寒冷的国家中，人们对愉悦不太敏感，在温暖的国家就稍强一些，而炎热国家的人们对愉悦的感觉则异常敏锐。正如气候用纬度来区分，我们也可以在某种程度上用这些敏感度来对气候加以区分。我曾在英格兰和意大利观看过歌剧，是相同的剧目和相同的表演者，然而这相同的音乐在两个国家却产生了极为不同的效果：一个国家的观众平静而冷淡，而另一个国家的观众则活跃又痴迷，这简直令人难以置信。

开头几句让我们想到十七世纪末和十八世纪常见的一个画面，即为皇家学会写通告或观察报告的业余哲学 / 科学家正在作实验。实验者得出关于冷与热物理效应的某些结论。而后，以这些结论为基础，对心理差异作出一般性的归纳。最后，通过歌剧院演出所见来拓宽视野，显示不同的国民性。

赫尔德发现了这种推理中的缺陷，以及在生理学实验基础上构建对文化的一般性归纳的危险，他说：

> 每个人都确乎知道热量能够延展和放松纤维、削弱液体、 570
> 促进排汗，并且知道它迟早能够使固体变得轻柔多孔，等等。[从热的效应以及] 它的对立面——冷的效应来看，很多物理现象都已经得到了解释：但是从这一原则或者从这一原则的一部分，例如放松与排汗，一般性地推论到整个民族和国家，而且还不止于此，进而推论到人类心智最为精致的功能，乃至最具偶然性的社会规约，这在某种程度上都只是假设出来的；而考虑与安排这一切的头脑越是敏锐而有系统，这种假设性也相应地越强。它们几乎步步与历史上的例子相抵触，甚至与生理学原则相抵触，因为有太多的力量结合在一起发生作用，其中一部分是相互对立的力量。甚至对伟大的孟德斯鸠也有人提出反驳，说他是在虚妄的羊舌头实验上建立起气候论的法的精神。诚然，我们是气候手中易塑的黏土，但是气候的手指将一切塑造得如此多样，而能够抵消它们的法则也如此繁多，也许人类自身的天赋就能够将所有这些力量的关系组合成一个整体。

这一中肯有力的批评可以适用于赫尔德时代及之前风行的几乎所有的环境影响理论。即便可以证明环境因素对个人的身体及精神特性产生影响，也不能就此推论它们会在整个民族身上表现相似的效应。炎热的天气也许会使某一个人萎靡不振，但我们不能从这个观察中得出结论说，热带国家的民族缺少创造文明的精力。赫尔德所批评的推论方式，在很大程度上也是十九、二十世纪气候影响思想的特点，而且更不具有合理性。①

接下来论述的是气候与其他“人性的，太人性的”体验之间的更多关联性，这些体验包括痛苦、做爱等等。在这一点上，孟德斯鸠大大背离了传统观点，后者认为温带气候带来两个极端中最好特性的和谐混合。

> 如果我们向北方旅行，我们遇到的人们几乎没什么恶习，他们有许多美德，待人坦率真诚。当我们走近南方的时候，我们会感觉到自己完全远离了道德的边缘；在这里，最强烈的激情引起了各种犯罪，每个人都在用尽一切手段，来纵容自己过度的欲望。在气候温和的地带，我们发现那里居民的举止变化无常，他们的恶习与美德也是这样：气候没有足够确定的特质来稳定居民的行为。②

此时，孟德斯鸠或许想到的是欧洲：英国、德国、波罗的海
571 和斯堪的纳维亚诸国是北方，西班牙和意大利是南方，法国则在
两者之间。对这一中间位置的气候论解释是如此软弱无力，以至

---

① 赫尔德（Herder）：《人类历史哲学思想》（*Ideen*），第 7 部第 3 章，丘吉尔（Churchill）译，173 页。《论法的精神》（*De l'Esprit des Lois*），第 14 章第 2 节。关于实验，见《论法的精神（格雷塞版）》（*EL*），卷 2，397 页注 6；以及多米尼克·戈蒂埃（Dominique Gautier）：《孟德斯鸠作品中的生物学与医学》（*Biologie et Médecine dans l'Oeuvre de Montesquieu*），医学论文，波尔多，1949 年（这本书我未能查阅到）。

② 《论法的精神》，第 14 章第 2 节；《论法的精神（格雷塞版）》，卷 2，398 页注 10。

丁事实上已经崩溃了。尽管孟德斯鸠有丰富的罗马史知识，了解移民时代、随后的入侵和欧洲的文化融合，可他显然没有意识到，这种模糊的效应与变化无常可能是文化接触和相互借鉴的结果。的确，在孟德斯鸠时代，他最关心的法国法律体系大部分便是这些事件生成的结果。

如果气候可以解释文化的差异，那么它也能够解释文化的持续性。孟德斯鸠看到了“不变的东方”（这是一个在十九世纪诸多作品中流行的短语）所包含的气候原因。这种想法已为杜博所了解，但其最初的源头可能还是夏尔丹。

> 器官的纤弱让东方国家如此易于接受每个印象，如果你在这上面再添加某种思想上的懒惰（这自然是与身体上的懒惰相连的），使他们变得无法作出任何努力或奋斗，那么就很容易理解，他们心中一旦接受了一个印象便不能再改变。由于这个原因，东方国家的法律、风俗、习惯，甚至是那些无关紧要的事情，诸如服装的式样等等，在今天还与一千年之前没有什么两样。

即使我们为便于讨论而接受东方是不变的这一点，仍然令人奇怪的是孟德斯鸠没有能看到东方国家的文化持续性与欧洲诸国的变化之间形成鲜明对比，也没有能看到东方的不变也许是由隔绝或缺少文化接触而造成的。本篇是题为“东方国家的宗教、风俗、习惯和法律不变的原因”一节的完整版本，尽管其中没有提到欧洲，但是提出了气候对宗教的关系这一需小心处理的问题。《牧师通讯》所刊文章的作者事实上指责了孟德斯鸠在不变的宗教与东方炎热气候之间发现的紧密联系。[1]他的指责是有道理的，因为，有什么能够阻止自然因素在基督教历史中也扮演一个同等重要的角色呢？

孟德斯鸠在他著作的一个关键章节（第十四章第5节）继续讨论了宗教问题，他说佛教是印度气候的产物。“佛，印度的立法者，他受自身知觉的指引，将人类置于一个极度被动的状态中；但是，佛的教义产生于气候的懒惰，反过来又助长了这种懒惰，这就成为无穷祸患的源头。”孟德斯鸠迅速一箭双雕地解说了一个宗教的起源，同时教育立法者不应增强气候带来的不合适影响，而是应当抵消这种影响。[2]

572 “中国的立法者更为理智，他们不是从人将来会享有的安宁状态去考察人，而是从适宜于履行生命中诸多义务的情况中去考察人，因而使他们的宗教、哲学和法律都符合实际。自然因素越使人倾向于懈怠，道德因素就越应当使人远离懈怠。”中国人是成功的，而佛却相反。这里有为明智选择留出的空间。一个好的统治者不会让他的行为增强坏气候的影响，也不会限制

① 《论法的精神》(*De l'Esprit des Lois*)，第14章第4节；《论法的精神（格雷塞版）》(*EL*)，卷2，399页注18。

② 那个时期的很多作者用Fo（Foë）或一些类似的拼法来代表“佛”(Buddha)；这里的用法来自杜·哈尔德（Du Halde）：《中国和中国鞑靼地理、历史、编年、政治与自然的叙述》(*Description Géographique*, *Historique*, *Chronologique*, *Politique*, *et Physique de l'Empire de la Chine et de la Tartarie Chinoise*)，卷3，22—34页。转引自缪里尔·多兹（Muriel Dodds），前引书，203—204页；亦见《论法的精神（格雷塞版）》，卷2，400页注22。

好气候带来的利益。因此，适当考虑自然因素的道德哲学是可能的。

孟德斯鸠接着攻击修道生活，这无异于在创口上撒盐。

> 在亚洲，苦行僧或修道士的人数好像随着气候变化，气候越暖，人数越多。印度地区天气酷热，因而住满了僧侣；同样的差异也可以在欧洲见到。
>
> 为了克服气候带来的懒惰，法律应当尽力消除一切不劳而获的谋生手段。但是在欧洲南部，法律表现得简直相反。对于那些想要过游手好闲生活的人，法律给他们提供最适合冥想生活的隐居处所，还赋予他们巨大的收益。

这里应该学到的教训与佛教例子中的教训是相似的。孟德斯鸠无视祈祷、冥想，以及其他形式的身体静止状态，甚至忽略了修道院在欧洲各种各样气候中的地理分布。①

有人批评孟德斯鸠是在为宗教的起源及持续性寻找自然原因，对此孟德斯鸠是如何回应的呢？他说，基督教作为一种启示宗教，并非与其他宗教一样以自然原因为基础，而是从地球状况和生命环境中萌发的纯粹的人类发明！虚假的宗教可以用自然原

---

① 《论法的精神》(*De l'Esprit des Lois*)第 14 章第 7 节。关于对这一段落的回应，在博塔里教士对禁书审定院所作的报告中表现最为显著——《论法的精神》在 1751 年 11 月 29 日被列入罗马天主教廷的《禁书目录》(*Index Librorum Prohibitorum*) 中，见《论法的精神（格雷塞版）》(*EL*)，卷 1，lxxix 页；卷 2，400—402 页注 25。

因来解释，而基督教这个启示宗教则不能如此解释。[①]

气候对法律及习俗的关系不可避免地引出一个问题：是选择的自由还是决定论。在这一方面，环境论与占星术理论的历史中有许多相似之处。正如我们从圣奥古斯丁及其他人的作品中看到的，早期基督教父们激烈反对占星术，但是到了中世纪中期，占星术就比较为人们所接受了。群星，那令人敬畏的造物，影响了
573 尘世的一切。从另一方面看，人并不需要被它们的影响所奴役；人们能够运用智力和意志消除坏的影响，并鼓励好的影响。

占星术代表着宇宙环境，这是人可以研究并以之作为指引的；而气候是地球上的一种影响，人应该为同样的理由去研究。人通过掌握自然因素的知识而得以作出自己的选择，孟德斯鸠正是在这一点上避免了宿命论，并使自己摆脱关于复苏斯宾诺莎学说的指责。

孟德斯鸠手中的环境决定论可以为文化与道德的相对主义提供正当理由；它也可以用来解释宗教信仰中的某些差异，并解释法律及具有法律效力的习俗的起源。在不同的气候中饮酒造成的效果是不同的，而气候炎热国家的法律禁止饮酒是合理的。在北方或寒冷地区禁止饮酒的法律就会是不适当的了，在极端气候带对过量饮酒施以同样的惩罚也是不公平的。“酗酒在全世界存在，其是否占主导地位与气候的寒冷和潮湿程度成正比。”不同的气

① 孟德斯鸠（Montesquieu）:《为〈论法的精神〉辩护》（*Défense de l'Esprit des Loix*），第 2 部分;《论法的精神（格雷塞版）》，卷 1，lxxi—lxxiv 页给出了《为〈论法的精神〉辩护》发表的历史（1750 年在巴黎匿名发表），并概述了孟德斯鸠所作的答辩要点。

候条件下有不同的需要，这就带来了不同的生活方式（*manières de vivre*），相应也就产生了不同类型的法律。[①]

这种气候影响论也能够指向人类积极干预的途径，例如，在公众健康事务中，如果当地气候有利于麻风、性病或瘟疫的传播，那么可以通过斩断与它们的身体接触来隔离这些疾病。另一方面，自杀也许有道德上或身体上的原因。孟德斯鸠对比了罗马人与英国人的自杀，前者是教育的产物，而后者归根结底是由气候所致的情绪混乱造成的。[②] 更为直接的是气候对想象力和性欲的影响。[③]

尽管孟德斯鸠反对奴隶制，但他看到了这种制度如何在某些国家出现，这些国家的气候在其民众中造成如此懒惰倦怠的状态，以至于民众的主人只能凭借他们对惩罚的恐惧来强迫他们工作；甚至那些主人们对君主的关系也像奴隶对他们自己的关系一样。[④] 在关于家庭奴隶制的讨论中，孟德斯鸠认为在炎热的气候中，女人在很年轻时就达到了性成熟和容貌的最美丽阶段，这早于她们理性成熟的年龄；因此，她们变得有依赖性，而且如果没有法律直接反对的话，环境也有利于男权主导和广泛施行的一夫多妻制。在温带气候中，女人的美丽、理性与知识趋向于彼此同步，同时成熟；女性与男性的关系更近于平等，因为有更多的机会创造两 574

① 《论法的精神》（*De l'Esprit des Lois*），第 14 章第 10 节。

② 同上，第 14 章第 12—13 节。

③ 同上，第 14 章第 14 节；注意阿勒曼尼人关于侵犯女性犯罪的法律与西哥特人这类法律之间有趣的对比。

④ 同上，第 15 章第 7 节。

性间的平等，并且环境也适宜于一夫一妻制。在寒冷的国家里，男人的纵酒给予那里更有节制的女人们比自己的丈夫更有理性的优势。如此，与亚洲相比，认可一夫一妻制的法律更适合欧洲的气候。他说，这是伊斯兰教在亚洲很容易建立起来，而在欧洲推行却困难重重的原因之一；也是基督教在欧洲一直维持自身存在，在亚洲却受到摧毁的原因之一；还是伊斯兰教徒在中国进展迅速，而基督教徒却很少有所作为的原因之一。[①] 他补充道，人类的理性思考（*raisons*）总是臣服于至高原因（Supreme Cause），而至高原因要干什么就干什么，要用什么就用什么——孟德斯鸠这么说带有明显的意图，他想要缓和某些人的担忧，他们认为他在确定宗教的地理分布时给气候指派的角色过于强大了。孟德斯鸠向造物的神致以敬意，这位造物神在统辖人类事务时只通过次级原因的媒介发挥作用。由于人也要服从法律，那么气候的影响，就如同其他次级原因一样，是可以理解的。[②]

稍后，孟德斯鸠尝试了一种地理学的一般性归纳，来解释亚洲与欧洲民族之间的差异及其历史，这比他迄今为止所作的归纳更为大胆。他说，亚洲没有温带区域，是一片极端气候的大陆。在它的寒冷区域，冰冻的寒风掠过贫瘠的土地，这片区域自莫斯

---

① 《论法的精神》（*De l'Esprit des Lois*），第 16 章第 2 节。见《论法的精神（格雷塞版）》（*EL*），卷 2，424 页注 6、7，包含了在这一点上比 1748 年原始版本较少教条式的论断。关于孟德斯鸠对女性地位的思想，亦见罗杰·奥克（Roger B. Oake）："孟德斯鸠与休谟"（Montesquieu and Hume），《现代语言季刊》（*Modern Language Quarterly*），卷 2（1941），238—246 页。

② 《论法的精神》，第 16 章第 2 节；《论法的精神（格雷塞版）》，卷 2，425 页注 8。无论是索邦神学院还是罗马教廷的禁书审定院都没有谴责这一节。

科公国向东延伸至太平洋，自北纬四十度起向北延伸（包括西伯利亚和大鞑靼地区，一般来说即今天的西伯利亚、蒙古和满洲），恰与温暖丰饶的土耳其、波斯、印度、中国、朝鲜和日本形成了对比。①

应用他在第十四章阐发的寒冷国度与勇气之间的关联性，孟德斯鸠得出结论说，亚洲是专制政府的大陆，也是两个极端同时存在的大陆。接下来他的结论是，在亚洲，北方地区支配南方地区。
而欧洲拥有温带区域——这种中间状态在此处比在孟德斯鸠作品 575
的其他部分中有着更加积极的重要性——温带区域允许交融，也允许自极端开始的逐步过渡，这样就避免了作为亚洲特色的两个极端并列在一起的现象。这种对比非常鲜明，而且这种对比还就欧洲情况有所暗示，即地理状况或政治状况也许并不是永久性的，而是会随着时间与环境而变化。（孟德斯鸠像几乎所有同时代或前辈的学者一样，没有考虑到历史环境在随时间变迁的同时，它

① 其主要的来源见多兹（Dodds），前引书，226—232 页，即《北方航行记：包含对商业和航海十分有用的回忆录》（*Recueil de Voyages au Nord, contenant divers mémoires très utiles au Commerce et à la navigation*）（阿姆斯特丹，1715 年），卷 8，389—392、45—47 页；《鞑靼史》（*Histoire des Tatars*），第 2 部分，127—129 页，此书将大鞑靼描述为拥有全世界最好的气候，有非凡的优点与丰饶，但是地势太高，很多地方缺水；以及杜·哈尔德（Du Halde），前引书，卷 4，尤其是 82、54、147、149、7、36—37 页。关于《论法的精神》（*De l'Esprit des Lois*）原始版本中欧洲和亚洲的地图，亦见《论法的精神（格雷塞版）》（*EL*），卷 3，74 页之后。孟德斯鸠说（第 17 章第 2 节），他在气候基础上对各国之间作出的对比，也适用于单个国家内部的不同区域。孟德斯鸠利用杜·哈尔德的论述（前引书，卷 1，111—112 页；卷 4，448 页——如多兹所述，前引书，226 页），分别区分了中国北方与南方民族以及朝鲜北方与南方民族在勇气方面的不同。

们同样也会给地形要素在历史上的影响带来变化。)

因此，在亚洲是强国与弱国对峙，好战、勇敢、活跃的民族与那些懒散、柔弱、胆怯的民族毗邻；所以，一方势必战胜，而另一方势必被征服。欧洲的情况与此相反，是强国与强国对峙，毗邻的民族拥有差不多同等的勇气。这就是亚洲弱而欧洲强、欧洲自由而亚洲受奴役的主要原因：一个我不记得有人指出过的原因。惟其如此，自由在亚洲没有增长过，而在欧洲则随着特定环境的变化，自由有时扩大，有时缩小。①

这一段展现的是怎样的无知啊！它假设了亚洲各个极端区域的一致性，却漠视那些自马可·波罗以来就为人所知的截然不同的生活方式，同时也没有承认，存在于欧洲的无论何种自由也许（正如孟德斯鸠所熟知的那样）与知识的传播有某些关联。② 经常有人说，孟德斯鸠写作时就像一个笛卡尔信徒；在上面这段中，从貌似简单对比而引申出的推论是令人惊诧的。伏尔泰批评这个段落说，罗马的势力在一个无法孕育帝国的欧洲延续了超过五百年，而且孟德斯鸠还忽略了纵横交错于波斯的山脉高加索山、托罗斯山等等。③ 这段文字仍然把亚洲与欧洲分开讨论，关于欧洲

① 《论法的精神》，第17章第3节。

② 注意第15章第3节的语气。

③ “A，B，C”（L’A，B，C），《伏尔泰全集》（*Oeuvres Complètes de Voltaire*）；伯绍（Beuchot）编辑，卷45，8页；以及《哲学辞典》（*Dict. Philosophique*）中“法（的精神）”[Lois（Esprit des）] 词条，《伏尔泰全集》，卷31，103页。

是欧亚大陆的半岛地区、欧洲历史是欧亚大陆历史一部分的观点是后来才出现的。

这些关于政治地理学的讨论由于对首都城市的议论而变得活跃。对一位君主而言，为他的帝国谨慎选择统治权所在地是最为重要的事情。如果他把首都设在南方，那么就有失去北方的危险，而如果他定都北方，也许就很容易保住南方。“我说的并不是具体的例子。在力学中，有些摩擦力会使理论上的效应频繁改变或放缓；国家政策也有其自身的摩擦力。”[1]

6. 孟德斯鸠的另一面 576

《论法的精神》第十四至十七章以多种方式详细地阐述了第十四章开篇部分所解释的气候论。在第十八章中，孟德斯鸠考虑了其他自然因素的影响。这种古老的思想体系部分地产于一种认知，即纬度或温度不能够解释一切，因为我们不是居住在一个水平的、同质的地球表面；正因为这样，才有了肥沃与贫瘠土地之间的对比，山地与平原之间的对比，文化接触地区与文化隔绝地区之间的对比，内陆与沿海情形之间的对比。总体而言，我认为，这方面的文献与气候/生理/心理学说相比，并没有那么教条，因为这些文献可以轻松地展示出这些影响是经人类的发明所改造甚至征服的，尤其是在运输、工具制造、改进农耕技术、排水和

---

① 《论法的精神》(*De l'Esprit des Lois*)，第 17 章第 8 节。关于并未出现在 1748 年版中的这一段，见《论法的精神（格雷塞版）》(*EL*)，卷 2，441 页注 39。

伐木等方面的发明。

孟德斯鸠的菜肴是根据古老且经反复验证过的菜谱制作的。肥沃的土地总与被征服联系在一起，人们全神贯注于他们自己的事务，对自由并不那么感兴趣；土地丰饶的国家招致掠夺与攻击，似乎与君主政体更为契合。他所举的例子是，阿提卡的贫瘠导向了民主制，而拉西第孟（古斯巴达——译者注）土地的多产则带来了贵族政治的国体。[①] 伏尔泰也奚落了这个归纳，他反驳了土地肥沃与政府有任何关系的思想。对于孟德斯鸠所声称的斯巴达土地丰饶多产，伏尔泰反问道："或许他有这种空想的念头吧？"[②]

肥沃土地的吸引力以及由此产生的不利影响这一主题（"国家的耕作并不与它们土地的肥沃程度成正比，而是与它们的自由程度成正比；如果我们对地球作一个虚拟的划分，我们会惊异地发现，在大部分时期中那些荒废的土地存在于最肥沃的区域，而那些强盛民族却居住在自然似乎拒绝了一切的地方"），与艰苦环境成为刺激因素这个古典观念是联系在一起的。"土地贫瘠使人勤勉、认真、能吃苦耐劳、勇敢并适于打仗；他们必须通过劳作

① 《论法的精神》（*De l'Esprit des Lois*），第 18 章第 1 节。孟德斯鸠提到了普鲁塔克（Plutarch）《索伦传》（*Life of Solon*）中的一个段落，这段说，在西罗尼安叛乱平定后，雅典城再次陷入它旧日的纷争中，国家有多少种区域，它自身就分成多少种派别；山地人倾向于民主制，平原地区的人们要求寡头政治，而沿海地区的居民则偏好一个混合形式的政府。按照格雷塞（Gressaye）的说法："这段来自普鲁塔克的引文，显示出孟德斯鸠从何处吸取了政府模式与土地丰饶之间或多或少的联系。"《论法的精神（格雷塞版）》（*EL*），卷 2，442 页注 4。亦见修昔底德（Thucydides）：《伯罗奔尼撒战争史》（*History of the Peloponnesian War*），I，1。

② 《哲学辞典》（*Dict. Philosophique*）中"法（的精神）"[Lois（Esprit des）]词条，《伏尔泰全集》（*Oeuvres Complètes de Voltaire*），伯绍（Beuchot）编辑，卷 31，101 页。

去获取那些土地不肯自动给予他们的东西。”[①] 肥沃的土地是平坦
而不易设防的，那里的人们一旦失去自由，便会永远失去自由。
山区的居民能够保持他们所拥有的不多的一切，他们的自由成为
“他们值得保卫的唯一祝福。因此，自由在那些崎岖不平的山地
国家比在自然较为偏爱的地方更占统治地位”。[②] 这是对与世隔 577
绝、难以进入的区域的论断，读起来很像是从瑞士历史或者是从
法国和西班牙的比利牛斯山区的历史中得出的概括。

在讨论人对土壤的改变时，孟德斯鸠的语气有所改变，类似于他在第二十三章中关于人口问题的表述。那些由于人的勤勉而变得宜居的国家，那些需要人的持续关照以求生存的国家，都要求一个温和的政府。他所举的例子是中国的江南省（即今安徽和江苏）与浙江省，还有埃及和荷兰。[③] 对于环境论思想与人作为环境改造者这个观念之间的关系，孟德斯鸠有所触及，但没有进一步扩展。他说，中国古代智慧的帝王们“使得帝国最好的两个省份从洪水之下升起，这是人民辛勤劳动建造起来的”。为了保存这些创造，就要求智慧与合法权力的运作，而不能要暴君的专

---

① 《论法的精神》，第 18 章第 3—4 节。

② 同上，第 18 章第 2 节。

③ 中国材料的来源是杜·哈尔德（Du Halde），前引书，卷 1，128 页“江南”（Kiang-Nan）和 273 页“浙江”（Tche-Kiang）。见多兹（Dodds），前引书，233 页，她在其中（232 页）说道，李明（Le P. le Comte）的《中国现势新志》（*Nouveaux Mémoires sur l'État Présent de la Chine*），1696 年，卷 1，227—228 页描述了中国南方省份之前的洪水和通过运河网对水的控制，这也许给孟德斯鸠带来了启发。“如果是这样的话，我实在是太仰慕他们那大胆又勤勉的工程师了，他们在整个省份中开凿了运河，简直像是某种大海，也造就了世界上最美也最肥沃的平原。”

横统治。在中国，权力是受到节制的，就像在埃及和荷兰一样，“自然要这个国家关心她自已，而不要把她抛弃给粗疏或反复无常”。[①] 值得一提的是，所有的例子都与水相关：中国的排水系统和运河的修建、埃及利用尼罗河的灌溉，还有荷兰的围海造田。通过中国的例子，孟德斯鸠得出结论说，尽管有气候及帝国规模带来的不利因素，中国最初的立法者们不能不制定非常好的法律，而政府往往也不能不服从那些法律。

孟德斯鸠进一步归纳了人类为改变自然环境所作努力的重要性；这是一个布丰后来大力扩展的主题。“人类通过自己的勤勉，再加上良好法律的影响，使地球变得更适合他们居住。我们看到河流奔腾的地方，过去曾是湖泊和沼泽：这种利益并不是自然赐予我们的，但它是自然所维护并供给的利益。”孟德斯鸠举出关于水利的多个例子，说明人类改变自然带来的利益，这一点并不令人感到惊异，因为法国做这方面的工作有长期的历史。[②]

578 在这些段落中，作者的语气不再是决定论的，而是开放式的；社会的因果关系更为复杂，牵涉到艺术和科学的状态、土地耕种的程度和方式、与经济类型相关的法律，以及由人类的力量所造

① 《论法的精神》(*De l'Esprit des Lois*)，第 18 章第 6 节。“确实，荷兰被开垦的那些土地是从大海手里夺回的，但是孟德斯鸠并没有展现这是十七世纪共和政体在这个国家建立起来的原因。”《论法的精神（格雷塞版）》(*EL*)，卷 2，442 页注 12。真是威特福格尔（Wittfogel，即魏复光）的十八世纪水利文明！

② 《论法的精神》，第 18 章第 7 节；见迪耶纳（Le Comte de Dienne）：《1789 年以前法国湖泊沼泽排水的历史》(*Histoire du Desséchement des Lacs et Marais en France avant 1789*)，巴黎，1891 年，共 541 页。

成的环境变迁。[①] 从观点上看，它们像是《论法的精神》中最没有决定论口吻的段落：

> 人类被多种多样的因素所影响：气候、宗教、法律、执政准则、前人的先例、道德、习俗等，由此就形成了国家的一般精神。
>
> 相应地，在每一个国家里，这些因素中如果任何一个表现突出，那么其他因素就会作出同样程度的弱化。自然与气候几乎是统治未开化人的唯一力量；习俗支配着中国人；法律则压制日本人；从前，道德对斯巴达有着全面的影响；而执政准则和古代的简单风范曾经盛行于罗马。[②]

此外，第二十三章“法律与人口的关系”也并不教条；这是《论法的精神》中给人最深刻印象的篇章之一，主要涉及人口理论、食物和土地利用。此处，孟德斯鸠指出了社会对人类繁衍的影响（见下文，本书第十三章第 2 节）。[③] 这些影响在继承权法中、在对家族姓氏与传统的骄傲之中也表现出来了。[④]“宗教的原则极大地影响了人类的繁衍。这些原则有时推动生育，比如犹太人、穆斯林、伽巴尔人和中国人，而有时则会压制生育，比如罗马人

---

① 《论法的精神》（*De l'Esprit des Lois*），第 18 章第 8—10 节。

② 同上，第 19 章第 4 节。

③ 同上，第 23 章第 1 节。

④ 同上，第 4 节。

皈依基督教后就是这样。”[①]

人口增长被认为与食物的种类和土地使用的方式这二者相关。港口城镇中男人少于女人（男人面临着千百种危险），但是这里的孩子却比其他地方要多，因为在这里生存实在是比别处容易。孟德斯鸠推测鱼的油脂部分影响了人类的生殖，“这也许是日本和中国人口众多的原因之一，因为他们几乎只靠食鱼为生。”[②]

579 孟德斯鸠所论的人口密度与土地利用方式之间的关联性更为有趣，“牧场人烟稀少，因为那里只有很少的活儿可干。庄稼地则需要雇用大量劳动力，而葡萄园所需要的雇工就更多了。”[③]

英国牧场的增加与其人口减少有关，法国的众多葡萄园是其人口稠密的一个原因。过去由森林提供的燃料现在产自煤田，因此所有的土地都可以用来耕种了。孟德斯鸠对杜·哈尔德关于水稻种植的描述印象深刻，他提出，相等单元的水稻田比种植其他谷物的田地能养育更多的人。在水稻栽培中，人们与土

---

① 《论法的精神》(*De l'Esprit des Lois*)，第 23 章第 21 节。对照《波斯人信札》(*Lettres Persanes*)，114—117。在《论法的精神》中，孟德斯鸠并没有提到对出生率和死亡率的社会影响，例如宗教（禁止离婚、修道生活）、被征服后的大规模人口流动、战争、饥荒、流行病，这些他在《波斯人信札》中有详细的论述，112—132。比起《波斯人信札》，《论法的精神》对于基督教影响人口政策的批评较少，对于古典时代以来世界人口减少也不那么悲观。关于这些观点，见《论法的精神（格雷塞版）》(*EL*)，卷 3，402 页注 2。

② 《论法的精神》，第 23 章第 13 节，这是基于杜·哈尔德（Du Halde）观点的归纳总结，后者提到了河流、湖泊、池塘、运河和沟渠中都有大量的鱼类。杜·哈尔德，前引书，卷 2，139 页，部分被多兹（Dodds）所引用，前引书，257 页。

③ 《论法的精神》，第 23 章第 14 节。这个思想显然被休谟所借鉴。亦见罗杰·奥克（Roger B. Oake）："孟德斯鸠与休谟"（Montesquieu and Hume），《现代语言季刊》(*Mondern Language Quarterly*)，卷 2（1941），36 页。

地的关系更为密切，他们履行在别处由动物来履行的责任，并直接食用土地出产的大米，“土地的耕种对人来说已经成为一个巨大的工厂。”①

孟德斯鸠是如何将气候与人口理论联系在一起的？他应用了这整本书中的一般思想：立法者必须明白，对气候应当预期什么样的影响，一个自然因素如何强化或抵消另外一个因素，以及这些如何与我们手中的事情联系起来。

“关于公民数量的法规在很大程度上取决于不同的情况。在有些国家里，自然已经把一切都做了，立法者也就没什么事情可做。当适宜的气候使人丁足够兴旺，又何必使用法律去促进人口繁衍呢？有时气候条件比土壤条件更为有利；人口增长了，饥荒却摧毁了他们：中国就是这个情况。”②孟德斯鸠假设饥荒与土地的肥沃程度相关，这揭示了从旅行记载中作出一般性归纳是多么不明智。他并没有提到中国的饥荒可能也是由干旱或洪灾引起的。

在孟德斯鸠的时代，人们普遍相信人口增长是应该鼓励的。③对这一点孟德斯鸠衷心赞同。在《论法的精神》中，他重申了在《波斯人信札》里面已经更有力地表达过的观点。④他属于一个很小的，却自我表达很清晰的团体（这一点将在后文中讨论），认为

---

① 见杜·哈尔德，前引书，卷1，71页，被多兹所引用，前引书，257页。《论法的精神》，第23章第14节。

② 《论法的精神》（*De l'Esprit des Lois*），第23章第16节。

③ 关于孟德斯鸠和那些追随他的人口增长论者，见斯彭格勒（Spengler）：《马尔萨斯的法国先驱者们》（*French Predecessors of Malthus*），20—43、48—76、77—109页。

④ 《波斯人信札》（*Lettres Persanes*），特别是第113封信。

古代世界人口比现代人口多，自古代以来曾有过普遍性的全球人口大削减，因此当务之急是鼓励人口增长。

在第二十四章中，孟德斯鸠谈到他对法律与宗教关系的看法。“我不是一个神职人员，而是政论作家。”他说，基督教通过阻止
580 “在埃塞俄比亚建立专制政权”，并通过“将欧洲的行为方式和法律带到中部非洲”，成功地克服了气候的影响。[①] 另一方面，自然因素对宗教改革的发生起到了作用。支持耶稣新教的北方国家人民“拥有（并将永远拥有）一种自由与独立精神，而这种精神是南方人民所不具备的；因此，一种没有明显可见的领袖的宗教，就比那些有这种领袖的宗教更适合独立的气候。”（不过，新教内部的宗派被归因于政治因素。）[②] 在推测宗教的起源时，孟德斯鸠对功利主义的解释颇为同情。转世轮回的信念与印度的气候相符合。如果一个国家的牛群难于繁殖又容易生病，那么这个国家就会发现，保护牛群的宗教戒律“更适合国家的政策”。[③] 尽管他宣称基督教是唯一真实的宗教，而且作为一种启示宗教并不受限于自然因果法则，但他还是为基督教徒与伊斯兰教徒的地理分布找到了气候性原因。

“当一种宗教适应于一个国家的气候，而与另外一个国家的气候极为冲突，那么它就不可能在后一个国家建立起来；即使在任何时候引进这个国家，随后也都会被抛弃掉。这在所有人看来，

① 《论法的精神》，第 24 章第 3 节。《论法的精神（格雷塞版）》（*EL*），卷 3，420 页注 12。

② 同上，第 24 章第 5 节。

③ 同上，第 24 章第 24 节。

仿佛是气候给基督教和伊斯兰教划定了分界线。”①

对孟德斯鸠涉及面极广却偶尔自相矛盾的文化与环境思想，我们可以得出什么样的一般性结论呢？如果我们像孟德斯鸠的许多批评者那样，专门指向第十四至十七章的话，那么其中的思想是推理论性的、非科学的、教条的而决定论的，而且我们也能为这个严苛的判断找到一切理由。然而，如果我们为了避免过于偏狭的评价，将这四章与书中其余章节作一比较的话，结果又是怎样呢？我们所得的印象就不那么明晰了。那些就决定论的指责为孟德斯鸠辩护的人们指出了《论法的精神》中的一些章节，这些章节证明孟德斯鸠并非一个决定论者（典型的是第十四章第 1 节，特别还有第十九章第 4 节）。但是，非决定论的段落并不能用来反驳那些表现出决定论的段落，可能应该说它们彼此相驳才更为贴切。

要是我们在读孟德斯鸠的著作时不去试图确认他是或不是一
个决定论者，那么倒可以清楚地看到，他著作中呈现了有着不同 581
历史的很多有趣观念，而且这些观念是不容易彼此调和的。孟德斯鸠的辩护者和批评者都曾努力寻找一个主导性思想；当他们感到难以为孟德斯鸠的思想作出一个逻辑性的总结，他们便失去了

① 《论法的精神》（*De l'Esprit des Lois*），第 24 章第 26 节，这一节为伏尔泰的批评提供了另一个可乘之机，主要是说它不准确。见“A，B，C”（L' A，B，C），《伏尔泰全集》（*Oeuvres Complètes de Voltaire*），卷 45，8—9 页；关于一些宗教上的异议，见《论法的精神（格雷塞版）》（*EL*），卷 3，432 页注 66。索邦神学院的反对是因为基督教起源于巴勒斯坦，而这是一个与阿拉伯有同样气候的国家。人们感到奇怪，孟德斯鸠怎么能够无视基督教与伊斯兰教信仰的分布在整个历史过程及多种多样的气候中有明显的改变。

耐性。但是在同一本著作中体现诸多观点，并且这些观点考虑得不够周详、彼此之间不够协调，这在思想史中是常见的现象。毫无疑问，古典时代的传统在孟德斯鸠作品中相当强势，他也意识到了习俗、人类社会制度和不同种类的经济体系的影响，并且明白人们改变环境、为人类生活创造新机会的力量。这些都被纳入他的信念，即人——就像自然的其他现象一样——受制于法律，而神通过次级来源的运作来统治人。孟德斯鸠在他的自我辩护中说，气候和其他自然因素产生了无穷多的效应；他补充道，倘若他说过相反的话，那么他就会被当作一个愚蠢的人——“看起来似乎是我发明了气候来教别人。”他说，《论法的精神》的作者应该是最后一个被指责忽视了道德因素的力量的人；他在主题是气候的地方谈到了气候，而几乎是在整本书中都提到了道德因素。[①]

孟德斯鸠的作品没有从他所继承的自然与社会因果关系的各种理论中创造出一个连贯的综述，这一点事实上是意味深长的。不科学的论据在旅行记一类文字中找到了惬意但不可靠的同盟军，而旅行记本身往往就是过于印象主义、过于不准确的，对有关人与环境之关系的严谨哲学来说不足为凭。如果人们只是引述孟德斯鸠的个别段落，对他的想法不会感到不确定，但是随着引述的内容增加，这种不确定之感就产生了。

孟德斯鸠、布丰和马尔萨斯有一个共同的特点：他们都使自

① “为《论法的精神》辩护”（Défense de l’Esprit des Lois），《孟德斯鸠全集》（*Oeuvres Complètes de Montesquieu*），1950 年，643、650—652 页。

己的思想成为世界性的。孟德斯鸠之前有数以百计的先驱者，但正是他对环境影响论的重组成型，才使得这些思想在十八世纪下半叶和十九世纪初变得如此有力。在布丰之前，有许多人研究过自然史，但布丰是同一时代中自然史的权威。而马尔萨斯，也许在他之前有着与孟德斯鸠同样多的先驱者，却是他将人口理论带入了西方思想的主流之中。

7. 气候论的批评者

孟德斯鸠气候理论的含义没有逃过伏尔泰的注意，伏尔泰极为关注政府、宗教和习俗对人们的影响，因而不能允许孟德斯鸠的气候去解释文化现象，文化现象最好用其他原因来解释。关于气候的文章开头相当单纯，说太阳和大气将自己的影响施加于一 582
切自然的产物之上，从人到蘑菇都是如此，接下去是关于夏尔丹和杜博的批评性评论，然后谈到他的真实信念："气候有一些影响力，但政府的影响力要大过气候百倍，宗教与政府联合起来，影响力就更大了。"①

伏尔泰对气候论最有力的批评，是认为它不能充分地解释

① 伏尔泰关于这一主题的主要论述在："气候"（Climat），《哲学辞典》（*Dict. Philosophique*），收录于《伏尔泰全集》（*Oeuvres Complètes de Voltaire*），伯绍（Beuchot）编辑，卷 28；"法（的精神）"［Lois（Esprit des）］，《哲学辞典》，《伏尔泰全集》，卷 31；"A，B，C"（L'A，B，C），《伏尔泰全集》，卷 45；以及"对《论法的精神》中一些主要格言的评论"（Commentaire sur Quelques Principales Maximes de l' Esprit des Lois），《伏尔泰全集》，卷 50。英文引文皆引自伏尔泰作品的莫利（Morley）英文版。

文化变迁：与伯里克利时代（Periclean Age）的雅典相比，人们如何去解释现代希腊令人哀伤的处境？既然气候是未曾变化的，那么一定有其他因素起了作用。他提出了好几个这样的反问，却并不费心回答它们，因为对他来说，这些变化毫无疑问要由道德因素来解释。伏尔泰是对的；气候论乃至所有的环境理论都有一个显而易见的弱点，它们假设一个长时段中气候的影响是不变的，却没有为不断变动的历史条件留下任何空间。显然，英国的岛国特征在十一世纪意味着一种情况，而在十七世纪又意味着另外一种情况。假如希腊人、罗马人或埃及人在历史中曾有过变化，并且，假如气候就像气候论拥戴者所认为的那样起着有力的决定性作用，那么在这一过程中气候也应该有所改变，以造成历史的变化。杜博曾考虑过这一可能性（见上文，本章第2节）。但是，问题不仅仅在于伏尔泰不喜欢《论法的精神》；他担心的是，气候决定论会削弱对习俗、对糟糕的政府和糟糕的法律之攻击，因为如果这些都是受到气候紧紧控制的话，又如何能够改变它们呢？对他而言，从实验科学到社会因果关系实在是跳跃得太远了——他讽刺地评论道：那可真是不错啊，在羊的舌头上做实验，但是——

> 一条羊舌头永远不能解释，帝国与牧师之间的争论为什么使欧洲蒙羞浴血六百多年。它也根本不能说明红白玫瑰战争为什么如此恐怖、英国众多的王室成员为什么落入了绞刑架。政府、宗教、教育，才是造成这些在大地上匍匐着、痛

苦着、思考着的人们所经历之一切的主要原因。①

然而，伏尔泰愿意去认识气候的次级影响。他区分了宗教信仰与侍奉信仰的典礼仪式，认为后者很可能是受气候影响的。关于孟德斯鸠的宗教观念，他说："我同意他所说的，那些仪式完全取决于气候。假如是在巴约讷或者美因茨，穆罕默德就不会禁 583
绝葡萄酒和火腿。"我们不知道伏尔泰如何能够这样迅速地作出信仰与典仪的区分，以及他会把圣餐礼分在哪一类下面。②另一方面，信仰的本性是全然不同的，它取决于教育。观点、教养、对教义的诉求，这些（而不是气候）才是宗教的基石。他说，人们在所有的气候中都信仰过多神教。"上帝统一性的学说飞快地从麦地那传到了高加索山脉。"③在这个有趣的区分中，信仰与传统、传播、思想的力量联系在一起，而典礼和仪式则由于其功利主义和经济学的解释被贬得一文不值。一个靠葡萄园为生的国家不会禁止饮葡萄酒，而且这还会成为其宗教仪式的一部分。不过，伏尔泰愿意用不那么世界性的原则来评价宗教运动。贫穷是导致宗教改革的原因，从炼狱得到免罪和拯救过于昂贵。"高级教士和僧侣吸干了一个省的全部收入。人们要采纳较为便宜的宗

① "对《论法的精神》中一些主要格言的评论"（Commentaire sur Quelques Principales Maximes de l' Esprit des Lois），《伏尔泰全集》（*Oeuvres Complètes de Voltaire*），伯绍（Beuchot）编辑，卷 50，132—133 页。

② 同上，卷 50，112 页。类似的评论还出现在"A，B，C"（L'A，B，C）和"气候"（Climate）词条中。

③ "气候"，《伏尔泰全集》，卷 28，118—119 页。

教。”在对基督教的敌意之下隐藏着一个更普遍的信念，即，一种宗教中许多表面的、甚至是丰富多彩的方面是受气候、本地的自然资源、国家或地区自然上的独特性等影响的，但是最基本的学说还是要用道德因素来解释。伏尔泰的观念像休谟的一样，与约翰·洛克（John Locke）对霍屯督人和亚坡加克诺王（King Apochancana）的评论十分相似。

> 倘若你或我生于色尔东尼海湾［南非萨尔达尼亚湾，在开普敦西北约六十英里］，也许我们的思想和意念也超不过在那里居住的霍屯督番人；倘若弗吉尼亚王亚坡加克诺在英国受教育，则他或者可以比得上英国任何一个渊博的神学家和精深的数学家。他与较先进的英国人之间的差异仅仅在于，他在运用自己的才能时，受了本国行为方式、模式和概念的限制，而从不曾被指向其他的或更进一步的探求：因此，他之所以没有上帝的观念，那不过是因为他不曾追寻会带领他抵达上帝观念的那些思想。①

像许多十八世纪的思想家一样，爱尔维修（Helvétius）对不均等问题很有兴趣，这种不均等表现在个人天赋之中，表现在同时代的不同民族之间，也表现在处于不同历史时期的同一民族之间。爱尔维修认为，在个人中导致不均等现象的是道德因素，某

① 《人类理解论》（*An Essay Concerning Human Understanding*）（1690年），Ⅰ，4，§12。

一时代中伟大人物的多寡不能归因于空气或不同气候的影响。与伏尔泰相同，爱尔维修也诉诸历史，拿古代的希腊人、罗马人、亚洲人与居住在同样地方的现代人相比，而在此期间的气候应当是不曾改变过的。艺术和科学也是在各种气候中都成功地繁荣生长着。

尽管听起来像是满足西北欧各民族虚荣心的恭维话，他还是 584
否定了那种认为北方的勇气产生于气候诱因的说法，指出那是毫无根据的。他问道，这些民族对他人的征服难道是出于自然原因么？在考察了勇气的本质后，他作了否定的回答，下结论说这不是气候的效应，“而是所有人共同拥有的激情和愿望的结果。”

西方国家以他们的自由为骄傲（将他们自己与东方的专制相比），它们常常将这种自由归于自然原因，不过这种推测被历史和经验否定了，因为自由并不与气候相关，而是与文明状态相关。

同样，也不能证明在不同的科学中，某些国家能够保持长久的优越性。希腊的自然条件一直延续不变，而人却不同了，他们的政府形式也变了。爱尔维修也反对漫不经心地尝试以一个短语概括国民性。那些说所有法国人都快乐的人，可曾观察到法国农民严酷的生活？对国民性的肤浅判断，其中有许多（如我们在前面谈到的）都基于气候，这样的判断掩蔽了一个民族内部的行为和个人特点中的广泛差异。

这样，爱尔维修的立场与伏尔泰的相似；他假设在整个时期中一个国家受到的地理影响是持续不变的，而政府对国民性的影响被他比作一个容器，这个容器迫使盛在里面的水采取它自己的形状。道德因素能够说明一个国家比另一个优越的理由，因为“自然在这一方面并没有偏爱哪个国家。确实，如若心智的强大或弱小取决于各国的不同气候，那么，考虑到这世界所经历的岁月，岂不是在这一方面受到偏爱的国家，必然随着时间的推移获得比所有其他国家大为优越的地位么。”①

另一方面，狄德罗（Diderot）批评了爱尔维修，因为他过分贬低气候的影响。“他说：气候对人的精神毫无影响。我说：人们过于同意他的看法了。”狄德罗说，爱尔维修声称肮脏的水、粗糙的食物、腐败的欲念并不影响精神。狄德罗以提问的形式回应道，难道这些东西没有在事实上使人变得残忍吗？气候——无论它是怎样的——难道不是一个带来持续结果的原因吗？而且，就地点来说，难道不是山地人活泼健壮、平原人笨重呆滞吗？②

不过，在狄德罗的《百科全书》（*Encyclopédie*）关于气候的文章中，没有特别认真地对待气候影响的主题。它全面地覆盖了七个“纬度带”（klimata）和这个词的现代意义。书中对孟德斯
585 鸠讨论并赞美了，然后便不再提起。传统上，根据气候论，性早熟与情欲是南方热带气候的特性；但作者说，巴黎的女孩比温暖南方的女孩更加早熟，她们也比乡下女孩早熟，甚至比那些生活在同一气候的巴黎郊区的女孩都更加早熟。巴黎同时是知识与恶

① 爱尔维修（Helvétius）：《论精神，又名：论心智及其多种机能》（*De l'Esprit; or Essays on the Mind, and its Several Faculties*），340、341—342、350 页，引文在 358 页。完整的讨论在第三篇论文，第 27—30 章。

② “驳爱尔维修‘论人’的著作（摘要）”[（Réfutation Suivie de l' Ouvrage d'Helvétius Intitulé l'Homme（Extraits）]，收录于狄德罗（Diderot）：《哲学著作》（*Oeuvres Philosophiques*），保罗·韦尼埃（Paul Vernière）编辑，601、607 页。

习的焦点，而少女身体上的早熟也许只不过是智力得到较早开发的自然结果。

然而，有史以来对环境决定论最为尖锐的批评是由大卫·休谟在他的文章“论国民性”（Of National Characters，1748年）中提出来的。[①]休谟以相当钦佩的态度密切关注孟德斯鸠的作品，尽管在“论古代国家的众多人口”（Of the Populousness of Ancient Nations）一文中，他表现出对孟德斯鸠和罗伯特·华莱士所主张的古代世界人口较多的说法不耐烦。

这一关于国民性的短篇杰作的主题是，基于自然因素的决定论，既不能导向对社会性质的理解，也不能导向对民族之间差异的解释。道德因素（“所有的环境情况，它们适合作为动机或理性而作用于心智，并给出我们所习惯的一套奇特的行为方式”）则是充分得多的解释。自然因素是“那些空气和气候的特质，据信这些特质通过变更身体的健壮程度和习惯，并通过给予一种特别的面貌，而不知不觉地作用于人的性情，尽管反思和理性有时候能克服这种作用，但它还是会盛行于人类的普遍性之中，并且对人类的行为方式产生影响。”[②]休谟的论文并没有提出一种全新的批评；它仍然是对国民性的传统分析，假定国民性是政治与社

① 收录于《道德、政治和文学论文集》（*Essays Moral, Political, and Literary*），格林和格罗斯（T. H. Green and T. H. Grose）编辑，共二卷，伦敦，1898年。卷1，244—258页。这篇文章没有提到孟德斯鸠，但是关于休谟心中所想的可能是《论法的精神》，其证据见罗杰·奥克（Roger B. Oake）：“孟德斯鸠与休谟”（Montesquieu and Hume），《现代语言季刊》（*Modern Language Quarterly*），卷2（1941），234—237页。

② 《道德、政治和文学论文集》（*Essays Moral, Political, and Literary*），卷1，244页。

会条件的产物，民族之间的相似之处通常是文化接触的结果；这一点再加上相互模仿就带来了相似性，而另一方面，自然条件或不同的统治传统造成的隔绝则带来差异。

休谟列出了九条“行为方式相互同情或传染的表征，而这其中没有一条是空气或气候的影响结果”，这九条存在于现今或过去的生活中：(1) 一个稳定的政府长时间统治广大地区所产生的影响，中国就是最好的例子；(2) 划分到好几个政府统治下的相邻民族之间的差异，比如雅典人与底比斯人；(3) 标记出民族之间差异的分界线，比如西班牙与法兰西的朗格多克地区和加斯科涅地区的分界线；(4) 有国际性或世界性兴趣的人群之间的相似性，比如犹太人和耶稣会修士；(5) 同一国家中两个民族在语言
586 或宗教上的差异，比如希腊人和土耳其人；(6) 国民性在殖民地中的保留——“西班牙、英国、法国和荷兰的殖民地即便在热带也都是可以区别的”；(7) 由于政府控制、文化接触或者“所有人类事务都具有的多变性”而导致的国民性随时间的改变；(8) 由于民族之间彼此密切沟通而带来的相似性；(9) 在同一政府统治下使用同一语言的同一国家（英格兰是完美的例子），其内部存在着多种行为方式和性格，这是由于有多种宗教信仰、阶级结构，以及自由与独立精神，比如英格兰就是“一个君主政体、贵族制与民主政治的混合物。”[①]

休谟检视了国民性差异的原因，同时他的讨论也使人注意到

① 《道德、政治和文学论文集》(*Essays Moral, Political, and Literary*)，卷 1，249—252 页。引文中特定名称的大写此处没有保留。

更广阔的问题，即模仿、传播和孤立作为国家与民族的形成因素问题。任何人都可能做到的观察取代了基于生理学和心理学的陈旧的因果关系理论：

> 人类的心智具有很强的模仿性质；任何一群人如果常常在一起交流，都不可能不获得行为方式上的相似性，也不可能不在互相学习优点的同时彼此传递他们的缺点。结成同伴或社会的倾向在所有的理性生物中都很强烈；正是给予我们这种倾向的性情让我们深深进入彼此的感情，并促使激情和爱好像传染病一样蔓延到整个群体或同伴组合中。①

休谟知道那些关注过类似问题的前辈们，他曾引用斯特雷波、培根伯爵和伯克利主教（Bishop Berkeley）的论述；他也对受限制的区域之内存在环境差异表示怀疑。普鲁塔克曾讨论过空气对心智的影响，他观察到比雷埃夫斯（离雅典四英里）的人民与雅典人气质不同。“但是我相信，没有人会把沃平与圣詹姆斯地方的不同行为方式归因于空气或气候的差异。”②

休谟关于文化的言论（因为这是他真正探讨的内容）与前面引用过的、同为经验主义者的约翰·洛克十分相似，后者关于霍屯督人和亚坡加克诺王的教育的论述要早出休谟几乎整整六十年。然而，休谟并没有与气候论的解释一刀两断。大家普遍接受

---

① 《道德、政治和文学论文集》（*Essays Moral, Political, and Literary*），卷1，248页。

② 同上，卷1，249页。

的概念——北方人更喜欢烈酒，南方人崇尚爱情和女人——是正确的么？也许葡萄酒和烈酒能温暖寒冷气候里似乎冻僵的血液，而南方灼热的阳光则燃烧了血液、提升了激情。另一方面，也许
587 还有一些道德原因：在北方，烈酒稀缺引人垂涎，而南方人的裸体或暴露穿着可能刺激了人的欲望。“没有什么比安逸和闲散更能鼓励人的爱欲，也没有什么比劳作和苦役更能破坏这种激情；既然人在温暖气候中的必需品显然比在寒冷气候中要少，因此仅仅这个环境本身也许就制造了两地之间的显著差异。”像稍后的马尔萨斯和洪堡一样，休谟也把“需要是创造之母”的想法，与“热带国家对辛勤劳动没有足够刺激”的观念结合起来，以解释文明在地理分布上的差异。休谟问道，这些倾向性的分布是否存在？不少例证似乎都表明这种分布是不存在的。但即便存在着这种分布，休谟也不能接受它对较为精妙的人类性格有所影响：“我们仅仅能够推断，气候也许会影响我们体格中较粗放的、较近于肉体的器官，但是它不能影响更为精细的器官，即心智和理解力的运作所依赖的那些器官。”①

在关于贸易的文章中，休谟再一次被气候与发明之间的关系吸引了。在居住于热带的人们中间，为什么没有人成就“任何文明的艺术”，也没有“监督政府的警察，以及军事纪律；而与此同时，却很少有温带国家被剥夺这些优势。”其中一个原因也许是，热带气候“温暖而均等”，不需要那么多衣物和房屋，人们居住

① 《道德、政治和文学论文集》(*Essays Moral，Political，and Literary*)，卷 1，256—257、257—258 页。

在那里时不会体验到“对勤奋劳作和发明构成巨大刺激的那种必要性。”①

8. 气候与自然史

从自然史的观点来考虑环境的影响，与从法律或政治理论出发一样具有可能性，这正是布丰伯爵在他的《自然史》中所做的。孟德斯鸠使用这一类的材料来帮助理解习俗、法律和政府；他的作品是乌托邦式的，因为那是建立一个理想政府的计划。布丰百科全书式的《自然史》范围更为广阔，它涵盖了对于一切生命的环境影响，包括人类的种族差异和文化差异。这种对于整个自然的眼界使布丰得以提出更深邃的问题——关于环境对人类与对其他形式生命影响程度的差异、关于人类内部的差异——并且用一
种比孟德斯鸠及其追随者更有想象力、不那么传统的方式回答这 588
些问题。

思考气候对生命的影响在自然史著作中是不可避免的，这主要是因为生命在地球上有如此醒目的地理分布。在他宏大而未能

① 《道德、政治和文学论文集》（*Essays Moral，Political，and Literary*），卷1，298—299页。在关于税收的文章中，休谟考察了商业化国家与肥沃土地之间可能的关系。提尔、雅典、迦太基、罗得岛、热那亚、威尼斯和荷兰，这些地方都在诸多不利因素下艰难前行；只有尼德兰、英格兰和法兰西拥有贸易与肥沃的土地，前两个国家是由于临海的地理位置，而法国则得益于其人民很有见识。休谟以赞成态度引用了威廉·坦普尔（William Temple）爵士对荷兰人的观察所得，即认为他们的成功来自不利条件所产生的必要性。同上，卷1，356—377页。关于威廉·坦普尔，见本书第9章第9节。

最终完成的巨著中，布丰对此多次推敲，其中最有系统的说明呈现在两篇论文中：其一为“人种多样性”（Variétés dans L’Espèce Humaine），这是《论人》（*De L’Homme*，于1749年在《自然史》第三卷中发表）中一篇著名的世界民族概览；其二为“动物之退化”（De la Dégénération des Animaux），于1766年在《自然史》第十四卷中发表。[①]

在考察了欧洲和亚洲的不同民族之后，这些民族的多样性（而新大陆和非洲的民族就没有这样丰富的多样性）给布丰留下了深刻的印象，他得出结论说，种族之间的肤色差异应归因于气候，而文化差异则应归因于气候、食物，以及习俗或生活方式（*moeurs ou la manière de vivre*）。[②]

他将新大陆的民族与欧洲、亚洲、非洲的民族相比较，产生了两条基本的调查主线：为什么新大陆的原始生活形态如此突出，与欧洲的高度有组织社会形成了那么强烈的对比；同时，在前哥伦布时代的新大陆中，那显而易见的没有黑种人又是什么原因。如果布丰关于气候造成人种差异的理论是正确的，那么新大陆热带没有黑人这一点是需要解释的。[③]

布丰既不赞赏原始人类，也不赞赏他们所生存的环境（看来他们对所处环境的改造十分有限）。对布丰来说，一个欧洲式的现代社会可以通过政府来保护其民族免遭许多生命危险，并且提

① 然而亦见《自然史》（*HN*），卷4“马”（Le Cheval），1753年；和卷6“野生动物”（Les Animaux Sauvages），1756年。

② 同上，卷3，446—448、529—530页。

③ 同上，卷3，484、510—514页。

供一种高度规范化的生存方式；因此，比起那些得不到他人帮助、只能内部互相依赖的孤立而未开化的国家来说，欧洲式社会中的民族会更强健、更俊美，外形也更好。

在未开化人与自然亲密而又常常是危险的接触之中，他们一定生活得更像动物而不像人类。对布丰而言，文明社会是一种人类创造的保护人的围栏，给予现代人一种安全性，而这种安全性是不为原始人所知的。这种安全性异常重要，可以说这两种社会组织有着根本的结构性不同。在文明社会中，驼背、跛子、聋人、斜视者——事实上也就是所有在某一方面有缺陷或残疾的人——不仅可以生活，而且还可以生育，以协作的方式互相帮助，强者不能欺凌弱者，对人身体素质的评价远逊于对精神素质的评价。而在未开化的民族中，没有这种保护措施，每一个个人必须依靠 589
自己的技能维持生活；那些生来弱小或有缺陷的人，以及那些成为集体负担的人，不能参与到集体中去。也许人们会反对把先进社会描绘成这种相当田园牧歌式的图景，质疑对美洲印第安人的恶劣描述，并且不赞同在一个联结紧密、协作式的现代社会与毫无社会凝聚性的原始人群之间作出天真的对比。但我们首先必须承认，布丰了解现代社会的构成归因于社会性因素，而作为现代社会组成部分的人，以及现代社会的社会结构，正是价值观和对人的态度累积的表达，这种价值观和态度产生于社会，可以说是立足在一边是人类、另一边是自然的这二者之间。[①]

布丰认为，新大陆的民族属于同一个种族，皮肤差不多都是

① 《自然史》（*HN*），卷 3，446—447 页。

黑褐色的，除了北部有少数人长得像旧大陆的拉普兰人，还有一些像金发的欧洲人（白化病人？）。布丰作了个一般性归纳（这个归纳告诉我们的与其说是事实，不如说是当时关于美洲人种学的知识状况），他写道，除了上述的例外，“世界的这个广大大陆的其余部分只包含这样一些人，在这些人之中没有任何差异性；而在旧大陆，我们发现了不同民族惊人的多样性。”继而，他尝试通过与其他大陆多样性的对比，来解释这一块大陆的文化一致性。他说，新大陆的民族用未开化人或近于未开化人的方式生活，甚至墨西哥或秘鲁的文明也不过是最近才出现的，因而不应当被看作例外。新大陆的民族拥有同样的血统，在长期的历史中保持着自己的生活方式而没有巨大变化，这是因为他们没有超越未开化状态，他们的气候也缺乏旧大陆的那种寒暑分明。殖民地不过是最近才建立起来的，因而那些制造多样性、带来显著变化的因素还没有来得及发挥作用。布丰深信，人类在新大陆定居是新近发生的，征服带来的先进文明在那里只存在了很短时间，而且新大陆的人口相对较少。基于这些信念，他得出了一个重要的结论：新大陆的民族缺乏改变自然环境的力量和活力，而其他地方（特别是旧大陆）的民族已经这样做了。①

在他的论文“动物之退化”中，布丰追寻着同样的主题，并且还详细论述了人和其他生命形式在其对自然环境之关系上的差异（布丰使用“退化”一词并非其现代含义，他基本上是指在气候与食物影响下物种的可变性）。

① 《自然史》(*HN*)，卷 3，510—512 页，引文在 510 页。

从人最初开始改变气候（这也许是通过毁林开荒完成的），590
并随后从一种气候移居到另一种气候的时候起，他的本性便经历了诸多改变，只是这种改变在温带国家中比较轻微，因为温带国家据信与人的起源地相邻，而人的现居地与起源地之间的距离越远，这种改变就越大。在几个世纪的过程中，一代又一代人在不同环境的影响下发生改变后，人使自己适应了极端的环境状况，他所经历的改变是如此巨大而明显，以至于人们可能会相信黑人、拉普兰人和白人是各自分开的种群，当然这是在人们没有充足理由去相信人类的统一性，也不明了人类相互通婚的能力的情况下。这种种族间的差异尽管确实存在，但对布丰来说却并不重要，更重要的是统一人类所有成员的那种深刻的相似性。

比起其他生命形式，人拥有更加巨大的力量、灵活性和分布范围（*étendue*）。这种分布范围和扩张性主要不是来自身体的素质，而是来自精神素质（*âme*），人正是凭借这种素质发现了如何对付自己身体的娇柔与脆弱，如何抵御严酷的天气，如何战胜贫瘠的土地，如何利用火，如何制造衣服和居所，而最重要的是，人发现了如何达成对动物的统辖，甚至占有了那些看来像是大自然专门为动物们留出来的地方。环境影响的主题与人为改变环境的力量这一主题交织在一起；后一点我们在此处只是略为提及，布丰对于人类改变自然的广泛阐释将留待后面讨论（见下文，本书第十四章第 4 至 7 节）。①

气候对于形成肤色、发色与眼睛的颜色有着最为强烈的效果；

① 《自然史》（*HN*），卷 14，311—312 页。

其他的特征，比如体型（*taille*）、容貌（*traits*）、发质则有更复杂的成因。在这一分析中值得注意的是布丰将气候的角色限制在体质人类学之中，并没有将气候影响带入心理学或社会领域。

食物影响了内在形式，食物的品质则取决于土壤的品质。与气候的表面影响不同，食物通过其特性影响着形式和品质，而这种特性是食物不断地从出产它们的土壤里汲取的。

要体会到土壤和气候的影响，特别是土壤通过食物而施加的影响，需要漫长的时间。也许需要在几个世纪里持续摄入同样的食物来影响外貌、体格、头发以及内在的变化，这些都将通过繁衍而持久化，成为普遍而恒定的特征，从而区别不同的种族，甚至是人类的民族国家。

布丰在环境对人的影响与环境对动物的影响之间作了鲜明
591 的区分。气候和土壤对动物的效应更容易被觉察，也更强烈、更直接得多：动物没有衣服、房屋，不会用火；由于它们更直接地暴露在各种元素之中，每种动物不仅选择了自己的栖息地，并且留在了那里。布丰在这里提出了一种基于自然因素、特别是基于气候因素的动植物地理学，但没有详细阐发。不过，如果动物被自然灾难或被人类强迫离开它们的天然栖息地，那么它们会随着时间推移经历许许多多的变化，以至于它们起源地的证据只有通过千辛万苦的调查才可以找到。因此，野生动物受制于气候和食物的影响，而驯养的动物除气候和食物以外，还服从于“[人类]奴役的轭套。”①

① 《自然史》（*HN*），卷 14，314—317 页。

气候对人的影响较为间接。气候（主要是气温）影响着皮肤、头发的种类、眼睛的颜色；食物生产也依赖气候，但更是依赖土壤；习俗则同时依赖气候与食物这两者。没有太阳的热量就不会有生命，从这一意义上来说，气候是最基本的因素。旧传统是很难消亡的，因而布丰就像他同时代的很多人那样，相信温带气候优势说，即纬度四十到五十度之间的气候最为温和，在这一区域中有最英俊、最优秀的民族。如果我们接受布丰关于人类发源于温带气候的理论，那么就是说，我们可以从当前居住在温带的民族身上看到人类真正原初的肤色，同时也看到可以用来评判所有其他的肤色深浅（*nuances*）或者美丑的模式。①

布丰在指出气候的选择性影响时，暗示出了为什么动植物地理与人类地理有所不同。他强调人类的统一性，而不太在意种族差异的意义，这就给人类研究提供了一个广阔的人道主义基础。布丰的因果关系理论比那些政治和社会理论家的因果关系理论更加开放包容，后者是源自医学传统的。他抓住了这件事情的重要性，即考虑人的力量和技能及其在人类地理学中扮演的角色，也就是人在各种动物及其栖息地之间扰乱自然安排与和谐的能动作用。布丰没有完成植物的自然史就去世了，但是根据《自然史》中一些零散的议论来判断，他写下去的话同样也会研究人类对植物界的干涉。布丰的研究范围比孟德斯鸠的更宽广；他研究一切生命，这使得他有可能作出比一个单纯的人文主义思想家所能达到的更大胆也更有想象力的综合论述。此外，在几乎所有的思想

① 《自然史》（*HN*），卷 3，528 页。

家都专门去思考自然对人的塑形力，或者道德因素对人的影响力的时候，布丰在他的自然史研究范围内却包含了人的技能和人改变自然的力量。

592 9. 建立在孟德斯鸠、布丰和休谟基础上的著述

关注社会与环境是十八世纪思想家们极为显著的特点，这一点在卢梭（Rousseau）的著作中表现出来了，这主要是因为他也认为，习俗是变化之路上的障碍，而法律应当承认地方的文化和环境状况。如此，一个小的国家按比例而言比大国更强大；大型帝国在行政管理上的困难，部分产生于相同的法律无法适用于众多不同的省份，因为这些省份坐落在各种各样的气候之中，有着互不相同的习俗。[①] 在这些问题上卢梭效法孟德斯鸠的榜样；他说，如果我们追问什么构成了全体的最大利益，我们会将之限制在自由与平等，但一个政治体系的这些令人向往的目标“在每一个国家都需要根据当地的情势和居民的性格来加以修正。”[②]

在另一些问题上卢梭也与孟德斯鸠看法一致，他说：“自由不是一个所有气候下都能长成的果实，它并不是所有民族都可以收获的。”[③]“于是我们发现，在每种气候中都可以根据自然因素

① 《社会契约论》(*The Social Contract*)，第 2 部第 9 章（Everyman's Library 版），41 页；对照关于习俗的议论，第 2 部第 8 章。

② 同上，第 2 部第 11 章，46 页。在第 2 部第 8—10 章和第 3 部第 8 章中，卢梭表现出他对土地使用、人口和农业地理的兴趣。

③ 同上，第 3 部第 8 章，68 页。

来指定这种气候所要求的政府形式，我们甚至可以说出它应当拥有哪一类的居民。”不友好的、贫瘠的土地也许只能继续荒芜下去，或只给未开化人居住；野蛮民族可能居住在只出产最低限度物品的土地上。那些产物稍有盈余的土地会适合自由的民族，而拥有肥沃丰饶土壤的民族才可能负担得起君主政府的奢侈。卢梭相信，民主制、贵族统治和君主制三种政府所需的花费是一个逐级上升的序列。专制君主制度适宜于炎热气候，野蛮政体适宜于寒冷气候，而良好的政府则属于温带地区。他论辩道，总的来说，热带国家比寒带国家丰饶；热带国家人均食物消耗较少，因为热带气候要求人们少吃以保持健康。卢梭赞同地引用了夏尔丹的评论：“与亚洲人相比，我们是肉食动物，是狼。”他并且补充道：“离赤道越近，人们吃得就越少。他们几乎不吃肉，大米、玉米、粗麦粉、小米和木薯粉是他们的普通食物。”“差异在欧洲的北部与南部之间也看得出来。德国人的一顿晚餐足够一个西班牙人活上一个礼拜。”“热带国家需要的居民比寒带国家少，却能养育更多人。”由于热带国家生产的较多，消耗的较少，也就有更多的盈余来支持专制政府。①

气候在卢梭的教育理论中也占有一席之地。人在温和气候中 593
能够得到最完全的成长，那里的人是居住在两个极端之间的。由于他所处的位置，他能够调节自己适应任何一个极端（热的或冷的），远远强过那些居住在其中一个极端的人去适应另一个极端。“一个法国人可以居住在新几内亚或拉普兰，但是一个黑人很难

① 《社会契约论》（*The Social Contract*），第 3 部第 8 章，70—72 页。

居住在托尔尼奥，一个萨摩耶德人也很难住在贝宁。居住在两个气候极端的人的大脑似乎也不那么有条理性。无论是黑人还是拉普兰人都不如欧洲人聪明。所以，如果我希望自己的学生做一个世界公民，我会从温带选择这个学生，比如从法国，而不是别处。"[①]

卢梭早年就对地理学教育的需要表达过意见，也发表过关于国民性、旅行和旅行类书籍的见解。他写过的关于旅行的文章是同类中最好的作品之一，但他并不怎么相信旅行类的书籍："没有一个欧洲国家像法国这样，印行了这么多的历史书和关于旅行的书籍，然而也没有任何地方像法国这样缺少关于其他国家思想与风俗的知识。"他对一个世界大都会的偏狭性十分轻蔑："一个巴黎人以为他了解人类，而他只懂得法国人；他居住的城市总是充满了外国人，但他将每个外国人都看作全宇宙独一无二的奇怪现象。"[②]要了解其他民族，我们必须见到他们，而不是读到关于他们的书籍。书籍"能让十五岁的柏拉图们在俱乐部中谈论哲学，还能让他们用保罗·卢卡斯（Paul Lucus）或塔韦尼耶（Tavernier）的语言告诉人们埃及或印度的风俗。"要了解人类，必须将各民族一一相互比较，但是我们并不需要研究地球上居住的每一个民族；我们可以作出选择。"当你看到过十几个法国人时，你就是看到所有的法国人了。"那么当我们研究并比较过十几个国家，也就了解了作为整体的人类。但即便是旅行，对那些从不思考也不知道如何自己去观察的人来说也是无益的。"法国人比任何其

① 《爱弥儿》（*Emile*）（Everyman's Library 版），19—20 页。

② 同上，134 页，引文在 414 页。

他国家的人都旅行得更多，但是他们过分沉浸于自己的习俗，以至于把所有其他事情都搅得迷糊一团。地球上每一个角落都有法国人。你在全世界任何国家都不会像在法国一样，看到这么多曾经出国旅行的人。然而在欧洲所有的国家中，看到过最多东西的国家却懂得最少。"[①] 即便是古人，像荷马、希罗多德和塔西佗，他们很少旅行，并没有读过很多书，写下的著作也有限，但比起当代人来说，他们却是更好的观察者。很多人甚至没有认识到，国民性在历史进程中是变化的。"随着种族混合和国家之间相互交融，那些令观察者初看起来大为惊奇的国家间差异，在后来也逐渐消失了。"他说，在我们的时代之前，各个国家较为孤立，
少有交流的手段，旅行和交际也不多，"那些错综复杂的皇室计谋， 594
也就是被误称为'外交'的东西，都不那么频繁"，长距离的航行非常稀少，对外贸易也颇为罕见。

> 在本世纪，欧洲与亚洲之间的联系百倍地胜于过去时代高卢与西班牙之间的联系；那时候仅仅是欧洲本身，就比现在的整个世界更难于接近。
>
> 此外，古代的民族常常认为他们是自己国家的原住民；他们在那里居住了如此长久的时间……以至于这块土地在他们身上留下了不灭的印记。但是在现代欧洲，罗马征服之后的蛮族入侵造成了一种非同寻常的人群混杂。

---

① 《爱弥儿》(*Emile*)(Everyman's Library 版)，415 页。

不断的融合消除了原来存在于高卢人、日耳曼人、伊比利亚人和阿洛布罗吉亚人之间的差异。欧洲人“都是西徐亚人，在相貌上多多少少有些衰退，而在行为方面衰退更厉害。”那些不曾考虑过这些历史事件的人，过于轻率地“嘲弄希罗多德、克特西亚斯（Ctesias）、普林尼，因为他们在描述不同国家的居民时强调各国人自己的独特性和各国人之间惊人的差异，这些独特性和差异我们今天已经看不到了。”[①]

在下面这个出色的段落中，卢梭展现了国民性中这些曾经尖锐的差异走向消弭，是如何与社会变迁及人类对自然环境的改造联系在一起。

> 这就是为什么古代的人种差别(这是土壤和气候的效应)在国家与国家之间，就性情、相貌、行为方式和特质等造成了比我们现今时代能够区分的要大得多的不同——今天，当欧洲的变化无常不给自然因素留下发生作用的时间，当森林被砍伐、湿地被排干，当地球上的耕作变得更加普遍(尽管没有以前那么细致)，因而即便是在纯粹身体的特征上，国家与国家之间的上述差异已然不再看得出来了。[②]

孔多塞雄辩感人的著作（这一著作今天依然感人，因为这位人道主义者的希望已经如此远离现实），用一种不同的视角解读

① 《爱弥儿》（*Emile*）（Everyman’s Library 版），416—417 页。

② 同上，417 页。

了气候与习俗。气候和习俗是产生文化区别性的因素，而对文化区别性的研究使得我们了解社会的原始状态及其进步发展的不同阶段。孔多塞说，有些民族长时期停留在部落或游牧阶段，既没有依靠自己的努力，也没有通过与文明民族的贸易或交往取得任何进步。这种无动于衷，这种文化的坚持性，是由于气候和习俗，但孔多塞清晰地认为，习俗是更为重要的因素，这是从他对习俗的强调表现出来的。独立，对童年就拥有的、自己国家的习俗的依附，对新鲜和奇特事物的厌恶，身体和精神的惰性对好奇心的阻遏作用，以及迷信的力量，都使得他们无法进入文化发展的更高阶段。在同时代的原始民族中，那种对习俗的专横固守又被对
文明社会的恐惧强化了。从孔多塞后面的议论来看，他在此处可 595
能指的是西班牙和葡萄牙对待新大陆土著民族的方式。“五百万人的尸骨覆盖了这些不幸的土地，在这里，葡萄牙人和西班牙人带来了他们的贪婪、他们的迷信和他们的怒火。”①

> 但是我们必须考虑到这些文明国家的贪婪、残忍、堕落与偏见。因为在原始种族看来，这些人很可能显得比他们更富有、更有权力、更有教养也更积极，但同时也更堕落，并且最重要的是更不快乐；因此那些未开化人并没有被文明国家的优越所打动，而必然常常感到惊恐，吓住他们的是文明国家需求的程度和繁复，文明国家因贪婪而遭受的折磨，以

① 《人类精神进步史表纲要》（*Sketch for a Historical Picture of the Progress of the Human Mind*），104 页。

及文明国家永不停歇的行动和永无满足的欲望所带来的无休止的烦忧。[①]

孔多塞谈到，尽管中国人极有天赋，中国却缺乏科技进步，还有“那些大帝国，它们无间断的存在是亚洲长时期的耻辱，而他们的停滞令人羞愧”，他为这些给出的原因是制度性的，而非由于环境。[②]带着对葡萄牙人和西班牙人的深切理解与极度失望，孔多塞描写了大发现时代所带来的后果，在这个时代里“人第一次知道了他所居住的星球，第一次能够在所有国家中研究已被自然因素或社会制度的长久影响所改变的人类，并且第一次得以在一切温度与气候中观察陆地和海洋的产物。”[③]

凯姆斯勋爵是一位乖僻却常常引人注目的思想家，曾仔细地研究布丰，并往往不同意布丰的观点。他向我们显示了环境论观念如何能够别出心裁地与神学、历史解释和文化发展理论连结在一起。不同的气候造就了地球上多样的植物生命，它们被人和动物吃掉正是造物主计划的一部分。人在这方面就像植物和动物一样，特定种类的人专门适宜于特定种类的气候。人在各种各样的气候中已经退化了（就是布丰所说的从一个假定的原型或模型的改变，原因是食物和气候长期以来的影响）；不过，布丰认为气候能够解释肤色或人种的差异，这一点凯姆斯却不同意。他说，

① 《人类精神进步史表纲要》（*Sketch for a Historical Picture of the Progress of the Human Mind*），23—24 页。

② 同上，38—39 页。

③ 同上，104 页。

这种差异从一开始就存在，而且，倘若这样一种理论不与《圣经》相悖的话，那么就可以合理地假设：上帝创造了好几对人，每一对都适宜于他们将生活在那里的气候。凯姆斯因这一推理与《圣经》对立而舍弃了它，继而提出，是一种剧烈震动导致了人从原初状态的退化。随着巴别塔的建造、语言的混乱和人类的分散，
人们变成了野蛮人，在他们新的居住地变得冷漠强硬，并且被分 596
成适应其居住地气候的不同种类。就这样，人类的统一被毁掉了。

人们之间的差异是自始便存在的，尽管有人偏向于认为差异是新的和不寻常的，还有人把一切都归因于土壤和气候（他在此引述了维特鲁威）。在一个被许多同时代人引用过的段落中，凯姆斯说，马六甲人反驳了“炎热气候是勇敢的敌人”这种说法；他还给出了其他一些例子。①

让整个地球住满人是造物主的意图。凯姆斯批评了孟德斯鸠关于热带不适宜人类居住的隐含说法，尽管孟德斯鸠的意思也许并非要归罪于天意，但实际上却是这样归罪了。②

凯姆斯是这样一位早期近代思想家，他在自己的社会理论中给予人种重要的地位，尽管此前许多思想家认为人种属于不平等的天赋——例如休谟就认为白种人比其他人种要优秀。③ 凯姆斯

① 《人类历史概观》（*Sketches of the History of Man*），卷 1，22 页。

② 同上，卷 1，26—31 页。

③ “论国民性”（Of National Characters），《道德、政治和文学论文集》（*Essays Moral, Political, and Literary*），卷 1，252 页注 1。据编者称，这一注解添加在 1753—1754 年的 K 版中，85 页。关于凯姆斯的人种学说，见布赖森（Bryson）：《人与社会》（*Man and Society*），64—66 页。

关于气候及其对文化的关系所讲出来的东西，除了把巴别塔造成的混乱确定为人种起始日期很是巧妙以外，其余的都相当寻常。更令人兴奋的是他关于新大陆文化发展的推断。

凯姆斯假设人在美洲是独立发展的。受到布丰地理学理论的影响，他假设美洲和“南方大陆”（Terra Australis）是当地的创造物。现在依然处在渔猎阶段的美洲文化，从未经历过游牧阶段。这种缺失并非由于没有牲畜；当地居民拥有足够的食物，可以坚持自己古老的生活方式，而不必像旧大陆的民族那样，被迫前进到一个更高阶段。新大陆的民族从渔猎阶段直接跨越到农业社会。凯姆斯在此处不像他在巴别塔人种理论中那么大胆，他承认自己既没有能力解释假定的人类文化发展阶段中这个游牧阶段的缺失，也没有能力解释在新大陆热带地区高度文明的全盛。凯姆斯触及了一个同样使洪堡感兴趣的问题，而洪堡的解决方式主要是环境论的。这个问题十分有趣，因为长期以来人们一直相信，人类经历了渔猎阶段、游牧阶段和农业阶段，正如瓦洛通过引用狄凯阿克斯所表达的那样。①

孟德斯鸠、布丰和休谟论述过的许多观念，被詹姆斯·邓巴（James Dunbar）放在一起作了综合，它与赫尔德的综合论述同样出色。邓巴是阿伯丁大学国王学院的哲学教授，在1780年初
597 次发表了《野蛮与开化时代的人类史论》（*Essays on the History*

① 《人类历史概观》，第2册，概观12，卷2，76、77—79页，引用布丰在84页。

of Mankind in Rude and Cultivated Ages）。[1] 邓巴的观点如果个别考虑，几乎没有什么引人入胜的，那些观点前人已经多次表述过了。邓巴将它们结合在一起，正是这一点吸引了人们的注意。

艰苦的环境驱使人们勤勉——需要是发明之母——但是在“慷慨与严苛”这两个极端之间的中庸之道才是最好的。引领人们走向文明的一系列事件，也许最初由自然原因引起，但很快就会被道德因素取代，“外因”的直接影响逐渐退却；文明的演进就是人日益从控制他的自然环境中解放自己的一个过程。[2]

迷信，狂热，极端的神学，在不同时代存在于同样的一些气候中；“要解释在任何纬度或气候中都有如此显著的效应，没有必要再次谈论外因对人类心智的正面、直接的影响。这一系列事件一旦开始，可能就是更多地被道德因素而非自然因素所掌控：这种特征与性情之倾向的原型也许来自科学的主要方向，以及科学与神学及公民政府形成的联盟。”[3]

邓巴看到了文明发展中的地理进程（这在大部分情况下是全力关注西欧历史的结果），它从热带气候开始（热带适宜于最初阶段），然后迁移到温带（温带适宜于成熟阶段）。文明自南方来到了欧洲，并在欧洲盛放。他假定旧大陆和新大陆文明的源头都

---

① 见弗莱彻（Fletcher）:《孟德斯鸠与英国政治（1750—1800 年）》[*Montesquieu and English Politics*（*1750—1800*）]，98—99 页，是他的论述使我意识到邓巴在这段历史中的重要性。

② 《野蛮与开化时代的人类史论》（*Essays on the History of Mankind in Rude and Cultivated Ages*），221—222、225 页。

③ 同上，225 页。

在热带，而这两者是各自独立兴起的。倘若新大陆的文明没有受到干扰，那么同样也会发生一个向更有利环境迁移的相似进程。[①]然而，是天意的设计给地球上存在的自然安排带来了秩序与理性。地理为征服、战争和暴政设立了边界；地理也阻止了世界性帝国的建立，这样的帝国要是出现的话将会是极为不如意的事情，因此“我们禁不住假设［划分地球的自然区域］正是天意的一项设计。”[②]自然界的种种不同和来自世界众多国家的文化多样性（而不是一个世界帝国的一致性），激励着人类取得成就。人，无论在原始社会还是在先进社会，都需要多样性和差异性去培育他们的天赋。尽管对政府的最佳限制无法精准地确定，但政府不完善的国家可以通过减少国家的面积来进行改进，因为在较小的国家
598 中，技艺可以得到鼓励，改良、控制与革新也可以实现。“但是一个广大领土的改革是艰巨而繁重的工作，需要很长的准备时间，并且以地区间受到信念和学问启蒙的相互交往为前提。”[③]

邓巴认为，关于较小地理区域更有利于人类进步的说法有两个明显的例外，其一是彼得一世（Peter Ⅰ）和叶卡捷琳娜一世（Catherine Ⅰ）时期的俄罗斯，其二是中国。邓巴检视了这两个例外，他承认彼得一世改革影响深远的性质——外国工匠的引进、商业与政府计划、军队的建立，以及尼斯塔特条约之后的安宁。“然而如此辉煌的统治也只能使几个地区活跃起来，并没有将生气或

① 《野蛮与开化时代的人类史论》（*Essays on the History of Mankind in Rude and Cultivated Ages*），231—234 页。

② 同上，252 页。

③ 同上，253—254 页，引文在 254 页。

活力注入整个庞大的躯体。”叶卡捷琳娜和彼得在一个太大的规模上实行他们的计划。“最近的领土扩张［即按照俄罗斯与瑞典1721年尼斯塔特条约的规定］，不管如何大量增加收入或推进主权的荣耀，事实上还是在这些区域内阻碍了人类的努力。”①

而中国人，邓巴承认他们在很长的历史时期中达到了高度文明。但是即便那里没有科学的衰退，中国人还是显得停滞不前或“进步缓慢”。他们没有取得人们对如此悠久的历史所能期待的那个水准的成就。失败的原因在于官方权威、对古代思想的尊崇，以及缺乏哲学的探索精神。② 邓巴沿袭了孟德斯鸠的原则，认为亚洲的自然条件有利于延伸的政府，他问道，中国政府的稳定性是否由于其组织方式的智慧？如此庞大的一个国家，人口多于它的征服者，而那些征服者“没有自己的固定习惯、行为方式或机构建制”，他们在一个确立的制度面前显得无助，于是就被同化了。因此，通过国家的规模、人口以及传统的连续性（而“不考虑其完美程度”），一种不可变更性是有可能存在的。中国只需担心自身内部的改变，而不必担心被侵略者改变，因为中国自己的行为方式、法律和宗教的力量都非常强大。“这样，中国形成一个人类事务与地理限制相连结的卓越范例。中国在东方和南方以海洋为藩篱，在西方以不可接近的沙漠为屏障，只有鞑靼地区是她的软肋。”③

---

① 《野蛮与开化时代的人类史论》（*Essays on the History of Mankind in Rude and Cultivated Ages*），256—257页。

② 同上，258页。

③ 同上，262—263页。

在探讨了一阵政治地理学之后，邓巴尝试折中孟德斯鸠和休谟的观点；对他来说，这两种因果关系中的任何一种都不一定会有永久性的效应。

> 599 但值得记住的是，本质为**自然**因素的东西，仅在其运转中才常常是**道德**因素；这些运转是受限的、不稳定的，且与事态相关联。一个民族也许长时期无法从外界的有利条件中受益，最终为有利的环境可能在很长一段时间里显现成不便的或破坏性的；因而作为结果，地方所处位置的重要性远非永久的，而是不仅随自然界的偶发情况而改变，同时也随政治事件的进程以及人类进步的一般状态而时时不同。

他说，随着航海时代的来临，岛国的性质发生了根本性的变化。在此之前，岛国意味着孤立和与世界其他地方隔绝；但在此之后，就像英国的经历所显示的，这种岛国位置变成了国家安全、富有与辉煌的绝佳源泉。[①]

生活在人们懂得了为经济理由而旅行和探险的时代，邓巴认为，商业和贸易意味着流动的资源，意味着从本地环境的限制中解放出来。整个大自然变得能够为任何地方的人所利用。“富裕或贫穷必定不再由一个民族在地球上的位置来评估。技艺——如果我可以这么说的话——改变了自然的分配，并在人类的财富划

---

① 《野蛮与开化时代的人类史论》(*Essays on the History of Mankind in Rude and Cultivated Ages*)，280—282 页，引文在 280—281 页。

分中维持了某种分布上的公平。”[1] 然而，邓巴认识到，这种理想的柔情仅仅是陈述一种可能性，而贸易壁垒、商业监管和国家垄断依然极为活跃。

但是，文化接触的影响是随着距离或事态而变化的。与遥远国度的商业交往很难建立亲密的联系，而与邻近的国家便存在这种可能性。

> 因此，地理联系一直都会在某种程度上有助于减缓或加速每个国家中公民生活的进步。社区和个人一样，都是比照榜样形成的。一个民族的特征，一定会在举止、天赋、技艺等方面同某个体系中占主导地位的特征拥有相似性，而这个体系是与他们有较直接联系的体系。礼貌与粗鲁就像自然界中的光明与黑暗那样是分开的，邻近的国家常常在进步和衰退上同步：那些更加开化的地区（尽管究竟是哪些地区常有改变），会在任何特定时段围绕着一个公共的中心，形成一个完全的、不分割的整体。[2]

出于对布丰观点的认同，邓巴注意到了人的无处不在和适应能力：“人在每一个国家为自己建立起一所宅邸。”人们有一个共识，即没有任何一个国家“是人最合适的居处。上天的影响似乎相对而言最好的地方，就是习惯已经把它变成最为人所熟悉的

① 《野蛮与开化时代的人类史论》（*Essays on the History of Mankind in Rude and Cultivated Ages*），294—295 页。

② 同上，300—301 页。

那个地方。”[①] 邓巴采纳了“存在之链”这一观念，以及布丰在人与动物之间所作的区分——“人是天国的作品，而动物们从很多
600 方面看都是大地的产物”——他说，由于人在被造万物中的崇高地位，他与自然界的关系是不同的。“土壤和气候对植物、动物和有智自然界，似乎以一种分成级别的影响在发生作用。……因此，人基于其在造物中的等级，比起那些低于他的层次来说，更能够免于受到机械的统辖。”亚历山大·冯·洪堡后来将之扩展到一部详尽思想史中的一个观念，邓巴已经先于他提出来了——邓巴说，人的优越地位使他更易感受到来自大自然的一切，不像动物那样“仅仅感受到那些扰乱动物自身世界的东西。创世的场景在动物眼中完全漠不相干，但是这个场景在人的身上就以一种奇特的方式发生作用，并且在不烦扰他身体的情况下，影响他道德架构的感受能力及精巧程度。”[②] 邓巴在此处只是轻微触及了自然对人的主观影响这个主题，而这一主题在洪堡、李特尔和巴克尔（Buckle）等人的著作中成为对环境论有力而微妙的增援。[③]

人与其他生物在对自然的依赖方面具有根本的区别，这个论点被邓巴又向前推进了一步（这也许是受了布丰的影响），他宣称人是自己未来的裁决者。对人类改变自然力量的承认来自意志

① 《野蛮与开化时代的人类史论》(*Essays on the History of Mankind in Rude and Cultivated Ages*)，304—306、330页，引文在306页。

② 同上，325—326、330页。

③ 关于这些观点更详细的论述，见同上，326—328页；洪堡（Humboldt）:《宇宙》(*Cosmos*)，奥特（Otté）翻译，卷2，第1部分，“研究自然的诱因”（Incitements to the Study of Nature）；以及巴克尔（Buckle）:《英格兰文明史》(*History of Civilization in England*)，第2章。

自由的学说。自然和道德中的不幸是人类在地球上命运的一部分，“追问它们的来源是徒劳的。”人类与那些元素之间有一种交互作用的关系。“人在创世造物中被允许有一块独属他自己的地盘；他似乎受到委派，负责自然界管理中的某一部分。”尽管有无可避免的自然变革发生，自然环境的限制也确实存在，但“土壤与气候仍然受制于他的统辖；这水陆地球的自然史随各国的文明史而变动。”[①]

邓巴重复了布丰已令世人耳熟能详的观念：人类改变了气候，人们的活动改造了旧大陆和新大陆的环境（见下文，本书第十四章）。邓巴号召人们通过耕耘土壤、砍伐森林和排干湿地来变革美洲，他说：“那么让我们学习向元素发起战争，而不是与人类自己打斗；从混沌中去夺回——如果可以这样说的话——我们的财产，而不要把财产增添到混沌帝国之中。”这一有趣的表述意味着，自然本身是无序、无组织的，除非由人类把它变得有秩序，否则自然就没有重要意义。[②] 这种建立秩序的工作包括通过改变环境（尤其是排干积水）来祛除疾病或者降低疾病的严重程度。如此一来，决定论便基本上不复存在了；土壤和气候，就如人类的心智一样，是多变的，能够“随着文明技艺的进步”而改变和 601
完善。[③] 在邓巴对自然和文明史的阐释中，他运用了设计论观念、地点影响观念，以及人为环境变迁的观念，他的阐释成为令人折

① 《野蛮与开化时代的人类史论》（*Essays on the History of Mankind in Rude and Cultivated Ages*），335、336—337 页。

② 同上，338 页；亦见 336—339 页。

③ 同上，342 页。

服又富于思想性的集成之作。

10. 关于威廉·福尔克纳

威廉·福尔克纳（William Falconer）的著作《论气候、位置、国家自然、人口、食物性质及生活方式，对人类的性情和脾气、举止和行为、智力、法律和习俗、政府形式及宗教之影响》（*Remarks on the Influence of Climate，Situation，Nature of Country，Population，Nature of Food，and Way of Life，on The Disposition and Temper，Manners and Behavior，Intellects，Laws and Customs，Forms of Government，and Religion，of Mankind*；伦敦，1781年），正文有552页，这是十八世纪关于这一主题的所有著述中，在范围与表达上最出色的一种，也最令人信服地证明了当时人们对气候、宗教、习俗和生活方式所给予的重视。

这本书中相当大的篇幅论述的都是我们熟悉的话题。第一部“气候的效应”占全书的三分之一还多，其中弥散着孟德斯鸠精神，虽然他对孟德斯鸠也不无批判。第二部只有12页，题为“国家位置和范围的影响”，也追寻着传统的兴趣点，包括欧洲的位置、岛屿及大陆环境的影响。稍长一些的第三部“关于国家本身自然的影响”，大致与孟德斯鸠在《论法的精神》第十八章中对土壤影响的讨论相契合。第四部“人口的影响”，主要谈的是人口多与少的不同优势。第五部“食物及饮食类型性质的影响”，耕耘的是一片由坦普尔、孟德斯鸠、布丰、肯普弗、阿巴思诺特及其他学者开垦过的领地。最后一部“生活方式的影响”比前几部长得多，它的组织是围绕着一种推测出来的人类历史，即，未开化阶段、野蛮阶段和农业阶段的影响，商业生活、文学和科学的影响，以及奢侈与优雅的影响。因此，概括地讲，这部著作尝试理解社会，其途径是研究处于不同阶段文化发展和不同类型社会制度中的自然因素、自然与道德因素之间的过渡因素，以及道德因素。

福尔克纳曾广泛阅读古典著作；关于体液问题，他常常将古典作家当作权威征引，同时也引用近代作家的论述。我们不需要进一步证明希波克拉底《空气、水、处所》持续的影响力，因为福尔克纳谈论它，之前阿巴思诺特也谈论它，就像它是第一流的科学文献那样。就福尔克纳对医学中更广阔方面的兴趣而言，他很像两位著名的英国内科医生——托马斯·西德纳姆（Thomas Sydenham，1624—1689 年）和约翰·阿巴思诺特（1667—1735 年），前者常被称为“英国的希波克拉底”。 602

虽然这本书给人的第一印象是“孟德斯鸠的英文改编版”，但实际上福尔克纳是一个极为兼收并蓄的思想家，不会无保留地接受任何作者或任何单一因素的因果关系理论。提出气候效应的学者们把这些效应说得过于全球化了；它们是一般性的，而非特殊性的，而且在居住于特定气候中的各个国家或个人中间，这些一般性的影响也可能有例外。沿袭传统的观点，福尔克纳提出，一个因素可以和另外一个相抵消。“比如炎热的气候自然而然地使得人胆小而懒惰，但是国家的贫瘠荒芜、居民人数、动物饮食结构、野蛮生活方式等引致的必要性，其中任何因素也许就会矫正气候带来的这种倾向，使生存方式发生不同的转向。”

关于这些因素的性质，福尔克纳的概念则不那么传统。多种多样的气候效应是分离的、独立的，但有能力彼此结合；在结合起来时，它们也许会彼此压倒、和缓或校正，"但它们中的每一种都有独自的存在与作用，然而在总体效果上它们可能彼此一致。"它们被比作"机械的力量"，这种力量在联合的情况下"经常造成一种效果，这种效果与其中任何力量单独造成的效果都不同；但是它们各自的特定作用依然存在，不过力量微弱，使我们的考察都无法察觉到它。"[①]

对十八世纪广泛认可的人与环境关系的各种观点，这本书是一个权威的总结。首先，人对所有气候的适应性被看作人类理性的一个标记；人的活动范围、人的无处不在用目的论方式作出解释，因为可以假定"人天生就注定要居住在世界的每一个地方。"这种适应性和广泛分布，与其归因于身体的天赋，更应该归因于优秀的智力天赋。"但是尽管有天性提供的帮助，我们还是有理由怀疑，比起人的肉体结构，人类的这种全球存在难道不是在更大程度上由于他们的理性能力吗？这种理性能力使人得以对特定气候与环境的缺陷给予补足、对其恣意妄为加以纠正。"[②]

更重要的是，到此时，气候的各种效应可以互相抵消已经成为老生常谈；气候及其影响越是为人所知，通过科学方法促进或抑制这些影响就越是容易。因而在十八世纪，一种"可能主义"（possibilism）已经活跃起来，但是当时还缺乏十九世纪思想家所拥有的知识背景——生态学研究、对人类影响环境的了解、对达

① 《论气候之影响》（*Remarks on the Influence of Climate*），vi 页。

② 同上，2 页。

尔文进化论以及社会学和人种学理论的通晓。

然而，就像很多同时代人那样，福尔克纳无法隐藏他对温带 603
气候作为文明所在地的赞美。如果一个人将文明史与西方文明史视为一体的话，那么就这种关联性是有很多话可说的。①

像孟德斯鸠一样，福尔克纳也认为炎热气候会促进文化上的惰性。②彼得大帝的成功应部分归功于气候，居住在寒冷气候中的人对自己国家的依附要比那些居住在炎热气候中的人小得多。“沙皇彼得一世在广大的俄罗斯帝国整个领土内，达成了风俗习惯上几乎是完全的转变，而这一切没有遇到很大的反对，也没有被迫诉诸武力。中国也发生过类似的(尽管远远不及那么广泛的)尝试，却在国内引起了一场革命。”③后一句话的基础是杜·哈尔德的一个述评，他描写一位中国皇帝下令让他的臣民修剪指甲、剃掉头发，这激发了一场革命。这里假定了中国气候的同一性。

作为一位反天主教的学者，福尔克纳也关注气候对于宗教的意义。从历史上看，在西方思想中将气候与宗教联系起来有着很好的理由。基督教起源于地中海式气候区的干旱边缘地带。它在欧洲西北部完全不同的环境中取得了巨大的成功。宗教改革在斯堪的纳维亚国家、在欧洲北部平原、在英国、苏格兰、威尔士和阿尔斯特的成功意味着，地理对信仰的分布可能是有影响的。教会分裂和新教内部不同派别的出现是另一种类型的问题。启示宗教的敌人——自然神教信仰者，以及那些同情自然神教的

① 《论气候之影响》(*Remarks on the Influence of Climate*)，10、18—24 页。

② 同上，47、112—114 页。

③ 同上，116 页。

人们，就像伏尔泰那样，都倾向于至少将某些种类的宗教仪式归因于环境。

按照福尔克纳的说法，在热带国家显而易见的是对可感知物（如太阳、月亮、土地、火、风、水、偶像）的崇拜，以及将人神化；他批评天主教对圣人图像的膜拜和对圣人遗物及宗教人士遗骸的过分崇奉，并将最严厉的批评给了对圣母玛利亚的崇拜和"变体"学说。另一方面，对居住在寒冷气候中的人们来说，宗教"不如说是一种内心冥思的主题，其影响更指向理性而非指向激情。"北方民族首先接受了"罗马天主教廷的荒谬"，但随着学问的传播和探询精神的发扬，他们"打碎了身上的锁链，建立起了一种敬神的模式，这种模式符合气候所暗示的观念。"[①] 即便是作为启示宗教的基督教，在这里也受到了气候的影响。

604 温带气候是最适宜于宗教的。"希腊和意大利从前提出了关于神的存在与性质的最正确的概念[引用爱比克泰德（Epictetus），第2部第14章第2节，和马库斯·奥里利厄斯（Marcus Aurelius），第2部第3节]，同时，尽管把一个较热的气候变成全能上帝特别启示的场所能使上帝满意，但基督教是在温带纬度地区才得到了最好的理解和实践。"[②]

作为医生的福尔克纳，按照古代希波克拉底和盖伦，近代西德纳姆、阿巴思诺特、哈勒（Haller）和霍夫曼（Hoffman）的传统，研究环境对人的影响，没有什么能像福尔克纳的研究方式那

① 《论气候之影响》（*Remarks on the Influence of Climate*），133—134页。

② 同上，134页，接下来是关于气候对形态、仪式、组织、饮食习惯、禁忌等诸方面影响的长篇讨论。

样好地说明气候影响观念的顽强及其对文化生活所有阶段的适用了。尽管环境论对公共健康概念的关系超出了本书的范围，但有必要提到，认为人有能力改变周围环境的更为积极的哲学，是从对环境和人体的纯粹医学兴趣中生发出来的。对排汗、对不同气候条件下的血液循环、对极冷或极热气温下的身体反应这些事情的兴趣，都不仅仅与健康相关，而且还与病原学联系起来，同时在此处将其与文化现象相融合也是有可能的。福尔克纳引用了哈勒的论述，即在灼热气候中（巴巴多斯、卡塞根纳、苏里南）过度排汗突如其来地损害了欧洲人的力量，这种排汗“使人虚弱的程度不亚于严重的腹泻。”①

福尔克纳说，健全的精神状态和健康的体魄与排汗的畅通及规律性紧密关联；“排汗受阻通常会与精神低迷相伴。因此，由潮湿空气给排汗带来的障碍，很有可能给心智和理解的力量带来不利影响。”当潮湿空气与“沼泽的臭气”结合起来时，这种不良效果就会更加严重。②福尔克纳也关注空气质量对腐败的关系。尽管这些兴趣都是古已有之的东西，但他有一种强烈的倾向，去探索空气对精神健康和身体健康的不断扩展的关系。本性就不健康的环境，如炎热潮湿气候下的沼泽，成为对人类智巧的挑战。人类并不需要被动地接受环境所招致的疾病。于是，那种使当地

① 《论气候之影响》（*Remarks on the Influence of Climate*），12 页，引用阿尔布雷希特·冯·哈勒（Albrecht von Haller）：《人体生理学原理》（*Elementa Physiologiae Corporis Humani*），卷 6，66—67 页。

② 同上，163—165 页，引文在 163 页。福尔克纳举出一个例子，即希波克拉底《空气、水、处所》中提到的，居住在发西斯河岸边人们的情况（164 页）。

更为健康的希望便是改造环境的强烈诱因。人类排水的历史会告诉我们很多事情，不仅是关于公共健康史，还有人对自然环境的态度，以及在疾病细菌理论产生之前，人对其周围环境中干燥与开阔通风的价值所拥有的经验主义的理解。

605 在福尔克纳的著作中，我们可以看到一个世纪以来，学者们广泛的兴趣如何被强化：环境观念对社会组织的关系（气候与宗教），环境观念对公共健康和医药的关系，环境观念对饮食结构的关系（包括不同饮食结构的比较，因为素材从航海和旅行中逐步积累起来了），环境观念对道德因素的关系（用社会手段克服环境缺陷），以及环境观念对技术和工程的关系（有意地计划改变对人不利的环境）。

11. 新的开拓：罗伯逊与美洲

孟德斯鸠的气候理论飘到了苏格兰，苏格兰的道德哲学家最感兴趣的是文化发展和人类科学。比如亚当·弗格森追踪了人类社会发展的阶段，其中考虑到气候和位置的影响。人作为一种动物，可以生存在任何气候之中，然而“这种动物总是在温带获得他这个种群的最高荣耀。”[①] 尽管文雅国度之间的种种差异可能是气候带来的，但政府才是最强力的影响；有一种倾向将原始民族的落后状态归结于气候因素，而将现代社会之间的差异归结于道

① 《文明社会史论》(*An Essay on the History of Civil Society*)，180 页。见第 2 部分第 1 节：“关于气候和位置的影响”（Of the Influences of Climate and Situation ）。

德因素。不过这也没有什么新鲜的，我们不需要讨论细节，只是指出一点：孟德斯鸠关于爱的辛辣生动论述在苏格兰文的翻译中变得沉闷乏味。

更有趣的是威廉·罗伯逊对十八世纪流行的地理思想的应用；他属于欧洲学术和文学界中的世界主义群体，其成员的组成不在乎国家疆界，包括布丰、孟德斯鸠、休谟、伏尔泰等那个时代的许多伟大人物，他们熟悉欧洲的先进社会、非欧洲民族中的重要文化，以及到那时为止所发现的各原始民族。罗伯逊属于其中的苏格兰群组，其他成员包括大卫·休谟、亚当·弗格森、凯姆斯勋爵、蒙博多勋爵（Lord Montboddo）、亚当·斯密（Adam Smith），还有杜格尔·斯图尔特（Dugald Stewart），他写作了斯密和罗伯逊的传记。[①] 罗伯逊与吉本通信，同时，他的历史编纂学显露出受到伏尔泰的启发，至少在人们预期一个长老会牧师所能达到的程度上如此。他喜好以广阔的角度审视历史，关注显眼而突发的历史变革时代，例如罗马的衰亡、十字军东征、大发现时代及其后的知识传播，等等，这些标志着他是一个才智出众、阅读广泛的人，他的英语写作优雅而简洁（即便稍嫌单调），至今仍然使人感到阅读的愉悦。

作为《查理五世统治史》（*The History of the Reign of the Emperor Charles V*）的序言，“对欧洲社会进步的考察：从罗马帝国的覆灭到十六世纪初”（A View of the Progress of Society in

① 关于这个群体，见格拉迪丝·布赖森（Gladys Bryson）：《人与社会：十八世纪的苏格兰探寻》（*The Scottish Inquiry of the Eighteenth Century*）（普林斯顿大学出版社，1945 年）。

Europe，from the Subversion of the Roman Empire to the Beginning
606 of the Sixteenth Century），显示出罗伯逊对移民、古代与现今国家的人口对比，以及气候影响问题的兴趣。他的《美洲史》（*History of America*，1777 年首次出版）是一部很有价值的著作，因为它的基础是自大发现时代以来搜集的关于新大陆及其民族的知识和学问，这些材料提出了阐释新大陆历史，特别是其早期阶段历史中最为重要的问题。它们是：新大陆与旧大陆之间动植物的差异；新大陆民族的起源，尤其是墨西哥和秘鲁的高等文明的起源；种族和文化的差异；以及新旧大陆之间在人为环境变迁上的对比。也许一位美洲史专家很容易便会想到这些问题，特别是研究自最初的落户到美洲被征服之间历史的专家。在回答这些问题时，罗伯逊使用了许多与征服相关的原始资料，以及孟德斯鸠和布丰的理论。

像很多十八世纪下半叶的学者一样，罗伯逊对贸易和交流所带来的关于世界的新知识心悦诚服，而且他极为清晰地区分了新知识资源与古典思想家们的局限。他敏锐地意识到了移民、远征、贸易和旅行所引起的思想观念的交流。① 设计论观点大为衰退；随着大发现时代，罗伯逊说，“这样一个时期来临了，上帝谕示人们要跨越那些曾长久禁锢他们的界限，给自己打开一个更为宏大的世界，在那里展露他们的才华、他们的进取心和勇气。”② 这一陈述并不是单纯的说辞，它将宗教感情与对智识上、身体上的

① 《美洲史》（*Hist. Amer.*），卷 1，31—33 页。

② 同上，卷 1，40 页，对照 65—66 页。

冒险精神和行动力的赞美结合起来。对新环境中行动力的这种赞美，也与人们在改变环境（常常是通过排干积水）以增进人类健康的过程中必须显示出的热忱相关联。[①]

对罗伯逊而言，新大陆美洲是一片壮阔的土地，自然用大手笔创造了美洲的自然景观。那些山脉、河流、湖泊、新发现土地的形态，都有利于商业交往。罗伯逊提到的一些主题后来在十九世纪被大加发展，他把新大陆的海湾及其对人类定居的有利影响，与欧洲及亚洲的情况相比较，并说这种地貌在非洲是相对缺乏的。[②]

他的自然史观念借自布丰；他接受阿科斯塔的气候学及布丰的大胆阐释(见下文，本书第十四章第7节)。[③]他沿袭布丰的说法， 607
区分了长期被人类占据的国家与那些近期才有人类定居的国家，并同意这位法国自然史学家所言——“我们归功于自然之手的丰饶和美丽，其中不小的部分是人工作品。”[④]

在布丰、阿科斯塔和其他人作品的帮助下，罗伯逊彻底弄明白了新大陆环境的性质。这个环境对高等生命抱有敌意，鼓励那些不那么高贵的形式存在；它仅仅能够产生一些具有低等、粗鲁文化的民族，他们很少能够润饰或改善自然，正如布丰曾经指出的那样。

---

① 《美洲史》(*Hist. Amer.*)，卷 1，125 页。

② 同上，254—255 页。

③ 同上，257、361—363 页。何塞·德·阿科斯塔（José de Acosta）：《印度群岛的自然与道德历史》(*Historia Naturaly Moral de las Indias*，1590 年)，特别是第 2 部。

④ 同上，卷 1，261 页。见本书第十四章第 7 节。

罗伯逊接着转向新大陆居民来源的问题，这一问题的答案依赖于不同的、但还是互相关联的事情：人类的统一性、新旧大陆之间关于发明和家畜的对比，以及新大陆游牧阶段的缺失。新大陆居民来源的理论也与彼此对立的社会变迁理论——独立发明和传播——相关联。尽管研究这些观念的历史会让我们离题太远，但我们可以说，这些对立的观念本身即是西方文化中更普遍的观念自然生发的产物。独立发明的观念作为西方文化中最古老的思想之一，是基于"需要是发明之母"这个信念，或者，用环境论的术语来说，一个民族（假定其总体上精神和身体的天赋是分布一致的）在相似的环境状况之下会找到相似的解决问题的办法。然而，这个独立发明的观念有一个对手，即传播论，这是《圣经》和基于《圣经》的基督教神学体系所默示的。事实上，从历史上看，独立发明的观念（如十八、十九世纪的许多思想家所表述的）是对早期传播论者的一种反动，这些早期传播论者所处的年代在埃利奥特·史密斯（Elliot Smith）和 W. J. 佩里（W. J. Perry）之前很久，他们倾向于认为一切东西都起源于埃及或巴勒斯坦。罗伯逊对早期传播论者感到轻蔑。他谈到有人相信人类多种起源，有人认为美洲人是"幸存下来的大洪水前地球居民"的后裔，然后继续说道，"从北极到南极，几乎没有任何一个民族不曾被那些好古之士以夸张的臆测冠以美洲居民来源之光荣。"据称在古代，犹太人、迦南人、腓尼基人、迦太基人、希腊人、西徐亚人到新大陆定居；在后来的时代，中国人、瑞典人、挪威人、威尔士人、西班牙人，也被说成那里建立过殖民地。"热忱的拥趸站出来坚决支持那些人各自的声称；尽管他们所依据的基础无

非是一些习俗上偶然的相似性，或者是不同语言中几个词语貌似
的关联，但是很多学识和更多的热情都徒劳无益地用在了为对立 608
的系统辩护上。”①

罗伯逊对这个问题的答案（它从那时起已经变得耳熟能详），是说人类起源于一个单独的地方，而有人向新大陆移居的事情发生得如此之早，以至于那批移民来到时并不具备建立文明所需要的技艺。因此，在新大陆兴盛起来的无论哪一种文明都是当地原生的。关于宗教权威，他接受人类原初统一性的说法，但对于试图说明人究竟如何遍布于地球的任何努力都表示失望。从发现新大陆时对其状况所作的考察，并根据当时对前哥伦布时代文明所知情势作出的分析，罗伯逊推论说，新大陆人的祖先最初来自亚洲东北部，而不是来自欧洲；当时他们没有驯化的动物，也没有向文明的方向取得任何进步。②因此，历史的前后顺序是：人类起源于旧大陆一个唯一的家园；人类在史前时代分散到整个世界；作为这种分散的结果，并且由于不同民族在我们假定的各发展阶段中或者静止不动、或者以不同的速度向前进步，于是各民族间逐渐显露了差异。现在便有了理由说明基于环境状况的原生发展。

> 如果我们假定有两个部落，虽然被置于地球上最偏远的不同区域之中，但它们居住在近乎相同温度的气候中，处于等样的社会状态，并且进步的程度彼此相像，那么他们一定

---

① 《美洲史》（*Hist. Amer.*），卷 1，271—272 页。

② 同上，卷 1，269—270、275—278、286 页。

会感到有同样的需求，并运用同样的努力来满足这些需求。同样的目标会吸引他们，同样的激情会让他们生气勃勃，同样的观念和情感会在他们的头脑中出现。

因此，居住在地球上相距遥远地区的各民族之间那种相似性，并不意味着他们互相有什么联系。罗伯逊批评加西亚（Garcia）神父、拉菲托神父及其他人，因为他们假设相似性即意味着文化接触或传播。

多瑙河岸边的一个未开化人部落，一定与密西西比河平原上的未开化人部落十分相似。我们不能因为他们之间的相似性，就假设他们互相有什么关系，而应该得到这样的结论：人们行为方式的倾向，是由他们的处境形成的，并产生于他们生活在其中的社会状态。只要这个社会状态一开始改变，一个民族的特点也一定会改变。与社会状态改善的进展程度成正比，他们的举止变得文雅，他们的力量和才能也被召唤起来了。

居住于世界不同地区的民族中，只有一些具体的相似性（例如在第七天停止工作去做礼拜和休息）会使我们怀疑其间是有关系的，而习俗上的相似性则是相似的环境中及相似的社会状态下顺理成章的事情。①

① 《美洲史》（*Hist. Amer.*），卷 1，273—274 页。

关于新大陆的各民族，罗伯逊知晓同时代的领先思想，而他 609
自己很谨慎，对规则建立者们持批评意见。布丰有关于新大陆自然环境缺陷的理论，他认为新大陆的民族由于很晚才在那里定居，不能够与旧大陆的民族及其已经改进的环境相比。[①] 德波夫（De Pauw）的理论是，一种不仁慈的、使人衰弱的气候阻碍了新大陆人达到适于他们的完美状态，他们依然是动物性的，身体与心智都有缺陷。但是，罗伯逊显然没有意识到德波夫（还有彼得·卡尔姆）这些过分的言论是受了布丰的启发，而布丰在晚年指责那些接受他理论的人对其夸大（见下文，本书第十四章第 8 节）。[②] 最后，罗伯逊谈到卢梭的理论，后者假设"在人进入文雅的阶段之前，他早已达成了自己的最高尊严与卓越；在未开化生活的粗鲁与简单之中，显示了情感的提升、精神的独立、依属的温暖，

---

① 《美洲史》（*Hist. Amer.*），卷 1，293 页。见布丰（Buffon）:《自然史》（*HN*），卷 3，484、103、114 页。

② 同上，卷 1，293 页。见德波夫（De Pauw）:《对美洲人的哲学探索》（*Recherches Philosophiques sur les Américains*），卷 1，"初论"（Discours Preliminaire），特别是 iii—iv、xiii、35—36、42、60—61、105—108、112—114 页；这些段落频频显示出对布丰的借用但未加承认。亦见卷 3，第 1—9 章及各处。关于美洲及其各民族的思想史是一个宏大的主题，已溢出本书的讨论范围。见丘齐（Church），"科尔内耶·德波夫，及关于其《对美洲人的哲学探索》之争论"（Corneille de Pauw，and the Controversy over His Recherches Philosophiques sur les Américains），《现代语言协会会刊》（*PMLA*），卷 51（1936），178—206 页；关于德波夫观点的概述，见 185—191 页。亦见吉尔伯特·奇纳德（Gilbert Chinard）："十八世纪关于美洲作为人类居住地的理论"（Eighteenth Century Theories on America as a Human Habitat），《美国哲学学会学报》（*PAPS*），卷 91（1947），27—57 页。这一主题被热尔比（Gerbi）处理得详尽无余：《新世界之论辩：争议的历史，1750—1900 年》（*La Disputa del Nuovo Mondo. Storia di Una Polemica, 1750—1900*），尤其是在第 1—4 章。

这些要在教化社会的成员中去寻找则是徒劳的。”①

小心谨慎，这是罗伯逊从这些意见中汲取的教益。他跟随那个时代的思想，认为人优于动物的地方，是人能适应一切气候类型，除了极端的炎热或寒冷。然而，罗伯逊阅读旅行者的报道时却忘掉了自己的谨慎，他同意布丰的看法，也评论说北美人缺乏性欲。“黑人焕发着欲望的热情，这对他们的气候而言是自然而然的；最不开化的亚洲人也发现了那种感情，从他们在地球上的位置来看，我们应当预料他们会体验到那种感情。但是，美洲人却在令人惊异的程度上，不熟悉这种自然第一本能的力量。在新大陆的每一个地方，当地人都以冷淡和漠不关心对待他们的女人。”一个苏格兰长老会牧师怎么会知道这些？即便在新大陆人们可能预期性活力、性热望的气候中，冷淡照样存在，而这些人缺乏性欲并非为了尊重贞操——“贞操观念对未开化人来说过于高雅了，它意味着未开化人所不了解的精致的感受和爱情”，罗伯逊自鸣得意地补充道。②

610 罗伯逊是以一个折中观点之友的面目出现的：单独考虑自然因素、政治因素或道德因素都未免过于片面。比如文明社会会调整“两性间的依附程度”；如布丰所强调，这样的社会也允许那

① 《美洲史》，卷 1，293—294 页。见洛夫乔伊（Lovejoy）：“卢梭关于不平等的论述中假设的原始主义”（The Supposed Primitivism of Rousseau`s Discourse on Inequality），《现代语文学》（*Modern Philology*），卷 21（1923），165—186 页，后收入《思想史论丛》（*Essays in the History of Ideas*，纽约，1960 年），14—37 页。

② 同上，卷 1，299 页；脚注 38 列出了其来源，没有提到布丰，但是我认为这在很大程度上是来自布丰的。

些在原始社会中会毁灭的个人存活下来。[①] 在新大陆中，人比旧大陆的人具有更高程度的同一性，这可以用新大陆热带热量较小这一点来解释，就像布丰曾解释过的那样。[②]

这种折中主义也包括了传统的观点——在美洲，就像在世界其他地方一样，寒带或温带国家适宜自由与独立。在美洲，从北方旅行到南方，一路可见那些权威机构的权力逐渐增加，人们的精神变得越来越驯服而消极。[③]

借鉴于亚当·弗格森（而弗格森又模仿了孟德斯鸠），罗伯逊下结论说，必须清楚人们居住地气候的多样性。“地球上有人存在的每一个地方，气候的力量都以决定性的影响力，对人的状况和性格发生作用。”他再次提到温带气候的优越性，以及气候对原始国家比对文明社会的影响更大，然后以一个多重因果关系论（与赫尔德相似）做结语，并警示道：“即便气候法则在其运行中或许比其他因素对人类有更为普遍的影响，但在评判人类行为时，也不能将气候法则应用于一切情况而不考虑大量的例外。”[④]

12. 新的开拓：福斯特父子与南太平洋

同时代的人，包括那些参与远航的饱学之士，都很清楚库

① 《美洲史》(*Hist. Amer.*)，卷 1，301、305 页。

② 同上，305—307 页。

③ 同上，卷 2，21—22 页。他关于气候对酗酒的影响的观点（79 页）也是很传统的。

④ 同上，卷 2，97、98—99、100—101 页。

克船长的发现在科学上和哲学上的重要意义。在一篇关于美洲皮毛贸易的论文中，乔治·福斯特谈到近年来在自然与人类研究中取得的进展、在发现方面和地理知识上的不断进步。库克的远航揭开了世界那未知的一半的面纱。[①] 福斯特多次提及库克及其船员的成就。这一远航的主要目的已经实现了。温带地区没有南部大陆，南极圈内也没有广阔的陆地；大量漂浮在海洋中的冰块
611 是由淡水形成的；地理学家得到了新岛屿，博物学家得到了新的植物与飞鸟，研究人类的学者得到了“人类本性各种各样的修改例证”。[②] 尽管没有发现住着几百万人的“南方大陆”（Terra Australis），但是这些损失因库克及其同伴们丰富的人种学发现得到了弥补。

虽然库克的叙述丰富而生动，但缺乏约翰·莱因霍尔德·福斯特和他的儿子乔治·福斯特的作品中那种理论上的兴趣。福斯特父子在“决心号”上，参加了库克第二次远航（1771—1775年）。我们很难将儿子的思想同他父亲的区分开来，因为出发时儿子还未满十八岁，他写作《环绕世界之航行》是为了将他父亲的发现公之于众，因为海军部禁止老福斯特单独发表关于这次远航的报告。就政府高级官员对待他们的方式，以及该船船员的恶意行为，

① “美洲西北海岸与当地皮毛贸易”（Die Nordwestküste von Amerika und der dortige Pelzhandel），《乔治·福斯特全集》（*Sämmtliche Schriften*），卷4，5—7、116—119页，引文在117页。

② 《环绕世界之航行》（*A Voyage Round the World*，以下简称*VRW*），卷2，604—606页；亦见库克（Cook）：《远洋记》（*A Voyage to the Pacific Ocean*），卷2，49页。

乔治·福斯特表达了严重不满。[①]

约翰·莱因霍尔德·福斯特的《环绕世界之航行笔记》（*Observation Made During a Voyage Round the World*，1778年）在他儿子的《环绕世界之航行》发表一年后面世。老福斯特在致谢中谈到在自然地理学中，他受惠于伯格曼（Bergman）和布丰，在"人种的哲学历史"上则受惠于艾萨克·艾斯林（Isaac Iselin）。他的植物学原理来自林奈，对自然界的大视野是受了布丰的启发。"我的目标是最大限度的自然界，陆地、海洋、空气、有机的与有生命的万物，特别是我们自己所属的那个生命阶层。"虽然对权威十分尊敬，但老福斯特还是明白他们的局限——他们中很多人的哲学都是小圈子闭门造车的产物，或者是来自高度文明国家的怀抱——福斯特补充说，他们中没有人曾思索过原始生命的规模，从悲惨的动物界"到友爱群岛（即汤加群岛——译者注）和社会群岛上更有教养与文明的居民"。[②] 福斯特父子二人都对设计论抱有同情，但并没有严重依赖这种理论。比起传统的自然神学，他们与布丰的雄辩更为接近。

亚历山大·冯·洪堡曾表示他受过乔治·福斯特作品的启发，我们也很容易看到，他是如何被美丽的热带风景深深吸引，而新

---

① 见《环绕世界之航行》（*VRW*）的序言；以及《环绕世界之航行笔记》（*Observations Made During a Voyage Round the World*，以下简写为 *Obs.*）卷尾的"致桑威奇伯爵阁下的信"（A Letter to the Right Honorable The Earl of Sandwich）和附录；关于船员的表现，见《环绕世界之航行》，卷2，420页注释。见阿尔弗雷德·达夫（Alfred Dove）在《德国人物传》（*Allgemeine Deutsche Biographie*）中关于福斯特父子的词条，卷7，168—171、173—174页。

② 《环绕世界之航行笔记》，ii页。

大陆的热带标本也同样会使他心醉神迷。[①] 洪堡和乔治·福斯特都认为，热带环境在自然史和他们的文明哲学中扮演着关键角色。约翰·莱因霍尔德·福斯特描述没有植被的环境是荒凉、贫瘠和孤凄的。只有被植物覆盖、被各种鸟兽丰富起来的土地才给我们“关于自然及其伟大的主赋予万物生机之力量的观念”。[②] 在热带，
612 植被的不断更替将生命注入每一个地方；温带的植被使当地景色更活泼，但是在像火地岛和斯塔滕岛那样冰冻的气候中，万物就显得没精打采、了无生气。一个地方离太阳的射程越近，那里的土壤和腐殖质土——植物生长的推动者——也就增加得越多；“以同样的比率，所有的有机体给我们这个地球层面中无生命的、混乱的部分带来生气。”[③]

在过去，思想者们常常假设，在某种气候控制下的各地区会有一种文化上的一致性。福斯特并没有犯这种天真的错误。他关于南太平洋（South Seas）人种学的作品描述了社会组织的复杂性。历史证据和语言证据在他的重构中扮演了重要的角色，而比较人种学更是其中的关键性部分。他认识到塔希提（一译“大溪地”——译者注）社会的分层（“aree”、“manahoùna”和“towtow”），以及南太平洋各岛岛民之间的差异；他将火地岛的居民与新西兰、格陵兰和北美北部的居民作了比较研究。[④]

---

① 《宇宙》（*Cosmos*），卷2，20页。

② 《环绕世界之航行笔记》（*Obs.*），37页。

③ 同上，134页。

④ 同上，212—213页；关于塔希提岛民不同阶层的名字，见《环绕世界之航行》（*VRW*），卷1，365页。

福斯特将南太平洋各民族分成两个主要的群组：(1) 居住在塔希提和社会群岛、马克萨斯群岛、友爱群岛、复活节岛和新西兰的民族——他们肤色较浅、四肢发达、善于运动、体型适中，并且性格善良而仁慈；(2) 居住在新喀里多尼亚、塔纳，特别是新赫布里底群岛的马勒库拉岛的民族。他们肤色较黑，头发刚刚开始有些卷曲蓬松，身体较瘦较矮，他们的性格“如果可能的话，就会很活泼，尽管有些多疑。”[①] 这两个群组当然对应于现代所划分的波利尼西亚和美拉尼西亚。塔希提和社会群岛的民族是第一组种群里最漂亮的例子，“但即便在这里，自然看起来也遵循丰富、繁茂和多样的原则，就像我们在这里的植被中观察到的那样；它并未被限制在单一的模型中。”[②] 福斯特父子在这些地方看到了人类生命的多样、丰富和充裕，而这些地方的自然环境也具有同样的特性。

南太平洋这两种类型民族的存在，在库克远航之前很久就为人所知了。阿尔瓦罗·德·曼达纳（Alvaro de Mandana）在他第一次远航中（1567—1569 年），到达了美拉尼西亚的所罗门岛，而在途中错过了波利尼西亚群岛；但在他第二次远航时（1595 年），便发现了马克萨斯群岛，因而首次提供了关于一个波利尼西亚民族的人种学信息。福斯特问道，是什么原因使得这两种民族存在差异？如果只根据《圣经》的话就非常简单，假设人类都是一对男女的后裔，现在地球上的多样性是偶然产生的。但是这

---

① 《环绕世界之航行笔记》(*Obs.*)，228 页。

② 同上，228—229 页，引文在 229 页。

种解释不能让福斯特满意，尽管他坚信，《圣经》宣称所有的人
613 都是一对男女的后裔表达了历史的真实，而这一点是那些对宗教怀有敌意的人也会在哲学基础上加以维护的。[①]（我们会看到，后来乔治认为人类的同一性是一个悬而未决的问题。）约翰·莱因霍尔德·福斯特检验了可能导致这些差异的自然原因，但他的解释既不令人满意，也不够明晰，因为这些解释大部分基于一种“习得特征遗传”的粗糙理论。比如肤色，他相信这是皮肤暴露在空气中、太阳的影响，以及不同的生活方式造成的结果。塔希提人穿的衣服将身体遮住，不像塔纳、新喀里多尼亚、马勒库拉岛的居民那样暴露自己，后者经常是裸身的，自然比塔希提人的肤色深很多。[②] 黑人之所以肤色深则是因为他们住得离赤道更近。这种理论在南太平洋陷入了困境，即便海洋能够减轻热带阳光的效应也还是很难说得通。“这个原因无法适用于塔希提人与马勒库拉人之间的肤色差异，因为这两个国家享有同样的有利条件。”[③]

福斯特认为，“在人种中制造出许多不同肤色”，是“独特的生活模式”与这些其他原因协作的结果。[④] 这个解释实在是够幼稚的。塔希提人非常干净，经常洗澡，但皮肤较黑褐色的新西兰人则不爱干净，厌恶洗澡，并且暴露于他们简陋住处的烟雾与污秽中，其生活方式也许能说明肤色的差异。气候、食物和身体锻炼还可能影响体型大小，但是在这一点上同样有困难，因为塔希

① 《环绕世界之航行笔记》（*Obs.*），252—253、257 页。

② 同上，257—260 页。

③ 同上，261 页。

④ 同上。

提的首领与普通民众的体型有着显著的差异。

因此，对于这些观察到的差异，气候是一个不充分的解释。好望角的荷兰人，居住得离霍屯督人很近，但120年来依然保持着浅肤色。甚至一切已提及的原因都不能解释这些差异，因为一些偏远地区的荷兰农民生活得几乎就像霍屯督人一样，住在粗陋的小屋里，过着游牧生活，然而依然保留着原来的特征。福斯特的结论是，如果气候能够造成身体上的任何重要变化，那么需要一段极长的时间才会使这些变化产生出来。

气候论解释的不充分与困难之处使得他考虑文化和历史的证据。南太平洋的民族是两个不同人种的后裔，居住在同样的气候中，在性格、肤色、体型、样貌和体质上都保存了原先的差异。[①] 福斯特将单纯的环境论解释放在一边，对语言学上的迹象进行了考察。所有的波利尼西亚人都基本使用同一种语言，但是组成它的各民族的迁移带来了变化。他们搬到一个新的国家，在那里看到新的鸟类、鱼类和植物，它们的名字在任何其他“通用的方言”中都不可能存在。这些代表新动植物特性的名称，以及源自它们 614
的新食物、新服装的名称，渐渐地在这种新语言与原初语言之间形成了区别。[②] 福斯特以这种方式解释了基本相似的文化中的多样性。

一个注意到南太平洋人口分布的探险者理所当然地会提出这些人口是怎么来的这个问题。福斯特相信移民来自亚洲大陆；他

---

① 《环绕世界之航行笔记》（*Obs.*），276页。关于荷兰人，见271—272页。

② 同上，276、277—278页。见福斯特的语言对照表，同上，284页的对页。

不承认有从新大陆来的“康提基号”（Kon-Tiki）孤筏重洋式的远征。东风也许会使这种举动成为可能，但他对前哥伦布时代新大陆的技术水平评价相当低。在被西班牙人征服之前，新大陆有人居住不过只是几个世纪的事情，并且他发现美洲语言与南太平洋群岛的语言没有任何相似之处。距离如此遥远，小船如此脆弱，于是新大陆作为居民来源被否认了。他以相似的理由同样否定了澳大利亚（“新荷兰”）；土著居民的文化还处于蒙昧状态，驯化动植物的能力贫弱，以及语言的差异，都证明澳大利亚不是最初人群分散迁徙的发源地。[①] 让我们向北，他说，在那里南太平洋的岛屿与东印度群岛相接，而东印度群岛有很多地方同住着两个不同的种族。较老的种族居住在较为内陆、多山的地方，而新来的种族则住在海岸地带；他在摩鹿加群岛、菲律宾群岛和台湾找到了例证。这里同样不存在气候的简单模式，而是一种文化叠加在另一种文化上。新几内亚、新不列颠和新爱尔兰的民族与新喀里多尼亚、塔纳和马勒库拉的美拉尼西亚人有相似之处，而新几内亚的黑人很可能与摩鹿加及菲律宾的黑人有关系。拉德罗内斯群岛和加罗林群岛上的居民像是波利尼西亚人。通过来自马来亚的语言上的证据，他下结论说南太平洋东部岛屿的居民很可能来自印度或亚洲北部的岛屿，而那些向西方延伸的岛屿上，居民很可能来自新几内亚附近。[②] 两个种族之间的差异可以追踪到两支不同的迁入南太平洋的移民。一个种族是经由加罗林、拉德罗内

① 《环绕世界之航行笔记》（*Obs.*），280—281 页。

② 同上，281—283 页。

斯、“马尼拉”和婆罗洲传播的北部马来人的后裔。而黑人，也就是另一个种族，也许来自那些最初居住在摩鹿加的人，当马来人部落到来时撤入内地。[①]

一般来说，任何关注文明史、历史哲学，或者原始社会与文明社会之比较的人，都曾被迫去思考例如环境、隔绝和文化接触等问题。约翰·莱因霍尔德·福斯特也涉及了这些问题，他和他儿子以及库克船长都意识到了欧洲文化与他们曾到访过的太平洋及太平洋沿岸民族的生活方式之间有着巨大的差异。这样的比较有时显示对一方有利，有时又有利于另一方，但从来没有偏向过 615
火地岛上的民族。即便福斯特父子和库克对火地岛的自然风光、文化景观和土著民族身体的健美十分欣赏，但他们都不会为那里的原始生活和未被当地居民所改变的自然环境而大动感情。他们对“高尚的未开化人”这个观念没什么耐心。那些对这一说法怀有同情的人，从不曾见过被约翰·莱因霍尔德称为“佩舍里亚人”（Pecherias）的火地岛民族，他们的生活是最悲惨的。[②]他们肯定是关于人类对极端气候具有极强适应性的例证，但是除非有人能证明“因气候严苛而长期处于痛苦状态的人是乐在其中的”，否则就不能太把这些哲学家当真，这些人自己没有机会深入思考人类天性的改变，“或者是对他们看到的东西毫无感觉。”参加远航的人遭受了许多痛苦，也看到了许多人的痛苦；虚伪的斯多葛主义没有什么吸引力，乔治把它追溯至塞涅卡，“自己身处富足之中，

① 《环绕世界之航行笔记》（*Obs.*），575 页。

② 同上，201—202 页。

却对他人的痛苦等闲视之。”[①]（自库克时代开始，火地岛人成为生活在低等文化中的民族的最佳样本。人们对那些存活者的兴趣至今都不曾衰退，因为这些人对寒冷的适应性使得他们成为研究生理气候学的理想对象。）[②]

福斯特父子不断提到欧洲对南太平洋群岛的影响。他们两人都意识到欧洲式的残酷在这一过程中带来的不幸，也承认这些影响的选择性。约翰·莱因霍尔德赞美了植物的引进（库克船长本人曾种植引进植物），以及动物和铁制工具的引进，但是欧洲人并未带来智力、道德或社会的改进。当然，不能期待军舰上的船员会达到这些目标，而有能力做这些事的人则没有闲暇，或者缺乏语言知识，他们每个人在岸上也要完成上级分派的任务。后面这些议论也许是在暗指福斯特父子在船上所经历的困难，以及他们就普通船员对待当地人和他们父子的行为所感到的厌恶。[③]

父子二人都频繁地使用“幸福”（happiness）这个词，其含义似乎是福祉、满足，以及一个民族对其自然环境的成功适应，包括“身体的、道德的和社会的幸福快乐”。当人们居住在温和

---

① 《环绕世界之航行》（*VRW*），卷 2，502—503 页。

② 关于他们研究的历史，见古辛德（Gusinde）：《雅玛纳》（*Die Yamana*），45—192 页；关于他们同时代人的兴趣，见伍尔辛（Wulsin）：“非欧洲民族对气候的适应性”（Adaptations to Climate Among Non-European Peoples），收录于纽伯格（Newburgh）编辑：《热量调节的生理学与服装科学》（*Physiology of Heat Regulation and the Science of Clothing*），27—31 页，以及库恩（Coon）：《种族起源》（*The Origin of Races*），64、69 页。

③ 《环绕世界之航行笔记》（*Obs.*），305—307 页。亦见《环绕世界之航行》，卷 1，213、303、370、464 页；卷 2，12 页。

的气候中，自然尽其所能地大力地提升他们的幸福；在不那么有利的环境中，自然必须要得到技艺的协助；而在最为不利的气候中，幸福则需要身体的力量和创造性的天赋才能实现。[①]

福斯特相信，比起大陆，岛屿更能够推进并加速文明的发展， 616
因为它们受限制的大小不容易造成人口分散，而是鼓励联合；但是，岛屿不能太小，否则会缺乏成为一个人口稠密的国度、进行必要的耕种所需的空间。[②]

岛屿能影响人类的谋生之道吗？福斯特只是简单触及了这个问题。南太平洋岛屿规模较小，又缺少野生四足动物，这阻碍了最初的定居者靠捕猎为生。受限的空间也不允许家畜的大量繁育，因此那里的民族不得不耕种土地，"特别是当他们不能靠打渔过活的时候。"[③]记得我们在前面谈过，凯姆斯和洪堡都提到新大陆游牧阶段的缺失；福斯特在此暗示，对太平洋地区游牧生活的缺失可以作出环境论的解释。

对约翰·莱因霍尔德·福斯特而言，在欧洲人到来之前，太平洋不一定是一个孤立的区域。考虑到墨西哥和秘鲁高度发达的热带文明与新大陆其他土著文化之间的对比，他认为前者可能是近期才形成的，也许是由少数家族偶然或必然地带到了那里。"古代墨西哥人和秘鲁人看起来像是忽必烈汗（*Kublaikhan*）派去征服日本的那些部落的后裔，这些人因一次可怕的风暴而分散，也许他们中的一些人流落到美洲海岸，在那里形成了这两个伟大的

① 《环绕世界之航行笔记》，337—343 页。

② 同上，345 页。

③ 《环绕世界之航行》，卷 2，360 页。

帝国。”[1] 是否由于这种推测，激起了洪堡从新大陆方面研究这个题目的兴趣？像库克一样，福斯特父子偶尔会暗示，导致定居的也许是意外的而非计划好的航程。[2]

约翰·莱因霍尔德·福斯特对热带岛屿的自然环境印象极为深刻，当然他在这方面的知识远远胜过他对新旧大陆的大陆性湿热带地区的知识。热带是人的诞生地：气候推动植物快速生长，从而也促使动物快速生长，结果获取食物、衣服和住处都十分容易。热带起源说可以解释人类最初裸体生活这一事实；在此，他是受到了佩舍里亚人在令人生畏的寒冷气候中近乎裸体生存的影响。南太平洋岛屿上的居民较为进步，因为他们居住在离极地较远的地方，而居住在极地附近极端寒冷地区的人们“原初的幸福
617 遭到退化与贬损，而这种幸福是热带国家或多或少都在享受的。”[3]
一个突出的例证是他在沃特曼岛所见的佩舍里亚人。他认为哪里都找不到比他们生活更不幸的人了。他们是如此悲惨凄凉，以至于他们甚至都无法意识到自己的不幸；他们也许源于文明更为发达的区域，但是当他们被迫进入新环境时，却很少或没有携带自己原来的文化。这些人是福斯特的“获奖展品”，显示出不分青红皂白地将土著民族浪漫化是多么愚蠢。

---

① 《环绕世界之航行笔记》（*Obs.*），314 页，引文在 316 页。

② 关于意外的航程和库克船长，见夏普（Sharp）：《太平洋中的古代远航者》（*Ancient Voyagers in the Pacific*），书中各处，相反的观点见萨格斯（Suggs）：《波利尼西亚的岛屿文明》（*The Island Civilization of Polynesia*），82—84 页，以及夏普在《波利尼西亚的古代远航者》（*Ancient Voyagers in Polynesia*）书中各处对此的回应。

③ 《环绕世界之航行笔记》，287 页。

在接近极地时，人们更加分散。因此，与文明没有接触的原始民族，离热带越远就越是落后。落后的原因是环境上的和文化上的——寒冷气候的影响，以及与拥有文化多样性和丰富性的初始中心逐渐隔绝。①

福斯特将塔希提视为“热带岛屿中的女王”。那里的气候自然对居民的幸福状态作出了贡献，也许是幸福状态的主要来源，但是居住在岛屿西部同一气候中的低等民族，却暗示着“这出色环境中的某种其他因素”。实质上，这个因素就是传统的主体，是人类累积的经验。“所有的观念，所有与科学、艺术、制造业、社会生活，甚至与道德伦理相关的人类的进步，都应该被认为是自人类存在伊始所有努力的总和。”②

这些观念在一种有趣的猜测性人类历史中得到了详尽的阐述，它再次假定热带是人类的故乡。人类最初的部落积攒并传播知识，这些部落之间毫无疑问是有接触的。终于，“两个引人注目的体系”从迦勒底和埃及分支出来了，一支进入了印度、中国，以及“东方的尽头”；另外一支则走向西方和北方；“但是在非洲南部的内陆以及整个美洲大陆，没有或极少发现这些古代的体系。”成功的部落或国家保存了他们古老的体系，改造并使之适应于他们“特定的景况、气候及其他外部环境，或者在原初的基础上提出新的观念和原则……”这样来保存与改造传统，并且添加上与之并无矛盾的新观念，是一个民族进步的关键。而那些失

① 《环绕世界之航行笔记》（*Obs.*），293、295—300 页。

② 同上，295 页；着重符号为原文所有。

败的部落和国家则遗忘或失去了他们的传统，“他们的景况、气候及其他外部环境强迫他们忽略或背离原先的传统，而不是在与过去相同的基础上，用新的原则和观念去弥补原来的不足……”①

通过这种方式，热带民族与极地附近民族之间的对比会生发出来，热带国家内部两败俱伤的争斗也许迫使国内一部分人迁移到较寒冷的气候中去，移民为了生活所需必须耕种土地，“因为在远离太阳的气候中，植被没有那么茂盛、速成和强壮有力。”
618 尽管如此，他们还是成功地建立了新的国家，但是那一过程又重复发生，新的分裂出现了，使得新国家的一部分人又迁往离极地更近的地方。新的谋生之道和新的困难改变了他们的生存模式、习惯和语言，“我几乎可以说还有他们的天性；而且他们的观念也有相当的改变，他们在原先环境中所取得的那些进步被忽略和丢弃了……”② 他们现在变为一个丢失技艺、降低等级的民族，成了祖先文化不可辨认的子孙。渔猎生存模式逼迫他们在彼此分离的小部落中生存，使他们丧失了那种作为热带家园生活特征的社会联系。他们完全受自然元素的支配，低下的生存状态与原初的模式之间形成了最强烈的对比。

温和的气候“大大帮助人类的举止变得柔和”，而极地附近的极端气候则使得“我们身体的纤维和整个体格都更为粗糙、坚硬和迟钝”；这些效应毫无疑问地作用于人的头脑和心灵，几乎完全摧毁了所有的社会情感。但是还有第二个重要的原因，“教

---

① 《环绕世界之航行笔记》(*Obs.*)，296 页。

② 同上，297—298 页。

育的不足，而教育意味着那些会改进我们身体、心智、道德和社会方面能力的最有用的概念得以传播、永久化，并最终由新添加的思想观念不断增进。”[①] 这种文明哲学——它着力强调气候，强调文化传统和丢失的技艺，强调分裂和向不那么宜人的地区移民，强调自社会交往中产生的新观念，或者是因隔绝而造成的新观念缺失和社会停滞——如果我们说激发它的是塔希提和火地岛的民族之间的对比，这样说是否过分了呢？

约翰·莱因霍尔德所讨论的这些主题中，有许多在乔治的《环绕世界之航行》（1777 年）里已经有所讨论。因为乔治太年轻，似乎无须怀疑这部书虽然语言是他的，但那些科学和哲学观念来自他的父亲。他也为这部作品付出了代价，人们对他大加蔑视，说他将自己的名字放在实质不属于他的著作上。[②]

像孟德斯鸠一样，乔治·福斯特也相信气候与政府是相互关联的，在对马德拉岛的生动描述中，他说如果没有法律的反作用，那个岛屿温暖的气候一定会助长当地人的懒惰。葡萄牙政府就没有做到这一点。他也批评佛得角群岛圣雅各的葡萄牙当局，说他们肯定了当地人已经被气候所鼓励的恶习。通过自由平等的政府而产生的进步，是与对文化特色的了解联系在一起的，这种文化特色很可能要么得到气候的鼓励，要么受到气候的阻遏。假如有一个比现在的葡萄牙人更开明的政府，就可能在这些岛屿上取得

① 《环绕世界之航行笔记》（*Obs.*），300—301 页。

② 见阿尔弗雷德·达夫（Alfred Dove）在《德国人物传》（*Allgemeine Deutsche Biographie*）中关于乔治·福斯特的词条，卷 7，173—174 页。

很大的成就。[①]

乔治·福斯特对文化差异、对各民族间明显相似性的广泛分布、对人类“任意的突发奇想”（特别是在性风俗上）十分敏感。[②]
619 他们父子二人都对文化的比较感兴趣，无论是同时代不同文化的比较，还是当代文化与历史文化之间的比较。但是当乔治将塔希提人与希腊人比较，将荷马的英雄们与塔希提的酋长比较时，[③]他意识到，传播论和接触论的观念也许不应当这么不加批判地接受。人们“在类似的文明状态中彼此相像，其程度比我们所知的更甚，即便在这个世界上最为相反的极端地区中也是如此。我应该对自己［就希腊人和塔希提人］作了这些冒犯的评论而感到歉疚，如果这些评论不幸把一些有学问的策划者引向错误线索的话。对追踪国家谱系的那种难耐的热望，费尽心机想要把埃及人与中国人结合在一起，近来在历史学中造成了严重的破坏，以至于智识者一定在真诚地期盼这永远别成为传染的瘟疫。”[④]

他的文化兴趣的另一面表现在将塔希提和英国的普通人生活之间进行比较——这一点的起因是一个在船离开塔希提时逃跑的船员（后来被抓获并戴了两周镣铐）。这一段太长，难以原文引用，他写实地描述了英国普通人的悲惨与艰难，展示了塔希提岛上的生活对船员来说是多么舒适，因为船员回到英国后也许会再次出航、被迫参加战争或者靠做苦工过活。福斯特的结论是：不同的

① 《环绕世界之航行》（*VRW*），卷 1，34—38 页。

② 同上，卷 1，457—458 页。

③ 同上，卷 2，104—107 页。

④ 同上，卷 2，106—107 页。

国家对幸福有不同的概念。这不怎么令人信服，并且与前文所言的“一切皆好”（*tout est bien*）模式的现实主义产生了强烈的对比。“由于我们地球的产物和地球表面上的良好品质，在不同的区域要么丰富、要么节省地分布着，因此人类观点的差异性，就是神那慈父般的爱和不会出错的智慧最令人信服的证据，这种差异性在设计这世界时已经为了人类的利益而提供给了人类，无论在热带还是寒带都一样。”①

我们在前面看到，老福斯特相信人类的统一性；但他的儿子对此却不那么确定，也不那么笃信布丰关于气候导致人种差异的理论。本身已经成为成熟学者的小福斯特，在他关于人类种族的文章中（1786 年），对康德的人种理论提出异议，包括康德对人类统一性的信念。其困难之处在福斯特看来，仍然是生活在相似环境中的波利尼西亚人和美拉尼西亚人之间的对比。对许多假说而言，要是美拉尼西亚人能让自己被解释得完全跳出南太平洋就好了——然而他们就在那里。② 福斯特并没有声称人类的多起源说已经确立了，他仅仅是说这个问题还被重重困难包围着，而多起源说的理论并不比人类是一对男女的后裔这个理论更难于理解。比如著名的动物学家齐默尔曼（Zimmerman）就认为，动植 620
物起源于同一个地方、之后才传播到世界各地的可能性极小。因此，难道不可能是每个区域都孕育适应于本地环境的本地生物，

① 《环绕世界之航行》（*VRW*），卷 2，112—113 页。

② “关于人种的一些问题”（Etwas über die Menschenracen），《乔治·福斯特全集》（*Sämmtliche Schriften*），卷 4，285 页。

而基于这一理由，难道不可能有人类的多个起源吗？[①]

福斯特父子是不平凡的学者，他们拥有不平凡的机会。他们自己意识到了这些机会，并对历史和文明的哲学很敏感。他们有着新起点的优势。他们所参与的这次远航，与库克船长所有的航程一样，是一项科学工作，也是十九世纪洪堡、达尔文以及“挑战者号”那样的科学考察的先声。他们自己便是自己的参引来源。他们关于文明和原始生活的理论来自他们自己的观察，至少其中一部分是这样的。他们享有超过纯哲学思想家的巨大优势——比如孟德斯鸠、布丰、赫尔德和罗伯逊，这些思想家都是依靠他人的观察和判断。福斯特父子的作品像库克船长的日记一样，仍然传递着新鲜、美丽、细节可靠以及真确性的印象。

13. 小结

在十八世纪之前的几个世纪，气候因果作用说已经很兴盛，如我们在前面谈到的那样，但是它从未像十八世纪这样独立。此外，在那些较早年代中，它的应用不那么全面，常常是宗教或占星术（或二者共同）的补充辅助。另一方面，到了十九世纪，新的知识就像一条涨水的小河，绕着气候论汩汩流淌，而且比起十八世纪，还有其他地理学领域需要更加仔细地开发：大陆的构造，处所和位置的影响，海拔的影响，通路、关隘和移民走廊的

① “关于人种的一些问题”（Etwas über die Menschenracen），《乔治·福斯特全集》（*Sämmtliche Schriften*），卷 4，301—303 页。

影响，等等。被拉马克和达尔文在进化理论中表达出来的适应性观念，意味着并非只是适应气候，而是要适应整个自然环境。继而，在十九世纪较晚时期，人种决定论（而非环境决定论）带着丑陋而专断的力量不祥地出现了。

因此，我们可以准确地谈到气候论在十八世纪与宗教分离的“世俗化”。然而一个悖论是，气候理论大盛一时的原因之一，竟然是由于人们对气候、大气环流、气候分类及远方国家的气候对比知之甚少的缘故。无知使得更宽泛的普遍化归纳成为可能。要是假设中国人或波斯人各自居住在同一的气候之中，那该把事情简化得多好呀！这种普遍化归纳本来应该在细节的温度中溶解净尽的，但是多数旅行者在观察中展现出极少的严谨性。

这些思想发展并不是脱离现实的，它们与其他东西结合在一 621
起。原始民族的比较人种学在十七世纪晚期和十八世纪早期是弱小而不确切的，常常很琐细，但在十八世纪行将结束时，因库克船长和福斯特父子的努力而成长，变得有力起来。同时，在高等文化中也有相似的对国民性的兴趣，这种兴趣的确在十七世纪就能看到，但在休谟的作品中才得到精细成熟的表达。自然史是一种涉及所有生命及其背景环境的研究，对自然史意义深远的关注带来了广阔的通盘观察自然的视野，涵盖所有自然环境，对人类和非人类一视同仁。最后，一些思想家开始看到这个世界通过发明、商业、贪婪以及了解欧洲人的愿望，正在变得更加接近，而且在地理关系上看到一种流动状态，这种地理关系回应着艺术、科学和发现的进展，可能会从一个时代到另一个时代有所不同。库克的远航即是戏剧化的例证，但也还有不少另一种类型的其他著作，如杜·哈尔德神父关于中国历史、地理和文化的作品。

在十八世纪，气候深深地与各种基本问题纠缠在一起。气候与健康和医学的历史性结合在这一世纪中深化了，正如我们在阿巴思诺特和福尔克纳的著作中能够清晰地看到的那样。气候、健康和医学的三者组合唤起了对气候的自然和道德效应的推测，而这样的相互关系也意味着人类能动性可以改进自然状况。今天我们关注的文化人类学、地理学、公共健康之间的共同领域，便可以上溯到这些年深日久的历史性结合。环境与疾病之间可观察到的经验主义的关联性，引出了排水和填土造地的行动。欧洲的医生们常常提出这样的建议，而我们会在后面谈到，这在早期的美国医生中也很典型。希波克拉底的激励依然存在，但知识已经增长了，洞察力也深化了。

气候对宗教的关系在宗教改革运动中变得十分重要。新教内部的派别区分，以及紧随论战、教会分裂和宗教战争之后的对所有宗教的批评，为导致相对主义的气候起因论提供了机会；别说是教会分裂派，即便是启示宗教也可能随之有了世俗的、人间的阐释。

气候与政治和社会理论旧有的结合得到了继续，仍然是沿袭柏拉图《法律篇》所确立的范本，但是随着人们对文化惯性、传播与独立发明发生兴趣，他们的视野开阔了。

关于气候论的影响，同样重要的一点是，这种理论的简单和诱人的武断给更加深入地研究社会因果作用和历史带来了刺激。在《论法的精神》中，孟德斯鸠希望给自然因素一个适当的地位，他认为这个时代忽视了自然因素。那些持不同意见的人（如休谟、

伏尔泰和爱尔维修）则回应说，道德因素才是决定性的。气候论 622
中的阿喀琉斯之踵，现在打开了令人兴奋的多种可能性。为什么不将处于某一历史时期的一个民族与处于另一时期的本民族相比较？作出这样的比较后，结果发现居住在相似环境中的各民族，可以是既勇敢又怯懦、既有创造性又懒散。气候理论也刺激了——就像杜博所做的那样——对才能不平等分布和不同时代天才扎堆现象的调查研究，而这是一个在古代世界已被注意到的事实。历史研究成为对源自自然因素的普遍化归纳的直接挑战。

623

第十三章

环境、人口及人的可完善性

1. 引言

在十八世纪，区别于旧的环境影响正统理论的另一种观念赢得了人们的注意：地球本身为人口增长和人类幸福设置了限度，因此也是为人类的抱负和成就设置了限度。我们可以将它称为“封闭空间”的观念，这是一个自第二次世界大战结束以来被热烈讨论的主题。有人说，大发现时代后开启的大片新土地中最好的部分，现在已经被占满了，而人类尽管有社会制度、应用科学等等可能带来的改善，却再一次面对自然环境的限制性因素。

这个观念的根源是什么？这很难讲。在我看来，也许可以追溯到完满原则。[①] 如前所述，这一原则强调事物的富饶、丰满及多样，因而也间接地强调了自然的丰饶多产。基本上，这一原则 624
的起源可能并不比下面的观察所得更复杂：一块已经开垦的田地，如果不悉心照料，很快就会有新鲜活泼的植物生长起来；一些像兔子这样的动物及昆虫具有强大的繁殖力；自然界中几乎没有空白之处，如果有的话也会很快被填满。林奈评论说，三只苍蝇消耗一具马尸体的速度，跟一头狮子一样快。[②] 生命有能力膨胀到自身的极限，个体生物的繁殖只有通过其他生物的竞争或通过自然环境强加给生命的限制才会被遏止住。这些普遍性的观点同样可能产生于一般的观察，比如植物被动物吃掉、动物世界中的捕食者与被捕食者、猛烈风暴或其他自然灾难把捕食动物和被捕食动物都消灭了，等等。

在西方文明中，有关生物界的思想史有一个显著的特征，即强调生物界的丰饶多产，也就是作为个体和群体的生命扩张与繁殖的潜力。布丰常常提到生命的这一特征：大自然偏向生命，而非死亡。生命的繁育力是如此强大，以至于整个地球可以轻易地被单一物种所覆盖，而假如自然的进步不被某些不容许有机化的

① 见本书第一部分导论，第 1 节，以及洛夫乔伊（Lovejoy）：《存在的巨链》（*The Great Chain of Being*），52 页。

② 转引自阿瑟·汤姆森（J. Arthur Thomson）：《生物系统》（*The System of Animate Nature*），卷 1，53—54 页。我没有在林奈的著作中找到这句话。

物质所阻碍的话，自然本身对有机体的生产是没有任何限制的。[①] 富兰克林（Franklin）曾说过，动植物的繁殖力就是如此，倘若地球表面没有植物，那么它能够很容易地被仅仅一种植物“整个覆盖”，比如茴香；同样，倘若地球表面没有居民，那么它在几年时间里便能轻易地被仅仅一个民族填满——英国人。[②] 而马尔萨斯戏剧化的说明引起批评者的愤怒和嘲弄，他说，假如人类的增长不受任何抑制因素的阻碍，那么人类不仅会填满整个地球，“使每一平方码的地方都站着四个人”，而且，整个太阳系的所有行星，以及环绕可见的恒星旋转的行星上都会布满人类。[③] 达尔文跟随马尔萨斯，也向生命的丰饶多产致敬，他说，即便是大象“这种所有已知动物中繁殖最慢的”，如果毫无阻碍的话，也会在几千年中充斥世界。[④] 这些显然荒诞的夸张（一个物种如何能在没有其他物种的情况下生存，独自填满整个地球？大象怎么吃东
625 西，难道要靠吃其他大象活命吗？）无疑意味着作者在戏剧化地强调两个普遍性的观察结果：人口数字惊人的增长能力，以及它

① 见布丰（Buffon）：“繁殖概述”（De la reproduction en général），即“动物史通论”（Histoire Générale des Animaux）第2章，《自然史》（*HN*），卷2（1749年），37—41页。

② “关于人口增长和国家居民来源的观察”（Observations Concerning the Increase of Mankind, Peopling of Countries, etc.）（1751年），收录于《本杰明·富兰克林文存》（*The Writings of Benjamin Franklin*），史密斯（Smith）编辑，卷3，63—73页，引文在71页22段。

③ 《政治经济学原理》（*Principles of Political Economy*），227—228页。

④ 见《人类的由来》（*The Descent of Man*），Modern Library版，第2章，430页；书中关于“增长的速度”（Rate of Increase）的论述几乎全部来自马尔萨斯，而《物种起源》（*Origin of Species*）第2章“增长的几何速率”（Geometrical Ratio of Increase）也是如此，同上，53—54页。

并没有如此增长这个事实。各种障碍，也许是自然的，也许来自其他生命形式，防止了任何单一物种实现它的潜力。

关于环境给生命扩张设置了限度这个观念，看起来是在大发现时代之后出现的。[①] 我们在前面谈到过，博塔罗比较了人类繁殖的能力与城市养育的能力（见上文，本书三部分导论第5节）。瓦尔特·雷利（Walter Raleigh）爵士对人类增长和散布的解说受到了《旧约》历史的启发，他看到了从回归线到回归线的“太阳的运转”，并认为这是神意设计的证明。他观察到：

> 现在，让我们想一想在世界的时代（the Age of the World）[与生命可延续800或900年的太初时代（First Age）相对比]我们生命延续的时间：如果一个人超过了五十岁，那么同时有十个人在这段时间里已经死去了，然而我们发现人并不缺乏；不，应该说我们看到了大量的人群，假如战争和瘟疫没有时不时地带走成千上万人，那么人们再勤劳地球也无法给他们提供食物了。前面说的在太初时代人能

① 接下来的内容甚至连人口理论的摘要概述都算不上。关于人口理论，见博纳尔（Bonar）：《人口理论：从雷利到阿瑟·扬》（*Theories of Population from Raleigh to Arthur Young*）；法热（Fage）：“法国大革命与人口”（La Révolution Française et la Population），《人口》（*Population*），卷8（1953），311—338页；蒙贝尔（Mombert）：《人口论》（*Bevölkerungslehre*）；斯彭格勒（Spengler）：《马尔萨斯的法国先驱者们》（*French Predecessors of Malthus*）；以及施坦格兰（Stangeland）：“前马尔萨斯人口学说：经济理论史研究”（Pre-Malthusian Doctrines of Population: A Study in the History of Economic Theory），载于《哥伦比亚大学历史、经济及公法研究》（*Columbia University Studies in History，Economics，and Public Law*），卷21，第3期（1904）。

> 享有800或900年的寿命，那时候有那么多人是多么奇怪的事情啊？[①]

关于对多种类型生物繁殖的抑制因素，马修·黑尔爵士也列出了一个详尽的清单（见上文，本书第八章第7节）。他在那里以及在类似的陈述中所提到的那些抑制因素，达到了作为造物主设计之必要部分的高度。

因此很清楚，生命的多产克服了战争、瘟疫和不健康环境造成的人类大量损毁。不然的话人类已经就灭绝了。自然无法为自己所能创造出来的生命生产足够的食物，而对生命增长的抑制因素正是自然秩序的一部分。在一切生命形式中都存在的饥馑、苦难、掠食，就是这种资源不足够的证明。

2. 古代与现代国家的相对众多人口

进一步而言，关于古代世界与现代世界哪个人口更稠密的论辩，是关于自然的衰老和古人与今人孰优孰劣的更广泛争议的一部分，这场论辩显示出有必要对证据进行批判性的考察，以便解
626 开人口史的谜团。假如自然的衰老确实存在的话，那我们就会看到随着地球年龄的增长，人口变得越来越少；而且假如古典文明优于现代文明的话，那我们也可以期待在古典文明中发现更好的生存环境、更高的伦理标准，并且有更多的人来履行更先进文化

① 《世界历史》(*The History of the World*)，第1部第8章第11节5，158—159页。

的任务了。[①]

这一论辩早在1685年便开始了，当时伊萨克·福修斯（Isaac Vossius，1618—1689年）在论述中国大城市的时候，估计出世界人口大约有五亿人——三亿在亚洲，三千万在欧洲，而没有提到如何分配剩下的一亿七千万人。福修斯对1648年以威斯特伐利亚条约结束的三十年战争所造成的生灵涂炭还记忆犹新，他反对耶稣会天文学家乔瓦尼·巴蒂斯塔·里奇奥利（Giovanni Battista Riccioli，1598—1671年）较早时的观点，后者大约发表于1672年的著作估计世界人口是十亿人：一亿在欧洲，五亿在亚洲，一亿在非洲，两亿在新大陆，另外一亿在“南方大陆”（Terra Australis）；最后这个数字一直没有从世界人口估算中退场，直到库克船长在他的第二次远航中证明“南方大陆”并不存在。[②] 这些例子的价值在于，他们显示了当时的估算会走向怎样的极端，还显示了这些猜测完全建立在所谓欧洲经验的基础上。福修斯发问说，又有谁知道，早年西西里岛的人口不会比现在的西西里和意大利加起来还多，早年雅典的人口不会比现在希腊和伯罗奔尼撒半岛加起来还多？福修斯说的欧洲三千万人口的确显得灰暗，

---

① 关于这个争议，见博纳尔（Bonar），前引书，第6章。

② 关于从十七世纪到十九世纪著述中对世界人口各种估计的方便列表，见贝姆和瓦格纳（Behm and Wagner）：“地球人口（二）”（Die Bevölkerung der Erde，II），《彼得曼通讯增刊》（*Petermanns Mitteilungen Ergänzungsband*）8，第35号（1873—74），4—5页。我在参引方面从这篇文章受益良多。里奇奥利（Riccioli）：《地理学与水文学改良》（*Geographiae et hydrographiae reformatae libri XII*）（Venetiis，1672年），677—681页。我没有找到这本书，此处的讨论是根据贝姆和瓦格纳的文章，文章认为作这个人口估计的年份可能是1660年（第4页）。

因为他估计光是罗马帝国就有一千四百万人；他对当时欧洲人口的低估因而很可能反映了对三十年战争造成死亡和破坏的压倒性印象。[①]

孟德斯鸠发掘出了旧的估计数字（特别是福修斯的数字），并传递给雷迪——这位《波斯人信札》的主人公。雷迪1718年给在巴黎的郁斯贝克写信时询问道："与往昔相比，世界上的人口现在怎么会如此稀少？自然怎么会丧失她原初时代那巨大惊人的生产力？难道她已经进入高龄，将要变得老朽昏聩了吗？"在意大利，雷迪看到的废墟比人还多，人口数字如此之小，他们甚至不能占满古代城镇所在的那么大面积，他们似乎"继续存在只是为了标明那些历史上不断提及的城市曾经所在的地点。"雷迪发现了以下这些地方人口减少的证据：罗马、西西里、希腊、西班牙、北欧国家、波兰、土耳其（欧洲部分）、法国，甚至美洲，
627 以及地中海的非洲和亚洲沿岸。"最后，我全面观察了整个地球，而我找到的只有遗迹。我感到，我可以将之追溯到瘟疫和饥馑造成的毁灭。"他认为古代世界的人口也许是现今的十倍。这位来观光的波斯人在威尼斯悲伤地写下对人类的普遍申斥。[②]

的确，孟德斯鸠的《波斯人信札》是十八世纪人道主义敏感的指示器，也显示出人们关于道德因素及其对人口影响的兴趣。这些书信强调来自宗教、婚姻习俗、疾病、文化态度的影响，并因此而引人瞩目。孟德斯鸠也关注瘟疫的历史和性病的效应，他

① 《伊萨克·福修斯之博闻》(*Isaaci Vossii Variarum Observationum Liber*)，64—68页。

② 《波斯人信札》(*Lettres Persanes*)，112，罗伊（Loy）翻译。

相信这都是现代才有的现象。[①] 罗马世界被分成基督教与伊斯兰教两部分这一事件造成了巨大的社会后果，这两种信仰比起罗马人的宗教，对人口繁殖要不利得多——罗马宗教禁止一夫多妻并且允许离婚，这两件事他认为都能鼓励人口增长。穆斯林的一夫多妻导致男人精疲力尽，就像一个让自己运动量过大的运动员；这迫使几个妻子人为地禁欲，更不用说那些“在悲哀的童贞中”变老的阉人和女奴隶了。一夫多妻制令男人在性生活上过于疲劳，妨碍了很多女性生育，并要求无性的或禁欲的仆人，这都造成了人口减少。[②] 古代的奴隶制并未因其残酷而带来巨大的生命损失，而这种生命损失恰恰是现代制度的特征。[③] 孟德斯鸠用毫不留情的直白语言，谴责基督教国家在婚姻早已被痛苦和缺乏感情而摧毁的情况下还迫使它延续下去。“反感、随心所欲和性情不合群被完全不当回事。他们尝试使心稳定，而心是人类天性中最多变、最无常的东西。”如果夫妻们面前只有永远不可解除的婚姻，那么强迫、不和与轻视就会生发出来。“结婚不过才三年，婚姻的根本功能就被忽略了。在此之后，一对夫妇会在一起度过漠不关心的三十年时光”，而被一个永世不变的妻子所排斥的男人就会转向嫖娼。[④] 对基督教神职人员的独身生活，孟德斯鸠说出一些严厉的字眼，而天主教国家在与新教国家相对比时也处于不利地位，因为后者鼓励经济发展，从而也鼓励了人口繁衍。对于奴隶

---

① 《波斯人信札》(*Lettres Persanes*)，113。

② 同上，114。

③ 同上，115。

④ 同上，116、212—213 页。

贸易、非洲人口减少以及新大陆对土著居民的残酷处置，孟德斯鸠也做了严苛的评论。[①] 一个民族的生育能力与他们所持的信仰及态度相关。犹太人一直遭受迫害和灭绝手段而能够存活下来，
628 因为他们希望看到这世间一个强大的君王统治者诞生。郁斯贝克说，古代波斯人口众多是袄教教诲的结果，生育小孩、耕耘土地和种植树木是人们最能愉悦神祇的方式。他继续谈到，中国人在一种尊敬老人、崇拜祖先、重视家庭的氛围中，鼓励增加家庭成员，而伊斯兰国家的人们却生活“在一种麻木不仁的普遍状态中，我们将所有事情都留给了天意。”[②] 在先进的国家里，长子继承权这种不公平的权利阻碍了人口增长，正如原始社会中对耕耘土地的厌恶所造成的后果一样。[③] 关于殖民地，郁斯贝克抱怨道，“它通常的效果就是削弱了居民来源的宗主国，却没有使他们被派往的殖民地人口繁盛起来。”[④] 一个像瑞士或荷兰那样温和的政府是保证人口增长的关键所在。“人就像植物，如果不好好耕作的话，绝不会长得很好。在生活贫穷的人民之中，人类会损失人口，甚至衰退。”[⑤]

这些波斯人书信，即便在证明古代世界人口更多这一方面稍为薄弱，却依然揭示了孟德斯鸠对人类人口的独特性有多么敏感。他稍后在《论法的精神》中写道：“雌性牲畜的繁殖能力几乎是

① 《波斯人信札》（*Lettres Persanes*），118、121。

② 同上，119。

③ 同上，120。

④ 同上，121。

⑤ 同上，122。

持续不断的。但是在人类之中，思维方式、性格、情欲、情绪、无常的变化、保持美丽的念头、妊娠的痛楚、大家庭带来的疲惫，等等，都以千百种不同方式阻碍着繁衍生育。”①

在《论法的精神》中，孟德斯鸠延续了他对人口问题的兴趣，包括人口增长与土地使用、技艺进步及政府类型的关系。认为生活在严苛政府下的勤勉的穷苦人会生很多孩子的想法是错误的。各个国家中人口的差异可能是由于各国女性的生育能力不同，或者是由于国家位置及饮食结构导致的。②

在现代，较大的国家和帝国造成了人口减少。“所有这些小共和国［意大利、西西里、小亚细亚、高卢、日耳曼］都被一个大国吞并了，整个世界的人口在不知不觉中减少了。”查理曼大帝的帝国曾经“被分割成无数个小的主权国”，这是件幸运的事情。孟德斯鸠下结论说：“欧洲现今处于这样的情势，需要制定法律来支持人类的繁衍。”③但他从不曾明言是整个地球还是只有欧洲在遭受人口减少之苦。

在《孟德斯鸠的思想和未刊遗稿》（*Pensées et Fragments Inédits*）一书中，我们看到孟德斯鸠对比了人口相对稀少的地球 629
与其丰富慷慨的资源：地球服从于人类的勤勉。法国可以容纳五千万人居住，而现在仅有一千四百万人。城镇附近地区的丰饶让我们大约知道，我们可以对其他地方抱有何种期望。法国的工人越多，柏柏里地区土地的开垦者就会越多，一个耕作者可以给

① 《论法的精神》（*De l'Esprit des Lois*），第 23 章第 1 节。

② 同上，第 23 章第 10—13 节。见本书第 12 章第 6 节。

③ 同上，第 23 章第 16、19、24、26 节。引文分别在第 19、24、26 节。

十名工人提供食物。①

孟德斯鸠关于人口减少的看法就像他关于气候的意见一样，受到了合乎情理的严厉的批评，因为道德因素和自然因素如若没有更多证据的话，便不能被假定有充足的力量来实行所宣称的结果。②

最中肯的批评来自休谟，他对“福修斯的夸张”置之不理，而来考虑“一位远为更富天才与洞察力的作者”，即孟德斯鸠的论点。人类身体上和精神上的天赋在所有的时代都大体相同。休谟既没有作生物学上的类比，也没有承认即便古代世界人口更多，那种优势是源于“想象中的世界的青春与活力……”“这些一般的自然因素完全应当从这一问题中排除出去。”这是一个重要的观点，因为如若自然界就像个体有机体，也在年轻时更为多产的话，那么地球上人口最多的就会是远古时代了。休谟的文章提醒我们，所谓普适性的、有影响力的观点，是可以在没有事实支持的情况下流行起来的。他说，我们并不了解任何一个欧洲王国，甚至是任何城市的确切人口，那么我们又如何能假装知道古代城

---

① 《孟德斯鸠的思想和未刊遗稿》(*Pensées et Fragments Inédits de Montesquieu*)，卷 1，180 页。

② 例见《百科全书》(*Encyclopédie*) 中达米拉维尔 (D' Amilaville) 关于人口的词条（它是对这场争论的精彩概述），以及伏尔泰 (Voltaire) 在《哲学辞典》(*Dict. Philosophique*) 中对同一题目的讨论。亦见“对历史的新思考”(Nouvelles Considérations sur l' Histoire)，《伏尔泰全集》(*Oeuvres Complètes de Voltaire*)，伯绍 (Beuchot) 编辑，卷 24，27 页；“人口”(Population)，《哲学辞典》，《伏尔泰全集》，卷 21，474 页；“自然的奇异”(Des Singularités de la Nature)，第 37 节，《伏尔泰全集》，卷 44，310—312 页。

市与国家的人口呢？[①]论证现代世界在人口上占优势，主要是基于现代世界的新发明、更广泛的地理基础，以及服务性产业。

> 我们近来所有的进步和改良，难道它们对人类容易生存、从而导致繁衍和增长毫无帮助吗？我们在机械上的优越技能、对多个新世界的发现（这大大扩展了商业）、邮政系统的建立、货币兑换的实现：这些看来都对鼓励技艺、工业和人口增长极其有利。我们是否要砍掉这一切，我们要给每一种生意和劳作怎样的制约，又有多么大量的家庭会因贫困与饥饿而立刻毁灭呢？[②]

休谟引用了西西里的狄奥多罗斯（公元前一世纪），后者
悲叹他所处的世界与过去时代相比人口减少、地面空旷。休谟 630
说："这样一位作者，他生活的时代正是古代，也就是所谓人口最多的那个时代，却在抱怨当时占主导地位的荒芜破败，偏爱更早的时代，并援引古代的传说作为他观点的基础。"[③]任何活着的"狄奥多罗斯"都会感觉到这种讽刺，但是其中的一个——罗伯特·华莱士，却作为古人不知疲倦的支持者，尽其所能地力挺古代世界的优势。华莱士的第一部作品，《古今时代人口论》

① "论古代国家的众多人口"（Of the Populousness of Ancient Nations），收录于《道德、政治和文学论文集》（*Essays Moral，Political，and Literary*），卷 1，381—383 页，引文在 382 页。

② 同上，卷 1，412—413 页。

③ 同上，卷 1，443 页。见狄奥多罗斯（Diodorus），II，5。

（*A Dissertation on the Numbers of Mankind*，*in Ancient and Modern Times*，1753 年），撰写于休谟的论文之前，却在休谟的文章之后才发表，休谟对华莱士这部作品的出版是大有帮助的。在长篇的附录中，华莱士穷尽古典时代的著述以驳斥休谟。他承认，确认现今或之前任何一个时代的人口都是不可能的，但通过一些粗糙的估计（其方法不需要在此解释），华莱士得出结论说，古代世界的人口大于十亿，而十亿是他所估计的当前世界人口的最大值。对古代世界人口的估计事实上基于他在道德上与哲学上的偏好：古代的道德、政府和教育都优于现代，这些条件有利于人口昌盛。华莱士预见到一个争议论点，他在《人类、自然与天意面面观》（*The Various Prospects of Mankind*，*Nature*，*and Providence*，1761 年）中写道：“倘若人类没有这么多的错误和缺点，政府和教育没有缺陷，那么地球一定早就会有更多的人口，说不定在很久以前就已经被塞满了。”华莱士的人口估计来源于托马斯·坦普尔曼（Thomas Templeman）的《全球新调查》（*New Survey of the Globe*，约 1729 年），此书包含了一些国家以及欧洲最著名城市的人口数字。“我感觉到，这一性质的计算因为推测成分过大，也过于依靠想象力，有可能招致责难和反对。”因此他采取中间道路；他无法同意伦敦有两百万人，“也不能同意说中国的一些城市人口有六百万到八百万这种荒唐而传奇的数字。”“尽管这些夸张的推测颇为荒谬，但是当博学的福修斯试图论证古代罗马住着一千四百万人的时候，他就落入了即便不是更甚、起码也是同等的疲弱和轻信的境地。”坦普尔曼的《全球新调查》值得注意，主要是因为它揭示了这些人写作时处于迷雾重重的不确定之中。[1]

与马尔萨斯不同，华莱士相信导致人口增长的各因素在整个历史过程中并非均一地发挥作用。小面积分割土地、小规模的贸易和商业、简单的生活方式，这些都更多地代表古代社会而非现代的特征。这些特征也能够支持人口昌盛，因为现代城市从农村中拉走了很多人，减少了从事农业的人数。为了能够遍布世界，全人类必须直接从事食物的生产，而这在古代比在现代更符合实 631
际情况。华莱士认为，没有梅毒（*lues venerea*）和天花是古代人口占优势的另一个重要原因。

然而，即便是在古代世界也不是样样都好，因为亚历山大的征服、托勒密王朝和罗马人的政策玷污了古代生活的简单光泽，在此之后作为现代社会特征的邪恶倾向便表现出来——这些统治者将东方那种疲软、沉迷奢侈品、使人衰弱的生活方式和习俗错误地引进西方。朴素的品味被抛弃，奢靡之风得以传入，这些都对整个人口的逐渐减少起到推波助澜的作用。“这世界被腐败的品味压倒了，它的衰败再也无法修复。”[2]

---

① 《古今时代人口论》（*A Dissertation on the Numbers of Mankind, in Ancient and Modern Times*），13 页；坦普尔曼（Templeman）：《全球新调查》（*New Survey of the Globe*），iii 页。

② 《古今时代人口论》（*A Dissertation*），附录，355 页。后来的作者对亚历山大大帝更为宽容，也较少从道德意义上评判他。洪堡（Humboldt）将他的远征视为科学探索［《宇宙》（*Cosmos*），卷 2，516—525 页］。除了塔恩（W. W. Tarn）关于亚历山大的长篇著作，亦见他的“亚历山大大帝与人类的统一”（Alexander the Great and the Unity of Mankind），《英国国家学术院学报》（*Proceedings of the British Academy*），卷 11（1933），123—166 页。

像华莱士这样倾慕古人的学者都亲近“自然的衰老”这种观念，并且对现代道德、技艺、文学上的低劣之处欣喜不已。而那些更赞赏今人的学者们则相信自然运转的恒久性；他们信任现代人的发明、技术和通讯，并且认为人通过开垦土地、清理森林和排干积水等行动所带来的变化在改善这个世界。

在孟德斯鸠与华莱士之后，没有什么重要的学者转而支持古人来弥补古代派失去两员大将的缺损。在《百科全书》（*Encyclopédie*）中，达米拉维尔（D’Amilaville）讨论了华莱士（华莱士的《古今时代人口论》在孟德斯鸠监督下译成了法语），但达米拉维尔对华莱士毫无同情。他说，福修斯估计在南特敕令废除时（1685 年），法国的人口是五百万，但此时普遍接受的数字是三千万；孟德斯鸠曾选择了几块人口减少的土地，而实际上并非整个世界都在发生人口减少。道德上的缺陷也并不像华莱士所声称的那样，是人口减少的原因，因为地球上每一个人都有道德缺陷。达米拉维尔认为这个论点过于偏狭，也过于以欧洲为中心。但他能够温和而揶揄地说：“基督教的目标确切来讲并不是居住在人间，它真正的目标是居住在天国……”现代确实有天花和梅毒，但古代有麻风病。古代派为了证明自己的论点，必须展示世界性的人口减少是因为自然因素在普遍地发生作用。达米拉维尔认为，人口相对而言还是稳定的，当然作为自然系统中一般性均势与平衡的一部分，存在着地区性的变化和差异。他假定有这样一种平衡，继而下结论说，居住在地球上的人口总数，过去和现在是大体相同的，将来也永远会是大体相同的。

632 然而到了 1798 年，马尔萨斯的写作却让人感到已经没有任何辩论的机会了：全世界，特别是欧洲的人口比过去多了，这只是因为勤劳的人类生产了更多的食物。如我们所知，这一争议发生在西欧的人口正在开始大幅增长的时候，大约与华莱士竭力证明古人的优势是在同一时间。[①]

3. 人类进步与环境的局限

关于古人与今人谁更优越的辩论和争吵，引起了关于人对地球关系的三种不同解释：(1）环境为人的数量和幸福设置了限度，华莱士的第二部作品对此作了清楚的陈述；(2）作为自然环境的地球对人类走向完善的道路没有设置任何阻碍，这个观点尤其以孔多塞为代表，戈德温（Godwin）也有论述；(3）环境状况对乌托邦式的希望是不可克服的障碍，无论是基于个人的或是制度上的改革——马尔萨斯使这个学说名扬天下。让我们一一检视这三种观点。

在《人类、自然与天意面面观》（1761年）的第一部分，罗伯特·华莱士尽心竭力地分析了在地球上实现乌托邦的可能性，在第二部分里他转而攻击自己的论点，反驳说地球上的自然状况不会允许这样一个太平盛世存在，从而推翻了前一个论点。

华莱士仍然认为在很久以前，世界上可能是住满了人的，地

---

① 达米拉维尔(D'Amilaville)："人口"(Population)，《百科全书》(*Encyclopédie*)，卷13，73页。福修斯（Vossii），前引书，66页。马尔萨斯（Malthus）：《1798年第一篇人口论》(*1798 Essay*)，53—56页。关于马尔萨斯对华莱士和休谟的批评，见《人口论（第7版）》（*An Essay on Population*，7th ed.），卷1，151—153页。

球能够轻松地为十倍于当时实际人口的居民生产食物。“地球从来没有被开垦到它所能承受的最大程度。”坏品味、战争、相互破坏，以及尽管有广泛的旅行和远航却仍然对地球无知，都促进了这种失败。[①]

在一个建立于平等基础上的完美政府的管理之下，人口繁殖的速度会比在过去政府管理下最幸福的时光中还要快。如此完美而和谐的未来政府是可能的；如果它出现在人世间，那一定是按照神的旨意，缓慢而不易察觉地出现的。它甚至能与激情和脆弱达成和解。但是我们后来发现，这种政府与人类的状况是不一致的。在完美政府之下，维持一个家庭所遇到的困难会被去除；尽管有瘟疫，但是还会有许多鼓励人口增长的因素，人类“将会如
633 此惊人地增长，以至于地球最后会超载，变得无法养育它的居民。”[②] 那么接下来会发生什么？将女人关进修道院，并禁止男人结婚？允许阉人和弃婴？由法令强制缩短生命？在这些问题上显然不会有一致意见，最终会由武力做出决定，而战斗造成的死亡将为幸存者腾出必要的空间。完美政府将会带来的恐怖比现在这些有缺陷的政府更加不近情理。“但是自然中有某些最主要的决定因素，所有次级的其他事物都要根据这些决定因素做出调整。一个有限度的地球、一种有限度的生产能力，以及人类的持续增长，便是这些原始决定因素中的三项。人类事务和所有其他动物

① 《人类、自然与天意面面观》(*Various Prospects of Mankind, Nature, and Providence*)，3、6、8、10页。引文在8页。

② 同上，46、47、70—71、107、114—115、116页。

的生存环境都必须适应这些决定因素。”[①]即便地球表面“被特别设置成一个惬意而便利的人类居所”，人类的恶习和缺点仍然阻止这样一个乌托邦政府的建立。这是一种带有明显悲观主义口吻的物理神学。这地球是好的，但是并没有好到使其居民免于生活之不幸的程度。有着缺陷和恶习的人类不配拥有一个完美的地球。这实际存在的不完美的地球，只不过是人的罪孽天性在自然中的反映，它的框架被调整“以责打和处罚理性造物的恶习，并制约他们的愚蠢。”然而，华莱士为自然所作的辩护比他为人类辩护更为积极热情，因为他并不同意伯内特的《地球的神圣理论》。我们不能过多地责备自然，因为我们不能确定地说，要是水的面积小一点，没有雷暴、大风、大雾，降雨更温和一点，少一些地震、洪水，或者地轴以另外一个角度倾斜，那么地球就会比现在更好。伯内特忘记了这些真相，他理想的地球将是贫瘠荒芜的。[②]

既然地球上是这样一个限制性的环境，那么死亡可以争取到一个更崇高的角色，而不是为罪孽而偿债。死亡是必要的。死亡保证了地球的丰满，为更多动物生命腾出了空间，特别是那些小型动物，这样才能让它们找到自己的生存小位置。由于死亡与生育在一个有限的环境中发生，自然便可以用这种方式填满自己“空白的缝隙”。华莱士事实上是以一种粗陋的方式表述了生态学中的群落概念：所有形式的有机生命紧密地相互依存、死亡有机物对于生命不可或缺、食物链以及生态位。大量个体有机物中广泛

---

① 《人类、自然与天意面面观》(*Various Prospects of Mankind, Nature, and Providence*)，122 页。此处的讨论基于 118—121 页。

② 同上，227、278—282、286 页。

的多样性是填满自然世界所必需的因素。

死亡与土壤有限的生产力相一致，与有规律而丰富的生命产出相一致。“这一点一旦被承认，便将帮助我们说明动物生命的疏漏与惊人的毁灭，那是在自然的每一个角落都明显存在的事。”华莱士很可能是第一个在地球基本结构和组成中看到了一个自然
634 法则因素的思想家，这个自然法则限制人类的数量，它胜过个人、政府或社会一切改进人类处境的努力。[①]

华莱士走在一条越来越孤独的长廊上，因为很多十八世纪的学者都对人的罪孽问题不感兴趣，也不关注将地球与人类罪孽相符的瑕疵编目记录下来，他们感兴趣的是人对人的不人道，是个人和人类制度的改革；他们对于进步观念和人类可完善性的信心，使得地球的限制因素显得非常遥远，既很难想起，也不值得花太多时间，因为他们有更急迫的问题要思考。

孔多塞侯爵就是这样一个人。他的《人类精神进步史表纲要》（*Sketch for a Historical Picture of the Progress of the Human Mind*，1793年，出版于作者去世后的1795年），如此雄辩而志得意满地表述了进步观念，将之扩展到人类成就的一切阶段，因而对那些追随他和与他思想相近的人成为一种激励。无论是孔多塞还是戈德温都没有在地球环境的限制因素中寻找人类进步的障碍物，他们都不相信人类社会的可完善性是不可能的，也不相信这地球会担当不起作为这些美满前景的生存环境。这些人将目光

① 《人类、自然与天意面面观》（*Various Prospects of Mankind, Nature, and Providence*），294—295、297页。蒙贝尔（Mombert）的《人口论》（*Bevölkerungslehre*）得出了与华莱士相似的一个结论（158页）。

投射在人类事务的改革上，孔多塞主要关心法律与制度的完善，戈德温则希望个人的进步能达到不再需要政府的程度。由于人口问题在进步观念中没有起到什么重要作用，这两个人都受到马尔萨斯的严厉批评，因为马尔萨斯相信，在这种有关可完善性和无限期进步的讨论中，人口原理理应得到最认真的审视，尽管他并不否认在特定领域中取得进展的可能性。

孔多塞、戈德温和马尔萨斯的观点即便在我们这个时代的论辩中也依然值得关注，特别见于第二次世界大战结束以来发表的那些关于人口增长、土壤侵蚀和技术进步的文献中，无论是持乐观的还是悲观的态度。现在对科学、技术和发明的信念取代了十八、十九世纪的天真幼稚，但冲突却是熟悉的：一方面是“有限环境”的观念，这个环境现在因不断增长的人口而倍感压力，人口的贫穷悲惨只会加速土壤侵蚀和其他人为诱发的灾害；而另一方面的信念是，尽管人口增长了，但科学技术能够创造新的食物、开拓新的疆土、找到新的能源，并且能够修复旧的环境。

作为一个吉伦特派的革命者、“黑人之友协会”的会员，善良而仁慈的孔多塞说：

> 通过推理和事实将展现：自然没有为人类才能的完善设置期限；人的可完善性是真正无限期的；这种可完善性从现在起独立于任何可能希望牵制它的力量，它的进步除了自然派给我们地球的大限之外，没有任何其他的限制。这种进步
> 无疑在速度方面会有不同，但只要地球在宇宙系统中还占有 635

> 现在的位置，只要宇宙系统的一般法则不要制造普遍性的大灾难或剥夺人类现有能力和现有资源的大变故，那么这种进步就永远不会倒退逆转。[①]

这是孔多塞一贯坚持的立场，因为如果不去设想地球的资源在更多人口、更贪婪的技术所产生的需求千倍甚至百万倍增长的情况下仍然足够，那么就很难论证人类无限期的进步。

事实上，孔多塞预见到了对他的反驳意见：进步将增进人类福祉，因而会导致更健康也更稠密的人口，以至于在遥远的将来可能会有一天，增进了的繁荣、勤勉和普遍改善也许不再能适应大量增加的世界人口。对于这个问题，孔多塞与华莱士不同，他的回应本质上是说：未来会自理一切。如果众多的人口是人类走向完善进程中不断进步的必然结果，如果巨大的人口数字成为一种困境，到那个时候由于人类活动在每个领域所取得的进展，人们手中会拥有理论知识和应用能力，他们能够对付这个困难。技艺和科学将继续发展，迷信的效果会衰退。到那时——

> 人们会明白，如果他们对那些尚未出生的人负有责任，那么这个责任并非让他们生存，而是给他们幸福；他们的目标应当是推进人类的普遍福利，推进他们生活的社会或从属的家庭的普遍福利，而不是愚蠢地将无用的、悲惨的生命塞

---

① 《人类精神进步史表纲要》(*Sketch for a Historical Picture of the Progress of the Human Mind*)，导言，4—5页。

> 满世界。如此而言，完全有可能出现这样的情况，即能够产出的食物数量有限，因而世界人口总量也是有限的，这并不意味着要把那些已经取得生命的造物中的一部分加以过早的毁灭，那将与自然和社会的繁荣格格不入。[①]

这一段与马尔萨斯的观点并不像后者本人所想的那样相去遥远。诚然，不像马尔萨斯，孔多塞把这个问题看作一个未来的可能性，即便到了那时候，依赖有限资源生存的问题变得明显了，依然可以采取积极步骤达到适当的调整。这两个人之间最重要的区别是，孔多塞把人口问题视为一个可能的未来忧患，而马尔萨斯则将人口原理看作在时间和空间中均一发挥作用的自然法则，因而对人类干扰这条自然法则持有强烈的保留意见。

戈德温的《政治正义论》（*Enquiry concerning Political Justice*），（1793年）也考虑了人的可完善性和进步观念。然而，对马尔萨斯来说，正是“戈德温先生在《政治正义论》中关于贪婪与丰盛的文章”，以及其后与一个朋友关于此文的谈话，促 636
使他写作了《1798年第一篇人口论》（*First Essay on Population 1798*）。[②] 戈德温对华莱士十分气愤，因为后者突然放弃了对人的可完善性的信念，转而支持悲观主义，这种悲观主义在政府

---

① 《人类精神进步史表纲要》（*Sketch for a Historical Picture of the Progress of the Human Mind*），188—189页。亦见法热（Fage）：“法国大革命与人口”（La Révolution Française et la Population），《人口》（*Population*），卷8（1953），322—326页。

② 见马尔萨斯（Malthus）《1798年第一篇人口论》（*1798 Essay*）的序言。

进步和文明发展中只看到人类的痛苦。从不同的前提出发，戈德温在人类进步以及妨碍或阻止这种进步的环境限制问题上，得出了与孔多塞相似的结论。戈德温深深相信天然的和谐及一切自然界中的平衡是存在的，他憎恶政府的干预，对社会组织也充满怀疑。①

对戈德温而言，地球的资源没有为人的可完善性设置任何障碍，而进步观念可以被人们坚信不疑。

> 这个可居住的世界现在还有四分之三未被开垦耕耘。耕作方面将会作出的改进、地球在生产力上能够得到的增大，尚不可简化为任何计算出来的限度。人口继续增长的无数个世纪都还可以平安度过，而这地球还是会有足够的资源供养它的居民。因此，从那么遥远微弱的可能性中生出沮丧实在是闲得无聊。对人类进步的理性预期是无限的，而非永恒的。我们所居住的这个地球、这太阳系，据我们所知也许是会衰朽的。不同种类的自然灾害会妨碍智力的进步性质。但是，如果我们把这些忽略不计，最合理的做法当然是，将这个如此遥不可及的危险托付给将来的救助机会，救助办法我们此刻或许一无所知，但它们会在离实际应用还足够早的时候自行出现。②

① 《政治正义论》（*Enquiry concerning Political Justice*），第8部第9章，普里斯特利（Priestly）编辑，卷2，515—516页。

② 同上，518—519页。

另一方面，马尔萨斯理论——它被看作一个资源利用的理论——否认人们可以忽略环境的限制因素（这种因素能够并且确实对人类成就设置限度），而仅仅在社会世界里就能找到对经济和社会福祉问题的解决方案。

进步观念在阐释自然环境的性质时打开了新的视角。这些视角在此之前已经被莱布尼兹看到了，他也发现地球耕作的进步是与人类事务的进步相伴随的（见上文，本书第八章第2节）。即便对一位不冷不热的宗教信徒来说，看起来也一定是这样的：造物主的意图是让人及其社会制度与时俱进，而带有这样一种意图的神在给人类预备食物和快乐方面都不会吝啬。人的进步已经十分清楚地表现在他对地球表面已经作出的诸多有益变化之中，表现在他对自然的控制之中，表现在他为适应自己的需要和愿望而对整个地球所作的改进之中，也表现在他对知识和智慧的渴求之中。那些对有组织的宗教心怀敌意的人也同样持有这类观点。这种人道精神，这种对人及其达到目标、改进自己的能力的信念， 637
充满了孔多塞的整部著作，他的《人类精神进步史表纲要》在今天读来令人动容，因为他曾经期盼的那种技术掌控力，现在已经达到了他梦想不到的程度，事实上应该说，达到了不到二十五年前亿万人都梦想不到的程度，但是却没有出现孔多塞同样假定会发生的其他进步，而后者在人类存在的其他阶段都曾与技术进步相伴而生。进步观念意味着农业、土壤生产力、排水、健康措施等方面相应的进步。它没有想象出对土壤与森林的永久破坏，而是提供了一种关于地球养育人类能力的无所不包的乐观主义。在这一观念对人类改良的强调中，环境似乎常常变得越来越抽象。

这种情形在今天的社会科学中依然存在。

4. 马尔萨斯人口原理综述

十七和十八世纪谈论人口问题的作者们，展现了人口理论对基督教、对进步观念、对自然环境的历史联系。在马尔萨斯的著作中，这些线都被编织进一个内聚的整体，无论是为它辩护的人还是贬损它的人都无法忘却它。马尔萨斯作了全新的尝试去表现人必须理解并接受的环境限制，并且轻易地胜过了他的前辈。他对环境如何塑造文化不感兴趣（这一类观点可能借自洪堡或其他人，偶尔会在他的著作中出现），也毫不关注人类文化如何改造了环境。西方思想史上几乎没有人造成像他那样大的影响。这是基于他个人的思想，以及他在第一篇论文发表后为多次再版所进行的研究，并且还要加上他在自己有力的作品中，将那些当时已经分别变得为人熟知的各种思想结合起来的技巧。他的思想被达尔文和华莱士带入了生物学，后来又通过十九世纪晚期的社会达尔文主义再次进入了人类世界。十九世纪的一些思想丰碑，比如奥古斯特·孔德（August Comte）和赫伯特·斯宾塞（Herbert Spencer），在二十世纪却变得模糊不清；他们缺乏马尔萨斯的那种新颖和趣味，尽管我们必须承认，对马尔萨斯著作的兴趣复燃是由于人口增长所广泛敲响的警钟，即便马尔萨斯在这些问题上的见解与当前情势并不怎么相关。

马尔萨斯的学说以两个普遍化的观念为基础：生命的多产与完满性，以及自然（生命与无生命的世界）的力量持续发生作用，控制着这种不间断的扩张。所有生命体都有以几何级数增长的倾向，只要它们的繁殖没有受到干扰，并且只要有足够的食物。它们没有以这种方式增长，无论是在自然条件下还是在人的 638
管制下，因为其他生命形式或环境控制因素阻止这种增长。在人管制下的生命面临着被人忽视或人没有能力提供好土壤、好草场的危险。同样的原则也适用于人类，只不过由于人类在人口稠密地区长期定居，这些原则不是那么明显地发挥作用。一个相对而言未被人住满的国家，比如美国，便提供了一个例子，说明在人口稀少而食物充足的一片广阔地区中我们可以期待什么，尽管这个例证因为那里普遍的疾病和艰辛而不够理想。没有一个国家，没有一个已知的社会形态，“其人口的力量被放任自流，完全自由发挥。”[①] 提供给居民的食物数量受制于不可避免的限制因素；好的土地总是不够，而当好地都被占满的时候，提供食物给这个世界便愈发艰难了。进一步来说，机械和发明在农业上做出的改进，不太可能像它们在工业和制造业领域那样成就辉煌。除了大饥荒的情况以外，食物对人口来说从来都不是一个直接的抑制因素，而习俗（马尔萨斯看来认为习俗就是转化为民间传统的恐惧）、疾病，以及一切“道德或自然性质的原因，它们趋向于过早地削弱和摧毁人的体格”，这些才是对人口的直接抑制因素。[②] 既然这个人口原理是一条自然法则，那么它的运行就是始终如一的。把它看作一种人口过剩的理论，以为它代表着“很远而几乎

① 《人口论（第7版）》（*An Essay on Population*，7th ed.），卷1，7页。

② 同上，卷1，12页。

遥不可及的未来”才会出现的困难，或者认为它是按照地理区域在运转，例如在印度或中国比在欧洲更强烈，这些看法都是错误的。[①]

人类的制度、习俗、理想，可以对情势多少有些缓和，但这些同样必须服从于自然法则。这样坚持将人口原理看作一条自然法则，使马尔萨斯招致了一些人的敌意，这些人在人类的制度、经济体系和陈腐风俗中看到人类苦难的充分原因。马尔萨斯在回应戈德温时写道，人类制度“似乎是，而且的确经常是，许多社会危害的明显而突出的原因，事实上，它们与那些更根深蒂固的邪恶原因比起来还算是较轻而肤浅的，那些邪恶的原因源于自然法则和人类激情。”[②] 永久性的改善仅在出生率降低时才有可能发生。马尔萨斯反对人为的节育，他认为这是对自然进程一种不合情理的、并且也许是危险的干涉。他在孔多塞所暗指的“要么是会阻止生育的乱性的姘居，要么是其他什么反自然的事情”之中，看到“那种美德和行为方式的纯洁，
639 就是鼓吹平等和人之可完善性的先生们自称为其观点的终点与

---

① 《人口论(第7版)》(*An Essay on Population*, 7th ed.)，卷2，1页。很多变体——例如说人口原理在过去发生作用、仅适用于一些特定的地理区域、在将来才会发生作用——与马尔萨斯的思想都是格格不入的。关于这一点，见蒙贝尔（Mombert）：《人口论》（*Bevölkerungslehre*），199—200、204页。

② 同上，卷2，12页。

目标的东西”，被破坏了。[①]

国家的，甚至是地方的状况也许会显示人口原理是错误的，但是马尔萨斯认为这样的结论只是基于一个片面的视角。整个地球才是进行研究的适当单体：人口有不断增长直至食物供应极限的持续倾向，假如没有这种倾向所带来的必要性刺激，那么地球就不会到处住上人，人口也不会在战争、自然灾害、疾病造成大量死亡之后补充回原来的数量。人口原理也是人类在地球上地理分布的原因。必要性产生的刺激阻止了人口向世界上最好的土地集中，而让其他地方保持荒漠状态。[②]

马尔萨斯曾将地球分别比作一个封闭的房间、一个岛屿，还有一个水库。封闭房间的比喻是为了说明，有一种论点认为，只要世界上还有大片区域无人居住，只要有人居住的地区还有广大

---

① 《人口论（第 7 版）》（*An Essay on Population*, 7th ed.），卷 2，5 页。本书并不声称是马尔萨斯理论的一般性说明。我在此处的目的是将他的观点作为一种环境理论的形式来讨论。见彭罗斯（Penrose）：《人口理论及其应用》（*Population Theories and Their Application*）；凯恩斯（Keynes）在他的《精英的聚会》（*Essays in Biography*）中关于马尔萨斯的文章；斯彭格勒（Spengler）：“马尔萨斯的总体人口理论：复述与重估”（Malthus`s Total Population Theory: a Restatement and Reappraisal），《加拿大经济学学报》（*Canadian Journal of Economics*），卷 11（1945），83—110、234—264 页；蒙贝尔：《人口论》，159—170 页；博纳尔（Bonar）关于马尔萨斯论文的讨论：《马尔萨斯其人其书》（*Malthus and His Work*），60—84 页；史密斯（Smith）：《马尔萨斯学说争议》（*The Malthusian Controversy*）；以及博尔丁（Boulding）为马尔萨斯的《人口：第一篇论文》（*Population: The First Essay*）所写的序言。还有彼得森（Peterson）：《人口》（*Population*），507—535 页。关于马尔萨斯的论著本来已经不少，在最近十五年左右又有可观的增加，这与学界重拾对他的兴趣是一致的。

② 《1798 年第一篇人口论》（*1798 Essay*），363—365 页；《人口论（第 7 版）》（*An Essay on Population*, 7th ed.），卷 1，59 页。

的土地可供利用，那么就不存在人口问题——这种论点对人口原理来说是完全不相干的："一个被锁在房间里的人，我们可以公平地说他被四面墙所限制，尽管他可能永远不去触碰这些墙。谈到人口原理，一个国家能否生产**更多**从来不是一个问题，但问题是一个国家能否有足够的产出，与几乎不受抑制的人口增长保持同步。"[①] 水库比喻的寓意是，人类在利用资源上比在创造资源上更熟练。

> 如果有一个地方人很少，而且有大量肥沃的土地，土地的能力足够提供每年增长的食物，那么这个地方也许可以比作一个由大小适度的河流蓄成的巨大水库。人口增长得越快，需要从水中得到的帮助就越多，因此取水的数量也会每年增加。但是毫无疑问，这样这个水库就会越快地枯竭，只剩下小小的河流。[②]

这个揭示性的比喻表现出马尔萨斯是如何狭义地将土地仅仅看作农业的容器；土地是抽象的、静态的，没有任何关于破坏性
640 使用土地的提示。一个当代的自然资源学者也许会说，当水库枯竭的时候，可以向河流要求帮助，并且继续向上游追寻。将世界比作一个岛屿是为了应对某些人的观点，他们把移民当作根治地方性或暂时性人口过剩的灵丹妙药。"也许已经没有尚未发现的

① 《人口论（第7版）》，卷2，149页。

② 《1798年第一篇人口论》，106—107页脚注。

岛屿，其产出也不会进一步增加。对于整个地球也只能这么说了。岛屿也好，地球也好，所住的人口都到了实际产出的最大限度。在这方面，整个地球就像是一个岛屿。”[①]

马尔萨斯坚持整个世界应当看作一个单体，人们在今天比在马尔萨斯的时代更加痛切地认识到这种看法所呈现的困境。尽管存在着对民族自由迁移的明显障碍，比如国界、习俗、法律、规则，但人口还是常常与整个地球联系在一起考虑，因为地球是支持人类生命的最终的有限界定。在这个问题上的观点是两极分化的：有人说由于国家的存在，将人口及食物与整个世界联系在一起考虑是不现实的；另一些人则认为，用某种显示地球承载能力的公式来计算地球的人口潜力是有意义的，因为全球总体人口的状况最终会影响其国家组成部分。马尔萨斯认识到在他那个时代，地球只有一部分有人居住，仍有很多地区可以去定居，但是他在回应戈德温时谈到，如果人们假设“在地球彻底拒绝产出更多之前，不会有人口过剩引起的不幸和困难”，那将会是一个错误。[②] 当然，这个世界可以比现在人口密度更大一些，但是在殖民和移居上也会有难处：当地的原住民不会就这样饿死；如果他们学到新东西、心智开化了，那么他们的人口也会增加，况且“在尚未开发的富饶土地上，很少会发生必须立即运用高度的知识和勤勉的情况。”[③] 这些有趣的论点，包括马尔萨斯在如何对待土著民族问题上的敏感性，实际

① 《人口论（第 7 版）》（*An Essay on Population*，7th ed），卷 1，44 页。

② 同上，卷 2，13 页。

③ 同上，卷 1，9 页。

上都是修正人口原理的文化论辩。受到教育并学会新技术的土著民族将很快地布满他们原来稀疏分布的居住地，这些地方也就不会再对他人敞开了。当所有的肥沃土地都被占满，进一步的增长只能来源于改良业已开垦的土地。“当一英亩又一英亩土地被耕耘，直到所有肥沃的土地都被占据，年年增长的食物需求必须依赖改善已经拥有的土地。这是一笔储备，这笔储备从一切土壤的性质来看一定会逐渐缩减，而不会增加。”①

下面的段落曾引起了戈德温轻蔑的怒火，马尔萨斯在这段中揭示了自然的多产是如何触动了他，他作为一个基督徒，如何尝试让他的人口原理与对仁慈造物主的信仰相吻合，与此同时他又
641 如何避开那些设计论辩护士对他的异议，那些人认为他的人口原理与《创世记》让人“生养众多”的命令相抵触：

> 但是，如果任何人肯花点心思去作一下计算，他会看到，假如生命的必需品能够没有限制地获得并分配，而人口数字能够每二十五年翻一番，那么自太初时代可能是由一对男女繁衍而生的人口，不仅会多到足以填满整个地球，使每一平方码的地方都站着四个人，而且会以同样方式填满我们太阳系的所有行星，甚至不止这些行星，还要加上环绕我们肉眼可见的恒星旋转的所有行星，假设每一颗恒星是一个太阳，都拥有和太阳一样多的行星的话。人口法则这样陈述可能显得过分，但我坚信它最适合人的天性和情

① 《人口论（第7版）》（*An Essay on Population*，7th ed），卷1，3页。

> 势，根据这个人口法则，很明显，食物或其他一些生命必需品生产的限度是一定存在的。……我们很难想象一个更为灾难性的现状——比起在一个有限空间里生产食物的无限能力，没有什么更会将人类投入无法补救的悲惨境地之中了。于是，知晓他的造物有何欲望和需求的仁慈造物主，按照他统治造物的法则，出于慈悲而不能像他大量提供空气和水那样，充分提供所有人的生命所需。这立即让我们明白为什么其他生命必需品在数量上有所限制，而空气和水却慷慨地倾注给我们。[①]

地球将怎样住满了人呢？假设最初在一个广大区域中仅有很少的人居住，人口会增长，会对食物供应造成压力，直到贫穷与不幸发生；这些会导致廉价劳动力的出现，从而为工业发展提供刺激。（在这段貌似十分古老的历史进程描述中，马尔萨斯刺耳地利用了当时英国的情势。）耕种者会雇用更多的人，通过他们的努力，使用中的土地会得到改良，新开垦的土地面积同时也会扩张，这样便增加了生存手段并允许人口进一步增长。这种循环可以一次次发生，直到整个地球都住满了人，变成最终的限制因素。震荡的幅度会逐渐下降，直到只剩下很小的摆动，处于一个接近平衡、但并没有达到平衡的状态。具有讽刺意味的是，这一理论的一个副产品是马尔萨斯对文化史重要性的坚持。这种震荡

---

① 戈德温（Godwin）：《论人口》（*Of Population*），500—501 页；马尔萨斯（Malthus）：《政治经济学原理》（*Principles of Political Economy*）（伦敦，1820 年），227—228 页。

不会被肤浅的观察者注意到，而即便是最有洞察力的观察者，也会发现很难计算它的周期。为什么它很少被注意到呢？一个原因是历史在很大程度上是属于上流社会的。“关于人类中这一部分人的生活方式和习俗，也就是这些倒退和进步主要发生的地方，我们所能依靠的记录太少了。”①

尽管马尔萨斯没有讨论不断增长的人口压力对土地可能造成的破坏性影响（他不应为此受到指责，因为在他的时代很少有
642 人讨论这个问题），但他认为人口增长会“逼迫”优质土地，并会要求开垦贫瘠土地；至于代价，他显然只看到所需的资本和劳动力。不过，他的确提到了对瑞典人和挪威人的责怪，指出他们在砍伐森林这件事上欠缺考虑。马尔萨斯学说中深度悲观的含义并非来自几何、算术级数（像很多人所相信的那样），而是来自这样的理论——这是马尔萨斯在他的《政治经济学》（*Political Economy*）和其他著作中提出来的，也是詹姆斯·韦斯特（James West）和大卫·李嘉图（David Ricardo）提出来的——在文明历史中，最好的土地最先被利用起来，当文明进展、人口增长时，便进入贫瘠和更贫瘠的土地。土地占有的历史顺序问题在十九世纪引起了相当的重视，比如米尔（Mill）就认为它至关重要，这是因为它对进步观念有很大影响。如果说文明之中有着不可避免的进步的种子，那么被迫依赖贫瘠和更贫瘠的土地便成为文明道路上的巨大障碍。马尔萨斯、韦斯特和李嘉图都将目光集中在英

① 《1798 年第一篇人口论》（*1798 Essay*），32 页，基本上在《人口论（第 7 版）》（*An Essay on Population*，7th ed.）中有重复，卷 1，16—17 页。

格兰，并由此做出普遍化的归纳。[①] 1848 年，美国社会科学家 H. C. 凯里（H. C. Carey）抱怨道，“李嘉图先生将他的移民定居者放在最好的土地上，这位定居者的子孙则被放在差一些的土地上。他让人成为悲哀的需求的牺牲品，这需求随着人口数量而增长”，而同时人却在“持续运用不断增长的力量，这力量源自大量人口的联合努力。”凯里的着眼点是美国历史，他也把进步观念应用到农业上。在他看来，历史的进步是从贫瘠的土地到最好的土地，因为他假设最好的土地对原始的技术而言是最难接近的，这样的土地覆盖着最茂盛的植被，也是最不健康的。高地上贫瘠的土地最先被利用，因为人对自然的控制力十分虚弱；进入最好土地的过程与技术的历史联系在一起，与人对自然不断增长的控制力联系在一起。[②]

马尔萨斯所作的关于土地、机器与制造业工厂之间富有启发性的比较，显示出他的悲观主义部分来源于他对土地的评估：“土

① 马尔萨斯（Malthus）：《地租的性质与发展的研究》（*An Inquiry into the Nature and Progress of Rent*）（1815 年），15—17、20—21、33—34 页；韦斯特（West）：《论资本用于土地》（*The Application of Capital to Land*），9—16 页；李嘉图（Ricardo）：《政治经济学及赋税原理》（*The Principles of Political Economy and Taxation*）（Everyman's Library 版），35 页。关于这一观念的历史，见埃德温·坎南（Edwin Cannan）：《英国政治经济中生产和分配理论的历史，1776 至 1848 年》（*A History of the Theories of Production and Distribution in English Political Economy from 1776 to 1848*）（第 3 版），155—182 页。关于斯堪的纳维亚的森林砍伐，见《人口论（第 7 版）》（*An Essay on Popu lation*，7th ed.），卷 1，169—170 页。

② 凯里（H. C. Carey）：《过去、现在与未来》（*The Past，the Present，and the Future*），17—24 页，引文在 24 页；关于土地占有，见《社会科学原理》（*Principles of Social Science*），卷 1，94—146 页。

地有时候被比作一个巨大的机器，由自然交给人类以生产食物和原料”，但实际上土地是很多台机器，“各有非常不同的初始品质与力量”。不像在制造业工厂中使用的机器——在那里人们对机器作出持续改进，专利期满后生产更能增加——作为食物生产机器的土地各不相同，从最差的到最好的都有。[①]

643 最好的土地不可能独力供养增长了的人口，因此较为贫瘠的土地也必须开垦，投入越来越多的劳动力，效率越来越低下。农业和制造业处在两个相反的极端。结论是无法回避的：随着文明进步和人口增长，维持生命在金钱和人类劳动方面的成本都变得越来越高昂。

不过，土壤并不是决定农业进步的唯一因素：我们也必须考虑土地耕种者的道德和身体质素。倘若土壤肥力本身便能对财富形成充分的刺激，人类就会没有去劳作的动力，而后者正是进步的秘密所在。马尔萨斯援引了洪堡来支持这一论点。

他对洪堡记录的新西班牙各种各样的食物及其耕作方式印象深刻，其中有香蕉、木薯、玉米等。洪堡单独给了香蕉极高的褒奖（“我怀疑，世界上没有另一种植物可以在这样小的土地面积上产生如此可观的营养物质。”）这是一种在肥沃土壤上无比轻松生长的奇妙植物。在西班牙殖民地反复流传的说法是，这块“热土”(*tierra caliente*)的居民只有在皇家法令宣布要摧毁香蕉树时，才会从他们长达几世纪的冷漠中奋起，而且还说那些如此狂热地

---

① 马尔萨斯（Malthus）:《政治经济学原理》(*Principles of Political Economy*)，184—186 页。

建议毁树这个暴力办法的人，一般来说也没有展现比那些下层阶级更大的行动力，他们只是希望强迫这些下层阶级为自己不断增长的需要服务。他希望墨西哥人会变得更勤勉些，而没有必要去摧毁香蕉树。然而，考虑到这种气候中的人可以如此容易地养活自己，那么在新大陆的赤道地区，文明出现在土壤较为贫瘠的山地和不那么适宜有机生命发展的环境里，也就不足为奇了——在这种环境里，需要就是对勤勉的激励。马尔萨斯的结论是，热带的丰饶诱发了人们的倦怠；自然是慷慨而非吝啬的，这种慷慨却偏爱持续的贫困、人口稀疏的土地，以及没有进步的文明。马尔萨斯以肯定的态度援引了洪堡的观点，他认为没有艰苦的工作就得不到任何进步。①

马尔萨斯最感兴趣的似乎是适合农业，特别是适合种植谷物的土地。而且，当他讨论中国农业的时候，他关注其文化背景，而不是将它仅仅描写为环境的作用。那里的农业能够造就巨大的人口，是因为它背后的社会传统。中国有肥厚优质的土壤，有施肥、耕作和灌溉的良好方式，地处温带有利区域，居民辛勤劳动，境内有湖泊、大小河流和运河，加上悠久的重农传统和政府对农业的鼓励——这些都是中国能够养活众多人口的原因。十八世纪有诸多关于中国的讨论都源自杜·哈尔德神父的 644

① 马尔萨斯（Malthus）:《政治经济学原理》（*Principles of Political Economy*），382—384 页；洪堡（Humboldt）:《新西班牙王国政治论文集》（*Essai Politique sur le Royaume de la Nouvelle-Espagne*），卷 3，37—39 页；引文在 28 页。

华彩叙述，此处亦是如此。[①]

在其他地方，马尔萨斯也清楚地看到生活方式提出文化的问题，而不仅是简单的环境问题。他说，自然多产的能力看起来愿意在每一个国家都发挥它全部的力量，但是，各国政府能够促使他们的人民生产出土地能力所及的最大产量么？这样的行动会违反财产法则——

> 而迄今为止一切对人有价值的东西都出自财产法则。……但是哪一个政治家或理性政府能够建议：禁止所有的动物食物，不准将马匹用于商业或娱乐，所有的人都靠土豆生活，全国的产业除了少数用来满足穿衣和住宿的需要外，全都用来生产土豆？就算这种革命发生了，那是值得向往的么？特别是，纵然这些都实现了，匮乏也会在几年时间里不可避免地重复出现，而资源比以前任何时候都更少了。[②]

尽管马尔萨斯认为农业是人口增长的基本因素，他仍然在农业、商业和工业的结合中看到了经济发展的关键，他在这方面的观念更接近于二十世纪经济学家的论述，而与他上一代的重农主

---

① 《人口论（第7版）》（*An Essay on Population*，7th ed.），卷1，126页；杜·哈尔德（Du Halde）：《中国和中国鞑靼地理、历史、编年、政治与自然的叙述》（*Description Géographique，Historique，Chronologique，Politique，et Physique de l'Empire de la Chine et de la Tartarie Chinoise*），卷2，特别是163—186页，“全中国的充裕”（De l' abondance qui régne à la Chine）。这一卷还讨论了中国的农业、工匠、气候、运河和湖泊等，马尔萨斯曾阅读过。

② 《人口论（第7版）》（*An Essay on Population*，7th ed.），卷2，52页。

义著作相距较远。

马尔萨斯的写作发生在现代土壤科学开始之前。当时的土壤理论不够科学，只能凭经验对各种土壤作一些判断。当马尔萨斯将土壤比作多部机器时，那个时期的农业化学家大部分都把自己绑在了腐殖质理论上。①

马尔萨斯的土壤理论和他关于历史上最好的土地最先被利用的信念，使他在地球为未来人口生产食物的能力问题上，悲观主义加深了，环境限制因素显得更为坚挺，更不向人类的干预屈服。

5. 马尔萨斯学说中的进步、神学和人之天性的概念

马尔萨斯不相信可以期待人的天性有任何改进，也不相信任何政府和制度的改革能够（或应该）改变人口原理的运作。改革的帮助作用是不能否认的，但那些依赖制度改革的人，他们的希望会在大自然更严苛也更深刻的现实中彻底消失。

此外，他对进步有自己独特的看法。在他的著作第二版和接 645
下来的几版中，马尔萨斯根本没有以人口问题的讨论开场，而是先讨论探究社会改善的方法，“自然而然出现的方式是：1. 调查迄今阻碍人类向着幸福方向进步的原因；2. 考察在将来整体或部分移除这些原因的可能性。”②

这不是一个偏向于认为社会变化不可避免的人的纲领。颇

① 查尔斯·布朗（Charles A. Brown）：《农业化学手册》（*A Source Book of Agricultural Chemistry*）。见其从 Wallerius、Lavoisier、Thaer 和 Einhoff 著作中的摘录。

② 《人口论（第 7 版）》，卷 1，5 页。

为相反的是，说这番话的人假定在人们中间和社会上存在着对改变的抵抗，他相信进步会通过人类的努力而发生。马尔萨斯著作中的好几个地方都提到了人的怠惰天性。这种人之天性的概念在马尔萨斯的哲学中是根本性的，因为正是“需要”的不断刺激在驱使人们前进。吝啬的自然和怠惰的人类是人口原理的组成部分。[①]

人口原理是进步的动力；因为它，地球上住满人类，并且地球的可居住性由耕作维持着。马尔萨斯说，他没有任何改善社会的计划，而是满足于理解改善路上的障碍物。[②] 他并不提供适用于人类生命每个方面的进步法则，而代之以一个远非如此全面的概念。“有一种论据是从部分的改善（其局限之处不能完全确知）推断出一种无限的进步，我已经努力去揭穿它的谬误。”[③]

他不同意李嘉图直线进步的观点，表达了自己的意见：“社会进步是由不规则运动组成的”，所以“我们在周围所有国家，特别是在我们自己的国家中，看到交替出现的较繁荣、不繁荣，有时甚至是不幸的时期，但是从来没有看到似乎只有你一个人思量出来的那种一致的进步。”[④] 这句话是他在 1817 年写的，但是它所表明的态度与他 1798 年所写的段落异曲同工：

① 关于怠惰的人的一个典型论述，《人口论（第 7 版）》（*An Essay on Population*, 7th ed.），卷 1，59 页。

② 同上，卷 2，258 页。

③ 《1798 年第一篇人口论》（*1798 Essay*），216 页。

④ 转引自约翰·梅纳德·凯恩斯（John Maynard Keynes）：《精英的聚会》（Essays in Biography），139—140 页。

> 现在的那种狂野而无节制的猜想风暴似乎是一种精神迷醉，这也许是来自近年来在科学的各个分支中所作的伟大而出人意料的发现。对于为这些成功喜气洋洋、得意忘形的人们来说，一切都好像是在人类的掌控之中；并且在这种幻觉之下，他们将一些不能证明有什么实质进步的课题，与那些真有已被表明、确定并承认了的进步的领域混淆起来。[①]

不过，马尔萨斯事实上比他的阐释者们所描述的更乐观一些：

> 通过将以前时代的社会状态与现在相比，我应该确定地说由人口原理产生的恶果没有增大，而是缩小了，这甚 646
> 至发生在我们对其真正原因几乎全然无知的不利情况下。如果我们能够寄希望于这种无知会被逐渐驱散，那么看来就不无理由预期这些恶果还会进一步缩小。绝对人口增长的情况一定会发生，这显然倾向于、却几乎不会削弱这个预期，因为一切取决于人口与食物之间的相对比例，而不是人口的绝对数字。[②]

在马尔萨斯 1798 年第一篇论文发表的时代，人们对世界人口及其分布详情知之甚少。在欧洲，将世界人口估计为大约十亿几乎是约定俗成的，聚斯米希在 1761 年所作的这个估算在整

① 《1798 年第一篇人口论》，31 页；《人口论（第 7 版）》，卷 2，26 页。

② 《人口论（第 7 版）》，卷 2，26 页。

个十八世纪后期都得到认可。从1781到1815年，《哥达年鉴》（*Almanach de Gotha*）重复了1761年聚斯米希的十亿这个数字。[①]

因为有太多批评指向马尔萨斯，这些批评来自那些反对他的人口原理的社会及政治含义的人——其中有乌托邦社会主义者、马克思主义社会主义者、资本主义体系的改良主义者，等等——因此有必要再说一句，马尔萨斯就像稍后的莱尔和达尔文一样，必须面对来自宗教和物理神学的批评，这个批评很典型地存在于聚斯米希的思想中，并见于路德的名言："上帝创造了孩子们，并愿意喂养他们。"（Gott macht die Kinder und will sie ernähren.）马尔萨斯认识到，《圣经》中"生养众多"的指令，也许看起来是反对他的人口原理的。他说，妨碍人们认同他的人口原理的主要理由之一，"就是他们很不情愿相信，神会按照自然法则使生命产生，而自然法则却不能支持生命的这种存在。"[②]作为回应，马尔萨斯诉诸人类遵从的自然法则，默示地否定了任何会需要神的个人关怀、主动关怀的人类中心论。神通过这些自然法则发挥作用，而由自然法则产生的偶然恶果，不断地将人们的注意力指向对道德约束的需要，这种道德约束是"对人口的适当抑制"。我们必须理解的正是自然法则。我们的责任已经由自然和理性之光摆明在我们面前，并由神的启示所确定和认可了。[③]

---

① 贝姆和瓦格纳（Behm and Wagner）："地球人口（二）"（Die Bevölkerung der Erde，Ⅱ），《彼得曼通讯增刊》8（*Petermanns Mitteilungen Ergänzungsband* 8），第35号（1873—74），5页。

② 《人口论（第7版）》（*An Essay on Population*，7th ed.），卷2，160页。

③ 同上，卷2，160页。

马尔萨斯从圣保罗那里受到启发，他认为婚姻如果不妨碍一个人更高的责任，那么就是正当的，反之则是错误的。他赞许地引用佩利的话说，我们通过探究一个行为是倾向于促进还是削减普遍幸福，从自然之光中了解上帝的意志。马尔萨斯为约束力争辩，他主张，削减幸福的最坏行为之一，就是结婚却没有养育孩子的经济来源。这种行为违背上帝的意志，是社会的负担，而且使保留家庭中的道德习惯变得困难。由个人所实践的道德约束因 647
而在马尔萨斯的学说中享有关键地位，因为他相信人口问题与“国内专制和国内骚动”乃至与战争都密切相关。[①] 遵从自然法则的美德避免了对个人和社会的不幸后果，因此也就没有理由怀疑神圣的正义。“很明显，造物主的目标是通过伴随恶行而至的痛苦来阻止我们犯下恶行，通过美德所生的幸福来引导我们走向美德。这目标在我们的理念看来，配得上一个仁慈的造物主。”[②]

马尔萨斯对疾病的论述也与“神通过自然法则行事”这个概念相一致。如果说自然和道德上的不幸是上帝与自然（也包括人）之间的媒介，这些不幸便成为警告训诫的手段——当然不是直接的和针对个人的，而是通过它们所带来的教训、它们所传授的知识，以及它们所给予的经验。疾病不应被看作天意施加的不可避免的苦难，而更应该被视为“我们违反了某些自然法则的征候”。瘟疫即是这样一种警告；正确地留心这种警告，它们便使人能够改进自身的状况。在伦敦肆虐到1666年的瘟疫所带来的

① 《人口论（第7版）》（*An Essay on Population*，7th ed.），卷2，165—166页。

② 同上，卷2，167页。

教训对我们的祖先不是没起作用。他们清除了不洁之物，修建了下水道，拓宽了道路，把他们的房屋弄得更宽敞、更通风，这些措施"效果是彻底根除了这种可怕的无序，大大增进了居民的健康与快乐"。[①] 于是对马尔萨斯而言，人类受制于普遍的自然法则，而非服从于神的具体调停；只要人明白自然法则的运作并听从其教诲，这些自然法则就是仁慈的。因此，在他看来，《圣经》中"生养众多"的指令与人口原理并无冲突。"一个阅读过《圣经》的普通人一定会相信，慈悲的上帝给予一个理性生物的命令，不会意味着要被解释为仅仅制造疾病与死亡，而不是繁殖……"[②]

就这样，在一个对实际情况（人口、战争与经济之不确定性、向城市的移民、新型工业化的开始）仍然有诸多猜测的年代中，近现代最有影响力的观念之一被明确表达并扩散开来，它的简单化带来了迅速普及、轻松引用，以及准确或不准确的释义。西方思想自马尔萨斯始便大不相同了，超过 150 年的争议本身就是对他在西方思想史中地位的充分证明。他从旧材料中创造出一种对世界全新的认识，一种来自多产性概念、神学、已知或疑似的统计学规律性、欧洲社会状况、广泛分散区域的旅行笔记、美洲新
648 定居区人口大量增长的报道等等的大综合。在马尔萨斯有力的行文中，环境成为对人类永远的挑战。然而如果我们超越人口原理和增长级数而更加深入地探究一下，他所详细阐释的上帝、人与自然的哲学到底是什么？我不认为以他的第一篇论文为基础来回

① 《人口论（第 7 版）》（*An Essay on Population*，7th ed.），卷 2，152—153 页。

② 同上，卷 2，67 页。

答这个问题是一个错误，因为尽管第一篇论文与后来旁征博引的巨著有很大的不同，但是马尔萨斯根本的哲学观念并没有改变。

马尔萨斯的作品大力强调情感和欲望，无疑部分原因是受了雅各宾派恐怖统治时期非理性与残忍做法的刺激。但他从不贬损感官的快乐。[①] 人有着深深的、强烈的激情，但他们也是懒惰的、不喜欢劳动的，总是需要有某种东西或某个人去刺激他们前行。马尔萨斯不是个喜欢大骂罪孽的人。“一般来说，生命是一个独立于未来状况的祝福。”[②] 在自然之书中，我们自己能读到上帝的本来面目。这世界和这生命是“上帝强有力的进程，不是为了考验，而是为了心智的创造与形成。”[③]

他也没有否认性欲的力量与活力。事实上，对性欲的任何缩减都可能会使创世的伟大目的变得难以达成，这目的就是让地球上住满人。因此要强调的是控制力。对于戈德温的评论——“剥去一切与性交易相伴的环境，一般来说它会被鄙视”，马尔萨斯说：“他也可以对一个赞赏树的人说：剥去它铺展的枝条与可爱的树叶，你从一个光杆儿上能欣赏到什么美丽呢？但是只有一棵有枝有叶的树，而不是无枝无叶的树，才能激起赞赏。”[④]

马尔萨斯带着西方思想特有的一种敬畏，为自然的丰饶与富足，也为生命那不顾一切抑制因素的恣意挥霍而感到目眩神迷。

---

① 《1798年第一篇人口论》（*1798 Essay*），210—212页。

② 同上，391页。

③ 同上，353页。

④ 《人口论（第7版）》（*An Essay on Population*, 7th ed.），卷2，155页，引述《政治正义论》（*Political Justice*），卷1，第1部第5章。

与洪堡一样，他看到了自然的形式和运作有无限的多样性，“这多样性所造成的各种各样的影响”唤醒并改进了心智，也为调查研究打开了新路径。[①] 处于富有与贫穷之间的社会中间地带似乎最中意智力的进步，但我们不能指望整个社会是一个中间地带。与此相似，“地球的温带看来最适宜人类头脑和肉体的精力，但是不可能一切地方都是温带。”[②]

马尔萨斯对本书所讨论的思想的贡献是，他将人口理论与哲
649 学、历史及人种学联系起来；总体来说，人口原理并不热心绑在设计论和终极因的哲学上。马尔萨斯不像聚斯米希，他不接受《创世记》与人口理论有密切关联；他也无视那些精通物理神学的作者们欢欣鼓舞的乐观主义。他强调自然法则，强调从人性角度研究人类，并以历史学、人种学和统计学观点研究人类。虽然他在其中任何一个学科里面都不是创新者，但他的著作给予这些学科新的重要意义和进行研究的新刺激。马尔萨斯的论文也是对“不可避免的进步”这一观点的最早挑战者之一；他建议人们学习社会文化史，也要看到其中的倒退现象。本质上看，他呼唤一种比当时存在的更为深刻的历史编纂学。

人改造地球，他这样做是凭借着天意的设计，因为只有根据人口原理，地球才会全部被开垦出来。于是，人口原理说明了世界上的人口来源、人类的分布、人类在不甚适宜地区的定居、大灾难后的人口恢复，同时也间接地说明了人类对地球的改造。“耕

① 《1798年第一篇人口论》，378页。

② 同上，367页。

地和整地、选种和播种的过程，都不一定是在帮助上帝创世，而是事先就被规定为享受生命祝福所必须的事情，为的是唤醒人类行动起来，并形成他们理性的心智。”[①]

因此，本书一直在讨论的思想史，这些思想在马尔萨斯的著作中可以看到证据。物理神学被限制在雷约翰和德勒姆的英国传统。自然宗教受到《罗马书》1：20 的感召。但是环境的各种影响却从属于一个有限的总体环境所拥有的更加根本性、抽象性的影响。而人为了生存、为了行动、为了运用自己的心智，在改造他所处的环境。

最后，马尔萨斯在他的著作，特别是第一篇论文中，用有力的、鲜明的比喻性语言，写下了在环境因果作用与社会因果作用之间的选择。之后的人口理论史在很大程度上都可以用马尔萨斯所提出的这种选择来书写；苏联马克思主义对马尔萨斯理论的敌意（这种敌意后来甚至延伸到达尔文身上）就是一个广为人知的例子，因为对马克思主义者而言，人口问题与经济和社会发展的目的论啮合在一起，而不是人类徒劳反抗的自然法则问题。马尔萨斯为环境的限制因素陈述了理由；他也展示了，那些相信进步在人类活动的一切阶段都是不可避免的人们的假说，仍然需要重新检视。

6. 对马尔萨斯的最终回应

在马尔萨斯论文发表的二十二年后，威廉·戈德温发表了《论

① 《1798 年第一篇人口论》（*1798 Essay*），361 页。

人口》（*Of Population*）一书，这本六百多页的巨著主要是关于马尔萨斯的。这个作为马尔萨斯的第一篇论文起因之一的人，
650 现在回过头来开始战斗，希望一劳永逸地彻底摧毁马尔萨斯的理论。[①]

《论人口》是一本被忽视的著作。没有人认真对待这本书，甚至连戈德温的仰慕者似乎也不怎么重视它。这本书结构散漫，缺乏智识上的卓越性。尽管戈德温一再说他对马尔萨斯没有个人怨恨，但频繁出现的慷慨激昂而毫不宽容的腔调，与戈德温所声称的客观、冷静的辩驳并不相符。虽然如此，戈德温这位期盼着更光明时代的黎明的作者，还是对马尔萨斯的学说提出了一些有力的异议。将一个学说（一个“前所未有地在世界上取得成功的体系”）建立在单一的例子上是荒谬的论断。马尔萨斯在美国东北部发现了人口原理。“倘若美洲从未被发现，那么应用于人类繁殖的几何级数就永远不会为人所知。倘若英国殖民地从未建立，那么马尔萨斯先生也就永远不会写他的书喽。”[②] 戈德温说，没有证据能够表明美国的人口增长仅仅来自生育。美国政府是一个拥有开明制度的自由政府，它希望“有更大的人口增长来分享这种美好祝福”。假如不是因为热爱自己的出生地并且因为贫穷，欧洲的底层阶级就会一窝蜂地整体移民了。正是那些从旧大陆来的移民，那些正当盛年的人们，带来了美国的人口增长。戈德温否认美国家庭中孩子的数量比欧洲多，也否认美国儿童因疾病和其

① 《论人口》（*Of Population*），iv—vii 页。

② 同上，142、139—140 页。

他原因造成的旱夭比欧洲少。美国，就像所有其他新移民定居的国家一样，是不够健康的，特别是美国北部还布满沼泽。戈德温在很大程度上依赖沃尔尼伯爵（Count Volney）的《对美国气候和土壤的观察》（*View of the Climate and Soil of the United States of America*），他强调了在美国因肺结核、痢疾和黄热病死亡的人数。沃尔尼所观察到的那种广泛存在的过早的牙齿松脱，也是美国环境不够健康的证据。[①]

[关于十九和二十世纪美洲移民史对社会与政治思想的影响，可以写出一篇非常有趣的文章。在一个人烟稀少地区的早期人口增长，证明了马尔萨斯所认为的几何级数确实存在。而进一步的定居、开垦和探险，以及特别是发生在十九世纪七八十年代的小麦过剩，便揭示了人口原理的谬误。亨利·乔治（Henry George）在《进步与贫穷》（*Progress and Poverty*）中大力指摘了马尔萨斯的理论，得到很多人的赞同。最后，由特纳和其他人对边疆所作的阐释，打开了封闭空间思想史的一个新阶段。]

既然马尔萨斯的发现是基于美洲人口的增长，那么一旦“这种无聊而过分的假设”被去除，“整个自然科学还是像马尔萨斯 651
先生写作之前那样屹立着……”[②] 戈德温不断重申，我们居住在一个“未住满人的世界”。[③] 调查整个地球之后再推论出人口原理，

---

① 《论人口》（*Of Population*），374—380、403—404、418、430—443 页。见沃尔尼（Volney）：《对美国气候和土壤的观察》（*View of the Climate and Soil of the United States of America*），278—332 页。

② 同上，141 页。

③ 同上，485—486 页。

不是会更公平一些吗？任何一个这样的调查都会揭示，世界人口是多么稀疏分散，怎样才能更好地利用无人居住的区域，那些区域又如何可能“重新布满了大量幸福的人群”。[①]

戈德温不会允许马尔萨斯制定自然法则。马尔萨斯的人口原理“不是自然法则。它是非常虚假的生命的法则。”[②] 如果马尔萨斯是正确的，为什么地球没有完全住满人？如果有必要采取这种艰难的措施去抑制人口增长，那么为什么“世界还是一片荒野，是一个广阔而凄凉的地方，在这里人们聚成一小群一小群地四处爬行，很不舒适，无法避开劫掠者带来的危险以及那些从一种气候游荡到另一种气候的野兽的攻击，而没有一个人口众多的地球本应提供的那种相互支持与快乐？”[③]

戈德温对自然法则的辩驳是基于人类定居史的证据和人类在地球上的真实分布。戈德温是正确的！为什么人口理论应该脱离人类定居史来考虑？对戈德温而言，人口增长问题基本上都是历史的问题。那么人口减少呢又怎么说呢？为什么土耳其的欧洲和亚洲部分、波斯、埃及，还有一大批其他国家，与“它们在古代历史上辉煌时代的面貌”相比，现在的人口都少得可怜？戈德温回答说，土壤枯竭并非其原因。“当然不是因为另一片谷叶拒绝生长在这些国家的地面上。”真正的原因应当在于“这些国家的政府和政治管理制度”。[④] 他对孟德斯鸠在《波斯人信札》中抱

① 《论人口》（*Of Population*），15—16页。

② 同上，20页。

③ 同上，20—21页。

④ 同上，309—310页。

怨人口减少表示同情。关于休谟的论文，他感到那除了“在这个主题上投入一部分不确定性”以外，并没有什么其他价值。[①]

为什么所谓几何级数没有被一个旧大陆国家（比如中国）的经验检验出来呢？[②]中国会是一个理想的例子，因为在那里婚姻受到鼓励，独身则反之；那里没有制造业城市生产垃圾；妇女们平静的生活使她们更多产，保护她们远离过早分娩。戈德温说，无论是他还是马尔萨斯，都对中国的人口一无所知，但在马尔 652
萨斯自己所作的陈述的基础之上，戈德温认为“中国的政治家和立法者几世纪以来都稳定地——也许我还应该再添加一个‘有见识地’——关注着这一主题，他们不仅没有一丝一毫《人口论》中教导的主要原理的意味，而且深深地相信这样一种见解：要是没有鼓励和小心防止人口减少，人类的数量就会呈现不断下滑的趋势。”[③]

人种与文化的交融以及移民看起来影响了人口增长。难道不能将人口增长归因于这种混合，将人口减少归因于地域隔绝和近亲繁殖么？杂交看来既能改进动物种类，也能改进人种。“难道现在欧洲的人种质量……不应主要归功于凯尔特人和辛布里人、哥特人和汪达尔人、丹麦人、撒克逊人，还有诺曼人的入侵么？”[④]

---

① 《论人口》（*Of Population*），40 页。戈德温（Godwin）指的是《波斯人信札》（*Persian Letters*）第 108 封，和休谟（Hume）的文章“论古代国家的众多人口”（Of the Populousness of Ancient Nations）。

② 同上，第 6 章。

③ 同上，52 页。

④ 同上，365—366 页。

通过否认人口原理是自然法则，戈德温实际上说的是，世界各民族的人数与分布基本上是历史和地理的问题。

“人口，如果我们从历史角度看待它，似乎是一条不稳定的原则，间歇性时断时续地运作。这是这一主题的极大神秘性；耐心考察它不规则进展的原因，看来是哲学家非常值得去做的一件事。”[①]

此外，戈德温像马尔萨斯一样，将地球及其资源看作一个整体，对地球承载能力作了据我所知是最早的估计之一——他计算地球最多可以住上九十亿人口。[②]

地球的生产能力可以无限制地被改进，用犁地代替放牧，然后用铁锹代替犁铧。“为人类维生目的，园艺式耕作的生产力令人惊异地大大高于田野式耕作。”[③]唯一的异议是，一个改善了的社会中只需要较少的体力劳动，但一定会有“大规模劳动的保留期”，因为人类中的大部分还没有准备好享受闲暇。利用海洋资源，看看还有多少人能够靠素食而非动物食谱生活，把地球变成一个园丁的世界！“自然把这个地球呈现给我们，地球是养育我们的伟大母亲（*alma magna parens*），它的乳房对所有的人可以说是取之不尽——只除了马尔萨斯先生那野蛮而不协调的几何、算术

---

① 《论人口》（*Of Population*），327—328页。

② 他估计，地球上有3900万平方英里可以居住，其中大约有130万平方英里在中国，中国的人口估计为3亿。如果将中国的开垦程度作为一个可能开垦的标准，将其人口作为一个可能的人口密度标准，那么结果就是90亿：3900万除以130万，然后乘以3亿。《论人口》，448—449页。

③ 同上，495页。

级数。人类的科学与发明才能也向我们展示了最大化利用这种资源的手段。”[1]

戈德温的作品，就像马尔萨斯的著述一样，都坚信人给自然 653
秩序以尊严，在世界住满人的持续过程中，人所实行的改变将会是美好的、有用的。地球因为人而成为一个更好的地方：

> 人是一种值得赞美的造物，是世界的美好所在，这世界要是没有人存在的话，就会是“毒龙的栖息地、猫头鹰的庭院；沙漠中的野兽会向岛屿上的野兽咆哮，狒狒会在那里舞蹈，世界上舒适的地方都会充斥着愁苦悲伤的造物。”那么，想到人被无比丰富的自然赋予繁殖自己同类的无限力量，该是多么愉快啊！我会俯视刚才描述的那个惨淡忧郁的世界，并想象它全部被开垦耕耘，全部得到改进，全部由处于一种启蒙的、天真的、积极仁慈状态中的大批人类点缀得色彩斑斓——思想的进步和心智的拓展看来自然会导致这种境况，它将超越已在任何地方实现了的任何情景。[2]

戈德温的进步观念和马尔萨斯的人口原理，两者看来都导向一个未来的园丁世界。

马尔萨斯既没有忽视这本著作，也没有作出回应，而是满足于讲几句对其不恭维的话语。[3] 在戈德温对地球的评价背后是进

① 《论人口》（*Of Population*），498 页。

② 同上，450—451 页。

③ 见《人口原理》（*A Principle of Population*）第 6 版附录的最后一段。

步观念。在可预见的未来，自然环境对于人类进步将不构成限制因素，科技与化学时代的黎明中有着新的希望。

戈德温并没有表示（马尔萨斯也没有说过）这些进步会带来问题，他也没有提及，人对自然世界的关系会由于人口增加及人们定居适宜地点的不断努力而迅速地改变。相反，他是充满希望和欣喜地展望人类不断前行，以达到对地球所有土地完全而永久的占据。

7. 小结

孟德斯鸠在《论法的精神》中，以他对气候影响论的提倡，引起了一些对西方文明中已出现的社会和环境问题极为尖锐深入的思考；他做到这一点是由于自己的学识、机智、人道精神和武断风格。他在《波斯人信札》中就人口问题也曾造成类似的效果，这本书将更重的分量给了道德因素，作为现代人口减少的原因。当他在《论法的精神》中继续这些探究时，再一次是文化的、而非环境的因果作用吸引了他，他清楚地看到人口问题的独特性，有了他自己的人口因果理论。这甚至可以与马尔萨斯相媲美，只
654 是无人吹响欢迎乐曲。“任何地方只要两个人可以便利生活，他们就会结婚。只要没有生计困难的阻碍，自然对此有一种充分的倾向性。”[①]

即使说孟德斯鸠的数据是粗陋的，即使说他关于现代人口减

① 《论法的精神》(*De l'Esprit des Lois*)，第 23 章第 10 节。

少的结论是被误导的、偏狭的，他和他的波斯人纯朴而现实地讨论的事情依然是真正重要的。关于古代国家人口众多的争议，尽管其中一些论点相当愚笨，却有它的价值；它是更重要的关于古人与今人谁更优越之争论中的一部分，它像这个总体争论一样，促使人们将现代社会与古代世界作比较，给予现代奴隶制、大发现时代后欧洲的殖民扩张、宗教、疾病及伦理等引起的道德和社会后果问题突出的地位。

因此，毫不夸张地说，这种古人与今人的比较，无论是在文化、艺术、人口、道德诸方面，还是对争论作更高度概括而产生的进步观念，都为关于社会和环境因果作用的辩论作好了准备，这种辩论在马尔萨斯的作品和戈德温对他的最终回应中达到了高峰。我们将自己的思想置于什么基础之上，是人类制度的力量，还是自然法则的全能？前面所引述的戈德温好斗的言辞，清晰而公平地表述了这种选择性。马尔萨斯的原理“不是自然法则。它是非常虚假的生命的法则。”

我们一次又一次地看到进步观念对人口问题的有力影响，正如我们现在看到进步观念的当代替代品，即对科学的信仰有力地影响着人口问题一样。孔多塞和戈德温将进步观念接受为给文明带来意义的基本原则，而马尔萨斯则否认进步的不可避免及人的可完善性，认为进步既不均衡也不确定。

最重要的是进步观念与地球的环境限制因素结合在一起。马尔萨斯和戈德温将这一论辩的范畴扩展到包含整个世界，这是一个值得欢迎的进展，尽管将这个在政治上、文化上和宗教上严重分割的地球作为一个整体来考虑是存在明显隐患的。

这两位思想家都没有对人所造成的环境改变给予任何程度上的关注。他们认识到了这一点，却不大思考其中的含义。对马尔萨斯来说，毫无疑问环境是限制人类的，但是对戈德温而言，环境对人类并未提出什么致命的问题。他们为各自的目的都假设了一个始终稳定的自然环境。两个人都看到，最终地球可能被开垦得像一个花园，但他们都没有考虑到，环境会因人类长期居住而恶化，也许会在未来给人类一个难于决定的选择。布丰伯爵同样没有意识到这一点，但他的确看到了人对地球及一切生命的巨大影响，这个问题（以及布丰本人）正是我们在接下来的最后一章里将要讨论的。

第十四章 655

ÉPOQUES DE LA NATURE. 237

ſont devenues ſon domaine; enfin la face entière de la Terre porte aujourd'hui l'empreinte de la puiſſance de l'homme, laquelle, quoique ſubordonnée à celle de la Nature, ſouvent a fait plus qu'elle, ou du moins l'a ſi merveilleuſement ſecondée, que c'eſt à l'aide de nos mains qu'elle s'eſt développée dans toute ſon étendue, & qu'elle eſt arrivée par degrés au point de perfection & de magnificence où nous la voyons aujourd'hui.

自然史中的人类纪元

1. 引言

在《自然纪元》中，布丰伯爵把第七个，也是最后一个纪元称为人承担积极角色的时代，这个角色用他的话说就是，人“协助”自然的运作。从世俗的角度来看，人控制着自然；从宗教的角度来看，人在用一种不可思议的速度完成着创世。持这一观点的大部分人都是乐观的，是进步观念的信仰者，知识的增长使人得以拓宽眼界，重塑周围环境以便更合自己的口味。而当时存在的悲观态度并没有围绕一个普遍的原则组织起来，只是有这样一种看法，认为人在介入自然经济或自然平衡的时候必须小心谨慎。不过，有个别的作品，比如让·安托万·法布雷（Jean Antoine Fabre）的《关于山洪的理论》（*Essai sur la Théorie des Torrents*），就预示着一种全新而精细的敏感性，这种敏感性涉及文化地理学和历史学，也涉及那些持续地、累积地影响着土地的长期性风俗习惯。

656

2. 对比的机会

我们现在面临着比以前任何时候都更加严重的选择问题；在本章中把任何一部作品包含进来都不难说明理由，困难的是如何解释我们在介绍它的同时却把另一部作品排除在外。切题的材料数量大幅增长，而且这种增长在十九和二十世纪又进一步加速了。首先，每个国家都积累了关于本国自然资源的文献，而且这些文献往往有着广泛的理论价值。到十八世纪末，西欧的很多国家，像英国、法国、德国和瑞典，已经有了数量可观的收集品。其次，出现了一些综合性著述，特别是像布丰所写的自然史一类的著作，它们涵盖宇宙学、地质学及历史地质学、地理学、植物学和动物学、人种学，还有矿物资源及其分布等。类似布丰所著的自然史——实事求是，常常是概要式的，以归纳法编写，细节上十分具体而又有理论支持——不可避免地思考了人在自然中的地位、环境对人的影响，以及越来越多地看到人为造成的自然变化，其明显可见的证据存在于两种环境的对比之中：一方面是长期有人定居的环境，另一方面是远离人类影响的环境。第三，当时有不断增加的关于新大陆的文献，特别是关于美国的，其中一些聚焦在富兰克林和杰斐逊这样的人身上，这些政治家和政治理论家同样深切关注纯科学及应用科学，关注改造美国景观的计划。富兰克林在欧洲得到很好的认可，布丰伯爵属于美国哲学学会，亚历山大·冯·洪堡访问过美国的蒙蒂塞洛。这些关于美国的文献，不管是欧洲人写的还是美国人写的，都与那些有关政治组织、社会制度和边疆的著述有所区别，后者以德·托克维尔（De Tocqueville）或德·克雷夫科尔（De Crèvecoeur）的作品为代表。人们撰写关于森林的技术性书籍，像沃尔尼伯爵那样的旅行者发表了被广泛征引的作品，仔细描述这个国家的地理，包括森林、土壤、气候，以及开垦所造成的影响。处理方式相似、甚至更技术性的是杰斐逊的“关于弗吉尼亚州的笔记”（Notes on the State of Virginia）。还有巴特拉姆父子（the Bartrams）关于自然史的著作，以及富兰克林关于人口和自然平衡的短文。《美国哲学学会汇刊》（*Transactions of the American Philosophical Society*）早年的几卷清晰地揭示了人们对这个新国家的学术和科学兴趣的广度。到十八世纪晚期，一系列关于土壤、谷物和耕作技术的值得尊重的作品已经存在了。我们在这些作品中看到从塔尔（Tull）到汤森德（Townshend）的英国理论家，以及诺福克四区轮作制的影响。但英国的方法和理论并非毫无批判地被接受，因为美国人也从实际观察中学到知识，而无须等待欧洲理论家的首肯，这些知识包括玉米和烟草对他们土地的影响、土壤枯竭和土壤侵蚀的危险，以及肥料的性质，等等。关于美国环境知识的一个新体 657
系开始形成，也许是从拉瓦锡（Lavoisier）或汉弗莱·戴维（Humphry

Davy）爵士的成就中汲取营养，但也受到了不那么著名的实际观察者的影响，比如约翰·洛雷因（John Lorain），他对宾夕法尼亚和美国北方农夫毁林开荒的方法进行了比较研究，这个我们稍后会谈到。

关键的一点是，到十八世纪下半叶，作出比较的机会大大增加了。最富戏剧性的比较发生在长期有人定居的欧洲（其大片土地处于犁铧之下已有几个世纪，其森林已被砍伐作为耕地、葡萄园、果园、村庄、乡镇或城市，其许多河流现在变得十分驯服——它们都被加深、取直了，还有一些小型沟渠相伴，就像被伴娘服侍一样）与相对而言几乎是处女地的北美洲殖民地之间。我想，这甚至比我们更熟悉的欧洲与近东（带着它往昔荣耀和如今衰落的证据）之间的对比更为戏剧化，后者是沃尔尼伯爵在《帝国的废墟》（*Ruins of Empire*）一书中所作的对比。来到新大陆的欧洲旅行者看到了这种对比，要是他们看不到那才会是件怪事呢。他们似乎都同意，自然在这里也必须顺从那些新居民强加在他们身上的改变。承担着管理这片新土地责任的人们的思想，比起对农业政策或国家发展的实际关注，往往要站在一个更高的哲学平台上。他们可能会达到这样一种境界，正如他们与杰斐逊和他的朋友、罗尚博（Rochambeau）部队的一位将军沙特吕侯爵（Marquis de Chastellux）一起做的那样，设想有计划地创造一个新环境，即开垦的土地与林地交替存在，这将在经济上有用、在审美上赏心悦目，又是健康的，而且在生物学上是稳妥合宜的。

显然，在本书中考察这些卷帙浩繁的国家文献和综合性著述是不可能的，但我还是希望选取几个主题来说明这种对人类力量深度和广度不断觉醒的意识。这些主题包括自然史研究的影响，特别是十八世纪最伟大的自然史学家布丰伯爵的影响——此类研究唤起了人们关于人对其他生命形式和对作为整体的自然环境的效应方面的兴趣。本章所选取的还包括一些后来成为具有世界重要意义的主题，例如：一种观点认为自然中存在原生的平衡，文明人类要冒自身的危险才能打破它；与之对立的观点是，为了创造一个更好的环境就要进行有目的的改造；还有毁林开荒对气候的影响、开荒和排水对健康的影响，以及森林保护和洪水控制的文化层面，等等。

十八世纪科学家中那些伟大的名字：法国的布丰、瑞典的林奈、英格兰的班克斯，都致力于推动自然史的进展，这种进展在许多方面将人的活动浓墨重彩地凸现出来。为博物馆搜集藏品、对引进经济实用动植物的兴趣，都让人们更清楚地认识到自己作为动植物生命在世界范围内分配者的这个角色。这一世 658
纪末的那些远航，像库克船长的远航，带来了不同民族——粗野的或文雅的、不同肤色的——开发利用其自然资源的各种各样方式的新信息。

3. 气候变化与人类的勤勉

虽然本章重点介绍布丰伯爵的贡献，但还是有必要加上一点：其他学者也曾接触过人类作为自然的积极改造者这一题目，而布丰的阐释在很大程度上要归功于当时广泛流传的（即便是散漫的）对这个问题的兴趣。

比如孟德斯鸠，他的名字常常被认定与环境影响论紧密联系在一起（见上文，本书第十二章第 5 节），但他也观察到国家都是由人的努力带到了现在的状况，这种努力事实上确实改造了欧洲和中华帝国的自然环境。新大陆的土著民族却没有取得这样的成功。十八世纪的研究者们曾对这一事实印象深刻，那就是新大陆的人口无法与生活在亚洲、非洲和欧洲的巨大人口数字相比。[①] 这种不可比性看起来能解释新大陆的景观与欧洲和中国景观的对比，欧洲和中国有勤劳的居民在那里居住了足够长的时间，并且人数也足够多，因而可以完成这些伟大的历史改造。孟德斯鸠这个合乎情理的观察被他关于现代世界人口下降的错误信念所加强，导致他强调人口增长的重要性及人对自然环境的积极介入。[②]

孟德斯鸠建立起人口密度与土地使用实践之间的关联性，牧场仅能支撑少量人口，庄稼地能供给的人口数量要大一些，葡萄园能养活的人就更多了。在种植谷物和葡萄树时，人类勤劳的程度更高。稻米文化就是最好的例子，人们用自己的劳作代替耕牛，这种“土壤的文化对人来说变成了一种巨大的制造业。”看来孟德斯鸠并不关心 1669 年法国森林条例之后的森林利用的问题，

---

① 奇纳德（Chinard）：“十八世纪关于美洲作为人类居住地的理论”（Eighteenth Century Theories on America as a Human Habitat），《美国哲学学会学报》（*PAPS*），卷 91（1947），28 页。

② 见本书第十二章第 6 节；及《波斯人信札》（*The Persian Letters*），罗伊（Loy）翻译（Meridian Books），第 113—123 封信；和《论法的精神》（*De l'Esprit des Lois*），第 23 章第 1—4、10—19、24—26 节。

他说，有煤矿做燃料的国家“比其他国家更具优势，对森林没有同样的需要，土地就可以得到开垦。”然而这个表述的确显示出他思想的动态性质：煤炭把经济从对森林的依赖中解脱出来，于是森林便可以被牺牲而开垦作农田；不过，这也显示出他对作为景观中一个至关重要因素的森林几乎是毫无认识的。[①]

孟德斯鸠害怕现代世界的人口正在减少到危险地步，以至于 659
世界上的少量居民不能开发利用这个世界，也无法避免被自然逼入困境——尽管这种恐惧毫无根据，但他还是显示出一种对人口与地球资源利用之间关系的认知，这种认知与他的环境理论中关于人之被动性的假设是不一致的。世界人口必须增长。在《孟德斯鸠的思想和未刊遗稿》中，他奋力呼吁人对自然的积极介入：地球的让步总是与我们对它的强力索取成正比。海里的鱼是源源不绝的，缺少的只是渔夫、渔船和商人。牛群羊群随着照料它们的人数增长而增长。如果森林枯竭了，那就打开地球，你会找到燃料。你为什么到新大陆去，仅仅为了公牛的皮革就杀死它们？你为什么允许这么多本来可以灌溉农田的水滚滚流入大海？你又为什么将应当流入大海的水留在你的农田中？[②]

甚至文人学士也在讨论气候变化。休谟就欧洲历史时期作了这方面的推测，并得出结论说，这种变化确实发生过，而他所处时代的较暖气候应完全归因于人力的作用，因为那些以前阻挡太阳光线直射地球表面的树木，现在都被清理干净了。通

① 《论法的精神》，第 23 章第 14 节。

② 《孟德斯鸠的思想和未刊遗稿》（*Pensées et Fragments Inédits de Montesquieu*），卷 1，180—181 页。

过砍伐森林，美洲殖民地北部变得更为温和，而南部变得更为健康。[①]

此外，康德认识到人类的行动力也包含在那些过去和现在的作用力之中，正如地震、河流、降雨、海洋、风力、霜冻一样，导致了整个历史时期的自然变化。人们建造了工事抵御海洋侵蚀，在波河、莱茵河和其他河流的入海口创造出土地。他们排干沼泽、清除森林，这些行为明显改变了国家的气候。[②] 这些议论本属常见，但其中主要的关注点是，康德认为在自然地理学研究中，有必要把人也包含进来，作为带来环境改变的自然现象之一种。

对人为改变景观的兴趣受到“气候变化紧随森林砍伐”这个理论的刺激；从新大陆来的报道宣称那里的气候变得更暖了。休·威廉森，一位美国医生，1760 年（后文及“参考书目”中称 1770 年——译者注）向美国哲学学会宣读了关于这一课题的一篇论文，其法文译本影响了布丰。威廉森说，居住在宾夕法尼亚以及相邻聚落的人，都认为在最近四五十年中气候发生了变化，冬天不那么难熬了，而夏天更为凉爽。威廉森对这些说法全盘接受，并解释说人可以在普遍的气候模式下达成地方性的改造。

---

① “论古代国家的众多人口”（Of the Populousness of Ancient Nations），《道德、政治和文学论文集》（*Essays Moral，Political，and Literary*），卷 1，434 页。

② “自然地理学”（Physische Geographie），收录于《伊曼纽尔·康德文集》（*Immanuel Kant's Sämmtliche Werke*），哈滕斯坦（Hartenstein）编辑（莱比锡，1868 年），卷 8，300 页。

他还说，中部殖民地的海岸从东北走向西南。大西洋保留了 660
在夏季获得的一些热量并受到墨西哥湾暖流的加温，因此大西洋在冬天比陆地来得温暖，狂暴的西北风便吹向海洋："大陆上空的空气越寒冷，西北风就会越狂暴。"威廉森问道，什么才能降低这种西北风的狂暴程度呢？坚硬光滑的表面比粗糙不规则的表面更能反射热量，一片干净光滑的土地也会比那些灌木和树林覆盖的土地反射更多的热量。"假如这片大陆的表面如此干净光滑，以至于会反射足够大的热量来温暖现在的大气，这个热量相等于邻接的大西洋所产出的热量，那么一种平衡便会被恢复，而我们也就不会再有这种定期的西北风了。"[①]

一些观察者，包括海上的水手们，反映说西北风的强度越来越弱了。自从此地有移民以来，也有报告说霜冻没有以前那么严重，降雪量减少并且降雪不那么有规律了。一片清理出来的空地在冬天比那些灌木和树林覆盖的土地更容易变暖。由于空地与海洋之间的温差缩小了，冬季风暴的频繁程度、猛烈程度及持续时长也相应地降低了。

在寻找欧洲的支持性证据时，威廉森评论了这样一个观点，即意大利在奥古斯都时代比现在的开垦程度更好，但是现在的气候比当年更温和，从而反驳了"认为一个国家的开垦会使其空气

① "试解释在北美中部殖民地观察到的'气候变化'"（An Attempt to Account for the CHANGE OF CLIMATE, Which Has Been Observed in the Middle Colonies in North-America），《美国哲学学会汇刊》（*TAPS*），卷 1（改正第 2 版，1789），339 页。

更为温和的意见”。[1] 他回应说，即便意大利的冬天在奥古斯都时代更寒冷，只考虑意大利一个国家的证据也是不够的，因为这个解释不存在于意大利，而是存在于“罗马以北的广阔区域”——匈牙利、波兰、德国。自恺撒时代起，日耳曼人数量增多了，农业也进步了；所有这些王国都曾被森林覆盖，但仅有少数森林保留到今天。在古代，北风从寒冷而布满森林的北方国家吹来，使意大利变冷；今天这些北方国家的森林清除了、土地开垦了，它们不再为这种狂暴的北风提供同样的机会，而如果德国和其他毗邻国家不再那么寒冷，那么顺理成章，意大利也是一样的。我们感到奇怪，正如诺厄·韦伯斯特就一个相似论点所提出的那样，怎么可能忽略阿尔卑斯山呢？[2]

661 那么另一个反对观点又是怎么回事呢？这个观点认为，如果清除森林会使冬天更温和，那么这样做也会使夏天更炎热。威廉森提出一种“经规划的景观多样化”：“大片清理出来的土地上，在这里或那里被未开垦的高大山脉切断……”暖空气在空旷的土地上比在林木茂盛的地方更容易爬升，这种爬升使来自未开垦群山的冷空气得以流入，造成既有冷微风又有暖微风的结果。陆地上的风，还有那些可能来自海洋和湖泊的风，会带来一个温和适

---

① 威廉森（Williamson），前引书，340 页。其来源是巴林顿·戴恩斯（Barrington Daines）：“对意大利和其他一些国家现在与十七个世纪之前气温差异的考察”（An Investigation of the Difference Between the Present Temperature of the Air in Italy and Some Other Countries，and What it was Seventeen Centuries Ago），《伦敦皇家学会哲学汇刊》（*Philosophical Transactions of the Royal Society of London*），卷 58（1768），58—67 页。威廉森所指的段落在 64 页。

② 同上，340—342 页。

度的夏天。[①]

威廉森的兴趣甚至还不止于这个通过理性规划的森林砍伐来控制气候的计划：这种人工促成的气候变化将容许引进不同的谷物和新的植物。作为一个内科医生，他看到了研究清除森林对健康之影响的重要性，以及记录疾病历史的重要性。

> 当这个国家的表面覆满了树林，当每一条山谷都包藏着沼泽或滞塞的湿地，由于树叶或植物叶子的大量蒸发，以及池塘和湿地表面普遍呼出的废气，空气中便持续地充斥着一种恶心腐败的液体。因此就有一系列不规则的、神经性的、黄疸型的、时断时续间歇发作的热病，这些热病多年来在这个国家的许多地区都保持着致命的支配地位，但是现在却显著地走向衰退了。我们还看到，寒冷季节的肋膜炎和其他炎症，还有另外几种疾病，其肆虐程度也都降低了，因为我们的冬天变得比较温和了。[②]

疾病的传播与开放空间的存在之间的关系，特定种类的疾病与湿地沼泽之间的关系，自从希波克拉底学派的时代以来就一直被人观察到。但是，认为人应当积极介入环境以控制疾病，这个观点在我看来是由休·威廉森和本杰明·拉什（Benjamin Rush）这两位美国医生最为雄辩地表达出来的。他们看到了一个民族对

---

① 威廉森（Williamson），前引书，343 页。

② 同上，344—345 页。

于它初次定居的环境之关系，这个民族对于它其后改变的环境之关系，以及最终这个民族与农业和植物引进、排水，以及公共卫生措施所带来的随后变化之间的关系。

十八世纪的很多作者都对气候变迁感兴趣。他们的理论，就像威廉森的论文所展示的那样，常常考虑人力在改造景观中起到的作用。诺厄·韦伯斯特在 1799 年对这些文献作过一个出色的评价（见上文，本书第十二章第 2 节）。[①] 他干脆利落地分析了当代作者对古典著述任意而马虎的引用（在这一点上，佛蒙特的历史学家、可怜的塞缪尔·威廉斯表现得特别糟糕），然后评论道，
662 地中海特色植物（无花果、石榴、橄榄）的分布自古代以来似乎并未改变，那么很可能当时的冬天也并不比如今更寒冷。根据古典资料，他概述了可能的古代橄榄树地理界限，并下结论说，其古代界限与阿瑟·扬（Arthur Young）所标明的现代界限大体相同，从鲁西永的比利牛斯山起，向东北通过朗格多克，到赛文山脉南麓，在蒙特利马尔穿过罗讷河，并继续通过格勒诺布尔附近，到达其终点萨沃伊。[②]

韦伯斯特否认了关于历史上发生过大规模气候变迁的流行信念，接着检视在一个受限制区域内因人力作用而发生这种变迁的

① “关于假设现代冬季气候变化的论文”（Dissertation on the Supposed Change of Temperature in Modern Winters），收录于《政治、文学与道德论文集》（*A Collection of Papers on Political，Literary and Moral Subjects*），119—162 页。这篇论文最初在 1799 年宣读于康涅狄格艺术与科学学会，还包含了后来在 1806 年向同一学会宣读的补充评论，146—162 页；引文在 119 页。

② 同上，133—134 页。

可能性。他批评布丰（以及接受布丰权威的吉本和威廉斯），因为布丰说驯鹿向北撤退到更寒冷的地区，在那里它们才能存活，这是由于欧洲南部和法国过去对这种动物来说足够寒冷，现在却变得过于温暖了。

> 我认为这一论点极为荒谬。驯鹿寻求森林，在开垦者的斧头落下之前就会飞奔而逃，就像熊、普通的鹿，还有美洲印第安人，都是一样的。鹿如何能在开阔的空地上生存？如果驯鹿能生活在一个缺少森林、经常被人打扰的国家，那我们大概也可以期待鱼生活在空气中了。里海森林不复存在，农夫们剥夺了驯鹿这种动物的栖息地、食物和生存要素。它并不喜欢和人待在一起，于是放弃了欧洲被开垦的地方。……众所周知，驯鹿最喜欢的食物是一种苔藓，这种苔藓只生长在或主要生长在荒地和未开垦的丘陵上，那么它如何能在开阔的、被开垦的国家中生存？驯鹿的退隐与其说是证明了气候变化，不如说它更像是土地开垦的结果。①

这些论点与布丰本人所表达的许多观点十分相似，这两个人都指出了文明人变更野生动物甚至是原始民族的分布的力量，其方式是通过改变这些动物和民族的栖息地或者胁迫他们。此外，韦伯斯特对布丰不怎么公平。布丰确实说过，现在驯鹿仅能在最

---

① “关于假设现代冬季气候变化的论文”（Dissertation on the Supposed Change of Temperature in Modern Winters），收录于《政治、文学与道德论文集》（*A Collection of Papers on Political，Literary and Moral Subjects*），135 页。

北边的国家中找到，以及法国的气候在过去因其森林和湿地而比现在要寒冷得多。布丰说，有证据表示麋鹿和驯鹿曾居住在高卢和日耳曼的森林中。由于森林被砍伐，沼泽的水也被排干，气候变得温和了，喜欢寒冷的动物就迁徙了。在导致动物改变栖息地的诸多因素中，有水面的减少、人类及其所建设施的成倍增加等。其实布丰与韦伯斯特这位著名辞典编纂家之间有许多观点很接近，而不是像后者使之表现出来的那样南辕北辙。他们两个人都认识到人口增长、人类设施、清除森林和排干积水对动物分布的影响。[①]

663 韦伯斯特的结论是，就一切实用目的而言，气候自创世以来就是同一的，地轴向黄道平面倾斜度的效果也没有变化。然而，人能够制造重要的局部变化。对这个时代的人们来说，清除森林与文明进程密切相关，他们典型的对比存在于森林与空地之间，森林中的气温和近地表温度的“摆动”没有空地上的那么频繁，也没有那么剧烈。当地面被树木覆盖时，便不会被狂风扫过，温度也就更均一。森林地面的泥土既不会在冬天冻结，也不会在夏天被烤焦。这种极端现象在空旷的或被开垦的土地上都会发生，韦伯斯特说这个事实反驳了（威廉森所持的）通行的理论，即认为砍伐森林会带来对冬季严寒的节制；事实上，“我们冬天的寒冷程度，尽管不那么稳定，但可以非常明显地感觉到是加重了的。”他否认影响整个地球的各种力量与气候变化有任何关系。“看起

① 见布丰（Buffon）：“麋鹿和驯鹿”（L’Élan et le Renne），《自然史》（*HN*），卷 12（1764 年），85—86、95—96 页。

来，一个国家毁林开荒所带来的一切变化，其结果仅仅是造成几个季节中的热量与寒冷、潮湿与干燥天气的不同分布状况而已。对土地的清理使它们暴露于阳光，它们的湿气被蒸发，地表附近在夏天更炎热，而冬天却更寒冷；温度变得不稳定，季节也变得反常。”①

4. 布丰：论自然、人类与自然史

布丰伯爵一而再、再而三地表述他对人们在自己的自然环境中造成的变化十分感兴趣，特别是那些伴随着文明的发展和扩张，以及人类及其驯化动植物在整个地球的可居住部分中迁移和散布而发生的变化。他思考人力作用带来的地球上的自然变化这个问题，比他同时代的任何人都更为详尽，而且的确可以说直到乔治·马什的《人与自然》在1864年发表之前，整个西方科学界或哲学界都没有人超过他。他对地球上特别与人类活动相关的自然变化的关注，是哲学的、科学的，并且是讲求实际的。他认为，这些变化对于创造文明、促进文明的发展和传播是必不可少的。“野生的自然是丑陋的、垂死的；是我，只有我，能让它变得惬意和生机勃勃。”他说，排干沼泽地，让死水流入小河和沟渠，用火和铁器清除灌木丛和老旧的森林。在它们的所在地代之以草场和可耕地让牛来耕犁，这样一个“新的自然就

① 韦伯斯特（Webster），前引书，147、184页；亦见162页。

能从我们手中诞生。”[①]

664 布丰的思想也与同时代关于文明起源和发展的理论相关。那个世纪许多最著名的思想家——孔多塞、孟德斯鸠、伏尔泰、卢梭、杜尔哥（Turgot）和赫尔德——都曾撰写这样的主题：人类的进步、文化惯性的重要意义，以及导致一些民族进步而另一些落后的环境影响。这些研究包含了人类社会的起源理论和艺术与科学的起源理论，还涉及推测对早期文明有利的自然环境。与文明生活的舒适景观相比，早期环境是否严酷、不健康、令人生畏？在这个问题上布丰有鲜明的立场。他对那种把自然状态、原始社会或远古环境浪漫化的说法毫无耐心。

对布丰而言，自然的力量是无限的、生机盎然而永不枯竭的。它那神圣的起源表现在被造万物之中。在地球上，人的力量也有神圣起源，人注定要不断推动自然的计划与意图。在这种目的论的概念中，自然实际上是人格化的。人是“天的封臣”，是“地球上的王”，他在地球上拥有中心的、至关重要的地位。人能给自然带来秩序并改进自然。增加人类自身的数量，也就是增加了自然最珍贵的产物。[②]

人类力量的一个伟大来源，在于他们有能力生活在许多不同的气候中并使自己适应这些气候，不过布丰认为，人在适应极端气候时对严寒比对酷暑的适应更高效。人迁移和散布的历史显示出这种适应能力有多么古老；人在迁移中携带着自己的技艺、农

① “自然：第一图景”（De la Nature. Première Vue），《自然史》（*HN*），卷 12，xiii 页。

② 同上，xi 页。

业技术、驯化动植物的知识，他们能在每一个定居下来的新地区按照自己过去获得的口味去改造自然。随着时间流逝，通过新的发现与探索，他们会在整个可居住的世界中生活，创造出一种与原始自然世界截然不同的自然世界。

人不仅有适应能力，他还是聪明的、善于创造的，并且能得益于过去积累的知识。这些能力使他在改造自然时，得以运用一种无限的力量。人是富有创造力的生物，他们的成就不仅在时间上累积，也在空间上扩展。布丰多次从这一角度区分了人与动物：人类游荡者入侵动物领地，改变它们的生活和栖息地（如果他确实屈尊免它们一死的话），同这些人类游荡者相比，动物的生命、生活方式、栖息地，以及地理分布所受环境控制的程度要大得多。

这样，能迁徙、有适应力的人的主题被确立起来，与移动性不强的动植物主题形成了鲜明的对比，动植物的分布如果没有人类干预的话，就是被气候控制的。这是作为创世特征的初始和谐中的一部分。“看起来，自然为物种制造了气候，或者说为气候 665
制造了物种，为的是它的产物能得到更多的融洽和谐”，这一事实更强烈地体现在植被上，每一个区域、每一度气温都有独属于自己的植物生命种类。[①]

然而，从未有人居住过的区域对布丰没有什么吸引力。那些地方的高地上是黑暗浓密的森林，残枝败叶覆盖着森林地面，窒息了所有的生命。那里有低地的死水和恶臭沼泽，对陆生或

① “野生动物”（Les Animaux Sauvages），《自然史》（*HN*），卷 6，55—59 页。英译引文的原文在 57 页。这个论述的全文在动物地理分布的思想史上十分重要。亦见“动物之退化”（De la Dégénération des Animaux），《自然史》，卷 14，311—317 页。

水生的栖息者都同样一无是处。在高地和低地之间，是一片荒地，密布着灌木丛和无用的荆棘，与可居住土地上的草甸没有任何共同点。

毫无疑问，布丰也接受了十八世纪广泛流行的对自然的态度，这个自然——用罗杰·海姆（Roger Heim）的话来说——是被很好地照顾着、命令着，有点过度地被搜索着，并用装饰物美化着的自然。[①]不过，我们在较早时期的英国学者中也看到了同样的感受，比如雷约翰和斯普拉特。他们渴望从旷野、沼泽和古老森林那里赢得新的土地。他们大声赞美理想中的坐落在精耕细作田野上的美丽村庄。他们坚信技术，坚信改善个人和社会的可能性。他们倾慕科学及科学方法，称颂知识的进展；他们看到自然也能够被这种新知识来改善，而新知识本身就是被唤醒的好奇心的产物。

在关于自然的作品中，布丰这个爱用感叹号的人，写下了“她是多么美丽呀，这被开垦的自然！人的照料使她光彩夺目地装扮起来！”（Qu'elle est belle，cette Nature cultivée! que par les soins de l'homme elle est brillante et pompeusement parée!）人是自然最高贵的产物，而为人所珍爱的自然，在人的照料下以令人中意的方式自我繁殖。花草、水果、谷物、有用的动物种类，都被传播、繁衍和不可计数地增长着，而那些没用的物种则被剔除出去。采矿技术前进了。洪水被约束，河流被引导和控制。海洋被征服。

---

① 海姆（Heim）：“为布丰作序”（Préface à Buffon），贝尔坦（Bertin）等：《布丰》（*Buffon*），7 页。

土地被恢复，并改造成沃土。欢笑的草地、牧场，山上的葡萄园和果园，山顶以有用的树木和新生的森林加冕，荒芜的地方建立起伟大城市，还有道路和通讯，这些只不过是几个提示之物，告诉我们“那种力量和荣耀，充分地展示了人——这个地球领域的主人，改变了地球并翻新了它的整个表面，人将永远与自然分享这个帝国。”[①] 也许这句引文的风格对我们现代口味来说显得自命不凡，但是其中包含的思想还是值得阐述：在人工繁殖驯化动植物，以及用一种植被取代另一种的做法中人类的行动力，还有文 666
化传播在将驯化动植物分布到全世界过程中的重要性。

布丰对原始自然的描述是令人沮丧的，就像《物种起源》发表之后的很多描述那样。这些描述缺乏赫胥黎所强调的那种不停歇不退让地为存在而斗争的感觉，但是它们有一种与赫胥黎相似的警示：人由于征服而享有统治自然的权利，但是如果人通过战争、贫穷或人口减少而变得懒惰或犹疑不决，自然就会收回她的权利，并抹去人所做的一切。[②]

对布丰而言，地球的历史就像人类历史一样：二者都可以通过检视铭刻、纪念碑和旧时的遗址而被重构。此外，物理现象，像社会现象一样，都要经受不断的变化，因此地球及地球上的生命在不同的时期呈现不同的形式。他在《自然纪元》的导言中说，

---

① “自然：第一图景”（De la Nature. Première Vue），《自然史》（*HN*），卷 12，xiii—xv 页。法文引文在 xiii 页，英译引文在 xiv 页。

② 同上，xiv—xv 页。托马斯·赫胥黎（Thomas H. Huxley）：“进化论与伦理学：绪论”（Evolution and Ethics. Prolegomena），收录于《进化论与伦理学及其他》（*Evolution and Ethics and Other Essays*），9—11 页。

“我们今天所看到的自然的状态，既是自然的作品，在同等程度上也是我们的作品。我们学会了如何软化她，改造她，并使她适合我们的需求和愿望。我们制造了、开垦了地球并使之肥沃，因而我们今天所看到的地球外观，与技艺发明之前时代的地球外观大不相同。”再者说，“我们必须搜寻，在新发现的区域观察自然，在无人定居的地方观察自然，以形成关于其早期状态的观念，当然比起各个大陆被水覆盖、鱼在我们的平原游泳，而山脉还是海底礁石的时代，这个早期状态也是相当现代的了。”[①]

这样的地球历史是《地球历史与理论》(*Histoire et Théoire de la Terre*，包括其添加的注解、证明及修改）的主题，也是布丰的杰作《自然纪元》的主题，后者将地球历史划分为七个纪元。它们是：地球与行星的形成，地球内部岩石的巩固，大陆受到海侵，海水撤退及火山活动开始，北方作为大象及其他南方动物的栖居地，各大陆相互分离，以及人的力量协助自然力量。在第七纪元中，开始了人类“对自然的协助”，这导致地球的改造。布丰对人类历史早期的重构也许可以概述如下：当早期历史中前几个纪元的世界范围灾难性动荡尚未完全平息的时候，人就出现了。甚至那些生活在地震、火山和野生动物的恐怖之下，没有文明社会保障的初民们，也被迫要改造自然以适应自己的需求，要为了自卫和互相帮助而联合起来，修建房屋、制造类似斧状坚硬燧石
667 这样的武器。早期人类可能是通过燧石或者通过火山和燃烧的熔

① “自然纪元”(Des Époques de la Nature，以下简写为 EN)，导言，《自然史增补》(*HNS*)，卷 5，1—5 页；引文分别译自 3 页和 4 页。

岩取得了火，以此互相联络，并在灌木丛和森林中清理出空地。借助火的帮助，土地变得宜居，人们还用石斧砍伐树木，将木头制成武器或其他工具，这些武器和工具是在他们急迫的需要下出现的。以他们的发明创造能力，他们能够设计出远距离打击的武器。渐渐地，家族聚合成为小民族，这些民族的领土最初以水为界或被山包围，但人口大量增长后，他们不得不在内部分割自己的土地。“正是在这一刻［即分割土地的时候］，地球变成了人的领域；他通过开垦劳作拥有了地球，而且从这一点出发，我们可以追踪后来产生的人类依附故土，依附民事秩序、行政和立法的表现。”[①]

这种对早期人类活动的描写与卢克莱修关于人类文化早期发展的著名叙述相比，即便不是在实际细节上，至少也是在要点上非常相似。[②] 布丰在他的著作中明确地赞美火在人类历史中的地位。焚烧和毁林开荒在有关新大陆的文献中常常提到，这在布丰时代的欧洲也是常见的做法。布丰的描述也暗示出了现代研究所得到的结论，即说明早期人类用简单的工具和火就能够轻易地对环境做出重要的、持续的、广泛的改变。对布丰而言，早期人类并不是一种只会调整自己去适应可怕环境的惊恐的动物。

然而，早期人类的这些努力与文明时代的成就相比还是微不足道，布丰相信这种文明在他所处时代之前约三千年，在中亚地

---

① “自然纪元”（EN），导言，《自然史增补》（*HNS*），卷5，225—227页（第七纪元的导言）。

② 卢克莱修（Lucretius）：《物性论》（*De Rerum Natura*），V. 1245—1457。

区北纬四十至五十五度之间的地区已经存在。布丰很欣赏德国自然史学家彼得·西蒙·帕拉斯所报告的在亚洲这一地区分布的耕耘、艺术和城镇的证据，帕拉斯认为这些是古代辉煌帝国的残余。或许布丰也预见到十九世纪对人类研究的主要兴趣之一——寻找雅利安人的发源地。根据布丰的历史地质学理论，这一区域（布丰时代的南西伯利亚和鞑靼地方）最适合文明的发展，因为这是地球上相对平静的部分，不受洪水侵袭，远离可怕的火山和地震，地势稍高，因而也比其他地区更为温和。在“亚洲大陆中心的这片区域”，拥有宜人的气候、可以观察群星的清澈天空、适合耕种的肥沃土壤，人们在这里获得知识和科学，然后获得力量。这一古代文明被一个因北方人口过剩而遭到驱逐的民族所摧毁；在这里，布丰使用了关于北方地区是民族发源地（*officina gentium*）
668 的古老观念，这是早在六世纪约尔达内斯所提出的。这一文明的许多成就都已湮灭，但农业和建筑技术得以完好地保存下来，并且得到传播和改善，它们的进步紧随着重要的人口中心：首先是古代中华帝国，然后是阿特兰蒂斯、埃及、罗马和欧洲。“这样，仅仅是大约三十个世纪之前，人的力量才与自然的力量结合起来，并传遍了地球上的绝大部分地区。”这些伟大而有目的的改变包括驯化动物、排干沼泽、控制河道并消除瀑布、砍伐森林，以及开垦土地。通过技艺、科学和探索，甚至世界上与世隔绝的地方也变成了人的领地：“终于，整个地球表面在今天都盖上了人类力量的印记，这人类的力量尽管还屈居于自然的力量之下，却常常比自然所做的事情更多，或者至少是如此不可思议地帮助了自然，以至于正是凭借我们双手的帮助，自然才最大限度地发展了她自己，并逐渐达到了我们今天所看见她的完美与壮丽。”[①] 这些强烈的词语表现了布丰对人类创造力的真实信念；如果说他常常对人性信心不足、对人的破坏性和战争倾向感到绝望的话，那么自然受到人“如此不可思议的协助”这一点对他而言是有意义的，一个被改造的自然就是活生生的例证，它证明了人在自然秩序中的地位，以及人按照自身愿望塑造自然的力量。

5. 布丰：论森林和土壤

布丰本人是个农夫、苗圃工人和植物培育者，也是森林种植的实验者，他关于森林有话要说自然是在人们意料之中的。但是他所说的初看起来有矛盾，因为他同时支持摧毁森林和保护森林。这种表面上的不一致，可以通过分析布丰地球理论中森林的地位来解释。

作为有关地球的五个基本事实之一，布丰提出了这样的见解：由太阳放射并被地球吸收的热量，在与地球自身的热量相比时实在太小，单靠太阳热量不足以维持自然的生机。[②] 地球内部的热量在散失，因此地球虽不可察觉但毫不留情地在冷却下去，仅有太阳的热量是不足以阻止这种趋势的。布丰低估了太阳辐射的能量，而且对温室效应一无所知。他了解像人们在深矿井里所体验的地球内部的热量，从而得出结论说，地球热量的损失超过了它

---

① “自然纪元”（EN），第七纪元，《自然史增补》（*HNS*），卷 5，228—237 页。两段引文译自 236、237 页。

② 同上，6 页。

669 从太阳那里获得的热量。因此，人可以通过砍伐森林来增加太阳热量的效率，使太阳热量到达并温暖地球表面，这至少能部分地补偿因地球变冷而造成的热量损失。

在这一点上，布丰所依赖的是来自新大陆的关于清除森林后气候变暖的各种报告，使他印象特别深刻的是休·威廉森1770年8月17日在美国哲学学会宣读的文章（我们在前面讨论过），这篇文章不久后就被翻译成了法文。[①] 布丰将他的理论与关于气候变化的报告结合在一起，得出结论说人类有可能根本性地规范或改变气候。[②] 他选择了一个不恰当的例子作为证据。他说，巴黎和魁北克几乎处于相同的纬度和海拔（布丰知道仅靠纬度和海拔不能决定气候，但此处他假设它们是决定性因素）。倘若法国及毗邻国家没有人口、被森林覆盖且被水体包围，那么巴黎就会像魁北克一样寒冷。通过清除累积的死亡有机物、排干沼泽、砍伐树木并让人们在此定居，一个国家会变得健康，它获得的热量足够使用几千年。根据他的推理，布丰说，法国在今天原本应当比两千年前的高卢和日耳曼更寒冷，但是事实并非如此，这是因为森林砍伐了，湿地也已排干，河流得到了控制和引导，覆盖着

① 休斯·威廉森（Hugues Williamson）："试解释在位于北美内陆的殖民地观察到的气候变化之原因"（Dans Lequel on Tâche de Rendre Raison du Changement de Climat qu'on a Observé dans les Colonies Situées dans l'Intérieur des Terres le l'Amérique Septentrionale），《物理学报（物理学、自然史和艺术研究）》[*Journal de Physique* (*Observations sur la Physique, sur l'Histoire Naturelle et sur les Arts*)]，卷1（1773），430—436页。在"自然纪元"（EN）的末尾对威廉森的引用来自法文译本，是不够确切的[《自然史增补》(*HNS*)，卷5，587—599页]。

② 这一论述基于"自然纪元"，第七纪元，《自然史增补》，卷5，240页。

死亡有机体残骸的土地都被清理干净；假如这些改变不曾完成，现代法国就会比过去的高卢和日耳曼更寒冷。[①] 为了进一步证明这个论点，他引述了差不多一个世纪之前，在卡宴附近地区发生的森林砍伐运动（《自然史》整部著作中有许多地方提及法属圭亚那），这导致在清理出来的空地与阳光很难穿透的又冷又湿的浓密森林之间，空气温度有显著差异，即便在夜晚也是如此；空地上的降雨甚至也比森林里开始得晚、停止得早。然而人的力量是有限的。人能让暖空气上升，却不能让冷空气下降。因而人在炎热沙漠里降低气温的能力，很大程度上仅限于制造阴凉而已。通过伐树，很容易使密林下的潮湿土地变暖，而要在阿拉伯植树来给酷热干燥的沙漠降温，难度就大得多了。对于这样的环境，布丰提出，在灼热的沙漠中间造林也许会带来雨水、沃土和温和的气候；这个看法基于一种非常古老的信念，即认为树木能够吸 670
引云彩和水分。[②]

除了炎热的沙漠作为一个例外，布丰认为增加地球表面的温度非常重要，因为所有的生命都依赖于热量。为了让太阳热量在地球表面更容易利用，人可以通过开辟有用的空地来改造那些对他们有害的东西。“这样的国家是幸福的——温度的所有因素都达到平衡，并且充分地结合在一起，只带来好效果！但其中是否有一些国家，从一开始就具有这种优势？是否有一些地方，人类的力量并没有协助自然的力量？”[③] 这样，通过系统化的森林砍

① 这一论述基于“自然纪元”，第七纪元，《自然史增补》，卷 5，240—241 页。

② 同上，卷 5，241—243 页。

③ “自然纪元”（EN），第七纪元，《自然史增补》（*HNS*），卷 5。引文译自 246 页。

伐，或者在需要的地方种植树木，人可以把那些秉承了不公平条件的土地，转变为具有温和特质的土地。甚至人们的身体就是小小的燃炉，能够温暖地球，而人对火的利用也提高了有多人居住的每一个地方的温度。“在巴黎持续严寒的日子里，圣奥诺雷郊区［巴黎西北部］比圣马索郊区［巴黎东南部］温度计的读数要低两到三度，因为北风在穿过这座大城市的众多烟囱后变得温和一些了。”①

至于灌木丛、浓密的森林、累积的有机物残骸、散发毒气的沼泽，布丰将它们看作毫无价值——我想这基本上是因为，在一个土壤微生物学被人理解之前很久的时代，他相信这些东西保护湿气、损害热量。森林阻挡了对维持和繁殖生命来说必需的热量，它们有损于自然和文明。人的作用，无论在过去还是现在，都是要在自然中需要和谐平衡的地方，创造和谐的平衡。

但是，布丰并不会赞成在现代国家中砍伐森林。他对森林的兴趣从年轻时就开始了。他作过研究和实验，也阅读过关于森林的许多英文名著，比如约翰·伊夫林的《森林志，又名林木论》。就像在他之前的很多法国学者一样，布丰警告人们在法国砍伐森林的危害。他一篇关于保护森林的文章（1739年），将规劝与实用的忠告结合在一起，呼吁保护森林，呼吁更好的管理和规范，并且呼吁人们在满足现时需要的同时，不要忘记子孙后代的幸福。所有的森林规划都可以被简化成两项任务：“保存那些现存

① “自然纪元”（EN），第七纪元，《自然史增补》（*HNS*），卷5，243页。

的森林，部分更新那些已被我们摧毁的森林。”①在过去的布列塔尼、普瓦图、吉耶讷、勃艮第和香槟地区的法国森林都已经被摧毁，被荒地和灌木丛替代了；这些地方应当修复。②在1742年，布丰抱怨说，人们已通过观察和实验学会了很多实用的技艺，比 671
如农业，但他们对林业却几乎一无所知：“没有什么比人们对森林了解得更少，也没有什么比森林更被忽略。森林是自然的馈赠，我们接受它，像它刚从自然手中交给我们的那样，这就足够了。”甚至最简单的保护森林和增加森林出产的方式，都受到了漠视。③布丰对地方上砍伐森林带来的影响表现出持续的兴趣，他大约在1778年参加了地下煤炭开采与提纯协会，这个组织关注作为工业资源的煤炭，关注炼焦，以及减轻法兰西王国的森林消耗。④

布丰对森林的两种态度可以这样来协调：大面积的有损于人的森林必须被清除，以使土地变得可以居住；但是一旦这些土地上建立了社会，森林便成为资源，必须小心而有远见地对待。

布丰将泥土分成三类：黏土、钙质土和植物土（*terre*

---

① 《自然史增补》，卷2，249—271页。引文在241页。这篇文章“关于森林的保护与复原”（Sur la Conservation et le Rétablissement des Forêts），是重印自《皇家科学院历史记录》（*Histoire de l'Académie Royale des Sciences*，*Mémoires*），1739年，140—156页。

② 同上，卷2，259页。

③ 同上，卷2，271—290页。这篇文章“关于森林的文化与开发”（Sur la Culture et Exploitation des Forêts），是重印自《皇家科学院历史记录》，1742年，233—246页。

④ 贝尔坦（Bertin）在《布丰》（*Buffon*）一书中，引用了“巴绍蒙回忆录”（Mémoires de Bachaumont）（1780年）的一个段落，其中提到政府关注煤炭处理，作为一种手段，用以遏制因在家庭取暖和工业技术中过度使用木料而强行砍伐树木造成的法国森林退化。

végétale），植物土主要由植物和陆生动物的碎屑构成。植物土又分为两类：腐质土（*terreau*）和淤土（*limon*），其余的则代表腐质土分解时的最后阶段。这些土壤类型的纯粹形式在自然界中是很难看到的。土壤由这些类型混合而成，这是一个被化学家和矿物学家所忽略的土壤概念，布丰说化学家和矿物学家研究黏土和钙质土，却冷落了植物土。[①]

植物土在未开垦的处女地上，总是比在有人居住的国家里更深厚，因为它是在没有人和火（火是人类进行破坏的工具）的地方自然而然地累积起来的。厚厚的、累积了几个世纪的植物土只存在于处女地。山上的植物土要比河谷或平原的薄一些，因为淤土会被水流从高地冲下来，沉积在平原上。只要不过度使用，这种土壤会保持其肥沃；如果它被破坏了，就只会剩下干燥的沙子或光秃秃的岩石，而不再有处女地那种富饶的腐质土和淤土。[②]在有人居住的区域，植物土便更彻底地与玻璃状沙粒和钙质小石子混合在一起，因为犁头将下层的无机土翻了出来。覆盖地球表面的这薄薄一层植物土是“活态大自然珍贵的宝藏”，是“组成大多数矿物的元素在全世界的仓库”。[③] 这些有机土壤包含的矿
672 物，比如铁，让淤土带上了黄斑。有机土壤对人类很重要，因为它们富含所有的四元素（空气、水、土、火——古典的四元素学说当时仍然在化学和土壤理论中占据优势），并且富含有机分子。由于这个原因，土壤变成了“所有有机存在的母亲，一切有形体

① “植物土”（De la Terre Végétale），《矿物自然史》（*HNM*），卷 1，384、388 页。

② 同上，卷 1，389—390 页。

③ 同上，卷 1，416 页。

的发源地”。布丰说，这些事情田野里的农夫往往比那些博物学家理解得更透彻。[①]

在有人定居的国家，特别是那些人口众多、所有土地都已开垦的国家，植物土的总量一个世纪又一个世纪地减少，因为肥料不足以恢复土壤里被用掉的部分，还因为贪婪的农民或短期的土地所有者更关心获取利益而不是保护土壤，他们使土壤疲惫又饥饿，使土壤超出了力所能及的负荷。[②]

人们一次又一次地耕耘土壤，直到它被研磨成粉末，这样可以得到更高的产量，但是此后粗粗细细的土壤颗粒也更容易被水冲走。“每一次夏季的雷暴，每一次冬天的大雨，都给所有的水体带来黄色的淤土”；损失是如此频繁和剧烈，以至于土壤肥料也无法补救，人们禁不住感到惊讶：贫瘠怎么没有来得更快，尤其是在山坡上。富饶的土壤在不断耕耘中变得贫瘠，然后逐渐被抛弃；这样的土地必须休耕，让自然的仁慈力量来修复损伤，并“努力重建人类从未停止破坏的东西”。[③] 布丰对肥料也有兴趣；他看到改良土壤与使用羊圈肥料之间的紧密联系。[④]

布丰将自然进程中所形成的土壤，与那些通过耕耘而改变了的土壤做了清晰的区分，这一点相当不同寻常。这种土壤研究的

---

① “植物土”（De la Terre Végétale），《矿物自然史》（*HNM*），卷 1，424—425 页；引文在 424 页。

② 同上，卷 1，425 页。

③ 同上，卷 1，426 页。

④ “绵羊”（La Brebis），《自然史》（*HN*），卷 5，3—6、19—20 页。一百只羊在一个夏天能够改良 8 阿邦的土地（1 阿邦约等于 1.5 英亩），效果可达六年。

起源性探索更相似于俄罗斯的道库恰耶夫（Dokuchaiev）及其学派所进行的研究，以及十九世纪美国希尔加德（Hilgard）的研究，而与西欧的土壤研究不太相像；在西欧，至少到李比希的时代，这类研究主要关注的还是土壤在开垦耕耘中遇到的实际问题。

6. 布丰：论驯化

布丰相信，动植物驯化是人在改造原生自然界，使之成为适合高度文明的环境这一过程中所使用的最为重要的手段。他关于驯化重要性的观念让我们想起《物种起源》的第一章，达尔文在其中展现了自然选择的力量必定有多么强大——只要我们想一
673 想，力量远远不那么强大的人类通过成功繁育动植物，给自然带来了多么巨大的变化。

布丰接受了起源于古典时代的驯化功利主义理论。人有目的地、自觉地驯化动物，因为动物在人类经济中有可用的特质——牛可以用来做役畜，狗可以牧羊，而羊可以提供羊毛。人仅仅选择了几种动物，他使用的只是自然能够给予他的事物中的一小部分。储备在那里等待着他的还有其他可能的驯化，因为人并不充分了解自然能够做什么，以及他能从自然那里取得多少。人并没有着手新的研究，而更愿意错误地运用他已经获得的知识。[①] 驯化的功利主义理论一直持续到布丰的时代之后很久，直到它受到哈恩理论的有力挑战，后者认为动物驯化是为了礼仪性的原因。

① “麋鹿和驯鹿”（L’Élan et le Renne），《自然史》，卷 12，96 页。

在改造和控制自然的各个方面，家养动物给予人类必要的帮助。它们还有另一个极为重要的效用：人几乎是随心所欲地增加和繁殖驯化动植物的数量，它们的生命和生育发生在小心控制的条件下；而另一方面，在不受干扰的自然界，生殖则要受制于捕食动物、气候及其他环境状况的危险。[①]

用布丰的话说，驯化的动物几乎像是封建农奴；它们很大程度上要依靠人，并以自己的劳动、自己身上的肉和产品作为对人给它们提供住所和食物的回报。当它们不断繁殖并被人传播到地球各个角落，它们便占用了野生动物的栖息地。布丰甚至把巨型动物的灭绝归功于人类（这些动物的骨骼那时仍然在一些地方被发现）；贪吃而有害的物种被摧毁了，或者减少了数量。人使一种动物与另一种动物相对立，用技巧控制其中一些，用暴力控制另外一些，还有一些则通过分散它们的办法来控制。人类帝国现在的界限仅仅是那些不可接近的地方、偏远的荒原、灼热的沙漠、严寒的山峰、幽暗的洞穴，这些地方成了那一小部分因无法制伏而未被驯化的动物物种的退隐之处。[②] 驯化动物的人为分布与野生动物的自然分布是不同的，野生动物的栖息地界限清晰，是由气候所控制的。[③]

---

① “家养动物”（Les Animaux Domestiques），导言，《自然史》（*HN*），卷 4，169—171 页；“动物之退化”（De la Dégénération des Animaux），《自然史》，卷 14，326—328 页；“大角羊”（Le Mouflon），《自然史》，卷 11，352—354 页。

② 同上，卷 4，171、173 页。亦见“自然纪元”（EN），第七纪元，《自然史增补》（*HNS*），卷 5，246—248 页。

③ “动物之退化”，《自然史》，卷 14，311、316—317 页。第一段区分了气候对人的影响与气候对动植物的影响。第四段有关于野生动物与家养动物分布差异的重要论述。

另一个生物自然界被创造出来了，这个自然界属于人和他驯
674 化的动植物，由他来繁殖，伴随着他迁徙到整个世界，以损害原生自然为代价来协助创造文明的新环境，并因此部分地逃脱了无情的生育（或推迟繁殖）与死亡的自然法则。人和他的动植物置换了天然动植物的生长地，常常打扰或破坏蜜蜂、蚂蚁、海狸和大象的社会。通过人自己的生育和有用家养物种的繁殖，他大幅增加了特定生命种类的数量，也大力加强了活动和迁移，并在这一过程中使所有的生命（也包括他自己的生命）都变得高贵，因为在人的智慧领导下，一种有组织存在的更高形式被创造出来了。驯化，保证了人类的繁衍和扩张，导致了对自然的进一步征服，使人得以在任何地方都能制造出富足的状况。布丰说，数百万人现在生存的地方，在过去只有两三百个未开化人占据着。[①] 相似的密度增长也发生在动物界，稀少的野生动物被成千上万的驯化动物取代了。

通过人力作用，地球上生命的种类和数量被彻底地改变了——这是一个意味深长的观念，如果我们考虑到很多具有遗传学知识（布丰不会具有这个知识）的现代进化论者强调人对自身进化和对动植物进化的直接影响，我们便会明白布丰的看法多么耐人寻味。[②]

布丰十分强调动物“退化”的重要性；他使用这一术语是指一个物种在气候和食物影响下的可变性，对家养动物来说还应该

① “自然纪元”（EN），第七纪元，《自然史增补》（*HNS*），卷 5，248 页。

② 同上，卷 5，248 页。见乔治·辛普森（George G. Simpson）：《进化的意义》（*The Meaning of Evolution*）（Mentor Books，纽约，1951 年），110 页。

加上“奴役之轭”的影响。[①] 退化在沦落为奴隶（这个词布丰很喜欢用）的家养动物中甚至更加显而易见，它们的历史比野生动物复杂得多，因为它们的生命和物种的永久持续性受到严重的人为控制。布丰看到了有意识杂交动物的好处。混合放牧时难以避免的滥交应当避免，而为了谨慎繁育动物的目的应当鼓励设立围栏。他评论道，驯化动物的颜色往往比野生动物更鲜亮。[②] 家牛的牛角如此多种多样，现在已经无法发现作为它们来源的“自然范本”了。驯化动物的交配也与野生动物有明显的对比。阉割、为繁育需要而选择单个雄性动物、将家养动物从一个气候区运送到另一个气候区，这都是动物在驯化过程中“退化”的另一些重要原因。[③]

布丰认为，有用的动物中最弱势的是首先被驯化的，绵羊和 675
山羊在先，然后是马、牛和骆驼。然而，这个先后次序问题有些含混不清，因为他在别处又说骆驼是人最古老、最劳累也最有用的奴隶。骆驼没有野生的副本，因为它的天然栖息地处于人类社会最先发展所在的气候带，显然只有驯化的骆驼才幸存下来。骆驼的优良品质来自大自然，而它的缺点则是在人类手中遭受折磨的结果。[④]

---

① “动物之退化”（De la Dégénération des Animaux），《自然史》（*HN*），卷 14，317 页。

② 同上，卷 14，324 页。“驯化的状态对动物毛色变得多样化起到了很大作用，这些动物原来多半是黄褐色或黑色……”

③ “野牛及其他”（Le Buffle，etc.），《自然史》，卷 11，293—296 页。

④ “大角羊”（Le Mouflon），《自然史》，卷 11，352 页；“骆驼和双峰驼”（Le Chameau et la Dromadaire），同上，228—229 页。

驯鹿在向北迁徙的过程中被拉普兰人驯化了，拉普兰人没有机会驯化其他动物，因为他们的社会太粗野，气候又太寒冷。要是法国人也缺乏家畜的话，那驯鹿在法国就会被驯化了。布丰用这个例子来训导，人在利用自然给他的机会时是有诸多缺点的。[①]

对布丰而言，人所驯化的动物中最为高贵的是马，但甚至这种勇敢无畏的生物也变得服帖而温顺了；我们观察在草场上喂养的马匹时，可以清楚地看到这种奴隶状态的表征。布丰将西班牙美洲的野生马自由活动与人持续监管下这种动物圆滑而温和的较弱特质作了比较。[②] 有时候驯化得过头了，因而事实上把动物变得除了依赖人类就毫无办法。布丰质疑，具有诸多有用属性的绵羊是否曾离开人类独立存在过。大尾巴的绵羊是这种依赖性更为夸张的例证。布丰对绵羊的智力评价如此之低，以至于布丰著作的英文译者斯梅利（Smellie）觉得必须得为之辩护才行。按照布丰的说法，大角羊——一种在希腊山地、塞浦路斯、撒丁岛、科西嘉以及鞑靼的沙漠中发现的更高贵也更自立的生物，很可能是所有不同种类的已退化绵羊的原始物种。[③] 比绵羊更野性也更强壮的山羊，也比较独立于人类。山羊可以食用多种野生植物，也不那么被严酷的气候所左右。在驯化中，这些友好的动物不断繁

---

① “麋鹿和驯鹿”(L’Élan et le Renne),《自然史》(*HN*),卷 12,85—86、95—96 页。

② “马”（Le Cheval），《自然史》，卷 4，174—176 页。在这篇文章中，布丰回到了一个主题，即气候和食物对人类影响比对动物的影响要小，并重复了迁徙的、适应性强的人类这一主题，215—223 页。

③ “大角羊”(Le Mouflon),《自然史》,卷 11,363—365 页。关于斯梅利(Smellie)的辩护，见他翻译的布丰著作《自然史：通论和专论》（*Natural History, General and Particular*），卷 4，268—272 页。

殖，直到其数量变成一种麻烦。尽管布丰提到了山羊对田地和树林的损害，但他并没有像很多十九和二十世纪的作者那样，严厉责骂山羊是植被的破坏者。[①]

对布丰来说，狗的驯化是一件具有最高历史重要性的事件。为了认识其意义，人们应当尝试去想象一下，倘若狗——比其他 676
任何动物都更具适应性的、人类温顺的朋友——从未存在过，那人类会怎么样呢？人类将如何制服并驯化其他动物？而且，即便是现在，人类又将如何发现、追踪并消灭无用的野生动物？为了让自己成为活态自然界的主人，也为了保证自己的安全，人必须介入动物的世界，把能够依附自己、服从自己、成为自己控制其他动物的帮手的那些动物争取到自己这方面来："因此人的第一项技艺就是对狗的训练，而这项技艺的成果是征服并和平地占有了地球。"[②] 狗既可以牧羊，又是人打猎时的聪明伴侣，有了狗的帮助，人驯化了其他动物，并通过更多的驯化而逐渐掌握了更大的支配权。由于自然的原始印记在人类长久管理的动物身上从未保持其纯净，那么狗便是在很高的程度上展示了这种退化。布丰将狗的多样性比作小麦的多样性，[③]两个物种都带有长久的人类实验的痕迹。狗的繁育技艺中最显著的去粗取精发生在最先进的社会，而狗最惹人喜爱、最光彩照人的特质中有许多也应归功于它与人的结盟。[④] 布丰认为，牧羊犬（*chien de berger*）是与野生原

① "山羊"（La Chèvre），《自然史》（*HN*），卷 5，60、66、68 页。

② "狗"（Le Chien），《自然史》，卷 5，186—188 页。

③ 同上，卷 5，193—196 页。

④ "象"（L'Éléphant），《自然史》，卷 11，2—3 页。

型最接近的家犬种类，他关于狗的论文中包含了一个图表，显示出家犬从牧羊犬退化的过程。与此相似，驯化猫也像家犬一样，最多样的种类出现在温带气候和先进的社会中。[①]

植物的情况也一样：做面包用的谷物并非自然的恩赐，而是农业上试验和智力应用的产物。在世界上任何一个地方都没有发现野生小麦。拥有卓越特点、气候适应性及品质保持特征的小麦，是由人类改善而成的。

人在动植物界所作的改变并不只属于过去；改变仍在继续。布丰说，我们只需将今天的蔬菜、花卉和水果，与一百五十年前的同一物种作一比较就知道了；我们可以看一下伟大的彩色绘画作品的收藏——从加斯东·德·奥尔良（Gaston d'Orléans，1608—1660 年）的时代开始，一直延续到布丰本人所处的时期——便可作出这种比较。当年一些最美丽的花卉后来可能会被抛弃，抛弃它们的不是职业花匠而是家庭园丁。我们可以为我们较好的多核果和单核果标注一个很晚的日期，因为它们事实上都是新的水果，只不过保留了旧名称。

677 布丰惊叹人在选择和培育新植物品种上表现出的毅力和耐心，以及人识别“果实比其他植物更甜更好的特定个别植物”的能力。这种遴选是以丰富的经验和技巧为前提的，而假如没有嫁接的发现，它便会成为虚幻的成就——嫁接的发现需要天才，正

① 《自然史》(*HN*)，卷 5，201 页。亦见 228 页对页的图表，显示从牧羊犬至驯养品种的变化。卷 6，16—17 页，“猫”(Le Chat)。这一章节也总结了人对动物的天性、习惯，甚至外形的影响。

如遴选植物需要耐心一样。[①]

布丰关于驯化的动植物最引人注目的观点是，他将它们解释为在仔细计划的人工条件下取代原始自然的二级造物。与这一解释并存的是他的这个观念：这些驯化的动植物通过人的传播，成为原始自然界由此发生进一步改变的新中心。

布丰的地球历史理论和他的人类哲学都假定，由人类努力所改善的自然具有优越性。然而他并非对野生动植物毫无感情。即便他对原始自然植被的严厉谴责表现出他强烈偏爱人工技巧的有序性质，但他仍然看到了“野生世界中的天真之美”，而且他也并非对文明人所造成的损害漠不关心，这种损害甚至在地球上人类刚刚开始发挥影响力的那些地方也时有发生。

布丰对野生动物的赞美事实上是对人类社会的明显批评。那些因为不服从而被我们称为野生动物的，它们想要快乐的话，除了现在拥有的还需要任何其他东西么？对于自己的同类造物，它们既不是奴隶也不是暴君。它们不像人类，每一个个体都不惧怕自己种群中的其余部分。它们内部是和平的，只有陌生动物或人类才会带来战争。它们确实很有理由躲避人类，确保自己离人类越远越好。[②] 类似的主题频繁地出现在布丰著作中：尽管他相信

① “狗”（Le Chien），《自然史》（*HN*），卷5，195—196页。这篇文章对小麦有一些有趣的评论。亦见“自然纪元”（EN），第七纪元的结论段落，《自然史增补》（*HNS*），卷5，249—250页。由于《自然史》是一部未完成的著作，布丰关于植物驯化的评论非常贫乏。

② “野生动物”（Les Animaux Sauvages），导言，《自然史》（*HN*），卷6，55—56页。这一卷出版于1756年。

人对自然的改善、尊重人类成就，但他还是时常提到人的好战及破坏本性。

在远离人类影响的偏远地区活跃的生物界中，大象、海狸、猴子、蚂蚁和蜜蜂的社会都欣欣向荣。这些社会即便不是理性头脑的产物，看起来也是建立在一种合理感觉的基础上。人类迁徙并定居在世界的各个角落，其结果是摧毁或至少是部分地破坏了这些社会，而这些社会如果没有被干涉的话，它们自身会一直相当平静地存在着。人即便定居在远离它们栖息地的地方，人的出现也导致它们因恐惧和必要而撤退到越来越远的地方，这不仅使它们的野性更大，而且也会降低它们的能力与天赋。在天然的状
678 态下，它们有自我保护的办法。“但是针对那些不必看见它们就能找到它们、不必接近它们就能砍倒它们的生物，它们又能作出什么反抗呢？”能够自由迁徙扩张并能致其死命的人类改变了植物的原始分布，从而也改变了动物的原始分布。尽管布丰认识到这个胜利的过程，与文明的成长、发展和维持是无从区分的，不过我们还是常常在布丰著作中感到一种对无差别地摧毁野生动植物的悲伤，这种摧毁与运动家风范的捕猎有着天壤之别。他说，肉食动物之所以有害，仅仅因为它们是人类的对手；并且他一再提到人口及人类扩张与大型肉食动物减少这两者之间的关系。如果在几个世纪后，人类均一地分布在整个可居住的世界中，那么海狸的故事就会变成一个神话。[①] 在关于肉食动物的导言一章中，

① “野生动物”（Les Animaux Sauvages），导言，《自然史》（*HN*），卷 6，55—62 页。引文译自 61 页；关于海狸，见 62 页。

布丰同情地讨论了自然中的野生动物。[①] 他在关于狮子的论述中说，像狮子这样对人没什么用处的动物种类，其数量看来是减少了，因为到处都有越来越多的人，还因为人变得越来越聪明，学会了制造攻无不克的武器。布丰指出狮子数量减少，以此作为证据来揭示一个错误的概念（孟德斯鸠在《波斯人信札》中使这个概念重获活力），即认为世界人口在古代多于现代。布丰问道，如果说狮子的数量减少到之前的五十分之一，或者即便只减少到十分之一，我们怎么还能坚持认为地球上的人口自罗马时代以来是下降了呢？人类数量并未下降，而是增加了；动物数量的减少简直无法与人口减少共存。要是人类数量减少了，那么动物的数量在这一时期中便应当已经增加了。[②]

树懒免于灭绝，因为它们避开了人类和其他强大动物时常出入的地方。布丰从树懒的存在推出了另外两个重要的结论：树懒说明了一条原则，即自然界中一切能够存在的都的确存在着；树懒还显示了终极因学说的荒谬，因为它们有诸多有害的身体缺陷。布丰认为它们在人类手上灭绝将是不可避免的。人类对利比亚大象的消失要负主要责任；动物的撤离与它们所遭受的人类干扰是成正比的。[③] 布丰还议论了人类在老鼠扩散到全世界这一过程中 679

① “肉食动物”（Les Animaux Carnassiers），《自然史》（*HN*），卷 7，3 页。布丰在导言中说：“如果说消灭生物是有害的，那么，作为这些生物普遍系统之一部分的人类，难道不是所有这些物种中最有害的吗？”

② “狮子”（Le Lion），《自然史》，卷 9，4—5 页。

③ 关于树懒，见“树懒”（L’Unau et L’Aï），《自然史》，卷 13，40 页。“象”（L’Éléphant），《自然史》，卷 11，41 页。就像对狮子的讨论一样，布丰在这篇文章里用大象的例子来论证，北非今天比迦太基时代的人口要多。

所起的作用。[①] 人对鸟类的影响不那么直接，但是布丰注意到了人对鸟鸣声的影响，以及鸟对人的模仿。[②] 他也注意到鸵鸟有遭到灭绝的危险，因为在欧洲对鸵鸟羽毛有“惊人的消费”，用来做帽子、头盔、戏剧服装、家具、天篷、葬礼装点和女性服饰等。[③] 海洋中的生物也不是没有受到骚扰。对港海豹[④]和海象[⑤]的广泛猎杀，说明海洋动物也面临着在陆生动物社会已经看到的趋势。新发现土地的荒芜海岸和两极的大陆，已经成为海豹最后的避难所，“这些海洋部落”（ces peuplades marines），逃离了有人居住的海岸，只能零零散散地单个出现在我们的海洋中，而这样的海洋不再能提供它们“大群”（grandes sociétés）所需要的和平与安全。它们出去找寻自由——布丰在这里再一次明白无误地暗示人类社会——这种自由对所有的社会交往都是必需的，而它只是在人类极少光顾的海域才能找到。[⑥] 这个章节所在的一卷书出版于 1782 年。

---

① “老鼠”（Le Rat），《自然史》（*HN*），卷 7，283 页。

② “论鸟类的天性”（Discours sur la Nature des Oiseaux），《鸟类自然史》（*HNO*），卷 1，21—22 页。

③ “鸵鸟”（L’Autruche），同上，444 页。布丰就历史时期不同的民族对鸵鸟的应用作了有趣的讨论（440—448 页）。亦见他在 455—456 页的评论，“美洲鸵鸟”（Le Touyou）。

④ “港海豹”（Le Phoque Commun），《自然史增补》（*HNS*），卷 6，335 页。

⑤ “海象或海牛”（Le Morse ou la Vache Marine），《自然史》，卷 13，367—370 页。布丰也提到了对海牛的“残酷战争”，在人类大量定居的地方，海牛的数量大幅下降。“海牛”（Les Lamantins），《自然史增补》，卷 6，382—383 页。

⑥ “港海豹”，《自然史增补》，卷 6，335 页。

7. 布丰：论自然的和人文的景观

即便有人拒斥作为布丰关于“人类有必要介入自然秩序”这个观念之基础的自然理论，他也一定会深深记得布丰在两种环境之间所作的敏锐的对比（虽然这种对比有点短小和分散），这两种环境分别是：鲜有人触及的环境，和早已成为人类定居与活动场所的环境。在这些问题上，布丰抢在了莱尔、洪堡、马什、拉采尔和维达尔·德·拉·布拉什（Vidal de la Blache）的前面。

荒蛮而无人居住的土地上的河流往往有很多瀑布，这片土地可能会被洪水淹没，也可能因干旱而焦灼。能够长出一棵树的每一地方都有一棵树。在那些长期以来有人定居的国家中，很少有树林、湖泊或沼泽，但有很多荆棘和灌木（这无疑意味着荆棘和灌木接管了砍伐过的荒芜山顶）。人类破坏、排水，并最终给地球表面一个全然不同的面貌。总体上说，欧洲是一片新的大陆，其移民传统、其艺术与科学之新，无不显示这个结论，因为不久之前它还被沼泽和森林覆盖着。①

莱尔认为人倾向于成为一个平整地面的施动者，布丰的一篇 680
文章让我们想起这一点——布丰说，在那些因人口过少而不能形成和支持先进社会的国家中，地表更为粗糙不平。河床更宽阔，也更多地被瀑布打断。莱因河和卢瓦尔河都是被人驯服的河流，

① “地球历史与理论，证明”（Histoire et Théorie de la Terre. Preuves），第 6 节，“地理”（Géographie），《自然史》（*HN*），卷 1，210—211 页。

要是在自然情况下则会需要极长的时间才能用于航行。当河水被限制、被引导，河底被清理干净后，河流便获得了一条固定的确切河道。[①] 布丰提到了图内福尔（Tournefort）说过的话：著名的克里特岛迷宫并不仅仅是自然的杰作；那里曾挖掘过古老矿藏和采石场，而随着时间的流逝，已经很难辨别是自然的作品还是人工的作品。马斯特里赫特采石场、波兰的盐矿、大城市附近的陷坑，都是人类作为推土者的另一些例证，尽管布丰十分错误地认为，这些行动在自然史中永远是不重要的部分。[②] 讨论到世界上现存的大沼泽时，他说，美洲平原是一片接连不断的湿地，证明这是一个新的国家，也证明这里居民很少，更证明他们并不勤勉。[③]

布丰的自然理论、他对四足动物的比较研究、他关于新大陆原始社会的想法，以及他对欧洲人改善自然的自我满足，让他得出了一个古怪的概念，即认为新大陆的自然与旧大陆相比，是较为软弱的，并且在重要性上处于较低的地位。

对这种弱势所作的物理上的解释，与他对种族差异所作的解释是基于相同的理论：主要原因是新大陆的热带地区由于信风和安第斯山脉，比旧大陆的热带地区来得潮湿凉爽。他虽然承认新大陆出产了大型爬虫、昆虫、植物等自己的一份物种，但还是坚持认为新大陆的自然较软弱，因为他得到了自我感觉满意的证明，

① “地球历史与理论，证明”(Histoire et Théorie de la Terre. Preuves)，第 6 节，“地理”(Géographie)，《自然史》(*HN*)，卷 1，第 10 节，“河流”(Des Fleuves)，368 页。

② 同上，第 17 节，“新岛屿及其他”(Des Isles Nouvelles，etc.)，549 页。

③ 同上，第 18 节，“降雨的影响、沼泽及其他”(De l’Effet des Pluies，des Marécages，etc.)，575 页。

说新大陆的动物体型较小，旧大陆的野生和家养动物到新大陆生活时就变小了，而且从整体上看，新大陆的物种也比较少。

此外，新大陆的原始人也没有什么才能。他们残忍、对生命漠不关心，对自己的女人也缺乏热情。他们的社会因而很小，人口增长太慢而不足以发展技艺。新大陆的原始人无法起到帮助自然、使自然从粗野状态向前发展的作用。新大陆没有什么驯化动物，其原因不是那里的动物不够温顺，而是那里的人太软弱。[①]

环境理论和布丰对新大陆原始人刻薄的判断，解释了新大陆 681
的原始景观与旧大陆井然有序的景观之间的对比。由于美洲印第安人没有清除森林和排干沼泽，他们暴露出自己没有能力将自然改造到一个高度文明所需要的程度。

对布丰而言，人在地球上所作的改变与文明的历史无法分割地交织在一起。诚然，在十八世纪，认为文明就是人类通过理论科学和应用科学来控制自然，这个观念并不新鲜，但是这个观念的大多数阐释者强调的都是发明、社会变迁，以及将科学真理有目的地应用到实际事物上。而从人为改变地球的历史视角上来审视这些改变，就像布丰所看到的那样，则是完全不同的另一码事。前一种思想关注的是社会，而后一种关注的是地球历史。

① 关于新大陆人弱势的普遍主题在《自然史》（*HN*）中多次重复，但整体的论点是在三篇文章中：《自然史》，卷 9，“旧大陆的动物”（Animaux de l’Ancien Continent），56—83 页；“新大陆的动物”（Animaux du Nouveau Monde），84—96 页；“新旧大陆共有的动物”（Animaux Communs aux Deaux Continents），97—128 页。此处讨论所基于的段落在关于新大陆动物的文章导言中，84—88 页，还在关于新旧大陆共有动物的文章中，102—111 页。

8. 美洲的潘多拉盒子

布丰关于新大陆的自然比旧大陆的软弱这个宣称，是一个灾难性的错误，损害了他在美洲的声誉，并且强烈地影响了同时代人对新大陆环境及其文化的解释。如果不参考布丰的论文，这些解释中有许多都无法理解。但是，这种来自巴黎植物园的权威宣告,在新大陆并没有被平静地接受。美洲的一些最有才华的人(富兰克林、亚当斯和杰斐逊名列其中）对欧洲哲学家书房里出来的这种信口开河的普遍性归纳渐渐失去了耐心。这些人对布丰论文的含义感到愤怒，并否认其真实性。也许年长而仁慈的布丰并没有意识到这个潘多拉盒子里到底有些什么。

杰斐逊写了一篇漂亮的反驳，不过口气还是很温和恭敬，他责备欧洲人对印第安人的错误概念，也否定了关于南美印第安人的报道，说这些报道里面有太多的无稽之谈而不值得相信。关于气候，人们所知甚少，不能支持布丰的理论。那些向布丰提供四足动物信息的旅行者是谁？他们是自然史学家么？他们实际测量过他们所谈论的那些动物么？他们熟悉自己国家的动物么？他们有足够的知识区分不同的动物品种么？“从布丰先生的作品中推出两个国家动物之间的准确比较，这对我们来说还是多么不成熟啊。”杰斐逊否定了欧洲的驯化动物在新大陆退化的问题，认为
682 这是荒谬的。假如它们比较小、比较弱，也不那么耐寒，那么造成它们可怜状况的原因在新大陆和旧大陆应该是一样的：遭受忽视、食物恶劣、土壤贫瘠，以及人的贫困。杰斐逊问道，“自然

是否把她自己变成了一个在大西洋一侧或横跨大西洋的派性分子？”答案当然是提高声调的“不。”

在法国访问时，杰斐逊亲自向布丰提出抗议。“我还告诉他[旧大陆的]驯鹿能够从我们的美洲麋鹿腹下走过，但他完全不相信这一点。”然后，杰斐逊给新罕布什尔的沙利文（Sullivan）将军写信，向他要麋鹿的骨骼、皮毛及鹿角。六个月后，经过沙利文将军及其团队的大量工作，杰斐逊则花费了 40 基尼，证据被摆在布丰面前，他终于被说服了。“他承诺在下一卷中会修正这些问题，但他之后很快就去世了。”我们不知道，倘若布丰活下去的话，是否会改变他认为新大陆的自然和原始人较弱的观点；正如杰斐逊大度地承认，而《自然史》也一再展现的那样，布丰并不顽固地坚持自己的错误。①

人们对作为一个科学家、农场主、地理学家、农学家与规划者的杰斐逊的持续关注，也许是使一个争论经久不衰的原因，这个争论假如不是主角那么出名的话，恐怕早就会由于其荒谬而悄然停息了。别人已经极为详尽地研究了对布丰新大陆主题的争议，因此我只打算简短地评论其中的几个观点。这些观点的阐述者与其说是观察者，不如说是很好的模仿者；争议中不乏热闹，但也

① “关于弗吉尼亚州的笔记”（Notes on the State of Virginia），问题 6，收录于帕多弗（Padover）编辑：《杰斐逊全集》（*The Complete Jefferson*），495—611 页。关于杰斐逊对布丰的访问，见 891 页。亦见布尔斯廷（Boorstin）：《托马斯·杰斐逊失落的世界》（*The Lost World of Thomas Jefferson*），100—104 页。

不过是钝剑相碰发出的响声而已。[1]

布丰曾多次强调人在改变环境中扮演的角色，却自相矛盾地鼓励那些偏向环境论观念的新大陆观察者。布丰十分肯定美洲印第安人在性功能上较弱，并相信他们像美洲其他动物一样，多多少少是自然中的一种消极因素，是新大陆较弱自然力量的受害者，因为他们无法通过排水和清除灌木及森林来克服新大陆潮湿寒凉
683 的天气。沼泽及关于沼泽的传说给这个时代的思想者留下了多么深刻的印象，而沼泽的存在又是多么频繁地与神学、地质理论和医学联系在一起啊！

其他研究者的谨慎程度甚至还不如布丰，他们很快就披挂上阵了。瑞典博物学家彼得·卡尔姆说，欧洲的牲畜在新大陆“逐步退化了”，并将这种退化主要归咎于气候、土壤和食物。欧洲

---

① 这场争议中的大部分是很难让人耐心读完的，也不可能既准确又简短地作出概述，部分原因是欧洲学者们频繁地变换自己的立场。最好的办法是从布丰关于新大陆人弱势的原始论述开始，接下来是杰斐逊的“关于弗吉尼亚州的笔记”，问题 6，然后是布丰所作的重新考量，发表在“关于人种多样性文章的补充：美洲人”（Addition à l' Article des Variétés de l' Espèce Humaine. Des Américains），《自然史增补》（*HNS*），卷 4，525—532 页。英文作品中最好的研究是吉尔伯特·奇纳德（Gilbert Chinard）的“十八世纪关于美洲作为人类居住地的理论”（Eighteenth Century Theories on America as a Human Habitat），《美国哲学学会学报》（*PAPS*），卷 91（1947），27—57 页，这篇文章如果与以下这篇一起阅读就更有意义：“美国哲学学会与美洲早期森林史”，（The American Philosophical Society and the Early History of Forestry in America）《美国哲学学会学报》，卷 89（1945），444—488 页。最详尽的研究是安东内洛·热尔比（Antonello Gerbi）的《新世界之论辩：争议的历史，1750—1900 年》（*La Disputa del Nuovo Mondo. Storia di Una Polemica, 1750—1900*），这部作品令人印象深刻，它也被译成了西班牙文。我受益于奇纳德和热尔比书中的许多参引，特别是奇纳德所引用的美洲文献。

殖民者比住在欧洲的人成熟得早，也死去得早。甚至树木也与居民具备了同样的特性。如果牲畜和殖民者都受到了影响，那么看起来改造新大陆原始自然的前景变得越来越不确定了。[①]阿诺神父（abbé Arnauld）在《外国日志》（*Journal Etranger*，1761 年）杂志上以支持态度评价了卡尔姆的著作，强调其较为耸人听闻的方面；他对于进一步传播这些关于美洲的观点起到了重要作用。鲁斯洛·德·苏尔吉（Rousselot de Surgy）也是如此。[②]科尔内留斯（科尔内耶）·德波夫采纳了布丰的观点并加上他自己后来的改进，他的著作《对美洲人的哲学探索，或用于人类历史的有趣笔记》（*Recherches Philosophiques sur les Américains ou Mémoires intéressants pour servir à l'Histoire de l'Espèce Humaine*，柏林，1768 年）很快就取代了其他著述，成为这一领域中超群的作品。德波夫精明地选择了一切对美洲不利的证据，断言出生在美洲的欧洲人显示出与土著人同样的弱点，并认为新大陆的人口会减少，还主张一种与布丰根本背离的论点，说美洲人既不是一种未成熟的动物，也不是一名儿童，而是一个退化的人。西半球不是不完美，它事实上是衰朽了，

---

① 《北美旅行记》（*Travels into North America*），卷 1，80—82 页。见奇纳德（Chinard）关于卡尔姆（Kalm）的轻信及其科学调查天赋的评论："美洲作为人类居住地"（America as a Human Habitat），《美国哲学学会学报》（*PAPS*），卷 91（1947），32—34 页。

② 奇纳德，前引书，34—35 页。

而且还在衰朽下去。[①]

这一论点被其他学者延续下来，最主要的是写作《欧洲人在印度群岛殖民与贸易的哲学史和政治史》（*Histoire Philosophique et Politique des Établissemens et du Commerce des Européens dans les deux Indes*）的雷纳尔（Raynal）。他接受了布丰关于新大陆起源较晚、其人民缺乏性欲的评价，以及因此导致的悲惨而荒芜的景况。不过，雷纳尔赞美欧洲殖民者改造新大陆环境的能力，从而将他们的能力与印第安人的能力区别开来。欧洲人“立即改变了北美的面貌。他们在所有的技艺工具帮助下将对称调和带入了美洲。”欧洲人显著的成就包括清除森林、以驯化动物取代野生
684 动物、以栽培植物取代荆棘和灌木，以及排水。“城镇覆盖了荒地，港湾装满了船只；这个新世界，就像旧大陆那样逐渐臣服于人类。”自由精神和宗教宽容是取得这些成就的原因。[②]

布丰主张新大陆的自然（也包括人类）的弱势，是为了支持

① 德波夫（De Pauw）：《对美洲人的哲学探索》（*Recherches Philosophiques sur les Américains*），卷 1，307 页。关于德波夫，见奇纳德，前引书，35—36 页和 55 页注 1。奇纳德说腓特烈大帝有充分的理由不鼓励德国人向美洲移民，他很喜欢“他的幕僚们提供的不支持移民的文献”。亦见热尔比（Gerbi），前引书，59—89、719—720 页（关于西班牙美洲的反应）。丘齐（Church）：“科尔内耶·德波夫，及关于其《对美洲人的哲学探索》之争论”（Corneille de Pauw，and the Controversy over his *Recherches Philosophiques sur les Américains*），《现代语言协会会刊》（*PMLA*），卷 51（1936），178—206 页。尽管有那些批评，德波夫为《百科全书》（*Encyclopédie*）的增补卷（1776 年）撰写了关于美洲的词条，其所有的基本论点都保留了下来。奇纳德，前引书，36 页。

② 奇纳德（Chinard），前引书，36—37 页；36—38 页及其注释给我们在崎岖的小道上提供了向导。

他的信念，即认为原始自然需要文明人命令式的双手和有智慧的头脑才能使之果实累累。在前哥伦布时代的新大陆，无论是双手还是头脑都没有达到足够的技巧。的确，布丰在书本上的新大陆之旅使他陷入了自己制造的泥沼，但他关于人在自然中地位的概念是了不起的，它激发了研究地球与人类历史的新的深刻见解。布丰在结束《自然纪元》时发出一个呼吁：放弃战争并改良道德，以求人对地球的保有也有利于他本身，并且随着人放弃这些毁灭性活动，给他提供一个更好地实现想象力和发明能力的机会。

在《美洲史》中，威廉·罗伯逊将布丰的思想传播到了英语世界，但是他没有尝试对其中夸张的成分作任何改进。罗伯逊说，新大陆除了两个“君主国”的例外，其余居住在美洲的小型独立部族既没有改进他们所居土地的才华和技能，也没有这样做的欲望。“被这种人群所占据的国家，几乎与这里无人居住的状态相同。”多雨的热带中无边无际的森林和葱郁茂盛的植被甚至更是把人们吞没了。

如此看来，环境改变是文明人的特征。仍然本着布丰的精神，罗伯逊说：“人的劳动和运作不仅改变和润饰了地球，更使地球对生命更为健康和友好。”[①] 认为人在自然秩序中扮演一个有创造性的角色，这个耐人寻味的思想显示出罗伯逊对一种观念的同情，即生命法则因其与人类生命相结合而有了尊严：由于美洲“从整体上比地球的其他区域开垦得较差，人口也较少，积极的生命法

---

① 《美洲史》(*The History of America*)，卷1，263页；罗伯逊（Robertson）还把两个主题结合起来，一是人作为环境的改造者，二是人作为疾病的根除者，263—265页。

则因而在这种低级形态［指爬虫和昆虫等较低的生命形式］的生产中浪费着它的力量。”这个说法不应被当作天真的人类中心论而不予理睬；它提出了一个更深刻的问题，这就是，假如没有文明人，自然是否仅仅为一团毫无意义的混沌，因为那些没有技能或欲望去改造自己的原始人是被包围在大量其他形式的生命之中；而文明人，就像布丰同样认为的那样，对动植物生命有某种控制力——即便不能控制它们的数量，也控制着它们的种类和质量。[①]

罗伯逊再一次沿袭布丰的思想，大力强调驯化作为一种控制自然手段的重要性（“这控制了低等造物”）。“没有驯化，人的统
685 辖便不完整。人就是没有臣民的君主，没有仆从的主人，每一种运作都要靠他自己手臂的力量来完成。”使用家畜也是使自然有序化的一个首要力量。“很难说这两件事中哪一件对人扩展权力的贡献最大：是人对动物生产的统治呢，还是人学会了金属的使用。”[②] 就这样，罗伯逊紧随布丰的引导，将旧大陆各民族改造自然面貌的优异能力，当作他们与新大陆的原始人之间一个根本性的差异。

让我们把这个讨论延伸得更远一些。当布丰懊恼地抗议卡尔姆和德波夫的过度表述时，无论是布丰原初的论题，还是他那些更不谨慎的追随者的观点几乎都所剩无几了。[③] 还有什么其他可

---

① 《美洲史》（*The History of America*），卷 1，266 页。

② 同上，卷 2，9—10、11 页。

③ 《自然史增补》（*HNS*），卷 4，525—532 页。“关于人种多样性文章的补充：美洲人”（Addition à l'Article des Variétés de l'Espèce Humaine. Des Américains）。

能的解读呢？美洲人改造新土地的活动也许可以用道德因素（而不是自然因素）来说明。约翰·亚当斯说："所谓气候和土壤决定国家的特性和政治制度这一概念，在这个世界上已经太长久地被滥用了。梭伦的法律与穆罕默德（Mahomet）的专制政权在不同的时代流行于雅典，执政官、皇帝和教宗都统治过罗马。难道还需要更强的证据来表明，政策和教育能够战胜气候的一切不利因素吗？"① 佛罗伦萨人菲利波·马泽伊（Filipo Mazzei）赞同他的朋友杰斐逊对布丰的批评，因为布丰假定自然在整个地球的运作并不均一，还因为布丰对原始民族的无知；是道德因素，而不是环境因素，在塑造美洲人的文化时发生了作用。② 很多美国的思想家也对当地人的力量，而非他们的可塑性和温顺程度印象更为深刻。美洲有太多的东西要观察，有太多已经做到和可以做到的事情，这些都不允许美洲人只是顺从地记住欧洲人远在几千英里之外准备好的问答手册。像托马斯·杰斐逊、贾里德·埃利奥特（Jared Eliot）、休·威廉森、约翰·洛雷因这些人，就是发生在新大陆的变化的目击见证人，而这些变化让很多欧洲人的看法显得十分可笑。

① "为美利坚合众国政府体制的辩护"（A Defence of the Constitutions of Government of the United States of America），收录于《约翰·亚当斯文集》（*The Works of John Adams*），卷 6，219 页。转引自奇纳德（Chinard）："美洲作为人类居住地"（America as a Human Habitat），前引书，45 页。

② 马泽伊（Mazzei）：《北美美利坚合众国历史和政治研究》（*Recherches Historiques et Politiques sur les États-Unis de l'Amérique Septentrionale*），卷 2，32 页。见热尔比（Gerbi），前引书，290—298 页；奇纳德："美洲作为人类居住地"，前引书，44 页。我没能直接参考马泽伊的著作。

9.“在某种意义上，他们开启了全新的世界”

新大陆的自然环境常常被看作科学研究绝妙的野外实验室。[①]那些古老问题现在都可以回答了，因为人们观察到了砍伐森林对
686 气候的效应和排水对健康的影响。这是一个绝妙的自然实验室，因为大部分人都认为，在欧洲殖民者对其作出改变之前，它是一个自创世以来从未被侵扰过的天然和谐的环境。彼得·卡尔姆说，欧洲人还没到来的时候，树林“除了有时会有一小部分被火焚烧以外，从来都没有被乱动过。”关于美洲土壤的厚度，他写道，“我们几乎可以肯定，在有些地方自大洪水以来，土壤就从未被搅动过。”[②]沙托布里扬子爵（Vicomte de Chateaubriand）为他在美洲见到的巨大、寂静、强健的森林惊呆了。他就一片无名的森林感叹道：“谁能形容进入这些森林时所体验的感觉，它们与世界一样古老，光是它们本身就给了我们创世的观念，真像是出自全能的上帝之手一样。”[③]

沙特吕侯爵思索着“自然伟大的进程”，它用了五万年时间才把地球变得可居，这时候一个形成对比的新场景引起他的注意和好奇心：一个单独的个人，在一年里就砍倒了好几阿邦的树木，并在他自己清理出的空地上建造了房屋。沙特吕看到了发生在自

① 奇纳德：“美洲早期森林史”（Early History of Forestry in America），前引书，452 页。

② 《北美旅行记》（*Travels into North America*），卷 1，86—87、118 页。

③ 《美洲和意大利之旅》（*Travels in America and Italy*），卷 1，148 页。

己眼前的定居过程，这个只有不多资金的人买进了林中的土地，带着他的牲畜和他的面粉与苹果酒储备搬到那里。小树最先被砍到，较大树木的枝条为他清理出来的地面做了围栏。他“大胆地向那些巨型的橡树和松树发起攻击，而人们本以为这些树会是他所篡夺的这片领土上古老的君王。”他剥去它们的树皮，用斧头把它们劈开。春天的火完成了斧头没做完的事，暖和的太阳晒在空地的腐殖质上，促使嫩草生长，成为动物们的牧场。森林砍伐继续扩展，一座帅气的木头房子代替了圆木搭建的小屋。工具和睦邻关系是创建定居点的关键。沙特吕这位法国将军亲眼看到了进行中的环境改变过程，他说，这一过程在一百年间就把一大片森林变成有三百万居民的地方。[①] 甚至到了十九世纪，约翰·洛雷因还能够说，“动植物的价值在我们荒凉的森林中看得最清楚，在那里无论是技艺还是无知，都没有实质性地干扰大自然那虽简单却智慧的体系。”[②]

欧洲科学长久以来所熟知的主题，在这个新的实验室中可以得到进一步追寻，人们在这里能够观察到土壤侵蚀、土壤枯竭、砍伐森林和排水的影响，以及其他许多问题。那些评介全都以地方性观察为基础，它们并不能构成一个条理分明的调查体系。在一个地方可能听到对砍伐森林的警告及保护森林的需要，而在另一个地方则可能听到清除森林的宏大计划；有些人认为人在介入

---

① 《北美旅行，1780、1781和1782年》（*Travels in North America in the Years 1780, 1781, and 1782*），卷1，44—48页。

② 《农业实践中自然与理性的调和》（*Nature and Reason Harmonized in the Practice of Husbandry*）（费城，1825年），24页。

自然平衡时应当谨慎行事，另一些人则认为人应当大胆起步，塑造一个新世界。

687 随着时间的推移，这种零散的观察累积起来，导致对自然进程，以及对人干预自然进程的更深刻的理解。十八和十九世纪对气候的强烈关注，是对十七世纪气候关注更广泛也更深刻的延续。约翰·伍德沃德（他的作品我们在前面第八章第 8 节讨论过）典型地表述过，多树的国家比较潮湿闷热，也更多雨。第一批美洲移民通过焚烧和摧毁树林及灌木丛克服了这些不利条件，“为这片土地上的定居与耕种开辟了道路，于是空气得到了改良，腾出了空间，使这片土地改变成一种比从前干燥得多，也晴朗得多的情景。”①

这些著作广泛的哲学训诫是，人们创造了属于自己的特别环境，这个环境拥有一种独特的秩序——或无序——而这是自然界中所缺乏的。人们明白自然的统一性，但也知道他们有机会创造新型的秩序，以一种环境替代另外一种。沙特吕在拜访杰斐逊时，描述了在林地与农用地之间创造一种有规划的平衡的可能性。“没有什么比我们清理一个国家的土地时所使用的方式更为重要了，因为空气是否有益健康，甚至还有季节的顺序，都取决于我们所允许的风的入口，以及我们可能给风指引的方向。”沙特吕继续说道，罗马与奥斯蒂亚之间的树木保护了罗马不受西罗科风和利比克风的影响，在这片森林被砍伐后，罗马的空气变得不如以前

① 《珍品录》（*Miscellanea Curiosa*），卷 1，220 页。被奇纳德（Chinard）的“美洲早期森林史”（Early History of Forestry in America）引用，前引书，452 页。

健康了，而卡斯蒂尔的干旱也可能是森林砍伐带来的。将这些教训应用到弗吉尼亚州，他说，由于该州绝大部分地区都是沼泽状的，只有砍伐树林才能让它干燥起来。永远不可能把这里的积水完全排干，使之再也没有带毒性的蒸发物。无论这些蒸发物的特性可能是怎样的，植被会吸收它们，树木就很好地适宜于这个目的。“看起来砍伐大量树木或保存大量树木都同样危险，因此清理这个国家的最好方式，应当是尽可能地分散定居点，并且在各定居点之间保留一些树丛。”有人定居的土地会是健康的，树林将是风的制动器，而风也能够带走蒸发物。[①]

沙特吕的评论表明人们对清除森林与健康之间关系的持续兴趣，就像在旧大陆也曾发生的那样。比如本杰明·拉什就论辩，在过去几年间费城的疾病发生率较高，这是由于修建并增加磨坊贮水池，以及砍伐树木造成的。“有评论说，萨斯奎汉纳海岸的间歇性［热病］，与砍伐从前长在附近的树林，从而打开让沼泽臭气传播的路径这件事是完全同步发生的。”在解释这种关联性时，拉什在砍伐与耕耘之间作了尖锐的区分。砍伐只是一种粗糙简单地清除树木的方法，实际上它有可能促进热病的传播。而通过耕耘来介入环境则更为完整了，现在这种在人类指导之下的自
然进程取代了旧程序。开垦耕种一个国家，意味着“排干沼泽、 688
摧毁野草、焚烧灌木，并且蒸发掉土地上不健康的、多余的湿气，通过常年种植谷物、牧草和不同种类的蔬菜，耕耘让国家变得更

① 沙特吕（Chastellux）：《北美旅行，1780、1781 和 1782 年》（*Travels in North America in the Years 1780，1781，and 1782*），卷 2，53—54 页。

健康。”他的结论建立在一组他并未公布的比较数据之上，但是他设想了一个变化发生时有趣的阶梯式发展过程：“第一批定居者从自然手中接收了［美国的］这些地方，这些地方是纯洁而健康的。很快，热病就随着定居者的改进活动发生了，直到所谓更高程度的耕耘活动出现，热病才最终被驱逐出去。”拉什的提议基于留在自然状态的事物与被人类替换了的事物这两者之间一种有计划的平衡：在磨坊贮水池周围种树，因为树木吸收有害气体，“并且以一种我们称为‘脱燃素’空气的高度纯净状态释放出来。”——“脱燃素空气”是普里斯特利（Priestley）称呼氧气的术语。①

托马斯·赖特（Thomas Wright）是爱尔兰外科医学院的执业医生，他在1794年11月在美国哲学学会宣读的一篇论文中，建议用人工风廊阻挡疾病的传播。如果大规模的排水难以实施，那么沼泽和湿地中水的蒸发还是可以鼓励的。虽然爱尔兰的冬季多雨而夏季短暂，还有“化学性干燥”的空气和热量缺乏，但是暂时性的水塘（*turloughs*）会很快干燥；大陆风很干但热度不高，它在一个月的吹拂中“带走整个岛屿多余的水分”，留下干透了的田地和几乎无法通行的尘土飞扬的道路。如果几周的时间就能把爱尔兰“烘干”，那美国人为什么不能利用他们干燥而炎热的风力呢？砍掉树林！但是要靠有意识的努力。在盛行风通过的方

① “宾夕法尼亚胆汁热和间歇热增长的调查，以及预防它们的提示”（An Enquiry into the Cause of the Increase of Bilious and Intermitting Fevers in Pennsylvania, with Hints for Preventing Them），《美国哲学学会汇刊》（*TAPS*），卷2，第25号（1786），206—212页；引文在206、207、209页。

向（从西北到东南），一条一两百英里长的狭长地带上的树木可以被砍掉："这样，每一阵来自这两个相反方向的疾风都能使这一地区的两百英里空气流通，裹挟走所有沼泽的臭气，同时这条两边有大树的雄伟大道就会为定居者们提供最有益健康的，因而也是最宝贵的境况。"①

另一位具有理论和救治办法的人是威廉·柯里（William Currie），他在1795年把农业描述成"一架巨大的引擎"，能够抵消那些剥夺大气中"有益而赋予活力之元素［氧气］"的力量；农业还是一个"伟大的弹药库"，能够提供足够的氧气来源。排 689
干死水，焚烧枯木枯草，用泥土、沙子或石灰填平洼地、洞穴和水坑。精心挑选的、值得栽培的牧草和植物现在将释放充足的氧气。如果沼泽的面积过大，不适宜排水，那就用水坝和水闸淹没它们，因为死亡有机物浸泡在水中不接触空气，便只会慢慢地、不完全地腐败下去。天然多沼泽的国家应当开垦，"通过锹铲、犁铧和耙子等工具使它保持干燥和清洁。"②

就像过去经常发生的那样，保守的设计论信仰者反对这样的改变。他们认为不应该对自然进行任何干涉，因为，假如造

---

① 托马斯·赖特（Thomas Wright）："干燥北美临海区域沼泽的最简单而有效可行的模式"（On the Mode Most Easily and Effectually Practicable for Drying up the Marshes of the Maritime Parts of North America），《美国哲学学会汇刊》，卷4（1799），243—246页；引文在246页。

② 威廉·柯里（William Currie）："低洼湿地境况有损健康之原因的探索，以及预防或纠正其影响的方法说明"（An Enquiry into the Causes of the Insalubrity of Flat and Marshy Situations; and directions for preventing or correcting the Effects thereof），《美国哲学学会汇刊》（*TAPS*），卷4（1799），127—142页；引文在140—142页。

物主愿意我们拥有现在的技艺所渴望的什么东西，那他在最初就会把这个东西创造出来了。举例来说，亚当·赛伯特（Adam Seybert）博士过去的观点（也是一个被广泛接受的观点），是认为沼泽及其上空的空气不健康，但是他把自己的观点反过来了，得出结论说它们是自然中必需的一部分。动物会死于太纯净的空气，正如它们会死于不干净的空气一样；它们在“氧气过多”的空气中生命会过得太快。沼泽“在我看来是由自然的作者所创立，为的是对抗植物和其他因素拥有的净化空气的力量，这样氧气才会以适当的比例存在，宜于支持动物生命和燃烧。”沼泽很可能是受到祝福的；或许造物主的意图就是让沼泽地区无人居住，“它们的唯一用处就应该是校正过于纯净的大气。尽管它们附近的居民因此感染疾病，但仍然有一小部分人选择沼泽环境作为自己的居住地。”赛伯特利用设计论，似乎是在证明人们观察到的自然中生长与衰退之节奏（*tempo*）的合理性，而沼泽在生物世界中扮演的角色看来就跟邪恶在道德世界中所扮演的角色是一样的。①

关于定居对气候影响的观察，对于气候变化的信仰者来说就像桑给巴尔的丁香那样散发着令人愉悦的香气。佛蒙特州的历史学家塞缪尔·威廉斯声称，这个州的气候正在变得更为温和、不易预测。它变化得如此迅速和频繁，“以至于这成为普通观察与经验的主题。”这种变化“在一个新国家里最为敏感而明显，因为新国家是从一个广阔的未经开垦的荒野状态，突然间变为拥有

① 亚当·赛伯特（Adam Seybert）：“实验与观察：关于沼泽气体”（Experiments and observations，on the atmosphere of marshes），《美国哲学学会汇刊》，卷 4（1799），415—430 页；引文在 429 页。

众多定居点和广泛改进的状态。”当地表被清理干净，它便敞开接受阳光和风的影响，变得温暖干燥。随着定居的进展，清理出来的面积不断增大，气候也因此变得更为均一而温和。老一代学者的观察所得(诺厄·韦伯斯特为威廉斯接受这种意见而责备他)，以及由于缺水而不再使用的磨坊、从前的沼泽变成的耕地，这些 690
都使威廉斯相信，天气在过去定居点较少的时代是比较寒冷的。砍伐森林把海风引入内陆，因为陆地及陆地上空的大气现在比水面更温暖。因此，对比存在于这两者之间：前者是未曾被人改变的稳定地方，有着规律性的季节更替，自然的进程与表象从一个时代到另一个时代没有什么变化，而后者是被人改变了的土地，它的季节会波动，变得比较不规则、不一致、不确定。[①]

类似的观点在沃尔尼伯爵的著作中再次出现，他曾在旧大陆许多长久有人定居并得到很好利用的地区旅行，这使他对看起来是处女地的外观非常敏感。[②] 事实上，偏离本书主题去讨论沃尔尼对我实在有很大的诱惑力，因为他地理主题的作品非常值得研究。他熟知关于森林吸引雨水、砍伐促进干旱的流行理论，也研究过美洲早期外国旅行者和居民关于这一主题的作品。他说，在美国有一种广泛流传的信念，即“气候中可察觉的部分变化之发生，与被清理的土地呈现正比关系。”他引用了较早观察者的意见，

---

① 《佛蒙特之自然史与文明史》(*The Natural and Civil History of Vermont*)，57—65 页。威廉斯（Williams）提供了陆地温度变化的实验证据，但是他并不确定砍伐森林是气候变化的唯一原因。

② 《对美国气候和土壤的观察》(*View of the Climate and Soil of the United States of America*)，7—8 页。

包括彼得·卡尔姆、塞缪尔·威廉斯、本杰明·拉什和托马斯·杰斐逊，并补充说，他在旅行过程中也收集了相似的证据，说明美国气候中的合理变化是“无可争辩的事实”。

> 在俄亥俄河，在加利波利斯、肯塔基的华盛顿、法兰克福、列克星敦、辛辛那提、路易斯维尔、尼亚加拉、奥尔巴尼，每一个地方相同的境况都在对我重复着：“夏天比以前长了，秋天比以前迟了，收获也迟了；冬天比以前短了，积雪没有以前那么深了，降雪期也短了，但是寒冷的程度并没有减轻。”在所有的新定居点，这些变化向我表现出的并非循序渐进、逐步发生的，而是迅速的，几乎是突然的，与土地被清理的程度成正比。

沃尔尼把在美洲发生的事情看作一种无须讶异的历史进程，因为气候变化曾随着移民在欧洲发生，也毫无疑问地在亚洲和整个可居住世界发生过。[①] 在肯塔基，他看到甚至在人为改变不那么大的地方，气候变化也出现了；他的观察再一次被那些经历过变化后果的人们的证明所支持。干旱似乎与森林砍伐同步。尽管如此，自从树木被砍倒后，肯塔基的很多河流水量却更充沛了，因为随着森林里厚实的落叶堆积层被移除，雨水便不再留存下来。

---

① 《对美国气候和土壤的观察》（*View of the Climate and Soil of the United States of America*），266—278 页；引文在 266、268—269 页。沃尔尼（Volney）较详细地讨论了塞缪尔·威廉斯的著作；亦见他对美国流行的疾病及其可能的社会原因与环境原因非常写实的描述，278—332 页。

通过砍伐和耕种，雨水渗入大地，形成了“更持久也更丰足的储
藏”。不过，沃尔尼过于坚持森林与降雨这一理论，以至于没有 691
看到这里存在的一个实际问题。人们也许会补充说，森林对河流流量的关系仍然是一个需要研究和充满争议的问题。[①] 在这样的作品中，我们清晰地看到当时人们所理解的清除森林的益处和短处。森林砍伐是文明扩张的需要，也是为了公共健康和这种扩张所要求的农业推进，但是森林砍伐也有可能挫败这些目的，因为它会使泉水和小溪水量缩减，甚至也许会带来长久的干旱。

沃尔尼的议论再一次将读者的注意力引向一个我认为是所有问题中最有意思的问题，即当时人们所理解的“人在自然中的位置”问题。在一个自创世迄今一直以似乎不曾改变的形式存在的环境中，欧洲人在美洲的活动使他们与自己所处的自然环境开始截然分开，即便他们也身为这个环境的一部分；而与此同时，印第安人看来却是与周遭环境融为一体的。诚然，早期旅行者偶尔发现，土著民族也对自然环境作出值得注意的改变，他们看到——有些还是在很早以前就看到——土著人对火的使用以及这种使用对动植物生命的影响。比如威廉·伍德（William Wood）在十七世纪早期就描述过在沼泽和低洼湿地上生长的低矮灌木丛。他说印第安人习惯在十一月焚烧它们，因为当时草和树叶都很干燥，能够轻易烧掉这些灌木丛和树木残留。假如不这样焚烧，这片地区就会变得无法通行，会妨碍印第安人捕猎。这样，焚烧过的区

---

① 《对美国气候和土壤的观察》（*View of the Climate and Soil of the United States of America*），25—26 页。

域就成了附近有印第安人定居的证据，因为“在印第安人居住的地方，几乎看不到灌木或荆棘，在较好的土地上也看不到任何笨重的低矮树丛。……在印第安人死于十四年前那场瘟疫的一些地方，则有很多灌木丛，比如在维萨古斯库和普利茅斯之间，因为那里没有被改造、被焚烧过……”[①]

然而，对来自高级文明的旅行者而言，在那些看起来是处女地的地方与那些有人定居、清理过并耕种着的土地之间，其对比是鲜明的。自创世开始直到欧洲人来美洲之前一直持续的自然进程，明显地在欧洲人到来后受到了干扰。约翰·巴特拉姆（John Bartram）写道，如果有谁想了解土壤的肥力，他可以调查低地的河岸，这些河岸每年被洪水所携带的泥土和有机物残片滋养得更为肥沃。在森林砍伐之前，榛子、杂草和藤蔓植物生长在这些低地上，与洪水时河流带来的残骸纠缠在一起，之后慢慢腐朽，使得土壤肥沃。当低地被清理并种上其他植物之后，便可以观察到一种相反的结果：洪水不再把残骸沉积在地面上，而是冲过土
692 地，而且还从清理过的地面上带走土壤。有着明显倾斜度的水流会在低地上留下粗糙的砂砾。还有，当较高处的地面被踏平并成为牧场，雨水就会在上面制造出小水沟，带下来比从前更多的粗糙砂砾或泥土。“据我观察，当我二十多年前走在这个国家的边远地区，那时候树林里没有牲畜吃草，长满了高高的野草，全是地面风光，因此雨水更多地渗入土地，不会冲刷并撕裂地表（像

---

① 威廉·伍德（William Wood）：《新英格兰展望》（*New Englands Prospect*）（1634年）。由埃本·穆迪·博因顿（Eben Moody Boynton）重印并作序，16—17页。

现在这样）。”

从狭义来说，这是对美国土壤侵蚀的诸多有意思的早期警告之一；从广义上看，它是对人类活动——无论是在高地区域还是在清理出来的低地上，无论是直接地还是通过家养动物而间接地——更改侵蚀与沉积的自然过程的一种认识。我们在前面已经看到，十七世纪的物理神学家们对土壤沉积在神意设计中的作用印象有多么深刻：从高地上把土壤颗粒带到平原和三角洲，这是对人类生活具有根本意义的物理过程。[①]

贾里德·埃利奥特本人惊叹于自从新英格兰有人定居以来所发生的物理改变，这里的殖民者人数不多，从良好耕耘的国家来到了一个森林茂密、未经改造的地方，没有多少经验可以跟从，也没有用来负重或运输的牲畜；“他们在需要劳作的每一部分都不熟练：可以说，在某种意义上，他们开启了全新的世界。”[②] 他也能理解以下过程：一个山谷通过沉积变得丰饶，代价是剥夺山坡的土壤，使山坡不再肥沃。我认为，像巴特拉姆和埃利奥特这样仔细的观察者，他们的观点中流露出来的是一种认识，即人类控制下的新过程应当是可以接受的生物学替代物，它取代那些人

① 见约翰·巴特拉姆（John Bartram）给贾里德·埃利奥特（Jared Eliot）的信（未标明日期），收录于贾里德·埃利奥特：《论新英格兰土地耕作及其他，1748—1762 年》（*Essays upon Field Husbandry in New England and Other Papers, 1748—1762*），哈里·卡曼和雷克斯福德·特格韦尔（Harry J. Carman and Rexford G. Tugwell）编辑（纽约，1934 年），203—204 页。我感谢安格斯·麦克唐纳（Angus McDonald）的《早期美洲土壤保护论者》（*Early American Soil Conservationists*），美国农业部杂类出版物第 449 号（华盛顿，1941 年），关于巴特拉姆、埃利奥特和洛雷因的参引。

② 贾里德·埃利奥特，前引书，7 页。

类介入之前的原始进程。

> 当我们的祖先定居在这里，他们进入了一片也许自创世以来就从未耕犁过的土地。这片土地是新的，他们要依靠它天然的肥力，这种肥力能很好地满足他们的目的；当他们耗尽了一块土地时，他们就去开辟另外一块，除了一点羊圈和马车粪肥的帮助之外，一点也不考虑改良他们的土地。然而在英格兰，假如一个男人装作播种小麦却并不修正土地的话，人们就会认为他是个糟糕的农夫。[①]

关于美洲的早期著作作者经常把人在新土地上的工作与创世行为相比较，这种比较在埃利奥特对排水的热情赞扬中再次出现了：

> 看一看原初状态中沼泽的景象吧，充满泥浆，长满了狗
> 尾巴草、蕨类、有毒的野草和藤蔓，跟其他有用的植物生长
> 693 在一起，真正是死水的产物。它那肮脏的底部，是乌龟、蟾蜍、
> 蜥蜴、蛇和其他有害爬虫的海港。凶恶的荆棘丛，还有可怕
> 的大型植物的阴影，那是猫头鹰和苍鹭的居所，也是狐狸的
> 领地，以及每种不洁而可憎鸟类的笼子。

而后再看看，在清理地面、开挖沟渠、排干积水、焚烧杂草，

① 贾里德·埃利奥特（Jared Eliot），前引书，29页。

“以及其他必须的开垦”之后，一切都改变了。

> 看看吧，现在覆盖着的是翠绿可爱的草坪，装饰着宽广的、高大结实的玉米；金黄的大麦、银色的亚麻、斜坡上的大麻，还有一排排卷心菜让这里变得更漂亮；美味的甜瓜、最好的芜菁，都让眼睛愉悦，还有许多好吃的东西；这是多么奇妙的变化呀！一切都是在短时间内发生的。这是一个与创世相似的过程，是在我们这种无能生物所能达到的程度上，技艺与勤勉的幸福产物。[①]

但是，人类活动也可能会干扰自然的和谐，人必须以警觉和谨慎的态度前行。本杰明·富兰克林关于黑鹂与玉米的例子便阐释了生物网络是如何运作的，正如达尔文在1859年所展示的从猫到苜蓿的生物链那样。

> 无论何时，当我们尝试去修正天意的计划，去干扰这世界的管理，我们都需要极为慎重，以免造成比益处更大的损害。在新英格兰，人们曾认为黑鹂是无用的，而且对玉米有害。于是他们努力消灭黑鹂。结果是，黑鹂减少了，但一种本来作为黑鹂食物的、大量食草的害虫惊人地增加了；接下来人们发现，他们在草场上的损失比他们在玉米地里省下来

① 贾里德·埃利奥特（Jared Eliot），前引书，96—97页。

的要大得多，他们又希望黑鹂能够回来了。①

10. 自然与理性调和

十八世纪关于美洲移民所产生影响的讨论中，据我所知最深思熟虑也最持之以恒的出自约翰·洛雷因（约1764—1819年），他的《农业实践中自然与理性的调和》（*Nature and Reason Harmonized in the Practice of Husbandry*）在他去世后于1825年出版。洛雷因是一个讲求实际的人，然而他明白，十八世纪晚期和十九世纪早期的土地使用实践不仅仅是技术问题，而且属于自然哲学范畴。这样一种态度对西方文明中的农业、林业和牧业研究者来说并不少见，我认为部分原因是设计论的力量，另一方面也是因为这些人感到自己接近土地、森林砍伐和谷仓，于是把它们看作自然经济的一部分。

694 野生的、未驯化的自然不讨布丰伯爵的欢心，却没有吓住洛雷因；他不动感情地将之描述为一个相互依赖的自然体系。在荒凉的森林里，每一片土地都有植被覆盖，小树、灌木和一年生植物生长在大树之间适当的（尽管是不规则的）缝隙里。“整体的

① 《物种起源》(*The Origin of Species*)(Modern Library Giant版)，59页＝第3章；富兰克林（Franklin）：“致理查德·杰克逊”（To Richard Jackson），《本杰明·富兰克林文存》（*The Writings of Benjamin Franklin*），史密斯（Smith）编辑，卷3，135页。这与德勒姆著作的编辑所引用的例子有着奇特的相似之处。见本书410页注4。被奇纳德（Chinard）的“美洲作为人类居住地”（America as a Human Habitat）引用，《美国哲学学会学报》（*PAPS*），卷91（1947），40页。

大小逐渐［下降］，从最大的树木直到苔藓。”自然小心地把植被分布到每一个可能的地方，甚至是在倒下的大树树干上，植物与树干一起下沉，当树干腐朽时便在土壤里扎根。[①] 活着的大树常常依靠在倒下的树木经久存在的树干上。每一年新的落叶覆盖了上一年的植物，不让青草生长起来破坏自然的设计。这种覆盖在冬天由植物的茎和枝条遮蔽，在夏天则更有效地依赖树叶。发酵与分解给植物提供了养料，让土壤肥厚，“而且精细地分隔土壤，这比在农田中耕耘的一般方式更能有效地使土壤保持敞开及成熟的状态，从而容易接纳植物的根。”树叶、树枝、死树和其他植物制造了一种“规模惊人的腐朽植被”。它生机勃勃；较大的动物、爬虫、鸟类，都在其中找到栖息地。“每一片树叶、树皮上的每一条裂缝或其他任何地方，都密布着生命。”微生物依靠腐朽的植被为生，其他微生物和蠕虫在土壤里找到相似的食物。“很可能还有不计其数的微生物族群……以大量存在的动物死尸为食，或者生活在大型动物留下的零星碎屑上。不仅如此，由于每一种尺寸的动物的创造，动物有机物质的数量以惊人规模增加，这些动物的存在部分或完全依靠捕食其他动物。”寿命较短的小型动物繁殖很快。活着的时候，它们的排泄物回到土壤、给土壤施肥；死去以后，它们的尸体极大地增进了土壤的总量。由所有形态的动物生命累积的大量肥料，能充分满足自然所预计的目的。

---

① 《农业实践中自然与理性的调和》（*Nature and Reason Harmonized in the Practice of Husbandry*），24 页。

> 让这种物质大部分存在于较小动物的身体之中，这无疑是自然的一个非常聪明的安排。这极大地增加了这种物质的数量，并推进了它方便而有效的应用。倘若这种数量惊人的动物有机物质被弄成全部或大部分存在于较大型动物的身体中，那它们就可能无法得到支持；而且，它们所提供的粪肥也就无法如此密切地与土壤混合在一起，就像我们都看到在植物中存在的植物性物质一样，这些植物蔓延并覆盖了地球可居住部分的表面。

动物有机物质和植物性物质相混合，这里面有着奇妙的东西。“这种完美经济体系使土壤肥沃的作用，在我们的林间空地和牧场上也像在森林里同样清楚地看到，而在森林里，自然不得不追寻她自己的进程。”

洛雷因在这里描述的是未曾经人干预的自然系统。在动植物生命的等级架构中，各个物种有不同的数量增加速率。生命和死亡紧密地相互联系，在生命循环中，数量巨大的有机生物较小的
695 个体体积，以及由腐烂分解完成的肥料生产，在维持环境的稳定性中起到至关重要的作用。[①]

对洛雷因来说，“文明人的造物”（这是他的用语）给自然世界的原始循环带来了一种新秩序。“被发现阻挡人的道路的，无论是活着还是死去的植被都给摧毁了，土地被耕种了。通过

① 《农业实践中自然与理性的调和》（*Nature and Reason Harmonized in the Practice of Husbandry*），25—26页。

这些手段，土壤里面以及土壤上面的微生物中的绝大部分都被消灭了。”如果农业家在他的土地上保留草场，让牲畜在上面吃草，并且把牲畜的粪肥散布在土壤上，那么“自然得到技艺的帮助，土壤的肥力会有相当的增长。”①用这些方法，人创造出了可以接受的人工替代品，替代被他消除的那一部分自然过程；但是，如果一个边远荒地的农夫犁地并收获庄稼，却毫不关注草场或牲畜，那么这个循环就打破了，土壤会枯竭。

洛雷因对未经人接触的自然经济中微生物的角色印象深刻。在森林清除之后，它们的排泄物会比在自然条件下所产生的质量来得低劣，但即便是在人工的过程中，青草还是会提供给它们很多养分。他说，农夫们对微生物的态度过于随便了，他们把太多注意力放在微生物让他们心烦的方面。“尽管看起来至少是有可能的，但是倘若微生物真的没有被创造出来，那么无论是人，还是人似乎更直接关注的驯化动物，都不会以类似现在这样的数量存在，也不可能被供给足够的营养。野草也可以说有相同的功效，尽管懒散的农夫比抱怨微生物还要更大声地就野草带来的危害发牢骚。”②

洛雷因的土壤生物学概念——关于微生物的重要性，关于在保证自然连续性的生与死的循环中，有机物质累积和随后分解的重要性——解释了他对土壤枯竭（由连续犁地和收获庄稼所引起）的恐惧，以及对暴露在阳光、风、雨水和融雪等有害作用中的土

① 《农业实践中自然与理性的调和》（*Nature and Reason Harmonized in the Practice of Husbandry*），26—27页。

② 同上，27页。

壤受到侵蚀的恐惧。[①]

洛雷因书中有一个有趣的段落，它的引人注目之处是关于子孙后代的论点，以及它轻而易举地打消了《圣经》中对人和土地的诅咒。洛雷因说，这样的破坏性行为会带来土壤和财源的贫困。子孙后代，"由他们欠考虑的祖先引入的悲惨的后裔"，为解除这种贫困诅咒有着大力神赫克利斯般的任务。"撒旦是否亦为这种邪恶的教唆者，我无法擅作推定，但是我肯定的是，（就农业而言）它比亚当的堕落给土地带来的诅咒要大得多。后者似乎只是由荆棘和蒺藜构成，包括那些使人必汗流满面才得糊口的其他植
696 物。"《圣经》中的诅咒是不可撤回的，但它同时也是一个来自上天的温和法令，因为人需要做的仅仅是移除这些妨碍庄稼生长的障碍，使农业欣欣向荣，使合理的需求得到满足。"但是当愚蠢之手在土壤上引入额外的贫困诅咒，这个贪得无厌的怪兽，就像亚伦的蛇一样，吞噬一切剩下的东西。"这个"愚蠢之手"就是持续的犁地和收获庄稼，对无价的腐烂生物体或对牲畜关注不多甚至毫不关注，从而摧毁了自然。[②]

洛雷因对宾夕法尼亚和美国北方农夫砍伐森林的方法图解式的比较，揭示了他们的效力与他们的鲁莽。他对两者都持批评态度，不过对宾夕法尼亚农夫的批评更为严厉，主要是因为他们打破了自然中的有机循环。这些描述具有一种普遍性，超越了作为美国早期农业实践描述的价值，因为这些方法与新石器时代的人

① 《农业实践中自然与理性的调和》(*Nature and Reason Harmonized in the Practice of Husbandry*)，517 页。

② 同上，518 页。

砍伐森林的方法相比几乎没什么变化，都是通过简单的工具和不屈不挠的毅力达到了令人惊异的结果。

宾夕法尼亚农夫以环剥树干开始他们的砍伐工作。然后这片土地上树木被砍倒并连根刨起。较小的树也被砍倒锯断。这种砍伐继续进行，没有人想到树木可能会枯竭，即便石煤有可能被用作燃料也不行。在针对树木的战争中，宾夕法尼亚边远荒地的农夫相信他的农作物增长与他开垦的土地面积是成正比的，随着无休止地犁地和收获庄稼，他迎来了土壤的枯竭。[①]

在批评那些边远荒地的农夫时，洛雷因承认早年形成并一直以来不受人类干扰的土壤，也许并不稳定。洪水和风可能会将有机物质一扫而空。山坡和土丘即便是在自然状态下，也很容易受到剥蚀损害，因此在开垦这些地方的时候，需要非常小心地开设排水沟，以防止山坡和斜道上的土壤被水冲走。比较陡峭的地方可以种草，因为“在那里耕犁土地是无用甚至非常有害的，土壤一定很快就会被冲走。”[②]

这样，人可以介入两个根本的自然进程：一是当他不能将腐殖质归还土壤时，介入了生长与腐朽的循环；二是由于没有提供足够的植被来控制高地土壤逐渐向低地移动的自然趋势，介入了高地侵蚀与低地河流沉积之间的正常关系。

宾夕法尼亚农夫不停地犁地并收获庄稼，对草地不够关注，甚至没有利用庭院里累积起来的牲畜粪肥，他们比美国北方农夫

---

① 《农业实践中自然与理性的调和》(*Nature and Reason Harmonized in the Practice of Husbandry*)，333 页。

② 同上，339 页。

造成的破坏要大得多，后者尽一切努力来增加自己牲畜的数量，并且通过焚烧来清除森林（不过他们等到一切都非常干燥才焚烧，
697 这样大火就烧到了土壤；应当保持足够的湿度，以防止火焰太深地穿透土壤并摧毁太多的有机物质）。

北方农夫把已经倒下的树木继续砍断，把树墩上的树皮剥到与地面齐平，继而又砍倒所有的树木，让它们有规律地并排倒下。有一些圆木在焚烧之前锯断，另一些在焚烧之后锯断。无论如何，农夫们都等待一个合适的干燥时期开始焚烧。之后，清理出来的土地用沉重的耙子耙平，这样创造出的土壤质地有利于植被生长。灰烬中的盐分和火焰里幸存下来的有机物质也能够生产出高大的庄稼。宾夕法尼亚农夫对腐殖土和施肥掉以轻心，而北方农夫则对焚烧草率行事。像那些见证了定居与耕耘扩张的其他人一样，洛雷因也看到了自然积累与人为改变之间的对比：前者是作用缓慢的自然常年耐心的累积，后者是人能够在几天甚至几小时中达成的戏剧性的改变。“或许无法设计出一种更好的清理林地的方法了，也不可能引进一种更有利可图的第一轮农作物，然而不幸的是，自然长久累积的动植物有机物质中的绝大部分，在一两天之内就被破坏性的、完全不加考虑的野蛮焚烧方式摧毁殆尽了。”当北方农夫的焚烧与宾夕法尼亚农夫的持续耕种这两种方式结合起来的时候，这种毁坏进一步恶化了。[①] 土壤的腐殖质理论也许是洛雷因这样强调的部分原因，

---

① 《农业实践中自然与理性的调和》（*Nature and Reason Harmonized in the Practice of Husbandry*），335—336 页。

但最主要的，自然的经济和统一性的概念是这些警告由之而来的基础。

在前面的讨论中，我并没有试图将这些态度作为美国历史的一个章节来进行探索。对于改造自然（其中最戏剧化的是森林砍伐带来的改变）采取一种实用的、功利主义的态度，看起来有一个较早的并且是有力的支点，就像在理查德·弗雷姆（Richard Frame）的诗“宾夕法尼亚短章”（A Short Description of Pennsilvania，1692 年）所写的那样：

我实在难以表达，
尽管有好的愿望，
我们如何能够因主的怜悯，
满足于生活在这样荒蛮的大地上。
当我们开始清理土地，
为播种的空间而奔忙，
让我们的玉米能生长并挺立，
以便在需要的时候得到食粮；
于是借助斧头，借助意志与力量，
哪怕那些大树茂密而强壮，
终于也在打击下向每一边倒下，
我们把它们全都铺排成一行行。
因此当那些高耸的树木，
就这样躺倒在地面上，
我们用熊熊燃起的火焰，

把它们烧成灰烬的模样。

698 美国的例子也说明了毁林开荒所造成的影响，以及假想为原初的土地与改造过的土地之间的强烈对比、自然长时期的进程与人类短期进程之间的强烈对比。贾里德·埃利奥特、约翰·巴特拉姆、约翰·洛雷因，以及其他学者都在土壤侵蚀与枯竭、过度耕种、焚烧和森林砍伐等活动中，看到了显著的破坏性干扰生物进程的证据。我想，他们所害怕的，是新大陆的欧洲人无法理解自然的有机循环，这种从生命到死亡、从腐朽又到生命的生生不已，以及这种循环对人类福祉的重要性。①

① 下面这些作品为理解美国人对自然态度的复杂历史提供了宝贵的指引：阿瑟·埃克奇（Arthur A. Ekirch）：《人与自然在美国》（*Man and Nature in America*）；汉斯·胡思（Hans Huth）：《自然与美国人》（*Nature and the American*）；利奥·马克斯（Leo Marx）：《花园里的机器：美国的技术与田园理想》（*The Machine in the Garden; Technology and the Pastoral Ideal in America*）；以及约翰·赖特（John K. Wright）：《地理中的人类天性》（*Human Nature in Geography*），特别是第 14 章“关于早期美国人的敬地情结”（Notes on Early American Geopiety）。关于早期美国人对自然的一般态度，以及对森林、土壤和腐殖质等等的态度，见前文引述的热尔比（Gerbi）、奇纳德（Chinard）和麦克唐纳（McDonald）等人的著作。弗雷姆（Frame）的诗（由胡思部分引用，5 页）收录于艾伯特·库克·迈耶斯（Albert Cook Myers）编辑：《宾夕法尼亚、西新泽西和特拉华叙事，1603—1707 年》（*Narratives of Early Pennsylvania, West New Jersey and Delaware, 1603—1707*），301—305 页。亦见拉尔夫·布朗（Ralph Brown）的论文，在他去世后发表于《美国地理学家协会年鉴》（*AAAG*），卷 41（1951），188－236 页：“致美国全球地理创造者杰迪代亚·莫尔斯牧师的一封信”（A Letter to the Reverend Jedidiah Morse Author of American Universal Geography），188－198 页；“陆地与海洋：它们更大的特征”（The Land and the Sea: Their Larger Traits），199－216 页；“1800 年所见的沿海气候”（The Seaboard Climate in the View of 1800），217－232 页；以及“为地理呼吁：1813 年风格”（A Plea for Geography, 1813 Style），233－236 页。在第三篇论文中，布朗讨论了我之前提到过的好几位学者，并给出更多例子；特别应参考他对气候改变的讨论，227－230 页。但是我不同意他的这个说法：“沃尔尼完全回避了这个问题［即气候正在改变的问题］。”（227 页）见本章第 9 节关于沃尔尼的论述及注释。

11. 瓦尔的山洪

让我们回到旧大陆来检视一个问题，这个问题吸引了十八世纪法国工程师让·安托万·法布雷的注意。这是一个高地与低地问题，人类处于其中心。法布雷的著作开启了西方自然科学和工程学的新篇章，其后在十九和二十世纪这方面的从业者将仔细地研究山洪，并发表大量的相关著作。[①] 法布雷是瓦尔省的桥梁

（接上页）另有约瑟芬·赫布斯特（Josephine Herbst）：《新的绿色世界》（*New Green World*）（纽约，1954 年），这本书介绍了约翰·巴特拉姆和早期博物学家们，展现了科学考察、植物采集和引进的重要性，以及早期美国博物学家对自然的态度。杰斐逊的作品也说明了同时代人对环境变化的兴趣。见索尔·帕多弗（Saul K. Padover）编辑的《杰斐逊全集》（*The Complete Jefferson*）：关于耕耘、饲养动物和文明技艺的优势，见“To the Miamis，Powtewatamies，and Weeauks”，459 页；类似的主题亦见“To Brother Handsome Lake”，461 页；关于农业优于捕猎的长处，见“To the Choctaw Nation”，465 页；类似的主题亦见“To the Chiefs of the Cherokee Nation”，478—479 页；还有“To Little Turtle，Chief of the Miamis”，497—498 页；“To Captain Hendrick，the Delawares，Mohiccons，and Munries”，502—503 页。亦见他在“关于弗吉尼亚州的笔记”（Notes on the State of Virginia）中就风和森林砍伐所作的评论，问题 7，619—620 页。罗德尼·特鲁（Rodney True）在为卡曼和特格韦尔（Carman and Tugwell）编辑的贾里德·埃利奥特（Jared Eliot）的《论新英格兰土地耕作及其他，1748—1762 年》（*Essays upon Field Husbandry in New England and Other Papers, 1748—1762*）一书所写的导言中，讨论了埃利奥特的研究，以及美国人对英国的塔尔、汤森德及其他人关于英国的土壤和农业理论所作的修正。

① 叙雷尔（Surell）：《上阿尔卑斯省山洪研究》（*A Study of the Torrents in the Department of the Upper Alps*），第 2 版，卷 1，由奥古斯丁·吉布尼（Augustine Gibney）翻译。据我所知，这个译本并没有出版过，其碳复写本在加州大学伯克利分校的林业图书馆。早期法国技术著作在美国很难取得，这一事实让约翰·克鲁姆比·布朗（John Croumbie Brown）的研究显得尤为重要；在《法国的植树造林》（*Reboisement in France*）一书中，他慷慨地摘录了许多十八、十九世纪法国研究山洪的学者的著作，其中包括法布雷和叙雷尔。

699 公路首席工程师；他在 1797 年发表的关于山洪及其控制的研究，是基于法国的瓦尔省、下阿尔卑斯省和罗讷河口省的情况，他在这些地区工作过，对它们有很深的了解。他也研究了罗讷河和迪朗斯河的河道。

亚历山大·叙雷尔（Alexander Surell）是十九世纪法国高山洪流最杰出的研究者之一，他批评了法布雷的著作，但这是一种善意的批评，他理解法布雷的贡献具有先驱者性质。叙雷尔认为法布雷的观察事实上是以格言警句的形式表述的，这损害了其科学价值；他还责备法布雷将太多的空间给了推理，却并没有用证据来支持他的演绎，因此很难区分他的观察与猜测、确定的与存疑的事情。有意思的是，法布雷也曾经就同样的问题批评过他的前辈们。

法布雷的简短研究是对旧的实践、对高山与平原的关系、对河流流过定居点的影响等作出新调查的象征。这样的研究在十九世纪得到了广泛扩展，因为对人类改造环境的研究从唯心主义、可改善论、哲学和宗教因素中摆脱出来，而参照了文化和经济政策，但是又比单纯的工程学视野站在了一个高得多的平台上。在这种新趋势中，法布雷毫无疑问是一位充满想象力的先驱。他的作品因时间感和历史感（地球历史和人类历史），以及挑剔理论的怀疑精神而引人注目。

法布雷说，自然原因带来的环境变化，是自创世以来地球历史的特征。降雨、风暴、雪崩、冰冻和融化，清楚地造成了这样的改变，这些活动累积的效果现在达到最大值，随着我们将时间倒回创世时代而逐渐减小。那时候山的坡面是稳定的，与它们现在的样子很不相同，因为它们既没受到剥蚀，山峦之间也没有被山谷彼此分割开来。产生现在地貌上可见效果的原因，自创世时代起就一直在运作，很多地方现存的坡面都非常陡峭，以至于群山不再稳定。①

尽管地面上和河流里的水不断降低和分割着这些原始的山峦，但这些水并非使山峰塌陷的唯一原因，也不是主要原因。法布雷认为，交替的冰冻和融化导致了这种群山侧面陡峭的断崖（也许他指的是马特峰型的冰川地貌），也导致了随之而来的雪崩。剥蚀通常由水冲沟渠造成，山的一侧时时被撕裂成可怕的峡谷。700
强大的雪崩能够裹着岩石和巨砾一起滚下山坡，但是雪并不是削减山峰的必要条件，冰冻和融化就足以达到让它们磨蚀的目的。雪崩让土壤变得极端脆弱，甚至让石块开裂或变脆。法布雷写这本书的时候人们还不理解冰川作用，对他而言，地球的历史以持续的变动为特点——这些变动由分解、岩石的加热和冷却、融雪造成的雪崩、河口冲积土的沉积等组成。② 我认为，一个对亘古以来改变地表的自然进程运作有着如此生动之概念的人，也会对人类或其他地质施动力的行为很敏感，因为这些行为可能会加速自然进程，也可能会保持自然进程现在的速率，如果这些自然进程有害的话还可以采取措施加以控制。

对山洪的研究使法布雷的作品成为一体。他观察到，群山中最好的土地处于河流两旁；这些土地暴露在洪水侵袭之下，洪水

① 法布雷（Fabre）:《关于山洪的理论》（*Essai sur la Théorie des Torrents*），5—6页。

② 同上，9—10页。

在森林被清除后变得更严重，因为雨水在短得多的时间内聚集起来，河水便涨得快了许多。肥沃的河岸就这样被侵蚀，河床由于土壤沉积而被拓宽、抬高了。这种损害不仅限于群山，这样的不和谐显然也存在于河岸的堆砌、地中海沿岸的沉积，以及妨碍航行的过浅河口之中。从源头控制山洪会改善农业，保存河流沉积的细腻土壤颗粒（淤土），增进灌溉的契机。[①]

对迄今为止山洪控制方面的进步微乎其微，法布雷的解释相当有趣。很多学者都曾尝试从数学上表述管制河水流量的法则，但是这个普遍性理论无法应用于这些河流，因为实际情况有着无限多样性。我们必须研究河流的实际路线。此外，这一主题的研究者缺乏合适的着眼点，观察是断断续续的，而且经常是出于纯粹的好奇心才进行的。

据法布雷的说法，导致山洪的根本原因是对山地树林的破坏。树叶和树枝拦截了相当一部分的雨水，而其余的雨水则以足够长的间隔一滴一滴流下来，慢慢渗入土壤。植物土在不受干扰的状况下逐渐累积起来，吸收了可观的水量，对那些尽管有其他障碍却仍然形成了的山洪，灌木丛可能挡住它们的去路，把它们从源头上控制住。当林地被破坏以后，小雨或风暴带来的降水被地面吸收的速度不如累积的速度快，同时又没有了灌木丛去打断或分割山洪的进程。

在山地进行的森林砍伐使土壤松弛，降低了形成山体的泥土材质的聚合性，这促进了山洪的形成。旧时政权（*ancien régime*）

---

① 法布雷（Fabre）：《关于山洪的理论》（*Essai sur la Théorie des Torrents*），vii 页。

的法律允许在山坡上砍伐森林，条件是在山坡上间隔修建支撑围墙，但是这个法律在很多地区都是无用的，因为人们种植两季或三季之后就将土地抛弃，他们从自己种的庄稼中无法获得足够的钱来支付围墙的费用。 701

法布雷开列了由上述两种原因造成的七类灾难（遗憾的是他并没有详细阐述）：（1）森林被毁。（2）很多山区的植物土，即原先为羊群提供充足牧场的土地，都被水冲走了，只留下裸露干燥的岩石。（3）河流两岸的物产被摧毁，山脚所有物的特点也被山洪的沉积改变了。（4）损害了下游和河口的航行，这在过去很少发生，来源于山洪造成的水道分割。（5）河流两岸产生争吵和冲突，而这种现象在从前只有一条河床形成永久性边界的时候并不存在。（6）在河口（比如罗讷河河口）的冲积土沉积比原来快得多，妨碍了航行。（7）汇入河流的泉水大量减少。水流不再渗入土壤，现在只有地表的径流经过山地，并带走了植物土。如果泉水减少了，河流的水量也会减少。法布雷看来是将自然条件下的河流水量与一种不那么稳定的情况作比较，后者的表征是大量降雨引起山洪，随后是河流水量减小，而这种不稳定是毁林开荒的后果。

法布雷提出的矫治办法是技术上的，我们在这里无须讨论，但是我们应当提一下他的建议所依据的假设。本质上，法布雷提倡复原群山的自然状态，让树木生长在依然有足够的植物土存在的地方。复原群山可以通过保护幼树、严格执行“山羊法规”得到推进。这些措施还应以保护现存森林作为补充。

砍伐森林时也应当采取同样严格的方式，在坡度一比三的山坡上不应当允许任何人因为任何原因砍伐。从前的法律对过度砍伐太宽容了。在不那么倾斜的土地上砍伐森林也应当严格控制。如果砍伐被允许的话，也应当按水平横向的条状区域进行，其间要留出未开垦的条状区域（大约5突阿斯宽，即大约32英尺）让树木生长。这些条状区域应当用来代替围墙，它们会打断可能在山顶形成的山洪。法布雷支持由市镇对所有森林砍伐执行严格的法律监督。既然人类的勤勉会促使自然更为活跃，人们可以将橡实、山毛榉坚果或其他树木的种子播种到陡峭的山坡上，那些没有足够土壤让树木生长的区域可以种上青草，草皮也会阻挡山洪的形成，同时还可以创造出有用的牧场。①

702 这位目光长远的法国工程师看到，在南普罗旺斯山地由来已久的做法对社会和经济情况有着广泛的影响。他发现人必须理解自己的力量，以创造出有利于事物运行的条件，无论是土壤颗粒还是岩石都一样。通过复原来模拟曾经占支配地位的自然状况，人能够控制水的流速、流量，以及被吸收进土壤的和流走的部分。人能够通过在山坡大量植树来模仿自然进程，但是在容许水流带走植物土这一点上，人可能让这些进程变成了不可逆的。②这样，包括古代习俗在内的社会环境就与自然进程直接联系起来了：法布雷提前预告了马什在1864年所强调的一个主题，引入了某种环境变化的不可逆性这个概念，这不仅是就单个的利益持有人或一个市镇遭受损害所发出的简单警告，而是一种悲观得多的思想。

① 《关于山洪的理论》（*Essai sur la Théorie des Torrents*），131—134页。

② 法布雷（Fabre）著作摘选的英文翻译发表在布朗（Brown）：《法国的植树造林》（*Reboisement in France*），55—59页。

12. 社会群岛：自然与技艺的联盟

在文化上和自然上都不同的区域，天然地提供了不同的例证。沃尔尼在肯塔基和法布雷在普罗旺斯的阿尔卑斯山地看到的是不同的影响。让我们从另一个新大陆——大洋洲，找到最后一个说明，这是库克船长和福斯特父子所描述的地方。福斯特父子二人都注意到了人在自然环境中造成的改变，因为他们都对科学、社会和自然感兴趣。福斯特父子都不赞美未曾被人类文化改造过的自然环境，无论那里住的是塔希提人还是欧洲人。在两种情况中，布丰的影响都清晰可见且得到承认。[①] 约翰·莱因霍尔德·福斯特说，人类造成的改变并不是地球所经历的改变中最不重要的。在人未曾尝试作出改变的地方，自然似乎欣欣向荣；但是这种印象不过是一种表象，因为它会凋谢枯萎，并且“由于无人问津而变形”。这种观察结果是受了布丰的启发：衰朽腐败的树木不断累积，大地的覆盖物很厚实，苔藓、地衣和蘑菇窒息并掩埋了所有植物的生长和繁荣茂盛。死水和沼泽使得周围环境不利健康。但是，人根除了对自己和对动物没用的植物；他在树林与茂密的植被中“为他和他的助手”打开通行的道路；他保存并栽种有用的植物；他赶走空气中有害的臭气，引出沼泽里的水。他通过弄

---

① 约翰·莱因霍尔德·福斯特（John Reinhold Forster）：《环绕世界之航行笔记》（*Obs.*），135—137 页；乔治·福斯特（George Forster）：“对自然整体之一瞥”（Ein Blick in das Ganze der Natur），《乔治·福斯特全集》（*Sämmtliche Schriften*），卷 4，316—325 页。

干大地来推进农业，然后他能够在需要的地方进行灌溉。因此这里强调的是人类在增加地球的美丽及其对人的用处时所扮演的角色。重要的举动是所谓打开自然，这是通过建造通道、增加空气
703 流通、促进多余水分蒸发来完成的。新西兰和塔希提展示了福斯特所作的对比。在塔希提，面包树、苹果、桑葚及美丽的花园部分地取代了天然植被。社会群岛的美丽便是自然与技术联盟的一种表现。平原有人居住，并且被开垦得好像花园，有种植的草坪，有果树和住宅，同时一些山坡上有树木，山顶上则被森林覆盖。这是福斯特父子二人都赞美的那种原始生活和环境，是一种基于栽种植物和改进周遭自然环境之美的生活。福斯特父子这样赞美耕耘和植物栽种的原因是，他们认为这才是通往文明的道路，比放牧和依赖动物更能推动文明前进。[①]

在他们对自然普遍的、包罗万象的看法中，福斯特父子都追随布丰的思想。在乔治·福斯特的论文"对自然整体之一瞥"（Ein Blick in das Ganze der Natur）中，他说："在布丰的手上，我们今天看到了美丽的圣殿！当整个自然的财富及其伟大的造物主雄伟地打开我们内在的感官，我们便感受到我们科学的尊严！"[②]他转述甚至直接翻译了布丰的好几个段落。[③]正如布丰所做的那样，他把对自然之美的欣赏与实现自然的有用性结合起来了。海

① 《环绕世界之航行笔记》（*Obs.*），135—137、161—163、177—178 页。

② "对自然整体之一瞥"（Ein Blick in das Ganze der Natur），《乔治·福斯特全集》（*Sämmtliche Schriften*），卷 4，310 页。

③ 例见"自然：第一图景"（De la Nature. Première Vue），《自然史》（*HN*），卷 12，xiii 页，以及"对自然整体之一瞥"，《乔治·福斯特全集》，卷 4，324—326 页。

洋与陆地相同，它不是死气沉沉或荒芜贫瘠的，而是一个新的王国（*ein neues Reich*），和陆地一样多居民、多物产。人是创世万物中最高级的存在，人应当主动帮助自然，因为整体的美丽和完善是自然普遍的目标。而且，地球如果得不到帮助的话，就会由于它自身产生的废墟而不堪重负——福斯特像布丰一样，看到了人类是如何打开并清理自然，排干死水和沼泽。

乔治·福斯特关于面包树的文章是他最有趣的作品之一，他在文章中说，人类多半要对这种植物的分布负责，在未经开垦的地方没有发现这种植物生长。人们在移居的时候，看来是携带着这种植物，把它从亚洲大陆传播到整个南太平洋。在一段引人注目的文字中，福斯特谈论了靠近亚洲海岸的西太平洋群岛上生命无可比拟的丰富性，特别是爪哇岛和苏门答腊岛，在这些群岛上都有面包树。他认为，这个区域某种程度上可以说是植物的家园，并列出了来自那里的很多有价值的出产。他记录了由人工选择达成的对面包树的改良，还有一些有趣的段落谈到这种树的许多明显用途。他说，这种树在太平洋被发现以后很久，它的优点，一种“谦逊的美”（*eine sittsame Schöne*）在外部世界还不为人知，直到朗夫（Rumpf）的著作发表。[1]

乔治·福斯特还相当关注有人居住的土地与无人居住的土地之间的对比。有一个引人入胜的章节描绘了新西兰南岛西南海岸 704
线达斯基湾的活动，其中写到一片看起来是原始森林的地方，里面的攀缘植物、灌木丛和腐烂的树木正在被新生的树木、寄生植

---

① “面包树”（Der Brothbaum），《乔治·福斯特全集》，卷 4，329、332—341 页。

物、蕨类，以及腐朽树干所生霉菌土上的苔藓等永久性地取代。动物为这种未经人类触及的原生环境提供了进一步证据，许多毫无戒备之心的鸟儿“熟练地跳到最近的树枝上，而且是落在我们鸟枪的目标中。”（它们很快被我们船上一只狡猾的猫教训得小心些了。）[①]在达斯基湾过了几天，文明相对于野蛮的优越性便迅速表现出来了。“在短短几天的时间里，我们中的一小部分人清除了大于一英亩的林地，这是五十个新西兰人，用他们的石头工具在三个月内都无法完成的工作。”一堆乱七八糟、死气沉沉的活体植物和腐败残渣转化成“一个活跃的场景”。树木倒下了，一条更好的通道导引小溪蜿蜒流入海洋。人们准备木桶，用本地植物酿酒，他们还捕鱼。捻缝工和索具工在船边和桅杆上工作。铁砧和铁锤发出的噪声回荡在小山中。一位艺术家用他的速写模拟着动植物生命。一个拥有最精密设备的小型气象台建立起来了。动物和植物还引起了哲学家的注意。“一言以蔽之，我们周围的一切，都让我们看到了技艺的兴起、科学的黎明，在这样一个迄今为止都沉浸在无知和野蛮的漫漫长夜中的地方！”继而，正如创造时同样迅捷，随着人们重新登船离开这个海湾，一切就像一颗流星一样消失不见了。[②]

但是在这个章节中，福斯特谈论的并不是社会群岛的各民族，而是原始新西兰人。在对自然之手的支持中，他没有像布丰那样，在文明社会与较简单的社会之间看到分裂。塔希提人同样有能力

① 《环绕世界之航行》（*VRW*），卷 1，127—128 页。

② 同上，177—178、179 页。

将技艺与自然相结合，在景观中创造出新的美。

13. 小结

到十八世纪末，一代又一代累积起来的观察所得和洞察力，已经将“人作为自然的改造者”这一观念置于新的视角之中；然而除了布丰以外，这个观念还是过于散漫，处理得过于随意，因而无法获得其值得拥有的哲学上的重要地位。直到后来，十九世纪马什、谢勒（Shaler）、勒克吕（Reclus）、维科夫（Woeikof）和其他学者的作品问世，人们才达到这样的认识。关于地球历史比创世、大洪水和洪水撤退更为复杂，关于创世以来地球所经历的变迁是自然进程的结果（这一点在法布雷的作品中特别突出），705
关于地球历史可以划分成不同纪元，这些信念意味着人类也对地球历史有所贡献。人作为一个地理施动者，在历史的连续体中与变化的其他施动者一起发生作用，这个概念是布丰带给我们的信息，他也看到了驯化的历史意义。人在驯化动物身上创造出一种听命于他的、变化的次级施动者，以及人对多种生命形式作了大量替代（这一点也由布丰作了充分发展），这两个观点改变了关于由人类支配的景观性质的概念。

无人居住的环境，或者那些只有原始民族稀疏居住的环境（这些民族被认为由于自然力量的相互作用而生存在永恒的和谐与均衡之中），其研究和观察将人作为干预自然原生平衡的外来者的角色戏剧化了。新大陆与旧大陆之间的对比并没有造成这种观念，但也是这种观念的有力引导者。约翰·洛雷因就是一个出色的例证，不过还有很多其他学者，他们把人看作自然进程的加速器，或是看作一个闯入者，在世界上用自己的选择取代其他事物，而这个世界是造物主已经明智而完美地布置起来的。当有时间意识的人在几小时或几天之内摧毁或改变了自然，自然那种表面上的永存与恒久就是虚幻的。

布丰的思想对乔治·福斯特不无影响，福斯特又对洪堡不无影响。法布雷的山洪研究导致了其他更彻底的阿尔卑斯山地探险。他们的作品，以及那些我曾提到过或忽略了的学者著述，成为马什集大成的综合性著作的基础材料，这就是1864年的《人与自然》，这部书里关于人类改造环境之重要意义的章节得益于人们长久以来所熟悉的那些活动：排水、森林砍伐、灌溉、运河建造、焚烧、植物引进、驯化。地球表面的巨大变化（如我们能够在布丰和马尔萨斯的著作中领悟到的那样），此时将要经历工业革命，在人们视野所及之处已经很难看到了。

但是工业革命——真遗憾这个术语是这样的——没有取代这些较古老形式的环境变化，而是补充了它们。塞浦路斯依然有牧羊人，阿登高原依然有烧制木炭的人，新英格兰也依然有环剥树木的人，然而人们不久就会在那些地方看到不止一个新的列日、曼彻斯特、杜塞尔多夫的景象了。

在十八世纪，西方文明中人对自然关系历史的一个纪元终结了。接下来的是一种截然不同的秩序，它受到了进化论、知识获取的专门化，以及自然改造加速前进的影响。

结　论 706

一个思想史学家把他自己的卵石投入水面，他造成的同心圆涟漪自然与另一个人所造成的不同。如果这些卵石投掷得彼此足够接近，它们的涟漪便会明显地互相干扰；如果彼此足够远离，其互相影响则可能识别不出。所以，一个人的卵石也许就是另一个人的涟漪，对讨论主题的选择决定了什么是中心的，什么是外围的。要是我没有选择“神意设计的地球”这个观念，而是选择工匠神观念，要是我没有选择环境影响论而是选择文化观念，要是我没有选择环境变化而是选择技术观念，那么，这些现在的卵石就会变成涟漪了。

因此我想作为总结，或许我们值得再讨论一下这些观念中的每一种、这些观念所从属的更宽广的领域，以及这些观念如何常常彼此对抗或相互干扰，尽管它们有不同的历史背景。在这个讨论之后，我们还值得加上对于这些观念的历史中具有不同寻常重
707 要性的某些时期的观察。在这些观念的发展中，在它们随着时间与环境而发生的变化和增长中，在它们于不同时代、不同地方对不同情势的应用中，这些观念都没有完全丧失自己原初的特征，也没有完全保存这种特征。这一过程是一种观念的历史的典型发展过程，就像一种文化的历史，会改变、创新，会接受这个、拒绝那个，抛弃一些无用或过时的内容，保存一些崇尚和珍视的内容，每一次新的综合都为进一步的改变、保存或创新准备着属于它自己的机会。

"神意设计的地球"这个观念，即应用于地球自然进程的终极因学说，是一个广阔得多也深邃得多的思想体系中重要的一部分（不过也仅仅是其一部分），这个思想体系遍布在各种类型的作品中：科学、哲学、神学、文学。这总的说来是目的论观念。不过，我们不能否认它在自然与地球研究中的巨大历史力量，也不能否认此种应用增强了更广阔领域中的目的论解释。神意设计地球的观念（无论这地球是为人而创造，还是为人处于存在之链顶点的所有生物而创造），在进化论和近现代生态学理论从中出现以前，一直是西方文明的伟大尝试之一，旨在创造一个整体的自然观，将尽可能多的现象带入其范围之内，以证明作为工匠造物者成就的一种统一性。这个学说熟悉对自然的宗教解释，熟悉那种与特别创造论和物种固定性信念相契合的"前进化论"（pre-

evolutionary）思想。（无可否认，进化也可以、并且确实被解释为设计的一部分。）特别创造论与物种固定性观念相结合，意味着自然中的和谐从一开始就存在。然而，谈论设计论而不包含它所引起的批评是不对的，这种批评在古代世界主要以伊壁鸠鲁哲学为中心，在十七和十八世纪则是像斯宾诺莎、布丰、休谟和康德这样的思想家提出来的。辩论双方的主导者都对自然的统一性观念作出了贡献，因为有争议的问题不是秩序本身，而是秩序的本质、工匠类比的正当性，以及这种秩序与神的创造性活动之间的关系。随着这个观念在多个世纪中的发展，它从许多不同的来源汲取营养，而且显然与关于自然的文学作品有相似特点。对自然之美的赞赏也带来了惊叹和这样一种信念：当人独处于原始的和谐之中、远离他人及其人工制品的时候，人与被创造万物的心跳更为接近，因为这些地方不像人们的常去之处，它们是神圣的境域。不言自明的是，这些不一定是宗教思想，但它们中的大部分确实与宗教相连。在自然史中，设计论倾向于支持对事物的联结和相互关系的研究，而不是对生物分类法的研究。不可避免地，也就有了自然中的联锁相关的概念——这一概念大部分是粗糙的，带有不必要的人类中心论，充满了过多的惊叹而非调查精神——然而其效果就是把人与自然看作一个整体，把地球上以所 708
有形式显示的生命看作一幅巨大的活体镶嵌图画，由非生物的自然界支撑着。自十八世纪末以来，在基于进化论、遗传学以及生态学理论的自然研究中获取了很多知识，但是绝非偶然地，生态学理论——它是研究动植物数量、环境保护、自然保存、野生动物及土地利用管理时许多调查方法的基础，也成为自然整体观的基础概念——其背后有着西方文明中长久占据在人们心头的思想，这就是，将地球环境的本质解释为秩序的体现，这样做的时候努力把地球环境作为整体来看待。

同样很容易看到的是，为什么“人在自然中的位置”这个短语以不断重复的形式，一直是本书所述时代的伟大主题之一——的确，这一主题已经延续到当下，有很多关于环境改造和自然保护的文献能证明这一点。人属于自然，是自然的一部分，然而由来已久的人与自然的一分为二仍然很有理由存在。为什么会这样？将其贬低为人的狭隘成见未免过于简单了。我们这本书讨论过的那些学者中，很少有人能受到这样的责备。我想，这是因为在这个时代的早期（它在思想史中已经相对较晚了，如果我们记住孟菲斯神系可以追溯到大约公元前 2500 年的话），人与其他生命形式之间的根本性分裂就已经被认识到了。索福克里斯认识到这一点，《创世记》的篇章中认识到这一点，潘尼提乌认识到这一点，犹太人斐洛也认识到这一点，他惊叹那些平凡的人们居然能够迫使比他们大得多、强壮得多的动物听命于自己。技巧作为双手力量与头脑力量的结合体，是一个明显的人类特征。单是在古代世界里，就有无数的例证显示长久的工匠传统和代代累积的技巧、学问及知识，这些都影响着那些试图看到在自然世界中存在着人类世界的人们。进一步而言，这种人与自然的一分为二还与创世的目的和意义这一问题紧密相连。以我所知，能说明这一事实的最为戏剧化的对立，就数我们在第一章中所引用的斯多葛派的巴尔布斯与伊壁鸠鲁派的卢克莱修之间的对立了。斯多葛派巴尔布斯看到了自己周围的地球之美，下结论说这样一个惊人美妙的创造，不可能是为了那些缺乏智慧的植物或愚笨的动物，而只可能是为了像人这样分享神性、类似诸神的生物。而伊壁鸠鲁派卢克莱修在这一点上的立场是既不讨好人类的本性，也不讨好地球的本性：当这么多的人邪恶而愚蠢、这么少的人善良而睿智，当地球的物理构造如此不完善，怎么可能想象世界是为人而创造的呢？在这样一种哲学中，没有一位仁慈的自然母亲；人达到他在自然中的地位，不是通过分享神圣工匠的特质，而是通过模仿并学习自然进程，或者是按照“需要是发明之母”这一原则，通过努力工作来满足自己的需要。基督教思想中也处处充满了这种观念，因为犹太-基督教神学大量涉及造物主和被造物，也因为 709
人尽管有罪、邪恶，却仍然是上帝的特殊造物。事实上，关于“人在自然中的位置”的分支理论与内涵，没有任何其他思想体系作过比自然中的设计论和目的论文献更为详尽彻底的讨论了。

既然适用于地球的设计论是一种包罗万象的尝试，旨在将统一性带入观察到的各种现象——无生命物质、植物、动物和人类——那么它牵连出另外两个观念便是顺理成章的，但是这两个观念，正如我们已经谈到的那样，也拥有属于它们自己的独立存在和历史。

环境影响文化的观念，从历史的角度看是重要的，这不仅是因为它自身的智识与哲学内容，还因为它所引出的问题。它是自然（*physis*）与约定（*nomos*）之间、自然与法律或习俗之间那种广泛而古老的对立的一部分。这种观念深深卷入了对一系列人类差异的阐释，这些差异无穷无尽且无比迷人，其丰富的新素材在古代来自希腊化时期，在近代则来自大发现时代。这种观念也许是从医学中产生的；旅行与远航一方面帮助它发展，因为人类显然是居住在世界各地的——在沙漠里，在炎热多沙的海岸边，在沼泽旁，在高山上——另一方面却在与之相矛盾的例证出现时，把这种观念带入不利的境地。如果有人倾向于强调它的一元化性质，试图将一切文化都解释为环境的产物，那么他也应当记得，这种观念还有其相对性的一面，这一面在宗教改革后清晰地显现出来，那时候气候因素被认为即便不是在决定根本教义中，也是在决定宗教仪式中起着积极的作用。它对伦理和宗教理论的影响中重要的一点是给人们这样的暗示：生活在一个特定环境中的人群可以被预期按他们所表现的那样行事，对其缺陷负有责任的是环境而不是人类自身的脆弱。如此，气候是一个对所有各民族的迷醉或清醒的最受欢迎的解释。然而，“约定”从未被忘却。人们的习俗，他们的政府和宗教，都是强大的文化塑形力量。这些事实在希波克拉底的著作中就有体现；在本书所研究的时代中，最清晰的表达可以在十八世纪的著作中看到。环境影响的理论与设计论是互相兼容的，因为两种情况都假设生命对环境的适应性；关于人们为什么生活在他们所在的地方、他们是如何繁荣昌盛起来的、他们为什么又如何生活在那些不适宜居住的荒凉环境里，两种理论对这些问题也都给出了答案。在近现代，环境影响的理论仍然持续着一种在古代便引人注目、又在休谟的论文中达到顶点的趋势，即与讨论国民性的作品强有力地联系在一起；这些作品往往鼓励了一种整体的概括：德国人、法国人、阿拉伯人的特征，都可以用几句话描述出来。从另一方面看，环境影响的理论也是对抗纯粹文化决定论的一种保护措施，尽管是消极的保护。

毋庸置疑，如果认为文明史能够单纯书写为文化的、社会的或经
济的历史，那一定是错误的。具有重要意义的一点是，在我们所 710
讨论的整个时期中，这一领域里给人印象最为深刻的著作都写作
于十八世纪，其中突出的例证是赫尔德的《人类历史哲学思想》，
它充分利用了当时一切可用的历史、人种志和地理方面的知识。

在十八世纪，孟德斯鸠、华莱士、休谟，以及特别是马尔萨斯的著作，将一种不同的环境论带入成熟阶段并使其具有影响力，这种环境论强调的不是气候因素或环境中的自然差异，而是作为一个整体的环境强加在所有生命身上的局限性。以不同形式出现的这一观念，其后产生了过去这一个半世纪中最具论战性质的一些作品。

设计论观念本质上确实是将注意力聚焦在作为工匠的上帝身上，而人与自然只是作为被造物处于从属的地位。环境影响观念以自然为中心；假如它是在宗教性的上下文中表达的话，那么上帝在那儿作为造物主，而人在很大程度上是可塑于自然的模具中的。但是，“人作为自然改造者”这个观念，则是以人为中心；这种观念在宗教性的上下文中表达时，上帝常常变成一位故意把创世留在未完成阶段的工匠，自然在那儿等着由人类的技巧来改进。从很多方面来说，这是三个观念中最为有趣的一个，因为它假定了选择；不同的结果来自不同的技巧。这个观念的来源，我认为在于工匠手艺和建立秩序的思想，而当人的活动被放在宗教框架内看待时，人就成为自然的完工者，作为地球的保护者和看管人定位在地球上。这个观念最为独树一帜的看法之一就是它在人类技能与动物技能的性质方面作出了根本性的区分，当然常常

是暗示的。这并不是说动物或低等昆虫缺乏技巧——我们只要读一读关于蚂蚁和蜜蜂的布道文，看一看其中的热切说教就够了（见本书第五章）。在古代世界，这种区分隐含在“双手与头脑相结合的力量”这个说法中。在近代，古代派与现代派之间的争论和进步观念的发展，更清楚地说明了人类天赋的本质：它高于动物的技巧，因为一代人知道的东西可以传达给下一代人，技巧、知识、工艺可以累积起来，这样经过一段时间后便加深了人类技艺与动物技巧之间的鸿沟。在世俗的思想中，这个观念一般来说带有乐观的内涵，特别体现在雷约翰和布丰这样的学者身上（尽管有少数悲观论调）。悲观主义后来在十九世纪出现，那时候有了更频繁的思想交流，有了关于变化的历史深度知识，也有了对技术能力提高和世界人口增长所带来的空前变化步伐的观察。这个观念的历史进程，是从地区性的认识转向更普遍的观察和概括。在今天，它已经无处不在，这是来自人类能动性巨大力量的自然而然、预料之中的结局。

711 在这本书所涵盖的漫长时间段中，某些时期特别突出，那时候强化的思想在这些观念中一个或几个的周围聚集起来。在古代世界，我会挑出希腊化时期作出特别的强调。

诚然，这些观念的源头都可以一直回溯到很久以前，但是它们开始变得有生命力并塑造成形则是在希腊化时代和接下来的希腊化罗马时代。因此，比如说，我们讨论了克吕西普、潘尼提乌和波昔东尼，讨论了伊壁鸠鲁和卢克莱修、波利比乌斯和斯特雷波，也讨论了埃拉托色尼、泰奥弗拉斯托斯，以及忒奥克里托斯，更不用说还有后一个时代的作者们，比如维吉尔、贺拉斯、提布卢斯、瓦洛，甚至是科卢梅拉和普鲁塔克。一种资源发展的哲学看来是与希腊化时代各君主的经济和政治抱负携手同行。我们很难忘记那些生活在他国土地上的希腊人，热切地盼望看到他们的橄榄树、他们的葡萄酒、他们的羊毛、他们的水果和蔬菜，这种热望加上其他原因，导致了某种实验，而实验带来了土地面貌的改变。伊壁鸠鲁学说和斯多葛学说之间的对抗，特别是体现在西塞罗的《论神性》和卢克莱修的诗歌里面的，拓宽了设计论思想，也深化了对设计论的批评。两方面都有着自然统一性的思想，也都从自然世界和人类世界中得到了更多的证据。在希腊化世界里以通用语言（希腊文《新约》就是用它写的）所进行的交流，塞琉西王朝和托勒密王朝对维持本土文化习俗的特别鼓励，这些因素造成了——我相信这一点，尽管无法证明——一种比以前存在的更为自觉的对文化差异的意识。倘若波昔东尼的地理学和人种学作品整体保存下来，而不是像现在这样只有零星片段残留在他人著作中，那我们便有可能看到这一点。

第二个时代是早期基督教时代，其中心是像大巴西尔和圣安布罗斯这样的学者的作品，并在圣奥古斯丁的著作中达到了顶峰，当然我们也能在特尔图良和奥利金的著作中看到相关的准备。这些作品中部分是布道性质的，部分是论辩性质的，部分是护教性质的。从奥利金的《驳凯尔苏斯》到圣奥古斯丁的《上帝之城》，最为引人注目的是基督教这个新宗教自我辩护的需要。在早期开端中，文献回顾的仍然主要是希腊化的亚历山大城，这个城市用吉尔森的话来说，“很长时间以来都是罗马帝国各宗教的某种交流中心。”在大巴西尔、圣安布罗斯和圣奥古斯丁的著作中，不同来源的多种观点得以汇聚，自然的思想、自然的欣赏（这一点不总是包含在内，但因宗教原因而在大多数情况下存在）、造物主和被造物的概念，它们从各种各样的宗教情感与信仰、自然史、古代哲学和科学的母体中来到此处。从这个角度来看，圣奥古斯丁的著作也是最重要的综合与整理，他结集到一起的关于自然及自然的宗教解释方面的内容，不仅有基督教的观点，还有希腊的、
712 希腊化的和罗马的观点，同时承认（正如我们必须承认的那样），在探索基督教的自然观这个棘手的课题时，一旦超越了最初的轻易断言，会遇到许多矛盾和困难。设计论采纳了基督教的形式并应用到地球上可见的自然身上，它在这一时期中膨胀起来了；从大巴西尔的布道文到雷的《上帝的智慧》（这两部著作在各自的体裁中都是出类拔萃的），我们可以看到一种连续性。这个时代长于释经，在考察创世思想时格外卓异。从这个时代直到十八世纪的自然神学，造物主和被造物的主题支配着设计论，而十八世纪的自然神学得以利用最新的科学发现。

因此，希腊化时代和早期基督教时代都因其对自然和自然史的关注而引人注目。在希腊化时代，这一点既体现在斯多葛派的宗教信仰中，又在卢克莱修所表述的伊壁鸠鲁反宗教哲学中明显出现。在早期基督教时代，这一点在圣巴西尔和圣奥古斯丁的著作中尤为突出；奥古斯丁的老师圣安布罗斯从维吉尔描述的自然意象中受到启发，尽管他把这种意象转化成了宗教的象征主义。

在十二和十三世纪，又有了另一个这样的时代，在中世纪对我们所论述的三个观念最重要的贡献便来自这个时代。这是大阿尔伯特、托马斯·阿奎那、《玫瑰恋史》，以及宗教艺术中自然主

义主题的时代。像希腊化时代一样，这是一个具有杰出行动力、资源发展、大教堂和城市建设的时代，提供了许多对比和阐释的机会。

为本书目的，认为文艺复兴时期和大发现时代就我们所论述的三个观念而言，是协调的搭档，这没有什么不合适的；其中一个带来新信息和对过去的批评，另一个带来的则是海外的消息。这两者都实行了一种根本性的修正。它们拓宽了观念的范围和对古代思想的知识（阿尔伯蒂的建筑史就是一个证明），而大发现时代揭示了人们及其居住的环境远比他们过去认识到的更为多样化。确实，这种多样性似乎是无穷无尽的。随着时间流逝，人类对各种各样环境的卓著的适应性，对所有人来说都是显而易见的。然而，这种认识直到十八世纪才结出丰硕果实，不过这仍然是有关自然与文化的西方思想史中一种重要的洞见。

倒数第二个时代，是十七世纪末和十八世纪初自然神学的黄金时代。宗教的基础及设想与过去一直以来的完全相同，但是人们现在看待地球的方式已经含有更多的科学知识，把以往那种荒诞的、阴郁的、空虚的宇宙演化论永远抛在了身后。得益于牛顿时代的科学成就，雷、德勒姆及其他学者所表述的论点成为十七世纪晚期对地球环境适宜性的声明：地球适宜于生命，并为生命作了很好的安排。这一概念部分完成于反驳无神论的过程中，这 713
种无神论有时候被含糊不明地安在卢克莱修的近代同情者头上（即便笛卡尔也没有逃脱被称为不敬神思想教唆者的指责），但主要是在反驳始于伯内特的宇宙学者时完成的，这些宇宙学者们过于清晰地看到（这对他们自己和别人均无益处）人的罪孽被永久化和固定化了，它永远有目共睹地刻印在地球表面的构成中。

最后一个时代跨越整个十八世纪；孟德斯鸠的《论法的精神》在1748年出版，布丰《自然史》的前几卷自1749年开始出版，是这个时代的里程碑。我们此前已有充分的讨论，在此只需要再加上短短几句话。这个时代的思想家们从过去继承了很多，他们又添加了很多自己的东西。他们之所以能够作出这样的贡献，是因为从大发现时代以来累积的关于世界各民族和地球环境的知识在不断增长，布丰的《人种多样性》和《地球理论》就是很好的例子。这不仅体现在关于原始民族，关于印度人、穆斯林和中国人以及他们所生活的地方的知识增长了，而且欧洲人对他们自己的历史、习俗和土地也了解得更多了，我们可以在博丹的著作中看到这个事实。

十八世纪的思想（我们这本书以此结束）产生于前工业化世界，这个世界我们甚至可以称之为传统社会，如果我们不是暗指它毫无变化的话。也许有人将当时的思想看作是进入接下来直到今天的历史的前导篇章，但我倾向于不认为它们是一种序言（这一术语在我看来意味着，它们的价值在于引进后面的更好的东西），而是看作西方文明史中一个时段的彻底终结。由西方世界不断壮大的工业化所激发的思想、关于生命和人类文化起源与进化的理论、随着十九世纪一起到来并延续至今的知识越来越专门化，这些才更适合充当序言的角色。

解释地球环境本质的设计论观念，实际上是向上追寻上帝的创造力与行动力；环境影响的观念追寻的是自然条件的力量和强度；人类作为自然改造者的观念则追寻着人的创造力与行动力。

在探索从公元前五世纪到公元十八世纪这些观念的历史时，一个醒目的事实是，可以说生活在这两千三百年间的每一位伟大思想家都曾对这三个观念之一发表过言论，他们中的很多人还对所有这三个观念都有所论述。

参考文献

Ackerknecht, Erwin H. "George Forster, Alexander von Humboldt, and Ethnology," *Isis*, Vol. 46 (1955), pp. 83–95.

Acosta, José de. *Historia Natural y Moral de las Indias* (Sevilla: Casa de Juan de León, 1590; reprinted Madrid: Ramón Anglés, 1894). 2 vols.

Acosta, José de. *The Natural and Moral History of the Indies*. Trans. from the Spanish by Edward Grimston, ed., with notes and intro. by Clements R. Markham (London: Printed for the Hakluyt Society, 1880).

Adam of Bremen. *History of the Archbishops of Hamburg-Bremen*. Trans. from the Latin with intro. and notes by Francis J. Tschan (New York: Columbia University Press, 1959).

Adams, Frank D. *The Birth and Development of the Geological Sciences* (New York: Dover Publications, 1954 [1938]).

Adams, John. *The Works of John Adams* (Boston: Little, Brown, and Co., 1852–1865). 6 vols.

Adelard of Bath. "Die Quaestiones naturales des Adelardus von Bath," ed. Martin Miller, *Beiträge zur Geschichte der Philosophie und Theologie des Mittelalters*, Bd. 31, Heft 2, 1934.

Aeschylus. *The Choephori*. Text, intro., comm., trans. into English by A. W. Verrall (London and New York: Macmillan & Co., 1893).

Agricola, Georgius. *De re metallica*. Trans. from the first Latin ed. of 1556 by Herbert C. Hoover and Lou H. Hoover (New York: Dover Publications, 1950 [1912]).

Alan of Lille (Alanus de Insulis). "Opera omnia," *PL*, Vol. 210.

—. *The Complaint of Nature*. Trans. from the Latin by Douglas M. Moffat, Yale Studies in English, No. 36 (New York: Henry Holt and Co., 1908).

Albert the Great (Albertus Magnus). Beati Alberti Magni, Ratisbonensis Episcopi, Ordinis Praedicatorum, opera quae hactenus haberi potuerunt. . . . Studio et labore R. A. P. F. Petri Jammy. . . . (Lugduni: Sumptibus Claudii Prost, Petri et Claudii Rigaud, Frat., Hieronymi de la Garde, Joan. Ant. Huguetan. Filii. . . . 1651). 21 vols. Cited as *Works*, ed. Jammy.

—. "De animalibus," *Beiträge zur Geschichte der Philosophie des Mittelalters*, ed. Hermann Stadler, Vols. 15–16 (1916).

—. "De causis proprietatum elementorum liber primus," *Works*, ed. Jammy, Vol. 5, pp. 292–329.

—. "De natura locorum," *Works*, ed. Jammy, Vol. 5, pp. 262–292.

—. "De vegetabilibus," *Works*, ed. Jammy, Vol. 5, pp. 342–507.

Alberti, Leon Battista. *Ten Books on Architecture*. Trans. from the Latin into Italian by Cosimo Bartoli and into English by James Leoni. Ed. Joseph Rykwert (London: A Tiranti, 1955; repr. of 1755 ed.).

Alexander Neckam. *Alexandri Neckham de naturis rerum libri duo*. Ed. Thomas Wright (London: Longman, Green, Longman, Roberts, and Green, 1863), being Vol. 34 of *Rerum Britannicarum Medii Aevi Scriptores* = Rolls Series.

Allbutt, T. Clifford. *Greek Medicine in Rome* (London: Macmillan and Co., 1921).

Ambrose, St. "Hexaemeron." Edited with a German trans. by Johann Niederhuber, *BDK*, Vol. 17.

—. "Hexaemeron libri sex," *PL*, Vol. 14, cols. 131–288.

—. *Letters*. Trans. from the Latin by Sister Mary Melchior Beyenka (New York: Fathers of the Church, 1954).

Amilaville, d'. "Population," *Encyclopédie ou Dictionnaire Raisonée des Sciences, des*

Arts, et des Métiers (2nd. ed., Lucca: Vincenzo Giuntini, 1758–1771), Vol. 13, pp. 70–84.

Anon. "The So-Called Letter to Diognetus," edited and translated by Eugene R. Fairweather, *The Library of Christian Classics*, Vol. 1, *Early Christian Fathers* (London: SCM Press, 1953), pp. 205–224.

The Ante-Nicene Fathers. *Translations of the Writings of the Fathers Down to A. D. 325*. Eds. the Rev. Alexander Roberts and James Donaldson. American reprint of the Edinburgh ed. rev. by A. Cleaveland Coxe (Buffalo: Christian Literature Publishing Co., 1885–1907). 10 vols.

Anthes, Rudolf. "Mythology in Ancient Egypt," in Samuel Noah Kramer, ed., *Mythologies of the Ancient World*. Anchor Books (Garden City, N. Y.: Doubleday & Company, 1961), pp. 15–92.

Anton, Karl Gottlob. *Geschichte der teutschen Landwirthschaft von den ältesten Zeiten bis zu Ende des fünfzehnten Jahrhunderts*. (Görliz: Christian Gotthelf Anton, 1802). 3 vols.

Apelt, Otto. *Die Ansichten der griechischen Philosophen über den Anfang der Cultur* (Elsenach: Hofbuchdruckerei, 1901).

The Apocrypha of the Old Testament. Revised Standard Version (New York, Toronto, Edinburgh: Thomas Nelson & Sons, 1957).

The Apocrypha. An American Translation by Edgar J. Goodspeed. Modern Library Paperbacks (New York: Random House, 1959).

Apochrypha. See also *Enoch*.

Apollonius Rhodius. *The Argonautica*. Trans. from the Greek by R. C. Seaton. Loeb Classical Library (Cambridge, Mass.: Harvard University Press; London: Wm. Heinemann, 1955 [1912]).

Arbuthnot, John. *An Essay Concerning the Effects of Air on Human Bodies* (London: Printed for J. and R. Tonson and S. Draper, 1751 [1733]).

Aristotle. *Metaphysics*. Trans. from the Greek by Richard Hope. Ann Arbor Paperbacks (Ann Arbor: University of Michigan Press, 1960 [1952]).

—. "On Length and Shortness of Life." Trans. from the Greek by W. S. Hett, *Aristotle. On the Soul, Parva Naturalia, on Breath*. Loeb Classical Library (London: Wm. Heinemann; Cambridge, Mass.: Harvard University Press, 1935).

—. *Parts of Animals*. Trans. from the Greek by A. L. Peck. Loeb Classical Library (London: Wm. Heinemann; Cambridge, Mass.: Harvard University Press, 1937).

—. *Politica*. Trans. from the Greek by Benjamin Jowett (Rev. ed., Oxford: Clarendon Press, 1946), being Vol. 10 of W. D. Ross, ed., *The Works of Aristotle Translated into English*.

—. *Problems*. Trans. from the Greek by W. S. Hett. Loeb Classical Library (London: Wm. Heinemann; Cambridge, Mass.: Harvard University Press, 1936–1937). 2 vols.

Armstrong, A. H. *Plotinus* (London: George Allen & Unwin, 1953).

Arnaud, François. "Notice historique sur les Torrents de la Vallée de l'Ubaye," in Demontzey, Prosper, *L'Extinction des Torrents en France par le Reboisement* (Paris: Imprimerie Nationale, 1894), Vol. 1, pp. 408–425.

Arndt, Johann. *Vom Wahren Christenthum* (Leipzig: J. S. Heinsius, 1743).

Arnim, Ioannes ab, ed. *Stoicorum veterum fragmenta* (Lipsiae: in aedibus B. G. Teubneri, 1905–1913). 3 vols.

Arnobius of Sicca. *The Case Against the Pagans*. Trans. and annotated by George E. McCracken (Westminster, Maryland: Newman Press, 1949). 2 vols.

Athanasius. "Oratio contra Gentes," *PG*, Vol. 25, cols. 1–95.

Athenaeus. *The Deipnosophists*. Trans. from the Greek by Charles B. Gulick. Loeb Classical Library (London: Wm. Heinemann; New York: G. P. Putnam's Sons, 1927–1957). 7 vols.

Athenagoras. "A Plea Regarding Christians." Edited and translated by Cyril C. Richardson. *The Library of Christian Classics*, Vol. 1, *Early Christian Fathers* (London: SCM Press, 1953), pp. 290–340.

Augustine, St. *The City of God*. Trans. from the Latin by Marcus Dods, George Wilson, Glenluce; and J. J. Smith. Modern Library (New York: Random House, 1950).
—. *Confessions*. Trans. from the Latin by R. S. Pine-Coffin. Penguin Classics (Baltimore: Penguin Books, 1961).
—. "Contra Epistolam Manichaei quam vocant Fundamenti liber unus," *OCSA*, Vol. 25, pp. 431–477.
—. "Contra Faustum Manichaeum libri triginta tres," *OCSA*, Vol. 25–26; *NPN*, Vol. 4.
—. "Contra Julianum," *OCSA*, Vol. 31.
—. "De Genesi ad litteram libri duodecim," *OCSA*, Vol. 7, pp. 40–381.
—. "Epistola 137," *OCSA*, Vol. 5, pp. 160–174.
—. "Epistola 205," *OCSA*, Vol. 6, pp. 108–119.
—. "In Joannis Evangelium," Tractatus 23, *OCSA*, Vol. 9.
—. "In Psalmum 39," *OCSA*, Vol. 12, pp. 261–293.
—. "In Psalmum 44," *OCSA*, Vol. 13, pp. 91–111.
—. "In Psalmum 45," *OCSA*, Vol. 12, pp. 383–398.
—. "In Psalmum 108," 16th Disc. on Psalm 118, *OCSA*, Vol. 14, pp. 585–588.
—. "In Psalmum 136," *OCSA*, Vol. 15, pp. 243–262.
—. *Oeuvres Complètes de Saint Augustin*. French and Latin text. Trans. into French and annotated by Péronne, Vincent, Écalle, Charpentier, and Barreau (Paris: Librairie de Louis Vivès, 1872–1878). 34 vols.
—. "Of the Work of Monks (De opere monachorum), *NPN*, Vol. 3, pp. 503–524.
—. *On Christian Doctrine*. Trans. from the Latin by D. W. Robertson, Jr. (New York: Liberal Arts Press, 1958).
—. "On the Holy Trinity," *NPN*, 1st Ser., Vol. 3, pp. 1–228.
—. "Sermones ad populum," 1st Ser., 46, *OCSA*, Vol. 16, pp. 251–285.
—. "Sermones ad populum," 1st Ser., 80, *OCSA*, Vol. 16, pp. 566–573.
—. "Sermones ad populum," 1st Ser., 158, *OCSA*, Vol. 17, pp. 485–492.
—. "Sermones ad populum," 2nd Ser., 241, *OCSA*, Vol. 18, pp. 237–245.
Ausonius, Decimus Magnus. *The Mosella*. Trans. from the Latin into English verse by E. H. Blakeney (London: Eyre & Spottswood, 1933).
Averroès (Ibn Rochd). *Traité Décisif sur l'Accord de la Religion et de la Philosophie Suivi de l'Appendice*. Arab text with French trans., notes, and intro. by Léon Gauthier (3rd ed.; Alger: Éditions Carbonel, 1948).
Avicenna. "Das Lehrgedicht über die Heilkunde (Canticum de Medicina)." Trans. from the Arabic into German by Karl Opitz, *Quellen und Studien zur Geschichte der Naturwissenschaften und der Medizin*, Vol. 7, Heft 2/3 (1939), pp. 150–220.
Bacon, Francis. *The Advancement of Learning*. Everyman's Library (London: J. M. Dent & Sons; New York: E. P. Dutton & Co., 1954 [1915]).
—. "The Natural and Experimental History for the Foundation of Philosophy: or Phenomena of the Universe: Which is the Third Part of the Instauratio Magna," *The Works of Francis Bacon*, eds. James Spedding, Robert L. Ellis, and Douglas D. Heath, Vol. 5 (being Vol. 2 of the translations of *The Philosophical Works*. . . . London: Longman & Co., etc., etc., 1861), pp. 131–134.
—. "New Atlantis," *Ideal Commonwealths*. Rev. ed. by Henry Morley (New York: P. F. Collier & Son, 1901).
—. *Novum Organum* (New York: P. F. Collier & Son, 1901).
—. "Of the Vicissitude of Things," [1625], Bacon's *Essays and Wisdom of the Ancients* (New York: Thomas Nelson & Sons, n.d.), pp. 292–300.
Bacon, Roger. *The Opus Majus of Roger Bacon*. Trans. from the Latin by Robert B. Burke (Philadelphia: University of Pennsylvania Press; London: H. Milford, Oxford University Press, 1928). 2 vols.
Bailey, Cyril. *Epicurus, The Extant Remains. With Short Critical Apparatus Translation and Notes* (Oxford: Clarendon Press, 1926).
—. *The Greek Atomists and Epicurus* (Oxford: Clarendon Press, 1928).
—. See also Lucretius.

Baker, Herschel. *The Wars of Truth* (Cambridge, Mass.: Harvard University Press, 1952).

Baldwin, Charles S. *Medieval Rhetoric and Poetic (to 1400) Interpreted From Representative Works* (New York: Macmillan Co., 1928).

Barber, W. H. *Leibniz in France From Arnauld to Voltaire. A Study in French Reactions to Leibnizianism, 1670–1760* (Oxford: Clarendon Press, 1955).

Barclay, John. *Mirrour of Mindes, or Barclay's Icon Animorum.* Trans. from the Latin by Thomas May (London: T. Walkley, 1631).

Bark, William Carroll, *Origins of the Medieval World.* Anchor Books (Garden City, N. Y.: Doubleday & Co., 1960).

Baron, Hans. "Towards a More Positive Evaluation of the Fifteenth-Century Renaissance," *JHI*, Vol. 4 (1943), pp. 21–49.

Bartholomew of England (Bartholomaeus Anglicus). *De proprietatibus rerum* (Nuremberg: Anton Koberger, 1492).

——. See also Humphries, William J.

Basil of Caesarea (Basil the Great). "The Hexaemeron," *NPN*, 2nd Ser., Vol. 8, pp. 51–107.

Bates, Marston. *The Forest and the Sea* (New York: Random House, 1960).

Bauer, George. See Agricola.

Beazley, Sir Charles R. *The Dawn of Modern Geography* (London: J. Murray, 1897–1906, Vol. 3; Oxford: Clarendon Press). 3 vols.

Bede [the Venerable]. *A History of the English Church and People.* Trans. from the Latin by Leo Sherley-Price. Penguin Classics (Harmondsworth: Penguin Books, 1955).

——. "Hexaemeron," *PL*, Vol. 91.

Behm, E., and Wagner, H. "Die Bevölkerung der Erde, II," *Petermanns Mitteilungen Ergänzungsband* 8, No. 35 (1873–1874).

Benedict, St. *The Rule of St. Benedict.* Trans. from the Latin by Sir David Oswald Hunter-Blair (2nd ed., London and Edinburgh: Sands & Co.; St. Louis, Mo.: B. Herder, 1907). Latin and English.

Bentley, Richard. *A Confutation of Atheism.* See *Eight Sermons Preached at the Hon. Robert Boyle's Lecture,* etc.

——. "Eight Sermons Preached at the Hon. Robert Boyle's Lecture in the Year MDCXCII," *The Works of Richard Bentley, D. D.* Collected and edited by Alexander Dyce, Vol. 3 (London: Francis Macpherson, 1838), pp. 1–200.

Berger, Hugo. *Geschichte der wissenschaftlichen Erdkunde der Griechen* (Zweite verbesserte und ergänzte Auflage, Leipzig: Veit & Co., 1903).

Bernard, St. (Bernard of Clairvaux.) *Life and Works of St. Bernard, Abbot of Clairvaux.* Trans. by Samuel J. Eales (2nd ed.; London: Burns and Oates; New York: Benziger Bros., 1912). 2 vols.

Bertin, Léon, *et al. Buffon* (Paris: Muséum Nationale d'Histoire Naturelle, 1952).

Bevan, Bernard. "The Chinantec and Their Habitat," *Instituto Panamericano de Geografía y Historia,* Publication 24 (Mexico? 1938). Appendix has an English translation of Diego de Esquivel's *Relación de Chinantla.*

Bibliothek der Kirchenväter, hrsg. by O. Bardenhewer, Th. Scherman, and K. Weyman (Kempten & München: 1st Ser., J. Kösel, 1911–1928, 61 vols.; 2nd Ser., J. Kösel and F. Pustet, 1932–1938, 20 vols.).

"Das Bibra-Büchlein," ed. Alfred Kirchoff, *Die ältesten Weisthümer der Stadt Erfurt über ihre Stellung zum Erzstift Mainz* (Halle: Verlag der Buchhandlung des Waisenhauses, 1870).

Biese, Alfred. *The Development of the Feeling for Nature in the Middle Ages and Modern Times.* Trans. from the German (London: G. Routledge and Sons; New York: E. P. Dutton & Co., 1905).

——. *Entwicklung des Naturgefühls im Mittelalter und in der Neuzeit* (2nd ed.; Leipzig: Veit & Co., 1892).

—. *Die Entwicklung des Naturgefühls bei den Griechen und Römern* (Kiel: Lipsius & Tischer, 1882–1884). 2 vols.

Billeter, Gustav. *Griechische Anschauungen über die Ursprünge der Kultur* (Zurich: Zürcher & Furrer, 1901).

Bion. See Greek Bucolic Poets.

Bloch, Marc. "Avènement et Conquêtes du Moulin à Eau," *Annales d' Histoire Économique et Sociale*, Vol. 7 (1935), pp. 538–563.

—. *Les Caractères Originaux de l'Histoire Rurale Française*. New ed. with supp. by R. Dauvergne (Paris: Librairie Armand Colin, Vol. 1, 1960; Vol. 2, 1961).

Bluck, R. S. *Plato's Life and Thought with a Translation of The Seventh Letter* (Boston: Beacon Press, 1951).

Boas, George. *Essays on Primitivism and Related Ideas in the Middle Ages* (Baltimore: Johns Hopkins Press, 1948).

Bock, Kenneth E. *The Acceptance of Histories. Toward a Perspective for Social Science*. University of California Publications in Sociology and Social Institutions, Vol. 3, No. 1 (Berkeley and Los Angeles: University of California Press, 1956).

Bodin, Jean. *Method for the Easy Comprehension of History*. Trans. from the Latin by Beatrice Reynolds (New York: Columbia University Press, 1945).

—. *The Six Books of a Commonweale*. (The Republic). Trans. from French and Latin copies by Richard Knolles (London: G. Bishop, 1606).

Boethius. *The Consolation of Philosophy*. Trans. from the Latin by Richard Green. The Library of Liberal Arts (Indianapolis and New York: Bobbs-Merrill Co., 1962).

Boissonnade, Prosper M. *Life and Work in Medieval Europe (Fifth to Fifteenth Centuries)*. Trans. from the French by Eileen Power (New York: Alfred A. Knopf, 1927).

Boll, Franz. "On Astrological Ethnology," being a Footnote to Gisinger, F., "Geographie," *PW*, Supp. Vol. 4, col. 656.

— (Unter Mitwirkung von Carl Bezold). *Sternglaube und Sterndeutung. Die Geschichte und Das Wesen der Astrologie*. 4th ed. rev. by W. Gundel (Leipzig: B. G. Teubner, 1931).

Bonar, James. *Malthus and His Work* (New York: Macmillan Co., 1924).

—. *Theories of Population from Raleigh to Arthur Young* (London: G. Allen & Unwin, 1931).

Bonaventura, St. "In quatuor libros sententiarum expositio," *Opera omnia*. Ed. A. C. Peltier (Parisiis: Ludovicus Vivès, 1864–1866), Vols. 1–6.

—. *The Mind's Road to God*. Trans. from the Latin by George Boas (New York: Liberal Arts Press, 1953).

Boorstin, Daniel. *The Lost World of Thomas Jefferson* (New York: H. Holt, [1948]).

Botero, Giovanni. *The Reason of State*. Trans. from the Italian by P. J. and D. P. Waley, and *The Greatness of Cities*, trans. by Robert Peterson (New Haven: Yale University Press, 1956).

Boulding, Kenneth E. See Malthus, *Population: the First Essay*.

Boyle, Robert. *A Disquisition about the Final Causes of Natural Things* (London: Printed by H. C. for John Taylor, 1688).

Braithwaite, Richard B. *Scientific Explanation* (Cambridge: at the Univ. Press, 1955).

Bretzl, Hugo. *Botanische Forschungen des Alexanderzuges* (Leipzig: B. G. Teubner, 1903).

Brown, Charles A. *A Source Book of Agricultural Chemistry*. *Chronica Botanica*, Vol. 8, No. 1 (Waltham, Mass.: Chronica Botanica Publishing Co., etc., 1944).

Brown, John Croumbie, ed. *French Forest Ordinance of 1669*. Trans. from the French by John C. Brown (Edinburgh: Oliver and Boyd; London: Simpkin, Marshall & Co., 1883).

—. *Reboisement in France* (London: C. Kegan Paul & Co., 1880).

Brown, John L. *The Methodus ad Facilem Historiarum Cognitionem of Jean Bodin. A Critical Study* (Washington, D. C.: Catholic University of America Press, 1939).

Brown, Ralph. "A Letter to the Reverend Jedidiah Morse Author of the American Universal Geography," "The Land and the Sea: Their Larger Traits," "The Seaboard Climate in the View of 1800," "A Plea for Geography, 1813 Style," *AAAG*, Vol. 41 (1951), pp. 187–236.

Browne, Sir Thomas. *Religio Medici and Other Works*. Gateway Editions (Los Angeles, Chicago, New York: Henry Regney Co., 1956).

Brutails, Jean Auguste. *Étude sur la Condition des Populations Rurales du Roussillon au Moyen Âge*. (Paris: Imprimerie Nationale, 1891).

Bryson, Gladys. *Man and Society: The Scottish Inquiry of the Eighteenth Century* (Princeton: Princeton University Press, 1945).

Buckle, Henry Thomas. *History of Civilization in England* (from the 2nd London ed., New York: D. Appleton and Co., 1873), Vol. 1.

Bühler, Johannes. *Klosterleben im deutschen Mittelalter nach zeitgenössischen Quellen* (Leipzig: Insel-Verlag, 1923).

—. *Ordensritter und Kirchenfürsten nach zeitgenössischen Quellen* (Leipzig: Insel-Verlag, 1927).

Büsching, D. Anton Friderich [*sic*]. *Neue Erdbeschreibung* (Schaffhausen: Benedict Hurter, 1767–1769). 11 vols.

Buffon, Comte de (Georges-Louis Leclerc). *Histoire Naturelle, Générale et Particulière* (Paris: Imprimerie Royale, puis Plassan, 1749–1804). 44 vols. This is the general entry; the specific citations which follow will enable the reader to locate articles in other editions of the *HN*.

—. "Addition à l'Article des Variétés de l'Espèce Humaine. Des Américains," *HNS*, Vol. 4.

—. "Les Animaux Carnassiers," *HN*, Vol. 7.

—. "Animaux de l'Ancien Continent. Animaux du Nouveau Monde. Animaux Communs aux Deux Continents," *HN*, Vol. 9.

—. "Les Animaux Domestiques," *HN*, Vol. 4.

—. "Les Animaux Sauvages," *HN*, Vol. 6.

—. "L'Autruche," *HNO*, Vol. 1.

—. "La Brebis," *HN*, Vol. 5.

—. "Le Buffle, le Bonasus, l'Auroch, le Bison et le Zébu," *HN*, Vol. 11.

—. "Le Chameau et la Dromadaire," *HN*, Vol. 11.

—. "Le Chat," *HN*, Vol. 6.

—. "Le Cheval," *HN*, Vol. 4.

—. "La Chèvre et la Chèvre d'Angora," *HN*, Vol. 5.

—. "Le Chien avec ses Variétés," *HN*, Vol. 5.

—. "De la Dégénération des Animaux," *HN*, Vol. 14.

—. "Des Époques de la Nature," *HNS*, Vol. 5.

—. "De la Nature. Première Vue," *HN*, Vol. 12.

—. "De la Terre Végétale," *HNM*, Vol. 1.

—. "Discours sur la Nature des Oiseaux," *HNO*, Vol. 1.

—. "L'Élan et le Renne," *HN*, Vol. 12.

—. "L'Éléphant," *HN*, Vol. 11.

—. "Histoire et Théorie de la Terre. Preuves de la Théorie de la Terre," *HN*, Vol. 1.

—. "Les Lamantins," *HNS*, Vol. 6.

—. "Le Lion," *HN*, Vol. 9.

—. "Le Morse ou la Vache Marine," *HN*, Vol. 13.

—. "Le Mouflon et les Autres Brebis," *HN*, Vol. 11.

—. "Le Phoque Commun," *HNS*, Vol. 6.

—. "Le Rat," *HN*, Vol. 7.

—. "Sur la Conservation & le Rétablissement des Forêts," *HNS*, Vol. 2. (Repr. from *Histoire de l'Académie Royale des Sciences, Mémoires*, 1739, pp. 140–156.)

—. "Sur la Culture & Exploitation des Forêts," *HNS*, Vol. 2. (Repr. from *Histoire de l'Académie Royale des Sciences, Mémoires*, 1742, pp. 233–246.)

—. "Le Touyou," *HNO*, Vol. 1.
—. "L'Unau et L'Aï," *HN*, Vol. 13.
—. *Natural History, General and Particular*. . . . Trans. from the French by William Smellie. New ed., corr., enl. (London: T. Cadell and W. Davies, 1812). 20 vols.
Bugge, Alexander. *Den norske Traelasthandels Historie* . . . (Skien: Fremskridts Boktrykkeri, 1925). Vol. 1.
Bultmann, Rudolf. *Primitive Christianity in its Contemporary Setting*. Trans. from the German by R. H. Fuller (New York: Meridian Books, 1956).
Bunbury, E. H. *A History of Ancient Geography* (2nd ed.; New York: Dover Publications, 1959 [1883]). 2 vols.
Burch, George B. *Early Medieval Philosophy* (New York: King's Crown Press, 1951).
Burlingame, Anne. *The Battle of the Books in its Historical Setting* (New York: B. W. Huebsch, 1920).
Burnet, Thomas. *The Sacred Theory of the Earth* (Glasgow: R. Urie, 1753). 2 vols.
Burton, Robert. *The Anatomy of Melancholy*. Eds. Floyd Dell and Paul Jordan-Smith (New York: Tudor Publishing Co., 1955).
Burtt, Edwin A. *The Metaphysical Foundations of Modern Science*. Rev. ed., Anchor Books (Garden City, N. Y.: Doubleday & Co., 1954).
Bury, J. B. *The Idea of Progress* (New York: Dover Publications, 1955 [repub. of 1932 ed.]).
Butler, Joseph. *The Analogy of Religion, Natural and Revealed, to the Constitution and Course of Nature*. . . . (London and New York: George Bell & Sons, 1893).
Caesar, Julius. *Caesar's War Commentaries* (*The Gallic Wars* and *The Civil War*). Trans. from the Latin by John Warrington. Everyman Paperback (New York: E. P. Dutton & Co., 1958).
The Cambridge Economic History of Europe from the Decline of the Roman Empire; Vol. 1, *The Agrarian Life of the Middle Ages*, eds. J. H. Clapham and Eileen Power (Cambridge: at the University Press, 1941); Vol. 2, *Trade and Industry in the Middle Ages*, eds. M. Postan and E. E. Rich (Cambridge: at the University Press, 1952).
Campenhausen, Hans von. *The Fathers of the Greek Church*. Trans. from the German by Stanley Godman (New York: Pantheon Books, 1959).
Cannan, Edwin. *A History of the Theories of Production and Distribution in English Political Economy from 1776 to 1848* (3rd ed.; London: P. S. King and Son, 1917).
Capelle, W. "Meteorologie," *PW*, Supp. Vol. 6, cols. 315–358.
Cappuyns, Maïeul. *Jean Scot Érigène, sa Vie, son Oeuvre, sa Pensée* (Louvain: Abbaye du Mont César, 1933).
Carcopino, Jérôme. *Daily Life in Ancient Rome*. Trans. from the French by E. O. Lorimer (New Haven: Yale University Press, 1960 [1940]).
Carey, Henry C. *The Past, the Present, and the Future* (Philadelphia: H. C. Baird, 1869).
—. *Principles of Social Science* (Philadelphia: J. P. Lippincott & Co.; London: Trüben & Co., etc., 1858–1859). 3 vols.
Carré, Meyrick H. *Realists and Nominalists* (Oxford: Oxford University Press, 1946).
Cary, Max. *The Geographic Background of Greek and Roman History* (Oxford: Clarendon Press, 1949).
Cassiodorus Senator. *An Introduction to Divine and Human Readings*. Trans. with an intro. and notes by Leslie Webber Jones. Records of Civilization–Sources and Studies, No. 40 (New York: Columbia University Press, 1946).
—.*The Letters of Cassiodorus. Being a Condensed Translation of the Variae Epistolae of Magnus Aurelius Cassiodorus Senator*. Intro. by Thomas Hodgkin (London: Henry Frowde, 1886).
—. *Variae*. Ed. Theodor Mommsen (Berlin: apud Weidmannos, 1894).
Cassirer, Ernst. *The Individual and the Cosmos in Renaissance Philosophy*. Trans. from the German by Mario Domandi. Harper Torchbooks/Academy Library (New York: Harper & Row, 1964).
—. *The Philosophy of the Enlightenment*. Trans. from the German by Fritz C. A.

Koelln and James P. Pettegrove. Beacon Paperback ed. (Boston: Beacon Press, 1955).
—. *The Platonic Renaissance in England.* Trans. from the German by James Pettegrove (Austin: University of Texas Press, 1953).
—. "Some Remarks on the Question of the Originality of the Renaissance," *JHI*, Vol. 4 (1943), pp. 49–56.
—; Kristeller, Paul Oskar; Randall, John Herman, Jr., eds. *The Renaissance Philosophy of Man.* Phoenix Books (Chicago: University of Chicago Press, 1948).
Cato, Marcus Porcius. *On Agriculture.* Trans. from the Latin by William D. Hooper; rev. by Harrison B. Ash. Loeb Classical Library (London: Wm. Heinemann; Cambridge, Mass.: Harvard University Press, 1934). (Published with Marcus Terrentius Varro. *On Agriculture.*)
Chardin, Sir John. *The Travels of Sir John Chardin in Persia* (London: Printed for the Author, Sold by J. Smith, 1720). 2 vols.
—. *Voyages de Monsieur Le Chevalier Chardin en Perse et autres lieux de l'Orient* (Amsterdam: chez Jean Louis de Lorme, 1711). 3 vols.
Charlemagne (Karoli Magni capitularia). "Admonitio generalis," [789], *Mon. Ger. Hist. Capit. Reg. Franc.*, Vol. 1, pp. 52–62.
—. "Capitulare de villis," *Mon. Ger. Hist. Capit. Reg. Franc.*, Vol. 1, pp. 82–91.
Charlesworth, M. P. *Trade-Routes and Commerce of the Roman Empire* (Cambridge [Eng.]: Cambridge University Press, 1924).
Charron, Pierre. *De la Sagesse, Livres Trois....* (A Bovredeavs: Simon Millanges, 1601).
—. *Of wisdome* ... Trans. from the French by Samuel Lennard (London: E. Blount and W. Aspley, 1620?).
Chartularium Universitatis Parisiensis. Eds. Henricus Denifle and Aemilio Chatelain. Vol. 1, A. D. 1200–1286 (Paris: ex typis Fratrum Delalain, 1889).
Chastellux, François Jean de. *Travels in North-America in the Years 1780, 1781, and 1782* (London: Printed for G. G. J. and J. Robinson, 1787). 2 vols.
Chateaubriand, Le Vicomte de. *Travels in America and Italy* (London: Henry Colburn, 1828). 2 vols.
Chenu, R. P. "Découverte de la Nature et Philosophie de l'Homme à l'École de Chartres au XIIe Siècle," *JWH*, Vol. 2 (1954), pp. 313–325.
Chinard, Gilbert. "The American Philosophical Society and the Early History of Forestry in America," *PAPS*, Vol. 89 (1945), pp. 444–488.
—. "Eighteenth Century Theories on America as a Human Habitat," *PAPS*, Vol. 91 (1947), pp. 27–57.
Church, Henry W. "Corneille de Pauw, and the Controversy over His Recherches Philosophiques sur les Américains," *PMLA*, Vol. 51 (1936), pp. 178–206.
Cicero, Marcus Tullius. *Cicero's "Offices," Essays on Friendship, & Old Age, and Select Letters.* Everyman's Library (London: J. M. Dent & Co.; New York: E. P. Dutton &. Co., 1930).
—. *De finibus bonorum et malorum.* Trans. from the Latin by H. Rackham. Loeb Classical Library (Cambridge, Mass.: Harvard University Press; London: Wm. Heinemann, 1951 [1931]).
—. *De natura deorum. Academica.* Trans. from the Latin by H. Rackham. Loeb Classical Library (Cambridge, Mass.: Harvard University Press, 1951).
—. *De officiis.* Trans. from the Latin by Walter Miller. Loeb Classical Library (London, Wm. Heinemann; New York: Macmillan Co., 1913).
—. *De oratore.* Trans. from the Latin by E. W. Sutton and H. Rackham, *De fato* trans. by H. Rackham. Loeb Classical Library (Cambridge, Mass.: Harvard University Press, 1948). 2 vols.
—. *De republica. De legibus.* Trans. from the Latin by Clinton Walker Keyes. Loeb Classical Library (London, Wm. Heinemann; New York: G. P. Putnam's Sons, 1928).
—. *De senectute, de amicitia, de divinatione.* Trans. from the Latin by William A. Falconer. Loeb Classical Library (Cambridge, Mass.: Harvard University Press; London: Wm. Heinemann, 1959 [1923]).

—. *Letters to Atticus*. Trans. from the Latin by E. O. Winstedt. Loeb Classical Library (London: Wm. Heinemann; New York: Macmillan Co., 1912). 3 vols.

—. *M. Tulli Ciceronis de natura deorum*. Ed. by Arthur S. Pease (Cambridge, Mass.: Harvard University Press, 1955–1958). 2 vols.

Clark, Robert T., Jr. *Herder. His Life and Thought* (Berkeley and Los Angeles: University of California Press, 1955).

Clarke, W. K. Lowther. *Concise Bible Commentary* (New York: Macmillan Company, 1953).

Clément, Pierre. *Histoire de Colbert et de Son Administration* (3rd ed.; Paris: Perrin & Cie., 1892). 2 vols.

Clement, St. "The Letter of St. Clement to the Corinthians." Trans. from the Greek by Francis X. Glimm, *The Fathers of the Church. The Apostolic Fathers* (New York: Cima Publishing House, 1947).

Clifford, Derek. *A History of Garden Design* (London: Faber & Faber, 1962).

Collignon, Albert. "Le Portrait des Esprits (*Icon animorum*) de Jean Barclay," *Mémoires de l'Académie de Stanislas*, Ser. 6, Vol. 3 (1905–1906), pp. 67–140.

Columella, Lucius Junius Moderatus. *De re rustica* (*On Agriculture*). Trans. from the Latin by Harrison Boyd Ash, I–IV; E. S. Forster and E. Heffner, V–XII. Loeb Classical Library (London: Wm. Heinemann; Cambridge, Mass.: Harvard University Press, 1941–1955). 3 vols.

Condorcet, Antoine-Nicolas de. *Sketch for a Historical Picture of the Progress of the Human Mind*. Trans. from the French by June Barraclough (New York: Noonday Press, 1955 [1795]).

Cook, James. *A Voyage to the Pacific Ocean* (3rd ed.; London: Printed by H. Hughs for C. Nicol and T. Cadell, 1785). 3 vols.: Vols. 1–2 by Cook, Vol. 3 by James King.

Cook, Stanley. *An Introduction to the Bible*. Pelican Books (Harmondsworth: Pelican Books, 1954 [1945]).

Coon, Carleton S. *The Origin of Races* (New York: Alfred A. Knopf, 1962).

Copernicus. "De revolutionibus orbium caelestium libri sex," Vol. 2 of *Nikolaus Kopernikus Gesamtausgabe* (Munich: Verlag R. Oldenburg, 1949).

Cornford, Francis M. *Principium sapientiae; the Origins of Greek Philosophical Thought* (Cambridge: Cambridge University Press, 1952).

Cosmas [Cosmas Indicopleustes]. *The Christian Topography*. Trans. from the Greek, with notes and intro. by J. W. McCrindle (London: Printed for the Hakluyt Society [Publication #98], 1897).

Coulton, George G. *Five Centuries of Religion* (Cambridge: Cambridge University Press, 1923–1950). 4 vols.

—. *Medieval Village, Manor, and Monastery*. Harper Torchbooks/Academy Library (New York: Harper & Brothers, 1960). First published as *The Medieval Village* (Cambridge: Cambridge University Press, 1925).

Crombie, Alistair C. *Medieval and Early Modern Science*, Vol. 1. *Science in the Middle Ages. V–XIII Centuries*. Anchor Books (rev. 2d. ed.; Garden City, N. Y.: Doubleday & Co., 1959).

—. *Medieval and Early Modern Science*, Vol. 2. *Science in the Later Middle Ages and Early Modern Times. XIII–XVII Centuries*. Anchor Books (rev. 2d. ed.; Garden City, N. Y.: Doubleday & Co., 1959).

—. *Robert Grosseteste and the Origins of Experimental Science, 1100–1700* (Oxford: Clarendon Press, 1953).

Cudworth, Ralph. *The True Intellectual System of the Universe*. Trans. from the Latin by John Harrison (London: Printed for Thomas Tegg, 1845). 3 vols.

Cumont, Franz. *Astrology and Religion Among the Greeks and Romans* (New York: Dover Publications, 1960).

Currie, William. "An Enquiry into the Causes of the Insalubrity of flat and Marshy Situations; and directions for preventing or correcting the Effects thereof," *TAPS*, Vol. 4 (1799), pp. 127–142.

Curtius, Ernst Robert. *European Literature and the Latin Middle Ages*. Trans. from the German by Willard R. Trask. Bollingen Series, 36 (New York: Pantheon Books, 1953).

Daines, Barrington. "An Investigation of the Difference Between the Present Temperature of the Air in Italy and Some Other Countries, and What it was Seventeen Centuries Ago," *Philosophical Transactions of the Royal Society of London*, Vol. 58 (1768), pp. 58–67.

Dainville, François de, S. J. *La Géographie des Humanistes. Les Jésuites et l'Éducation de la Société Française* (Paris: Beauchesne et Ses Fils, Éditeurs, 1940).

Dalloz, M. D., and Dalloz, Armand, eds., with the collaboration of Édouard Meaume. *Jurisprudence Forestière*. Being Vol. 25, "Forêts," of *Repértoire Méthodique et Alphabétique de Législation, de Doctrine et de Jurisprudence* (Nouv. ed., Paris: Bureau de la Jurisprudence Générale, 1849).

Darby, H. C. "The Clearing of the Woodland in Europe," *MR*, pp. 183–216.

—. "The Face of Europe on the Eve of the Discoveries," *The New Cambridge Modern History*, Vol. 1 (Cambridge: Cambridge University Press, 1961), pp. 20–49.

—. "The Geographical Ideas of the Venerable Bede," *The Scottish Geographical Magazine*, Vol. 51 (1935), pp. 84–89.

—. "Geography in a Medieval Text-Book," *The Scottish Geographical Magazine*, Vol. 49 (1933), pp. 323–331. (Bartholomew of England).

Darwin, Charles. *The Origin of Species* [1859] and *The Descent of Man* [1871]. Modern Library (New York: Random House, n.d.).

Dawson, Christopher. *The Making of Europe. An Introduction to the History of European Unity* (New York: Meridian Books, 1958 [1932]).

—. *Medieval Essays*. Image Books (Garden City, N. Y.: Doubleday & Co., 1959).

Dedieu, Joseph. *Montesquieu et la Tradition Politique Anglaise en France; les Sources Anglaises de l'"Esprit des Lois"* (Paris: J. Gabalda & Cie, 1909).

Deichgräber, Karl. "Goethe und Hippokrates," *Sudhoffs Archiv für Geschichte der Medizin und der Naturwissenschaften*, Vol. 29 (1936), pp. 27–56.

De Lacy, P. H. "Lucretius and the History of Epicureanism," *Trans. and Proc. of the Amer. Philological Assn.*, Vol. 79 (1948), pp. 12–23.

Delisle, Léopold. *Études sur la Condition de la Classe Agricole et l'État de l'Agriculture en Normandie en Moyen-Âge* (Paris: H. Champion, 1903).

—. "Traités Divers sur les Propriétés des Choses," *Histoire Littéraire de la France*, Vol. 30 (Paris: Imprimerie Nationale, 1888), pp. 334–388.

De Quincey, Thomas. "Style," *The Collected Writings of Thomas De Quincey*, ed. David Masson. Vol. 10 (London: A. and C. Black, 1897), pp. 134–245.

Derham, William. *Physico-Theology: or, A Demonstration of the Being and Attributes of God, from His Works of Creation* (New ed., London: Printed for A. Strahan, *et al.*, 1798). 2 vols.

Descartes, René. *Discourse on Method*. Trans. from the French by Arthur Wollaston. Penguin Classics (Baltimore: Penguin Books, 1960).

—. "The Principles of Philosophy," *The Philosophical Works of Descartes*. Trans. from the French by Elizabeth S. Haldane and G. R. T. Ross. Vol. 1 (Cambridge: Cambridge University Press, 1911), pp. 201–302.

Dicaearchus. *Vita Graecia*. (Βίος Ἑλλάδος) See Lovejoy and Boas, *Primitivism and Related Ideas in Antiquity*; Porphyry, *De abstinentia*.

Diderot, Denis. "Réfutation Suivie de l'Ouvrage d'Helvétius Intitulé l'Homme (Extraits)," *Diderot, Oeuvres Philosophiques*. Ed. Paul Vernière (Paris: Éditions Garnier Frères, 1959), pp. 555–620.

Diederich, Sister Mary Dorothea. *Vergil in the Works of St. Ambrose*. . . . Catholic University of America Patristic Studies, Vol. 29 (Washington: Catholic University of America, 1931).

Diels, Hermann. *Die Fragmente der Vorsokratiker*. 6 verb. Aufl. Ed. Walter Cranz. Greek and German (Berlin: Weidmann, 1951–1952). 3 vols.

Dienne, Louis E. M. H., Comte de. *Histoire du Desséchement des Lacs et Marais en France avant 1789* (Paris: H. Champion and Guillaumin et Cie., 1891).

Dimier, M. A., and Dumontier, P. "Encore les Emplacements Malsains," *Revue du Moyen Âge Latin*, Vol. 4 (1948), pp. 60–65.

Diodorus Siculus. *Diodorus of Sicily*. Various trans. from the Greek. Loeb Classical Library (London: Wm. Heinemann; New York: G. P. Putnam's Sons, 1933–1963, etc., etc.).

Diogenes Laertius. *Lives of Eminent Philosophers*. Trans. from the Greek by R. D. Hicks. Loeb Classical Library (London: Wm. Heinemann; New York: G. P. Putnam's Sons, 1925). 2 vols.

Diognetus. See Anon. *Letter to Diognetus*.

Dirscherl, Josef F. "Das ostbayerische Grenzgebirge als Standraum der Glasindustrie," *Mitteilungen der Geographischen Gesellschaft in München*, Vol. 31 (1938), pp. 1–120.

Dodds, Muriel. *Les Récits de Voyages. Sources de l'Esprit des Lois de Montesquieu* (Paris: H. Champion, 1929).

Dove, Alfred. "Forster, Johann Reinhold"; "Forster, Johann Georg Adam," *Allgemeine Deutsche Biographie*, Vol. 7 pp. 166–181.

Drew, Katherin Fischer, and Lear, Floyd Seyward, eds. *Perspectives in Medieval History*. Rice University Semicentennial Series (Chicago: University of Chicago Press, 1963). Contains articles by A. C. Crombie, Gaines Post, E. Dwight Salmon, S. Harrison Thomson, and Lynn White, Jr.

Du Bartas. *The Works of Guillaume de Salluste, Sieur du Bartas*. Eds. Urban T. Holmes, Jr., John C. Lyons, Robert W. Linker, and others (Chapel Hill: University of North Carolina Press, 1935–1940). 3 vols.

Du Bos, Jean Baptiste. *Reflexions Critiques sur la Poesie et sur la Peinture* (4th ed. rev., corr., et aug. par l'auteur, Paris: J. Mariette, 1740). 3 vols.

Du Cange, Charles Du Fresne. *Glossarium mediae et infimae latinitatis*. (New ed; ed. Léopold Favre, Niort: L. Favre, 1883–1887). 10 vols.

Du Halde, J. B. *Description Géographique, Historique, Chronologique, Politique, et Physique de l'Empire de la Chine et de la Tartarie Chinoise* (A la Haye: Henri Scheurleer, 1736). 4 vols.

Duhem, Pierre. *Études sur Léonard de Vinci* (Paris: A. Hermann, 1906–1913). 3 vols.

—. *Le Système du Monde* (Paris: A. Hermann et fils, 1913–1959). 10 vols.

Dunbar, James. *Essays on the History of Mankind in Rude and Cultivated Ages* (London: Printed for W. Strahan, etc., 1780).

Durand, Dana B. "Tradition and Innovation in Fifteenth Century Italy," *JHI*, Vol. 4 (1943), pp. 1–20.

Edelstein, Ludwig. *Peri aerōn und die Sammlung der Hippokratischen Schriften* (Berlin: Weidmannsche Buchhandlung, 1931).

Edgar, C. C. *Zenon Papyri* (Le Caire: Impr. de l'Institut Française d'Archéologie Orientale, 1925–1931). 5 vols.

Ehrenberg, Victor. *The People of Aristophanes* (New York: Schocken Books, pub. by arr. with Harvard University Press, 1962).

Eisler, Robert. *Weltenmantel und Himmelszelt* (München: C. H. Beck, 1910). 2 vols.

Ekirch, Arthur A. *Man and Nature in America* (New York: Columbia University Press, 1963).

Eliade, Mircea. *Cosmos and History. The Myth of the Eternal Return*. Trans. from the French by Willard R. Trask. Harper Torchbooks (New York: Harper & Brothers, 1959 [1954]).

—. *Patterns in Comparative Religion*. Trans. from the French by Rosemary Sheed. Meridian Books (Cleveland and New York: World Publishing Co., 1963 [1958]).

Eliot, Jared. *Essays upon Field Husbandry in New England and Other Papers, 1748–1762*. Eds. Harry J. Carman and Rexford G. Tugwell (New York: Columbia University Press, 1934).

Elton, Charles S. *The Ecology of Invasions by Animals and Plants* (London: Methuen & Co. Ltd.; New York: John Wiley & Sons, Inc., 1958).
Enoch. *The Book of Enoch*. Trans. from Dillman's Ethiopic text by R. H. Charles (Oxford: Clarendon Press, 1893).
Esquivel, Diego de. "Relación de Chinantla," *Papeles de Nueva España*, ed. Francisco Del Paso y Troncoso. 2nd Ser., Vol. 4 (Madrid: Est. Tipográfico "Sucesores de Rivadeneyra," 1905), pp. 58–68.
Evelyn, John. *Fumifugium* [1661] repr. of 1772 ed. (Oxford: The Old Ashmolean Reprints, 1930).
—. *Silva: or, A Discourse of Forest-Trees, and the Propagation of Timber in his Majesty's Dominions. . . .* (York: Printed by A. Ward. . . . 1776).
Fabre, Jean Antoine. *Essai sur la Théorie des Torrens* [*sic*]*et des Rivières. . . .* (Paris: chez Bidault, An VI, 1797).
Fage, Anita. "La Révolution Française et la Population," *Population*, Vol. 8 (1953), pp. 311–338.
Falconer, William. *Remarks on the Influence of Climate, Situation, Nature of Country, Population, Nature of Food, and Way of Life, on The Disposition and Temper, Manners and Behaviour, Intellects, Laws and Customs, Form of Government, and Religion, of Mankind* (London: Printed for C. Dilly, 1781).
Ferguson, Adam. *An Essay on the History of Civil Society* (5th ed.; London: Printed for T. Cadell, etc., etc., 1782).
Ferguson, Walter K. *The Renaissance in Historical Thought, Five Centuries of Interpretation* (Boston: Houghton Mifflin Co., 1948).
Ficino, Marsilio. *Platonic Theology*. Selections trans. from the Latin by Josephine L. Burroughs, *JHI*, Vol. 5 (1944), pp. 227–239.
Fink, Z. S. "Milton and the Theory of Climatic Influence," *Modern Language Quarterly*, Vol. 2 (1941), pp. 67–80.
Florus, Lucius Annaeus. *Epitome of Roman History*. Trans. from the Latin by E. S. Forster. Loeb Classical Library (London: Wm. Heinemann; New York: G. P. Putnam's Sons, 1929).
Fontenelle, Bernard Le Bovier de. "Digression sur les Anciens et les Modernes," *Oeuvres Diverses de M. de Fontenelle*. Nouv. ed. (A la Haye, Chez Gosse & Neaulme, 1728), Vol. 2, pp. 125–138.
—. "Entretiens sur la Pluralité des Mondes," *Oeuvres Diverses de M. de Fontenelle*. Nouv. ed. (A la Haye: Chez Gosse & Neaulme, 1728), Vol. 1, pp. 149–221.
Forbes, R. J. "Metallurgy." Singer, Charles, *et al.*, eds., *A History of Technology*, Vol. 2, pp. 41–80.
Forster, George and Johann. See also Dove, Alfred.
Forster, George. "Ein Blick in das Ganze der Natur," *SS*, Vol. 4, pp. 307–327.
—. "Der Brothbaum," *SS*, Vol. 4, pp. 328–359.
—. "Die Nordwestküste von Amerika und der dortige Pelzhandel," *SS*, Vol. 4, pp. 3–109.
—. *A Voyage Round the World* (London: Printed for B. White, J. Robson, P. Elmsly, and G. Robinson, 1777).
Forster, John Reinhold [Johann Reinhold]. *Observations Made During a Voyage Round the World, on Physical Geography, Natural History, and Ethic Philosophy* (London: Printed for G. Robinson, 1778).
Fosberg, F. R. "The Island Ecosystem." F. R. Fosberg, ed., *Man's Place in the Island Ecosystem* (Honolulu: Bishop Museum Press, 1963), pp. 1–6.
Frame, Richard, "A Short Description of Pennsilvania," [1692]. Myers, Albert C., ed., *Narratives of Early Pennsylvania, West New Jersey and Delaware 1603–1707* (New York: Charles Scribner's Sons, 1912), pp. 301–305.
Francesco d'Assisi, St. (Legend.) *The Little Flowers of St. Francis* (of Ugolino di Monte Santa Maria). *Also The Considerations of the Holy Stigmata, The Life and Sayings of Brother Giles, The Life of Brother Juniper*. Trans. from the Latin and Italian by

Raphael Brown. Image Books (Garden City, New York: Doubleday & Co., 1958). Contains St. Francis' "The Canticle of Brother Sun," pp. 317–318.

Frankfort, Henri; Frankfort, Mrs. Henri; Wilson, John A; Jacobsen, Thorkild. *Before Philosophy. The Intellectual Adventure of Ancient Man.* A Pelican Book (Harmondsworth: Penguin Books, 1949).

Franklin, Benjamin. "Observations Concerning the Increase of Mankind, Peopling of Countries, etc." [1751]. *The Writings of Benjamin Franklin.* Collected and edited by Albert H. Smyth, Vol. 3 (1750–1759) (New York: Macmillan Co., 1907), pp. 63–73.

—. "To Richard Jackson" [1753]. *The Writings of Benjamin Franklin.* Collected and edited by Albert H. Smyth, Vol. 3 (1750–1759) (New York: Macmillan Co., 1907), pp. 133–141.

Frazer, Sir James G. *Folk-lore in the Old Testament; Studies in Comparative Religion, Legend, and Law* (London: Macmillan and Co., 1919). 3 vols.

Frederick II of Hohenstaufen, Emperor. *The Art of Falconry, Being the De Arte Venandi cum Avibus of Frederick II of Hohenstaufen.* Trans. and edited by Casey A. Wood and F. Marjorie Fyfe (Stanford: Stanford University Press, 1943).

French Forest Ordinance of 1669. See Brown, John Croumbie.

Fulton, William. *Nature and God* (Edinburgh: T. & T. Clark, 1927).

Gaertringen, Hiller v. "Busiris, 5," *PW*, Vol. 3, cols. 1074–1077.

Galenus. Γαληνοῦ περὶ χρέιας μοριων ιζ *De usu partium libri xvii*, ed. Georgius Helmreich (Leipzig, B. G. Teubner, 1907–1909). 2 vols.

Galen [Galenus]. *On the Natural Faculties.* Trans. from the Greek by Arthur J. Brock. Loeb Classical Library (London: W'm. Heinemann; New York: G. P. Putnam's Sons, 1916).

Galileo. "Letter to Madame Christina of Lorraine, Grand Duchess of Tuscany" [1615], *Discoveries and Opinions of Galileo.* Trans. by Stillman Drake. Anchor Books (Garden City, N. Y.: Doubleday & Co., 1957), pp. 173–216.

Gallois, Lucien. *Les Géographes Allemands de la Renaissance* (Paris: Ernest Leroux, 1890).

Ganshof, François, *et al.* "Medieval Agrarian Society in its Prime," *CEHE*, Vol. 1, pp. 278–492.

Ganzenmüller, Wilhelm. "Das Naturgefühl im Mittelalter," *Beiträge zur Kulturgeschichte des Mittelalters*, Vol. 18 (1914), pp. 1–304.

Gautier, Dominique. *Biologie et Médecine dans l'Oeuvre de Montesquieu* (Bordeaux, 1949). NA.

Gerbi, Antonello. *La Disputa del Nuovo Mondo. Storia di Una Polemica 1750–1900* (Milano, Napoli: Riccardo Ricciardi, 1955).

Gilbert, Otto. *Die meteorologischen Theorien des grieschischen Altertums.* Allgemeiner Theil (Leipzig: B. G. Teubner, 1907).

Giles of Rome. *Errores Philosophorum.* Ed. Josef Koch, trans. from the Latin by John O. Riedl (Milwaukee: Marquette University Press, 1944).

Gille, Bertrand. "Les Développements Technologiques en Europe de 1100 à 1400," *JWH*, Vol. 3 (1956), pp. 63–108.

—. "Machines," *HT*, Vol. 2, pp. 629–658.

—. "Le Moulin à Eau," *Techniques et Civilisations*, Vol. 3 (1954), pp. 1–15.

—. "Notes d'Histoire de la Technique Métallurgique. I. Les Progrès du Moyen-Âge. Le Moulin à Fer et le Haut-Fourneau," *Métaux et Civilisations*, Vol. 1 (1946), pp. 89–94.

Gillispie, Charles C. *Genesis and Geology* (Cambridge, Mass.: Harvard University Press, 1951).

Gillot, Hubert. *La Querelle des Anciens et des Modernes en France* (Paris: E. Champion, 1914).

Gilson, Etienne. *History of Christian Philosophy in the Middle Ages* (New York: Random House, 1955).

—. *La Philosophie au Moyen Âge, des Origines Patristiques à la Fin du XIVe Siècle* (2e éd. rev. et augm., Paris: Payot, 1952 [c. 1944]).
—. "Sub umbris arborum," *Medieval Studies*, Vol. 14 (1952), pp. 149–151.
Gimpel, Jean. *The Cathedral Builders* (New York: Grove Press, 1961).
Giraldus Cambrensis. *The Historical Works of Giraldus Cambrensis Containing the Topography of Ireland, and the History of the Conquest of Ireland*. Trans. by Thomas Forester. *The Itinerary Through Wales*. Trans. by Sir Richard C. Hoare. Revised and edited by Thomas Wright (London: George Bell & Sons, 1905).
Gisinger, F. "Geographie," *PW*, Supp. Vol. 4, cols. 521–685.
—. "Oikumene," *PW*, Vol. 17:2, cols. 2123–2174.
Glacken, Clarence J. "Changing Ideas of the Habitable World," *MR*, pp. 70–92.
—. "Count Buffon on Cultural Changes of the Physical Environment," *AAAG*, Vol. 50 (1960), pp. 1–21.
Glover, Terrot R. *Herodotus* (Berkeley: University of California Press, 1924).
Godwin, William. *Enquiry concerning Political Justice and its Influence on Morals and Happiness*. Photographic facsimile of 3rd ed. corrected and edited . . . by F. E. L. Priestley (Toronto: University of Toronto Press, 1946). 3 vols.
—. *Of Population* (London: Printed for Longman, Hurst, Rees, Orme, and Brown, 1820).
Goethe, Johann Wolfgang von. *Goethe's Botanical Writings*. Trans. from the German by Bertha Mueller (Honolulu: University of Hawaii Press, 1952).
Gómara, Francisco López de. "Historia General de las Indias," *Biblioteca Autores Españoles*, Vol. 22, being Vol. 1 of *Historiadores Primitivos de Indias* (Madrid: Ediciones Atlas, 1946).
Goodman, Godfrey. *The Fall of Man, or the Corruption of Nature, Proved by the Light of Our Naturall Reason* (London: Felix Kyngston, 1616). NA.
Goyau, Georges. "La Normandie Bénédictine et Guillaume le Conquérant," *Revue des Deux-Mondes*, 15 Nov. 1938, pp. 337–355.
Grand, Roger, and Delatouche, Raymond. *L'Agriculture au Moyen Âge de la Fin de l'Empire Romain au XVIe Siècle* (Paris: E. De Boccard, 1950). (Vol. 3 of *L'Agriculture à Travers les Âges. Collection Fondée par Emile Savoy*.)
Grant, Robert M. *Miracle and Natural Law in Graeco-Roman and Early Christian Thought* (Amsterdam: North-Holland Publishing Co., 1952).
Graunt, John. *Natural and Political Observations Made upon the Bills of Mortality*. Ed. with an intro. by Walter F. Willcox (Baltimore: Johns Hopkins University Press, 1939).
The Greek Bucolic Poets. Trans. from the Greek by J. M. Edmonds. Loeb Classical Library (Cambridge, Mass.: Harvard University Press; London: Wm. Heinemann, 1960).
Greene, John C. *The Death of Adam* (Ames: Iowa State University Press, 1959).
Gregory of Nyssa. "The Great Catechism," *NPN*, Ser. 2, Vol. 5, pp. 471–509.
—. "On the Making of Man," trans. by H. A. Wilson, *NPN*, Ser. 2, Vol. 5, pp. 386–427.
Grimm, Jacob. *Weisthümer* (Göttingen: in der Dieterichschen Buchhandlung, 1840–1878). 7 vols.
Gronau, Karl. *Poseidonios und die Jüdisch-Christliche Genesisexegese* (Leipzig and Berlin: B. G. Teubner, 1914).
Grundmann, Johannes. *Die geographischen und völkerkundlichen Quellen und Anschauungen in Herders "Ideen zur Geschichte der Menschheit"* (Berlin: Weidmann, 1900).
Grunebaum, Gustave E. von. *Medieval Islam*. Phoenix Books (2nd ed.; Chicago: University of Chicago Press, 1961).
—. "The Problem: Unity in Diversity," Gustave E. von Grunebaum, ed., *Unity and Variety in Muslim Civilization* (Chicago: University of Chicago Press, 1955).
Guillaume de Lorris and Jean de Meun. *The Romance of the Rose*. Trans. from the French by Harry W. Robbins; edited with an intro. by Charles W. Dunn. A Dutton Paperback (New York: E. P. Dutton & Co., 1962).

Gunkel, Hermann. *Genesis. Übersetzt und Erklärt.* Göttinger Handkommentar zum Alten Testament (Dritte neugearbeitete Aufl., Göttingen: Vandenhoeck & Ruprecht, 1910).

Gunther of Pairis. *Der Ligurinus Gunthers von Pairis im Elsass.* Trans. into German by Theodor Vulpinus (Strassburg: J. H. E. Heitz, 1889).

Gusinde, Martin. *Die Yamana. Vom Leben und Denken der Wassernomaden am Kap Hoorn* (Wien: Mödling, Verlag der International Zeitschrift "Anthropos," 1937).

Guthrie, W. K. C. *The Greeks and Their Gods* (London: Methuen & Co. 1950).

Guyan, Walter U. *Bild und Wesen einer mittelalterlichen Eisenindustrielandschaft in Kanton Schaffhausen* (Basel: Buchdruckerei Gasser & Cie., 1946).

—. "Die mittelalterlichen Wüstlegungen als archäologisches und geographisches Problem dargelegt an einigen Beispielen aus dem Kanton Schaffhausen," *Zeitschrift für Schweizerische Geschichte*, Vol. 26 (1946), pp. 433–478.

Guyot, Arnold. *The Earth and Man: Lectures on Comparative Physical Geography, in Its Relation to the History of Mankind.* Trans. from the French by C. C. Felton (Boston: Gould and Lincoln, 1859).

Hagberg, Knut H. *Carl Linnaeus.* Trans. from the Swedish by Alan Blair (London: Cape, [1952]).

Hakewill, George. *An Apologie, or Declaration of the Power and Providence of God in the Government of the World* (Oxford: Printed by W. Turner, 1635).

Hale, Sir Matthew. *The Primitive Origination of Mankind* (London: Printed by W. Godbid for W. Shrowsbery, 1677).

Hall, Joseph. *The Discovery of a New World (Mundus alter et idem).* Orig. in Latin by Joseph Hall, *ca.* 1605; trans. into English by John Healey, *ca.* 1609. Ed. Huntington Brown (Cambridge, Mass.: Harvard University Press, 1937).

Halley, Edmund. "An Account of the Circulation of the Watry Vapours of the Sea, and of the Cause of Springs," *Royal Society of London Philosophical Transactions*, No. 192, Vol. 17 (1694), pp. 468–473.

Halphen, Louis. *Études Critiques sur l'Histoire de Charlemagne* (Paris: F. Alcan, 1921).

Hanke, Lewis. "Pope Paul III and the American Indians," *Harvard Theological Review*, Vol. 30 (1937), pp. 65–102.

Hansiz, Marcus. *Germaniae Sacrae* (Augustae Vindelicorum: Sumptibus Georgii Schlüter & Martini Happach, 1727–1755). 3 vols. in 2. NA.

Hantzsch, Viktor. "Sebastian Münster. Leben, Werk, Wissenschaftliche Bedeutung," *Abhandlungen der königl. Sächsischen Gesellschaft der Wissenschaften (Phil-hist. Kl.)*, Vol. 18 (1898), No. 3.

Harris, L. E. "Land Drainage and Reclamation," *HT*, Vol. 3, pp. 300–323.

Harris, Victor. *All Coherence Gone* (Chicago: University of Chicago Press, 1949).

Haskins, Charles H. "The 'De Arte Venandi cum Avibus' of the Emperor Frederick II," *English Historical Review*, Vol. 36 (1921), pp. 334–355.

—. "The Latin Literature of Sport," *Speculum*, Vol. 2 (1927), pp. 235–252.

—. *Studies in the History of Mediaeval Science* (Cambridge, Mass.: Harvard University Press, 1924).

Hazard, Paul. *European Thought in the Eighteenth Century, from Montesquieu to Lessing.* Trans. from the French by J. Lewis May (London: Hollis & Carter, 1954).

Hehn, Victor. *Kulturpflanzen und Hausthiere in ihrem Übergang aus Asien nach Griechenland und Italien sowie in das Übrige Europa* (7th ed., Berlin: Gebrüder Bornträger, 1902).

Heichelheim, Fritz. "Effects of Classical Antiquity on the Land," *MR*, pp. 165–182.

—. "Monopole," *PW*, Vol. 16:1, cols. 147–199.

Heinimann, Felix von. *Nomos und Physis. Herkunft und Bedeutung einer Antithese im Griechischen Denken des 5. Jahrhunderts* (Basel: Verlag Friedrich Reinhardt, 1945).

Helbig, Wolfgang. "Beiträge zur Erklärung der campanischen Wandbilder," *Rheinisches Museum*, N. F. Vol. 24 (1869), pp. 251–270, 497–523.

—. *Untersuchungen über die Campanische Wandmalerei* (Leipzig: Breitkopf und Härtel, 1873).

Helvétius, Claude Adrien. *De l'Esprit; or Essays on the Mind, and its Several Faculties.* Trans. from the French (London: Printed for James Cundee, and Vernor, Hood, and Sharpe, 1810).

Herbst, Josephine. *New Green World* (New York: Hastings House, 1954).

Herder, Johann Gottfried von. "Ideen zur Philosophie der Geschichte der Menschheit." *Herder's Sämmtliche Werke*, ed. Bernhard Suphan (Berlin: Weidmann, 1877–1913), Vols. 13–14.

—. *Outlines of a Philosophy of the History of Man.* Trans. from the German by T. Churchill (London: Printed for J. Johnson by L. Hansard, 1800).

Hermes Trismegistus. *Hermetica. The Ancient Greek and Latin Writings Which Contain Religious or Philosophic Teachings Ascribed to Hermes Trismegistus.* Edited and trans. from the Greek by Walter Scott. Vol. 1: Intro., texts, and trans. (Oxford: Clarendon Press, 1924). 4 vols.

Herodotus. *The History of Herodotus.* Trans. from the Greek by George Rawlinson. Everyman's Library (London: J. M. Dent & Sons, 1910). 2 vols.

Herwegen, Ildefons. *Sinn und Geist der Benediktinerregel* (Einsiedeln/Köln: Benziger and Co., 1944).

Hesiod. *The Homeric Hymns and Homerica.* Trans. from the Greek by Hugh G. Evelyn-White. Loeb Classical Library (Cambridge, Mass.: Harvard University Press; London: Wm. Heinemann, 1959).

Heyne, Moriz. *Das deutsche Nahrungswesen von den ältesten Geschichtlichen Zeiten bis zum 16. Jahrhundert* (Leipzig: Verlag von S. Hirzel, 1901).

Hicks, L. E. *A Critique of Design-Arguments* (New York: Charles Scribner's Sons, 1883).

Hildebrand, George H. See Teggart, Frederick J.

Hippocrates. *Airs, Waters, Places.* Trans. from the Greek by W. H. S. Jones. Loeb Classical Library (Cambridge, Mass.: Harvard University Press, 1948 [1923]). Being Vol. I of *Works of Hippocrates.*

—. *Ancient Medicine.* Trans. from the Greek by W. H. S. Jones. Loeb Classical Library (Cambridge, Mass.: Harvard University Press, 1948 [1923]). Being Vol. I of *Works of Hippocrates.*

—. *Nature of Man.* Trans. from the Greek by W. H. S. Jones. Loeb Classical Library (New York: G. P. Putnam's Sons, 1931). Being Vol. IV of *Works of Hippocrates.*

Hitti, Philip K. *The Arabs. A Short History.* A Gateway Edition (Chicago: Henry Regnery Co., n.d.).

Hodgen, Margaret T. *Early Anthropology in the Sixteenth and Seventeenth Centuries* (Philadelphia: University of Pennsylvania Press, 1964).

—. "Johann Boemus (*fl.* 1500): An Early Anthropologist," *American Anthropologist*, Vol. 55 (1953), pp. 284–294.

—. "Sebastian Muenster (1489–1552): A Sixteenth-Century Ethnographer," *Osiris*, Vol. 11 (1954), pp. 504–529.

Holbach, Paul Henri T., Baron d'. *The System of Nature.* Trans. from the French by H. D. Robinson (Boston: J. P. Mendum, 1868).

Holy Bible. Revised Standard Version (New York, Toronto, Edinburgh: Thomas Nelson & Sons, 1952).

Honigmann, Ernst. *Die Sieben Klimata und die* ΠΟΛΕΙΣ ΕΠΙΣΗΜΟΙ (Heidelberg: Carl Winter's Universitätsbuchhandlung, 1929).

Hooykaas, R. "Science and Theology in the Middle Ages," *Free University Quarterly*, Vol. 3, No. 2 (1954), pp. 77–163.

Horace. *The Odes and Epodes.* Trans. from the Latin by C. E. Bennett. Loeb Classical Library (Cambridge, Mass.: Harvard University Press; London, Wm. Heinemann, 1960 [1927]).

—. *Satires, Epistles, and Ars Poetica.* Trans. from the Latin by H. Rushton Fairclough. Loeb Classical Library (Cambridge, Mass.: Harvard University Press; London: Wm. Heinemann, 1961 [1929]).

—. *The Works of Horace*. Trans. by C. Smart, rev. by Theodore A. Buckley (London: George Bell & Sons, 1888).

How, W. W. and J. Wells. *A Commentary on Herodotus* (Oxford: Clarendon Press, 1912). 2 vols.

Huffel, G. *Economie Forestière* (Vol. 1:1, Paris: Lucien Laveur, 1910; Vol. 1:2, Paris: Librairie Agricole de la Maison Rustique, Librairie de l'Académie d'Agriculture, 1920).

—. "Les Méthodes de l'Aménagement Forestier en France," *Annales de l'École Nationale des Eaux et Fôrets*, Vol. 1, Fasc. 2 (1927).

Humboldt, Alexander von. *Cosmos: A Sketch of a Physical Description of the Universe*. Trans. from the German by E. C. Otté (New York: Harper and Brothers, 1844). 4 vols. in 2.

—. *Essai Politique sur le Royaume de la Nouvelle-Espagne* (Paris: Chez F. Schoell, 1811). 3 vols.

—. *Ideen zu einer Geographie der Pflanzen nebst einem Naturgemälde der Tropenländer. . . .* (Tübingen: F. G. Cotta, etc., 1807).

— and Bonpland, Aimé. *Essai sur la Géographie des Plantes; Accompagné d'un Tableau Physique des Régions Équinoxiales* (Ed. facsimilaire, México: Institut Panaméricain de Géographie et d'Histoire, 1955).

Hume, David. *Dialogues Concerning Natural Religion*. Edited with intro. by Henry D. Aiken (New York: Hafner Publishing Co., 1962 [1948]).

—. "Of Commerce," *Essays Moral, Political, and Literary*. Eds. T. H. Green and T. H. Grose (London: Longmans, Green and Co., 1882), Vol. 1, pp. 287–299.

—. "Of National Characters" [1748], *Essays Moral, Political, and Literary*. Eds. T. H. Green and T. H. Grose (London: Longmans, Green and Co., 1882), Vol. 1, pp. 244–258.

—. "Of the Populousness of Ancient Nations," *Essays Moral, Political, and Literary*. Eds. T. H. Green and T. H. Grose (London: Longmans, Green and Co., 1882), Vol. 1, pp. 381–443.

—. "Of Taxes," *Essays Moral, Political, and Literary*. Eds. T. H. Green and T. H. Grose (London: Longmans, Green and Co., 1882), Vol. 1, pp. 356–360.

Humphries, William J. *An Edition and Study, Linguistic and Historical, of the French Translation of 1372 by Jean Corbechon of Book XV (Geography) of Bartholomaeus Anglicus' De proprietatibus rerum*. Ph.D. thesis (Berkeley: University of California, 1955).

Hunt, Arthur S. and J. Gilbart Smyly. *The Tebtunis Papyri* (London: Humphrey Milford, 1933). 3 vols.

Hunter, William B., Jr. "The Seventeenth Century Doctrine of Plastic Nature," *Harvard Theological Review*, Vol. 43 (1950), pp. 197–213.

Hunter-Blair, David Oswald. *The Rule of St. Benedict*. Latin and English with notes (2nd ed.; London and Edinburgh: Sands & Co.; St. Louis, etc.: B. Herder, 1907).

Hussey, J. M. *The Byzantine World*. Harper Torchbooks/Academy Library (New York: Harper & Brothers, 1961).

Huth, Hans. *Nature and the American* (Berkeley and Los Angeles: University of Calif. Press, 1957).

Huxley, Thomas Henry. "Evolution and Ethics. Prolegomena," *Evolution and Ethics and Other Essays* (New York: D. Appleton and Co., 1896), pp. 1–45.

Ibn Khaldūn. *The Muqaddimah; an Introduction to History*. Trans. from the Arabic by Franz Rosenthal (New York: Pantheon Books, 1958). 3 vols.

—. *Les Prolégomènes de Ibn Khaldoun*. Trans. from Arabic to French by M. Mac Guckin de Slane (Paris: Impr. Impériale, 1863–1865).

Irenaeus. "Against Heresies," *ANF*, Vol. 1, pp. 309–567.

Isidore of Seville. "De natura rerum ad Sisebutum regem Liber," *PL*, Vol. 83, cols. 963–1018.

—. "Etymologiarum libri xx," *PL*, Vol. 82, cols. 73–728.

—. "Sententiarum libri tres," *PL*, Vol. 83, cols. 537–738.

Isocrates. "Busiris," in *Isocrates*. Trans. from the Greek by Larue van Hook. Loeb Classical Library (London: Wm. Heinemann; Cambridge, Mass.: Harvard University Press, 1954), Vol. 3, pp. 100–131.

Jacks, Leo V. *St. Basil and Greek Literature*. Catholic University of America Patristic Studies, Vol. 1 (Washington: Catholic University of America, 1922).

Jacoby, Felix. *Die Fragmente der Griechischen Historiker* (Berlin: Weidmannsche Buchhandlung, 1926).

Jean de Meun. See Guillaume de Lorris and Jean de Meun.

Jefferson, Thomas. *The Complete Jefferson*. . . . Ed. by Saul K. Padover (New York: Distr. by Duell, Sloan & Pearce, 1943).

——. "Notes on the State of Virginia," Saul Padover, ed., *The Complete Jefferson* (q.v.).

Jessen, Karl F. W. *Botanik der Gegenwart und Vorzeit in culturhistorischer Entwickelung. Ein Beitrag zur Geschichte der abendländischen Völker* (Waltham, Mass.: The Chronica Botanica Co., 1948 [1864]).

John Chrysostomus. "The Homilies of S. John Chrysostom on the Epistle of St. Paul the Apostle to the Romans." Trans. by J. B. Morris. *A Library of the Fathers of the Holy Catholic Church Anterior to the Division of the East and West*, Vol. 7 (Oxford: John Henry Parker; London; J. G. F. and J. Rivington, 1842).

——. "The Homilies on the Statues, or to the People of Antioch," *A Library of the Fathers of the Holy Catholic Church Anterior to the Division of the East and West*, Vol. 9 (Oxford: J. H. Parker, etc., etc., 1842).

John Damascene. "Expositio accurata fidei orthodoxae" (Greek and Latin), *PG*, Vol. 94, cols. 790–1228.

——. "Genaue Darlegung des Orthodoxen Glaubens." Trans. from the Greek into German by Dionys Stiefenhofer. *BDK*, Vol. 44 (Munich: Joseph Kösel & Friedrich Pustet, 1923).

John of Salisbury. *The Metalogicon. A Twelfth-Century Defense of the Verbal and Logical Arts of the Trivium*. Trans. from the Latin by Daniel D. McGarry (Berkeley and Los Angeles: University of Calif. Press, 1962).

John the Scot (Joannes Scotus Erigena). "De divisione naturae," *PL*, Vol. 122, cols. 439–1022.

——. *Uber die Eintheilung der Natur*. Trans. from the Latin into German by Ludwig Noack (Berlin: L. Heimann, 1870–1874). 2 vols. in 1.

Johnson, Francis R. "Preparation and Innovation in the Progress of Science," *JHI*, Vol. 4 (1943), pp. 56–59.

Jones, Gwilym P. "Building in Stone in Medieval Western Europe," *CEHE*, Vol. 2, pp. 493–518.

Jones, Richard F. *Ancients and Moderns. A Study of the Background of the "Battle of the Books"* (St. Louis: Washington University Studies–New Series Language and Literature–No. 6, 1936).

Jonston, John of Poland. *An History of the Constancy of Nature* (London: Printed for John Streater, 1657).

Jordanes (Iordanis). *De origine actibusque Getarum*. Ed. Theodor Mommsen, *Mon. Ger. Hist., Auctores Antiquissimi*, Vol. 5: 1 (Berlin: apud Weidmannos, 1882).

——. *The Gothic History*. Trans., intro., comm., by Charles C. Mierow (Princeton: Princeton University Press; London: Oxford University Press, 1915).

Josephus. *Against Apion*. Trans. from the Greek by H. St. J. Thackeray. Loeb Classical Library (London: Wm. Heinemann; New York: G. P. Putnam's Sons, 1926). Being Vol. I of *Josephus*, pp. 161–411.

Jurisprudence forestière. See Dalloz, M. D., and Dalloz, Armand, eds., *Répertoire méthodique*, etc.

Kaerst, J. *Die antike Idee der Oikumene in ihrer politischen und kulturellen Bedeutung* (Leipzig: B. G. Teubner, 1903).

——. *Geschichte des Hellenismus. Bd. 2. Das Wesen des Hellenismus* (2d ed., Leipzig and Berlin: B. G. Teubner, 1926).

Kahn, Charles H. *Anaximander and the Origins of Greek Cosmology* (New York: Columbia University Press, 1960).

Kalm, Peter. *Peter Kalm's Travels in North America*. Rev. from the original Swedish and edited by Adolph B. Benson (New York: Wilson-Erickson, Inc., 1937). 2 vols.

—. *Travels into North America*. Trans. by John Reinhold Forster (2nd ed.; London: T. Lowndes, 1772). 2 vols.

Kames, Henry Home, Lord. *Sketches of the History of Man* (Edinburgh: Printed for W. Creech, Edinburgh; and for W. Strahan, and T. Caddel, London, 1774). 2 vols.

Kant, Immanuel. *Critique of Pure Reason*. Trans. from the German by F. Max Müller 2nd ed., rev.; New York: Macmillan Co., 1902).

—. *Critique of Teleological Judgement*, Being Part II of *The Critique of Judgement*. Trans. from the German by James Creed Meredith (Oxford: Clarendon Press, 1952).

—. "Physische Geographie," *Immanuel Kant's Sämmtliche Werke*. Ed. G. Hartenstein, Vol. 8 (Leipzig: L. Voss, 1868), pp. 145–452.

Kantorowicz, Ernst. *Kaiser Friedrich der Zweite* (Berlin: George Bondi, 1927), *Ergänzungsband* (Berlin: George Bondi, 1931).

Kees. "Sesostris," *PW*, Vol. 2A:2, cols. 1861–1876.

Keill, John. *An Examination of Dr. Burnet's Theory of the Earth with Some Remarks on Mr. Whiston's New Theory of the Earth. Also an Examination of the Reflections on the Theory of the Earth....* (2nd ed., corr.; London: Printed for H. Clements and S. Harding, 1734).

Kendrick, T. D. *The Lisbon Earthquake* (Philadelphia and New York: J. B. Lippincott Co., 1957?).

Kepler, Johannes. "Epitome astronomiae copernicanae," *Johannes Kepler Gesammelte Werke*, Vol. 7 (München: C. H. Beck'sche Verlagsbuchhandlung, 1953).

Keynes, John Maynard. "Robert Malthus: The First of the Cambridge Economists," *Essays in Biography* (New York: Harcourt, Brace and Co., 1933), pp. 95–149.

Kimble, George H. T. *Geography in the Middle Ages* (London: Methuen and Co., 1938).

Kirk, G. S., and Raven, J. E. *The Presocratic Philosophers* (Cambridge: Cambridge University Press, 1960).

Kitto, H. D. F. *Greek Tragedy: A Literary Study*. Anchor Books (Garden City, N. Y.: Doubleday & Co., 1955).

Klauck, Karl. "Albertus Magnus und die Erdkunde," *Studia Albertina*, ed. by Heinrich Ostlender (Münster: Aschendorffsche Verlagsbuchhandlung, 1952), pp. 234–248. (Supplementband 4 of *Beiträge zur Geschichte der Philosophie und Theologie des Mittelalters*).

Klemm, Friedrich. *A History of Western Technology*. Trans. from the German by Dorothea Waley Singer (New York: Charles Scribner's Sons, 1959).

Kliger, Samuel. *The Goths in England. A Study in Seventeenth and Eighteenth Century Thought* (Cambridge, Mass.: Harvard University Press, 1952).

Kock, Theodorus, ed. *Comicorum Atticorum Fragmenta*, Vol. 3:2 (Lipsiae: in aedibus B. G. Teubneri, 1888).

Koebner, Richard. "The Settlement and Colonisation of Europe," *CEHE*, Vol. 1, pp. 1–88.

Körner, S. *Kant*. A Pelican Book (Harmondsworth: Penguin Books, 1955).

Koller, Armin Hajman. *The Abbé du Bos—His Advocacy of the Theory of Climate. A Precursor of Johann Gottfried Herder* (Champaign, Ill.: The Garrard Press, 1937).

Koyré, Alexander. "The Origins of Modern Science: A New Interpretation," *Diogenes*, No. 16, Winter 1956, pp. 1–22.

—. "Le Vide et l'Espace Infini au XIVᵉ Siècle," *Archives d'Histoire Doctrinale et Littéraire du Moyen Âge*, Vol. 24 (1949), pp. 45–91.

Kramer, Samuel Noah. *History Begins at Sumer* (New York: Doubleday & Co., 1959).

—. "Sumerian Historiography," *Israel Exploration Journal Vol. 3* (1953), pp. 217–232.

—. *Sumerian Mythology* (New York: Harper & Brothers, 1944).

Kretschmer, Konrad. *Die physische Erdkunde im christlichen Mittelalter* (Wien und Olmütz: Eduard Hölzel, 1889). (*Geographische Abhandlungen herausgegeben von Albrecht Penck*, Vol. 4:1).

Kristeller, Paul O. *Renaissance Thought. The Classic, Scholastic, and Humanist Strains.* Harper Torchbooks/Academy Library (New York: Harper & Brothers, 1961).

Kroeber, Alfred L. *Configurations of Culture Growth* (Berkeley and Los Angeles: University of California Press, 1944).

— and Kluckhohn, Clyde. *Culture. A Critical Review of Concepts and Definitions.* Vintage Books (New York: Alfred A. Knopf, Inc. and Random House, 1963). Originally published in the *Papers of the Peabody Museum of American Archeology and Ethnology*, Harvard University, Vol. 47 (1952), No. 1.

Lactantius. "The Divine Institutes," *ANF*, Vol. 7, pp. 9–223.

—. "The Epitome of the Divine Institutes," *ANF*, Vol. 7, pp. 224–255.

—. "A Treatise on the Anger of God," *ANF*, Vol. 7, pp. 259–280.

Lafitau, Joseph François. *Moeurs des Sauvages Ameriquains, Comparées aux Moeurs des Premiers Temps* (Paris: Saugrain l'Ainé [etc.], 1724). 2 vols.

Lage, G. Raynaud de. *Alain de Lille. Poète du XIIe Siècle* (Montreal: Institut d'Études Médiévales, 1951).

Lamprecht, Karl. *Deutsches Wirtschaftsleben im Mittelalter* (Leipzig: Alphons Dürr, 1885–1886). 3 vols.

Langlois, C. V. *La Connaissance de la Nature et du Monde au Moyen Âge d'après quelques Écrits Français à l'Usage des Laïcs* (Paris: Hachette et Cie., 1911).

Lavoisne's Complete Genealogical, Historical, Chronological, and Geographical Atlas, etc., etc. (3rd ed.; London: J. Barfield, 1822).

The Laws of Burgos of 1512–1513. Royal Ordinances for the Good Government and Treatment of the Indians. Trans. from the Spanish by Lesley Byrd Simpson (San Francisco: John Howell, 1960).

Leclercq, H. "Chasse," *Dictionnaire d'Archéologie Chrétienne et de Liturgie* (Paris: Letouzy et Ané, 1907–). Vol. 3:1, cols. 1079–1144.

Leclercq, Jean. *The Love of Learning and the Desire for God. A Study of Monastic Culture.* Trans. from the French by Catharine Misrahi, Mentor-Omega (New York: New American Library Books, 1962).

Lefebvre des Noëttes, Richard. *L'Attelage, le Cheval de Selle à Travers les Âges. Contribution à l'Histoire de l'Esclavage* (Paris: A. Picard, 1931). 2 vols.

Leff, Gordon. *Medieval Thought, St. Augustine to Ockham* (Baltimore: Penguin Books, 1962 [1958]).

Leibniz, Gottfried Wilhelm. *Leibniz: Philosophical Writings.* Trans. by Mary Morris. Everyman's Library (London: J. M. Dent & Sons; New York: E. P. Dutton & Co., 1956 [1934]). Includes *The Monadology* 1714.

—. *Leibniz. Selections.* Ed. Philip P. Wiener (New York: Charles Scribner's Sons, 1951).

—. *Sämtliche Schriften und Briefe*, herausgegeben von der Preussischen Akademie der Wissenschaften (Darmstadt: Otto Reichl, 1923–1962). 11 vols.

—. "Vorschläge für eine Teutschliebende Genossenschafft," *Die Werke von Leibniz*, ed. Onno Klopp (Hannover: Klindworth's Verlag, 1864–1884), Vol. 6, pp. 214–219.

Leonardo da Vinci. *The Notebooks of Leonardo da Vinci.* Arr. and trans. from the Italian with intro. by Edward MacCurdy (New York: George Braziller, 1956).

Le Roy(Leroy), Louis. *Of the Interchangeable Course, or Variety of Things in the Whole World. . . .* Trans. from the French by Robert S. Ashley (London: C. Yetsweirt, 1594).

Levy, Reuben. *The Social Structure of Islam.* Being the 2nd ed. of *The Sociology of Islam* (Cambridge: Cambridge University Press, 1962).

Lexicon Manuale. See Maigne d'Arnis, W. H.

Lietzmann, Hans. *The Founding of the Church Universal. A History of the Early*

Church, Vol. 2. Trans. from the German by Bertram Lee Woolf (3rd ed. rev.; New York: Meridian Books, 1958 [1953]).

Linné, Carl von [Linnaeus]. "Oeconomia naturae." Trans. from the Latin into Swedish by Isac [*sic*] I. Biberg, *Valda Smärre Skrifter af Allmänt Naturvetenskapligt Innehåll* (Upsala: Almquist & Wiksells, 1906), pp. 1–64. With notes.

—. "The Oeconomy of Nature." Benjamin Stillingfleet, ed., *Miscellaneous Tracts Relating to Natural History, Husbandry, and Physick* (4th ed.; London: Printed for J. Dodsley, etc., etc., 1791), pp. 37–129. (Isaac [*sic*] Biberg, really trans. of L. from Latin to Swedish, is shown here as author.)

Locke, John. *An Essay Concerning Human Understanding* [1690], *The Works of John Locke* (12th ed.; London: Printed for C. and J. Rivington, etc., 1824). 9 vols. Vols. 1–2.

Lockwood, Dean P. "It is Time to Recognize a New Modern Age," *JHI*, Vol. 4 (1943), pp. 63–65.

Lope de Vega. *El Nuevo Mundo Descubierto por Cristóbal Colón*. Ed. Ed. Barry (Paris: Garnier Frères, c. 1897).

Lorain, John. *Nature and Reason Harmonized in the Practice of Husbandry* (Philadelphia: H. C. Carey & I. Lea, 1825).

Louis, Conrad. *The Theology of Psalm VIII. A Study of the Traditions of the Text and the Theological Import*. Catholic University of America, Studies in Sacred Theology No. 99 (Washington, D. C.: Catholic University of America Press, 1946).

Lovejoy, Arthur O. *The Great Chain of Being: A Study of the History of an Idea*. The William James Lectures Delivered at Harvard University, 1933 (Cambridge, Mass.: Harvard University Press, 1948).

—. "The Supposed Primitivism of Rousseau's Discourse on Inequality," *Modern Philology*, Vol. 21 (1923), pp. 165–186; repr. in *Essays in the History of Ideas*. Capricorn Books (New York: G. P. Putnam's Sons, 1960 [1948]), pp. 14–37.

— and Boas, George. *Primitivism and Related Ideas in Antiquity. A Documentary History of Primitivism and Related Ideas*. Vol. I (Baltimore: Johns Hopkins Press, 1935).

Lucretius. *The Nature of the Universe*. Trans. from the Latin by R. E. Latham. Penguin Classics (Harmondsworth: Penguin Books, 1951).

—. *Titi Lucreti Cari De Rerum Natura Libri Sex. Ed. with Prolegomena, Critical Apparatus, Translation, and Commentary by Cyril Bailey* (Oxford: Clarendon Press, 1947). 3 vols.

Lukermann, F. "The Concept of Location in Classical Geography," *AAAG*, Vol. 51 (1961), pp. 194–210.

Lyell, Katharine M. *Life, Letters and Journals of Sir Charles Lyell, Bart* . . . (London: J. Murray, 1881). 2 vols.

Mabillon, Iohannes, ed. *Acta sanctorum Ordinis s. Benedicti in saeculorum classes distributa* . . . (Lutetiae Parisiorum: apud Ludovicum Billaine, 1668–1671). 6 vols. in 9 (NA).

McCann, Justin. *Saint Benedict*. Image Books (rev. ed., Garden City, N. Y.: Doubleday & Co., 1958).

McDonald, Angus. *Early American Soil Conservationists*. U. S. Dept. of Agric., Misc. Pub. No. 449 (Washington, 1941).

Machiavelli, Niccolò. "Dell'arte della guerra," *Opere*, ed. by Antonio Panella, Vol. 2 (Milano-Roma: Rizzoli & Co., 1939).

—. *Florentine History*. Trans. from the Italian by W. K. Marriott. Everyman's Library (London: J. M. Dent and Co.; New York: E. P. Dutton and Co., [1909]).

—. *The Prince and the Discourses*. Modern Library (New York: Random House, 1940).

MacNutt, Francis A. *Bartholomew de las Casas. His Life, His Apostolate, and His Writings* (New York and London: G. P. Putnam's Sons, 1909).

Maigne D'Arnis, W. H. *Lexicon Manuale ad Scriptores Mediae et Infimae Latinitatis*. . . . (Paris: apud Garnier Fratres, 1890).

Maimonides, Moses. *The Guide for the Perplexed*. Trans. from the Arabic by M. Friedländer. (2nd ed. rev.; New York: Dover Publications, 1956).

Mâle, Émile. *The Gothic Image. Religious Art in France of the Thirteenth Century*. Trans. from the French by Dora Nussey. Harper Torchbooks/Cathedral Library (New York: Harper & Brothers, 1958).

Malthus, Thomas R. *An Essay on Population*. Everyman's Library (7th ed. London: J. M. Dent & Sons; New York: E. P. Dutton & Co., 1952 [1914]). 2 vols.

—. *First Essay on Population 1798; with notes by James Bonar*. Repr. for the Royal Economic Society (London: Macmillan & Co., 1926).

—. *An Inquiry into the Nature and Progress of Rent, and the Principles by Which it is Regulated* [1815]. A Reprint of Economic Tracts edited by Jacob H. Hollander (Baltimore: Johns Hopkins Press, 1903).

—. *Population: The First Essay; with a foreword by Kenneth E. Boulding*. Ann Arbor Paperbacks (Ann Arbor: University of Michigan Press, 1959).

—. *Principles of Political Economy Considered with a View to Their Practical Application* (London: John Murray, 1820).

Marsh, George P. *Man and Nature; or Physical Geography as Modified by Human Action* (New York: Charles Scribner & Co., 1871 [1864]).

Martini, "Dikaiarchos, 3," *PW*, Vol. 5, cols. 546–563.

Marx, Leo. *The Machine in the Garden; Technology and the Pastoral Ideal in America* (New York: Oxford University Press, 1964).

Maulde, René de. *Étude sur la Condition Forestière de l'Orléanais au Moyen Âge et à la Renaissance* (Orléans: Herluison, 1871).

Maupertuis, Pierre Louis Moreau de. *Essai de Cosmologie* (Leide?, 1751).

Maury, Alfred. *Les Forêts de la Gaule et de l'Ancienne France* (Paris: Librairie Philosophique de Ladrange, 1867).

Mazzei, Filippo. *Recherches Historiques et Politiques sur les États-Unis de l'Amérique Septentrionale*. . . . (A Colle, et se trouve a Paris, chez Froullé, 1788). 4 vols. NA.

Meaume, Édouard. See *Jurisprudence forestière*.

Meuten, Anton. *Bodins Theorie von der Beeinflussung des politischen Lebens der Staaten durch ihre geographische Lage* (Bonn: Carl Georgi, Universitäts-Buchdruckerei und Verlag, 1904).

Meyer, Ernst. "Albertus Magnus. Ein Beitrag zur Geschichte der Botanik im dreizehnten Jahrhundert," *Linnaea*, Vol. 10 (1836), pp. 641–741; Vol. 11 (1837), pp. 545–595.

—. *Geschichte der Botanik* (Gebrüder Bornträger, 1854–1857). 4 vols.

Meyer, R. W. *Leibnitz and the Seventeenth-Century Revolution*. Trans. from the German by J. P. Stern (Cambridge: Bowes and Bowes, 1952).

Migne, Jacques Paul. *Patrologiae cursus completus*. . . . *Series graeca* (Parisiis: excudebatur et venit apud J. P. Migne, 1857–1899).

—, ed. *Patrologiae cursus completus*. . . . *Series latina* (Parisiis excudebat Migne, 1844–1902).

Milton, John. *The Poetical Works of John Milton*. Everyman's Library (London & Toronto: J. M. Dent & Sons; New York: E. P. Dutton & Co., 1929 [1909]).

Minucius Felix. "The Octavius of Minucius Felix." Trans. by Robert E. Wallis. *ANF*, Vol. 4, pp. 169–198.

Mombert, Paul. *Bevölkerungslehre* (Jena: G. Fischer, 1929).

Montaigne. "An Apologie of Raymond Sebond," *The Essayes of Michael Lord of Montaigne*. Trans. from the French by John Florio. Everyman's Library (London & Toronto: J. M. Dent & Sons; New York: E. P. Dutton & Co., 1921 [1910]), Vol. 2, pp. 125–326.

Montalembert, Count de. *The Monks of the West, from St. Benedict to St. Bernard*. Trans. from the French (London: John C. Nimmo, 1896). 6 vols.

Montesquieu. Charles de Secondat Baron de la Brède et de Montesquieu. "Défense de l'Esprit des Lois," *Oeuvres Complètes de Montesquieu*. Ed. Edouard Laboulaye (Paris: Garnier Frères, 1875–1879). Vol. 6.

—. *De l'Esprit des Loix.* Texte Établi et Présenté par Jean Brethe de la Gressaye (Paris: Société Les Belles Lettres, 1950–1961). 4 vols.

—. *Pensées et Fragments Inédits de Montesquieu.* Ed. Le Baron Gaston de Montesquieu (Bordeaux: G. Gounouilhou, 1899–1901). 2 vols.

—. *The Persian Letters.* Trans. from the French by J. Robert Loy. Meridian Books (New York: World Publishing Co., 1961).

—. *The Spirit of Laws.* Trans. from the French by Thomas Nugent (rev. ed.; New York: The Colonial Press, 1899). 2 vols.

Monumenta Germaniae Historica Diplomatum Imperii, ed. by Pertz. Vol. 1 (Hannoverae: Impensis Bibliopolii Avlici Hahniani, 1872).

More, Henry. *A Collection of Several Philosophical Writings of Henry More* (4th ed. corr. and much enl. London: Printed by Joseph Downing, 1712). Includes "An Antidote against Atheism," "Scholia on the Antidote against Atheism."

Mornet, Daniel. *Les Sciences de la Nature en France, au XVIIIe Siècle* (Paris: A. Colin, 1911).

Moscati, Sabatino. *The Face of the Ancient Orient.* Trans. from the Italian. Anchor Books (Garden City, N. Y.: Doubleday & Co., 1962).

Moschus. See *Greek Bucolic Poets.*

Mühlmann, Wilhelm. *Methodik der Völkerkunde* (Stuttgart: Ferdinand Enke Verlag, 1938).

Münster, Sebastian. *Cosmographey. . . .* (Basel: durch Sebastianum Henricpetri, 1598).

Muggenthaler, Hans. *Kolonisatorische und wirtschaftliche Tätigkeit eines deutschen Zisterzienserklosters im XII. und XIII. Jahrhundert* (München: Hugo Schmidt Verlag, 1924).

Mullach, Friedrich W. A. *Fragmenta philosophorum graecorum* (Parisiis: A Firmin Didot, 1875–1881). 3 vols.

Mummenhoff, Ernst. *Altnürnberg* (Bamberg: Buchnersche Verlagsbuchhandlung, 1890).

Myres, Sir John Linton. "Herodotus and Anthropology." R. R. Marett, ed., *Anthropology and the Classics* (Oxford: Clarendon Press, 1908), pp. 121–168.

Neckam, Alexander. *See* Alexander Neckam.

Nef, John U. *Cultural Foundations of Industrial Civilization.* Harper Torchbooks/Academy Library (New York: Harper & Bros., 1960 [1958]).

—. "Mining and Metallurgy in Medieval Civilisation," *CEHE*, Vol. 2, pp. 429–492.

Nestle, W. *Herodots Verhältnis zur Philosophie und Sophistik* (Stuttgart: Stuttgarter Vereinsbuchdruckerei [1908]).

Newton, Isaac. "Four Letters from Sir Isaac Newton to Doctor Bentley: Containing Some Arguments in Proof of a Deity," *The Works of Richard Bentley, D. D.*, collected and edited by Alexander Dyce, Vol. 3 (London: Francis Macpherson, 1838), pp. 203–215.

—. *Opera quae exstant omnia* (London: J. Nichols, 1779–1785). 5 vols.

Nicolson, Marjorie H. *Mountain Gloom and Mountain Glory: The Development of the Aesthetics of the Infinite* (Ithaca: Cornell University Press, 1959).

Niederhuber, Johann. See Ambrose, St.

Nieuwentijdt, Bernard. *The Religious Philosopher: Or, the Right Use of Contemplating the Works of the Creator.* Trans. from the Dutch by John Chamberlayne (London: Printed for J. Senexi, etc., etc., 1718–1720). 2 vols.

Ninck, Martin. *Die Entdeckung von Europa durch die Griechen* (Basel: Benno Schwabe & Co. Verlag [1945]).

Nordenskiöld, Erik. *The History of Biology.* Trans. from the Swedish by Leonard B. Eyre (New York: Tudor Publishing Co., 1928).

Nougier, Louis-René; Beaujeu, Jean; and Mollat, Michel. "De la Préhistoire à la fin du Moyen Âge," being Vol. 1 of *Histoire Universelle des Explorations* (Paris: F. Sant' Andrea, 1955–1956).

Oake, Roger B. "Montesquieu and Hume," *Modern Language Quarterly*, Vol. 2 (1941), pp. 25–41, 225–248.

Oesterreichische Weisthümer (Wien: Oesterreichische Akademie der Wissenschaften, Kaiserliche Akademie der Wissenschaften Vols. 1–11, 1870–1958).

Olschki, Leonardo. *Die Literatur der Technik und der angewandten Wissenschaften vom Mittelalter bis zur Renaissance*. Vol. 1 of *Gesch. der neusprachlichen wissenschaftlichen Literatur* (Leipzig, Firenze, Roma, Genève: Leo S. Olschki, 1919).

—. *Marco Polo's Asia*. Trans. from the Italian by John A. Scott (Berkeley and Los Angeles: University of California Press, 1960).

—. *Marco Polo's Precursors* (Baltimore: Johns Hopkins Press, 1943).

Opstelten, J. C. *Sophocles and Greek Pessimism*. Trans. from the Dutch by J. A. Ross (Amsterdam: North-Holland Publishing Co., 1952).

Orderic Vital. "Histoire de Normandie." Ed. Guizot, *Collection des Mémoires Relatifs à l'Histoire de France*. Vols. 25–26 (Paris: J. L. J. Brière, 1825).

Origen. *Contra Celsum*. Trans. with intro. and notes by Henry Chadwick (Cambridge: Cambridge University Press, 1953).

—. "De Principiis (Peri Archon)." Trans. by Frederick Crombie, *ANF*, Vol. 4, pp. 239–382.

Orosius, Paulus. *Seven Books of History Against the Pagans*. Trans. with intro. and notes by Irving W. Raymond (New York: Columbia University Press, 1936).

Ostrogorsky, Georg. "Agrarian Conditions in the Byzantine Empire in the Middle Ages," *CEHE*, Vol. 1, pp. 194–223.

Otto, Bishop of Freising, and his continuator Rahewin. *The Deeds of Frederick Barbarossa*. Trans. from the Latin by Charles C. Mierow (New York: Columbia University Press, 1953).

Otto, Bishop of Freising. *The Two Cities, A Chronicle of Universal History to the Year 1146 A.D.* Trans. by Charles Christopher Mierow (New York: Columbia University Press, 1928).

Overbury, Sir Thomas. "Observations in His Travailes Upon the State of the XVII. Provinces as They Stood Anno Dom., 1609," *The Miscellaneous Works in Prose and Verse of Sir Thomas Overbury, Knt.*, ed. Edward F. Rimbault (London: John Russell Smith, 1856), pp. 221–251.

Ovid. *Metamorphoses*. Trans. from the Latin by Frank J. Miller. Loeb Classical Library (London: Wm. Heinemann; New York: G. P. Putnam's Sons. Vol. 1, 1916, 2d ed. 1921; Vol. 2, 1916).

Palissy, Bernard. *The Admirable Discourses*. Trans. from the French by Aurèle la Rocque (Urbana: University of Illinois Press, 1957).

Paracelsus, Theophrastus. *The Hermetic and Alchemical Writings of Aureolus Philippus Theophrastus Bombast of Hohenheim called Paracelsus the Great*. Trans. from the German by Arthur E. Waite (London: J. Elliott and Col Co., 1894). 2 vols.

—. *Lebendiges Erbe. Eine Auslese aus seinen sämtlichen Schriften mit 150 zeitgenössischen Illustrationen*. Edited with intro. by Jolan Jacobi (Zürich und Leipzig: Rascher Verlag, 1942).

—. *Sämtliche Werke*. Eds. Karl Sudhoff and Wilhelm Matthiessen. *Abt. 1, Medizinische naturwissenschaftliche und philosophische Schriften; Abt. 2, Die theologischen und religionsphilosophische Schriften* (München: Barth, 1922–).

—. *Selected Writings*. Ed. by Jolande [*sic*] Jacobi, trans. from the German (*Lebendiges Erbe*) by Norbert Guterman (New York: Pantheon Books, 1951).

Parain, Charles. "The Evolution of Agricultural Technique," *CEHE*, Vol. 1, pp. 118–168.

Partsch, J. "Die Grenzen der Menschheit. I Teil: Die antike Oikumene," *Berichte über die Verhandlungen der Königl. Sächsischen Gesellschaft der Wissenschaften zu Leipzig. Phil-hist. klasse*, Vol. 68 (1916).

Pastor, Ludwig Freiherrn von. *Geschichte der Päpste seit dem Ausgang des Mittelalters*, Vol. 5 being *Geschichte Papst Pauls III* (13th ed., Freiburg im Breisgau: Herder and Co., 1956). Earlier ed. trans. by Kerr under the title, *History of the Popes*, Vol. 12 being on Paul III.

Patin, M. *Études sur la poésie latine* (3d ed., Paris: Librairie Hachette et Cie., 1883). 2 vols.

Paul the Deacon. *History of the Langobards*. Trans. from the Latin by William D. Foulke (New York: Sold by Longmans Green & Co., 1907).

——. "Pauli Warnefridi Diaconi Forojuliensis De Gestis Langobardorum," *PL*, Vol. 95.

Paul III, Pope. The Bull, "Sublimis Deus," of Pope Paul III, MacNutt, Francis A., *Bartholomew de las Casas* (New York and London: G. P. Putnam's Sons, 1909), pp. 427–431. Latin text and English trans.

Paulys Real-Encyclopädie der classischen Altertumswissenschaft, hrsg. von Wissowa, Kroll, Witte, Mittelhaus and others (Stuttgart: J. B. Metzler and later publishers, 1894-).

Pauw, Corneille de. *Recherches Philosophiques sur les Américains* (London, 1770). 3 vols.

Pease, A. S. "Caeli enarrant," *Harvard Theological Review*, 34 (1941), pp. 103–200.

——. See also Cicero, *De natura deorum*.

Penrose, Ernest F. *Population Theories and Their Application with Special Reference to Japan* (Stanford University: Food Research Inst., 1934).

Perrault, Charles. *Parallèle des Anciens et des Modernes en ce qui Regarde les Arts et les Sciences. Dialogues. Avec le Poème du Siècle de Louis le Grand, et une Epistre en Vers sur le Genie* (2nd ed.; Paris: La Veuve de Jean Bapt. Coignard and Jean Baptiste Coignard fils, 1692), Vol. 1.

Petersen, William. *Population* (New York: Macmillan Co., 1961).

Petrarca, Francesco. "On His Own Ignorance and That of Many Others." Trans. by Hans Nachod. Cassirer, Ernst; Kristeller, Paul O.; and Randall, John H., Jr., eds., *The Renaissance Philosophy of Man* (Chicago: University of Chicago Press, 1948), pp. 47–133.

Petty, Sir William. *The Economic Writings of Sir William Petty*. Ed. Charles H. Hull, Vol. 1 (Cambridge: Cambridge University Press, 1899).

——. *The Petty-Southwell Correspondence 1676–1687*, edited . . . by the Marquis of Lansdowne (London: Constable and Co., 1928).

Pfeifer, Gottfried. "The Quality of Peasant Living in Central Europe," *MR*, pp. 240–277.

Philipp, Hans. "Die historisch-geographischen Quellen in den etymologiae des Isidorus v. Sevilla," *Quellen und Forschungen zur alten Geschichte und Geographie*, Heft 25, Pt. 1, 1912; Pt. 2, 1913.

Philo (Philo Judaeus). "On the Account of the World's Creation Given by Moses," *Philo*, Vol. 1. Trans. from the Greek by The Rev. G. H. Whitaker. Loeb Classical Library (London: Wm. Heinemann; New York: G. P. Putnam's Sons, 1929).

——. "On Joseph," (De Josepho), *Philo*. Trans. from the Greek by F. H. Colson. Loeb Classical Library (London: Wm. Heinemann; Cambridge, Mass.: Harvard University Press), Vol. 6 (1935), pp. 140–271.

Plato. *Laws*. Trans. from the Greek by R. G. Bury. Loeb Classical Library (London: Wm. Heinemann; New York: G. P. Putnam's Sons, 1926). 2 vols.

——. *Phaedo*. Trans. from the Greek by R. S. Bluck (London: Routledge & Kegan Paul, 1955).

——. "Protagoras," *The Dialogues of Plato*, Vol. 1. Trans. from the Greek by Benjamin Jowett (2nd ed. rev.; Oxford: Clarendon Press, 1875). 5 vols.

——. *Timaeus, Critias, Cleitophon, Menexenus, Epistles*. Trans. from the Greek by R. G. Bury. Loeb Classical Library (Revised and reprinted, Cambridge, Mass.: Harvard University Press, 1952).

Plewe, Ernst. "Studien über D. Anton Friederich Büsching," *Geographische Forschungen (Schlern-Schriften No. 190), Festschrift zum 60. Geburtstag von Hans Kinzl* (Innsbruck: Universitätsverlag, 1958), pp. 203–223.

Pliny. *Natural History*. Trans. from the Latin by H. Rackham. Loeb Classical Library (Cambridge, Mass.: Harvard University Press, 1938). 10 vols.

Plischke, Hans. *Von den Barbaren zu den Primitiven. Die Naturvölker durch die Jahrhunderte* (Leipzig: F. A. Brockhaus, 1926).

Plotinus. *The Enneads*. Trans. from the Greek by Stephen Mackenna (2nd ed. rev. by B. S. Page, London: Faber & Faber, 1956).

Plutarch. "Of Those Sentiments Concerning Nature With Which Philosophers were Delighted [De placitis philosophorum naturalibus, libri V]." Trans. from the Greek by several hands, *Plutarch's Morals*, corr. and rev. by William Goodwin, Vol. 2 (New York: The Athenaeum Society, n.d.), pp. 104–193.

—. *Moralia*. Loeb Classical Library. Trans. from the Greek by several hands (London: Wm. Heinemann; New York: G. P. Putnam's Sons, etc., etc.). Vols. 1–7, 9–10, 12 published.

—. "Concerning the Face Which Appears in the Orb of the Moon," *Moralia*. Loeb Classical Library, Vol. 12.

—. "De placitis philosophorum libri V," *Moralia*, ed. Gregorius N. Bernardakis, Vol. 5 (Lipsiae: in aedibus B. G. Teubneri, 1893).

—. "Isis and Osiris," *Moralia*. Trans. from the Greek by F. C. Babbitt. Loeb Classical Library, Vol. 5.

—. "On Exile," *Moralia*. Trans. from the Greek by P. H. De Lacy and Benedict Einarson. Loeb Classical Library, Vol. 7.

—. "On the Fortune or the Virtue of Alexander," *Moralia*. Loeb Classical Library, Vol. 4.

—. "Whether Fire or Water is More Useful," *Moralia*. Loeb Classical Library, Vol. 12.

Pohlenz, Max. *Der Hellenische Mensch* (Göttingen: Vandenhoeck & Ruprecht, 1947).

—. "Panaitios. 5," *PW*, 18:3, cols. 418–440.

—. *Die Stoa. Geschichte einer geistigen Bewegung* (Göttingen: Vandenhoeck & Ruprecht, Vol. 1, 1948; Vol. 2 [Erläuterungen], 1949).

Polybius. *The Histories*. Trans. from the Greek by W. R. Paton. Loeb Classical Library London: Wm. Heinemann; New York: G. P. Putnam's Sons, 1922–1927). 6 vols.

Pope, Alexander. "Essay on Man," *The Complete Poetical Works of Alexander Pope*. Cambridge ed. (Boston and New York: Houghton, Mifflin and Co., 1903).

Pope, Hugh. *Saint Augustine of Hippo*. Image Books (Garden City, N. Y.: Doubleday & Co., 1961).

Porphyry. "De abstinentia," *Porphyrii philosophi platonici Opuscula tria*. Greek text edited by Augustus Nauck (Leipzig: Teubner, 1860).

Postan, Michael. "The Trade of Medieval Europe: the North," *CEHE*, Vol. 2, pp. 119–256.

Power, Eileen. *Medieval English Nunneries c. 1275 to 1535* (Cambridge: Cambridge University Press, 1922).

Préaux, Claire. *Les Grecs en Égypte d'après les Archives de Zénon*. Collection Lebègue (Bruxelles: Office de Publicité, 1947).

Pritchard, James B., ed. *Ancient Near Eastern Texts Relating to the Old Testament* (Princeton: Princeton University Press, 1950).

Probst, Jean-Henri. *Le Lullisme de Raymond de Sebonde (Ramon de Sibiude)* (Toulouse: E. Privat, 1912).

Przywara, Erich. *An Augustine Synthesis*. Harper Torchbooks/Cathedral Library (New York: Harper & Brothers, 1958).

Pseudo-Xenophon. See Xenophon.

Ptolemy, Claudius. *Tetrabiblos*. Trans. from the Greek by F. E. Robbins. Loeb Classical Library (London: Wm. Heinemann; Cambridge, Mass.: Harvard University Press, 1940). Published with *Manetho*, trans. by W. G. Waddell.

Purchas, Samuel. *Purchas his Pilgrimage* . . . (2nd ed.; London: Printed by W. Stansby for Henrie Fetherstone, 1614).

Raftis, J. A. "Western Monasticism and Economic Organization," *Comparative Studies in Society and History*, Vol. 3 (1961), pp. 452–469.

Raleigh, Sir Walter. *The History of the World* (London: Printed for Walter Burre, 1617).

Rankin, O. S. *Israel's Wisdom Literature* (Edinburgh: T. & T. Clark, 1936).

Ratzel, Friedrich. *Anthropogeographie* (4 unveränderte Aufl. Stuttgart: J. Englehorns Nachf., 1921–22). 2 vols.

Raven, Charles E. *John Ray, Naturalist: His Life and Works* (Cambridge: Cambridge University Press, 1942).

—. *Natural Religion and Christian Theology. The Gifford Lectures 1951, First Series: Science and Religion* (Cambridge: Cambridge University Press, 1953).

Ray, John. *Miscellaneous Discourses Concerning the Dissolution and Changes of the World. . . .* (London: Printed for S. Smith, 1692).

—. *The Wisdom of God Manifested in the Works of the Creation* (12th ed., corr., London: John Rivington, John Ward, Joseph Richardson, 1759).

Raymundus de Sabunde (Ramon Sibiude, Raymond Sebond). *La Théologie Naturelle de Raymond Sebon*. Trans. from Latin into French by Michel, Seigneur de Montaigne (Paris: L. Conard, 1932–1935). 2 vols.

Raynal, Guillaume Thomas François. *Histoire Philosophique et Politique des Établissemens et du Commerce des Européens dans les deux Indes* (Neuchatel & Geneve: chez les Libraires Associés, 1783–1784). 10 vols.

Reinhardt, Karl. *Kosmos und Sympathie* (München: C. H. Beck, 1926).

—. *Poseidonios* (Munich: C. H. Beck'sche Verlagsbuchhandlung, Oskar Beck, 1921).

—. "Poseidonios von Apameia," *PW*, 22:1, cols. 558–826.

Ricardo, David. *The Principles of Political Economy and Taxation*. Everyman's Library (London: J. M. Dent & Sons; New York: E. P. Dutton & Co., 1957 [1912]).

Riccioli, Giovanni Battista. *Geographiae et hydrographiae reformatae libri XII* (Venetiis, 1672). NA.

Richardson, Cyril C., ed. and trans., *et al. Early Christian Fathers*. Vol. 1 of *The Library of Christian Classics* (London: SCM Press, 1953).

Rigault, Hippolyte. *Histoire de la Querelle des Anciens et des Modernes* (Paris: L. Hachette et Cie., 1856).

Robbins, Frank E. *The Hexaemeral Literature. A Study of the Greek and Latin Commentaries on Genesis* (Chicago: University of Chicago Press, 1912).

Robertson, William. "The History of America," being Vols. 8–10 of *The Works of William Robertson, D. D.* (London: Printed for Thomas Tegg, etc., 1826). 3 vols.

—. "A View of the Progress of Society in Europe, from the Subversion of the Roman Empire to the Beginning of the Sixteenth Century," being the intro. to *The History of the Reign of the Emperor Charles V. The Works of William Robertson, D. D.* (London: Printed for Thomas Tegg, etc., 1826), Vol. 4.

Robinson, H. Wheeler. *Inspiration and Revelation in the Old Testament* (Oxford: Clarendon Press, 1946).

The Romance of the Rose. See Guillaume de Lorris and Jean de Meun.

Ross, James Bruce, and McLaughlin, Mary Martin, eds. *The Portable Medieval Reader* (New York: The Viking Press, 1949).

Ross, W. D. *Aristotle* (New York: Meridian Books, 1959).

—. "Diogenes (3)," *OCD*, p. 285.

Rostovtzeff, Michael. *A Large Estate in Egypt in the Third Century B. C., a Study in Economic History*. University of Wisconsin Studies in the Social Sciences and History, No. 6 (Madison, 1922).

—. *The Social and Economic History of the Hellenistic World* (Oxford: Clarendon Press, 1941). 3 vols.

Rousseau, Jean Jacques. *Émile; or, Education*. Trans. from the French by Barbara Foxley. Everyman's Library (London and Toronto: J. M. Dent & Sons; New York: E. P. Dutton & Co., 1930 [1911]).

—. *The Social Contract and Discourses*. Everyman's Library (London and Toronto: J. M. Dent & Sons; New York: E. P. Dutton & Co., 1930 [1913]).

Rowe, John H. *Ethnography and Ethnology in the Sixteenth Century* (Berkeley: The Kroeber Anthropological Society Papers, No. 30, Spring 1964).

Rush, Benjamin. "An Enquiry into the Cause of the Increase of Bilious and Intermitting Fevers in Pennsylvania, with Hints for Preventing Them," *TAPS*, Vol. 2, No. 25 (1786), pp. 206–212.

Salin, Édouard, and France-Lanord, Albert. *Le Fer à l'Époque Mérovingienne*, being Vol. 2 of *Rhin et Orient* (Paris: P. Geuthner, 1939–1943).
Sambursky, S. *The Physical World of the Greeks*. Trans. from the Hebrew by Merton Dagut (New York: Collier Books, 1952).
Sandmo, J. K. *Skogbrukshistorie* (Oslo: Aschehoug and Co., 1951).
Sarton, George. *Appreciation of Ancient and Medieval Science During the Renaissance* A Perpetua Book (New York: A. S. Barnes and Co., 1961; University of Pennsylvania Press, 1955).
—. *A History of Science. Ancient Science Through the Golden Age of Greece* (Cambridge, Mass.: Harvard University Press, 1952).
—. *A History of Science. Hellenistic Science and Culture in the Last Three Centuries B. C.* (Cambridge, Mass.: Harvard University Press, 1959).
—. "Remarks on the Theory of Temperaments," *Isis*, Vol. 34 (1943), pp. 205–208.
Sauvage, R. N. *L'Abbaye de Saint-Martin de Troarn au Diocèse de Bayeux des Origines au Seizième Siècle* (Caen: Henri Delesques, Imprimeur-Éditeur, 1911).
Saw, Ruth Lydia. *Leibniz*. A Pelican Book (Harmondsworth: Penguin Books, 1954).
Schmidt, Christel. *Die Darstellungen des Sechstagewerkes von Ihren Anfängen bis zum Ende des 15 Jahrhunderts* (Hildesheim: Buchdruckerei August Lax, 1938).
Schönbach, Anton E. "Des Bartholomaeus Anglicus Beschreibung Deutschlands gegen 1240," *Mitteilungen des Instituts für österreichische Geschichtsforschung*, Vol. 27 (1906), pp. 54–90.
Schoepflin, J. D. *Alsatia diplomatica* (Mannhemii, 1772–1775). 2 vols. NA.
Schwappach, Adam. *Handbuch der Forst- und Jagdgeschichte Deutschlands* (Berlin: Verlag von Julius Springer, 1886–1888).
—. "Zur Bedeutung und Etymologie des Wortes, 'Forst,'" *Forstwissenschaftliches Centralblatt*, Vol. 6 (1884), pp. 515–522.
Sclafert, Thérèse. "A Propos de Déboisement des Alpes du Sud," *Annales de Géographie*, Vol. 42 (1933), pp. 266–277, 350–360.
—. *Cultures en Haute-Provence. Déboisements et Pâturages au Moyen Âge. Les Hommes et La Terre*, IV. (Paris: S. E. V. P. E. N., 1959).
Scully, Vincent. *The Earth, The Temple, and the Gods. Greek Sacred Architecture* (New Haven and London: Yale University Press, 1962).
Seeliger, K. "Weltalter," Vol. VI, cols. 375–430; "Weltschöpfung," cols. 430–505. Wilhelm H. Roscher, ed., *Ausführliches Lexikon der griechischen und römischen Mythologie* (Leipzig and Berlin: B. G. Teubner, 1924–1937).
A Select Library of Nicene and Post-Nicene Fathers of the Christian Church. Ed. by Philip Schaff, *et al.* (New York: Christian Literature Co., 1886–1890). 14 vols.
Sellar, W. Y. *The Roman Poets of the Republic* (3d ed., Oxford: Clarendon Press, 1895).
Seltman, Charles. *Approach to Greek Art* (New York: E. P. Dutton & Co., 1960).
Semple, Ellen Churchill. *Influences of Geographic Environment on the Basis of Ratzel's System of Anthropo-geography* (New York: H. Holt and Co., etc., 1911).
Seneca, L. Annaeus. "De ira." Trans. from the Latin by John W. Basore, *Moral Essays*, Vol. 2; "De consolatione ad Helviam," Vol. 3. Loeb Classical Library (London: Wm. Heinemann; New York: G. P. Putnam's Sons, 1928–1932).
—. *Epistolae Morales*. Trans. from the Latin by Richard M. Gummere. Loeb Classical Library (London: Wm. Heinemann; New York: G. P. Putnam's Sons, 1917–1925). 3 vols.
—. *On Benefits*. Trans. from the Latin by Aubrey Stewart (London: Bell & Sons, 1912).
Servius the Grammarian. *Servii Grammatici Qui Feruntur in Vergilii Carmina Commentarii*. Vol. 2, *Aeneidos Librorum VI–XII Commentarii*, ed. Georg Thilo (Leipzig: B. G. Teubner, 1884).
Seybert, Adam. "Experiments and observations, on the atmosphere of marshes," *TAPS*, Vol. 4 (1799), pp. 415–430.
Sharp, Andrew. *Ancient Voyagers in the Pacific* (Harmondsworth: Penguin Books, 1957).

—. *Ancient Voyagers in Polynesia* (Berkeley: University of California Press, 1964).
Sikes, Edward E. *The Anthropology of the Greeks* (London: D. Nutl, 1914).
Simpson, George G. *The Meaning of Evolution.* Mentor Books (New York: New American Library, 1951).
Simson, Otto von. *The Gothic Cathedral. Origins of Gothic Architecture and the Medieval Concept of Order* (2nd rev. ed.; Harper Torchbooks, New York: Harper and Row, The Bollingen Library, 1964; Bollingen Foundation, 1962).
Singer, Charles; Holmyard, E. J.; Hall, A. R., and Williams, Trevor I. *A History of Technology* (New York and London: Oxford University Press, 1954–1958). 5 vols.
Sinz, P. "Die Naturbetrachtung des hl. Bernard," *Anima* I (1953), pp. 30–51. NA.
Smalley, Beryl. *The Study of the Bible in the Middle Ages* (Oxford: Clarendon Press, 1941).
Smith, Kenneth. *The Malthusian Controversy* (London: Routledge & Paul, 1951).
Soutar, George. *Nature in Greek Poetry* (London: Oxford University Press, 1939).
Spengler, Joseph J. *French Predecessors of Malthus* (Durham: Duke University Press, 1942).
—. "Malthus's Total Population Theory: a Restatement and Reappraisal," *Canadian Journal of Economics*, Vol. 11 (1945), pp. 83–110, 234–264.
Spinoza, Benedictus de. *The Correspondence of Spinoza.* Trans. by A. Wolf (London: G. Allen & Unwin, 1928).
—. *Ethica.* Trans. from the Latin by W. H. White, rev. by Amelia H. Stirling (3rd ed. rev. and corr.; London: Duckworth & Co., 1899).
Spitzer, Leo. "Classical and Christian Ideas of World Harmony," *Traditio*, Vol. 2 (1944), pp. 414–421.
Springer, Sister Mary Theresa of the Cross. *Nature-Imagery in the Works of St. Ambrose.* Catholic University of America Patristic Studies, Vol. 30 (Washington: Catholic University of America, 1931).
Stangeland, Charles E. "Pre-Malthusian Doctrines of Population: a Study in the History of Economic Theory," *Columbia University Studies in History, Economics, and Public Law*, Vol. 21, No. 3 (1904).
Steinen, Wolfram von den. *Der Kosmos des Mittelalters von Karl dem Grossen zu Bernard von Clairvaux* (Bern und München: Francke Verlag, 1959).
Stenton, Doris M. *English Society in the Early Middle Ages* (Harmondsworth: Penguin Books, 1951).
Strabo. *The Geography of Strabo.* Trans. from the Greek by H. C. Hamilton and W. Falconer. Bohn's Classical Library (London: Bohn, 1854–1856). 3 vols.
Süssmilch, Johann Peter. *Die Göttliche Ordnung* (Berlin: Im Verlag der Buchhandlung der Realschule, 1775–1776). 3 vols.
Suggs, Robert C. *The Island Civilizations of Polynesia.* A Mentor Book (New York: New American Library, 1960).
Surell, Alexander. *A Study of the Torrents in the Department of the Upper Alps* [1870]. Trans. of Vol. 1 of 2nd ed. from the French by Augustine Gibney (carbon typescript copy in Forestry Library, University of California, Berkeley).
Suzuki, Daisetz: "The Role of Nature in Zen Buddhism," *Eranos-Jahrbuch 1953*, Vol. 22 (1954), pp. 291–321.
Tacitus. *The Annals.* Rev. Oxf. trans. from the Latin (London: George Bell & Sons, 1906).
—. *Dialogus* (Dialogue on Oratory), with the *Agricola* and *Germania. Dial.* trans. from the Latin by William Peterson. Loeb Classical Library (London: Wm. Heinemann; New York: Macmillan Co., 1914).
Talbot, C. H., trans. and ed. *The Anglo-Saxon Missionaries in Germany. Being the Lives of SS. Willibrord, Boniface, Sturm, Leoba and Lebuin, together with the Hodoeporicon of St. Willibald and a selection from the correspondence of St. Boniface* (New York: Sheed and Ward, 1954).
Tarn, W. W. "Alexander the Great and the Unity of Mankind," *Proceedings of the British Academy*, Vol. 11 (1933), pp. 123–166.

——. "The Date of Iambulus: a Note," *Class. Quarterly*, Vol. 33 (1939), p. 193.
——. *Hellenistic Civilization* (3d ed., rev. by Tarn and Griffith, London: Edward Arnold, 1952).
Tatian. "Address of Tatian to the Greeks," *ANF*, Vol. 2, pp. 65–83.
Taylor, E. G. R. *Late Tudor and Early Stuart Geography 1583–1650* (London: Methuen & Co., 1934).
Taylor, George C. *Milton's Use of Du Bartas* (Cambridge, Mass.: Harvard University Press, 1934).
Taylor, Henry Osborn. *The Medieval Mind* (London: Macmillan and Co., 1911).
The Tebtunis Papyri. See Hunt, Arthur S.
Teggart, Frederick J., ed. *The Idea of Progress. A Collection of Readings.* Rev. ed., with intro. by George H. Hildebrand (Berkeley and Los Angeles: University of California Press, 1949).
Teggart, Frederick J. *Rome and China* (Berkeley: University of California Press, 1939).
——. *Theory of History* (New Haven: Yale University Press, 1925).
Temple, Sir William. "An Essay Upon the Ancient and Modern Learning," *The Works of Sir William Temple, Bart.* (new ed.; London: F. C. and J. Rivington, etc., 1814), Vol. 3, pp. 446–459.
——. *Observations upon the United Provinces of the Netherlands* (Cambridge: Cambridge University Press, 1932).
Templeman, Thomas. *A New Survey of the Globe: or, an Accurate Mensuration of all the Empires, Kingdoms, Countries, States, Principal Provinces, Counties, & Islands in the World* (London: Engr. by T. Cole, [1729]).
Tertullian. "Apology." Trans. from the Latin by S. Thelwall, *ANF*, Vol. 3, pp. 17–55.
——. "On the Pallium" (De pallio). Trans. from the Latin by S. Thelwall, *ANF*, Vol. 4, pp. 5–12.
——. *Quinti Septimi Florentis Tertulliani De Anima.* Ed. with intro. and commentary, by J. H. Waszink (Amsterdam: North-Holland Publishing Co., 1947).
——. "A Treatise on the Soul." Trans. from the Latin by Peter Holmes, *ANF*, Vol. 3, pp. 181–235.
Theiler, Willy. *Zur Geschichte der teleologischen Naturbetrachtung bis auf Aristoteles* (Zürich: Verlag Dr. Karl Hoenn, 1924).
Theocritus. See Greek Bucolic Poets.
Theodoret of Cyrrhus. *Théodoret de Cyr. Discours sur la Providence.* Trad. avec. intro. et notes par Yvan Azéma (Paris: Société d'Edition "Les Belles Lettres," 1954).
Theophrastus. *Enquiry into Plants.* Trans. from the Greek by Sir Arthur Hort. Loeb Classical Library (New York: G. P. Putnam's Sons, 1916). 2 vols.
——. *Metaphysics.* Trans., comm., and intro. by W. D. Ross and F. H. Fobes (Oxford: Clarendon Press, 1929).
——. *Theophrasti Eresii opera, quae supersunt, omnia.* Graeca recensuit, latine interpretatus est. Fridericus Wimmer, ed. (Parisiis: Firmin-Didot, 1866).
Thomas, Franklin. *The Environmental Basis of Society; a Study in the History of Sociological Theory* (New York and London: Century Co., 1925).
Thomas Aquinas, St. *On Kingship. To the King of Cyprus.* Trans. by Gerald B. Phelan, rev. by I. Th. Eschmann (Toronto: Pontifical Institute of Mediaeval Studies, 1949).
——. *On the Truth of the Catholic Faith. Summa Contra Gentiles. Book One: God.* Trans. by Anton C. Pegis. *Book Two: Creation.* Trans. by James F. Anderson. *Book Three: Providence, Part I.* Trans. by Vernon J. Bourke. Image Books (Garden City, N. Y.: Doubleday & Co., 1955–1956).
——. *Philosophical Texts.* Selected and trans. by Thomas Gilby. A Galaxy Book (New York: Oxford University Press, 1960).
——. *Summa Theologica.* Literally trans. by Fathers of the English Dominican Province, 3 vols., Vol. 1 (London: Burns & Oates, 1947).
Thomas, D. Winton, ed. *Documents from Old Testament Times.* Harper Torchbooks/Cloister Library (New York: Harper & Brothers, 1961).
Thomas of Celano. "The First Life of S. Francis of Assisi." Trans. by A. G. Ferrers

Howell. Repr. in Mary L. Cameron, *The Inquiring Pilgrim's Guide to Assisi* (London: Methuen & Co., 1926), pp. 163–270.
Thomas, William L., ed. *Man's Role in Changing the Face of the Earth* (Chicago: University of Chicago Press, 1956).
Thompson, Elbert N. S. "Milton's Knowledge of Geography," *Studies in Philology*, Vol. 16 (1919), pp. 148–171.
Thompson, James Westfall. *An Economic and Social History of the Middle Ages (300–1300)* (New York, London: The Century Co., c. 1928).
Thomson, James Oliver. *History of Ancient Geography* (New York: Biblo and Tannen, 1965; Cambridge University Press, 1948).
Thomson, John Arthur. *The System of Animate Nature*. The Gifford Lectures for 1915–1916 (London: Williams & Norgate, 1920). 2 vols.
Thomson, R. H. G. "The Medieval Artisan," *HT*, Vol. 2, pp. 383–396.
Thorndike, Lynn. *A History of Magic and Experimental Science During the First Thirteen Centuries of Our Era* (New York: Macmillan Co., 1923–1958). 8 vols.
—. "Renaissance or Prenaissance," *JHI*, Vol. 4 (1943), pp. 65–74.
—. "The True Place of Astrology in the History of Science," *Isis*, Vol. 46 (1955), pp. 273–278.
Thorp, James. *Geography of the Soils of China* (Nanking: National Geological Survey of China, 1936).
Thucydides. *History of the Peloponnesian War*. Trans. from the Greek by Richard Crawley. Everyman's Library (London & Toronto: J. M. Dent & Sons, 1926 [1910]).
Tibullus. In: *Catullus, Tibullus, and Pervigilium Veneris*. Tibullus trans. from the Latin by J. P. Postgate. Loeb Classical Library (London: Wm. Heinemann; New York: Macmillan Co., 1914).
Tittel, C. "Geminos, 1," *PW*, Vol. 7:1, cols. 1026–1050.
Tod, Marcus N. *A Selection of Greek Historical Inscriptions to the End of the Fifth Century B. C.* (2nd ed., Oxford: Clarendon Press, 1951 [1946]).
Tooley, Marian J. "Bodin and the Mediaeval Theory of Climate," *Speculum*, Vol. 28 (1953), pp. 64–83.
Toynbee, Arnold J. *Greek Historical Thought from Homer to the Age of Heraclius*. Mentor Books (New York: New American Library, 1952).
—. *A Study of History* (London, New York, Toronto: Oxford University Press, Vol. 1, 1955 [1934]).
—. *A Study of History*. Abridgement of Volumes I–VI by D. G. Somervell (New York and London: Oxford University Press, 1947).
Treves, Piero. "Historiography, Greek," *OCD*, pp. 432–433.
—. "Posidonius (2)," *OCD*, p. 722.
Trüdinger, Karl. *Studien zur Geschichte der griechisch-römischen Ethnographie* (Basel: E. Birkhauser, 1918).
Tscherikower, V. "Die hellenistischen Städtegründungen von Alexander dem Grossen bis auf die Römerzeit," *Philologus*, Supp. Bd. 19, Heft I (1927), vii+ 216 pp.
Untersteiner, Mario. *The Sophists*. Trans. from the Italian by Kathleen Freeman (Oxford: Basil Blackwell, 1954).
Varro, Marcus T. *On Farming*. Trans. from the Latin by Lloyd Storr-Best (London: George Bell & Sons, 1912).
Veen, Johan van. *Dredge, Drain, Reclaim. The Art of a Nation* (5th ed.; The Hague: Martinus Nijhoff, 1962).
Velleius Paterculus. *Compendium of Roman History*. Trans. from the Latin by Frederick W. Shipley. Loeb Classical Library (London: Wm. Heinemann; New York: G. P. Putnam's Sons, 1924).
Vespucci, Amerigo. *Mundus novus, Letter to Lorenzo Pietro di Medici*. Trans. from the Italian by George T. Northrup (Princeton: Princeton University Press, 1916).
Villard de Honnecourt. *The Sketchbook of Villard de Honnecourt*. Ed. by Theodore Bowie (2nd ed. rev.; Bloomington: Indiana University, 1962).

Virgil. *The Aeneid.* Prose trans. from the Latin by W. F. Jackson Knight. Penguin Classics (Baltimore: Penguin Books, 1962 [1958]).
—. *The Eclogues, Georgics, Aeneid.* Trans. from the Latin by John Jackson (Oxford: Clarendon Press, 1930 [1908]).
Vitruvius. *The Ten Books on Architecture.* Trans. from the Latin by Morris Hicky Morgan (Cambridge, Mass.: Harvard University Press, 1914).
Volney, Constantine François Chasseboeuf. *View of the Climate and Soil of the United States of America.* Trans. from the French (London: Printed for J. Johnson, 1804).
Voltaire. *Oeuvres Complètes de Voltaire.* Edited by Adrien Jean Quentin Beuchot (Paris: Garnier Frères, 1877–1885). 52 vols.
—. "L'A, B, C," Beuchot, Vol. 45, pp. 1–135.
—. "Athéisme" (Dict. Philosophique), Beuchot, Vol. 27, pp. 166–190.
—. "Candide," Beuchot, Vol. 33.
—. "Causes finales" (Dict. Philosophique), Beuchot, Vol. 27, pp. 520–533.
—. "Climat," Beuchot, Vol. 28, pp. 113–120.
—. "Commentaire sur Quelques Principales Maximes de l'Esprit des Lois," Beuchot, Vol. 50, pp. 55–145.
—. "Des Singularités de la Nature," Beuchot, Vol. 44, pp. 216–317.
—. "Dieu, Dieux" (Dict. Philosophique), Beuchot, Vol. 28, pp. 357–398.
—. "Elements de la Philosophie de Newton," Beuchot, Vol. 38.
—. "Histoire de Jennie, ou l'Athée et le Sage," Beuchot, Vol. 34.
—. "Lois (Esprit des)," Beuchot, Vol. 31, pp. 86–109.
—. "Nouvelles Considérations sur l'Histoire," Beuchot, Vol. 24, pp. 24–29.
—. "Poème sur le Désastre de Lisbonne," Beuchot, Vol. 12, pp. 183–204.
—. "Siècle de Louis XIV," Beuchot, Vols. 19–20.
Vossius, Isaac. *Isaaci Vossii Variarum Observationum Liber* (London: apud Robertum Scott Bibliopolam, 1685).
Waddell, Helen. *Mediaeval Latin Lyrics.* Trans. by Helen Waddell. Penguin Classics (Harmondsworth: Penguin Books, 1962 [1952]).
Wagner, Thomas, ed. *Corpus Iuris Metallici Recentissimi et Antiquioris. Sammlung der neuesten und älterer Berggesetze* (Leipzig: J. S. Heinsius, 1791).
Wallace, Robert. *A Dissertation on the Numbers of Mankind, in Ancient and Modern Times* (2nd ed. rev. and corr.; Edinburgh: A. Constable and Co., etc., etc., 1809).
—. *Various Prospects of Mankind, Nature, and Providence* (London: A. Millar, 1761).
Warmington, E. H. "Dicaearchus," *OCD*, p. 275.
Webb, Clement C. J. *Studies in the History of Natural Theology* (Oxford: Clarendon Press, 1915).
Webster, Noah. "Dissertation on the Supposed Change of Temperature in Modern Winters [1799]," *A Collection of Papers on Political, Literary and Moral Subjects* (New York: Webster & Clark; Boston: Tappan and Dennett, etc., 1843), pp. 119–162.
Wehrli, Fritz. *Die Schule des Aristoteles. Texte und Kommentar. Heft 1 Dikaiarchos* (Basel: Benno Schwabe & Co., Verlag, 1944).
Werner, Karl. *Beda der Ehrwürdige und Seine Zeit* (Neue Ausgabe, Wien: Wilhelm Braumüller, 1881).
West, Sir Edward. *The Application of Capital to Land* [1815] (Baltimore: Lord Baltimore Press, 1903).
Whiston, William. *A New Theory of the Earth ... With a large Introductory Discourse concerning the Genuine Nature, Stile, and Extent of the Mosaick History of the Creation* (4th ed. rev. and corr.; London: Printed for Sam. Tooke and Benj. Motte, 1725).
White, Lynn T., Jr. *Medieval Technology and Social Change* (Oxford: Clarendon Press, 1962).
—. "Natural Science and Naturalistic Art in the Middle Ages," *AHR*, Vol. 52 (1947), pp. 421–435.
—. "Technology and Invention in the Middle Ages," *Speculum*, Vol. 15 (1940), pp. 141–159.

Whitehead, Alfred N. *Science and the Modern World. Lowell Lectures, 1925* (New York: Pelican Mentor Books, 1948).

Wiener, Philip P., and Noland, Aaron, eds. *Roots of Scientific Thought* (New York: Basic Books, 1957).

Wilkins, John. *Of the Principles and Duties of Natural Religion. . . .* (9th ed.; London: J. Waltos, 1734).

William (Gulielmus), Archbishop of Tyre. *A History of Deeds Done Beyond the Sea.* Trans. from the Latin by Emily A. Babcock and A. C. Crey (New York: Columbia University Press, 1943). 2 vols.

William of Conches. "De philosophia mundi," *PL*, Vol. 90, cols. 1127–1178; also in Vol. 172, pp. 39–102.

William of Malmesbury. *Willelmi Malmesbiriensis monachi de gestis pontificum anglorum libri quinque.* Ed. N. E. S. A. Hamilton (London: Longman & Co. and Trübner & Co., etc., etc., 1870), being Vol. 52 of *Rerum Britannicarum Medii Aevi Scriptores* = Rolls Series.

Williams, George H. *Wilderness and Paradise in Christian Thought* (New York: Harper & Brothers, 1962).

Williams, R. J. "The Hymn to Aten," Thomas, D. Winton, ed., *Documents from Old Testament Times.* Harper Torchbooks/Cloister Library (New York: Harper & Brothers, 1961 [1958]), pp. 142–150.

Williams, Samuel. *The Natural and Civil History of Vermont* (Walpole, Newhampshire: Isaiah Thomas and David Carlisle, Jun., 1794).

Williamson, Hugh. "An Attempt to Account for the CHANGE OF CLIMATE, Which Has Been Observed in the Middle Colonies in North-America," *TAPS,* Vol. 1 (2nd ed. corr., 1789), pp. 337–345. (Read before the Society in 1770).

Williamson, Hugues. "Dans Lequel on Tâche de Rendre Raison du Changement de Climat qu'on a Observé dans les Colonies Situées dans l'Intérieur des Terres de l'Amérique Septentrionale," *Journal de Physique (Observations sur la Physique, sur l'Histoire Naturelle et sur les Arts),* Vol. 1 (1773), pp. 430–436.

Wilson, John A., *The Culture of Ancient Egypt.* Phoenix Books (Chicago: University of Chicago Press, 1951).

Wimmer, Josef. *Deutsches Pflanzenleben nach Albertus Magnus 1193–1280* (Halle: Verlag der Buchhandlung des Waisenhauses, 1908).

—. *Geschichte des deutschen Bodens mit seinem Pflanzen- und Tierleben von der keltisch-römischen Urzeit bis zur Gegenwart. Historisch-geographische Darstellungen* (Halle: Verlag der Buchhandlung des Waisenhauses, 1905).

—. *Historische Landschaftskunde* (Innsbruck: Wagner, 1885).

Winsor, Justin, ed. *Narrative and Critical History of America,* Vol. 1 (Boston and New York: Houghton, Mifflin and Co., 1889).

Winter, Franz. *Die Cistercienser des nordöstlichen Deutschlands* (Gotha: Friedrich Andreas Perthes, 1868–1871). 3 vols.

Woermann, Karl. *Die Landschaft in der Kunst der alten Völker* (München: Ackermann, 1876).

—. *Ueber den landschaftlichen Natursinn der Griechen und Römer* (München: Ackermann, 1871).

Wölkern, L. C. von. *Historia diplomatic Norimbergensis* (Nürnberg, 1738). NA.

Wollaston, William. *The Religion of Nature Delineated* (6th ed.; London: Printed for John & Paul Knapton, 1738).

Wood, William. *New Englands Prospect* [1634]. (Repr. for E. M. Boynton, Boston?, 1898?)

Woodbridge, Homer E. *Sir William Temple, the Man and His Work* (New York: Modern Lang. Assoc. of America; London: Oxford University Press, 1940).

Woodward, John. *An Essay Towards a Natural History of the Earth, and Terrestrial Bodies, especially Minerals. . . .* (2nd ed.; London: Printed by T. W. for Richard Wilkin, 1702).

Workman, Herbert B. *The Evolution of the Monastic Ideal*. A Beacon Paperback (Boston: Beacon Press, 1962. First publ. in 1913 by Epworth Press, London).

Wotton, William. *Reflections upon Ancient and Modern Learning* (London: Printed by J. Leake for Peter Buck, 1694).

Wright, G. Ernest, and Fuller, Reginald H. *The Book of the Acts of God*. Anchor Books (New York: Doubleday & Company, 1960).

Wright, John K. *The Geographical Lore of the Time of the Crusades* (New York: Amer. Geographical Society, 1925).

—. *Human Nature in Geography* (Cambridge, Mass.: Harvard University Press, 1966).

Wright, Thomas. "On the Mode Most Easily and Effectually Practicable for Drying up the Marshes of the Maritime Parts of North America," *TAPS*, Vol. 4, No. 29 (1799), pp. 243–246.

Wulsin, Frederick R. "Adaptations to Climate Among Non-European Peoples." L. H. Newburgh, ed., *Physiology of Heat Regulation and The Science of Clothing* (Philadelphia and London: W. B. Saunders Co., 1949), pp. 3–69.

Xenophon. *Die pseudoxenophontische* ΑΘΗΝΑΙΩΝ ΠΟΛΙΤΕΙΑ. *Einleitung, Übersetzung, Erklärung von Ernst Kalinka* (Leipzig and Berlin: B. G. Teubner, 1913).

—. *Memorabilia and Oeconomicus*. Trans. from the Greek by E. C. Marchant. Loeb Classical Library (Cambridge, Mass.: Harvard University Press, 1953).

Zeller, Eduard. *Outlines of the History of Greek Philosophy*. Trans. from the German by L. R. Palmer (13th ed., rev. by Wilhelm Nestle, New York: Noonday Press, A Meridian Book, 1955).

—. *Die Philosophie der Griechen in ihrer geschichtlichen Entwicklung*. II Tl., II Abt., *Aristoteles und die alten Peripatetiker*. 4th Aufl. (Leipzig: O. R. Reisland, 1921).

Zöckler, D. O. *Geschichte der Beziehungen zwischen Theologie und Naturwissenschaft mit besondrer Rücksicht auf Schöpfungsgeschichte. Erste Abtheilung: Von den Anfängen der christlichen Kirche bis auf Newton und Leibnitz. Zweite Abtheilung: Von Newton und Leibnitz bis zur Gegenwart* (Gütersloh: C. Bertelsmann, 1877–1879). 2 vols.

索　　引

（数字指原版书页码，在本书正文中为边码）

Acosta, Jose de - 阿科斯塔，何塞·德：361，363，366-367，401，425，450，606-607

Acts -《圣经·使徒行传》：161

Adam - 亚当：153，159

Adelard of Bath - 阿德拉德，巴斯的：219

Aedificare, meaning of - "Aedificare"（建造）的意思：331

Aesculapius, cult of - 阿斯库拉皮乌斯，祭祀：5

Aesthetics, and geography - 美学，与地理：546-547

Afforestatio, meaning of - "Afforestatio"（造林）的意思：326-327；亦见 Forest conservation-森林保护

Agatharchides - 阿加塔尔齐德斯：20-21，96-97

Age of Discovery - 大发现时代：6，355，358-359，362，364，473-474，595

Agricola, Georgius (Bauer, George) - 阿格里科拉，乔治乌斯（鲍尔，乔治）：290，440，468-469，495

Air - 空气：见 Atmosphere - 大气

Akh-en-Aton, Hymn to sun - 阿肯那顿，太阳赞美诗：37-38

Alaise, meaning of - "Alaise"（林中荒地）的意思：345；亦见 Forest conservation - 森林保护

Alan of Lille - 阿兰，里尔的：204，216-218，241-242

Albert the Great (Albertus Magnus) - 大阿尔伯特（阿尔伯特·马格努斯）：16，174，227-229，256，264，265-271，314-316，346，351

Albert I - 阿尔伯特一世：337-338

Alberti, Leon Battista - 阿尔伯蒂，利昂·巴蒂斯塔：125，355，430-431，464-465，490

Alchemy - 炼金术：467

Alcmaeon of Croton - 阿尔克芒，克

罗顿的：11
Alembics, theory of - 蒸馏（净化）理论：395，413-414
Alexander the Great - 亚历山大大帝：18，23-24，101，631（脚注）
Alexander Neckam - 亚历山大·尼坎姆：206
Ambrose, St. - 圣安布罗斯：163，189，194-196，298-299，385
Amun, hymn to - 阿蒙赞美诗：37-38
Anaxagoras - 阿那克萨哥拉：17，39-40
Anaximander - 阿那克西曼德：8-9
Animals - 动物：43，47，139，143，290，309-311，342-343，589，675-678；亦见 Buffon - 布丰
Anthropocentrism - 人类中心论：44，160，185，198，205，212，391-392，467，511，535-536，684
Anthropomorphism - 神人同形论：527
Antiteleological ideas - 反目的论观念：50，62-68，73，377-378，517-518，525，678；亦见 Final causes - 终极因，Design argument - 设计论，Artisan analogy - 工匠类比，Artisan deity - 工匠神，Teleology - 目的论
Apollonius of Egypt - 阿波罗尼乌斯，埃及的：21-22，122-123
Apollonius Rhodius - 阿波罗尼奥斯·罗德斯：26-27
Arab thought - 阿拉伯思想：见 Muslim thought - 穆斯林思想
Arbuthnot, John - 阿巴思诺特，约翰：562-565，567，601，602
Arcadia - 阿卡迪亚：95-96
Architects - 建筑师：125；亦见 Alberti - 阿尔伯蒂
Aristotle - 亚里士多德：4，6，9-10，47-49，93-94，219，225，233-234，242，248-249，274
Arnaud, François - 阿诺，弗朗索瓦：341-342
Arndt, Johann - 阿恩特，约翰：510
Arnobius - 亚挪比乌：179-180，386
Artificial selection - 人工选择：56，129，194，672-674
Artisan - 工匠：46，118-119，526
Artisan analogy - 工匠类比：14，177，230-231，239-240，392，394，521，525，532
Artisan deity - 工匠神：44-46，528
Astrology - 占星术：15-16，22-23，53，100，102-103，111，201，242，249，254-255，265-266，280，282，437，460，572-573
Astro-theology - 星象神学：392
Aten, hymn to - 阿托恩赞美诗：36，37-38
Athenaeus - 阿森纳乌斯：97，98（脚注），101

Athenagoras - 阿萨纳戈拉斯：182-183

Atmosphere - 大气：56，81-82，101-102，258，457，488-491，689

Atomic theory - 原子论：51，64-65

Attica - 阿提卡：121，133-134

Augustine, St. - 圣奥古斯丁：32，162，175，177，184，188，189，196-202，204，266，299-300，304-306

Averroes - 阿威罗伊：220-222

Avicenna - 阿维森纳：248，264-265

Bacon, Francis - 培根，弗朗西斯：375，377，383，450，471-474，495

Bacon, Roger - 培根，罗杰：220，282-285

Bailey, Cyril - 贝利，西里尔：63-64（散见）

baliveau, meaning of -“baliveau”（轮伐时保留幼树的做法）的意思：326，328-329；亦见 Forest conservation - 森林保护

Baltic, people of - 波罗的海，沿岸人：285-286

bannovium, meaning of -“bannovium”（允许动物在公共草地上食草的时间）的意思：342-343；亦见 Forest conservation-森林保护

Barclay, John - 巴克雷，约翰：451-454，559

Bartholomew of England (Bartholomaeus Anglicus) - 巴塞洛缪，英格兰的（巴塞洛缪·安戈里克斯 ）：115，209，256，262-263，271-273

Bartram, John - 巴特拉姆，约翰：691-692

Basil, St. (Basil of Caesarea) - 圣巴西尔（巴西尔，凯撒里亚的）：163，177，189-195，240，298

Bede the Venerable - 比德，尊者：205-206，306

Beekeeping - 养蜂：322

Benedict, St. - 圣本笃：292，306，350（脚注）

Benedictbeuern - 本尼迪克博伊昂：247-248

Benedictine order - 本笃会：304, 331

Benedictine Rule - 本笃规则：214，289（脚注），294，304-306，350（脚注）

Bentley, Richard - 本特利，理查德：377，395-397

Bernard, St., of Clairvaux - 圣伯纳德，克莱尔沃的（光明之谷的）：208，213-214，303，349-350

Bion - 彼翁：18，28-29

Birds, Buffon on - 鸟类，布丰论：679

Birth control, Malthus on - 节育，马

尔萨斯论：638-639
Bloch, Marc - 布洛赫，马克：317，320
Bodin, Jean - 博丹，让：16，434-447，567-568
Boethius - 波爱修：208
Bonaventura, St. - 圣波拿文都拉（圣文德）：162，208，237-238
Botero, Giovanni - 博塔罗，焦万尼：93，357，363，368-374，471，625
"Boundless", concept of -"无穷"的概念：8
Boyle, Robert - 波义耳，罗伯特：377, 396, 413, 421
Breasted, James H. - 布雷斯特德，詹姆斯：38（脚注）
Browne, Sir Thomas - 布朗，托马斯：426，475-476，501
Buffon, Comte de - 布丰伯爵：6，139，407，503，509，518-519，536-540（散见），581，587-591，595，599-600，611，624，655，662，663-685，702-703
Building - 建筑物：125，350；亦见 Alberti - 阿尔伯蒂
Bull, *Sublimis Deus* of Paul Ⅲ - 敕书，保罗三世的《至高天主》：359-360
Burgos, Laws of - 布尔戈斯法律：360-361
Burnet, Thomas - 伯内特，托马斯：396-397，407-408，633
Burton, Robert - 伯顿，罗伯特：256，456-458，479-480
Büsching, D. - 比兴，D.：505，515-517
Busiris - 布西里斯：见 Isocrates - 伊索克拉底
Caesar, Julius - 恺撒，尤利乌斯：92，97，103
Caesarius of Prüm - 恺撒略，普吕姆的：292
Cambridge Platonists - 剑桥柏拉图学派：78-79，252，392-395，406，507，522
Canals - 运河：127，496-497
Canticle of Brother Sun：太阳兄弟的颂歌：10，214
Capitulare de Villis of Charlemangne - 查理曼的庄园村镇法令：333-335
Carré, Meyrick - 卡雷，梅里克：233，251（均为脚注）
Cassiodorus - 卡西俄多拉斯：254，257-258
Catastrophes, natural - 自然灾害：160，521-522，529；亦见 Evil - 邪恶
Cathedral building - 大教堂建筑：350
Causes, final - 终极因：见 Final causes - 终极因

Celibacy - 独身生活、禁欲：234-244，514，627

Centuriation, Roman -“网格法”，罗马的：117，146-147

Chain of being - 存在之链：217，481-482，599-600

Characteristics, acquired - 特征，习得的：85，255，613

Charcoal - 木炭：322，493

Chardin, Sir John - 夏尔丹，约翰爵士：551，553-554，567，592

Charlemagne - 查理曼大帝：259，322，333-334

Charron, Pierre - 沙朗，皮埃尔：429，447-448，552

Chartres, Bernard de - 德·沙特尔，贝尔纳：380

Chartres, Cathedral of - 沙特尔大教堂：245

Chastellux, Marquis de - 沙特吕侯爵：657，686-687

Chimborazo, Humboldt's map - 钦博拉索山，洪堡的地图：547

China - 中国：572，577，595，598，643-644，651-652

Christian thought/ Christianity - 基督教思想 / 基督教：150-153，155，160-162，165-168，172，178，181，196-197，201-202，218-219，222，232，247，249，253，254-255，261，293，302，368，403，425，512，514，521-522，607，637，708-709

Chrysippus - 克吕西普：51，56-58

Cicero - 西塞罗：43，51，54-55，62（脚注），101-102，144-146（散见），252，376

Cistercian order - 熙笃会：175，278，308-309，349-350

Cities - 城市：101-102，126-127，128，246，276，285，303，372-373

Civilization - 文明：119，143，276-277，318，455，597，608，617-618，643；亦见 entries under Cultural - 以“文化”开头的词条，及 Culture - 文化

Clearing - 清除森林：见 Deforestation - 森林砍伐、毁林

Clearings - 林中开垦：338，349

Climate - 气候：96-97，129-130，137，255（脚注），256，258，269，316，369，432，449，487-488，542，553-554，558-560，567，579，583-584，587-588，592，595-596，609，659，661-662，669，683，685，687，689-691；亦见 Environmental influence - 环境影响，及 Nature, modification by human agency - 人力改造自然

Columella - 科卢梅拉：13，32-33，72，125，135-137，381，383，

388，480
Comparative method - 比较方法：6-7，141
Condemnation of 1277 - 1277 年的谴责事件：248-250
Condorcet, Antoine-Nicolas de - 德·孔多塞，安托因 - 尼古拉：400，594-595，634-635，637
Cook, Captain James - 库克，詹姆斯，船长：502，610，620，626
Cooking - 食物制作：88
Copernican theory, and final causes - 哥白尼理论，与终极因：376
Cosmas Indicopleustes - 科斯马斯·印第科普莱特斯：295，300-301
Cosmos - 宇宙：16-17，77，174
creatio continua - 永续创造说：67，153，416
Creation - 创世：75-76，78，151-154，159，161，168，181-183，186，187，196，199，211，253，282，303，475，685-686，692，708-709
Creator - 造物主、创世者：14，45，196
Crime, climate causes of - 犯罪，气候原因：558
Cudworth, Ralph - 卡德沃思，拉尔夫：393-394
Cultural determination - 文化决定论：709
Cultural development - 文化发展：140-142
Cultural differences - 文化差异：262，451，540，542，559，588，591，612-620（散见），627-628
Cultural milieu - 文化环境：285，458-459，552，553，585-586，638，653-654
Cultural persistence - 文化坚持性：439，553-554，559-560，567，571，592，594-595
Cultural relativism - 文化相对性：255（脚注），573
Culture - 文化：6-7，104-105，107-109，281-282，501，545，595-596；亦见 Comparative method - 比较方法
Culture contact - 文化接触：92，102，108，273，275-276，281，287（脚注），370，402-403，431，585-586，593-594，599，619
Custom - 习俗、惯例：85，89，95-97，316，322-330
Cyprian - 居普良：385-386
D'Amilaville - 达米拉维尔：631
Darius - 大流士：24，131
Darwin, Charles - 达尔文，查尔斯：56，119，139，404，427，487，517，548，549-550，620，624-625，672-673，693
Dawson, Christopher - 道森，克里斯

托弗：220（脚注），250，293，294（脚注），335（脚注）
Deforestation - 森林砍伐、毁林：121，130，270，290-292，294，318-320，333-335，338，340-342，345，349，659-661，669-671，687，691，697，700-701
Degeneration, Buffon on - 退化，布丰论：589，674
Democritus - 德谟克利特：51，64-65
De natura locorum literature - 关于地方性质的作品：174-175，263-264
Depopulation - 人口减少：579；亦见 Population- 人口
De proprietatibus rerum literature - 关于事物属性的作品：263-264
Derham, William - 德勒姆，威廉：194，392，421-423
Descartes, René - 笛卡尔，勒内：194，377，381，393，394，406，412-413，417，426-427，476-477，495，506，509-510，523-524
Design argument - 设计论：25，42-44，58，61，255，371，376-378，380，395-396，398，403-404，417，510，526，539，548，619，625
Dicaearchus - 狄凯阿克斯：7，133，140-141，281，596
Diderot, Denis - 狄德罗，德尼：584-585
Diffusionism - 传播论、散布说：167，368，403，425，607-608，619
Diodorus - 狄奥多罗斯：20-21，22，36，96，629-630
Diogenes of Apollonia - 第欧根尼，阿波罗尼亚的：39-40，82
Diognetus, letter to - 狄奥格尼图，"致狄奥格尼图书"：172，182
Discoveries, accidental - 发现，意外的：366
Discovery - 发现：见 Age of Discovery - 大发现时代
Disease - 疾病：11，101，631
Division - 分割：64
Domestication - 驯化：57-58，129，137，138-139，141，206，236，242，298，311，344，420，463，471，480-482，527，533，672-678，684-685
Drainage - 排水：348，488-489，496
Drunkenness - 酗酒、醉酒状态：454，573，586-587
Du Bartas, Guillaume de Salluste - 迪巴尔塔，纪尧姆·德·萨卢斯特：383，387，448-449
Du Bos, Jean Baptiste - 杜博，让·巴

普蒂斯特：444，554-562
Du Halde - 杜·哈尔德：568，621，644
Dunbar, James - 邓巴，詹姆斯：596-600
Dutch - 荷兰人：561，613
Earth - 地球、大地：36，42-43，52，54，59，60-61，178，191，202，357，362-363，373，379-380，392，396-397，406，408，409-411，412，414，422-423，477-478，505，510，539，623，633，636，639，666，668，669-700，707，710
Earth as a mother - 大地母亲、地球母亲：13-14，36，136，197
East, the unchanging - 东方，不变的：554，571，595
East-West contrasts - 东西方对比：279-280
Ecology - 生态学：194，423，425，427，536，633，707-708
Ecosystem - 生态系统：6，379，511（脚注），549-550
Eden, Garden of - 伊甸园：153，164，235，273，348
Education, relation to climate - 教育，与气候之关系：593
Egypt - 埃及：21，36-38，89-90，128
Element/ Elements - 元素：9-10，12，63-64，152，159，241，263-265（散见）；亦见 Four elements-四元素
Emasculation and self-mutilation - 阉割和自残：514
Empedocles - 恩培多克勒：9-10，63，193（脚注）
Encyclopedists - 百科全书学者：209，256，262-264，271
Engineers, in Hellenistic Age - 工程师，希腊化时代的：125
Environment - 环境：87，117，121，303，330，408，427，535，543，547，549-550
Environmental change by human agency - 人为的环境变化：见 Nature, modification by human agency - 人力改造自然
Environmental influence - 环境影响：80-81，87，89，91-98（散见），101，103-105，109-111，113-115，254-263（散见），265-266，268-276（散见），279，286，369，430-449（散见），456-457，460，519-520，539，545，551-554，556-565，570，577，580-587（散见），591-594，596，601-605，610-620（散见），636，685，709-710
Environmentalism, cosmic - 宇宙环境主义：15
Epicurean philosophy - 伊壁鸠鲁哲

学：25，51，55，62-67，73
Epidemics - 流行病：101
Epimetheus, myth of - 埃庇米修斯，神话：41-42
Equatorial regions - 赤道地区：235，437-438
Erosion - 侵蚀：389，415，465，691-692
Eternal recurrence - 永恒轮回：6-7，184-185
Ethiopia - 埃塞俄比亚：21，96，112，259
Ethnology - 人种学、民族学：8，15，20-21，85，89，100-101，103，111，164，167，265-266，280，282，437，460，612，621
Evelyn, John - 伊夫林，约翰：134，485-491，670
Evil - 邪恶：197，201，234，521，529，549
Exegesis - 释经：176，188，222，239，253，283，379，712；亦见 Hexaemeral literature - 六日创世文献
Exemplarism - 范本论：237-238；亦见 Nature, as a book - 自然之书
Extinctions - 灭绝：480，677-678
Falconer, William - 福尔克纳，威廉：601-605
Falconry - 鹰猎、猎鹰的驯养：224-225
Fallow land - 休耕地：132
Farmers - 农夫：133-134，696-697
Fencing - 围栏：487
Fertilizers - 肥料：345，672，694-695
Final causes - 终极因：47，64，375-378，502，517-521，523
Fire - 火：139，294，322，344-345，492，667，696-697
Florus - 弗洛鲁斯：101，458
Fontenelle, Bernard - 丰特奈尔，贝尔纳：389，390，458-459，552-553，555，559
Food - 食物：21，455，457
Forest - 森林：294，320-321，324-327，329-330，336-339，341，342，344-345，347，493，669-671，686；亦见 Deforestation - 森林砍伐、毁林
Forest conservation - 森林保护：326-327，329-330，336-339，342，345，347，669-671
Forster, George - 福斯特，乔治：502，543-544，616，618-619，703-704
Forster, John Reinhold - 福斯特，约翰·莱因霍尔德：502，611-618，703
Fossils - 化石：409
Four elements - 四元素：9-10，12，64，263-265（散见）

Francis, St. - 圣方济各：10，208，214-216

Franciscans - 方济各会修士：237

Franklin, Benjamin - 富兰克林，本杰明：624，693

Frederick Ⅱ - 腓特烈二世：172，224-226

French, national character of - 法国人，其国民性：452，556，593

Frontier in Middle Ages - 边疆，中世纪的：289-290

Galen - 盖伦：11，83，111，444，460

Galileo - 伽利略：194，376，505

Garden in Middle Ages - 花园，中世纪的：347-348

Genesis -《圣经·创世记》：151-154，159，162-164，166-167，193，198，202，408，512，646

Genius, clustering of - 天才，扎堆出现：444-445，454，554-555

Geographic march of civilization - 文明的地理进程：276-277，455，597

Geography - 地理学：18，35，167，173-174，283-284，364-365，432（脚注），505，515-517，534-535，538，546-548，593，597-598

German culture - 日耳曼文化：443-444

Giles of Rome - 罗马的吉尔斯：224（脚注）

Gilson, Étienne - 吉尔森，艾蒂安：177（脚注），180（脚注），183（脚注），184（脚注），209，217（脚注），220（脚注），238，250

Giraldus Cambrensis - 吉拉尔度·坎布雷西斯：241，256，279

Glassmaking - 玻璃制造：340

Goats - 山羊：142-143，342-343，675，701

God - 上帝、神：5，36-39，151-154，157，161-162，179，202-203，208，213，376，396，467，513，523（脚注）

Gods - 诸神：55-56，59，229，239-240，419，528，530

Godwin, William - 戈德温，威廉：631，634-636，649-652

Goethe, Johann Wolfgang von - 冯·歌德，约翰·沃尔夫冈：375，535-536，543

Golden Age - 黄金时代：7，118，131-134，139，140，143，408

Goodman, Godfrey - 古德曼，戈弗雷：382

Goths - 哥特人：259-261，432，449

Graunt, John - 格朗特，约翰：398-399，403，426，490-491

Grazing - 放牧：321-322，323-324，328，334-335，342，492

Gregory, of Nyssa - 格列高利，尼撒的：295，298

Groves - 树丛：135，310

Gruerie, meaning of - “gruerie”（一种森林监管征收制度及王室权利）的意思：326-327；亦见 Forest conservation - 森林保护

Grunebaum, Gustave E. von - 冯·格鲁尼鲍姆，古斯塔夫：220，255，277（均为脚注）

Gunther of Pairis - 贡特尔，佩里的：285-286

Habitats, animal - 栖息地，动物的：155-156，662，674

Hahn, Edward - 哈恩，爱德华：58，673

Hakewill, George - 黑克威尔，乔治：70，134，382-389，478-479

Hale, Matthew - 黑尔，马修：399，400-405，480-482，495，534，625

Harmonic analogy - 和声类比：17

Harmony, preestablished - 和谐，预建的：477，507

Harpalus - 哈尔帕卢斯：124

Health - 健康：11，348，563-564，573，604，621，647，661，687-689

Hehn, Victor - 赫恩，维克托：137

Hellenistic Age - 希腊化时代：13，18-25，33，62，73-74，122-127

Helvétius, Claude A. - 爱尔维修，克劳德：583-584

Herder, Johann G. von - 冯·赫尔德，约翰：12，406，524，537-543，569-570，610

Heresy - 异端：218，222，232，233

Hermetical writings - 赫尔墨斯派著作：75-76，146，266

Herodotus - 希罗多德：8，18，38，40-41，88-91，104，127，262

Hesiod - 赫西奥德：127，131-133

Hexaemeral literature - 六日创世文献：163-164，174，177，187，189-190，196，247

Hippocrates - 希波克拉底：5，11，80，82-88，94，119，256，443，457，460，540，552，562-563，567-568，601

History - 历史学：167，289-292

Hodgen, Margaret - 霍金，玛格丽特：363（脚注）

Holbach, Paul Henri d' - 德·霍尔巴赫，保尔·亨利：520，521，523

Holy Land, Hakewill on - 圣地，黑克威尔论：478

Homosexuality - 同性恋：217

Horace - 贺拉斯：13，31-32，101

Hottentots - 霍屯督人：511，583，613

House, Vitruvius on - 房屋，维特鲁

威论：108
Humboldt, A. von - 冯·洪堡，亚历山大：12，119，142，177，543-548，596，600，611，616，643
Hume, David - 休谟，大卫：378，524-530，552，585-587，621，629-630，651，659
Humors - 体液：10-12，80-82，264，438-439，490，557
Humus - 腐殖质：410，424
Hunting - 狩猎：326，338，346-347
Huxley, Thomas H. - 赫胥黎，托马斯：482，666
Hydrologic cycle - 水循环：193，388，413，510
Iconography - 肖像式描绘：247
Ideas, from daily life and observation - 观念，来自日常生活和观察的：49，71-72，272，295-296，392，624
Indians - 印第安人：359，360，366-368
Industrial Revolution - 工业革命：705
Insects - 昆虫：76，205，533，677
Institutions - 机构、制度：7-8
Invention - 发明：108，167，587，607-608
Irenaeus - 爱任纽：178，183
Iron mills - 铁厂：487
Isaiah -《圣经·以赛亚书》：154，162（脚注），167，306
Isidore of Seville - 伊西多尔，塞维利亚的：115，208-209，257-258，260，264，272
Islands, encourage civilizations - 岛屿，鼓励文明发展：616
Isocrates - 伊索克拉底：127-128
Isolation - 隔绝、孤立：7，282，593-594
Israel, lost tribes of - 以色列，失落之部落：367
Jefferson, Thomas - 杰弗逊，托马斯：561，681-682，685
Jerome, St. - 圣杰罗姆：177，179，277，283，346
Jerusalem - 耶路撒冷：303
Job, Book of -《圣经·约伯记》：155-156
John Chrysostom - 约翰·克里索斯托姆（“金口若望”）：203-205
John the Scot (Joannes Scotus Erigena) - 约翰，爱尔兰人（约翰内·司各特·埃里金纳）：208，209-212，238，261-262
Josephus - 约瑟夫斯：89，110-111
Kahn, Charles H. - 卡恩，查尔斯：8-9，10（脚注），17
Kalm, Peter - 卡尔姆，彼得：541，609，683，685-686
Kames, Lord - 凯姆斯勋爵：142，545，595-596，616

Kant, Immanuel - 康德，伊曼纽尔：50，375，509，530-535，619，659
Keill, John - 凯尔，约翰：74，407，412-414
Kepler, Johannes - 开普勒，约翰尼斯：376
Kliger, Samuel - 克利格，塞缪尔：261（脚注）
Klimata -“纬度带”：98，226，255，265，267，584
Koran, Latin translation of -《古兰经》，拉丁文译本：218
Labor - 劳动：302-306，350（脚注）
Lactantius - 拉克坦蒂：172，180-181
Lafitau, Josef Francois - 拉菲托，约瑟夫·弗朗索瓦：357，361，608
Land - 土地：137，470（脚注），642
Landscapes - 景观：146-147，679-680
Lamarck, Chevalier de - 拉马克骑士：425，549，620
Las Casas, Bartolomé de - 德·拉斯卡萨斯，巴托洛梅：360，367
Law, and environment and climate - 法律，与环境、气候之关系：316，432
Lefebvre des Nöettes, Richard - 勒菲弗·德·诺蒂斯，里夏尔：318-319
Leff, Gordon - 列夫，戈登：212（脚注），250，251
Leibniz, Gottfried W. - 莱布尼兹，戈特弗里德：46，377，477-478，505-508，636
Le Roy, Louis - 勒罗伊，路易：355，447
Leucippus - 留基伯：63，64
Liberty - 自由：261，576-577
Life - 生命：184，193，624
Linnaeus - 林奈：424，505，510-512，624
Lisbon earthquake - 里斯本大地震：160，515，521-522，524
Locke, John - 洛克，约翰：583
Logos -“逻各斯”（理性）：37，47，54，144，184，416
London, Evelyn's plan for - 伦敦，伊夫林的计划：489-490
Lope de Vega - 洛佩·德·维加：362
Lorain, John - 洛雷因，约翰：657，685，693-697
Lorris, Guillaume de - 德洛里，纪尧姆：见 *Romance of the Rose* - 玫瑰恋史
Love, and the four elements - 爱，与四元素：10，63
Lovejoy, Arthur O. - 洛夫乔伊，阿瑟：

5-6，77（脚注）
Lucretius - 卢克莱修：7，17，29-30，50-51，65，67-73，101，134-135，138-140，179，185，357，381，386，667
Ludwig of Bavaria - 路德维希，巴伐利亚的：339
Lull, Ramon - 鲁尔，雷蒙：见 Ramon Lull - 雷蒙·鲁尔
Lyell, Charles - 莱尔，查尔斯：148，548，646，679-680
Machiavelli, Niccolò - 马基雅维利，尼科罗：256，433-434
Macrocosm - 宏观世界：17，57，223，413，465-466
Maimonides, Moses - 迈蒙尼德，摩西：172，222-224
Mâle, Émile - 马勒，埃米尔：173，245-246，253
Malthus, Thomas R. - 马尔萨斯，托马斯：6，399，422，502，515，581，624，632，634-636（散见），637-653
Man - 人、人类：42，52，57，60，96，116-117，152，155，168，185-186，187，198，201，236，261，293，311-312，401-402，405，427-428，459-460，463-464，466，475-476，480-482，506，529，590，677-678；亦见 Nature, modification by human agency - 人力改造自然
Man's dominion over nature - 人对自然的统治：151，159，166，168，205-206，236，293，295，297，298，310-311；亦见 Nature, man's control of - 人对自然的控制
Man's Fall - 人类的堕落：163，200，206，212，228-229，236，262，311，349，379，409，411，471-472，695
Man's place in nature - 人在自然中的位置：67，145，155，156，181，189，198，222-223，240，243，270-271，300-301，395，400-401，405，420-421，425，471-472，475，480，504，511，515-516，533-534，590，653，664，668，684，708-709
Manuring - 施肥：136-137，316（脚注）
Maritime location - 临海位置：7，102，431
Marsh, George P. - 马什，乔治：149，663，679，702，704，705
Marshes - 沼泽：680，689
Maxism - 马克思主义：550，646，649
Maulde, René de - 德莫尔德，勒内：323-324，326-327，336，344
Maury, Alfred - 莫里，艾尔弗雷德：344

Mediterranean environment - 地中海环境：10，39，85，148，155
Memphite theology - 孟菲斯神系：36-38
Metallurgy, origin of - 冶金术的起源：139
Metals, Agricola on - 金属，阿格里科拉论：469
Metempsychosis - 轮回说：296，580
Meun, Jean de - 德默恩，让：见 *Romance of the Rose* - 玫瑰恋史
Microcosm - 微观世界：17，57，223，413，465-466
Microscope - 显微镜：375，417，506-507，526
Middle Ages, modern study of - 中世纪，近现代的研究：172-173，288-290，319
Migration, causes of - 迁徙的原因：259-261
Milton, John - 弥尔顿，约翰：164，449
Minerals, Seneca on - 矿物，塞涅卡论：61
Mining - 采矿：290，340，468-469
Minucius Felix - 米纽修斯·腓力：176-179
Moisture - 潮湿：81-82，102，258
Monads, Leibniz on - 单子（单孢体），莱布尼兹论：507
Monasteries/ Monastic siting - 修道院及其选址：303-309，312，313，331
Monks - 僧侣：289，314，346
Monogamy - 一夫一妻制：371，399，514，573-574，627
Montaigne, M. - 蒙田，M.：238，450
Monte Cassino - 卡西诺山：303-304
Montesquieu - 孟德斯鸠：12，134，502，512，537，540，551，565-581，605，626-629，651，653-654，658-659
Moon, Plutarch on - 月亮，普鲁塔克论：74-75
More, Henry - 莫尔，亨利：395
Moschus - 莫斯克斯：18，28-29
Mountains - 山、山脉：376，411，413，419，576-577
Münster, Sebastian - 明斯特尔，塞巴斯蒂安：355，363-366
Music - 音乐：17，95-96
Muslim theology - 穆斯林的神学、伊斯兰教义：218-222
Muslim thought, and ideas of environmental influence - 穆斯林思想，与环境影响观念：255（脚注）
Myth - 神话：3，5，117
National character - 国民性：8，115，209，263，435，451-456，559，564，584，586，621，709

Natural history - 自然史：416，419-420，423-424，508-509，587-588，621，657-658，707

Nature - 自然：7，36，72-73，77，153-154，162-165，175，181，212，232，236，380-382，384，387，389-390，392，395，397，416，433，466，481，508，527，529-530，549，636，645

Nature as a book - 自然之书：203-205，232，237，238

Nature, conception of - 自然的概念：3，6，14-17，51-52，57-58，155-157，161，165-166，168，175，185，198-199，212，216-217，230，232-233，241，245，251，378-380，391，393-395，397，406，414-415，419，423-424，502，505-506，508-511，519，521，524-526，527-528，532，536，542-543，547，549，647，653，664，680-685，693-698（散见），703

Nature, feeling for - 对自然的感情：12-13，24-33，51-52，77-78，151，157-158，160，165，173，196-197，199，207，213-215，245-248，285-286，355-357，418，452-453，533-534，546-547，600，703

Nature, man's control of - 人对自然的控制：116-117，146，295-296，349，425-427，461-463，471-473，476，478，480-485，494-496；亦见 Man's dominion over nature - 人对自然的统治

Nature, man's place in - 人在自然中的位置：见 Man's place in nature - 人在自然中的位置

Nature, modification by human agency - 人力改造自然：117，119-120，122-123，127-131，135，137，138，141，143-146，149，151，157，175，181，185，187-188，206，214，236，242，270，288（脚注），289-302，308-309，312-320，322-331，333，342-343，345，350-351，358-359，365，371，395，425，427-428，462-467，471，474-475，478-491，494-497，516，531，541-542，559，577，594，641-642，649，656-659，662-663，676，686-702，704-705，710

Nature, senescence in - 自然的衰老：见 Senescence in nature - 自然的衰老

Necessity - 必要性、需要：65，68，73，88，180，185，297，466，547，587，597，607，708

New Atlantis by F. Bacon -《新阿特兰蒂斯》，F. 培根著：473-475

New World - 新大陆、新世界：361-362，366-367，616，681-686

Newton, Isaac, teleological beliefs of - 牛顿，艾萨克，目的论信仰：377

Nieuwentijdt, Bernard - 纽文泰兹，伯纳德：392，509

Nile - 尼罗河：38，89，127-128

Nominalism - 唯名论：251

Number in the creation - 创世中的数字：188-189

Nürnberg, protection of its forest - 纽伦堡的森林保护：338-339

Oak, and bees - 橡树，与蜜蜂：322

Officina gentium, the northlands as a hive of nations - 民族发源地，北方地区作为各民族的“蜂箱”：260，277，432，449，667-668

Oikoumenē -“人居世界”：17-18，20，23-24

Opposites - 对立面、对立事物：9-10

Optimism - 乐观主义：471，476-478，549

Organic analogy - 有机类比：5，7，17，134

Origen - 奥利金：172，183-185，198，233，297，385

Otto of Freising - 奥托，弗赖辛的：263，277-278，286

Ovid - 奥维德：133

Paley, William - 佩利，威廉：42，68，375，537，646

Palissy, Bernard - 帕利西，贝尔纳：193，470，495

Panaetius - 潘尼提乌：12，51-53，100，144

Pangloss, Dr., in Voltaire's *Candide* - 庞格罗斯博士，伏尔泰《老实人》中的人物：518，522，549

Paracelsus (Hohenheim, Theophrastus Bombastus von) - 帕拉塞尔苏斯（冯·霍恩海姆，特奥夫拉斯图斯·邦巴斯图斯）：462，465-468，470

Paradises, and monastery sites - 天堂，与修道院院址：303，306-307，313，349

Parmenides - 巴门尼德：63

Pathetic Fallacy - 可悲的谬误：28-30（散见）

Paul, St. - 圣保罗：161-162，305，646

Paul Ⅲ, his *Sublimis Deus* - 保罗三世，其《至高天主》敕书：359-360

Paul the Deacon - 保罗执事：259-261（散见），432-433，454

Perrault, Charles - 佩罗，夏尔：389

Petty, William - 佩蒂，威廉：399

Philo - 斐洛：14，110，174，187-188，295-296，463

Physico-theology - 物理神学：79，

177，392，406，421-422，424-425，484-485，504-505，509，516，518，530，548-549
Pigs - 猪：342-343
Pius Ⅱ, Pope - 庇护（皮尔斯）二世，教宗：355-357
Plants - 植物：129，510-512，676-677，703
Plastic nature - 可塑的自然：393-394，416
Plato - 柏拉图：5，7，23，38，41，45，92，121，198，208，376，433，621
Plenitude, principle of - 完满原则：5-6，46，69-70，77，79，217（脚注），230，241，243，419，508，519，623-624，637-638，640-641
Pliny - 普林尼：13，109-110，130，131，137，258，272
Plotinus - 普罗提诺：76-79，113-114
Pluche, abbé de - 德·普吕什，神父：509
Plutarch - 普鲁塔克：18，23-24，36，74-75，576（脚注）
Political theory - 政治理论：256，273-274
Pollution - 污染：489-491，560
Polynesians - 波利尼西亚人：619
Polybius - 波利比乌斯：51，53，95-96，370，433，444，458，552
Polygamy - 一夫多妻制：371，398，514，573，627
Ponds, artificial - 池塘，人工的：348
Pope, Alexander - 蒲柏，亚历山大：46，456，522，549-550
Population - 人口、动物数量：297，366，372，399，511，513，579，614，624-625，626（脚注），630，633-634，638
Population, theory of - 人口理论：200，359，370-371，373，398-405，410，420，422，425，512-515，578-579，596，607-608，623-624，626-627，629-632，634-637，649-653
Populousness, of ancient and modern nations - 人口众多，古代与现代国家之比较：625-632
Posidonius - 波昔东尼：12，52-54，97-101，107，118，144-145
Possibilism - 可能主义：602
Primitive peoples - 原始民族、初民：20-21，282，359-361，418，502，545，588-589，594-595，611，615-617，662，680-681，691，704
Primitivism - 原始主义：118-119，133，164，482-483，665
Progress, idea of - 进步观念：506，555，634-636，644-645，649，

654，655

Prometheus, myth of - 普罗米修斯，神话：41-42

Proverbs -《圣经·箴言》：158，159（脚注）

Psalms -《圣经·诗篇》：5，37-38，155-158，162，165，166，197，416

Psychic unity - 心灵统一：108

Ptolemies - 托勒密王朝：19，21-22，122-127

Ptolemy, Claudius - 托勒密，克劳狄乌斯：15，111-113，280，441

Purchas, Samuel - 珀切斯，塞缪尔：381-382

Quarrying - 采石：290

Quarrel over ancients and moderns - 关于古人与今人的优劣之争：380（脚注），654

Race - 种族：258，590-591，596，619

Ramon Lull - 雷蒙·鲁尔：203，205，231，238

Ramon Sibiude - 雷蒙·西比乌底：203，205，231，238-240，419

Ratzel, Friedrich - 拉采尔，弗里德里希：445，543，679

Raven, Charles E. - 雷文，查尔斯：163，202，227（均为脚注）

Ray, John - 雷约翰（雷）：74，79，153，157，194，379-380，392，394-395，415-421，483-484，665

Reindeer - 驯鹿：662，675

Religion - 宗教：167，369，447，558-559，571-572，578，603-604，621

Renaissance, and Age of Discovery - 文艺复兴，与大发现时代：355

Resources, natural - 自然资源：118，124

Ricardo, David - 李嘉图，大卫：642

Ritter, Carl - 李特尔，卡尔：81，191，277，510，548

Rivers, Buffon on - 河流，布丰论：680

Robertson, William - 罗伯逊，威廉：432，605-610，684-685

Romance of the Rose, The -《玫瑰恋史》：217，240-244，249，514

Romans -《圣经·罗马书》：161-163，183，202，204，215，231，237，391，475，529

Rome - 罗马：102，560

Rostovtzeff, Michael - 罗斯托夫采夫，迈克尔：19，21-22（脚注），122-127（散见）

Rousseau, Jean-Jacques - 卢梭，让-雅克：592-594

Rural-urban contrasts - 城乡对比：32-33

Ruskin, John - 拉斯金，约翰：13，

28
Sand dune - 沙丘：348
Savage, noble - 未开化人，高尚的：615
Saw, hydraulic - 水力锯：247，319-320
Sawmills - 锯木厂：340
Science - 科学：173，250，252（脚注），634，654
Scythians, Hippocrates on - 西徐亚人，希波克拉底论：84，86，89，112
Sea, in teleological arguments - 海洋，在目的论中：74，75（脚注），181，192-193，195-196
Sebond, Raymond - 塞邦，雷蒙：见 Ramon Sibiude - 雷蒙·西比乌底
Seleucids - 塞琉西王朝：23
Seneca - 塞涅卡：54，61-62，101，118-119，133，145（脚注）
Senescence in nature - 自然的衰老：65，70-73，134，136-137，165，279，294，379，381，383-390，415-416，459，479，503，625-626，629
Servius - 塞尔维乌斯：114-115，259
Settlement - 定居、聚落：117，547-548
Sex - 性：217，243-244，249，268，439-440，458，573，585，609，648，680
Shepherds - 牧羊人：141，344
Sibiude, Ramon - 西比乌底，雷蒙：见 Ramon Sibiude - 雷蒙·西比乌底
Sidon - 西顿：126
Sin, original, in Romans - 原罪，《罗马书》中的：162
Slavery - 奴隶制：360，573，627
Societies, animal and insect - 社会，动物和昆虫的：677
Socrates - 苏格拉底：23，39，42-43（作为色诺芬书中的对话人）
Soil - 土壤：7，131-133，135-137，143，315，345-346，410，418，424，642-644，671-672，691-692，695
Sophocles - 索福克勒斯：23，119-120
South Seas - 南太平洋：502，610-620，620，626
Spinoza - 斯宾诺莎：377-378，524
Sprat, Thomas - 斯普拉特，托马斯：427，482，665
Sterility, Hippocrates on - 不育，希波克拉底论：86
Stewardship, idea of - 管家的概念：152，155，168，405，427，478，480-482
Stoicism - 斯多葛主义：23-24，51，54-59（散见），73，144，297（脚注）
Strabo - 斯特雷波：19，61，97-99，

103-105，128
Strato - 斯特拉托：51
Struggle for existence - 生存斗争：139，425，527，549
Sturm, St. - 圣司图：172，306-307，310
Sumerians - 苏美尔人：3-4，16
Sun, hymn to - 太阳赞美诗：5，36-38
Süssmilch, Johann - 聚斯米希，约翰：398-399，421-422，509，512-515，646，649
Suzuki, Daisetz - 铃木大拙：494
Swineherds, edict on - 养猪人，有关法令：343
Tacitus - 塔西陀：103，134-135，444
Tahiti - 塔希提：612-613，617，619
Tatian - 塔蒂安：183
Tebtunis Papyri -《塔布突尼斯纸草》：122-123
Technology - 技术：118，464，496
Teggart, Frederick J. - 特加特，弗雷德里克：259（脚注），444
Teleology - 目的论：39-41，43-44，47-52，59，70，73，74，233，375-377，505，529-535，550，707；亦见 antiteleological ideas - 反目的论观念，Design argument - 设计论，Final causes - 终极因
Telescope - 望远镜：506-507，526
Tempier, Étienne - 坦普埃尔，艾蒂安：248-250
Temple, Sir William - 坦普尔，威廉爵士：389，454-456，561
Terra Australis -"南方大陆"：402，596，611，626
Tertullian - 特尔图良：178，296-297，301
Theocritus - 忒奥克里托斯：13，27-28，128
Theodoret - 狄奥多勒：295，300
Theology - 神学：3，16，35-38，173-174，218-222，251，254-255，294，515-517
Theophany - 显灵说：209-212，238-239，282
Theophrastus - 泰奥弗拉斯托斯：19，49-51，75，124，129-130，137
Thomas Aquinas, St. - 圣托马斯·阿奎那：16，162，174，184，222，229-236，249，251，256，273-276，287，302
Thorndike, Lynn - 桑代克，林恩：16，53，173，175，219（脚注），250（脚注）
Thucydides - 修昔底德：6，91
Tibullus - 提布卢斯：18，31-32
Tierra del Fuego - 火地岛：612，615，618
Timaeus of Plato - 柏拉图的《蒂迈欧

篇》：5，44-46，198
Tongue of sheep, Montesquieu's experiment on - 羊舌头，孟德斯鸠的实验：569-570，582
Torrents - 山洪：341-342，698-702
Tout est bien -“一切皆好”：418，522，549，619
Transhumance - 季节性迁移放牧：61-62，142，342
Travels and voyages - 旅行和航海：502，568
Trees - 树木：122，125，321，470
Trinity - 三位一体：207
Tropics - 热带地区：267，362，545-546，611，616
Turf, removal of - 草皮的铲除：341
Tyre - 提尔：126
United States - 美国：609（脚注），650-651，656：亦见 New World - 新大陆
Unity in the Universe - 宇宙的统一：39
Ussher, Archbishop - 厄谢尔大主教：407
vagina gentium - 民族庇护所：261（脚注）；亦见 *officina gentium*
Varro - 瓦洛：6，31-32，133，137，140-143，197，293-294，296
Vegetation, Humbolt on distribution of - 植被，洪堡论分布：545-547
Vegetius - 维吉提乌：241，274，432，433-434
Velleius Paterculus - 维勒易乌斯·帕特库鲁斯：444，555
Vespucci, Amerigo - 韦斯普奇，亚美利哥：358，362
Villard de Honnecourt - 维拉尔·德·奥内库尔：246-247，320
Vinci, Leonardo da - 达芬奇，莱昂纳多：464，465，470
Virgil - 维吉尔：13，30，143-144，293-294
Viticulture, and deforestation - 葡萄栽培，与毁林：340-341
Vitruvius - 维特鲁威：6，105-108，125，275，355，430
Volney, Count - 沃尔尼伯爵：650，656，690
Voltaire - 伏尔泰：46，439，497，518，522-524，537，551，553-554，575，581-583
Voyaging, accidental - 航程，意外的：616
Wallace, Robert - 华莱士，罗伯特：72，630-634，636
Water mills - 水磨：319
Webster, Noah - 韦伯斯特，诺厄：560-561，660，661-663，689
Weisthümer - 判例汇编、《习惯法判告录》：336-337，341，343
Whiston, William - 惠斯顿，威廉：

407，411-412
White, Lynn - 怀特，林恩：216，247（脚注），252（脚注）
Whitehead, Alfred N. - 怀特海，阿弗烈：391，428，507（脚注）
William of Ockham - 威廉，奥卡姆的：251
William of Tyre - 威廉，提尔的：263，286-287
Williams, Samuel - 威廉斯，塞缪尔：561，661，689-690
Williamson, Hugh - 威廉森，休：542，659-663，669，685
Windmills, for draining - 风车，用于排水：476
Wisdom literature - 智慧书：158
Wollaston, William - 沃拉斯顿，威廉：423
Woman, and the plowed earth - 妇女，与耕地：244
Wood - 木头：318，320-321，323-324，470
Woodward, John - 伍德沃德，约翰：407，409-411，687
Workman, Herbert - 沃克曼，赫伯特：303，350（脚注）
World/ Worlds - 世界 / 多个世界：36，46，59，64，78，248-249，362，396，507
Wotton, William - 沃顿，威廉：389-391
Wright, John K. - 赖特，约翰：235（脚注），255（脚注），276-277
Wright, Thomas - 赖特，托马斯：688
Xenophon - 色诺芬：13，42-43，91，131
Xenophon-Pseudo - 伪色诺芬：91-92
Zeno - 芝诺：23-24，58
Zenon - 泽农：21-22，122-123

译后小记

2012年初，北大教授、老友唐晓峰力邀我翻译一部地理思想史著作——克拉伦斯·格拉肯（Clarence J. Glacken）所著、加利福尼亚大学出版社1967年出版的*Traces on the Rhodian Shore: Nature and Culture in Western Thought from Ancient Times to the End of the Eighteenth Century*。当时刚刚退休不久，手头没有多少事情，于是贸然应允。工作开始后越来越明白它的难度，无奈反悔已经太迟。中间又临时插入几个急迫项目，过了三年多才交出初稿，加上编排、修改和补充，到现在终于能将这部巨著的中译本——《罗得岛海岸的痕迹：从古代到十八世纪末西方思想中的自然与文化》呈现在读者面前了。

我以前没有接触过这个领域。对我来说，这是一部震撼人心的作品，在翻译的过程中逐渐爱上了它。它围绕思想史上三个重要问题在四个历史时期中的表现，为我们勾画出从古典时代直至十八世纪末有关地理学的哲学思想脉络，其材料之丰富、逻辑之严谨、编排之缜密，令人叹为观止。这部书的价值和意义，自有专家学者慧断，而无须我这个外行赘言。

书中思路和逻辑的表达固然不易，有些词语同样颇费周章。这里只举两三个例子吧。Klimata 源自希腊语，这个词及其变异形式并不像它们表面看起来那样指“气候”，而是古人对人类可居住世界的一种划分方式，其根据是一年中最长那天每半小时的白日长度差距，实际上也就是以纬度区分的不同地带。几经推敲后我把这个词译为“纬度带”，但都加了引号，因为两千多年前第一个使用它的波昔东尼和沿袭这个概念的古代学者们恐怕还没有准确的“纬度”概念。还有，书中常用的 physical environment 和 natural environment，在我看来都是指“自然环境”而没有实质区别，只是偶尔因为侧重点不同而把前者译为“外部环境”。但另一方面，physico-theology 与 natural theology 却是有着细微差异的，前者关注的是存在于物理和生物世界中的神意设计例证，后者则包含了更多关于人的讨论。因此，尽管多数中文著作只用“自然神学”来代表两者，我还是把 physico-theology 按字面译为“物理神学”。还有一些很抽象的词语，例如 Logos，我保留了音译“逻各斯”，同时在括号里解释为“理性”，保留音译的原因是感觉这两个概念并非对等。另一些词似乎“对等性”略强一些，例如 Nous 就直接译为“精神”，当然这样的主观判断未必是正确的。

书中的人名、书名和部分重要术语在正文中首次出现时在括号中附了原文。然而对地名及大部分以地名为基础的民族名称没有这样做，一是因为实在太多了，二是我想这类地名和名称对这本书的读者应该不太陌生，或者比较容易查到。人名、地名的中译尽量按照中国对外翻译出版公司出版的《世界人名翻译大辞典》

和《世界地名翻译大辞典》，并参考了一些约定俗成的译名和历史名称。书名如有中译本的也尽量采用，只在必要时作了修改。引述的内容大部分是自译的，参考既有译本最多的是孟德斯鸠的《论法的精神》和《波斯人信札》。至于《圣经》，则采用了中国基督教协会2003年版的中文本，各卷名称直接以中文呈现。《次经》也利用了一些既有译本，各卷名称后面附了英文。

正文前面的“缩写词”和后面的“参考文献”直接取自原书。“索引”是根据原书制作并翻译的，做了一些调整和少量修正；每一条目后面的数字指的是原书页码，在本书中为边码。全书脚注中提到的作者、书籍、文章和刊物名称均已译成中文，并且在每页首次出现时附上了原文。之所以如此不厌其烦，是因为这本书的参引部分非常有价值，可谓集古今之大成，所以我想在这方面给读者提供更详细、更方便的介绍。另外，原书为避免篇幅过长，脚注中的部分内容以缩写形式出现，我在译本中萧规曹随，这便难免要烦劳读者到“缩写词”中查找一番了。

感谢这本书的四位初译者潘晟、朱继平、田天、刘寅春，他们辛勤有效的前期工作使我较为顺利地完成了这本书。另外必须要提到的一点是，这本书里穿插了不少我不懂的语言：希腊文、拉丁文、德文、法文，以及少量西班牙文和意大利文；顾晓军、贾长宝、毛怡等几位老师以及一些网友在这方面给了我宝贵的指引和帮助。唐晓峰教授以他深厚的学养和诲人不倦的精神，从专业角度给了我最强大的启蒙和教诲。余燕明先生通读全书，提出了许多精准的修改意见。梅小璈先生也在几个关键问题上施以援手，使我受益匪浅。商务印书馆的责编孟锴女士所做的大量工作，我无论怎样夸赞都不会过分。另一方面，译文中遗留的差错自然都由我个人负责。

作为这部堪称“博大精深”著作的译者，我在翻译过程中常常感到力不从心，怀疑自己是否有能力将原作的精妙之处一一呈现给读者。在功力欠缺的情况下，唯愿尽量忠实于原文，而译笔是否从容流畅则往往难以兼顾了。错误和不足之处定然难免，十分期盼得到专家和读者们的指教。

梅小侃

2017 年 8 月

图书在版编目（CIP）数据

罗得岛海岸的痕迹：从古代到十八世纪末西方思想中的自然与文化（上下册）/（美）克拉伦斯·格拉肯著；梅小侃译．—北京：商务印书馆，2019
（汉译世界学术名著丛书）
ISBN 978-7-100-17739-9

Ⅰ. ①罗…　Ⅱ. ①克… ②梅…　Ⅲ. ①自然环境—关系—人类—思想史—研究—西方国家　Ⅳ. ① X24-091

中国版本图书馆 CIP 数据核字（2019）第 163041 号

权利保留，侵权必究。

汉译世界学术名著丛书
罗得岛海岸的痕迹
从古代到十八世纪末西方思想中的自然与文化
（上下册）
〔美〕克拉伦斯·格拉肯　著
梅小侃　译

商　务　印　书　馆　出　版
（北京王府井大街 36 号　邮政编码 100710）
商　务　印　书　馆　发　行
北京新华印刷有限公司印刷
ISBN 978 - 7 - 100 - 17739 - 9

2019 年 11 月第 1 版　　　　开本 850 × 1168　1/32
2019 年 11 月北京第 1 次印刷　　印张 40 5/8

定价：128.00 元